A-Level数学历年真题全解

唯寻国际教育 编著

机械工业出版社
CHINA MACHINE PRESS

A-Level 数学是所有中国学生读 A-Level 时都会选择的一门课，也是大家比较容易拿到 A* 的一门课。本书由唯寻国际教育各校区一线数学老师联合编写，为申请国外本科的初、高中生，以及读 A-Level 课程体系的国际高中生量身定制，是国际课程 A-Level 体系第一本真题解析书，内含数学 2014 年到 2019 年所有考区、所有 paper，共计 73 张 paper 试卷。每个试卷中的题目均有详细解析，是学生备考 A-Level 考试的重要参考资料。

图书在版编目（CIP）数据

A-Level 数学历年真题全解 / 唯寻国际教育组编 . —
北京 : 机械工业出版社 , 2021.9
ISBN 978-7-111-69270-6

Ⅰ . ① A… Ⅱ . ①唯… Ⅲ . ①数学—高等学校—入学考试—英国—自学参考资料 Ⅳ . ① O1

中国版本图书馆 CIP 数据核字 (2021) 第 199753 号

机械工业出版社（北京市百万庄大街 22 号　邮政编码 100037）
策划编辑：孙铁军　　责任编辑：孙铁军
责任校对：苏筛琴　　责任印制：张　博
保定市中画美凯印刷有限公司印刷

2022 年 1 月第 1 版第 1 次印刷
184mm × 260mm · 28 印张 · 1 插页 · 788 千字
0 001—5 000 册
标准书号：ISBN 978-7-111-69270-6
定价：69.80 元

电话服务	网络服务
客服电话：010-88361066	机　工　官　网：www.cmpbook.com
010-88379833	机　工　官　博：weibo.com/cmp1952
010-68326294	金　　书　　网：www.golden-book.com
封底无防伪标均为盗版	机工教育服务网：www.cmpedu.com

编委会

前 言
PREFACE

A-Level 数学是所有中国学生读 A-Level 时都会选择的一门课，也是大家最容易拿到 A* 的一门课。很多同学在刷题的过程中毫无解题思路或者不知道自己错在哪里，但又苦于看不懂官方的 Mark Scheme，所以我们组建了一支国际教育教师团队，精心编写了这本解析书，希望可以帮助同学们更好地学习和巩固 A-Level 数学。

本书由唯寻国际教育各个校区 20 多位一线的数学老师编写整理，老师们大多毕业于 QS 排名前 100 的学校，其中不乏 G5 名校毕业的老师。很多同学都经历了从不喜欢学数学到喜欢上数学的蜕变，并最终拿到了心仪的成绩。

A-Level 数学的 paper 比较多，在本书里我们选取的 paper 和大多数国际学校相统一，即 Pure 1、Pure 3、Mechanics 1 以及 Statistics 1。这是一本囊括 CAIE 考试局 2014—2019 年所有数学真题的解析书，真题按照年份由近至远排列，每年的题目分为 Paper 1（纯数 1）、Paper 3（纯数 3）、Paper 4（力学 1）和 Paper 6（统计 1）四个部分。每部分 paper 又包括当年春季、夏季和冬季的 7 份 paper（2016 年之后才有春季 paper）。在每个季度 paper 的解析之前都会展示当时的分数线（扫描二维码可以查看），以帮助同学们更准确地了解 paper 的难度：分数线越高意味着 paper 越简单，分数线越低意味着 paper 越难，同学们可以对照查看自己是否能达到 A/A* 的水平。其实，每年 paper 的难度相差不大，基本上所有的教材章节都会有对应的题目，所以每道题目的知识点也需要同学们完全掌握。

由于改版的原因，2014—2019 年的 Paper 6 对应的是新改版的 Paper 5，同时新改版的 Paper 1 和 Paper 3 的卷面时间从 1 h 45 min 改为 1 h 50 min，Paper 4 和 Paper 6 的时间不变，还是 1 h 15 min。从 2020 年开始新加的 topic 的题目在历年真题里面是不涉及的，所以这块内容需要同学们多练习书上的题目，具体如下（摘选自 9709-syllabus）：

P1：

Section 1 Quadratics: linear inequalities content removed.

Section 2 Functions: transformations content added.

Section 3 Coordinate geometry: circles content added.

Vectors: This section has moved from Paper 1 to Paper 3.

Section 7 Differentiation: limits content added.

P3：

Section 1 Algebra: content on sketching a modulus graph added.

Section 4 Differentiation: the derivative of inverse tangent added.

Section 5 Integration: the idea of ‘reverse differentiation’ added.

Section 5 Integration: trapezium rule removed from Paper 3.

Section 7 Vectors: vector equations of planes removed; vector content moved from Paper 1 to Paper 3.

P4：

Section 3 Momentum: linear momentum and direct impact added.

P5（老版 P6）：

Notes added on algebra content and probability notation.

Section 4 Discrete random variables: geometric distribution added.

参与编写本书的老师结合了平时上课时的解题思路，用学生更容易接受的方法编写解析。例如，有些有多种解法的题目，老师也会选择学生用得比较多的方式去分析解答。大多数题目的解题思路和 Mark Scheme 保持一致，但解题过程比 Mark Scheme 更为详细，以帮助同学们理解为什么要这么列式。同时，同学们也需要注意卷面要求，所有的答案需要保留三位有效数字，如果是 degree，则保留两位小数。

此外，我们在 paper 解析之前为同学们准备了所有数学公式列表 List of Formulae，包括 Formulae from Paper 和 Extra Formulae 两部分。Formulae from Paper 是考试时 paper 上会提供的公式，而 Extra Formulae 是做题时会用到的公式，需要同学们完全掌握。

同时，由于 A-Level 数学考试中一些数学符号的表达方式与国内标准不一致，如把三角函数 $\csc\theta$ 写成 $\operatorname{cosec}\theta$，把 $\arcsin\theta$ 写成 $\sin^{-1}\theta$，把概率论中的 C_4^1 和 P_4^1 写成 $^4C_1$ 和 $^4P_1$，把函数表达 $f(x)$ 和 $g[f(x)]$ 写成 $\mathrm{f}(x)$ 和 $\mathrm{gf}(x)$，把线性代数中的 $\boldsymbol{i}$、$\boldsymbol{j}$、$\boldsymbol{k}$ 写成 $\mathbf{i}$、$\mathbf{j}$、$\mathbf{k}$，等等，出于对考生应试方便的考虑，本书统一采用 A-Level 数学考试中的表达方式。

总体来说，CAIE 考试局的题型大同小异，同学们把所有的真题都掌握了就可以了。所以数学成绩不是很好的同学也不要气馁，只要你肯花精力把本书琢磨透，那就一定能拿到你想要的成绩！如果你已经足够优秀，也希望本书可以让你锦上添花，更上一层楼。最后祝各位同学前程似锦，未来可期！

编　者

2021 年 10 月

目 录
CONTENTS

2017

2016

2015

List of Formulae

Formulae from Paper

Pure Mathematics

Mensuration

Volume of sphere = $\frac{4}{3}\pi r^3$

Surface area of sphere = $4\pi r^2$

Volume of cone or pyramid = $\frac{1}{3}\times$ base area $\times$ height

Area of curved surface of cone = $\pi r \times$ slant height

Arc length of circle = $r\theta$ (θ in radians)

Area of sector of circle = $\frac{1}{2}r^2\theta$ (θ in radians)

Algebra

For the quadratic equation $ax^2+bx+c=0$:

$$x=\frac{-b\pm\sqrt{b^2-4ac}}{2a}$$

For an arithmetic series:

$$u_n=a+(n-1)d$$

$$S_n=\frac{1}{2}n(a+l)=\frac{1}{2}n\{2a+(n-1)d\}$$

For a geometric series:

$$u_n=ar^{n-1}\ ,\ S_n=\frac{a(1-r^n)}{1-r}(r\neq 1)\ ,\ S_\infty=\frac{a}{1-r}(|r|<1)$$

Binomial series:

$$(a+b)^n=a^n+\binom{n}{1}a^{n-1}b+\binom{n}{2}a^{n-2}b^2+\binom{n}{3}a^{n-3}b^3$$

$+...+b^n$, where n is a positive integer and

$$\binom{n}{r}=\frac{n!}{r!(n-r)!}$$

$$(1+x)^n=1+nx+\frac{n(n-1)}{2!}x^2+\frac{n(n-1)(n-2)}{3!}x^3+...,$$

where n is rational and $|x|<1$

Trigonometry

$$\tan\theta\equiv\frac{\sin\theta}{\cos\theta}$$

$$\cos^2\theta+\sin^2\theta\equiv 1\quad 1+\tan^2\theta\equiv\sec^2\theta$$

$$\cot^2\theta+1\equiv\operatorname{cosec}^2\theta$$

$$\sin(A\pm B)\equiv\sin A\cos B\pm\cos A\sin B$$

$$\cos(A\pm B)\equiv\cos A\cos B\mp\sin A\sin B$$

$$\tan(A\pm B)\equiv\frac{\tan A\pm\tan B}{1\mp\tan A\tan B}$$

$$\sin 2A\equiv 2\sin A\cos A$$

$$\cos 2A\equiv\cos^2 A-\sin^2 A\equiv 2\cos^2 A-1\equiv 1-2\sin^2 A$$

$$\tan 2A=\frac{2\tan A}{1-\tan^2 A}$$

Principal values:

$$-\frac{1}{2}\pi\leqslant\sin^{-1}x\leqslant\frac{1}{2}\pi\qquad 0\leqslant\cos^{-1}x\leqslant\pi$$

$$-\frac{1}{2}\pi\leqslant\tan^{-1}x\leqslant\frac{1}{2}\pi$$

Differentiation

f (x)	f$'(x)$
x^n	nx^{n-1}
$\ln x$	$\frac{1}{x}$
e^x	e^x
$\sin x$	$\cos x$
$\cos x$	$-\sin x$
$\tan x$	$\sec^2 x$
$\sec x$	$\sec x\tan x$
$\operatorname{cosec} x$	$-\operatorname{cosec} x\cot x$
$\cot x$	$-\operatorname{cosec}^2 x$
$\tan^{-1} x$	$\frac{1}{1+x^2}$
uv	$v\frac{du}{dx}+u\frac{dv}{dx}$

$\dfrac{u}{v}$	$\dfrac{v\dfrac{du}{dx}-u\dfrac{dv}{dx}}{v^2}$

If $x=f(t)$ and $y=g(t)$ then $\dfrac{dy}{dx}=\dfrac{dy}{dt}\div\dfrac{dx}{dt}$

Integration

(Arbitrary constants are omitted; a denotes a positive constant.)

$f(x)$	$\int f(x)\,dx$
x^n	$\dfrac{x^{n+1}}{n+1}\ (n\neq -1)$
$\dfrac{1}{x}$	$\ln\lvert x\rvert$
e^x	e^x
$\sin x$	$-\cos x$
$\cos x$	$\sin x$
$\sec^2 x$	$\tan x$
$\dfrac{1}{x^2+a^2}$	$\dfrac{1}{a}\tan^{-1}\left(\dfrac{x}{a}\right)$
$\dfrac{1}{x^2-a^2}$	$\dfrac{1}{2a}\ln\left\lvert\dfrac{x-a}{x+a}\right\rvert\quad (x>a)$
$\dfrac{1}{a^2-x^2}$	$\dfrac{1}{2a}\ln\left\lvert\dfrac{a+x}{a-x}\right\rvert\quad (\lvert x\rvert<a)$

$$\int u\frac{dv}{dx}dx=uv-\int v\frac{du}{dx}dx$$

$$\int\frac{f'(x)}{f(x)}dx=\ln\lvert f(x)\rvert$$

Vectors

If $\mathbf{a}=a_1\mathbf{i}+a_2\mathbf{j}+a_3\mathbf{k}$ and $\mathbf{b}=b_1\mathbf{i}+b_2\mathbf{j}+b_3\mathbf{k}$ then

$$\mathbf{a}\cdot\mathbf{b}=a_1b_1+a_2b_2+a_3b_3=\lvert\mathbf{a}\rvert\lvert\mathbf{b}\rvert\cos\theta$$

Mechanics

Uniformly accelerated motion

$$v=u+at,\quad s=\frac{1}{2}(u+v)t$$

$$s=ut+\frac{1}{2}at^2,\quad v^2=u^2+2as$$

Probability & Statistics

Summary statistics

For ungrouped data:

$$\bar{x}=\frac{\sum x}{n}$$

$$\text{standard deviation}=\sqrt{\frac{\sum(x-\bar{x})^2}{n}}=\sqrt{\frac{\sum x^2}{n}-\bar{x}^2}$$

For grouped data:

$$\bar{x}=\frac{\sum xf}{\sum f}$$

$$\text{standard deviation}=\sqrt{\frac{\sum(x-\bar{x})^2 f}{\sum f}}=\sqrt{\frac{\sum x^2 f}{\sum f}-\bar{x}^2}$$

Discrete random variables

$$E(X)=\sum xp\quad Var(X)=\sum x^2p-\{E(X)\}^2$$

For the binomial distribution $B(n,p)$:

$$P_r=\binom{n}{r}p^r(1-p)^{n-r},\ \mu=np\ \sigma^2=np(1-p)$$

For the geometric distribution Geo(p):

$$P_r=p(1-p)^{r-1},\ \mu=\frac{1}{p}$$

For the Poisson distribution Po(λ):

$$P_r=e^{-\lambda}\frac{\lambda^r}{r!},\quad \mu=\lambda,\ \sigma^2=\lambda$$

Continuous random variables

$$E(X)=\int xf(x)\,dx,$$

$$Var(X)=\int x^2f(x)\,dx-\{E(X)\}^2$$

Sampling and testing

Unbiased estimators:

$$\bar{x}=\frac{\sum x}{n}\quad s^2=\frac{\sum(x-\bar{x})^2}{n-1}=\frac{1}{n-1}\left(\sum x^2-\frac{\left(\sum x\right)^2}{n}\right)$$

Central Limit Theorem:

$$\bar{X}\sim N\left(\mu,\frac{\sigma^2}{n}\right)$$

Approximate distribution of sample proportion:

$$N\left(p,\frac{p(1-p)}{n}\right)$$

Extra Formulae

Trigonometry

Sine rule:

$$\frac{a}{\sin A} = \frac{b}{\sin B} = \frac{c}{\sin C}$$

Cosine rule:

$$\cos A = \frac{b^2 + c^2 - a^2}{2bc}$$

$$\cos B = \frac{a^2 + c^2 - b^2}{2ac}$$

$$\cos C = \frac{a^2 + b^2 - c^2}{2ab}$$

Logarithmic & Exponential Functions

If $y = a^x$, then $x = \log_a y$.

$\log_a a = 1$, $\log_a 1 = 0$, $\log_a a^x = x$

$\log_a(xy) = \log_a x + \log_a y$

$\log_a\left(\frac{x}{y}\right) = \log_a x - \log_a y$

$\log_a x^m = m\log_a x$

$\log_a\left(\frac{1}{x}\right) = -\log_a x$

Differentiation

$$\frac{\mathrm{d}}{\mathrm{d}x}[k\mathrm{f}(x)] = k\frac{\mathrm{d}}{\mathrm{d}x}[\mathrm{f}(x)]$$

$$\frac{\mathrm{d}}{\mathrm{d}x}[\mathrm{e}^{ax+b}] = a\mathrm{e}^{ax+b}$$

$$\frac{\mathrm{d}}{\mathrm{d}x}[\mathrm{e}^{\mathrm{f}(x)}] = \mathrm{f}'(x)\mathrm{e}^{\mathrm{f}(x)}$$

$$\frac{\mathrm{d}}{\mathrm{d}x}[\ln(ax+b)] = \frac{a}{ax+b}$$

$$\frac{\mathrm{d}}{\mathrm{d}x}[\ln(\mathrm{f}(x))] = \frac{\mathrm{f}'(x)}{\mathrm{f}(x)}$$

$$\frac{\mathrm{d}}{\mathrm{d}x}[\sin(ax+b)] = a\cos(ax+b)$$

$$\frac{\mathrm{d}}{\mathrm{d}x}[\cos(ax+b)] = -a\sin(ax+b)$$

$$\frac{\mathrm{d}}{\mathrm{d}x}[\tan(ax+b)] = a\sec^2 x(ax+b)$$

Second derivative:

$$\frac{\mathrm{d}}{\mathrm{d}x}\left(\frac{\mathrm{d}y}{\mathrm{d}x}\right) = \frac{\mathrm{d}^2 y}{\mathrm{d}x^2}$$

Integration

$$\int \mathrm{e}^{ax+b}\,\mathrm{d}x = \frac{1}{a}\mathrm{e}^{ax+b} + C$$

$$\int (ax+b)^n\,\mathrm{d}x = \frac{1}{a(n+1)}(ax+b)^{n+1} + C$$

$$\int_a^b k\mathrm{f}(x)\mathrm{d}x = k\int_a^b \mathrm{f}(x)\mathrm{d}x$$

$$\int_a^b \mathrm{f}(x)\mathrm{d}x = -\int_b^a \mathrm{f}(x)\mathrm{d}x$$

$$\int_a^b \mathrm{f}(x)\mathrm{d}x + \int_b^c \mathrm{f}(x)\mathrm{d}x = \int_a^c \mathrm{f}(x)\mathrm{d}x$$

$$\int \frac{1}{ax+b}\,\mathrm{d}x = \frac{1}{a}\ln|ax+b| + C$$

$\text{Area} = \int_a^b y\,\mathrm{d}x$ 或 $\text{Area} = \int_a^b x\,\mathrm{d}y$

$\text{Volume} = \int_a^b \pi y^2\mathrm{d}x$ 或 $\text{Volume} = \int_a^b \pi x^2\mathrm{d}y$

$$\int \cos(ax+b)\,\mathrm{d}x = \frac{1}{a}\sin(ax+b) + C$$

$$\int \sin(ax+b)\,\mathrm{d}x = -\frac{1}{a}\cos(ax+b) + C$$

$$\int \sec^2(ax+b)\,\mathrm{d}x = \frac{1}{a}\tan(ax+b) + C$$

The trapezium rule:

$\int_a^b \mathrm{f}(x)\mathrm{d}x \approx \frac{h}{2}[y_0 + y_n + 2(y_1 + y_2 + y_3 + \dots + y_{n-1})]$ where $h = \frac{b-a}{n}$

(not examinable in Paper 3)

Further Algebra

$$\frac{px+q}{(ax+b)(cx+d)} = \frac{A}{ax+b} + \frac{B}{cx+d}$$

$$\frac{px+q}{(ax+b)^2} = \frac{A}{ax+b} + \frac{B}{(ax+b)^2}$$

$$\frac{px+q}{(ax+b)(cx^2+d)} = \frac{A}{ax+b} + \frac{Bx+C}{cx^2+d}$$

Mechanics

Net force = mass × acceleration:

$F = ma$

Friction: $F \leqslant \mu R$

$v = \frac{\mathrm{d}s}{\mathrm{d}t}$

$a = \frac{\mathrm{d}v}{\mathrm{d}t} = \frac{\mathrm{d}^2 s}{\mathrm{d}t^2}$

$s = \int v\mathrm{d}t \quad v = \int a\mathrm{d}t$

Momentum = mv

$m_1u_1 + m_2u_2 = m_1v_1 + m_2v_2$

Work and energy

The work done by a force of magnitude F N in moving a body a distance d m in the direction of the force is: $W = Fd$

The kinetic energy of a body of mass m kg moving with speed v m s^{-1} is: KE = $\frac{1}{2}mv^2$

The gravitational potential energy of a body of mass m kg at height h m above the base level is: GPE = mgh

The work-energy principles states that for any motion:

increase in kinetic energy = total work done by all forces

$$\frac{1}{2}mv^2 - \frac{1}{2}mu^2 = \sum Fs$$

Power = time taken = $\frac{Fs}{t} = Fv$

Probability & Statistics

The formula for ungrouped and grouped coded data can be summarized by:

$\bar{x}$ = mean$(x-b)+b$

$\bar{x} = \frac{1}{a} \times [\text{mean}(ax-b)+b]$

$\text{Var}(x+b) = \text{Var}(x)$

$\text{Var}(ax+b) = a^2\text{Var}(x)$

For mutually exclusive events A and B:

$\text{P}(A \cup B) = \text{P}(A) + \text{P}(B)$

Non-mutually exclusive events have at least one common favourable outcome:

$\text{P}(A \cup B) = \text{P}(A) + \text{P}(B) - \text{P}(A \cap B)$

Events A and B are independent if and only if $\text{P}(A \cap B) = \text{P}(A) \times \text{P}(B)$

For any two events A and B,

$\text{P}(A \cap B) = \text{P}(A) \times \text{P}(B|A)$ and $\text{P}(B|A) = \frac{\text{P}(A \cap B)}{\text{P}(A)}$

Permutations of all n objects: ${}^n\text{P}_n = n!$

Permutations of r objects: ${}^n\text{P}_r = \frac{n!}{(n-r)!}$

(Normal distributions)

When $x \sim \text{N}(\mu, \sigma^2)$, then $Z = \frac{X-\mu}{\sigma}$ has a standard normal distribution

$X \sim \text{B}(n,p)$ can be approximated by $\text{N}(\mu,\sigma^2)$, where $\mu = np$ and $\sigma^2 = npq$, provided that n is large enough to ensure $np > 5$ and $nq > 5$

2019

扫一扫查看
本年度分数线

Paper 1

9709_m19_qp_12

Q1 知识点

binomial expansion

已知x^3前面的系数为–2160，要求p的值，只需要通过binomial expansion求出该项即可．

根据binomial series公式，$(1-px)^5$中的两项分别为1和$-px$，将5次方中的2次方分配至1，将3次方分配至$-px$，然后再乘上binomial coefficient $\binom{5}{2}$或$\binom{5}{3}$即可．

即$\binom{5}{2}(1)^2(-px)^3=-10p^3x^3$,

因此得$-10p^3=-2160\Rightarrow p=6$.

Q2 知识点

finding f(x) by using integral

首先积分求出general solution,

$$f'(x)=kx^2-2x\Rightarrow f(x)=\frac{k}{3}x^3-x^2+C.$$

题目已知$f(0)=2$, $f(3)=-1$，
因此代入上式即可求出k的值．

代入$x=0$,得$f(0)=C=2$,
代入$x=3$,得$f(3)=9k-9+C=-1\Rightarrow k=\frac{2}{3}$.

Q3 知识点

area of a sector

本题要求$S_{\text{total area}}$，即求$S_{\text{semi-circle }CXD}+S_{\text{sector }CYD}$.

首先求$S_{\text{semi-circle }CXD}$：

$$S_{\text{semi-circle }CXD}\frac{1}{2}\pi r^2=\frac{1}{2}\pi\times7^2=\frac{49}{2}\pi.$$

其次求$S_{\text{sector }CYD}$：

$$S_{\text{sector }CYD}=S_{\text{sector }BCYD}-S_{\triangle CDB},$$

$$S_{\triangle CDB}=\frac{1}{2}\times CD\times AB=\frac{1}{2}\times14\times\sqrt{8^2-7^2}=7\sqrt{15},$$

$\triangle CAB$中，$\sin\angle ABC=\frac{7}{8}\Rightarrow\angle ABC=\sin^{-1}\left(\frac{7}{8}\right)$,

$\angle DBC=2\angle ABC=2\sin^{-1}\left(\frac{7}{8}\right)$,

运用扇形面积公式，得

$$S_{\text{sector }BCYD}=\frac{1}{2}\times8^2\times2\sin^{-1}\left(\frac{7}{8}\right)=64\sin^{-1}\left(\frac{7}{8}\right),$$

因此$S_{\text{sector }CYD}=64\sin^{-1}\left(\frac{7}{8}\right)-7\sqrt{15}$.

最终得

$$S_{\text{total area}}=S_{\text{semi-circle }CXD}+S_{\text{sector }CYD}=\frac{49}{2}\pi+64\sin^{-1}\left(\frac{7}{8}\right)-7\sqrt{15}$$
$$=118.$$

Q4 知识点

differentiation: chain rule, 1st derivative, stationary points, using 2nd derivative to determine the nature of stationary point

(i) $y=(2x-1)^{-1}+2x$,

$\frac{dy}{dx}=-2(2x-1)^{-2}+2$ (chain rule),

$\frac{d^2y}{dx^2}=8(2x-1)^{-3}$.

(ii) 首先要求stationary point，即求$\frac{dy}{dx}=0$时x的值即可．

$\frac{dy}{dx}=-2(2x-1)^{-2}+2=0\Rightarrow(2x-1)^{-2}=1\Rightarrow2x-1=\pm1$

$\Rightarrow1=(2x-1)^2\Rightarrow x=1\text{ or }0.$

然后要判断stationary point的性质，基本方法为判别$\frac{d^2y}{dx^2}$的正负．

当$x=1$时，$\dfrac{d^2y}{dx^2}=8(2x-1)^{-3}=8>0\Rightarrow$最小值点 .

当$x=0$时，$\dfrac{d^2y}{dx^2}=8(2x-1)^{-3}=-8<0\Rightarrow$最大值点 .

Q5 知识点

vector: scalar product

(i) 已知两向量垂直，因此两向量的 scalar product 等于 0.

$$\begin{pmatrix}q\\2\\6\end{pmatrix}\cdot\begin{pmatrix}8\\q-1\\q^2-7\end{pmatrix}=8q+2q-2+6q^2-42=0,$$

$6q^2+10q-44=0,$

$3q^2+5q-22=0,$

$(3q+11)(q-2)=0,$

$q=2 \text{ or } q=-\dfrac{11}{3}.$

(ii) 本小问考查用 scalar product 求夹角 .

当 $q=0$ 时，$\mathbf{u}=\begin{pmatrix}0\\2\\6\end{pmatrix}$，$\mathbf{v}=\begin{pmatrix}8\\-1\\-7\end{pmatrix}$，

$$\mathbf{u}\cdot\mathbf{v}=\begin{pmatrix}0\\2\\6\end{pmatrix}\cdot\begin{pmatrix}8\\-1\\-7\end{pmatrix}=0-2-42=-44,$$

$$|\mathbf{u}|=\left|\begin{pmatrix}0\\2\\6\end{pmatrix}\right|=\sqrt{0^2+2^2+6^2}=\sqrt{40},$$

$$|\mathbf{v}|=\left|\begin{pmatrix}8\\-1\\-7\end{pmatrix}\right|=\sqrt{8^2+(-1)^2+(-7)^2}=\sqrt{114},$$

根据scalar product的基本公式$\mathbf{a}\cdot\mathbf{b}=|\mathbf{a}||\mathbf{b}|\cos\alpha$，

得$\cos\alpha=\dfrac{|\mathbf{u}|\cdot|\mathbf{v}|}{|\mathbf{u}||\mathbf{v}|}=\dfrac{-44}{\sqrt{114}\times\sqrt{40}}=-\dfrac{11}{\sqrt{285}}$，

$\alpha=130.7°$ or 2.28 rads.

Q6 知识点

(i) geometric progression
(ii) arithmetic progression

(i)

题目已知 $a_1=p$，$a_2=2p$，因此 $2p=pr^{2-1}$，所以 $r=2$.

根据求和公式，得 $S_n=\dfrac{p\left(1-2^n\right)}{1-2}=p\left(2^n-1\right)$.

$S_n>1000p$，

$p\left(2^n-1\right)>1000p$，

因为题目已知 p 为正数，

$2^n-1>1000$，

$2^n>1001$.

(ii) 由题可知 $a_1=p, a_2=2p, a_n=336$，

运用 $a_n=a_1+(n-1)d$，

$a_2=a_1+d=2p\Rightarrow d=a_2-a_1=p$，

$a_n=a_1+(n-1)d=p+(n-1)p=np=336.$

运用 $S_n=na_1+\dfrac{n(n-1)}{2}d$，

得$S_n=np+\dfrac{n(n-1)}{2}p=\dfrac{n^2p}{2}+\dfrac{np}{2}=7224$，

联立方程组 $\begin{cases}np=336,\\ \dfrac{n^2p}{2}+\dfrac{np}{2}=7224,\end{cases}$ 可求出 n 和 p 的值，即

$n=42$，$p=8$.

Q7 知识点

trigonometry: trigonometric identities, solving trigonometric equations

(a) $3\sin^2 2\theta+8\cos 2\theta=0$,

$3\left(1-\cos^2 2\theta\right)+8\cos 2\theta=0$,　　　$(\sin^2 2\theta+\cos^2 2\theta=1)$

$3\cos^2 2\theta-8\cos 2\theta-3=0$,

$(3\cos 2\theta+1)(\cos 2\theta-3)=0$,

$\cos 2\theta=3$ (reject) or $\cos 2\theta=-\dfrac{1}{3}$,

$0°\leqslant\theta\leqslant180°\Rightarrow0°\leqslant2\theta\leqslant360°$,

$2\theta=109.47°$ or $2\theta=360°-109.47°=250.53°$,

$\theta=54.7°$ or $\theta=125.3°$.

(b) 直接将两个点的坐标代入曲线方程，即可求出 a 和 b 的值 .

将$(0,\sqrt{3})$代入得 $a=\sqrt{3}$.

将$(\dfrac{1}{6}\pi,0)$代入得

$a+\tan\left(-b\dfrac{\pi}{6}\right)=0\Rightarrow\tan\dfrac{\pi}{6}b=\sqrt{3}\Rightarrow\dfrac{\pi}{6}b=\dfrac{\pi}{3}\Rightarrow b=2.$

Q8 知识点

completing the square, differentiation: increasing and decreasing functions, composite function and inverse function

(i) $f(x)=x^2-4x+7=x^2-4x+2^2-2^2+7=(x-2)^2+3$.

(ii) 递减函数意味着 $f'(x)\leqslant 0$.

$f'(x)=2x-4\leqslant 0 \Rightarrow x\leqslant 2$,

即 $f(x)$ 在 $x\leqslant 2$ 递减，因此 k 的最大值为 2.

(iii) $f(x)=x^2-4x+7=(x-2)^2+3$, $x<1$.

inverse function 存在的前提为一对一函数，由第 (ii) 小问可知，在 $x<1$ 上 $f(x)$ 单调递减，因此存在 inverse.

$y=(x-2)^2+3$,

$(x-2)^2=y-3$,

$x-2=\pm\sqrt{y-3}$.

当 $x<1$ 时，$x-2<-1$,

$x-2=-\sqrt{y-3}$,

$x=2-\sqrt{y-3}$,

$f^{-1}(x)=2-\sqrt{x-3}$.

根据 inverse function 的性质，$f^{-1}(x)$ 的 domain 即为 $f(x)$ 的 range.

作出 $f(x)$ 图形辅助可得当 $x<1$ 时，$f(x)$ 的 range 为 $f(x)>4$,

因此 $f^{-1}(x)$ 的 domain 为 $x>4$.

(iv) $gf(x)=\dfrac{2}{f(x)-1}=\dfrac{2}{x^2-4x+6}=\dfrac{2}{(x-2)^2+2}$.

当 $x<1$ 时，$f(x)>4$.

当 $f(x)=4$ 时，$gf(x)=\dfrac{2}{3}$.

当 $f(x)=\infty$ 时，$gf(x)=0$.

因此 $0<gf(x)<\dfrac{2}{3}$.

Q9 知识点

(i) volume of revolution about *x*-axis
(ii) tangent and normal

(i) $y=\sqrt{x^3+x^2}$.

代入公式得

$V=\pi\int_0^3 x^3+x^2\mathrm{d}x$

$=\left[\pi\left(\frac{1}{4}x^4+\frac{1}{3}x^3\right)\right]_0^3$

$=\pi(\frac{81}{4}+\frac{27}{3})$

$=\frac{117}{4}\pi$.

(ii) $y=\sqrt{x^3+x^2}$.

当 $x=3$ 时，$y=\sqrt{3^3+3^2}=6$，即点 P 坐标为（3,6）.

$y=\sqrt{x^3+x^2}=(x^3+x^2)^{\frac{1}{2}}$.

运用chain rule，得 $\dfrac{\mathrm{d}y}{\mathrm{d}x}=\dfrac{1}{2}(x^3+x^2)^{-\frac{1}{2}}(3x^2+2x)$.

当 $x=3$ 时，$\dfrac{\mathrm{d}y}{\mathrm{d}x}=\dfrac{11}{4}$，这意味着在 $x=3$ 处 gradient $=\dfrac{11}{4}$.

因为 normal 和 gradient 垂直，

所以 normal line 的斜率为 $-\dfrac{4}{11}$.

因此得 normal line 的直线方程为 $y-6=-\dfrac{4}{11}(x-3)$.

最终要求和 y 轴的交点坐标，令 $x=0$ 即可 .

$y-6=-\dfrac{4}{11}\times(-3)\Rightarrow y=7\dfrac{1}{11}$.

Q10 知识点

(i) solving simultaneous equations, length of a line segment
(ii) derivatives and gradient functions, parallel lines
(iii) tangents and normals

(i) 首先通过连列曲线和直线方程求出 A 和 B 的点坐标 .

$\begin{cases} y=x+3, \\ y=4x^{\frac{1}{2}}, \end{cases}$

$x+3=4x^{\frac{1}{2}}$,

两边同时平方，

$(x+3)^2=16x$,

$x^2+6x+9=16x$,

$x^2-10x+9=0$,

$(x-1)(x-9)=0$,

$x=1$ or $x=9$,

当 $x=1$ 时，$y=4$，

当 $x=9$ 时，$y=12$，

因此 A 坐标为（1,4），B 坐标为（9,12）.

所以 $AB=\sqrt{(9-1)^2+(12-4)^2}=8\sqrt{2}$.

(ii) $y=4x^{\frac{1}{2}}\Rightarrow\frac{dy}{dx}=2x^{-\frac{1}{2}}$,

直线 AB 的gradient为 $k_{AB}=\frac{12-4}{9-1}=1$,

因为点 T 处的切线和 AB 平行，所以 $2x^{-\frac{1}{2}}=1\Rightarrow x=4$，

当 $x=4$ 时，$y=8$，

因此 T 坐标为（4,8）.

(iii) 由第 (ii) 小问可知，直线 AB 的 gradient 为 1.

又因为点 A 坐标为（1,4），所以 AB 的直线方程为

$y=x+3$.

因为直线 AB 的 gradient 为 1，所以直线 AB 的 normal line 的 gradient 为 –1.

又因为 T 坐标为（4,8），所以 normal line 的直线方程为

$y=-x+12$.

最终联立两直线方程即可求出交点坐标：

$$\begin{cases}y=x+3\\y=-x+12\end{cases}\Rightarrow\begin{cases}x=\frac{9}{2},\\y=\frac{15}{2}.\end{cases}$$

交点坐标为（$\frac{9}{2},\frac{15}{2}$）.

9709_s19_qp_11

Q1 知识点

binomial expansion

(i) 题目已知 $(2x+\frac{k}{x})^6$ 的常数项为 540，要求出 k 的值，只需要通过 binomial expansion 求出该式的常数项（关于 k 的表达式），然后将其等于 540 即可.

$(2x+\frac{k}{x})^6$ 中的两项分别为 $2x$ 和 $\frac{k}{x}$，要求常数项，需要将 6 次方平分到这两项，然后再乘上 binomial coefficient $\binom{6}{3}$，即 $\binom{6}{3}(2x)^3\left(\frac{k}{x}\right)^3=160k^3=540\Rightarrow k=\frac{3}{2}$.

(ii) 现知 $k=\frac{3}{2}$，本小问要求 $(2x+\frac{k}{x})^6=(2x+\frac{3}{2x})^6$ 中二次项 x^2 前面的系数.

$\left(2x+\frac{k}{x}\right)^6$ 中的两项分别为 $2x$ 和 $\frac{3}{2x}$，要求二次项系数，需要将 6 次方中的 4 次方分配至 $2x$，将 2 次方分配至 $\frac{3}{2x}$，然后再乘上 binomial coefficient $\binom{6}{2}$ 或 $\binom{6}{4}$ 即可.

即 $\binom{6}{2}(2x)^4\left(\frac{3}{2x}\right)^2=15\times16x^4\times\frac{9}{4x^2}=540x^2$,

所以 x^2 前面的系数为 540.

Q2 知识点

intersection of a line and a quadratic curve

(i) 题目已知 $4y=x+c$ 和 $y^2=x+3$ 相切，这表明两者相交只有一个交点.

因此可以联立两个等式，然后运用判别式 $b^2-4ac=0$ 求出 c 的值.

$\left(\frac{x+c}{4}\right)^2=x+3\Rightarrow x^2+c^2+2cx=16x+48$

$\Rightarrow x^2+(2c-16)x+c^2-48=0$,

$b^2-4ac=(2c-16)^2-4\times1\times(c^2-48)=0$

$\Rightarrow 4c^2-64c+256-4c^2+192=0\Rightarrow 64c=448\Rightarrow c=7$.

(ii) 将 $c=7$ 代入第 (i) 小问中直线和曲线联立的方程中，即可求出交点 P 的横坐标.

$x^2+(2c-16)x+c^2-48=0 \Rightarrow x^2-2x+1=0$

$\Rightarrow (x-1)^2=0 \Rightarrow x=1,$

将 $x=1$ 代入直线方程 $4y=x+7$ 中，即可求出交点 P 的纵坐标 .

$4y=1+7 \Rightarrow 4y=8 \Rightarrow y=2,$

因此 P 的坐标为（1,2）.

Q3 知识点

circular measure: length of an arc, area of a sector

题目要求扇形周长，只需要求出弧长，然后再加上两条半径即可 .

扇形面积的基本公式为 $A=\frac{1}{2}r^2\theta \Rightarrow \theta=\frac{2A}{r^2}$，

弧长的基本公式为 $l=r\theta$，代入 $\theta=\frac{2A}{r^2}$ 得 $l=\frac{2A}{r}$，

最终扇形周长 $l+2r=\frac{2A}{r}+2r.$

Q4 知识点

parallel and perpendicular lines

(i) 已知 $C(h,3h)$, $B(0,2)$, 因此直线 BC 斜率为

$m_{BC}=\frac{3h-2}{h},$

同理，已知 $A(4,0)$，$B(0,2)$，因此直线 AB 斜率为

$m_{AB}=\frac{-2}{4}=-\frac{1}{2},$

图中 BC 和 AB 垂直，因此

$m_{BC}m_{AC}=-1$

$\Rightarrow \frac{3h-2}{h}\times\left(-\frac{1}{2}\right)=-1$

$\Rightarrow \frac{3h-2}{h}=2 \Rightarrow h=2.$

(ii) 当 $h=2$ 时，点 C 坐标为（2,6）.

因为 CD 和 x 轴平行，所以点 D 纵坐标也为 6.

已知 $C(2,6)$，$B(0,2)$，因此 $m_{BC}=\frac{6-2}{2-0}=2.$

因为 BC 和 AD 平行，所以两直线斜率相同，即

$m_{BC}=m_{AD}=2.$

$m_{AD}=2$，$A(4,0)$，因此 l_{AD}：$y-0=2(x-4) \Rightarrow y=2x-8$，

最终将点 D 纵坐标代入即可求出横坐标，从而得完整坐标值 .

$y=6 \Rightarrow 2x-8=6 \Rightarrow x=7,$

所以点 D 坐标为 (7,6).

Q5 知识点

(i) completing the square
(ii) maximum and minimum values of a quadratic function
(iii) composite functions

(i) $-2x^2+12x-3$

$=-2(x^2-6x)-3$

$=-2(x^2-6x+3^2-3^2)-3$

$=-2(x-3)^2+15,$

因此 $a=-3$，$b=15.$

(ii) 由第(i)小问可知：$f(x)=-2x^2+12x-3=-2(x-3)^2+15,$

该二次函数的图像为开口向下的抛物线，大致图像如下：

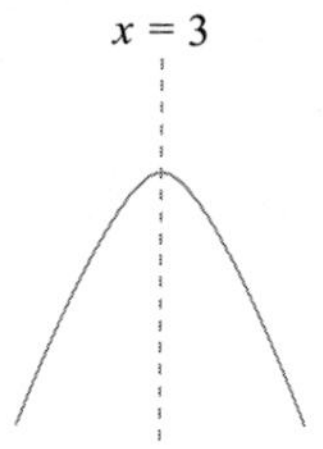

所以在对称轴 $x=3$ 处取到最大值 $f(x)=15$，所以 $f(x)\leqslant 15.$

(iii) $f(x)=-2(x-3)^2+15$，$g(x)=2x+5$，

$gf(x)=2\left[-2(x-3)^2+15\right]+5=-4(x-3)^2+35,$

$gf(x)+1=0 \Rightarrow -4(x-3)^2+36=0 \Rightarrow (x-3)^2=9 \Rightarrow x-3=\pm3$

$\Rightarrow x=6 \text{ or } x=0.$

Q6 知识点

trigonometry: trigonometric identities, solving trigonometric equations

(i) $\left(\frac{1}{\cos x}-\tan x\right)^2$

$=\left(\dfrac{1-\sin x}{\cos x}\right)^2$ $\quad\left(\tan x=\dfrac{\sin x}{\cos x}\right)$

$=\dfrac{(1-\sin x)^2}{\cos^2 x}$

$=\dfrac{(1-\sin x)^2}{1-\sin^2 x}$ $\quad(\sin^2 x+\cos^2 x=1)$

$=\dfrac{(1-\sin x)^2}{(1-\sin x)(1+\sin x)}$ （因式分解）

$=\dfrac{1-\sin x}{1+\sin x}.$

(ii) 由第(i)小问可知 $\left(\dfrac{1}{\cos x}-\tan x\right)^2=\dfrac{1-\sin x}{1+\sin x}$,

因此 $\left(\dfrac{1}{\cos 2x}-\tan 2x\right)^2=\dfrac{1-\sin 2x}{1+\sin 2x}$,

$\left(\dfrac{1}{\cos 2x}-\tan 2x\right)^2=\dfrac{1}{3}\Rightarrow\dfrac{1-\sin 2x}{1+\sin 2x}=\dfrac{1}{3}\Rightarrow\sin 2x=\dfrac{1}{2}$,

因为 $0\leqslant x\leqslant\pi$，所以 $0\leqslant 2x\leqslant 2\pi$.

最终 $2x=\dfrac{\pi}{6}\Rightarrow x=\dfrac{\pi}{12}$ or $2x=\pi-\dfrac{\pi}{6}=\dfrac{5\pi}{6}\Rightarrow x=\dfrac{5\pi}{12}$.

Q7 知识点

vector: vector addition/subtraction, position vectors, scalar product

(i) $\overrightarrow{OA}=8\mathbf{i}$,

$\overrightarrow{OM}=9.5\mathbf{i}+4\mathbf{j}+5\mathbf{k}$,

$\overrightarrow{AM}=\overrightarrow{OM}-\overrightarrow{OA}=9.5\mathbf{i}+4\mathbf{j}+5\mathbf{k}-8\mathbf{i}=1.5\mathbf{i}+4\mathbf{j}+5\mathbf{k}$,

$\overrightarrow{OM}=9.5\mathbf{i}+4\mathbf{j}+5\mathbf{k}$,

$\overrightarrow{OG}=3\mathbf{i}+8\mathbf{j}+10\mathbf{k}$,

$\overrightarrow{GM}=\overrightarrow{OM}-\overrightarrow{OG}=9.5\mathbf{i}+4\mathbf{j}+5\mathbf{k}-(3\mathbf{i}+8\mathbf{j}+10\mathbf{k})$

$=6.5\mathbf{i}-4\mathbf{j}-5\mathbf{k}$.

(ii) $\overrightarrow{AM}\cdot\overrightarrow{GM}=\left|\overrightarrow{AM}\right|\left|\overrightarrow{GM}\right|\cos\angle GMA\Rightarrow\cos\angle GMA$

$=\dfrac{\overrightarrow{AM}\cdot\overrightarrow{GM}}{\left|\overrightarrow{AM}\right|\left|\overrightarrow{GM}\right|}$,

$\overrightarrow{AM}=1.5\mathbf{i}+4\mathbf{j}+5\mathbf{k}$，$\left|\overrightarrow{AM}\right|=\sqrt{1.5^2+4^2+5^2}=\sqrt{43.25}$,

$\overrightarrow{GM}=6.5\mathbf{i}-4\mathbf{j}-5\mathbf{k}$,

$\left|\overrightarrow{AM}\right|=\sqrt{6.5^2+(-4)^2+(-5)^2}=\sqrt{83.25}$,

$\overrightarrow{AM}\cdot\overrightarrow{GM}=1.5\times6.5+4\times(-4)+5\times(-5)=-31.25$,

代入 $\cos\angle GMA=\dfrac{\overrightarrow{AM}\cdot\overrightarrow{GM}}{\left|\overrightarrow{AM}\right|\left|\overrightarrow{GM}\right|}$，得

$\cos\angle GMA=\dfrac{-31.25}{\sqrt{43.25}\times\sqrt{83.25}}$

$\Rightarrow\angle GMA=\cos^{-1}\left(\dfrac{-31.25}{\sqrt{43.25}\times\sqrt{83.25}}\right)=121^\circ.$

Q8 知识点

(a) geometric progression
(b) arithmetic progression

(a) 本小问要求 sum to infinity，根据公式只要分别求出 a_1和r的值即可．

本题已知 $a_3=48$，$a_4=32$，即 $a_3=a_1r^2=48, a_4=a_1r^3=32$.

两式相除即可求出r: $\dfrac{a_4}{a_3}=\dfrac{a_1r^3}{a_1r^2}=\dfrac{32}{48}\Rightarrow r=\dfrac{2}{3}$,

将$r=\dfrac{2}{3}$代入a_3即可求出a_1: $a_1\left(\dfrac{2}{3}\right)^2=48\Rightarrow a_1=108$,

最终运用公式 $S_\infty=\dfrac{a_1}{1-r}$，可得 $S_\infty=\dfrac{108}{1-\dfrac{2}{3}}=324$.

(b) Scheme A:

$a_1=2.5$，$d=0.16$，$n=24$，

运用求和公式 $S_n=na_1+\dfrac{n(n-1)}{2}d$，得

$S_{24}=24\times2.5+\dfrac{24\times23}{2}\times0.16=104.16.$

Scheme B:

$a_1=2.5$，$r=1.06$，$n=24$，

运用求和公式 $S_n=\dfrac{a_1(1-r^n)}{1-r}$，得

$S_{24}=\dfrac{2.5\times(1-1.06^{24})}{1-1.06}=127.04=127.$

Q9 知识点

trigonometry: graphs of trigonometric functions and transformation inverse functions: precondition and how to derive inverse functions

(i) $f(x)=2-3\cos x$,

$0\leqslant x\leqslant 2\pi \Rightarrow -1\leqslant \cos x\leqslant 1\Rightarrow -3\leqslant -3\cos x\leqslant 3$
$\Rightarrow -1\leqslant f(x)\leqslant 5.$

(ii) 本小问要画 $f(x)=2-3\cos x$，$0\leqslant x\leqslant 2\pi$ 的图像 .
可由 $f(x)=\cos x$ 的图像进行一系列变化求得.
下图为 $f(x)=\cos x, 0\leqslant x\leqslant 2\pi$ 的图像 .

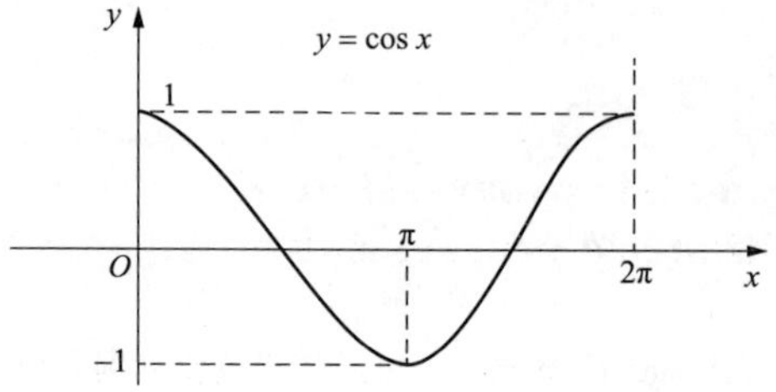

然后将 $f(x)=\cos x$ 上下延伸 3 倍，然后沿 x 轴对称可得 $f(x)=-3\cos x$.

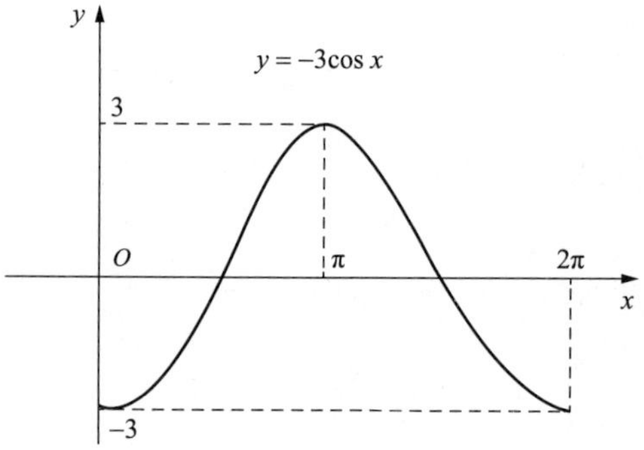

最终将 $f(x)=-3\cos x$ 向上移动 2 个单位可得 $f(x)=2-3\cos x$ 的图像 .

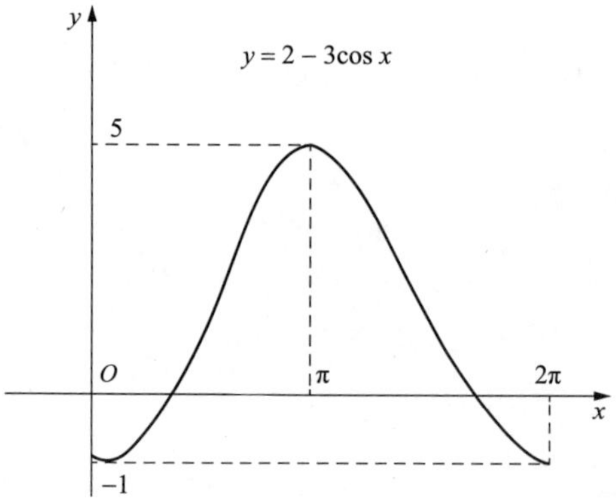

(iii) 根据 inverse function 的性质可知，其存在的前提条件为原函数是一对一函数 .
可借助第 (ii) 小问中的图像求解 .
由上图可见，为了确保一对一，必须取从 $x=0$ 开始到最高点 $x=\pi$ 中的任意一段曲线 .
但此处要求 p 的最大值，因此 p 取 π.

(iv) 当 $p=\pi$ 时，$g(x)=2-3\cos x$ 为一对一函数，存在 inverse function.

$$g(x)=y=2-3\cos x\Rightarrow \cos x=\frac{2-y}{3}$$
$$\Rightarrow x=\cos^{-1}\left(\frac{2-y}{3}\right)\Rightarrow g^{-1}(x)=\cos^{-1}\left(\frac{2-x}{3}\right).$$

Q10 知识点

integration and differentiation (stationary point, using 2nd derivative to determine the nature of stationary point)

(i) 本小问要求曲线方程，只要将 $\frac{d^2y}{dx^2}$ 进行两次积分即可 .

$$\frac{d^2y}{dx^2}=2x-5\Rightarrow \frac{dy}{dx}=\int\frac{d^2y}{dx^2}dx=x^2-5x+C.$$

当 $x=3$ 时，$\frac{dy}{dx}=0\Rightarrow 9-15+C=0\Rightarrow C=6$，

$$\frac{dy}{dx}=x^2-5x+6\Rightarrow y=\int\frac{dy}{dx}dx=\frac{x^3}{3}-\frac{5x^2}{2}+6x+d,$$

将点（3,6）代入，得 $\frac{3^3}{3}-\frac{5\times 3^2}{2}+6\times 3+d=6\Rightarrow d=\frac{3}{2}$，

最终曲线方程为 $y=\frac{x^3}{3}-\frac{5x^2}{2}+6x+\frac{3}{2}$.

(ii) 本小问要求 stationary point，只要令 $\frac{dy}{dx}=0$ 即可 .

$$\frac{dy}{dx}=x^2-5x+6=0\Rightarrow (x-2)(x-3)=0\Rightarrow x=2 \text{ or } x=3,$$

所以另一个 stationary point 的横坐标为 2.

(iii) 本小问要判断 stationary point 的性质，基本方法为判别 $\frac{d^2y}{dx^2}$ 的正负 .

当 $x=2$ 时，$\frac{d^2y}{dx^2}=4-5=-1<0\Rightarrow x=2$ 时，为最大值点.

当 $x=3$ 时，$\frac{d^2y}{dx^2}=6-5=1>0\Rightarrow x=3$ 时，为最小值点.

Q11 知识点

integration, differentiation (chain rule, tangent and normal)

(i) $y=\dfrac{3}{\sqrt{1+4x}}=3(1+4x)^{-\frac{1}{2}}$,

运用 chain rule，得

$\dfrac{dy}{dx}=3\times\left(-\dfrac{1}{2}\right)(1+4x)^{-\frac{3}{2}}\times4=-6(1+4x)^{-\frac{3}{2}}$,

将P横坐标$x=2$代入$\dfrac{dy}{dx}$即可求出该点处切线斜率

$\Rightarrow m_{tangent}=\dfrac{dy}{dx}=-6(1+8)^{-\frac{3}{2}}=-\dfrac{2}{9}$,

因为 normal 和 tangent line 垂直，所以

$m_{tangent}\times m_{normal}=-1\Rightarrow m_{normal}=\dfrac{9}{2}$,

现已知 $m_{normal}=\dfrac{9}{2}$，$P(2,1)$，因此可求出直线 PQ 的方程．

即$y-1=\dfrac{9}{2}(x-2)\Rightarrow y=\dfrac{9}{2}x-8$,

最后令$y=0$即可求出Q点的横坐标：

$y=\dfrac{9}{2}x-8=0\Rightarrow x=\dfrac{16}{9}$.

(ii) 本小问要求 $S_{shaded\ area}$，即求 $S_{area\ under\ curve}-S_{area\ under\ PQ}$.

$S_{area\ under\ curve}=\int_0^2\dfrac{3}{\sqrt{1+4x}}\,dx=\int_0^2 3(1+4x)^{-\frac{1}{2}}\,dx$

$=\left[\dfrac{3}{\frac{1}{2}\times4}(1+4x)^{\frac{1}{2}}\right]_0^2=\left[\dfrac{3}{2}(1+4x)^{\frac{1}{2}}\right]_0^2$

$=\left[\dfrac{3}{2}\times\left((1+8)^{\frac{1}{2}}-\dfrac{3}{2}\times(1+0)^{\frac{1}{2}}\right)\right]=3$,

$S_{area\ under\ PQ}=\int_{\frac{16}{9}}^{2}\dfrac{9}{2}x-8dx=\left[\dfrac{9}{4}x^2-8x+C\right]_{\frac{16}{9}}^{2}$

$=\left[9-16+C-\left(\dfrac{64}{9}-\dfrac{128}{9}+C\right)\right]=\dfrac{1}{9}$,

$S_{shaded\ area}=S_{area\ under\ curve}-S_{area\ under\ PQ}=3-\dfrac{1}{9}=\dfrac{26}{9}$.

9709_s19_qp_12

Q1 知识点

binomial expansion

$(\dfrac{2}{x}-3x)^5$ 中的两项分别为 $\dfrac{2}{x}$ 和 $-3x$，要求一次项 x 前面的系数，需要将 3 次方分配至 $-3x$，将 2 次方分配至 $\dfrac{2}{x}$，然后再乘上 binomial coefficient $\dbinom{5}{3}$或$\dbinom{5}{2}$即可.

$\dbinom{5}{3}\left(\dfrac{2}{x}\right)^2(-3x)^3=10\times\dfrac{4}{x^2}\times(-27x^3)=-1080x$.

Q2 知识点

coordinate geometry: mid-point, perpendicular lines, equations of straight lines

本题要求 AB 的垂直平分线和 y 轴的交点．基本思路为求出垂直平分线的直线方程，然后取 $x=0$ 即可求出交点坐标．

由中点公式 mid-point $=\left(\dfrac{x_1+x_2}{2},\dfrac{y_1+y_2}{2}\right)$可得

AB 中点为$\left(\dfrac{1+9}{2},\dfrac{3-1}{2}\right)=(5,1)$,

直线 AB 斜率为 $m_{AB}=\dfrac{3-(-1)}{1-9}=-\dfrac{1}{2}$,

因为垂直的两直线斜率相乘为 -1，所以 $m_\perp=2$.

现已知中点坐标$(5,1)$，$m_\perp=2$，即可求出垂直平分线的直线方程．

$l_\perp: y-1=2(x-5)\Rightarrow y=2x-9$,

最终取 $x=0$ 即可求出交点坐标．

$x=0\Rightarrow y=-9\Rightarrow C(0,-9)$.

Q3 知识点

(i) rate of change
(ii) finding f (x) by using integral

(i) 题目已知$\dfrac{dx}{dt}=-0.05$, $\dfrac{dy}{dx}=x^3-\dfrac{4}{x^2}$，要求当$x=2$时，$\dfrac{dy}{dt}$的值．

当$x=2$时，$\frac{dy}{dx}=x^3-\frac{4}{x^2}=8-1=7$,

运用公式$\frac{dy}{dt}=\frac{dy}{dx}\cdot\frac{dx}{dt}$，得

$$\frac{dy}{dt}=-0.05\left(x^3-\frac{4}{x^2}\right)=-0.05\times 7=-0.35.$$

(ii) 已知$\frac{dy}{dx}=x^3-\frac{4}{x^2}$,

首先积分求出 general solution,

$$y=\int\left(x^3-\frac{4}{x^2}\right)dx=\int\left(x^3-4x^{-2}\right)dx=\frac{1}{4}x^4+4x^{-1}+C,$$

然后将点$P(2,9)$代入上式可求出 particular solution,

即 $\frac{16}{4}+4\times\frac{1}{2}+C=9\Rightarrow C=9-2-4=3$,

最终得曲线方程 $y=\frac{1}{4}x^4+4x^{-1}+3$.

Q4 知识点

trigonometry: trigonometric identities

(i) $\sin x=a+b,\cos x=a-b$,

$\sin^2 x+\cos^2 x=1$

$\Rightarrow(a+b)^2+(a-b)^2=a^2+2ab+b^2+a^2-2ab+b^2$

$=2a^2+2b^2=1$

$\Rightarrow a^2+b^2=\frac{1}{2}$.

(ii) $\tan x=\frac{\sin x}{\cos x}=\frac{a+b}{a-b}=2\Rightarrow a+b=2a-2b\Rightarrow a=3b$.

Q5 知识点

length of an arc

据弧长公式$l=r\theta$可得，arc $BC=r(\pi-\theta)$，arc $AC=r\theta$.

因此扇形 BOC 的周长$=2r+r(\pi-\theta)$，扇形 AOC 的周长$=2r+r\theta$.

已知 扇形BOC的周长是扇形AOC的周长的两倍，

因此 $2r+r(\pi-\theta)=2(2r+r\theta)\Rightarrow 2r+r\pi-r\theta=4r+2r\theta$

$\Rightarrow\theta=\frac{\pi-2}{3}=0.38$.

Q6 知识点

transformations of functions, solving simultaneous equations

(i) $0\leqslant x\leqslant 2\pi\Rightarrow 0\leqslant 2x\leqslant 4\pi\Rightarrow -1\leqslant\cos 2x\leqslant 1$

$\Rightarrow -3\leqslant 3\cos 2x\leqslant 3$,

所以$y=3\cos 2x$的最大值为 3，最小值为 -3.

$2y+\frac{3x}{\pi}=5\Rightarrow y=-\frac{3x}{2\pi}+\frac{5}{2}$,

$0\leqslant x\leqslant 2\pi\Rightarrow -3\leqslant -\frac{3x}{2\pi}\leqslant 0\Rightarrow -\frac{1}{2}\leqslant -\frac{3x}{2\pi}+\frac{5}{2}\leqslant\frac{5}{2}$,

所以$2y+\frac{3x}{\pi}=5$的最大值为$\frac{5}{2}$，最小值为$-\frac{1}{2}$.

(ii) $0\leqslant x\leqslant 2\pi$,

$y=3\cos 2x$ 的图像可由$y=\cos x$先沿 x 轴缩减 2 倍，然后沿 y 轴方向扩大 3 倍得到.

$2y+\frac{3x}{\pi}=5$和 x 轴交点为 ($\frac{5}{3}\pi,0$)，和 y 轴交点为($0,\frac{5}{2}$).

题目要求将$2y+\frac{3x}{\pi}=5$和$y=3\cos 2x$画在一幅图中，图像如下图所示.

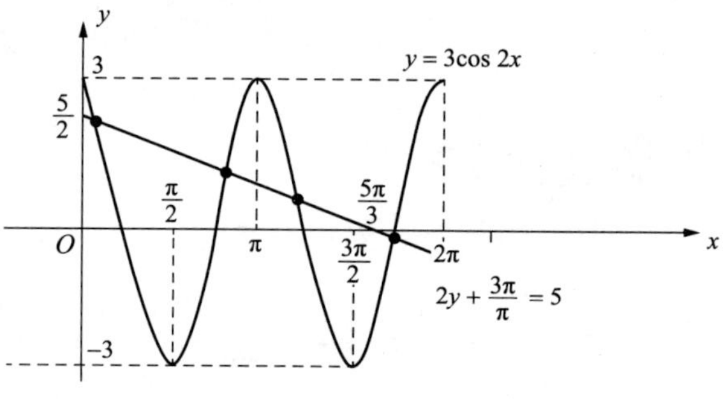

(iii) 联立曲线和直线方程可得

$3\cos 2x=-\frac{3x}{2\pi}+\frac{5}{2}\Rightarrow 6\cos 2x=5-\frac{3x}{\pi}$,

上述等式即为题目要求解的方程，因此只需要观察第 (ii) 小问中曲线和直线的交点数量即可.

由上图可知，交点有 4 个，因此$6\cos 2x=5-\frac{3x}{\pi}$在$0\leqslant x\leqslant 2\pi$中的解有 4 个.

Q7 知识点

inverse and composite functions

(i) $f(x)=y=3x-2\Rightarrow x=\frac{y+2}{3}\Rightarrow f^{-1}(x)=y=\frac{x+2}{3}$,

$g(x)=y=\frac{2x+3}{x-1}\Rightarrow xy-y=2x+3\Rightarrow x=\frac{y+3}{y-2}$

$\Rightarrow g^{-1}(x)=y=\frac{x+3}{x-2}$,

$g^{-1}(x)=\frac{x+3}{x-2}$，分母不能为0，因此$x-2\neq 0\Rightarrow x\neq 2$.

(ii) $f(x)=3x-2, g(x)=\frac{2x+3}{x-1}\Rightarrow fg(x)=3\frac{2x+3}{x-1}-2$

$=\frac{6x+9-2x+2}{x-1}=\frac{4x+11}{x-1}$,

$fg(x)=\frac{7}{3}\Rightarrow\frac{4x+11}{x-1}=\frac{7}{3}\Rightarrow 12x+33=7x-7\Rightarrow x=-8$.

Q8 知识点

vector: vector addition/subtraction, scalar product, unit vector

(i) $\overrightarrow{OA}\cdot\overrightarrow{OB}=|\overrightarrow{OA}||\overrightarrow{OB}|\cos\angle AOB=|\overrightarrow{OA}||\overrightarrow{OB}|\cos 90°=0$,

$\overrightarrow{OA}\cdot\overrightarrow{OB}=\begin{pmatrix}6\\-2\\-6\end{pmatrix}\cdot\begin{pmatrix}3\\k\\-3\end{pmatrix}=18-2k+18=36-2k=0\Rightarrow k=18.$

(ii) $\overrightarrow{OA}=\begin{pmatrix}6\\-2\\-6\end{pmatrix}$, $\overrightarrow{OB}=\begin{pmatrix}3\\k\\-3\end{pmatrix}$,

$|\overrightarrow{OA}|=\sqrt{6^2+(-2)^2+(-6)^2}=\sqrt{76}$,

$|\overrightarrow{OB}|=\sqrt{3^2+k^2+(-3)^2}=\sqrt{18+k^2}$,

$|\overrightarrow{OA}|=|\overrightarrow{OB}|\Rightarrow\sqrt{76}=\sqrt{18+k^2}$

$\Rightarrow k^2=76-18=58$

$\Rightarrow k=\pm 7.62.$

(iii) 要求$\overrightarrow{OC}$方向上的 unit vector，首先要求出$\overrightarrow{OC}$，然后再除以它的模长即可 .

$\overrightarrow{AC}=2\overrightarrow{CB}\Rightarrow\overrightarrow{AC}=\frac{2}{3}\overrightarrow{AB}$,

当$k=4$时，$\overrightarrow{OB}=\begin{pmatrix}3\\4\\-3\end{pmatrix}$,

$\overrightarrow{AB}=\overrightarrow{OB}-\overrightarrow{OA}=\begin{pmatrix}3\\4\\-3\end{pmatrix}-\begin{pmatrix}6\\-2\\-6\end{pmatrix}=\begin{pmatrix}-3\\6\\3\end{pmatrix}$,

$\overrightarrow{AC}=\frac{2}{3}\overrightarrow{AB}=\frac{2}{3}\begin{pmatrix}-3\\6\\3\end{pmatrix}=\begin{pmatrix}-2\\4\\2\end{pmatrix}$,

$\overrightarrow{OC}=\overrightarrow{OA}+\overrightarrow{AC}=\begin{pmatrix}6\\-2\\-6\end{pmatrix}+\begin{pmatrix}-2\\4\\2\end{pmatrix}=\begin{pmatrix}4\\2\\-4\end{pmatrix}$,

$|\overrightarrow{OC}|=\sqrt{4^2+2^2+(-4)^2}=6$,

unit vector in direction of $\overrightarrow{OC}=\frac{1}{|\overrightarrow{OC}|}\overrightarrow{OC}=\frac{1}{6}\begin{pmatrix}4\\2\\-4\end{pmatrix}$.

Q9 知识点

tangents, equations of straight lines, intersection of a line and a quadratic curve

$C_1: y=x^2-4x+7\Rightarrow\frac{dy}{dx}=2x-4$,

当$x=3$时，$\frac{dy}{dx}=2\times 3-4=2$，即曲线$C_1$在$x=3$处的切线斜率为 2.

当$x=3$时，$y=9-12+7=4$，即切点坐标为$(3,4)$.

现已知切线斜率及切点坐标，因此可求出曲线C_1在$x=3$处的切线方程 .

$y-4=2(x-3)\Rightarrow y=2x-2$,

题目已知曲线C_1在$x=3$处的切线同样为曲线C_2在点P处的切线，因此$y=2x-2$为曲线C_2在点P处的切线 .

现已知$y=2x-2$和$y^2=4x+k$相切，这表明两者相交只有一个交点 .

因此可联立两个等式，然后运用判别式$b^2-4ac=0$求出k的值 .

$(2x-2)^2=4x+k\Rightarrow 4x^2+4-8x=4x+k$

$\Rightarrow 4x^2-12x+4-k=0$,

$b^2-4ac=144-4\times 4(4-k)=144-64+16k=0\Rightarrow k=-5$,

$4x^2-12x+4-k=4x^2-12x+9=0$

$\Rightarrow(2x-3)^2=0\Rightarrow x=\frac{3}{2}$,

$x=\frac{3}{2}$ 即为 $y=2x-2$和$y^2=4x-5$ 相切的切点 P 的横坐标，将其代入$y=2x-2$即可求出 P 的纵坐标，为$y=1$.
所以点 P 坐标为（$\frac{3}{2}$, 1）.

Q10 知识点

(a) arithmetic progression
(b) geometric progression

(a)

(i) 题目已知该等差数列的前10项之和等于后5项之和. 后5项之和可表示为前15项之和减去前10项之和.
因此可得表达式 $S_{10}=S_{15}-S_{10}\Rightarrow 2S_{10}=S_{15}$.
运用求和公式 $S_n=na+\frac{n(n-1)}{2}d$.
得$2\left(10a+\frac{90}{2}d\right)=15a+\frac{210}{2}d\Rightarrow 20a+90d$
$=15a+\frac{210}{2}d\Rightarrow 15d=5a\Rightarrow d=\frac{a}{3}$.

(ii) 题目已知 $a_{10}-a_4=36$,
运用等差数列的基本表达形式 $a_n=a+(n-1)d$,
可将上式转化为 $a+9d-a-3d=36\Rightarrow d=6$.
由第 (i) 小问不可知 $d=\frac{a}{3}$，因此 $a=18$.

(b) 题目已知 $S_\infty=9S_4$，运用公式可将其转化为:
$\frac{a_1}{1-r}=\frac{9a_1(1-r^4)}{1-r}\Rightarrow a_1=9a_1(1-r^4)\Rightarrow 1-r^4=\frac{1}{9}\Rightarrow r^4=\frac{8}{9}$,
现已知 $a_1=12, r^4=\frac{8}{9}$，因此 $a_5=a_1r^4=12\times\frac{8}{9}=\frac{32}{3}$.

Q11 知识点

differentiation (stationary points) and integration

(i) $y=\sqrt{4x+1}+\frac{9}{\sqrt{4x+1}}=(4x+1)^{\frac{1}{2}}+9(4x+1)^{-\frac{1}{2}}$,

$\frac{dy}{dx}=\frac{1}{2}(4x+1)^{-\frac{1}{2}}\times4+9\times\left(-\frac{1}{2}\right)(4x+1)^{-\frac{3}{2}}\times4$
$=2(4x+1)^{-\frac{1}{2}}-18(4x+1)^{-\frac{3}{2}}$ (chain rule),

$\int y\,dx=\int(4x+1)^{\frac{1}{2}}+9(4x+1)^{-\frac{1}{2}}\,dx$
$=\frac{2}{3}(4x+1)^{\frac{3}{2}}\times\frac{1}{4}+9\times2(4x+1)^{\frac{1}{2}}\times\frac{1}{4}+C$
$=\frac{1}{6}(4x+1)^{\frac{3}{2}}+\frac{9}{2}(4x+1)^{\frac{1}{2}}+C$.

(ii) M 为曲线最低点，该点斜率为 0，因此要求其横坐标只要令 $\frac{dy}{dx}=0$ 即可.
$\frac{dy}{dx}=2(4x+1)^{-\frac{1}{2}}-18(4x+1)^{-\frac{3}{2}}=0$,
两边同乘$(4x+1)^{-\frac{3}{2}}$ 得，$2(4x+1)-18=0\Rightarrow x=2$,
当$x=2$时，$y=\sqrt{9}+\frac{9}{\sqrt{9}}=3+3=6$,
所以 M 点坐标为（2, 6）.

(iii) 如下图所示，由点 M 向 x 轴和 y 轴分别作垂线，垂足分别标记为 P 和 N. 由于四边形 $PMNO$ 的四个角均为直角，因此四边形 $PMNO$ 为长方形. 由于 M 点坐标为（2, 6），因此长方形两条边长分别为 $OP=2$，$ON=6$.

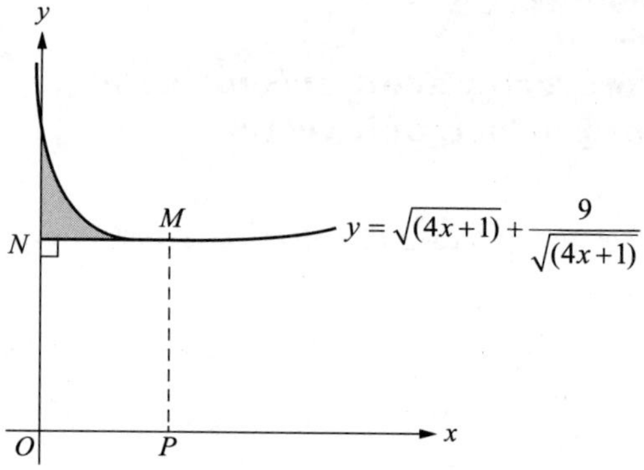

本小问要求 $S_{\text{shaded area}}$，即求 $S_{\text{area under curve}}-S_{长方形PMNO}$.

$S_{\text{area under curve}}=\int_0^2\left(\sqrt{4x+1}+\frac{9}{\sqrt{4x+1}}\right)dx$
$=\left[\frac{1}{6}(4x+1)^{\frac{3}{2}}+\frac{9}{2}(4x+1)^{\frac{1}{2}}+C\right]_0^2$
$=\left[\frac{1}{6}\times27+\frac{9}{2}\times3+c-\frac{1}{6}-\frac{9}{2}-C\right]=\frac{40}{3}$,
$S_{长方形PMNO}=2\times6=12$,
$S_{\text{shaded area}}=S_{\text{area under curve}}-S_{长方形PMNO}=\frac{40}{3}-12=\frac{4}{3}$.

9709_s19_qp_13

Q1 知识点

completing the square, solving quadratic inequalities

(i) $f(x)=x^2-4x+8=x^2-4x+2^2-2^2+8=(x-2)^2+4.$

(ii) $f(x)<9$

$\Rightarrow (x-2)^2+4<9$

$\Rightarrow (x-2)^2<5$

$\Rightarrow -\sqrt{5}<x-2<\sqrt{5}$

$\Rightarrow 2-\sqrt{5}<x<2+\sqrt{5}.$

Q2 知识点

binomial expansion

(i) 题目已知 $(2x-\frac{1}{2x})^5$ 分解后的前三项 $32x^5-40x^3+20x$，要求后三项．

$(2x-\frac{1}{2x})^5$ 中的两项分别为 $2x$ 和 $-\frac{1}{2x}$，

根据前三项的式子，可知前三项分别为将 5 次方、4 次方和 3 次方分配至 $2x$ 的情况，那么后三项即为将 2 次方、1 次方和 0 次方分配至 $2x$ 的情况．

首先看将 2 次方分配至 $2x$ 的情况：

将 2 次方分配至 $2x$，那么剩余的 3 次方就分配至 $-\frac{1}{2x}$，再乘上 binomial coefficient $\binom{5}{2}$ 即可求出该项，为 $\binom{5}{2}(2x)^2(-\frac{1}{2x})^3=-\frac{5}{x}.$

然后看将 1 次方分配至 $2x$ 的情况：

将 1 次方分配至 $2x$，那么剩余的 4 次方就分配至 $-\frac{1}{2x}$，再乘上 binomial coefficient $\binom{5}{1}$ 即可求出该项，为 $\binom{5}{1}(2x)^1(-\frac{1}{2x})^4=\frac{5}{8x^3}.$

最后看将 0 次方分配至 $2x$ 的情况：

将 0 次方分配至 $2x$，就是将 5 次方全部分配至 $-\frac{1}{2x}$，再乘上 binomial coefficient $\binom{5}{0}$ 即可求出该项，为 $\binom{5}{0}(2x)^0(-\frac{1}{2x})^5=-\frac{1}{32x^5}$

最终得后三项为 $-\frac{5}{x}+\frac{5}{8x^3}-\frac{1}{32x^5}$．

(ii) 题目要求 $(1+4x^2)(2x-\frac{1}{2x})^5$ 展开后一次项 x 前面的系数．

由第 (i) 小问可知，$(2x-\frac{1}{2x})^5=32x^5-40x^3+20x-\frac{5}{x}+\frac{5}{8x^3}-\frac{1}{32x^5}$ 将其与 $1+4x^2$ 相乘，能得到一次项的情况总计有两种：1 和 $20x$ 相乘以及 $4x^2$ 和 $-\frac{5}{x}$ 相乘．

最终得一次项为 $20x-20x=0$，

因此可知 $(1+4x^2)(2x-\frac{1}{2x})^5$ 展开后不存在一次项，即一次项 x 前面的系数为 0.

Q3 知识点

trigonometric ratio, area of a sector

(i) $\triangle ABC$ 中，$\angle ABC=\frac{\pi}{5}$，

$\angle AOB=\frac{\pi}{2}\Rightarrow\angle ACB=\pi-\frac{\pi}{5}-\frac{\pi}{2}=\frac{3\pi}{10}$，

$\triangle ADC$ 中，$AD=AC\sin\frac{3\pi}{10}=6.47\text{cm}.$

(ii) 本小问要求 $S_{\text{shaded area}}$，即求 $S_{\triangle ADC}+S_{\text{sector }ADE}$．

首先看 $S_{\triangle ADC}$：

$\text{Rt}\triangle ADC$ 中，$DC=AC\cos\frac{3\pi}{10}=8\cos\frac{3\pi}{10}\text{cm}$，

$AD=AC\sin\frac{3\pi}{10}=8\sin\frac{3\pi}{10}\text{cm}$，

求出两条直角边后，运用三角形面积公式得

$S_{\triangle ADC}=\frac{1}{2}\times 8\cos\frac{3\pi}{10}\times 8\sin\frac{3\pi}{10}=15.22\ \text{cm}^2.$

然后看 $S_{\text{sector }ADE}$：

运用扇形面积公式$A=\frac{1}{2}r^2\theta$，可得

$$S_{\text{sector }ADE}=\frac{1}{2}\times AD^2\times\angle BAD$$
$$=\frac{1}{2}\times\left(8\sin\frac{3\pi}{10}\right)^2\times\left(\frac{\pi}{2}-\frac{\pi}{5}\right)=19.74\ \text{cm}^2.$$

最终$S_{\text{shaded area}}=S_{\triangle ADC}+S_{\text{sector }ADE}=34.9\ \text{cm}^2$.

Q4 知识点

composite function, inverse function

(i) 根据 composite function 性质可知，$\mathrm{gf}(x)$成立的前提条件为 f (x) 的 range 必须落在 g(x) 的 domain 中 .
因此可先求出 f (x) 的 range.

$$3\leqslant x\leqslant 7\Rightarrow 2\leqslant x-1\leqslant 6\Rightarrow 8\leqslant\frac{48}{x-1}\leqslant 24$$
$\Rightarrow \mathrm{f}(x)$ range 为$[8,24]$,
然后再比较 f (x) 的 range 和 g(x) 的 domain.

g(x) domain 为 $[a,b]$，f (x) range $[8,24]$ 必须落在 g(x) domain $[a,b]$中，也就是说 $[8,24]$为$[a,b]$的子集.
所以 a 的取值范围为 $a\leqslant 8$, b 的取值范围为 $b\geqslant 24$，
因此 a 能取到最大值 8，b 能取到最小值 24.

(ii) $\mathrm{f}(x)=\frac{48}{x-1}$，$\mathrm{g}(x)=2x-4$，

$$\mathrm{gf}(x)=2\times\frac{48}{x-1}-4=\frac{96-4(x-1)}{x-1}=\frac{-4x+100}{x-1}.$$

(iii) $\mathrm{gf}(x)=y=\frac{-4x+100}{x-1}$

$\Rightarrow y(x-1)=-4x+100$

$\Rightarrow yx-y=-4x+100$

$\Rightarrow x(y+4)=100+y$

$\Rightarrow x=\frac{100+y}{y+4}$

$\Rightarrow (\mathrm{gf})^{-1}(x)=\frac{100+x}{x+4}.$

Q5 知识点

(i) arithmetic progression
(ii) solving quadratic equation
(iii) geometric progression

(i) 题可知 $a_1=1, a_2=0.98$,
运用$a_n=a_1+(n-1)d$，得
$a_2=a_1+d=0.98$
$\Rightarrow d=a_2-a_1$
$=0.98-1=-0.02$,

运用$S_n=na_1+\frac{n(n-1)}{2}d$，得

$$S_x=x-\frac{0.02x(x-1)}{2}=-0.01x^2+1.01x.$$

(ii) 由第 (i) 小问可知,
$S_n=-0.01n^2+1.01n=13$
$\Rightarrow n^2-101n+1300=0$
$\Rightarrow n=\frac{101\pm\sqrt{101^2-4\times1300}}{2}=15.14\text{ or }85.86$(舍),
最终可得 16 周后 A 完成减重目标 .

(iii) 由题可知 $a_1=1$，$a_2=0.92$.
运用$a_n=a_1r^{n-1}$，得$a_2=a_1r=0.92\Rightarrow r=0.92$，
运用求和公式为，得$S_{20}=\frac{1\times(1-0.92^{20})}{1-0.92}=10.1$.
因此 20 周后 B 总计减重 10.1 kg.
运用公式$S_\infty=\frac{a_1}{1-r}$，得$S_\infty=\frac{1}{1-0.92}=12.5$.
因为 $12.5<13$，所以 B 永远也无法达成目标 .

Q6 知识点

vector addition/subtraction, scalar product, unit vector

(i) 要求 $\overrightarrow{MF}$ 的表达形式，可通过$\overrightarrow{MF}=\overrightarrow{AF}-\overrightarrow{AM}$ 求得 .
首先因为点 M 为 AB 中点且 AB 长度为 8，所以$\overrightarrow{AM}=4\mathbf{i}$.
其次由题可知，$\overrightarrow{AD}=7\mathbf{k}$, $\overrightarrow{DF}=2\mathbf{j}$，因此
$\overrightarrow{AF}=\overrightarrow{AD}+\overrightarrow{DF}=2\mathbf{j}+7\mathbf{k}$,
最终得 $\overrightarrow{MF}=\overrightarrow{AF}-\overrightarrow{AM}=-4\mathbf{i}+2\mathbf{j}+7\mathbf{k}$.

(ii) 由题可知，因为 DE 长度为 4，所以 $\overrightarrow{DE} = 4\mathbf{i}$，

$\overrightarrow{FE} = \overrightarrow{DE} - \overrightarrow{DF} = 4\mathbf{i} - 2\mathbf{j}$，

因为点 N 为 FE 的中点，所以 $\overrightarrow{FN} = \frac{1}{2}\overrightarrow{FE} = 2\mathbf{i} - \mathbf{j}$.

(iii) $\overrightarrow{MN} = \overrightarrow{MF} + \overrightarrow{FN} = -4\mathbf{i} + 2\mathbf{j} + 7\mathbf{k} + 2\mathbf{i} - \mathbf{j} = -2\mathbf{i} + \mathbf{j} + 7\mathbf{k}$.

(iv) $\overrightarrow{MF} \cdot \overrightarrow{MN} = \left|\overrightarrow{MF}\right|\left|\overrightarrow{MN}\right| \cos\angle FMN$

$\Rightarrow \cos\angle FMN = \dfrac{\overrightarrow{MF} \cdot \overrightarrow{MN}}{\left|\overrightarrow{MF}\right|\left|\overrightarrow{MN}\right|}$,

$\overrightarrow{MF} \cdot \overrightarrow{MN} = (-4\mathbf{i} + 2\mathbf{j} + 7\mathbf{k})(-2\mathbf{i} + \mathbf{j} + 7\mathbf{k}) = 8 + 2 + 49 = 59$,

$\left|\overrightarrow{MF}\right| = \sqrt{(-4)^2 + 2^2 + 7^2} = \sqrt{69}$,

$\left|\overrightarrow{MN}\right| = \sqrt{(-2)^2 + 1^2 + 7^2} = \sqrt{54}$,

$\cos\angle FMN = \dfrac{59}{\sqrt{69} \times \sqrt{54}} \Rightarrow \angle FMN = 14.9°$.

Q7 知识点

coordinate geometry: length of a line segment and mid-point

(i) 因为点 D 为 AB 的中点，所以点 D 的坐标为

$\left(\dfrac{1+9}{2}, \dfrac{3-1}{2}\right)$，即$(5, 1)$.

(ii) $CD = \sqrt{(x-5)^2 + (y-1)^2}$

$\Rightarrow CD^2 = (x-5)^2 + (y-1)^2 = 20$.

(iii) $AC = BC$

$\Rightarrow \sqrt{(x-1)^2 + (y-3)^2} = \sqrt{(x-9)^2 + (y+1)^2}$

$\Rightarrow (x-1)^2 + (y-3)^2 = (x-9)^2 + (y+1)^2$

$\Rightarrow x^2 - 2x + 1 + y^2 - 6y + 9 = x^2 + 81 - 18x + y^2 + 2y + 1$

$\Rightarrow 16x - 8y - 72 = 0$

$\Rightarrow y = 2x - 9$.

(iv) 联立第 (ii) 小问和第 (iii) 小问中的两个方程，即可求出点 C 坐标 .

$$\begin{cases}(x-5)^2 + (y-1)^2 = 20, \\ y = 2x - 9.\end{cases}$$

将 $y = 2x - 9$ 代入 $(x-5)^2 + (y-1)^2 = 20$ 中，即可求出横坐标 x 的值 .

$(x-5)^2 + (2x-10)^2 = 20$

$\Rightarrow 5(x-5)^2 = 20$

$\Rightarrow (x-5)^2 = 4$

$\Rightarrow x - 5 = \pm 2$

$\Rightarrow x = 7$ or 3，

求出横坐标后，代入 $y = 2x - 9$ 即可求出纵坐标 .

当 $x = 7$ 时，$y = 2 \times 7 - 9 = 5$，点 C 坐标为（7，5）.

当 $x = 3$ 时，$y = 2 \times 3 - 9 = -3$，点 C 坐标为（3，−3）.

Q8 知识点

stationary point, finding f(x) by integral

已知（−1，2）和（3，k）为曲线的两个 stationary point，

这意味着 $\dfrac{dy}{dx} = 0$ 的两个解为 $x = -1$和$x = 3$.

将 $x = -1$和$x = 3$ 代入 $\dfrac{dy}{dx} = 0$，即可得关于 a 和 b 的方程组并求出具体值 .

$\dfrac{dy}{dx} = 3x^2 + ax + b = 0$,

$$\begin{cases}3 - a + b = 0 \\ 27 + 3a + b = 0\end{cases} \Rightarrow \begin{cases}a = -6, \\ b = -9,\end{cases}$$

因此$\dfrac{dy}{dx} = 3x^2 - 6x - 9$，

首先积分求出 general solution，

$y = \int(3x^2 - 6x - 9)\,dx = x^3 - 3x^2 - 9x + C$，

然后将 (−1，2) 代入上式即可求出 particular solution.

$-1 - 3 + 9 + C = 2 \Rightarrow C = -3$，

因此 $y = x^3 - 3x^2 - 9x - 3$，

最终将 $x = 3$ 代入即可求出 k.

$k = 27 - 27 - 27 - 3 = -30$.

Q9 知识点

solving trigonometric equations

(i) $0 \leqslant x \leqslant \pi$

$\Rightarrow 0 \leqslant 2x \leqslant 2\pi$

$\Rightarrow -1 \leqslant \sin 2x \leqslant 1$

$\Rightarrow 0 \leqslant \sin^2 2x \leqslant 1$

$0 \leqslant p\sin^2 2x \leqslant p$

$\Rightarrow q \leqslant p\sin^2 2x + q \leqslant p+q$

$\Rightarrow q \leqslant f(x) \leqslant p+q$.

(ii)

(a) $f(x) = p\sin^2 2x + q = p+q$

$\Rightarrow \sin^2 2x = 1$

$\Rightarrow \sin 2x = \pm 1$

$\Rightarrow 2x = \frac{\pi}{2} + k\pi$ (k取整数),

因为$0 \leqslant 2x \leqslant 2\pi$，所以 $2x = \frac{\pi}{2}$ or $2x = \frac{3\pi}{2}$，即

$x = \frac{\pi}{4}$ or $x = \frac{3\pi}{4}$,

因此 $f(x) = p+q$ 有两个解，为$x = \frac{\pi}{4}$ or $x = \frac{3\pi}{4}$.

(b) $f(x) = p\sin^2 2x + q = q$

$\Rightarrow \sin^2 2x = 0$

$\Rightarrow \sin 2x = 0$

$\Rightarrow 2x = k\pi$,(k 取整数)

因为$0 \leqslant 2x \leqslant 2\pi$,所以 $2x = 0$ or $2x = \pi$ or $2x = 2\pi$,即

$x = 0$ or $x = \frac{\pi}{2}$ or $x = \pi$,

因此 $f(x) = q$ 有三个解，为$x = 0$ or $x = \frac{\pi}{2}$ or $x = \pi$.

(c) $f(x) = p\sin^2 2x + q = \frac{1}{2}p + q$

$\Rightarrow \sin^2 2x = \frac{1}{2}$

$\Rightarrow \sin 2x = \pm\frac{\sqrt{2}}{2}$

$\Rightarrow 2x = \frac{\pi}{4} + \frac{k\pi}{2}$ (k取整数),

因为$0 \leqslant 2x \leqslant 2\pi$，所以

$2x = \frac{\pi}{4}$ or $2x = \frac{3\pi}{4}$ or $2x = \frac{5\pi}{4}$ or $2x = \frac{7\pi}{4}$,

即 $x = \frac{\pi}{8}$ or $x = \frac{3\pi}{8}$ or $x = \frac{5\pi}{8}$ or $x = \frac{7\pi}{8}$,

因此 $f(x) = \frac{1}{2}p + q$ 有四个解，

为$x = \frac{\pi}{8}$ or $x = \frac{3\pi}{8}$ or $x = \frac{5\pi}{8}$ or $x = \frac{7\pi}{8}$.

(iii) $f(x) = 3\sin^2 2x + 2 = 4 \Rightarrow \sin^2 2x = \frac{2}{3} \Rightarrow \sin 2x = \pm\frac{\sqrt{6}}{3}$,

$0 \leqslant 2x \leqslant 2\pi$

$\Rightarrow 2x = 54.74°$ or $180° - 54.74°$ or $54.74° + 180°$ or $360° - 54.74°$

$\Rightarrow x = 27.37°$ or $62.63°$ or $117.37°$ or $152.63°$ (degree)

$\Rightarrow x = 0.478$ or 1.09 or 2.05 or 2.66 (radians).

Q10 知识点

tangent, area bounded by a curve and a line, rate of change

(i) 本小问要求点 A 处的切线方程，只需求出 A 点坐标和 A 点处切线的斜率即可 .

$y = (3x+4)^{\frac{1}{2}}$,

首先代入点 A 横坐标 $x = 4$，即可求出其纵坐标，

$y = (3\times 4+4)^{\frac{1}{2}} = 4$,

其次运用chain rule，得 $\frac{dy}{dx} = \frac{1}{2}(3x+4)^{-\frac{1}{2}} \times 3 = \frac{3}{2}(3x+4)^{-\frac{1}{2}}$,

代入点 A 横坐标 $x = 4$，即可求出切线斜率 $\frac{dy}{dx} = \frac{3}{8}$,

最终得切线方程 $y - 4 = \frac{3}{8}(x-4) \Rightarrow y = \frac{3}{8}x + \frac{5}{2}$.

(ii) 本小问要求 $S_{\text{shaded area}}$，即求 $S_{\text{area under tangent}} - S_{\text{ared under curve}}$

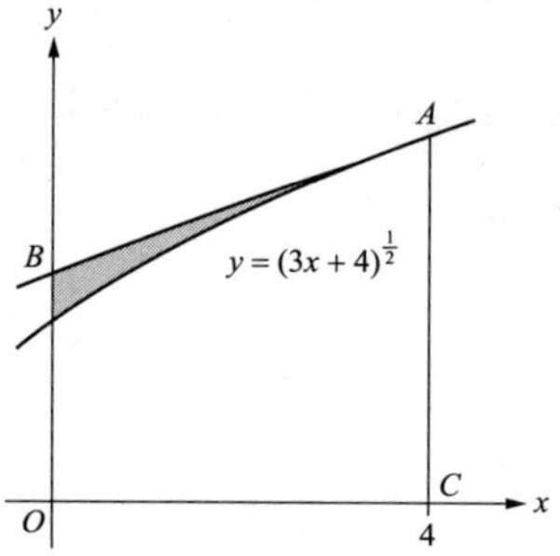

首先看 $S_{\text{area under tangent}}$：

由点 A 向 x 轴作垂线，垂足为 C（见上图）.

因此 $S_{\text{area under tangent}} = S_{梯形ABCO} = \frac{1}{2}\times(OB + AC)\times OC$,

因为 $A(4, 4)$，所以 $AC = OC = 4$,

切线方程 $y = \frac{3}{8}x + \frac{5}{2}$，当 $x = 0$ 时 $y = \frac{5}{2}$，因此 $OB = \frac{5}{2}$,

$S_{\text{area under tangent}} = \frac{1}{2}\times\left(\frac{5}{2}+4\right)\times 4 = 13$,

然后看 $S_{\text{area under curve}}$：

$S_{\text{area under curve}} = \int_0^4 (3x+4)^{\frac{1}{2}}\,dx = \left[\frac{2}{9}(3x+4)^{\frac{3}{2}}\right]_0^4$

$= \frac{2}{9}\times 16^{\frac{3}{2}} - \frac{2}{9}\times 4^{\frac{3}{2}} = \frac{112}{9}$.

最终 $S_{\text{shaded area}}=13-\frac{112}{9}=\frac{5}{9}$.

(iii) 由题意可知：$\frac{dy}{dx}=\frac{1}{2}$，通过解该方程即可求出点 P 的横坐标，即

$\frac{dy}{dx}=\frac{3}{2}(3x+4)^{-\frac{1}{2}}=\frac{1}{2}\Rightarrow(3x+4)^{-\frac{1}{2}}=\frac{1}{3}\Rightarrow 3x+4=9\Rightarrow x=\frac{5}{3}$,

最终得点 P 的横坐标为 $\frac{5}{3}$.

9709_w19_qp_11

Q1 知识点

binomial expansion

$(2x+\frac{1}{4x^2})^6$ 中的两项分别为 $2x$ 和 $\frac{1}{4x^2}$，要求常数项，需要将 4 次方分配至 $2x$，将 2 次方分配至 $\frac{1}{4x^2}$，然后再乘上 binomial coefficient $\binom{6}{4}$ 或 $\binom{6}{2}$ 即可.

即 $\binom{6}{4}(2x)^4\left(\frac{1}{4x^2}\right)^2=\frac{30}{2}\times16x^4\times\frac{1}{16x^4}=15$,

所以常数项为 15.

Q2 知识点

differentiation: increasing and decreasing functions

题目已知 f (x) 在 $x>n$ 上为递增函数，因此当 $x>n$ 时 $f'(x)>0$.

即 $x^2-6x+8=(x-3)^2-1>0\Rightarrow(x-3)^2>1$

$\Rightarrow x-3>1$ or $x-3<-1$

$\Rightarrow x>4$ or $x<2$（舍）

所以 n 的最小值为 4.

Q3 知识点

gradient function

曲线 $y=2x^3-5x^2-3x+c$ 在点（2，6）处的切线方程为 $y=ax+b$，要求 a，b，c 的值.

首先点（2，6）为切点，因此在曲线上，所以将点（2,6）代入曲线方程即可求出 c 的值.

$16-20-6+c=6\Rightarrow c=16$,

然后切线方程 $y=ax+b$ 的斜率为 a，该值同时也是当 $x=2$ 时曲线导数方程（$\frac{dy}{dx}$）的值，联立即可求出 a 的值.

$\frac{dy}{dx}=6x^2-10x-3$,

当 $x=2$ 时，$\frac{dy}{dx}=24-20-3=1\Rightarrow a=1$.

最后点（2，6）为切点，因此也在切线方程上，所以将点坐标代入切线方程即可求出 b 的值.

$2+b=6\Rightarrow b=4$.

Q4 知识点

geometric progression

(i) 由题可知 $r=1.1$，$a_{21}=20$

运用 $a_n=a_1r^{n-1}$，可得 $a_{21}=1.1^{20}a_1=20\Rightarrow a_1=3.0$

所以第一天要跑 3.0 km.

(ii) 由题可知 $r=1.1$，$a_1=3.0$

运用求和公式为可得

$S_{21}=\frac{3(1-1.1^{21})}{1-1.1}=192$.

所以 21 天总计跑步距离为 192 km.

Q5 知识点

trigonometry: trigonometric identities, solving trigonometric equations

(i) $4\tan x+3\cos x+\frac{1}{\cos x}=0$,

$\frac{4\sin x+3\cos^2x+1}{\cos x}=0$，$\left(\tan x=\frac{\sin x}{\cos x}\right)$

$\frac{4\sin x+3(1-\sin^2 x)+1}{\cos x}=0$， $(\sin^2 x+\cos^2 x=1)$

$4\sin x+3(1-\sin^2 x)+1=0$，

$3\sin^2 x-4\sin x-4=0$， （因式分解）

$(3\sin x+2)(\sin x-2)=0$,

$\sin x=2$ or $\sin x=-\frac{2}{3}$,

因为 $-1\leqslant\sin x\leqslant 1$，所以 $\sin x=-\frac{2}{3}$.

(ii) 将 $2x-20°$ 看成一个整体，题目中的方程就和第 (i) 小问中的方程相同．根据第 (i) 小问中的结论可得

$\sin(2x-20°)=-\frac{2}{3}$,

$0\leqslant x\leqslant 180° \Rightarrow -20°\leqslant 2x-20°\leqslant 340°$,

$2x-20°=-41.8°$ (reject) or $41.8°+180°=221.8°$

or $360°-41.8°=318.2°$

$\Rightarrow x=120.9°$ or $169.1°$.

Q6 知识点

intersection of a line and a quadratic curve

已知直线斜率为 m 且经过（0，–2），因此其直线方程可写为 $y=mx-2$.

又知 $y=mx-2$ 和 $y=x^2-2x+7$ 相切，这表明两者相交只有一个交点．

因此可以联立两个等式，然后运用判别式 $b^2-4ac=0$ 求出 c 的值．

$x^2-2x+7=mx-2$

$\Rightarrow x^2-(2+m)x+9=0$

$\Rightarrow b^2-4ac=(2+m)^2-36=0 \Rightarrow m+2=\pm 6$

$\Rightarrow m=4$ or $m=-8$,

当 $m=4$ 时，

$x^2-2x+7=mx-2 \Rightarrow x^2-6x+9=0 \Rightarrow (x-3)^2=0$

$\Rightarrow x=3$,

将 $x=3$ 代入 $y=x^2-2x+7$，得切点纵坐标为 10.

所以切点坐标为（3，10）．

当 $m=-8$ 时，

$x^2-2x+7=mx-2 \Rightarrow x^2+6x+9=0 \Rightarrow (x+3)^2=0$

$\Rightarrow x=-3$,

将 $x=-3$ 代入 $y=x^2-2x+7$，得切点纵坐标为 22.

所以切点坐标为（–3，22）．

Q7 知识点

function: finding range, composite function and inverse function

(i) $f(x)=\frac{3}{2x+1}$,

当 $x>0$ 时，$2x+1>1 \Rightarrow 0<\frac{3}{2x+1}<3$,

所以 $f(x)$ 的 range 为 $(0,3)$.

$g(x)=\frac{1}{x}+2$,

当 $x>0$ 时，$\frac{1}{x}>0 \Rightarrow \frac{1}{x}+2>2$,

所以 $g(x)$ 的 range 为 $(2,\infty)$.

(ii) $fg(x)=\frac{3}{2(\frac{1}{x}+2)+1}=\frac{3}{\frac{2}{x}+4+1}=\frac{3x}{2+5x}$.

(iii) $fg(x)=y=\frac{3x}{2+5x} \Rightarrow 2y+5xy=3x$

$\Rightarrow x(3-5y)$

$=2y \Rightarrow x=\frac{2y}{3-5y}$

因此 $(fg)^{-1}(x)=\frac{2x}{3-5x}$.

Q8 知识点

length of an arc, area of a sector

(i) 在扇形 OAC 中，已知 $\angle AOC=\frac{3\pi}{8}$ rads，arc $AC=6$ cm，

运用公式 $l=r\theta$，可得 $6=\frac{3\pi}{8}OA \Rightarrow OA=\frac{16}{\pi}=5.093$ cm.

(ii) 本小问要求阴影部分的周长，即 $AB+AC+$ arc AC，

已知 arc $AC=6$ cm，所以只要求 AB 和 BC 的长度即可.

连接 OB 可发现 $\triangle OAB$ 和 $\triangle OBC$ 为全等直角三角形，所以 $AB=BC$ 且 $\angle AOB=\frac{1}{2}\angle AOC=\frac{3\pi}{16}$,

$AB=OA\times\tan\angle AOB=5.093\times\tan\frac{3\pi}{16}=3.403$ cm $=AC$.

所以阴影部分周长 $=AB+AC+$ arc $AC=3.403+3.403+6$ $=12.8$ cm.

(iii) 本小问要求 $S_{\text{shaded area}}$，即求 $S_{ABCO}-S_{\text{sector}}$.

首先看 S_{sector}：

运用公式 $A=\frac{1}{2}r^2\theta$，可得 $S_{\text{sector}}=\frac{1}{2}\times\left(\frac{16}{\pi}\right)^2\times\frac{3\pi}{8}$

$=15.279\text{ cm}^2$.

然后看 S_{ABCO}：

由第 (ii) 小问可知，连接 OB 后 $\triangle OAB$和$\triangle OBC$为全等直角三角形，所以 $S_{ABCO}=2S_{\triangle OAB}$.

$S_{\triangle OAB}=\frac{1}{2}\times OA\times AB=\frac{1}{2}\times\frac{16}{\pi}\times3.403\Rightarrow S_{ABCO}=\frac{16}{\pi}\times3.403$

$=17.331\text{ cm}^2$，

最终 $S_{\text{shaded area}}=S_{ABCO}-S_{\text{sector}}=17.331-15.279=2.05\text{ cm}^2$.

Q9 知识点

finding f(x) by using integral, differentiation (stationary points, using 2nd derivative to determine the nature of stationary point)

(i) $\frac{dy}{dx}=(5x-1)^{\frac{1}{2}}-2$，

首先积分求出 general solution，

$y=\int\frac{dy}{dx}=\int\left[(5x-1)^{\frac{1}{2}}-2\right]dx=\frac{1}{5}\times\frac{2}{3}(5x-1)^{\frac{3}{2}}-2x+C$

$=\frac{2}{15}(5x-1)^{\frac{3}{2}}-2x+C$,

然后将点 $(2,3)$ 代入上式可求出 particular solution，

$\frac{2}{15}\times9^{\frac{3}{2}}-4+C=3\Rightarrow C=7-\frac{2}{15}\times27=\frac{17}{5}$，

最终得曲线方程为 $y=\frac{2}{15}(5x-1)^{\frac{3}{2}}-2x+\frac{17}{5}$.

(ii) $\frac{dy}{dx}=(5x-1)^{\frac{1}{2}}-2$，

运用chain rule，可得 $\frac{d^2y}{dx^2}=\frac{5}{2}(5x-1)^{-\frac{1}{2}}$.

(iii) 首先要求 stationary point，即求 $\frac{dy}{dx}=0$ 时 x 的值即可 .

$\frac{dy}{dx}=(5x-1)^{\frac{1}{2}}-2=0\Rightarrow5x-1=4\Rightarrow x=1$，

当 $x=1$ 时，代入曲线方程即可求出 stationary point 的纵坐标，为 $y=\frac{2}{15}\times4^{\frac{3}{2}}-2+\frac{17}{5}=\frac{37}{15}$，

所以 stationary point 的坐标为 $(1,\frac{37}{15})$.

然后要判断 stationary point 的性质，基本方法为判别 $\frac{d^2y}{dx^2}$ 的正负 .

当$x=1$时，$\frac{d^2y}{dx^2}=\frac{5}{2}\times4^{-\frac{1}{2}}=\frac{5}{4}>0\Rightarrow(1,\frac{37}{15})$ 为最小值点.

Q10 知识点

vector: vector addition/subtraction, scalar product, modulus, parallel vectors

(i) 要证明 AB 和 BC 垂直，只要证明 $\overrightarrow{AB}\cdot\overrightarrow{BC}=0$ 即可 .

$\overrightarrow{AB}=\overrightarrow{OB}-\overrightarrow{OA}=\begin{pmatrix}2\\-3\\5\end{pmatrix}-\begin{pmatrix}-1\\3\\-4\end{pmatrix}=\begin{pmatrix}3\\-6\\9\end{pmatrix}$,

$\overrightarrow{BC}=\overrightarrow{OC}-\overrightarrow{OB}=\begin{pmatrix}4\\-2\\5\end{pmatrix}-\begin{pmatrix}2\\-3\\5\end{pmatrix}=\begin{pmatrix}2\\1\\0\end{pmatrix}$,

$\overrightarrow{AB}\cdot\overrightarrow{BC}=\begin{pmatrix}3\\-6\\9\end{pmatrix}\cdot\begin{pmatrix}2\\1\\0\end{pmatrix}=6-6+0=0$,

所以 AB 和 BC 垂直 .

(ii) 要证明四边形 $ABCD$ 为梯形，只要证明 AB 和 DC 平行且不相等即可，即证明 $\overrightarrow{AB}=k\overrightarrow{DC}$.

由第 (i) 小问可知，$\overrightarrow{AB}=\begin{pmatrix}3\\-6\\9\end{pmatrix}$,

$\overrightarrow{DC}=\overrightarrow{OC}-\overrightarrow{OD}=\begin{pmatrix}4\\-2\\5\end{pmatrix}-\begin{pmatrix}2\\2\\-1\end{pmatrix}=\begin{pmatrix}2\\-4\\6\end{pmatrix}$,

$\begin{pmatrix}3\\-6\\9\end{pmatrix}=\frac{3}{2}\begin{pmatrix}2\\-4\\6\end{pmatrix}\Rightarrow\overrightarrow{AB}=\frac{3}{2}\overrightarrow{DC}$,

因此四边形 $ABCD$ 为梯形 .

(iii) 根据梯形的面积公式，可得$S_{ABCD}=\frac{1}{2}BC\times(AB+DC)$，

所以只要分别求出 $\overrightarrow{AB}$、$\overrightarrow{DC}$、$\overrightarrow{BC}$ 的模，然后代入梯形的面积公式即可 .

$\overrightarrow{AB}=\begin{pmatrix}3\\-6\\9\end{pmatrix}\Rightarrow\left|\overrightarrow{AB}\right|=\sqrt{3^2+(-6)^2+9^2}=\sqrt{126}$,

$\overrightarrow{DC}=\begin{pmatrix}2\\-4\\6\end{pmatrix}\Rightarrow\left|\overrightarrow{DC}\right|=\sqrt{2^2+(-4)^2+6^2}=\sqrt{56}$,

$\overrightarrow{BC}=\begin{pmatrix}2\\1\\0\end{pmatrix}\Rightarrow\left|\overrightarrow{BC}\right|=\sqrt{2^2+1^2+0^2}=\sqrt{5}$,

$S_{ABCD}=\frac{1}{2}BC\times(AB+DC)=\frac{\sqrt{5}}{2}\times(\sqrt{126}+\sqrt{56})=20.92.$

Q11 知识点

(i) completing the square
(ii) volume of revolution about *y*-axis

(i) $y=x^2+4x+3=x^2+4x+2^2-2^2+3=(x+2)^2-1$

$\Rightarrow(x+2)^2=y+1\Rightarrow x+2=\pm\sqrt{y+1}$,

因为$x\geqslant-2$，所以$x+2=\sqrt{y+1}$，

最终得$x=\sqrt{y+1}-2.$

(ii) $x=\sqrt{y+1}-2\Rightarrow x^2=(\sqrt{y+1}-2)^2=y+1+4-4\sqrt{y+1}$

$=y+5-4(y+1)^{\frac{1}{2}}$,

代入公式得

$V=\pi\int_{-1}^{3}y+5-4(y+1)^{\frac{1}{2}}\ \mathrm{d}y$

$=\left[\pi\left(5y+\frac{1}{2}y^2-\frac{8}{3}(y+1)^{\frac{3}{2}}\right)\right]_{-1}^{3}$

$=\left[\pi\left(15+\frac{9}{2}-\frac{64}{3}\right)\right]-\left[\pi\left(-5+\frac{1}{2}\right)\right]$

$=\frac{8}{3}\pi.$

9709_w19_qp_12

Q1 知识点

binomial expansion

已知二次项系数为 3 要求 a 的值，基本思路为通过 binomial expansion 求出二次项系数 (为关于 a 的等式)，然后令其等于 3 即可求出 a 的值 .

要求 $(4+ax)\left(1+\frac{x}{2}\right)^6$ 的二次项，可分为两部分 .

第一部分即为 4 和 $\left(1+\frac{x}{2}\right)^6$ 中的二次项相乘：

$\left(1+\frac{x}{2}\right)^6$ 中的两项分别为 1和$\frac{x}{2}$，要求二次项，需要将 6 次方中的 2 次方分配至 $\frac{x}{2}$，将 4 次方分配至 1，然后再乘上 binomial coefficient $\binom{6}{2}$或$\binom{6}{4}$即可：

$$\binom{6}{4}1^4\left(\frac{x}{2}\right)^2=\frac{15}{4}x^2,$$

因此第一部分的二次项为 $4\times\frac{15}{4}x^2=15x^2$.

第二部分即为 ax 和 $\left(1+\frac{x}{2}\right)^6$ 中的一次项相乘：

$\left(1+\frac{x}{2}\right)^6$ 中的两项分别为 1和$\frac{x}{2}$，要求一次项，需要将 6 次方中的 1 次方分配至 $\frac{x}{2}$，将 5 次方分配至 1，然后再乘上 binomial coefficient $\binom{6}{1}$或$\binom{6}{5}$即可：

$$\binom{6}{1}1^5\left(\frac{x}{2}\right)^1=3x,$$

因此第二部分的二次项为 $ax\times3x=3ax^2$.

最终将两部分相加，得 $(15+3a)x^2$，

二次项系数 = $15+3a=3\Rightarrow a=-4$.

Q2 知识点

mid-point, parallel lines, equations of straight lines

M 为点（3,7）和点（−1,1）的中点，因此 M 的坐标为（$\frac{3-1}{2}$, $\frac{7+1}{2}$），即 (1, 4),

$\frac{x}{3}+\frac{y}{2}=1 \Rightarrow y=-\frac{2x}{3}+2$，

由于未知直线和上述直线平行，因此两直线斜率相同．

现已知 $M(1,4)$，斜率 $=-\frac{2}{3}$，即可求出直线的方程．

$y-4=-\frac{2}{3}(x-1) \Rightarrow y=-\frac{2}{3}x+\frac{14}{3}$.

Q3 知识点

finding f(x) by using integral

$\frac{dy}{dx}=\frac{k}{\sqrt{x}}=kx^{-\frac{1}{2}}$，

首先可积分求出 general solution，

$y=\int kx^{-\frac{1}{2}}dx=2kx^{\frac{1}{2}}+C$，

然后将 $P(1,-1)$ 和 $Q(4,4)$ 代入上式可求出 particular solution，

$\begin{cases}2k+C=-1\\4k+C=4\end{cases} \Rightarrow \begin{cases}k=2.5,\\C=-6.\end{cases}$

最终得曲线方程 $y=5x^{\frac{1}{2}}-6$.

Q4 知识点

length of an arc, area of a sector

(i) 本小问要求阴影部分的周长，即 $TB+TA+\text{arc } AB$，

首先看 TB和TA 的长度：

连接 OT 可发现 $\triangle OAT$和$\triangle OBT$ 为全等直角三角形，所以 $AT=BT$ 且 $\angle AOT=\frac{1}{2}\angle AOB=\theta\text{rads}$，

运用三角函数，得 $AT=r\tan\theta=BT$，

然后再看 arc AB 的长度：

运用公式 $l=r\theta$，可得 arc $AB=2r\theta$，

最终可得阴影部分的周长 $=TB+TA+\text{arc } AB$

$=2r\tan\theta+2r\theta$.

(ii) 本小问要求 $S_{\text{shaded area}}$，即求 $S_{AOBT}-S_{\text{sector }AOB}$.

首先看 $S_{\text{sector }AOB}$：

运用公式 $A=\frac{1}{2}r^2\theta$，可得 $S_{\text{sector }AOB}=\frac{1}{2}r^2 2\theta=r^2\theta$.

然后看 S_{AOBT}：

由第 (i) 小问可知，连接 OT 后 $\triangle OAT$和$\triangle OBT$ 为全等直角三角形，所以 $S_{AOBT}=2S_{\triangle OAT}$，

$S_{\triangle OAB}=\frac{1}{2}\times OA\times AT=\frac{1}{2}r\times r\tan\theta \Rightarrow S_{AOBT}=r^2\tan\theta$.

因此 $S_{\text{shaded area}}=S_{AOBT}-S_{\text{sector}}=r^2(\tan\theta-\theta)$，

最终代入 $r=5$，$\theta=1.2$ 即可求出面积的具体数值．

$S_{\text{shaded area}}=25\times(\tan 1.2-1.2)=34.3\text{ cm}^2$.

Q5 知识点

differentiation: stationary point, use 2nd derivative to determine the nature of stationary point

(i) 在圆锥的纵抛面上，圆锥的母线高和半径构成一个直角三角形．首先可以运用勾股定理求出半径的表达式（关于 h 的等式）．

$r=\sqrt{15^2-h^2}$，

然后运用圆锥的体积公式即可求出 V 的表达式．

$V=\frac{1}{3}\pi r^2h=\frac{1}{3}\pi(15^2-h^2)h=\frac{1}{3}\pi(225h-h^3)$.

(ii) 本小问第一部分要求 V 有 stationary value 时 h 的值，即求 $\frac{dV}{dh}=0$ 时 h 的值．

$\frac{dV}{dh}=\frac{1}{3}\pi(225-3h^2)=0 \Rightarrow 225-3h^2=0$

$\Rightarrow h^2=75 \Rightarrow h=\pm5\sqrt{3}$，

第二部分要判断 stationary point 的性质，基本方法为判别 $\frac{d^2V}{dh^2}$ 的正负．

$\frac{d^2V}{dh^2}=\frac{1}{3}\pi(0-6h)=-2\pi h$，

当$h=5\sqrt{3}$时，$\frac{d^2V}{dh^2}=-10\sqrt{3}\pi<0 \Rightarrow$ 当$h=5\sqrt{3}$时，stationary point为最大值点.

Q6 知识点

trigonometry: solving trigonometric equations, trigonometric identities

(a) $3\tan(2x+1)=1$

$\Rightarrow \tan(2x+1)=\frac{1}{3}$

$\Rightarrow 2x+1=\tan^{-1}\left(\frac{1}{3}\right)$

$\Rightarrow 2x+1=0.322+k\pi$（$k$取整数）

$\Rightarrow x=-0.339+\frac{k\pi}{2}$（$k$取整数），

因为$x>0$，所以 x 的两个最小值为 $-0.339+\frac{\pi}{2}$以及 $-0.339+\pi$，即 1.23和2.80.

(b)

(i) 运用 $\sin^2 x+\cos^2 x=1$，

可得 $f(x)=3\cos^2 x-2\sin^2 x=3\cos^2 x-2(1-\cos^2 x)$

$=5\cos^2 x-2$.

(ii) $0\leqslant x\leqslant\pi\Rightarrow-1\leqslant\cos x\leqslant1\Rightarrow0\leqslant\cos^2 x\leqslant1\Rightarrow$

$-2\leqslant5\cos^2 x-2\leqslant3$,

因此 $f(x)$ 的 range 为 $[-2,3]$.

Q7 知识点

vector: vector addition/subtraction, position vectors, modulus, scalar product

(i) 因为点 P 为 OD 的中点，所以 position vector of P 为

$\overrightarrow{OP}=\frac{1}{2}\overrightarrow{OD}=\frac{1}{2}(2\mathbf{i}+10\mathbf{k})=\mathbf{i}+5\mathbf{k}$,

根据向量的加法法则，可得 $\overrightarrow{OB}=\overrightarrow{OA}+\overrightarrow{OC}=6\mathbf{i}+8\mathbf{j}$,

最终 $\overrightarrow{PB}=\overrightarrow{OB}-\overrightarrow{OP}=6\mathbf{i}+8\mathbf{j}-(\mathbf{i}+5\mathbf{k})=5\mathbf{i}+8\mathbf{j}-5\mathbf{k}$.

根据向量的加法法则，可得$\overrightarrow{OG}=\overrightarrow{OD}+\overrightarrow{OC}=2\mathbf{i}+8\mathbf{j}+10\mathbf{k}$,

因为点 Q 为 GF 的中点且$\overrightarrow{GQ}$和$\overrightarrow{OA}$平行，

所以$\overrightarrow{GQ}=\frac{1}{2}\overrightarrow{OA}=3\mathbf{i}$,

因此 position vector of Q 为 $\overrightarrow{OQ}=\overrightarrow{OG}+\overrightarrow{GQ}=5\mathbf{i}+8\mathbf{j}+10\mathbf{k}$,

最终$\overrightarrow{PQ}=\overrightarrow{OQ}-\overrightarrow{OP}=5\mathbf{i}+8\mathbf{j}+10\mathbf{k}-(\mathbf{i}+5\mathbf{k})=4\mathbf{i}+8\mathbf{j}+5\mathbf{k}$.

(ii) 要求 P 离 Q 或者 B 中的哪一个更接近，只需要比较 $|\overrightarrow{PQ}|$和$|\overrightarrow{PB}|$的大小即可.

$|\overrightarrow{PB}|=\sqrt{5^2+8^2+(-5)^2}=\sqrt{114}$,

$|\overrightarrow{PQ}|=\sqrt{4^2+8^2+5^2}=\sqrt{105}$,

$\sqrt{114}>\sqrt{105}\Rightarrow|\overrightarrow{PB}|>|\overrightarrow{PQ}|\Rightarrow P$离$Q$更近.

(iii) $\overrightarrow{PQ}\cdot\overrightarrow{PB}=|\overrightarrow{PQ}||\overrightarrow{PB}|\cos\angle BPQ=\sqrt{105}\times\sqrt{114}\cos\angle BPQ$,

$\overrightarrow{PQ}\cdot\overrightarrow{PB}=\begin{pmatrix}4\\8\\5\end{pmatrix}\cdot\begin{pmatrix}5\\8\\-5\end{pmatrix}=20+64-25=59$

$\Rightarrow\cos\angle BPQ=\frac{59}{\sqrt{105}\times\sqrt{114}}$

$\Rightarrow\angle BPQ=\cos^{-1}\left(\frac{59}{\sqrt{105}\times\sqrt{114}}\right)=57.4°$.

Q8 知识点

(a) arithmetic progression
(b) geometric progression

(a)

(i) 由题可得 $a_1=13, d=1.2$,

运用 $a_n=a_1+(n-1)d$，得 $a_{21}=a_1+20d=13+24=37$,

因此该运动员在第 21 天跑了 37 km.

(ii) 运用求和公式可得

$S_{21}=21a_1+\frac{21\times20}{2}d=21\times13+210\times1.2=525$,

因此该运动员在 21 天内总计跑了 525 km.

(b)

(i) 据 geometric progression 的性质，得 $\frac{a_2}{a_1}=\frac{a_3}{a_2}=r$,

$\frac{x-3}{x}=\frac{x-5}{x-3}\Rightarrow(x-3)^2=x(x-5)\Rightarrow x^2-6x+9=x^2-5x$

$\Rightarrow x=9$.

(ii) 当$x=9$时，$a_1=9$，$a_2=a_1r=6$,

所以$r=\frac{a_2}{a_1}=\frac{2}{3}$,

最终 $a_4=a_1r^3=9\times\left(\frac{2}{3}\right)^3=\frac{8}{3}$.

(iii) 由第 (ii) 小问可得 $a_1=9$，$r=\frac{2}{3}$,

运用公式 $S_\infty=\frac{a_1}{1-r}$，可得 $S_\infty=\frac{9}{1-\frac{2}{3}}=27$.

Q9 知识点

(i) intersection of a line and a quadratic curve
(ii) solving quadratic inequalities
(iii) inverse and composite function
(iv) completing the square

(i) 题目已知 $g(x)=2x-k$ 和 $f(x)=2x^2+8x+1$ 相切，这表明两者相交只有一个交点．

因此可以联立两个等式，然后运用判别式 $b^2-4ac=0$ 求出 k 的值．

$2x^2+8x+1=2x-k \Rightarrow 2x^2+6x+1+k=0,$

$b^2-4ac=36-8(1+k)=0 \Rightarrow k=\frac{7}{2}.$

(ii)

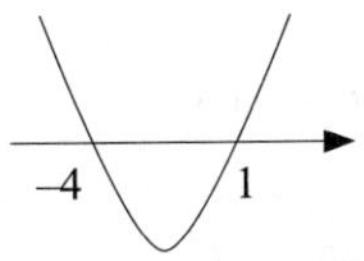

当 $k=-9$ 时，

$f(x)<g(x) \Rightarrow 2x^2+8x+1<2x+9$

$\Rightarrow 2x^2+6x-8<0$

$\Rightarrow x^2+3x-4<0$

$\Rightarrow (x+4)(x-1)<0$

$\Rightarrow -4<x<1.$

(iii) 当 $k=-1$ 时，

$g(x)=y=2x+1 \Rightarrow x=\frac{y-1}{2} \Rightarrow g^{-1}(x)=\frac{x-1}{2},$

$g^{-1}f(x)=\frac{2x^2+8x+1-1}{2}=x^2+4x=0 \Rightarrow x(x+4)$
$=0 \Rightarrow x=0 \text{ or } x=-4.$

(iv) $f(x)=2x^2+8x+1=2(x^2+4x)+1$

$=2(x^2+4x+2^2-2^2)+1$

$=2(x+2)^2-7,$

$(x+2)^2 \geqslant 0 \Rightarrow 2(x+2)^2-7 \geqslant -7 \Rightarrow f(x)$ 最小值为 -7.

Q10 知识点

differentiation: gradient function, tangent and normal integration: area bounded by a curve and a line

(i) $y=1-\frac{4}{(2x+1)^2}=1-4(1+2x)^{-2},$

$\frac{dy}{dx}=8(1+2x)^{-3}\times 2=16(1+2x)^{-3}$ (chain rule),

$\int y\,dx=\int 1-4(1+2x)^{-2}\,dx=x+4(1+2x)^{-1}\times\frac{1}{2}+C$

$=x+2(1+2x)^{-1}+C.$

(ii) 首先求出点 A 坐标及曲线在 A 处 tangent 的斜率．

$y=1-\frac{4}{(2x+1)^2}=0 \Rightarrow (2x+1)^2=4 \Rightarrow 2x+1=2 \Rightarrow$

$x=\frac{1}{2} \Rightarrow A(\frac{1}{2},0),$

当 $x=\frac{1}{2}$ 时，$\frac{dy}{dx}=16(1+1)^{-3}=2.$

然后可求出 normal 的斜率及直线方程．

normal AB 和 tangent 垂直，因此 $m_{AB}=-\frac{1}{2},$

现已知 $A\left(\frac{1}{2},0\right)$，$m_{AB}=-\frac{1}{2}$，可得

$l_{AB}: y-0=-\frac{1}{2}\left(x-\frac{1}{2}\right) \Rightarrow y=-\frac{1}{2}x+\frac{1}{4}.$

最终取 $x=0$，即可求得点 B 坐标．

$x=0 \Rightarrow y=\frac{1}{4}$，因此点 B 坐标为 $(0,\frac{1}{4})$.

(iii) 本题要求 $S_{\text{shaded area}}$，即求 $S_{\triangle OAB}+S_{\text{area between curve and } x\text{-axis}}$.

$S_{\triangle OAB}=\frac{1}{2}OB\times OA=\frac{1}{2}\times\frac{1}{4}\times\frac{1}{2}=\frac{1}{16}.$

$S_{\text{area between curve and } x\text{-axis}}=\left|\int_0^{\frac{1}{2}}\left[1-\frac{4}{(2x+1)^2}\right]dx\right|$

$=\left|\left[x+2(1+2x)^{-1}+C\right]_0^{\frac{1}{2}}\right|$

$=\left|\frac{1}{2}+1-2\right|=\frac{1}{2}.$

$S_{\text{shaded area}}=\frac{1}{16}+\frac{1}{2}=\frac{9}{16}.$

9709_w19_qp_13

Q1 知识点

binomial expansion

(i) 本题要求 $(1+y)^6$ 展开至二次项 .
首先看常数项：

$(1+y)^6$ 中的两项分别为 1和y，要求常数项，需要将 6 次方全部分配给 1，然后再乘上 binomial coefficient $\binom{6}{0}$ or $\binom{6}{6}$ 即可，因此常数项 $=\binom{6}{0}\times 1^6\times y^0=1$.

然后看一次项：
要求一次项，需要将 5 次方分配给 1，将 1 次方分配给 y，然后再乘上 binomial coefficient $\binom{6}{1}$ or $\binom{6}{5}$ 即可，因此一次项 $=\binom{6}{1}\times 1^5\times y^1=6y$.

最后看二次项：
要求二次项，需要将 4 次方分配给 1，将 2 次方分配给 y，然后再乘上 binomial coefficient $\binom{6}{2}$ or $\binom{6}{4}$ 即可，因此二次项 $=\binom{6}{2}1^4y^2=15y^2$.

最终 $(1+y)^6$ 展开至二次项为 $1+6y+15y^2$.

(ii) 通过观察发现 $(1+y)^6$ 和 $\left[1+(px-2x^2)\right]^6$ 形式相同，因此由第 (i) 小问可知，$\left[1+(px-2x^2)\right]^6$ 展开至二次项为
$1+6(px-2x^2)+15(px-2x^2)^2$,
$6(px-2x^2)$ 中存在二次项 $-12x^2$,
$15(px-2x^2)^2$ 中存在二次项 $15p^2x^2$,
最终得 $-12x^2+15p^2x^2=(15p^2-12)x^2$,
二次项系数为 $15p^2-12=48\Rightarrow p^2=4\Rightarrow p=\pm 2$.
题目中要求 p 是正数，所以 $p=2$.

Q2 知识点

completing the square, inverse function

首先对 g(x) 进行 completing the square.

$g(x)=x^2-6x+7=x^2-6x+3^2-3^2+7=(x-3)^2-2$.
然后可求 g(x) 的 inverse function.

$y=(x-3)^2-2\Rightarrow x-3=\pm\sqrt{y+2}$.

因为 $x>4$，$x-3>1$，所以 $x-3=\sqrt{y+2}$，即 $x=3+\sqrt{y+2}$

$g^{-1}(x)=3+\sqrt{x+2}$.

由 inverse function 的性质可知，domain of inverse function 即为 range of original function，因此本题只需要计算 g(x) 的 range 即可 .

当 $x>4$ 时，$(x-3)^2>1\Rightarrow g(x)=(x-3)^2-2>-1$

$\Rightarrow$ domain of $g^{-1}(x)>-1$.

Q3 知识点

differentiation: stationary point

题目已知曲线在 $a<x<b$ 中不存在 stationary point，要求出 a 的最小值和 b 的最大值 .

首先可先通过 $\frac{dy}{dx}=0$ 求出 stationary point.

$\frac{dy}{dx}=3x^2+2x-8=0\Rightarrow(3x-4)(x+2)=0\Rightarrow x=-2$ or $x=\frac{4}{3}$

$3x^2+2x-8$ 为开口向上的抛物线，因此可得其大致图像，如下图所示：

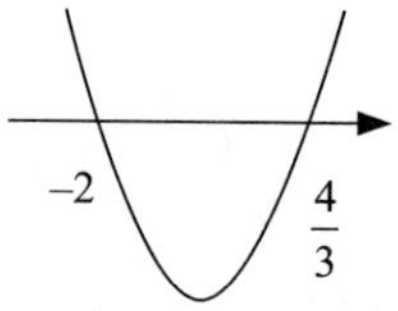

由图可知，当 $-2<x<\frac{4}{3}$ 时，$\frac{dy}{dx}\neq 0$，即曲线不存在 stationary point，因此 a 的最小值为 -2，b 的最大值为 $\frac{4}{3}$.

Q4 知识点

trigonometric ratio, area of a sector

(i) 首先可求出 AC，$AC=AO=r$.
其次，根据直径对应的圆周角为直角这一性质，可知 $\angle ACB=90°$.

最终可以运用三角函数比率，得 $\cos\angle CAO=\frac{AC}{AB}=\frac{1}{2}$

$\Rightarrow \angle CAO = \frac{\pi}{3}$.

(ii) 本小问要求 $S_{\text{shaded area}}$，即求 $S_{\triangle ABC} - S_{\text{seetor } ACO}$.

首先求 $S_{\triangle ABC}$：

由第 (i) 小问可知，$AC = r$，$AB = 2r$，$\angle CAO = \frac{\pi}{3}$，

运用面积公式 $S = \frac{1}{2}ab\sin C$，得

$S_{\triangle ABC} = \frac{1}{2} \times 2r^2 \times \sin\frac{\pi}{3} = \frac{\sqrt{3}}{2}r^2$.

然后求 $S_{\text{sector } ACO}$：

运用扇形面积的基本公式为 $A = \frac{1}{2}r^2\theta$，得

$S_{\text{sector } ACO} = \frac{1}{2}r^2\frac{\pi}{3} = \frac{\pi}{6}r^2$.

最终得 $S_{\text{shaded area}} = \frac{\sqrt{3}}{2}r^2 - \frac{\pi}{6}r^2$.

Q5 知识点

differentiation: rate of change

(i) $S = 2 \times (x \times 2x + 2x \times 4x + x \times 4x) = 28x^2$,

$V = x \times 2x \times 4x = 8x^3$,

$V^{\frac{2}{3}} = (8x^3)^{\frac{2}{3}} = 4x^2$

$\Rightarrow \frac{S}{V^{\frac{2}{3}}} = \frac{28x^2}{4x^2} = 7 \Rightarrow S = 7V^{\frac{2}{3}}$.

(ii) 题目已知 $V = 1000$, $\frac{dS}{dt} = 2$，要求 $\frac{dV}{dt}$ 的值 .

根据 rate of change 的公式，可得 $\frac{dV}{dt} = \frac{dV}{dS} \times \frac{dS}{dt}$,

$S = 7V^{\frac{2}{3}} \Rightarrow S^{\frac{3}{2}} = 7^{\frac{3}{2}}V \Rightarrow V = \left(\frac{S}{7}\right)^{\frac{3}{2}}$,

$\frac{dV}{dS} = \frac{3}{2}\left(\frac{S}{7}\right)^{\frac{1}{2}} \times \frac{1}{7} = \frac{3}{14}\left(\frac{S}{7}\right)^{\frac{1}{2}}$,

当 $V = 1000$ 时，$S = 7V^{\frac{2}{3}} = 700$，

当 $S = 700$ 时，$\frac{dV}{dS} = \frac{3}{14}\left(\frac{S}{7}\right)^{\frac{1}{2}} = \frac{15}{7}$,

$\frac{dV}{dt} = \frac{dV}{dS} \times \frac{dS}{dt} = \frac{15}{7} \times 2 = \frac{30}{7} = 4.29$.

Q6 知识点

intersection of a line and a quadratic curve

(i) 题目已知 $y = 3kx - 2k$ 和 $y = x^2 - kx + 2$ 相交有两个交点，要求 k 的取值范围 .

因为曲线和直线有两个交点，因此可通过联立两个等式，然后运用判别式 $b^2 - 4ac > 0$ 求出 k 的取值范围 .

$3kx - 2k = x^2 - kx + 2$

$\Rightarrow x^2 - 4kx + 2 + 2k = 0$,

$b^2 - 4ac = 16k^2 - 4(2 + 2k) > 0$,

$16k^2 - 8k - 8 > 0 \Rightarrow 2k^2 - k - 1 > 0 \Rightarrow (2k+1)(k-1) > 0$

$\Rightarrow k > 1 \text{ or } k < -\frac{1}{2}$.

(ii) 题目已知 $y = 3kx - 2k$ 和 $y = x^2 - kx + 2$ 相切，这表明两者相交只有一个交点 .

因此可联立两个等式，然后运用判别式 $b^2 - 4ac = 0$ 求出 k 的值 .

由第 (i) 小问可知，

$b^2 - 4ac = 16k^2 - 4(2 + 2k) = 0 \Rightarrow (2k+1)(k-1) = 0$

$\Rightarrow k = 1 \text{ or } k = -\frac{1}{2}$.

当 $k = 1$ 时，$y = 3kx - 2k = 3x - 2$.

当 $k = -\frac{1}{2}$ 时，$y = 3kx - 2k = -\frac{3}{2}x + 1$.

联立两个等式即可求出交点 .

当 $3x - 2 = -\frac{3}{2}x + 1$ 时，$x = \frac{2}{3}$,

当 $x = \frac{2}{3}$ 时，$y = 3 \times \frac{2}{3} - 2 = 0$,

因此交点坐标为 $\left(\frac{2}{3}, 0\right)$，该交点位于 x 轴上.

Q7 知识点

solving trigonometric equation by substitution

(i) 三角恒等式：$\sin^2\theta + \cos^2\theta = 1$，所以 $\sin^2\theta = 1 - \cos^2\theta$.

代入原方程得 $3\cos^4\theta + 4(1 - \cos^2\theta) - 3 = 0$,

$3\cos^4\theta - 4\cos^2\theta + 1 = 0$,

$\cos^2\theta = x$，$\cos^4\theta = x^2$,

代入 $3\cos^4\theta - 4\cos^2\theta + 1 = 0$ 得 $3x^2 - 4x + 1 = 0$.

(ii) 由第 (i) 可知，$3\cos^4\theta+4\sin^2\theta-3=0$ 可转化为 $3x^2-4x+1=0$，因此可先解 $3x^2-4x+1=0$ 这一方程得 x 的值，然后再解 $x=\cos^2\theta$ 即可得 θ 的值.

$3x^2-4x+1=0\Rightarrow(3x-1)(x-1)=0\Rightarrow x=1\text{ or }x=\frac{1}{3}$,

$\cos^2\theta=1\text{ or }\frac{1}{3}\Rightarrow\cos\theta=\pm1\text{ or }\pm\frac{\sqrt{3}}{3}$,

$0\leqslant\theta\leqslant180°$,

当 $\cos\theta=1$ 时，$\theta=0°$.

当 $\cos\theta=-1$ 时，$\theta=180°$.

当 $\cos\theta=\frac{\sqrt{3}}{3}$ 时，$\theta=54.7°$.

当 $\cos\theta=-\frac{\sqrt{3}}{3}$ 时，$\theta=125.3°$.

Q8 知识点

(i) differentiation: increasing and decreasing functions
(ii) finding f (x) by using integral

(i) 当 $f'(x)<0$ 时，f 呈递减趋势.

$f'(x)=3(2x-1)^{\frac{1}{2}}-6<0\Rightarrow(2x-1)^{\frac{1}{2}}<2\Rightarrow2x-1<4$

$\Rightarrow x<\frac{5}{2}$,

最终得 $\frac{1}{2}<x<\frac{5}{2}$.

(ii) $f'(x)=3(2x-1)^{\frac{1}{2}}-6$,

首先积分求出 general solution,

$f(x)=\int3(2x-1)^{\frac{1}{2}}-6\,\mathrm{d}x=(2x-1)^{\frac{3}{2}}-6x+C.$

然后将 $f(1)=-3$ 代入上式即可求出 particular solution,

$1-6+C=-3\Rightarrow C=2$,

最终得曲线方程 $f(x)=(2x-1)^{\frac{3}{2}}-6x+2$.

Q9 知识点

geometric progression

(i) 题目已知 $a_1=3k$, $a_2=a_1r=5k-6$, $a_3=a_1r^2=6k-4$,

$\frac{a_2}{a_1}=\frac{a_3}{a_2}=r$

$\Rightarrow\frac{5k-6}{3k}=\frac{6k-4}{5k-6}$

$\Rightarrow3k(6k-4)=(5k-6)^2$

$\Rightarrow7k^2-48k+36=0.$

(ii) $7k^2-48k+36=0\Rightarrow(7k-6)(k-6)=0\Rightarrow k=6\text{ or }k=\frac{6}{7}$.

当 $k=6$ 时，$r=\frac{a_2}{a_1}=\frac{5k-6}{3k}=\frac{4}{3}$.

当 $k=\frac{6}{7}$ 时，$r=\frac{a_2}{a_1}=\frac{5k-6}{3k}=-\frac{2}{3}$.

(iii) 当 $|r|<1$ 时，geometric progression is convergent,

即选取第 (ii) 小问中当 $k=\frac{6}{7}$ 时，$r=\frac{a_2}{a_1}=\frac{5k-6}{3k}=-\frac{2}{3}$ 的这种情况.

当 $k=\frac{6}{7}$ 时，$r=-\frac{2}{3}$, $a_1=3k=\frac{18}{7}$,

运用公式 $S_\infty=\frac{a_1}{1-r}$，得 $S_\infty=\frac{\frac{18}{7}}{1-(-\frac{2}{3})}=\frac{54}{35}=1.54.$

Q10 知识点

vector: vector addition/subtraction, parallel and perpendicular vectors, scalar product

(i) $\overrightarrow{OA}=\begin{pmatrix}-8\\-4\\2\end{pmatrix}$, $\overrightarrow{OX}=\begin{pmatrix}-2\\-2\\5\end{pmatrix}$,

$\overrightarrow{AX}=\overrightarrow{OX}-\overrightarrow{OA}=\begin{pmatrix}-2\\-2\\5\end{pmatrix}-\begin{pmatrix}-8\\-4\\2\end{pmatrix}=\begin{pmatrix}6\\2\\3\end{pmatrix}$.

题目要证明 AXB 共线，即证明 $\overrightarrow{AB}$、$\overrightarrow{AX}$、$\overrightarrow{XB}$ 中的两个向量平行即可.

此处选取 $\overrightarrow{AB}$ 和 $\overrightarrow{AX}$ 平行.

$\overrightarrow{AB}=\overrightarrow{OB}-\overrightarrow{OA}=\begin{pmatrix}10\\2\\11\end{pmatrix}-\begin{pmatrix}-8\\-4\\2\end{pmatrix}=\begin{pmatrix}18\\6\\9\end{pmatrix}$,

$\begin{pmatrix}18\\6\\9\end{pmatrix}=3\begin{pmatrix}6\\2\\3\end{pmatrix}\Rightarrow\overrightarrow{AB}=3\overrightarrow{AX}\Rightarrow AXB$ 共线.

(ii) $\overrightarrow{CX}=\overrightarrow{OX}-\overrightarrow{OC}=\begin{pmatrix}-2\\-2\\5\end{pmatrix}-\begin{pmatrix}1\\-8\\3\end{pmatrix}=\begin{pmatrix}-3\\6\\2\end{pmatrix}$

要证明 CX 和 AX 垂直，只需要证明 $\overrightarrow{CX}$和$\overrightarrow{AX}$ 的 scalar product 等于 0 即可 .

$$\overrightarrow{CX}\cdot\overrightarrow{AX}=\begin{pmatrix}-3\\6\\2\end{pmatrix}\cdot\begin{pmatrix}6\\2\\3\end{pmatrix}=-18+12+6=0$$

因此 CX 和 AX 垂直 .

(iii) 因为CX和AX垂直且AXB共线，所以 $S_{\triangle ABC}=\frac{1}{2}\left|\overrightarrow{CX}\right|\left|\overrightarrow{AB}\right|$.

$$\overrightarrow{CX}=\begin{pmatrix}-3\\6\\2\end{pmatrix}\Rightarrow\left|\overrightarrow{CX}\right|=\sqrt{(-3)^2+6^2+2^2}=7.$$

$$\overrightarrow{AB}=\begin{pmatrix}18\\6\\9\end{pmatrix}\Rightarrow\left|\overrightarrow{AB}\right|=\sqrt{18^2+6^2+9^2}=21.$$

$$S_{\triangle ABC}=\frac{1}{2}\left|\overrightarrow{CX}\right|\left|\overrightarrow{AB}\right|=\frac{1}{2}\times7\times21=73.5.$$

Q11 知识点

(i) finding equations of straight lines, tangents and normal
(ii) volume of revolution about *x*-axis

(i) 题目要求 normal AB 的方程，需先求出 m_{normal}，然后利用斜率和点 A 坐标即可求出方程 .

首先求 m_{normal}，需先求出点 A 处的 m_{tangent}，然后利用 $m_{\text{normal}}\times m_{\text{tangent}}=-1$ 的性质即可得 m_{normal} .

$$y=(x-1)^{-2}+2\Rightarrow\frac{dy}{dx}=-2(x-1)^{-3},$$

因此当 $x=2$ 时，$m_{\text{tangent}}=\frac{dy}{dx}=-2.$

又因为 $m_{\text{normal}}\times m_{\text{tangent}}=-1$，所以 $m_{\text{normal}}=\frac{1}{2}.$

现在已知 $m_{\text{normal}}=\frac{1}{2}$，$A(2,3)$，可求出 normal AB 的直线方程 .

$$l_{AB}:y-3=\frac{1}{2}(x-2)\Rightarrow y=\frac{1}{2}x+2.$$

(ii) 本小问要求阴影部分绕着 x 轴旋转 360° 后形成的形状的体积 .

需要将要求的体积分成两部分来考虑，即 normal AB 下方阴影部分旋转后形成的形状的体积（ V_1 ）以及曲线下方阴影部分旋转后形成的形状的体积（ V_2 ）.

运用公式 $V=\int_a^b\pi y^2dx$ 得

$$V_1=\pi\int_1^2 y_1^2dx$$
$$=\pi\int_1^2\left(\frac{1}{2}x+2\right)^2dx$$
$$=\pi\int_1^2\left(\frac{1}{4}x^2+4+2x\right)dx$$
$$=\pi\left[\frac{1}{12}x^3+4x+x^2+C\right]_1^2$$
$$=\pi\left[\frac{8}{12}+8+4-\frac{1}{12}-4-1\right]=7\frac{7}{12}\pi.$$

$$V_2=\pi\int_2^3 y_2^2\ dx$$
$$=\pi\int_2^3\left[(x-1)^{-2}+2\right]^2dx$$
$$=\pi\int_2^3\left[(x-1)^{-4}+4+4(x-1)^{-2}\right]dx$$
$$=\pi\left[\frac{1}{-3}(x-1)^{-3}+4x-4(x-1)^{-1}+C\right]_2^3$$
$$=\pi\left[-\frac{1}{3}\times\frac{1}{8}+12-2+\frac{1}{3}-8+4\right]=6\frac{7}{24}\pi.$$

$$V=V_1+V_2=7\frac{7}{12}\pi+6\frac{7}{24}\pi=\frac{111}{8}\pi=43.6.$$

Paper 3

9709_m19_qp_32

Q1 知识点

laws of logarithms, solving logarithmic equations

(i) $\log_{10}(x-4)=2-\log_{10}x$,

$\log_{10}(x-4)=\log_{10}100-\log_{10}x$,

power rule: $m\log_a x=\log_a x^m$,

$\log_{10}(x-4)=\log_{10}\dfrac{100}{x}$,

division rule: $\log_a x-\log_a y=\log_a \dfrac{x}{y}$,

$x-4=\dfrac{100}{x}$,

$x^2-4x-100=0$.

(ii) $x^2-4x-100=0$,

$x=\dfrac{4\pm\sqrt{4^2+400}}{2}=2\pm2\sqrt{26}$,

$\log_{10}x$ 的 domian 为 $x>0$，因此只保留 $x=2+2\sqrt{26}=12.2$ 这一个解 .

Q2 知识点

iterative processes

(i) $x_1=2$,

持续将 x 的值代入 iterative formula 求出下一位 x 的值并保留六位小数，直到保留四位小数时 x 的值相等 .

$x_2=\dfrac{2\times2^6+12\times2}{3\times2^5+8}=1.461538$,

$x_3=1.322263$，$x_4=1.319508$，$x_5=1.319508$,

因为 $x_4=x_5\approx1.3195$,

所以得最终解为 $x=1.3195$.

(ii) $x=\dfrac{2x^6+12x}{3x^5+8}$,

$3x^6+8x=2x^6+12x$,

$x^6-4x=0$,

$x(x^5-4)=0$,

$x=0(\text{reject})$ or $x=\sqrt[5]{4}$,

$\alpha=\sqrt[5]{4}$.

Q3 知识点

trigonometry: compound angle formulae

(i) 运用下列两个 compound angle formulae：

$\sin(A+B)=\sin A\cos B+\cos A\sin B$,

$\cos(A+B)=\cos A\cos B-\sin A\sin B$,

原式 $\sin(\theta+45°)+2\cos(\theta+60°)=3\cos\theta$ 可转化为：

$\sin\theta\cos45°+\cos\theta\sin45°+2\cos\theta\cos60°-2\sin\theta\sin60°=3\cos\theta$,

$\dfrac{\sqrt2}{2}\sin\theta+\dfrac{\sqrt2}{2}\cos\theta+\cos\theta-\sqrt3\sin\theta=3\cos\theta$,

$\left(\dfrac{\sqrt2}{2}-\sqrt3\right)\sin\theta=\left(2-\dfrac{\sqrt2}{2}\right)\cos\theta$,

$$\tan\theta=\frac{2-\frac{\sqrt2}{2}}{\frac{\sqrt2}{2}-\sqrt3}=\frac{4-\sqrt2}{\sqrt2-2\sqrt3}=\frac{4\sqrt2-2}{2-2\sqrt6}=\frac{2\sqrt2-1}{1-\sqrt6}.$$

(ii) $\tan\theta=\dfrac{2\sqrt2-1}{1-\sqrt6}$,

$0°<\theta<360°$,

$\theta_1=128.4°$,

$\theta_2=128.4°+180°=308.4°$.

Q4 知识点

integration by parts

本题中，$u=\ln x, v'=x^{-\frac{3}{2}} \Rightarrow u'=\frac{1}{x}, v=-2x^{-\frac{1}{2}}$.

代入公式计算得

$$\int x^{-\frac{3}{2}}\ln x\mathrm{d}x$$

$$=-2x^{-\frac{1}{2}}\ln x+\int\frac{1}{x}2x^{-\frac{1}{2}}\mathrm{d}x=-2x^{-\frac{1}{2}}\ln x+2\int x^{-\frac{3}{2}}\mathrm{d}x$$

$$=-2x^{-\frac{1}{2}}\ln x-4x^{-\frac{1}{2}}+C,$$

$$\int_1^4 x^{-\frac{3}{2}}\ln x\mathrm{d}x=\left[-2x^{-\frac{1}{2}}\ln x-4x^{-\frac{1}{2}}+C\right]_1^4$$

$$=(-\ln 4-2+C)-(0-4+C)=2-\ln 4.$$

Q5 知识点

implicit differentiation

$\sin y=\tan x$,

$\cos y\frac{\mathrm{d}y}{\mathrm{d}x}=\sec^2 x$,

$\frac{\mathrm{d}y}{\mathrm{d}x}=\frac{1}{\cos y\cos^2 x}=\frac{1}{\cos^2 x\sqrt{1-\tan^2 x}}$,

$\cos^2 y=1-\sin^2 y=1-\tan^2 x\Rightarrow\cos y=\sqrt{1-\tan^2 x}$

$$=\frac{1}{\cos^2 x\sqrt{1-\frac{\sin^2 x}{\cos^2 x}}}$$

$$=\frac{1}{\cos^2 x\sqrt{\frac{\cos^2 x-\sin^2 x}{\cos^2 x}}}$$

$$=\frac{\cos x}{\cos^2 x\sqrt{\cos^2 x-\sin^2 x}}$$

$$=\frac{1}{\cos x\sqrt{\cos 2x}}.$$

Q6 知识点

differential equation

基本方法为 separate variables.

分离变量得 $y^{-3}\ \mathrm{d}y=k\mathrm{e}^{-x}\mathrm{d}x$,

两边同时积分得 $\int y^{-3}\ \mathrm{d}y=\int k\mathrm{e}^{-x}\ \mathrm{d}x$,

$-\frac{1}{2}y^{-2}=-k\mathrm{e}^{-x}+C$,

这个等式是 differential equation 的 general solution,

通过题目信息 $y=1$ when $x=0$, $y=\sqrt{\mathrm{e}}$ when $x=1$ 可找到 particular solution,

$-\frac{1}{2}=-k+C$,

$-\frac{1}{2\mathrm{e}}=-k\mathrm{e}^{-1}+C$,

通过联立上述两个等式可求出 C 和 k 的值，即

$C=0, k=\frac{1}{2}$,

因此 $-\frac{1}{2}y^{-2}=-\frac{1}{2}\mathrm{e}^{-x}\Rightarrow y^{-2}=\mathrm{e}^{-x}\Rightarrow y=\mathrm{e}^{\frac{x}{2}}$.

Q7 知识点

complex number: solving equations, loci

(a) 利用 quadratic formula 得

$$z=\frac{4+3\mathrm{i}\pm\sqrt{(4+3\mathrm{i})^2-4(1+\mathrm{i})(5+\mathrm{i})}}{2(1+\mathrm{i})}\quad(\mathrm{i}^2=-1)$$

$$=\frac{4+3\mathrm{i}\pm\sqrt{16-9+24\mathrm{i}-4(5-1+6\mathrm{i})}}{2(1+\mathrm{i})}$$

$$=\frac{4+3\mathrm{i}\pm\sqrt{-9}}{2(1+\mathrm{i})}$$

$$=\frac{4+3\mathrm{i}\pm\sqrt{9\mathrm{i}^2}}{2(1+\mathrm{i})}$$

$$=\frac{4+3\mathrm{i}\pm 3\mathrm{i}}{2(1+\mathrm{i})},$$

$$z_1=\frac{4}{2(1+\mathrm{i})}=\frac{4(1-\mathrm{i})}{2(1+\mathrm{i})(1-\mathrm{i})}=\frac{4(1-\mathrm{i})}{4}=1-\mathrm{i},$$

$$z_2=\frac{4+6\mathrm{i}}{2(1+\mathrm{i})}=\frac{(4+6\mathrm{i})(1-\mathrm{i})}{2(1+\mathrm{i})(1-\mathrm{i})}=\frac{4-4\mathrm{i}+6\mathrm{i}+6}{4}=\frac{5}{2}+\frac{1}{2}\mathrm{i}.$$

(b) $|z|<|z-2\mathrm{i}|$ 代表点 (0, 0) 和点 (0, 2) 两点连线的垂直平分线即直线 $z=\mathrm{i}$ 的下方区域 .

$\frac{\pi}{4}<\arg(z-u)<\frac{\pi}{2}$ 代表以 (–1, –1) 为顶点出发的两条 half-line，两条 half-line 与 $z=-\mathrm{i}$ 的夹角分别为 $\frac{\pi}{4}$ 和 $\frac{\pi}{2}$.

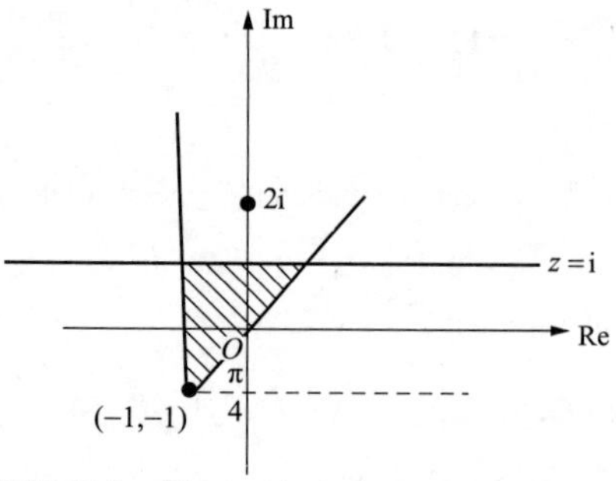

上图中阴影部分面积（不包含边界）即为同时满足上面两个不等式的区域 .

Q8 知识点

(i) partial fraction
(ii) binomial expansion

(i) 因为分母为 linear factor 和 linear factor 相乘的形式，且分子二次项系数大于分母二次项系数，所以本题可分

解成 $f(x)=\dfrac{12+12x-4x^2}{(x+2)(3-2x)}=A+\dfrac{B}{x+2}+\dfrac{C}{3-2x}$ 的形式 .

两边同乘 $(x+2)(3-2x)$ 得

$12+12x-4x^2=A(x+2)(3-2x)+B(3-2x)+C(x+2)$,

代入 $x=-2$ 得 $-28=7B\Rightarrow B=-4$,

代入 $x=\dfrac{3}{2}$ 得 $21=\dfrac{7}{2}C\Rightarrow C=6$,

代入 $x=0$ 得 $12=6A+3B+2C\Rightarrow A=2$,

$$f(x)=2-\frac{4}{x+2}+\frac{6}{3-2x}.$$

(ii) 题目要求展开到 x^2，因此只需要计算前三项即可 .

$$\frac{4}{x+2}=4(2+x)^{-1}$$

$$=4\times(2)^{-1}\left(1+\frac{x}{2}\right)^{-1}$$

$$=2\left(1+\frac{x}{2}\right)^{-1}$$

$$=2\left[1+(-1)\left(\frac{x}{2}\right)+\frac{(-1)(-2)}{2!}\left(\frac{x}{2}\right)^2\right]=2-x+\frac{x^2}{2},$$

$$\frac{6}{3-2x}=6(3-2x)^{-1}$$

$$=6\times(3)^{-1}\left(1-\frac{2x}{3}\right)^{-1}$$

$$=2\left(1-\frac{2x}{3}\right)^{-1}$$

$$=2\left[1+(-1)\left(-\frac{2x}{3}\right)+\frac{(-1)(-2)}{2!}\left(-\frac{2x}{3}\right)^2\right]$$

$$=2\left(1+\frac{2x}{3}+\frac{4x^2}{9}\right)$$

$$=2+\frac{4x}{3}+\frac{8x^2}{9}.$$

最终相加得 f(x) 展开后的前三项为

$$2-\left(2-x+\frac{x^2}{2}\right)+2+\frac{4x}{3}+\frac{8x^2}{9}=2+\frac{7}{3}x+\frac{7x^2}{18}.$$

Q9 知识点

scalar product, the vector equation of a line

(i) 本小问考查用 scalar product 求平面夹角 .

平面夹角即为两平面 normal vector 之间的夹角 .

$$\begin{pmatrix}2\\3\\-1\end{pmatrix}\cdot\begin{pmatrix}1\\-2\\1\end{pmatrix}=2-6-1=-5,$$

$$\left|\begin{pmatrix}2\\3\\-1\end{pmatrix}\right|=\sqrt{2^2+3^2+(-1)^2}=\sqrt{14},$$

$$\left|\begin{pmatrix}1\\-2\\1\end{pmatrix}\right|=\sqrt{1^2+(-2)^2+1^2}=\sqrt{6},$$

根据scalar product的基本公式 $\mathbf{a}\cdot\mathbf{b}=|\mathbf{a}||\mathbf{b}|\cos\mathbf{a}$得

$$\cos\alpha=\frac{-5}{\sqrt{14}\times\sqrt{6}}=-\frac{5}{\sqrt{84}},$$

$\alpha=123.06°$,

因为题目要求acute angle，所以最终得夹角为

$180°-123.06°=56.9°$(取锐角).

(ii) 本小问要求两平面相交的直线方程 .

首先只要将这两个平面的 normal vector 叉乘即可算出相交的直线的 direction vector,

$$\begin{pmatrix}2\\3\\-1\end{pmatrix}\times\begin{pmatrix}1\\-2\\1\end{pmatrix}=\begin{pmatrix}1\\-3\\-7\end{pmatrix},$$

其次取一个同时位于两平面上的点 .

当 $x=1$ 时，得方程组：$\begin{cases}2+3y-z=1\\1-2y+z=3\end{cases}\Rightarrow\begin{cases}y=1,\\z=4.\end{cases}$

得点（1，1，4）.

最终运用一点和 direction vector 的信息,

可得相交的直线方程：$\mathbf{r}=\mathbf{i}+\mathbf{j}+4\mathbf{k}+\lambda(\mathbf{i}-3\mathbf{j}-7\mathbf{k})$.

Q10 知识点

(i) integration by substitution
(ii) differentiation: product rule, derivatives of trigonometric functions

(i) 注意替换时需要同时改变 dx 以及上下界限 .

$S=\int_0^{\frac{\pi}{2}}\sin^3 x\sqrt{\cos x}\,dx$,

$u=\cos x\Rightarrow du=-\sin x\,dx$,

$x=0\Rightarrow u=1$,

$x=\frac{\pi}{2}\Rightarrow u=0$,

$S=\int_0^{\frac{\pi}{2}}\sin^2 x\sqrt{\cos x}\ \sin x dx$

$=\int_0^{\frac{\pi}{2}}\left(1-\cos^2 x\right)\sqrt{\cos x}\ \sin x dx$

$=\int_0^1\left(u^2-1\right)\sqrt{u}\,du$

$=\int_0^1\left(u^{\frac{5}{2}}-u^{\frac{1}{2}}\right)du$

$=\left[\frac{2}{7}u^{\frac{7}{2}}-\frac{2}{3}u^{\frac{3}{2}}+C\right]_0^1$

$=\frac{2}{7}-\frac{2}{3}=-\frac{8}{21}$，所以面积为 $\frac{8}{21}$.

(ii) $y=\sin^3 x\sqrt{\cos x}$,

点 M 为 stationary point，因此该点处 $\frac{dy}{dx}=0$,

$\frac{dy}{dx}=3\sin^2 x\cos x\sqrt{\cos x}+\sin^3 x\frac{1}{2}(\cos x)(-\sin x)$

$=-\frac{1}{2}$ (product rule),

$6\sin^2 x\cos^{\frac{3}{2}}x-\sin^4 x\cos^{-\frac{1}{2}}x=0$,

$\sin^2 x\cos^{-\frac{1}{2}}x\left(6\cos^2 x-\sin^2 x\right)=0$,

$6\cos^2 x-\sin^2 x=0$,

$\tan^2 x=6$,

$0\leqslant x\leqslant\frac{\pi}{2}$,

$\tan x=\sqrt{6}$,

$x=1.183$.

9709_s19_qp_31

Q1 知识点

trapezium rule

由题可知$a=0,b=3$，因此$h=\frac{b-a}{n}=\frac{3}{3}=1$.

当$x=0$时，$y_0=\left|2^x-4\right|=3$,

当$x=1$时，$y_1=\left|2^x-4\right|=2$,

当$x=2$时，$y_2=\left|2^x-4\right|=0$,

当$x=3$时，$y_3=\left|2^x-4\right|=4$,

运用上述基本公式，可得

$\int_0^3\left|2^x-4\right|dx=\frac{1}{2}\left[3+4+2\times(2+0)\right]=5.5$.

Q2 知识点

laws of logarithms

$\ln(2x-3)=2\ln x-\ln(x-1)$,

$\ln(2x-3)=\ln x^2-\ln(x-1)$　　(power rule: $\ln x^m=m\ln x$),

$\ln(2x-3)=\ln\frac{x^2}{x-1}$　　(division rule: $\ln x-\ln y=\ln\frac{x}{y}$),

$2x-3=\frac{x^2}{x-1}$,

$(2x-3)(x-1)=x^2$,

$2x^2-5x+3=x^2$,

$x^2-5x+3=0$,

$x=\frac{5\pm\sqrt{(-5)^2-4\times1\times3}}{2}=\frac{5\pm\sqrt{13}}{2}=4.30$ or 0.697,

logarithmic function 的 domain 如下：

$$\begin{cases}2x-3>0\\x-1>0\\x>0\end{cases}\Rightarrow\begin{cases}x>\dfrac{3}{2}\\x>1\\x>0\end{cases}\Rightarrow x>\frac{3}{2},$$

因此 x 只能取 $x=4.30$.

Q3 知识点

implicit function

题目要求 $x^3+3xy^2-y^3=1$ 在点 $(1,3)$ 处的 gradient，只要对该等式进行关于 x 的求导，然后再代入点坐标即可.

$$3x^2+3y^2+3x\cdot 2y\cdot\frac{\mathrm{d}y}{\mathrm{d}x}-3y^2\frac{\mathrm{d}y}{\mathrm{d}x}=0,$$

$$\frac{\mathrm{d}y}{\mathrm{d}x}=\frac{3x^2+3y^2}{3y^2-6xy}=\frac{x^2+y^2}{y^2-2xy},$$

将 $x=1, y=3$ 代入上式得

$$\frac{\mathrm{d}y}{\mathrm{d}x}=\frac{x^2+y^2}{y^2-2xy}=\frac{10}{3}.$$

Q4 知识点

compound angle formulae

$$\cot\theta-\cot(\theta+45^\circ)=3,\quad (\cot A=\frac{1}{\tan A})$$

$$\frac{1}{\tan\theta}-\frac{1}{\tan(\theta+45^\circ)}=3,\quad (\tan(A+B)=\frac{\tan A+\tan B}{1-\tan A\tan B})$$

$$\frac{1}{\tan\theta}-\frac{1}{\dfrac{\tan\theta+\tan 45^\circ}{1-\tan\theta\tan 45^\circ}}=\frac{1}{\tan\theta}-\frac{1-\tan\theta}{\tan\theta+1}$$

$$=\frac{1+\tan^2\theta}{\tan\theta(\tan\theta+1)}=3,$$

$$1+\tan^2\theta=3\tan^2\theta+3\tan\theta,$$

$$2\tan^2\theta+3\tan\theta-1=0,$$

$$\tan\theta=\frac{-3\pm\sqrt{9+8}}{4}=0.28\text{ or }-1.78,$$

$0^\circ\leqslant\theta\leqslant 180^\circ$,

当 $\tan\theta=0.28$ 时，$\theta=15.7^\circ$,

当 $\tan\theta=-1.78$ 时，$\theta=-60.7^\circ+180^\circ=119.3^\circ$.

Q5 知识点

differential equation

(i) $\dfrac{1}{\sin^2\theta}=(\sin\theta)^{-2}$,

运用 chain rule，可得 $\left[(\sin\theta)^{-2}\right]'=-2(\sin\theta)^{-3}\cos\theta$.

(ii) 基本方法为 separate variables.
分离变量得

$$x\,\mathrm{d}x=-\frac{\operatorname{cosec}^2\theta}{\tan\theta}\mathrm{d}\theta\Rightarrow x\,\mathrm{d}x=-\frac{\dfrac{1}{\sin^2\theta}}{\dfrac{\sin\theta}{\cos\theta}}\mathrm{d}\theta$$

$$\Rightarrow x\,\mathrm{d}x=-\frac{\cos\theta}{\sin^3\theta}\mathrm{d}\theta,$$

两边同时积分得 $\int x\,\mathrm{d}x=\int-\dfrac{\cos\theta}{\sin^3\theta}\mathrm{d}\theta$, ①

由第 (i) 小问可知 $\left[(\sin\theta)^{-2}\right]'=-2(\sin\theta)^{-3}\cos\theta$,
两边同时积分得

$$(\sin\theta)^{-2}=\int-2\frac{\cos\theta}{\sin^3\theta}\mathrm{d}\theta\Rightarrow\frac{1}{2}(\sin\theta)^{-2}=\int-\frac{\cos\theta}{\sin^3\theta}\mathrm{d}\theta,$$

因此①可转化为 $\dfrac{1}{2}x^2=\dfrac{1}{2}(\sin\theta)^{-2}+C$,

这个等式是 differential equation 的 general solution,

通过题目信息 $x=4$ when $\theta=\dfrac{\pi}{6}$，可找到 particular solution,

$$8=2+C\Rightarrow C=6,$$

$$\frac{1}{2}x^2=\frac{1}{2}(\sin\theta)^{-2}+6\Rightarrow x^2=(\sin\theta)^{-2}+12,$$

$$x>0\Rightarrow x=\sqrt{(\sin\theta)^{-2}+12}=\sqrt{\operatorname{cosec}^2\theta+12}.$$

Q6 知识点

(i) trigonometric formulae
(ii) integration of trigonometric functions

(i) 首先运用compound angle formulae公式得

$$\sin 3x=\sin(2x+x)=\sin 2x\cos x+\cos 2x\sin x,$$

然后运用 double angle formula 公式得

$$\sin 3x=2\sin x\cos^2 x+(1-2\sin^2 x)\sin x$$

$$=2\sin x\cos^2 x+\sin x-2\sin^3 x,$$

最后运用公式 $\cos^2 x=1-\sin^2 x$ 得

$\sin 3x = 2\sin x\left(1-\sin^2 x\right)+\sin x-2\sin^3 x$

$= 3\sin x-4\sin^3 x.$

(ii) 由第 (i) 小问可知 $\sin 3x = 3\sin x-4\sin^3 x$，因此

$\sin^3 x = \frac{3}{4}\sin x-\frac{1}{4}\sin 3x,$

$\int_0^{\frac{\pi}{3}}\sin^3 x\,dx$

$=\int_0^{\frac{\pi}{3}}\left(\frac{3}{4}\sin x-\frac{1}{4}\sin 3x\right)dx$

$=\left[-\frac{3}{4}\cos x+\frac{1}{12}\cos 3x\right]_0^{\frac{\pi}{3}}$

$=\left(-\frac{3}{8}-\frac{1}{12}+\frac{3}{4}-\frac{1}{12}\right)$

$=\frac{5}{24}.$

Q7 知识点

(i) perpendicular lines, differentiation: tangents
(ii) change of sign
(iii) iterative processes

(i) $y = 4\cos\frac{1}{2}x \Rightarrow y' = -4\sin\frac{1}{2}x\times\frac{1}{2} = -2\sin\frac{1}{2}x,$

当 $x = a$ 时，该曲线切线斜率为 $-2\sin\frac{1}{2}a$，

$y = \frac{1}{4-x} = (4-x)^{-1} \Rightarrow y' = -(4-x)^{-2}(-1) = (4-x)^{-2},$

当 $x = a$ 时，该曲线切线斜率为 $(4-a)^{-2}$，

因为两曲线切线垂直，所以他们的切线斜率相乘为 -1.

$-2\sin\frac{1}{2}a\cdot(4-a)^{-2} = -1$

$\Rightarrow (4-a)^2 = 2\sin\frac{1}{2}a,$

$0\leqslant a\leqslant 4 \Rightarrow 4-a\geqslant 0$

$\Rightarrow 4-a = \sqrt{2\sin\frac{1}{2}a}$

$\Rightarrow a = 4-\sqrt{2\sin\frac{1}{2}a}.$

(ii) $a = 4-\sqrt{2\sin\frac{1}{2}a},$

$a = 2$时，$2 < 2.7027$，

$a = 3$时，$3 > 2.587$，

因此 a 在 2 和 3 之间 .

(iii) iterative formula 为 $a_{n+1} = 4-\sqrt{2\sin\frac{1}{2}a_n}$，

因为a在2和3之间，因此a_0可取中间值为$a_0 = 2.5$，

持续将 a 的值代入 iterative formula 求出下一位 a 的值并保留五位小数，直到保留三位小数 a 的值相等 .

$a_1 = 4-\sqrt{2\sin\frac{2.5}{2}} = 2.62233$，$a_2 = 2.60969$，

$a_3 = 2.61087$，$a_4 = 2.61076$，

因为$a_3 = a_4 \approx 2.611$，

所以得最终解为 $a = 2.611$.

Q8 知识点

(i) partial fraction
(ii) binomial expansion

(i) 分母为 linear factor 和 repeat linear factor 相乘的形式，因此可运用基本公式进行分解，代入本题得

$f(x) = \frac{16-17x}{(2+x)(3-x)^2} = \frac{A}{2+x}+\frac{B}{3-x}+\frac{C}{(3-x)^2},$

后等式两边同时乘 $(2+x)(3-x)^2$，得

$16-17x = A(3-x)^2+B(x+2)(3-x)+C(2+x),$

代入$x = -2$可消除B、C两项，得 $50 = 25A \Rightarrow A = 2$，

代入$x = 3$可消除A、B两项，得 $-35 = 5C \Rightarrow C = -7$，

算出 A、C 后可代入任意 x 的值求出 B，此处代入 $x = 0$ 得 $16 = 9A+6B+2C \Rightarrow B = 2$，

$f(x) = \frac{2}{2+x}+\frac{2}{3-x}-\frac{7}{(3-x)^2}.$

(ii) 因为题目要求展开到x^2, 因此只需要计算前三项即可 .

$\frac{2}{2+x} = 2(2+x)^{-1} = \left(1+\frac{x}{2}\right)^{-1} = 1+(-1)\frac{x}{2}+\frac{(-1)\times\left(-2\left(\frac{x}{2}\right)^2\right)}{2!}$

$= 1-\frac{x}{2}+\frac{x^2}{4},$

$\frac{2}{3-x} = 2(3-x)^{-1} = \frac{2}{3}\left(1-\frac{x}{3}\right)^{-1}$

$$=\frac{2}{3}\left[1+(-1)\left(-\frac{x}{3}\right)+\frac{(-1)\times(-2)\left(-\frac{x}{3}\right)^2}{2!}\right]$$

$$=\frac{2}{3}+\frac{2}{9}x+\frac{2x^2}{27},$$

$$\frac{7}{(3-x)^2}=7(3-x)^{-2}=\frac{7}{9}\left(1-\frac{x}{3}\right)^{-2}$$

$$=\frac{7}{9}\left(1+(-2)\left(-\frac{x}{3}\right)+\frac{(-2)\times(-3)\left(-\frac{x}{3}\right)^2}{2!}\right)$$

$$=\frac{7}{9}\left(1+\frac{2x}{3}+\frac{x^2}{3}\right),$$

最终得展开到 x^2 的前三项为

$$1-\frac{x}{2}+\frac{x^2}{4}+\frac{2}{3}+\frac{2}{9}x+\frac{2x^2}{27}-\frac{7}{9}\left(1+\frac{2x}{3}+\frac{x^2}{3}\right)=\frac{8}{9}-\frac{43x}{54}+\frac{7x^2}{108}.$$

Q9 知识点

(i) solving equation of a plane
(ii) angle between two planes

(i) 首先需要求出平面 BCD 的 normal vector，平面内任意两个向量叉乘即可算出 normal vector，本小问中选取 $\overrightarrow{CB}$ 和 $\overrightarrow{CD}$ 进行叉乘 .

$$\overrightarrow{CB}=\overrightarrow{OB}-\overrightarrow{OC}=\begin{pmatrix}3\\4\\0\end{pmatrix}-\begin{pmatrix}1\\3\\0\end{pmatrix}=\begin{pmatrix}2\\1\\0\end{pmatrix},$$

$$\overrightarrow{CD}=\overrightarrow{OD}-\overrightarrow{OC}=\begin{pmatrix}2\\3\\5\end{pmatrix}-\begin{pmatrix}1\\3\\0\end{pmatrix}=\begin{pmatrix}1\\0\\5\end{pmatrix},$$

$$\overrightarrow{CB}\times\overrightarrow{CD}=\begin{pmatrix}2\\1\\0\end{pmatrix}\times\begin{pmatrix}1\\0\\5\end{pmatrix}=\begin{pmatrix}5\\-10\\-1\end{pmatrix},$$

求出 normal vector 后，平面方程可写为 $5x-10y-z=d$，后代入 B、C、D 中任意一点即可求出 d，

此处代入点 $B(3，4，0)$，得 $d=15-40-0=-25$，

最终得平面方程为 $5x-10y-z=-25$.

(ii) 本小问要求平面 BCD 和平面 $OABC$ 之间的夹角，只要求两个平面 normal vector 之间的夹角即可 .

平面 $OABC$ 位于 xOy 平面中，因此其 normal vector 可以表示为 $\begin{pmatrix}0\\0\\1\end{pmatrix}$，

由第 (i) 小问可知，平面 BCD 的 normal vector 为 $\begin{pmatrix}5\\-10\\-1\end{pmatrix}$，

$$\begin{pmatrix}5\\-10\\-1\end{pmatrix}\cdot\begin{pmatrix}0\\0\\1\end{pmatrix}=0+0-1=-1,$$

$$\left|\begin{pmatrix}5\\-10\\-1\end{pmatrix}\right|=\sqrt{5^2+(-10)^2+1^2}=\sqrt{126},\quad\left|\begin{pmatrix}0\\0\\1\end{pmatrix}\right|=\sqrt{0^2+0^2+1^2}=1,$$

根据scalar product的基本公式得

$$\cos\theta=\frac{-1}{\sqrt{126}}\Rightarrow\theta=95.11°,$$

因为题目要求 acute angle，所以最终得夹角为

$180°-95.11°=84.9°$.

Q10 知识点

(i) complex number: the complex plane
(ii) complex number: solving equations
(iii) loci

(i) $u=\sqrt{3}+\mathrm{i}$,

$$r=|u|=\sqrt{\left(\sqrt{3}\right)^2+1^2}=2,\theta=\arg(\sqrt{3}+\mathrm{i})=\tan^{-1}\left(\frac{1}{\sqrt{3}}\right)=\frac{\pi}{6},$$

$$u=2\mathrm{e}^{\frac{\pi}{6}\mathrm{i}}\Rightarrow u^4=\left(2\mathrm{e}^{\frac{\pi}{6}\mathrm{i}}\right)^4=16\mathrm{e}^{\frac{2\pi}{3}\mathrm{i}}\Rightarrow \text{modulus}=16,$$

$$\text{argument}=\frac{2\pi}{3}.$$

(ii) 题目要求证明 u 为方程 $z^3-8z+8\sqrt{3}=0$ 的根，只要将 $u=\sqrt{3}+\mathrm{i}$ 代入方程，如果等式成立，即证明完成 .

$z^3-8z+8\sqrt{3}=0$,

代入 $u=\sqrt{3}+\mathrm{i}$ 得

$$\left(\sqrt{3}+\mathrm{i}\right)^3-8\left(\sqrt{3}+\mathrm{i}\right)+8\sqrt{3}$$

$$=\left(2+2\sqrt{3}\mathrm{i}\right)\left(\sqrt{3}+\mathrm{i}\right)-8\mathrm{i}$$

$$=2\sqrt{3}+2\mathrm{i}+6\mathrm{i}-2\sqrt{3}-8\mathrm{i}$$

$$=0,$$

因此 $u=\sqrt{3}+\mathrm{i}$ 为方程 $z^3-8z+8\sqrt{3}=0$ 的根 .

$f(z)=z^3-8z+8\sqrt{3}$为cubic function，现已知$u=\sqrt{3}+\mathrm{i}$为$f(z)=0$的一个根，因此其conjugate complex number $u^*=\sqrt{3}-\mathrm{i}$应为$f(z)=0$的另一个根，将$u^*=\sqrt{3}+\mathrm{i}$代入方程即可证明上述结论．

$$\left(\sqrt{3}-\mathrm{i}\right)^3-8\left(\sqrt{3}-\mathrm{i}\right)+8\sqrt{3}$$
$$=\left(2-2\sqrt{3}\mathrm{i}\right)\left(\sqrt{3}-\mathrm{i}\right)+8\mathrm{i}$$
$$=2\sqrt{3}-2\mathrm{i}-6\mathrm{i}-2\sqrt{3}+8\mathrm{i}$$
$$=0,$$

因此$u^*=\sqrt{3}-\mathrm{i}$为方程$z^3-8z+8\sqrt{3}=0$的另一个根．

(iii) $|z-u|\leqslant 2$代表圆心为$\left(\sqrt{3},1\right)$，半径为2的圆及其内部（图中圆及其内部面积）．

$\mathrm{Im}z\geqslant 2$代表虚数部分等于2的直线及其上部面积（图中直线及其上部面积）．

同时满足上面两个不等式的区域为下图中影部分面积(包含边界)．

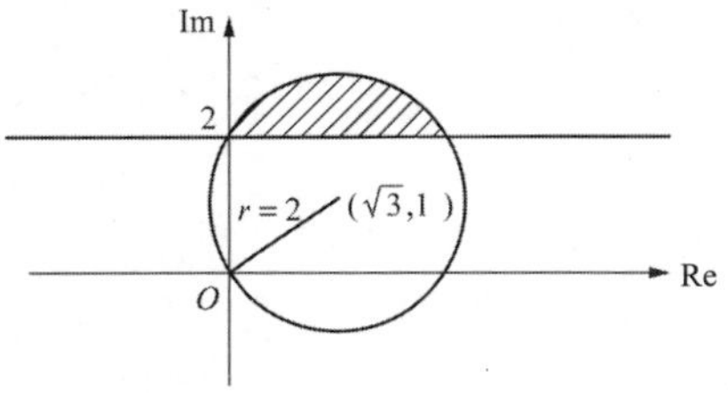

9709_s19_qp_32

Q1 知识点

binomial expansion

本题要求$(3-x)(1+3x)^{\frac{1}{3}}$展开后的$x^3$的系数，只要求$(1+3x)^{\frac{1}{3}}$展开后的$x^2$项和$x^3$项即可，因为$(3-x)(1+3x)^{\frac{1}{3}}$展开后的$x^3$项包含了3和$x^3$项相乘以及$(-x)$和$x^2$项相乘这两部分．

$$(1+3x)^{\frac{1}{3}}=\ldots+\frac{\frac{1}{3}\left(-\frac{2}{3}\right)(3x)^2}{2!}+\frac{\frac{1}{3}\left(-\frac{2}{3}\right)\left(\frac{1}{3}-2\right)(3x)^3}{3!}+\ldots$$
$$=\ldots+-x^2+\frac{5}{3}x^3+\ldots,$$
$$3\cdot\left(\frac{5}{3}x^3\right)+(-x)\left(-x^2\right)=6x^3,$$

最终得x^3项的系数为6.

Q2 知识点

solving exponential equations

用u代表3^x，那么原方程就转化为了$u^2-u-12=0$，

因式分解得$(u-4)(u+3)=0$，

得两个解 $u=4$ or $u=-3$，

当$a>0$时，$a^x>0$，

因此只取$u=4$这一个解．

$3^x=4\Rightarrow x=\log_3 4=1.26.$

Q3 知识点

solving trigonometric equations, double angle formulae

首先运用double angle formulae: $\tan 2A=\dfrac{2\tan A}{1-\tan^2 A}$,

将上述方程转化为：

$$\frac{1-\tan^2\theta}{2\tan\theta}=2\tan\theta\Rightarrow 5\tan^2\theta=1\Rightarrow\tan^2\theta=\frac{1}{5}$$
$$\Rightarrow\tan\theta=\pm\frac{\sqrt{5}}{5},$$
$$0\leqslant\theta\leqslant 180°,$$
$$\theta=24.1° \text{ or } \theta=-24.1°+180°=155.9°.$$

Q4 知识点

differentiation: the quotient rule

$$y=\frac{x}{1+\ln x},$$
$$y'=\frac{1+\ln x-x\cdot\frac{1}{x}}{(1+\ln x)^2}=\frac{\ln x}{(1+\ln x)^2}=\frac{1}{4}, \text{(the quotient rule)}$$
$$4\ln x=(1+\ln x)^2,$$
$$4\ln x=1+(\ln x)^2+2\ln x,$$
$$(\ln x)^2-2\ln x+1=0,$$
$$(\ln x-1)^2=0,$$

$\ln x = 1 \Rightarrow x = \mathrm{e}$,

当 $x = \mathrm{e}$ 时，$y = \dfrac{\mathrm{e}}{1+\ln \mathrm{e}} = \dfrac{1}{2}\mathrm{e}$,

最终得切点坐标为（$\mathrm{e}, \dfrac{1}{2}\mathrm{e}$）.

Q5 知识点

complex number: solving equations

(i) $\mathrm{f}(x) = kx^3 + 5x^2 + 10x + 4$ 为(cubic function)，现已知 $-1+\sqrt{3}\mathrm{i}$ 为 $\mathrm{f}(x) = 0$ 的一个根，因此其 conjugate complex number $-1-\sqrt{3}\mathrm{i}$ 应为 $\mathrm{f}(z) = 0$ 的另一个根 .

(ii) 已知 $-1+\sqrt{3}\mathrm{i}$ 为 $\mathrm{f}(x) = 0$ 的一个根，因此代入方程即可求出 k 的值 .

$k(-1+\sqrt{3}\mathrm{i})^3 + 5(-1+\sqrt{3}\mathrm{i})^2 + 10\left(-1+\sqrt{3}\mathrm{i}\right) + 4 = 0$,

$k\left(1-3-2\sqrt{3}\mathrm{i}\right)\left(-1+\sqrt{3}\mathrm{i}\right) + 5\left(1-3-2\sqrt{3}\mathrm{i}\right) +$

$10\left(-1+\sqrt{3}\mathrm{i}\right) + 4 = 0$, (运用 $\mathrm{i}^2 = -1$)

$k(-2-2\sqrt{3}\mathrm{i})(-1+\sqrt{3}\mathrm{i}) + 5(-2-2\sqrt{3}\mathrm{i}) + 10\left(-1+\sqrt{3}\mathrm{i}\right) + 4 = 0$,

$k\left(2-2\sqrt{3}\mathrm{i}+2\sqrt{3}\mathrm{i}+6\right) - 10 - 10\sqrt{3}\mathrm{i} - 10 + 10\sqrt{3}\mathrm{i} + 4 = 0$,

$8k = 16 \Rightarrow k = 2$,

$2x^3 + 5x^2 + 10x + 4 = 0$,

现已知 $-1+\sqrt{3}\mathrm{i}$ 和 $-1-\sqrt{3}\mathrm{i}$ 为 $\mathrm{f}(x) = 0$ 的两个根，

因此 $\left[x-\left(-1+\sqrt{3}\mathrm{i}\right)\right]$ 和 $\left[x-\left(-1-\sqrt{3}\mathrm{i}\right)\right]$ 为 $\mathrm{f}(x)$ 的两个 factor，原等式可转化为

$\left[x-\left(-1+\sqrt{3}\mathrm{i}\right)\right]\left[x-\left(-1-\sqrt{3}\mathrm{i}\right)\right](2x+a) = 0$,

$\left[x^2 - \left(-1+\sqrt{3}\mathrm{i}-1-\sqrt{3}\mathrm{i}\right)x + (-1+\sqrt{3}\mathrm{i})(-1-\sqrt{3}\mathrm{i})\right](2x+a) = 0$,

$\left(x^2+2x+4\right)\left(2x+a\right) = 0$,

原方程的第三个解为 $2x + a = 0 \Rightarrow x = -\dfrac{a}{2}$,

接下来需要求解 a 的值，只需要将 $\left(x^2+2x+4\right)\left(2x+a\right) = 0$ 展开，然后将其与原方程相比较即可 .

展开得

$x^3 + ax^2 + 4x^2 + 2ax + 8x + 4a = 0$,

$x^3 + \left(a+4\right)x^2 + 8x + 4a = 0$,

将其与原方程相比较，可得

$\begin{cases} a+4=5 \\ 4a=4 \end{cases} \Rightarrow a = 1$,

最终得第三个解为 $x = -\dfrac{1}{2}$.

Q6 知识点

(i) application of trigonometry ratio
(ii) area of a sector
(iii) change of sign
(iv) iterative processes

(i)

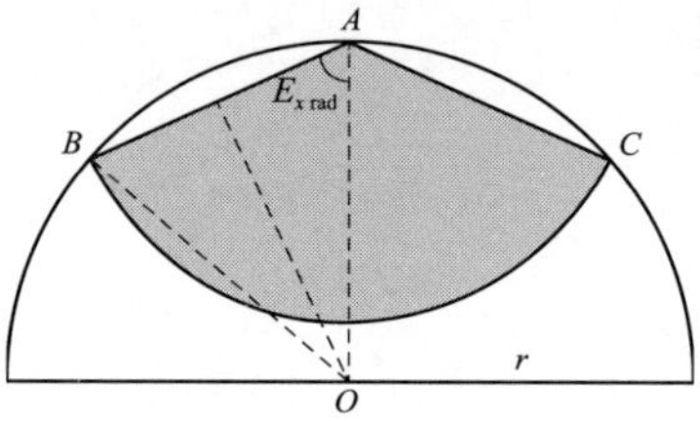

连接 OB，可得 $OB = OA = r$，因此 $\triangle OAB$ 为等腰三角形，所以 $\angle OAB = \angle OBA = x$ rad.

然后由点 O 向 AB 作垂线，垂足标记为 E.

直角 $\triangle OAE$ 中，$\cos x = \dfrac{AE}{OA} \Rightarrow AE = OA\cos x = r\cos x$,

因为 $OB = OA = r$, $\angle OAB = \angle OBA = x$ rad,

$\angle OAB = \angle OBA = x$ rad,

$\angle BEO = \angle AEO = \dfrac{\pi}{2}$,

所以 $\triangle OBE$ 和 $\triangle OAE$ 为全等三角形 .

因此 $BE = AE$，即 $AB = 2AE = 2r\cos x$.

(ii) 运用扇形面积的基本公式得

$S_{\text{shaded}} = \dfrac{1}{2}AB^2 \cdot 2x = 4r^2 x\cos^2 x$,

运用半圆面积的基本公式得

$S_{\text{semi-circle}} = \dfrac{1}{4}\pi r^2$,

由题意可知 $S_{\text{shaded}} = S_{\text{semi-circle}}$,

即 $4r^2 x\cos^2 x = \dfrac{1}{4}\pi r^2$,

$\cos^2 x = \dfrac{\pi}{16x} \Rightarrow \cos x = \sqrt{\dfrac{\pi}{16x}}$ (x is acute angle $\Rightarrow \cos x > 0$)

$\Rightarrow x = \cos^{-1}\sqrt{\dfrac{\pi}{16x}}$.

(iii) $x = \cos^{-1}\sqrt{\dfrac{\pi}{16x}}$,

$x = 1$ 时，$1 < 1.11$,

$x=1.5$时，$1.5>1.2$，
因此 x 在 1 和 1.5 之间 .

(iv) iterative formula 为 $x_{n+1}=\cos^{-1}\sqrt{\dfrac{\pi}{16x_n}}$,

因为x在1和1.5之间，因此x_0可取中间值为 $x_0=1.25$.
持续将 x 的值代入 iterative formula 求出下一位 x 的值并保留五位小数，直到保留三位小数时 x 的值相等 .

$x_1=\cos^{-1}\sqrt{\dfrac{\pi}{16\times1.25}}=1.16328$,

$x_2=1.14742, x_3=1.14432, x_4=1.14370$,

因为 $x_3=x_4\approx1.144$,

所以得最终解为$x=1.144$.

Q7 知识点

differential equation

(i) 基本方法为 separate variables.

分离变量得 $e^{-y}\,dy=xe^x dx$,

两边同时积分得 $\int e^{-y}\,dy=\int xe^x dx$, ①

等式左边积分得 $-e^{-y}$,
等式右边积分需要用 integration by parts,

本题中，$u=x, v'=e^x\Rightarrow u'=1, v=e^x$,
代入公式计算得

$\int xe^x dx=xe^x-\int e^x dx=xe^x-e^x$,

因此式①可转化为 $-e^{-y}=xe^x-e^x+C$,
这个等式是 differential equation 的 general solution,

通过题目信息 $y=0$ when $x=0$，可找到 particular solution,

$-1=0-1+C\Rightarrow C=0$,

因此 $-e^{-y}=xe^x-e^x\Rightarrow e^{-y}=e^x-xe^x$,

两边同时取 ln，得 $-y=\ln(e^x-xe^x)$,

$y=-\ln(e^x-xe^x)$

$=-\ln e^x(1-x)$ (multiplication rule：$\ln xy=\ln x+\ln y$)

$=-\left[\ln e^x+\ln(1-x)\right]$

$=-\ln e^x-\ln(1-x)$ (据power rule得 $\ln e^x=x\ln e=x$)

$=-x-\ln(1-x)$.

(ii) 根据 logarithmic function 的性质，

$\ln(1-x)$的domain为$1-x>0\Rightarrow x<1$,
因此 x 只能取比 1 小的值 .

Q8 知识点

(i) partial fraction
(ii) integration and laws of logarithms

(i) 分母为 linear factor 和 repeat linear factor 相乘的形式，因此可运用基本公式进行分解，代入本题得

$$f(x)=\frac{10x+9}{(2x+1)(2x+3)^2}=\frac{A}{2x+1}+\frac{B}{2x+3}+\frac{C}{(2x+3)^2},$$

后等式两边同时乘 $(2x+1)(2x+3)^2$,

得 $10x+9=A(2x+3)^2+B(2x+1)(2x+3)+C(2x+1)$,

代入 $x=-\dfrac{1}{2}$ 可消除B、C两项，得 $4=4A\Rightarrow A=1$,

代入 $x=-\dfrac{3}{2}$ 可消除A、B两项，得 $-6=-2C\Rightarrow C=3$,

算出 A、C 后可代入任意 x 的值求出 B，此处代入 $x=0$
得 $9=9A+3B+C\Rightarrow B=-1$,

$$f(x)=\frac{1}{2x+1}-\frac{1}{2x+3}+\frac{3}{(2x+3)^2}.$$

(ii) $\int_0^1 f(x)dx=\int_0^1\left(\dfrac{1}{2x+1}-\dfrac{1}{2x+3}+\dfrac{3}{(2x+3)^2}\right)dx$

$=\left[\dfrac{1}{2}\ln(2x+1)-\dfrac{1}{2}\ln(2x+3)-\dfrac{3}{2}(2x+3)^{-1}\right]_0^1$

$=\left[\dfrac{1}{2}\ln3-\dfrac{1}{2}\ln5-\dfrac{3}{10}-0+\dfrac{1}{2}\ln3+\dfrac{1}{2}\right]$

$=\ln3-\dfrac{1}{2}\ln5+\dfrac{1}{5}$

$=\ln9^{\frac{1}{2}}-\dfrac{1}{2}\ln5+\dfrac{1}{5}$ (power rule: $\ln x^m=m\ln x$)

$=\dfrac{1}{2}\ln9-\dfrac{1}{2}\ln5+\dfrac{1}{5}$ (division rule: $\ln x-\ln y=\ln\dfrac{x}{y}$)

$=\dfrac{1}{2}\ln\dfrac{9}{5}+\dfrac{1}{5}$.

Q9 知识点

(i) the vector equation of a line, intersection of two lines
(ii) the vector equation of a plane

(i) 首先求出经过 AB 两点的直线方程，然后再检验两直线是否相交 .

首先求 l_{AB}：
已知直线上两点，可直接用公式求出 vector equation,

$\overrightarrow{OA} = \mathbf{i}+2\mathbf{j}-\mathbf{k}$，$\overrightarrow{OB} = 3\mathbf{i}+\mathbf{j}+\mathbf{k}$，

$l_{AB}: \mathbf{r} = \overrightarrow{OA}+\lambda(\overrightarrow{OB}-\overrightarrow{OA}) = \mathbf{i}+2\mathbf{j}-\mathbf{k}+\lambda(2\mathbf{i}-\mathbf{j}+2\mathbf{k})$.

然后再检验两直线是否相交：

先假设两直线相交，将 vector equation 转化为 parametric form 求出交点 .

$l_{AB}: \mathbf{r} = \overrightarrow{OA}+\lambda\overrightarrow{AB} = (1+2\lambda)\mathbf{i}+(2-\lambda)\mathbf{j}+(2\lambda-1)\mathbf{k}$，

$$\begin{cases} x = 1+2\lambda, \\ y = 2-\lambda, \\ z = 2\lambda-1. \end{cases}$$

$l: \mathbf{r} = 2\mathbf{i}+\mathbf{j}+\mathbf{k}+\mu(\mathbf{i}+\mathbf{j}+2\mathbf{k})$
$= (2+\mu)\mathbf{i}+(1+\mu)\mathbf{j}+(1+2\mu)\mathbf{k}$，

$$\begin{cases} x = 2+\mu, \\ y = 1+\mu, \\ z = 1+2\mu. \end{cases}$$

联立两组 parametric equation，可得

$$\begin{cases} 1+2\lambda = 2+\mu, \\ 2-\lambda = 1+\mu, \\ 2\lambda-1 = 1+2\mu. \end{cases}$$

通过第一和第三个等式，可求得 $\lambda = 0$，$\mu = -1$.

分别代入两组 parametric equation 中，检验点坐标是否一致，如不一致则两直线不相交 .

$$\begin{cases} x = 1+2\lambda = 1, \\ y = 2-\lambda = 2, \\ z = 2\lambda-1 = -1. \end{cases}$$

$$\begin{cases} x = 2+\mu = 1, \\ y = 1+\mu = 0, \\ z = 1+2\mu = -1. \end{cases}$$

点坐标为（1，0，−1）

经计算，两点坐标不一致，因此两直线不相交 .

(ii) 题目已知平面 m 和直线 AB 垂直，因此 l_{AB} 的 direction vector 即为平面 m 的 normal vector，由此得平面 m 的 general equation 为 $2x-y+2z=d$，

又知平面 m 经过 AB 中点，所以求出 AB 中点将其代入上式即可求出 particular solution，

$\overrightarrow{OA} = \mathbf{i}+2\mathbf{j}-\mathbf{k}, \overrightarrow{OB} = 3\mathbf{i}+\mathbf{j}+\mathbf{k}$，因此 AB 中点为(2，$\frac{3}{2}$，0).

代入 $2x-y+2z=d$，得 $d = 4-\frac{3}{2}+0 = \frac{5}{2}$，

最终得平面 m 方程为 $2x-y+2z = \frac{5}{2}$.

$l: \mathbf{r} = 2\mathbf{i}+\mathbf{j}+\mathbf{k}+\mu(\mathbf{i}+\mathbf{j}+2\mathbf{k})$
$= (2+\mu)\mathbf{i}+(1+\mu)\mathbf{j}+(1+2\mu)\mathbf{k}$

将（ $2+\mu$, $1+\mu$, $1+2\mu$ ）代入平面 m 方程即可求出 μ 值以及点坐标 .

$2(2+\mu)-(1+\mu)+2(1+2\mu) = \frac{5}{2} \Rightarrow \mu = -\frac{1}{2}$，

当 $\mu = -\frac{1}{2}$ 时，交点坐标 P 为

$(2+\mu, 1+\mu, 1+2\mu) = (\frac{3}{2}, \frac{1}{2}, 0)$，

因此点 p 的 position vector 为 $\overrightarrow{OP} = \frac{3}{2}\mathbf{i}+\frac{1}{2}\mathbf{j}$.

Q10 知识点

(i) compound angle formulae
(ii) integration
(iii) derivatives of trigonometric functions

(i) 运用到本小问中得

$\sin(3x+x) = \sin 3x\cos x+\cos 3x\sin x$，

$\sin(3x-x) = \sin 3x\cos x-\cos 3x\sin x$，

两式相加得：

$\sin(3x+x)+\sin(3x-x) = 2\sin 3x\cos x$，

$\sin 4x+\sin 2x = 2\sin 3x\cos x$，

$\sin 3x\cos x = \frac{1}{2}(\sin 4x+\sin 2x)$.

(ii)

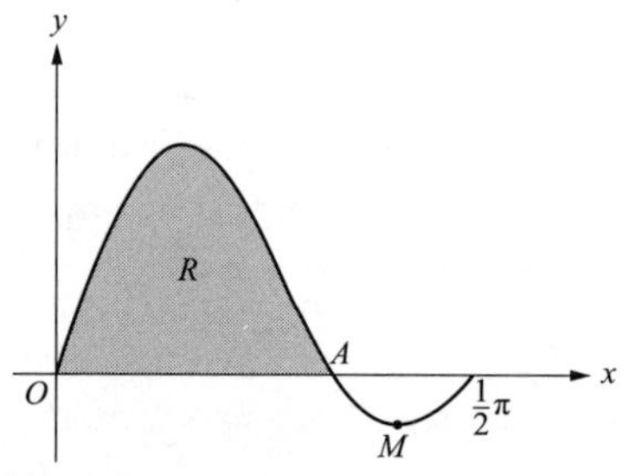

首先需要求出曲线和 x 轴的交点 (即点 A 横坐标).

令 $y=0$，得 $y = \sin 3x\cos x = 0 \Rightarrow \sin 3x = 0$ or $\cos x = 0$，

由图可知 $0 < x_A < \frac{\pi}{2}$，所以取 $\sin 3x = 0$ 这个解，

因此 $3x = \pi \Rightarrow x = \frac{\pi}{3}$，

然后求面积只需要对曲线在 [0，$\frac{\pi}{3}$] 这段区间内进行积分即可 .

$S_{\text{shaded}} = \int_0^{\frac{\pi}{3}} \sin 3x\cos x\,dx$

$$=\frac{1}{2}\int_{0}^{\frac{\pi}{3}}(\sin 4x+\sin 2x)\mathrm{d}x$$

$$=\frac{1}{2}\left[-\frac{1}{4}\cos 4x-\frac{1}{2}\cos 2x\right]_{0}^{\frac{\pi}{3}}$$

$$=\frac{1}{2}\left[\frac{1}{8}+\frac{1}{4}+\frac{1}{4}+\frac{1}{2}\right]$$

$$=\frac{9}{16}.$$

(iii) $y=\sin 3x\cos x=\frac{1}{2}(\sin 4x+\sin 2x)$,

$\frac{\mathrm{d}y}{\mathrm{d}x}=\frac{1}{2}(4\cos 4x+2\cos 2x)=2\cos 4x+\cos 2x$, (chain rule)

因为点 M 为曲线最低点，所以在点 M 处 $\frac{\mathrm{d}y}{\mathrm{d}x}=0$,

$\frac{\mathrm{d}y}{\mathrm{d}x}=2\cos 4x+\cos 2x=0$,

$2(2\cos^2 2x-1)+\cos 2x=0$,

$4\cos^2 2x+\cos 2x-2=0$,

$\cos 2x=\frac{-1\pm\sqrt{1+32}}{8}=\frac{-1\pm\sqrt{33}}{8}$,

由图可知，点 M 位于点 A 右侧，因此

$\frac{\pi}{3}<x_M<\frac{\pi}{2}\Rightarrow\frac{2\pi}{3}<2x_M<\pi$,

所以$\cos 2x$只取$\frac{-1-\sqrt{33}}{8}$这一个解.

最终可得$2x=2.57\Rightarrow x=1.29$.

9709_s19_qp_33

Q1 知识点

solving exponential equations

$5^{3-2x}=4(7^x)$,

两边同时取 ln，得 $\ln 5^{3-2x}=\ln 4(7^x)$,

分别运用power rule: $\ln x^m=m\ln x$和product rule: $\ln ab=\ln a+\ln b$,

$(3-2x)\ln 5=\ln 4+\ln 7^x$,

$(3-2x)\ln 5=\ln 4+x\ln 7$,

$x(\ln 7+2\ln 5)=3\ln 5-\ln 4$,

$x=\frac{3\ln 5-\ln 4}{\ln 7+2\ln 5}=0.666$.

Q2 知识点

integration by parts

本题中，$u=x^2$，$v'=\cos 2x\Rightarrow u'=2x$，$v=\frac{1}{2}\sin 2x$,

代入公式计算得

$\int_0^{\frac{\pi}{4}}x^2\cos 2x\,\mathrm{d}x=\left[\frac{1}{2}x^2\sin 2x\right]_0^{\frac{\pi}{4}}-\int_0^{\frac{\pi}{4}}x\sin 2x\,\mathrm{d}x$,

$\int_0^{\frac{\pi}{4}}x\sin 2x\,\mathrm{d}x$需要再使用一次 integration by parts,

此时，$u=x$，$v'=\sin 2x\Rightarrow u'=1$，$v=-\frac{1}{2}\cos 2x$,

$\int_0^{\frac{\pi}{4}}x\sin 2x\,\mathrm{d}x=\left[-\frac{1}{2}x\cos 2x\right]_0^{\frac{\pi}{4}}+\frac{1}{2}\int_0^{\frac{\pi}{4}}\cos 2x\,\mathrm{d}x$

$=0+\left[\frac{1}{4}\sin 2x\right]_0^{\frac{\pi}{4}}=\frac{1}{4}$,

最终得

$\int_0^{\frac{\pi}{4}}x^2\cos 2x\,\mathrm{d}x=\left[\frac{1}{2}x^2\sin 2x\right]_0^{\frac{\pi}{4}}-\frac{1}{4}=\frac{\pi^2}{32}-\frac{1}{4}=\frac{1}{32}(\pi^2-8)$.

Q3 知识点

trigonometry: double angle formulae, integration

(i) $\mathrm{f}(\theta)=\frac{1-\cos 2\theta+\sin 2\theta}{1+\cos 2\theta+\sin 2\theta}$,

首先运用 double angle formulae 公式，将上述等式转化为：

$$\mathrm{f}(\theta)=\frac{1-(1-2\sin^2\theta)+2\sin\theta\cos\theta}{1+(2\cos^2\theta-1)+2\sin\theta\cos\theta}$$

$$=\frac{2\sin^2\theta+2\sin\theta\cos\theta}{2\cos^2\theta+2\sin\theta\cos\theta}$$

$$=\frac{\sin\theta(\sin\theta+\cos\theta)}{\cos\theta(\sin\theta+\cos\theta)}$$

$$=\tan\theta.$$

(ii) $f(\theta)=\dfrac{1-\cos 2\theta+\sin 2\theta}{1+\cos 2\theta+\sin 2\theta}=\tan\theta$,

$\int_{\frac{\pi}{6}}^{\frac{\pi}{4}} f(\theta)\,d\theta=\int_{\frac{\pi}{6}}^{\frac{\pi}{4}}\tan\theta\,d\theta$

$=\int_{\frac{\pi}{6}}^{\frac{\pi}{4}}\dfrac{\sin\theta}{\cos\theta}d\theta=[-\ln\cos\theta]_{\frac{\pi}{6}}^{\frac{\pi}{4}}$

$=-\ln\dfrac{\sqrt{2}}{2}+\ln\dfrac{\sqrt{3}}{2}$ (division law: $\ln a-\ln b=\ln\dfrac{a}{b}$)

$=\ln\dfrac{\sqrt{3}}{\sqrt{2}}$

$=\ln\left(\dfrac{3}{2}\right)^{\frac{1}{2}}$ (power law: $\ln a^m=m\ln a$)

$=\dfrac{1}{2}\ln\dfrac{3}{2}$.

Q4 知识点

differentiation: quotient rule, gradient solving exponential equations

(i) $y=\dfrac{1+e^{-x}}{1-e^{-x}}$,

运用quotient rule，得

$\dfrac{dy}{dx}=\dfrac{-e^{-x}\left(1-e^{-x}\right)-(1+e^{-x})e^{-x}}{(1-e^{-x})^2}=\dfrac{-2e^{-x}}{(1-e^{-x})^2}$,

因为 $e^{-x}>0,(1-e^{-x})^2>0$，所以$\dfrac{dy}{dx}<0$.

(ii) $\dfrac{dy}{dx}=\dfrac{-2e^{-a}}{(1-e^{-a})^2}=-1\Rightarrow 2e^{-a}=\left(1-e^{-a}\right)^2$

$\Rightarrow 2e^{-a}=1+e^{-2a}-2e^{-a}$,

$1+e^{-2a}-4e^{-a}=0$,

$e^{2a}-4e^{a}+1=0$,

使 $u=e^{a}$，上式转化为$u^2-4u+1=0$,

$u=\dfrac{-b\pm\sqrt{b^2-4ac}}{2a}=\dfrac{4\pm\sqrt{4^2-4}}{2}=2\pm\sqrt{3}$,

$a>0\Rightarrow u=e^{a}>1\Rightarrow u=e^{a}=2+\sqrt{3}\Rightarrow a=\ln(2+\sqrt{3})$.

Q5 知识点

differential equation

基本方法为 separate variables.

分离变量得$\dfrac{y}{y^2+5}dy=\dfrac{1}{1+x}dx$,

两边同时积分得$\int\dfrac{y}{y^2+5}dy=\int\dfrac{1}{1+x}dx$,

$\dfrac{1}{2}\ln\left(y^2+5\right)=\ln\left(1+x\right)+C$,

这个等式是 differential equation 的 general solution,

通过题目信息$y=2$ when $x=0$，可找到 particular solution,

$\dfrac{1}{2}\ln 9=\ln 1+C\Rightarrow\dfrac{1}{2}\ln 3^2=\ln 1+C\Rightarrow C=\ln 3$,

因此$\dfrac{1}{2}\ln(y^2+5)=\ln(1+x)+\ln 3\Rightarrow\ln(y^2+5)^{\frac{1}{2}}=\ln 3(x+1)$

$\Rightarrow(y^2+5)^{\frac{1}{2}}=3(x+1)$,

最终得$y^2=9(x+1)^2-5$.

Q6 知识点

(i) locating roots
(ii) division of polynomials, factor theorem
(iii) change of sign, iterative processes

(i) 由题可知$b>0$,

将$x=3$代入曲线方程得

$y=3^4-2\times3^3-7\times3-6=81-54-21-6=0$,

因此得$x=3$为$x^4-2x^3-7x-6=0$的解，即$b=3$.

(ii) 因为$x=3$为$x^4-2x^3-7x-6=0$的一个解,

所以$(x-3)$为x^4-2x^3-7x-6的一个因式 .

$$
\begin{array}{r|l}
 & x^3+x^2\quad+3x+2 \\
\hline
x-3 & x^4-2x^3+0-7x-6 \\
 & x^4-3x^3 \\
\hline
 & x^3+0-7x-6 \\
 & x^3-3x^2 \\
\hline
 & 3x^2-7x-6 \\
 & 3x^2-9x \\
\hline
 & 2x-6 \\
 & 2x-6 \\
\hline
 & 0
\end{array}
$$

进行如上所示的 long division，得

$x^4-2x^3-7x-6=\left(x-3\right)\left(x^3+x^2+3x+2\right)=0$,

即$x^3+x^2+3x+2=0$,

因为$x=a$为上述方程的一个解，因此将$x=a$代入可得

$a^3+a^2+3a+2=0$,

$3a=-(a^3+a^2+2)$,

$a=-\frac{1}{3}\left(a^3+a^2+2\right)$.

(iii) 首先确定 a 的大致范围 .

$a=-\frac{1}{3}\left(a^3+a^2+2\right)\Rightarrow f(a)=a+\frac{1}{3}\left(a^3+a^2+2\right)$,

$f(-0.5)=\frac{5}{24}>0$, $f(-1)=-\frac{1}{3}<0$,

因此可大致确定 a 在 -1 和 -0.5 之间.

接下来可通过 iterative processes 确定 a 的具体值 .

iterative formula 为 $a_{n+1}=-\frac{1}{3}(a_n^{\ 3}+a_n^{\ 2}+2)$,

因为 a 在 -1 和 -0.5 之间，因此 a_0 可取中间值为 $a_0=-0.75$

持续将 a 的值代入 iterative formula 求出下一位 a 的值并保留五位小数，直到保留三位小数时 a 的值相等 .

$a_1=-\frac{1}{3}\left(-0.75^3+0.75^2+2\right)=-0.71354$,

$a_2=-0.71528$, $a_3=-0.71522$,

因为 $a_3=a_2\approx-0.715$，所以得最终解为 $a=-0.715$.

Q7 知识点

(i) differentiation: product rule
(ii) trigonometry: compound angle formulae

(i) $y=\sin\left(x+\frac{\pi}{3}\right)\cos x$,

运用 product rule，得

$\frac{dy}{dx}=\cos(x+\frac{\pi}{3})\cos x-\sin\left(x+\frac{\pi}{3}\right)\sin x$.

(ii) 运用 compound angle formulae 公式得

$\frac{dy}{dx}=\cos(x+\frac{\pi}{3})\cos x-\sin\left(x+\frac{\pi}{3}\right)\sin x=\cos(2x+\frac{\pi}{3})$,

因此曲线的 stationary point 满足 $\frac{dy}{dx}=\cos(2x+\frac{\pi}{3})=0$.

(iii) $\frac{dy}{dx}=\cos(2x+\frac{\pi}{3})=0$,

$0\leqslant x\leqslant\pi\Rightarrow\frac{\pi}{3}\leqslant 2x+\frac{\pi}{3}\leqslant\frac{7\pi}{3}$,

$2x+\frac{\pi}{3}=\frac{\pi}{2}\text{ or }\frac{3\pi}{2}\Rightarrow x=\frac{\pi}{12}\text{ or }\frac{7\pi}{12}$,

因此 stationary point 的横坐标为 $\frac{\pi}{12}$ 或 $\frac{7\pi}{12}$.

Q8 知识点

complex number: modulus, argument, loci

(i) $u=\frac{4i}{1-\sqrt{3}i}=\frac{4i(1+\sqrt{3}i)}{(1-\sqrt{3}i)(1+\sqrt{3}i)}=\frac{4i+4\sqrt{3}i^2}{1-3i^2}$,

$i^2=-1$, $u=\frac{4i}{1-\sqrt{3}i}=\frac{4i-4\sqrt{3}}{4}=-\sqrt{3}+i$.

(ii) $\text{modulus}=\sqrt{(-\sqrt{3})^2+1^2}=2$,

$\text{argument}=\pi-\tan^{-1}\left(\frac{1}{\sqrt{3}}\right)=\frac{5\pi}{6}$.

(iii) $|z|<2$ 表示的区域为圆心为 $(0, 0)$，半径为 2 的圆的内部面积，不包含圆边界 .

$\left|z-(-\sqrt{3}+i)\right|<|z|$ 表示的区域为 $(0, 0)$ 和 $\left(-\sqrt{3}, 1\right)$ 连线的垂直平分线的左上方面积 .

同时满足两个不等式的区域如下图阴影部分所示，不包含边界 .

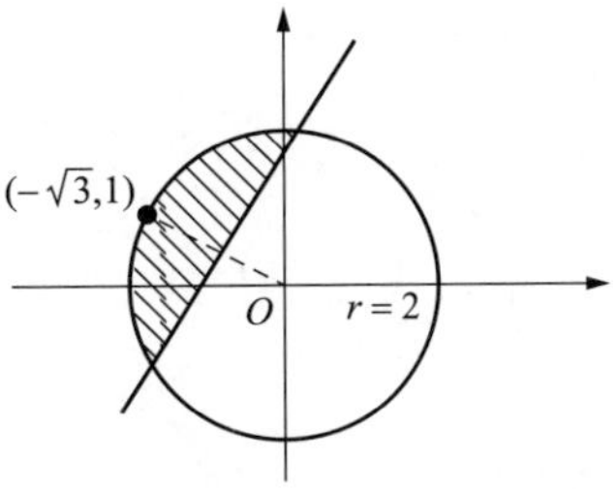

Q9 知识点

(i) partial fraction
(ii) binomial expansion

(i) 分母为 linear factor 和 repeat linear factor 相乘的形式，因此可运用基本公式进行分解，代入本题得

$f(x)=\frac{2x(5-x)}{(3+x)(1-x)^2}=\frac{A}{3+x}+\frac{B}{1-x}+\frac{C}{(1-x)^2}$,

后等式两边同时乘 $(3+x)(1-x)^2$,

得 $2x(5-x)=A(1-x)^2+B(3+x)(1-x)+C(3+x)$,

代入 $x=-3$ 可以消除 B、C 两项，得 $-48=16A\Rightarrow A=-3$,

代入 $x=1$ 可以消除 A、B 两项，得 $8=4C\Rightarrow C=2$,

算出 A、C 后可以代入任意 x 的值求出 B，此处代入 $x=0$ 得 $0=A+3B+3C\Rightarrow B=-1$,

$$f(x)=-\frac{3}{3+x}-\frac{1}{1-x}+\frac{2}{(1-x)^2}.$$

(ii) 由第 (i) 小问可知，

$$f(x)=\frac{2x(5-x)}{(3+x)(1-x)^2}=-\frac{3}{3+x}-\frac{1}{1-x}+\frac{2}{(1-x)^2},$$

本小问要求 $f(x)$ 展开后到 x^3 的项，因此需要分别对 $f(x)$ 其中的三个部分进行展开，然后求和即可.

$$\frac{3}{3+x}=3(3+x)^{-1}=\left(1+\frac{1}{3}x\right)^{-1}$$

$$=1+\frac{(-1)\left(\frac{1}{3}x\right)}{1!}+\frac{(-1)(-2)\left(\frac{1}{3}x\right)^2}{2!}+\frac{(-1)(-2)(-3)\left(\frac{1}{3}x\right)^3}{3!}+\dots$$

$$=1-\frac{1}{3}x+\frac{1}{9}x^2-\frac{1}{27}x^3+\dots,$$

$$\frac{1}{1-x}=(1-x)^{-1}$$

$$=1+\frac{(-1)(-x)}{1!}+\frac{(-1)(-2)(-x)^2}{2!}+\frac{(-1)(-2)(-3)(-x)^3}{3!}+\dots$$

$$=1+x+x^2+x^3+\dots,$$

$$\frac{2}{(1-x)^2}=2(1-x)^{-2}$$

$$=2\left[1+\frac{(-2)(-x)}{1!}+\frac{(-2)(-3)(-x)^2}{2!}+\frac{(-2)(-3)(-4)(-x)^3}{3!}+\dots\right]$$

$$=2\left[1+2x+3x^2+4x^3+\dots\right]$$

$$=2+4x+6x^2+8x^3+\dots,$$

最终将三式相加得

$$f(x)=-\left(1-\frac{1}{3}x+\frac{1}{9}x^2-\frac{1}{27}x^3\right)-\left(1+x+x^2+x^3\right)+\left(2+4x+6x^2+8x^3\right)$$

$$=\frac{10}{3}x+\frac{44}{9}x^2+\frac{190}{27}x^3+\dots$$

Q10 知识点

vector: modulus, vector equation of a line, scalar product

(i) 题目要求点 P 到直线的垂直距离，从点 P 向直线作垂线，垂足标注为 N（见下图），此时题目转化为求 $\overline{PN}$ 的长度.

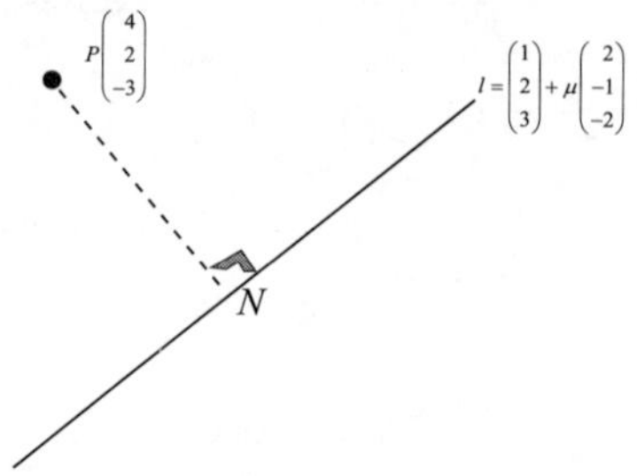

$$\overrightarrow{ON}=\begin{pmatrix}1+2\mu\\2-\mu\\3-2\mu\end{pmatrix},$$

$$\overrightarrow{PN}=\overrightarrow{ON}-\overrightarrow{OP}=\begin{pmatrix}1+2\mu\\2-\mu\\3-2\mu\end{pmatrix}-\begin{pmatrix}4\\2\\-3\end{pmatrix}=\begin{pmatrix}-3+2\mu\\-\mu\\6-2\mu\end{pmatrix},$$

因为 $\overrightarrow{PN}\perp l$，所以 $\overrightarrow{PN}$ 和直线 l 的direction vector的scalar product为0

$$\Rightarrow\begin{pmatrix}-3+2\mu\\-\mu\\6-2\mu\end{pmatrix}\cdot\begin{pmatrix}2\\-1\\-2\end{pmatrix}=0\Rightarrow-6+4\mu+\mu-12+4\mu=0$$

$$\Rightarrow\mu=2.$$

当 $\mu=2$ 时，$\overrightarrow{PN}=\begin{pmatrix}-3+2\mu\\-\mu\\6-2\mu\end{pmatrix}=\begin{pmatrix}1\\-2\\2\end{pmatrix}$,

$$\left|\overrightarrow{PN}\right|=\sqrt{(1)^2+(-2)^2+2^2}=3.$$

(ii) 平面方程 $ax+by+2z=13$ 中存在两个未知数，因此至少需要两个方程才可以求解.

首先第一个方程：

$l:\mathbf{r}=\mathbf{i}+2\mathbf{j}+3\mathbf{k}+\mu(2\mathbf{i}-\mathbf{j}-2\mathbf{k})$,

直线 l 必定经过点 (1, 2, 3)，直线 l 又位于平面内，因此可将该点代入平面方程，得

$a+2b+6=13$.

其次第二个方程：

直线 l 位于平面内，因此直线 l 的 direction vector 和平面的 normal vector 垂直，因此两个向量的 scalar product 为 0.

$(2\mathbf{i}-\mathbf{j}-2\mathbf{k})\cdot(a\mathbf{i}+b\mathbf{j}+2\mathbf{k})=2a-b-4=0.$

最终连列两个方程即可求出两个未知数.

$$\begin{cases}a+2b+6=13\\2a-b-4=0\end{cases}\Rightarrow\begin{cases}a=3,\\b=2.\end{cases}$$

由此可得平面方程为 $3x+2y+2z=13$.

9709_w19_qp_31

Q1 知识点

natural logarithms

$\ln\left(1+e^{2y}\right)=x$,

$1+e^{2y}=e^{x}$,

$e^{2y}=e^{x}-1$,

两边同时取ln，得

$2y=\ln\left(e^{x}-1\right)$,

$y=\frac{1}{2}\ln\left(e^{x}-1\right)$.

Q2 知识点

modulus function

去掉两边的 modulus，最简单的方式是将等式两边同时平方．

得 $(2x-3)^2>16(x+1)^2$．

展开平方后化简得

$4x^2-12x+9>16x^2+16+32x$,

$12x^2+44x+7<0$,

$(2x+7)(6x+1)<0$,

$-\frac{7}{2}<x<-\frac{1}{6}$.

Q3 知识点

parametric differentiation

首先运用 chain rule，可得

$x=2t+\sin 2t\Rightarrow\frac{dx}{dt}=2+2\cos 2t$,

$y=\ln(1-\cos 2t)\Rightarrow\frac{dy}{dt}=\frac{2\sin 2t}{1-\cos 2t}$,

然后运用公式 $\frac{dy}{dx}=\frac{\frac{dy}{dt}}{\frac{dx}{dt}}$，得

$$\frac{dy}{dx}=\frac{\frac{2\sin 2t}{1-\cos 2t}}{2+2\cos 2t}=\frac{\sin 2t}{(1-\cos 2t)(1+\cos 2t)}=\frac{\sin 2t}{1-\cos^2 2t}$$

$$=\frac{\sin 2t}{\sin^2 2t}=\frac{1}{\sin 2t}=\operatorname{cosec} 2t.$$

Q4 知识点

differential equation

(i) 由题意可得 $\frac{dN}{dt}=\lambda Ne^{-0.02t}$，然后根据 $t=0, N=1000$ 即可求出 λ 的值．

$\frac{dN}{dt}=\lambda 1000e^{0}=-10$,

$\lambda=-0.01$,

$\frac{dN}{dt}=-0.01e^{-0.02t}N$.

(ii) 基本方法为 separate variables.

分离变量得 $\frac{1}{N}dN=-0.01e^{-0.02t}dt$,

两边同时积分得 $\int\frac{1}{N}dN=\int-0.01e^{-0.02t}dt$,

$\ln N=\frac{1}{2}e^{-0.02t}+C$,

这个等式是 differential equation 的 general solution，

通过题目信息 $N=1000$ when $t=0$，可找到 particular solution，

$\ln 1000=\frac{1}{2}e^{0}+C\Rightarrow C=\ln 1000-\frac{1}{2}$,

最终得 $\ln N=\frac{1}{2}e^{-0.02t}+\ln 1000-\frac{1}{2}$,

将 $N=800$ 代入上式即可解出 t 的值．

$\ln 800=\frac{1}{2}e^{-0.02t}+\ln 1000-\frac{1}{2}$

$\Rightarrow e^{-0.02t}=2\left(\ln 800-\ln 1000\right)+1=2\ln 0.8+1$

$\Rightarrow -0.02t=\ln\left(2\ln 0.8+1\right)=-0.5911$

$\Rightarrow t=29.6$.

(iii) 当 t 逐渐变大时，$e^{-0.02t}$ 会趋向于 0，因此 $\ln N$ 会趋向于 $\ln 1000-\frac{1}{2}$,

$\frac{1}{2}=\ln e^{\frac{1}{2}}$ (power law: $\ln a^m=m\ln a$),

因此 $\ln 1000-\ln e^{\frac{1}{2}}=\ln 1000-\ln\sqrt{e}$

$= \ln \frac{1000}{\sqrt{e}}\left(\text{division law: } \ln a - \ln b = \ln\left(\frac{a}{b}\right)\right)$,

所以最终 N 会趋向于 $\frac{1000}{\sqrt{e}}$.

Q5 知识点

(i) differentiation: product rule, derivatives of exponential function, derivatives of natural logarithmic functions
(ii) change of sign
(iii) iterative processes

(i) $\frac{dy}{dx} = -2e^{-2x}\ln(x-1) + \frac{e^{-2x}}{x-1}$ (product rule),

已知当 $x = p$ 时，曲线存在 stationary point，这意味着当 $x = p$ 时，$\frac{dy}{dx} = 0$，

$-2e^{-2p}\ln(p-1) + \frac{e^{-2p}}{p-1} = 0$,

$-2\ln(p-1) + \frac{1}{p-1} = 0$,

$\ln(p-1) = \frac{1}{2(p-1)}$,

$p - 1 = \exp\left(\frac{1}{2(p-1)}\right)$,

$p = 1 + \exp\left(\frac{1}{2(p-1)}\right)$.

(ii) 由第 (i) 小问可知 $\ln(p-1) = \frac{1}{2(p-1)}$，可得

$f(p) = \ln(p-1) - \frac{1}{2(p-1)}$,

$f(2.2) = -0.234 < 0$，$f(2.6) = 0.317 > 0$,

因此 p 在 2.2 和 2.6 之间 .

(iii) iterative formula 为 $p_{n+1} = 1 + \exp\left(\frac{1}{2(p_n - 1)}\right)$,

因为p在2.2和2.6之间，因此p_0可取中间值为 $p_0 = 2.4$，

持续将 p 的值代入 iterative formula 求出下一位 p 的值并保留四位小数，直到保留两位小数时 p 的值相等 .

$p_1 = 1 + \exp\left(\frac{1}{2(p_0 - 1)}\right) = 2.4292$，$p_2 = 2.4188$，$p_3 = 2.4225$，

因为$p_2 = p_3 \approx 2.42$，所以得最终解为 $p = 2.42$.

Q6 知识点

(i) differentiation: quotient rule
(ii) integration by parts

(i) $\left(\frac{\cos x}{\sin x}\right)' = \frac{-\sin x \sin x - \cos x \cos x}{\sin^2 x} = \frac{-(\sin^2 x + \cos^2 x)}{\sin^2 x}$

$= \frac{-1}{\sin^2 x} = -\operatorname{cosec}^2 x$.

(ii) 本小问中，$u = x, v' = \operatorname{cosec}^2 x \Rightarrow u' = 1, v = -\frac{\cos x}{\sin x}$

$= -\cot x$,

代入公式计算得

$\int_{\frac{\pi}{4}}^{\frac{\pi}{2}} x \operatorname{cosec}^2 x \, dx = [-x\cot x]_{\frac{\pi}{4}}^{\frac{\pi}{2}} + \int_{\frac{\pi}{4}}^{\frac{\pi}{2}} \cot x \, dx$

$= [-x\cot x]_{\frac{\pi}{4}}^{\frac{\pi}{2}} + [\ln \sin x]_{\frac{\pi}{4}}^{\frac{\pi}{2}}$

$= \left(0 + \frac{\pi}{4}\right) + \left(0 - \ln\frac{\sqrt{2}}{2}\right)$

$= \frac{\pi}{4} - \ln\frac{\sqrt{2}}{2}$,

$\frac{\pi}{4} - \ln\frac{\sqrt{2}}{2} = \frac{\pi}{4} - \ln\sqrt{\frac{1}{2}} = \frac{\pi}{4} - \frac{1}{2}\ln\frac{1}{2}$

$= \frac{\pi}{4} - \frac{1}{2}\ln 4^{-\frac{1}{2}} = \frac{\pi}{4} + \frac{1}{4}\ln 4 = \frac{1}{4}(\pi + \ln 4)$.

Q7 知识点

(i) intersection of two lines
(ii) equation of a plane

(i) $l: \mathbf{r} = a\mathbf{i} + 2\mathbf{j} + 3\mathbf{k} + \lambda(\mathbf{i} - 2\mathbf{j} + 3\mathbf{k})$,

$m: \mathbf{r} = 2\mathbf{i} + \mathbf{j} + 2\mathbf{k} + \mu(2\mathbf{i} - \mathbf{j} + \mathbf{k})$,

已知两直线相交，将 vector equation 转化为 parametric form，联立方程组后即可求出交点 .

$l: \mathbf{r} = a\mathbf{i} + 2\mathbf{j} + 3\mathbf{k} + \lambda(\mathbf{i} - 2\mathbf{j} + 3\mathbf{k})$,

$$\begin{cases} x = a + \lambda, \\ y = 2 - 2\lambda, \\ z = 3 + 3\lambda. \end{cases}$$

$m: \mathbf{r} = 2\mathbf{i} + \mathbf{j} + 2\mathbf{k} + \mu(2\mathbf{i} - \mathbf{j} + \mathbf{k})$,

$$\begin{cases} x = 2 + 2\mu, \\ y = 1 - \mu, \\ z = 2 + \mu. \end{cases}$$

联立两组 parametric equation，可得

$$\begin{cases} a+\lambda=2+2\mu \\ 2-2\lambda=1-\mu \\ 3+3\lambda=2+\mu \end{cases} \Rightarrow \begin{cases} a=-6, \\ \lambda=-2, \\ \mu=-5. \end{cases}$$

通过解后两个等式，可得 $\lambda=-2$，$\mu=-5$，
然后代入第一个等式，可得 $a=-6$.

(ii) 首先需要求出平面的 normal vector，
由于直线 m 和直线 l 都位于平面内，
因此本题只要将直线 m 和直线 l 的 direction vector 进行叉乘即可算出 normal vector，

$(\mathbf{i}-2\mathbf{j}+3\mathbf{k})(2\mathbf{i}-\mathbf{j}+\mathbf{k})=\mathbf{i}+5\mathbf{j}+3\mathbf{k}$，

求出 normal vector 后，平面方程可以写为 $x+5y+3z=d$，
后代入直线 m 和直线 l 的交点坐标即可求出 d，

由第 (i) 小问可知，将 $\mu=-5$ 代入 parametric form，可得交点坐标为 (–8，6，–3).

代入点，得 $d=-8+5\times6-3\times3=13$，

因此平面方程为 $x+5y+3z=13$.

Q8 知识点

(i) partial fraction
(ii) integration, laws of logarithms

(i) 分母为 linear factor 和 repeat linear factor 相乘的形式，因此可运用基本公式进行分解，代入本题得

$$\mathrm{f}(x)=\frac{x^2+x+6}{x^2(x+2)}=\frac{A}{x}+\frac{B}{x^2}+\frac{C}{x+2},$$

后等式两边同时乘 $x^2(x+2)$.

得 $x^2+x+6=Ax(x+2)+B(x+2)+Cx^2$，

代入 $x=-2$ 可消除 A、B 两项，得 $8=4C\Rightarrow C=2$，

代入 $x=0$ 可消除 A、C 两项，得 $6=2B\Rightarrow B=3$，

算出 B、C 后可代入任意 x 的值求出 A，此处代入 $x=1$

得 $8=3A+3B+C\Rightarrow A=-1$，

$$\mathrm{f}(x)=-\frac{1}{x}+\frac{3}{x^2}+\frac{2}{x+2}.$$

(ii) $\int_1^4 \mathrm{f}(x)\mathrm{d}x$

$$=\int_1^4\left(-\frac{1}{x}+\frac{3}{x^2}+\frac{2}{x+2}\right)\mathrm{d}x$$

$$=\int_1^4\left(-\frac{1}{x}+3x^{-2}+\frac{2}{x+2}\right)\mathrm{d}x$$

$$=\left[-\ln x-3x^{-1}+2\ln(x+2)\right]_1^4$$

$$=\left[-\ln4-\frac{3}{4}+2\ln6+0+3-2\ln3\right]$$

$$=\frac{9}{4}+2\ln6-\ln4-2\ln3 \text{ (power law: } \ln a^m=m\ln a)$$

$$=\frac{9}{4}+\ln36-\ln4-\ln9 \text{ (multiplication law: } \ln a+\ln b=\ln ab)$$

$$=\frac{9}{4}+\ln36-(\ln4+\ln9)=\frac{9}{4}+\ln36-\ln36=\frac{9}{4}.$$

Q9 知识点

(i) trigonometry: compound angle formulae, trigonometric identities
(iii) integration of trigonometric functions

(i) $\cos3x$

$=\cos(2x+x)$

$=\cos2x\cos x-\sin2x\sin x$ $\cos(A+B)$

$=\cos A\cos B-\sin A\sin B$

$=(2\cos^2x-1)\cos x-2\sin x\cos x\sin x$

$=2\cos^3x-\cos x-2\cos x\sin^2x$ $(\sin^2x+\cos^2x=1)$

$=2\cos^3x-\cos x-2\cos x(1-\cos^2x)$

$=2\cos^3x-\cos x-2\cos x+2\cos^3x$

$=4\cos^3x-3\cos x.$

(ii) 由第 (i) 小问可知

$\cos3x=4\cos^3x-3\cos x$，代入方程得

$4\cos^3x-3\cos x+3\cos x+1=0$，

$4\cos^3x=-1$，

$\cos^3x=-\frac{1}{4}$，

$\cos x=-0.62996$，

因为 $0\leqslant x\leqslant\pi$，所以 $x=2.25$.

(iii) 由第(i)小问可知 $\cos3x=4\cos^3x-3\cos x$，

因此 $\cos^3x=\dfrac{\cos3x+3\cos x}{4}$，

$$\int_{\frac{\pi}{6}}^{\frac{\pi}{3}}\cos^3x\,\mathrm{d}x$$

$$=\frac{1}{4}\int_{\frac{\pi}{6}}^{\frac{\pi}{3}}(\cos3x+3\cos x)\mathrm{d}x$$

$$=\frac{1}{4}\left[\frac{1}{3}\sin3x+3\sin x\right]_{\frac{\pi}{6}}^{\frac{\pi}{3}}$$

2019

$= \frac{1}{4}\left[0 + 3\times\frac{\sqrt{3}}{2} - \frac{1}{3} - \frac{3}{2}\right]$

$= \frac{3}{8}\sqrt{3} - \frac{11}{24}.$

Q10 知识点

complex number: solving equations, loci

(a) $u = -3 - 2\sqrt{10}i$,

假设 u 的平方根形式为 $a+bi$，可得

$a + bi = \sqrt{-3-2\sqrt{10}i}$,

两边同时平方得

$(a+bi)^2 = -3 - 2\sqrt{10}i$,

$a^2 + b^2i^2 + 2abi = -3 - 2\sqrt{10}i \qquad (i^2 = -1)$

$a^2 - b^2 + 2abi = -3 - 2\sqrt{10}i$,

$\begin{cases} a^2 - b^2 = -3 \\ 2ab = -2\sqrt{10} \end{cases}$,

$a^2 - \left(-\frac{\sqrt{10}}{a}\right)^2 = -3$,

$a^4 + 3a^2 - 10 = 0$,

$(a^2+5)(a^2-2) = 0$,

$a^2 = 2$ or $a^2 = -5$ (reject),

$a = \pm\sqrt{2}$,

$a = \sqrt{2} \Rightarrow b = -\frac{\sqrt{10}}{a} = -\sqrt{5}$,

$a = -\sqrt{2} \Rightarrow b = -\frac{\sqrt{10}}{a} = \sqrt{5}$,

因此 u 的平方根为 $\sqrt{2}-\sqrt{5}i$ 和 $-\sqrt{2}+\sqrt{5}i$.

(b) $|z-3-i| \leqslant 3$ 表示的区域为圆心为 $(3, 1)$，半径为3的圆的内部面积且包含圆边界.

$\arg z \geqslant \frac{\pi}{4}$ 表示的区域为和实数轴正半轴夹角为 $\frac{\pi}{4}$，从原点出发的直线及其上方的面积.

$\operatorname{Im} z \geqslant 2$ 表示的区域为 $y = 2$ 及其上方面积，

下图中阴影部分即同时满足三个不等式的区域，包含边界.

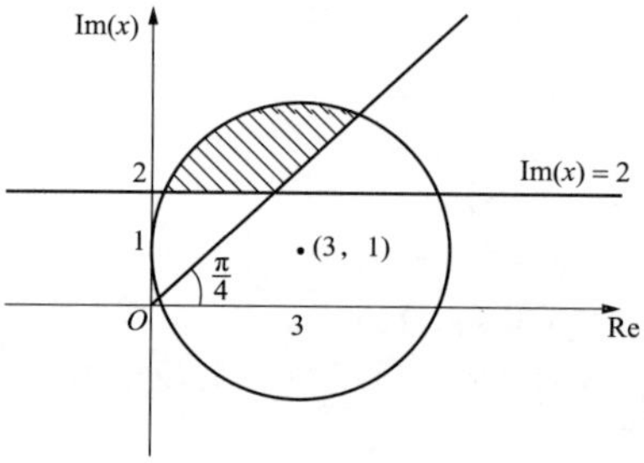

9709_w19_qp_32

Q1 知识点

solving logarithmic equations

$5\ln(4-3^x) = 6$,

$\ln(4-3^x) = \frac{6}{5}$,

$4 - 3^x = e^{\frac{6}{5}}$,

$3^x = 4 - e^{\frac{6}{5}}$,

$x = \log_3\left(4 - e^{\frac{6}{5}}\right) = -0.351.$

Q2 知识点

differentiation: quotient rule

$y = \frac{e^{-2x}}{1-x^2}$,

$\frac{dy}{dx} = \frac{-2e^{-2x}(1-x^2) - e^{-2x}(-2x)}{(1-x^2)^2} = \frac{2e^{-2x}(x^2+x-1)}{(1-x^2)^2}$,

(quotient rule)

要求stationary point的横坐标，只要求 $\frac{dy}{dx} = 0$ 即可.

$\frac{e^{-2x}(x^2+x-1)}{(1-x^2)^2} = 0$,

$x^2 + x - 1 = 0$,

$x = \frac{-b\pm\sqrt{b^2-4ac}}{2a} = \frac{-1\pm\sqrt{1^2+4}}{2} = \frac{-1\pm\sqrt{5}}{2}$,

$-1<x<1 \Rightarrow x=\dfrac{-1+\sqrt{5}}{2}=0.618.$

Q3 知识点

division of polynomials

根据题意，可运用下列 long division

$$\begin{array}{r|l} & x^3+x^2 \qquad\qquad -1 \\ x^2+x-1 & x^4-3x^3+0+ax+b \\ & x^4+x^3-x^2 \\ \hline & \quad 2x^3+x^2+ax-b \\ & \quad 2x^3+2x^2+2x \\ \hline & \qquad -x^2+(a+2)x+b \\ & \qquad -x^2-x+1 \\ \hline & \qquad\qquad (a+3)x+b-1 \end{array}$$

根据上述计算，得 remainder 为 $(a+3)x+b-1$，

题目已知 remainder 为 $2x+3$，因此可将两式相等求出 a 和 b 的值 .

$$\begin{cases} a+3=2 \\ b-1=3 \end{cases} \Rightarrow \begin{cases} a=-1, \\ b=4. \end{cases}$$

Q4 知识点

trigonometry: expressing $a\sin\theta$ + bcos θ in the form $R\sin(\theta\pm\alpha)$ or $R\cos(\theta\pm\alpha)$

(i) $R=\sqrt{\left(\sqrt{6}\right)^2+1^2}=\sqrt{7}$,

$\sqrt{7}\sin(x+a)=\sqrt{7}\ (\sin x\cos a+\cos x\sin a)$,

$$\begin{cases} \sqrt{7}\cos a=\sqrt{6} \\ \sqrt{7}\sin a=1 \end{cases} \Rightarrow \begin{cases} \sin a=\dfrac{1}{\sqrt{7}}, \\ \cos a=\dfrac{\sqrt{6}}{\sqrt{7}}. \end{cases}$$

$0°<a<90° \Rightarrow a=22.208°$,

$\sqrt{6}\sin x+\cos x=\sqrt{7}\sin(x+22.208°)$.

(ii) $\sqrt{6}\sin 2\theta+\cos 2\theta=2$

$\Rightarrow \sqrt{7}\sin(2\theta+22.208°)=2$

$\Rightarrow \sin(2\theta+22.208°)=\dfrac{2}{\sqrt{7}}$

$\Rightarrow 2\theta+22.208°=\sin^{-1}\left(\dfrac{2}{\sqrt{7}}\right)$,

$0°<\theta<180° \Rightarrow 22.208°<2\theta+22.208°<382.208°$,

$2\theta+22.208°=49.1°\text{ or }180°-49.1° \Rightarrow \theta=13.4°\text{ or }54.3°$.

Q5 知识点

implicit differentiation

$2x^2y-xy^2=a^3$,

要求曲线的切点，可对上式关于 x 求导 .

$\Rightarrow 4xy+2x^2\dfrac{dy}{dx}-y^2-2xy\dfrac{dy}{dx}=0$

$\Rightarrow \dfrac{dy}{dx}=\dfrac{y^2-4xy}{2x^2-2xy}=0$

$\Rightarrow y^2-4xy=0 \Rightarrow y(y-4x)=0 \Rightarrow y=0\text{ or }y=4x$,

当 $y=0$ 时，代入原方程得 $a=0$，但题目要求 $a>0$，因此舍去这个解 .

当 $y=4x$ 时，代入原方程得

$8x^3-16x^3=-8x^3=a^3 \Rightarrow a=-2x \Rightarrow y=-2a$,

最终可得结论为：曲线上仅有一个点处的切线和 x 轴平行，该点的纵坐标为 $-2a$.

Q6 知识点

differential equation

基本方法为 separate variables.

分离变量得 $\dfrac{1}{x+2}dx=\dfrac{\cos\frac{\theta}{2}}{\sin\frac{\theta}{2}}d\theta$,

两边同时积分得 $\displaystyle\int\frac{1}{x+2}dx=\int\frac{\cos\frac{\theta}{2}}{\sin\frac{\theta}{2}}d\theta$,

$\ln(x+2)=2\ln\left(\sin\dfrac{\theta}{2}\right)+C$,

这个等式是 differential equation 的 general solution,

通过题目信息 $x=1$ when $\theta=\dfrac{\pi}{3}$，可找到 particular solution.

$\ln(1+2)=2\ln\left(\sin\dfrac{\pi}{6}\right)+C$

$\Rightarrow C=\ln 3-2\ln\dfrac{1}{2}=\ln 3+2\ln 3=\ln 3+\ln 4=\ln 12$,

$\ln(x+2)=2\ln\left(\sin\dfrac{\theta}{2}\right)+\ln 12$,

$\ln(x+2)=\ln\left(\sin^2\dfrac{\theta}{2}\right)+\ln 12 \quad (\text{power law}: \ln a^m=m\ln a)$,

$\ln(x+2)=\ln\left(1-\cos^2\frac{\theta}{2}\right)+\ln 12 \quad (\sin^2 x+\cos^2 x=1)$,

$\ln(x+2)=\ln 12\left(1-\cos^2\frac{\theta}{2}\right)$,

$x+2=12\left(1-\cos^2\frac{\theta}{2}\right)$,

$x+2=12\left(1-\frac{1+\cos\theta}{2}\right)$,

$\cos 2A=2\cos^2 A-1 \Rightarrow \cos^2 A=\frac{1+\cos 2A}{2}$,

$x=4-6\cos\theta$.

Q7 知识点

complex number: solving equations, loci

(a) $z+\frac{\mathrm{i}z}{z^*}-2=0 \Rightarrow zz^*+\mathrm{i}z-2z^*=0$,

$z=x+\mathrm{i}y, z^*=x-\mathrm{i}y$,

$(x+\mathrm{i}y)(x-\mathrm{i}y)+\mathrm{i}(x+\mathrm{i}y)-2(x-\mathrm{i}y)=0$,

$x^2-\mathrm{i}^2y^2+\mathrm{i}x+\mathrm{i}^2y-2x+2\mathrm{i}y=0 \quad (\mathrm{i}^2=-1)$,

$x^2+y^2-y-2x+\mathrm{i}(x+2y)=0$,

$\begin{cases}x^2+y^2-y-2x=0,\\ x+2y=0.\end{cases}$

$4y^2+y^2-y+4y=0 \Rightarrow y(5y+3)=0 \Rightarrow y=0 \text{ or } y=-\frac{3}{5}$,

当 $y=0$ 时，$x=-2y=0$，$z=x+\mathrm{i}y=0$ 为实数而非复数，因此舍去这个解 .

当 $y=-\frac{3}{5}$ 时，$x=-2y=\frac{6}{5}$，$z=\frac{6}{5}-\frac{3}{5}\mathrm{i}$.

(b)

(i)

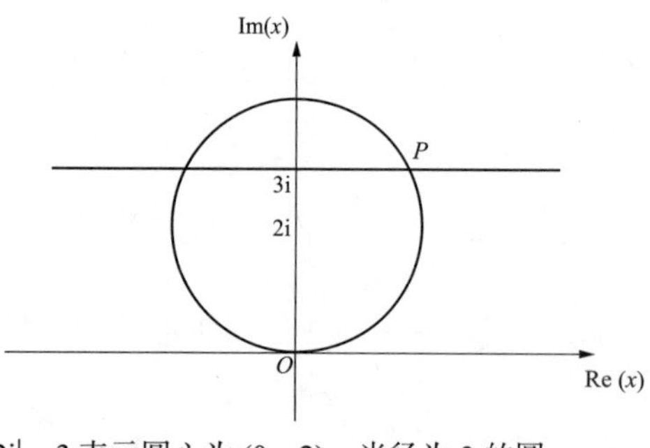

$|z-2\mathrm{i}|=3$ 表示圆心为 (0，2)，半径为 3 的圆 .

$\mathrm{Im}z=3$ 表示 $y=3$.

(ii)

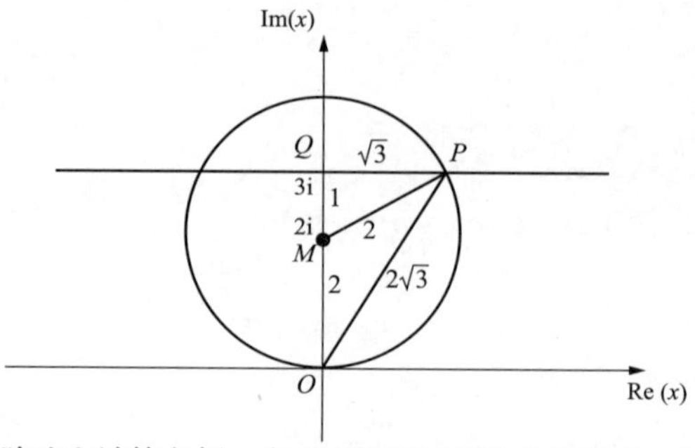

（为陈述和计算方便，在图中标注了相应点的字母，予以参考）

由第 (i) 小问可知，$OQ=3$，$MP=MO=r=2$，

$QM=OQ-OM=3-2=1$，

运用勾股定理得 $QP=\sqrt{MP^2-QM^2}=\sqrt{2^2-1^2}=\sqrt{3}$，

进而 $OP=\sqrt{QP^2+OQ^2}=\sqrt{3^2+(\sqrt{3})^2}=2\sqrt{3}$，

因此，complex number of $P=\sqrt{3}+3\mathrm{i}$，

argument $=\tan^{-1}\left(\frac{3}{\sqrt{3}}\right)=60°$.

Q8 知识点

partial fraction

(i) 如果分母存在形如 cx^2+d 且不能因式分解的二次因式，可运用下列基本公式进行分解：

$$\frac{px+q}{(ax+b)(cx^2+d)}=\frac{A}{ax+b}+\frac{Bx+C}{cx^2+d},$$

代入本小问得 $\mathrm{f}(x)=\frac{2x^2+x+8}{(2x-1)(x^2+2)}=\frac{A}{2x-1}+\frac{Bx+C}{x^2+2}$，

后等式两边同时乘 $(x^2+2)(2x-1)$.

得 $2x^2+x+8=A(x^2+2)+(Bx+C)(2x-1)$.

代入 $x=\frac{1}{2}$ 可消除C、B两项，得 $9=\frac{9}{4}A \Rightarrow A=4$.

代入 $x=0$，得 $8=2A-C \Rightarrow C=0$.

代入 $x=1$ 得 $11=3A+B+C \Rightarrow B=-1$.

$\mathrm{f}(x)=\frac{4}{2x-1}-\frac{x}{x^2+2}$.

(ii) $\int_1^5 \mathrm{f}(x)\mathrm{d}x$

$=\int_1^5\left(\frac{4}{2x-1}-\frac{x}{x^2+2}\right)\mathrm{d}x$

$=\left[2\ln(2x-1)-\frac{1}{2}\ln(x^2+2)\right]_1^5$

$=\left[2\ln 9-\frac{1}{2}\ln 27-0+\frac{1}{2}\ln 3\right]$

(power +multiplication + division law of logarithms)

$=\ln 81-\ln\sqrt{27}+\ln\sqrt{3}$

$=\ln\frac{81\sqrt{3}}{\sqrt{27}}$

$=\ln 27.$

Q9 知识点

(i) integration by parts
(ii) change of sign
(iii) iterative processes

(i) 本小问中，$u=x, v'=\cos\frac{x}{3}\Rightarrow u'=1, v=3\sin\frac{x}{3}$，

代入公式计算得

$\int_0^a x\cos\frac{x}{3}\mathrm{d}x\,\mathrm{d}x$

$=\left[3x\sin\frac{x}{3}\right]_0^a-3\int_0^a\sin\frac{x}{3}\mathrm{d}x$

$=\left[3x\sin\frac{x}{3}\right]_0^a+\left[9\cos\frac{x}{3}\right]_0^a$

$=3a\sin\frac{a}{3}+9\cos\frac{a}{3}-9,$

$$3a\sin\frac{a}{3}+9\cos\frac{a}{3}-9=3\Rightarrow a=\frac{12-9\cos\frac{a}{3}}{3\sin\frac{a}{3}}=\frac{4-3\cos\frac{a}{3}}{\sin\frac{a}{3}}.$$

(ii) 由第(i)小问可知$a=\dfrac{4-3\cos\frac{a}{3}}{\sin\frac{a}{3}}$，可得

$$\mathrm{f}(a)=a-\frac{4-3\cos\frac{a}{3}}{\sin\frac{a}{3}}.$$

$\mathrm{f}(2.5)=-0.179<0$，$\mathrm{f}(3)=0.173>0$，
因此 a 在 2.5 和 3 之间 .

(iii) 因为a在2.5和3之间，因此a_0可取中间值为$a_0=2.75$，持续将 a 的值代入 iterative formula 求出下一位 a 的值并保留五位小数，直到保留三位小数时 a 的值相等 .

$$a_1=\frac{4-3\cos\frac{2.75}{3}}{\sin\frac{2.75}{3}}=2.74024,$$

$a_2=2.73733$，$a_3=2.73648$，$a_4=2.73623$，

因为$a_3=a_4\approx 2.736$，所以得最终解为 $a=2.736$.

Q10 知识点

(i) position vector
(ii) scalar product
(iii) vector equation of a plare

(i) $l:\mathbf{r}=\mathbf{i}+3\mathbf{j}-2\mathbf{k}+\lambda(\mathbf{i}-2\mathbf{j}+3\mathbf{k})$,

general point : $(1+\lambda, 3-2\lambda, -2+3\lambda)$,

将其代入平面方程即可求出 λ，继而求出点的 position vector,

$2(1+\lambda)+3-2\lambda-3(-2+3\lambda)=5$,

$2+2\lambda+3-2\lambda+6-9\lambda=5$,

$9\lambda=6\Rightarrow\lambda=\frac{2}{3}$,

position vector $=\frac{5}{3}\mathbf{i}+\frac{5}{3}\mathbf{j}$.

(ii) 本小问要求直线和平面之间的夹角，只要求直线的 direction vector 和平面的 normal vector 之间的夹角即可 .

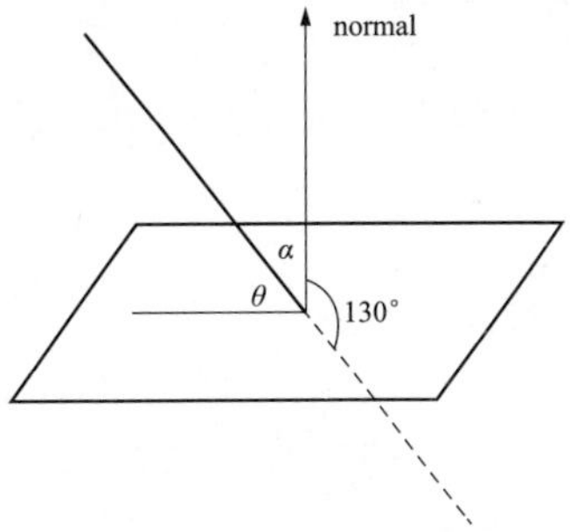

平面 p 的 normal vector 为$\begin{pmatrix}2\\1\\-3\end{pmatrix}$，直线 l 的 direction vector 为$\begin{pmatrix}1\\-2\\3\end{pmatrix}$.

$\begin{pmatrix}2\\1\\-3\end{pmatrix}\cdot\begin{pmatrix}1\\-2\\3\end{pmatrix}=2-2-9=-9$,

$\left|\begin{pmatrix}2\\1\\-3\end{pmatrix}\right|=\sqrt{2^2+1^2+(-3)^2}=\sqrt{14}$,

$\left|\begin{pmatrix}1\\-2\\3\end{pmatrix}\right|=\sqrt{1^2+(-2)^2+3^2}=\sqrt{14}$,

根据scalar product的基本公式得

$\cos\theta = \frac{-9}{14} \Rightarrow \theta = 130.0°$,

因为题目要求 acute angle，所以得直线和平面的 normal vector 的夹角为 $a = 180° - 130.0° = 50.0°$,

最终得直线和平面夹角为 $\theta = 90° - 50.0° = 40.0°$.

(iii) 首先需要求出平面 q 的 normal vector，现已知两平面垂直，因此平面 p 的 normal vector 和平面 q 平行，又知直线 l 位于平面 q 内，因此只要将这两个向量叉乘即可算出平面 q 的 normal vector.

叉乘公式为$\begin{pmatrix} l \\ m \\ n \end{pmatrix} \times \begin{pmatrix} p \\ q \\ r \end{pmatrix} = \begin{pmatrix} mr - nq \\ np - lr \\ lq - mp \end{pmatrix}$.

平面q的normal vector $= \begin{pmatrix} 2 \\ 1 \\ -3 \end{pmatrix} \times \begin{pmatrix} 1 \\ -2 \\ 3 \end{pmatrix} = \begin{pmatrix} 3 \\ 9 \\ 5 \end{pmatrix}$,

如果平面的 normal vector 是 $\begin{pmatrix} a \\ b \\ c \end{pmatrix}$，那么平面的方程是

$ax + by + c = d$.

平面q的方程可表示为$3x + 9y + 5z = d$,

然后，因为直线 l 位于平面 q 内，所以只要代入直线上任意一点的坐标即可求出 d.

此处可选用第 (i) 小问中的交点坐标 ($\frac{5}{3}$, $\frac{5}{3}$, 0),

$d = 5 + 15 = 20$,

最终可得平面 q 的方程为 $3x + 9y + 5z = 20$.

9709_w19_qp_33

Q1 知识点

modulus function

为去掉两边的 modulus，最简单的方式是将等式两边同时平方 .

得 $4(x+2)^2 > (3x-1)^2$.

展开平方后化简得：

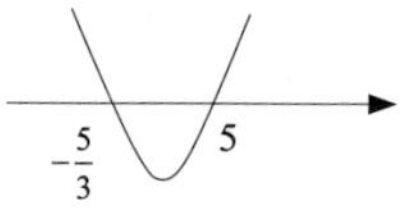

$4x^2 + 16x + 16 > 9x^2 + 1 - 6x$,

$5x^2 - 22x - 15 < 0$,

$(5x+3)(x-5) < 0$,

$f(x) = 5x^2 - 22x - 15$为开口向上的抛物线 ,

因此根据上面简图，可得最终答案为$-\frac{5}{3} < x < 5$.

Q2 知识点

factor theorem, remainder theorem

题目已知 $(2x+1)$ 为$p(x)$的因式，根据 factor theorem 可得 $x = -\frac{1}{2}$ 为$p(x) = 0$的解 .

将$x = -\frac{1}{2}$代入$p(x) = 0$，得

$-\frac{3}{4} + \frac{a}{4} - \frac{b}{2} - 2 = 0 \Rightarrow a - 2b = 11$,

又知当 $p(x)$ 被 $(x+2)$ 除的时候，余数为 −24，根据 remainder theorem 可得 $p(-2) = -24$,

$p(-2) = -48 + 4a - 2b - 2 = -24 \Rightarrow 2a - b = 13$,

最后连列两个等式即可求出 a、b 的值，得 $a = 5$, $b = -3$.

Q3 知识点

solving exponential equation

$\frac{3^{2x} + 3^{-x}}{3^{2x} - 3^{-x}} = 4$,

$3^{2x} + 3^{-x} = 4\left(3^{2x} - 3^{-x}\right)$,

$3 \times 3^{2x} = 5 \times 3^{-x}$,

两边同时乘 3^x，得

$3 \times 3^{3x} = 5 \Rightarrow 3^{3x} = \frac{5}{3} \Rightarrow 3x = \log_3 \frac{5}{3} \Rightarrow x = \frac{1}{3}\log_3 \frac{5}{3} = 0.155$.

Q4 知识点

trigonometry: compound angle formulae, double angle formulae

(i) 首先运用compound angle formulae得

$$\tan(2x+x)=\frac{\tan 2x+\tan x}{1-\tan 2x\tan x},$$

其次运用 double angle formulae，将上式转化为：

$$\tan 3x=\frac{\frac{2\tan x}{1-\tan^2 x}+\tan x}{1-\frac{2\tan x}{1-\tan^2 x}\tan x}=\frac{\frac{3\tan x-\tan^3 x}{1-\tan^2 x}}{\frac{1-3\tan^2 x}{1-\tan^2 x}}=\frac{3\tan x-\tan^3 x}{1-3\tan^2 x}$$

$$=\frac{\tan x(3-\tan^2 x)}{1-3\tan^2 x},$$

最终 $\tan 3x=3\cot x$ 可表示为：

$$\frac{\tan x(3-\tan^2 x)}{1-3\tan^2 x}=\frac{3}{\tan x},$$

$$\tan^2 x(3-\tan^2 x)=3-9\tan^2 x,$$

$$\tan^4 x-12\tan^2 x+3=0.$$

(ii) 根据第(i)小问，求解 $\tan 3x=3\cot x$ 可转化求解，

$$\tan^4 x-12\tan^2 x+3=0,$$

$$\tan^2 x=\frac{12\pm\sqrt{12^2-12}}{2}=6\pm\sqrt{33},$$

$$0<x<90°\Rightarrow\tan x>0\Rightarrow\tan x=\sqrt{6\pm\sqrt{33}}$$

$$\Rightarrow x=73.7°\text{or}\,x=26.8°.$$

Q5 知识点

(i) logarithmic and exponential functions
(ii) change of sign
(iii) iterative processes

(i) $y=\ln(x+2)$ 和 $y=4e^{-x}$ 的图像如下：

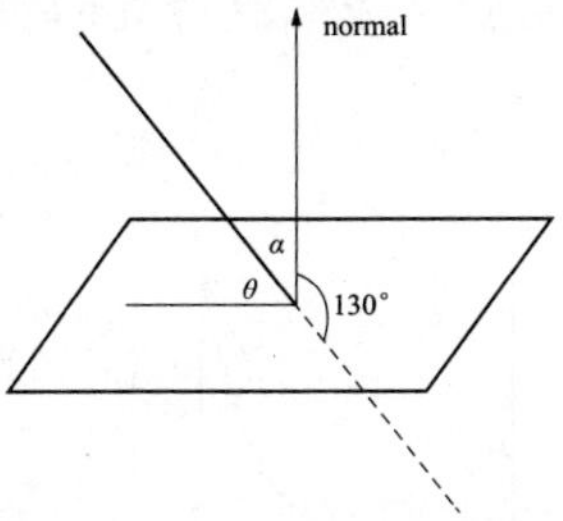

由图可知，两曲线仅有一个交点，因此 $\ln(x+2)=4e^{-x}$ 仅有一个解 .

(ii) $\ln(x+2)=4e^{-x}\Rightarrow f(x)=\ln(x+2)-4e^{-x}$,

$f(1)=-0.37<0$，$f(1.5)=0.36>0$，

因此 x 在 1 和 1.5 之间 .

(iii) $\ln(x+2)=4e^{-x}$，

$$e^{-x}=\frac{\ln(x+2)}{4},$$

$$x=-\ln\left(\frac{\ln(x+2)}{4}\right)=\ln\left(\frac{4}{\ln(x+2)}\right),$$

因此 iterative formula 为 $x_{n+1}=\ln\left(\frac{4}{\ln(x_n+2)}\right)$，

因为 x 在1和1.5之间，因此 x_0 可取中间值为 $x_0=1.25$，
持续将 x 的值代入 iterative formula 求出下一位 x 的值并保留四位小数，直到保留两位小数时 x 的值相等 .

$$x_1=\ln\left(\frac{4}{\ln(1.25+2)}\right)=1.2219,\ x_2=1.2293, x_3=1.2274,$$

因为 $x_2=x_3\approx 1.23$， 所以得最终解为 $x=1.23$.

Q6 知识点

complex number: modulus, argument, loci

(i) 可以直接将 $w=x+iy$ 转化成为 $w=r(\cos\theta+i\sin\theta)$ 的形式，然后直接将 modulus =1 以及 argument = $\frac{\pi}{3}$ 代入即可 .

$$w=r(\cos\theta+i\sin\theta)=1\left(\cos\frac{\pi}{3}+i\sin\frac{\pi}{3}\right)=\frac{1}{2}+\frac{\sqrt{3}}{2}i.$$

(ii)

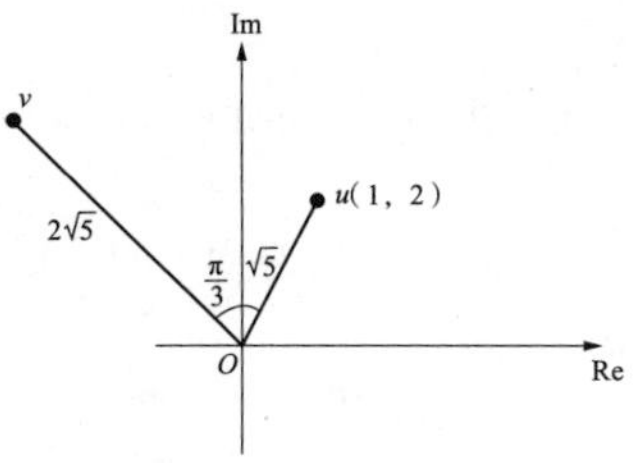

$$u=1+2i\Rightarrow|u|=\sqrt{5},$$

$$|v|=2|u|=2\sqrt{5},$$

$$\arg(v)=\arg(u)+\frac{\pi}{3}=\tan^{-1}\left(\frac{2}{1}\right)+\frac{\pi}{3}=2.154.$$

(iii) 题目要求解释 v 可以被表示为 $2uw$，只要证明 v 和 $2uw$ 的 modulus 和 argument 相同即可 .

首先证明 modulus 相同 .

由第(ii)小问可知$|v| = 2|u| = 2\sqrt{5}, |u| = \sqrt{5}, |w| = 1$，

$|uw| = |u||w| = \sqrt{5}$，

$|2uw| = 2|u||w| = 2\sqrt{5}$，

因此$|v| = |2uw| = 2\sqrt{5}$，

然后证明 argument 相同 .

由第(ii)小问可知 $\arg(v) = \arg(u) + \frac{\pi}{3} = \tan^{-1}(2) + \frac{\pi}{3}$，

$\arg(w) = \frac{\pi}{3}$，

$\arg(u) = \tan^{-1}(2)$，

$\arg(uw) = \arg(w) + \arg(u)$，

因为常数 2 并不会对 argument 产生影响，所以 $2uw$ 和 uw 的 argument 相同 .

因此 $\arg(2uw) = \arg(uw) = \arg(w) + \arg(u)$，即 v 和 $2wu$ 的 argument 相同 .

综上所述，v 可以被表示为 $2uw$.

$$uw = (1+2\mathrm{i})\left(\frac{1}{2} + \frac{\sqrt{3}}{2}\mathrm{i}\right) = \frac{1}{2} + \frac{\sqrt{3}}{2}\mathrm{i} + \mathrm{i} + \sqrt{3}\mathrm{i}^2$$

$$= \frac{1}{2} - \sqrt{3} + \left(\frac{\sqrt{3}}{2} + 1\right)\mathrm{i},$$

$$v = 2uw = 1 - 2\sqrt{3} + \left(\sqrt{3} + 2\right)\mathrm{i}.$$

Q7 知识点

vector equation of a line, equation of a plane

(i) 题目已知平面 m 和平面 n 平行，因此两平面的 normal vector 相同，如果平面的 normal vector 是 $\begin{pmatrix} a \\ b \\ c \end{pmatrix}$，那么平面的方程是 $ax + by + c = d$. 平面 n 的方程可以表示为 $x + 4y - 8z = d$.

又知点 P 位于平面 n 上，因此将点的坐标代入方程即可求出 d 的值 .

$d = 5 + 8 + 16 = 29$,

最终得平面 n 的方程为 $x + 4y - 8z = 29$.

(ii) 题目要求平面 m 和平面 n 之间的垂直距离，可转化为求平面 n 上的点 P 到平面 m 的垂直距离 .

运用点到平面的距离公式 $d = \frac{|Ax_0 + By_0 + Cz_0 + D|}{\sqrt{A^2 + B^2 + C^2}}$，可得

$$d = \frac{5 + 8 + 16 - 2}{\sqrt{1 + 16 + 64}} = 3.$$

(iii) 现已知直线 l 经过点 P，所以只需求出直线 l 的 direction vector 即可求出直线的 vector equation.

题目已知直线 l 垂直于 OP，且直线 l 位于平面 n 中，因此只需要将向量 OP 和平面 n 的 normal vector 进行叉乘即可求出直线 l 的 direction vector.

叉乘公式为 $\begin{pmatrix} l \\ m \\ n \end{pmatrix} \times \begin{pmatrix} p \\ q \\ r \end{pmatrix} = \begin{pmatrix} mr - nq \\ np - lr \\ lq - mp \end{pmatrix}$,

即 $(5\mathbf{i} + 2\mathbf{j} - 2\mathbf{k}) \times (\mathbf{i} + 4\mathbf{j} - 8\mathbf{k}) = 8\mathbf{i} - 38\mathbf{j} - 18\mathbf{k}$

$= 2(4\mathbf{i} - 19\mathbf{j} - 9\mathbf{k})$,

最终直线 l 的 vector equation 可表示为

$$\mathbf{r} = 5\mathbf{i} + 2\mathbf{j} - 2\mathbf{k} + \lambda(4\mathbf{i} - 19\mathbf{j} - 9\mathbf{k}).$$

Q8 知识点

trapezium rule

(i) 由题可知$a = 0$, $b = 1.2$, $n = 2$,因此$h = \frac{b-a}{n} = \frac{1.2}{2} = 0.6$，

当$x = 0$时，$y_0 = \sec 0 = 1$，

当$x = 0.6$时，$y_1 = \sec 0.6 = 1.2116$，

当$x = 1.2$时，$y_2 = \sec 1.2 = 2.7597$，

运用 trapezium rule 可得

$$\int_0^{1.2} \sec x \, \mathrm{d}x = \frac{0.6}{2} \times [1 + 2.7597 + 2 \times 1.2116] = 1.85.$$

(ii) 用 trapezium rule 计算积分实际高估了真实值 .

如下图所示，trapezium rule 计算出来的为直线围成的两个梯形面积的总和，但实际的积分值为曲线下方的面积，由图可见，梯形面积要大于曲线下方的面积，因此用 trapezium rule 计算积分实际高估了真实值 .

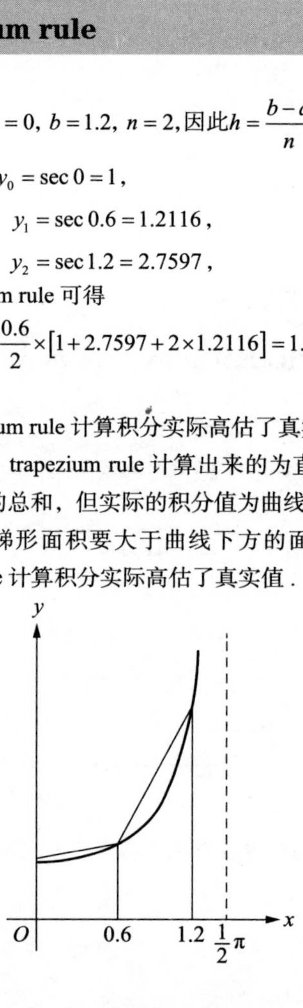

(iii) $y=\sec x=\dfrac{1}{\cos x}$,

$\dfrac{dy}{dx}=\dfrac{\sin x}{\cos^2 x}=\dfrac{\sin x}{1-\sin^2 x}=2$,

$\sin x=2\left(1-\sin^2 x\right)$,

$2\sin^2 x+\sin x-2=0$

$\Rightarrow \sin x=\dfrac{-b\pm\sqrt{b^2-4ac}}{2a}=\dfrac{-1\pm\sqrt{1^2+4\times2\times2}}{4}=\dfrac{-1\pm\sqrt{17}}{4}$,

$0\leqslant x<\dfrac{\pi}{2}\Rightarrow 0\leqslant \sin x<1\Rightarrow \sin x=\dfrac{-1+\sqrt{17}}{4}\Rightarrow x=0.896$.

Q9 知识点

differential equation

(i) 基本方法为 separate variables.

根据$\dfrac{px+q}{(ax+b)(cx+d)}=\dfrac{A}{ax+b}+\dfrac{B}{cx+d}$ 进行分解，代入本小问得

$\dfrac{5}{(20-x)(40-x)}=\dfrac{A}{20-x}+\dfrac{B}{40-x}=\dfrac{A(40-x)+B(20-x)}{(20-x)(40-x)}$,

可得：$5=A(40-x)+B(20-x)$,

代入$x=40$，消除A，可得$B=-\dfrac{1}{4}$,

代入$x=20$，消除B，可得$A=\dfrac{1}{4}$,

分离变量得$\dfrac{5}{(20-x)(40-x)}dx=dt$,

$\dfrac{1}{4}\left(\dfrac{1}{20-x}-\dfrac{1}{40-x}\right)dx=dt$,

$\left(\dfrac{1}{20-x}-\dfrac{1}{40-x}\right)dx=4dt$,

两边同时积分得$\int\left(\dfrac{1}{20-x}-\dfrac{1}{40-x}\right)dx=\int 4\,dt$,

$-\ln(20-x)+\ln(40-x)=4t+C$,

这个等式是 differential equation 的 general solution.

通过题目信息 $x=10$ when $t=0$，可找到 particular solution.

$-\ln 10+\ln 30=C\Rightarrow C=\ln 3$,

因此$-\ln(20-x)+\ln(40-x)=4t+\ln 3$,

$\ln\dfrac{40-x}{20-x}-\ln 3=4t$

$\Rightarrow \ln\dfrac{40-x}{60-3x}=4t$

$\Rightarrow \dfrac{40-x}{60-3x}=e^{4t}$

$\Rightarrow 40-x=e^{4t}(60-3x)$

$\Rightarrow x=\dfrac{60e^{4t}-40}{3e^{4t}-1}$.

(ii) $x=\dfrac{60e^{4t}-40}{3e^{4t}-1}=\dfrac{20\left(3e^{4t}-1\right)-20}{3e^{4t}-1}=20-\dfrac{20}{3e^{4t}-1}$,

当$t\to\infty$时，$e^{4t}\to\infty\Rightarrow 3e^{4t}-1\to\infty\Rightarrow\dfrac{20}{3e^{4t}-1}\to 0$

$\Rightarrow x\to 20$.

Q10 知识点

(i) differentiation: product rule, chain rule, derivatives of exponential functions and trigonometric functions
(ii) integration: integration by substitution, integration by parts

(i) $y=e^{\cos x}\sin^3 x$,

已知点M为最大值点，因此要求点M的横坐标求$\dfrac{dy}{dx}=0$即可.

运用 product rule 和 chain rule，可得

$\dfrac{dy}{dx}=e^{\cos x}(-\sin x)\sin^3 x+e^{\cos x}3\sin^2 x\cos x$

$=e^{\cos x}\sin^2 x\left(-\sin^2 x+3\cos x\right)=0$,

$\sin^3 x=0$ or $-\sin x+3\cos x=0$,

1. $\sin^3 x=0\Rightarrow \sin x=0\Rightarrow x=0$ or π,

由图可见，点M横坐标位于0和π之间，故舍去.

2. $-\sin^2 x+3\cos x=0$,

$-\left(1-\cos^2 x\right)+3\cos x=0$,

$\cos^2 x+3\cos x-1=0$,

根据求根公式得

$\cos x=\dfrac{-3+\sqrt{13}}{2}$ or $\dfrac{-3-\sqrt{13}}{2}$(reject),

$x=1.26$.

(ii) 首先进行 integration by substitution 的部分，注意上下限以及 dx 部分的变化.

area $=\int_0^{\pi}e^{\cos x}\sin^3 x\,dx$,

$u=\cos x$，$du=-\sin x\,dx$,

当$x=0$时，$u=\cos x=1$；当$x=\pi$时，$u=\cos x=-1$.

$\int_0^{\pi}e^{\cos x}\sin^3 x\,dx$

$= \int_0^{\pi} e^{\cos x} \sin^2 x \sin x \, dx$

$= \int_0^{\pi} e^{\cos x} \left(1 - \cos^2 x\right) \sin x \, dx$

$= -\int_1^{-1} e^u \left(1 - u^2\right) du$

$= \int_{-1}^{1} e^u \left(1 - u^2\right) du,$

接下来使用 integration by parts,

本小问中，$u = 1 - u^2, v' = e^u \Rightarrow u' = -2u, v = e^u$.

代入公式计算得

$\int e^u \left(1 - u^2\right) du = e^u \left(1 - u^2\right) + 2\int u e^u \, du,$ ①

$\int u e^u \, du$ 这部分还需要再使用一次 integration by parts.

此时，$u = u, v' = e^u \Rightarrow u' = 1, v = e^u$，

代入公式计算得

$\int u e^u \, du = u e^u - \int e^u \, du = u e^u - e^u$，

将 $\int u e^u \, du = u e^u - e^u$ 代回式①，得

$\int e^u \left(1 - u^2\right) du = e^u \left(1 - u^2\right) + 2\left(u e^u - e^u\right) = e^u \left(1 - u^2 + 2u - 2\right)$

$= -e^u \left(u^2 - 2u + 1\right)$，

$\int_{-1}^{1} e^u \left(1 - u^2\right) du = \left[-e^u \left(u^2 - 2u + 1\right)\right]_{-1}^{1}$

$= -\left[e(1 - 2 + 1) - \frac{1}{e}(1 + 2 + 1)\right] = \frac{4}{e}.$

Paper 4

9709_m19_qp_42

Q1 知识点

friction

题目已知此时物体仍保持静止，因此在竖直和水平方向上的合力均为 0，具体受力分析如下所示 .

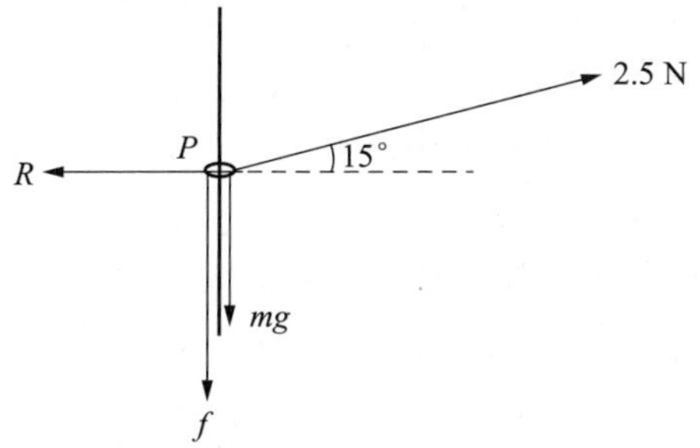

在水平方向进行受力分析：

可得 $2.5\times\cos 15° = R$,

在竖直方向进行受力分析：

可得 $2.5\times\sin 15° = f + mg$,

由于物体有即将滑动的趋势，因此可运用摩擦力公式 $f = \mu N$，可得

$2.5\times\sin 15° = \mu R + 0.3 = 2.5\times\cos 15°\mu + 0.3$,

最终可解出 $\mu = 0.144$.

Q2 知识点

equations of constant acceleration, weight and motion due to gravity

(i) 首先，质点达到最高点时末速度 $v = 0\ \text{m s}^{-1}$,

其次，小球在做竖直上抛运动时，

$0 - mg = ma \Rightarrow a = -g$,

另外，题目已知质点初速度 $u = 30\ \text{m s}^{-1}$,

最终运用公式 $v^2 - u^2 = 2as$ 即可求出 s 的值 .

$v^2 - u^2 = 2as \Rightarrow 0^2 = 30^2 - 20s \Rightarrow s = 45\ \text{m}$.

(ii) 由第 (i) 小问可知，$a = -g$，$u = 30\ \text{m s}^{-1}$,

另外，题目已知 $h = 33.75$ m,

然后运用公式 $s = ut + \frac{1}{2}at^2$ 即可求出 t 的值 .

$33.75 = 30t - 5t^2$

$\Rightarrow 5t^2 - 30t + 33.75 = 0$

$\Rightarrow 4t^2 - 24t + 27 = 0$

$\Rightarrow (2t-3)(2t-9) = 0$

$\Rightarrow t = 1.5\ \text{s or}\ 4.5\ \text{s}$.

运用公式 $v = u + at$，得 $0 = 30 - 10t \Rightarrow t = 3\ \text{s}$,

因此质点达到最高点需要 3 s，所以需要舍去 $t = 4.5\ \text{s}$ 这个解，只保留 $t = 1.5\ \text{s}$，这说明第一次质点达到 33.75 m 所需时间为 1.5 s.

然后运用公式 $v = u + at$，可得 $v = u + at = 30 - 15 = 15\ \text{m s}^{-1}$,

第一次质点达到 33.75 m 时的速度为 $15\ \text{m s}^{-1}$.

Q3 知识点

resolving forces in horizontal and vertical directions in equilibrium problems

题目已知 forces are in equilibrium，因此水平和竖直方向的 resultant force 均为 0.

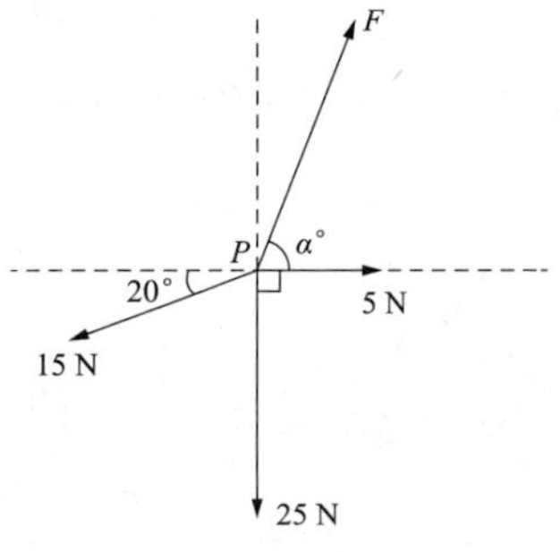

先进行水平方向上力的分解，可得

$F\cos\alpha + 5 = 15\cos 20°$,

后进行竖直方向上力的分解，可得

$F\sin\alpha = 25 + 15\times\sin 20°$,

最后联立方程组即可求出 F 和 α，

$$\begin{cases} F\cos\alpha = -5 + 15\times\cos 20°, & ① \\ F\sin\alpha = 25 + 15\times\sin 20°, & ② \end{cases}$$

式①平方 + 式②平方得

$$F^2\cos^2\alpha + F^2\sin^2\alpha = (-5+15\times\cos 20°)^2 + (25+15\times\sin 20°)^2$$

$\Rightarrow F = 31.5\text{N}$,

式②除式①得

$$\Rightarrow \tan\alpha = \frac{25+15\times\sin 20°}{-5+15\times\cos 20°} \Rightarrow \alpha = \tan^{-1}\left(\frac{25+15\times\sin 20°}{-5+15\times\cos 20°}\right)$$

$= 73.2°$.

Q4 知识点

connected particle and power

(i)

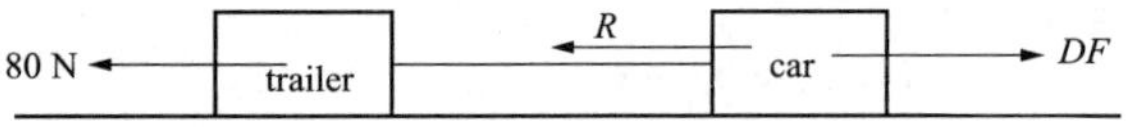

运用基本公式 $P = Fv$，可得 $6000 = 20DF \Rightarrow DF = 300\text{ N}$.

已知汽车在做匀速运动，因此水平方向上的合力为 0.

可得 $DF = R + 80 \Rightarrow R = 300 - 80 = 220\text{ N}$.

(ii)

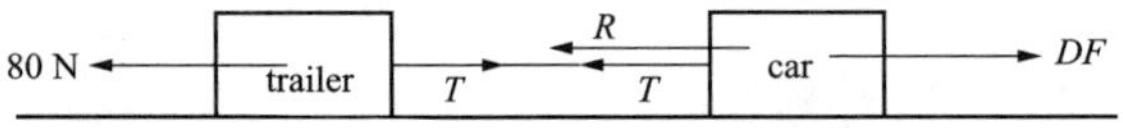

运用基本公式 $P = Fv$，可得 $12500 = 25DF \Rightarrow DF = 500\text{ N}$.

本小问要求 T 和 a，因此需要分别分析每个物体的受力情况，然后运用牛顿第二定律即可 .

先对 trailer 进行分析可得

$T - 80 = 300a$,

然后对 car 进行分析可得

$DF - T - R = 1500a \Rightarrow 500 - T - 220 = 1500a$

$\Rightarrow 280 - T = 1500a$,

最终可通过联立方程组解出 T 和 a，得 $T = 113\text{ N}$，

$a = 0.111\text{ m s}^{-2}$.

Q5 知识点

velocity-time graphs

(i) 首先运用公式 $v = u + at$ 计算出当 $t = 3$ s 时的速度，

$v = 3\times 3 = 9\text{ m s}^{-1}$,

然后运用知识点 v-t 图下方的面积代表位移，

得$s = \frac{1}{2}\times 9\times 3 + \frac{1}{2}\times(7+9)\times 2 + \frac{1}{2}\times 7\times 3 = 40\text{ m}$.

(ii) 本小问已知前 16 s 的位移为 32 m，这意味着 v-t 图中上方的面积代表的位移加上下方面积代表的位移即为 32 m.

因此得 $40 + \frac{1}{2}\times(16-8)\times V = 32 \Rightarrow V = -2\text{ m s}^{-1}$.

Q6 知识点

general motion in a straight line

(i) 首先运用知识点 velocity as the integral of acceleration with respect to time，求出速度的表达式 .

$v = \int a\,dt = \int(0.4t^3 - 4.8t^{\frac{1}{2}})\,dt = 0.1t^4 - 3.2t^{\frac{3}{2}} + C$,

题目已知当$t = 0$时，$v = 0$，代入上式得$C = 0$，

因此 $v = 0.1t^4 - 3.2t^{\frac{3}{2}}$,

然后使 $v = 0$ 计算出瞬时静止时的时间 .

$0.1t^4 - 3.2t^{\frac{3}{2}} = 0 \Rightarrow t^{\frac{5}{2}} = 32 \Rightarrow t = 4\text{ s}$,

最终将时间代入加速度表达式即可求出加速度 .

当 $t = 4\text{ s}$ 时，$a = 0.4\times 4^3 - 4.8\times 4^{\frac{1}{2}} = 16\text{ m s}^{-2}$.

(ii) 运用知识点 displacement as the integral of velocity with respect to time，可直接求出位移 .

$$s = \int_0^5 v\,dt = \int_0^5(0.1t^4 - 3.2t^{\frac{3}{2}})dt = \left[0.02t^5 - 1.28t^{\frac{5}{2}}\right]_0^5 = -9.05\text{ m}.$$

Q7 知识点

(i) resolving forces, friction and work
(ii) work-energy principal

(i)

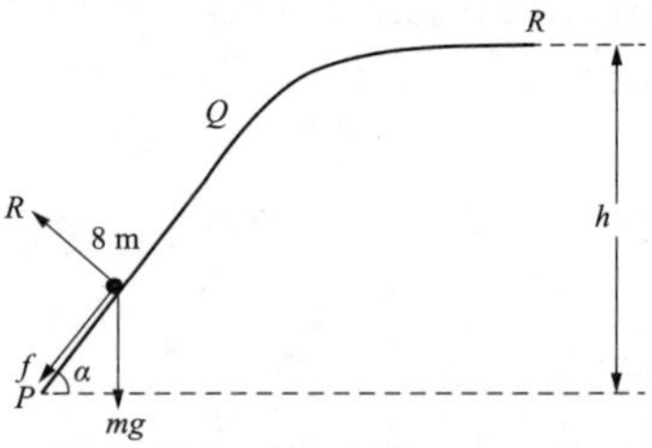

因为垂直于斜面方向无运动，所以垂直于斜面方向的合力为 0.

$R = mg\cos\alpha = 0.25\times 10\times 0.6 = 1.5\text{ N}$,

因为物体处于运动状态，所以可运用公式 $F = \mu R$ 求出摩

擦力 .

$F = \mu R = 0.5 \times 1.5 = 0.75\,\text{N}$，

运用 work 的基本公式 $W = Fd$，可得

$\text{WD by friction} = -0.75 \times 8 = -6\,\text{J}$.

(ii) 基本公式为 : increase in mechanical energy = total work done by forces. 先看公式左边：

运用公式 gain in KE $= \frac{1}{2}mv^2 - \frac{1}{2}mu^2$，可得

gain in KE $= \frac{1}{2} \times 0.25 \times \left(v^2 - 5^2\right)$，

运用公式 gain in GPE $= mg\left(h_1 - h_0\right)$，可得

gain in GPE $= 0.25 \times 10 \times 8\sin\alpha = 16$ J，

再看公式右边，本小问中摩擦力做功，由第 (i) 小问可知，

WD by friction $= -6\,\text{J}$，

最终将左右两边相等，得

$\frac{1}{2} \times 0.25 \times \left(v^2 - 5^2\right) + 16 = -6 \Rightarrow v = 7\,\text{m s}^{-1}$.

(iii) 从 Q 到 R 只有重力做功，因此满足机械能守恒 .

可运用公式 $\text{KE}_Q + \text{GPE}_Q = \text{KE}_R + \text{GPE}_R$，

$\frac{1}{2}m \times 7^2 + mg \times 8 \times \sin\alpha = 0 + mgh$，

$\frac{49}{2} + 80 \times 0.8 = 10h$，

$h = 8.85\,\text{m}$.

9709_s19_qp_41

Q1 知识点

resolving forces in horizontal and vertical directions in equilibrium problems

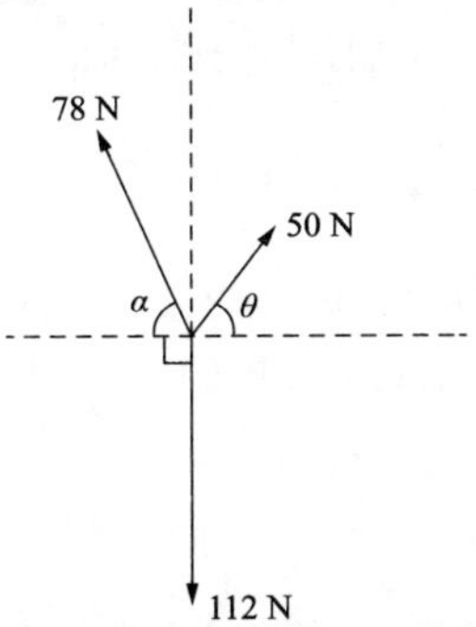

题目要证明 forces are in equilibrium，就是要证明水平和竖直方向的 resultant force 均为 0.

已知 $\tan\alpha = \frac{12}{5} \Rightarrow \sin\alpha = \frac{12}{13}$，$\cos\alpha = \frac{5}{13}$；

$\tan\theta = \frac{4}{3} \Rightarrow \sin\theta = \frac{4}{5}$，$\cos\theta = \frac{3}{5}$.

先进行水平方向上力的分解，可得

resultant force $X = 78\cos\alpha - 50\cos\theta = 78 \times \frac{5}{13} - 50 \times \frac{3}{5} = 0$，

后进行竖直方向上力的分解，可得

resultant force $Y = 78\sin\alpha + 50\sin\theta - 112$

$= 78 \times \frac{12}{13} + 50 \times \frac{4}{5} - 112 = 0$，

因为水平和竖直方向的 resultant force 均为 0，所以可以得出结论 coplanar forces are in equilibrium.

Q2 知识点

equatiens of constant acceleration, weight and motion due to gravity

(i) 本小问要求 P 到达最高点时的时间点 t.

由题可知初速度 $u = 25\,\text{m s}^{-1}, a = -10\,\text{m s}^{-2}$，

并且当 P 达到最高点时，$v = 0\,\text{m s}^{-1}$，

因此可运用公式 $v = u + at$，得 $0 = 25 - 10t \Rightarrow t = 2.5\,\text{s}$.

(ii) 本小问要求 P 距离地面 23 m 以上的时间段 . 因为 P 在初始位置时距离地面 3 m，所以本题可转换为求 P 距离其初始位置 20 m 以上的时间段 .

由题可知初速度 $u = 25\,\text{m s}^{-1}$，$a = -10\,\text{m s}^{-2}$，

运用公式 $s = ut + \frac{1}{2}at^2$，可得

$s = 25t + \frac{1}{2} \times (-10)t^2 = 25t - 5t^2$，

现要求距其初始位置 20 m 以上的时间段，因此可得不等式 $25t - 5t^2 > 20$，

$5t^2 - 25t + 20 < 0$

$\Rightarrow t^2 - 5t + 4 < 0$

$\Rightarrow (t-1)(t-4) < 0$

$\Rightarrow 1 < t < 4 \Rightarrow$ length of time $= 4 - 1 = 3$ s.

(iii) 本小问要求 P 距离地面 h m 以上的时间段为 1 s 时 h 的值．

因为 P 在初始位置时距离地面 3 m，所以本题可转换为求当 P 距其初始位置（$h-3$）m 以上的时间段为 1 s 时 h 的值．

由第 (i) 小问可知，当 $t=2.5\,\text{s}$ 时 P 到达最高点的位置．

这意味着当 $2.5-\dfrac{1}{2}<t<2.5+\dfrac{1}{2}\Rightarrow 2<t<3$ 这段时长为 1 s的时间段内，P 距其初始位置（$h-3$）m 以上．

也就是说 $t=2\,\text{s}$ or $t=3\,\text{s}$时，P距其初始位置（$h-3$）m.

这里可选取 $t=2$ s 来计算．

由题可知初速度

$u=25\,\text{m s}^{-1}$，$a=-10\,\text{m s}^{-2}$，$s=(h-3)\text{m}$，$t=2\,\text{s}$，

因此运用公式 $s=ut+\dfrac{1}{2}at^2$，可得

$$h-3=25\times2+\frac{1}{2}\times(-10)\times2^2\Rightarrow h=33\,\text{m}.$$

Q3 知识点

relationship between power, force and velocity for a force acting in the direction of motion

(i)

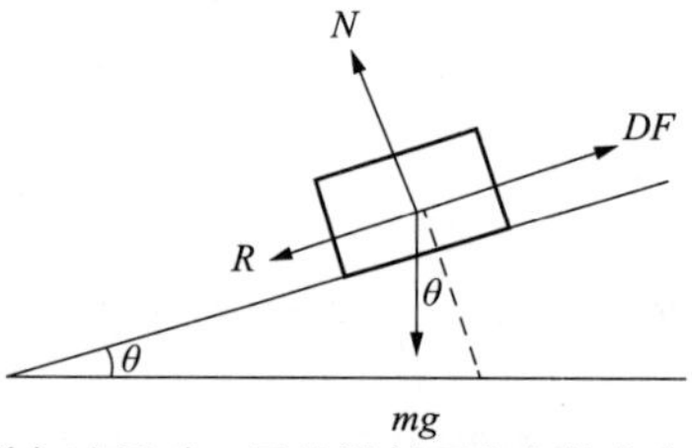

已知汽车做匀速运动，因此沿斜面方向的合力为 0.

可得 $DF=R+mg\sin\theta=1500+120000\times0.08=11100\,\text{N}$,

运用上述公式，可得 $P=Fv=11100\times5=55.5\,\text{kW}$.

(ii) 本小问已知当汽车速度为 v 时，阻力为 kv^2，要求 k 的取值．

可运用第 (i) 小问中的数值来求解，即当汽车速度为 $5\ \text{m s}^{-1}$时，阻力为 1500 N，

代入这两个数字，可得 $kv^2=k\times5^2=1500\Rightarrow k=60$.

(iii)

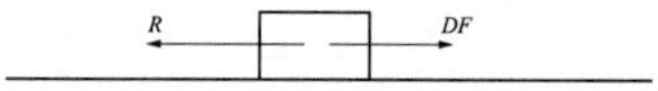

已知汽车做匀速运动，因此水平方向的合力为 0，可得

$DF=R=60v^2$，

运用公式 $P=Fv$，可得 $60v^2\times v=60v^3=55500$

$\Rightarrow v=9.74\,\text{m s}^{-1}$.

Q4 知识点

change of direction of friction in different motion

(i) 题目已知物体状态为 on the point of moving up the plane，因此摩擦力 f 方向为沿斜面向下，且在垂直和平行于斜面方向上的 resultant force 均为 0，具体受力分析如下所示：

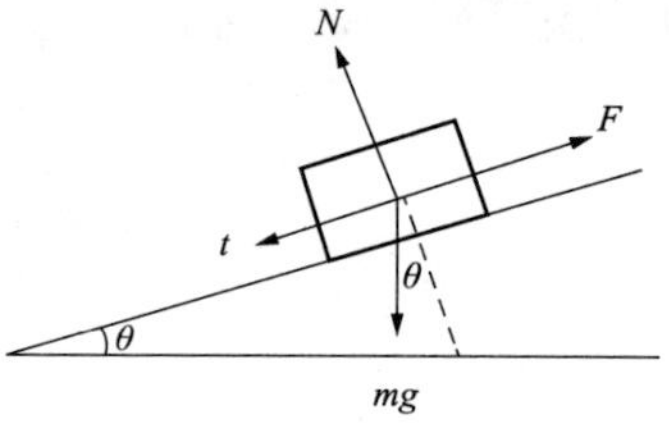

已知 $\tan\theta=\dfrac{12}{5}$，因此 $\sin\theta=\dfrac{12}{13}, \cos\theta=\dfrac{5}{13}$,

在垂直于斜面的方向进行受力分析，可得

$N=mg\cos\theta=5\,\text{N}$,

由于物体状态为 on the point of moving ，因此可运用摩擦力公式 $f=\mu N$，得 $f=5\mu$,

在平行于斜面的方向进行受力分析，可得 $F=mg\sin\theta+f$,

代入 $f=5\mu$，得 $20=13\times\dfrac{12}{13}+5\mu\Rightarrow\mu=1.6$.

(ii) 本小问中拉力被移除，那么此时物体会沿斜面向下运动，因此摩擦力方向为沿斜面向上，具体受力分析如下所示：

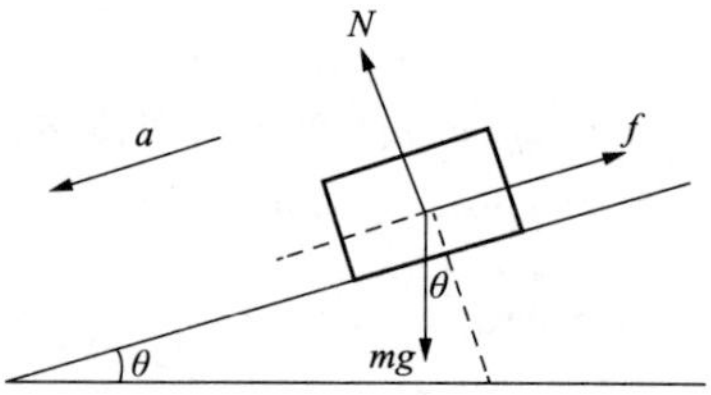

在垂直于斜面的方向进行受力分析，可得

$N=mg\cos\theta=5\,\text{N}$,

由于物体此时处于运动状态，因此可运用摩擦力公式 $f=\mu N$，得 $f=5\times1.6=8\,\text{N}$,

在平行于斜面的方向进行受力分析，运用牛顿第二定律 $F=ma$将力与运动结合，可得 $mg\sin\theta-f=ma$,

代入数据得$13\times\frac{12}{13}-8=1.3a\Rightarrow 4=1.3a$

$\Rightarrow a=\frac{40}{13}=3.08\text{ m s}^{-2}$.

(iii) 已知 $u=0\text{ m s}^{-1}$，$a=\frac{40}{13}\text{ m s}^{-2}$，$t=2\text{ s}$，

运用公式$s=ut+\frac{1}{2}at^2$，可得$s=0+\frac{1}{2}\times\frac{40}{13}\times 2^2=\frac{80}{13}\text{ m}$，

由第 (ii) 小问可知，$f=8\text{ N}$，

运用公式 $W=Fd$，可得

WD against friction $=8\times\frac{80}{13}=49.2\text{ J}$.

Q5 知识点

general motion in a straight line: displacement as the integral of velocity with respect to time

(i) 本小问要求 P 的最小速度，已知$v=t^2-8t+12$，因此只要求这个二次函数的最小值即可 .

$v=t^2-8t+12$,

$\frac{dv}{dt}=2t-8=0\Rightarrow t=4\text{ s}$,

当$t=4\text{ s}$时，$v=4^2-32+12=-4\text{ m s}^{-1}$,

因为 $v=t^2-8t+12$ 为开口向上的抛物线，所以 $v=-4\text{ m s}^{-1}$即为 P 的最小速度 .

(ii) 本小问要求 $0\text{ s}\leqslant t\leqslant 8\text{ s}$这段时间内 P 移动的总距离 .

令$v=t^2-8t+12=0\Rightarrow(t-2)(t-6)=0\Rightarrow t=2\text{ s or }t=6\text{ s}$.

velocity-time graph 的图像如下所示：

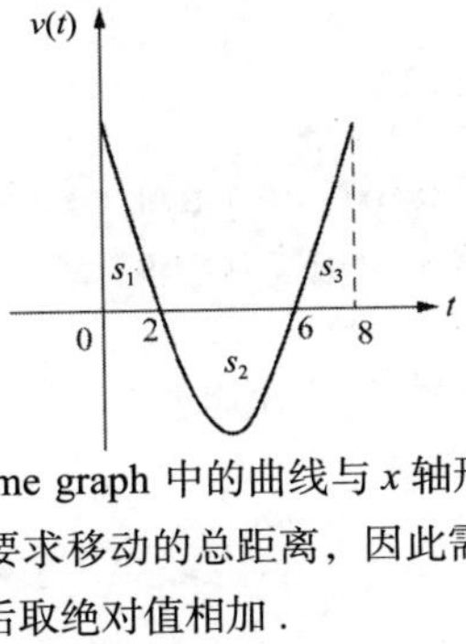

已知 velocity-time graph 中的曲线与 x 轴形成的面积为位移，但本小问要求移动的总距离，因此需要将三部分面积单独计算然后取绝对值相加 .

$0\text{ s}\leqslant t\leqslant 2\text{ s}, s_1=\int_0^2(t^2-8t+12)\,dt=\left[\frac{1}{3}t^3-4t^2+12t+C\right]_0^2$

$=\frac{32}{3}\text{ m}$,

$2\text{ s}\leqslant t\leqslant 6\text{ s}$,

$s_2=\int_2^6(t^2-8t+12)\,dt=\left[\frac{1}{3}t^3-4t^2+12t+C\right]_2^6=-\frac{32}{3}\text{ m}$,

$6\text{ s}\leqslant t\leqslant 8\text{ s}$,

$s_3=\int_6^8(t^2-8t+12)\,dt=\left[\frac{1}{3}t^3-4t^2+12t+C\right]_6^8=\frac{32}{3}\text{ m}$,

总距离 $=\frac{32}{3}+\frac{32}{3}+\frac{32}{3}=\frac{32}{3}\times 3=32\text{ m}$.

Q6 知识点

(i) connected particles: objects connected by strings
(ii) conservation of energy in a system of conservative forces

(i) 首先画出受力分析图，如下图：

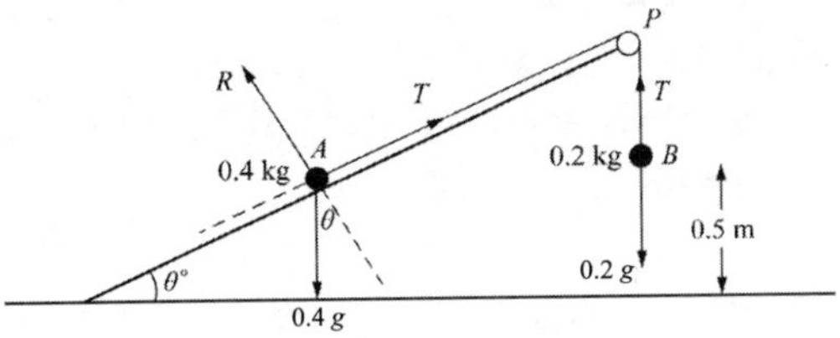

题目已知 system is in equilibrium，所以小球 A、B 的合力均为 0.

首先对小球 B 进行受力分析：

得 $T=0.2g=2\text{ N}$,

然后对小球 A 进行受力分析，在其平行于斜面的方向进行受力分析：

得 $T=0.4g\sin\theta=4\sin\theta$,

将 $T=2\text{ N}$代入 $T=4\sin\theta$,

得 $2=4\sin\theta\Rightarrow\sin\theta=\frac{1}{2}\Rightarrow\theta=30°$.

(ii)

(a) 本小问中 $\theta=20°$，小球 A 开始做沿斜面向上的运动，B 开始做竖直向下的运动 .

运用牛顿第二定律 $F=ma$ 将力与运动联系起来 .

首先对小球 B 进行受力分析，得 $0.2g-T=0.2a$,

然后对小球 A 进行受力分析，在平行于斜面的方向进行受力分析，得 $T-0.4g\sin20°=0.4a$,

连列方程组即可求出 T 和 a 的值 .

$$\begin{cases}2-T=0.2a\\T-4\sin20°=0.4a\end{cases}\Rightarrow\begin{cases}T=1.79\text{ N},\\a=1.053\text{ m s}^{-2}.\end{cases}$$

(b) 本小问要求 B 接触地面时 A 的瞬时速度 .

已知 $u = 0\,\text{m s}^{-1}$，$a = 1.053\,\text{m s}^{-2}$，$s = 0.5\,\text{m}$.

运用公式 $v^2 = u^2 + 2as$，得

$v^2 = 0 + 2\times1.053\times0.5 = 1.053 \Rightarrow v = 1.03\,\text{m s}^{-1}$.

(c) 本小问要求 A 总计向上移动的距离．可分为两部分计算，第一部分即为 B 下降的距离 0.5 m，第二部分为 B 接触地面后 A 继续移动的距离．由于第一部分距离已知，因此只需研究第二部分的距离．

在 A 的移动中只有重力做功，因为重力为 conservative force，所以 total mechanical energy 保持不变．

假设 A 在第二部分中向上移动了 d m，因此在竖直方向上就上升了 $d\sin 20°$ m，

所以运用公式 gain in GPE $= mg(h_1 - h_0)$，得

gain in GPE $= 0.4\times10\cdot d\sin 20° = 4\sin 20° d$.

已知 $u^2 = 1.053\,\text{m s}^{-1}, v = 0\,\text{m s}^{-1}$，

所以运用公式 gain in KE $= \frac{1}{2}mv^2 - \frac{1}{2}mu^2$，

得 gain in KE $= 0 - \frac{1}{2}\times0.4\times1.053 = -0.2106\,\text{J}$

$\Rightarrow$ loss in KE $= 0.2106\,\text{J}$，

最后 gain in GPE = loss in KE

$\Rightarrow 4\sin 20° d = 0.2106 \Rightarrow d = 0.154\,\text{m}$，

总距离 $= 0.5 + 0.154 = 0.654\,\text{m}$.

9709_s19_qp_42

Q1 知识点

resolving forces in horizontal and vertical directions in equilibrium problems

题目已知 system is in equilibrium，因此水平和竖直方向的 resultant force 均为 0.

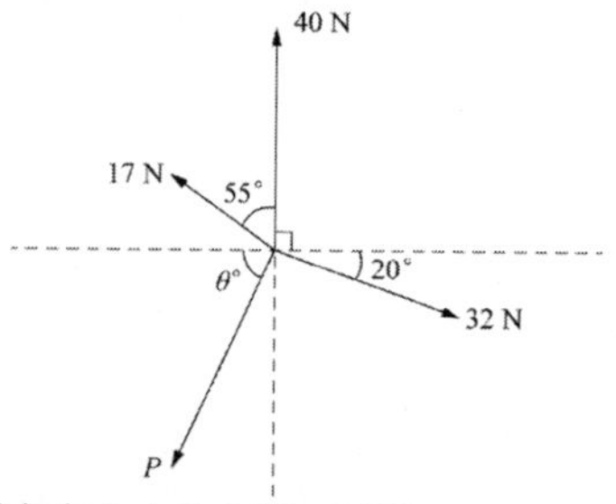

先进行水平方向上力的分解，可得

$P\cos\theta + 17\sin 55° = 32\cos 20°$，

后进行竖直方向上力的分解，可得

$40 + 17\cos 55° = P\sin\theta + 32\sin 20°$，

因此可得方程组求解 P 和 θ 的值．

$$\begin{cases} P\cos\theta = 32\cos 20° - 17\sin 55°, & ① \\ P\sin\theta = 40 + 17\cos 55° - 32\sin 20°, & ② \end{cases}$$

式①平方 + 式②平方得

$$P^2\cos^2\theta + P^2\sin^2\theta = (32\cos 20° - 17\sin 55°)^2 + (40 + 17\cos 55° - 32\sin 20°)^2$$

$\Rightarrow P = 42.0\,\text{N}$.

式②除式①得

$$\tan\theta = \frac{40 + 17\cos 55° - 32\sin 20°}{32\cos 20° - 17\sin 55°}$$

$$\Rightarrow \theta = \tan^{-1}\left(\frac{40 + 17\cos 55° - 32\sin 20°}{32\cos 20° - 17\sin 55°}\right) = 67.4.$$

Q2 知识点

equations of constant acceleration

题目已知 $s(5) = 80\,\text{m}$，$s(8) = 160\,\text{m}$，初速度 u，加速度 a，

运用公式 $s = ut + \frac{1}{2}at^2$，可得方程组：

$$\begin{cases} 5u + \dfrac{25}{2}a = 80 \\ 8u + \dfrac{64}{2}a = 160 \end{cases} \Rightarrow \begin{cases} u = \dfrac{28}{3}\,\text{m s}^{-1}, \\ a = \dfrac{8}{3}\,\text{m s}^{-2}. \end{cases}$$

Q3 知识点

power, friction as part of the contact force, resolving forces

首先画出受力分析图，如下图所示：

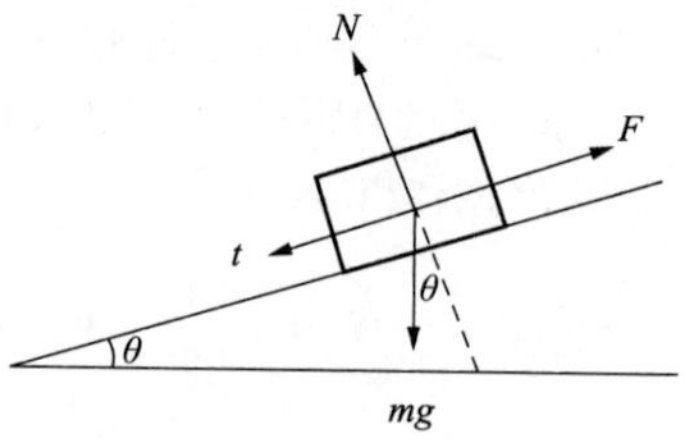

已知 $\tan\theta = \frac{5}{12}$，因此 $\sin\theta = \frac{5}{13}$，$\cos\theta = \frac{12}{13}$.

由于物体是匀速运动状态，因此垂直和平行于斜面的方向上的合力均为 0.

在垂直于斜面的方向进行受力分析，可得

$N = mg\cos\theta = 130\times\frac{12}{13} = 120\,\mathrm{N}$，

由于物体处于运动状态，因此可运用摩擦力公式 $f = \mu N$，

得 $f = 0.3\times120 = 36\,\mathrm{N}$，

在平行于斜面的方向进行受力分析，可得

$F = mg\sin\theta + f$，

代入数值得 $F = 130\times\frac{5}{13} + 36 = 86\,\mathrm{N}$，

最后运用公式 $W = Fd$，可得

WD by pulling force $= 86\times2.5 = 215\,\mathrm{J}$.

Q4 知识点

change of direction of friction in different motion, equations of constant acceleration

首先分析汽车向上运动时的状态，受力分析图如下所示：

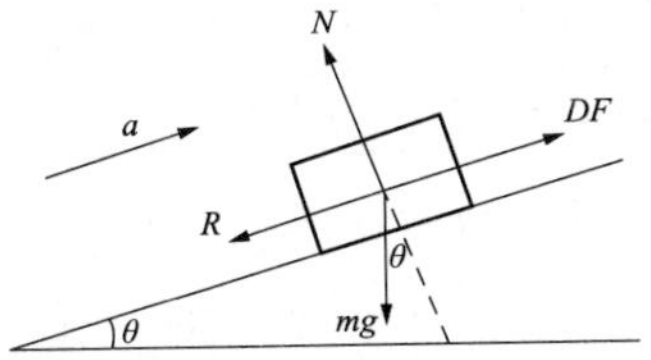

在平行于斜面的方向进行受力分析，运用牛顿第二定律（$F = ma$）将力与运动结合，

可得 $DF - R - mg\sin\theta = ma$

$\Rightarrow 1200 - 350 - 12500\times0.05 = 1250a$

$\Rightarrow a = 0.18\,\mathrm{m\,s^{-2}}$，

现已知 $u = 0\,\mathrm{m\,s^{-1}}$，$a = 0.18\,\mathrm{m\,s^{-2}}$，$s = 100\,\mathrm{m}$，

运用公式 $v^2 = u^2 + 2as$，可得

$v^2 = 0 + 2\times0.18\times100 = 36 \Rightarrow v = 6\,\mathrm{m\,s^{-1}}$.

然后分析汽车向下运动时的状态，受力分析图如下所示：

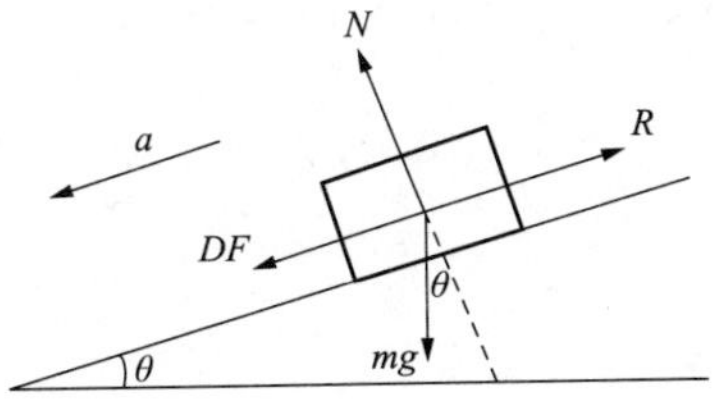

在平行于斜面的方向进行受力分析，运用牛顿第二定律（$F = ma$）将力与运动结合，

可得 $DF - R - mg\sin\theta = ma$

$\Rightarrow 1200 + 12500\times0.05 - 350 = 1250a$

$\Rightarrow a = 1.18\,\mathrm{m\,s^{-2}}$，

现已知 $u = 0\,\mathrm{m\,s^{-1}}$，$a = 0.18\,\mathrm{m\,s^{-2}}$，$s = 100\,\mathrm{m}$，

运用公式 $v^2 = u^2 + 2as$，可得

$v^2 = 0 + 2\times0.18\times100 = 36 \Rightarrow v = 6\,\mathrm{m\,s^{-1}}$.

Q5 知识点

connected particles: objects connected by strings

(i) 由于 A 比 B 重，所以 A 竖直向下运动，B 竖直向上运动，受力分析图如下所示：

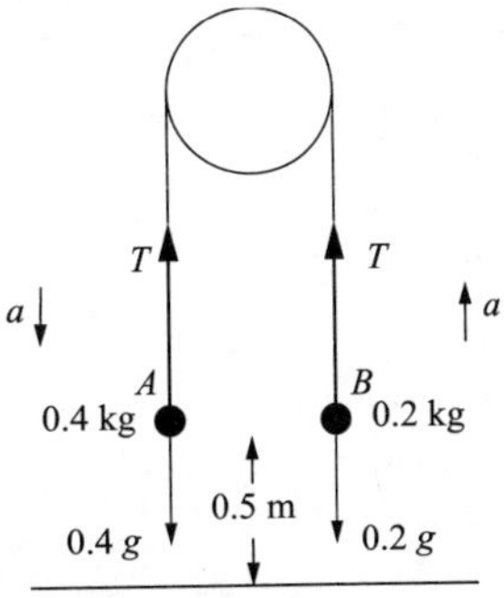

首先对 A 进行受力分析，得 $0.4g - T = 0.4a$， ①

然后对 B 进行受力分析，得 $T - 0.2g = 0.2a$， ②

式①+式②得 $2 = 0.6a \Rightarrow a = \frac{10}{3}\,\mathrm{m\,s^{-2}}$.

式②×2−式①得 $3T = 8 \Rightarrow T = \frac{8}{3}\,\mathrm{N}$.

(ii) 本小问要求 B 离地面的最高高度，需要分三段来考虑．第一段即为 B 在最初静止时离地面的距离 0.5 m，第二段即为 A 下降的距离 0.5 m，第三段为 A 触碰地面之后 B 继续上升的距离．

首先分析第二段上升距离内的运动状态：

已知 $s_1 = 0.5\,\mathrm{m}$，$u = 0\,\mathrm{m\,s^{-1}}$，$a_1 = \frac{10}{3}\,\mathrm{m\,s^{-2}}$，

因此运用公式 $v^2 = u^2 + 2as$，可得 $v^2 = 0 + 2\times0.5\times\frac{10}{3} = \frac{10}{3}$，

然后分析第三段上升距离内的运动状态：

此时 A 已经触碰地面，因此绳子处于松弛状态，T 消失．

据牛顿第二定律，可得此时 $a_2 = -10\,\mathrm{m\,s^{-2}}$，

题目又知 $u^2 = \frac{10}{3}$，$v = 0\,\mathrm{m\,s^{-1}}$，

因此运用公式$v^2=u^2+2as$，可得

$$0=\frac{10}{3}-2\times10s_2\Rightarrow s_2=\frac{1}{6}\ \text{m},$$

最终总高度 $=0.5+0.5+\frac{1}{6}=\frac{7}{6}=1.17\ \text{m}.$

Q6 知识点

relationship between power, force and velocity for a force acting in the direction of motion

首先考虑汽车在水平面上运动的情况，受力分析图如下：已知汽车做匀速运动，因此水平方向合力为 0，可得 $DF=R=Av+B$.

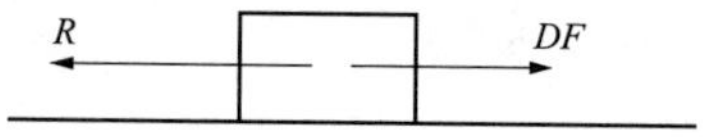

题目已知 当$P=36\ \text{kW}$时，$v=18\ \text{m s}^{-1}$，

因此据公式 $P=Fv$，可得

$36000=(18A+B)18$

$\Rightarrow 18A+B=2000.$

然后考虑汽车在斜面上运动的情况，受力分析图如下：

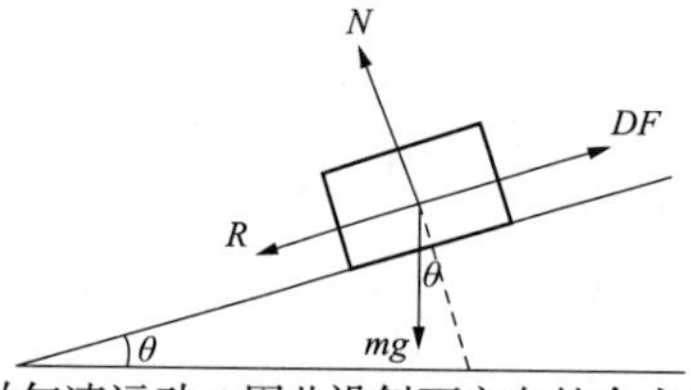

已知汽车做匀速运动，因此沿斜面方向的合力为 0，可得

$DF=R+mg\sin\theta=Av+B+10000\times0.05=Av+B+500.$

题目已知 当$P=21\ \text{kW}$时，$v=12\ \text{m s}^{-1}$，

因此据公式 $P=Fv$，可得

$21000=(12A+B+500)\times12\Rightarrow 12A+B=1250.$

最终通过连列方程组即可求出 A、B 的值 .

$$\begin{cases}18A+B=2000\\12A+B=1250\end{cases}\Rightarrow\begin{cases}A=125,\\B=-250.\end{cases}$$

Q7 知识点

general motion in a straight line

(i) 本小问要求画 velocity-time graph，只要将题目中已知的 $v_Q(t)=10-2t$ 和 $v_p(t)=6t(t-3)$ 在 $0\leqslant t\leqslant5$ 上的图像画出来即可 .

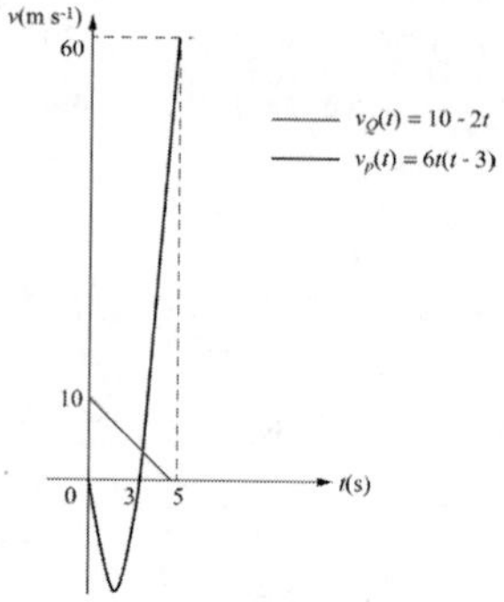

(ii) 要证明 5 s 后 P 和 Q 相遇，即证明 5 s 后 P、Q 的位移相同 .

位移即 velocity-time graph 中直线和曲线下方和 x 轴围成的面积 .

$s_Q=\frac{1}{2}\times5\times10=25\ \text{m},$

$s_P=\int_0^5 6t(t-3)\,\mathrm{d}t=\left[2t^3-9t^2+C\right]_0^5$

$=2\times125-9\times5^2+C-C=25\ \text{m},$

因为$s_Q=s_P$，所以 5 秒后 P 和 Q 相遇 .

(iii) 运用$s(t)=\int v(t)\,\mathrm{d}t$，可得

$s_P=\int 6t(t-3)\,\mathrm{d}t=2t^3-9t^2+C,$

$s_Q=\int(10-2t)\,\mathrm{d}t=10t-t^2+C,$

distance $PQ=\left|s_P-s_Q\right|=\left|2t^3-8t^2-10t\right|=\pm\left(2t^3-8t^2-10t\right),$

要求 distance PQ 的最大值，即求 $\frac{\mathrm{d}PQ}{\mathrm{d}t}=0$ 即可 .

$\frac{\mathrm{d}PQ}{\mathrm{d}t}=\pm\left(6t^2-16t-10\right)=0$

$\Rightarrow 6t^2-16t-10=0$

$\Rightarrow 3t^2-8t-5=0$

$\Rightarrow t=\frac{8\pm\sqrt{8^2+4\times3\times5}}{6}=\frac{4\pm\sqrt{31}}{3}\ \text{s},$

因为 $0\leqslant t\leqslant5$，所以$t=\frac{4+\sqrt{31}}{3}=3.19\ \text{s},$

因此 distance $PQ=\left|2t^3-8t^2-10t\right|=48.4\ \text{m}.$

9709_s19_qp_43

Q1 知识点

velocity-time graphs and multi-stage problems

该巴士的运动分三个阶段：

第一阶段为 0～5 s，初速度为 0 m s^{-1}，保持 2.1 m s^{-2} 的加速度进行加速运动 .

运用公式 $v=u+at$，可得第 5 s 的速度为 $0+2.1\times 5 =10.5\ \text{m s}^{-1}$，

第二阶段为 5～29 s，保持了 24 s 的匀速运动，速度保持为 $10.5\ \text{m s}^{-1}$，

第三阶段为 29～35 s，电梯从第 29 s 开始减速，减速度保持不变，减速 6 s 后停止，末速度为 0 m s^{-1}.

由上述分析可画出 velocity-time graph，如下图所示：

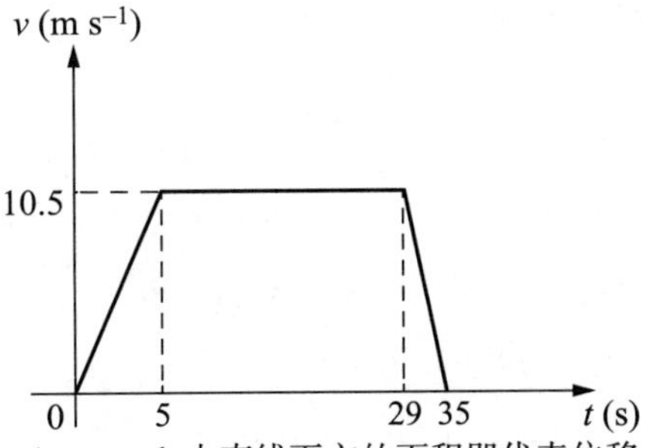

velocity-time graph 中直线下方的面积即代表位移，因为本题中巴士始终朝着同一个方向做直线运动，所以直线下方的面积就代表距离 . 因此求总距离即求图中直线下方的梯形面积，$S=\dfrac{(a+b)h}{2}$.

$S=\dfrac{1}{2}\times(35+24)\times 10.5=309.75\ \text{m}$.

Q2 知识点

resolving forces in horizontal and vertical directions

(i) 先进行水平方向上力的分解，可得

resultant force in x-direction

$=24\cos 25°-12\cos 65°=16.7\ \text{N}$，方向为水平向右.

后进行竖直方向上力的分解，可得

resultant force in y-direction

$=30-24\sin 25°-12\sin 65°=8.98\ \text{N}$，方向为竖直向上.

(ii)

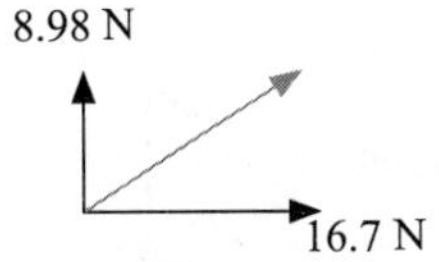

$\tan\alpha=\dfrac{8.98}{16.67}\Rightarrow\alpha=\tan^{-1}\left(\dfrac{8.98}{16.67}\right)=28.3°$.

最终 resultant force 的方向为沿 x 轴正方向逆时针旋转 28.3° 的位置 .

Q3 知识点

relationship between power, force and velocity for a force acting in the direction of motion

(i) 受力分析图如下所示：

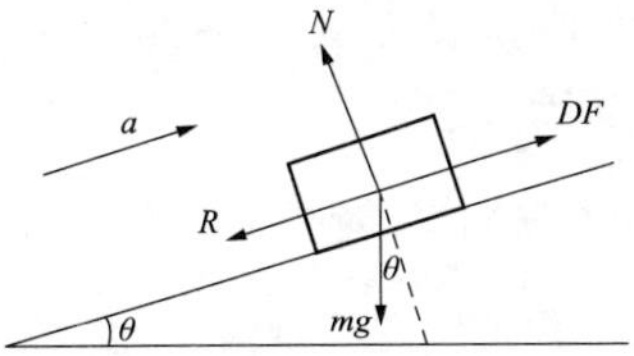

首先先可求出 DF.

沿斜面方向进行力的分解，运用牛顿第二定律 $F=ma$ 将力与运动结合，可得

$DF-R-mg\sin\theta=ma$

$\Rightarrow DF=1550+14000\sin 4°+1400\times 0.4$，

然后据公式 $P=Fv$ 即可求出 v，

$30000=(1550+14000\sin 4°+1400\times 0.4)v$

$\Rightarrow v=9.72\ \text{m s}^{-1}$.

(ii) 首先可求出 DF.

已知此时汽车做匀速运动，因此沿斜面方向的合力为 0.

可得 $DF=R+mg\sin\theta=1550+14000\sin 4°$，

然后据公式 $P=Fv$ 即可求出 P.

$P=(1550+14000\sin 4°)\times 40=101\ \text{kW}$.

Q4 知识点

connected particles: objects connected by strings

(i) 由于 A 比 B 重，所以 A 竖直向下运动，B 竖直向上运动，受力分析图如下所示 .

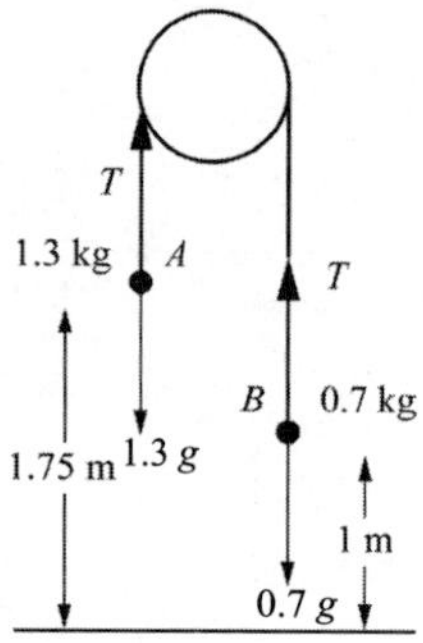

首先对 A 进行受力分析，得 $1.3g-T=1.3a$， ①

然后对 B 进行受力分析，得 $T-0.7g=0.7a$， ②

式①+式②得：$6=2a \Rightarrow a=3\ \text{m s}^{-2}$,

将 $a=3\text{m s}^{-2}$ 代入式①，得 $T=9.1\ \text{N}$.

(ii) 本小问要求 A 和 B 分别掉落到地面的时间差，基本思路为分别算出它们落地所需的时间，然后想减即可 .

首先分析小球 A 的运动状态，需分两段进行分析 .

1. 第一段为绳子断之前：

已知 A 和 B 在同等高度时绳子断开，即 A 下落 $\dfrac{1.75-1}{2}=0.375\ \text{m}$时，绳子断开 .

此时 $a_1=3\text{m s}^{-2}$，$u_1=0\text{m s}^{-1}$，$s_1=0.375\ \text{m}$.

运用公式$v^2=u^2+2as$，可得

$v_1^2=0+2\times3\times0.375=2.25 \Rightarrow v_1=1.5\ \text{m s}^{-1}$,

运用公式 $v=u+at$，可得 $t_{A1}=\dfrac{1.5-0}{3}=0.5\ \text{s}$.

2. 第二段为绳子断之后到落地：

这段时间内绳子断开，即 $T_2=0$，运用 $F=ma$ 可得 $mg=ma \Rightarrow a=g$,

此时$a_2=10\text{m s}^{-2}$，$u_2=1.5\text{m s}^{-1}$，$s_2=1.75-0.375=1.375\ \text{m}$,

运用公式 $s=ut+\dfrac{1}{2}at^2$，可得

$1.375=1.5t+5t^2 \Rightarrow t_{A2}=0.395\ \text{s}$,

$t_A=t_{A1}+t_{A2}=0.895\ \text{s}$.

然后分析小球 B 的运动状态，需分三段进行分析 .

1. 第一段为绳子断之前：

已知 A 和 B 在同等高度时绳子断开，即 B 上升 $\dfrac{1.75-1}{2}=0.375\ \text{m}$ 后绳子断开 .

此时 $a_1=3\text{m s}^{-2}$，$u_1=0\text{m s}^{-1}$，$s_1=0.375\text{m}$.

运用公式 $v^2=u^2+2as$，可得

$v^2=0+2\times3\times0.375=2.25 \Rightarrow v_1=1.5\ \text{m s}^{-1}$,

运用公式 $v=u+at$，可得 $t_{B1}=\dfrac{1.5-0}{3}=0.5\ \text{s}$.

2. 第二段为绳子断之后小球 B 会继续上升一段距离到其最高点：

这段时间内绳子断开，即 $T_2=0$，运用 $F=ma$ 可得

$0-mg=ma \Rightarrow a=-g$,

此时$a_2=-10\text{m s}^{-2}$，$u_2=1.5\text{m s}^{-1}$，$v_2=0\text{m s}^{-1}$,

运用公式 $v=u+at$，可得 $0=1.5-10t \Rightarrow t_{B2}=0.15\ \text{s}$,

运用公式 $v^2=u^2+2as$，可得

$0=2.25-20s_2 \Rightarrow s_2=0.1125\ \text{m}$.

3. 第三段为小球 B 从最高点下降到地面：

这段时间内绳子断开，即 $T_3=0$，运用 $F=ma$ 可得 $mg=ma \Rightarrow a=g$,

此时 $a_3=10\ \text{m s}^{-2}$，$u_3=0\ \text{m s}^{-1}$,

$s_3=0.1125+0.375+1=1.4875\ \text{m}$,

运用公式 $s=ut+\dfrac{1}{2}at^2$，可得 $1.4875=5t^2 \Rightarrow t_{B3}=0.545\ \text{s}$,

$t_B=t_{B1}+t_{B2}+t_{B3}=0.5+0.15+0.545=1.195\ \text{s}$,

$\Delta t=t_B-t_A=1.195-0.895=0.3\ \text{s}$.

Q5 知识点

conservation of energy in a system of conservative forces, change of direction of friction in different stages of motion, equations of constant acceleration

(i) 在物体移动中只有重力做功，因为重力为 conservative force，所以 total mechanical energy 保持不变 .

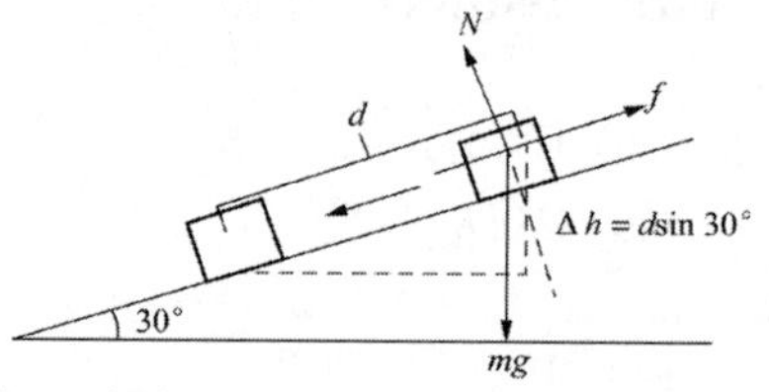

假设 A 向上移动了 d m，因此在竖直方向上就上升了 $d\sin30°$ m.

所以运用公式 gain in GPE $=mg(h_1-h_0)$，得gain in GPE

$= 18 \times 10 \times d \sin 30° = 90d$ J,

已知 $u = 20$ m s^{-1}, $v = 0$ m s^{-1},

运用公式 gain in KE $= \frac{1}{2}mv^2 - \frac{1}{2}mu^2$，得

gain in KE $= 0 - \frac{1}{2} \times 18 \times 400 = -3600$ J

$\Rightarrow$ loss in KE $= 3600$ J,

最后 gain in GPE = loss in KE $\Rightarrow 90d = 3600 \Rightarrow d = 40$ m.

(ii) 首先分析沿斜面向上的运动，求出向上运动的总距离 . 在垂直于斜面的方向进行受力分析：

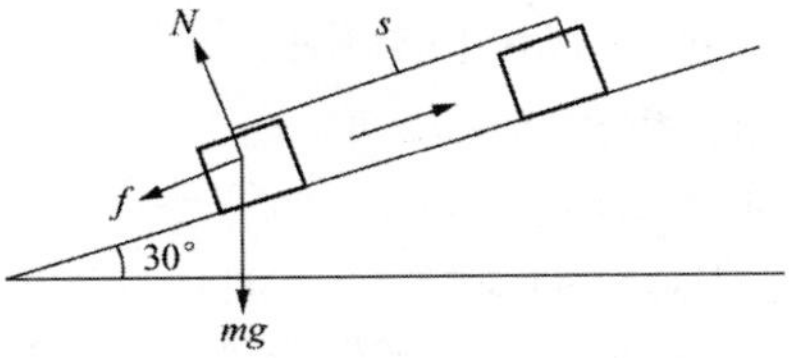

可得 $N = mg \cos 30° = 180 \times \frac{\sqrt{3}}{2} = 90\sqrt{3}$ N,

由于物体处于运动状态，因此可运用摩擦力公式 $f = \mu N$，

得 $f = 0.25 \times 90\sqrt{3} = \frac{45}{2}\sqrt{3}$ N,

在平行于斜面的方向进行受力分析：

可得 $0 - mg \sin 30° - f = ma$

$\Rightarrow -180 \times \frac{1}{2} - \frac{45}{2}\sqrt{3} = 18a$

$\Rightarrow a = -7.165$ m s^{-2},

现已知 $a = -7.165$ m s^{-2}，$u = 20$m s^{-1}，$v = 0$ m s^{-1},

运用公式 $v^2 = u^2 + 2as$，可得

$0^2 = 20^2 - 2 \times 7.165s \Rightarrow s = 27.913$ m.

然后分析沿斜面向下回归初始位置的运动，求出加速度后再利用第一部分求出的距离即可求出回归初始位置时的速度 .

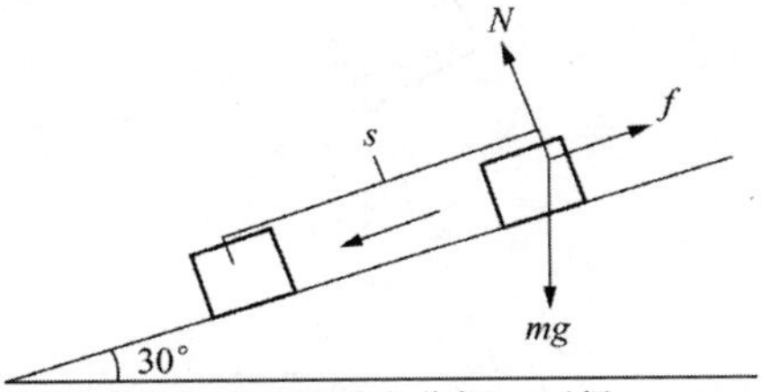

在垂直于斜面的方向进行受力分析，可得

$N = mg \cos 30° = 180 \times \frac{\sqrt{3}}{2} = 90\sqrt{3}$ N,

由于物体处于运动状态，因此可运用摩擦力公式 $f = \mu N$，

得 $f = 0.25 \times 90\sqrt{3} = \frac{45}{2}\sqrt{3}$ N,

在平行于斜面的方向进行受力分析，可得

$mg \sin 30° - f = ma \Rightarrow 180 \times \frac{1}{2} - \frac{45}{2}\sqrt{3} = 18a$

$\Rightarrow a = 2.835$ m s^{-2},

现已知 $a = 2.835$ m s^{-2}，$u = 0$ m s^{-1}, $s = 27.913$ m,

运用公式 $v^2 = u^2 + 2as$，可得

$v^2 = 0^2 + 2 \times 2.835 \times 27.913 \Rightarrow v = 12.6$ m s^{-1} .

Q6 知识点

general motion in a straight line: displacement as the integral of velocity with respect to time, velocity as the integral of acceleration with respect to time

(i) $a(t) = 6t - 12$,

$v(t) = \int a(t)\,dt \Rightarrow v(t) = \int (6t - 2)\,dt = 3t^2 - 12t + C$,

$s(t) = \int v(t)\,dt \Rightarrow s(t) = \int (3t^2 - 2t + c)\,dt = t^3 - 6t^2 + ct + d$,

题目已知 $s(1) = 5$，$s(3) = 1$，把已知数据代入 $s(t)$ 公式：$1 - 6 + c + d = 5$，$27 - 54 + 3c + d = 1$，因此可列方程组解出 c 和 d 的值 .

$$\Rightarrow \begin{cases} c + d = 10 \\ 3c + d = 28 \end{cases} \Rightarrow \begin{cases} c = 9 \\ d = 1 \end{cases} \Rightarrow s = t^3 - 6t^2 + 9t + 1, p = 9, q = 1.$$

(ii) 本小问要求 P 在瞬时静止时的时间点，即求 $v(t) = 0$ 时 t 的值即可 .

由第 (i) 小问可知 $v(t) = 3t^2 - 12t + 9$,

$v(t) = 0$

$\Rightarrow t^2 - 4t + 3 = 0$

$\Rightarrow (t-1)(t-3) = 0$

$\Rightarrow t = 1$ s or $t = 3$ s.

(iii) 由第 (ii) 小问可推导出 velocity-time graph 的大致图像，如下所示：

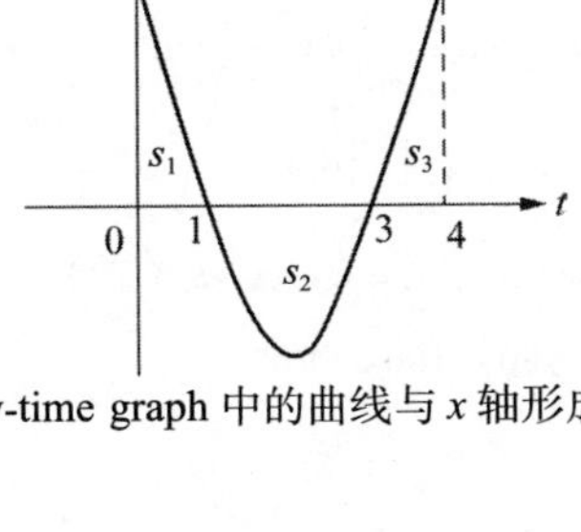

已知 velocity-time graph 中的曲线与 x 轴形成的面积为位

移，但本小问要求距离，因此需要将三部分面积单独计算然后取绝对值相加.

$$d=\int_0^1\left(3t^2-12t+9\right)\mathrm{d}t+\left|\int_1^3\left(3t^2-12t+9\right)\mathrm{d}t\right|+\int_3^4\left(3t^2-12t+9\right)\mathrm{d}t$$

$$=\left[t^3-6t^2+9t+1\right]_0^1+\left|\left[t^3-6t^2+9t+1\right]_1^3\right|+\left[t^3-6t^2+9t+1\right]_3^4$$

$$=(5-1)+|1-5|+(5-1)$$

$$=12\text{ m}.$$

9709_w19_qp_41

Q1 知识点

power

已知吊车在竖直方向上做匀速运动，因此竖直方向上的合力为 0.

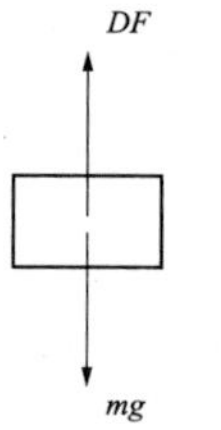

可得 $DF=mg=12500\text{ N}$,

运用上述基本公式，可得

$P=Fv\Rightarrow 20000=12500V\Rightarrow V=1.6\text{ m s}^{-1}$.

Q2 知识点

work-energy principal

基本公式为 : increase in mechanical energy = total work done by forces.

先看公式左边，本题中 KE 和 GPE 都有发生变化.

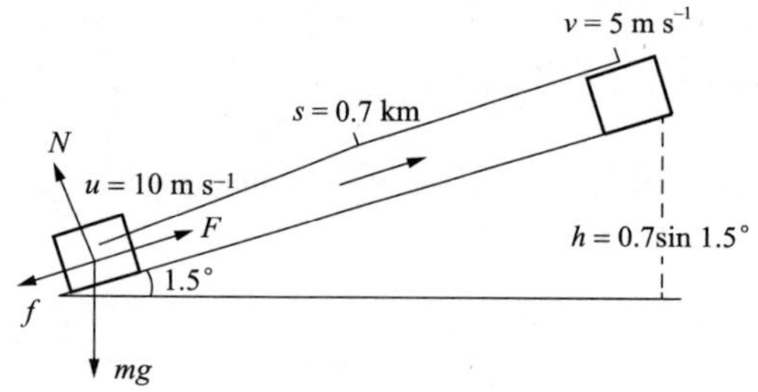

a. 运用公式 gain in KE $=\frac{1}{2}mv^2-\frac{1}{2}mu^2$，可得

gain in KE $=\frac{1}{2}\times75\times\left(5^2-10^2\right)$,

b. 运用公式 gain in GPE $=mg\left(h_1-h_0\right)$，可得

gain in GPE $=750\times\left(700\sin1.5°-0\right)$,

increase in mechanical energy $=\frac{1}{2}\times75\times\left(5^2-10^2\right)+750\times700\sin1.5°$.

再看公式右边，本题中阻力和骑车人做功.

骑车人做功运用公式 $W=Fd$ 可得

WD by constant force $=700F$,

题目已知 WD against resistance = 2000 J,

total work done by forces $=700F-2000$.

最终将左右两边相等，得

$$\frac{1}{2}\times75\times\left(5^2-10^2\right)+750\times700\sin1.5°=700F-2000$$

$\Rightarrow F=18.5\text{ N}$.

Q3 知识点

change of direction of friction in different motion

(i) 题目已知拉力恰好足够大能防止物体下滑且保持静止，因此摩擦力方向为沿斜面向上，且在垂直和平行于斜面方向上的合力均为 0，具体受力分析如下所示.

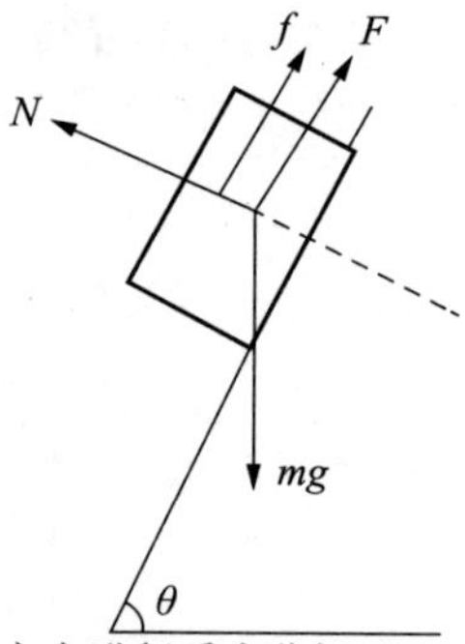

在垂直于斜面的方向进行受力分析：

可得 $N=mg\cos\theta=30\times\frac{1}{2}=15\text{ N}$,

由于拉力恰好足够大能防止物体下滑，因此可运用摩擦力公式 $f=\mu N$，得 $f=15\mu$,

在平行于斜面的方向进行受力分析：

可得 $F+f=mg\sin\theta$,

代入$f=15\mu$，得$15+15\mu=30\times\frac{\sqrt{3}}{2}\Rightarrow\mu=\sqrt{3}-1=0.732$.

(ii) 本小问要求能保证物体处于静止状态的拉力 X 的最大值 .

题目已知拉力方向为沿斜面向上，那么此时摩擦力方向必定为沿斜面向下，因为拉力等于摩擦力加重力的分力，所以拉力能取到最大值 .

如果摩擦力方向沿斜面向上，那么摩擦力会分担重力的分力，致使拉力减小 .

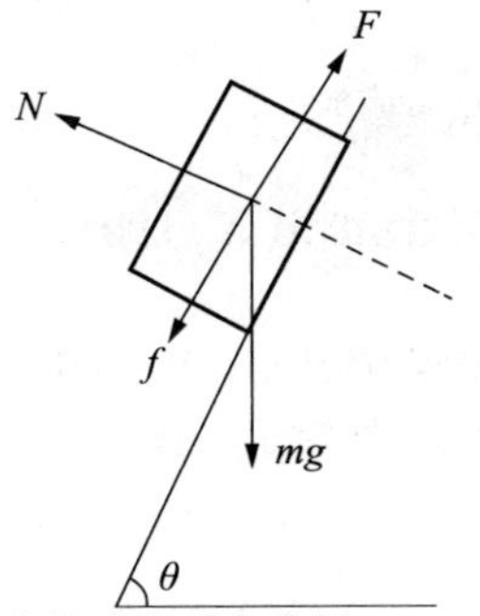

在垂直于斜面的方向进行受力分析：

可得 $N=mg\cos\theta=30\times\frac{1}{2}=15\text{ N}$,

运用摩擦力公式$f=\mu N$，得$f=15\mu$，

在平行于斜面的方向进行受力分析：

可得 $F=f+mg\sin\theta$

$\Rightarrow X=15\times\left(\sqrt{3}-1\right)+30\times\frac{\sqrt{3}}{2}=30\sqrt{3}-15=37.$

Q4 知识点

connected particles: objects connected by strings

(i) 基本思路为对两个物体分别进行受力分析，然后运用牛顿第二定律即可求出 T 和 a 的值 .

受力分析图如下所示：

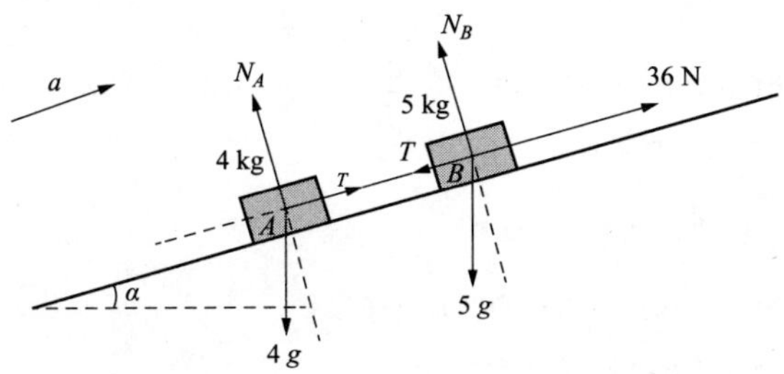

A ： $T-4\,g\sin\alpha=4a$,

B ： $36-T-5\,g\sin\alpha=5a.$

已知 $\tan\alpha=\frac{7}{24}\Rightarrow\sin\alpha=\frac{7}{25}$，$\cos\alpha=\frac{24}{25}$，代入上式得

$$\begin{cases}T-40\times\frac{7}{25}=4a\\36-T-50\times\frac{7}{25}=5a\end{cases}$$

$$\Rightarrow\begin{cases}T=16\text{ N},\\a=1.2\text{ m s}^{-2}.\end{cases}$$

(ii) 题目已知 $u=1\text{ m s}^{-1}$，$a=1.2\text{ m s}^{-2}$，$s=0.65\text{ m}$，

运用公式 $s=ut+\frac{1}{2}at^2$ ，可得 $0.65=t+\frac{1}{2}\times1.2t^2$

$\Rightarrow0.6t^2+t-0.65=0$

$\Rightarrow t=0.5\text{ s}.$

Q5 知识点

resolving forces in horizontal and vertical directions

(i) 题目已知 three forces are in equilibrium，因此水平和竖直方向的合力均为 0.

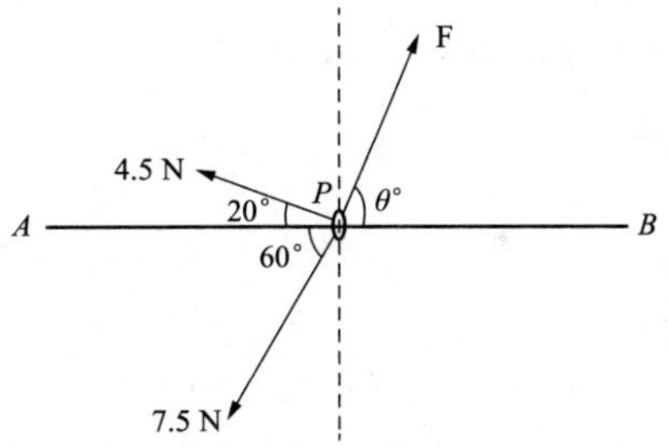

先进行水平方向上力的分解，可得

$F\cos\theta=7.5\cos60°+4.5\cos20°$， ①

后进行竖直方向上力的分解，可得

$F\sin\theta=7.5\sin60°-4.5\sin20°$， ②

式①平方 + 式②平方得

$F^2\cos^2\theta+F^2\sin^2\theta$

$=\left(7.5\cos60°+4.5\cos20°\right)^2+\left(7.5\sin60°-4.5\sin20°\right)^2$

$\Rightarrow F=9.39\text{ N}.$

式②除式①得

$$\tan\theta=\frac{7.5\sin60°-4.5\sin20°}{7.5\cos60°+4.5\cos20°}$$

$$\Rightarrow\theta=\tan^{-1}\left(\frac{7.5\sin60°-4.5\sin20°}{7.5\cos60°+4.5\cos20°}\right)=31.8.$$

(ii) 已知 P 在 AB 上运动，因此只需要在水平方向上进行力的分解，然后运用牛顿第二定律即可求出 P 的重量 .

$F\cos\theta - 4.5\cos 20° - 7.5\cos 60° = ma$

$\Rightarrow 9.5\cos 30° - 4.5\cos 20° - 7.5\cos 60° = 1.5m$

$\Rightarrow m = 0.166\,\text{kg}.$

Q6 知识点

(i) conservation of energy in a system of conservative forces
(ii) equations of constant acceleration, newton's second law
(iii) velocity-time graphs and multi-stage problems

(i) 物体在进入水面之前，只有重力做功，因为重力为 conservative force，所以 total mechanical energy 保持不变.

运用公式 gain in KE $= \frac{1}{2}mv^2 - \frac{1}{2}mu^2$，得

gain in KE $= \frac{1}{2}\times 0.4\times(v^2 - 0) = 0.2v^2$,

运用公式 gain in GPE $= mg(h_1 - h_0)$，得

gain in GPE $= 0.4\times 10\times(0-1.8) = -7.2\,\text{J}$

$\Rightarrow$ loss in GPE $= 7.2\,\text{J}$,

最终运用公式 gain in KE = loss in GPE，得

$0.2v^2 = 7.2 \Rightarrow v = 6\,\text{m s}^{-1}$.

(ii) 物体进入水面之后，会同时受到向下的重力和向上的阻力影响，因此运用牛顿第二定律可得

$mg - R = ma \Rightarrow 4 - 5.6 = 0.4a \Rightarrow a = -4\,\text{m s}^{-2}$,

现已知 $u = 6\,\text{m s}^{-1}$，$v = 0\,\text{m s}^{-1}$，$a = -4\,\text{m s}^{-2}$,

运用公式 $v = u + at$，可得 $0 = 6 - 4t \Rightarrow t = 1.5\,\text{s}$.

(iii) 该物体的运动分两个阶段：

第一阶段为入水之前，由第 (i) 小问可知初速度 $u = 0\,\text{m s}^{-1}$，末速度 $v = 6\,\text{m s}^{-1}$.

由于只受重力，运用 $F = ma$ 可得

$mg = ma \Rightarrow a = g = 10\,\text{m s}^{-2}$,

运用公式 $v = u + at$，可得 $0 + 10t = 6 \Rightarrow t = 0.6\,\text{s}$,

因此第一段运动可总结为当 $0\,\text{s} \leqslant t \leqslant 0.6\,\text{s}$ 时，物体保持 $10\,\text{m s}^{-2}$ 的加速度进行匀加速运动，初速度 $u = 0\,\text{m s}^{-1}$，末速度 $v = 6\,\text{m s}^{-1}$.

第二阶段为入水之后：由第 (ii) 小问可总结出第二段运动为当 $0.6\,\text{s} \leqslant t \leqslant 2.1\,\text{s}$ 时，入水初速度 $v = 6\,\text{m s}^{-1}$，然后保持 $-4\,\text{m s}^{-2}$ 的加速度进行长达 1.5 s 的匀减速运动直至停止.

由上述分析可画出 velocity-time graph，如下所示：

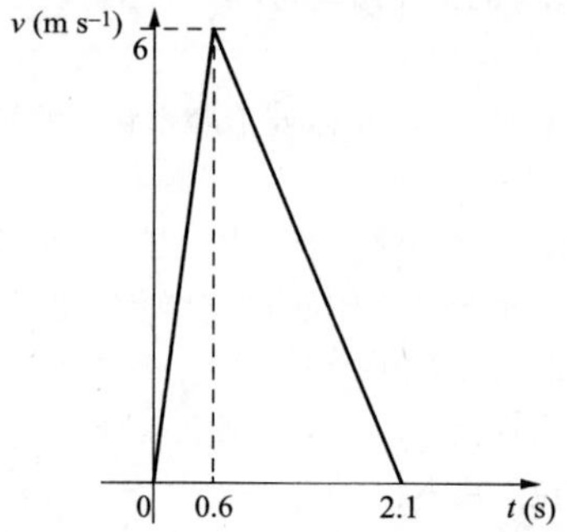

Q7 知识点

general motion in a straight line

(i) 本小问要求 OP 间的距离，基本思路为先求出物体瞬时静止时的时间点，然后对 v 进行定积分即可求出距离.

$v = 0.6t^2 - 0.12t^3 = 0 \Rightarrow t^2(0.6 - 0.12t) = 0 \Rightarrow t = 0\,\text{s}$ or $t = 5\,\text{s}$,

$s_{op} = \int_0^5 v\,\text{d}t = \int_0^5 (0.6t^2 - 0.12t^3)\,\text{d}t = \left[0.2t^3 - 0.03t^4 + C\right]_0^5$

$= 0.2\times 5^3 - 0.03\times 5^4 = 6.25\,\text{m}.$

(ii) 由第 (i) 小问可知，$s_{op} = 6.25\,\text{m}$，因此根据题意可得当 $t = 5\,\text{s}$ 时 $s = 6.25\,\text{m}$，将数据代入 s 的等式即可获得第一个关于 k 和 c 的等式.

$s(5) = 6.25 \Rightarrow 5^3k + 5^5c = 6.25 \Rightarrow 125k + 3125c = 6.25.$

已知当 $t = 5\,\text{s}$ 时，$v(5) = 1.25\,\text{m s}^{-1}$.

因此可先通过求导求出 v 的等式，然后将数据代入即可获得第二个关于 k 和 c 的等式.

$s = kt^3 + ct^5 \Rightarrow v = \frac{\text{d}s}{\text{d}t} = 3kt^2 + 5ct^4$,

$v(5) = 1.25 \Rightarrow 3k\times 5^2 + 5c\times 5^4 = 1.25 \Rightarrow 75k + 3125c = 1.25.$

最后通过连列两个等式即可求出 k 和 c 的值.

$$\begin{cases}125k + 3125c = 6.25\\ 75k + 3125c = 1.25\end{cases} \Rightarrow \begin{cases}k = 0.1,\\ c = -0.002.\end{cases}$$

(iii) 由第 (ii) 小问可知，$v = \frac{\text{d}s}{\text{d}t} = 0.3t^2 - 0.01t^4$,

然后对 v 求导即可求出 a 的等式.

$a(t) = \frac{\text{d}v}{\text{d}t} = 0.6t - 0.04t^3$,

代入 $t = 5\,\text{s}$ 即可求出瞬时加速度.

$a(5) = 0.6\times 5 - 0.04\times 5^3 = -2\,\text{m s}^{-2}$.

9709_w19_qp_42

Q1 知识点

general motion in a straight line: velocity as the derivative of displacement with respect to time, acceleration as the derivative of velocity with respect to time

本题要求当加速度为 0 时物体的瞬时速度，基本思路为先对 s 求导求出 v 的等式，然后对 v 求导求出 a 的等式，然后将 a 的等式等于 0 求出 t 值，最后代入 v 的等式即可．

$s = t^3 - 6t^2 + 4t$

$\Rightarrow v(t) = \dfrac{\mathrm{d}s}{\mathrm{d}t} = 3t^2 - 12t + 4$

$\Rightarrow a(t) = \dfrac{\mathrm{d}v}{\mathrm{d}t} = 6t - 12$,

$a(t) = 6t - 12 = 0 \Rightarrow t = 2\,\mathrm{s}$,

当 $t = 2\,\mathrm{s}$ 时, $v(2) = 3\times2^2 - 12\times2 + 4 = 12 - 24 + 4 = -8\,\mathrm{m\,s^{-1}}$.

Q2 知识点

(i) gradient of a velocity-time graph equal to the acceleration of the object
(ii) the area under the line of a velocity-time graph

(i) 题目已知 30～35 s 内的加速度要求 V 的取值，加速度即为 velocity-time graph 的斜率，将两者相等即可求出 V.

$a = \dfrac{12 - V}{35 - 30} = 0.8 \Rightarrow 12 - V = 4 \Rightarrow V = 8\,\mathrm{m\,s^{-1}}$.

(ii) 题目已知前 50 s 总距离要求 U 的取值，总距离即为 velocity-time graph 下方的面积，将两者相等即可求出 U.

$s = \dfrac{1}{2}\times(U+8)\times5 + 25\times8 + \dfrac{1}{2}\times(12+8)\times5 + \dfrac{1}{2}\times15\times12 = 375$

$\Rightarrow U = 6$.

Q3 知识点

resolving forces in horizontal and vertical directions in equilibrium problems

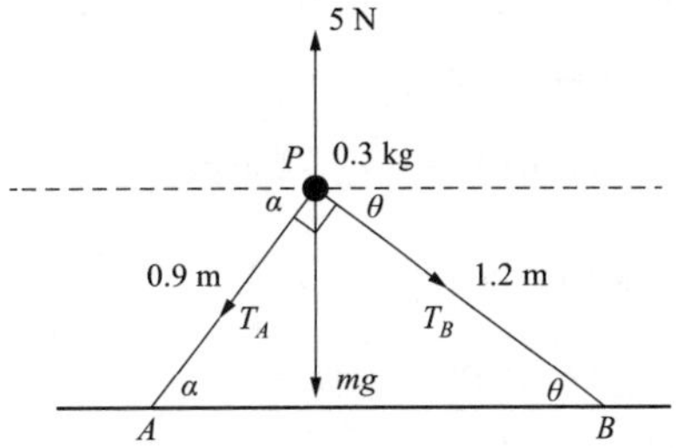

在△APB 中， $\sin\alpha = \dfrac{1.2}{1.5} = \dfrac{4}{5}$, $\cos\alpha = \dfrac{3}{5}$;

$\sin\theta = \dfrac{3}{5}$, $\cos\theta = \dfrac{4}{5}$.

题目已知 forces are in equilibrium，因此水平和竖直方向 resultant force 均为 0.

先进行水平方向上力的分解，可得

$T_A\cos\alpha = T_B\cos\theta \Rightarrow \dfrac{3}{5}T_A = \dfrac{4}{5}T_B \Rightarrow 3T_A = 4T_B$,

后进行竖直方向上力的分解，可得

$5 = T_A\sin\alpha + T_B\sin\theta + mg \Rightarrow 5 = \dfrac{4}{5}T_A + \dfrac{3}{5}T_B + 3$

$\Rightarrow 4T_A + 3T_B = 10$,

最后联立方程组即可求出 T_A 和 T_B，即 $T_A = 1.6\,\mathrm{N}$, $T_B = 1.2\,\mathrm{N}$.

Q4 知识点

(i) relationship between power, force and velocity for a force acting in the direction of motion
(ii) work-energy principal

(i) 此时汽车做匀速运动，因此水平方向合力为 0，即 $DF = R = 3000\,\mathrm{N}$.

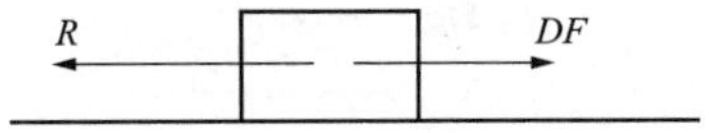

现已知 $V = 30\text{ m s}^{-1}$，$DF = 3000\text{ N}$，
据公式 $P = Fv$，可得 $P = 30 \times 3000 = 90\text{ kW}$.

(ii) 基本公式为：increase in mechanical energy = total work done by forces. 先看公式左边，本小问中 KE 和 GPE 都有发生变化 .

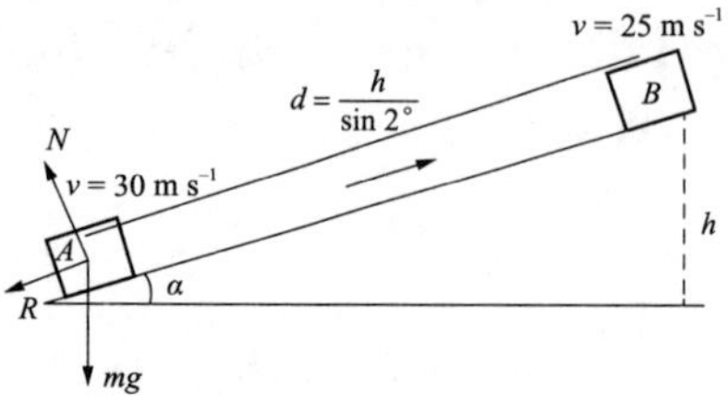

a. 运用公式 gain in KE $= \frac{1}{2}mv^2 - \frac{1}{2}mu^2$，可得

gain in KE $= \frac{1}{2} \times 25000 \times (25^2 - 30^2)$.

b. 运用公式 gain in GPE $= mg(h_1 - h_0)$，可得

gain in GPE $= 250000h$.

increase in mechanical energy

$= \frac{1}{2} \times 25000 \times (25^2 - 30^2) + 250000h$,

再看公式右边，本小问中 R 做功，

运用公式 $W = Fd$，可得 WD against $R = 3000 \times \frac{h}{\sin 2^\circ}$,

最终将两式相等，可得

$$\frac{1}{2} \times 25000 \times (25^2 - 30^2) + 250000h = 3000 \times \frac{h}{\sin 2^\circ}$$

$\Rightarrow h = 10.2\text{ m}$.

Q5 知识点

equatiens of constant acceleration, weight and motion due to gravity

(i) 本题要求两个物体相遇时离地面的高度，基本思路为分别求出两个物体运动的距离，然后相加为 40 即可得到关于 t 的等式，最后代入 A 的距离公式 .

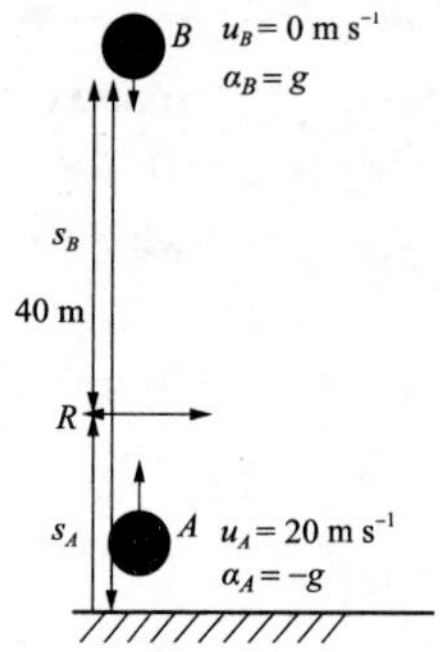

A：$u_A = 20\text{ m s}^{-1}$，$a_A = -g$，

运用公式 $s = ut + \frac{1}{2}at^2$，可得 $s_A = 20t - 5t^2$.

B：$u_B = 0\text{ m s}^{-1}$，$a_B = g$，

运用公式 $s = ut + \frac{1}{2}at^2$，可得 $s_B = 5(t-1)^2$.

$s_A + s_B = 40$

$\Rightarrow 20t - 5t^2 + 5(t-1)^2 = 40 \Rightarrow 20t - 10t + 5 = 40 \Rightarrow t = 3.5\text{ s}$,

当 $t = 3.5\text{ s}$ 时，$s_A = 20 \times 3.5 - 5 \times 3.5^2 = 8.75\text{ m}$,

因此两物体相遇时离地面 8.75 m.

(ii) A：$u_A = 20\text{ m s}^{-1}$，$a_A = -g$，$t_A = 3.5\text{ s}$,

运用公式 $v = u + at$，可得 $V_A = 20 - 10 \times 3.5 = -15\text{ m s}^{-1}$.

B：$u_B = 0\text{ m s}^{-1}$，$a_B = g$，$t_B = 2.5\text{ s}$,

运用公式 $v = u + at$，可得 $V_B = 0 + 10 \times 2.5 = 25\text{ m s}^{-1}$.

上述求出的是两个物体的 velocity，但本小问要求的是两个物体 speed 的差值 .

speed 作为 scalar quantity，没有方向，因此只需要将它们 velocity 的绝对值相减，差值为 $25 - 15 = 10\text{ m s}^{-1}$.

Q6 知识点

force and motion in one dimension, limit of friction

(i)

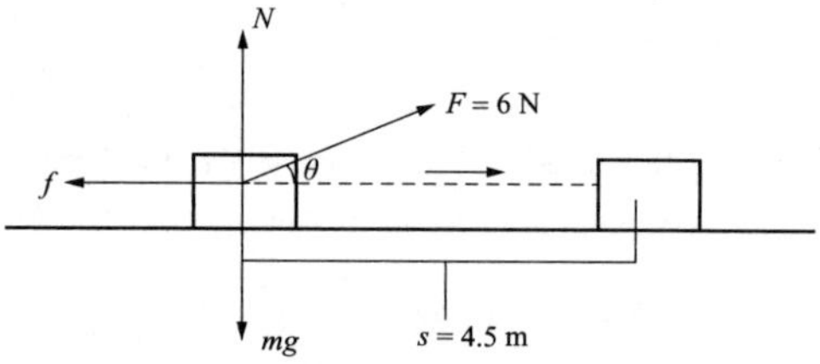

已知 $s = 4.5\text{ m}$，$t = 5\text{ s}$，$u = 0\text{ m s}^{-1}$,

运用公式 $s = ut + \frac{1}{2}at^2$,

可得 $4.5 = 0 + \frac{1}{2} \times 5^2 a \Rightarrow a = 0.36\text{ m s}^{-2}$,

然后在水平方向进行力的分解，运用牛顿第二定律即可求出 f.

$$F\cos\theta - f = ma \Rightarrow 6 \times \frac{24}{25} - f = 3 \times 0.36 \Rightarrow f = 4.68\text{ N}.$$

(ii) 物体在水平方向运动，即竖直方向无运动，因此竖直方向合力为 0.

$N + F\sin\theta = mg \Rightarrow N = mg - F\sin\theta = 30 - 6\times\frac{7}{25} = 28.32\text{ N}.$

物体处于运动状态，因此可运用摩擦力公式 $f = \mu N$，得 $4.68 = 28.32\mu \Rightarrow \mu = 0.165.$

(iii)

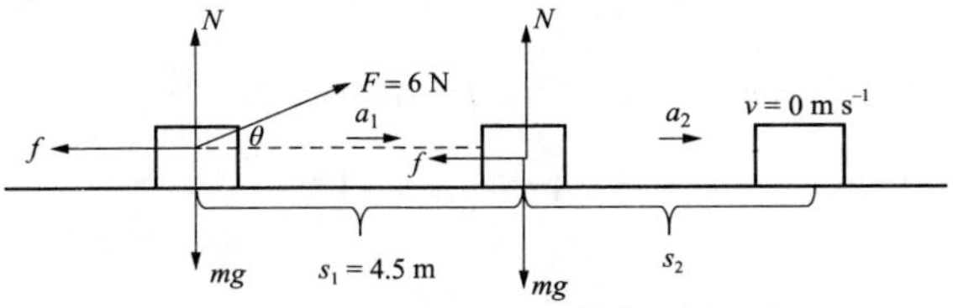

首先分析第一段运动（拉力消失前）：

已知 $a_1 = 0.36\text{ m s}^{-2}, t_1 = 5\text{ s}$，$u_1 = 0\text{ m s}^{-1}$，

运用公式 $v = u + at$，可得 $v_1 = 0 + 0.36\times5 = 1.8\text{ m s}^{-1}$，
此为物体移动 4.5 m 后的速度 .
然后分析第二段运动（拉力消失后）：
物体在水平方向运动，竖直方向无运动，因此竖直方向合力为 0，即 $N = mg = 30\text{ N}$，
因为物体处于运动状态，所以可运用摩擦力公式 $f = \mu N$，得 $f = 0.165\times30 = 4.95\text{ N}$，
在水平方向进行力的分解，运用牛顿第二定律即可求出 a_2.

$0 - f = ma_2 \Rightarrow -4.95 = 3a_2 \Rightarrow a_2 = -1.65\text{ m s}^{-2}$，

现知 $a_2 = -1.65\text{ m s}^{-2}$，$u_2 = 1.8\text{ m s}^{-1}$，$v_2 = 0\text{ m s}^{-1}$，

运用公式 $v = u + at$，可得 $0 = 1.8 - 1.65t_2 \Rightarrow t_2 = 1.09\text{ s}$，

最终总时间 $= t_1 + t_2 = 5 + 1.09 = 6.09\text{ s}.$

Q7 知识点

connected particles: objects connected by strings

(i) 画出受力分析图，如下图所示：

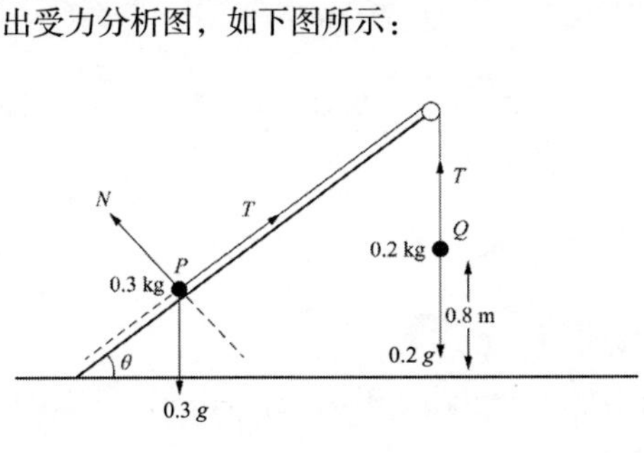

objects connected by strings 题型求解的基本思路是将牛顿第二定律分别运用到两个单独的物体上 .

首先对小球 Q 进行受力分析，得 $0.2g - T = 0.2a$，
然后对小球 P 进行受力分析，得 $T - 0.3g\sin\theta = 0.3a$，
最后连列方程组即可求出 T 和 a 的值 .

$a = 0.4\text{ m s}^{-2}$，$T = 1.92\text{ N}.$

(ii) 现已知 $a = 0.4\text{ m s}^{-2}$，$s = 0.8\text{ m}$，$u = 0\ \text{ m s}^{-1}$，

运用公式 $s = ut + \frac{1}{2}at^2$，可得 $0.8 = 0 + \frac{0.4}{2}t^2 \Rightarrow t = 2\text{ s}.$

(iii) 绳子从 Q 接触地面后变得松弛，本小问要求 P 从释放开始到绳子重新变得紧绷所需的时间，可分为以下三段来考虑 .
第一段：P 从释放开始到 Q 接触地面，这段时间即为 Q 落地所需时间，即 $t_1 = 2\text{ s}$，

已知 $u_1 = 0\text{ m s}^{-1}$，$a_1 = 0.4\text{ m s}^{-2}$，$t_1 = 2\text{ s}$，$s_1 = 0.8\text{ m}$，

运用公式 $v = u + at$，可得 $v = 0 + 0.4\times2 = 0.8\text{ m s}^{-1}$，此为 Q 落地时 P、Q 共同的速度 .
第二段：P 由于具备沿斜面向上的速度还会上升一段距离直至最高点 .
此段距离内绳子处于松弛状态，$T = 0\text{ N}$，
沿斜面方向进行受力分析，得

$0 - 0.3g\sin\theta = 0.3a \Rightarrow a_2 = -6\text{ m s}^{-2}$，

已知 $u_2 = 0.8\text{ m s}^{-1}$，$a_2 = -6\text{ m s}^{-2}$，$v_2 = 0\text{ m s}^{-1}$，

运用公式 $v = u + at$，可得 $0 = 0.8 - 6t_2 \Rightarrow t_2 = \frac{2}{15}\text{ s}$，

运用公式 $v^2 = u^2 + 2as$，可得

$0 = 0.64 - 12s \Rightarrow s_2 = \frac{64}{1200} = \frac{4}{75}\text{ m}.$

第三段：P 从其最高点开始沿斜面向下运动，直至绳子重新紧绷 .

绳子重新紧绷即意味着 P 下降了 $s_3 = \frac{4}{75}\text{ m}$，
沿斜面方向进行受力分析，得

$0.3g\sin\theta = 0.3a \Rightarrow a_3 = 6\text{ m s}^{-2}$，

已知 $u_3 = 0\text{ m s}^{-1}$，$a_3 = 6\text{ m s}^{-2}$，$s_3 = \frac{4}{75}\text{ m}$，

运用公式 $s = ut + \frac{1}{2}at^2 \Rightarrow \frac{4}{75} = 0 + 3t_3^2 \Rightarrow t_3 = \frac{2}{15}\text{ s}.$

total time $= t_1 + t_2 + t_3 = 2 + \frac{2}{15} + \frac{2}{15} = 2.27\text{ s}.$

9709_w19_qp_43

Q1 知识点

friction: limit of friction

已知物体在做匀速运动，因此物体处于 equilibrium 状态，水平及竖直方向的合力均为 0.

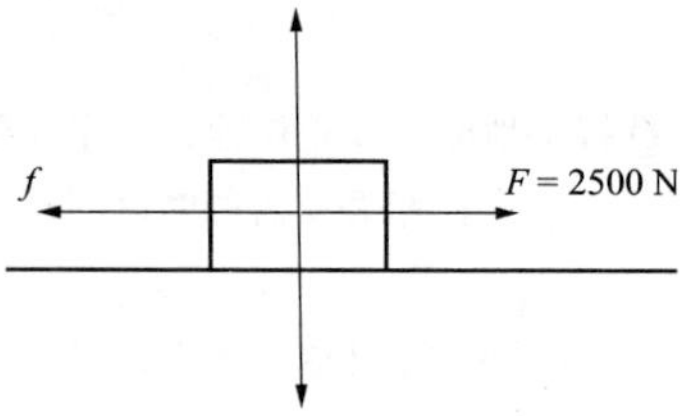

在竖直方向上进行受力分析，可得 $N = mg = 5000\text{ N}$，
因为物体处于运动状态，所以可运用摩擦力公式 $f = \mu N$，
得 $f = 5000\mu$，
在水平方向上进行受力分析，可得 $F = f = 2500\text{ N}$，

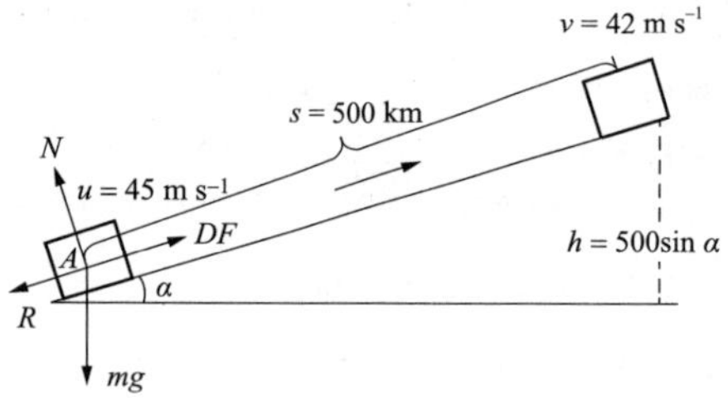

最终可得 $f = 5000\mu = 2500 \Rightarrow \mu = 0.5$.

Q2 知识点

work-energy principal

基本公式为：increase in mechanical energy = total work done by forces. 先看公式左边，本题中 KE 和 GPE 都有发生变化 .

运用公式 gain in KE $= \frac{1}{2}mv^2 - \frac{1}{2}mu^2$，可得

gain in KE $= \frac{1}{2} \times 150000 \times \left(42^2 - 45^2\right)$.

运用公式 gain in GPE $= mg\left(h_1 - h_0\right)$，可得

gain in KE $= 1500000 \times 500\sin\alpha$.

increase in mechanical energy $= \frac{1}{2} \times 150000 \times \left(42^2 - 45^2\right) + 1500000 \times 500\sin\alpha$.

再看公式右边，本题中 R 和 DF 做功 .

运用公式 $W = Fd$，可得

WD by $DF = 16000 \times 500 = 8 \times 10^6$ J.

WD against $R = 4 \times 10^6$ J.

total work done by forces $= 8 \times 10^6 - 4 \times 10^6 = 4 \times 10^6$ J,

最终将两式相等，可得 $\frac{1}{2} \times 150000 \times \left(42^2 - 45^2\right) + 1500000 \times 500\sin\alpha = 4 \times 10^6 \Rightarrow \alpha = 1.8$.

Q3 知识点

resolving forces in horizontal and vertical directions

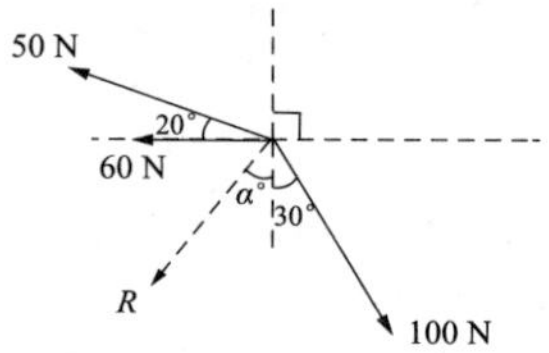

先进行水平方向上力的分解，可得水平方向的 resultant force X 为：

$X = 50\cos 20° + 60 - 100\sin 30°$，方向为水平向左 .

后进行竖直方向上力的分解，可得竖直方向的 resultant force Y 为：

$Y = 100\cos 30° - 50\sin 20°$，方向为竖直向下 .

运用勾股定理即可求出 R.

$R = \sqrt{X^2 + Y^2}$

$= \sqrt{\left(50\cos 20° + 60 - 100\sin 30°\right)^2 + \left(100\cos 30° - 50\sin 20°\right)^2}$

$= 89.9$,

运用三角函数即可求出 α .

$\tan\alpha = \frac{X}{Y} \Rightarrow \alpha = \tan^{-1}\frac{X}{Y}$

$= \tan^{-1}\left(\frac{50\cos 20° + 60 - 100\sin 30°}{100\cos 30° - 50\sin 20°}\right) = 39.3°$.

Q4 知识点

equations of constant acceleration

(i) 整理题目信息得 $s_{QR} = 1.5s_{PQ}$，$t_{PQ} = t_{QR} = s_{RS} = 10\text{ s}$，$v_Q = 20\text{ m s}^{-1}$，

运用公式 $s = vt - \frac{1}{2}at^2$，可得

$s_{PQ} = 20\times10 - 0.5a\times10^2 = 200 - 50a$，

运用公式 $s = ut + \frac{1}{2}at^2$，可得

$s_{QR} = 20\times10 + 0.5a\times10^2 = 200 + 50a$，

$s_{QR} = 1.5s_{PQ} \Rightarrow 200 + 50a = 1.5\times(200 - 50a) \Rightarrow 125a$

$= 100 \Rightarrow a = 0.8\ \text{m s}^{-2}$.

(ii) $v_Q = 20\ \text{m s}^{-1}$，$a = 0.8\ \text{m s}^{-2}$，$t_{QS} = 10 + 10 = 20\ \text{s}$，

运用公式 $s = ut + \frac{1}{2}at^2$，可得

$s_{QS} = 20\times20 + 0.5\times0.8\times20^2 = 560\ \text{m}$，

然后运用公式 $\text{average speed} = \dfrac{\text{total distance covered}}{\text{total time taken}}$ 可得

$\text{average speed} = \dfrac{560}{20} = 28\text{m s}^{-1}$.

Q5 知识点

relationship between power, force and velocity for a force acting in the direction of motion

(i)

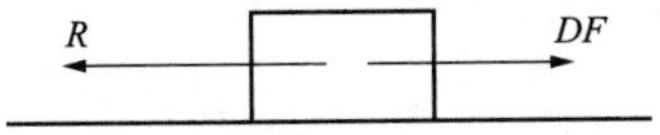

现已知 $P = 240\ \text{W}$，$v = 6\ \text{m s}^{-1}$，

据公式 $P = Fv$，可得 $DF = \dfrac{P}{v} = \dfrac{240}{6} = 40\ \text{N}$，

已知汽车做加速运动，因此可运用牛顿第二定律 $(F = ma)$ 将力与运动结合，

得 $DF - R = ma \Rightarrow 40 - R = 80\times0.3 \Rightarrow R = 16\ \text{N}$.

(ii) 此时汽车做匀速运动，因此水平方向合力为 0，即 $DF = R = 16\ \text{N}$，

现已知 $P = 240\ \text{W}$，$DF = 16\ \text{N}$，

据公式 $P = Fv$，可得 $v = \dfrac{P}{DF} = \dfrac{240}{16} = 15\ \text{m s}^{-1}$.

(iii)

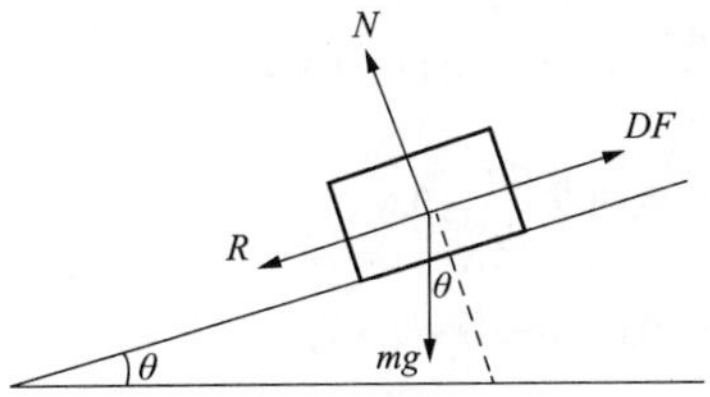

首先求出 DF.

现已知 $P = 240\ \text{W}$，$v = 4\ \text{m s}^{-1}$，

据公式 $P = Fv$，可得 $DF = \dfrac{P}{v} = \dfrac{240}{4} = 60\ \text{N}$，

然后运用牛顿第二定律即可求出加速度大小 .

已知汽车做加速运动，因此可运用牛顿第二定律（$F = ma$）将力与运动结合，得

$DF - R - mg\sin3° = ma \Rightarrow 40 - 16 - 800\sin3° = 80a$

$\Rightarrow a = 0.0266\ \text{m s}^{-2}$.

Q6 知识点

general motion in a straight line: displacement as the integral of velocity with respect to time, acceleration as the derivative of velocity with respect to time

(i) $v(t) = 0.04t^3 + ct^2 + kt$，

题目已知当 $t = 5\ \text{s}$ 时 $v = 10\ \text{m s}^{-1}$，将数据代入 v 的等式即可获得第一个关于 k 和 c 的等式 .

$v(5) = 5 + 25c + 5k = 10 \Rightarrow k + 5c = 1$.

$s(t) = \int v(t)\,\text{d}t$

$\Rightarrow s(t) = \int(0.04t^3 + ct^2 + kt)\,\text{d}t$

$= 0.01t^4 + \frac{c}{3}t^3 + \frac{k}{2}t^2$，

题目已知当 $t = 5\ \text{s}$ 时，$s = 25\ \text{m}$，将数据代入 s 的等式即可获得第二个关于 k 和 c 的等式 .

$s(5) = 0.01\times5^4 + \frac{5^3}{3}c + \frac{25}{2}k = 25 \Rightarrow \frac{25}{2}k + \frac{125}{3}c = 18.75$，

最后通过连列两个等式即可求出 k 和 c 的值 .

$$\begin{cases} k + 5c = 1 \\ \frac{25}{2}k + \frac{125}{3}c = 18.75 \end{cases} \Rightarrow \begin{cases} k = 2.5, \\ c = -0.3. \end{cases}$$

(ii) 本小问要证明 $t = 2.5\ \text{s}$ 时加速度取到最小值 .

首先需要求出加速度的等式，题目已知 v 的等式，对 v 求导即可求出 a 的等式 .

由第 (i) 小问可知，$v(t)=0.04t^3-0.3t^2+2.5t$

$\Rightarrow a(t)=\dfrac{dv}{dt}=0.12t^2-0.6t+2.5$,

然后求最值点即求 $\dfrac{da}{dt}=0$.

$\dfrac{da}{dt}=0.24t-0.6=0\Rightarrow t=2.5\,s$,

最后根据函数性质判断该最值点是最小值点还是最大值点即可 .

因为 $a(t)=0.12t^2-0.6t+2.5$ 为开口向上的抛物线，所以 $t=2.5\,s$ 时加速度取到最小值 .

Q7 知识点

connected particles: objects connected by strings

(i)

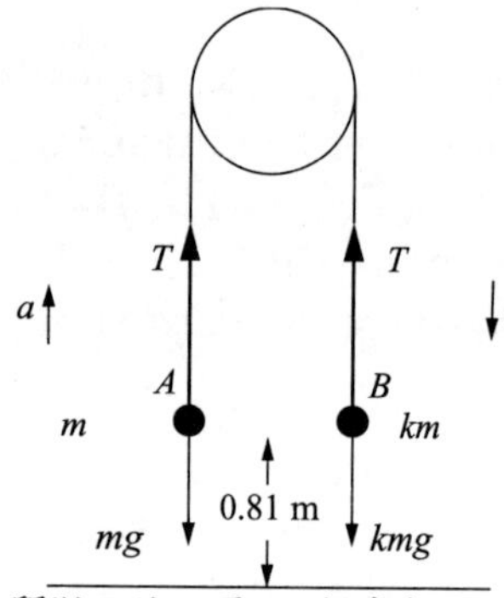

因为 $k>1$，所以 B 比 A 重，A 竖直向上运动，B 竖直向下运动，受力分析图如上所示：

首先对 A 进行受力分析，得 $T-mg=ma$，①

然后对 B 进行受力分析，得 $kmg-T=kma$，②

式①+式②：$(k-1)mg=(k+1)ma\Rightarrow a=\dfrac{k-1}{k+1}g$,

式①×k−式②：$(k+1)T=2kmg\Rightarrow T=\dfrac{2kmg}{k+1}$,

题目已知物体 B 在释放后的第 0.9 s 触碰地面，整理信息得 $u=0\,m\,s^{-1}$，$t=0.9\,s$，$s=0.81\,m$,

运用公式 $s=ut+\dfrac{1}{2}at^2$，可得

$0.81=0+\dfrac{1}{2}a\times0.9^2\Rightarrow a=2\,m\,s^{-2}$,

$a=\dfrac{k-1}{k+1}g=2\Rightarrow k=1.5$,

将 k 代入 T 的等式，得 $T=\dfrac{3mg}{2.5}=12m\,N$.

(ii) 物体 A 的运动状态分三段 .

首先考虑第一阶段：A 从释放后上升 0.81 m 时绳子断裂 .

$u_1=0\,m\,s^{-1}$，$a_1=2\,m\,s^{-2}$，$t_1=0.9\,s$,

运用公式 $v=u+at$，得 $v_1=0+2\times0.9=1.8\,m\,s^{-1}$，此为绳子断裂时 A 的速度 .

然后考虑第二阶段：绳子断裂后 A 由于具备向上的速度还会上升一段距离直至最高点 .

此时绳子断裂，因此 $T=0N$，运用 $F=ma$ 可得

$0-mg=ma_2\Rightarrow a_2=-g=-10\,m\,s^{-2}$,

整理信息得 $a_2=-10\,m\,s^{-2}$，$u_2=1.8\,m\,s^{-1}$，$v_2=0\,m\,s^{-1}$,

运用公式 $v^2=u^2+2as$，得 $0=1.8^2-20s_2\Rightarrow s_2=0.162\,m$，此为绳子断裂后 A 继续上升的高度 .

运用公式 $v=u+at$，得 $0=1.8-10t_2\Rightarrow t_2=0.18\,s$，此为绳子断裂后 A 继续上升的时间 .

最后考虑第三阶段：A 从最高点下降至地面 .

运用 $F=ma$ 可得 $mg=ma\Rightarrow a_3=g=10\,m\,s^{-2}$,

整理信息得 $a_3=10\,m\,s^{-2}$，$u_3=0\,m\,s^{-1}$,

$s_3=0.81+0.81+0.162=1.782\,m$,

运用公式 $v^2=u^2+2as$，得

$v^2=0+2\times10\times1.782\Rightarrow v_3=5.97\,m\,s^{-1}$,

此为 A 触碰地面的速度 .

运用公式 $s=ut+\dfrac{1}{2}at^2$，得 $1.782=0+5t_3^2\Rightarrow t_3=0.597\,s$,

此为 A 下降的时间 .

因此绳子断裂后 A 运动的总时间为 $0.18+0.597=0.777\,s$.

(iii) 假设竖直向上方向为正方向，由第 (ii) 小问中对 A 的分析可画出 velocity-time graph.

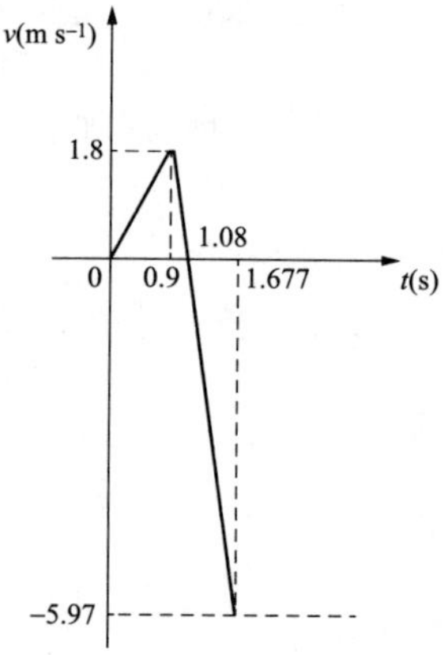

Paper 6

9709_m19_qp_62

Q1 知识点

(i) probability
(ii) conditional probability

(i) P(wear red socks)

= P(blue suit and red socks)+P(grey suit and red socks)

$= 0.6\times0.2+0.4\times0.32 = 0.248.$

(ii) 代入本小问得

P(grey suit | not wear red socks)

$=\dfrac{\text{P(grey suit} \cap \text{not wear red socks)}}{\text{P(not wear red socks)}}$

$=\dfrac{\text{P(grey suit} \cap \text{not wear red socks)}}{1-\text{P(wear red socks)}}$

$=\dfrac{0.4\times0.68}{1-0.248}=\dfrac{17}{47}=0.362.$

Q2 知识点

mean and variance for coded data

(i) 首先运用 variance 的基本公式

$$\sigma^2=\frac{\sum(x-c)^2}{n}-\left(\frac{x-c}{n}\right)^2$$

得 $3.2^2=\dfrac{3099.2}{40}-\left(\dfrac{\sum(x-c)}{40}\right)^2$，

最终通过计算可得 $\left(\dfrac{\Sigma(x-c)}{40}\right)^2=67.42$，

因此 $\sum(x-c)=328.$

(ii) 由第 (i) 小问可知，$\sum(x-50)=328$，

运用 mean for coded data 的公式 $\bar{x}=\dfrac{\sum(x-c)}{n}+c$

可得 $\bar{x}=\dfrac{\sum(x-50)}{n}+50=\dfrac{328}{40}+50=58.2.$

Q3 知识点

normal distribution：standardising a normal variable，finding probability from a normal distribution, finding relationship between x，μ and σ from a given probability

(i) 用变量 X 代表火车所需的时间．

由题目信息可整理出 $X\sim N(140,12^2)$，本小问要求 $P(X<132)$．

首先进行标准化，$P(X<132)=P\left(Z<\dfrac{132-140}{12}\right)$

$=P(Z<-0.6667)=\Phi(-0.6667)$，

然后由于查表时仅能找到当 $z>0$ 时，$Z<z$ 的概率值，

因此运用公式 $\Phi(-a)=1-\Phi(a)$，可将 $\Phi(-0.6667)$

转化为 $1-\Phi(0.6667)$，

最终通过查表可求出概率，即

$P(X<132)=1-0.7477=0.252.$

(ii) 本小问已知 $P(X>k)=0.675$，要求出 k 的值．

首先进行标准化，得 $P(X>k)=P\left(Z>\dfrac{k-140}{12}\right)=0.675$，

由于 $0.675>0.5$，所以 $\dfrac{k-140}{12}<0$，

然后由于查表时仅能找到当 $z>0$ 时 $Z<z$ 的概率值，因此必须先对 $P\left(Z>\dfrac{k-140}{12}\right)$ 进行转化．

由于 normal distribution pdf 的对称性，可得

$\mathrm{P}\left(Z>\dfrac{k-140}{12}\right)=\mathrm{P}\left(Z<\dfrac{140-k}{12}\right)=\Phi\left(\dfrac{140-k}{12}\right)=0.675$,

最后可通过反向查表找出 $\Phi^{-1}(0.675)$ 的值 .

即 $\Phi^{-1}(0.675)=\dfrac{140-k}{12}=0.454 \Rightarrow k=135$.

Q4 知识点

(i) discrete random variable: probability distribution table
(ii) discrete random variable: expectation and variance

(i) 由题意可知：

$\mathrm{P}(X=-1)=k$，$\mathrm{P}(X=1)=k$，$\mathrm{P}(X=2)=4k$，
$\mathrm{P}(X=3)=9k$，

将概率代入 probability distribution table 中，如下表：

x	-1	1	2	3
p	k	k	$4k$	$9k$

求完各项概率之后，可利用总概率等于 1 的性质求出 k 的值 .

$k+k+4k+9k=1 \Rightarrow 15k=1 \Rightarrow k=\dfrac{1}{15}$.

(ii) expectation 基本公式为 $\mathrm{E}(x)=\sum xp(X=x)$

代入本题得 $\mathrm{E}(x)=-1\times k+1\times k+2\times 4k+3\times 9k=35k$

$=35\times\dfrac{1}{15}=\dfrac{7}{3}$,

variance 基本公式为 $\mathrm{Var}(x)=\sum x^2 p(X=x)-[\mathrm{E}(x)]^2$

代入本小问得 $\mathrm{Var}(x)=1\times k+1\times k+4\times 4k+9\times 9k-\left(\dfrac{7}{3}\right)^2$

$=1.16$.

Q5 知识点

drawing back-to-back stem-and-leaf diagrams, median and IQR

(i) back-to-back stem-and-leaf diagrams 特点为两组数据共用一列 stem（两组数据相同的十位数），两侧的 leaf 上为 single digit（两组数据各自的个位数），图像如下：

Dolphins		Sharks
	5	9
9 5 5 3 2	6	4 6 8
5 3 2	7	0 1 2 4 7
2 2 0	8	0 4
		Key: 3|6|4 means 63 kg for Dolphins and 64 kg for Sharks

最后不要忘记标注 key.

(ii) 由于样本总数为 11，11 为奇数，因此 median 位于最中间的第 6 位数上，即 median = 72.

IQR = Q3 − Q1,

由于样本总数为 11，因此可得

Q1 位于前 5 位数字的中间位置，即 65，

Q3 位于后 5 位数字的中间位置，即 80，

IQR = Q3 − Q1 = 80 − 65 = 15.

Q6 知识点

(i) binomial distribution
(iii) normal approximation

(i) 本小问中用随机变量 X 代表 6 位顾客中选择在网上购物的人数 .

由题目信息可整理出 $X\sim \mathrm{B}(6，0.35)$

$\mathrm{P}(X>3)=\mathrm{P}(X=4)+\mathrm{P}(X=5)+\mathrm{P}(X=6)$

$=\begin{pmatrix}6\\4\end{pmatrix}\times 0.35^4\times 0.65^2+\begin{pmatrix}6\\5\end{pmatrix}\times 0.35^5\times 0.65^1+\begin{pmatrix}6\\6\end{pmatrix}\times 0.35^6\times 0.65^0$

$=0.117$.

(ii) 本小问中用随机变量 Y 代表 n 位顾客中选择在网上购物的人数 .

由题目信息可整理出 $Y\sim \mathrm{B}(n，0.35)$，$\mathrm{P}(Y\geqslant 1)>0.95$，要求 n 的最小值 .

$\mathrm{P}(Y\geqslant 1)=1-\mathrm{P}(Y<1)=1-\mathrm{P}(Y=0)=1-0.65^n$,

$1-0.65^n>0.95$

$\Rightarrow 0.65^n<0.05$

$\Rightarrow \ln 0.65^n<\ln 0.05$ （两边同时取 ln）

$\Rightarrow n\ln 0.65<\ln 0.05$ (power rule: $\ln a^b=b\ln a$)

$\Rightarrow n>\dfrac{\ln 0.05}{\ln 0.65}=6.95$ （$\ln 0.65<0$，所以需要变换不等号

的方向）

因此 n 的最小值为 7.

(iii) 基本方法为 $X \sim B(n, p)$ 可被近似为 $X \sim N(\mu, \sigma^2)$,

其中 $\mu = np$, $\sigma^2 = npq$,

代入得

本小问中用随机变量 W 代表 100 位顾客中选择在网上购物的人数 .

$W \sim B(100, 0.35)$，题目要求 P $(W > 39)$,

$\mu = np = 100 \times 0.35 = 35$,

$\sigma^2 = np(1-p) = 100 \times 0.35 \times (1-0.35) = 22.75$,

此时用随机变量 V 代表 normal approximation 后的人数 .

$V \sim N(35, 22.75)$,

$P(W > 39) = P(V > 39.5)$ (continuity correction)

$= P\left(Z > \frac{39.5-35}{\sqrt{22.75}}\right)$ (standardise)

$= P(Z > 0.943)$

$= 1 - P(Z \leqslant 0.943)$

$= 1 - 0.8272 = 0.173.$

Q7 知识点

permutation and combination

(i) 本小问要求在无其他限制条件下 CAMERAMAN 这 9 个字母的排列，因此只需要考虑其中重复两次的 M 和重复三次的 A 的即可 .

得 $\frac{9!}{2!3!} = 30240$ 种情况 .

(ii) 本题在排列时将 A 限制在第 1、5、和 9 位上，因此只需要考虑其他剩余的 6 个字母的排列情况即可，其中仍旧包含了重复两次的 M.

得 $\frac{6!}{2!} = 360$ 种情况 .

(iii) 本小问要求在两个字母 M 中恰有 1 个字母，即 M_M 的形式 .

首先可考虑剩余的 7 个字母的排列（其中包含重复三次的 A），因此得 $\frac{7!}{3!}$ 种情况.

然后考虑 M_M 的位置情况，M_M 在 9 个字母的排列中总计可有 7 种不同的摆放位置 .

最终总计排列情况有 $\frac{7!}{3!} \times 7 = 5880$ 种.

(iv) 本小问要求从 9 个字母中挑选 3 个字母，其中恰好包含了 1 个 M 和 1 个 A，因此排除了 M 和 A 后，只需从剩余的 4 个字母中再挑选 1 个字母即可 .

即 ${}^4C_1 = 4$ 种情况 .

(v) 因为 9 个字母中包含重复两次的 M 和重复三次的 A，所以在计算组合情况时需要分以下情况讨论 .

case 1: 1 个 M，0 个 A，即 M_ _: 总计 ${}^4C_1 = 6$ 种情况 .

case 2: 2 个 M，0 个 A，即 M M _: 总计 ${}^4C_1 = 4$ 种情况 .

case 3: 2 个 M，1 个 A，即 M M A: 总计 1 种情况 .

case 4: 1 个 M，2 个 A，即 M A A: 总计 1 种情况 .

case 5: 1 个 M，1 个 A，即 M A _: 总计 1 种情况 .

最终可得 16 种情况 .

9709_s19_qp_61

Q1 知识点

mean and variance for coded data

(i) $\sum(t-120) = -25+6-3+15+0+5-6-1+16 = 7$,

$\sum(t-120)^2 = (-25)^2 + 6 + (-3)^2 + 15^2 + 0^2 + 5^2 + (-6)^2 + (-1)^2 + +16^2 = 1213.$

(ii) 首先运用 variance 的基本公式 $\text{Var}(x) = \frac{\sum x^2}{n} - \left(\bar{x}\right)^2$

得 $\text{Var}(t-120) = \frac{\sum(t-120)^2}{n} - \left(\frac{\sum(t-120)}{n}\right)^2$

$= \frac{1213}{9} - \left(\frac{7}{9}\right)^2 = 134.2$,

然后运用 variance for coded data 的公式 $\text{Var}(ax+b) = a^2\text{Var}(x)$

得 $\text{Var}(t) = \text{Var}(t-120) = 134.2.$

Q2 知识点

probability: independent events

$P(\text{plum from Jameel}) = \frac{5}{5+3} = \frac{5}{8}$,

$P(\text{plum from Rosa}) = \frac{x}{x+6}$,

因为 plum from Jameel 和 plum from Rosa 为 independent events,

所以$P(\text{both fruits are plums}) = P(\text{plum from Jameel})$,

$P(\text{plum from Jameel}) = \frac{5}{8} \bullet \frac{x}{x+6} = \frac{1}{4} \Rightarrow 20x = 8x + 48$

$\Rightarrow x = 4$.

Q3 知识点

independent events

基本方法为 multiplication law for independent events，即

$P(X \cap Y) = P(X)P(Y)$,

$P(X) = P((1,3)(3,1)(2,2)) = \frac{3}{36}$,

$P(Y) = P\begin{pmatrix}(2,1)(2,2)(2,3)(2,4)(2,5)(2,6) \\ (5,1)(5,2)(5,3)(5,4)(5,5)(5,6)\end{pmatrix} = \frac{12}{36}$,

$P(X \cap Y) = P(2,2) = \frac{1}{36}$,

$P(X)P(Y) = \frac{3}{36} \times \frac{12}{36} = \frac{1}{36}$,

$P(X \cap Y) = P(X)P(Y) \Rightarrow$ events X and Y are independent.

Q4 知识点

central tendency, spread

central tendency: choose median,

median of math = 40, median of English = 55,

由上述计算可总结出: median of english is larger than median of math.

spread: choose range（优先选择，计算更简）or IQR,

Range of math = 98 − 0 = 98,

Range of English = 80 − 20 = 60,

IQR of math = Q3 − Q1 = 80 − 12 = 68,

IQR of English = Q3 − Q1 = 62 − 42 = 20.

由上述计算可总结出：range of Math is larger than range of English，这表明数学成绩的离散程度更大 .

Q5 知识点

(i) binomial distribution
(ii) normal approximation

(i) 本小问中用变量X代表 15 个孩子中拥有自行车的人数 . 由题目信息可整理出$X \sim B(15, 0.65)$,

$P(X > 12) = P(X = 13) + P(X = 14) + P(X = 15)$

$= \binom{15}{13}0.65^{13}0.35^{2} + \binom{15}{14}0.65^{14}0.35^{1} + \binom{15}{15}0.65^{15}0.35^{0}$

$= 0.0617$.

(ii) 基本方法为 $X \sim B(n, p)$可被近似为$X \sim N(\mu, \sigma^2)$,

其中$\mu = np$，$\sigma^2 = npq$,

代入得在本小问中用变量 Y 代表 250 个孩子中拥有自行车的人数 .

$Y \sim B(250, 0.65)$，题目要求 $P(Y < 179)$,

$\mu = np = 250 \times 0.65 = 162.5$,

$\sigma^2 = np(1-p) = 250 \times 0.65 \times (1-0.65) = 56.875$,

此时用 W 代表 normal approximation 后拥有自行车的人数 .

$W \sim N(162.5, 56.875)$,

$P(Y < 179) = P(W < 178.5)$ (continuity correction)

$= P\left(Z < \frac{178.5 - 162.5}{\sqrt{56.875}}\right)$ (standardise)

$= P(Z < 2.122)$

$= 0.983$.

Q6 知识点

(i) calculating probability with respect to independent events
(ii) discrete random variable: probability distribution table
(iii) discrete random variable: expectation

(i) P(Amy 失去原本的 \$1)

= P(bell not ring on both attempts),

两次尝试属于independent events

= P(bell not ring on first attempt)•

P(bell ring on second attempt)

$= 0.8 \times 0.8 = 0.64$.

(ii) Amy 获得的金钱总额总计有三种情况：\$2、\$0.5 以及 –\$1.

$P(\text{gain} = \$2) = P(\text{bell ring on first attempt}) = 0.2$,

$P(\text{gain} = \$0.5) = P(\text{bell not ring on first attempt} \cap \text{bell ring on second attempt})$

$= P(\text{bell not ring on first attempt}) \cdot P(\text{bell ring on second attempt})$

$= 0.8 \times 0.2 = 0.16$,

$P(\text{gain} = -\$1) = 0.64$(由第(i)小问可知),

求完各项概率之后，可加总检查总概率是否等于 1.

将概率代入 probability distribution table 中，如下表所示：

Amount gained (\$)	–1	0.50	2
Prob	0.64	0.16	0.2

(iii) expectation 基本公式为 $E(x) = \sum xp(X = x)$,

代入本题得 $E(x) = -1 \times 0.64 + 0.5 \times 0.16 + 2 \times 0.2 = -0.16$.

Q7 知识点

normal distribution: standardising a normal variable, finding probability froming a normal distribution

(i) 用变量 X 代表成年雌性长颈鹿的体重.

由题目信息可整理出 $X \sim N(830, 120^2)$,

本题要求 430 只成年雌性长颈鹿中体重小于 700 kg 的数量，基本思路为先求出成年雌性长颈鹿的体重小于 700 kg 的概率，然后再和总数目 430 相乘即可.

首先进行标准化，$P(X < 700) = P\left(Z < \frac{700 - 830}{120}\right)$

$= P(Z < -1.083) = \Phi(-1.083)$,

由于查表时仅能找到当 $z > 0$ 时，$Z < z$ 的概率值.

因此运用公式 $\Phi(-a) = 1 - \Phi(a)$，可将 $\Phi(-1.083)$ 转化为 $1 - \Phi(1.083)$,

然后通过查表可求出概率，即

$P(X < 700) = 1 - 0.8606 = 0.1394$,

最终430只成年雌性长颈鹿中体重小于700 kg的数量

$= 430 \times 0.1394 = 59$ or 60.

(ii) $P(830 - w < X < 830 + w) = 90\%$,

由于 normal distribution pdf 的对称性，可得

$P(X > 830 + w) = P(X < 830 - w) = 5\%$,

因此由 $P(X > 830 + w) = 5\%$ 可推导出

$P(X < 830 + w) = 95\%$,

然后进行标准化，得

$P(X < 830 + w)$

$= P\left(Z < \frac{830 + w - 830}{120}\right) = P\left(Z < \frac{w}{120}\right) = 95\%$,

最终通过反向查表可得 $\frac{w}{120} = 1.645 \Rightarrow w = 197$.

(iii) 本小问中用变量 Y 代表成年雄性长颈鹿的体重.

由题目信息可整理出 $Y \sim N(1190, \sigma^2)$,

$P(Y > 950) = 0.834$,

首先进行标准化，$P\left(Z > \frac{950 - 1190}{\sigma}\right) = 0.834$,

由于 $0.834 > 0.5$，所以 $\frac{950 - 1190}{\sigma} < 0$,

然后由于查表时仅能找到当 $z > 0$ 时，$Z < z$ 的概率值，

因此必须先对 $P\left(Z > \frac{950 - 1190}{\sigma}\right)$ 进行转化.

由于 normal distribution pdf 的对称性，可得

$P\left(Z > \frac{950 - 1190}{\sigma}\right) = P\left(Z < \frac{-950 + 1190}{\sigma}\right)$

$= \Phi\left(\frac{-950 + 1190}{\sigma}\right) = 0.834$,

最后可通过反向查表找出 $\Phi^{-1}(0.834)$ 的值.

$\Phi^{-1}(0.834) = \frac{-950 + 1190}{\sigma} = 0.97 \Rightarrow \sigma = 274$.

Q8 知识点

permutation and combination

(i) 从 9 辆车中任意挑选 4 辆，总计组合情况有 ${}^9C_4 = 126$ 种.

(ii) Freddie 需要挑选 4 辆车，其中他最喜爱的 2 辆车已经确定，那么只需考虑求从剩余的 7 辆车中挑选 2 辆进行组合的情况即可.

${}^7C_2 = 21$.

(iii) 可把 3 辆公交车看作一个整体，然后进行 (6 + 1) 辆车的排列，再乘上 3 辆公交车的内部排列情况即可.

$3!7! = 30240$.

(iv) 题目要求在 9 辆车的排列中，头和尾均为汽车，并且公交车不能连续出现．

本小问可用插空法，考虑在 6 辆汽车形成的 5 个间隔中任意放置三辆公交车的情况，然后再乘上 6 辆汽车的排列情况即可．

$C\_C\_C\_C\_C\_C$

$6! \times {}^5P_3 = 43200.$

9709_s19_qp_62

Q1 知识点

independent events

基本方法为 multiplication law for independent events，即

$P(X \cap Y) = P(X)P(Y)$，

$P(S) = P\begin{pmatrix}(1,1)(1,3)(1,5)(2,2)(2,4)(2,6)(3,1)(3,3)(3,5)\\(4,2)(4,4)(4,6)(5,1)(5,3)(5,5)(6,2)(6,4)(6,6)\end{pmatrix}$

$= \frac{18}{36} = \frac{1}{2}$，

$P(T) = P\begin{pmatrix}(1,1)(1,2)(1,3)(1,4)(2,1)(2,2)(2,3)(2,6)\\(3,1)(3,2)(3,5)(4,1)(4,4)(5,3)(6,2)(6,6)\end{pmatrix}$

$= \frac{16}{36} = \frac{4}{9}$，

$P(S \cap T) = P\begin{pmatrix}(1,1)(1,3)(2,2)(2,6)(3,1)\\(3,5)(4,4)(5,3)(6,2)(6,6)\end{pmatrix} = \frac{10}{36}$，

$P(S)P(T) = \frac{1}{2} \times \frac{4}{9} = \frac{2}{9}$，

$P(S \cap T) \neq P(S)P(T) \Rightarrow$ events S and T are independent.

Q2 知识点

normal distribution: standardising a normal variable, finding probability from a normal distribution

用变量 X 代表墨水的体积．

由题目信息可整理出 $X \sim N(30, 1.5^2)$，本题要求每月使用的 8 个打印盒中墨水体积小于 28.9 ml 的打印盒数目的期望值，基本思路为先求出 8 个打印盒中墨水体积小于 28.9 ml 的打印盒出现的概率，然后再和总数目 8 相乘即可．

首先进行标准化，$P(X < 28.9) = P\left(Z < \frac{28.9 - 30}{1.5}\right)$

$= P(Z < -0.773) = \Phi(-0.773)$，

由于查表时仅能找到当 $z > 0$ 时，$Z < z$ 的概率值，

因此运用公式 $\Phi(-a) = 1 - \Phi(a)$，可将 $\Phi(-0.773)$ 转化为 $1 - \Phi(0.773)$，

然后通过查表可求出概率，即

$P(X < 28.9) = 1 - 0.7682 = 0.2318$，

最终期望值 $= 8 \times 0.2318 = 2$.

Q3 知识点

(i) binomial distribution
(ii) binomial distribution and the laws of logarithms

(i) 基本公式为 $X \sim B(n,\ p)$，$P(X = k) = \binom{n}{k} p^k (1-p)^{n-k}$，

本小问中用变量 X 代表 10 周内 Janice 在网上购买的物件数量．

由题目信息可整理出 $X \sim B(10,\ 0.35)$，

$P(X \leqslant 7) = 1 - P(X > 7)$

$= 1 - P(X = 8) - P(X = 9) - P(X = 10)$

$= 1 - \binom{10}{8} \times 0.35^8 \times 0.65^2 - \binom{10}{9} \times 0.35^9 \times 0.65^1 - \binom{10}{10} \times$

$0.35^{10} \times 0.65^0 = 0.995$.

(ii) 本小问中用变量 Y 代表 n 周内 Janice 在网上购买的物件数量．

由题目信息可整理出 $Y \sim B(n,\ 0.35)$，

$P(X \geqslant 1) = 1 - P(X < 1) = 1 - P(X = 0) = 1 - \binom{n}{0} 0.35^0 0.65^n$

$= 1 - 0.65^n > 0.99$，

$0.65^n < 0.01 \Rightarrow n \ln 0.65 < \ln 0.01 \Rightarrow n > \frac{\ln 0.01}{\ln 0.65} = 10.69$，

因此 n 最小值为 11.

Q4 知识点

normal distribution: standardising a normal variable

用变量 X 表示雄性大熊猫的重量．

由题意可得 $X \sim N(\mu, \sigma^2)$, $P(X>121)=0.2$, $P(X>102)=0.719$，

题目要求 μ 和 σ 的值，
可分别对这两个概率进行分析．

分析 $P(X>121)=0.2$，

首先进行标准化，得 $P(X>121)=P\left(Z>\dfrac{121-\mu}{\sigma}\right)=0.2$，

因为 $0.2<0.5$，所以 $\dfrac{121-\mu}{\sigma}>0$，
然后由于查表时仅能找到当 $z>0$ 时，$Z<z$ 的概率值，因此必须先对 $P\left(Z>\dfrac{121-\mu}{\sigma}\right)$ 进行转化．

$$P\left(Z>\frac{121-\mu}{\sigma}\right)=1-P\left(Z<\frac{121-\mu}{\sigma}\right)=0.2$$

$$\Rightarrow P\left(Z<\frac{121-\mu}{\sigma}\right)=0.8,$$

最后可通过查表反向找出 $\Phi^{-1}(0.8)$ 的值，并且得到关于 μ 和 σ 的表达式．

$$\Phi^{-1}(0.8)=\frac{121-\mu}{\sigma}=0.842 \Rightarrow 0.842\sigma=121-\mu.$$

分析 $P(X>102)=0.719$，
首先进行标准化，得

$$P(X>102)=P\left(Z>\frac{102-\mu}{\sigma}\right)=0.719,$$

因为 $0.719>0.5$，所以 $\dfrac{102-\mu}{\sigma}<0$，
然后由于查表时仅能找到当 $z>0$ 时，$Z<z$ 的概率值，因此必须先对 $P\left(Z>\dfrac{102-\mu}{\sigma}\right)$ 进行转化．

由于 normal distribution pdf 的对称性，可得

$$P\left(Z>\frac{102-\mu}{\sigma}\right)=P\left(Z<\frac{-102+\mu}{\sigma}\right)=0.719,$$

最后可通过查表反向找出 $\Phi^{-1}(0.719)$ 的值，并且得到关于 μ 和 σ 的表达式．

$$\Phi^{-1}(0.719)=\frac{-102+\mu}{\sigma}=0.58 \Rightarrow 0.58\sigma=-102+\mu,$$

最后通过连列两个关于 μ 和 σ 的表达式，即可求出它们的值．

$$\begin{cases}0.842\sigma=121-\mu \\ 0.58\sigma=-102+\mu\end{cases} \Rightarrow \begin{cases}\mu=110, \\ \sigma=13.4.\end{cases}$$

Q5 知识点

(i) tree diagram
(ii) probability distribution table
(iii) expectation
(iv) conditional probability

(i) T 和 C 分别代表 toffee 和 chocolate.

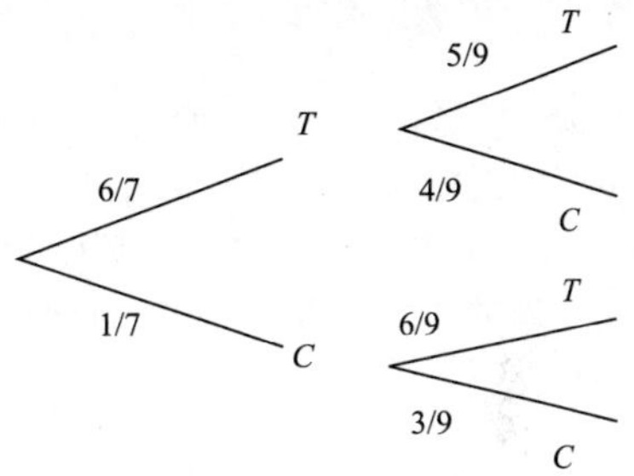

(ii) 因为 maryam 总计取了两次糖，所以取到 toffee 的数量的可能性为 0，1，2.

$P(\text{toffee数量}=0)=P(\text{两次均取到chocolate})=\dfrac{1}{7}\times\dfrac{3}{9}=\dfrac{3}{63}$,

$P(\text{toffee数量}=1)$

$=P(\text{第一次toffee}\cap\text{第二次chocolate})$

$+P(\text{第一次chocolate}\cap\text{第二次toffee})$

$=\dfrac{6}{7}\times\dfrac{4}{9}+\dfrac{1}{7}\times\dfrac{6}{9}=\dfrac{30}{63}$,

$P(\text{toffee数量}=2)=P(\text{两次均取到toffee})=\dfrac{6}{7}\times\dfrac{5}{9}=\dfrac{30}{63}$,

求完各项概率之后，可加总检查总概率是否等于 1.
将概率代入 probability distribution table 中，如下表所示：

No of toffees taken (T)	0	1	2
Prob	$\frac{3}{63}$, 0.0476 (2)	$\frac{30}{63}$, 0.476 (2)	$\frac{30}{63}$, 0.476 (2)

(iii) expectation 基本公式为 $E(x)=\sum xp(X=x)$,

代入本题得 $E(x)=0\times\dfrac{3}{63}+1\times\dfrac{30}{63}+2\times\dfrac{30}{63}=\dfrac{10}{7}$.

(iv) $P(\text{第一次}C\,|\,\text{第二次}T)$

$$=\frac{P(第一次C\cap 第二次T)}{P(第二次T)}$$

$$=\frac{P(第一次C\cap 第二次T)}{P(第一次C\cap 第二次T)+P(第一次T\cap 第二次T)}$$

$$=\frac{\frac{1}{7}\times\frac{6}{9}}{\frac{1}{7}\times\frac{6}{9}+\frac{6}{7}\times\frac{5}{9}}=\frac{1}{6}.$$

Q6 知识点

box-and-whisker plot

(i) 优点：可通过图像计算 range，IQR 等，清晰地展现了数据的离散程度 .

缺点：图像上呈现的数据信息很有限，例如无法得到具体的数据值，因此也无法计算 mean，mode，standard deviation，variance 等 .

(ii) median 最适合用来描述这组数据的 central tendency.

这组数据中出现了一个较大的数值 768，mean 容易受极值影响，因此不合适 .

这组数据中每个数据均只出现了一次，因此没有 mode，所以 mode 也不合适 .

(iii)

(a) box-and-whisker plot 上需要依次标注 minimum value，lower quartile (Q1)，median，upper quartile (Q3)，maximum value，所以首先需通过这组数据计算出这五个指标 .

minimum value = 190，

maximum value = 375，

median 出现在 $\frac{n+1}{2}th=17th$ ，即 median = 280，

lower quartile (Q1) 出现在前 16 位数据的中间，即

$Q1=\frac{254+258}{2}=256$，

upper quartile (Q3) 出现在后 16 位数据的中间，即

$Q3=\frac{327+331}{2}=329$，

计算数据后，即可画出图像，如下所示：

LQ=256 or 256.5　Med=280　UQ=329

min 190　max 375

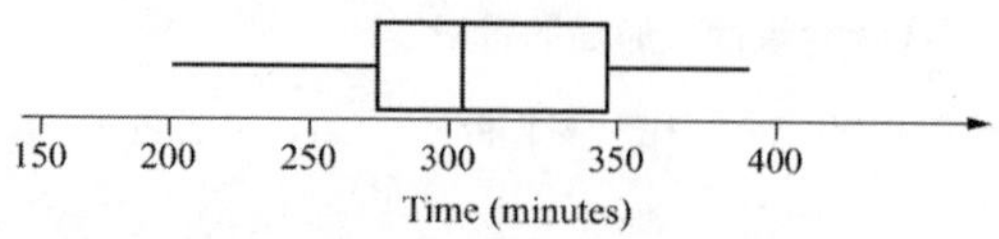

(b) $IQR = Q3 - Q1 = 329 - 256 = 73$.

Q7 知识点

permutation and combination

(a) ${}^6C_3\times{}^3C_2\times{}^1C_1=20\times3=60$.

(b)

(i) 本小问可将偶数和奇数分为两个组看待 .

首先可排列偶数组 2,2,8，排列方式有 $\frac{3!}{2!}=3$ 种情况 .

其次可排列奇数组 7, 7, 7, 8，排列方式有 $\frac{4!}{3!}=4$ 种情况 .

最后可排列这两个组合，排列方式有 2 种情况 .

最终得 $2\times\frac{3!}{2!}\times\frac{4!}{3!}=24$ 种情况 .

(ii) 本小问要求 2 不排列在一起的情况，可用插值法 .

首先除去 2，还剩 3,7,7,7,8 这 5 个数字，这些数字有 $\frac{5!}{3!}$ 种排列方式 .

然后，这些数字会形成 6 个间隔，只要将两个 2 任意放入这 5 个间隔中，即可满足题目要求，总计有 ${}^6C_2$ 种放置方式 .

__3__7__7__7__8__

最终得 ${}^6C_2\times\frac{5!}{3!}=300$ 种情况 .

9709_s19_qp_63

Q1 知识点

normal distribution: standardising a normal variable, finding probability from a normal distribution

(i) 用变量 X 代表渡船渡河的时间，由题目信息可整理出 $X \sim N(85, 6.8^2)$，

$$P(79 < X < 91)$$
$$= P\left(\frac{79-85}{6.8} < Z < \frac{91-85}{6.8}\right) \quad （标准化）$$
$$= P(-0.8824 < Z < 0.8824)$$
$$= \Phi(0.8824) - \Phi(-0.8824)$$
$$= \Phi(0.8824) - [1 - \Phi(0.8824)] \Phi(-a) = 1 - \Phi(a)$$
$$= 2\Phi(0.8824) - 1$$
$$= 2 \times 0.8111 - 1 = 0.622.$$

(ii) $P(X > t) = P\left(Z > \frac{t-85}{6.8}\right) = 0.96$，

因为 $0.96 > 0.5$，所以 $\frac{t-85}{6.8} < 0$.

由于查表时仅能找到当 $z > 0$ 时，$Z < z$ 的概率值，因此需要将 $P\left(Z > \frac{t-85}{6.8}\right)$ 转化.

据 normal distribution pdf 的对称性，可得

$$P\left(Z > \frac{t-85}{6.8}\right) = P\left(Z < \frac{-t+85}{6.8}\right) = 0.96,$$

最终通过反查表即可求出 $\Phi^{-1}(0.96)$ 的值.

$$\Phi^{-1}(0.96) = \frac{-t+85}{6.8} = 1.751 \Rightarrow t = 73.1.$$

Q2 知识点

(i) tree diagram
(ii) conditional probability

(i)

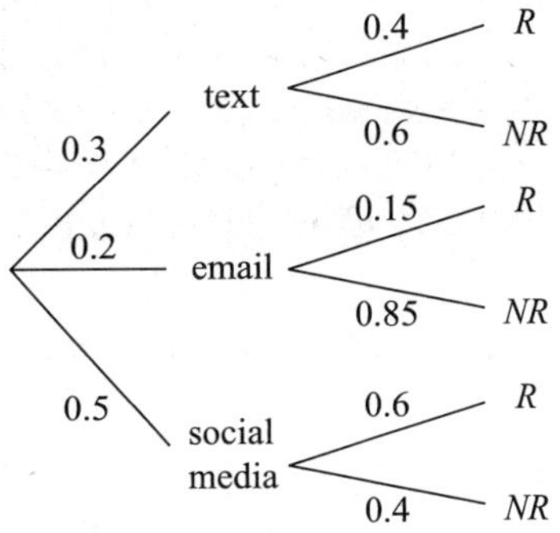

(ii) $P(\text{email} \mid NR) = \frac{P(\text{email} \cap NR)}{P(NR)}$

$$= \frac{P(\text{email} \cap NR)}{P(\text{text} \cap NR) + P(\text{email} \cap NR) + P(\text{social media} \cap NR)}$$
$$= \frac{0.2 \times 0.85}{0.3 \times 0.6 + 0.2 \times 0.85 + 0.5 \times 0.4} = \frac{17}{55}.$$

Q3 知识点

permutation

(i) 排列方式如下所示：

Mr. Keene XXXXXXXXX Mr. Uzuma or Mr. Uzuma XXXXXXXXX Mr. Keene

只需要考虑除去 Mr. Keene 和 Mr. Uzuma 其他 9 个人排列情况（ 9! ），再乘上 Mr. Keene 和 Mr. Uzuma 排列在首尾的 2 种情况即可 .

最终得 $9! \times 2 = 725760$ 种情况 .

(ii) 本小问为捆绑类题型，

$\_\_\_(K1\ K2\ K3\ K4\ K5)\_\_\ (U1U2)\_\_\_$

首先可将 5 个 Keene 家的孩子看作一个整体，2 个 Uzuma 家的孩子看作另一个整体，然后将这两个整体和 4 个家长进行排列，总计 6! 种情况 .

然后再考虑两个整体内部的排列情况，5 个 Keene 家的孩子有 5! 种排列方式，2 个 Uzuma 家的孩子有 2! 种排列方式 .

最终将这些情况相乘，总计 $6!\times5!\times2!=172800$ 种情况 .

Q4 知识点

combination

(i) 题目要求挑选的六人中男性人数至少为女性的两倍，因此可分三种情况讨论：

a. M4 W2 总计 ${}^{8}C_4\times{}^{4}C_2=420$种情况.
b. M5 W1 总计 ${}^{8}C_5\times{}^{4}C_1=224$种情况.
c. M6 W0 总计 ${}^{8}C_6\times{}^{4}C_0=28$种情况.
最终将三种情况加总，得 $420+224+28=672$ 种情况 .

(ii) 题目要求特定的 2 位男性不同时被选中，因此可分为三种情况讨论：
a. 2 位都未被选中，即在剩余的 10 人中挑选 6 人，总计 ${}^{10}C_6=210$种情况.
b. 男性 1 未被选中，男性 2 已被选，因此只要在剩余的 10 人中挑选 5 人即可，总计 ${}^{10}C_5=252$种情况.
c. 男性 2 未被选中，男性 1 已被选，因此只要在剩余的 10 人中挑选 5 人即可，总计 ${}^{10}C_5=252$种情况.
最终将三种情况加总，得 $210+252+252=714$ 种情况 .

Q5 知识点

(i) binomial distribution
(ii) normal approximation

(i) 本小问中用随机变量 X 代表去影院的 14 人中男性的人数 .
由题目信息可整理出 $X\sim B(14,\ 0.34)$,

$P(X\leqslant2)=P(X=0)+P(X=1)+P(X=2)$

$=\binom{14}{0}\times0.34^0\times0.66^{14}+\binom{14}{1}\times0.34^1\times0.66^{13}+\binom{14}{2}\times0.34^2\times0.66^{12}=0.0963.$

(ii) 基本方法为 $X\sim B(n,\ p)$可被近似为$X\sim N(\mu,\ \sigma^2)$,
其中$\mu=np$, $\sigma^2=npq$,
代入得
本小问中用随机变量 Y 代表去影院的 600 人中男性的人数 .
$Y\sim B(600,\ 0.34)$，题目要求 $P(Y<190)$,
$\mu=np=600\times0.34=204$,
$\sigma^2=np(1-p)=600\times0.34\times(1-0.34)=134.64$,

此时用随机变量 W 代表 normal approximation 男性的人数 .
$W\sim N(204,\ 134.64)$,
$P(Y<190)=P(W<189.5)$ (continuity correction)
$=P\left(Z<\frac{189.5-204}{\sqrt{134.64}}\right)$ (standardise)
$=\Phi(-1.2496)\Phi(-a)=1-\Phi(a)$
$=1-\Phi(1.2496)$
$=1-0.8944=0.106.$

Q6 知识点

(i) discrete random variable: probability distribution table
(ii) discrete random variable: expectation, variance

(i) 下图为两人分数相乘所得的所有情况，总计 $3\times5=15$ 种组合 .

Product	1	1	1	2	3
1	1	1	1	2	3
2	2	2	2	4	6
3	3	3	3	6	9

由题可知，相乘后所得的分数的取值总计有 1，2，3，4，6，9 这 6 种情况，分别计算出它们对应的概率即可画出 probability distribution table.

$P(\text{score}=1)=\frac{3}{15}$, $P(\text{score}=2)=\frac{4}{15}$, $P(\text{score}=3)=\frac{4}{15}$,
$P(\text{score}=4)=\frac{1}{15}$, $P(\text{score}=6)=\frac{2}{15}$, $P(\text{score}=9)=\frac{1}{15}$,
求完各项概率之后，可加总检查总概率是否等于 1.
最终可绘制 probability distribution table，如下表所示：

score	1	2	3	4	6	9
prob	$\frac{3}{15}$	$\frac{4}{15}$	$\frac{4}{15}$	$\frac{1}{15}$	$\frac{2}{15}$	$\frac{1}{15}$

(ii) expectation 基本公式为 $E(x)=\sum xp(X=x)$,
代入本题得

$E(x)=1\times\frac{3}{15}+2\times\frac{4}{15}+3\times\frac{4}{15}+4\times\frac{1}{15}+6\times\frac{2}{15}+9\times\frac{1}{15}=\frac{48}{15}$,

variance 基本公式为 $Var(X)=\sum x^2p(X=x)-E(x)^2$,
代入本题得

$\mathrm{Var}(X)=\left(1\times\frac{3}{15}+4\times\frac{4}{15}+9\times\frac{4}{15}+16\times\frac{1}{15}+\right.$

$\left.36\times\frac{2}{15}+81\times\frac{1}{15}\right)-\left(\frac{48}{15}\right)^2=\frac{352}{75}.$

(iii) $\mathrm{P}\left(\text{score}>\frac{48}{15}\right)=\mathrm{P}(\text{score}=4,\ 6,\ 9)=\mathrm{P}(\text{score}=4)+$

$\mathrm{P}(\text{score}=6)+\mathrm{P}(\text{score}=9)=\frac{4}{15}.$

Q7 知识点

(i) draw back-to-back stem-and-leaf diagrams
(iv) mean and variance for coded data

(i) back-to-back stem-and-leaf diagrams 特点为两组数据共用一列 stem（两组数据相同的十位数），两侧的 leaf 上为 single digit（两组数据各自的个位数），如下图所示：

Thaters School		Whitefay Park School
8	3	
8 3	4	5 7
8 8 7 6 4 2	5	3 6 6
6 2 1	6	1 4 6 9
7 5	7	3 5 8
8	8	3

最后不要忘记标注 key.

(ii) IQR = Q3 − Q1,
由于样本总数为 13，13 为奇数，因此可得

Q1 位于前 6 位数字的中间位置，即 $\frac{48+52}{2}=50$，

Q3 位于后 6 位数字的中间位置，即 $\frac{61+62}{2}=61.5$，

$\mathrm{IQR}=\mathrm{Q3}-\mathrm{Q1}=61.5-50=11.5.$

(iii) $\sum(x-60)^2$

$=(-15)^2+(-13)^2+(-7)^2+(-4)^2+(-4)^2+1^2+4^2+6^2+9^2+$
$13^2+15^2+18^2+23^2$
$=1856.$

(iv)首先运用variance的基本公式 $\mathrm{Var}(x)=\frac{\sum x^2}{n}-\left(\bar{x}\right)^2$，

得$\mathrm{Var}(x-60)=\frac{\sum(x-60)^2}{13}-\left(\frac{\sum(x-60)}{13}\right)^2$

$=\frac{1856}{13}-\left(\frac{-15-13-7-4-4+1+4+6+9+13+15+18+23}{13}\right)^2$

$=\frac{1856}{13}-\left(\frac{46}{13}\right)^2=130,$

然后运用 variance for coded data 的公式

$\mathrm{Var}(ax+b)=a^2\mathrm{Var}(x)$，得
$\mathrm{Var}(x)=\mathrm{Var}(x-60)=130.$

9709_w19_qp_61

Q1 知识点

calculating probability using tree diagram

可借助 tree diagram 来解决问题，图像如下：

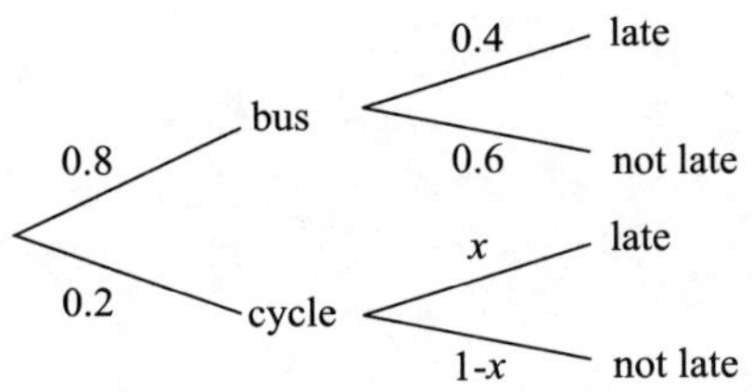

$\mathrm{P}(\text{not late})=\mathrm{P}(\text{bus}\cap\text{not late})+\mathrm{P}(\text{cycle}\cap\text{not late})$
$=0.8\times0.6+0.2(1-x)=0.63$
$\Rightarrow 0.2x=0.05\Rightarrow x=0.25.$

Q2 知识点

binomial distribution

(i) 本小问中用随机变量 X 代表 10 位顾客中给出的评价为优的人数 .
由题目信息可整理出 $X\sim\mathrm{B}(10,\ 0.42)$，
$\mathrm{P}(X<8)=1-\mathrm{P}(X\geqslant 8)$
$=1-\mathrm{P}(X=8)-\mathrm{P}(X=9)-\mathrm{P}(X=10)$

$= 1-\binom{10}{8}\times 0.42^8\times 0.58^2-\binom{10}{9}\times 0.42^9\times 0.58^1-\binom{10}{10}\times$
$0.42^{10}\times 0.58^0=0.983.$

(ii) 本小问中用随机变量 Y 代表 n 位顾客中给出的评价为优的人数 .

由题目信息可整理出 $Y\sim B(n,\ 0.42)$，

$$P(Y\geqslant 1)=1-P(Y<1)=1-P(Y=0)=1-\binom{n}{0}\times 0.42^0\times 0.58^n$$
$$=1-0.58^n>0.995$$
$$\Rightarrow 0.58^n<0.005$$
$$\Rightarrow \log 0.58^n<\log 0.005$$
$$\Rightarrow n\log 0.58<\log 0.005$$
$$\Rightarrow n>\frac{\log 0.005}{\log 0.58}=9.727$$
$$\Rightarrow n=10.$$

Q3 知识点

(i) mean, variance, standard deviation
(ii) calculating mean and variance for combined sets of data

(i) 基本公式为 mean: $\bar{x}=\dfrac{\sum x}{n}$，

variance: $\mathrm{Var}(x)=\mathrm{SD}(x)^2=\dfrac{\sum x^2}{n}-\bar{x}^2$，

代入本题得

$$\bar{x}=\frac{\sum x}{n}=\frac{\sum x}{20}=60\Rightarrow \sum x=1200,$$

$$\mathrm{Var}(x)=\mathrm{SD}(x)^2=\frac{\sum x^2}{n}-\bar{x}^2\Rightarrow \frac{\sum x^2}{20}-60^2$$
$$=16\Rightarrow \sum x^2=72320.$$

(ii) 由题可知：$\sum(x_1+x_2)=1200+550=1750$；

$\sum(x_1^2+x_2^2)=72320+40500=112820.$

代入公式得

$$\overline{x_1+x_2}=\frac{\sum(x_1+x_2)}{n_1+n_2}=\frac{1750}{30},$$

$$\mathrm{Var}(x)=\frac{\sum(x_1^2+x_2^2)}{n_1+n_2}-\overline{x_1+x_2}^2=\frac{112820}{30}-\left(\frac{1750}{30}\right)^2=357.89,$$

$$\mathrm{SD}(x)=\sqrt{\mathrm{Var}(x)}=\sqrt{357.89}=18.9.$$

Q4 知识点

(i) sum of probabilities
(ii) discrete random variable: expectation, variance
(iii) conditional probability

(i) 因为概率总和始终为 1，

所以得 $\dfrac{1}{4}+p+p+\dfrac{3}{8}+4p=1\Rightarrow p=\dfrac{1}{16}$.

(ii) expectation 基本公式为 $E(x)=\sum xp(X=x)$，

代入本题得

$$E(x)=-1\times\frac{1}{4}+0\times p+1\times p+4\times\frac{1}{15}+2\times\frac{3}{8}+4\times 4p=\frac{25}{16},$$

variance 基本公式为 $\mathrm{Var}(X)=\sum x^2p(X=x)-E(x)^2$，

代入本题得

$$\mathrm{Var}(X)=\left(1\times\frac{1}{4}+0\times p+1\times p+4\times\frac{3}{8}+16\times 4p\right)-\left(\frac{25}{16}\right)^2$$
$$=\frac{863}{256}=3.37.$$

(iii) $$P(X=2\mid X>0)=\frac{P(X=2\cap X>0)}{P(X>0)}$$
$$=\frac{P(X=2)}{P(X=1)+P(X=2)+P(X=3)}$$
$$=\frac{\frac{3}{8}}{\frac{1}{16}+\frac{3}{8}+\frac{1}{4}}=\frac{6}{11}=0.545.$$

Q5 知识点

measure of central tendency and variation

(i)

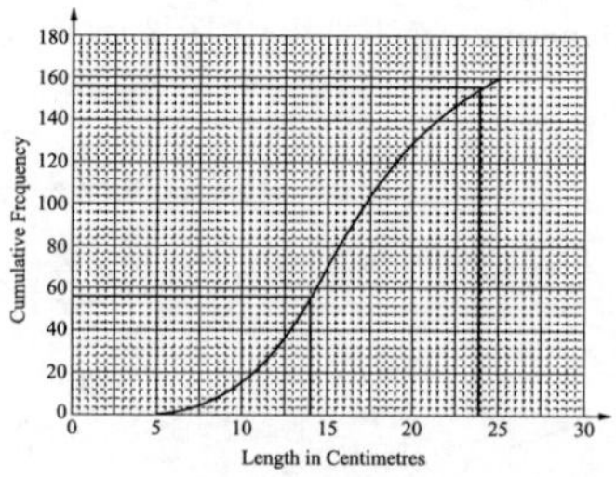

分别找到 14 cm 和 24 cm 对应的纵坐标，然后相减即可 .

$155-55=99$ cm.

(ii) 题目已知 10% 的树叶长度超过 L cm，即 90% 的树叶长度小于 L cm.
90% 的树叶所对应的数量为 $90\% \times 160=144$，
最后找到 144 对应的横坐标即可，$L=22$ cm.

(iii) median 即纵坐标 $\frac{n}{2}=80$ 所对应的横坐标，即 median $=15.6$，
$IQR=Q3-Q1$，
Q1 即纵坐标 $\frac{n}{2}=80$ 所对应的横坐标，即 $Q1=12.7$，
Q3 即纵坐标 $\frac{3n}{4}=120$ 所对应的横坐标，即 $Q3=18.8$，
$IQR=Q3-Q1=18.8-12.7=6.1$.

(iv) 由 box-and-whisker plot 可知，median for Sharim = 14.
因为 $14<15.6$，所以可得总结 median is higher for Ransha
由 box-and-whisker plot 可知，Q1 for Sharim = 10，Q3 for Sharim = 20，
因此 IQR for Sharim = $Q3-Q1=10$，
因为 $10>6.1$，所以可得总结 IQR is lower for Ransha.

Q6 知识点

permutation and combination

(i) 本小间为捆绑类题型 .
(EEEE)STPLCHAS
首先可将 4 个 E 看作一个整体，然后将这个整体和其余 8 个字母进行排列，总计 $(8+1)!=9!$ 种情况 .
然后由于 S 重复出现了 2 次，因此需要除 2! 种情况 .
最终得 $\frac{9!}{2!}=181440$ 种情况 .

(ii) 本小间要求 S 不排列在一起的情况，可用插空法解答 .
__T__E__E__P__L__E__C__H__A__E__
首先剩余的 10 个字母会形成 11 个间隔，2 个 S 可任意放置在这 11 个间隔内，因此得 ${}^{11}C_2$ 种情况 .
然后考虑剩余的 10 个字母的排列情况，由于 E 重复出现了四次，因此总计 $\frac{10!}{4!}$ 种情况.
最终相乘得 ${}^{11}C_2\times\frac{10!}{4!}=8316000$ 种情况 .

(iii) 本小间要求从 12 个字母中挑选的 4 个字母只包含 1 个 S 的情况，可分以下四种情况讨论：
a. SEEE　总计 1 种情况 .
b. SEE_　排除 S 和 E 后剩余 6 个字母，在其中选 1 个即可，总计 ${}^6C_1=6$ 种情况 .
c. SE_ _　排除 S 和 E 后剩余 6 个字母，在其中选 2 个即可，总计 ${}^6C_2=15$ 种情况 .
d. S_ _ _　排除 S 和 E 后剩余 6 个字母，在其中选 3 个即可，总计 ${}^6C_3=20$ 种情况 .
最终相加得 42 种情况 .

Q7 知识点

(i) normal distribution: standardising a normal variable, finding probability from a normal distribution
(ii) normal distribution: standardising a normal variable, finding relationship between *x*, mean and variance given probability
(iii) binomial distribution

(i) 用变量 X 代表运动员跑 400 m 的最佳纪录 .
由题目信息可整理出 $X\sim N(49.2,\ 2.8^2)$，本小间要求 $P(46<X<53)$，
首先进行标准化，
得$P(46<X<53)$
$=P\left(\frac{46-49.2}{2.8}<Z<\frac{53-49.2}{2.8}\right)$
$=P(-1.143<Z<1.357)$
$=\Phi(1.357)-\Phi(-1.143)$.
然后因为查表时仅能找到当 $z>0$ 时，$Z<z$ 的概率值，所以运用公式 $\Phi(-a)=1-\Phi(a)$，可将 $\Phi(-1.143)$ 转化为 $1-\Phi(1.143)$，
然后可得$\Phi(1.357)-\Phi(-1.143)=\Phi(1.357)-[1-\Phi(1.143)]$
$=\Phi(1.357)+\Phi(1.143)-1$，
最终通过查表可求出概率，即 $P(46<X<53)=0.9126+0.8735-1=0.786$.

(ii) 题目已知$P(X>t)=0.92$，要求出 t 的值，本小间考查反查表的过程 .

首先进行标准化，$P(X>t)=P\left(Z>\frac{t-49.2}{2.8}\right)=0.92$，

因为 $0.92>0.5$，所以 $\frac{t-49.2}{2.8}<0$，
然后由于查表时仅能找到当 $z>0$ 时，$Z<z$ 的概率值，
因此必须先对 $P\left(Z>\frac{t-49.2}{2.8}\right)$ 进行转化 .
由于 normal distribution pdf 的对称性，可得

$$P\left(Z>\frac{t-49.2}{2.8}\right)=P\left(Z<\frac{-t+49.2}{2.8}\right)=0.92,$$

最后可通过查表反向找出 $\Phi^{-1}(0.92)$ 的值，并且得到关于 t 的表达式 .

即 $\Phi^{-1}(0.92)=\frac{-t+49.2}{2.8}=1.406 \Rightarrow t=45.3.$

(iii) 第一部分：需先求出 binomial distribution 中对应的参数 p，即最佳纪录小于 46 s 的概率 .
进行标准化，得

$$P(X<46)=P\left(Z<\frac{46-49.2}{2.8}\right)=\Phi(-1.143),$$

然后因为查表时仅能找到当 $z>0$ 时，$Z<z$ 的概率值，
所以运用公式 $\Phi(-a)=1-\Phi(a)$，可将 $\Phi(-1.143)$ 转化为 $1-\Phi(1.143)$，
最终通过查表可求出概率，即

$$P(X<46)=1-\Phi(1.143)=1-0.8735=0.1265.$$

第二部分：考查 binomial distribution 的运用 .
用随机变量 Y 代表 3 位运动员中最佳纪录小于 46 s 的人数，由题目信息可整理出 $Y \sim B(3, 0.1265)$，要求 $P(Y=2)$ 的值 .
运用上述公式得

$$P(Y=2)=\binom{3}{2}\times 0.1265^2\times(1-0.1265)^1=0.0419.$$

9709_w19_qp_62

Q1 知识点

measure of central tendency and variation

(i) 首先将这组数据从小到大按顺序排列，得 30,38,40 40,45,50,52,55,55,60,62,110.
由于这组这组数据总计 12 个数，且 12 为偶数，
因此 median 位于第 6 位和第 7 位数字中间，即

$$\frac{50+52}{2}=51,$$

$IQR=Q3-Q1$，

Q3 位于后 6 位数字的中间，即 $\frac{55+60}{2}=57.5$，

Q1 位于前 6 位数字的中间，即 $\frac{40+40}{2}=40$，

$IQR=Q3-Q1=57.5-40=17.5.$

(ii) mean 容易被受到极值影响，题目中存在极大值 110，所以用 mean 来描述 central tendency 可能会不准确 .

Q2 知识点

(i) calculating probability using tree diagram
(ii) conditional probability

(i) 可借助 tree diagram 来解决问题，图像如下：

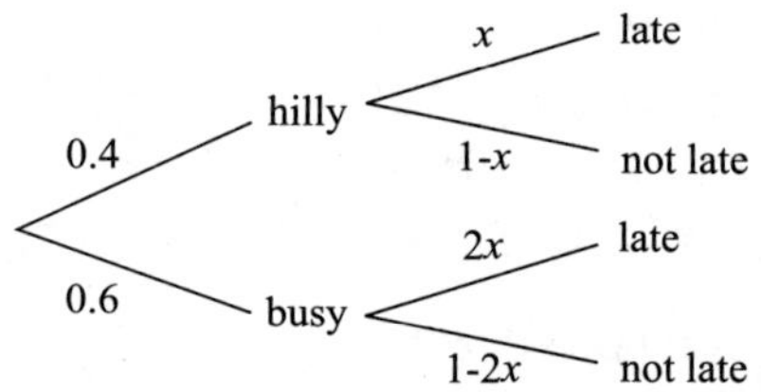

$$P(\text{late})=P(\text{hilly}\cap\text{late})+P(\text{busy}\cap\text{late})$$
$$=0.4x+0.6\cdot 2x=0.36$$
$$\Rightarrow 1.6x=0.36 \Rightarrow x=0.225.$$

(ii) $$P(\text{hilly}\mid\text{not late})=\frac{P(\text{hilly}\cap\text{not late})}{P(\text{not late})}$$

$$=\frac{0.4(1-x)}{1-P(\text{late})}$$

$$=\frac{0.4\times(1-0.225)}{1-0.36}$$

$$=0.484.$$

Q3 知识点

(i) representation of data: plot histogram
(ii) calculating mean for continuous data

(i) 题目要求做 histogram 的图像，必须先计算出 frequency density. 首先调整 class boundaries，然后计算出 class width，最终根据公式 $\text{frequency density} = \dfrac{\text{frequency}}{\text{class width}}$ 可求出 frequency density，具体数值如下表所示：

Speed	9.5–29.5	29.5–39.5	39.5–49.5	49.5–59.5	59.5–89.5
Frequency	10	24	30	14	12
Class Width	20	10	10	10	30
Frequency Density	0.5	2.4	3	1.4	0.4

完善这份表格之后，就可以绘制 histogram 的图像 .

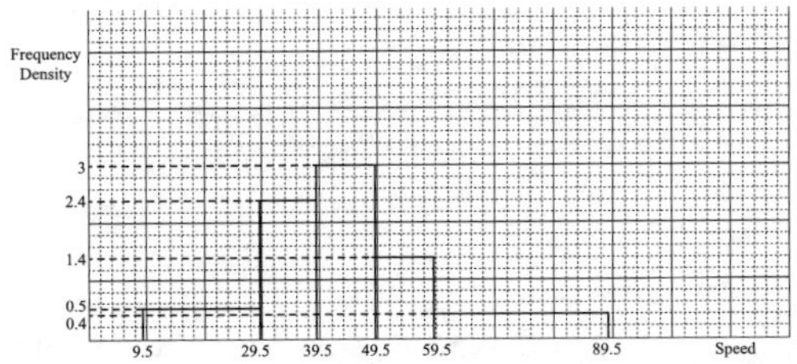

(ii) 基本公式为

$$\text{mean} = \frac{\sum f \cdot \text{mid-point of class interval}}{\sum f},$$

代入本小问得

$$\text{mean} = \frac{10\times19.5+24\times34.5+30\times44.5+14\times54.5+12\times74.5}{90}$$

$$=\frac{803}{18}.$$

Q4 知识点

(i) binomial distribution
(ii) normal approximation

(i) 本小问中用随机变量 X 代表 10 个家庭中满意 wifi 连接速度的数量 .

由题目信息可整理出 $X\sim B(10,\ 0.66)$，

$$P(X\geqslant 8)=P(X=8)+P(X=9)+P(X=10)$$

$$=\binom{10}{8}\times0.66^8\times0.34^2+\binom{10}{9}\times0.66^9\times0.34^1+\binom{10}{10}\times$$

$$0.66^{10}\times0.34^0=0.284.$$

(ii) 基本方法为 $X\sim B(n,\ p)$ 可被近似为 $X\sim N(\mu,\ \sigma^2)$，

其中，$\mu=np,\ \sigma^2=npq$，

代入得本小问中用随机变量 Y 代表 150 个家庭中满意 wifi 连接速度的数量 .

$Y\sim B(150,0.66)$，题目要求 $P\ (Y>84)$，

$\mu=np=150\times0.66=99$，

$\sigma^2=np(1-p)=150\times0.66\times(1-0.66)=33.66$，

此时用随机变量 W 代表 normal approximation 后的住户数量 .

$W\sim N(99,33.66)$，

$P(Y>84)=P(W>84.5)$ (continuity correction)

$=P\left(Z>\dfrac{84.5-99}{\sqrt{33.66}}\right)$ (standardise)

$=P(Z>-2.499)$ (symmetry of normal curve)

$=P(Z<2.499)$

$=0.994.$

Q5 知识点

(i) discrete random variable: probability distribution table
(ii) discrete random variable: expectation, variance

(i) 下图列举了两人分数相减所得的所有情况，总计有 $3\times4=12$ 种组合，如下表所示：

Red-blue	1	2	3	3
–1	2	3	4	4
0	1	2	3	3
2	–1	0	1	1

由上表可知，X 可能的取值为 $-1,0,1,2,3,4$，分别计算出它们对应的概率即可画出 probability distribution table，

$P(\text{score}=-1)=\dfrac{1}{12}$, $P(\text{score}=0)=\dfrac{1}{12}$, $P(\text{score}=1)=\dfrac{3}{12}$,

$P(\text{score}=2)=\dfrac{2}{12}$, $P(\text{score}=3)=\dfrac{3}{12}$, $P(\text{score}=4)=\dfrac{2}{12}$,

求完各项概率之后，可求和检查总概率是否等于 1.

最终可绘制 probability distribution table，如下表所示：

x	-1	0	1	2	3	4
P	$\frac{1}{12}$	$\frac{1}{12}$	$\frac{3}{12}$	$\frac{2}{12}$	$\frac{3}{12}$	$\frac{2}{12}$

(ii) expectation 基本公式为 $E(x)=\sum xp(X=x)$，代入本小问得

$$E(x)=-1\times\frac{1}{12}+0+1\times\frac{3}{12}+2\times\frac{2}{12}+3\times\frac{3}{12}+4\times\frac{2}{12}=\frac{23}{12},$$

variance 基本公式为 $\mathrm{Var}(X)=\sum x^2p(X=x)-E(x)^2$，代入本小问得

$$\mathrm{Var}(X)=\left(1\times\frac{1}{12}+0+1\times\frac{3}{12}+4\times\frac{2}{12}+9\times\frac{3}{12}+16\times\frac{2}{12}\right)-\left(\frac{23}{12}\right)^2=2.24.$$

Q6 知识点

(i) normal distribution: standardising a normal variable and finding probability from a normal distribution
(ii) normal distribution: standardising a normal variable and finding probability from a normal distribution
(iii) normal distribution: standardising a normal variable, finding relationship between *x*, mean and variance given probability

(i) 用变量 X 代表树木的高度．

由题目信息可整理出 $X\sim N(40,\ 8^2)$，要求 $P(X<45)$，标准化，得

$$P(X<45)=P\left(Z<\frac{45-40}{8}\right)=P(Z<0.625)=0.734.$$

(ii) $X\sim N(40,\ 8^2)$，题目要求

$P(40-5<X<40+5)=P(35<X<45)$，

首先进行标准化，

$$P(35<X<45)=P\left(\frac{35-40}{8}<Z<\frac{45-40}{8}\right)$$

$=P(-0.625<Z<0.625)$

$=P(Z<0.625)-P(Z<-0.625)$

$=\Phi(0.625)-\Phi(-0.625)$，

代入 $\Phi(-a)=1-\Phi(a)$ 得

$=\Phi(0.625)-[1-\Phi(0.625)]$

$=2\Phi(0.625)-1$，

最后查表即可求出 $P(35<X<45)=0.734\times2-1=0.468$.

(iii) 现用变量 Y 代表另一种树木的高度，$Y\sim N(\mu,\ \sigma^2)$，

由题目信息可得 $P(X<10)=\frac{48}{500}=0.096$，

$P(X>24)=\frac{76}{500}=0.152$，要求 μ 和 σ 的值．

可分别对这两个概率进行分析．

(a) 分析 $P(X<10)=0.096$，

首先进行标准化，得 $P(X<10)=P\left(Z<\frac{10-\mu}{\sigma}\right)=0.096$，

因为 $0.096<0.5$，所以 $\frac{10-\mu}{\sigma}<0$，

然后由于查表时仅能找到当 $z>0$ 时，$Z<z$ 的概率值，

因此必须先对 $P\left(Z<\frac{10-\mu}{\sigma}\right)$ 进行转化．

据 $\Phi(-a)=1-\Phi(a)$，可得

$$P\left(Z<\frac{10-\mu}{\sigma}\right)=\Phi\left(\frac{10-\mu}{\sigma}\right)=1-\Phi\left(\frac{-10+\mu}{\sigma}\right)=0.096$$

$$\Rightarrow\Phi\left(\frac{-10+\mu}{\sigma}\right)=0.904,$$

最后可通过查表反向找出 $\Phi^{-1}(0.904)$ 的值，并且得到关于 μ 和 σ 的表达式．

$$\Phi^{-1}(0.904)=\frac{-10+\mu}{\sigma}=1.305\Rightarrow1.305\sigma=-10+\mu.$$

(b) 分析 $P(X>24)=\frac{76}{500}=0.152$，

首先进行标准化，得 $P(X>24)=P\left(Z>\frac{24-\mu}{\sigma}\right)=0.152$，

因为 $0.152<0.5$，所以 $\frac{24-\mu}{\sigma}>0$，

然后由于查表时仅能找到当 $z>0$ 时，$Z<z$ 的概率值，

因此必须先对 $P\left(Z>\frac{24-\mu}{\sigma}\right)$ 进行转化．

$$P\left(Z>\frac{24-\mu}{\sigma}\right)=1-P\left(Z<\frac{24-\mu}{\sigma}\right)=0.152$$

$$\Rightarrow P\left(Z<\frac{24-\mu}{\sigma}\right)=0.848,$$

最后可通过查表反向找出 $\Phi^{-1}(0.848)$ 的值，并且得到关于 μ 和 σ 的表达式．

$\Phi^{-1}(0.848)=\dfrac{24-\mu}{\sigma}=1.028\Rightarrow 1.028\sigma=24-\mu$,

最后通过联立两个关于 μ 和 σ 的表达式，即可求出它们的值 .

$$\begin{cases}1.305\sigma=-10+\mu\\1.028\sigma=24-\mu\end{cases}\Rightarrow\begin{cases}\mu=17.8,\\\sigma=6.\end{cases}$$

Q7 知识点

permutation and combination

(i) 本小问为捆绑类题型 .

(TT) (OOO) ADSL

可将 2 个 T 看作一个整体，3 个 O 看作一个整体，然后将这两个整体和其余 4 个字母一起进行排列，总计 (4+2)!= 6! = 720 种情况 .

(ii) 本小问要求 T 不排列在一起的情况，可用插空法解答 .

__O__A__D__S__O__O__L__

首先剩余的 7 个字母会形成 8 个间隔，2 个 T 可任意放置在这 8 个间隔内，因此得 $^8C_2$ 种情况 .

然后考虑剩余的 7 个字母的排列情况，由于 O 重复出现了 3 次，因此总计 $\dfrac{7!}{3!}$ 种情况.

最终相乘得 $^8C_2\times\dfrac{7!}{3!}=23520$ 种情况 .

(iii) 本小问要求 2 个 T 分别放置在两端的概率，基本思路为先求出 2 个 T 分别放置在两端的排列情况，然后再除以总情况即可 .

a. 考虑 2 个 T 分别放置在两端的排列情况 .

首先由于 2 个 T 完全相同，因此分别放置在两端的情况只有 1 种，然后考虑剩余的 7 个字母的排列情况，由于 O 重复出现了 3 次，因此总计 $\dfrac{7!}{3!}$ 种情况，两者相乘得 $\dfrac{7!}{3!}$ 种情况 .

b. 考虑 9 个字母的排列情况 .

由于 O 重复出现了 3 次，T 重复出现了 2 次，因此总计 $\dfrac{9!}{3!2!}$ 种情况 .

结合步骤 a、b，最终概率为 $\dfrac{\frac{7!}{3!}}{\frac{9!}{3!2!}}=\dfrac{1}{36}=0.0278.$

(iv) 本题要求从 9 个字母中选取 5 个字母，至少包含 2 个 O 和 1 个 T 的情况，可分以下四种情况讨论：

1. OOT_ _：排除 T 和 O 后，从剩余的 4 个字母中挑选 2 个，得 $^4C_2=6$ 种情况 .
2. OOTT_：排除 T 和 O 后，从剩余的 4 个字母中挑选 1 个，得 $^4C_1=4$ 种情况 .
3. OOOT_：排除 T 和 O 后，从剩余的 4 个字母中挑选 1 个，得 $^4C_1=4$ 种情况 .
4. OOOTT：由于 T 只有 3 个，O 只有 2 个，因此只有 1 种情况 .

综上，总计 6 + 4 + 4 + 1 = 15 种情况 .

9709_w19_qp_63

Q1 知识点

independent events

(i) 从表格中可知学生为男性且不弹琴的人数为 78 + 42 = 120 人，

用该人数除以总人数即可得概率，$P=\dfrac{120}{300}=0.4.$

(ii) 基本方法为检验 P(A ∩ *B*) = P(A)P(B) 是否成立 .

$P(\text{男})=\dfrac{78+40+42}{300}=\dfrac{8}{15}$,

$P(\text{不弹琴})=\dfrac{62+78+43+42}{300}=\dfrac{3}{4}$,

$P(\text{男}\cap\text{不弹琴})=0.4$（由第(i)小问可知），

$\dfrac{8}{15}\times\dfrac{3}{4}=0.4\Rightarrow$ 两个事件为independent events.

Q2 知识点

permutation with repetition and restriction

(i) 在这 9 个字母中，R 出现了 3 次，O 出现了 2 次，

因此这 9 个字母的排列情况总计有 $\dfrac{9!}{2!\,3!}=30240$ 种情况 .

(ii) 本小问可分两种情况讨论 .

a. DxxxxxxxR:
末尾为 R，除去 D 和 R，还有 7 个字母，其中 R 出现了 2 次，O 出现了两次，因此排列这 7 个字母总计有 $\frac{7!}{2!\ 2!}=1260$ 种情况 .
b. DxxxxxxxO:
末尾为 O，除去 D 和 O，还有 7 个字母，其中 R 出现了 3 次，因此排列这 7 个字母总计有 $\frac{7!}{3!}=840$ 种情况 .
综上，总计有 2100 种情况 .

Q3 知识点

combination

(i) 题目要求挑选的 7 人中至少包含 3 个 A(attacker)，2 个 D(defender) 和 1 个 M(midfielder) 的组合情况，可分为以下三种情况讨论 .

a. 3A 2D 2M ：总计 ${}^6C_3\times{}^5C_2\times{}^4C_2=1200$ 种情况 .

b. 4A 2D 1M ：总计 ${}^6C_4\times{}^5C_2\times{}^4C_1=600$ 种情况 .

c. 3A 3D 1M ：总计 ${}^6C_3\times{}^5C_3\times{}^4C_1=800$ 种情况 .

综上，总计 $1200+600+800=2600$ 种情况 .

(ii) 题目要求 7 人小组被分为 3 人小组和 4 人小组可能出现的情况 . 只需要考虑从 7 人中挑选 3 人（或 4 人）的组合情况即可，因为固定了其中的一个小组，另一个小组也会被确定下来 .
因此总计 ${}^7C_4$ or ${}^7C_3=35$ 种情况 .

Q4 知识点

(i) normal distribution: standardising a normal variable, finding relationship between *x*, mean and variance given probability
(ii) normal distribution: standardising a normal variable, then finding probability from a normal distributingion table

(i) 本小问考查 normal distribution 中已知概率然后反查表的过程 .

用随机变量 X 表示学生的身高，题目已知 $P(X<h)=0.67$，要求 h 的值 .

由题目信息可整理出 $X\sim N(148,8^2)$，

首先进行标准化，得 $P(X<h)=P\left(Z<\frac{h-148}{8}\right)=0.67$，

因为 $0.67>0.5$，所以 $\frac{h-148}{8}>0$，
因为查表时仅能找到当 $z>0$ 时，$Z<z$ 的概率值，所以本小问可直接反查表求出 $\Phi^{-1}(0.67)$ 的值 .

$\Phi^{-1}(0.67)=\frac{h-148}{8}=0.44\Rightarrow h=152.$

(ii) $X\sim N(40,\ 8^2)$，题目要求 $P(148-4<X<148+4)=P(144<X<152)$.
首先进行标准化，

$P(144<X<152)=P\left(\frac{144-148}{8}<Z<\frac{144-148}{8}\right)$
$=P(-0.5<Z<0.5)$
$=P(Z<0.5)-P(Z<-0.5)$
$=\Phi(0.5)-\Phi(-0.5)$，
代入 $\Phi(-a)=1-\Phi(a)$ 得
$=\Phi(0.5)-[1-\Phi(0.5)]$
$=2\Phi(0.5)-1$，
最后查表即可求出

$P(144<X<152)=0.6915\times2-1=0.383.$

Q5 知识点

(i) representation of data: plot cumulative frequency curve
(ii) finding median from cumulative frequency curve
(iii) observing cumulative frequency curve
(iv) calculating mean for continuous data

(i) 题目直接提供了 cumulative frequency，因此可直接将对应的点标注在坐标系中，然后用平滑的曲线将每个点相连即可 .
坐标点分别为 (0，0)，(10，16)，(20，50)，(30，106)，(50，146)，(70，176)，(90，200).
如下图所示：

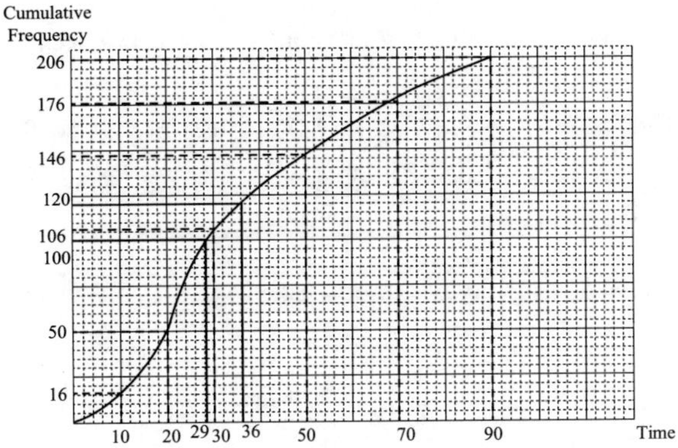

(ii) median 即纵坐标$\frac{n}{2}=100$所对应的横坐标，即 median $=29$（$28\leqslant$ median $\leqslant 30$均可）.

(iii) 题目已知在 200 名驾驶员中，80 名驾驶员花费的时间至少为 T min，要求 T 的值 .
也就是说（$200-80=$）120 名驾驶员花费的的时间小于 T min.
因此要求 T 的值只要寻找 120 所对应的横坐标即可，即 36（$36\leqslant T\leqslant 39$均可）.

(iv) 首先需要计算出每个 interval 的 frequency 和 mi-dpoint，如下表所示：

Time	0～10	10～20	20～30	30～50	50～70	70～90
Mid-point	5	15	25	40	60	80
Cumulative Frequency	16	50	106	146	176	200
Frequency	16	$50-16=34$	$106-50=56$	$146-106=40$	$176-146=30$	$200-176=24$

然后代入公式得

$$\text{mean}=\frac{5\times16+15\times34+25\times56+40\times40+60\times30+80\times24}{200}$$
$=36.55$.

Q6 知识点

(i) calculating probability with respect to independent events
(iii) conditional probability
(iv) discrete random variable: probability distribution table
(v) expectation and variance

(i) 本小问要求两个球均为红色的概率 .
第一次取：小球总计有 8 个，红球有 3 个，因此从 8 个球中取出 1 个红球的概率为$\frac{3}{8}$，
第二次取：因为第一次取的红球不放回，所以还剩余 7 个球，其中只包含了 2 个红球，因此第二次取出 1 个红球的概率为$\frac{2}{7}$，
最终将两个概率相乘得$P(红红)=\frac{3}{8}\times\frac{2}{7}=\frac{3}{28}$.

(ii) 本小问要求两个球的颜色不相同的概率，可分两种情况考虑 .

a. 第一次取红球，第二次取白球，概率为$\frac{3}{8}\times\frac{5}{7}=\frac{15}{56}$.

b. 第一次取白球，第二次取红球，概率为$\frac{5}{8}\times\frac{3}{7}=\frac{15}{56}$.

综上，两个球的颜色不相同的概率 $=\frac{15}{56}+\frac{15}{56}=\frac{15}{28}$.

(iii) $P(第一次红\mid 第二次红)$

$$=\frac{P(第一次红\cap 第二次红)}{P(第二次红)}$$

$$=\frac{P(第一次红\cap 第二次红)}{P(第一次红\cap 第二次红)+P(第一次白\cap 第二次红)}$$

$$=\frac{\frac{3}{28}}{\frac{3}{28}+\frac{15}{56}}=\frac{2}{7}.$$

(iv) 因为红球总计有 3 个且只取 2 次，所以 X 可能的取值有 0,1,2，分别计算出它们对应的概率即可画出 probability distribution table.

$P(X=0)=P(白白)=\frac{5}{8}\times\frac{4}{7}=\frac{10}{28}$，

$P(X=1)=P(红白)+P(白红)=\frac{15}{28}$，

$P(X=2)=P(红红)=\frac{3}{28}$,

求完各项概率之后，可加总检查总概率是否等于 1.

最终可绘制 probability distribution table，如下表所示：

x	0	1	2
P	$\frac{10}{28}$	$\frac{15}{28}$	$\frac{3}{28}$

(v) $E(X)=\sum xp(X=x)=0+1\times\frac{15}{28}+2\times\frac{3}{28}=\frac{3}{4}$,

$E(X^2)=\sum x^2p(X=x)=0+1\times\frac{15}{28}+4\times\frac{3}{28}=\frac{27}{28}$,

$Var(X)=E(X^2)-[E(X)]^2=\frac{27}{28}-\frac{9}{16}=\frac{45}{112}$.

Q7 知识点

(i) binomial distribution
(ii) normal approximation

(i)

(a) 本小问中用随机变量 X 代表 6 个听众中支持 Notes 的人数 .

由题目信息可整理出 $X\sim B(6，0.3)$.

$P(X\leqslant 2)=P(X=0)+P(X=1)+P(X=2)$

$=\binom{6}{0}\times 0.3^0\times 0.7^6+\binom{6}{1}\times 0.3^1\times 0.7^5+\binom{6}{2}\times 0.3^2\times 0.7^4$

$=0.744$.

(b) 本小问中用随机变量 Y 代表 6 个听众中两个唱诗班均不支持的人数 . 由题目信息可整理出

P(正两个唱诗班均不支持) = 1 –（0.3 + 0.45）= 0.25,

$Y\sim B(6，0.25)$,

题目要求 6 人中没有人支持任意一个唱诗班的概率，这意味着求 6 人中全部都是两个唱诗班均不支持的概率，即 $P(Y=6)$,

$P(Y=6)=\binom{6}{6}\times 0.25^6\times 0.75^0=0.000244$.

(ii) 基本方法为 $X\sim B(n,p)$ 可被近似为 $X\sim N(\mu,\sigma^2)$，其中，$\mu=np$，$\sigma^2=npq$.

代入本题得

本题中用随机变量 W 代表 240 个听众中两个唱诗班均不支持的人数 .

$W\sim B(240, 0.25)$，题目要求 P（$W<50$),

$\mu=np=240\times 0.25=60$,

$\sigma^2=np(1-p)=240\times 0.25\times(1-0.25)=45$,

此时用随机变量 V 代表 normal approximation 后的人数 .

$V\sim N(60,45)$,

$P(Y<50)=P(V<49.5)$　(continuity correction)

$=P\left(Z<\frac{49.5-60}{\sqrt{45}}\right)$　(standardise)

$=P(Z<-1.565)$　$(\Phi(-a)=1-\Phi(a))$

$=1-P(Z<1.565)$

$=1-0.9412$

$=0.0588$.

2018

扫一扫查看
本年度分数线

Paper 1

9709_m18_qp_12

Q1 知识点

finding f(x) by using integration and boundary condition

将题目所给的一次导 $\frac{dy}{dx}=x^{-\frac{1}{2}}-3$ 进行积分得

$y=2x^{\frac{1}{2}}-3x+C.$

代入已知点 $(4,-6)$ 求出常数 C:

$-6=2\times 4^{\frac{1}{2}}-12+C\Rightarrow C=2,$

因此 curve 的方程为：$y=2x^{\frac{1}{2}}-3x+2.$

Q2 知识点

(i) binomial expansion with positive integer exponent
(ii) expanding brackets

(i) 利用 binomial theorem 的公式分别得 $(1-2x)^7$ 展开式中的 x^2 和 x^3 项：

$\binom{7}{2}\times 1^5\times(-2x)^2=\binom{7}{5}\times 1^5\times(-2x)^2=21\times 1\times 4x^2=84x^2;$

$\binom{7}{3}\times 1^4\times(-2x)^3=\binom{7}{4}\times 1^4\times(-2x)^3=35\times 1\times(-8)x^3=-280x^3.$

因此 coefficient of $x^2=84$; coefficient of $x^3=-280$.

(ii) 利用第 (i) 小问的结论，$(2+5x)(1-2x)^7$ 中的 x^3 项需要用 $5x$ 乘以 $(1-2x)^7$ 展开式中的 $84x^2$，加上 2 乘以 $(1-2x)^7$ 展开式中的 $-280x^3$ 得

$5x\times 84x^2+2\times(-280)x^3=-140x^3.$

Q3 知识点

(i) arithmetic progression
(ii) geometric progression

(i) 这是一道关于 arithmetic progression 的题目，initial height 就是等差数列的首项 $a=40$，第一天后的高度为 $a+d=41.2$，因此 common difference $d=1.2$，计算 60 天后的高度得

$a+60d=40+60\times 1.2=112\,\text{cm}.$

(ii) 本小问是关于 geometric progression 的题目，initial height 依然是等比数列的首项 $a=40$，第一天后的高度为 $ar=41.2$，因此 common ratio $r=41.2\div 40=1.03$，计算 60 天后的高度得

$a\times r^{60}=40\times 1.03^{60}=236\,\text{cm}.$

Q4 知识点

(i) coordinate geometry, trigonometry: solving trigonometric equations
(ii) mid-point, perpendicular lines

(i) 根据题目描述可以画出图像：

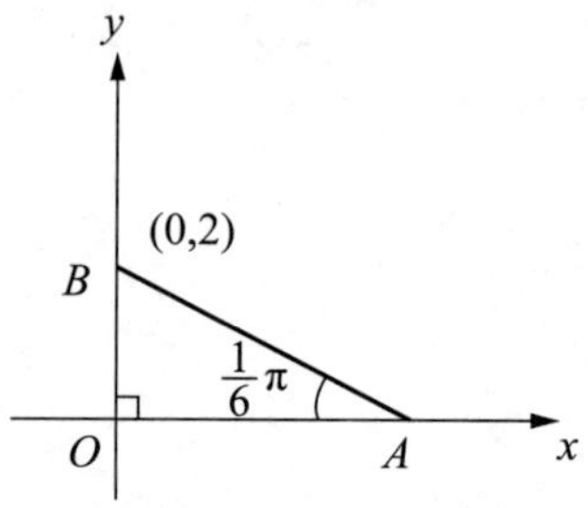

利用 Rt △ AOB 可以得

$\frac{OB}{OA}=\tan\frac{\pi}{6}\Rightarrow\frac{2}{OA}=\frac{\sqrt{3}}{3}\Rightarrow OA=2\sqrt{3}$，即 x-coordinate of A

是 $2\sqrt{3}$.

(ii) 首先，AB 的中垂线过 $A\left(2\sqrt{3},0\right)$ 和 $B\left(0,2\right)$ 的中点 $\left(\sqrt{3},1\right)$. 并且 AB 斜率 $m_{AB}=-\tan\frac{\pi}{6}=-\frac{\sqrt{3}}{3}$，因为互相垂直的两条线斜率相乘为 –1，可得 $m=\sqrt{3}$，设中垂线方程为

$y=\sqrt{3}x+C$,

代入 $\left(\sqrt{3},1\right)$ 坐标得

$1=\sqrt{3}\times\sqrt{3}+C\Rightarrow C=-2$,

所以中垂线方程为：

$y=\sqrt{3}x-2$.

Q5 知识点

(a) trigonometric identity
(b) trigonometry graphs and transformations

(a) 两边同时乘以分母 $3+2\tan x$：

$5+2\tan x=\left(1+\tan x\right)\left(3+2\tan x\right)$,

$5+2\tan x=3+3\tan x+2\tan x+2\tan^2 x$,

$2\tan^2 x+3\tan x-2=0$,

$\left(2\tan x-1\right)\left(\tan x+2\right)=0$

$\Rightarrow \tan x=\frac{1}{2},\ \tan x=-2$,

根据 $0\leqslant x\leqslant\pi$，

$\tan x=\frac{1}{2}\Rightarrow x_1=0.464,\ \tan x=-2\Rightarrow x_2=-1.107+\pi=2.03$.

(b) 观察 $y=\sin\theta$ 的图像发现其与 θ 轴交点为 $\theta=180°$，而 $y=k\sin\left(\theta+\alpha\right)$ 与 θ 轴交点为 $\theta=150°$，因此 $y=k\sin\left(\theta+\alpha\right)$ 为 $y=\sin\theta$ 的图像向左平移 $30°$ 得 $\alpha=30°$.

当 $\theta=0$ 时，$k\sin\left(30°\right)=2\Rightarrow\frac{1}{2}k=2\Rightarrow k=4$.

Q6 知识点

(i) circle
(ii) arc length

(i) 过点 O 向 PQ 边作垂线，垂足为 M，则有

$PM=QM=\frac{1}{2}PQ$，并且 OM 为 $\angle POQ$ 的角平分线 .

在直角三角形 POM 中：

$\angle POM=\frac{1}{2}\angle POQ=1.1$

$\Rightarrow PM=OP\sin 1.1=10\times\sin 1.1$

$\Rightarrow PQ=2PM=20\times\sin 1.1=17.8\text{ cm}$.

(ii) 阴影部分的周长分为三个部分：线段 OR、线段 OQ 和弧长 RQ，其中：

$OQ=10\text{ cm}$;

$OR=PR-OP=17.8-10=7.8\text{ cm}$;

计算弧长 RQ 需要找到夹角 $\theta=\angle OPQ$，利用三角形内角和公式：

$2\theta+2.2=\pi\Rightarrow\theta=\frac{\pi-2.2}{2}=0.47$,

$\text{arc } RQ=r\theta=17.8\times0.47=8.38\text{ cm}$.

最后将三个值加起来，得

$\text{perimeter}=10+7.8+8.38=26.2\text{ cm}$.

Q7 知识点

(i) vector addition/subtraction, modulus
(ii) vector dot product

(i) 通过图像可以看出 C，E 两点的 position vector 分别为：

$\overrightarrow{OC}=\begin{pmatrix}4\\3\\0\end{pmatrix},\overrightarrow{OE}=\begin{pmatrix}0\\2\\8\end{pmatrix}$,

因此，direction vector:

$\overrightarrow{CE}=\overrightarrow{OE}-\overrightarrow{OC}=\begin{pmatrix}0\\2\\8\end{pmatrix}-\begin{pmatrix}4\\3\\0\end{pmatrix}=\begin{pmatrix}-4\\-1\\8\end{pmatrix}$,

CE 的长度就是向量的模长：

$\left|\overrightarrow{CE}\right|=\sqrt{4^2+1^2+8^2}=9$.

(ii) 通过图像可以得 A 的 position vector，从而计算 direction vector $\overrightarrow{CA}$：

$\overrightarrow{OA}=\begin{pmatrix}7\\0\\0\end{pmatrix}\Rightarrow\overrightarrow{CA}=\overrightarrow{OA}-\overrightarrow{OC}=\begin{pmatrix}7\\0\\0\end{pmatrix}-\begin{pmatrix}4\\3\\0\end{pmatrix}=\begin{pmatrix}3\\-3\\0\end{pmatrix}$.

运用向量的点乘公式：

$\overrightarrow{CE}\cdot\overrightarrow{CA}=\left|\overrightarrow{CE}\right|\left|\overrightarrow{CA}\right|\cos\angle ECA$,

$$\begin{pmatrix}-4\\-1\\8\end{pmatrix}\cdot\begin{pmatrix}3\\-3\\0\end{pmatrix}=9\times\sqrt{9+9}\cos\angle ECA$$

$$\Rightarrow -12+3=9\sqrt{18}\cos\angle ECA\cos\angle ECA=\frac{-9}{9\sqrt{18}}=\frac{-1}{\sqrt{18}}$$

$$\Rightarrow \angle ECA=\cos^{-1}\left(\frac{-1}{\sqrt{18}}\right).$$

Q8 知识点

(i) using 1st derivative for stationary point
(ii) 2nd derivative
(iii) using 2nd derivative to determine the nature of stationary point

(i) 求一次导得

$$\frac{dy}{dx}=\frac{1}{2}\times 2x-4\times\frac{3}{2}x^{\frac{1}{2}}+8=x-6x^{\frac{1}{2}}+8=0,$$

将 $x^{\frac{1}{2}}$ 视为一个整体，设 $a=x^{\frac{1}{2}}\Rightarrow x=a^2$，方程可化为：

$a^2-6a+8=0$,

$(a-4)(a-2)=0$

$\Rightarrow a_1=4, a_2=2$

$\Rightarrow x_1=16, x_2=4.$

(ii) 由第 (i) 小问结论 $\frac{dy}{dx}=x-6x^{\frac{1}{2}}+8$ 求导得二次导：

$$\frac{d^2y}{dx^2}=1-6\times\frac{1}{2}x^{-\frac{1}{2}}=1-3x^{-\frac{1}{2}}.$$

(iii) 判断第 (i) 小问中 station points $x_1=16, x_2=4$ 的 nature，需要将这两个值代入二次导中：

当 $x=16$ 时，

$\frac{d^2y}{dx^2}=1-3\times 16^{-\frac{1}{2}}=\frac{1}{4}>0$, minimum point.

当 $x=4$ 时，

$\frac{d^2y}{dx^2}=1-3\times 4^{-\frac{1}{2}}=-\frac{1}{2}<0$, maximum point.

Q9 知识点

(i) using discriminant to determine point intersection, solving quadratic inequality
(ii) tangent point

(i) curve 与直线有交点意味着联立两个方程有解：

$\frac{1}{x}+c=cx-3$,

$1+cx=cx^2-3x$,

$cx^2-(3+c)x-1=0$,

上述 quadratic equation 有解需要 $b^2-4ac\geqslant 0$：

$(3+c)^2-4\times c\times(-1)\geqslant 0$,

$9+6c+c^2+4c\geqslant 0$,

$c^2+10c+9\geqslant 0$,

$(c+9)(c+1)\geqslant 0$,

不等式左侧为开口向上的抛物线，所以大于等于零的部分是图中灰线标注的区域，$c\leqslant -9$ 或 $c\geqslant -1$.

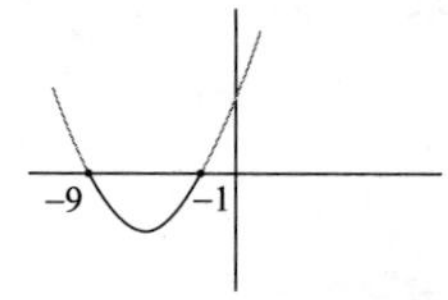

(ii) curve 与直线相切意味着联立后所得的方程 $cx^2-(3+c)x-1=0$ 只有一个解，故 $b^2-4ac=0$，对应 $c=-9$ 或 $c=-1$，将这两个值带回原方程求 x 的取值：

当 $c=-9$ 时，

$-9x^2+6x-1=0\Rightarrow -(3x-1)^2=0\Rightarrow x=\frac{1}{3}$;

当 $c=-1$ 时，

$-x^2-2x-1=0\Rightarrow -(x+1)^2=0\Rightarrow x=-1.$

Q10 知识点

(i) range of function, range of composite function
(ii) composite function
(iii) derivative, inverse function, solving inequality

(i)

(a) 当 $x\to 2$ 并且 $x>2$ 时，$f(x)\to +\infty$；当 $x\to +\infty$ 时，$f(x)\to 2$ 并且 $f(x)>2$.

因此，当 $x>2$ 时，$f(x)>2$.

(b) 当 $x\to 2$ 并且 $x>2$ 时，$g(x)\to +\infty$；

当 $x=4$ 时，$g(4)=\frac{8}{4-2}+2=6.$

因此，当 $2<x<4$ 时，$g(x)>6$.

(c) 因为 $g(x)>6$，所以 composite function $fg(x)$ 的 range 就是 $f(x)$ 在 $x>6$ 上的 range.

当 $x=5$ 时，$f(6)=\dfrac{8}{6-2}+2=4$;

当 $x\to+\infty$ 时，$f(x)\to 2$ 并且 $f(x)>2$.

因此，$fg(x)$ 的 range 是 $2<fg(x)<4$.

(ii) composite function $gf(x)$ 成立的条件是 $f(x)$ 的 range 需要在 $g(x)$ 的 domain 里面 .

由第 (i) 小问可得 $f(x)>2$，而 $g(x)$ 的 domain 为 $2<x<4$，$f(x)$ 取值范围超出了 $g(x)$ 的 domain，因此 composite function $gf(x)$ 不成立 .

(iii) $f(x)=8(x-2)^{-1}+2$，

求导可得

$$f'(x)=-8(x-2)^{-2}=-\frac{8}{(x-2)^2},$$

下面计算反函数 $f^{-1}(x)$：

$$y=\frac{8}{x-2}+2\Rightarrow y-2=\frac{8}{x-2},$$

将 x，y 互换得

$$x-2=\frac{8}{y-2}\Rightarrow y-2=\frac{8}{x-2}\Rightarrow y=\frac{8}{x-2}+2$$

$$\Rightarrow f^{-1}(x)=\frac{8}{x-2}+2,$$

（注意到 $f^{-1}(x)=f(x)$，$f(x)$ 为 self-inverse function）

将得的 functions 代入题目中的不等式：

$$-\frac{48}{(x-2)^2}+\frac{16}{x-2}+4-5<0,$$

$$-48+16(x-2)-(x-2)^2<0,$$

$$-48+16x-32-x^2+4x-4<0,$$

$$x^2-20x+84>0,$$

$$(x-6)(x-14)>0,$$

不等式左侧为开口向上的抛物线，所以大于等于零的部分是图中灰线标注的区域，$x<6$ 或 $x>14$.

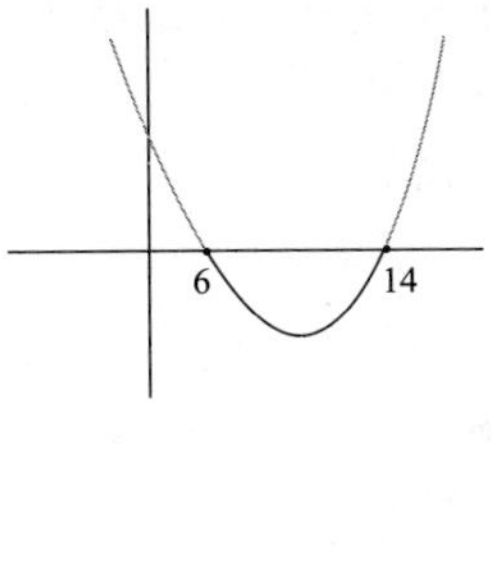

又因为 $f(x)$ 和 $f^{-1}(x)$ 原有 domain 均为 $x>2$，所以最终取值范围是 $2<x<6$ 或 $x>14$.

Q11 知识点

(i) tangent
(ii) area under the curve
(iii) definite integral

(i) 将 curve 进行求导得

$$\frac{dy}{dx}=-2-3(1-2x)^2\times(-2)=-2+6(1-2x)^2,$$

注意，因为 $(1-2x)$ 中 x 前面有一个系数 -2，用 chain rule 求导时需要乘出来 .

$$x=\frac{1}{2}\Rightarrow\frac{dy}{dx}=-2+0=-2,$$

AB 为过点 A 斜率为 –2 的直线，所以 AB 是 curve 的切线 .

(ii) 从图像中可以看出，阴影部分的面积用直线下方的面积减去 curve 下方的面积即可：

$$\text{area}=\int_0^{\frac{1}{2}}(1-2x)dx-\int_0^{\frac{1}{2}}\left[1-2x-(1-2x)^3\right]dx$$

$$=\int_0^{\frac{1}{2}}\left[(1-2x)-\left(1-2x-(1-2x)^3\right)\right]dx$$

$$=\int_0^{\frac{1}{2}}\left[(1-2x)-(1-2x)+(1-2x)^3\right]dx$$

$$=\int_0^{\frac{1}{2}}(1-2x)^3\,dx.$$

(iii) 由第 (ii) 小问的结论可得

$$\text{area}=\int_0^{\frac{1}{2}}(1-2x)^3\,dx$$

$$=\left[\frac{1}{4}(1-2x)^4\times\left(-\frac{1}{2}\right)\right]_0^{\frac{1}{2}}$$

$$=\left[-\frac{1}{8}(1-2x)^4\right]_0^{\frac{1}{2}}$$

$$=0-\left(-\frac{1}{8}\right)$$

$$=\frac{1}{8}.$$

9709_s18_qp_11

Q1 知识点

(i) binomial expansion with positive integer exponent
(ii) expanding brackets

(i) 本小问让算的是 expansion 的前三项，并且顺序是 ascending power of x（x 的升幂排列），也就是说需要从常数项开始来算：

$$(1-2x)^5=\binom{5}{0}\times1^5\times(-2x)^0+\binom{5}{1}\times1^4\times(-2x)^1+\binom{5}{2}\times1^3\times(-2x)^2,$$

接下来只需要把这个式子化简：

$$(1-2x)^5=1+5\times(-2x)+10\times4x^2=1-10x+40x^2.$$

(ii) 本小问条件是 x^2 的系数是 12，需要找到式子 $(1+ax+2x^2)(1-2x)^5$ 中未知数 a 的值．

因为要找 x^2 的系数，所以 $(1+ax+2x^2)$ 中常数项 1 要和 $(1-2x)^5$ 展开式中x^2 展开式中 x^2 项相乘；一次项 ax 与 x 项相乘；$2x^2$ 要与常数项相乘．

接下来只需要用第 (i) 小问中找到的三项分别与前面的相乘得 x^2 项，再利用 x^2 的系数是 12 就可以得关于 a 的等式：

$$40x^2+ax\times10x+2x^2=12x^2\ .$$

化简可得 $42-10a=12\Rightarrow30=10a\Rightarrow a=3$.

Q2 知识点

rate of change

题目中给出 x 的增长率是 0.02，也就是说 $\frac{dx}{dt}=0.02$，注意因为是增长的，所以 $\frac{dx}{dt}$ 的值是正的．

要找的是 rate of change of y，也就是要找到 $\frac{dy}{dt}$ 的值，可列出等式：$\frac{dy}{dt}=\frac{dy}{dx}\times\frac{dx}{dt}$，其中 $\frac{dy}{dx}$ 的值可以直接求得 $\frac{dy}{dx}=2-5x^{-2}$，又因为题目问的是当 $x=1$ 时的变化率，所以 $\frac{dy}{dx}=2-5=-3$.

最后，$\frac{dy}{dt}=-3\times0.02=-0.06$.

Q3 知识点

finding f(x) by using integration and boundary condition

这一题求的是原方程与 x 轴的交点，所以首先要把原方程求出来，已知条件为一次导：

$$\frac{dy}{dx}=\frac{12}{(2x+1)^2},$$

并且，原方程经过点 (1, 1)，因此可以对一次导进行积分：

$$y=\int12(2x+1)^{-2}\,dx=12\times(-1)\times(2x+1)^{-1}\times\frac{1}{2}+C,$$

注意，积分最后乘以的 $\frac{1}{2}$ 是由于括号里的 x 前面有一个系数 2，reverse chain rule 积分时需要除以系数．化简得

$$y=-6(2x+1)^{-1}+C,$$

再代入 (1，1) 点可把常数 C 求出来：

$$1=-6\times3^{-1}+C\Rightarrow1=-2+C\Rightarrow C=3.$$

最终得

$$y=-6(2x+1)^{-1}+3.$$

接着要求上述曲线与 x 轴的交点，也就是当 $y=0$ 时解方程：

$$0=-6(2x+1)^{-1}+3\Rightarrow\frac{6}{2x+1}=3\Rightarrow2x+1=2\Rightarrow2x=1$$
$$\Rightarrow x=0.5.$$

所以，原方程与 x 轴交点的坐标是 (0.5，0).

Q4 知识点

(i) trigonometric identity
(ii) solving trigonometric function

(i) 本小问是一道证明题，可以从等式左边入手推导右边，因为左边带有括号，可以将其进行展开：

$$\text{LHS}=\sin\theta-\sin^2\theta\cos\theta+\cos\theta-\sin\theta\cos^2\theta,$$

因为最终需要的是三次方的形式，需要把展开式中的 $\sin^2\theta$以及 $\cos^2\theta$换成对应的形式得三次方：

$$\text{LHS}=\sin\theta-(1-\cos^2\theta)\cos\theta+\cos\theta-\sin\theta(1-\sin^2\theta),$$

化简并消去同样的部分可以得

$$\text{LHS}=\sin\theta-\cos\theta+\cos^3\theta+\cos\theta-\sin\theta+\sin^3\theta$$
$$=\cos^3\theta+\sin^3\theta=\text{RHS}.$$

(ii) 本小问需要用第 (i) 小中的结论解方程，用得的结论代入方程左边可以得

$\cos^3\theta+\sin^3\theta=3\cos^3\theta \Rightarrow \sin^3\theta=2\cos^3\theta$，

两边同除 $\cos^3\theta$ 并利用 $\tan\theta=\dfrac{\sin\theta}{\cos\theta}$，得

$\tan^3\theta=2 \Rightarrow \tan\theta=\sqrt[3]{2}=1.26$ (to 2 d.p.).

用计算器求得第一个解 $\theta_1=51.6°$，

因为题目要求的取值范围是 $0°\leqslant\theta\leqslant360°$，对应两个周期，第二个解 θ_2 便是在第一个解 θ_1 上加上一个周期 180°，即 $\theta_2=51.6°+180°=231.6°$.

Q5 知识点

(i) linear equation
(ii) mid-point, perpendicular lines

(i) 本小问需要求出 AC 和 OB 的直线方程，A 点和 C 点的坐标已知，所以可以先把 AC 直线的斜率求出来

$m_{AC}=\dfrac{0-4}{8-0}=-\dfrac{1}{2}$，

有了斜率后 AC 的方程可设为 $y=-\dfrac{1}{2}x+c$，

求 c 的值既可以代入 A 点坐标，也可代入 C 点坐标．这里以 C 点为例，$0=-\dfrac{1}{2}\times8+c \Rightarrow c=4$.

因此，直线 AC 的方程是 $y=-\dfrac{1}{2}x+4$.

接着还需要求出直线 OB，因为这条直线过原点，只需要求出 OB 的斜率即可．从 $OABC$ 形状为 "Kite" 可知 O 和 B 关于直线 AC 对称，所以直线 OB 与 AC 为垂直关系，根据两条垂直直线斜率的乘积为 -1，求出 OB 的斜率 $m_{OB}=2$.

因此，直线 OB 的方程是 $y=2x$.

(ii) 本小问求 B 点的坐标，在第 (i) 小问中已经求出 AC，OB 的直线方程，并且两直线交点 M 是 OB 的中点，如下图所示．

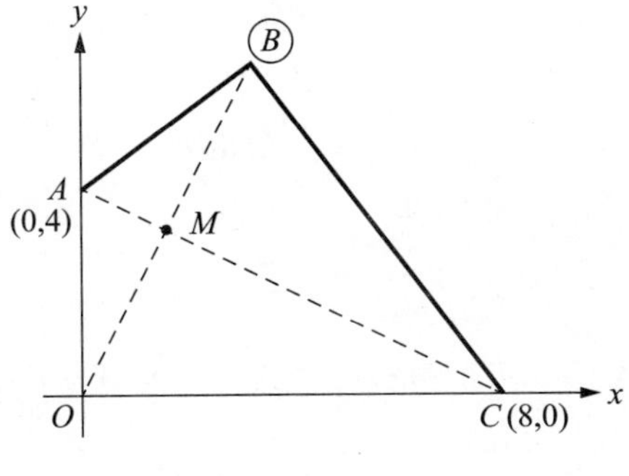

联立两直线方程即可求出 M 的坐标．

AC: $y=-\dfrac{1}{2}x+4$.

OB: $y=2x$.

$\Rightarrow -\dfrac{1}{2}x+4=2x \Rightarrow 4=\dfrac{5}{2}x \Rightarrow x=\dfrac{8}{5}$

$\Rightarrow y=2\times\dfrac{8}{5}=\dfrac{16}{5} \Rightarrow M(\dfrac{8}{5},\dfrac{16}{5})$.

因为 M 是 OB 中点，假设 B 坐标是 (x, y)，那么

$\left(\dfrac{x}{2},\dfrac{y}{2}\right)=\left(\dfrac{8}{5},\dfrac{16}{5}\right)$，可解得 $B\left(\dfrac{16}{5},\dfrac{32}{5}\right)$.

Q6 知识点

(i) sector area
(ii) arc length

(i) 本小问求阴影部分面积的表达式，即 Rt$\triangle AOT$ 面积减去扇形 AOB 面积．

首先看 Rt$\triangle AOT$，它的面积为 $\dfrac{1}{2}\times$底$\times$高，所以需要先算出 AT 的长度，已知 $\angle AOT=\theta$，所以在 Rt$\triangle$ 中

$\tan\theta=\dfrac{AT}{r} \Rightarrow AT=r\times\tan\theta$，

因此 $\triangle AOT$ 面积是 $\dfrac{1}{2}\times r\times\tan\theta\times r=\dfrac{1}{2}r^2\tan\theta$.

三角形面积算出后，还需要扇形 AOB 面积，通过公式求出是 $\dfrac{1}{2}r^2\theta$，

阴影部分面积是 $\triangle AOT$ 面积减去扇形 AOB 面积，$\dfrac{1}{2}r^2\tan\theta-\dfrac{1}{2}r^2\theta$.

(ii) 本小问需要算的是阴影部分的周长，它可以被分为三部分：AT，BT，arc AB.

第 (i) 小问中已经求出了 $AT=r\tan\theta=3\tan1.2=7.716$.

$BT=OT-OB$，由于 OB 长度就是圆的半径 r，只需算出 OT 的长度即可依然可以利用三角函数，

$\cos\theta=\dfrac{r}{OT} \Rightarrow OT=\dfrac{r}{\cos\theta}=\dfrac{3}{\cos1.2}=8.279$.

所以 $OB=8.279-3=5.279$.

最后弧长 $AB=r\theta=3\times1.2=3.6$，

把三个长度相加得到阴影部分的周长是

$7.716+5.279+3.6=16.6$.

2018

Q7 知识点

(i) vector addition/subtraction
(ii) unit vector
(iii) vector dot product

(i) 本小问求的是 direction vector $\overrightarrow{AC}$，

$\overrightarrow{AC}=\overrightarrow{OC}-\overrightarrow{OA}$，直接把右边两个已知 vector 代入可以得

$$\overrightarrow{AC}=\begin{pmatrix}3\\1\\-2\end{pmatrix}-\begin{pmatrix}1\\-3\\2\end{pmatrix}=\begin{pmatrix}2\\4\\-4\end{pmatrix}.$$

(ii) 本小问要求的是 unit vector of $\overrightarrow{OM}$，其中，M 是 AC 的中点，根据题意可以画出如下示意图：

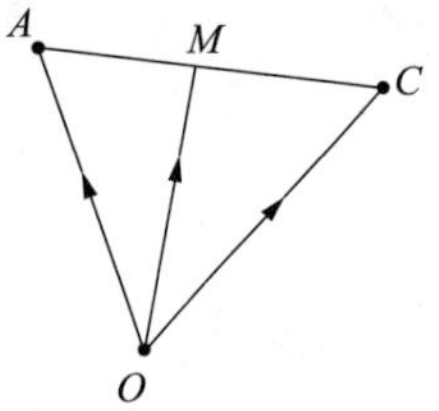

从图像可以看出 $\overrightarrow{OM}=\overrightarrow{OA}+\overrightarrow{AM}$，并且因为 M 是 AC 中点，$\overrightarrow{AM}$ 的方向与 $\overrightarrow{AC}$ 相同，但长度是 $\overrightarrow{AC}$ 的一半，所以

$$\overrightarrow{AM}=\frac{1}{2}\overrightarrow{AC}=\frac{1}{2}\begin{pmatrix}2\\4\\-4\end{pmatrix}=\begin{pmatrix}1\\2\\-2\end{pmatrix}.$$

把 $\overrightarrow{OA}$, $\overrightarrow{AM}$ 代入 $\overrightarrow{OM}$ 的表达式，$\overrightarrow{OM}=\overrightarrow{OA}+\overrightarrow{AM}$

$$=\begin{pmatrix}1\\-3\\2\end{pmatrix}+\begin{pmatrix}1\\2\\-2\end{pmatrix}=\begin{pmatrix}2\\-1\\0\end{pmatrix}.$$

最后，unit vector in the direction $\overrightarrow{OM}$ 是指方向与 $\overrightarrow{OM}$ 相同，但长度为 1 的单位向量 .

计算 $\overrightarrow{OM}$ 的长度得到 $\left|\overrightarrow{OM}\right|=\sqrt{2^2+(-1)^2+0}=\sqrt{5}$,

所以 unit vector in the direction $\overrightarrow{OM}=\dfrac{1}{\sqrt{5}}\begin{pmatrix}2\\-1\\0\end{pmatrix}$.

(iii) 本小问算向量点乘 $\overrightarrow{AB}\cdot\overrightarrow{AC}$ 并找到 $\angle BAC$，首先算出 $\overrightarrow{AB}=\overrightarrow{OB}-\overrightarrow{OA}=\begin{pmatrix}-1\\3\\5\end{pmatrix}-\begin{pmatrix}1\\-3\\2\end{pmatrix}=\begin{pmatrix}-2\\6\\3\end{pmatrix}$，根据第 (ii) 小问 $\overrightarrow{AC}=\begin{pmatrix}2\\4\\-4\end{pmatrix}$，可算出点乘结果 .

$$\overrightarrow{AB}\cdot\overrightarrow{AC}=\begin{pmatrix}-2\\6\\3\end{pmatrix}\cdot\begin{pmatrix}2\\4\\-4\end{pmatrix}=-2\times2+6\times4+3\times(-4)=8.$$

$\angle BAC$ 为 AB，AC 的夹角，需要用到公式 $\overrightarrow{AB}\cdot\overrightarrow{AC}=\left|\overrightarrow{AB}\right|\left|\overrightarrow{AC}\right|\cos\angle BAC$.

因此接下来要计算两个向量的模长，

$\left|\overrightarrow{AB}\right|=\sqrt{(-2)^2+6^2+3^2}=\sqrt{49}=7$,

$\left|\overrightarrow{AC}\right|=\sqrt{2^2+4^2+(-4)^2}=\sqrt{36}=6$,

可列出等式 $8=7\times6\times\cos\angle BAC\Rightarrow\cos\angle BAC=\dfrac{8}{42}$

$\Rightarrow\angle BAC=79.0°$.

Q8 知识点

(a) geometric progression
(b) (i) arithmetic progression
(ii) solving simultaneous equations

(a) 本小问是一个关于 geometric progression，即等比数列的题目 .

已知数列的第二项是 12 也就 $ar=12$，其中 a 为第一项的值，r 为 common ratio.

sum to infinity 为 54 还可得 $S_\infty=54=\dfrac{a}{1-r}$.

现在有两个方程和两个未知数 a，r，可以联立把它们求出来 .

因为题目要求的是 a，可以消元使 $r=\dfrac{12}{a}$，代入第二个方程得

$$54=\frac{a}{1-\frac{12}{a}}\Rightarrow54-\frac{12\times54}{a}=a\Rightarrow54a-648=a^2$$

$\Rightarrow a^2-54a+648=0$,

上面最后一步得关于 a 的二次方程可以用十字相乘的方法求解，

$(a-18)(a-36)=0$，得两个解 $a_1=18$，$a_2=36$.

最后不要忘记再检查一下，因为 sum to infinity 要求 $|r|<1$，也就是说 $-1<r<1$. 通过 $r=\dfrac{12}{a}$ 算出两个 a 值对应的 r 的确都符合条件，因此两个 a 值都可以取 .

(b)

(i) 题目给出第 n 项的表达式为 $p+qn$，那么从第一项开始列几项

1st term: $p+q$,

2nd term: $p+2q$,

3rd term: $p+3q$,

不难看出这是一个等差数列，common difference $d=q$.

套用求和公式

$$S_n=\frac{n}{2}\left[a+a+(n-1)d\right]=\frac{n}{2}\left[p+q+p+q+(n-1)q\right]$$

$$=\frac{n}{2}(2p+2q+nq-q)=\frac{n}{2}(2p+q+nq)$$

$$=\frac{n}{2}(2p+q+nq).$$

(ii) 第 (i) 小问已经求出 $S_n=\frac{n}{2}(2p+q+nq)$,

当 $n=4$ 时，$S_4=2(2p+q+4q)=40$,

当 $n=6$ 时，$S_4=3(2p+q+6q)=72$,

化简得 $\begin{cases}4p+10q=40\\6p+21q=72\end{cases}\Rightarrow\begin{cases}p=5,\\q=2.\end{cases}$

Q9 知识点

(i) point intersection
(ii) using functional graphs to solve inequality
(iii) composite function and range
(iv) inverse function

(i) 既然要算交点，就需要把两个方程联立

$$\frac{1}{2}x-2=4+x-\frac{1}{2}x^2\Rightarrow\frac{1}{2}x^2-\frac{1}{2}x-6=0\Rightarrow x^2-x-12=0$$

用十字相乘求解，$(x-4)(x+3)=0\Rightarrow x_1=4, x_2=-3$.

最后把 x 的值代入原函数可得 $\begin{cases}x_1=4,\\y_1=0,\end{cases}$ $\begin{cases}x_2=-3,\\y_2=-\frac{7}{2}.\end{cases}$

因此两个交点分别为 (4，0) 和 ($-3,-\frac{7}{2}$).

(ii) 解不等式 $f(x)>g(x)$，可以通过第 (i) 小问求得的交点把两个图像画出来，g(x) 为开口向下的抛物线，f(x) 是一条直线，它们有两个交点，x 坐标分别为 4 和 -3，要的是直线比较大的部分，是图中直线的两端，可以明显看出取值范围是 $x>4$ 或 $x<-3$.

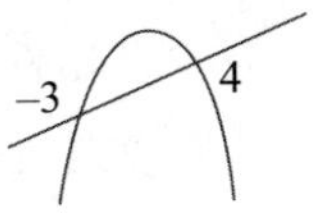

(iii) 本小问需要算的是 $fg(x)$ 的表达式以及 range 首先来写表达式，把 g(x) 代入 f(x) 中，即可得 $fg(x)$ 的表达式

$$fg(x)=\frac{1}{2}(g(x))-2=\frac{1}{2}\left(4+x-\frac{1}{2}x^2\right)-2$$

$$=2+\frac{1}{2}x-\frac{1}{4}x^2-2=\frac{1}{2}x-\frac{1}{4}x^2.$$

接下来求 $fg(x)$ 的 range,

因为 $fg(x)$ 是一个开口向下的抛物线，求 range 可以用以下两种方法：

方法一：completing the square,

方法二：求导 .

这里选用求导的方法，设 $y=fg(x)$,

$$\frac{dy}{dx}=\frac{1}{2}-\frac{1}{2}x=0\Rightarrow x=1,$$

代入原式 $y_{max}=fg(1)=\frac{1}{2}-\frac{1}{4}=\frac{1}{4}$，即最高点坐标为 $\left(1,\frac{1}{4}\right)$. fg(x) 的 range 为 $fg(x)\leqslant\frac{1}{4}$.

(iv) 函数有 inverse 的前提是 one-to-one，h 的形状是一个开口向下的抛物线，只有当 x 取最高点右边的值的时候能够保证 h 是 one-to-one 的 . 为了寻找最大值，把 $y=$ h(x) 求导，$\frac{dy}{dx}=1-x=0\Rightarrow x=1$.

因此只要保证 $x\geqslant1$，函数就是 one-to-one，就有 inverse，所以 k 的最小值为 1.

Q10 知识点

(i) 1st derivative, stationary point, discriminant
(ii) using 1st derivative for stationary point, using 2nd derivative to determine the nature of stationary point
(iii) definite integral

(i) 判断 curve 有没有 stationary point 的方法就是看一次导等于零有没有解 $\frac{dy}{dx}=3x^2-4x+5=0$.

计算 $b^2-4ac=16-4\times3\times5=-44<0$，也就是说上述方程没有解，因此 curve 没有 stationary point.

(ii) $m=\frac{dy}{dx}=3x^2-4x+5$，求 m 的 stationary value 则需要

对 m 求导 .

$\frac{dm}{dx}=6x-4=0\Rightarrow x=\frac{2}{3}$.

因为还需要求 m 的值，把 $x=\frac{2}{3}$ 代回原式，找到

stationary value: $m=3\times\frac{4}{9}-4\times\frac{2}{3}+5=\frac{11}{3}$.

确定 stationary value 性质需要再次求导，$\frac{d^2m}{dx^2}=6>0$，意味着求出的值为 minimum value.

(iii) 本小问要求算出 $y=x^3-2x^2+5x$，x-axis 和 $x=6$ 所圈区域的面积因为题目中给出 curve 过原点，所以求面积的积分两个 limit 分别是 0 与 6，对 y 进行积分，

$$\int_0^6\left(x^3-2x^2+5x\right)dx=\left[\frac{1}{4}x^4-\frac{2}{3}x^3+\frac{5}{2}x^2\right]_0^6$$

$$=\left(\frac{1}{4}\times6^4-\frac{2}{3}\times6^3+\frac{5}{2}\times6^2\right)-0=270.$$

9709_s18_qp_12

Q1 知识点

binomial expansion with positive integer exponent

这一题已知展开式中 x^2 项的系数是 330，求式子中 a 的值 . 首先分别算一下两个 binomial expansion 中的 x^2 项：

在 $\left(2+\frac{x}{2}\right)^6$ 中，含 x^2 项的计算方法为：$\binom{6}{2}\times2^4\times\left(\frac{x}{2}\right)^2$，

或者 $\binom{6}{4}\times2^4\times\left(\frac{x}{2}\right)^2$，计算得

$$\binom{6}{2}\times2^4\times\left(\frac{x}{2}\right)^2=15\times2^4\times\frac{1}{2^2}x^2=60x^2,$$

在 $(a+x)^5$ 中，含 x^2 项的计算方法为：$\binom{5}{2}a^3x^2$，

或者 $\binom{5}{3}a^3x^2$，计算得

$$\binom{5}{2}a^3x^2=10a^3x^2.$$

题目已知以上两个 x^2 项的系数之和为 330，因此：

$60+10a^3=330\Rightarrow10a^3=270\Rightarrow a^3=27\Rightarrow a=3.$

Q2 知识点

(i) using discriminant to determine point intersection
(ii) using discriminant to solve tangent

(i) 本小问求的是 curve 整体位于 x 轴上方时 k 的取值范围 .

整个 curve 在 x 轴上方意味着它与 x 轴没有交点，也就是 quadratic equation: $x^2-6x+k=0$ 无解 . 即它的 $b^2-4ac=36-4k<0\Rightarrow36<4k\Rightarrow k>9$.

此时，开口向上的抛物线 $y=x^2-6x+k$ 与 x 轴没有交点，curve 完全在 x 轴上方 .

(ii) 本小问已知直线 $y+2x=7$ 是 curve 的切线，求 k 的取值 .

根据题意可以看出，直线 $y=-2x+7$ 与 $y=x^2-6x+k$ 有且仅有一个交点 .

可以联立两个方程并消元，得一个关于 x 的 quadratic equation:

$$\begin{cases}y=-2x+7\\y=x^2-6x+k\end{cases}\Rightarrow-2x+7=x^2-6x+k$$

$\Rightarrow x^2-4x+k-7=0$,

上述 quadratic equation 有且仅有一个解，即它的判别式

$b^2-4ac=16-4(k-7)=0$,

$\Rightarrow16-4k+28=0\Rightarrow4k=44\Rightarrow k=11.$

Q3 知识点

geometric progression

(i) 这是一道 geometric progression 的题目 . 题目中说每周产量的增长率是 2%，并且第一周产量的 8000 kg，例如第二周得的产量是 (8000×1.02)kg. 因此等比数列的首项 $a=8000$，common ratio $r=1.02$，根据 geometric progression 第 n 项的公式 $u_n=ar^{n-1}$，第 12 周的产量为 $8000\times1.02^{11}=9950$ kg （保留三位有效数字）.

(ii) 本小问考的是等比数列求和公式，

$$S_n=\frac{a(1-r^n)}{1-r}\left(=\frac{a(r^n-1)}{r-1}\right).$$

代入数值：$a=8000$，$r=1.02, n=12$ 可以得

$$S_{12}=\frac{8000(1.02^{12}-1)}{1.02-1}=107000\,\text{kg}$$（保留三位有效数字）.

Q4 知识点

(i) the angle of trigonometric value, solving simultaneous equation
(ii) range of trigonometric function

(i) 本小问让求出 a 与 b 的值，根据给出的函数取值：

当 $x=\frac{1}{3}\pi$ 时，$a+b\cos\left(\frac{1}{3}\pi\right)=5$.

当 $x=\pi$ 时，$a+b\cos(\pi)=11$.

代入相应的 cos 值，可以得关于 a，b 的方程组：

$$\begin{cases}5=a+\frac{1}{2}b\\11=a-b\end{cases}\Rightarrow\begin{cases}a=7,\\b=-4.\end{cases}$$

(ii) 本小问要求当方程 $\mathrm{f}(x)=k$ 无解时 k 的取值范围．首先看一下 $\mathrm{f}(x)=7-4\cos x$ 的取值范围：

$-1\leqslant\cos x\leqslant1\Rightarrow-4\leqslant-4\cos x\leqslant4\Rightarrow3\leqslant7-4\cos x\leqslant11$，

所以当 $3\leqslant k\leqslant11$ 时方程有解．因此方程无解时，$k<3$ 或 $k>11$.

Q5 知识点

(i) vector addition/subtraction
(ii) vector dot product

(i) 本小问让分别求两个 vectors，$\overrightarrow{DA}$ 和 $\overrightarrow{CA}$.

其中 $\overrightarrow{DA}=\overrightarrow{OA}-\overrightarrow{OD}=8\mathbf{i}-2\mathbf{i}-4\mathbf{k}=6\mathbf{i}-4\mathbf{k}$.

因为 $\overrightarrow{CA}=\overrightarrow{OA}-\overrightarrow{OC}$, 若要求 $\overrightarrow{CA}$ 则先要求出 $\overrightarrow{OC}$:

因为 $OBCD$ 是长方形，所以 OB 与 DC 边平行且长度相等，

即 $\overrightarrow{DC}=\overrightarrow{OB}=5\mathbf{j}$，所以 $\overrightarrow{OC}=\overrightarrow{OD}+\overrightarrow{DC}=2\mathbf{i}+4\mathbf{k}+5\mathbf{j}$，

$$\overrightarrow{CA}=\overrightarrow{OA}-\overrightarrow{OC}=8\mathbf{i}-(2\mathbf{i}+4\mathbf{k}+5\mathbf{j})$$
$$=6\mathbf{i}-4\mathbf{k}-5\mathbf{j}\ (=6\mathbf{i}-5\mathbf{j}-4\mathbf{k}).$$

(ii) 做点乘 $\overrightarrow{AC}\cdot\overrightarrow{AD}=\left|\overrightarrow{AC}\right|\cdot\left|\overrightarrow{AD}\right|\cos\angle CAD$，并且根据第 (i) 小问的结论可得 $\overrightarrow{AC}=-\overrightarrow{CA}=\begin{pmatrix}-6\\5\\4\end{pmatrix}$，$\overrightarrow{AD}=-\overrightarrow{DA}=\begin{pmatrix}-6\\0\\4\end{pmatrix}$.

$$\begin{pmatrix}-6\\5\\4\end{pmatrix}\cdot\begin{pmatrix}-6\\0\\4\end{pmatrix}=\sqrt{36+25+16}\times\sqrt{36+16}\cos\angle CAD$$

$$\Rightarrow36+16=\sqrt{77}\times\sqrt{52}\cos\angle CAD$$

$$\Rightarrow\cos\angle CAD=\frac{52}{\sqrt{77\times52}}$$

$$\Rightarrow\angle CAD=34.7°.$$

Q6 知识点

sector area, trigonometry: solving trigonometric equations

(i) 本小问是一道证明题，求证扇形与阴影部分面积相等时，$\tan\theta=2\theta$.

首先求出扇形 AOB 的面积，$\text{area}_{\text{sector}}=\frac{1}{2}r^2\times2\theta=r^2\theta$.

求阴影部分面积，连接 OT 将四边形 $OATB$ 分成两个面积相等的直角三角形：

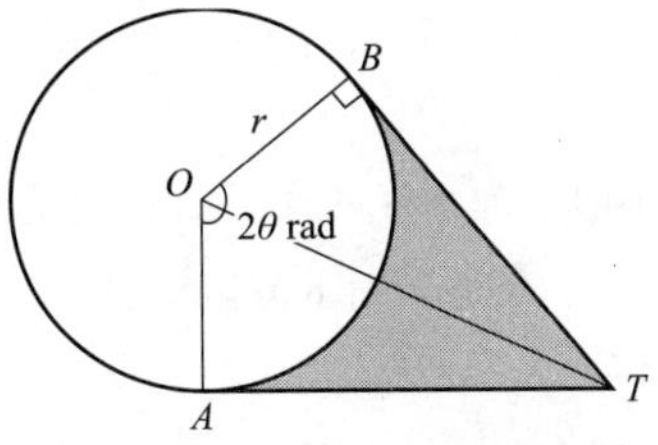

Rt△的高 $OA=OB=r$，$\angle AOT=\angle BOT=\theta$．在 Rt△$AOT$ 中，$\tan\theta=\frac{AT}{r}$，因此底边长 $AT=r\tan\theta$．同理，$BT=r\tan\theta$．

四边形 $OATB$ 的面积是两个三角形面积之和：

$$2\times\frac{1}{2}r\times r\tan\theta=r^2\tan\theta.$$

因此，阴影部分的面积为四边形面积减扇形面积：

$$\text{area}_{\text{shaded}}=r^2\tan\theta-r^2\theta.$$

已知 $\text{area}_{\text{sector}}=\text{area}_{\text{shaded}}$，所以：

$$r^2\tan\theta-r^2\theta=r^2\theta$$

$$\Rightarrow r^2\tan\theta=2r^2\theta$$

因为半径 $r\neq0$，可以从等号两边消掉，因此得

$$\tan\theta=2\theta.$$

(ii) 本小问需要求阴影部分的面积．

在第 (i) 小问中，已经求出了阴影面积的表达式：

$area_{shaded}=r^2\tan\theta-r^2\theta$，因此只需要把 θ 求出即可代入表达式得面积的值 .

代入弧长公式，$r\times2\theta=19.2, r=8\Rightarrow16\theta=19.2\Rightarrow\theta=1.2$.

因此，$area_{shaded}=r^2\tan\theta-r^2\theta=8^2\times\tan1.2-8^2\times1.2=87.8$.

Q7 知识点

(i) completing the square
(ii) using completed square form for stationary point
(iii) inverse function
(iv) inverse function

(i) 本小问需要把 $7-2x^2-12x$ 配方成 $a-2(x+b)^2$ 的形式 . 首先把原式中 x^2 的系数 –2 提出来：

$7-2x^2-12x=-2(x^2+6x)+7$.

括号内配成平方还需要加上 9，并且需要在括号外把多加上的 -2×9 减去，因此 $7-2x^2-12x=-2(x^2+6x+9-9)+7$

$=-2(x^2+6x+9)+18+7=25-2(x+3)^2$.

(ii) 本小问求的是函数 $f(x)=7-2x^2-12x$ 的 stationary point.

根据第 (i) 小问中配方好的式子 $f(x)=-2(x+3)^2+25$，$f(x)$ 的图像是一个开口向下的抛物线，因此 stationary point 就是最大值对应的点 .

因为平方项 $2(x+3)^2\geqslant0$，$f(x)\leqslant25$，所以当 $x=-3$ 时，函数达到最大值 25，stationary point 的坐标是 $(-3,25)$.

(iii) 本小问求的是当 $g(x)=7-2x^2-12x, x\geqslant k$ 有 inverse 时 k 的最小值，这里的 k 是 x 的最小取值 .

$g(x)$ 有 inverse 也就是 $g(x)$ 是 “one-to-one” function，根据第 (ii) 小问的分析 $7-2x^2-12x$ 是一个开口向下的抛物线，并且顶点坐标是 (–3, 25)，如下图所示，当 domain 只取在顶点右侧时函数是 one-to-one，所以 $x\geqslant-3$ 即可，k 的最小值为 –3.

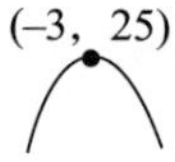

(iv) 本小问需要求 $g(x)=7-2x^2-12x$, $x\geqslant-3$ 的 inverse function. 运用第 (i) 小问配方后的结果：

$y=25-2(x+3)^2\Rightarrow2(x+3)^2=25-y\Rightarrow(x+3)^2=\dfrac{25-y}{2}$，

注意，因为 $x\geqslant-3$，所以 $x+3\geqslant0$，

$x+3=\sqrt{\dfrac{25-y}{2}}\Rightarrow x=\sqrt{\dfrac{25-y}{2}}-3$

$\Rightarrow g^{-1}(x)=\sqrt{\dfrac{25-x}{2}}-3$.

Q8 知识点

perpendicular bisector

本题已知 AB 中垂线的方程为 $3x+2y=k$，求 h，k 的值 . 首先将直线方程化简：

$3x+2y=k\Rightarrow2y=-3x+k\Rightarrow y=-\dfrac{3}{2}x+\dfrac{k}{2}$，可以看出这条中垂线的斜率为 $-\dfrac{3}{2}$.

计算 AB 的斜率得

$m_{AB}=\dfrac{5h-h}{4h+6-h}=\dfrac{4h}{3h+6}$,

因为直线 AB 与中垂线互相垂直，所以两直线斜率乘积为 –1：

$-\dfrac{3}{2}\times\dfrac{4h}{3h+6}=-1\Rightarrow12h=6h+12\Rightarrow6h=12\Rightarrow h=2$.

接下来求 k 的值 . 代入 $h=2$ 可以求出 AB 两点坐标，分别为 $A(2,2)$，$B(14,10)$，它们的中点坐标：

$\left(\dfrac{14+2}{2},\dfrac{10+2}{2}\right)=(8,6)$.

由于中垂线 $3x+2y=k$ 过 AB 的中点，$3\times8+2\times6=k$ $\Rightarrow k=36$.

Q9 知识点

(i) finding f(*x*) by using indefinite integral and boundary condition
(ii) rate of change
(iii) derivation, basic algebra

(i) 本小问已知一阶导数 $\dfrac{dy}{dx}=\sqrt{4x+1}$, 求原方程. 对一次导进行积分：

$y=\int(4x+1)^{\frac{1}{2}}dx=\dfrac{2}{3}(4x+1)^{\frac{3}{2}}\times\dfrac{1}{4}+C$.

括号里的 x 前面有一个系数 4，reverse chain rule 积分时需要除以这个系数：

$y=\frac{1}{6}(4x+1)^{\frac{3}{2}}+C.$

最后运用 curve 经过点 $(2, 5)$ 求出常数 C 的值：

$$5=\frac{1}{6}(4\times2+1)^{\frac{3}{2}}+C\Rightarrow 5=\frac{9}{2}+C\Rightarrow C=\frac{1}{2}$$

$$\Rightarrow y=\frac{1}{6}(4x+1)^{\frac{3}{2}}+\frac{1}{2}.$$

(ii) 本小问已知增长率 $\frac{dy}{dt}=0.06$，求 $\frac{dx}{dt}$ 的值 .

可以列出等式：$\frac{dx}{dt}=\frac{dx}{dy}\times\frac{dy}{dt}$，其中，$\frac{dx}{dy}=\frac{1}{\frac{dy}{dx}}$.

过点 $P\ (2,5)$ 时，$\frac{dy}{dx}=\sqrt{4\times2+1}=3$，所以 $\frac{dx}{dy}=\frac{1}{3}$.

代入求得 $\frac{dx}{dt}=\frac{1}{3}\times0.06=0.02.$

(iii) 本小问是一道证明题 . 首先求出函数的二阶导：

$$\frac{d^2y}{dx^2}=\frac{d}{dx}(4x+1)^{\frac{1}{2}}=\frac{1}{2}(4x+1)^{-\frac{1}{2}}\times4=2(4x+1)^{-\frac{1}{2}},$$

注意，因为 $(4x+1)$ 中 x 前面有一个系数 4，用 chain rule 求导时需要乘出来 . 因此：

$$\frac{d^2y}{dx^2}\times\frac{dy}{dx}=2(4x+1)^{-\frac{1}{2}}\times(4x+1)^{\frac{1}{2}}=2$$

是一个 constant.

Q10 知识点

(i) using trigonometric identities to solve equations
(ii) trigonometry graphs and transformations
(iii) using functional graphs to solve inequality

(i) 本小问是一道解方程的题目，

$$2\cos x+3\sin x=0\Rightarrow 2\cos x=-3\sin x\Rightarrow -\frac{2}{3}=\frac{\sin x}{\cos x}$$

$$\Rightarrow \tan x=-\frac{2}{3}.$$

求出 $x_1=-33.7°$. 因为题目中要求 $0°\leqslant x\leqslant 360°$，这个解要被舍掉 . 所以 $x_1+180°=146.3°$ 为符合条件的第一个解，再加上一个周期得 $x_2=146.3°+180°=326.3°$，依然满足 $0°\leqslant x\leqslant 360°$，因此本题的两个解分别为 146.3°，326.3° .

(ii) 本小问是一道画图题，要求把两个函数画在同一个坐标系内 .

首先来画 $y=2\cos x$，因为 $-1\leqslant\cos x\leqslant1$，所以 $-2\leqslant 2\cos x\leqslant2$，并且在 $x=0°$ 或 360° 时 $y=2$，$x=180°$ 时 $y=-2$，如下图所示：

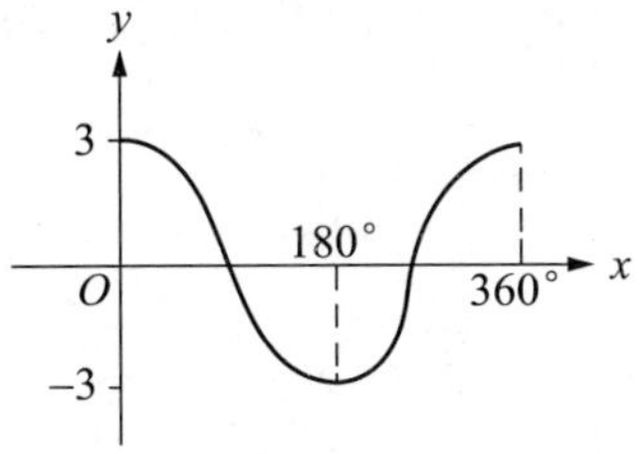

接下来画 $y=-3\sin x$，类比 $y=2\cos x$ 的画法，可以先画出 $y=3\sin x$ 的图像：

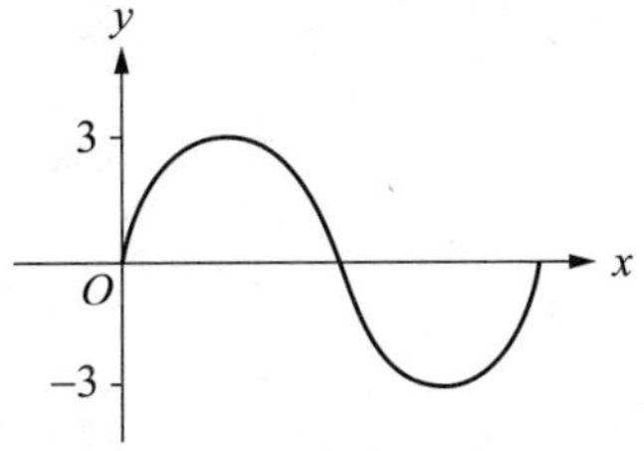

$y=-3\sin x$ 的图像为上图关于 x 轴翻转，把两个函数画在同一个坐标系内，得

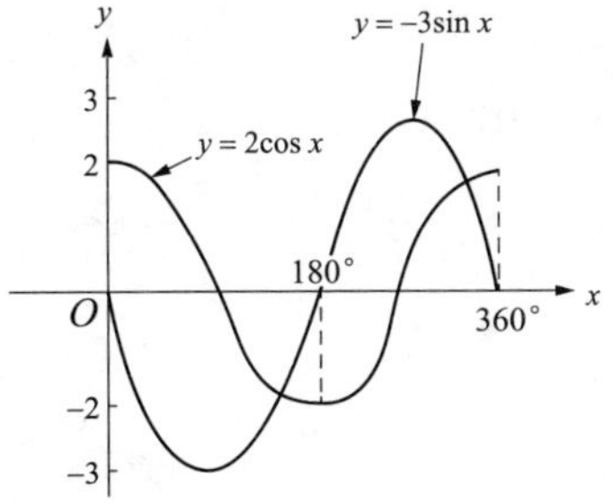

(iii) 本小问要求出 $2\cos x+3\sin x>0$ 时 x 的取值范围，同时也是 $2\cos x>-3\sin x$ 时 x 的取值范围 .

根据第 (i) 小问和第 (ii) 小问的答案，$y=2\cos x$ 与 $y=-3\sin x$ 有两个交点，分别是 $x=146.3°$ 与 $x=326.3°$，不等式 $2\cos x>-3\sin x$ 的解集对应的是 $y=2\cos x$ 的图像高于 $y=-3\sin x$ 的部分，即下图中灰线标出的两部分 . 所以最终 x 的取值范围为：

$(0°\leqslant)\ x<146.3°$ 或 $x>326.3°\ (\leqslant360°)$.

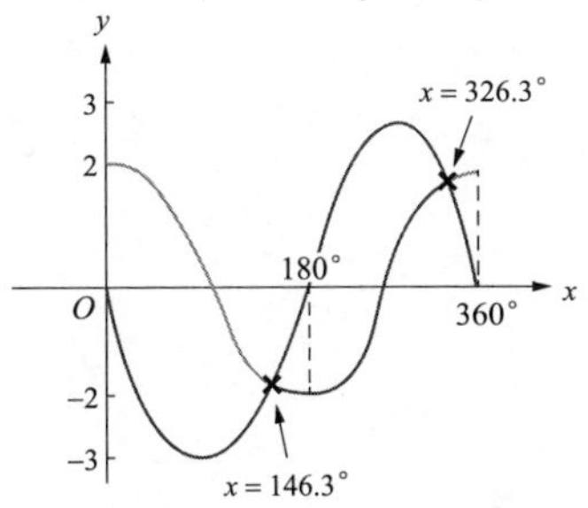

Q11 知识点

(i) tangent equation, the coordinate of intersection of two lines
(ii) volume of revolution about the x–axis

(i) 本小问需要证明过点 P，Q 的两条切线交点在直线 $y=x$ 上．需要我们首先算出两条切线的方程，再求交点．P，Q 的横坐标 x 满足方程：

$$y=\frac{x}{2}+\frac{6}{x},\ y=4\Rightarrow 8x=x^2+12\Rightarrow x^2-8x+12=0$$
$$\Rightarrow (x-6)(x-2)=0$$
$$\Rightarrow x_1=2, x_2=6,$$

两切点坐标分别为 $P(2,4)$ 和 $Q(6,4)$. 为求切线方程，还需要找到函数的一阶导：

$$\frac{dy}{dx}=\frac{1}{2}-6x^{-2}.$$

当 $x=2$ 时，$\frac{dy}{dx}=-1$；当 $x=6$ 时，$\frac{dy}{dx}=\frac{1}{3}$.

过 P 点的切线方程为：$y=-x+C$,

把坐标 $(2,4)$ 代入求出 C 的值：$4=-2+C\Rightarrow C=6$,

所以过 P 点的切线方程为：$y=-x+6$,

同理，过 Q 点的切线方程为：$y=\frac{1}{3}x+k$,

把坐标 $(6,4)$ 代入求出 k 的值：$4=\frac{1}{3}\times 6+k\Rightarrow k=2$,

所以过 Q 点的切线方程为：$y=\frac{1}{3}x+2$.

联立两个方程：

$$\begin{cases} y=-x+6 \\ y=\frac{1}{3}x+2 \end{cases}\Rightarrow -x+6=\frac{1}{3}x+2\Rightarrow \frac{4}{3}x=4$$
$$\Rightarrow x=3\Rightarrow y=-3+6=3.$$

因此，两直线交点为 (3，3)，即交点在直线 $y=x$ 上．

(ii) 本小问要求的是阴影部分绕 x 轴转动一周形成的体积．题目中要求的面积实则是直线 $y=4$ 绕 x 轴转动一周得的体积减去 curve $y=\frac{x}{2}+\frac{6}{x}$ 绕 x 轴转动一周得的体积：

$$V=\pi\int_2^6\left[4^2-\left(\frac{x}{2}+\frac{6}{x}\right)^2\right]dx=\pi\int_2^6\left[16-\frac{x^2}{4}-\frac{36}{x^2}-6\right]dx$$
$$=\pi\int_2^6\left(10-\frac{1}{4}x^2-36x^{-2}\right)dx$$
$$\Rightarrow V=\pi\left[10x-\frac{1}{4}\times\frac{1}{3}x^3-36\left(-x^{-1}\right)\right]_2^6$$
$$=\pi\left[10x-\frac{1}{12}x^3+\frac{36}{x}\right]_2^6$$
$$=\frac{32}{3}\pi.$$

9709_s18_qp_13

Q1 知识点

completing the square

本题需要将 $3x^2-12x+7$ 配方成 $a(x+b)^2+c$ 的形式．

首先要把 x^2 系数 $a=3$ 提出来，

$$3x^2-12x+7=3\left(x^2-4x\right)+7,$$

接着要把括号内的式子凑成完全平方，括号内配成平方还需要加上 4，于是需要在括号外把多加上的 12 减去，

$$3x^2-12x+7=3\left(x^2-4x+4\right)-12+7=3(x-2)^2-5.$$

Q2 知识点

binomial expansion with positive integer exponent

本题需要找 $\left(x-\frac{2}{x}\right)^5$ 展开式中 $\frac{1}{x}$ 的系数．因为是 5 次方的展开，并且 $\left(-\frac{2}{x}\right)$ 的幂需要比 x 的幂多 1，两项相乘才能得 $\frac{1}{x}$ 项．因此需要计算：

$$\binom{5}{2}\times x^2\times\left(-\frac{2}{x}\right)^3=\binom{5}{3}\times x^2\times\left(-\frac{2}{x}\right)^3=10x^2\times(-8)x^{-3}$$
$$=-80x^{-1}.$$

因此，展开式中 $\frac{1}{x}$ 的系数是 -80.

Q3 知识点

geometric progression

这是一道关于等比数列的题目，已知 common ratio $r=0.99$，需要求前 100 项之和除以 sum to infinity 的百分比．首先套用公式分别算出 S_{100} 与 S_∞ 的值：

$$S_{100}=\frac{a\left(1-r^n\right)}{1-r}=\frac{a\left(1-0.99^{100}\right)}{0.01},$$

$$S_\infty=\frac{a}{1-r}=\frac{a}{0.01}.$$

计算二者的比例：

$$\frac{S_{100}}{S_\infty}=\frac{\frac{a\left(1-0.99^{100}\right)}{0.01}}{\frac{a}{0.01}}=\frac{a\left(1-0.99^{100}\right)}{a}=\left(1-0.99^{100}\right)\times100\%$$

$$=0.63\times100\%=63\%.$$

Q4 知识点

finding f(x) by using indefinite integral and boundary condition

本题让求出函数 $y=\mathrm{f}(x)$ 与 y 轴交点 B 的纵坐标 y，首先需要把 $y=\mathrm{f}(x)$ 的解析式求出来：

$$\mathrm{f}'(x)=(3x-1)^{-\frac{1}{3}}$$

$$\mathrm{f}(x)=\int(3x-1)^{-\frac{1}{3}}\mathrm{d}x=\frac{3}{2}(3x-1)^{\frac{2}{3}}\times\frac{1}{3}+C,$$

注意，积分结果里面乘的 $\frac{1}{3}$ 是由于括号里的 x 前面有一个 3，reverse chain rule 积分时需要除以系数，化简后得

$$\mathrm{f}(x)=\frac{1}{2}(3x-1)^{\frac{2}{3}}+C.$$

因为上述函数经过点 $A(3,\ 1)$，可以代入 A 点坐标求出常数 C 的值：

$$1=\frac{1}{2}(3\times3-1)^{\frac{2}{3}}+C\Rightarrow C=-1,$$

所以 $\mathrm{f}(x)=\frac{1}{2}(3x-1)^{\frac{2}{3}}-11.$

B 是 $\mathrm{f}(x)$ 与 y 轴的交点，所以 B 的横坐标 $x=0$，纵坐标 $y=\mathrm{f}(0)=\frac{1}{2}(-1)^{\frac{2}{3}}-1=-\frac{1}{2}.$

Q5 知识点

arc length, sector area

本题让求的阴影部分面积可以用 Rt△AOB 面积减去扇形 AOC 面积来计算．

首先需要求出 $\angle AOB$ 的大小．已知 AC 弧的 arc length 是 6 cm，扇形半径 $OA=5\,\text{cm}$，因此

$5\angle AOB=6\quad\Rightarrow\angle AOB=1.2.$

在直角三角形 AOB 中，

$\tan\angle AOB=\frac{AB}{5}\Rightarrow AB=5\tan1.2=12.86$，因此：

$$\text{area}_{AOB}=\frac{1}{2}\times5\times12.86=32.15\text{ cm}^2.$$

套用扇形面积公式：

$$\text{area}_{AOC}=\frac{1}{2}\times25\times1.2=15\text{ cm}^2.$$

两个面积相减得阴影部分面积（保留三位有效数字）：

$$\text{area}_{\text{shaded}}=32.15-15\approx17.2\text{ cm}^2.$$

Q6 知识点

(i) gradient function
(ii) mid-point, perpendicular lines

(i) 本小问求的是 AB 的斜率，并证明它的值与 k 的取值无关．

$$m_{AB}=\frac{(3k+5)-(k+3)}{(k+3)-(-3k-1)}=\frac{2k+2}{4k+4}=\frac{1}{2},$$

independent of k.

(ii) 本小问求的是 AB 的中垂线．在第 (i) 小问中，已经求出 AB 的斜率 $m_{AB}=\frac{1}{2}$，因此中垂线的斜率为 -2.

AB 中点的坐标为：

$$\left(\frac{-3k-1+k+3}{2},\frac{k+3+3k+5}{2}\right)=\left(\frac{-2k+2}{2},\frac{4k+8}{2}\right)$$

$$=(-k+1,2k+4),$$

设中垂线方程为 $y=-2x+C$，代入中点坐标得

$2k+4=-2(-k+1)+C\Rightarrow C=6.$

因此，中垂线方程为：$y=-2x+6.$

Q7 知识点

(a) (i) trigonometric identity
(ii) solving trigonometric function
(b) (i) solving trigonometric function
(ii) the periodicity of trigonometric function

(a)

(i) 本小问是化简类题目 .

$$\frac{\tan^2\theta-1}{\tan^2\theta+1}=\frac{\frac{\sin^2\theta}{\cos^2\theta}-1}{\frac{\sin^2\theta}{\cos^2\theta}+1}=\frac{\sin^2\theta-\cos^2\theta}{\sin^2\theta+\cos^2\theta}$$

$$=\sin^2\theta-\cos^2\theta=\sin^2\theta-\left(1-\sin^2\theta\right)$$

$$=2\sin^2\theta-1.$$

(ii) 运用第 (i) 小问的结论 $\frac{\tan^2\theta-1}{\tan^2\theta+1}=2\sin^2\theta-1$, 方程可以转化为：

$$2\sin^2\theta-1=\frac{1}{4}\Rightarrow\sin^2\theta=\frac{5}{8}\Rightarrow\sin\theta=\pm\sqrt{\frac{5}{8}}=\pm0.7906,$$

$$\sin\theta=0.7906\Rightarrow\theta_1=52.2°\left(\text{reject},-90°\leqslant\theta\leqslant0°\right),$$

$$\sin\theta=0.7906\Rightarrow\theta_2=-52.2°,$$

因此， $\theta=-52.2°$ 是方程唯一的解 .

(b)

(i) 求两个式子在 x 轴正半轴的交点 A，只需联立两个式子：

$$\sin x=2\cos x\Rightarrow\tan x=2\Rightarrow x=1.11,$$

因此，x-coordinate of A 为 1.11.

(ii) 求两个式子在 x 轴负半轴的交点 B，依然要联立两个式子求解： $\sin x=2\cos x\Rightarrow\tan x=2$.

由第 (i) 小问中可知式子的一个解为 $x_1=1.11$， 在 x 轴负半轴上的解只需在 x_1 上减去一个周期 π，因此，$x_2=1.11-\pi=-2.03$ 是 x-coordinate of B. 求 y-coordinate of B 需要把 $x_2=-2.03$ 代回原式：

$$y=\sin\left(-2.03\right)=-0.896.$$

Q8 知识点

(i) gradient, tangent equation
(ii) solving quadratic inequality

(i) 本小问中切线与直线 $y=2-3x$ 平行，也就是它们的斜率相等 . 因此，切线的斜率为 −3:

$$\frac{dy}{dx}=3x^2-18x+24=-3$$

$$\Rightarrow3x^2-18x+27=0\Rightarrow x^2-6x+9=0$$

$$\Rightarrow\left(x-3\right)^2=0\Rightarrow x=3,$$

点 A 的 x-coordinate 为 3，把 $x=3$ 代入原函数，求得 A 的 y-coordinate:

$$y=3^3-9\times9+24\times3-12=6,$$

斜率为 −3 的切线过点 $A(3, 6)$，设直线方程为 $y=-3x+C$: $6=-3\times3+C\Rightarrow C=15$.

所以切线方程为： $y=-3x+15$.

(ii) 本小问让求当原函数为增函数时 x 的下限 k 的最小值 . 若函数是增函数，那么它的一阶导 $\frac{dy}{dx}>0$:

$$3x^2-18x+24>0\Rightarrow x^2-6x+8>0\Rightarrow\left(x-4\right)\left(x-2\right)>0,$$

如图中灰线部分所示，开口向上的抛物线大于零需要取位于两边的两段，因此取值范围是 $x>4$ 或 $x<2$.

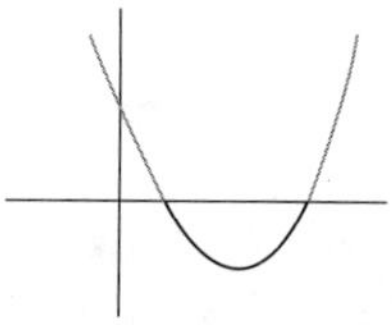

根据题意，如果 y 对于任何 $x>k$ 都为增函数，需要让 $x>k$ 完全落在 $x>4$ 内，于是 k 的最小值为 4.

Q9 知识点

(i) position vector in 3D
(ii) vector dot product

(i)

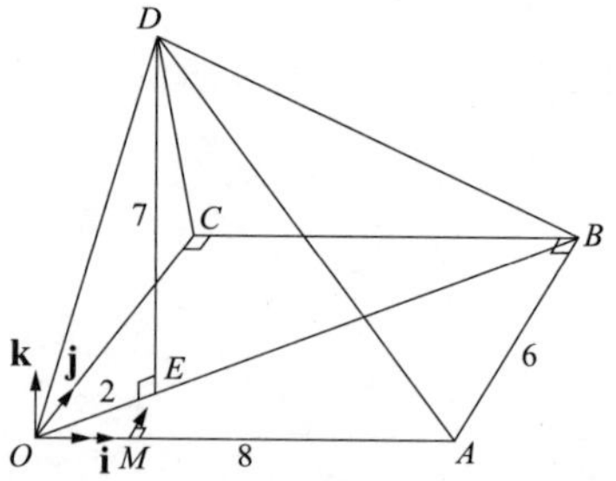

过 E 点作 OA 的垂线，垂足 M 在 OA 上，得平行于 $\mathbf{i}$ 的向量 $\overrightarrow{OM}$，与平行于 $\mathbf{j}$ 的向量 $\overrightarrow{ME}$，并且 $\overrightarrow{OE}=\overrightarrow{OM}+\overrightarrow{ME}$.

又因为三角形 OAB 与三角形 OME 相似，$\left|\overrightarrow{OE}\right|=2$，$\left|\overrightarrow{OB}\right|=\sqrt{6^2+8^2}=10$，可以解

$\left|\overrightarrow{OM}\right|=\frac{2}{10}\times\left|\overrightarrow{OA}\right|=\frac{2}{10}\times 8=1.6,$

$\left|\overrightarrow{ME}\right|=\frac{2}{10}\times\left|\overrightarrow{AB}\right|=\frac{2}{10}\times 6=1.2.$

所以 $\overrightarrow{OE}=1.6\mathbf{i}+1.2\mathbf{j}.$

(ii) 计算 $\angle BDO$ 需要用到点乘 $\overrightarrow{DB}\cdot\overrightarrow{DO}=\left|\overrightarrow{DB}\right|\cdot\left|\overrightarrow{DO}\right|\cos\angle BDO$. 已知 position vectors:

$$\overrightarrow{OB}=\begin{pmatrix}8\\6\\0\end{pmatrix},\quad \overrightarrow{OD}=\overrightarrow{OE}+\overrightarrow{ED}=1.6\mathbf{i}+1.2\mathbf{j}+7\mathbf{k}=\begin{pmatrix}1.6\\1.2\\7\end{pmatrix},$$

因此：$\overrightarrow{DB}=\overrightarrow{OB}-\overrightarrow{OD}=\begin{pmatrix}8\\6\\0\end{pmatrix}-\begin{pmatrix}1.6\\1.2\\7\end{pmatrix}=\begin{pmatrix}6.4\\4.8\\-7\end{pmatrix},$

$$\overrightarrow{DO}=-\overrightarrow{OD}=\begin{pmatrix}-1.6\\-1.2\\-7\end{pmatrix},$$

$$\begin{pmatrix}6.4\\4.8\\-7\end{pmatrix}\cdot\begin{pmatrix}-1.6\\-1.2\\-7\end{pmatrix}u$$

$$=\sqrt{6.4^2+4.8^2+49}\times\sqrt{1.6^2+1.2^2+49}\times\cos\angle BDO$$

$$=\sqrt{6.4^2+4.8^2+49}\times\sqrt{1.6^2+1.2^2+49}\times\cos\angle BDO$$

$$\Rightarrow\ \cos\angle BDO=\frac{33}{\sqrt{113}\times\sqrt{53}}$$

$$\Rightarrow\ \angle BDO=64.8°.$$

Q10 知识点

(i) one-to-one function domain
(ii) inverse function and domain
(iii) composite function

(i) $f(x)=(x-2)^2+2$ 的图像为开口向上的抛物线，最低点坐标为 (2,2)，如下图所示：当 domain 只取顶点右侧时函数是 one-to-one，所以 $x\geqslant 2$ 即可，c 的最小值为 2.

(ii) 首先求 $x\geqslant 4$ 时函数的 inverse function 解析式：

$y=(x-2)^2+2\Rightarrow(x-2)^2=y-2\Rightarrow x-2=\sqrt{y-2}$

$\Rightarrow x=\sqrt{y-2}+2,$

注意，因为 $x\geqslant 4$，所以 $x-2>0$，要取正的根号值.因此，$f^{-1}(x)=\sqrt{x-2}+2.$

接着求出 $f^{-1}(x)$ 的 domain，即为原函数 $f(x)$ 的 range，从图像可以看出，当 $x\geqslant 4$ 时，$f(x)$ 的最小值为 $f(4)=6$，$f(x)$ 的 range 为 $y\geqslant 6$，所以 $f^{-1}(x)$ 的 domain 是 $x\geqslant 6$.

(iii) $ff(x)=\left[f(x)-2\right]^2+2=\left[(x-2)^2+2-2\right]^2+2$

$=(x-2)^4+2=51$

$\Rightarrow(x-2)^4=49$

$\Rightarrow(x-2)^2=7,$

注意，因为 $(x-2)^2\geqslant 0$，所以开根号时取正的值，

$\Rightarrow x-2=\pm\sqrt{7}\Rightarrow x_1=2+\sqrt{7},x_2=2-\sqrt{7},$

因为 $x\geqslant 4$，所以只有 $x_1=2+\sqrt{7}$ 符合要求，为原方程的唯一解 .

Q11 知识点

(i) using 1st derivative for stationary point, using 2nd derivative to determine the nature of stationary point
(ii) volume of revolution about the *x*-axis

(i) 本小问首先需要求出 minimum point，首先计算原函数的一阶导：

$\frac{dy}{dx}=2(x+1)-(x+1)^{-2}=0$

$\Rightarrow 2(x+1)=(x+1)^{-2}$

$\Rightarrow 2(x+1)^3=1,$

接下来要求的是二阶导 $\frac{d^2y}{dx^2}$ 在 A 点的值：

$\frac{d^2y}{dx^2}=2+2(x+1)^{-3}=2+\frac{2}{(x+1)^3},$

因为在点 A 上，$2(x+1)^3=1\Rightarrow(x+1)^3=\frac{1}{2},$

$\frac{d^2y}{dx^2}=2+\frac{2}{\frac{1}{2}}=2+4=6.$

(ii) 套用 volume of revolution 计算公式：$V=\pi\int y^2\mathrm{d}x$,

$$V=\pi\int_0^1\left[(x+1)^2+(x+1)^{-1}\right]^2\mathrm{d}x$$
$$=\pi\int_0^1\left[(x+1)^4+(x+1)^{-2}+2(x+1)\right]\mathrm{d}x$$

$$\Rightarrow V=\pi\left[\frac{1}{5}(x+1)^5-(x+1)^{-1}+\frac{2}{2}(x+1)^2\right]_0^1$$
$$=\pi\left[\left(\frac{1}{5}\times2^5-2^{-1}+2^2\right)-\left(\frac{1}{5}-1+1\right)\right]=9.7\pi.$$

9709_w18_qp_11

Q1 知识点

reduce to quadratic equation

这是一道解方程的题目．首先可以先把 $x^{\frac{1}{2}}$ 看成一个整体，设 $a=x^{\frac{1}{2}}$，则有 $x=a^2$，代入原方程：

$$4a^2-11a+6=0\Rightarrow(4a-3)(a-2)=0\Rightarrow a_1=\frac{3}{4},a_2=2.$$

代入 $x=a^2$ 得

$$x_1=\frac{9}{16},x_2=4.$$

Q2 知识点

using discriminant to determine point intersection

本题求的是当直线 $y=x+1$ 与 curve $y=x^2+bx+5$ 相交时 b 的取值范围．联立两个方程得

$$x+1=x^2+bx+5\Rightarrow x^2+(b-1)x+4=0,$$

上述 quadratic equation 有解，即 $\mathrm{b}^2-4\mathrm{ac}\geqslant0$:

$$(b-1)^2-4\times4\geqslant0\Rightarrow(b-1)^2\geqslant16\Rightarrow b-1\geqslant4 \text{ or } b-1\leqslant-4$$
$$\Rightarrow b\geqslant5 \text{ or } b\leqslant-3.$$

Q3 知识点

gradient function, distance between two points

(i) 因为直线与 AB 平行，所以它的斜率与 AB 相等，计算 AB 的斜率得

$$m_{AB}=\frac{2a-(-a)}{-a-3a}=\frac{3a}{-4a}=-\frac{3}{4}.$$

又因为直线过原点，所以解析式为 $y=-\frac{3}{4}x.$

(ii) 套用两点间距离公式，

$$AB=\sqrt{[3a-(-a)]^2+(-a-2a)^2}=\sqrt{(4a)^2+(3a)^2}=5a$$
$$=\frac{10}{3}\Rightarrow a=\frac{2}{3}.$$

注意，因为题目要求 $a>0$，所以开根号结果要取正的 a 值．

Q4 知识点

(i) arithmetic progression
(ii) geometric progression

(i) 本小问是一道关于等差数列的题目．已知首项 $a=6$，第二项 $a+d=2$，首先可以计算出 common difference $d=-4$. 需要计算前 80 项的和，运用求和公式得

$$S_{80}=\frac{80}{2}\left[6+6+79\times(-4)\right]=-12160.$$

(ii) 本小问是一道关于等比数列的题目．首项 $a=6$，第二项 $ar=2$，所以 common ratio $r=\frac{2}{6}=\frac{1}{3}.$

sum to infinity: $S_\infty=\frac{a}{1-r}=\frac{6}{1-\frac{1}{3}}=9.$

Q5 知识点

(i) trigonometric identity
(ii) solving trigonometric function

(i) 本小问是一道化简题目，首先将原式的左侧进行通分：

$$\frac{(\cos\theta-4)(5\cos\theta-2)-4\sin^2\theta}{\sin\theta(5\cos\theta-2)}=0,$$

左侧分式只要分子等于零即可，展开括号得

$$5\cos^2\theta-2\cos\theta-20\cos\theta+8-4\sin^2\theta=0,$$

因为题目要求把等式转化为关于 $\cos\theta$ 的二次方程，所以

还需用 $(1-\cos^2\theta)$ 把 $\sin^2\theta$ 替换掉：

$$5\cos^2\theta-22\cos\theta+8-4\left(1-\cos^2\theta\right)=0$$

$$\Rightarrow 9\cos^2\theta-22\cos\theta+4=0.$$

(ii) 本小问需要用第 (i) 小问的结论解方程．在第 (i) 小问中，方程已经被化简成：

$$9\cos^2\theta-22\cos\theta+4=0,$$

用 quadratic 求根公式解上述关于 $\cos\theta$ 的二次方程，得

$$\cos\theta=2.25\,(\text{reject}),\ \cos\theta=0.198,$$

注意 $-1\leqslant\cos\theta\leqslant1$，所以要 reject 第一个结果．又因为 $0°\leqslant\theta\leqslant360°$，所以方程的两个解为：

$$\theta_1=\cos^{-1}0.198=78.6°,$$

$$\theta_2=360°-78.6°=281.4°.$$

Q6 知识点

(i) finding stationary point
(ii) finding f(x) by using indefinite integral and boundary condition
(iii) using 2nd derivative to determine the nature of stationary point

(i) 根据题意，函数在 (3, 9.5) 处有 stationary point 意味着 $x=3$ 时，$\dfrac{dy}{dx}=0$：

$$0=3^2a+3a^2\Rightarrow a\left(9+3a\right)=0\Rightarrow a=-3\text{ or }a=0,$$

因为 a 是一个 non-zero constant，所以答案是 $a=-3$.

(ii) 代入第 (i) 小问中的结果 $a=-3$，$\dfrac{dy}{dx}=-3x^2+9x.$

积分以上一次导得原函数：

$$y=\int\left(-3x^2+9x\right)dx=-x^3+\frac{9}{2}x^2+C,$$

代入 curve 上的点 (3, 9.5) 求出常数 C 的值：

$$-27+\frac{9}{2}\times9+C=\frac{19}{2}\Rightarrow C=-4.$$

所以函数的解析式为：

$$y=-x^3+\frac{9}{2}x^2-4.$$

(iii) 首先要计算函数的二阶导数：

$$\frac{dy}{dx}=-3x^2+9x\Rightarrow\frac{d^2y}{dx^2}=-6x+9.$$

当 $x=3$ 时，$\dfrac{d^2y}{dx^2}=-6\times3+9=-9<0$，因此点 (3, 9.5) 是 maximum point.

Q7 知识点

(i) basic calculation
(ii) intersection of two lines
(iii) area by definite integral

(i) 本小问求的是 k 的值，可以直接代入已知点 A (2, 2):

$$2=k\left(8-7\times4+12\times2\right)\Rightarrow2=4k\Rightarrow k=\frac{1}{2}.$$

(ii) 本小问只需将 $x=5$ 代入 curve 的解析式中，证明 $y=5$ 即可说明 curve 与直线 $y=x$ 相交．

当 $x=5$ 时，$y=\dfrac{1}{2}\times\left(5^3-7\times5^2+12\times5\right)$

$$=\frac{1}{2}\times\left(125-175+60\right)=\frac{1}{2}\times10=5.$$

所以点 (5, 5) 在 curve 上，curve 与直线 $y=x$ 相交于点 (5, 5).

(iii) 本小问求的是 curve 于直线相夹的阴影面积的大小，可以用积分来算：

$$\text{area}=\int_0^2\left[\frac{1}{2}\left(x^3-7x^2+12x\right)-x\right]dx=\int_0^2\left(\frac{1}{2}x^3-\frac{7}{2}x^2+5x\right)dx$$

$$=\left[\frac{1}{8}x^4-\frac{7}{6}x^3+\frac{5}{2}x^2\right]_0^2$$

$$\Rightarrow\text{area}=\left(2-\frac{28}{3}+10\right)-0=\frac{8}{3}.$$

Q8 知识点

(i) vectors addition/subtraction
(ii) unit vector
(iii) vector dot product

(i) 本小问要求的向量 $\overrightarrow{DF}=\overrightarrow{OF}-\overrightarrow{OD}$，所以只要将 F，D 两个点的 position vector 算出即可．由图像可以看出：

$$\overrightarrow{OD}=\begin{pmatrix}6\\0\\4\end{pmatrix},\overrightarrow{OF}=\begin{pmatrix}0\\0\\6\end{pmatrix},$$

因此，$\overrightarrow{DF}=\begin{pmatrix}0\\0\\6\end{pmatrix}-\begin{pmatrix}6\\0\\4\end{pmatrix}=\begin{pmatrix}-6\\0\\2\end{pmatrix}=-6\mathbf{i}+2\mathbf{k}.$

(ii) 首先，向量 $\overrightarrow{EF}=\overrightarrow{OF}-\overrightarrow{OE}$，并且在第 (i) 小问中已经求出了 $\overrightarrow{OF}=\begin{pmatrix}0\\0\\6\end{pmatrix}$，所以只要将 E 点的 position vector 算出即可 . 由图像可以看出：$\overrightarrow{OE}=\begin{pmatrix}6\\3\\4\end{pmatrix}$，

因此，$\overrightarrow{EF}=\begin{pmatrix}0\\0\\6\end{pmatrix}-\begin{pmatrix}6\\3\\4\end{pmatrix}=\begin{pmatrix}-6\\-3\\2\end{pmatrix}$.

本小问要求的 unit vector 为方向与 $\overrightarrow{EF}$ 相同，长度为 1 的向量 . 计算模长 $\left|\overrightarrow{EF}\right|=\sqrt{6^2+3^2+2^2}=7$，因此 unit vector $=\frac{1}{7}\overrightarrow{EF}=\frac{1}{7}\begin{pmatrix}-6\\-3\\2\end{pmatrix}$.

(iii) 计算 $\angle EFD$ 需要用到点乘 $\overrightarrow{EF}\bullet\overrightarrow{DF}=\left|\overrightarrow{EF}\right|\bullet\left|\overrightarrow{DF}\right|\cos\angle EFD$，运用第 (i) 和 (ii) 小问的结论：

$$\begin{pmatrix}-6\\-3\\2\end{pmatrix}\bullet\begin{pmatrix}-6\\0\\2\end{pmatrix}=7\times\sqrt{6^2+2^2}\cos\angle EFD$$

$$\Rightarrow 36+4=7\times\sqrt{40}\cos\angle EFD$$

$$\Rightarrow \cos\angle EFD=\frac{40}{7\sqrt{40}}\Rightarrow\angle EFD=25.4°.$$

Q9 知识点

sector area

阴影部分的面积可以写成：

$A_{\triangle AOB}-A_{\text{sector }BOC}-A_{\text{sector }BAC}$

计算直角三角形面积 $A_{\triangle AOB}$ 需要求出底边变长 OB:

$$\tan\frac{1}{5}\pi=\frac{AB}{OB}\Rightarrow OB=\frac{5}{\tan\frac{1}{5}\pi}=6.88\text{cm}.$$

因此，直角三角形面积 $A_{\triangle AOB}=\frac{1}{2}\times5\times6.88=17.2\text{ cm}^2$.

接下来，套用公式 area $=\frac{1}{2}r^2\theta$ 计算两个扇形面积：

$$A_{\text{sector }BAC}=\frac{1}{2}\times5^2\times\left(\frac{\pi}{2}-\frac{\pi}{5}\right)=11.78\text{ cm}^2.$$

计算扇形 BOC 的面积需要先求出它的半径：

$OC=OA-AC$,

$$\sin\frac{1}{5}\pi=\frac{AB}{OA}\Rightarrow OA=\frac{5}{\sin\frac{1}{5}\pi}=8.507\text{cm}$$

$$\Rightarrow OC=OA-AC=8.507-5=3.507\text{cm}$$

$$\Rightarrow A_{\text{sector }BAC}=\frac{1}{2}\times3.507^2\times\frac{\pi}{5}=3.86\text{ cm}^2.$$

最后，阴影部分的面积为：

shaded area $=17.2-11.78-3.86=1.56\text{ cm}^2$.

Q10 知识点

(i) (a) tangent and normal
(b) the coordinate of intersection
(ii) rate of change

(i)

(a) 本小问需要算出过点 $A\left(1,\frac{1}{2}\right)$ 的 normal 的方程，首先需要把 normal 的斜率求出来 .

通过求导，可以得到 tangent 的斜率：

$$\frac{dy}{dx}=\frac{1}{2}\times(-1)(4x-3)^{-2}\times4=-2(4x-3)^{-2},$$

注意，因为 $(4x-3)$ 中 x 前面有一个系数 4，用 chain rule 求导时需要乘出来 .

因此，当 $x=1$ 时 tangent 的斜率 $\frac{dy}{dx}=-2$，平面内互相垂直的两直线斜率乘积为 −1，所以 normal 的斜率为 $\frac{1}{2}$. 将 normal 的方程设为 $y=\frac{1}{2}x+C$，代入点 $A\left(1,\frac{1}{2}\right)$ 的坐标求出 C 的值：$\frac{1}{2}=\frac{1}{2}\times1+C\Rightarrow C=0$，最终得 normal 的方程为：$y=\frac{1}{2}x$.

(b) 本小问需要求的是第 (a) 小问中得的 normal $y=\frac{1}{2}x$ 与 curve $y=\frac{1}{2}(4x-3)^{-1}$ 再次相交时的交点坐标 . 联立两个式子：

$$\frac{1}{2}(4x-3)^{-1}=\frac{1}{2}x\Rightarrow\frac{1}{2(4x-3)}=\frac{x}{2}\Rightarrow2=2x(4x-3)$$

$$\Rightarrow1=4x^2-3x\Rightarrow4x^2-3x-1=0$$

$$\Rightarrow(4x+1)(x-1)=0\Rightarrow x_1=-\frac{1}{4},x_2=1.$$

注意，因为 $x_2=1$ 对应的是第 (a) 小问中的点 A，所以另一个交点的 x-coordinate 应是 $-\frac{1}{4}$.

(ii) 已知动点经过点 A 时，$\frac{dx}{dt}=-0.3$，注意因为条件给出速率是减小的，所以 0.3 前要有负号．又因为在第 (i) 小问中已经计算出 A 点的 $\frac{dy}{dx}=-2$，可以代入计算 y 的变化率：

$\frac{dy}{dt}=\frac{dy}{dx}\times\frac{dx}{dt}=(-2)\times(-0.3)=0.6.$

Q11 知识点

(a) (i) one-to-one function domain
(ii) inverse function and domain
(b) (i) composite function
(ii) binomial expansion with positive integer exponent

(a)

(i) 本小问要求找到使 $f(x)$ 是 one-to-one function 的 a 的最大值．注意到 $f(x)=(x-3)^2-1$ 的图像为开口向上、最低点坐标是 (3，-1) 的抛物线．若 $f(x)$ 在 $x<a$ 上是 one-to-one function，只能取最低点左侧部分，如下图中灰线所示：

(3,−1)

所以，只要当 $x<3$，函数就是 one-to-one 的，即 a 的最大值为 3.

(ii) 本小问首先让写出 $x<3$ 时 $f(x)$ 的 range，根据 $f(x)$ 的图像，$x<3$ 对应最低点 (3，−1) 左侧部分，并且由于 $x\neq 3, f(x)\neq -1$，所以 range 是 $f(x)>-1$.

下面求 inverse function:

$y=(x-3)^2-1\Rightarrow y+1=(x-3)^2\Rightarrow x-3=-\sqrt{y+1}$

$\Rightarrow x=3-\sqrt{y+1},$

注意，因为 $x<3$，所以 $x-3<0$，要取负的根号值，因此：

$f^{-1}(x)=3-\sqrt{x+1}.$

(b)

(i) 首先求出 $g(2x)$ 的值，

$g(x)=(x-3)^2\Rightarrow g(2x)=(2x-3)^2$，因此：

$gg(2x)=\left[g(2x)-3\right]^2=\left[(2x-3)^2-3\right]^2$

$=(2x-3)^4-6(2x-3)^2+9,$

所以 $b=-6, c=9$.

(ii) 首先通过 binomial expansion 公式展开 $gg(2x)=(2x-3)^4-6(2x-3)^2+9$ 中的 $(2x-3)^4$：

$(2x-3)^4=\binom{4}{0}(2x)^4+\binom{4}{1}(2x)^3(-3)+\binom{4}{2}(2x)^2(-3)^2+\binom{4}{3}(2x)(-3)^3+\binom{4}{4}(-3)^4,$

并且通过完全平方公式展开

$-6(2x-3)^2=-6(4x^2-12x+9),$

代入并化简后得

$gg(2x)=16x^4-96x^3+261x^2-216x+81-24x^2+72x-54+9,$

合并同类项化简后：

$gg(2x)=16x^4-96x^3+192x^2-144x+36.$

9709_w18_qp_12

Q1 知识点

binomial expansion with positive integer exponent

本题需要找 $\left(3x+\frac{2}{3x^2}\right)^7$ 展开式中 x^{-2} 项的系数，由于总的 power 是 7，所以 $(3x)^4$ 与 $\left(\frac{2}{3x^2}\right)^3$ 相乘后可以得 x^{-2} 项：

$\binom{7}{4}\times(3x)^4\times\left(\frac{2}{3x^2}\right)^3$

$=35\times3^4\times\frac{2^3}{3^3}x^{-2}=840x^{-2}$，所以 x^{-2} 项的系数是 840.

Q2 知识点

definite integral

本题需要求积分：

$$\int_1^4\left(\sqrt{x}+\frac{2}{\sqrt{x}}\right)\mathrm{d}x=\int_1^4\left(x^{\frac{1}{2}}+2x^{-\frac{1}{2}}\right)\mathrm{d}x=\left[\frac{2}{3}x^{\frac{3}{2}}+2\times2x^{\frac{1}{2}}\right]_1^4$$
$$=\left(\frac{2}{3}\times8+4\times2\right)-\left(\frac{2}{3}+4\right)=\frac{26}{3}.$$

Q3 知识点

(i) distance between two points
(ii) using 1st derivative for maximum

(i) 因为 PQ 与 x 轴平行，所以 P，Q 两点的 x-coordinate 相同，$x=t$，因为点 P 在直线 $y=5x$ 上，所以点 P 坐标为 $(t,5t)$；同理，因为点 Q 在函数 $y=x(9-x^2)$ 上，所以 Q $(t,t(9-t^2))$. PQ 的长度可以用 P，Q 的 y-coordinate 相减得 $t(9-t^2)-5t=9t-t^3-5t=4t-t^3$，$PQ$ 长度为 $4t-t^3$.

(ii) 本小问需要求出 PQ 的最大长度 . 在第 (i) 小问中已经求得了 PQ 长度 $d=4t-t^3$，求导得 stationary point:

$$\frac{\mathrm{d}d}{\mathrm{d}t}=4-3t^2=0\Rightarrow4=3t^2\Rightarrow t^2=\frac{4}{3}\Rightarrow t=\sqrt{\frac{4}{3}}.$$

注意因为从图像中可以看出 $t>0$，所以开根号时取正值即可 .

$$PQ_{\max}=4\times\sqrt{\frac{4}{3}}-\left(\sqrt{\frac{4}{3}}\right)^3=\frac{16}{3\sqrt{3}}.$$

Q4 知识点

(i) composite function
(ii) trigonometry graphs and transformations

(i) 本小问是一道解方程的题目 . 求函数 $\mathrm{fg}(x)$ 的方程需要把 $\mathrm{g}(x)$ 代入 $\mathrm{f}(x)$ 的方程中，替换掉其中的 x:

$$\mathrm{fg}(x)=2-3\cos(\mathrm{g}(x))=2-3\cos\left(\frac{1}{2}x\right).$$

解方程 $\mathrm{fg}(x)=1$:

$$2-3\cos\left(\frac{1}{2}x\right)=1\Rightarrow3\cos\left(\frac{1}{2}x\right)=1\Rightarrow\cos\left(\frac{1}{2}x\right)=\frac{1}{3}.$$

因为 $0\leqslant x\leqslant2\pi$，所以 $0\leqslant\frac{1}{2}x\leqslant\pi$，在这个取值范围内 $\cos\left(\frac{1}{2}x\right)=\frac{1}{3}$ 有且仅有一个解：

$$\frac{1}{2}x=1.23\Rightarrow x=1.23\times2=2.46.$$

(ii) 本小问需要画出 $\mathrm{f}(x)=2-3\cos x$ 的图像，可以用图像变化的方法把 $\mathrm{f}(x)$ 一步步地画出来：

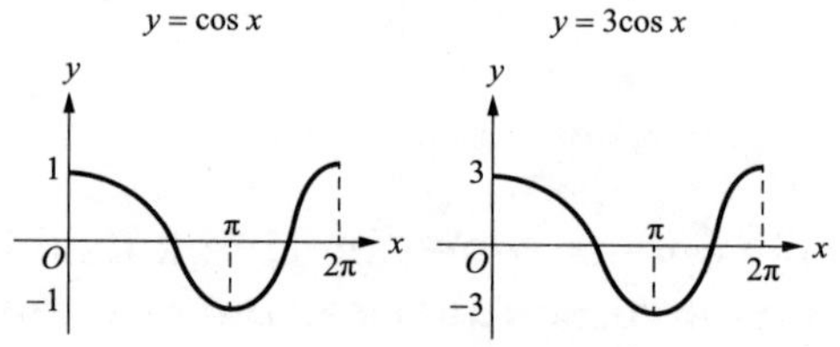

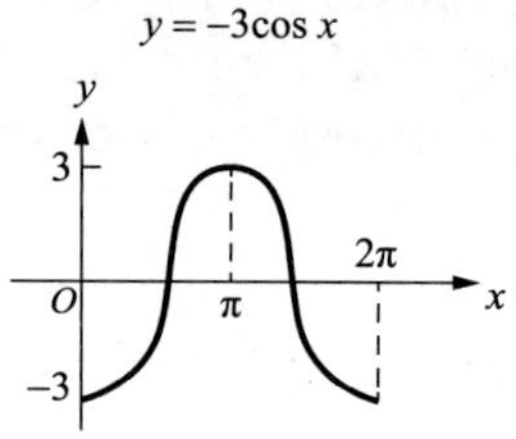

最终得

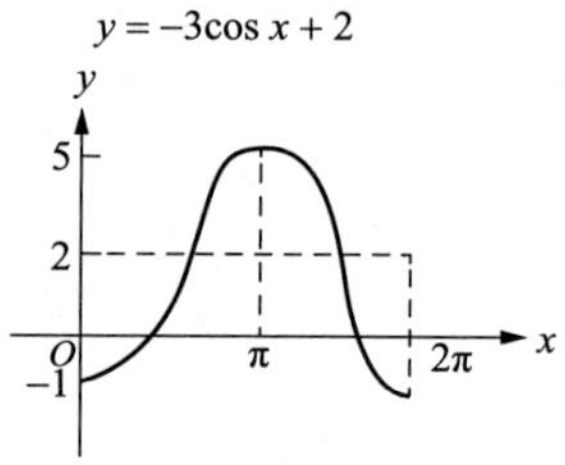

Q5 知识点

arithmetic progression, geometric progression

(i) 在题目的等差数列中，有下表：

a	$a+d$	$a+2d$
4	x	y

等比数列中有下表：

a_1	a_1r	a_1r^2
x	y	18

列出方程可以得

$$\begin{cases}d=x-4=y=x\\ r=\dfrac{y}{x}=\dfrac{18}{y}\end{cases}\Rightarrow\begin{cases}2x-4=y\\ y^2=18x\end{cases}$$

$\Rightarrow (2x-4)^2 = 18x \Rightarrow 4x^2 - 16x + 16 = 18x$

$\Rightarrow 4x^2 - 34x + 16 = 0$

$\Rightarrow 2x^2 - 17x + 8 = 0$

$\Rightarrow (x-8)(2x-1) = 0.$

解得，当 $x_1 = 8$时，$y_1 = 2\times 8 - 4 = 12$；当 $x_2 = \frac{1}{2}$ 时，$y_2 = 2\times\frac{1}{2} - 4 = -3$ 又因为题目中要求 x，y 为正数，所以 x_2, y_2 不满足条件 .因此唯一的一组解为：$x = 8$，$y = 12$.

(ii) 代入第 (i) 小问中的计算结果，等差数列的 common difference 为 4，所以有下表：

a	$a+d$	$a+2d$	$a+3d$ (4th term)
4	8	12	16

等差数列的第四项为 16.

又因为等比数列的 common ratio 为 1.5，见下表：

a_1	a_1r	a_1r^2	a_1r^3 (4th term)
8	12	18	27

等比数列的第四项为 27.

Q6 知识点

(i) definition of trigonometry
(ii) using trigonometric identities to solve equations

(i) 在△DBC 中，$BC = 20$ cm，所以

$$\sin\theta = \frac{BD}{BC} \Rightarrow BD = 20\sin\theta,$$

在三角形 ABC 中，$AD = 9$ cm，又因为 $\angle BAD = 90° - \theta$，所以 $\angle ABD = \theta$:

$$\tan\theta = \frac{AD}{BD} \Rightarrow BD = \frac{9}{\tan\theta} = \frac{9\cos\theta}{\sin\theta}.$$

联立两个 BD 的方程得

$$20\sin\theta = \frac{9\cos\theta}{\sin\theta}$$

$$\Rightarrow 20\sin^2\theta = 9\cos\theta.$$

(ii) 解第 (i) 小问的方程得

$$20\sin^2\theta = 9\cos\theta$$

$$\Rightarrow 20(1-\cos^2\theta) = 9\cos\theta$$

$$\Rightarrow 20\cos^2\theta + 9\cos\theta - 20 = 0$$

$$\Rightarrow (5\cos\theta - 4)(4\cos\theta + 5) = 0$$

$$\Rightarrow \cos\theta = \frac{4}{5} \text{ or } -\frac{5}{4}(\text{reject, 因为} -1 \leqslant \cos\theta \leqslant 1).$$

因为 θ 是锐角，所以用计算器可以直接算得唯一的解 $\theta = 36.9°$.

Q7 知识点

vectors addition/subtraction, vector dot product

根据图像可以首先得 P，M 和 N 的 position vectors：

$$\overrightarrow{OP} = \begin{pmatrix}-4\\0\\12\end{pmatrix}, \overrightarrow{OM} = \begin{pmatrix}0\\4\\6\end{pmatrix}, \overrightarrow{ON} = \begin{pmatrix}4\\0\\4\end{pmatrix},$$

从而求得

$$\overrightarrow{PN} = \overrightarrow{ON} - \overrightarrow{OP} = \begin{pmatrix}4\\0\\4\end{pmatrix} - \begin{pmatrix}-4\\0\\12\end{pmatrix} = \begin{pmatrix}8\\0\\-8\end{pmatrix},$$

$$\overrightarrow{PM} = \overrightarrow{OM} - \overrightarrow{OP} = \begin{pmatrix}0\\4\\6\end{pmatrix} - \begin{pmatrix}-4\\0\\12\end{pmatrix} = \begin{pmatrix}4\\4\\-6\end{pmatrix}.$$

下面计算两个向量的点乘：

$$\overrightarrow{PN}\cdot\overrightarrow{PM} = \begin{pmatrix}8\\0\\-8\end{pmatrix}\cdot\begin{pmatrix}4\\4\\-6\end{pmatrix} = 32 + 48 = 80,$$

最后利用公式 $\overrightarrow{PN}\cdot\overrightarrow{PM} = |\overrightarrow{PN}|\cdot|\overrightarrow{PM}|\cos\angle MPN$ 求出 $\angle MPN$ 的大小：

$$80 = \sqrt{8^2+8^2}\times\sqrt{4^2+4^2+6^2}\times\cos\angle MPN$$

$$\Rightarrow \cos\angle MPN = \frac{80}{\sqrt{128\times 68}} = 0.8575$$

$$\Rightarrow \angle MPN = 31.0°.$$

Q8 知识点

(i) plane geometry
(ii) arc length

(i) 求 $\angle CBY$ 的值只需要算出它的补角 $\angle ABC$ 的值，再用 π 减去得的结果即可 . 过点 B 向底边 AC 作高，垂足为 M:

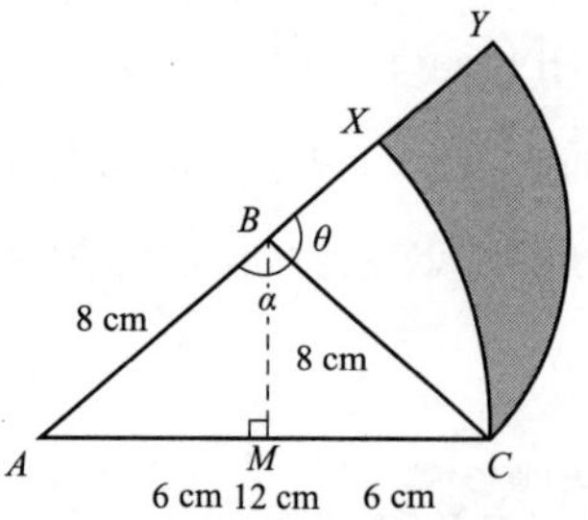

因为$\triangle ABC$为等腰三角形，所以M为AC边中点，

$AM = CM = 6$ cm， BM平分$\angle CBA$：

$\sin\angle ABM = \frac{6}{8} = \frac{3}{4} \Rightarrow \angle ABM = 0.848$

$\Rightarrow \angle ABC = 2\times 0.848 = 1.696$

$\Rightarrow \angle CBY = \pi - 1.696 = 1.445.$

(ii) 阴影部分的周长分为三个部分：线段XY，arc XC和arc CY.

首先线段长度$XY = BY - BX$，其中$BY = BC = 8$ cm，$BX = AX - AB = 12 - 8 = 4$ cm，因此

$XY = 8 - 4 = 4$ cm,

因为$\angle BAC = \angle BCA = \frac{1}{2}\angle CBY$，所以

arc length $XC = AC\times\angle BAC = 12\times\frac{1}{2}\times 1.445 = 8.67$ cm,

arc length $YC = BC\times\angle CBY = 8\times 1.445 = 11.56$ cm.

最后，阴影部分的周长是$4 + 8.67 + 11.56 = 24.2$ cm.

Q9 知识点

(i) completing the square
(ii) using completed square form for the range of quadratic function
(iii) one-to-one function domain
(iv) inverse function

(i) 本小问需要将$2x^2 - 12x + 7$配方成$2(x+a)^2 + b$的形式. 首先要把x^2系数2提出来，

$3x^2 - 12x + 7 = 2(x^2 - 6x) + 7,$

接着要把括号内的式子凑成完全平方，括号内配成平方还需要加上9，于是需要在括号外把多加上的18减去，

$2x^2 - 12x + 7 = 2(x^2 - 6x + 9) - 18 + 7 = 2(x-3)^2 - 11.$

(ii) 在第(i)小问中，已经求出$f(x) = 2(x-3)^2 - 11$，因为$(x-3)^2 \geqslant 0$，所以-11为$f(x)$的最小值. 因此函数的range为$f(x) \geqslant -11$.

(iii) 根据第(i)小问，$g(x) = 2(x-3)^2 - 11$，$x \leqslant k$，注意到$g(x)$的图像为开口向上、最低点坐标是(3,-11)的抛物线. 若$g(x)$在$x \leqslant k$上有inverse，那么函数必须是one-to-one function，只能取最低点左侧部分，如图中灰线所示：

(3,−11)

所以，只要当$x \leqslant 3$，函数就是one-to-one的，即k的最大值为3.

(iv) 本小问让求$g(x) = 2(x-3)^2 - 11, x \leqslant 3$时的inverse function:

$y = 2(x-3)^2 - 11 \Rightarrow y + 11 = 2(x-3)^2 \Rightarrow (x-3)^2 = \frac{y+11}{2},$

注意，因为$x < 3$，所以$x - 3 < 0$，开根号时要取负的值：

$x - 3 = -\sqrt{\frac{y+11}{2}} \Rightarrow x = 3 - \sqrt{\frac{y+11}{2}},$

因此，$g^{-1}(x) = 3 - \sqrt{\frac{x+11}{2}}.$

Q10 知识点

(i) using discriminant to determine point intersection, solving quadratic inequality
(ii) intersection
(iii) tangent equation, mid-point, perpendicular lines

(i) 本小问让求出直线$y + x = k$与curve $y = 2x + \frac{12}{x}$不相交时k的取值范围，联立两个方程：

$$\begin{cases} y = -x + k \\ y = 2x + \frac{12}{x} \end{cases} \Rightarrow 2x + \frac{12}{x} = -x + k \Rightarrow 2x^2 + 12 = -x^2 + kx$$

$\Rightarrow 3x^2 - kx + 12 = 0,$

直线与curve没有交点，所以方程无解，$b^2 - 4ac < 0,$

$(-k)^2 - 4\times 3\times 12 < 0 \Rightarrow k^2 < 144 \Rightarrow -12 < k < 12.$

(ii) 利用第(i)小问中联立两个方程得的关于x的等式

$3x^2-kx+12=0$，代入 $k=15$：

$3x^2-15x+12=0 \Rightarrow x^2-5x+4=0$

$\Rightarrow (x-4)(x-1)=0 \Rightarrow x_1=4,\ x_2=1.$

当 $x_1=4$ 时，$y_1=-4+15=11$;

当 $x_2=1$ 时，$y_2=-1+15=14$.

因此，两交点坐标分别为 $A(4,11)$ 和 $B(1,14)$.

(iii) 本小问求的是线段 AB 的中垂线 .

首先找到 AB 的斜率：

$m_{AB}=\dfrac{14-11}{1-4}=-1,$

因此，中垂线的斜率为 1，接着算出 AB 的中点坐标：

$M=\left(\dfrac{4+1}{2},\dfrac{14+11}{2}\right)=\left(\dfrac{5}{2},\dfrac{25}{2}\right).$

设 AB 中垂线的方程为 $y=x+c$，则有：

$\dfrac{25}{2}=\dfrac{5}{2}+c \Rightarrow c=10,$

最终得到 AB 的中垂线的方程为：

$y=x+10.$

Q11 知识点

(i) 1st derivative, integration
(ii) using 1st derivative for stationary point
(iii) area by definite integral

(i) 本小问需要分别求出 $y=3(4x+1)^{\frac{1}{2}}-2x$ 的一阶导和积分：

$\dfrac{dy}{dx}=3\times\dfrac{1}{2}(4x+1)^{-\frac{1}{2}}\times4-2=6(4x+1)^{-\frac{1}{2}}-2$，

注意，因为 $(4x+1)$ 中 x 前面有一个系数 4，用 chain rule 求导时需要除以系数 .

下面求积分：

$\int y\mathrm{d}x=\int\left[3(4x+1)^{\frac{1}{2}}-2x\right]\mathrm{d}x=3\times\dfrac{2}{3}(4x+1)^{\frac{3}{2}}\times\dfrac{1}{4}-x^2+C$

$=\dfrac{1}{2}(4x+1)^{\frac{3}{2}}-x^2+C$，

注意，积分结果里面乘的 $\dfrac{1}{4}$ 是由于括号里的 x 前面有一个 4，reverse chain rule 积分时需要乘出来 .

(ii) 因为 M 是 $y=3(4x+1)^{\frac{1}{2}}-2x$ 的 stationary point，所以 $\dfrac{dy}{dx}=0$ 解得

$6(4x+1)^{-\frac{1}{2}}-2=0 \Rightarrow (4x+1)^{-\frac{1}{2}}=\dfrac{1}{3} \Rightarrow (4x+1)^{\frac{1}{2}}=3$

$\Rightarrow 4x+1=9 \Rightarrow 4x=8 \Rightarrow x=2,$

$y=3\times(4\times2+1)^{\frac{1}{2}}-2\times2=9-4=5.$

因此，M 的坐标是 $(2,5)$.

(iii) 阴影部分的面积可以通过 curve 下的面积减去梯形面积计算 . 首先算出点 A 的坐标：

当 $x=0$ 时，$y=3\times(4\times0+1)^{\frac{1}{2}}-0=3$，根据第 (i) 小问中算出的积分公式，curve 下方面积的大小为：

$\int_0^2\left[3(4x+1)^{\frac{1}{2}}-2x\right]\mathrm{d}x=\left[\dfrac{1}{2}(4x+1)^{\frac{3}{2}}-x^2\right]_0^2$

$=\left(\dfrac{1}{2}(4\times2+1)^{\frac{3}{2}}-4\right)-\left(\dfrac{1}{2}\times1-0\right)=9,$

梯形的面积为：$\dfrac{1}{2}\times(3+5)\times2=8,$

两个面积相减得阴影部分面积为 $9-8=1$.

9709_w18_qp_13

Q1 知识点

binomial expansion with positive integer exponent

本题需要找 $\left(x-\dfrac{2}{x}\right)^7$ 展开式中 $\dfrac{1}{x^3}$ 的系数 . 因为是 7 次方的展开，所以 $\left(-\dfrac{2}{x}\right)$ 的幂需要比 x 的幂多 3，两项相乘才能得 $\dfrac{1}{x^3}$ 项 . 因此 $\dfrac{1}{x^3}$ 项为：

$\binom{7}{2}\times x^2\times\left(-\dfrac{2}{x}\right)^5=21x^2\times(-2)^5x^{-5}=-672x^{-3},$

$\dfrac{1}{x^3}$ 项的系数为 -672.

Q2 知识点

increasing and decreasing functions

这道题需要判断 $f(x)=x^3+2x^2-4x+7$ 的增减性，因此先求导：

$\frac{dy}{dx}=3x^2+4x-4=(3x-2)(x+2)$,

当 $x\geqslant -2$ 时，$\frac{dy}{dx}$ 的图像如图中灰线部分所示：

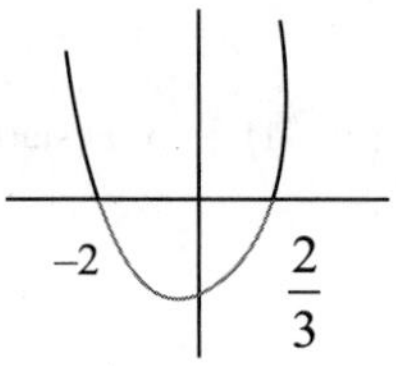

当 $x>\frac{2}{3}$ 时，$\frac{dy}{dx}>0$，$y=f(x)$ 为 increasing;

当 $-2<x<\frac{2}{3}$ 时，$\frac{dy}{dx}<0$，$y=f(x)$ 为 decreasing.

所以整体上 $f(x)$ 即不是增函数，也不是减函数，答案应为 “neither”.

Q3 知识点

(i) arc length
(ii) sector area, area of triangle

(i) arc length 计算公式为 $l=r\theta$，因此

$4=5\times\theta\Rightarrow\angle BAC=\theta=0.8$ radians.

(ii) 连接 BC，阴影部分的面积为 $\triangle CBD$ 面积减去 segment BC 的面积 .

segment 面积是扇形 ABC 减去三角形 ABC 的面积，因此

$\text{area}_{\text{segment}}=\frac{1}{2}r^2\theta-\frac{1}{2}r^2\sin\theta=\frac{1}{2}\times5^2\times0.8-\frac{1}{2}\times5^2\times\sin0.8$
$=1.033.$

过点 C 向 AB 边作垂线，垂足为 M，则有：

$\sin0.8=\frac{CM}{AC}\Rightarrow BD=CM=5\sin0.8=3.587,$

$\cos0.8=\frac{AM}{AC}\Rightarrow AM=5\cos0.8=3.484$

$\Rightarrow CD=BM=AB-AM=5-3.484=1.516.$

所以三角形 CBD 面积为：

$\text{area}_{\triangle CBD}=\frac{1}{2}\times3.587\times1.516=2.719.$

最后求得阴影部分面积为：

$\text{area}_{\text{segment}}-\text{area}_{\triangle CBD}=2.719-1.033=1.69.$

Q4 知识点

(i) gradient equation, perpendicular lines
(ii) distance between two points

(i) 根据题意，首先可以画出图像：

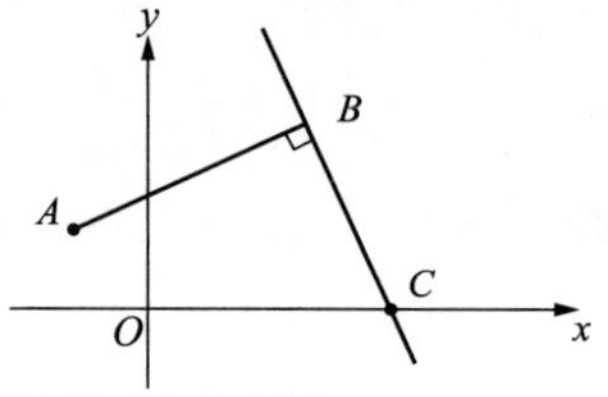

首先可以求出直线 AB 的斜率

$m_{AB}=\frac{4-1}{3-(-1)}=\frac{3}{4}$,

因为 AB 与 BC 互相垂直，所以 BC 的斜率 $m_{BC}=-\frac{4}{3}$. 设直线 BC 的方程为 $y=-\frac{4}{3}x+c$，又因为这条直线过点 $B(3,4)$，可以求得 $4=-\frac{4}{3}\times3+c\Rightarrow c=8$，所以 BC 的方程是：

$y=-\frac{4}{3}x+8.$

最后求出 BC 与 y 轴交点 C 的横坐标，当 $y=0$ 时：

$0=-\frac{4}{3}x+8\Rightarrow x=6$，点 C 的 x-coordinate 是 6.

(ii) 已知两个点的坐标 $A(-1,1)$，$C(6,0)$，两点之间的距离：

$AC=\sqrt{(6+1)^2+(0+1)^2}=\sqrt{49+1}=\sqrt{50}=7.071,$

注意最后结果要根据题意保留三位小数 .

Q5 知识点

arithmetic progression

这是一道关于等差数列的题目，首项 $a_1=a$，并且 common difference $d=3$.

套用等差数列第 n 项表达式：

$a_n=a+(n-1)d\Rightarrow94=a+(n-1)\times3\Rightarrow a+3n=97$
$\Rightarrow a=97-3n.$

套用等差数列前 n 项求和公式：

$S_n=\frac{n}{2}(a_1+a_n)\Rightarrow\frac{n}{2}(a+94)=1420.$

联立两个方程：

$\frac{n}{2}(97-3n+94)=1420\Rightarrow 191n-3n^2=2840$

$\Rightarrow 3n^2-191n+2840=0$

$\Rightarrow(n-40)(3n-71)=0$

$\Rightarrow n_1=40,\ n_2=\frac{71}{3}$(reject, n为整数).

因此， $n=40,\ a=97-3\times 40=-23.$

Q6 知识点

vector dot product

本题要求利用向量点乘公式

$\overrightarrow{BO}\cdot\overrightarrow{BF}=|\overrightarrow{BO}|\cdot|\overrightarrow{BF}|\cos\angle OBF$ 求出 $\angle OBF$ 的大小 .

根据图像可以看出：

$\overrightarrow{OB}=\begin{pmatrix}8\\6\\0\end{pmatrix}\Rightarrow\overrightarrow{BO}=-\overrightarrow{OB}=\begin{pmatrix}-8\\-6\\0\end{pmatrix};$

$\overrightarrow{OF}=\begin{pmatrix}4\\2\\7\end{pmatrix}\Rightarrow\overrightarrow{BF}=\overrightarrow{OF}-\overrightarrow{OB}=\begin{pmatrix}4\\2\\7\end{pmatrix}-\begin{pmatrix}8\\6\\0\end{pmatrix}=\begin{pmatrix}-4\\-4\\7\end{pmatrix}.$

将以上结果代入点乘公式：

$\begin{pmatrix}-8\\-6\\0\end{pmatrix}\cdot\begin{pmatrix}-4\\-4\\7\end{pmatrix}=\sqrt{8^2+6^2}\times\sqrt{4^2+4^2+7^2}\cos\angle OBF$

$\Rightarrow\cos\angle OBF=\frac{32+24}{\sqrt{100\times 81}}=\frac{56}{90}=\frac{28}{45}$

$\Rightarrow\angle OBF=\cos^{-1}\frac{28}{45}.$

Q7 知识点

(i) using trigonometric identities to prove equality
(ii) solving trigonometric function

(i) 本小问是一道证明题，可以从等式的左边开始推导：

$\text{LHS}=\frac{\tan\theta+1}{1+\cos\theta}+\frac{\tan\theta-1}{1-\cos\theta}$

$=\frac{(\tan\theta+1)(1-\cos\theta)+(\tan\theta-1)(1+\cos\theta)}{(1+\cos\theta)(1-\cos\theta)}$

$=\frac{\tan\theta-\tan\theta\cos\theta+1-\cos\theta+\tan\theta+\tan\theta\cos\theta-1-\cos\theta}{1-\cos^2\theta}$

$=\frac{2\tan\theta-2\cos\theta}{\sin^2\theta}=\frac{2(\tan\theta-\cos\theta)}{\sin^2\theta}.$

(ii) 利用第 (i) 小问的结论，方程可以转化为：

$\frac{2(\tan\theta-\cos\theta)}{\sin^2\theta}=0\Rightarrow 2(\tan\theta-\cos\theta)=0\Rightarrow\tan\theta=\cos\theta,$

利用公式 $\tan\theta=\frac{\sin\theta}{\cos\theta}$，得

$\frac{\sin\theta}{\cos\theta}=\cos\theta\Rightarrow\sin\theta=\cos^2\theta\Rightarrow\sin\theta=1-\sin^2\theta$

$\Rightarrow\sin^2\theta+\sin\theta-1=0$

$\Rightarrow\sin\theta=0.61\text{ or }-1.618$ (reject, $-1\leqslant\sin\theta\leqslant 1$),

因为 $\sin\theta=0.61,\ 0°<\theta<90°$，所以用计算器可以解得方程的唯一解 $\theta=38.2°$.

Q8 知识点

(i) finding f(x) by using indefinite integral and boundary condition
(ii) using 1st derivative for stationary point

(i) 求 curve 的方程需要对它的一阶导 $\frac{dy}{dx}$ 进行积分：

$y=\int(ax^2+bx-4)\,dx=\frac{1}{3}ax^3+\frac{1}{2}bx^2-4x+C,$

因为点 $(0,11)$ 在 curve 上，可以代入其坐标求出常数 C:

$11=0+0-0+C\Rightarrow C=11,$

因此，curve 的方程为：

$y=\frac{1}{3}ax^3+\frac{1}{2}bx^2-4x+11.$

(ii) 首先，因为 $(2,3)$ 在 $y=\frac{1}{3}ax^3+\frac{1}{2}bx^2-4x+11$ 上，可以代入其坐标得关于 a，b 的第一个等式：

$3=\frac{8}{3}a+2b-8+11\Rightarrow\frac{8}{3}a+2b=0,$

又因为 $(2,3)$ 是 curve 的 stationary point，所以当 $x=2$ 时，$\frac{dy}{dx}=0$，得第二个等式：

$4a+2b-4=0.$

联立两个等式可求出 a，b 的值：

$\begin{cases}\frac{8}{3}a+2b=0\\4a+2b=4\end{cases}\Rightarrow\begin{cases}4a-\frac{8}{3}a=4\Rightarrow a=3,\\12+2b=4\Rightarrow b=-4.\end{cases}$

Q9 知识点

(i) using discriminant to determine whether curves intersect
(ii) using discriminant for the coordiate of intersection

(i) 本小问需要证明不论 k 取什么值，curve $y=2x^2-3x+1$ 与直线 $y=kx+k^2$ 都可以相交．首先联立两个方程得

$2x^2-3x+1=kx+k^2 \Rightarrow 2x^2-(3+k)x+1-k^2=0$，
如果两线相交，那么上面的二次方程一定有解，

$$b^2-4ac=(3+k)^2-4\times2(1-k^2)=9+6k+k^2-8+8k^2$$
$$=9k^2+6k+1=(3k+1)^2\geqslant0,$$

不论 k 取什么值，$b^2-4ac\geqslant0$，两个 curve 一定相交．

(ii) 本小问让求当直线为 curve 的切线时，k 的取值以及切点的坐标．
因为直线与 curve 相切，所以它们有且仅有一个交点，

所以 $b^2-4ac=(3k+1)^2=0\Rightarrow k=-\frac{1}{3}$.

将 $k=-\frac{1}{3}$ 代入原方程，求出切点的坐标：

$$2x^2-(3+k)x+1-k^2=0\Rightarrow 2x^2-\frac{8}{3}x+\frac{8}{9}=0$$
$$\Rightarrow 18x^2-24x+8=0\Rightarrow 9x^2-12x+4=0$$
$$\Rightarrow(3x-2)^2=0$$
$$\Rightarrow x=\frac{2}{3}$$
$$\Rightarrow y=kx+k^2=-\frac{1}{3}\times\frac{2}{3}+\left(-\frac{1}{3}\right)^2=-\frac{1}{9}.$$

切点的坐标为 $\left(\frac{2}{3},-\frac{1}{9}\right)$.

Q10 知识点

(i) volume of revolution about the *x*-axis
(ii) equations of straight lines

(i) 套用 volume of revolution 计算公式 $V=\pi\int y^2\mathrm{d}x$，

$y=2(3x-1)^{-\frac{1}{3}}$：

$$V=\pi\int_{\frac{2}{3}}^{3}4(3x-1)^{-\frac{2}{3}}\mathrm{d}x=\pi\left[4(3x-1)^{\frac{1}{3}}\times3\times\frac{1}{3}\right]_{\frac{2}{3}}^{3}$$
$$=\pi\left[4(3x-1)^{\frac{1}{3}}\right]_{\frac{2}{3}}^{3}=\pi\left[\left(4\times8^{\frac{1}{3}}\right)-(4\times1)\right]$$
$$=4\pi.$$

注意，算积分时最后乘的 $\frac{1}{3}$ 是由于括号里的 x 前面有一个系数 3，用 reverse chain rule 进行积分时需要除以这个系数．

(ii) 首先将 A 点的横坐标 $x=\frac{2}{3}$ 代入 curve 的方程 $y=2(3x-1)^{-\frac{1}{3}}$ 得 $y=2$，因此点 A 的坐标为 $\left(\frac{2}{3},2\right)$.
curve 在 A 点的斜率通过一阶导可以求出：

$$\frac{\mathrm{d}y}{\mathrm{d}x}=2\times\left(-\frac{1}{3}\right)\times(3x-1)^{-\frac{4}{3}}\times3=-2(3x-1)^{-\frac{4}{3}},$$

注意，因为 $(3x-1)$ 中 x 前面有一个系数 3，用 chain rule 求导时需要乘出来．当 $x=\frac{2}{3}$ 时，$\frac{\mathrm{d}y}{\mathrm{d}x}=-2$, 因此 curve 在 A 点的斜率为 -2，normal 的斜率为 $\frac{1}{2}$.

设过点 $A\left(\frac{2}{3},2\right)$ 的 normal 方程为 $y=\frac{1}{2}x+c$,

$$2=\frac{1}{2}\times\frac{2}{3}+c\Rightarrow c=\frac{5}{3},$$

因此 normal 的直线方程为：

$$y=\frac{1}{2}x+\frac{5}{3}.$$

Q11 知识点

(i) completing the square
(ii) one-to-one function domain
(iii) inverse function and domain
(iv) composite function

(i) 本小问需要将 $\mathrm{f}(x)=2x^2-12x+11$ 配方成 $a(x+b)^2+c$ 的形式．

首先要把 x^2 系数 $a=2$ 提出来：

$\mathrm{f}(x)=2x^2-12x+11=2(x^2-6x)+11$,
接着要把括号内的式子凑成完全平方，括号内配成平方还需要加上 9，于是需要在括号外把多加上的 18 减去：

$$\mathrm{f}(x)=2(x^2-6x+9)-18+11=2(x-3)^2-7.$$

(ii) 在第 (i) 小问中，已经求出 $f(x)=2(x-3)^2-7$，它的图像为开口向上的抛物线，并且最低点坐标为 $(3,-7)$. 若 $f(x)$ 在 $x\leqslant k$ 上是 one-to-one function，只能取最低点左侧部分，如下图中灰线所示：

即当 $x\leqslant 3$ 时，$f(x)$ 是 one-to-one function，所以 k 的最大值为 3.

(iii) 当 $k=3$ 时，$x\leqslant 3$,

$y=2(x-3)^2-7\Rightarrow y+7=2(x-3)^2\Rightarrow (x-3)^2=\dfrac{y+7}{2}$,

注意，因为 $x\leqslant 3$，所以 $x-3\leqslant 0$，开根号时要取负的值：

$x-3=-\sqrt{\dfrac{y+7}{2}}\Rightarrow x=3-\sqrt{\dfrac{y+7}{2}}$,

因此，$f^{-1}(x)=3-\sqrt{\dfrac{x+7}{2}}$.

$f^{-1}(x)$ 的 domain 就是 $f(x)$ 的 range，参考第 (ii) 小问中 $f(x)$ 的图像：

$f(x)$ 的 range 是 $f(x)\geqslant -7$，因此 $f^{-1}(x)$ 的 domain 为 $x\geqslant -7$.

(iv) 当 $k=1$ 时，$f(x)=2(x-3)^2-7$, $x\leqslant 1$. 要使复合函数 $fg(x)$ 成立，$g(x)$ 的 range 必须在 $f(x)$ 的 domain 内，

$g(x)=x+3\leqslant 1\Rightarrow x\leqslant -2$.

因此 p 的最大值为 -2.

最后写出 $fg(x)$ 的表达式：

$fg(x)=2\left[g(x)-3\right]^2-7=2\left[(x+3)-3\right]^2-7=2x^2-7$.

Paper 3

9709_m18_qp_32

Q1 知识点

trapezium rule

首先根据题目将 interval 三等分，得宽度

$$h=\frac{\frac{1}{4}\pi-0}{3}=\frac{\pi}{12}.$$

算出每个梯形变长的对应的值，见下表：

x	0	$\frac{\pi}{12}$	$\frac{\pi}{6}$	$\frac{\pi}{4}$
$y=\sqrt{1-\tan x}$	1	0.8556	0.6501	0

利用 trapezium rule 的公式求得

$$\int_0^{\frac{1}{4}\pi}\sqrt{1-\tan x}\,\mathrm{d}x\approx\frac{1}{2}\times\frac{\pi}{12}\times\left[1+2\times(0.8556+0.6501)+0\right]$$
$$=0.525.$$

Q2 知识点

binomial expansion with real exponent

利用 binomial expansion 公式将 $\sqrt[4]{1-4x}$ 展开得

$$(1-4x)^{\frac{1}{4}}=1+\frac{1}{4}\times(-4x)+\frac{\frac{1}{4}\times\left(-\frac{3}{4}\right)}{2!}\times(-4x)^2+$$
$$\frac{\frac{1}{4}\times\left(-\frac{3}{4}\right)\times\left(-\frac{7}{4}\right)}{3!}\times(-4x)^3$$
$$=1-x-\frac{3}{2}x^2-\frac{7}{2}x^3.$$

Q3 知识点

(i) trigonometric identity
(ii) integration of trigonometric functions

(i) 从等式左边推导：

$$\frac{1}{2}(\cos 4x+\cos 2x)=\frac{1}{2}\left(\cos(3x+x)+\cos(3x-x)\right)$$
$$=\frac{1}{2}(\cos 3x\cos x-\sin 3x\sin x+\cos 3x\cos x+\sin 3x\sin x)$$
$$=\frac{1}{2}\times 2\cos 3x\cos x=\cos 3x\cos x.$$

(ii) 将第 (i) 小问中的结果 $\frac{1}{2}(\cos 4x+\cos 2x)=\cos 3x\cos x$ 代入原积分：

$$\int_{-\frac{\pi}{6}}^{\frac{\pi}{6}}\cos 3x\cos x\,\mathrm{d}x=\int_{-\frac{\pi}{6}}^{\frac{\pi}{6}}\frac{1}{2}(\cos 4x+\cos 2x)\,\mathrm{d}x$$
$$=\left[\frac{1}{2}\times\left(\frac{1}{4}\sin 4x+\frac{1}{2}\sin 2x\right)\right]_{-\frac{\pi}{6}}^{\frac{\pi}{6}}$$
$$=\left(\frac{1}{8}\times\frac{\sqrt{3}}{2}+\frac{1}{4}\times\frac{\sqrt{3}}{2}\right)-\left(\frac{1}{8}\times\left(-\frac{\sqrt{3}}{2}\right)+\frac{1}{4}\times\left(-\frac{\sqrt{3}}{2}\right)\right)$$
$$=\frac{3}{8}\sqrt{3}.$$

Q4 知识点

(i) exponential, logarithm
(ii) solving simultaneous equation

(i) 将原式的左右两边同时取 $\ln(\cdots)$：

$y^n=Ax^3$

$\Rightarrow \ln y^n=\ln Ax^3,$

$n\ln y=\ln A+\ln x^3,$

$n\ln y=\ln A+3\ln x$,

set $\ln y=Y, \ln x=X$，则有：

$nY=3X+\ln A$,

$Y=\frac{3}{n}X+\frac{1}{n}\ln A$,

因此 $\ln y$ against $\ln x$ 的图像是斜率为 $\frac{3}{n}$，y-intercept 为 $\frac{1}{n}\ln A$ 的直线.

(ii) 将已知的 x、y 值代入第 (i) 小问的关系式 $n\ln y=\ln A+3\ln x$：

$$\begin{cases} n\ln 2.58=\ln A+3\ln 1.20, \\ n\ln 9.49=\ln A+3\ln 2.51. \end{cases}$$

两式相减：

$n(\ln 2.58-\ln 9.49)=3\ln 1.20-3\ln 2.51$

$\Rightarrow n=\frac{3\ln 1.20-3\ln 2.51}{\ln 2.58-\ln 9.49}$

$\Rightarrow n=1.70$,

把 n=1.70 代入到方程组的第一个式子中得

$1.70\times\ln 2.58=\ln A+3\ln 1.20\Rightarrow \ln A=1.064$

$\Rightarrow A=e^{1.064}=2.90$.

Q5 知识点

(i) parametric equation
(ii) gradient of normal

(i) 本小问需要计算 parametric equations 的 $\frac{dy}{dx}$：

$$\frac{dy}{dx}=\frac{\frac{dy}{dt}}{\frac{dx}{dt}}=\frac{-2\times(-\sin 2t)\times 2}{2+2\times\cos 2t}=\frac{4\sin 2t}{2+2\cos 2t}=\frac{2\sin 2t}{1+\cos 2t}$$

$$=\frac{2\times 2\sin t\cos t}{1+\cos^2 t-\sin^2 t}=\frac{4\sin t\cos t}{\cos^2 t+\sin^2 t+\cos^2 t-\sin^2 t}$$

$$=\frac{4\sin t\cos t}{2\cos^2 t}=\frac{2\sin t}{\cos t}=2\tan t.$$

(ii) gradient of normal 为 2,则有 gradient of tangent $\frac{dy}{dx}=-\frac{1}{2}$，用第 (i) 小问的结论：

$$\frac{dy}{dx}=2\tan t=-\frac{1}{2}\Rightarrow \tan t=-\frac{1}{4}\Rightarrow t=\tan^{-1}\left(-\frac{1}{4}\right)=-0.245.$$

因为题目给出 $-\frac{\pi}{2}<t<\frac{\pi}{2}$，所以 −0.245 是唯一的解 . 最后将这个值代入 x 的方程中计算出横坐标：

$$x=2\times(-0.245)+\sin\left[2\times(-0.245)\right]=-0.961.$$

Q6 知识点

(i) composite function
(ii) differential equation

(i) 本小问只需将 $y=\tan^2\theta$ 求导：

$$\frac{dy}{d\theta}=2\tan\theta\sec^2\theta=2\tan\theta\ \frac{1}{\cos^2\theta}=\frac{2\tan\theta}{\cos^2\theta}.$$

(ii) 将 x,θ 移到等号两边并积分：

$$\int x dx=\int\frac{2\tan\theta+1}{\cos^2\theta}d\theta,$$

$$\frac{1}{2}x^2=\int\left(\frac{2\tan\theta}{\cos^2\theta}+\sec^2\theta\right)d\theta,$$

$$\frac{1}{2}x^2=\tan^2\theta+\tan\theta+C.$$

代入 $x=1,\theta=\frac{\pi}{4}$ 求出 C 的值：

$$\frac{1}{2}=1^2+1+C\Rightarrow C=-\frac{3}{2},$$

最终得 differential equation 的解：

$$\frac{1}{2}x^2=\tan^2\theta+\tan\theta-\frac{3}{2}.$$

最后，代入 $\theta=\frac{\pi}{3}$ 求出 x 的值（注意 $x>0$）：

$$\frac{1}{2}x^2=\left(\sqrt{3}\right)^2+\sqrt{3}-\frac{3}{2}=3.232,$$

$x^2=6.464$,

$x=\sqrt{6.464}=2.54$.

Q7 知识点

(i) exponential graph and change
(ii) locating root
(iii) iterative formula
(iv) iterative formula

(i) 首先，画出 $y=e^{2x}$，再利用 $y=e^{-x}$ 图像的平移变换画出 $y=6+e^{-x}$ 的图像：

2018

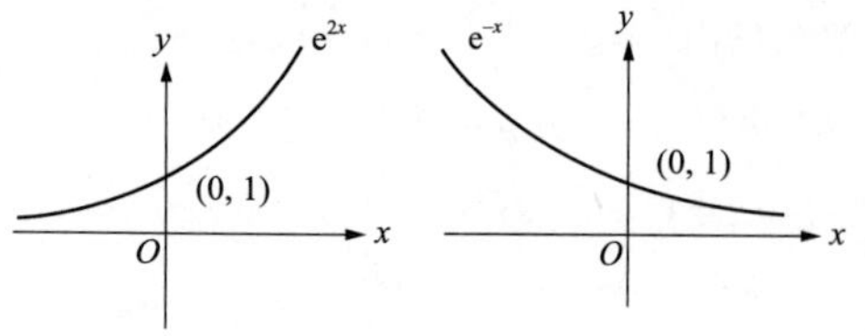

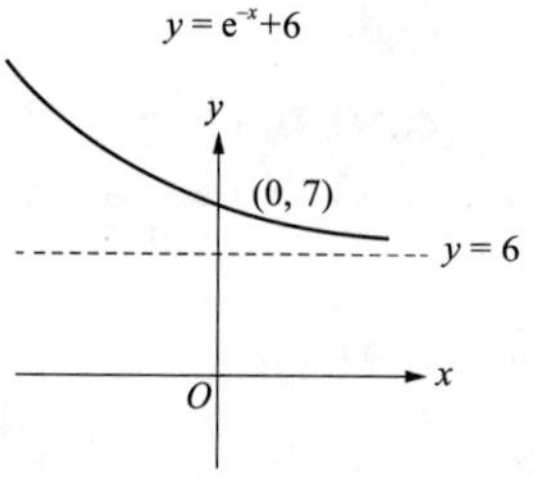

将两个函数的图像画在一个坐标系内：

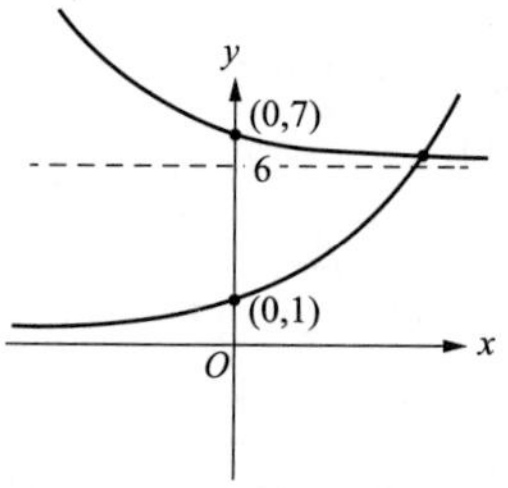

从上图中可以看出，因为两个函数图像只有一个交点，所以方程 $e^{2x}=6+e^{-x}$ 只有一个实根 .

(ii) 原方程移项得

$f(x)=e^{2x}-6-e^{-x}=0,$

分别代入 $x=0.5$ 和 $x=1$，如果两个 $f(x)$ 值异号，那么说明 $f(x)=0$ 的解位于 0.5 到 1 之间：

$f(0.5)=-3.89<0,$

$f(1)=1.021>0.$

"change of sign between 0.5 and 1"，因此方程的解在 0.5 到 1 之间 .

(iii) 本小问需要将方程 $e^{2x}=6+e^{-x}$ 化成 iterative formula 的形式，将左右两边同乘 e^{x} 得

$$e^{3x}=6e^{x}+1\Rightarrow \ln e^{3x}=\ln\left(6e^{x}+1\right)\Rightarrow 3x=\ln\left(6e^{x}+1\right)$$

$$\Rightarrow x=\frac{1}{3}\ln\left(6e^{x}+1\right);$$

写成 iterative formula 就是：

$$x_{n+1}=\frac{1}{3}\ln\left(1+6e^{x_n}\right).$$

(iv) 利用第 (iii) 小问的 iterative formula，将初始值设为 0.5 与 1 的中间值：

$x_0=1.75$

$\Rightarrow x_1=\frac{1}{3}\ln\left(1+6e^{1.75}\right)=0.87251$

$\Rightarrow x_2=0.91053$

$\Rightarrow x_3=0.92240$

$\Rightarrow x_4=0.92611$

$\Rightarrow x_5=0.92726$

$\Rightarrow x_6=0.92763$

$\Rightarrow x_7=0.92774$

$\vdots$

保留三位小数得到原方程的解 $x=0.928$.

Q8 知识点

partial fraction

(i) 本小问是求 partial fraction，因为分母上是两项相乘的形式，注意其中一项为 quadratic，需要将相应的 term 的分子设为 linear:

$$\frac{5x^2+x+27}{(2x+1)\left(x^2+9\right)}=\frac{A}{2x+1}+\frac{Bx+C}{x^2+9}$$

$\Rightarrow 5x^2+x+27=(2x+1)(Bx+C)+\left(x^2+9\right)A,$

用 substitution 的方法求出三个常数：

$x=\frac{1}{2}\Rightarrow 5\times\frac{1}{4}+\frac{1}{2}+27=\left(\frac{1}{4}+9\right)A\Rightarrow A=3,$

$x=0\Rightarrow 27=9A+C\Rightarrow C=0,$

$x=1\Rightarrow 5+1+27=10A+3B+3C\Rightarrow B=1,$

最终得 partial fraction:

$$\frac{5x^2+x+27}{(2x+1)\left(x^2+9\right)}=\frac{3}{2x+1}+\frac{x}{x^2+9}.$$

(ii) 利用第 (i) 小问的 partial fraction 计算积分可以得

$$\int_0^4\frac{5x^2+x+27}{(2x+1)\left(x^2+9\right)}dx=\int_0^4\left(\frac{3}{2x+1}+\frac{x}{x^2+9}\right)dx$$

$$=\left[3\times\frac{1}{2}\ln(2x+1)+\frac{1}{2}\ln\left(x^2+9\right)\right]_0^4$$

$$=\left(\frac{3}{2}\ln 9+\frac{1}{2}\ln 25\right)-\left(\frac{3}{2}\ln 1+\frac{1}{2}9\right)$$

$=\ln 9+\ln\sqrt{25}$

$=\ln(9\times 5)$

$=\ln 45,$

即 $c=45$.

Q9 知识点

(i) (a) complex number
(b) complex roots of polynomial, factor theorem
(ii) locii on argand diagram

(i)

(a) 本小问求的是 k 的取值，根据已知条件 $u=1+2\mathrm{i}$ 是方程 $2x^3-x^2+4x+k=0$ 的解：

$u^2=(1+2\mathrm{i})^2=1-4+4\mathrm{i}=-3+4\mathrm{i}$,

$u^3=(-3+4\mathrm{i})\times(1+2\mathrm{i})=-3+4\mathrm{i}-6\mathrm{i}-8=-11-2\mathrm{i}$,

代入得

$2\times(-11-2\mathrm{i})-(-3+4\mathrm{i})+4\times(1+2\mathrm{i})+k=0$,

$-22-4\mathrm{i}+3-4\mathrm{i}+4+8\mathrm{i}+k=0$,

$-15+k=0$

$\Rightarrow k=15.$

(b) 本小问需要求出方程 $2x^3-x^2+4x+15=0$ 的另外两个解．因为 complex root 成对出现，所以 $u=1+2\mathrm{i}$ 的 complex conjugate $u^*=1-2\mathrm{i}$ 一定为方程的另一个根，利用 factor theorem，等式左边肯定有 factor：

$[x-(1+2\mathrm{i})][x-(1-2\mathrm{i})]$

$=x^2-(1+2\mathrm{i})x-(1-2\mathrm{i})x+(1+2\mathrm{i})(1-2\mathrm{i})=x^2-2x+5$,

长除得

$$
\begin{array}{r}
2x+3 \\
x^2-2x+5\overline{\big)\,2x^3-x^2+4x+15} \\
\underline{2x^3-4x^2+4x} \\
3x^2-6x+15 \\
\underline{3x^2-6x+15} \\
0
\end{array}
$$

即 $(x^2-2x+5)(2x+3)=0$，得第三个解为 $x=-\dfrac{3}{2}$，

综上，原方程的三个解分别是：

$x=1+2\mathrm{i}, 1-2\mathrm{i}$ and $-\dfrac{3}{2}$.

(ii) 在 argand diagram 上，$|z-(1+2\mathrm{i})|=1$ 的图像为圆心在 $1+2\mathrm{i}$，半径为 1 并与 y 轴相切的圆：

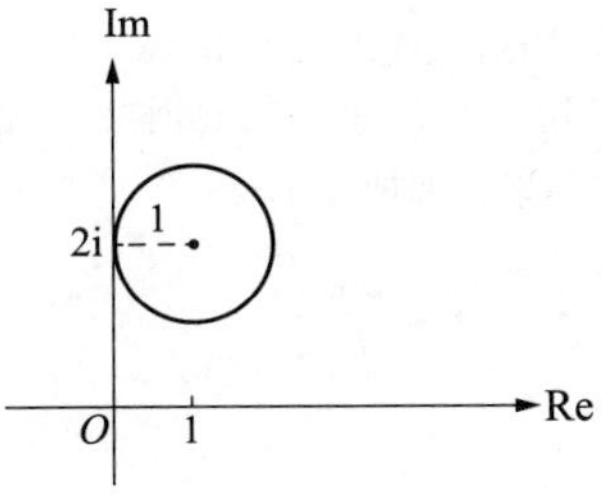

计算 $\mathrm{Arg}(z)$ 的最小值可过原点做圆的切线，在切点的位置 $\mathrm{Arg}(z)$ 最小：

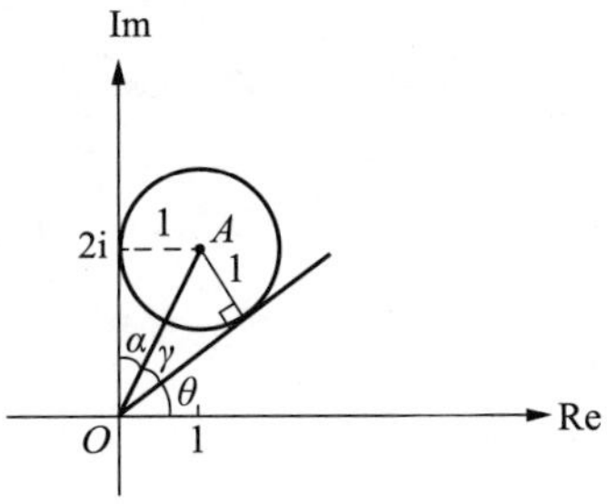

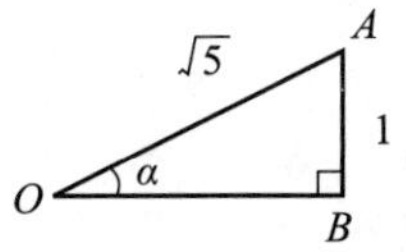

因为过圆点和圆心的直线 OA 平分两切线的夹角，并且 $|OA|=\sqrt{1^2+2^2}=\sqrt{5}$，设 OA 与 y 轴夹角为 α，则有：

$\alpha=\sin^{-1}\dfrac{1}{\sqrt{5}}=0.464.$

因此

$\mathrm{Arg}(z)=\theta=\dfrac{\pi}{2}-2\alpha=0.64.$

Q10 知识点

(i) intersection between a line and a plane
(ii) angle between a line and a plane
(iii) plane equation

（本题为关于 plane & vector 的题目，不在新版 P3 考纲范围内）

(i) 联立直线与平面的方程：

$$\begin{pmatrix} x \\ y \\ z \end{pmatrix}=\begin{pmatrix} 4+\mu \\ 3+2\mu \\ -1-2\mu \end{pmatrix}$$

$\Rightarrow 2(4+\mu)-3(3+2\mu)-(-1-2\mu)=4$,

$8+2\mu-9-6\mu+1+2\mu=4$,

$-2\mu=4$,

$\mu=-2.$

将结果代入到直线方程中得交点的 position vector:

$$\begin{pmatrix} x \\ y \\ z \end{pmatrix}=\begin{pmatrix} 4-2 \\ 3-4 \\ -1+4 \end{pmatrix}=\begin{pmatrix} 2 \\ -1 \\ 3 \end{pmatrix}.$$

(ii) 设直线与平面夹角为 θ，直线与 normal vector 夹角为 α，则有 $\alpha+\theta=90°$，通过点乘求出 α 的值：

$$\begin{pmatrix}1\\2\\-2\end{pmatrix}\cdot\begin{pmatrix}2\\-3\\-1\end{pmatrix}=\sqrt{1+4+4}\times\sqrt{4+9+1}\times\cos\alpha,$$

$$2-6+2=\sqrt{9}\times\sqrt{14}\cos\alpha,$$

$$\cos\alpha=\frac{-2}{3\sqrt{14}},$$

$$\cos^{-1}\frac{-2}{3\sqrt{14}}=100.3°.$$

因为 α 是锐角，所以：

$$\alpha=180°-100.3°=79.7°$$

$$\Rightarrow\theta=90°-\alpha=10.3°,$$

直线与平面所夹锐角为 10.3°.

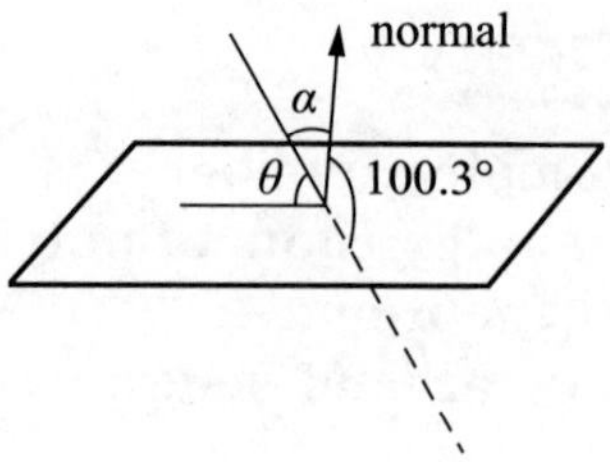

(iii) 因为平面 q 与 l 平行，又与平面 p 垂直，所以 q 的 normal vector 分别垂直于 l 的 direction vector 和 p 的 normal vector. 用向量叉乘可以算出 q 的 normal vector:

$$\begin{pmatrix}1\\2\\-2\end{pmatrix}\times\begin{pmatrix}2\\-3\\-1\end{pmatrix}=\begin{pmatrix}-2-6\\-4+1\\-3-4\end{pmatrix}=\begin{pmatrix}-8\\-3\\-7\end{pmatrix}=-\begin{pmatrix}8\\3\\7\end{pmatrix},$$

平面 q 的方程可写为：

$$8x+3y+7z=d,$$

代入平面上的已知点 $4\mathbf{j}-\mathbf{k}$ 得 d 的值：

$$8\times0+3\times4+7\times(-1)=d\Rightarrow d=5,$$

平面的方程为：$8x+3y+7z=5$.

9709_s18_qp_31

Q1 知识点

law of logarithm

这是一道解方程的题目. 首先将等号左边的式子进行化简得

$$\ln\left(x^4-4\right)=\ln\left(\frac{x^4}{4}\right),$$

等号两边同时取 exponential：

$$x^4-4=\frac{x^4}{4}\Rightarrow 4x^4-16=x^4\Rightarrow x^4=\frac{16}{3}\Rightarrow x=\pm\sqrt[4]{\frac{16}{3}},$$

注意，因为原式中包含 $\ln x$，所以 $x>0$.

$$\Rightarrow x=\sqrt[4]{\frac{16}{3}}=1.52.$$

Q2 知识点

(i) compound angle formulae
(ii) solving trigonometric equations

(i) 分别将等号两边展开：

$$\sin(x-60°)=\sin x\cos60°-\cos x\sin60°$$

$$=\frac{1}{2}\sin x-\frac{\sqrt{3}}{2}\cos x,$$

$$\cos(x-45°)=\cos x\cos45°+\sin x\sin45°$$

$$=\frac{\sqrt{2}}{2}\cos x+\frac{\sqrt{2}}{2}\sin x.$$

代入原方程得

$$\frac{1}{2}\sin x-\frac{\sqrt{3}}{2}\cos x=3\left(\frac{\sqrt{2}}{2}\cos x+\frac{\sqrt{2}}{2}\sin x\right)$$

$$\Rightarrow\frac{1}{2}\sin x-\frac{3\sqrt{2}}{2}\sin x=\frac{3\sqrt{2}}{2}\cos x+\frac{\sqrt{3}}{2}\cos x$$

$$\Rightarrow\left(\frac{1}{2}-\frac{3\sqrt{2}}{2}\right)\sin x=\left(\frac{3\sqrt{2}}{2}+\frac{\sqrt{3}}{2}\right)\cos x$$

$$\Rightarrow\tan x=\frac{\sin x}{\cos x}=\frac{\frac{3\sqrt{2}}{2}+\frac{\sqrt{3}}{2}}{\frac{1}{2}-\frac{3\sqrt{2}}{2}}=\frac{3\sqrt{2}+\sqrt{3}}{1-3\sqrt{2}},$$

上面的答案即是 $\tan x$ 的 exact value.

注意，在分母和分子上同时乘以同样的数也可以得到其它数值相等的结果，例如：

$$\tan x=\frac{3\sqrt{2}+\sqrt{3}}{1-3\sqrt{2}}\times\frac{\sqrt{2}}{\sqrt{2}}=\frac{6+\sqrt{6}}{\sqrt{2}-6}.$$

(ii) 第 (i) 小问中已经得出，原方程可以转化为：

$$\tan x = \frac{3\sqrt{2}+\sqrt{3}}{1-3\sqrt{2}} \Rightarrow x = -61.5°,$$

因为 $0° < x < 360°$，所以 $-61.5°$ 在规定范围外，需要在数值上加上 $\tan x$ 的周期 $180°$，得两个满足取值范围的解：

$$x_1 = -61.5° + 180° = 118.5°,$$

$$x_2 = 118.5° + 180° = 298.5°.$$

Q3 知识点

quotient rule, trigonometric identity

先用 quotient rule 对 $y = \dfrac{e^{3x}}{\tan\left(\frac{1}{2}x\right)}$ 进行求导：

$$\frac{dy}{dx} = \frac{3e^{3x}\tan\left(\frac{1}{2}x\right) - e^{3x}\sec^2\left(\frac{1}{2}x\right)\times\frac{1}{2}}{\tan^2\left(\frac{1}{2}x\right)} = 0$$

$$\Rightarrow 3e^{3x}\tan\left(\frac{1}{2}x\right) - \frac{1}{2}e^{3x}\sec^2\left(\frac{1}{2}x\right) = 0,$$

因为 $e^{3x} > 0$，可以将其约掉：

$$3\tan\left(\frac{1}{2}x\right) - \frac{1}{2}\sec^2\left(\frac{1}{2}x\right) = 0$$

$$\Rightarrow 3\tan\left(\frac{1}{2}x\right) - \frac{1}{2}\left(1+\tan^2\left(\frac{1}{2}x\right)\right) = 0$$

$$\Rightarrow \tan^2\left(\frac{1}{2}x\right) - 6\tan\left(\frac{1}{2}x\right) + 1 = 0$$

$$\Rightarrow \tan\left(\frac{1}{2}x\right) = 5.828 \text{ or } 0.1716$$

$$\Rightarrow \frac{1}{2}x = 1.401 \text{ or } 0.170$$

$$\Rightarrow x = 2.802 \text{ or } 0.340.$$

Q4 知识点

division of polynomials

因为 polynomial x^4+2x^3+ax+b 可以被 x^2-x+1 整除，所以原式可以被写为：

$$x^4+2x^3+ax+b = \left(x^2-x+1\right)\left(x^2+Ax+B\right),$$

注意，因为原式中 x^4 项的系数为 1，所以它的两个 factor 中的 x^2 项系数相乘也需要是 1，因此我们把第二个 factor 设为 x^2+Ax+B.

将等式右边进行展开：

$$x^4+2x^3+ax+b$$

$$= x^4+Ax^3+Bx^2-x^3+Ax^2-Bx+x^2+Ax+B$$

$$= x^4+(A-1)x^3+(B-A+1)x^2+(A-B)x+B,$$

equate coefficient:

$$A-1=2 \Rightarrow A=3,$$

$$B-A+1=0 \Rightarrow B-3+1=0 \Rightarrow B=2,$$

$$a = A-B = 3-2 = 1,$$

$$b = B = 2.$$

Q5 知识点

(i) integration by substitution
(ii) double angle formulae

(i) 令 $x=\cos^2\theta$，首先换 definite integral 的上下限：

$$x=\frac{3}{4} \Rightarrow \cos\theta = \frac{\sqrt{3}}{2} \Rightarrow \theta = \frac{\pi}{6},$$

$$x=\frac{1}{4} \Rightarrow \cos\theta = \frac{1}{2} \Rightarrow \theta = \frac{\pi}{3}.$$

关于 θ 求导：

$$\frac{dx}{d\theta} = 2\cos\theta(-\sin\theta) = -2\sin\theta\cos\theta,$$

$$dx = -2\sin\theta\cos\theta\, d\theta.$$

代入进原式进行分：

$$I = \int_{\frac{\pi}{3}}^{\frac{\pi}{6}} \sqrt{\frac{\cos^2\theta}{1-\cos^2\theta}}(-2\sin\theta\cos\theta)\, d\theta$$

$$= \int_{\frac{\pi}{3}}^{\frac{\pi}{6}} \sqrt{\frac{\cos^2\theta}{\sin^2\theta}}(-2\sin\theta\cos\theta)\, d\theta$$

$$= \int_{\frac{\pi}{3}}^{\frac{\pi}{6}} \frac{\cos\theta}{\sin\theta}(-2\sin\theta\cos\theta)\, d\theta = \int_{\frac{\pi}{3}}^{\frac{\pi}{6}} \left(-2\cos^2\theta\right) d\theta$$

$$= \int_{\frac{\pi}{6}}^{\frac{\pi}{3}} 2\cos^2\theta\, d\theta.$$

(ii) 在第 (i) 小问中，已经得 $I = \int_{\frac{\pi}{6}}^{\frac{\pi}{3}} 2\cos^2\theta\, d\theta$，利用 cos 的二倍角公式得 $2\cos^2\theta = \cos 2\theta + 1$，计算 integral I 的值：

$$I = \int_{\frac{\pi}{6}}^{\frac{\pi}{3}} (\cos 2\theta + 1)\, d\theta = \left[\frac{1}{2}\sin 2\theta + \theta\right]_{\frac{\pi}{6}}^{\frac{\pi}{3}}$$

$$= \left(\frac{1}{2}\times\frac{\sqrt{3}}{2}+\frac{\pi}{3}\right) - \left(\frac{1}{2}\times\frac{\sqrt{3}}{2}+\frac{\pi}{6}\right) = \frac{\pi}{6}.$$

Q6 知识点

(i) differential equation
(ii) algebra calculation

(i) 将所有含 x 的部分化到等式左边，所有含 t 的式子化到等式右边得

$$\frac{1}{x}\mathrm{d}x=-k\sqrt{t}\mathrm{d}t,$$

左右两边同时积分：

$$\int\frac{1}{x}\mathrm{d}x=\int-k\sqrt{t}\mathrm{d}t$$

$$\Rightarrow \ln x=-k\times\frac{2}{3}t^{\frac{3}{2}}+C.$$

根据题意，当 $t=0$ 时，$x=100$，

$\ln 100=0+C\Rightarrow C=\ln 100.$

所以，x，t 的关系式为：

$$\ln x=-\frac{2}{3}kt^{\frac{3}{2}}+\ln 100.$$

(ii) 代入条件 $t=25, x=80$ 可求得 k 的取值：

$$\ln 80=-\frac{2}{3}k\times 25^{\frac{3}{2}}+\ln 100$$

$$\Rightarrow \frac{2}{3}k\times 125=\ln\frac{100}{80}\Rightarrow k=\frac{3}{250}\ln\frac{5}{4}.$$

接着代入 $x=40, k=\frac{3}{250}\ln\frac{5}{4}$ 求出 t 的取值：

$$\ln 40=-\frac{2}{3}\times\frac{3}{250}\ln\frac{5}{4}\times t^{\frac{3}{2}}+\ln 100$$

$$\Rightarrow \frac{1}{125}\ln\frac{5}{4}\times t^{\frac{3}{2}}=\ln\frac{100}{40}$$

$$\Rightarrow t^{\frac{3}{2}}=\frac{\ln\frac{5}{2}}{\frac{1}{125}\ln\frac{5}{4}}=513.29$$

$$\Rightarrow t=64.1.$$

Q7 知识点

(i) complex roots
(ii) Argand diagram
(iii) argument of complex number
(iv) modulus of complex number

(i) 本小问是一道解方程的题目，要注意把每一步计算过程都写出来：

$$z^2+\left(2\sqrt{6}\right)z+8=0$$

$$\Rightarrow z=\frac{-2\sqrt{6}\pm\sqrt{\left(2\sqrt{6}\right)^2-4\times 8}}{2}=-\sqrt{6}\pm\frac{\sqrt{24-32}}{2}$$

$$=-\sqrt{6}\pm\frac{\sqrt{8}}{2}\mathrm{i}=-\sqrt{6}\pm\sqrt{2}\mathrm{i},$$

所以两个解分别为 $-\sqrt{6}+\sqrt{2}\mathrm{i}$ 和 $-\sqrt{6}-\sqrt{2}\mathrm{i}$.

(ii) $z_1=-\sqrt{6}+\sqrt{2}\mathrm{i}$ 和 $z_1=-\sqrt{6}-\sqrt{2}\mathrm{i}$ 在 Argand diagram 中的表示如下图所示：

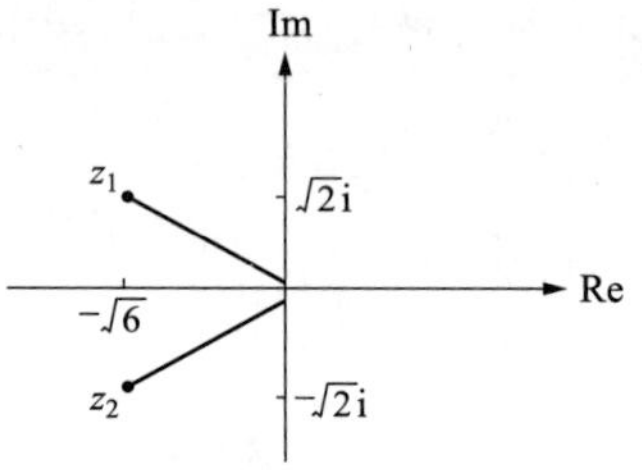

(iii) 根据第 (ii) 小问的图像，A，B 两点在 Argand diagram 中的位置如下图所示：

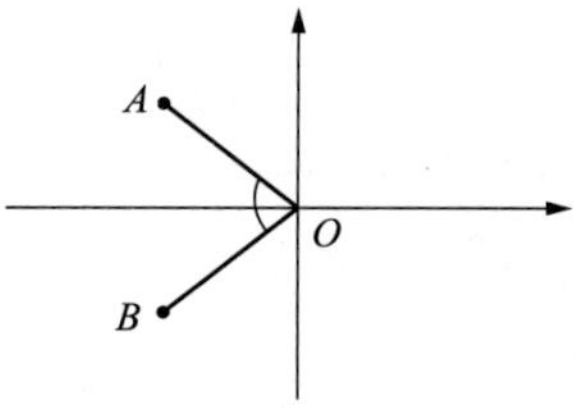

可以看出：$\angle AOB+|\arg(A)|+|\arg(B)|=360°$.

分别计算 A，B 两点的 arguments:

利用 $\tan^{-1}\frac{\sqrt{2}}{-\sqrt{6}}=-30°$ 计算 argument A，因为点 A 在第二象限，所以 $\arg(A)=180°-30°=150°$；

利用 $\tan^{-1}\frac{-\sqrt{2}}{-\sqrt{6}}=30°$ 计算 argument B，因为点 B 在第三象限，所以 $\arg(B)=30°-180°=-150°$.

所以，$\angle AOB=360°-150°-150°=60°$.

(iv) 第 (iii) 小问中已经算出 $\angle AOB=60°$，要证明三角形 AOB 为等边三角形，再证明两边变长 $|OA|=|OB|$ 即可 .

$|OA|=\sqrt{2+6}=\sqrt{8};$

$|OB|=\sqrt{2+6}=\sqrt{8}.$

因为 $\angle AOB=60°, |OA|=|OB|$，所以 $\triangle AOB$ 为等边三角形 .

Q8 知识点

(i) integration by parts
(ii) locating roots
(iii) iterative formula

(i) 首先需要计算出含有 a 的积分 $\int_0^a xe^{-\frac{1}{2}x}dx$：

使用 integration by parts，

$$u=x,\frac{dv}{dx}=e^{-\frac{1}{2}x}\Rightarrow\frac{du}{dx}=1,v=-2^{-\frac{1}{2}x},$$

$$\int_0^a xe^{-\frac{1}{2}x}dx=\left[x\cdot\left(-2e^{-\frac{1}{2}x}\right)\right]_0^a-\int_0^a\left(-2e^{-\frac{1}{2}x}\right)dx$$

$$=\left(-2ae^{-\frac{1}{2}a}-0\right)+2\left[-2e^{-\frac{1}{2}x}\right]_0^a$$

$$=-2ae^{-\frac{1}{2}a}+2\left(-2e^{-\frac{1}{2}a}-\left(-2e^0\right)\right)$$

$$=-2ae^{-\frac{1}{2}a}-4e^{-\frac{1}{2}a}+4,$$

根据已知条件 $\int_0^a xe^{-\frac{1}{2}x}dx=2$，

$$-2ae^{-\frac{1}{2}a}-4e^{-\frac{1}{2}a}+4=2$$

$$\Rightarrow(-2a-4)e^{-\frac{1}{2}a}=-2\Rightarrow(a+2)e^{-\frac{1}{2}a}=1$$

$$\Rightarrow a+2=e^{\frac{1}{2}a}\Rightarrow\ln(a+2)=\frac{1}{2}a$$

$$\Rightarrow 2\ln(a+2)=a.$$

(ii) 在第 (i) 小问中，证明了 $2\ln(a+2)=a$，设 $f(a)=a-2\ln(a+2)$，则有 $f(a)=0$.

要证明 $3<a<3.5$，只需要证明 $f(3)$ 和 $f(3.5)$ 异号：

$f(3)=3-2\ln(3+2)=-0.219<0$，

$f(3.5)=3.5-2\ln(3.5+2)=0.091>0$，

注意这里答案要说明 change of sign between 3 and 3.5，所以 $3<a<3.5$.

(iii) 已知 $3<a<3.5$，所以可以将初始值设为区间中点：$a_0=3.25$，则有：

$a_1=2\ln(a_0+2)=2\ln(3.25+2)=3.3165$，

$a_2=2\ln(a_1+2)=3.3416$，

$a_3=2\ln(a_2+2)=3.3511$，

$a_4=2\ln(a_3+2)=3.3546$，

$a_5=2\ln(a_4+2)=3.3559$，

$a_6=2\ln(a_5+2)=3.3564$，

$a_7=2\ln(a_6+2)=3.3466$，

⋮

至此，可以看出保留两位小数，$a=3.36$.

Q9 知识点

(i) partial fraction
(ii) binomial expansion with real exponent

(i) 注意到 $f(x)=\dfrac{12x^2+4x-1}{(x-1)(3x+2)}$ 的分母和分子都是二次的，所以在裂项分解是会分出一个常数项来：

$$f(x)=A+\frac{B}{x-1}+\frac{C}{3x+2}$$

$$\Rightarrow 12x^2+4x-1=(x-1)(3x+2)A+(3x+2)B+(x-1)C.$$

代入 $x=1$:

$12+4-1=5B\Rightarrow B=3$;

代入 $x=-\dfrac{2}{3}$:

$12\times\dfrac{4}{9}-4\times\dfrac{2}{3}-1=-\dfrac{5}{3}C\Rightarrow C=-1$;

计算常数 A，可代入其他任何 x 的值和刚刚算出的 B、C，例如代入 $x=0$:

$-1=-2A+2\times3+1\Rightarrow A=4$，

最终得

$$f(x)=4+\frac{3}{x-1}-\frac{1}{3x+2}.$$

(ii) 通过第 (i) 小问我们得

$f(x)=4+3(x-1)^{-1}-(3x+2)^{-1}$，其中：

$$3(x-1)^{-1}=3\times(-1)^{-1}(1-x)^{-1}$$

$$=-3\left(1+(-1)(-x)+\frac{-1\times(-2)}{2!}(-x)^2\right)$$

$$=-3\left(1+x+x^2\right)=-3-3x-3x^2;$$

$$(3x+2)^{-1}=2^{-1}\left(1+\frac{3x}{2}\right)^{-1}$$

$$=\frac{1}{2}\left(1+(-1)\left(\frac{3x}{2}\right)+\frac{-1\times(-2)}{2!}\left(\frac{3x}{2}\right)^2\right)$$

$$=\frac{1}{2}\left(1-\frac{3}{2}x+\frac{9}{4}x^2\right)=\frac{1}{2}-\frac{3}{4}x+\frac{9}{8}x^2.$$

最后将三项相加：

$$f(x)=4+3(x-1)^{-1}-(3x+2)^{-1}$$

2018

$= 4+\left(-3-3x-3x^2\right)-\left(\frac{1}{2}-\frac{3}{4}x+\frac{9}{8}x^2\right)$

$= 4-3-3x-3x^2-\frac{1}{2}+\frac{3}{4}x-\frac{9}{8}x^2$

$= \frac{1}{2}-\frac{9}{4}x-\frac{33}{8}x^2.$

Q10 知识点

(i) distance between a point and a line in vector form
(ii) plane equation

(i) 本小问需要算出点 P 到直线 l 的垂直距离 .

过点 P 向直线 l 做垂线，垂足为 N，设 N 的 position vector 为：

$$\overrightarrow{ON}=\begin{pmatrix}4+\mu\\2+2\mu\\5+3\mu\end{pmatrix}$$

$$\Rightarrow \overrightarrow{PN}=\overrightarrow{ON}-\overrightarrow{OP}=\begin{pmatrix}4+\mu\\2+2\mu\\5+3\mu\end{pmatrix}-\begin{pmatrix}3\\-2\\1\end{pmatrix}=\begin{pmatrix}1+\mu\\4+2\mu\\4+3\mu\end{pmatrix},$$

因为 PN 与 l 垂直，所以向量 $\overrightarrow{PN}$ 点乘直线的 direction vector $\begin{pmatrix}1\\2\\3\end{pmatrix}$ 结果应是 0，即：

$$\begin{pmatrix}1+\mu\\4+2\mu\\4+3\mu\end{pmatrix}\cdot\begin{pmatrix}1\\2\\3\end{pmatrix}=1+\mu+8+4\mu+12+9\mu=0$$

$$\Rightarrow 14\mu+21=0\Rightarrow \mu=-\frac{3}{2}$$

$$\Rightarrow \overrightarrow{PN}=\begin{pmatrix}1+\mu\\4+2\mu\\4+3\mu\end{pmatrix}=-\frac{1}{2}\mathbf{i}+\mathbf{j}-\frac{1}{2}\mathbf{k}.$$

P 到 l 的距离就是向量 $\overrightarrow{PN}$ 的模长：

$$\left|\overrightarrow{PN}\right|=\sqrt{\left(-\frac{1}{2}\right)^2+1+\left(-\frac{1}{2}\right)^2}=1.22.$$

(ii)（本小问是关于向量与平面的内容，不在新版 P3 的考纲范围内）

首先平面内有直线的 direction vector $\begin{pmatrix}1\\2\\3\end{pmatrix}$，又知道点 P $(3,-2,1)$ 与点 $(4, 2, 5)$ 在平面内，可以求出平面内另一个向量：

$$\begin{pmatrix}4\\2\\5\end{pmatrix}-\begin{pmatrix}3\\-2\\1\end{pmatrix}=\begin{pmatrix}1\\4\\4\end{pmatrix}.$$

用两个向量做叉乘求出平面的 normal vector:

$$\mathbf{n}=\begin{pmatrix}1\\4\\4\end{pmatrix}\times\begin{pmatrix}1\\2\\3\end{pmatrix}=\begin{pmatrix}4\\1\\-2\end{pmatrix}.$$

因此平面满足方程：

$4x+y-2z=d,$

其中：

$$d=\begin{pmatrix}4\\1\\-2\end{pmatrix}\cdot\begin{pmatrix}3\\-2\\1\end{pmatrix}=12-2-2=8.$$

平面方程为 $4x+y-2z=8$.

9709_s18_qp_32

Q1 知识点

reduce to quadratic equation

这是一道解方程的题目 . 因为等式中含有绝对值，所以可以先将左右两边进行平方把绝对值去掉：

$9\left(2^x-1\right)^2=2^{2x}$，

$9\left(2^{2x}-2\times2^x+1\right)=2^{2x}$，

$8\times2^{2x}-18\times2^x+9=0$，

将 2^x 看作一个整体，设 $a=2^x$，则有 $a^2=2^{2x}$，

$8a^2-18a+9=0$，

$(2a-3)(4a-3)=0$，

$a_1=\frac{3}{2}, a_2=\frac{3}{4}$，

因此原方程的两个解分别为：

$2^{x_1}=\frac{3}{2}\Rightarrow x_1=\log_2\frac{3}{2}=0.585$，

$2^{x_2}=\frac{3}{4}\Rightarrow x_2=\log_2\frac{3}{4}=-0.415.$

Q2 知识点

trigonometry: double angle formulae

这是一道解方程的题目．首先，将等式中的 $\cot(\theta+45°)$ 展开：

$$\cot(\theta+45°)=\frac{1}{\tan(\theta+45°)}=\frac{1-\tan\theta\tan45°}{\tan\theta+\tan45°}=\frac{1-\tan\theta}{\tan\theta+1},$$

代入原式得

$$\frac{1}{\tan\theta}+\frac{1-\tan\theta}{1+\tan\theta}=2,$$

$$\frac{1+\tan\theta+\tan\theta(1-\tan\theta)}{\tan\theta(1+\tan\theta)}=2,$$

$$1+2\tan\theta-\tan^2\theta=2\tan\theta+2\tan^2\theta,$$

$$1=3\tan^2\theta,$$

$$\tan^2\theta=\frac{1}{3}$$

$$\Rightarrow\tan\theta=\pm\frac{1}{\sqrt{3}},$$

当 $0°<\theta<180°$ 时，

$$\tan\theta=\frac{1}{\sqrt{3}}\Rightarrow\theta_1=30°;$$

$$\tan\theta=-\frac{1}{\sqrt{3}}\Rightarrow\theta_2=-30°+180°=150°.$$

Q3 知识点

(i) derivatives and gradient functions
(ii) differential equation

(i) 本小问是一道证明题．其中 $\frac{dy}{dx}$ 就是 curve 在点 P 的切线斜率，即在直线 TP 上的 $\frac{\Delta y}{\Delta x}$，所以有：

$$\frac{dy}{dx}=\frac{PN}{TN}=\frac{y}{2}=\frac{1}{2}y.$$

(ii) 本小问要求解 differential equation $\frac{dy}{dx}=\frac{1}{2}y$.

用 separation of variable 可以将等式化为：

$$\int\frac{1}{y}dy=\int\frac{1}{2}dx,$$

$$\ln y=\frac{1}{2}x+c,$$

又因为条件中给出 curve 过点 $(4,3)$，所以有：

$$\ln3=2+c\Rightarrow c=\ln3-2,$$

因此有：

$$\ln y=\frac{1}{2}x+\ln3-2,$$

$$e^{\ln y}=e^{\frac{1}{2}x+\ln3-2},$$

$$y=e^{\frac{1}{2}x-2}e^{\ln3}=3e^{\frac{1}{2}x-2}.$$

Q4 知识点

(i) trigonometry: double angle formulae
(ii) reversed chain rule

(i) 这是一个证明三角函数恒等式的题目，因为等式左边含有二倍角公式可以进行化简，所以从左边开始推导：

$$\frac{2\sin x-\sin2x}{1-\cos2x}=\frac{2\sin x-2\sin x\cos x}{1-(2\cos^2x-1)}$$

$$=\frac{2\sin x(1-\cos x)}{2(1-\cos^2x)}$$

$$=\frac{\sin x(1-\cos x)}{(1+\cos x)(1-\cos x)}$$

$$=\frac{\sin x}{(1+\cos x)}.$$

(ii) 首先利用第 (i) 小问的结论将 integrand 换成第 (i) 小问中的 RHS：

$$\int_{\frac{1}{3}\pi}^{\frac{1}{2}\pi}\frac{2\sin x-\sin2x}{1-\cos2x}dx=\int_{\frac{1}{3}\pi}^{\frac{1}{2}\pi}\frac{\sin x}{1+\cos x}dx$$

$$=-\int_{\frac{1}{3}\pi}^{\frac{1}{2}\pi}\frac{-\sin x}{1+\cos x}dx,$$

注意到上述分式中分子为分母的导数：

$$-\int_{\frac{1}{3}\pi}^{\frac{1}{2}\pi}\frac{-\sin x}{1+\cos x}dx=-\left[\ln(1+\cos x)\right]_{\frac{1}{3}\pi}^{\frac{1}{2}\pi}$$

$$=-\left(\ln1-\ln\left(1+\frac{1}{2}\right)\right)$$

$$=\ln\frac{3}{2}.$$

Q5 知识点

(i) implicit differentiation
(ii) gradient of normal

(i) 用 implicit differentiation 将等式两边进行求导：

2018

$$x^2\left(1+3\frac{dy}{dx}\right)+2x(x+3y)-3y^2\frac{dy}{dx}=0,$$

$$x^2+3x^2\frac{dy}{dx}+2x^2+6xy-3y^2\frac{dy}{dx}=0,$$

$$\left(3x^2-3y^2\right)\frac{dy}{dx}=-3x^2-6xy,$$

$$\frac{dy}{dx}=\frac{-3x^2-6xy}{3x^2-3y^2},$$

化简可得

$$\frac{dy}{dx}=\frac{-3x^2-6xy}{3x^2-3y^2}=\frac{-x^2-2xy}{x^2-y^2}=\frac{x^2+2xy}{y^2-x^2}.$$

(ii) gradient of normal 为 1，所以 gradient of tangent 为 −1，$\frac{dy}{dx}=-1$，即：

$$\frac{x^2+2xy}{y^2-x^2}=-1,$$

$$x^2+2xy=x^2-y^2,$$

$$2xy+y^2=0,$$

$$y(2x+y)=0$$

$$\Rightarrow y=0 \text{ or } y=-2x.$$

将两组解带回原 curve 方程解出切点坐标：

$$y=0\Rightarrow x^3=3\Rightarrow x=\sqrt[3]{3};$$

$$y=-2x\Rightarrow x^2\left[x+3\times(-2x)\right]-(-2x)^3=3\Rightarrow 3x^3=3$$

$$\Rightarrow x^3=1\Rightarrow x=1,\ y=-2.$$

两切点坐标分别为 $\left(\sqrt[3]{3},0\right)$ 和 $(1,-2)$.

Q6 知识点

(i) sector area, area of triangle
(ii) locating root
(iii) iterative formula

(i) 已知阴影部分面积为两个半圆面积之和，又因为图中两半圆直径相同，所以面积之和为一个整圆的面积，因此

$$\text{area}=\pi r^2=\pi\left(\frac{a}{2}\right)^2=\frac{1}{4}\pi a^2,$$

又因为阴影部分的面积可以表示为扇形 ABC 的面积减去 $\triangle ABC$ 的面积，所以有：

$$\text{area}=\frac{1}{2}a^2\theta-\frac{1}{2}a^2\sin\theta.$$

因为两个面积相等，所以有：

$$\frac{1}{2}a^2\theta-\frac{1}{2}a^2\sin\theta=\frac{1}{4}\pi a^2,$$

$$\frac{1}{2}\theta-\frac{1}{2}\sin\theta=\frac{1}{4}\pi,$$

$$\theta-\sin\theta=\frac{1}{2}\pi,$$

$$\theta=\frac{1}{2}\pi+\sin\theta.$$

(ii) 因为 $\theta=\frac{1}{2}\pi+\sin\theta$，所以设关于 θ 的 function 为：$f(\theta)=\theta-\frac{1}{2}\pi-\sin\theta$．此时 θ 是 $f(\theta)=0$ 的解．计算 $f(2.2)$ 与 $f(2.4)$ 的数值，如果结果一正一负，则可以证明 $2.2<\theta<2.4$.

$$f(2.2)=2.2-\frac{1}{2}\pi-\sin 2.2=-0.179,$$

$$f(2.4)=2.4-\frac{1}{2}\pi-\sin 2.4=0.154,$$

$f(\theta)$ 有 change of sign，因此 $2.2<\theta<2.4$.

(iii) $\theta=\frac{1}{2}\pi+\sin\theta$，从第 (ii) 小问中可知 $2.2<\theta<2.4$，所以 iterative formula 的初始值可以取区间中点：

$$\theta_0=2.3$$

$$\Rightarrow \theta_1=\frac{1}{2}\pi+\sin 2.3=2.3165$$

$$\Rightarrow \theta_2=\frac{1}{2}\pi+\sin 2.3165=2.3054$$

$$\Rightarrow \theta_3=2.3192$$

$$\Rightarrow \theta_4=2.3079$$

$$\Rightarrow \theta_5=2.3112$$

$$\vdots$$

计算发现此后所有解保留两位小数都是 2.31，因此 $\theta=2.31$.

Q7 知识点

(i) complex number
(ii) Argand diagram，argument of complex numbers

(i) 根据题意，complex numbers $u=-3\sqrt{3}+i$，$v=\sqrt{3}+2i$，那么有：

$$uv=\left(-3\sqrt{3}+i\right)\left(\sqrt{3}+2i\right)=-9-6\sqrt{3}i+\sqrt{3}i-2$$

$$=-11-5\sqrt{3}i;$$

$$\frac{u}{v}=\frac{-3\sqrt{3}+i}{\sqrt{3}+2i}\times\frac{\sqrt{3}-2i}{\sqrt{3}-2i}$$

$= \dfrac{-9+6\sqrt{3}\mathrm{i}+\sqrt{3}\mathrm{i}+2}{3+4} = \dfrac{-7+7\sqrt{3}\mathrm{i}}{7}$

$= -1+\sqrt{3}\mathrm{i}.$

(ii) 首先将 A、B 两点画在 argand diagram 上：

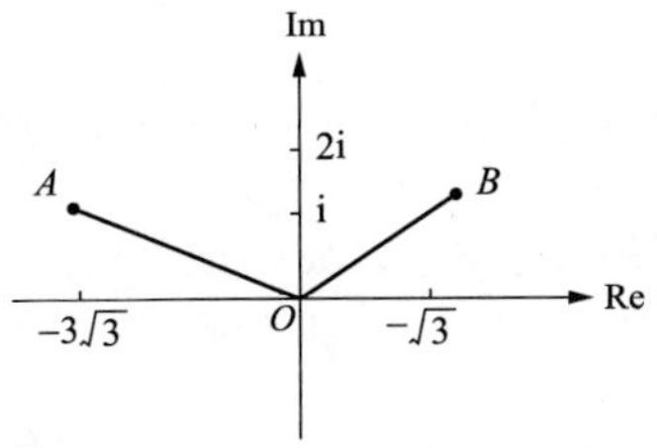

观察图像发现：

$\angle AOB = \arg(OA) - \arg(OB) = \arg(u) - \arg(v)$

$= \arg\left(\dfrac{u}{v}\right) = \tan^{-1}\left(\dfrac{\sqrt{3}}{-1}\right) = -\dfrac{\pi}{3} + \pi = \dfrac{2}{3}\pi.$

Q8 知识点

(i) product rule
(ii) integration by parts

(i) 根据已知条件，M 为 curve 的 stationary point，

$\dfrac{dy}{dx} = 0$，用 product rule 求导：

$\dfrac{dy}{dx} = (x+1)\left(-\dfrac{1}{3}\right)e^{-\frac{1}{3}x} + e^{-\frac{1}{3}x} = 0$，

$-\dfrac{1}{3}(x+1)e^{-\frac{1}{3}x} + e^{-\frac{1}{3}x} = 0$，

因为 $e^{-\frac{1}{3}x} > 0$, 等式两边同除这一项得

$-\dfrac{1}{3}(x+1) + 1 = 0$，

$\dfrac{1}{3}(x+1) = 1$，

$x+1 = 3$，

$x = 2$，

因此，x-coordinate of M 为 2.

(ii) 求阴影部分的面积需要用到 definite integral，首先确定一下上下限，curve 与 x 轴交点为：

$(x+1)e^{-\frac{1}{3}x} = 0,\ e^{-\frac{1}{3}x} > 0 \Rightarrow x = -1$，

阴影面积为：

$\int_{-1}^{0}(x+1)e^{-\frac{1}{3}x}dx$，

使用 integration by parts 积分：

$u = x+1, v' = e^{-\frac{1}{3}x}$，

$u' = 1, v = -3e^{-\frac{1}{3}x}$

$\Rightarrow \int_{-1}^{0}(x+1)e^{-\frac{1}{3}x}dx = \left[-3(x+1)e^{-\frac{1}{3}x}\right]_{-1}^{0} - \int_{-1}^{0} -3e^{-\frac{1}{3}x}dx$

$= (-3e^{0} - 0) + 3\left[-3e^{-\frac{1}{3}x}\right]_{-1}^{0}$

$= -3 + 3\left(-3e^{0} + 3e^{\frac{1}{3}}\right)$

$= -3 - 9 + 9e^{\frac{1}{3}}$

$= -12 + 9e^{\frac{1}{3}}.$

Q9 知识点

(i) partial fraction
(ii) binomial expansion with real exponent

(i) $\dfrac{x-4x^2}{(3-x)(2+x^2)} = \dfrac{A}{3-x} + \dfrac{Bx+C}{2+x^2}$

$\Rightarrow x - 4x^2 = (2+x^2)A + (3-x)(Bx+C)$，

使用 substitution 的方法，

代入 $x = 3$:

$3 - 4\times 9 = 11A$

$\Rightarrow A = -3$，

代入 $x = 0$：

$0 = 2A + 3C$

$\Rightarrow 0 = -3\times 2 + 3C$

$\Rightarrow C = 2.$

求 B 的值有两种方法，

方法一：代入 $x = 0$：

$1 - 4 = 3A + 2(Bx + C) \Rightarrow B = 1.$

方法二：equate coefficient of x^2:

$-4 = A - B \Rightarrow B = 1.$

(ii) 用第 (i) 小问的式子可以得

$\dfrac{x-4x^2}{(3-x)(2+x^2)} = -3(3-x)^{-1} + (x+2)(2+x^2)^{-1}.$

分别用 binomial expansion 将两项展开：

$-3(3-x)^{-1} = -3\times 3^{-1}\left(1-\dfrac{x}{3}\right)^{-1}$

$$=-\left(\begin{aligned}&1+(-1)\times\left(-\frac{x}{3}\right)+\frac{(-1)\times(-2)}{2!}\times\left(-\frac{x}{3}\right)^2\\&+\frac{(-1)\times(-2)\times(-3)}{3!}\times\left(-\frac{x}{3}\right)^3\end{aligned}\right)$$

$$=-\left(1+\frac{x}{3}+\frac{x^2}{9}+\frac{x^3}{27}\right),$$

$$(x+2)(2+x^2)^{-1}=2^{-1}(x+2)\left(1+\frac{x^2}{2}\right)^{-1}$$

$$=\left(\frac{1}{2}x+1\right)\left[1+(-1)\times\left(\frac{x^2}{2}\right)\right]$$

$$=\left(\frac{1}{2}x+1\right)\left(1-\frac{x^2}{2}\right)$$

$$=\frac{1}{2}x-\frac{1}{4}x^3+1-\frac{1}{2}x^2.$$

因为题目要求展开到 x^3 项，所以第二个 binomial expansion 中算到 x^2 即可，下一项为 x^4 超出需要的次数 .

最后将上面得的两个式子相加：

$$\frac{x-4x^2}{(3-x)(2+x^2)}=-1-\frac{x}{3}-\frac{x^2}{9}-\frac{x^3}{27}+\frac{1}{2}x-\frac{1}{4}x^3+1-\frac{1}{2}x^2$$

$$=\frac{1}{6}x-\frac{11}{18}x^2-\frac{31}{108}x^3.$$

Q10 知识点

(i) vector equation, relationship between two lines: skew
(ii) vector cross product
(iii) distance between a point and a plane

(i) 两条直线的关系 skew 意味着两直线异面，没有交点，两个参数 s,t 不能同时满足下列等式：

$$\begin{pmatrix}2+2s\\-1+3s\\1-s\end{pmatrix}=\begin{pmatrix}1+t\\3+2t\\4+t\end{pmatrix},$$

通过前两个等式可以求出 s, t 的取值

$$\begin{cases}2+2s=1+t\\-1+3s=3+2t\end{cases}\Rightarrow\begin{cases}s=-6,\\t=-11.\end{cases}$$

分别代入第三个等式两侧，发现：

$1-s=1+6=7$，

$4+t=4-11=-7$，

$1-s\neq 4+t$，

因此，不存在同时满足三组方程的 s 和 t，两直线 skew.

(ii)（本小问的知识点不在新版 P3 的考纲中）

计算 plane 的 normal vector 用 plane 上的两个 vector 做叉乘即可：

$$\mathbf{n}=\begin{pmatrix}2\\3\\-1\end{pmatrix}\times\begin{pmatrix}1\\2\\1\end{pmatrix}=\begin{pmatrix}5\\-3\\1\end{pmatrix}.$$

(iii) 因为第 (ii) 小问中已经求出 plane p 的 normal vector $\mathbf{n}=5\mathbf{i}-3\mathbf{j}+\mathbf{k}$，所以 p 的方程可以写为：

$5x-3y+z=d$.

p 到直线 l，m 距离相等，即 l，m 上的点 $\begin{pmatrix}2+2s\\-1+3s\\1-s\end{pmatrix}$ 和 $\begin{pmatrix}1+t\\3+2t\\4+t\end{pmatrix}$ 到平面距离相等 . 利用点到平面距离公式可以求出常数 d:

$$\frac{|5(2+2s)-3(-1+3s)+(1-s)-d|}{\sqrt{5^2+3^2+1^2}}=\frac{|14-d|}{\sqrt{35}},$$

$$\frac{|5(1+t)-3(3+2t)+(4+t)-d|}{\sqrt{5^2+3^2+1^2}}=\frac{|d|}{\sqrt{35}}$$

$\Rightarrow|14-d|=|d|$,

去掉绝对值得到两种情况：

$14-d=d\Rightarrow d=7$;

$14-d=-d\Rightarrow$ 无解；

因此平面 p 的方程为：

$5x-3y+z=7$.

9709_s18_qp_33

Q1 知识点

binomial expansion with real exponent

x 原式可转化为：

$$\frac{4}{\sqrt{4-3x}}=4(4-3x)^{-\frac{1}{2}}=4\times4^{-\frac{1}{2}}\left(1-\frac{3}{4}x\right)^{-\frac{1}{2}}$$

$$=2\left(1+\left(-\frac{1}{2}\right)\times\left(-\frac{3}{4}x\right)+\frac{\left(-\frac{1}{2}\right)\times\left(-\frac{3}{2}\right)}{2!}\times\left(-\frac{3}{4}x\right)^2\right)$$

$$=2\left(1+\frac{3}{8}x+\frac{27}{128}x^2\right)$$

$$=2+\frac{3}{4}x+\frac{27}{64}x^2.$$

Q2 知识点

reduction to quadratic equation

这是一道解方程的题目. 将 5^x 视作一个整体，设 $a=5^x$，则有 $a^2=5^{2x}$：

$$a^2-a-5=0$$

$$\Rightarrow a_1=\frac{1+\sqrt{21}}{2},\ a_2=\frac{1-\sqrt{21}}{2},$$

又因为 $a=5^x>0$，所以 reject a_2.

$$5^x=\frac{1+\sqrt{21}}{2}\Rightarrow x=\log_5\frac{1+\sqrt{21}}{2}=0.638.$$

Q3 知识点

integration by parts

使用 integration by parts 积分：

$u=x, v'=\cos 3x$；

$u'=1, v=\frac{1}{3}\sin 3x$；

$$\int_0^{\frac{1}{6}\pi}x\cos 3x\mathrm{d}x=\left[\frac{1}{3}x\sin 3x\right]_0^{\frac{1}{6}\pi}-\int_0^{\frac{1}{6}\pi}\frac{1}{3}\sin 3x\mathrm{d}x$$

$$=\left(\frac{1}{3}\times\frac{1}{6}\pi\times\sin\frac{1}{2}\pi-0\right)-\frac{1}{3}\left[-\frac{1}{3}\cos 3x\right]_0^{\frac{1}{6}\pi}$$

$$=\frac{1}{18}\pi+\frac{1}{3}\times\left(\frac{1}{3}\times\cos\frac{1}{2}\pi-\frac{1}{3}\times\cos 0\right)$$

$$=\frac{1}{18}\pi-\frac{1}{9}.$$

Q4 知识点

(i) quotient rule
(ii) logarithm, reciprocal function graph and change
(iii) iterative formula

(i) 首先用 quotient rule 求导找到 stationary point:

$$\frac{\mathrm{d}y}{\mathrm{d}x}=\frac{\frac{1}{x}(3+x)-\ln x}{(3+x)^2}=0$$

$$\Rightarrow\frac{1}{x}(3+x)-\ln x=0$$

$$\Rightarrow\ln x=\frac{3}{x}+1=1+\frac{3}{x}.$$

因为 $x=p$ 是 stationary point 的横坐标，所以 p 需要满足上述等式.

(ii) 分别画出 $y=\ln x$ 与 $y=1+\frac{3}{x}$ 的图像. $y=1+\frac{3}{x}$ 的图像为 $y=\frac{3}{x}$ 向上平移一个单位所得.

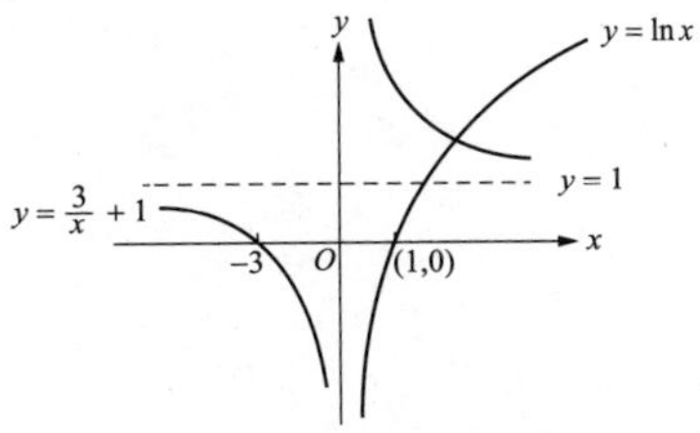

两条曲线有且仅有一个交点，所以 $\ln x=1+\frac{3}{x}$ 只有一个解.

(iii) 观察第 (ii) 小问的图像可以看出两图像交点 $x>1$，因此 iterative formula 的初始值可以取一个大于 1 的值，此处取 2:

$$x_0=2$$

$$\Rightarrow x_1=\frac{3+2}{\ln 2}=7.2135$$

2018

$\Rightarrow x_2 = 5.1689$

$\Rightarrow x_3 = 4.9730$

$\Rightarrow x_4 = 4.9706$

$\Rightarrow x_5 = 4.9706$,

计算发现此后所有解保留两位小数都是 4.97，因此

$p = 4.97$.

Q5 知识点

(i) trigonometric identity
(ii) solving trigonometric equations

(i) 首先 $\left(\cos^2 x + \sin^2 x\right)^3 = 1^3 = 1$，根据题目的提示展开：

$$\left(\cos^2 x + \sin^2 x\right)^3$$
$$= \left(\cos^2 x\right)^3 + 3\left(\cos^2 x\right)^2 \sin^2 x + 3\cos^2 x\left(\sin^2 x\right)^2 + \left(\sin^2 x\right)^3$$
$$= \cos^6 x + 3\cos^4 x \sin^2 x + 3\cos^2 x \sin^4 x + \sin^6 x$$
$$\Rightarrow \cos^6 x + \sin^6 x = 1 - 3\cos^4 x \sin^2 x - 3\cos^2 x \sin^4 x$$
$$= 1 - 3\cos^2 x \sin^2 x\left(\cos^2 x + \sin^2 x\right)$$

$$= 1 - 3\cos^2 x \sin^2 x = 1 - 3(\sin x \cos x)^2$$
$$= 1 - 3\left(\frac{\sin 2x}{2}\right)^2$$
$$= 1 - \frac{3}{4}\sin^2 2x.$$

(ii) 利用第 (i) 小问的结论，等式可以转化为：

$$1 - \frac{3}{4}\sin^2 2x = \frac{2}{3},$$
$$\frac{3}{4}\sin^2 2x = \frac{1}{3},$$
$$\sin^2 2x = \frac{4}{9},$$
$$\sin 2x = \pm\frac{2}{3}.$$

因为 $0° < x < 180°$，所以 $0° < 2x < 360°$.

当 $\sin 2x = \frac{2}{3}$ 时，

$2x_1 = 41.8° \Rightarrow x_1 = 20.9°$,

$2x_2 = 180° - 41.8° = 138.2° \Rightarrow x_2 = 69.1°$.

当 $\sin 2x = -\frac{2}{3}$ 时，

$2x = -41.8°(\text{reject})$,

$2x_3 = 180° + 41.8° = 221.8° \Rightarrow x_3 = 110.9°$,

$2x_4 = -41.8° + 360° = 318.2° \Rightarrow x_4 = 159.1°$,

综上，$x = 20.9°$、$69.1°$、$110.9°\text{or}159.1°$.

Q6 知识点

(i) partial fraction
(ii) separation of variable

(i) 原式分母可以写成两个 linear factor 的乘积：

$$\frac{1}{4-y^2} = \frac{1}{(2+y)(2-y)} = \frac{A}{2+y} + \frac{B}{2-y},$$

通分并使分子相等可得

$$(2-y)A + (2+y)B = 1,$$

用 substitution 的方法，代入 $y = 2$:

$$4B = 1 \Rightarrow B = \frac{1}{4};$$

代入 $y = -2$:

$$4A = 1 \Rightarrow A = \frac{1}{4}.$$

因此

$$\frac{1}{4-y^2} = \frac{1}{4}\left(\frac{1}{2+y} + \frac{1}{2-y}\right).$$

(ii) 将 $x\frac{\mathrm{d}y}{\mathrm{d}x} = 4 - y^2$ 移项得

$$\frac{1}{4-y^2}\frac{\mathrm{d}y}{\mathrm{d}x} = \frac{1}{x}$$
$$\Rightarrow \int \frac{1}{4-y^2}\mathrm{d}y = \int \frac{1}{x}\mathrm{d}x,$$

利用第 (i) 小问中的 partial fraction:

$$\int \frac{1}{4}\left(\frac{1}{2+y} + \frac{1}{2-y}\right)\mathrm{d}y = \int \frac{1}{x}\mathrm{d}x,$$
$$\frac{1}{4}\left[\ln(2+y) - \ln(2-y)\right] = \ln x + C.$$

又因为 $y = 1$ 时 $x = 1$,

$$\frac{1}{4}(\ln 3 - \ln 1) = \ln 1 + C \Rightarrow C = \frac{1}{4}\ln 3.$$

化简后得

$$\ln(2+y) - \ln(2-y) = 4\ln x + \ln 3,$$
$$\ln\left(\frac{2+y}{2-y}\right) = \ln\left(3x^4\right);$$

等号两边同时 take exponential:

$$\frac{2+y}{2-y} = 3x^4,$$
$$2 + y = 6x^4 - 3yx^4,$$
$$y + 3yx^4 = 6x^4 - 2,$$
$$y = \frac{6x^4 - 2}{1 + 3x^4}.$$

Q7 知识点

(i) trigonometry: auxiliary angle formulae
(ii) trigonometry: integration, double angle formulae

(i) 首先先将 $R\cos(\theta-\alpha)$ 展开：

$$R\cos(\theta-\alpha)=R\cos\theta\cos\alpha+\sin\theta\sin\alpha$$

$$\Rightarrow\begin{cases}R\cos\alpha=1\\R\sin\alpha=2\end{cases}$$

$$\Rightarrow R=\sqrt{1^2+2^2}=\sqrt{5},\ \tan\alpha=\frac{\sin\alpha}{\cos\alpha}=\frac{2}{1}=2.$$

(ii) 利用第 (i) 小问的结论 $\cos\theta+2\sin\theta=\sqrt{5}\cos(\theta-\alpha)$，

$\tan\alpha=\dfrac{\sin\alpha}{\cos\alpha}=\dfrac{2}{1}=2$，原 integral 可以转化为：

$$\int_0^{\frac{1}{4}\pi}\frac{15}{(\cos\theta+2\sin\theta)^2}\mathrm{d}\theta=\int_0^{\frac{1}{4}\pi}\frac{15}{\left(\sqrt{5}\cos(\theta-\alpha)\right)^2}\mathrm{d}\theta$$

$$=\int_0^{\frac{1}{4}\pi}\frac{15}{5\cos^2(\theta-\alpha)}\mathrm{d}\theta=\int_0^{\frac{1}{4}\pi}3\sec^2(\theta-\alpha)\mathrm{d}\theta$$

$$=\left[3\tan(\theta-\alpha)\right]_0^{\frac{1}{4}\pi}=\left[3\left(\frac{\tan\theta-\tan\alpha}{1+\tan\theta\tan\alpha}\right)\right]_0^{\frac{1}{4}\pi}$$

$$=3\left(\frac{1-2}{1+2}\right)-3\left(\frac{0-2}{1-0}\right)=5.$$

Q8 知识点

(i) implicit differentiation
(ii) using 1st derivative for the coordinate of intersection

(i) 用 implicit differentiation 将原等式两边求导：

$$6x^2-3y^2\frac{\mathrm{d}y}{\mathrm{d}x}-3x\cdot 2y\frac{\mathrm{d}y}{\mathrm{d}x}-3y^2=0,$$

$$\left(-3y^2-6xy\right)\frac{\mathrm{d}y}{\mathrm{d}x}=3y^2-6x^2$$

$$\Rightarrow\frac{\mathrm{d}y}{\mathrm{d}x}=\frac{3y^2-6x^2}{-3y^2-6xy}=\frac{2x^2-y^2}{y^2+2xy}.$$

(ii) 当 tangent 与 y 轴平行时，gradient 为无穷，需要 $\dfrac{\mathrm{d}y}{\mathrm{d}x}$ 的分母等于 0:

$y^2+2xy=0$，

$y(y+2x)=0$，

当 $y=0$ 时，代入原方程得 $2x^3=2a^3\Rightarrow x=a$，第一个切点坐标为 $(a,0)$.

当 $y+2x=0\Rightarrow y=-2x$ 时，

$2x^3-(-2x)^3-3x\cdot(-2x)^2=2a^3$，

$2x^3+8x^3-12x^3=2a^3$，

$-2x^3=2a^3$，

$x=-a$，

$y=-2x=2a$,

第一个切点坐标为 $(-a,2a)$.

Q9 知识点

(a) complex number
(b) Argand diagram, locii

(a) 首先设 complex number $z=x+y\mathrm{i}$，因此它的 complex conjugate $z^*=x-y\mathrm{i}$. 代入等式中得

$3(x+y\mathrm{i})-\mathrm{i}(x-y\mathrm{i})=1+5\mathrm{i}$，

$3x+3y\mathrm{i}-x\mathrm{i}-y=1+5\mathrm{i}$，

$(3x-y)+(3y-x)\mathrm{i}=1+5\mathrm{i}$，

equate real part 和 imaginary part:

$$\begin{cases}3x-y=1\\3y-x=5\end{cases}\Rightarrow\begin{cases}x=1,\\y=2.\end{cases}$$

因此 $z=1+2\mathrm{i}$.

(b) 在 argand diagram 上，$|z|=3$ 代表以 $(0,0)$ 为圆心，3 为半径的圆 . 因此满足 $|z|\leqslant 3$ 的 complex number 为圆上和圆内的所有点 . $\mathrm{Im}(z)=2$ 代表平行于 real-axis 的直线，因此满足 $\mathrm{Im}(z)\geqslant 2$ 的点为直线上方的区域 . 所以同时满足两个不等式的点为下图中阴影部分 .

阴影部分中 argument 最大的值位于图中弧线上，且 argument 的最大值就是弧线与 real-axis 正半轴的夹角 .

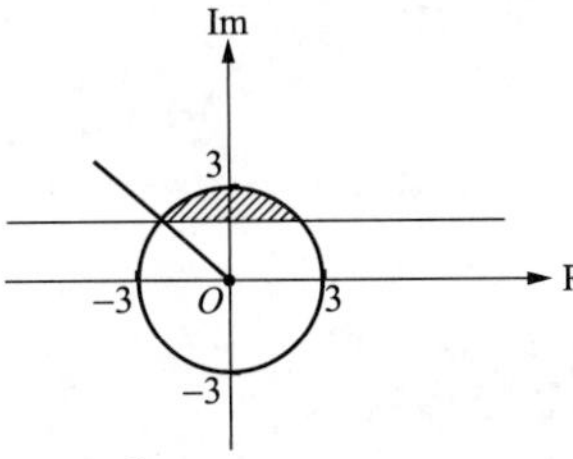

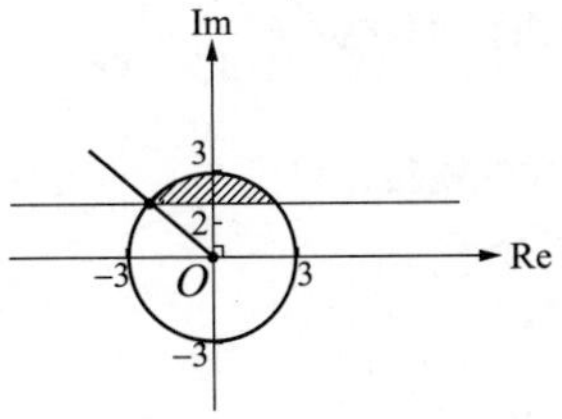

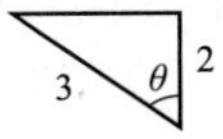

可以通过三角函数计算出红线与 imaginary-axis 夹角：

$\cos\theta=\frac{2}{3}\Rightarrow\theta=0.841$，

argument 的最大值为 $0.841+\frac{\pi}{2}=2.41$.

Q10 知识点

(i) vector equation, relationship between two lines
(ii) vector dot product

(i) 本小问需要证明直线 l 与直线 AB 不相交. 首先计算 AB 直线的 vector equation.

$$\overrightarrow{AB}=\overrightarrow{OB}-\overrightarrow{OA}=\begin{pmatrix}4\\1\\1\end{pmatrix}-\begin{pmatrix}2\\1\\3\end{pmatrix}=\begin{pmatrix}2\\0\\-2\end{pmatrix},$$

$$l_{AB}:\mathbf{r}=\begin{pmatrix}4\\1\\1\end{pmatrix}+\lambda\begin{pmatrix}2\\0\\-2\end{pmatrix}.$$

联立两个 vector equations，如果两直线不相交，则方程无解：

$$\begin{pmatrix}4+\mu\\6+2\mu\\-2\mu\end{pmatrix}=\begin{pmatrix}4+2\lambda\\1\\1-2\lambda\end{pmatrix},$$

联立前两个等式算出 μ,λ 的值：

$$\begin{cases}4+\mu=4+2\lambda\\6+2\mu=1\end{cases}\Rightarrow\begin{cases}\mu=-\frac{5}{2},\\\lambda=-\frac{5}{4}.\end{cases}$$

将两个值代入第三个等式，发现：

$-2\mu=-5$，

$1-2\lambda=\frac{7}{2}$，

$-2\mu\neq1-2\lambda$，

因此原方程组无解，两直线不相交.

(ii) 因为 $\angle PAB=120°$，所以 $\overrightarrow{AB}\cdot\overrightarrow{AP}=\left|\overrightarrow{AB}\right|\left|\overrightarrow{AP}\right|\cos120°$.

因为 P 在直线 l 上，parameter 为 t，所以有：

$$\overrightarrow{OP}=\begin{pmatrix}4+t\\6+2t\\-2t\end{pmatrix},$$

$$\overrightarrow{AP}=\overrightarrow{OP}-\overrightarrow{OA}=\begin{pmatrix}4+t\\6+2t\\-2t\end{pmatrix}-\begin{pmatrix}2\\1\\3\end{pmatrix}=\begin{pmatrix}2+t\\5+2t\\-2t-3\end{pmatrix},$$

代入向量点乘公式：

$$\begin{pmatrix}2+t\\5+2t\\-2t-3\end{pmatrix}\cdot\begin{pmatrix}2\\0\\-2\end{pmatrix}$$
$$=\sqrt{(2+t)^2+(5+2t)^2+(-2t-3)^2}\times\sqrt{2^2+2^2}\times\cos120°,$$

$$4+2t+6+4t=\sqrt{9t^2+36t+38}\times\sqrt{8}\times\left(-\frac{1}{2}\right),$$

两边平方去掉根号：

$(10+6t)^2=(9t^2+36t+38)\times2$，

$36t^2+120t+100=18t^2+72t+76$，

$18t^2+48t+24=0$，

$3t^2+8t+4=0$.

解上述方程算出 position vector $\overrightarrow{OP}$：

$(t+2)(3t+2)=0$，

$t_1=-2,t_2=-\frac{2}{3}$.

用平方之前的等式进行验算，需要满足等式左边 $10+6t<0$，因此 reject t_2，最终得 $t=-2$，

$$\overrightarrow{OP}=\begin{pmatrix}4+(-2)\\6+2\times(-2)\\-2\times(-2)\end{pmatrix}=\begin{pmatrix}2\\2\\4\end{pmatrix}.$$

9709_w18_qp_31/33

Q1 知识点

modulus inequality

这是一道解不等式的题目，式子左右两边都有绝对值，所以将两边平方不会影响结果：

$4(2x-a)^2<(x+3a)^2$，

$4(4x^2-4ax+a^2)<x^2+6ax+9a^2$，

$16x^2-16ax+16a^2<x^2+6ax+9a^2$，

$15x^2-22ax+5a^2<0$，

$(5x+a)(3x-5a)<0$，

因为 $a>0$ 并且不等式左侧为开口向上的抛物线，所以大于等于零的部分是图中灰线标注的区域：

$$-\frac{a}{5}<x<\frac{5}{3}a.$$

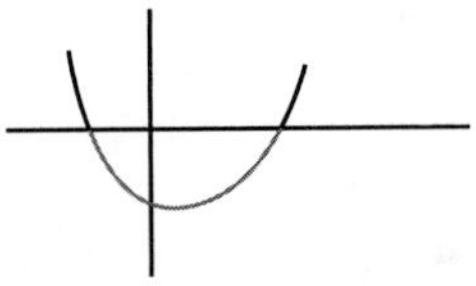

Q2 知识点

reduction to quadratic equation

这是一道解方程的题目，原方程化简得

$2e^x+e^{-x}=4e^x-4e^{-x}$，

$2e^x-5e^{-x}=0$，

$e^x\left(2e^x-5e^{-x}\right)=0$，

$2e^{2x}-5=0$，

$e^{2x}=\frac{5}{2}$，

$2x=\ln\left(\frac{5}{2}\right)$，

$x=\frac{1}{2}\ln\left(\frac{5}{2}\right)=0.46$.

Q3 知识点

(i) graph of function
(ii) iterative formula
(iii) iterative processes

(i) 本小问是一道画图题，将 $y=x^3$ 与 $y=3-x$ 的图像画在同一坐标系中 .

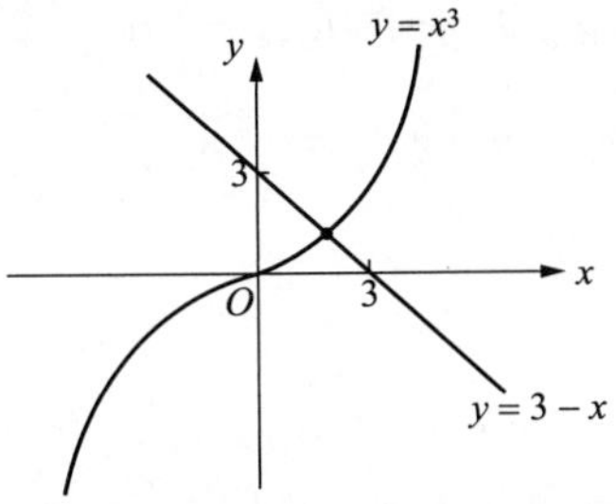

如上图所示，两个图像只有一个交点，所以方程 $x^3=3-x$ 只有一个 real root.

(ii) 将题目中给出的 iterative formula 化简得

$x=\frac{2x^3+3}{3x^2+1}$

$\Rightarrow 3x^3+x=2x^3+3$

$\Rightarrow x^3=3-x.$

(iii) 从第 (i) 小问的图像可以看出，原方程的解位于 0 与 3 之间，于是将初始值选择在这个区间范围内即可：

$x_0=1$

$\Rightarrow x_1=\frac{2{x_0}^3+3}{3{x_0}^2+1}=1.25000$

$\Rightarrow x_2=1.21429$

$\Rightarrow x_3=1.21341$

$\Rightarrow x_4=1.21341$

$\vdots$

计算发现此后所有解保留 3 位小数都得 $x=1.213$.

Q4 知识点

(i) parametric equation
(ii) reduction to quadratic equation

(i) 因为是 parametric equation，所以有：

$$\frac{dy}{dx}=\frac{\frac{dy}{d\theta}}{\frac{dx}{d\theta}}=\frac{-2\sin\theta-2\sin 2\theta}{2\cos\theta+2\cos 2\theta}=\frac{-\sin\theta-\sin 2\theta}{\cos\theta+\cos 2\theta}.$$

(ii) 切线与 y 轴平行说明 $\frac{dy}{dx}$ 的分母为 0，即：

$\cos\theta+\cos 2\theta=0$，

$\cos\theta+2\cos^2\theta-1=0$，

$(\cos\theta+1)(2\cos\theta-1)=0$，

$\cos\theta=-1 \text{ or } \frac{1}{2}.$

又因为 $0<\theta<\pi$，所以有：

$\cos\theta=-1\Rightarrow\theta=\pi(\text{reject})$，

$\cos\theta=\frac{1}{2}\Rightarrow\theta=\frac{\pi}{3}.$

当 $\theta=\frac{\pi}{3}$ 时，

$x=2\sin\frac{\pi}{3}+2\sin\frac{2\pi}{3}=\frac{3}{2}\sqrt{3}$，

$y=2\cos\frac{\pi}{3}+2\cos\frac{2\pi}{3}=\frac{1}{2}.$

因此切线与 y 轴平行的点坐标为 $\left(\frac{3}{2}\sqrt{3},\frac{1}{2}\right)$.

2018

Q5 知识点

separation of variable

原方程可转化为：

$$\int \frac{1}{y}\mathrm{d}y = \int \frac{2-x^2}{x}\mathrm{d}x,$$

$$\int \frac{1}{y}\mathrm{d}y = \int \left(\frac{2}{x}-x\right)\mathrm{d}x,$$

$$\ln y = 2\ln x - \frac{1}{2}x^2 + C;$$

将已知点坐标 $(1,1)$ 代入可以得常数 C 的值：

$$0 = 2\times 0 - \frac{1}{2} + C \Rightarrow C = \frac{1}{2};$$

代入并化简得 y 关于 x 的表达式：

$$\ln y = \ln x^2 - \frac{1}{2}x^2 + \frac{1}{2},$$

$$e^{\ln y} = e^{\ln x^2 - \frac{1}{2}x^2 + \frac{1}{2}},$$

$$y = x^2 e^{-\frac{1}{2}x^2 + \frac{1}{2}}.$$

Q6 知识点

(i) trigonometric identity
(ii) solving trigonometric equations

(i) 首先将原方程化简为关于 $\sin x$ 和 $\cos x$ 的形式：

$$\frac{\sqrt{2}}{\sin x} + \frac{\cos x}{\sin x} = \sqrt{3},$$

$$\sqrt{2} + \cos x = \sqrt{3}\sin x,$$

$$\sqrt{3}\sin x - \cos x = \sqrt{2}.$$

现在只需要把等式左边 $\sqrt{3}\sin x - \cos x$ 写为 $R\sin(x-\alpha)$ 即可：

$$R\sin(x-\alpha) = R\sin x\cos\alpha - R\cos x\sin\alpha$$

$$\Rightarrow \begin{cases} R\cos\alpha = \sqrt{3}, \\ R\sin\alpha = 1. \end{cases}$$

$$R = \sqrt{(\sqrt{3})^2 + 1^2} = 2,$$

$$\frac{\sin\alpha}{\cos\alpha} = \frac{1}{\sqrt{3}} = \tan\alpha \Rightarrow \alpha = \tan^{-1}\frac{1}{\sqrt{3}} = 30°.$$

最终得

$$2\sin(x-30°) = \sqrt{2}.$$

(ii) 根据第 (i) 小问，原方程可以化为：

$$2\sin(x-30°) = \sqrt{2} \Rightarrow \sin(x-30°) = \frac{\sqrt{2}}{2},$$

当 $0° < x < 180°$ 时，$-30° < x-30° < 150°$，而

$$x - 30° = \sin^{-1}\frac{\sqrt{2}}{2} = 45° \text{ or } 135° \Rightarrow$$

$$x = 75° \text{ or } 165°.$$

Q7 知识点

(i) product rule
(ii) integration by substitution

(i) 因为要求 maximum point M，所以需要将原式求导 . 利用 product rule 得

$$\frac{\mathrm{d}y}{\mathrm{d}x} = 5\sin^2 x\times 3\cos^2 x(-\sin x) + 5\times 2\sin x\cos x\times\cos^3 x$$

$$= -15\sin^3 x\cos^2 x + 10\sin x\cos^4 x,$$

当 $\frac{\mathrm{d}y}{\mathrm{d}x} = 0$ 时：

$$15\sin^3 x\cos^2 x = 10\sin x\cos^4 x$$

$$\Rightarrow \sin x = 0, \cos x = 0 \text{ or } 3\sin^2 x = 2\cos^2 x,$$

$$\tan^2 x = \frac{2}{3},$$

$$\tan x = \pm\sqrt{\frac{2}{3}},$$

从图中可以看出，$\sin x = 0, \cos x = 0$ 分别对应的 $x = 0$ 和 $x = \frac{\pi}{2}$ 不是要求的 maximum，

并且当 $0 < x < \frac{\pi}{2}$ 时，$\tan x > 0$，因此 $\tan x = \sqrt{\frac{2}{3}}$ 是唯一满足要求的值，M 的横坐标为：

$$x = \tan^{-1}\sqrt{\frac{2}{3}} = 0.685.$$

(ii) 用积分求阴影部分的面积表达式为：

$$\text{area} = \int_0^{\frac{\pi}{2}} 5\sin^2 x\cos^3 x\mathrm{d}x.$$

substitute $u = \sin x$ 得

$$\frac{\mathrm{d}u}{\mathrm{d}x} = \cos x,$$

$$x = 0 \Rightarrow u = \sin 0 = 0,$$

$$x = \frac{\pi}{2} \Rightarrow u = \sin\frac{\pi}{2} = 1,$$

$$\int_0^{\frac{\pi}{2}} 5\sin^2 x\cos^3 x\mathrm{d}x = \int_0^1 5u^2\cos^2 x\mathrm{d}u = \int_0^1 5u^2(1-u^2)\mathrm{d}u$$

$$= \int_0^1 5u^2 - 5u^4\mathrm{d}u = \left[\frac{5}{3}u^3 - u^5\right]_0^1$$

$$=\left(\frac{5}{3}-1\right)-0=\frac{2}{3}.$$

Q8 知识点

(a) complex number
(b) Argand diagram, locii

(a) 首先将 complex number 化简得

$$\frac{2+3\mathrm{i}}{1-2\mathrm{i}}=\frac{2+3\mathrm{i}}{1-2\mathrm{i}}\times\frac{1+2\mathrm{i}}{1+2\mathrm{i}}=\frac{2+4\mathrm{i}+3\mathrm{i}-6}{1+4}=\frac{-4+7\mathrm{i}}{5}=-\frac{4}{5}+\frac{7}{5}\mathrm{i},$$

因此有

$$r=\left|-\frac{4}{5}+\frac{7}{5}\mathrm{i}\right|=\sqrt{\left(-\frac{4}{5}\right)^2+\left(\frac{7}{5}\right)^2}=1.61;$$

又因为$-\frac{4}{5}+\frac{7}{5}\mathrm{i}$位于 Argand diagram 的第二象限，所以有：

$$\theta=\operatorname{Arg}\left(-\frac{4}{5}+\frac{7}{5}\mathrm{i}\right)=\tan^{-1}\left(\frac{\frac{7}{5}}{-\frac{4}{5}}\right)=-1.052+\pi=2.09.$$

因此，complex number 可以写成：

$$\frac{2+3\mathrm{i}}{1-2\mathrm{i}}=1.61\mathrm{e}^{2.09\mathrm{i}}.$$

(b) 在 Argand diagram 上，$|z-(3-2\mathrm{i})|=1$ 的图像为圆心在$3-2\mathrm{i}$，半径为 1 的圆：

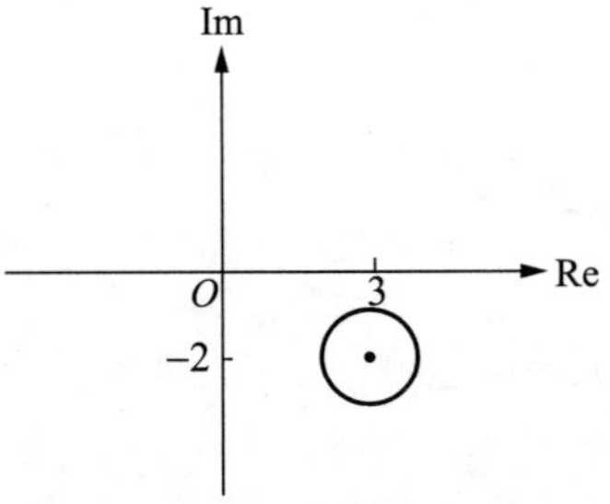

圆周上的所有点中 modulus 最小的点为连接圆心和圆点的线段与圆的交点，因此$|z|$的最小值为：

$$|z|=\sqrt{(-2)^2+3^2}-1=\sqrt{13}-1.$$

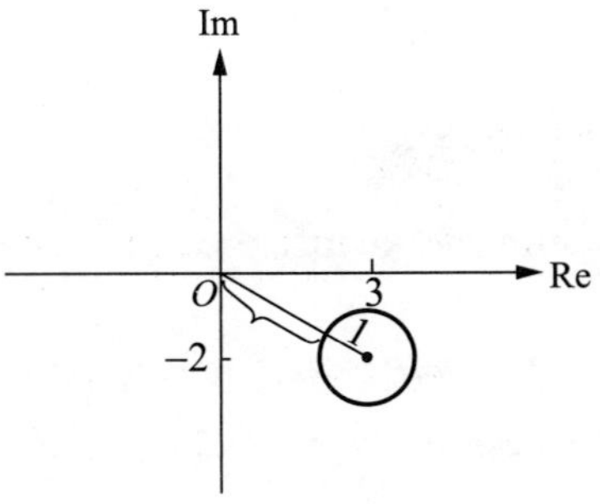

Q9 知识点

partial fraction

(i) 本题要求将式子写成 partial fraction 的形式，注意到分母上有个 repeated root $(3+2x)^2$，所以应将原式拆成：

$$\frac{6x^2+8x+9}{(2-x)(3+2x)^2}=\frac{A}{2-x}+\frac{B}{3+2x}+\frac{C}{(3+2x)^2}$$

$$\Rightarrow 6x^2+8x+9=(3+2x)^2A+(2-x)(3+2x)B+(2-x)C.$$

用 substitution 的方法：

$$x=2\Rightarrow 6\times4+8\times2+9=49A\Rightarrow A=1,$$

$$x=-\frac{3}{2}\Rightarrow 6\times\frac{9}{4}+8\times\frac{3}{2}+9=\frac{7}{2}C\Rightarrow C=3,$$

$$x=0\Rightarrow 9=9A+6B+2C\Rightarrow B=-1.$$

因此，将$\mathrm{f}(x)$写成 partial fraction 得

$$\frac{6x^2+8x+9}{(2-x)(3+2x)^2}=\frac{1}{2-x}-\frac{1}{3+2x}+\frac{3}{(3+2x)^2}.$$

(ii) 利用第 (i) 小问中的 partial fraction，积分可以化为：

$$\int_{-1}^{0}\left(\frac{1}{2-x}-\frac{1}{3+2x}+\frac{3}{(3+2x)^2}\right)\mathrm{d}x$$

$$=\left[-\ln(2-x)-\frac{1}{2}\ln(3+2x)-\frac{3}{2}(3+2x)^{-1}\right]_{-1}^{0}$$

$$=\left(-\ln2-\frac{1}{2}\ln3-\frac{3}{2}\times\frac{1}{3}\right)-\left(-\ln3-\frac{1}{2}\ln1-\frac{3}{2}\times1\right)$$

$$=-\ln2-\frac{1}{2}\ln3-\frac{1}{2}+\ln3+\frac{3}{2}$$

$$=-\ln2+\frac{1}{2}\ln3+1$$

$$=-\frac{1}{2}\times2\ln2+\frac{1}{2}\ln3+1$$

$$=-\frac{1}{2}\ln4+\frac{1}{2}\ln3+1$$

$$=\frac{1}{2}\ln\frac{3}{4}+1.$$

注意所有 linear term 中 x 前的系数使用 reversed chain rule 积分时要除出来 .

Q10 知识点

(i) vector dot product
(ii) angle between two planes
(iii) distance between a point and a plane

（本题为关于 plane & vector 的题目，不在新版 P3 考纲范

围内）

(i) 证明直线平行于平面，只需要证明直线于平面的 normal vector 垂直即可 . 根据 plane *m* 的方程可以看出，*m* 的 normal vector 为 $\begin{pmatrix}3\\1\\-2\end{pmatrix}$，并且直线的 direction vector 为 $\begin{pmatrix}1\\1\\2\end{pmatrix}$，使用 dot product:

$\begin{pmatrix}1\\1\\2\end{pmatrix}\cdot\begin{pmatrix}3\\1\\-2\end{pmatrix}=3\times1+1\times1+2\times(-2)=0$，

即两 vector 互相垂直，因此直线于 normal 垂直，直线平行于 plane *m*.

(ii) 首先求出两平面 normal 的夹角，因为 normal 夹角和平面夹角互补 .

$\begin{pmatrix}3\\1\\-2\end{pmatrix}\cdot\begin{pmatrix}1\\-2\\2\end{pmatrix}=\sqrt{9+1+4}\times\sqrt{1+4+4}\times\cos\theta$，

$3-2-4=\sqrt{14}\times\sqrt{9}\cos\theta$，

$\cos\theta=\frac{-3}{3\sqrt{14}}$，

$\theta=\cos^{-1}\frac{-3}{3\sqrt{14}}=105.5°$，

因此两平面夹角 $\alpha=180°-\theta=74.5°$.

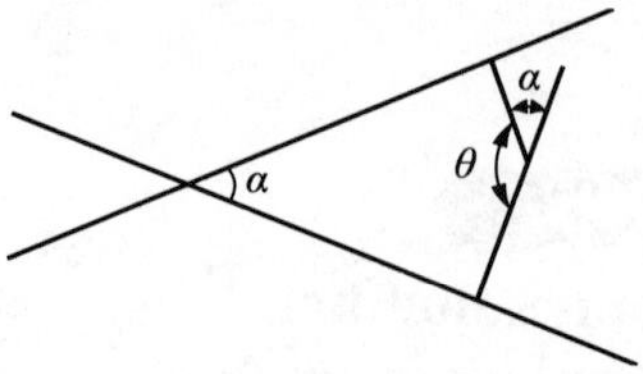

(iii) 利用直线 *l* 的 vector equation 得点 *P* 的 position vector:

$\overrightarrow{OP}=\begin{pmatrix}4+\lambda\\2+\lambda\\1+2\lambda\end{pmatrix}$，

点 *P* 到 plane *n*: $x-2y+2z=5$ 的距离为：

$\frac{|(4+\lambda)-2(2+\lambda)+2(1+2\lambda)-5|}{\sqrt{1^2+(-2)^2+2^2}}=2$

$\Rightarrow|3\lambda-3|=2\times3$，

$3\lambda-3=\pm6$，

解得两个满足条件的 λ 值：

$3\lambda-3=6\Rightarrow\lambda=3$，

$3\lambda-3=-6\Rightarrow\lambda=-1$，

将两个 λ 分别代入直线方程得 *P* 的两个可取的 position vectors:

$\overrightarrow{OP}=\begin{pmatrix}7\\5\\7\end{pmatrix}$ or $\begin{pmatrix}3\\1\\-1\end{pmatrix}$.

9709_w18_qp_32

Q1 知识点

modulus inequality

这是一道解不等式的题目，不等号左右两边都有绝对值，所以两边同时平方对解没有影响并可以去掉绝对值：

$(3|2x-1|)^2>|x+4|^2$，

$9(2x-1)^2>(x+4)^2$，

$9(4x^2-4x+1)>x^2+8x+16$，

$36x^2-36x+9>x^2+8x+16$，

$35x^2-44x-7>0$，

$(5x-7)(7x+1)>0$.

不等式左侧为开口向上的抛物线，所以大于等于零的部分是下图中灰线标注的区域，最终取值范围为

$x<-\frac{1}{7},x>\frac{7}{5}$.

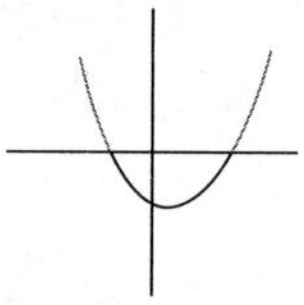

Q2 知识点

trigonometry: double angle formula

这是一道解三角函数方程的题目 . 首先将 $\sin(\theta-30°)$ 展开：

$\sin\theta\cos30°-\cos\theta\sin30°+\cos\theta=2\sin\theta$，

$\frac{\sqrt{3}}{2}\sin\theta-\frac{1}{2}\cos\theta+\cos\theta=2\sin\theta$,

$\frac{1}{2}\cos\theta=\left(2-\frac{\sqrt{3}}{2}\right)\sin\theta$,

$\frac{\sin\theta}{\cos\theta}=\frac{\frac{1}{2}}{2-\frac{\sqrt{3}}{2}}\Rightarrow\tan\theta=\frac{4+\sqrt{3}}{13}=0.4409$,

当 $0°<\theta<180°$ 时，有且仅有一个解为 $\theta=\tan^{-1}0.4409=23.8°$.

Q3 知识点

(i) integration by parts
(ii) definite integral

(i) 本小问是一道 integration 的题目，因为 integrand 中有 $\ln x$，所以求积分可以用 integration by parts:

$u=\ln x, v'=x^{-3}$,

$u'=x^{-1}, v=-\frac{1}{2}x^{-2}$,

$\int\frac{\ln x}{x^3}dx=-\frac{1}{2}x^{-2}\ln x-\int\left(-\frac{1}{2}x^{-3}\right)dx$

$=-\frac{1}{2}x^{-2}\ln x+\frac{1}{2}\int x^{-3}dx$

$=-\frac{1}{2}x^{-2}\ln x+\frac{1}{2}\left(-\frac{1}{2}x^{-2}\right)+C$

$=-\frac{1}{2}x^{-2}\ln x-\frac{1}{4}x^{-2}+C.$

(ii) 用第 (i) 小问的结论来计算 definite integral:

$\int_1^2\frac{\ln x}{x^3}dx=\left[-\frac{1}{2}x^{-2}\ln x-\frac{1}{4}x^{-2}\right]_1^2$

$=\left(\frac{1}{2}\times\frac{1}{4}\ln 2-\frac{1}{4}\times\frac{1}{4}\right)-\left(0-\frac{1}{4}\right)$

$=-\frac{1}{8}\ln 2-\frac{1}{16}+\frac{1}{4}=\frac{3}{16}-\frac{1}{8}\ln 2$

$=\frac{1}{16}\times 3-\frac{1}{16}\times 2\ln 2$

$=\frac{1}{16}(3-2\ln 2).$

Q4 知识点

reduction to quadratic equation

这是一道解方程的题目，原方程化简得

$e^x+e^{-x}=4e^x+4$,

$3e^x-e^{-x}+4=0$,

$e^x\left(3e^x-e^{-x}+4\right)=0$,

$3e^{2x}+4e^x-1=0$,

将 e^x 视为一个整体，设 $e^x=a$，则有 $e^{2x}=a^2, a>0$.

$3a^2+4a-1=0$

$\Rightarrow a_1=0.2153, a_2=-1.5486(\text{reject})$

$\Rightarrow e^x=0.2153$

$\Rightarrow x=\ln 0.2153=-1.536.$

Q5 知识点

(i) product rule
(ii) locating roots
(iii) iterative formula

(i) 用 product rule 求导得

$\frac{dy}{dx}=x\frac{-1}{8-x}+\ln(8-x)=\frac{-x}{8-x}+\ln(8-x).$

当 $x=a$ 时，$\frac{dy}{dx}=1$，于是有

$\frac{-x}{8-x}+\ln(8-x)=1$,

$-x+(8-x)\ln(8-x)=8-x$,

$(8-x)\ln(8-x)=8$,

$8-x=\frac{8}{\ln(8-x)}$,

$x=8-\frac{8}{\ln(8-x)}.$

(ii) 由第 (i) 小问知：

$x=8-\frac{8}{\ln(8-x)}\Rightarrow -x+8-\frac{8}{\ln(8-x)}=0.$

设 $f(x)=-x+8-\frac{8}{\ln(8-x)}$，如果 $2.9<x<3.1$，则 $f(2.9)$ 与 $f(3.1)$ 的值会是一正一负 .

$f(2.9)=-0.1897<0$,

$f(3.1)=0.1339>0$,

$f(x)$ changes sign，$2.9<x<3.1$.

(iii) 使用 iterative formula，得：

$x_{n+1}=8-\frac{8}{\ln(8-x_n)}$,

2018

在第 (ii) 小问中已经求出 $2.9 < x < 3.1$，所以 iterative formula 的 x_0 为区间中点，即：

$$x_0 = 3.0$$

$$\Rightarrow x_1 = 8 - \frac{8}{\ln(8-3)} = 3.0293$$

$$\Rightarrow x_2 = 3.0111$$

$$\Rightarrow x_3 = 3.0225$$

$$\Rightarrow x_4 = 3.0154$$

$$\Rightarrow x_5 = 3.0198$$

$$\vdots$$

发现继续算下去的结果保留两位数都是 3.02，

所以 $x = a = 3.02$.

Q6 知识点

differential equation

首先根据题意，gradient 与 $\frac{y^2}{x}$ 成正比，可以列出 differential equation:

$$\frac{\mathrm{d}y}{\mathrm{d}x} = k\frac{y^2}{x}.$$

用 separation of variables 求该方程的解：

$$\int \frac{1}{y^2}\mathrm{d}y = \int \frac{k}{x}\mathrm{d}x,$$

$$-\frac{1}{y} = k\ln x + C,$$

代入两个已知点 $(1,1)$ 和 $(\mathrm{e}, 2)$ 的坐标可以求出两个常数的值：

$$-\frac{1}{1} = k\ln 1 + C \Rightarrow C = -1,$$

$$-\frac{1}{2} = k\ln \mathrm{e} - 1 \Rightarrow k = \frac{1}{2}.$$

因此得到方程：

$$-\frac{1}{y} = \frac{1}{2}\ln x - 1$$

$$\Rightarrow \frac{1}{y} = 1 - \frac{1}{2}\ln x$$

$$\Rightarrow y = \frac{1}{1 - \frac{1}{2}\ln x} = \frac{2}{2 - \ln x}.$$

Q7 知识点

(i) quotient rule
(ii) reversed chain rule

(i) 本小问需要求的是 stationary point 的坐标，也就是解方程 $\frac{\mathrm{d}y}{\mathrm{d}x} = 0$，使用 quotient rule 求导得

$$\frac{\mathrm{d}y}{\mathrm{d}x} = \frac{-3\sin x(2+\sin x) - 3\cos x\ \cos x}{(2+\sin x)^2}$$

$$= \frac{-6\sin x - 3\sin^2 x - 3\cos^2 x}{(2+\sin x)^2} = 0,$$

$$-6\sin x - 3\sin^2 x - 3\cos^2 x = 0,$$

$$-6\sin x - 3 = 0,$$

$$\sin x = -\frac{1}{2},$$

$$x = -\frac{\pi}{6}.$$

因为题目要求 $-\frac{\pi}{2} \leqslant x \leqslant \frac{\pi}{2}$，所以 $x = -\frac{\pi}{6}$ 是上述方程的唯一解，此时 y 坐标为：

$$y = \frac{3\cos\left(-\frac{\pi}{6}\right)}{2 + \sin\left(-\frac{\pi}{6}\right)} = \sqrt{3},$$

因此 stationary point 的坐标是 $\left(-\frac{\pi}{6}, \sqrt{3}\right)$.

(ii) 首先 integral 内的式子是一个分式，并且分母的导数 $\cos x$ 与分子有倍数关系，所以可使用 reversed chain rule 来积分：

$$\int_0^a \frac{3\cos x}{2+\sin x}\mathrm{d}x = 3\int_0^a \frac{\cos x}{2+\sin x}\mathrm{d}x = 3\left[\ln(2+\sin x)\right]_0^a$$

$$= 3\left[\ln(2+\sin a) - \ln 2\right],$$

根据已知条件 $\int_0^a \frac{3\cos x}{2+\sin x}\mathrm{d}x = 1$ 得：

$$3(\ln(2+\sin a) - \ln 2) = 1,$$

$$\ln(2+\sin a) = \frac{1}{3} + \ln 2,$$

$$2 + \sin a = \mathrm{e}^{\frac{1}{3}+\ln 2} = 2\mathrm{e}^{\frac{1}{3}},$$

$$\sin a = 2\mathrm{e}^{\frac{1}{3}} - 2 = 0.7912,$$

$$a = \sin^{-1}\left(2\mathrm{e}^{\frac{1}{3}} - 2\right) = 0.913.$$

因为题目要求 $-\frac{\pi}{2} \leqslant x \leqslant \frac{\pi}{2}$，所以 0.913 是上述方程的唯一解.

Q8 知识点

(i) partial fraction
(ii) binomial expansion with real exponent

(i) 本小问要求计算 $f(x)$ 的 partial fraction.

$$f(x)=\frac{7x^2-15x+8}{(1-2x)(2-x)^2}=\frac{A}{1-2x}+\frac{B}{2-x}+\frac{C}{(2-x)^2}$$

$\Rightarrow 7x^2-15x+8=(2-x)^2A+(1-2x)(2-x)B+(1-2x)C$，

用 substitution 的方法：

$x=\frac{1}{2}\Rightarrow\frac{7}{4}-\frac{15}{2}+8=\left(\frac{3}{2}\right)^2A\Rightarrow A=1$，

$x=2\Rightarrow 28-30+8=-3C\Rightarrow C=-2$，

$x=0\Rightarrow 8=4A+2B+C\Rightarrow B=3$，

因此，将 $f(x)$ 写成 partial fraction 得

$$\frac{7x^2-15x+8}{(1-2x)(2-x)^2}=\frac{1}{1-2x}+\frac{3}{2-x}-\frac{2}{(2-x)^2}.$$

(ii) 用第 (i) 小问得到的 partial fraction 计算 $f(x)$ 的 binomial expansion 需要将三项分别展开：

$$(1-2x)^{-1}=1+(-1)\times(-2x)+\frac{(-1)\times(-2)}{2!}(-2x)^2$$
$$=1+2x+4x^2,$$

$$3(2-x)^{-1}=3\times2^{-1}\left(1-\frac{x}{2}\right)^{-1}$$
$$=\frac{3}{2}\left(1+(-1)\times\left(-\frac{x}{2}\right)+\frac{(-1)\times(-2)}{2!}\left(-\frac{x}{2}\right)^2\right)$$
$$=\frac{3}{2}\left(1+\frac{x}{2}+\frac{x^2}{4}\right)=\frac{3}{2}+\frac{3}{4}x+\frac{3}{8}x^2,$$

$$-2(2-x)^{-2}=-2\times2^{-2}\left(1-\frac{x}{2}\right)^{-2}$$
$$=-\frac{1}{2}\left(1+(-2)\times\left(-\frac{x}{2}\right)+\frac{(-2)\times(-3)}{2!}\left(-\frac{x}{2}\right)^2\right)$$
$$=-\frac{1}{2}\left(1+x+\frac{3}{4}x^2\right)=-\frac{1}{2}-\frac{1}{2}x-\frac{3}{8}x^2.$$

将三个 binomial expansion 相加得

$$\frac{7x^2-15x+8}{(1-2x)(2-x)^2}=(1-2x)^{-1}+3(2-x)^{-1}-2(2-x)^{-2}$$
$$=1+2x+4x^2+\frac{3}{2}+\frac{3}{4}x+\frac{3}{8}x^2-\frac{1}{2}-\frac{1}{2}x-\frac{3}{8}x^2$$
$$=2+\frac{9}{4}x+x^2.$$

Q9 知识点

(a)(i) complex number
(ii) modulus-argument form
(b) Argand diagram, locii

(a)

(i) 本小问是一道 complex number 化简的题目，上下同乘分母的 complex conjugate，有：

$$\frac{2+6\mathrm{i}}{1-2\mathrm{i}}=\frac{2+6\mathrm{i}}{1-2\mathrm{i}}\times\frac{1+2\mathrm{i}}{1+2\mathrm{i}}=\frac{2+4\mathrm{i}+6\mathrm{i}-12}{1+4}=\frac{-10+10\mathrm{i}}{5}=-2+2\mathrm{i}.$$

(ii) 本小问需要将第 (i) 小问中的 complex number 写成 modulus-argument form.

$\Rightarrow r=\sqrt{(-2)^2+2^2}=2\sqrt{2}$;

又因为 $-2+2\mathrm{i}$ 位于 argand diagram 的第二象限，所以 $\frac{\pi}{2}\leqslant\theta\leqslant\pi$:

$$\theta=\tan^{-1}\frac{2}{-2}=-\frac{\pi}{4}+\pi=\frac{3\pi}{4}.$$

最后得

$$\frac{2+6\mathrm{i}}{1-2\mathrm{i}}=-2+2\mathrm{i}=2\sqrt{2}\left(\cos\frac{3\pi}{4}+\mathrm{i}\sin\frac{3\pi}{4}\right).$$

(b) 首先 $|z-3\mathrm{i}|=1$ 的图像在 argand diagram 为圆心在 $3\mathrm{i}$，半径为 1 的圆，因此 $|z-3\mathrm{i}|\leqslant1$ 为该圆内的区域；

接着，$\mathrm{Re}(z)\leqslant0$ 的图像为 imaginary axis 左半边的区域 . 因此，同时满足两个不等式的区域为下图中阴影部分所表示的半圆 .

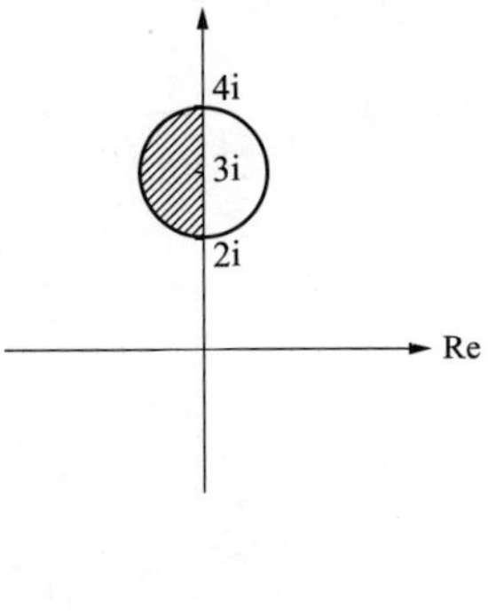

Q10 知识点

(i) vector equation of a plane
(ii) dot product
(iii) cross product

（本题为关于 plane & vector 的题目，不在新版 P3 考纲范围内）

(i) 联立两个 vector equations 得

$$\mathbf{r}=\begin{pmatrix}5+\lambda\\-3-2\lambda\\-1+\lambda\end{pmatrix}\Rightarrow \mathbf{r}-\mathbf{i}-2\mathbf{j}=\begin{pmatrix}5+\lambda\\-3-2\lambda\\-1+\lambda\end{pmatrix}+\begin{pmatrix}-1\\-2\\0\end{pmatrix}=\begin{pmatrix}4+\lambda\\-5-2\lambda\\-1+\lambda\end{pmatrix}$$

$$\Rightarrow\begin{pmatrix}4+\lambda\\-5-2\lambda\\-1+\lambda\end{pmatrix}\cdot\begin{pmatrix}3\\1\\1\end{pmatrix}=0$$

$\Rightarrow 12+3\lambda-5-2\lambda-1+\lambda=0$

$\Rightarrow 2\lambda=-6,$

$\lambda=-3.$

将 $\lambda=-3$ 代入直线方程中得 A 点的 position vector:

$$\overrightarrow{OA}=\begin{pmatrix}5\\-3\\-1\end{pmatrix}-3\begin{pmatrix}1\\-2\\1\end{pmatrix}=\begin{pmatrix}2\\3\\-4\end{pmatrix}.$$

(ii) 计算直线与平面的夹角 θ，可先用 dot product 计算出直线的 direction vector $\mathbf{d}=\mathbf{i}-2\mathbf{j}+\mathbf{k}$ 与平面的 normal vector $\mathbf{n}=3\mathbf{i}+\mathbf{j}+\mathbf{k}$ 的夹角 α.

$$\begin{pmatrix}3\\1\\1\end{pmatrix}\cdot\begin{pmatrix}1\\-2\\1\end{pmatrix}=\sqrt{9+1+1}\times\sqrt{1+4+1}\times\cos\alpha$$

$$\Rightarrow\cos\alpha=\frac{2}{\sqrt{66}}\Rightarrow\alpha=75.7°$$

$\Rightarrow\theta=90°-\alpha=14.3°$,

平面与直线夹角 $\theta=90°-\alpha=14.3°$.

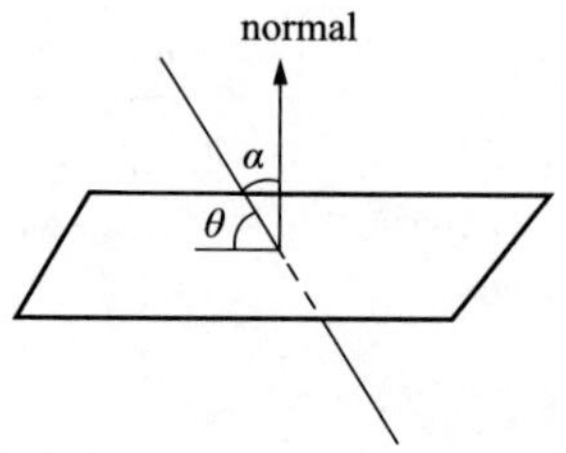

(iii) 本小问让求的直线与已知直线垂直，并且在平面内，因此直线的 direction vector 需要分别垂直于 $\mathbf{n}=3\mathbf{i}+\mathbf{j}+\mathbf{k}$ 和 $\mathbf{d}=\mathbf{i}-2\mathbf{j}+\mathbf{k}$. 利用 cross product 得新直线的 direction vector.

$$\begin{pmatrix}1\\-2\\1\end{pmatrix}\times\begin{pmatrix}3\\1\\1\end{pmatrix}=\begin{pmatrix}-3\\2\\7\end{pmatrix},$$

确定这条新的直线可再在平面内任意找一个点，例如第 (i) 小问中得的交点 $A\ (2, 3, -4)$，得直线的 vector equation.

$$l:\mathbf{r}=\begin{pmatrix}2\\3\\-4\end{pmatrix}+\mu\begin{pmatrix}-3\\2\\7\end{pmatrix}.$$

Paper 4

9709_m18_qp_42

Q1 知识点

connected particles: objects connected by strings

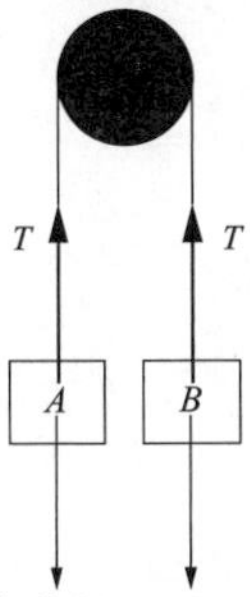

分别对两物体进行受力分析，

物体A: $0.8g - T = 0.8a$,

物体B: $T - 0.2g = 0.2a$,

联立两方程可得

$0.6g = a$,

可得

$a = 6\,\mathrm{m\,s^{-2}}$,

$T = 3.2\,\mathrm{N}$.

Q2 知识点

resolving forces

沿垂直方向分析受力，

$2P\sin\theta = P\sin 60°$,

$\theta = \sin^{-1}\dfrac{\sqrt{3}}{4}$,

$\sin\theta = \dfrac{\sqrt{3}}{4}$,

$\theta = 25.7°$.

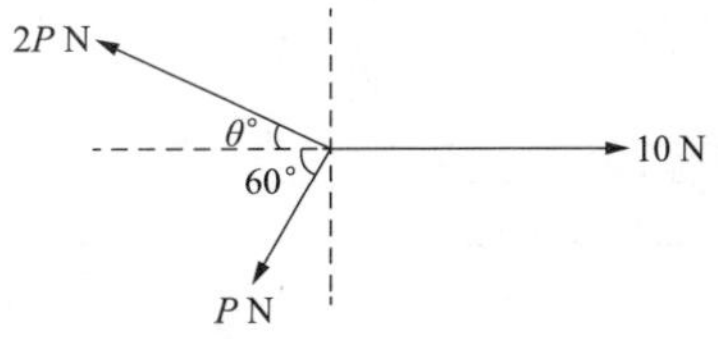

沿水平方向分析受力，

$2P\cos\theta + P\cos 60° = 10$,

$P = 4.34\,\mathrm{N}$.

Q3 知识点

work-energy principal

(i) gain in KE = loss in GPE,

$\frac{1}{2}mv^2 - 0 = mgh$,

$v = 12\,\mathrm{m\,s^{-1}}$.

(ii) 首先分析第一个小女孩，有 $u = 0\,\mathrm{m\,s^{-1}}$, $v = 10\,\mathrm{m\,s^{-1}}$,

(Final KE-Initial KE) + (Final GPE-Initial GPE) = WD by external force

$$\left(\frac{1}{2}mv^2 - \frac{1}{2}mu^2\right) + (0 - mgh) = -W$$

可得摩擦力做功，

$$W = mgh - \frac{1}{2}mv^2 = 40\left(72 - \frac{100}{2}\right) = 880\,\mathrm{J}.$$

对第二个小女孩进行分析，有 $u = V, v = 11\,\mathrm{m\,s^{-1}}$,

$$\left(\frac{1}{2}mv^2 - \frac{1}{2}mu^2\right) + (0 - mgh) = -W$$

$20 \times 11^2 - 20V^2 - 40 \times 72 = -880$,

计算可得 $V = 4.58\,\mathrm{m\,s^{-1}}$.

Q4 知识点

relationship between power, force and velocity for a force acting in the direction of motion

首先分析斜面垂直方向受力，

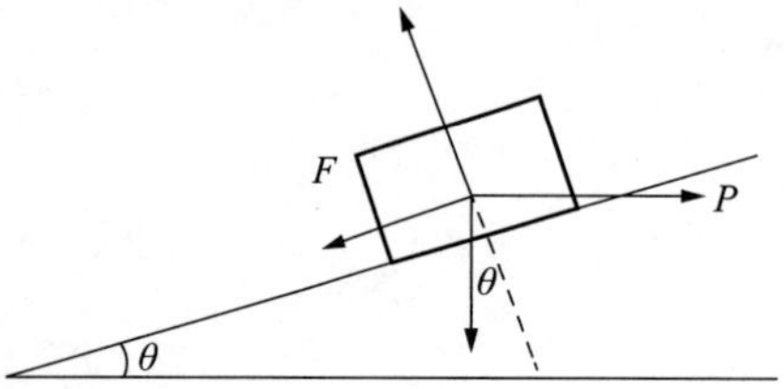

$N = mg\cos 25° + P\sin 25°$,
可得摩擦力，

$F = \mu N = 0.8(mg\cos 25° + P\sin 25°)$.
沿斜面水平方向分析受力，

$P\cos 25° = mg\sin 25° + F$,

$P\cos 25° = mg\sin 25° + 0.8(mg\cos 25° + P\sin 25°)$,
计算可得 $P = 242\,\text{N}$.

Q5 知识点

power, Newton's second law

(i) 由题可知，$u = 0\,\text{m s}^{-1}$, $t_1 = 10\,\text{s}$, $s = 200\,\text{m}$，有

$s = \frac{u+v}{2}t$,

$200 = \frac{v}{2}\times 10$,

$v = 40\,\text{m s}^{-1}$,

$a = \frac{40}{10} = 4\,\text{m s}^{-2}$.

(ii) 由题可知，小球初始离地面距离 $h_1 = 200\,\text{m}$，设向上为正方向，则小球上抛初速度 $u = 40\,\text{m s}^{-1}$，末速度 $v = 0\,\text{m s}^{-2}$，加速度 $a = -g$.

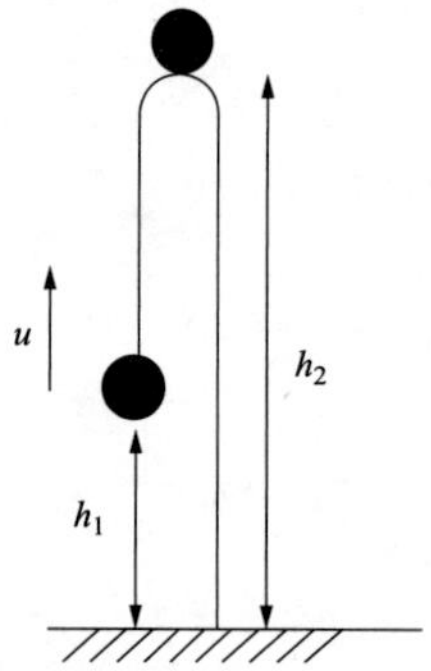

根据 $v^2 = u^2 + 2as$ 有

$0 = 40^2 - 2\times 10s$,
由此可得

$s = 80\,\text{m}$.

$h_2 = h_1 + s = 200 + 80 = 280\,\text{m}$.

(iii) 将第二段运动看作一个整体，
设小球初始位置为 $s = 0\,\text{m}$，那么小球最终所在位置为 $s = -200\,\text{m}$，

根据公式 $s = ut + \frac{1}{2}at^2$ 有

$-200 = 40t - 5t^2$,
由此可得

$t_2 = 11.48\,\text{s}$.
总时间为

$T = t_1 + t_2 = 10 + 11.48 = 21.5\,\text{s}$.

Q6 知识点

power

(i)

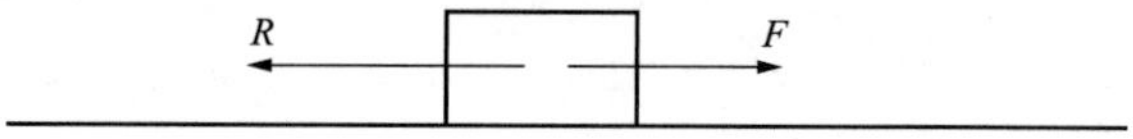

由题可知，$v = 60\,\text{m s}^{-1}$,
由于物体做匀速运动所以有 $DF = R$,
根据 $P = Fv$，有

$\frac{P}{v} = 35v$,
计算可得 $P = 126000\,\text{W}$.

(ii) $DF - R = ma$,

$\frac{126000}{30} - 35\times 30 = 1200a$,
计算可得 $a = 2.625\,\text{m s}^{-2}$.

(iii) $DF = mg\sin\theta + R$,

$\frac{126000}{v} = 1200g\times\frac{7}{48} + 35v$,
计算可得 $v = 40\,\text{m s}^{-1}$,

$v = -90\,\text{m s}^{-1}$ (reject).

Q7 知识点

using calculus to find expression of acceleration and displacement

(i)

$$a=\frac{dv}{dt}=0.2\text{ m s}^{-2}.$$

(ii) $a=\dfrac{dv}{dt}=-1600t^{-3}$

$a(20)=-0.2\text{ m s}^{-2}.$

(iii) $v(0)=4\text{ m s}^{-1}$,

$v(10)=6\text{ m s}^{-1}$,

$v(20)=0\text{ m s}^{-1}$,

图像如右所示：

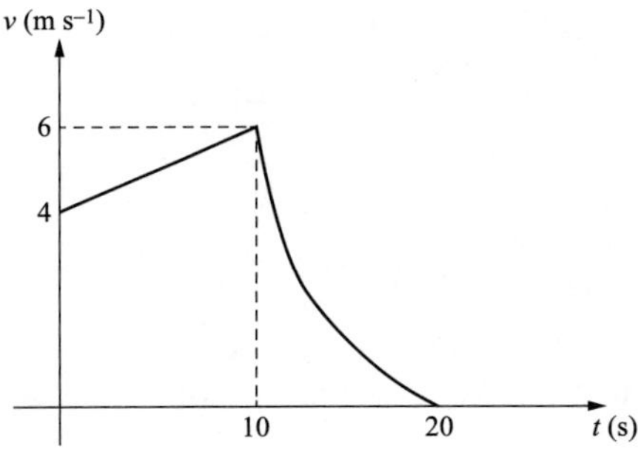

(iv) 1 s ~ 10 s 距离为

$s_1=\dfrac{4+6}{2}\times 10=50\text{ m}.$

10 s ~ 20 s 距离为

$s_2=\int_{10}^{20}v\,dt=\int_{10}^{20}(-2+\dfrac{800}{t^2})dt=[-2t-800t^{-1}]_{10}^{20}$

$=-40-40+20+80$

$=20\text{ m}.$

总距离为 $S=s_1+s_2=50+20=70\text{ m}.$

9709_s18_qp_41

Q1 知识点

power, Newton's second law

由题可知，小球初始离地面距离 $h_1=5\text{ m}$，设向上为正方向，则小球上抛初速度 $u=24\text{ m s}^{-1}$，加速度 $a=-g$.

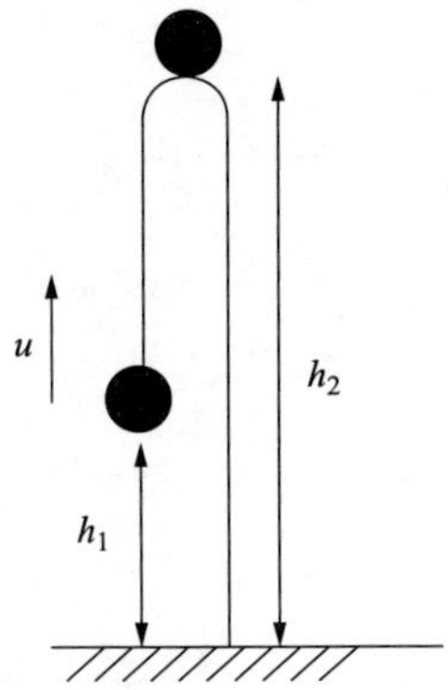

本题有两种较为常见的解法：

①整体法，设小球初始位置为 $s=0$，那么小球最终所在位置为 $s=-5$，

根据公式 $s=ut+\dfrac{1}{2}at^2$ 有

$-5=24t-5t^2$，

由此可得

$t=5\text{ s}.$

②分段法，将此过程分为上升和下降两部分．上升过程的末速度 $v=0$，那么由公式 $v=u+at$ 以及 $v^2=u^2+2as$，得 $0=24-10t_1$，

$0^2=24^2-20s$,

可得出上升段所用时间

$t_1=2.4\text{ s}$，$s_1=28.8\text{ m}.$

由于初始高度为 5 m，所以 $h_2=28.8+5=33.8\text{m}$，

再次使用公式 $s=ut+\dfrac{1}{2}at^2$,

可得出下降所用时间

$t_2=2.6\text{s}$，

因此全过程所需时间

$t=t_1+t_2=5\text{ s}.$

Q2 知识点

resolving forces

本题有两种常见解法：

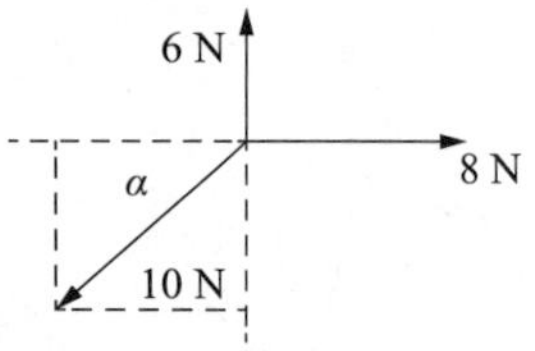

①通过 resolving force 去寻找未知力的大小 .

首先分析水平方向的受力情况，$10\cos\alpha = 8$，

或者分析垂直方向的受力情况，$10\sin\alpha = 6$，

可得，$\alpha = 36.9°$.

The angle between 6 N and 10 N is 36.9°+90° = 126.9°.

The angle between 8 N and 10 N is 360°−90°−126.9° = 143.1°.

②使用三角函数 .

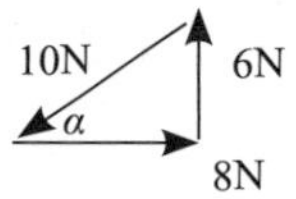

$\tan\alpha = \frac{6}{8}$,

$\alpha = \tan^{-1}(\frac{6}{8}) = 36.9°$.

Q3 知识点

(i) relationship between power, force and velocity for a force acting in the direction of motion
(ii) Newton's second law

(i)

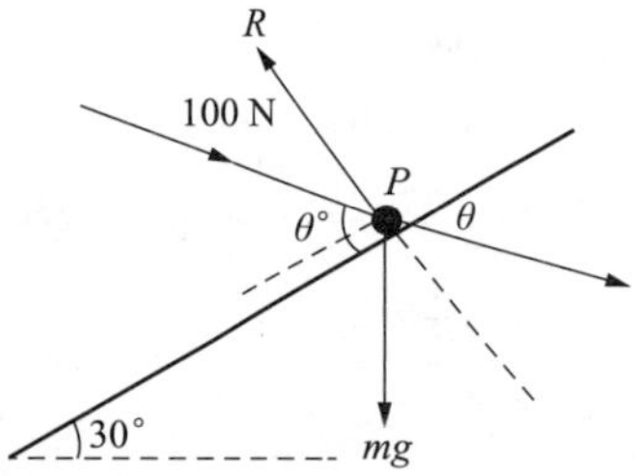

首先分析沿斜面水平方向分析受力，

$100\cos\theta = 8g\sin 30$，

$\cos\theta = \frac{8g\sin 30}{100}, \theta = \cos^{-1}\frac{8g\sin 30}{100}$,

沿斜面垂直方向分析受力，

$R = 8g\cos 30 + 100\sin\theta$，可得 $\theta = 66.4°$，$R = 161$ N.

(ii) 根据牛顿第二定律 $F = ma$，可得

$100\cos 30° - 8g\sin\theta = 8a$,

计算可得 $a = 5.83\,\text{m s}^{-2}$.

Q4 知识点

velocity as the derivative of displacement with respect to time, acceleration as the derivative of velocity with respect to time

(i) 根据题目可知，物体初始位置 $s = 0$ m，

$v = \frac{ds}{dt} = 3t^2 - 8t + 4$.

(ii) 本小问要求物体 instantaneous rest 的时间，即为求解何时 $v = 0\ \text{m s}^{-1}$，即

$3t^2 - 8t + 4 = 0$，由此可得 $t = \frac{2}{3}$ s or $t = 2$ s.

(iii) 本小问需要求解 minimum velocity，即令 v 的一阶导数为 0，即

$\frac{dv}{dt} = 6t - 8 = 0$,

由此可得，$t = \frac{4}{3}$ s，代入速度方程可得 $v = -\frac{4}{3}\,\text{m s}^{-1}$.

Q5 知识点

drawing graph of displacement from given velocity expressions

(i) 首先根据题目描述画出 v-t 图，前 6 s 为匀加速运动，6～16 s 为匀速直线运动，16～20 s 为匀减速运动，如下：

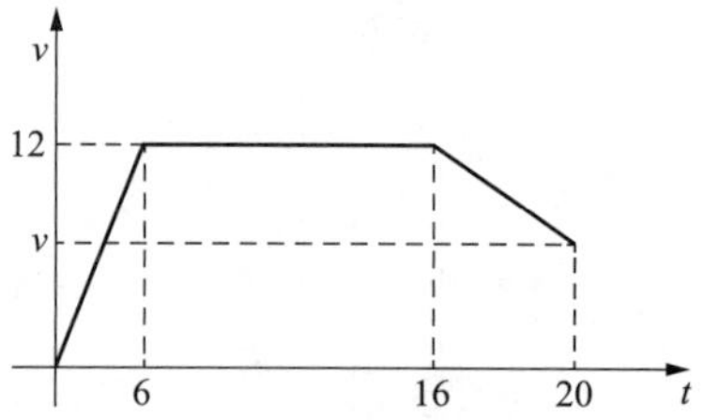

前 6 s 为匀加速运动，所以走过的距离，

$s = \frac{1}{2}(u + v)t$,

$s_1 = \frac{1}{2}(0 + 12) \times 6 = 36\,\text{m}$.

6～16 s 为匀速直线运动，所以走过的距离 $s = vt$，

$s_2 = 10 \times 12 = 120$ m.

因此，前 16 s 走过的总距离为

$s = s_1 + s_2 = 156$ m.

根据上述信息可知，$0\,\text{s} < t < 6\,\text{s}$，图像从 (0,0) 开始到 (6,

36）结束，因为这段时间存在 constant acceleration，所以图像应为曲线，且 concave up.

$6\ \text{s} < t < 16\ \text{s}$，图像从（6,36）到（16,156），因为这段时间保持 constant velocity，且方向是正方向，所以图像应为斜率为正数的一条直线.

$16\ \text{s} < t < 20\ \text{s}$，图像从（16,156）到（20,200），因为有这段时间存在 constant deceleration. 所以图像应为曲线，且 concave down.

最终 s-t 图如下图所示：

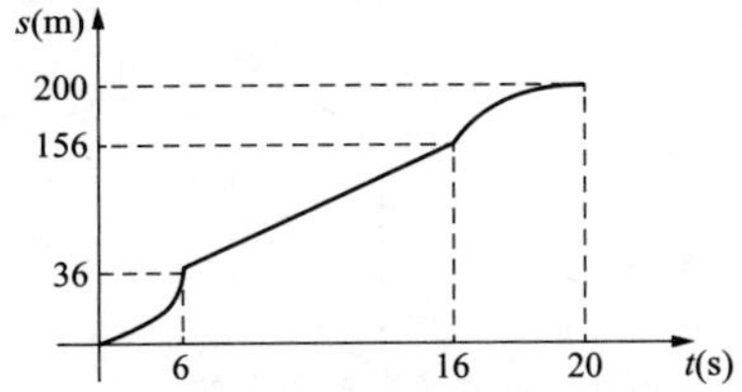

(ii) $16\ \text{s}<t<20\ \text{s}$，物体进行匀减速运动，根据 $s=\frac{1}{2}(u+v)t$，

有 $200-156=\frac{1}{2}(12+v)\times 4$，

计算可得 $v=10\ \text{m s}^{-1}$.

Q6 知识点

work-energy principal

(i)

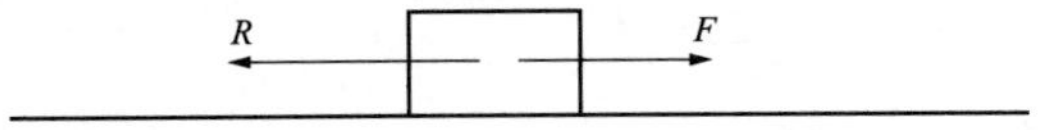

根据公式 $P=Fv$，可得

$P=DF\times v=850\times 36=30.6\ \text{kW}$，

计算可得 Power = rate of working = 30.6 kW.

(ii)

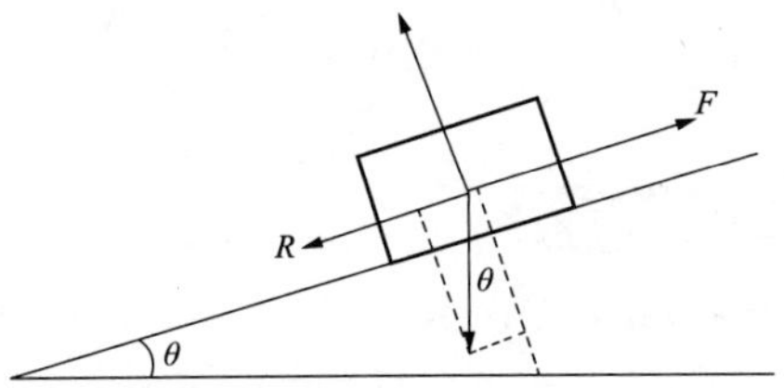

Driving force = resistance + weight component，

$DF=R+mg\sin\theta=850+1250g\times 0.1=2100\ \text{N}$，

$DF=\frac{P}{v}=\frac{63000}{v}$，

$v=30\ \text{m s}^{-1}$，

The speed of the car is $30\ \text{m s}^{-1}$.

(iii) 使用 work-energy principal：

gain in KE $=\frac{1}{2}mv^2-\frac{1}{2}mu^2$

$=\frac{1}{2}\times 1250\times(24^2-20^2)=110000\ \text{J}$，

gain in GPE $=mg(h_1-h_0)=-1250g\times 176\times 0.1=-220000\ \text{J}$，

WD by car′ engine $=Pt=20000\times 8=160000\ \text{J}$，

根据 (Final KE-Initial KE) + (Final GPE-Initial GPE) = WD by external force，可得

$110000-220000=160000-$ WD against resistance，

计算可得 WD against resistance = 270000 J = 270 kJ.

Q7 知识点

connected particles: objects connected by strings

(i)

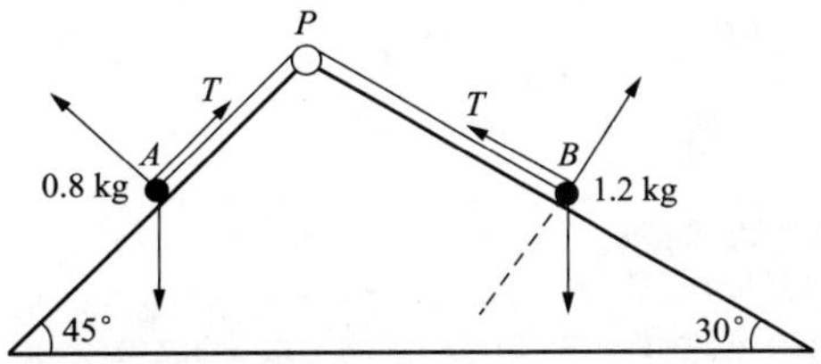

首先对 A、B 进行受力分析，

物体A：$T-0.8g\sin 45°=0.8a$，

物体B：$1.2g\sin 30°-T=1.2a$，

联立式子可得 $a=0.171\ \text{m s}^{-2}$，

$v^2=u^2+2as$，

$v^2=2\times a\times 0.4$，

计算可得 $v=0.370\ \text{m s}^{-1}$.

(ii)

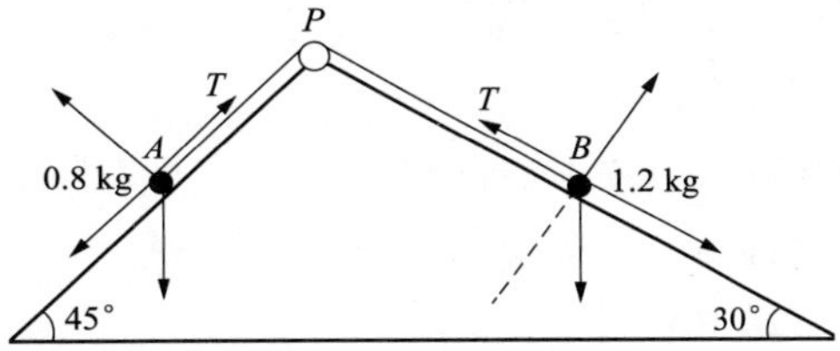

本小问比第 (i) 小问加入了摩擦力，首先计算物体所受的支持力大小，

$R_a=0.8g\cos 45°=4\sqrt{2}\ \text{N}$，

$R_b=1.2g\cos 30°=6\sqrt{3}\ \text{N}$，

通过计算可得

$F_a=4\sqrt{2}\mu$，

2018

$F_b = 6\sqrt{3}\mu$，

分别对 A、B 进行受力分析，

物体A：$T = 0.8g\sin 45° + F_a$，

物体B：$T = 1.2g\sin 30° - F_b$，

计算可得 $\mu = \dfrac{6-4\sqrt{2}}{6\sqrt{3}+4\sqrt{2}} = 0.0214$.

9709_s18_qp_42

Q1 知识点

work-energy principal

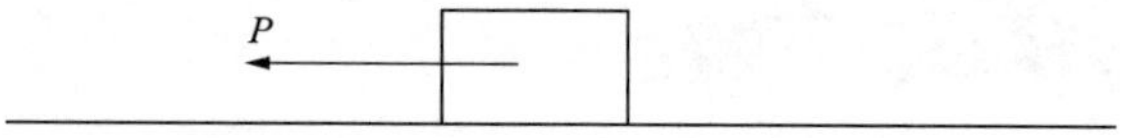

gain in KE $= \frac{1}{2}mv^2 - \frac{1}{2}mu^2 = \frac{1}{2}\times 80\times(5.5^2-4^2) = 570\text{J}$,

WD against resistance $=60P$,

gain in KE = WD by external force,

$570 = 1200 - 60P$,

$P = 10.5\text{N}$.

Q2 知识点

relationship between power, force and velocity for a force acting in the direction of motion

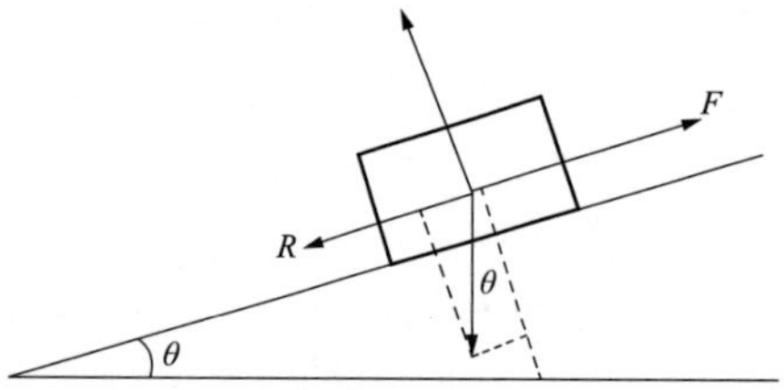

根据公式 $P = Fv$，可得

$DF = \dfrac{P}{v} = \dfrac{P}{15}$,

对物体进行受力分析可得

$DF - 240000g\sin 4° - 18000 = 240000\times(-0.2)$,

得出

power is 2060000 W.

Q3 知识点

resolving forces

本题有两种常见解法

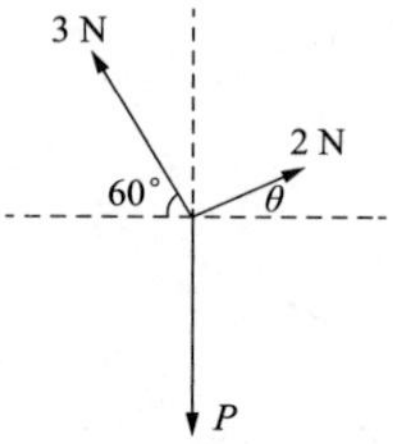

①通过 resolving force 去寻找未知力的大小 .

首先分析水平方向的受力情况，$3\cos 60° = 2\cos\theta$，

可得 $\theta = 41.4°$，

分析垂直方向受力情况，$P = 3\sin 60° + 2\sin\theta = 3.92\text{N}$，

②使用三角函数 .

首先使用余弦定理，

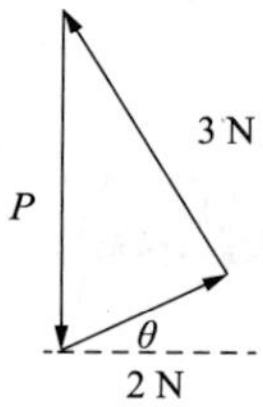

$\cos 30° = \dfrac{3^2+P^2-2^2}{2\times 3\times P}$,

可得 $P = 3.92\text{N}$,

再使用正弦定理，

$\dfrac{\sin(90°-\theta)}{3} = \dfrac{\sin 30°}{2}$,

$\sin(90-\theta) = \dfrac{3\sin 30}{2}$, $90-\theta = 48.6°$,

可得 $\theta = 41.4°$.

Q4 知识点

SUVAT equations

(i)

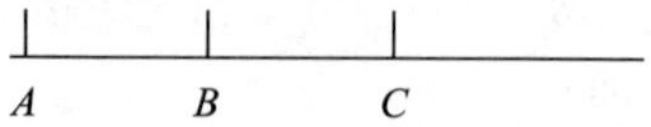

由题可知，

$A \sim B$ 距离为 100 m，时间为 4 s，

$s = ut + \frac{1}{2}at^2$,

$100 = 4u + \frac{1}{2}a \times 4^2$,

$100 = 4u + 8a$， ①

$A \sim C$ 距离为 248 m，时间为 8 s，

$s = ut + \frac{1}{2}at^2$,

$248 = 8u + \frac{1}{2}a \times 8^2$,

$100 = 8u + 32a$, ②

联立式①和式②可得

$a = 3\ \text{m s}^{-2}$，$u = 19\ \text{m s}^{-1}$.

(ii) 本小问有两种解题思路

①由公式 $v^2 = u^2 + 2as$ 可得

$61^2 = 19^2 + 2 \times 3 \times s$,

$s = 560\ \text{m}$.

$CD = 560 - 248 = 312\ \text{m}$,

distance CD is 312 m.

②首先使用 $v = u + at$ 计算出物体在 C 点的速度，

$v_c = 19 + 3 \times 8 = 43\ \text{m s}^{-1}$， $61^2 = 43^2 + 2 \times 3 \times CD$，

distance CD is 312 m.

Q5 知识点

change of direction of friction in difference motion

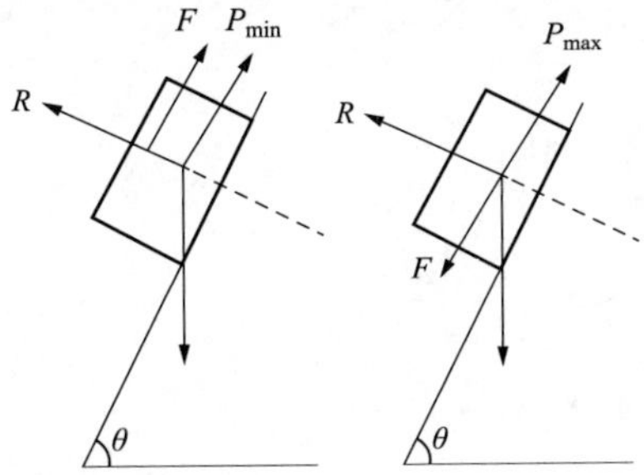

首先对物体进行受力分析，

其支持力为

$R = 20g\cos 60° = 100\ \text{N}$， 摩擦力为 $F = \mu R = 100\mu$，

当摩擦力方向向下时， $P_{max} = 20g\sin 60° + F$，

当摩擦力方向向上时， $P_{min} = 20g\sin 60° - F$，

由题可知， $P_{max} = 2P_{min}$，则

$20g\sin 60° + F = 2(20g\sin 60° - F)$，

$\mu = \frac{\sqrt{3}}{3} = 0.577$.

Q6 知识点

differentiation and integration concerning displacement, velocity and acceleration

(i) 本小问已知加速度的表达式，需通过积分得速度方程，

$v = \int a\,dt = \int (6 - 0.24t)\,dt = 6t - 0.12t^2 + C$，

由题可知，当 $t = 20\ \text{s}$，$v = 0\ \text{m s}^{-1}$，代入速度表达式会有

$0 = 6 \times 20 - 0.12 \times 20^2 + C$， 可得 $C = 72$，

接下来需求解速度何时会再次为 0，即 $v = 0\ \text{m s}^{-1}$，

$6t - 0.12t^2 + 72 = 0$，

可得 $t = 30\text{s}$.

(ii) 根据速度表达式写出位移表达式，

$s = \int_{20}^{30} v\,dt = \int_{20}^{30} (6t - 0.12t^2 + 72)\,dt$

$= [-0.04t^3 + 3t^2 + 72t]_{20}^{30} = -540 - (-560) = 20$，

即行驶距离为 20 m.

Q7 知识点

connected particles: objects connected by strings

(i)

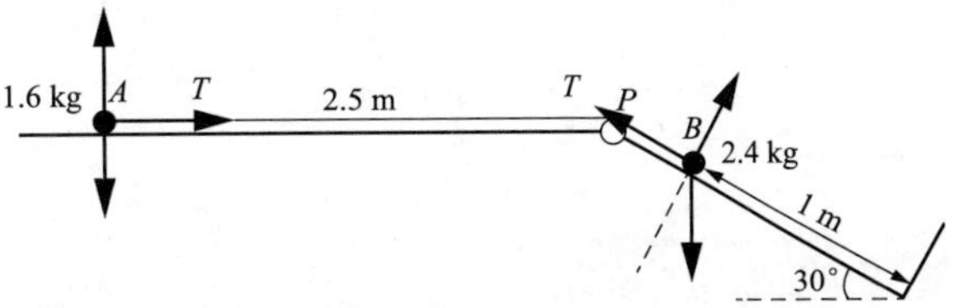

首先对 A、B 进行受力分析，

物体A: $T = 1.6a$,

物体B: $2.4g\sin 30 - T = 2.4a$,

联立式子可得 $a = 3\ \text{m s}^{-2}$， $T = 4.8\text{N}$.

(ii)

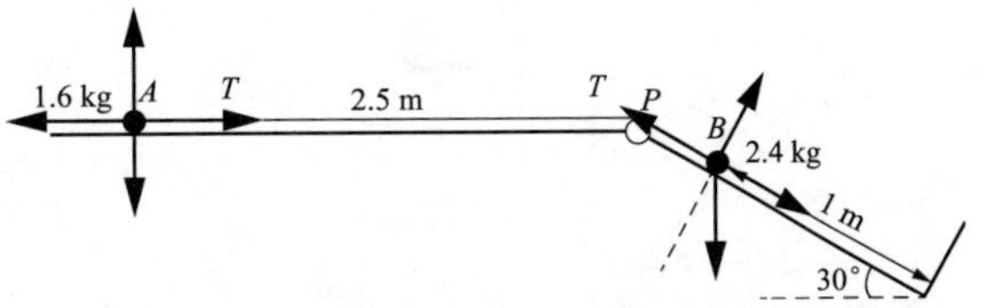

本问相比上一小问给水平面加入了摩擦力，物体 A 先跟随 B 一起运动 1 m，当 B 碰到挡板后物体 A 开始作匀减

速运动.

首先计算 A 所受的摩擦力,

$F=\mu R=0.2\times1.6g=3.2\,\text{N}$,

对两物体再次进行受力分析,

物体A: $T-F=1.6a$,

物体B: $2.4g\sin30-T=2.4a$,

联立式子可得 $a=2.2\,\text{m s}^{-2}$,

然后计算 B 碰到挡板时物体 A 的速度, 由公式

$v^2=u^2+2as$ 可得 $v^2=2\times2.2\times1=4.4$,

以及当物体 B 碰到挡板后 A 的加速度,

$F=\mu mg=ma$, $a=2\,\text{m s}^{-2}$,

由公式 $v^2=u^2+2as$ 可得 $4.4=2\times2\times s$,

计算可得 $s=1.1\,\text{m}$,

总路程为 $1+1.1=2.1\,\text{m}$.

9709_s18_qp_43

Q1 知识点

displacement as the integral of velocity with respect to time, velocity as the integral of acceleration with respect to time

(i) 由公式 $v=u+at$ 可得

计算可得 $a=\frac{v-u}{t}=\frac{16}{40}=0.4\,\text{m s}^{-2}$.

(ii) 设匀速运动时间为 t, 那么会有路程为梯形面积,

$9040=\frac{1}{2}(600+t)\times16$, 可得 $t=530\text{s}$.

(iii) 物体做匀减速运动, 需计算减速部分三角形面积,

计算可得 $S=\frac{1}{2}(600-530-540)\times16=240\,\text{m}$.

Q2 知识点

moving freely under gravity

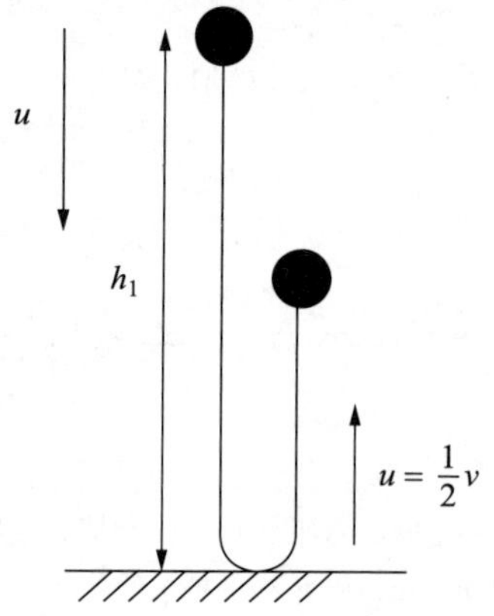

本题需要将整个过程分为两段,

首先对下降段进行分析, 其末速度为

$v^2=u^2+2as$,

$v^2=5^2+2g\times7.2$,

$v=13\,\text{m s}^{-1}$.

根据 $v=u+at$ 分别计算 A 到地面以及从地面到 B 的时间,

A 到地面: $13=5+gt_1$,

可得 $t_1=0.8\,\text{s}$.

由于触地后小球速度变为 $\frac{1}{2}v=6.5\,\text{m s}^{-1}$,

地面到B: $0=6.5-gt_2$, 可得 $t_2=0.65\,\text{s}$,

计算可得 $t=t_1+t_2=1.45\text{s}$.

Q3 知识点

resolving forces

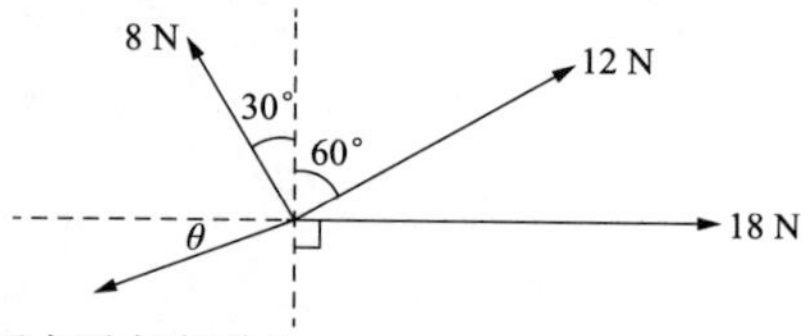

首先分析水平方向受力,

$R\cos\theta+8\sin30°=18+12\cos30°$,

以及垂直方向受力,

$R\sin\theta=R\cos30°+12\cos°60$,

通过化简可得

$R\cos\theta=18+12\times\frac{\sqrt{3}}{2}-8\times\frac{1}{2}=14+6\sqrt{3}$, ①

$R\sin\theta=18\times\frac{\sqrt{3}}{2}+12\times\frac{1}{2}=4\sqrt{3}+6$, ②

①^2+②^2 可得

$R^2=\left(14+6\sqrt{3}\right)^2+(4\sqrt{3}+6)^2$,

可得 $R = 27.6\,\text{N}$，

$$\frac{①}{②} = \tan\theta = \frac{4\sqrt{3}+6}{14+6\sqrt{3}},$$

计算可得 $\theta = 27.9°$.

Q4 知识点

work-energy principal

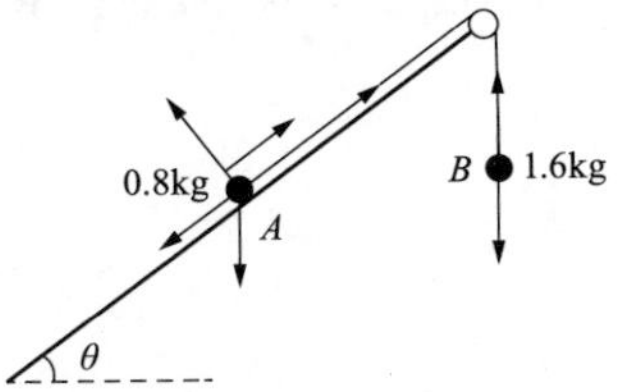

gain in KE $= \frac{1}{2}(M+m)(v^2-u^2) = \frac{1}{2}\times 2.4v^2$,

loss in GPE $= Mgh_1 - mgh_1\sin\theta$

$= 1.6g\times 0.5 - 0.8g\times 0.5\sin\theta = 5.6$,

gain in KE = loss in GPE,

$1.2v^2 = 5.6$,

计算可得 $v = 2.16\text{ m s}^{-1}$.

Q5 知识点

change of direction of friction in difference motion

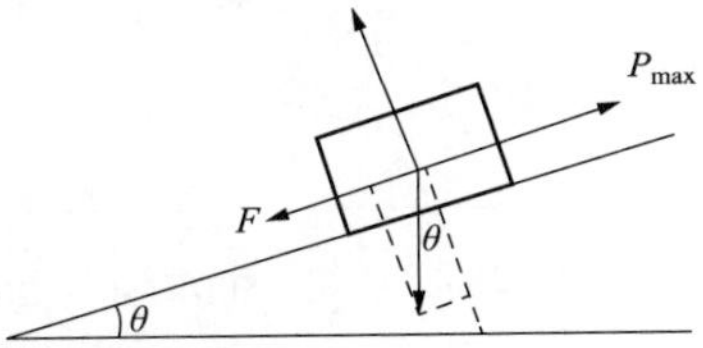

首先对物体进行受力分析，

其支持力为 $N = 3g\cos 20°$.

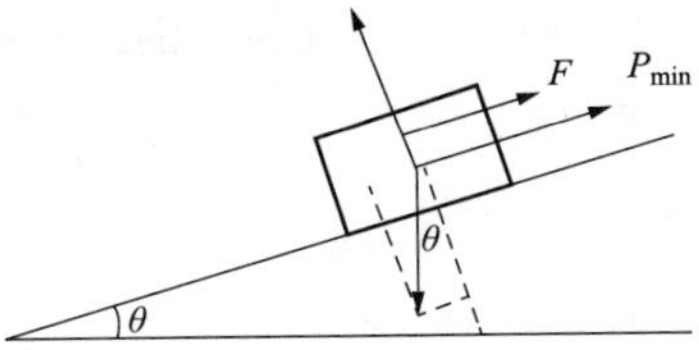

摩擦力为

$F = \mu N = 0.35\times 3g\cos 20° = 10.5\cos 20°\text{N}$

当摩擦力方向向下时，

$P_{max} = 3g\sin 20° + F = 20.1\text{N}$.

当摩擦力方向向上时，

$P_{min} = 3g\sin 20° - F = 0.394\text{N}$.

Q6 知识点

relationship between power, force and velocity for a force acting in the direction of motion

(i)

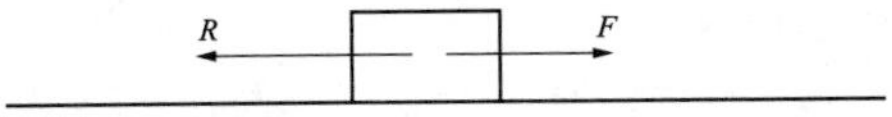

根据公式 $P = Fv$ 可得

$$F = \frac{P}{v} = \frac{P}{56} = 40\times 56,$$

可得 $P = 125\,\text{kW}$.

(ii) $DF = \frac{P}{v} = \frac{125\,440}{32}$,

根据牛顿第二定律，

$DF - R = ma$,

$$\frac{125\,440}{32} - 40\times 32 = 1400a,$$

计算可得 $a = 1.89\text{ m s}^{-2}$.

(iii)

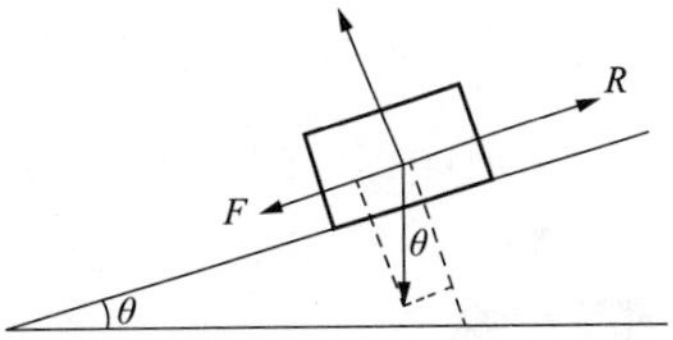

首先对物体进行受力分析，

$F + mg\sin\theta = R$,

$$\frac{60\,000}{50} + 14\,000\sin\theta = 40\times 50,\quad \sin\theta = \frac{800}{14000},$$

计算可得 $\theta = 3.3°$.

Q7 知识点

velocity as the derivative of displacement with respect to time

(i) 首先对速度进行求导，当加速度为 0 时物体速度达到最大值，

$$\frac{dv}{dt} = 12 - 8t = 0,$$

$t = 1.5\,\text{s}$,

$v = 9\text{ m s}^{-1}$,

The maximum velocity is 9m s^{-1}.

(ii) 当 $0\,\text{s} \leqslant t \leqslant 2\,\text{s}$ 时，

当 $t = 2\,\text{s}$ 时，$a = \dfrac{dv}{dt} = 12 - 8t = -4\,\text{m s}^{-2}$，

当 $2\,\text{s} \leqslant t \leqslant 4\,\text{s}$ 时，$a = \dfrac{dv}{dt} = -4\,\text{m s}^{-2}$，

加速度没有改变，因此 no instantaneous change.

(iii) $v(2) = 8\,\text{m s}^{-1}$.

题目求当 $t = 2$ s 的时候，v 的值，所以将 $t = 2$ s 代入到 v function 就可以计算出结果 .

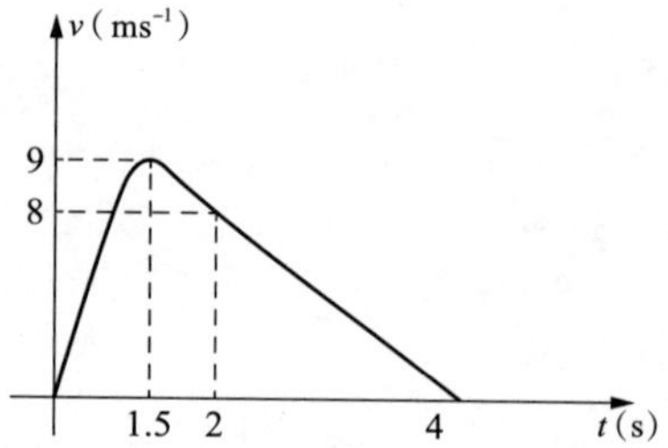

(iv) $s = \int_0^2 (12t - 4t^2)\,dt + \frac{1}{2} \times 2 \times 8 = [6t^2 - \frac{4}{3}t^3]_0^2 + 8 = \frac{64}{3}$.

9709_w18_qp_41

Q1 知识点

Newton's second law

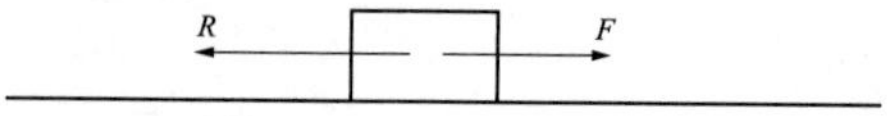

根据 $v = u + at$ 可得

$a = \dfrac{v-u}{t} = \dfrac{4.5-2.5}{5} = 0.4\,\text{m s}^{-2}$，

$F - R = ma$，

计算可得 $F = 1.5 + 0.4 \times 0.2 = 1.58\,\text{N}$.

Q2 知识点

relationship between power, force and velocity for a force acting in the direction of motion

(i)

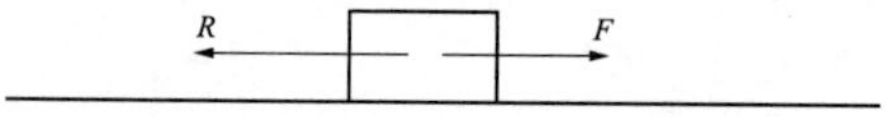

根据 $P = Fv$ 可得

计算可得 $R = F = \dfrac{P}{v} = \dfrac{4080000}{85} = 48000\,\text{N}$.

(ii)

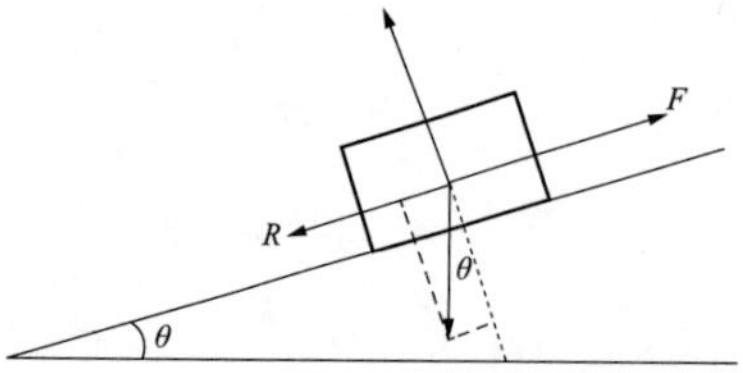

对物体进行受力分析可得

$F = \dfrac{P}{v} = mg\sin\theta + R$，

$\dfrac{P}{85} = 4900000 \times \dfrac{1}{200} + 48000$，

计算可得 $P = 72500 \times 85 = 6162500\,\text{W} = 6162.5\,\text{kW} = 6.16\,\text{MW}$.

Q3 知识点

work-energy principal

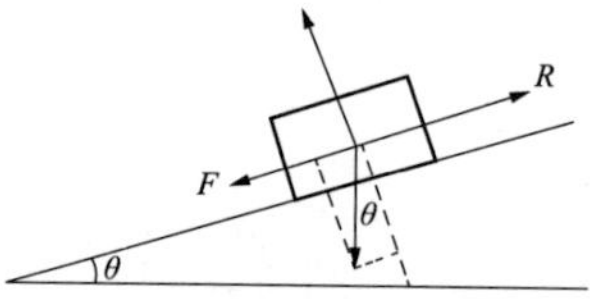

gain in KE $= \frac{1}{2}mv^2 - \frac{1}{2}mu^2 = \frac{1}{2} \times 2500 \times (30^2 - 20^2)$，

gain in GPE $= mg(h_1 - h_0) = -2500g \times 400 \times \sin 4°$，

WD against resistance $= Fs = 600 \times 400$，

(Final KE − Initial KE) + (Final GPE − Initial GPE) = WD by external force，

$\frac{1}{2} \times 2500 \times (30^2 - 20^2) - 2500g \times 400 \times \sin 4°$ = WD by car′ engine $- 600 \times 400$，

计算可得 WD by car′ engine = 167 435.2 J = 167 kJ.

Q4 知识点

connected particles: objects connected by strings

(i)

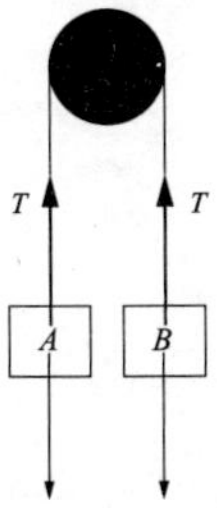

首先计算物体加速度，由 $v^2 = u^2 + 2as$ 可得

$0.6^2 = 2a \times 0.8$，

$a = 0.225\,\text{m s}^{-2}$.

再分别对两物体进行受力分析，

物体A: $mg - T = 0.225m$，

物体B: $T - 0.3g = 0.3 \times 0.225$，

计算可得 $T = 3.07\,\text{N}$.

(ii) 依据第 (i) 小问二元一次方程可得

$m = 0.314\,\text{kg}$.

Q5 知识点

resolving forces

(i)

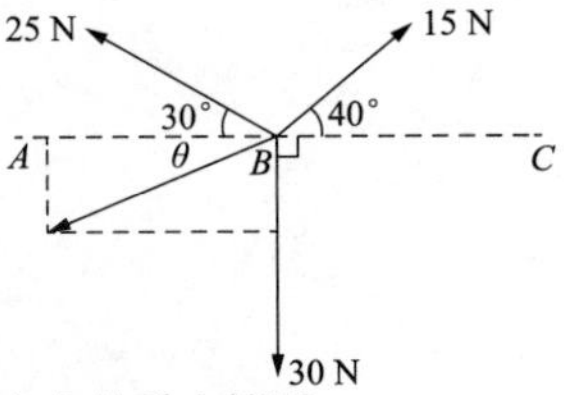

首先分析水平方向的受力情况，

$R\cos\theta = 15\cos 40° - 25\cos 30°$，

以及分析垂直方向受力情况，

$R\sin\theta = 25\sin 30° + 15\sin 40° - 30$，

通过化简可得

$R\cos\theta = -10.1599$， ①

$R\sin\theta = -7.8581$， ②

①^2 + ②^2，可得 $R^2 = (10.1599)^2 + (7.8581)^2$，

可得 $R = 12.8\,\text{N}$.

$\dfrac{①}{②} = \tan\theta = \dfrac{7.8581}{10.1599}$，

$\theta = \tan^{-1}\dfrac{7.8581}{10.1599} = 37.7°$，

Angle 37.7° below the horizontal in the direction BA.

(ii) 由题可知，现在水平方向合力为 0，所以有

$F\cos 40° = 25\cos 30°$，

$F = 28.3\,\text{N}$，

以垂直向上为正方向，则有

$25\sin 30° + 28.3\sin 40° - 30 = 0.667\,\text{N}$，

即新的合力方向为垂直向上，大小为 $0.667\,\text{N}$.

Q6 知识点

SUVAT equations

(i)

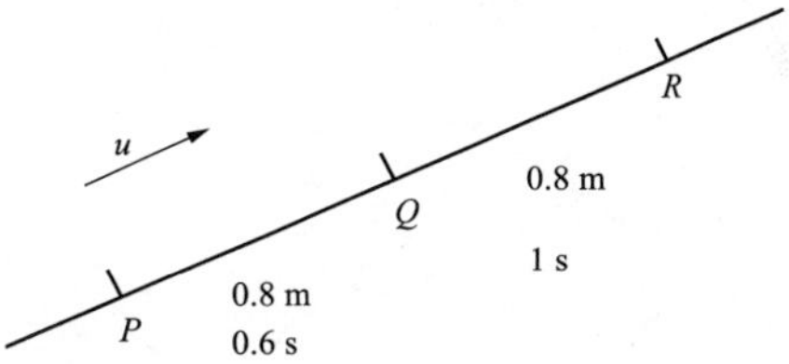

首先分析 P 到 Q，

$s = ut + \dfrac{1}{2}at^2$，

$0.8 = 0.6u + \dfrac{1}{2}a \times 0.6^2$，

分析 P 到 R，

$s = ut + \dfrac{1}{2}at^2$，

$1.6 = 1.6u + \dfrac{1}{2}a \times 1.6^2$，

联立上方两个式子可得

$u = \dfrac{23}{15}\,\text{m s}^{-1}$，

$a = -\dfrac{2}{3}\,\text{m s}^{-2}$，

The deceleration is $\dfrac{2}{3}\,\text{m s}^{-2}$.

(ii)

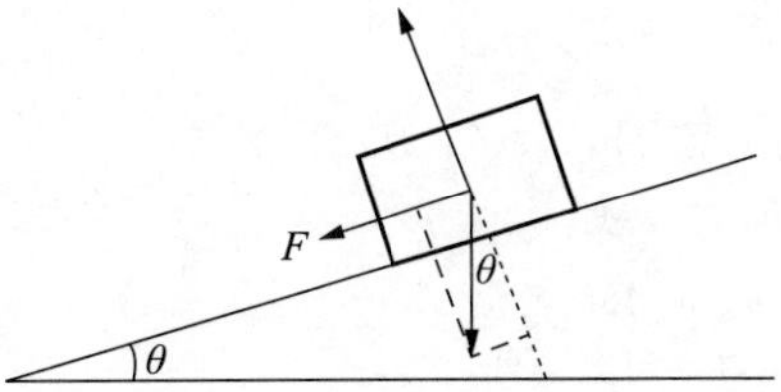

首先计算物体的支持力及摩擦力大小，

$N = mg\cos 30°$， $F = \mu N = \mu mg\cos 30°$，

对物体进行受力分析可得

$\mu mg\cos 30° + mg\sin 30° = \frac{2}{3}m$，

计算可得 $\mu = \dfrac{\frac{2}{3} - 10\sin 30°}{10\cos 30°} = 0.0144.$

Q7 知识点

differentiation and integration concerning displacement, velocity and acceleration

(i) 首先计算速度方程，

$v = \int a\mathrm{d}t = \int (5.4 - 1.62t)\mathrm{d}t = 5.4t - 0.81t^2 + C.$

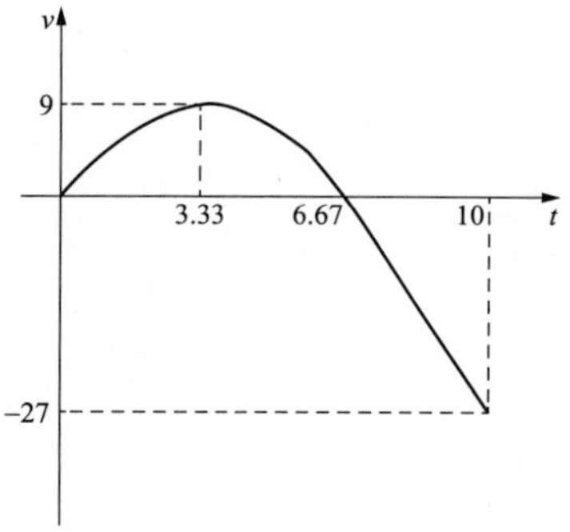

由题可知，$v(0) = 0\,\mathrm{m\,s^{-1}}$，

所以有 $C = 0$.

计算速度为 0 时的时间，即

$v = 5.4t - 0.81t^2 = 0$，可得

$t = \frac{20}{3}$s.

(ii) $v = 5.4t - 0.81t^2$，

计算物体在 10 s 时的速度，

$v(10) = -81 + 54 = -27\,\mathrm{m\,s^{-1}}$，

由上述可知，图像需过 (0，0)，(3.33，9)，(6.67，0)，(10，−27).

(iii) 首先计算位移表达式，

$s = \int v\mathrm{d}t = 2.7t - 0.27t^3$，

$s\left(\frac{20}{3}\right) = 40\,\mathrm{m}$，

$s(10) = 0\,\mathrm{m}$，

$D = \left|s\left(\frac{20}{3}\right) - s(0)\right| + \left|s(10) - s\left(\frac{20}{3}\right)\right| = 80\,\mathrm{m}$，

total distance = 80 m.

9709_w18_qp_42

Q1 知识点

resolving forces

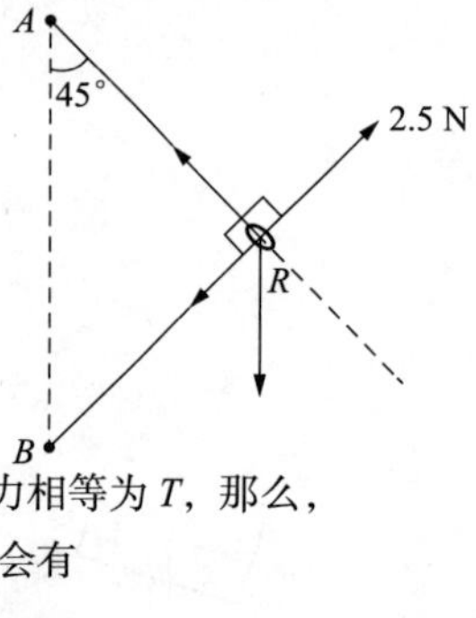

绳子两方向受力相等为 T，那么，

沿 45° 方向上会有

$2.5 = T + mg\sin 45°$，

沿 45° 垂直方向上会有

$T = mg\sin 45°$，

$T = 1.25\,\mathrm{N}$，

$m = 0.177\,\mathrm{kg}$.

Q2 知识点

relationship between power, force and velocity for a force acting in the direction of motion

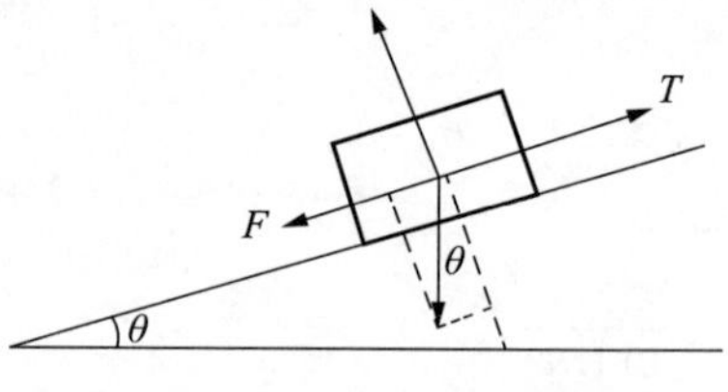

首先计算物体所受支持力的大小，

$N = mg\cos 6°$，

其摩擦力，

$F = \mu mg\cos 6°$，

沿斜面水平方向，

$T = F + mg\sin 6° = 0.3\times 50\cos 6° + 50\sin 6° = 20.1\,\text{N}$.

Q3 知识点

SUVAT equations

(i) 物体做匀加速运动，

$$a = \frac{v-u}{t} = \frac{-2-0}{2} = -1\,\text{m s}^{-2}.$$

(ii) 物体 4 ～ 6 s 与 6 ～ 10 s 加速度相同，根据相似三角形则有

$$\frac{V}{2} = \frac{4}{2},\quad V = 4\,\text{m s}^{-1}.$$

(iii) 6 ～ T s 走过的距离 AB 为

$$s = \frac{(T-6)\times 4}{2} = 2\times(T-6),$$

由题可知 $t = 0\,\text{s}$ 时，物体在 AB 的 $\frac{1}{3}$ 处距离为物体 0～6 s 走过的距离 OA，

$$s = \frac{(2+6)\times 2}{2} = 8\,\text{m},$$

所以 AB 的距离为 $3\times 8 = 24\,\text{m}$，

$2\times(T-6) = 24$，

可得 $T = 18\text{s}$.

Q4 知识点

connected particles: objects connected by strings, change of direction of friction in different motion

(i)

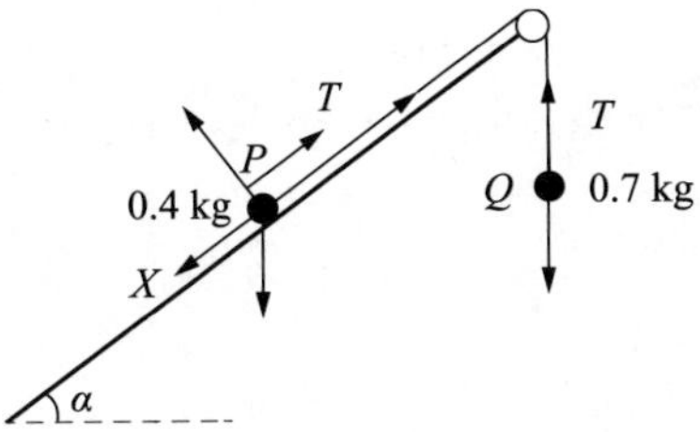

首先根据 $\tan\alpha = \frac{3}{4}$ 计算出，

$\sin\alpha = 0.6$， $\cos\alpha = 0.8$，

对物体 Q 进行受力分析可得，物体处于平衡状态，所以有，

$T = 0.7g$，

计算物体的支持力和摩擦力大小，

$N = mg\cos\alpha$，

$F = \mu N = \mu mg\cos\alpha$，

对物体进行受力分析，

由题意可知 X 方向为沿水平面向下，所以有摩擦力向上，

$X + mg\sin\alpha = 0.7g + \mu mg\cos\alpha$，

$X = 7 + 0.5\times 4\times 0.8 - 4\times 0.6 = 6.2\,\text{N}$.

(ii)

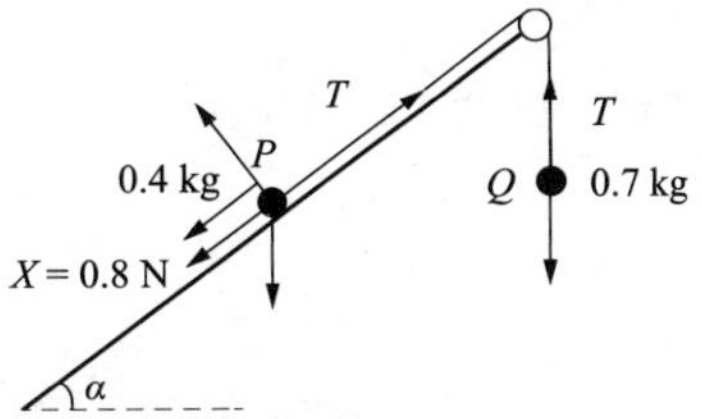

对物体 Q 进行受力分析可得

$0.7g - T = 0.7a$，

对 P 沿斜面水平方向进行受力分析，此时摩擦力方向应沿斜面向下，

$T - 4\times 0.6 - 0.5\times 4\times 0.8 - 0.8 = 0.4a$，

综上可得 $a = 2\,\text{m s}^{-2}$.

Q5 知识点

differentiation and integration concerning displacement, velocity and acceleration

(i) 当加速度为 0 时，物体会达到最大速度，即

$1.2t^{\frac{1}{2}} = 0.6t$，

可得 $t^{\frac{1}{2}} = 2$，

计算可得 $t = 4\text{s}$.

(ii) 首先需要通过求导去计算何时加速度会达到最大值，

$$\frac{\mathrm{d}a}{\mathrm{d}t} = 1.2\times\frac{1}{2}t^{-\frac{1}{2}} - 0.6 = 0,$$

可得 $t = 1\,\text{s}$，

$v = \int a\mathrm{d}t = \int \left(1.2t^{\frac{1}{2}} - 0.6t\right)\mathrm{d}t = 0.8t^{\frac{3}{2}} - 0.3t^2 + C.$

由题目可知，$v(0) = 0\,\mathrm{m\,s^{-1}}$，可得 $C = 1$，所以有

$v(1) = 0.8 - 0.3 + 1 = 1.5\,\mathrm{m\,s^{-1}}.$

Q6 知识点

relationship between power, force and velocity for a force acting in the direction of motion

(i)

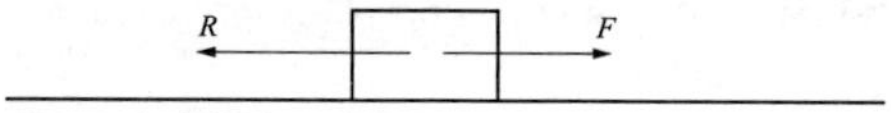

由题可知，小车做匀速运动，所以有

$F = R = 350\,\mathrm{N}$，

计算可得 $P = Fv = 350 \times 15 = 5250\,\mathrm{W}.$

(ii)

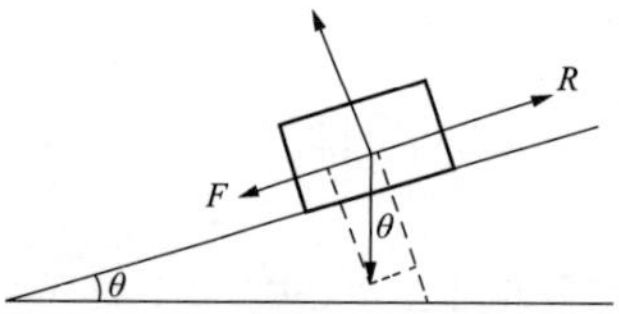

首先对物体沿斜面水平面进行受力分析，

$F + mg\sin 1° - R = ma$，

$\dfrac{P}{15} + 12000 \times \sin 1° - 350 = 1200 \times 0.12$，

计算可得 $P = 4268.5\,\mathrm{W} = 4.27\,\mathrm{kW}.$

(iii)

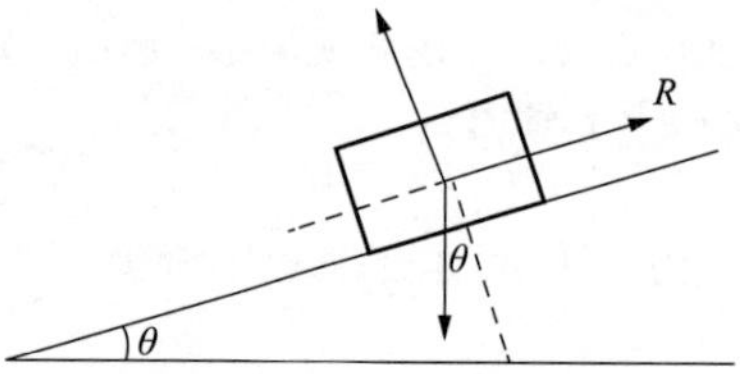

由题可知，小车失去了动力，对物体沿斜面进行受力分析，

$mg\sin 1° - R = ma$，

$12000\sin 1° - 350 = 1200a$，

计算可得 $a = -0.11711\,\mathrm{m\,s^{-2}}.$

已知初速度 $u = 20\,\mathrm{m\,s^{-1}}$，$v = 18\,\mathrm{m\,s^{-1}}$，根据公式 $v^2 = u^2 + 2as$，$18^2 = 20^2 - 2 \times 0.1171\,s$，

计算可得 $s = 324.39\,\mathrm{m}.$

Q7 知识点

work-energy principal

(i)

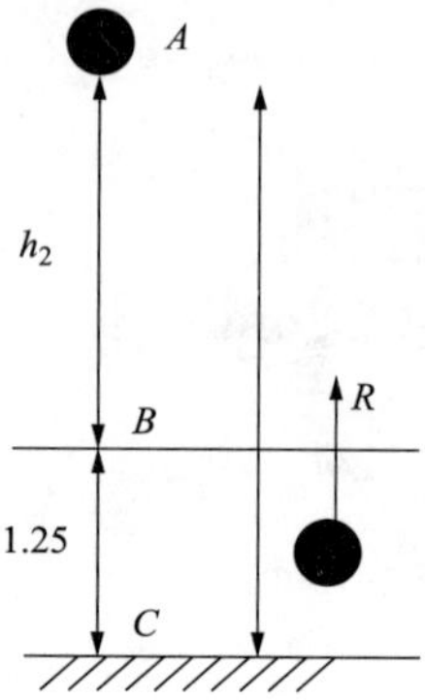

首先分析 AB 段，物体落下用了 0.8 s，所以 AB 段距离为

$h_2 = ut + \dfrac{1}{2}at^2 = \dfrac{1}{2} \times 10 \times 0.8^2 = 3.2\,\mathrm{m}$，

再对整体进行分析，

$\dfrac{1}{2}mv^2 - 0 = mg(h_1 + h_2) - 1.2$，

$\dfrac{1}{2} \times 0.3v^2 - 0 = 3(3.2 + 1.25) - 1.2$，

计算可得 $v = 9\,\mathrm{m\,s^{-1}}.$

(ii)

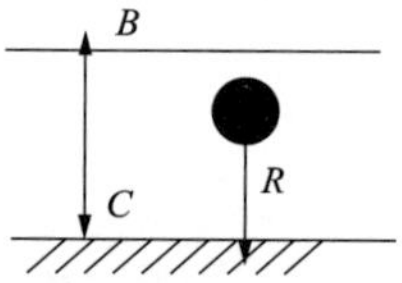

物体受到向下的重力和摩擦力，在水中的加速度为

$-0.3g - 1.8 = 0.3a$，计算可得 $a = -16\,\mathrm{m\,s^{-2}}.$

因此，$t = \dfrac{v-u}{a} = \dfrac{7}{16} = 0.4375\,\mathrm{s}.$

冲出水面所用时间可通过公式 $s = ut + \dfrac{1}{2}at^2$，有

$1.25 = 7t - 8t^2$，

$t_1 = 0.25\,\mathrm{s}, t_2 = 0.625\,\mathrm{s}(\text{reject})$，

冲出水面那刻的速度为

$v_{\text{surface}} = 7 - 16 \times 0.25 = 3\,\mathrm{m\,s^{-1}}$，

冲出水面后物体有初速度 $u=3\,\mathrm{m\,s^{-1}}$，加速度 $a=-10\,\mathrm{m\,s^{-2}}$，以及 $v = 0\,\mathrm{m\,s^{-1}}$，则

$t_2 = \dfrac{v-u}{a} = \dfrac{3}{10} = 0.3\,\mathrm{s}$，

共用时间 $T = t_1 + t_2 = 0.25 + 0.3 = 0.55\,\mathrm{s}.$

9709_w18_qp_43

Q1 知识点

resolving forces

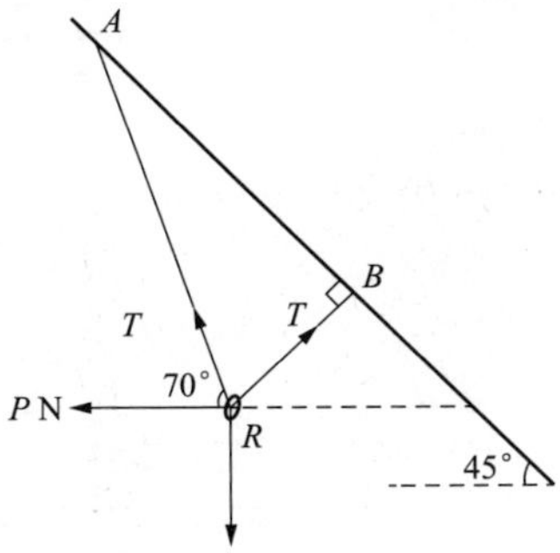

首先对水平方向进行受力分析，

$P + T\cos 70° = T\cos 45°$，

沿垂直方向受力分析，

$0.2g = T\sin 70° + T\sin 45°$，

通过计算可得

$T = 1.21\text{N}$，

$P = 0.443$.

Q2 知识点

relationship between power, force and velocity for a force acting in the direction of motion

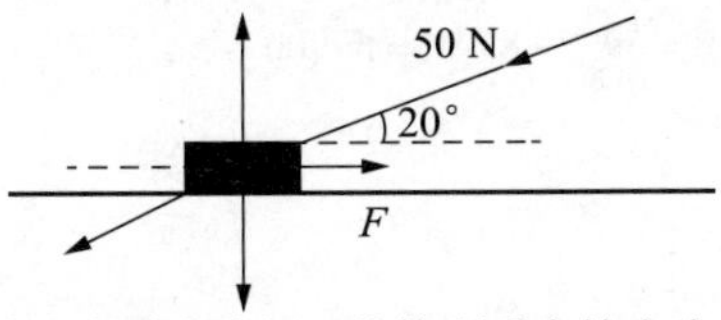

首先沿垂直方向受力分析，物体所受支持力为

$N = mg + 50\sin 20°$，

因此其所受摩擦力为

$F = \mu N = 0.3(mg + 50\sin 20°)$，

水平方向进行受力分析，

$50\cos 20° = 0.3(mg + 50\sin 20°)$，

综上可得 $m = 14\text{kg}$.

Q3 知识点

work-energy principal

(i) 由题可知物体克服摩擦力做功 $W = 25\text{J}$，

分析由 A 到 B，有初速度 $u = 7.5\text{m s}^{-1}$，

gain in KE = – WD against resistance ,

$\frac{1}{2}mv^2 - \frac{1}{2}mu^2 = -25$，

$v^2 = 7.5^2 - 25 \times \frac{2}{1.2} = 14.583$，

可得 $v = 3.82\text{m s}^{-1}$.

(ii) 再次分析由 A 到 B，有初速度 $u = 7.5\text{m s}^{-1}$ 及末速度 $v = 3.82\text{m s}^{-1}$，

gain in KE = loss in GPE – WD against resistance,

$\frac{1}{2}mv^2 - \frac{1}{2}mu^2 = mg\frac{d}{2} - 25$，

$0.6 \times (9^2 - 7.5^2) = 6d - 25$，

计算可得 $d = 6.64\text{m}$.

Q4 知识点

velocity–time graphs, velocity, acceleration

(i)

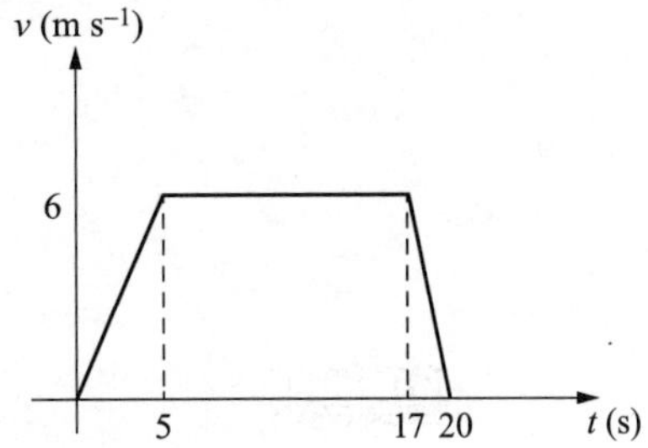

$t = 5$ 时速度为

$v = u + at = 1.2 \times 5 = 6\text{m s}^{-1}$，

走过的距离为梯形面积，

$s = \frac{(12+20)\times 6}{2} = 96\text{m}.$

(ii)

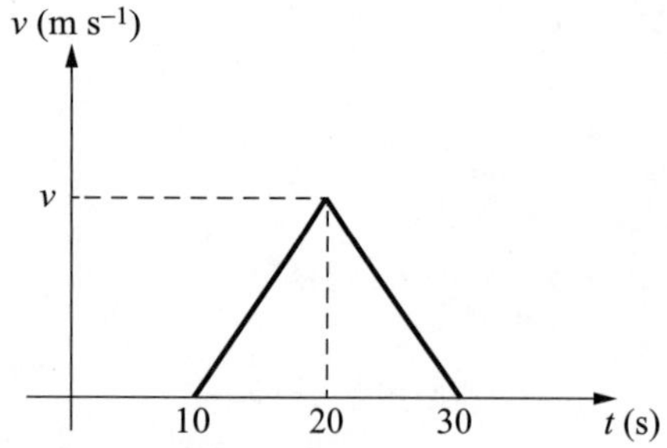

由第 (i) 小问可知 PQ 距离 $s = 96\text{m}$，

及三角形面积，$\frac{20v}{2} = 96$，

可得 $v = 9.6\text{m s}^{-1}$.

由于为匀加速运动，所以有

$a = \frac{v-u}{t} = \frac{9.6-0}{10} = 0.96\text{m s}^{-2}$.

Q5 知识点

(i) connected particles: objects connected by strings
(ii) power, Newton's second law

(i)

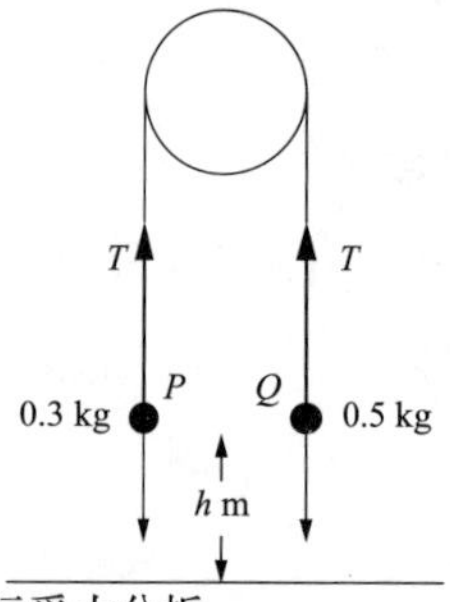

分别对 P、Q 进行受力分析，

P：$T - 0.3g = 0.3a$，

Q：$0.5g - T = 0.5a$，

通过计算可得

$a = 2.5\text{m s}^{-2}$.

由题可知 Q 落地使用时间 $t = 0.6$，

$h = ut + \frac{1}{2}at^2 = \frac{1}{2}\times 2.5\times 0.6^2 = 0.45\text{m}$.

(ii) 本小问中，Q 落地后 P 作竖直上抛运动，然后 P 作自由落体运动直到回到 Q 落地时刻的高度 .

首先计算 Q 落地时刻 P 的速度，有 $u = 0\text{m s}^{-1}$，$t = 0.6$ s 及加速度 $a = 2.5\text{m s}^{-2}$，

$v = u + at = 2.5\times 0.6 = 1.5\text{m s}^{-1}$，

将 Q 落地后 P 的运动看作一个整体则有

$s = 0\text{ m}, a = -10\text{ m s}^{-2}, u = 1.5\text{ m s}^{-1}$，

$s = ut + \frac{1}{2}at^2$，

$0 = 1.5t + 5t^2$，

$t = 0.3\text{ s}$.

共用时间为，

$T = 0.3 + 0.6 = 0.9\text{ s}$.

Q6 知识点

work

(i)

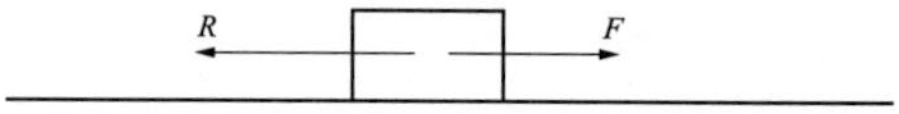

$F - R = ma$，　$P = Fv$，

$\frac{36000}{20} - R = 3200\times 0.2$，

$R = 1160\text{ N}$.

(ii)

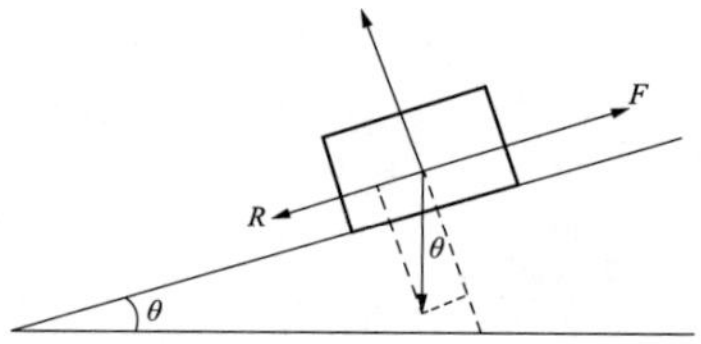

沿斜面水平方向进行受力分析，

$F - R - mg\sin 1.5° = 0$，

$\frac{P}{30} - 1160 - 32000\sin 1.5° = 0$，

计算可得 $P = 59929.87\text{ W} = 59900\text{ W}$.

(iii)

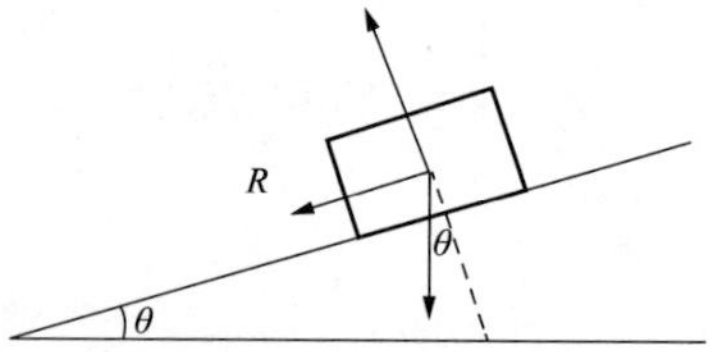

沿斜面水平方向进行受力分析，

$R + mg\sin 1.5° = ma$，

$a = 0.62426\text{ m s}^{-2}$，

由题可知，$v = 0\text{ m s}^{-1}$，$u = 30\text{ m s}^{-1}$，

$v^2 = u^2 + 2as$，

$0 = 30^2 - 2\times 0.62426 s$，

计算可得 $s = 721\text{m}$.

Q7 知识点

differentiation and integration concerning displacement, velocity and acceleration

(i) 当加速度为 0 时物体会达到最大速度，即

$25 = t^2$，

可得 $t = 5\text{s}$，

$v = \int a\text{d}t = \int\left(25 - t^2\right)\text{d}t = 25t - \frac{1}{3}t^3 + C$

由题目可知，$v(0) = 0\,\text{m s}^{-1}$，可得 $C = 0$，所以有

$v = 25t - \frac{1}{3}t^3$，

当 $t = 5$ 时，速度取到最大值，

$v(5) = 25\times5 - \frac{1}{3}\times125 = \frac{250}{3}\,\text{m s}^{-1}$.

(ii) 首先计算位移表达式，

$s = \int v\text{d}t = \int\left(25t - \frac{1}{3}t^3\right)\text{d}t = 12.5t^2 - \frac{1}{12}t^4$，

$s(5) = 12.5\times5^2 - \frac{1}{12}\times5^4 = 260\,\text{m}$，

可通过计算何时速度为 0 去验证物体速度方向在 0 ～ 5 s 是否改变，

$v = 25t - \frac{1}{3}t^3 = 0$,

可推出 $t = 0\,\text{s}\ \text{or}\ t = \pm5\sqrt{3}\,\text{s}$，

可得物体速度方向在 0 ～ 5s 没有改变，所以总距离为 260 m.

(iii) 首先计算 $v(9)$，

$v(9) = 25\times9 - \frac{1}{3}\times9^3 = -18\,\text{m s}^{-1}$，

根据加速度求出速度表达式，

$v = \int a\text{d}t = \int -3t^{-\frac{1}{2}}\text{d}t = -6t^{\frac{1}{2}} + C$，

$v(9) = -6\times9^{\frac{1}{2}} + C = -18$，

$C = 0$，

$t > 9$，$v(t) = -6t^{\frac{1}{2}}$，

计算可得 $v(25) = -6\times5 = -30\,\text{m s}^{-1}$.

2018

Paper 6

9709_m18_qp_62

Q1 知识点

cumulative frequency graph

①在方格纸上画出坐标轴并标上合适的刻度，横轴表示 time (mins)，纵轴表示 cumulative frequency.

②在坐标轴上描出 (0, 0), (3, 120), (4, 300), (5, 500), (6, 660), (8, 770), (10, 850), (14, 900) 这些点的位置 .

③用平滑的曲线把所有点连接起来 .

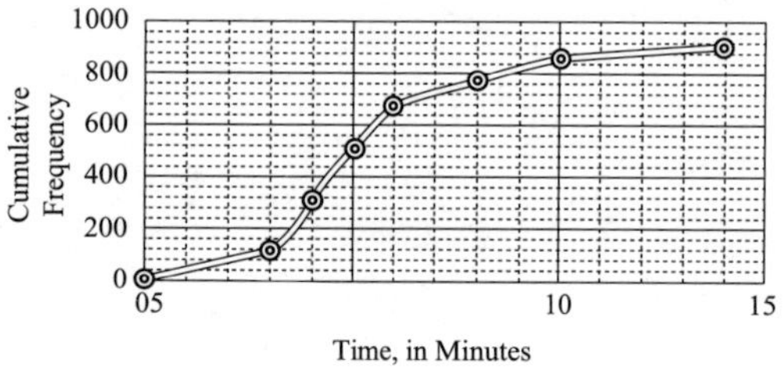

时间是 continuous data，median 位于 $\frac{n}{2}$ 的位置 . 共 900 个数据，在图上读出纵坐标 450 对应的横坐标，即 4.8 (画图会有误差，结果在 4.7 ～ 4.9 之间都是对的).

Q2 知识点

permutation and combination

(i) 除掉 L 以外还有 6 个字母，总共要选 3 个，已经包含 1 个 L，还需要两个字母 . 答案是 ${}^6C_2 = 15$.

(ii) 因为 L 有重复的，所以对 L 分类讨论，共 3 种情况 .

① No L,

② 1 L,

③ 2 L,

共有 ${}^6C_3 + {}^6C_2 + {}^6C_1 = 41$ 种情况 .

Q3 知识点

(i) probability
(ii) probability
(iii) conditional probability
(iv) independent events

(i) 共 160 辆车，在表格中读出 silver estate 有 10 辆 .

$$P(S) = \frac{10}{160} = \frac{1}{16} = 0.0625.$$

(ii) 在表格中读出 hatchback 有 40 + 26 + 24 辆 .

$$P(H) = \frac{40+26+24}{160} = \frac{9}{16} = 0.5625.$$

(iii) 要求选出来 red car 的概率，条件是它是 hatchback.

$$P(R \mid H) = \frac{P(R \cap H)}{P(H)} = \frac{\frac{40}{160}}{\frac{9}{16}} = \frac{4}{9}.$$

(iv) 若$P(A \cap B) = P(A) \times P(B)$，
则A和B是independent events.

$$P(R \cap H) = \frac{40}{160},$$

$$P(R) = \frac{20+40+12}{160} = \frac{72}{160},$$

$$P(H) = \frac{9}{16},$$

$$\frac{72}{160} \times \frac{9}{16} \neq \frac{40}{160},$$

所以 not independent.

Q4 知识点

(i) discrete random variable: expectation
(ii) discrete random variable: variance

(i) $\Sigma p = 0.2 + 0.1 + p + 0.1 + q = 1$,

$\Sigma xp = (-2) \times 0.2 + 0 \times 0.1 + 1 \times p + 3 \times 0.1 + 4 \times q = 1.7$,

化简得

$p + q = 0.6$,

$P + 4q = 1.8$,

解方程组得 $p = 0.2$，$q = 0.4$.

(ii) $\text{Var}(X) = (-2)^2 \times 0.2 + 0^2 \times 0.1 + 1^2 \times p + 3^2 \times 0.1 + 4^2 \times q$

-1.7^2,

代入 $p = 0.2$，$q = 0.4$,

最后结果是 $\text{Var}(X) = 5.41$.

Q5 知识点

mean and variance for coded data

(i) $\Sigma(x - 20) = \Sigma x - 20n = 24.25n - 20n = 136$,

$n = 32$.

(ii) $\text{Var}(X) = \dfrac{\Sigma x^2}{n} - \left(\dfrac{\Sigma x}{n}\right)^2$,

$\text{Var}(X) = \text{Var}(X-20)$ (同一组数据加上或减去一个常数后，variance 不变).

$\dfrac{\Sigma x^2}{n} - (\dfrac{\Sigma x}{n})^2 = \dfrac{\Sigma(x-20)^2}{n} - \left(\dfrac{\Sigma(x-20)}{n}\right)^2$,

$\dfrac{\Sigma x^2}{32} - 24.25^2 = \dfrac{2888}{32} - \left(\dfrac{136}{32}\right)^2$,

$\Sigma x^2 = 21128$.

Q6 知识点

permutation and combination

(i) 这是一道典型的捆绑题目 .

把所有的 even digit 6，6，6，8 看成一个整体，所有的 odd digit 1,3,5 看成一个整体 . 两个物体进行排列，即 2!. even digit 有自己的内部顺序 4!, 3 个 6 是重复的，除以 3!.

Odd digit 的内部顺序有 3! 种 . 结果是 $2! \times \dfrac{4!}{3!} \times 3! = 48$.

(ii) even 有两种情况 .

①以 8 结尾 . 除了 8 以外的六个数字全排列，即 6!. 其中 3 个 6 是重复的，再除以 3!.

②以 6 结尾 . 除掉一个 6 以外的六个数字全排列，即 6!. 其中 2 个 6 是重复的，再除以 2!.

最后结果是 $\dfrac{6!}{3!} + \dfrac{6!}{2!} = 480$.

Q7 知识点

normal distribution: standardizing a normal variable，finding probability from a normal distribution

(i) 变量 X 表示饼干的重量，则 $X \sim \text{N}(400, \sigma^2)$,

$P(x > 410) = \dfrac{225}{6000} = 0.0375$,

$P(z > \dfrac{410-400}{\sigma}) = 0.0375$,

$P(z < \dfrac{10}{\sigma}) = 1 - 0.0375 = 0.9625$,

查表 0.9625 对应的 z 值是 1.78,

$\dfrac{10}{\sigma} = 1.78$,

$\sigma = 5.62$.

(ii) 距离 mean 超出 1.5 个 standard deviation 是指大于 $\mu + 1.5\sigma$ 或小于 $\mu - 1.5\sigma$.

$P(x < \mu - 1.5\sigma) + P(x > \mu + 1.5\sigma)$

$= P(z < \dfrac{\mu - 1.5\sigma - \mu}{\sigma}) + P(z > \dfrac{\mu + 1.5\sigma - \mu}{\sigma})$

$= P(z < -1.5) + P(z > 1.5)$

$= [1 - P(z < 1.5)] + [1 - P(z < 1.5)]$

$= 2 \times [1 - P(z < 1.5)]$

$= 2 \times (1 - 0.9332)$

$= 0.1336$.

(如果 z 值是负的，查表查正的，再用 1 减，可总结为 $P(z < -a) = 1 - P(x < a)$) .

要求的是 expectation，所以结果是 $500 \times 0.1336 = 66$.

(最后算出来的是小数，写成 67 也是对的 .)

Q8 知识点

(i) binomial distribution
(ii) binomial distribution
(iii) normal approximation

(i) 变量 X 表示拥有汽车的人数，则 $X \sim B(5, \frac{1}{4})$，

$P(X \geqslant 4) = P(X = 4, 5)$

$= {}^5C_4 \times (\frac{1}{4})^4 \times (\frac{3}{4})^1 + {}^5C_5 \times (\frac{1}{4})^5 \times (\frac{3}{4})^0$

$= 0.0156$.

(ii) $X \sim B(n, \frac{1}{4})$，

$P(X \geqslant 1) = 1 - P(X = 0) = 1 - (\frac{3}{4})^n$，

$P(X \geqslant 1) > 0.995$，

$1 - (\frac{3}{4})^n > 0.995$，

$0.75^n < 0.005$，

$n\log 0.75 < \log 0.005$，

$n > 18.4$，（两边同时除以 log0.75，因为 log0.75 是负的，所以不等式需要变号.）

n 的最小值是 19.

（如果没有学过 log，在解不等式的时候可以用试根法，用计算器按出结果，找满足条件的解即可. $0.75^{18} = 0.00564$，$0.75^{19} = 0.00423$，那么 n 的最小值就应该是 19.）

(iii) $X \sim B(160, 0.25)$，

$E(X) = np = 160 \times 0.25 = 40$，

$Var(X) = npq = 160 \times 0.25 \times 0.75 = 30$，

变量 W 表示 X 估算后的结果，则 $W \sim N(40, 30)$，

$P(X < 50) = P(W < 49.5)$

(binomial 转化成 normal 的时候要把 discrete data 变成 continuous data，小于号要减 0.5，大于则加 0.5.)

$= P(z < \frac{49.5 - 40}{\sqrt{30}})$

$= P(z < 1.734)$

$= 0.959$.

9709_s18_qp_61

Q1 知识点

mean and variance for coded data

$\Sigma(X-10) = \Sigma X - \Sigma 10 = 186 - 12 \times 10 = 66$，

$Var(X) = \frac{\Sigma x^2}{n} - \left(\frac{\Sigma x}{n}\right)^2$，

$Var(X) = Var(X - 10)$（同一组数据加上或减去一个常数后，variance 不变），

$Var(X-10) = \frac{\Sigma(x-10)^2}{n} - \left(\frac{\Sigma(x-10)}{n}\right)^2$，

$4.5^2 = \frac{\Sigma(x-10)^2}{12} - \left(\frac{66}{12}\right)^2$，

$\Sigma(x-10)^2 = 606$.

Q2 知识点

(i) box-and-whisker plot
(ii) interquartile range

(i) ①列出这组数据的 minimum，Q_1，Q_2，Q_3，maximum.

总共55个数据，$\frac{55+1}{2} = 23$，所以median是第23个数据，从小到大数，答案是 25.

median 把数据分成两半，Q_1 是前半部分的 median，前半部分有 22 个数据，Q_1 是第 11 个数据和第 12 个的平均数，即 18. Q_3 是后半部分的 median，后半部分有 22 个数据，Q_3 是后半部分的第 11 个数据和第 12 个的平均数，即 50.

min = 5，$Q_1 = 18$, $Q_2 = 25$, $Q_3 = 50$, max = 70.

②画一条横轴，数据范围从 0 到 80，标清楚刻度和所表示的变量 (distance km).

③用竖线在横轴上方标出五个点的位置，Q_1，Q_2，Q_3 用箱子串起来，左右两边用直线连接.

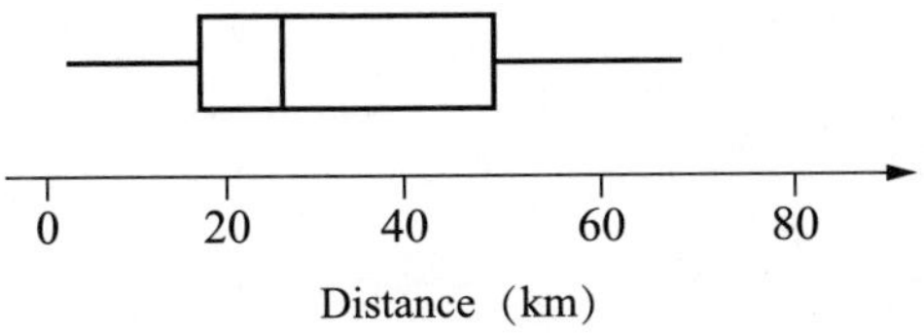

(ii) interquartile range = $Q_3 - Q_1 = 50 - 18 = 32$.

$Q_1 - 1.5 \times IQR = -30 < 5$,

$Q_3 + 1.5 \times IQR = 98 > 70$,

所以没有 outlier.

Q3 知识点

(i) probability
(ii) probability distribution table
(iii) discrete random variable: expectation

(i) $P(\text{different colour}) = P(RB) + P(BR) = \frac{4}{12} \times \frac{8}{11} + \frac{8}{12} \times \frac{4}{11} = \frac{16}{33}$

$= 0.485$.

(ii) probability distribution table 分成两行，第一行表示变量 X 可以取到的数值，第二行是每一个数值对应的概率．X 表示 red socks 的数量，总共取了 2 次．所以 X 可以取 0，1，2，接下来计算概率：

$P(X=0) = P(BB) = \frac{8}{12} \times \frac{7}{11} = \frac{14}{33}$,

$P(X=1) = P(RB) + P(BR) = \frac{4}{12} \times \frac{8}{11} + \frac{8}{12} \times \frac{4}{11} = \frac{16}{33}$,

$P(X=2) = P(RR) = \frac{4}{12} \times \frac{3}{11} = \frac{1}{11}$,

最后画出 probability distribution table.

X	0	1	2
$P(X=x)$	$\frac{14}{33}$	$\frac{16}{33}$	$\frac{1}{11}$

再检验一下是否满足所有概率加起来为 1.

(iii) $E(X) = 0 \times \frac{14}{33} + 1 \times \frac{16}{33} + 2 \times \frac{1}{11} = \frac{2}{3}$.

Q4 知识点

normal distribution: standardising a normal variable，finding probability from a normal distribution

(a) 变量 X 表示汽车轮胎能走的距离，则 $X \sim N(\mu, \sigma^2)$，

$P(x > 36800) = 0.0882$,

$P(z > \frac{36800 - \mu}{\sigma}) = 0.0882$,

$P(z < \frac{36800 - \mu}{\sigma}) = 1 - 0.0882 = 0.9118$,

查表 0.9118 对应的 z 值是 2.4，

$\frac{36800 - \mu}{\sigma} = 2.4$, ①

$P(x > 31000) = 0.6915$,

$P(z > \frac{31000 - \mu}{\sigma}) = 0.6915$,

$0.6915 > 0.5$，所以这里的 z 值一定是负的，通过转化 $P(z > -a) = P(z < a)$，查表查 $1 - 0.6915 = 0.3085$ 对应的 z 值是 0.5，这里的 z 值就是 -0.5，

$\frac{31000 - \mu}{\sigma} = -0.5$, ②

式①转化为 $36800 - \mu = 2.4\sigma$,

式②转化为 $31000 - \mu = -0.5\sigma$,

解方程组得 $\mu = 32000$，$\sigma = 2000$.

(b) $X \sim N(\mu, \sigma^2)$,

$3\sigma = 4\mu$,

$\sigma = \frac{4}{3}\mu$,

$P(x < 3\mu) = P(z < \frac{3\mu - \mu}{\sigma})$

$= P(z < \frac{3\mu - \mu}{\frac{4}{3}\mu})$

$= P(z < 1.5)$

$= 0.933$.

Q5 知识点

(i) binomial distribution
(ii) normal approximation

(i) 因为有 fixed number of trials 和 constant probability，所以满足 binomial distribution. 用变量 X 表示拥有 dishwasher

的家庭个数，则 $X \sim B(15, 0.22)$.

$P(4 \leqslant X \leqslant 6) = P(X = 4, 5, 6)$

$= {}^{15}C_4 \times 0.22^4 \times 0.78^{11} + {}^{15}C_5 \times 0.22^5 \times 0.78^{10} + {}^{15}C_6 \times 0.22^6 \times 0.78^9$

$= 0.398.$

(ii) $X \sim B(145, 0.22)$.

$E(X) = np = 145 \times 0.22 = 31.9$,

$Var(X) = npq = 145 \times 0.22 \times 0.78 = 24.882$,

变量 W 表示估算后的结果，则 $W \sim N(31.9, 24.882)$，

$P(X > 26) = P(W > 26.5)$，

(binomial 转化成 normal 的时候要把 discrete data 变成 continuous data，小于号要减 0.5，大于则加 0.5.

$= P\left(z > \dfrac{26.5 - 31.9}{\sqrt{24.882}}\right)$

$= P(z > -1.08255)$

$= P(z < 1.08255)$

$= 0.861.$

如果 z 值是大于一个负数，可转化为小于对应的正数，即 $P(z > -a) = P(z < a)$.

Q6 知识点

(i) probability
(ii) conditional probability

(i) $P(SLL) = 0.3 \times 0.55 \times 0.55 \times {}^3C_1 = 0.27225$，

go straight 的车可以是 3 辆里面任意一辆，所以乘以 ${}^3C_1$，

$P(SRR) = 0.3 \times 0.15 \times 0.15 \times {}^3C_1 = 0.02025$，

最后结果是 $0.27225 + 0.02025 = 0.293$.

(ii) All go straight，在条件 same direction 的情况下发生的概率.

$$P(SSS \mid \text{same direction}) = \frac{P(SSS \cap \text{same direction})}{P(\text{same direction})}$$

$$= \frac{0.3 \times 0.3 \times 0.3}{0.15^3 + 0.55^3 + 0.3^3} = \frac{108}{787} = 0.137.$$

Q7 知识点

permutation and combination

(i) 9 个字母进行排列的情况是 9!，其中 2 个 M 是重复的，要除以 2!. 2 个 E 也是重复的，再除以 2!，结果是 $\dfrac{9!}{2! \times 2!} = 90720$.

(ii) 除掉 AEEI 四个元音外还有 5 个字母，5 个字母全排列是 5!，其中 2 个 M 是重复的，要除以 2!，5 个字母形成的 6 个缝隙选取 4 个来放置元音即 ${}^6C_4$，元音又有自己的内部顺序，乘以 4!，两个 E 是重复的，再除以 2!.

结果是 $\dfrac{5!}{2!} \times {}^6C_4 \times \dfrac{4!}{2!} = 10800$（也可以写成 $\dfrac{5!}{2!} \times \dfrac{{}^6P_4}{2!} = 10800$）.

(iii) 除掉 M 和 E 还有 5 个字母，因为已经包含 1 个 M 一个 E，所以还需要 3 个字母 . 这里是选，不考虑顺序，用 C. 答案是 ${}^5C_3 = 10$.

(iv) 9 个字母里面选 5 个，至少包含 1 个 M 和 1 个 E 有四种情况：

① 1M1E，

② 1M2E，

③ 2M1E，

④ 2M2E，

共有 ${}^5C_3 + {}^5C_2 + {}^5C_2 + {}^5C_1 = 35$ 种结果 .

9709_s18_qp_62

Q1 知识点

(i) mode
(ii) interquartile range

(i) mode 是出现最多的数据 .38 出现 3 次，mode = 38.

(ii) 共 10 个数据，$\dfrac{10+1}{2} = 5.5$，所以 median 是第五和第六个数据的平均数，从小到大数，第五个数据是 38，第六个是 39，median = 38.5.

median 把数据分成两半，Q_1 是前半部分的 median，前半部分有 5 个数据，Q_1 是第 3 个数据，从小到大数，即 38，Q_3 是倒数第 3 个数据，从大到小数，即 40，根据公式 interquartile range $= Q_3 - Q_1 = 40 - 38 = 2$.

Q2 知识点

(i) probability
(ii) independent events

(i) 要么是 female，要么 like curry hot，要么既是 female 又 like curry hot，去掉重复的情况，就是 female 或 male 且 like curry hot 的概率 .

$$P(F \cup L \cup FL) = P(F \cup ML) = \frac{1}{4} + \frac{3}{4} \times \frac{3}{5} = \frac{14}{20} = 0.7.$$

(ii) 如果 $P(A \cap B) = P(A) \times P(B)$，则 A 和 B 是 independent events.

$P(M \cap L) = \frac{3}{4} \times \frac{3}{5} = 0.45$,

$P(M) = \frac{3}{4}$,

$P(L) = P(FL \cup ML) = \frac{1}{4} \times \frac{4}{5} + \frac{3}{4} \times \frac{3}{5} = \frac{13}{20}$,

$\frac{3}{4} \times \frac{13}{20} \neq 0.45$,

所以 not independent.

Q3 知识点

normal distribution: standardizing a normal variable，finding probability from a normal distribution

(i) 变量 X 表示 volume of soup，则 $X \sim N(\mu, 9^2)$，

$P(x < 440) = 0.1$,

$P(z < \frac{440-\mu}{9}) = 0.1$,

首先判断 0.1 < 0.5，所以这里的 z 值一定是负的，如果 z 值是负的，查表查正的，再用 1 减，可总结为 $P(z < -a) = 1 - P(x < a)$ 查表得 0.9 对应的 z 值是 1.282.

$\frac{440-\mu}{9} = -1.282$,

$\mu = 452$.

(ii) 大于 mean 值 1.8 个 standard deviation 是指大于 $\mu + 1.8\sigma$.

$P(x > \mu + 1.8\sigma) = P\left(z < \frac{\mu + 1.8\sigma - \mu}{\sigma}\right)$

$= P(z > 1.8)$

$= 1 - P(z < 1.8)$

$= 1 - 0.9641$

$= 0.0359$.

要求的是 expectation，所以结果是 $150 \times 0.0359 = 5$.

(最后算出来的是小数，写成 6 也是对的 .)

Q4 知识点

(i) probability distribution table
(ii) discrete random variable: variance

(i) probability distribution 分为两行，第一行需要列出变量 X 可以取到的所有数值，第二行需要填上对应的概率 . X 表示猫的个数，猫总共有 2 只，所以 X 可以取 0，1，2，接下来计算概率：

$P(X = 0) = \frac{5}{7} \times \frac{4}{6} \times \frac{3}{5} = \frac{2}{7}$,

$P(X = 1) = \frac{2}{7} \times \frac{5}{6} \times \frac{4}{5} \times {}^3C_1 = \frac{4}{7}$，(猫可以是第一、第二或第三次选到，三次里面选一次是猫，即 ${}^3C_1$ 种情况 .)

$P(X = 2) = \frac{2}{7} \times \frac{1}{6} \times \frac{5}{5} \times {}^3C_2 = \frac{1}{7}$. (三次里面选两次是猫，即 ${}^3C_2$ 种情况 .)

最后画出 probability distribution table.

X	0	1	2
$P(X = x)$	$\frac{2}{7}$	$\frac{4}{7}$	$\frac{1}{7}$

再检验一下是否满足所有概率加起来为 1.

(ii) $\mathrm{Var}(X) = \left(0^2 \times \frac{2}{7} + 1^2 \times \frac{4}{7} + 2^2 \times \frac{1}{7}\right) - \left(\frac{6}{7}\right)^2$

$= \frac{20}{49} = 0.408$.

Q5 知识点

(i) frequency table
(ii) estimation of mean
(iii) histogram

(i) frequency 全部加起来应该是 242.

$14 + 46 + 102 + a + 40 = 242$,

$a = 40$.

(ii) 要估算 mean，首先需要把每个 class 的 mid-point 找出来，列出来所有的 class/ mid-point/ frequency.

Length of Phone Call (t mins)	$0<t\leqslant 1$	$1<t\leqslant 2$	$2<t\leqslant 5$	$5<t\leqslant 10$	$10<t\leqslant 30$
Mid-point	0.5	1.5	3.5	7.5	20
Frequency	14	46	102	40	40

$$\text{Mean}=\frac{0.5\times14+1.5\times46+3.5\times102+7.5\times40+20\times40}{242}$$

$$=\frac{1533}{242}=6.33.$$

(iii) 首先算出每个 class 的 frequency density，即 frequency 除以 class width.

Length of Phone Call (t mins)	$0<t\leqslant 1$	$1<t\leqslant 2$	$2<t\leqslant 5$	$5<t\leqslant 10$	$10<t\leqslant 30$
Frequency	14	46	102	40	40
Class Width	1	1	3	5	20
Frequency Density	14	46	34	8	2

在方格纸上画出坐标轴和刻度，横轴表示 Length of phone call，纵轴表示 Frequency density.

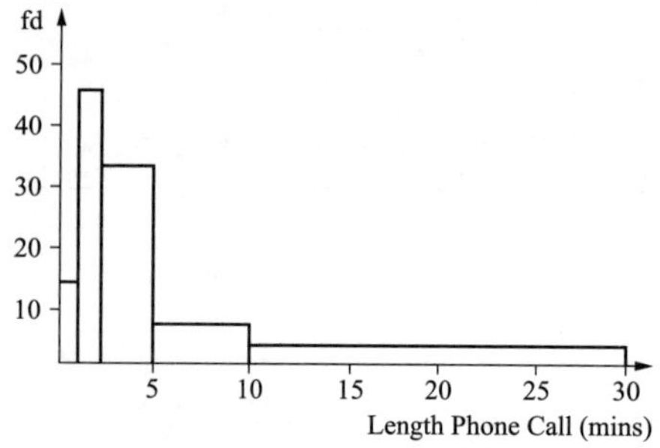

Q6 知识点

permutation and combination

(a)

(i) 所有的元音要在一起，那就把所有元音看成一个整体，除 5 个元音外还有 4 个字母，共 5 个字母排列，即 5!.5 个元音内部又有自己的顺序，乘以 5!，3 个 A 是重复的，再除以 3!，最后结果是 $\frac{5!\times 5!}{3!}$=2400.

(ii) T 的位置已经确定了，排在最中间. 3 个辅音 RSL 排在首位或末尾两个位置，$^3P_2$. 剩下 6 个字母随便排，6!，有 3 个 A 是重复的，再除以 3!，最后结果是 $\frac{^3P_2\times 6!}{3!}$ = 720.

(b) 总共选 8 个，至少一个 necklace，至少一个 bracelet，有 5 种情况 .

① $1N2R1B$，

② $2N1R1B$，

③ $1N1R2B$，

④ $2N0R2B$，

⑤ $1N0R3B$，

$$^2C_1\times{}^8C_2\times{}^4C_1+{}^2C_2\times{}^8C_1\times{}^4C_1+{}^2C_1\times{}^8C_1\times{}^4C_2$$
$$+{}^2C_2\times{}^8C_0\times{}^4C_2+{}^2C_1\times{}^8C_0\times{}^4C_3=366.$$

Q7 知识点

(i) binomial distribution
(ii) normal approximation
(iii) binomial distribution

(i) 变量 X 表示 phone made by company A 的个数，则 $X\sim B(13，0.6)$.

$P(X<11)=1-P(X=11，12，13)$

$$=1-\left(^{13}C_{11}\times0.6^{11}\times0.4^2+{}^{13}C_{12}\times0.6^{12}\times0.4^1+{}^{13}C_{13}\times0.6^{13}\times0.4^0\right)$$

$=0.942.$

(ii) 变量 Y 表示 phone made by company B 的个数，则 $Y\sim B(130，0.35)$，

$E(Y)=np=130\times0.35=45.5$，

$Var(Y)=npq=130\times0.35\times0.65=29.575.$

变量 W 表示 Y 估算后的结果，则 $W\sim N(45.5，29.575)$，

$P(Y\geqslant 50)=P(Y>49)=P(W>49.5)$

(binomial 转化成 normal 的时候要把 discrete data 变成 continuous data，小于号要减 0.5，大于要加 0.5.)

$=P(z>\frac{49.5-45.5}{\sqrt{29.575}})$

$=P(z>0.7355)$

$=1-P(z<0.7355)$

$=1-0.7691$

$=0.231.$

(iii) $Y\sim B(n，0.35)$，

$P(Y\geqslant1)=1-P(Y=0)$

$=1-0.65^n$，

$1-0.65^n>0.98$，

$0.65^n < 0.02$,

$\log 0.65^n < \log 0.02$,

$n\log 0.65 < \log 0.02$,

$n > \dfrac{\log 0.02}{\log 0.65}$,

$n > 9.08$,

Least value of n is 10.

9709_s18_qp_63

Q1 知识点

(i) lower quartile
(ii) histogram

(i) 总共 50 个数据，lower quartile 是 $\frac{1}{4}$ 位置.

$50 \times \frac{1}{4} = 12.5$，所以是第二个 class，15~19 kg.

(ii) 首先观察数据是断开的，所以要找一下实际的 boundary，然后算出每个 class 的 frequency density，即 frequency 除以 class width.

Mass	9.5~14.5	14.5~19.5	19.5~24.5	24.5~34.5	24.5~59.5
Frequency	6	12	14	10	8
Class Width	5	5	5	10	25
Frequency Density	1.2	2.4	2.8	1	0.32

在方格纸上画出坐标轴和刻度，横轴表示 mass，纵轴表示 frequency density.

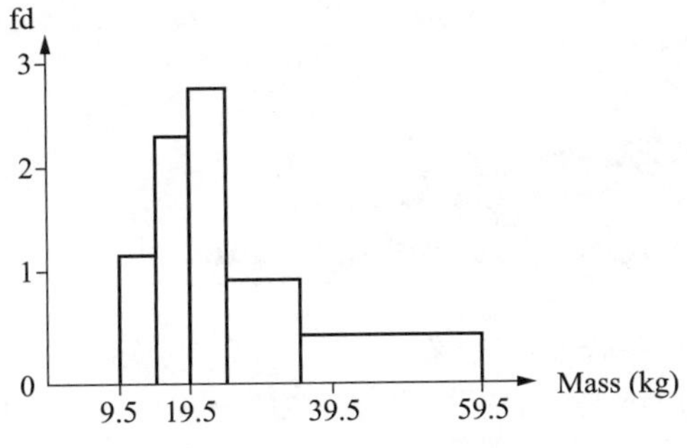

Q2 知识点

(i) normal distribution: standardising a normal variable，finding probability from a normal distribution
(ii) binomial distribution

(i) $P(x > 0) = 0.25$,

$P\left(z > \dfrac{0-(-3)}{\sigma}\right) = 0.25$,

$P\left(z < \dfrac{3}{\sigma}\right) = 1 - 0.25 = 0.75$,

查表得 0.75 对应的 z 值是 0.674，

$\dfrac{3}{\sigma} = 0.674$,

$\sigma = 4.45$.

(ii) 用变量 Y 表示 positive 的个数，则 $Y \sim B(8，0.25)$

$P(Y < 2) = P(Y = 0，1)$

$= {}^8C_0 \times 0.25^0 \times 0.75^8 + {}^8C_1 \times 0.25^1 \times 0.75^7$

$= 0.367$.

Q3 知识点

(i) probability
(ii) conditional probability

(i) P(advanced swimmers) = $P(FA) + P(MA)$

$= 0.55\,(1-x) + 0.30x$,

P(beginners) = $P(FB) + P(MB) = 0.45(1-x) + 0.70x$,

P(advanced swimmers) = P(beginners),

$0.55\,(1-x) + 0.30x = 0.45(1-x) + 0.70x$,

$x = 0.2$.

(ii) 任意一个人是 male，在条件他是 advanced swimmers 情况下发生的概率：

$P(M|A)=\frac{P(M\cap A)}{P(A)}=\frac{0.2\times0.35}{0.2\times0.35+0.8\times0.55}=\frac{3}{25}=0.12.$

Q4 知识点

(i) mean
(ii) standard deviation

(i) Mean $=\frac{30\times1500+21\times2400}{51}=1870.588=1870.$

(ii) $230=\sqrt{\frac{\Sigma x_F{}^2}{30}-(1500)^2}$,

$\Sigma x_F{}^2=69087000$,

$160=\sqrt{\frac{\Sigma x_L{}^2}{21}-(2400)^2}$,

$\Sigma x_L{}^2=121497600$,

new sd $=\sqrt{\frac{\Sigma x_L{}^2+\Sigma x_F{}^2}{51}-(1870.588)^2}=488.$

Q5 知识点

(i) probability distribution table
(ii) discrete random variable: expectation，variance

(i) probability distribution table 分成两行，第一行表示变量 X 可以取到的数值，第二行是每一个数值对应的概率 . 变量 X 表示得到 head 的个数，共 3 个硬币，所以 X 可以取 0，1，2，3，接下来计算概率：

$P(X=0)=0.6\times0.25\times0.5=0.075$,

$P(X=1)=0.4\times0.25\times0.5+0.6\times0.75\times0.5+0.6\times0.25\times0.5$
$=0.35$,

$P(X=2)=0.4\times0.75\times0.5+0.4\times0.25\times0.5+0.6\times0.75\times0.5$
$=0.425$,

$P(X=3)=0.4\times0.75\times0.5=0.15$,

最后画出 probability distribution table.

X	0	1	2	3
$P(X=x)$	0.075	0.35	0.425	0.15

再检验一下是否满足所有概率加起来为 1.

(ii) $E(X)=0\times0.075+1\times0.35+2\times0.425+3\times0.15=\frac{33}{20}$

$=1.65$,

$Var(X)=(0^2\times0.075+1^2\times0.35+2^2\times0.425+3^2\times0.15)-1.65^2$

$=\frac{271}{400}=0.678.$

Q6 知识点

(i) normal distribution: standardising a normal variable，finding probability from a normal distribution
(ii) normal approximation

(i) $X\sim N(5.7,\ 0.8^2)$,

$P(4.1<x<5)=P(x<5)-P(x<4.1)$

$=P(z<\frac{5-5.7}{0.8})-P(z<\frac{4.1-5.7}{0.8})$

$=P(z<-0.875)-P(z<-2)$

$=[1-P(z<0.875)]-[1-P(z<2)]$

$=0.1908-0.0228$

$=0.168.$

（如果 z 值是负的，查表查正的，再用 1 减，可总结为 $P(z<-a)=1-P(x<a)$.）

(ii) 变量 Y 表示 toffee apples 的个数，则 $X\sim B(250,0.168)$，

$E(Y)=np=250\times0.168=42$,

$Var(Y)=npq=250\times0.168\times(1-0.168)=34.944$,

变量 W 表示 Y 估算后的结果，则 $W\sim N(42,\ 34.944)$，

$P(Y<50)=P(W<49.5)$

(binomial 转化成 normal 的时候要把 discrete data 变成 continuous data，小于要减 0.5，大于则加 0.5.)

$=P(z<\frac{49.5-42}{\sqrt{34.944}})$

$=P(z<1.2687)$

$=0.898.$

Q7 知识点

permutation and combination

(i) 除掉一个 E 剩下还有 8 个字母，8 个字母全排列即 8!. 其中两个 N 是重复的，3 个 E 是重复的，所以再除以 2! 和 3!，

最后结果是 $\frac{8!}{2!\times3!}=3360.$

(ii) 这是一道典型的插空类型题 .

考虑一下怎么去放 E，才能使得没有 E 互相挨着 .

___E' ___ E' ___ E' ___ E' ___ E' ___

除了 E 以外的 5 个字母全排列是 5!，其中两个 N 是重复的，所以再除以 2!. 5 个非 E 字母形成的 6 个缝隙当中选取 4 个来放置 E 即 ${}^6C_4$. 四个 E 是重复的，相互之间不考虑顺序 . 结果是 $\frac{5!}{2!}\times{}^6C_4=900$.

(iii) 5 个字母包含 2 个 E 两个 N，从剩下的 S，V，T 中再选一个即可，即 ${}^3C_1=3$.

(iv) 至少两个 E，E 可以有 2，3，4 个 . 因为 N 有重复的，所有在每种情况下对 N 进行分类讨论：

2 个 E

① 2E0N ${}^3C_3=1$,

② 2E1N ${}^3C_2=3$,

③ 2E2N ${}^3C_1=3$.

3 个 E

① 3E0N ${}^3C_2=3$,

② 3E1N ${}^3C_1=3$,

③ 3E2N ${}^3C_0=1$.

4 个 E

① 4E0N ${}^3C_1=3$,

② 4E1N ${}^3C_0=1$.

所有情况加起来，共 18 种 .

2018

9709_w18_qp_61

Q1 知识点

permutation and combination

九个人分成 3 组，不考虑顺序，所以用组合计算 .

答案是 ${}^9C_4\times{}^5C_3\times{}^2C_2=1260$.

Q2 知识点

(i) probability
(ii) discrete random variable: variance

(i) $p+p+2p+2p+0.1=1$,

$p=0.15$.

(ii) $\text{Var}(X)=(-1)^2\times p+0^2\times p+1^2\times 2p+2^2\times 2p+4^2\times 0.1-1.15^2$,

代入 $p=0.15$,

最后结果是 $\text{Var}(X)=1.93$.

Q3 知识点

permutation and combination

(i) 至少 4 位 violinists，至少一位 cellist，不超过一位 double bass player 共三种情况：

① $4V+1C+1$,

② $4V+2C+0$,

③ $5V+1C+0$,

因为是选出来这 6 个人，不考虑顺序，所以用 C 来计算 . 结果是 ${}^{11}C_4\times{}^5C_1\times{}^4C_1+{}^{11}C_4\times{}^5C_2+{}^{11}C_5\times{}^5C_1=12210$.

(ii) 4 位 violinists 要坐在一起，就把他们看成一个整体，加上一位 cellist 一组 double bass player 共 3 个人进行排列，即 3!. 4 位 violinists 内部又有自己的顺序，所以再乘以 4! 最后结果是 $3!\times4!=144$.

Q4 知识点

normal distribution: standardising a normal variable，finding probability from a normal distribution

(a) $P(x<29.4)=P(z<\frac{29.4-31.4}{\sqrt{3.6}})$

$=P(z<-1.054)$

$=1-P(z<1.054)$

$=1-0.8540$

$=0.146$.

(如果 z 值是负的，查表查正的，再用1减，可总结为 $P(z<-a)=1-P(x<a)$.)

(b) 变量 X 表示鱼的长度，则 $X \sim N(\mu, \sigma^2)$，

$P(x<12)=\frac{42}{400}=0.105$，

$P(z<\frac{12-\mu}{\sigma})=0.105$，

0.105 < 0.5，所以这里的 z 值一定是负的，查表查 1−0.105 = 0.895 对应的 z 值是 1.253，这里的 z 值就是 −1.253，

$\frac{12-\mu}{\sigma}=-1.253$，①

$P(x>19)=\frac{58}{400}=0.145$，

$P(z>\frac{19-\mu}{\sigma})=0.145$，

$P(z<\frac{19-\mu}{\sigma})=0.855$，

查表 0.855 对应的 z 值是 1.058.

$\frac{19-\mu}{\sigma}=1.058$，②

式①转化为 $12-\mu=-1.253\sigma$，

式②转化为 $19-\mu=1.58\sigma$，

解方程组得 $\mu=15.8$，$\sigma=3.03$.

Q5 知识点

(i) binomial distribution
(ii) normal approximation
(iii) normal approximation

(i) 因为有 fixed number of trials 和 constant probability，所以满足 binomial distribution，用变量 X 表示通过考试的人数，则 $X \sim B(9, 0.8)$.

$P(X \leqslant 6)=1-P(X>6)$

$=1-P(X=7, 8, 9)$

$=1-({}^9C_7\times0.8^7\times0.2^2+{}^9C_8\times0.8^8\times0.2^1+{}^9C_9\times0.8^9\times0.2^0)$

$=0.262$.

(ii) 变量 Y 表示通过考试的人数，则 $Y \sim B(200, 0.8)$.

$E(Y)=np=200\times0.8=160$，

$Var(Y)=npq=200\times0.8\times0.2=32$.

变量 W 表示 Y 估算后的结果，则 $W \sim N(160, 32)$.

$P(Y>166)=P(W>166.5)$

(binomial 转化成 normal 的时候要把 discrete data 变成 continuous data，小于号要减 0.5，大于则加 0.5.)

$=P(z>\frac{166.5-160}{\sqrt{32}})$

$=P(z>1.149)$

$=1-P(z<1.149)$

$=1-0.8747$

$=0.125$.

(iii) $np=200\times0.8=160>5$，

$nq=200\times0.2=40>5$，

满足 normal approximation 的条件 .

Q6 知识点

(i) cumulative frequency graph
(ii) cumulative frequency graph
(iii) estimation of mean and standard deviation

(i) ①在方格纸上画出坐标轴并标上合适的刻度，横轴表示 rainfall(mm)，纵轴表示 cumulative frequency.

②在坐标轴上描出 (0，0)，(20，52)，(30，94)，(40，142)，(50，172)，(70，222)，(100，250) 这些点的位置 .

③用平滑的曲线把所有点连接起来 .

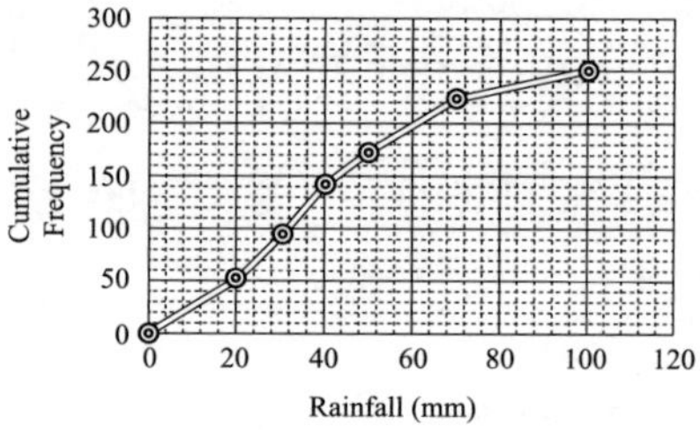

(ii) 有 100 天超过 k mm，那么少于 k mm 应该是 250 − 100 = 150 天，在纵轴上找到 150 的位置所对应的横坐标是 42.

(因为画图过程中会有误差，所以答案在 $41\leqslant k\leqslant43$ 这个范围内都是对的 .)

(iii) 要估算 mean/sd，首先需要把每个 class 的 mid-point 找出来，列出来所有的 class/ mid-point/ frequency.

Rainfall, x mm	0–20	20–30	30–40	40–50	50–70	70–100
Mid-point	10	25	35	45	60	85
Frequency	52	42	48	30	50	28

$\text{Mean}=\frac{10\times52+25\times42+35\times48+45\times30+60\times50+85\times28}{250}$

$=\frac{9980}{250}=39.9$，

$$Sd=\sqrt{\frac{10^2\times52+25^2\times42+35^2\times48+45^2\times30+60^2\times50+85^2\times28}{250}-\left(\frac{9980}{250}\right)^2}$$

$=23.2.$

Q7 知识点

(i) probability
(ii) independent events
(iii) conditional probability
(iv) probability

(i) 学音乐的人数有 40 + 12 = 52 个，总人数 160.

$P=\frac{52}{160}=\frac{13}{40}=0.325.$

(ii) 如果 $P(A\cap B)=P(A)\times P(B)$，则 A 和 B 是 independent events.

$P(B\cap M)=\frac{40}{160}$,

$P(B)=\frac{24+40+32}{160}=\frac{96}{160}$,

$P(M)=\frac{52}{160}$,

$\frac{96}{160}\times\frac{52}{160}\neq\frac{40}{160}$,

所以 not independent.

(iii) 要求选出来一个 not studying drama 的学生的概率，条件是这个学生是女生 .

$$P(\text{not darma}|\text{girl})=\frac{P(\text{not darma}\cap\text{girl})}{P(\text{girl})}=\frac{\frac{27}{160}}{\frac{64}{160}}=\frac{27}{64}.$$

(iv) 三个学生里一个 studying music，两个 boy，那么 studying music 的可以是 boy 也可以是 girl，

分成两种情况① BM BNM GNM ② BNM BNM GM.

共有 ${}^{40}C_1\times{}^{56}C_1\times{}^{52}C_1+{}^{56}C_2\times{}^{12}C_1$ 种结果 . 任意选三个学生有 ${}^{160}C_3$ 种结果，所以要算的概率是

$$\frac{{}^{40}C_1\times{}^{56}C_1\times{}^{52}C_1+{}^{56}C_2\times{}^{12}C_1}{{}^{160}C_3}=\frac{1687}{8374}.$$

9709_w18_qp_62

Q1 知识点

permutation and combination

(i) 11 个字母排列共 11! 种，其中 4 个 I 是重复的，4 个 S 是重复的，两个 P 是重复的，所以要除以 4!，4! 和 2!.

最后结果是 $\frac{11!}{4!\times4!\times2!}=34650.$

(ii) P(same letter) = P(SS) + P(PP) + P(II)

$=\frac{4}{11}\times\frac{3}{10}+\frac{2}{11}\times\frac{1}{10}+\frac{4}{11}\times\frac{3}{10}=\frac{13}{55}=0.236.$

Q2 知识点

(i) interquartile range
(ii) box-and-whisker plot

(i) A 组共有 27 个数据，$\frac{27+1}{2}=14$，所以 median 是第六个数据，从小到大数，答案是 0.225.

median 把数据分成两半，Q_1 是前半部分的 median，前半部分有 13 个数据，Q_1 是第 7 个数据，从小到大数，即 0.215，Q_3 是倒数第 7 个数据，从大到小数，即 0.236，根据公式 interquartile range = Q_3-Q_1= 0.236 − 0.215 = 0.021.

(ii) ①列出 AB 两组数据的 minimum，Q_1，Q_2，Q_3，maximum.

A 组 min = 0.200，Q_1 = 0.215，Q_2 = 0.225，Q_3 = 0.236，max = 0.250.

B 组 min = 0.205，Q_1 = 0.217，Q_2 = 0.235，Q_3 = 0.245，max = 0.250.

②一条横轴，数据范围从 0.200 到 0.260，标清楚刻度 .

③竖线在横轴上方标出 AB 两组五个点的位置，Q_1，Q_2，Q_3 用箱子串起来，左右两边用直线连接，并在旁边标清楚 A，B.

Q3 知识点

binomial distribution

(i) 因为有 fixed number of trials 和 constant probability，所以满足 binomial distribution，用变量 X 表示完成的次数，则 $X \sim B(5, 0.75)$.

$P(X \geqslant 3) = P(X = 3, 4, 5)$

$= {}^5C_3 \times 0.75^3 \times 0.25^2 + {}^5C_4 \times 0.75^4 \times 0.25^1 + {}^5C_5 \times 0.75^5 \times 0.25^0$

$= 0.896$.

(ii) 至少有一天完成可分为三种情况，周一周二都完成，周一完成周二不完成，周一不完成周二完成 .

P(at least one day) = $P(CC) + P(CC') + P(C'C)$

$= 0.8 \times 0.9 + 0.8 \times (1-0.9) + 0.2 \times 0.6$

$= 0.92$.

Q4 知识点

permutation and combination

(i) 这是一道典型的捆绑类型的题目 .

把 5 个男孩看成一个整体，6 个女孩看成一个整体，进行排列有 2! 种情况 . 每个整体又有自己的内部顺序，要再乘以 5! 和 6!，最后结果是 $2! \times 5! \times 6! = 172800$.

(ii) 这是一道典型的插空类型题 .

考虑一下怎么去放男孩，才能使得没有男孩挨着男孩 .

___G___G___G___G___G___G___

没有任何要求的 6 个女孩站在一条线上的所有情况是 6!，6 个女孩形成的 7 个缝隙当中选取 5 个来放置女性即 ${}^7C_5$，5 个男孩又有自己的内部顺序，所以再乘以 5!，结果是 $6! \times {}^7C_5 \times 5! = 1814400$ (也可以写成 $6! \times {}^7P_5 = 1814400$).

Q5 知识点

(i) mean
(ii) standard deviation

(i) 12 个 Junior 的 mean 是 15.5，所以总的加起来是 15.5×12.

20 个 senior 加起来是 $\Sigma y = 910$.

所以 32 个的 mean $= \dfrac{15.5 \times 12 + 910}{32} = 34.25$.

(ii) 用变量 X 表示 junior 的数据，根据题目给出的 sd(X) $= 1.2$，则 $1.2 = \sqrt{\dfrac{\Sigma x^2}{12} - (15.5)^2}$，得出 $\Sigma x^2 = 2900.28$.

32 个数据的 standard deviation 为

$$\text{sd} = \sqrt{\frac{\Sigma x^2 + \Sigma y^2}{32} - (34.25)^2} = 16.0.$$

Q6 知识点

(i) probability distribution table
(ii) discrete random variable: variance
(iii) conditional probability

(i) probability distribution table 分成两行，第一行表示变量 X 可以取到的数值，第二行是每一个数值对应的概率 . 先考虑 X 可以取到的数值有哪些，最小是 1 减 3，即 −2，最大是 4 减 1，即 3. 所以 X 可以取到 −2 和 3 之间所有的整数，接下来计算概率：

$P(X = -2) = P(\text{red} = 1, \text{blue} = 3) = \frac{1}{4} \times \frac{1}{3} = \frac{1}{12}$,

$P(X = -1) = P(1,2) + P(2,3) = \frac{1}{4} \times \frac{1}{3} \times 2 = \frac{1}{6}$,

$P(X = 0) = P(1,1) + P(2,2) + P(3,3) = \frac{1}{4} \times \frac{1}{3} \times 3 = \frac{1}{4}$,

$P(X = 1) = P(2,1) + P(3,2) + P(4,3) = \frac{1}{4} \times \frac{1}{3} \times 3 = \frac{1}{4}$,

$P(X = 2) = P(3,1) + P(4,2) = \frac{1}{4} \times \frac{1}{3} \times 2 = \frac{1}{6}$,

$P(X = 3) = P(4,1) = \frac{1}{4} \times \frac{1}{3} = \frac{1}{12}$,

最后画出 probability distribution table.

X	−2	−1	0	1	2	3
$P(X = x)$	$\frac{1}{12}$	$\frac{1}{6}$	$\frac{1}{4}$	$\frac{1}{4}$	$\frac{1}{6}$	$\frac{1}{12}$

再检验一下是否满足所有概率加起来为 1.

(ii) $\text{Var}(X) = [(-2)^2 \times \frac{1}{12} + (-1)^2 \times \frac{1}{6} + 0^2 \times \frac{1}{4} + 1^2 \times \frac{1}{4} + 2^2 \times \frac{1}{6} + 3^2 (-1)^2 \times \frac{1}{6} + 0^2 \times \frac{1}{4} + 1^2 \times \frac{1}{4} + 2^2 \times \frac{1}{6} + 3^2 \times \frac{1}{12}]-$

$$\left[(-2)\times\frac{1}{12}+(-1)\times\frac{1}{6}+0\times\frac{1}{4}+1\times\frac{1}{4}+2\times\frac{1}{6}+3\times\frac{1}{12}\right]^2$$

$=\frac{23}{12}$.

(iii) X 为 1，在条件 X 不为 0 下发生的概率，

$$P(x=1|x\neq 0)=\frac{P(x=1\cap x\neq 0)}{P(x\neq 0)}$$

$$=\frac{P(x=1)}{P(x\neq 0)}=\frac{\frac{1}{4}}{1-\frac{1}{4}}=\frac{1}{3}.$$

Q7 知识点

normal distribution: standardising a normal variable，finding probability from a normal distribution

(a)

(i) $X\sim N(3.24,\ 0.96^2)$，

$P(x<4)=P(z<\frac{4-3.24}{0.96})$

$=P(z<0.7917)$

$=0.7858$.

要求的是 expectation，所以结果是 $365\times 0.7858=286$.

(最后算出来的是小数，写成 287 也是对的 .)

(ii) $P(x>k)=0.2$，

$P(z>\frac{k-3.24}{0.96})=0.2$，

$P(z<\frac{k-3.24}{0.96})=1-0.2=0.8$，

查表得 0.8 对应的 z 值是 0.842，

$\frac{k-3.24}{0.96}=0.842$，

$k=4.05$.

(iii) 距离 mean 值 1.5 个 standard deviation 是指在 $\mu-1.5\sigma$ 和 $\mu+1.5\sigma$ 这个范围内 .

$P(\mu-1.5\sigma<x<\mu+1.5\sigma)=P(x<\mu+1.5\sigma)-P(x<\mu-1.5\sigma)$

$=P(z<\frac{\mu+1.5\sigma-\mu}{\sigma})-P(z<\frac{\mu-1.5\sigma-\mu}{\sigma})$

$=P(z<1.5)-P(z<-1.5)$

$=P(z<1.5)-[1-P(z<1.5)]$

$=0.9332-(1-0.9332)$

$=0.866$.

(如果 z 值是负的，查表查正的，再用 1 减，可总结为 $P(z<-a)=1-P(x<a)$.)

(b) $Y\sim N(\mu,\sigma^2)$，

$4\sigma=3\mu$，

$\sigma=\frac{3}{4}\mu$，

$P(Y>0)=P(z>\frac{0-\mu}{\sigma})$

$=P(z>\frac{0-\mu}{\frac{3}{4}\mu})$

$=P(z>-1.333)$

$=P(z<1.333)$

$=0.909$.

如果 z 值是大于一个负数，可转化为小于对应的整数，即 $P(z>-a)=P(z<a)$.

9709_w18_qp_63

Q1 知识点

permutation and combination

这是一道典型的插空类型题，考虑一下怎么去放女性，才能使得他们不会相互挨着对方 .

__M__M__M__M__M__

没有任何要求的五位男性站在一条线上的所有情况是 5!，五位男性形成的六个缝隙当中选取两个来放置女性即 ${}^6C_2$，两个女性又有自己的内部顺序，所以再乘以 2!.

结果是 $5!\times{}^6C_2\times 2!=3600$ (也可以写成 $5!\times{}^6P_2=3600$).

Q2 知识点

(i) probability distribution table
(ii) discrete random variable: variance

(i) probability distribution table 分成两行，第一行表示变量 X 可以取到的数值，第二行是每一个数值对应的概率：先考虑 X 可以取到的数值有哪些，最小是 −1 和 −1 相加，

即 −2，最大是 2 和 1 相加，即 3. 所以 X 可以取到 −2 和 3 之间所有的整数，接下来计算概率：

$$P(X=-2)=P(\text{die}=-1,\text{spinner}=-1)=\frac{2}{6}\times\frac{1}{3}=\frac{1}{9},$$

$$P(X=-1)=P(-1,0)+P(0,-1)=\frac{2}{6}\times\frac{1}{3}+\frac{2}{6}\times\frac{1}{3}=\frac{2}{9},$$

$$P(X=0)=P(-1,1)+P(1,-1)+P(0,0)$$
$$=\frac{2}{6}\times\frac{1}{3}+\frac{1}{6}\times\frac{1}{3}+\frac{2}{6}\times\frac{1}{3}=\frac{5}{18},$$

$$P(X=1)=P(0,1)+P(1,0)+P(2,-1)$$
$$=\frac{2}{6}\times\frac{1}{3}+\frac{1}{6}\times\frac{1}{3}+\frac{1}{6}\times\frac{1}{3}=\frac{2}{9},$$

$$P(X=2)=P(1,1)+P(2,0)=\frac{1}{6}\times\frac{1}{3}+\frac{1}{6}\times\frac{1}{3}=\frac{1}{9},$$

$$P(X=3)=P(2,1)=\frac{1}{6}\times\frac{1}{3}=\frac{1}{18},$$

最后画出 probability distribution table.

X	−2	−1	0	1	2	3
$P(X=x)$	$\frac{1}{9}$	$\frac{2}{9}$	$\frac{5}{18}$	$\frac{2}{9}$	$\frac{1}{9}$	$\frac{1}{18}$

再检验一下是否满足所有概率加起来为 1.

(ii) $\text{Var}(X)=[(-2)^2\times\frac{1}{9}+(-1)^2\times\frac{2}{9}+0^2\times\frac{5}{18}+1^2\times\frac{2}{9}+2^2\times\frac{1}{9}+3^2\times\frac{1}{18}]-\left[(-2)\times\frac{1}{9}+(-1)\times\frac{2}{9}+0\times\frac{5}{18}+1\times\frac{2}{9}+2\times\frac{1}{9}+3\times\frac{1}{18}\right]^2$

$=\frac{65}{36}=1.81.$

Q3 知识点

(i) tree diagram
(ii) probability
(iii) conditional probability

(i) 每个分叉的树枝后面表示结果，枝干上表示每个结果对应的概率 .

第一个球有 Red/Blue 两种结果，对应的概率分别是 $\frac{3}{8}$ 和 $\frac{5}{8}$，这两种情况下第二个球又分别有 Red，Blue，Yellow 三种结果，如果第一个球是 Red，则第二个球是 Red，Blue，Yellow 的概率分别是 $\frac{2}{8}$，$\frac{5}{8}$，$\frac{1}{8}$，如果第一个球是 Blue，则第二个球是 Red/Blue/Yellow 的概率分别是 $\frac{3}{8}$，$\frac{4}{8}$，$\frac{1}{8}$，把概率和结果标在对应位置即可 .

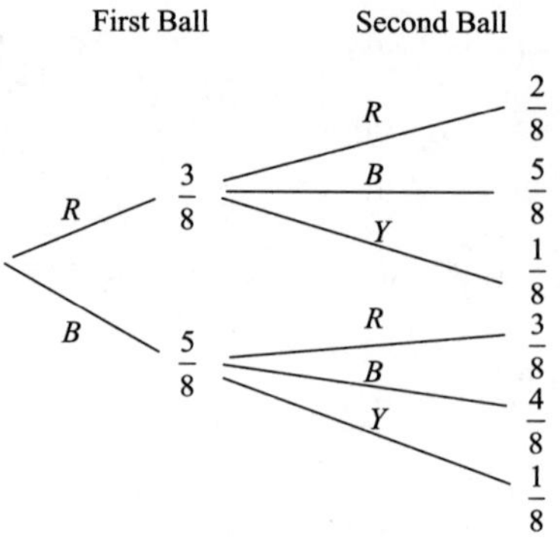

(ii) P(same colour) = P(RR) + P(BB)

$=\frac{3}{8}\times\frac{2}{8}+\frac{5}{8}\times\frac{5}{8}$

$=\frac{13}{32}$

$=0.406.$

(iii) 第一个球是红色，在条件是第二个球是蓝色的情况下发生的概率

$$P(R_1|B_2)=\frac{P(R_1\cap B_2)}{P(B_2)}=\frac{P(R_1\cap B_2)}{P(R_1B_2)+P(B_1B_2)}$$

$$=\frac{\frac{3}{8}\times\frac{5}{8}}{\frac{3}{8}\times\frac{5}{8}+\frac{5}{8}\times\frac{4}{8}}=\frac{3}{7}=0.429.$$

Q4 知识点

permutation and combination

(i) 要挑选一个 7 个人的组，有一个 particular boy 已经包含在里面了，那就还需要挑 6 个人 . 除掉 particular boy 总人数还有 11 个，从中抽取 6 个人，即 ${}^{11}C_6$，总的情况是 ${}^{12}C_7$，所以答案是 $\frac{{}^{11}C_6}{{}^{12}C_7}=\frac{7}{12}=0.583.$

(ii) 题目中一旦出现 at least/no more than，一般都要进行分类讨论，这里分三种情况：

① 2 G 5B
② 3 G 4B
③ 4 G 3B

因为是选择不同的人，不考虑顺序，所以用 C，共有 ${}^4C_2\times{}^8C_5+{}^4C_3\times{}^8C_4+{}^4C_4\times{}^8C_3=672$ 种情况，题目要求的是概率，答案是 $\frac{672}{{}^{12}C_7}=\frac{28}{33}=0.848.$

Q5 知识点

(i) normal distribution: standardising a normal variable，finding probability from a normal distribution
(ii) binomial distribution

(i) $X \sim N(120, 24^2)$,
Small: $P(x < 90)$

$= P(z < \frac{90-120}{24})$
$= P(z < -1.25) = 1 - P(z < 1.25)$
$= 1 - 0.8944$
$= 0.1056.$
(如果 z 值是负的，查表查正的，再用 1 减，可总结为 $P(z < -a) = 1 - P(x < a)$.)
Large: $P(x > 140)$

$= P(z < \frac{140-120}{24})$
$= P(z > 0.8333)$
$= 1 - P(z \leqslant 0.8333)$
$= 1 - 0.7975$
$= 0.2025.$
Medium: $P = 1 - 0.1056 - 0.2025$
$= 0.6919$
$= 0.692.$

(ii) $P(\text{medium}) = 0.6919$,
因为有 fixed number of trials 和 constant probability，所以满足 binomial distribution，用变量 Y 表示 medium 苹果的个数，则 $Y \sim B(4, 0.6919)$.
$P(Y \geqslant 2) = P(Y = 2, 3, 4)$
$= {}^4C_2 \times 0.6919^2 \times (1-0.6919)^2 + {}^4C_3 \times 0.6919^3 \times (1-0.6919)^1$
$+ {}^4C_4 \times 0.6919^4 \times (1-0.6919)^0$
$= 0.910.$

Q6 知识点

(i) normal distribution: standardising a normal variable，finding probability from a normal distribution
(ii) normal approximation
(iii) normal approximation

(i) 变量 X 表示灯泡寿命，则 $X \sim N(2000, \sigma^2)$,
$P(x > 1800) = 0.96$,

$P(z > \frac{1800-2000}{\sigma}) = 0.96.$
首先判断 $0.96 > 0.5$，所以这里的 z 值一定是负的，通过转化 $P(z > -a) = P(z < a)$，查表 0.96 对应的是 1.751，那么这里的 z 值就应该是 -1.751.

$\frac{1800-2000}{\sigma} = -1.751$, $\sigma = 114.$

(ii) 变量 Y 表示寿命超过 2500 的灯泡个数，则 $Y \sim B(300, \frac{1}{5})$,

$E(Y) = np = 300 \times \frac{1}{5} = 60.$

$Var(Y) = npq = 300 \times \frac{1}{5} \times \frac{4}{5} = 48.$
变量 W 表示 Y 估算后的结果，则 $W \sim N(60, 48)$,
$P(Y < 70) = P(W < 69.5)$
(binomial 转化成 normal 的时候要把 discrete data 变成 continuous data，小于要减 0.5，大于则加 0.5.)

$= P\left(z < \frac{69.5-60}{\sqrt{48}}\right)$
$= P(z < 1.371)$
$= 0.915.$

(iii) $np = 300 \times \frac{1}{5} = 60 > 5$,

$nq = 300 \times \frac{4}{5} = 240 > 5$,
满足 normal approximation 的条件 .

Q7 知识点

(i) back-to-back stem-and leaf-diagram
(ii) interquartile range
(iii) standard deviation

(i) 有三点要注意:
① stem 从上到下数字依次增大，leaf 从里到外依次增加；
② leaf 部分必须是一位整数；
③右下角标 key 代表具体数值的意义 .
题目要求 Anvils 画左边，Brecons 画右边，按照要求画图 .

2018

Anvils		Brecons
8	15	
9 5	16	6
5 3 2 0	17	0 1 2 2 8
4 1 0	18	1 2 3 3
6	19	2
		Key:5|16|6 means 165 cm for Anvlis and 166 cm for Brecons

(ii) 总共禾 11 个数据，$\frac{11+1}{2}=6$，所以 median 是第 6 个数据，从小到大数，答案是 173.

median 把数据分成两半，Q_1 是前半部分的median，前半部分有5 个数据，Q_1 是第3 个数据即169，Q_3是后半部分的median，后半部分有5个数据，Q_3是后半部分的第3 个数据即181，根据公式

interquartile range = $Q_3-Q_1=181-169=12$.

(iii)

$$sd=\sqrt{\frac{337221+166^2+172^2+182^2}{14}-\left(\frac{1923+166+172+182}{14}\right)^2}$$

= 9.19.

2017

扫一扫查看
本年度分数线

Paper 1

9709_m17_qp_12

Q1 知识点

discriminant

只有当 discriminant > 0 时，公式才有不同的解，所以

$\triangle = 9k^2 - 8k > 0$,

$k > \frac{8}{9}$ or $k < 0$.

Q2 知识点

binomial theorem

利用公式求出 x^2 项和 x^3 项的系数，用在本题中就是

$$\left(\frac{1}{a}x^{-1}+2ax^2\right)^5=\binom{5}{0}\left(\frac{1}{a}x^{-1}\right)^5\left(2ax^2\right)^0+\binom{5}{1}\left(\frac{1}{a}x^{-1}\right)^4\left(2ax^2\right)^1$$

$$+\ldots+\binom{5}{5}\left(\frac{1}{a}x^{-1}\right)^0\left(2ax^2\right)^5,$$

其中 x 项是 $\binom{5}{2}\left(\frac{1}{a}x^{-1}\right)^3\left(2ax^2\right)^2=\binom{5}{2}\left(\frac{1}{a}\right)^3(2a)^2x=\frac{40}{a}x$,

已知 x 项系数是 5，

$5=\frac{40}{a}$,

$a=8$.

Q3 知识点

(i) volume of pyramid
(ii) differentiation

(i) 使用公式 $V=\frac{1}{3}Ah$：

$$V=\frac{1}{3}\left(\frac{1}{2}h\right)^2h=\frac{1}{12}h^3.$$

(ii) 首先，当 $h=10$，

$$\left.\frac{dV}{dh}\right|_{h=10}=\left.\frac{1}{4}h^2\right|_{h=10}=25.$$

然后，

$$\frac{dh}{dt}=\frac{\frac{dV}{dt}}{\frac{dV}{dh}}=\frac{20}{25}=\frac{4}{5}.$$

Q4 知识点

(i) isosceles triangle's base angles equal
(ii) arc length, cosine rule

(i) 因为 $AB=AC$，$\angle ABC=\angle ACB$,

所以，$\angle ABC=\left(\pi-\frac{2}{7}\pi\right)\div 2=\frac{5}{14}\pi$.

所以，$\angle CBD=\pi-\frac{5}{14}\pi=\frac{9}{14}\pi$.

(ii) 从 C 作 AB 的垂线，交点为 E.

阴影部分周长 = 圆弧 BC + 线段 BD + 圆弧 CD,

圆弧 $BC=\frac{\frac{2}{7}\pi}{2\pi}(2\pi\cdot 8)=\frac{16}{7}\pi$,

在直角三角形 CBE 中，用 cosine rule，

$BC^2=AB^2+AC^2-2AB\times AC\times\cos\angle A$,

$BC^2=8^2+8^2-2\times 8\times 8\times\cos\frac{2}{7}\pi$,

$BC=6.942$,

圆弧 $CD=\frac{\frac{9}{14}\pi}{2\pi}(2\pi\times 6.942)=14.020$.

所以，周长 $=\frac{16}{7}\pi+6.942+14.020=28.14$.

Q5 知识点

(i) trigonometric formulae
(ii) trigonometry

(i) $\sin^2 x+\cos^2 x=1$,

联立等式：

$\tan x=\cos x$,

$\frac{\sin x}{\cos x}=\cos x$,

$\sin x=\cos^2 x$,

$\sin x=1-\sin^2 x$,

$\sin^2 x+\sin x-1=0$,

$\sin x=\frac{-1\pm\sqrt{1+4}}{2}=\frac{-1+\sqrt{5}}{2}$ or $\frac{-1-\sqrt{5}}{2}$,

因为 $\sin x$ 的 range 为 [–1, 1]，$\sin x=\frac{-1+\sqrt{5}}{2}$,

经过计算器计算，得出 $x=0.666$.

(ii) 因为 $\tan x$ 的对称性，B 点的 x 坐标 $=(\pi-$ A 点的 x 坐标）$=\pi-\sin^{-1}\frac{-1+\sqrt{5}}{2}=2.475$.

Q6 知识点

(i) scalar product
(ii) area of triangle

(i) $\overrightarrow{AB}=\overrightarrow{OB}-\overrightarrow{OA}=\begin{pmatrix}7\\4\\3\end{pmatrix}-\begin{pmatrix}2\\3\\5\end{pmatrix}=\begin{pmatrix}5\\1\\-2\end{pmatrix}$,

用 $\overrightarrow{OA}$ 和 $\overrightarrow{AB}$ 间的 scalar product，

$\overrightarrow{OA}\times\overrightarrow{AB}=\left|\overrightarrow{OA}\right|\left|\overrightarrow{AB}\right|\cos\angle OAB$,

$\begin{pmatrix}2\\3\\5\end{pmatrix}\cdot\begin{pmatrix}5\\1\\-2\end{pmatrix}=\left|\begin{pmatrix}2\\3\\5\end{pmatrix}\right|\left|\begin{pmatrix}5\\1\\-2\end{pmatrix}\right|\cos\angle OAB$,

$\cos\angle OAB=\frac{3}{\sqrt{38}\sqrt{30}}$,

用计算器求得

$\angle OAB=95.1°$.

(ii) $S_{\triangle OAB}=\frac{1}{2}\overrightarrow{OA}\times\overrightarrow{AB}\times\sin\angle OAB=\frac{1}{2}\sqrt{38}\times\sqrt{30}\times\sin 95.1°$

$=16.8$.

Q7 知识点

(i) differentiation
(ii) geometric sequence

(i) 一阶导是

$f'(x)=\frac{3}{2}(4x+1)^{\frac{1}{2}}\times 4=6(4x+1)^{\frac{1}{2}}$,

二阶导是

$f''(x)=6\times\frac{1}{2}(4x+1)^{-\frac{1}{2}}\times 4=12(4x+1)^{-\frac{1}{2}}$.

(ii) $f(2)=(4x+1)^{\frac{3}{2}}\Big|_{x=2}=27$,

$f'(2)=6(4x+1)^{\frac{1}{2}}\Big|_{x=2}=18$,

$kf''(2)=k\times 12(4x+1)^{-\frac{1}{2}}\Big|_{x=2}=4k$,

因为是等比数列，

$\frac{f(2)}{f'(2)}=\frac{f'(2)}{kf''(2)}$,

$\frac{27}{18}=\frac{18}{4k}$,

$k=3$.

Q8 知识点

(i) composite function
(ii) inverse function
(iii) composite function

(i) $gf(x)=3(2x^2+3)+2=6x^2+11$,

$fg(x)=2(3x+2)^2+3=2(9x^2+12x+4)+3$

$=18x^2+24x+11$.

(ii) 根据 inverse function 的定义，把原方程里的 x 和 y 互换：

$x=18y^2+24y+11$,

$x=18\left(y^2+\frac{4}{3}y+\frac{4}{9}\right)+3=18\left(y+\frac{2}{3}\right)^2+3$,

$\frac{x-3}{18}=\left(y+\frac{2}{3}\right)^2$,

$\pm\sqrt{\frac{x-3}{18}}=y+\frac{2}{3}$,

2017

$y=\pm\sqrt{\frac{x-3}{18}}-\frac{2}{3}$,

原方程的取值范围是 $x\geqslant 0$，因此 inverse function 里 $y\geqslant 0$，所以 $y=\sqrt{\frac{x-3}{18}}-\frac{2}{3}$,

然后求 fg(x) 的 domain：

$\sqrt{\frac{x-3}{18}}-\frac{2}{3}\geqslant 0$,

$\sqrt{\frac{x-3}{18}}\geqslant\frac{2}{3}$,

$\frac{x-3}{18}\geqslant\frac{4}{9}$,

$x\geqslant 11$.

(iii) $gf(2x)=6(2x)^2+11=24x^2+11$,

$fg(x)=18x^2+24x+11$,

联立等式：

$24x^2+11=18x^2+24x+11$,

$x^2-4x=0$,

$x=0 \text{ or } 4$.

Q9 知识点

(i) equation of tangent
(ii) normal
(iii) tangent

(i) tangent 的 gradient 由切点的一阶导值决定：

$\left.\frac{dy}{dx}\right|_{x=2}=2x-2|_{x=2}=2$,

所以，使用公式 $y-y_0=m(x-x_0)$：

$y-2=2(x-2)$,

$y=2x-2$.

(ii) normal 的 gradient 与 tangent 的 gradient 的乘积是 -1，

因此 normal 的 gradient 是 $-\frac{1}{2}$,

所以，使用公式 $y-y_0=m(x-x_0)$：

$y-2=-\frac{1}{2}(x-2)$,

$y=-\frac{1}{2}x+3$.

然后求 normal 和 curve 的交点．联立等式：

$-\frac{1}{2}x+3=x^2-2x+2$,

$2x^2-3x-2=0$,

$(2x+1)(x-2)=0$,

$x=-\frac{1}{2} \text{ or } 2$,

所以 B 的 x 坐标是 $-\frac{1}{2}$，对应的 y 坐标是 $\frac{13}{4}$,

所以 B 的坐标是 $\left(-\frac{1}{2},\frac{13}{4}\right)$.

(iii) A 的 tangent 是 $y=2x-2$,

需要求 B 的 tangent，先求 tangent 的 gradient：

$\left.\frac{dy}{dx}\right|_{x=-\frac{1}{2}}=2x-2|_{x=-\frac{1}{2}}=-3$,

所以，使用公式 $y-y_0=m(x-x_0)$：

$y-\frac{13}{4}=-3\left(x+\frac{1}{2}\right)$,

$y=-3x+\frac{7}{4}$.

求 tangent 的交点，联立方程：

$2x-2=-3x+\frac{7}{4}$,

$x=\frac{3}{4}$,

对应的 y 坐标是 $-\frac{1}{2}$,

所以 C 的坐标是 $\left(\frac{3}{4},-\frac{1}{2}\right)$.

Q10 知识点

(i) minimum point
(ii) integration
(iii) intersection of two lines
(iv) area under curve

(i) minimum point 发生在一阶导等于 0 的地方：

$\frac{dy}{dx}=2x-\frac{2}{x^3}=0$,

$2x^4-2=0$,

$x^4=1$,

$x=\pm 1$,

因为 A 在第四象限，$x=1$.

(ii) 使用积分：

$f(x)=\int 2x-\frac{2}{x^3}dx=\int 2x-2x^{-3}dx=x^2+x^{-2}+C$,

因为 curve 经过点$\left(4,\dfrac{189}{16}\right)$，

$\dfrac{189}{16}=4^2+4^{-2}+C$,

$C=-\dfrac{17}{4}$,

所以，

$f(x)=x^2+x^{-2}-\dfrac{17}{4}$.

(iii) B 和 C 就是 $f(x)$ 和 x 轴的交点：

$f(x)=x^2+x^{-2}-\dfrac{17}{4}=0$,

$x^4-\dfrac{17}{4}x^2+1=0$,

$4x^4-17x^2+4=0$,

$(4x^2-1)(x^2-4)=0$,

$x^2=\dfrac{1}{4}$ or 4,

$x=\pm\dfrac{1}{2}$ or ± 2,

因为 B 和 C 的 x 坐标大于 0，所以

$x_B=\dfrac{1}{2}$，$x_C=2$.

(iv) $\int_{x_b}^{x_c}\left[0-f(x)\right]dx=\int_{\frac{1}{2}}^{2}-\left(x^2+x^{-2}-\dfrac{17}{4}\right)dx$

$=\int_{\frac{1}{2}}^{2}\left(-x^2-x^{-2}+\dfrac{17}{4}\right)dx$

$=\left[-\dfrac{1}{3}x^3+x^{-1}+\dfrac{17}{4}x\right]_{\frac{1}{2}}^{2}=\dfrac{9}{4}$.

9709_s17_qp_11

Q1 知识点

binomial theorem

利用公式求出 x^2 项和 x^3 项的系数，用在本题中就是

$(3-2x)^6=\binom{6}{0}3^0(-2x)^6+\binom{6}{1}3^1(-2x)^5+\ldots+\binom{6}{6}3^6(-2x)^0$,

因此 x^2 项是 $\binom{6}{4}3^4(-2x)^2=4860x^2$,

x^3 项是 $\binom{6}{3}3^3(-2x)^3=-4320x^3$,

因此 $\dfrac{a}{b}=\dfrac{4860}{-4320}=-\dfrac{9}{8}$.

Q2 知识点

(i) scalar product
(ii) vector algebra, unit vector

(i)因为 $OA\perp OB$，所以 $\overrightarrow{OA}\cdot\overrightarrow{OB}=0$，写出 $\begin{pmatrix}3\\-6\\P\end{pmatrix}\cdot\begin{pmatrix}2\\-6\\-7\end{pmatrix}=0$,

推出 $6+36-7P=0$，最后求出 $P=6$.

(ii) $\overrightarrow{BC}=\overrightarrow{OC}-\overrightarrow{OB}=\dfrac{2}{3}\overrightarrow{OA}-\overrightarrow{OB}=\dfrac{2}{3}\begin{pmatrix}3\\-6\\6\end{pmatrix}-\begin{pmatrix}2\\-6\\-7\end{pmatrix}=\begin{pmatrix}0\\2\\11\end{pmatrix}$.

此时 $\overrightarrow{BC}$ 的 magnitude 是 $\sqrt{125}$,

因此对应的 unit vector 是 $\dfrac{1}{\sqrt{125}}\begin{pmatrix}0\\2\\11\end{pmatrix}$.

Q3 知识点

(i) trigonometric formulae
(ii) trigonometry

(i) $\cos^2\theta+\sin^2\theta=1$,

$\tan\theta=\dfrac{\sin\theta}{\cos\theta}$,

公式左手边转换成相同的分母，得

$\dfrac{1+2\cos\theta+\cos^2\theta+\sin^2\theta}{\sin\theta(1+\cos\theta)}$,

因为 $\cos^2\theta+\sin^2\theta=1$，可以化简得

$\dfrac{2+2\cos\theta}{\sin\theta(1+\cos\theta)}=\dfrac{2(1+\cos\theta)}{\sin\theta(1+\cos\theta)}$,

分子分母可以化简，得 $\dfrac{2}{\sin\theta}$.

(ii) 本小问利用第 (i) 小问求出的结论，得 $\frac{2}{\sin\theta}=\frac{3}{\cos\theta}$，
交叉相乘得 $2\cos\theta=3\sin\theta$，
两边除以 $\cos\theta$：$\tan\theta=\frac{2}{3}$，
用计算器求 $\theta=33.7°$ or $213.7°$.

Q4 知识点

(a) arithmetic sequence
(b) geometric sequence

(a) 已知第一项 =32，第五项 =22，使用公式 $l=a+(n-1)d$，
得到 $22=32+(5-1)d$，求出 $d=-2.5$.
然后已知第一项 =32，最后一项 =-28，使用同样公式，得到
$-28=32+(n-1)\times(-2.5)$，求出 $n=25$.
最后用求和公式 $S=\frac{1}{2}n(a+l)$，求出
$S=\frac{1}{2}\times25\times[32+(-28)]=50$.

(b) 已知 $a=2000, r=1.025, n=10$，使用公式 $S=\frac{a(1-r^n)}{1-r}$，
求出 $S=\frac{2000\times(1-1.025^{10})}{1-1.025}=22400$.

Q5 知识点

(i) find the coordinate
(ii) distance between two points
(iii) equation of the line *PQ*

(i) y 轴交点对应的是 $x=0$，把 $x=0$ 代入公式，得
$y=2\cos0=2$.

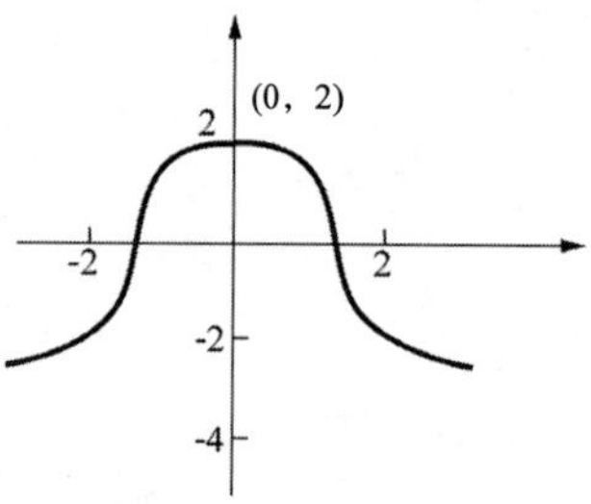

(ii) 把两点的 x 坐标代入公式可以求出两点的坐标为
$P\left(\frac{1}{3}\pi,1\right), Q(\pi,-2)$,

$$PQ=\sqrt{(x_P-x_Q)^2+(y_P-y_Q)^2}=\sqrt{(1-(-2))^2+\left(\pi-\frac{1}{3}\pi\right)^2}$$
$=3.7$.

(iii) 因为已知线上的点，可使用公式 $y-y_0=m(x-x_0)$，但需要求出 gradient.
用 P、Q 两点的坐标求出 gradient 是：

$$\frac{y_Q-y_P}{x_Q-x_P}=\frac{-2-1}{\pi-\frac{1}{3}\pi}=-\frac{9}{2\pi}.$$

因此得 equation of line PQ 是：$y-1=-\frac{9}{2\pi}\left(x-\frac{1}{3}\pi\right)$，

最后把 $y=0$ 代入公式求出 $h=\frac{5}{9}\pi$，把 $x=0$ 代入公式求出 $k=\frac{5}{2}$.

Q6 知识点

(i) area of equilateral triangle
(ii) stationary point
(iii) determining the nature of stationary points

(i) 使用等边三角形面积公式 $A=\frac{\sqrt{3}}{4}x^2$，根据 prism 的体积公式 $V=A_{base}\times H$，写出：

$2000=\frac{\sqrt{3}}{4}x^2\times h$,

$h=\frac{8000}{\sqrt{3}x^2}$.

代入 prism 的表面积公式 $A=2\times\frac{\sqrt{3}}{4}x^2+3xh$，得

$$A=2\times\frac{\sqrt{3}}{4}x^2+3x\frac{8000}{\sqrt{3}x^2}=\frac{\sqrt{3}}{2}x^2+\frac{24000}{\sqrt{3}}x^{-1}.$$

(ii) stationary point 发生在 $\frac{dA}{dx}=0$ 的时候，因此写出

$\frac{dA}{dx}=\sqrt{3}x-\frac{24000}{\sqrt{3}}x^{-2}=0$,

$x^3=8000$,

$x=20$.

(iii) 需要求 second derivative：

$\frac{d^2A}{dx^2}=\sqrt{3}+\frac{48000}{\sqrt{3}}x^{-3}$.

当 $x = 20$ 时，$\frac{d^2A}{dx^2} > 0$，
因此这个点是 minimum point.

Q7 知识点

(i) integration
(ii) completing the square
(iii) gradient

(i) integrate $\frac{dy}{dx}$ 得 $y = 7x - \frac{1}{3}x^3 - 3x^2 + C$,

因为经过 $(3,-10)$ 这点，$-10 = 7\times3 - \frac{1}{3}\times3^3 - 3\times3^2 + C$,

求出 $C = 5$，

因此，$y = 7x - \frac{1}{3}x^3 - 3x^2 + 5$.

(ii) complete the square 的结果主要由 $-x^2 - 6x$ 项决定：

$-x^2 - 6x = -(x^2 + 6x + 9) + 9 = -(x+3)^2 + 9$,

然后调整 constant term：

$7 - x^2 - 6x = 7 - (x+3)^2 + 9 = 16 - (x+3)^2$.

(iii) 根据第 (ii) 小问得到的结果，可以判断出 gradient 的值（即 $\frac{dy}{dx}$ 的值）最大不超过 16，

当 $(x+3)^2 < 16$ 时，整个多项式的值为 positive，

即 $-4 < x+3 < 4$.

因此求出所需 x 的范围为 $-7 < x < 1$.

Q8 知识点

(i) trigonometry
(ii) arc length
(iii) sector area

(i) 连接 AX 和 MX.

Rt $\triangle AXM$ 中，$AM = 6\text{ cm}$, $XM = OX - OM = 2\text{ cm}$，因此 $\tan\angle AXM = 3$,

用计算器求出

$\angle AXM = 1.249$,

同时，因为 XM 是 AB 的垂直平分线，XM 也是 $\angle AXB$ 的角平分线，$\angle AXB = 2\angle AXM$，

因此，

$\angle AXB = 2.498$,

(ii) 连接 BM.

阴影部分周长 = 线段 AB + arcAB,

线段 AB 长度已知，$AB = 12\text{ cm}$.

arcAB 是以 X 为圆心的圆上的一部分，需要先求圆的半径，即 XA.

Rt $\triangle AXM$ 中，AM 和 OM 已知，用勾股定理求出

$XA = \sqrt{AM^2 + OM^2} = \sqrt{6^2 + 2^2} = \sqrt{40}\text{ cm}$,

因此，

arcAB 长度 $= \frac{\angle AOB}{2\pi} \times$圆周长

$= \frac{2.498}{2\pi} \times 2\pi\sqrt{40} = 2.498\sqrt{40}\text{ cm}$,

因此总周长 $= 2.498\sqrt{40} + 12 = 27.8\text{ cm}$.

(iii) 阴影部分面积 = 扇形 XAB 的面积 − $\triangle XAB$ 的面积，

其中扇形面积 $= (\pi r^2)\frac{\angle AXB}{2\pi} = (\sqrt{40})^2 \times 1.249$,

$\triangle XAB$ 面积 $= \frac{1}{2}AB \times XM = \frac{1}{2}\times12\times2 = 12\text{ cm}^2$,

因此，阴影部分面积 $= 40\times1.249 - 12 = 38.0\text{ cm}^2$.

Q9 知识点

(i) inverse function
(ii) composite function
(iii) inverse function

(i) 根据 inverse function 的定义，把原方程里的 x 和 y 互换：

$x = \frac{2}{3-2y}$,

$3x - 2xy = 2$,

$2xy = 3x - 2$,

$y = \frac{3x-2}{2x} = \frac{3}{2} - \frac{1}{x}$,

因此 $f^{-1}(x) = \frac{3}{2} - \frac{1}{x}$.

(ii) 可以先把 $x = -1$ 代入 $f(x)$ 里，得 $f(-1) = \frac{2}{5}$,

再把求出的值代入 $g(x)$ 里，得

$gf(-1) = g[f(-1)] = g\left(\frac{2}{5}\right) = \frac{8}{5} + a$,

然后解方程：$\frac{8}{5} + a = 3$，

得出 $a = \frac{7}{5}$.

(iii) 用第 (i) 小问同样的方法求出 g 的 inverse function，

$g^{-1}(x)=\dfrac{x-a}{4}$,

根据 $f^{-1}(x)=g^{-1}(x)$，解方程：

$\dfrac{3}{2}-\dfrac{1}{x}=\dfrac{x-a}{4}$,

$x^2-(a+6)x+4=0$,

想要 2 equal roots，需要 discriminant = 0 ：

$(a+6)^2-16=0$,

$a+6=\pm4$,

$a=-2$ or -10.

Q10 知识点

(i) equation of the normal
(ii) volume of revolution

(i) 要求 normal 首先要求 $x=1$ 这个点 tangent 的 gradient，即 $\dfrac{dy}{dx}$ 的值：

$\left.\dfrac{dy}{dx}\right|_{x=1}=\left.\dfrac{12}{(5-3x)^2}\right|_{x=1}=3$,

因为 tangent 的 gradient 与 normal 的 gradient 相乘 = –1，所以 normal 的 gradient 是 $-\dfrac{1}{3}$.

同时 normal 这条线经过 (1,2)，因此 equation of the normal 是：

$y-2=-\dfrac{1}{3}(x-1)$,

$y=-\dfrac{1}{3}x+\dfrac{7}{3}$.

(ii) 使用公式 $V=\int_a^b \pi y^2 dx$，旋转的 curve 是 $y=\dfrac{4}{5-3x}$，x 区间是 (0,1)，因此：

$V=\int_0^1 \pi y^2 dx=\int_0^1 \pi\left(\dfrac{4}{5-3x}\right)^2 dx=\dfrac{8}{5}\pi$.

9709_s17_qp_12

Q1 知识点

binomial theorem

(i) 利用公式求出 x 项的系数，用在本题中就是

$\left(2x-\dfrac{1}{x}\right)^5=\binom{5}{0}(2x)^0\left(-\dfrac{1}{x}\right)^5+\binom{5}{1}(2x)^1\left(-\dfrac{1}{x}\right)^4+\ldots+\binom{5}{5}(2x)^5\left(-\dfrac{1}{x}\right)^0$,

其中能组成 x 项的是 $\binom{5}{3}(2x)^3\left(-\dfrac{1}{x}\right)^2$，得系数为 80.

(ii) 这里 x 项的系数会由两项组成：1 乘以 $\left(2x-\dfrac{1}{x}\right)^5$ 中的 x 项，以及 $3x^2$ 乘以 $\left(2x-\dfrac{1}{x}\right)^5$ 中的 x^{-1} 项 .

$\left(2x-\dfrac{1}{x}\right)^5$ 中的 x 项系数在第 (i) 小问已经求出，

$\left(2x-\dfrac{1}{x}\right)^5$ 中的 x^{-1} 项是 $\binom{5}{3}(2x)^2\left(-\dfrac{1}{x}\right)^3$，系数是 –40，

因此，总的 x 项系数是 $1\times80+3\times(-40)=-40$.

Q2 知识点

(i) equation of a line
(ii) midpoint

(i) AB 垂直平分线的 gradient 是 $\dfrac{3}{2}$.

AB 与它的 perpendicular bisector 垂直，AB 的 gradient 与其垂直平分线的 gradient 乘积 –1，因此 AB 的 gradient 是 $-\dfrac{2}{3}$.

因为 A 就在这条线上，可以用公式 $y-y_0=m(x-x_0)$，得

$y-6=-\dfrac{2}{3}(x+2)$,

$y=-\dfrac{2}{3}x+\dfrac{14}{3}$.

(ii) 本小问可以用 mid-point 做，因为 AB 和垂直平分线的交点就是 AB 的 mid-point.

先求交点，通过联立两个等式：

$$\begin{cases} y=-\dfrac{2}{3}x+\dfrac{14}{3}, \\ 2y=3x+5, \end{cases}$$

$$\begin{cases} x=1, \\ y=4. \end{cases}$$

所以 mid-point 是 $(1,\ 4)$，

然后求 B 点坐标，假设 B 的坐标是 $(a,\ b)$，则 B 的位置符合：

$$\begin{cases} \dfrac{1}{2}(-2+a)=1, \\ \dfrac{1}{2}(6+b)=4, \end{cases}$$

$$\begin{cases} a=4, \\ b=2. \end{cases}$$

所以 B 的坐标是 $(4,2)$.

Q3 知识点

(i) proving identity
(ii) solving trigonometric equations

(i) $\cos^2\theta+\sin^2\theta=1$,

$\tan\theta=\dfrac{\sin\theta}{\cos\theta}$.

利用这两个公式，把等式左手边改写成：

$$\left(\frac{1}{\cos\theta}-\tan\theta\right)^2=\left(\frac{1-\sin\theta}{\cos\theta}\right)^2$$

$$=\frac{(1-\sin\theta)^2}{1-\sin^2\theta}$$

$$=\frac{1-\sin\theta}{1+\sin\theta}.$$

(ii) 利用第 (i) 小问求出的结论，得

$\dfrac{1-\sin\theta}{1+\sin\theta}=\dfrac{1}{2}$,

$2-2\sin\theta=1+\sin\theta$,

$\sin\theta=\dfrac{1}{3}$,

由此用计算器求得 $\theta=19.5°$,

$180°-19.5°=160.5°$,

所以 $\theta=19.5°$ or $160.5°$.

Q4 知识点

(i) arc length
(ii) sector area

(i) 阴影部分周长 $=2AD+CD+\text{arc}AB$,

线段 AD 长度已知 $=r$.

线段 CD 的长度等于 AB. 连接 AB，并从 O 作垂直于 AB 的半径，设交点为 M. 因为 AB 是对应 $\angle AOB$ 的弦，OM 垂直平分 AB.

直角三角形 AOM 中，$AM=AO\times\sin\theta=r\sin\theta$，因此 $AB=2r\sin\theta$，$CD=2r\sin\theta$.

arcAB 的长度 $=\dfrac{2\theta}{2\pi}\times2\pi r=2r\theta$,

因此，阴影部分周长 $=2r+2r\sin\theta+2r\theta$.

(ii) 阴影部分面积 = 长方形 $ABCD$ 的面积 + $\triangle OAB$ 的面积 − 扇形 AOB 面积 .

长方形$ABCD$的面积 $=AB\times AD=\left(2\times5\times\sin\dfrac{1}{6}\pi\right)\times5=25$,

$\triangle OAB$ 的面积

$$=\frac{1}{2}AB\times OM=\frac{1}{2}\times\left(2\times5\times\sin\frac{1}{6}\pi\right)\times\left(5\times\cos\frac{1}{6}\pi\right)=\frac{25\sqrt{3}}{4},$$

扇形 AOB 面积 $=\dfrac{2\theta}{2\pi}\times\pi r^2=\dfrac{25}{6}\pi$,

因此，阴影部分面积 $=25+\dfrac{25\sqrt{3}}{4}-\dfrac{25}{6}\pi=22.7$.

Q5 知识点

(i) equation of the tangent
(ii) 1st derivative

(i) 首先求出这个点是：

$0=3+\dfrac{12}{2-x}$,

$x=6$,

因此这个点是 $(6,\ 0)$,

然后因为 tangent 的 gradient 就是这个点 $\dfrac{dy}{dx}$ 的值：

$$\left.\frac{dy}{dx}\right|_{x=6}=\left.\frac{12}{(2-x)^2}\right|_{x=6}=\frac{3}{4},$$

因此 tangent 的 gradient 是 $\dfrac{3}{4}$,

又因为 tangent 经过 $(6,\ 0)$，the equation of the line 用

2017

$y-y_0=m(x-x_0)$，得

$y-0=\frac{3}{4}(x-6)$,

$y=\frac{3}{4}(x-6)$.

(ii) 想要求 $\frac{dy}{dt}$，主要利用公式：

$\frac{dy}{dt}=\frac{dy}{dx}\times\frac{dx}{dt}$,

当 $x=3$ 时，$\frac{dy}{dx}=3$. 而 $\frac{dx}{dt}$ 始终为 0.04，因此：

$\frac{dy}{dt}=\frac{dy}{dx}\times\frac{dx}{dt}=3\times0.04=0.12$.

Q6 知识点

volume of revolution

主要使用公式：

$V=\int_a^b \pi y^2 dx$,

阴影部分体积 = 直角形成的体积 – curve 形成的体积 .

代入公式得

$V=\int_1^4 \pi(5-x)^2\,dx-\int_1^4 \pi\left(\frac{4}{x}\right)^2 dx$

$=\pi\left[-\frac{1}{3}(5-x)^3\right]_1^4-\left[16\pi\left(-\frac{1}{4}\right)^3\right]_1^4$

$=9\pi=28.3$.

Q7 知识点

(a) arithmetic sequence
(b) geometric sequence

(a) 需要使用求和公式：

$S=\frac{n}{2}[2a+(n-1)d]$,

这里 $a=16$, $d=8$，因此：

$S=\frac{n}{2}[32+8(n-1)]=12n+4n^2$,

想要 $S>20000$，则：

$n^2+3n-5000>0$,

$n>69.2$,

最终得 $n=70$.

(b) 新的 sequence 首项是 36，ratio 是 $\frac{4}{9}$,

使用公式：$S=\frac{a}{1-r}$，求出 $S=\frac{36}{1-\frac{4}{9}}=64.8$.

Q8 知识点

(i) vector scalar product
(ii) parallel vectors

(i) 使用公式：

$\overrightarrow{OA}\cdot\overrightarrow{OB}=\left|\overrightarrow{OA}\right|\left|\overrightarrow{OB}\right|\cos\angle AOB$,

写出：

$\begin{pmatrix}3\\2\\-4\end{pmatrix}\cdot\begin{pmatrix}6\\6\\3\end{pmatrix}=\left|\begin{pmatrix}3\\2\\-4\end{pmatrix}\right|\left|\begin{pmatrix}6\\6\\3\end{pmatrix}\right|\cos\angle AOB$,

$18=\sqrt{29}\times9\times\cos\angle AOB$,

最后用计算器求出 $\angle AOB=68.2°$ or $1.19°$.

(ii) 本小问需要使用 parallel vectors 满足 $\overrightarrow{AB}=k\overrightarrow{OC}$ 的知识点 .

其中 $\overrightarrow{AB}=\begin{pmatrix}3\\4\\5\end{pmatrix}$,

因此可以列出关系式：

$$\begin{cases}3=k(p-1),\\-2p=kq,\\4=2k.\end{cases}$$

求出 $p=\frac{5}{2}$，$q=4$.

Q9 知识点

(i) stationary point
(ii) determining the nature of stationary points
(iii) solving equations
(iv) discriminant

(i) 在 stationary point，$\frac{dy}{dx}=0$，因此求出：

$\frac{dy}{dx}=4x^{-\frac{1}{2}}-2=0$,

$x=4$,

此时 y 坐标为 8.

因此，此处坐标为 $(4, 8)$.

(ii) 需要求出 second derivative：

$\frac{d^2y}{dx^2} = -2x^{-\frac{3}{2}}$,

当 $x = 4$ 时，$\frac{d^2y}{dx^2} = -\frac{1}{4} < 0$，因此这个点是 maximum point.

(iii) 联立等式：

$\begin{cases} y = 6, \\ y = 8\sqrt{x} - 2x. \end{cases}$

$8\sqrt{x} - 2x = 6.$

这是个关于 $\sqrt{x}$ 的 quadratic equation，可以得

$\sqrt{x} = 1 \text{ or } 3$,

$x = 1 \text{ or } 9$.

(iv) 与第 (iii) 小问类似联立等式，得

$8\sqrt{x} - 2x = k$,

$2\left(\sqrt{x}\right)^2 - 8\sqrt{x} + k = 0.$

如果这个等式没有解，需要 discriminant < 0，即：

$8^2 - 8k < 0$,

$k > 8$.

Q10 知识点

(i) solving trigonometric equations
(ii) inverse function
(iii) sketching trigonometry graphs

(i) 将 $f(x)$ 代入等式：

$3\tan\left(\frac{1}{2}x\right) - 2 + 4 = 0$,

$\tan\left(\frac{1}{2}x\right) = -\frac{2}{3}$,

用计算器求出：

$\frac{1}{2}x = -0.6$,

$x = -1.2$.

(ii) 根据 inverse function 的定义，把原方程里的 x 和 y 互换：

$x = 3\tan\left(\frac{1}{2}y\right) - 2$,

$\tan\left(\frac{1}{2}y\right) = \frac{x+2}{3}$,

$y = 2\tan^{-1}\left(\frac{x+2}{3}\right)$,

因此 $f^{-1}(x) = 2\tan^{-1}\left(\frac{x+2}{3}\right)$.

同时，$f^{-1}(x)$ 的 domain 就是 $f(x)$ 的 range，

当 $-\frac{1}{2}\pi \leqslant x \leqslant \frac{1}{2}\pi$ 时，

$-1 \leqslant \tan\left(\frac{1}{2}x\right) \leqslant 1$,

$-5 \leqslant 3\tan\left(\frac{1}{2}x\right) - 2 \leqslant 1$,

因此 $f^{-1}(x)$ 的 domain 是 $[-5, 1]$.

(iii) 这道画图题，主要需要注意的就是 $f(x)$ 和 $f^{-1}(x)$ 关于 $y = x$ 对称，

$f^{-1}(x)$ 里 x 的取值范围是 $-5 \leqslant x \leqslant 1$.

最后需要在图中把对应的 function 标上 .

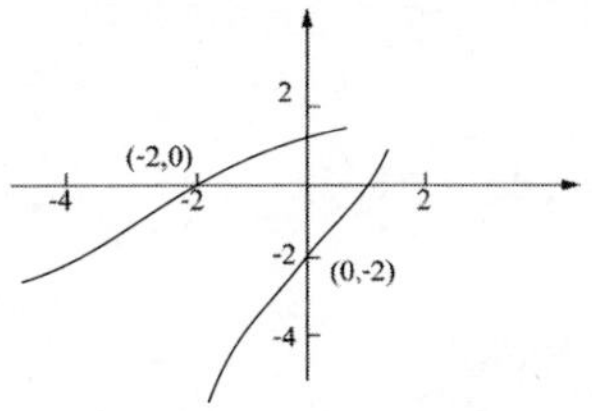

9709_s17_qp_13

Q1 知识点

binomial theorem

利用公式求出 x 项的系数，用在本题中就是

$(2+ax)^7 = \binom{7}{0}(2)^0(ax)^7 + \binom{7}{1}(2)^1(ax)^6 + \ldots + \binom{7}{7}(2)^7(ax)^0$,

其中 x 项是 $\binom{7}{6}(2)^6(ax)^1$，得系数为 $7 \times 2^6 \times a$,

x^2 项是 $\begin{pmatrix}7\\5\end{pmatrix}(2)^5(ax)^2$，得系数为 $21\times2^5\times a^2$.

两项的系数相等，因此：

$7\times2^6\times a=21\times2^5\times a^2$.

$a=\frac{2}{3}$.

Q2 知识点

geometric sequence

(i) 已知 $a=r^2-3r+2$，使用求和公式 $S=\frac{a}{1-r}$，得

$$S=\frac{r^2-3r+2}{1-r}=\frac{(r-1)(r-2)}{1-r}=-(r-2)=2-r.$$

(ii) 因为 $|r|<1$，因此 $-1<r<1$,

所以 S 的取值范围是 $1<S<3$.

Q3 知识点

points of intersection of curves

$y=x^{\frac{2}{3}}-1=x^{\frac{1}{3}}+1$,

然后化简：

$$\left(x^{\frac{1}{3}}\right)^2-x^{\frac{1}{3}}-2=0,$$

用 quadratic formula：

$$x^{\frac{1}{3}}=\frac{1\pm\sqrt{1+8}}{2}=-1 \text{ or } 2,$$

$x=-1\text{or}8$,

因此，交点是 $(-1,0),(8,3)$.

Q4 知识点

(i) vector
(ii) vector magnitude
(iii) scalar product

(i) $\overrightarrow{AB}=\overrightarrow{OB}-\overrightarrow{OA}=\begin{pmatrix}5\\4\\-3\end{pmatrix}-\begin{pmatrix}5\\1\\3\end{pmatrix}=\begin{pmatrix}0\\3\\-6\end{pmatrix}$,

因此，$\overrightarrow{AP}=\frac{1}{3}\overrightarrow{AB}=\begin{pmatrix}0\\1\\-2\end{pmatrix}$,

同时，$\overrightarrow{OP}=\overrightarrow{OA}+\overrightarrow{AP}=\begin{pmatrix}5\\1\\3\end{pmatrix}+\begin{pmatrix}0\\1\\-2\end{pmatrix}=\begin{pmatrix}5\\2\\1\end{pmatrix}$.

(ii) $\left|\overrightarrow{OP}\right|=\sqrt{5^2+2^2+1^2}=\sqrt{30}$.

(iii) 因为 $\overrightarrow{AB}\cdot\overrightarrow{OP}=\left|\overrightarrow{AB}\right|\left|\overrightarrow{OP}\right|\cos\theta$，如果 OP 和 AB 垂直，他们的 scalar product 等于 0.

$$\overrightarrow{AB}\cdot\overrightarrow{OP}=\begin{pmatrix}0\\3\\-6\end{pmatrix}\cdot\begin{pmatrix}5\\2\\1\end{pmatrix}=0\times5+3\times2+(-6)\times1=0,$$

因此，OP 和 AB 垂直 .

Q5 知识点

(i) trigonometry
(ii) solving trigonometric equations

(i) $\tan\theta=\frac{\sin\theta}{\cos\theta}$,

因此，

$$\frac{2\sin\theta+\cos\theta}{\sin\theta+\cos\theta}=\frac{2\sin\theta}{\cos\theta},$$

进行十字相乘：

$(2\sin\theta+\cos\theta)\cos\theta=(\sin\theta+\cos\theta)2\sin\theta$,

$2\sin\theta\cos\theta+\cos^2\theta=2\sin^2\theta+2\sin\theta\cos\theta$,

$\cos^2\theta=2\sin^2\theta$.

(ii) 继续解方程：

$\tan^2\theta=\frac{1}{2}$,

因为 $0°<\theta<180°$:

$\tan\theta=\pm\frac{1}{\sqrt{2}}$,

用计算器计算：

$\theta=35.3°\text{ or }144.7°$.

Q6 知识点

normal

现在 normal 是 $y=-\frac{1}{3}x+\frac{25}{3}$，gradient 是 $-\frac{1}{3}$,

因此切点的 gradient 是 3.

根据 $\frac{dy}{dx}$ 的值求出切点的 x coordinate:

$\frac{dy}{dx}=2x-5$,

当 $\frac{dy}{dx}=3$，$x=4$.

当 $x=4$ 时，line 的 y coordinate 是 $y=7$，curve 的 y coordinate 是 $y=k-4$，因此：

$7=k-4$,

$k=11$.

Q7 知识点

(i) trigonometry
(ii) sector area

(i) 在 Rt△ABC 里，$\sin\angle ABC=\frac{AC}{BC}=\frac{8}{10}=\frac{4}{5}$,

用计算器计算得 $\angle ABC=0.927$ radian.

(ii) 首先，想求月牙 ACD 的面积，通过求扇形 BCD 和三角形 BCD 的面积 .

扇形 BCD 的面积 $=\frac{0.927}{2\pi}\times(\pi\times10^2)=92.73$,

△BCD 的面积是△ABC 面积的 2 倍，

$AB=\sqrt{10^2-8^2}=6$,

因此，△BCD 的面积 $=2\times\frac{1}{2}\times AB\times AC=6\times8=48$.

因此，月牙 ACD 的面积 = 扇形面积 −△BCD 面积 $=92.73-48=44.73$.

阴影部分面积 = A 为圆心的半圆面积 − 月牙 ACD 面积 $=\frac{1}{2}(\pi\times8^2)-44.73=55.80$.

Q8 知识点

(i) gradient
(ii) calculating the coordinates

(i) AP 的 gradient 是：

$\frac{y_A-y_P}{x_A-x_P}=\frac{b-1}{a-(-1)}=2$,

$\frac{b-1}{a+1}=2$,

$2a+2=b-1$,

$b=2a+3$.

(ii) $AB=\sqrt{(x_A-x_B)^2+(y_A-y_B)^2}=\sqrt{(-1-10)^2+[1-(-1)]^2}$

$=\sqrt{125}$,

$AP=\sqrt{(x_A-x_P)^2+(y_A-y_P)^2}=\sqrt{(-1-a)^2+(1-b)^2}$

$=\sqrt{(1+a)^2+(1-b)^2}$,

因此，

$\sqrt{125}=\sqrt{(1+a)^2+(1-b)^2}$,

$125=(1+a)^2+(1-b)^2$.

代入 $b=2a+3$：

$125=(1+a)^2+(1-2a-3)^2$,

$125=1+2a+a^2+4a^2+8a+4$,

$5a^2+10a-120=0$,

$a^2+2a-24=0$,

$(a+6)(a-4)=0$,

$a=4$ or -6,

对应的 $b=11$ or -9,

坐标是 $(4, 11)$ or $(-6, -9)$.

Q9 知识点

(i) complete the square
(ii) finding the smallest value
(iii) inverse function
(iv)discriminant

(i) complete the square 的结果主要由 $9x^2-6x$ 项决定：

$9x^2-6x=(9x^2-6x+1)-1=(3x-1)^2-1$.

然后调整 constant term：

$9x^2-6x+6=(3x-1)^2+5$.

(ii) x 最小值是 $\frac{1}{3}$，所以 $p=\frac{1}{3}$.

(iii) 根据 inverse function 的定义，把原方程里的 x 和 y 互换：

$x=9y^2-6y+6$,

$x=(3y-1)^2+5$,

$\pm\sqrt{x-5}=3y-1$,

因为原方程 $x\geqslant\frac{1}{3}$，现方程 $y\geqslant\frac{1}{3}$，因此

$3y-1=\sqrt{x-5}$,

$y=\frac{1}{3}\sqrt{x-5}+\frac{1}{3}$,

2017

因此，$f^{-1}(x)=\frac{1}{3}\sqrt{x-5}+\frac{1}{3}$.

(iv) 因为 $(3x-1)^2\geqslant 0$，所以 $9x^2-6x+6=(3x-1)^2+5\geqslant 5$，

所以如果 $q<5$，$f(x)=q$ 没有解.

Q10 知识点

(a) (i) volume of revolution
(ii) integration
(b) DE

(a)

(i) 使用公式 $V=\pi\int_0^h x^2\mathrm{d}y$，旋转的 curve 是 $y=x^2-1$，y 区间是 $(0,\ h)$，因此：

$$V=\pi\int_0^h x^2\mathrm{d}y=\pi\int_0^h(y+1)\,\mathrm{d}y=\pi\left[\frac{1}{2}y^2+y\right]_0^h=\pi\left(\frac{h^2}{2}+h\right).$$

(ii) 阴影部分面积是

$$A=\int_0^{h=3}x\,\mathrm{d}y=\int_0^3\sqrt{y+1}\,\mathrm{d}y=\left[\frac{2}{3}(y+1)^{\frac{3}{2}}\right]_0^3=\frac{2}{3}(8-1)=\frac{14}{3}.$$

(b) $\left.\frac{\mathrm{d}V}{\mathrm{d}h}\right|_{h=3}=\pi(h+1)\big|_{h=3}=4\pi$,

$$\frac{\mathrm{d}h}{\mathrm{d}t}=\frac{\mathrm{d}V}{\mathrm{d}t}\div\frac{\mathrm{d}V}{\mathrm{d}h}=2\div 4\pi=\frac{1}{2\pi}.$$

Q11 知识点

(i) integration
(ii) arithmetic progression
(iii) integration

(i) $f'(x)=2(4x+1)^{\frac{1}{2}}\times\frac{1}{4}=\frac{1}{2}(4x+1)^{\frac{1}{2}}+C$

因为 $f'(2)=0$，所以 $C=-\frac{2}{3}$,

所以，

$$f'(x)=\frac{1}{2}(4x+1)^{\frac{1}{2}}-\frac{3}{2}.$$

(ii) 因为 $f''(0)=1$，$f'(0)=\frac{1}{2}-\frac{3}{2}=-1$，所以 $f(0)=-3$.

(iii) $f(x)=\left[\frac{1}{2}(4x+1)^{\frac{3}{2}}\times\frac{2}{3}\times\frac{1}{4}\right]-\frac{3}{2}x+k$,

因为 $f(0)=-3$，所以 $k=-\frac{37}{12}$,

所以最小值是 $f(2)=-\frac{23}{6}$.

9709_w17_qp_11

Q1 知识点

equation of tangent

首先 tangent 的 gradient 等于切点 $\frac{\mathrm{d}y}{\mathrm{d}x}$ 的值：

$$\left.\frac{\mathrm{d}y}{\mathrm{d}x}\right|_{x=4}=3x^{\frac{1}{2}}-3-2x^{-\frac{1}{2}}\Big|_{x=4}=2.$$

因为 tangent 经过 $(4,\ 0)$，用 $y-y_0=m(x-x_0)$：

$y-0=2(x-4)$,

$y=2x-8$.

Q2 知识点

gradient, turning point

turning point 发生在 $f'(x)=0$ 的地方：

$f'(x)=3x-2x-8=0$,

$(3x+4)(x-2)=0$,

$x=-\frac{4}{3}$ or 2,

当 $x<-\frac{4}{3}$ 或 $x>2$ 时，$f'(x)>0$，即 $f(x)$ 是 increasing function,

题中 x 的取值范围是 $x<a$，所以 $a=-\frac{4}{3}$.

Q3 知识点

(i) geometric sequence
(ii) arithmetic sequence

(i) 使用求和公式 $S=\frac{a_1}{1-r}$，得

$$S=\frac{3a}{1-r}=\frac{a}{1-(-2r)},$$

$$\frac{3}{1-r}=\frac{1}{1+2r},$$

$$3+6r=1-r,$$

$$r=-\frac{2}{7}.$$

(ii) 使用 $a_n=a_{n-1}+d$，得

$$d_1=19-15=4,$$

$$d_2=420-415=-5.$$

然后使用求和公式 $S_n=\frac{1}{2}n\left[2a_1+d(n-1)\right]$：

$$S_n=\frac{1}{2}n\left[2\times15+4(n-1)\right]=\frac{1}{2}n\left[2\times420-5(n-1)\right],$$

$$30+4(n-1)=840-5(n-1),$$

$$4n+26=-5n+845,$$

$$n=91.$$

Q4 知识点

(i) volume of a cone
(ii) stationary point
(iii) substitution

(i) 根据条件，可以得 $h=18-r$，代进 V 的公式：

$$V=\frac{1}{3}\pi r^2(18-r)=6\pi r^2-\frac{1}{3}\pi r^3.$$

(ii) stationary point 需要满足 $\frac{\mathrm{d}V}{\mathrm{d}r}=0$：

$$\frac{\mathrm{d}V}{\mathrm{d}r}=12\pi r-\pi r^2=0,$$

$$r(12-r)=0,$$

$$r=0\text{ or }12,$$

所以 non zero value of r 是 12.

再求二阶导：

$$\frac{\mathrm{d}^2V}{\mathrm{d}r^2}=12\pi-2\pi r,$$

当 $r=12$ 时，$\frac{\mathrm{d}^2V}{\mathrm{d}r^2}<0$，

所以，这个点是 maximum point.

(iii) 代入 $r=12$：

$$V=6\pi r^2-\frac{1}{3}\pi r^3=6\pi(12)^2-\frac{1}{3}\pi(12)^3=288\pi.$$

Q5 知识点

(i) perpendicular bisector
(ii) sector area

(i) 从 B 作 AC 的垂线，设垂足为 G.

BG 是 AC 的垂直平分线，因此在 Rt$\triangle ABG$ 中，$AG=8$，$BG=6$，$\cos\angle BAC=\frac{AG}{AB}=\frac{8}{10}$，

用计算器求得 $\angle BAC=0.6435$ in radian.

(ii) 用同样的辅助线求面积，先求 ADG 面积，因为 S_{ADG} 是阴影部分面积的一半 .

把 ADG 放在扇形 BCD 中，$S_{ADG}=S_{\text{sector }BCD}-S_{\triangle BCG}$，

$$S_{\text{sector }BCD}=\frac{\angle C}{2\pi}\times(\pi\times10^2)=\frac{\angle BAC}{2\pi}\times(\pi\times10^2)=50\times0.6435,$$

$$S_{\triangle BCG}=\frac{1}{2}CG\times BG=\frac{1}{2}\times8\times6=24,$$

所以，

$$S_{\text{shaded region}}=2S_{ADG}=2(50\times0.6435-24)=16.4.$$

Q6 知识点

(i) perpendicular lines
(ii) calculating the coordinates

(i) AB 的 gradient $=\frac{y_B-y_A}{x_B-x_A}=\frac{9-1}{5-1}=2$，

因此垂直平分线的 gradient $=-\frac{1}{2}$.

同时垂直平分线经过 AB 的中点 $(3, 5)$，用公式 $y-y_0=m(x-x_0)$：

$$y-5=-\frac{1}{2}(x-3),$$

$$2y=13-x.$$

(ii) 联立等式：

$3(13-x)=5x^2-18x+19,$

$5x^2-15x-20=0,$

$x^2-3x-4=0,$

$(x-4)(x+1)=0,$

$x=4\text{ or }-1,$

当 $x=4$ 时，$y=\frac{9}{2}$；当 $x=-1$ 时，$y=7$.

所以 C 和 D 的坐标是 $\left(4,\ \frac{9}{2}\right)$ 和 $(-1,\ 7)$，所以

$CD=\sqrt{(x_D-x_C)^2+(y_D-y_C)^2}=\sqrt{\frac{125}{4}}.$

Q7 知识点

(a) maximum point
(b) (i) trigonometry
(ii) solving trigonometric equations

(a) 把 $(0,\ -2)$ 代入公式，得 $a=-2$,
同时 maximum point 的 y 坐标是 1，符合

$\frac{\mathrm{d}y}{\mathrm{d}x}=b\cos x=0,$

$x=\frac{\pi}{2}.$

此时 y 坐标是 1，因此：

$1=-1+b\sin\frac{\pi}{2},$

$b=3.$

(b)

(i) $\sin^2\theta+\cos^2\theta=1$,因此

$(\sin\theta+2\cos\theta)(1+\sin\theta-\cos\theta)=\sin\theta(1+\cos\theta),$

$\sin\theta+2\cos\theta+\sin^2\theta+2\sin\theta\cos\theta-\sin\theta\cos\theta-2\cos^2\theta$
$=\sin\theta+\sin\theta\cos\theta,$

$2\cos\theta+\sin^2\theta-2\cos^2\theta=0,$

$2\cos\theta+(1-\cos^2\theta)-2\cos^2\theta=0,$

$3\cos^2\theta-2\cos\theta-1=0.$

(ii) 继续解前一部分的公式：

$(3\cos\theta+1)(\cos\theta-1)=0,\quad \cos\theta=-\frac{1}{3}\text{ or }1,$

用计算器解得 $\theta=0°$ or $109.5°$.
又因为 $\cos\theta=\cos(-\theta)$,
所以 $\theta=0°\text{ or }109.5°\text{ or }-109.5°$.

Q8 知识点

(a) position vector
(b) vector magnitude

(a) $\overrightarrow{PR}=2\overrightarrow{PQ},$

$r-p=2(q-p),$

$r-p=2(q-p),$

$r=2q-p.$

(b) 根据第一个 vector magnitude 等于 21，得

$6^2+a^2+b^2=21^2.$

同时，因为两个 vector 垂直，得 $\begin{pmatrix}6\\a\\b\end{pmatrix}\cdot\begin{pmatrix}3\\2\\2\end{pmatrix}=0,$

$18+2a+2b=0.$
解这两个等式：

$b^2=21^2-6^2-a^2=(9+a)^2,$

$405-a^2=81+18a+a^2,$

$a^2+9a-162=0,$

$(a+18)(a-9)=0,$

$a=9\text{ or }-18,$

当 $a=9$ 时，$b=-18$；当 $a=-18$ 时，$b=9$.

Q9 知识点

(i) composite function
(ii) inverse function
(iii) composite function

(i) $gg(x)=2(2x-3)-3=4x-9.$

(ii) 根据 inverse function 的定义，把原方程里的 x 和 y 互换：

$x=\frac{1}{y^2-9},$

$y^2=\frac{1}{x}+9,$

$y=\sqrt{\frac{1}{x}+9}\quad(y>3),$

解不等式求 domain：

$\sqrt{\frac{1}{x}+9}>3,$

$x>0.$

(iii) $\mathrm{fg}(x)=\frac{1}{(2x-3)^2-9}=\frac{1}{7}$,

$\frac{1}{4x^2-12x}=\frac{1}{7}$,

$4x^2-12x-7=0$,

$x=\frac{7}{2}\text{or}-\frac{1}{2}$,

$x=-\frac{1}{2}$不符合 domain，所以$x=\frac{7}{2}$.

Q10 知识点

(i) integration
(ii) volume of revolution
(iii) integration

(i) 阴影部分面积是

$\int_0^1 0-y\mathrm{d}x=\int_0^1-\frac{1}{2}\left(x^4-1\right)\mathrm{d}x=-\frac{1}{2}\left[\frac{1}{5}x^5-x\right]_0^1=\frac{2}{5}$.

(ii) 使用公式 $V=\pi\int_a^b y^2\mathrm{d}x$，$x$ 区间是$\left(-\frac{1}{2},0\right)$，因此：

$V=\pi\int_{-\frac{1}{2}}^0\left[\frac{1}{2}\left(x^4-1\right)\right]^2\mathrm{d}x=\frac{\pi}{4}\int_{-\frac{1}{2}}^0 x^8-2x^4+1\mathrm{d}x$

$=\frac{\pi}{4}\left[\frac{1}{9}x^9-\frac{2}{5}x^5+x\right]_{-\frac{1}{2}}^0=\frac{8}{45}\pi$.

(iii) 使用公式 $V=\pi\int_a^b x^2\mathrm{d}y$，$y$ 区间是$\left(-\frac{1}{2},0\right)$，因此：

$V=\pi\int_{-\frac{1}{2}}^0 x^2\mathrm{d}y=\pi\int_{-\frac{1}{2}}^0(2y+1)^{\frac{1}{2}}\mathrm{d}y$

$=\pi\left[\frac{2}{3}\times\frac{1}{2}(2y+1)^{\frac{3}{2}}\right]_{-\frac{1}{2}}^0$

$=\frac{1}{3}\pi$.

9709_w17_qp_12

Q1 知识点

binomial theorem

利用公式求出x^2项和x^3项的系数，用在本题中就是

$\left(2x-\frac{1}{4x^2}\right)^9=\binom{9}{0}(2x)^9\left(-\frac{1}{4}x^{-2}\right)^0+\binom{9}{1}(2x)^8\left(-\frac{1}{4}x^{-2}\right)^1+\ldots$

$+\binom{9}{9}(2x)^0\left(-\frac{1}{4}x^{-2}\right)^9$,

其中常数项是

$\binom{9}{3}(2x)^6\left(-\frac{1}{4}x^{-2}\right)^3=-\binom{9}{3}\times2^6\times\left(\frac{1}{4}\right)^3=-84$.

Q2 知识点

(i) inverse function
(ii) sketching linear graphs

(i) 根据 inverse function 的定义，把原方程里的x和y互换：

$x=4-5y$,

$y=\frac{1}{5}(-x+4)$,

$\mathrm{f}^{-1}(x)=\frac{1}{5}(-x+4)$.

然后联立方程：

$\frac{1}{5}(-x+4)=4-5x$,

$x=\frac{2}{3}$.

将$x=\frac{2}{3}$ 代入原函数得纵坐标$y=4-5\times\frac{2}{3}=\frac{2}{3}$

因此 point of intersection 为$(\frac{2}{3},\frac{2}{3})$.

(ii) 这两条线关于$y=x$对称 .

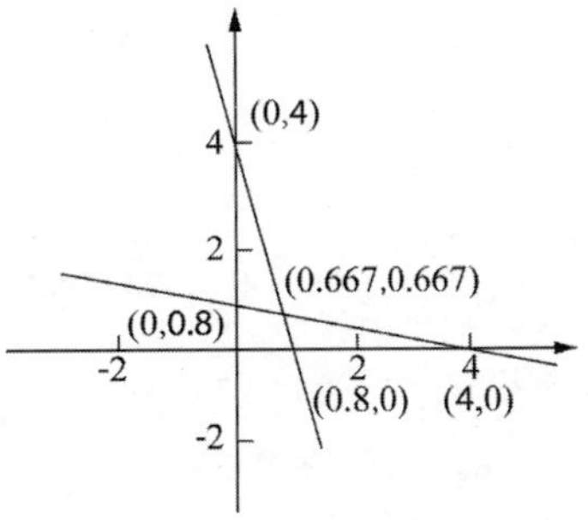

Q3 知识点

(a) geometric sequence
(b) arithmetic sequence

(a) 使用公式 $a_n = a_1 r^{n-1}$，得 $n = 11$, $r = 1.05$ 时：

$a_{11} = 10000 \times 1.05^{11-1} = 16300.$

(b) 使用求和公式 $S_n = \frac{1}{2}n\left[2a_1 + d(n-1)\right]$，得

$$\frac{1}{2}n(3n+7) = \frac{1}{2}n\left[2a_1 + d(n-1)\right],$$

$$3n + 7 = 2a_1 + d(n-1),$$

$$\begin{cases} 3n = dn, \\ 7 = 2a_1 - d. \end{cases}$$

$$\begin{cases} d = 3, \\ a_1 = 5. \end{cases}$$

Q4 知识点

(i) arc length
(ii) sector area

(i) 连接 AC 和 BC.

先求出 $\angle ABC$，在直角三角形 BCO 里，$BO = CO = 6$，

所以 $\angle ABC = \frac{\pi}{4}$，

并且 $BC = \sqrt{CO^2 + BO^2} = 6\sqrt{2}$，

所以在扇形 BCD 里，arc $CD = \frac{\frac{\pi}{4}}{2\pi} \times \left(2 \times 6\sqrt{2}\pi\right) = \frac{3\sqrt{2}}{2}\pi.$

(ii) 先求出面积 Q，在扇形 BCD 里，面积 Q = 扇形 BCD 面积 − $\triangle BCD$ 面积 .

其中，$S_{\text{sector } BCD} = \frac{\frac{\pi}{4}}{2\pi} \times \left[\pi\left(6\sqrt{2}\right)^2\right] = 9\pi$，

$S_{\triangle BCO} = \frac{1}{2} BO \times CO = 18,$

所以，面积 $Q = 9\pi - 18$.

然后求面积 P，面积 P = 扇形 AOC − 面积 Q，

其中，扇形 $AOC = \frac{1}{4}\left(\pi \times 6^2\right) = 9\pi$，

所以，面积 $P = 9\pi - (9\pi - 18) = 18,$

因此，

$$\frac{\text{area of region } P}{\text{area of region } Q} = \frac{18}{9\pi - 18} = 1.75.$$

Q5 知识点

(i) trigonometric formulae
(ii) solving trigonometric equations

(i) $\tan x = \frac{\sin x}{\cos x}$,

因此，

$$\cos 2x\left(\tan^2 2x + 3\right) + 3 = \cos 2x\left(\frac{\sin^2 2x}{\cos^2 2x} + 3\right) + 3$$

$$= \frac{\sin^2 2x}{\cos^2 2x}\cos 2x + 3\cos 2x + 3 = \frac{1 - \cos^2 2x}{\cos 2x} + 3\cos 2x + 3 = 0,$$

乘以 $\cos 2x$：

$$1 - \cos^2 2x + 3\cos^2 2x + 3\cos 2x = 0,$$

$$2\cos^2 2x + 3\cos 2x + 1 = 0.$$

(ii) 继续解第 (i) 小问的方程：

$$(2\cos 2x + 1)(\cos 2x + 1) = 0,$$

$$\cos 2x = -\frac{1}{2} \text{ or } -1,$$

$$2x = 120° \text{ or } 240° \text{ or } 180°,$$

$$x = 60° \text{ or } 120° \text{ or } 90°.$$

Q6 知识点

(a)(i) solving equations
(ii) composite function
(b) solving equations

(a)

(i) 联立方程：

$$\begin{cases} a + b\sin\frac{1}{6}\pi = 4, \\ a + b\sin\frac{1}{2}\pi = 3. \end{cases}$$

$$\begin{cases} a + \frac{1}{2}b = 4, \\ a + b = 3. \end{cases}$$

$$\begin{cases} a = 5, \\ b = -2. \end{cases}$$

(ii) $\mathrm{ff}(x) = 5 - 2\sin(5 - 2\sin x)$,

当 $x = 0$ 时，

$$\mathrm{ff}(0) = 5 - 2\sin(5 - 2\sin 0) = 5 - 2\sin(5) = 6.92.$$

(b) 根据 $g(x)$ 的公式，以及 $-1\leqslant \sin x\leqslant 1$，得

如果 $d>0$，$c-d\leqslant c+d\sin x\leqslant c+d$,

如果 $d<0$，$c+d\leqslant c+d\sin x\leqslant c-d$,

因此，

$$\begin{cases}c-d=-4,\\c+d=10.\end{cases} \text{ or } \begin{cases}c-d=10,\\c+d=-4.\end{cases}$$

$$\begin{cases}c=3,\\d=7.\end{cases} \text{ or } \begin{cases}c=3,\\d=-7.\end{cases}$$

总结来说，$c=3, d=\pm 7$.

Q7 知识点

(i) calculating the coordinates
(ii) discriminant

(i) 先求 B 的坐标：

$$\frac{dy}{dx}=2x-4=0,$$

$x=2$,

$y=3$,

因此，B 的坐标是 $(2, 3)$,

AB 的中点是 $\left(\frac{1}{2}(4+2), \frac{1}{2}(7+3)\right)=(3, 5)$.

把 $(3, 5)$ 代入 L 的公式：

$5=3m-2$,

$m=\frac{7}{3}$.

(ii) 联立公式：

$y=x^2-4x+7=mx-2$,

$x^2-(4+m)x+9=0$.

两条 curve 不相交，代表这个方程没有解，

即 discriminant <0：

$(4+m)^2-36<0$,

$-10<m<2$.

Q8 知识点

(i) stationary point
(ii) maximum/minimum point
(iii) integration

(i) stationary point 发生在 $\frac{dy}{dx}=0$ 的地方：

$-x^2+5x-4=0$,

$x=1$ or 4.

(ii) $\frac{d^2y}{dx^2}=-2x+5$,

当 $x=1$ 时，$\frac{d^2y}{dx^2}>0$，所以是 minimum point.

当 $x=4$ 时，$\frac{d^2y}{dx^2}<0$，所以是 maximum point.

(iii) 用 integration 求出原 curve：

$$y=\int -x^2+5x-4\,dx=-\frac{1}{3}x^3+\frac{5}{2}x^2-4x+C,$$

curve 经过 $(6, 2)$，因此：

$$2=-\frac{1}{3}6^3+\frac{5}{2}6^2-4\times 6+C,$$

$C=8$,

所以，$y=-\frac{1}{3}x^3+\frac{5}{2}x^2-4x+8$.

Q9 知识点

(i) scalar product
(ii) vector
(iii) trapezoid area

(i) 根据 scalar product 的定义：

$\mathbf{a}\cdot\mathbf{b}=|\mathbf{a}||\mathbf{b}|\cos\theta$

如果 $\overrightarrow{OA}$ 与 $\overrightarrow{AB}$ 的 scalar product 等于 0，则说明两条线段垂直，$\angle OAB=90°$.

$$\overrightarrow{AB}=\overrightarrow{OB}-\overrightarrow{OA}=\begin{pmatrix}6\\1\\1\end{pmatrix}-\begin{pmatrix}2\\-2\\-1\end{pmatrix}=\begin{pmatrix}4\\3\\2\end{pmatrix},$$

$$\overrightarrow{OA}\cdot\overrightarrow{AB}=\begin{pmatrix}2\\-2\\-1\end{pmatrix}\cdot\begin{pmatrix}4\\3\\2\end{pmatrix}=8-6-2=0,$$

因此，$\angle OAB=90°$.

(ii) 因为 BC 与 OA 平行，$\overrightarrow{CB}=3\overrightarrow{OA}=\begin{pmatrix}6\\-6\\-3\end{pmatrix}$,

并且，$\overrightarrow{CB}=\overrightarrow{OB}-\overrightarrow{OC}$，因此

$$\overrightarrow{OC}=\overrightarrow{OB}-\overrightarrow{CB}=\begin{pmatrix}6\\1\\1\end{pmatrix}-\begin{pmatrix}6\\-6\\-3\end{pmatrix}=\begin{pmatrix}0\\7\\4\end{pmatrix}.$$

(iii) 因为 AB 与 OA 垂直，

梯形 $OABC$ 的面积 $=\frac{1}{2}AB\times(OA+BC)$,

$$AB=\left|\begin{pmatrix}4\\3\\2\end{pmatrix}\right|=\sqrt{4^2+3^2+2^2}=\sqrt{29},$$

$$OA=\left|\begin{pmatrix}2\\-2\\-1\end{pmatrix}\right|=\sqrt{2^2+2^2+1^2}=3,$$

$BC=3$, $OA=9$,

因此，梯形 $OABC$ 的面积 $=\frac{1}{2}\times\sqrt{29}\times(3+9)=6\sqrt{29}$.

Q10 知识点

(i) equation of the normal
(ii) intersection of two lines

(i) 主要根据 normal 的 gradient 与 curve 在交点的 gradient 的乘积是 –1，来求解 .

curve 的 gradient 等于 $\left.\frac{dy}{dx}\right|_{x=2}=\left.\frac{1}{2}\times5(5x-1)^{-\frac{1}{2}}\right|_{x=2}=\frac{5}{6}$,

因此，normal 的 gradient $=-\frac{6}{5}$,

使用公式 $y-y_0=m(x-x_0)$：

$y-3=-\frac{6}{5}(x-2)$,

$y=-\frac{6}{5}x+\frac{27}{5}$.

(ii) 阴影面积是由两部分组成的，P 点左边和 P 点右边 . 先求 curve 与 x 轴的交点：

$0=(5x-1)^{\frac{1}{2}}$,

$x=\frac{1}{5}$,

P 点左边的面积是

$$\int_{\frac{1}{5}}^{2}(5x-1)^{\frac{1}{2}}\,dx=\left[\frac{2}{3}\times\frac{1}{5}(5x-1)^{\frac{3}{2}}\right]_{\frac{1}{5}}^{2}=\frac{18}{5}.$$

normal 与 x 轴的交点是：

$0=-\frac{6}{5}x+\frac{27}{5}$,

$x=\frac{9}{2}$,

P 点右边的面积是

$$\frac{1}{2}\times\left(\frac{9}{2}-x_P\right)\times y_P=\frac{1}{2}\times\left(\frac{9}{2}-2\right)\times3=\frac{15}{4}.$$

总的阴影部分面积 $=\frac{18}{5}+\frac{15}{4}=\frac{147}{20}$.

9709_w17_qp_13

Q1 知识点

arithmetic sequence

使用求和公式 $S_n=\frac{1}{2}n\left[2a_1+d(n-1)\right]$，得

$S=\frac{1}{2}n\left[2\times(-12)+6(n-1)\right]>3000$,

$n^2-5n-1000>0$,

$n=\frac{5\pm\sqrt{25+4000}}{2}=-29.2(\text{reject})\text{ or }34.2$,

$n\geqslant35$.

Q2 知识点

discrimant

联立等式：

$y=-\frac{2}{x}=ax+3a$,

$ax^2+3ax+2=0$,

两条线相交在两个不同的点，就是 discrimant > 0:

$\Delta=9a^2-8a>0$,

$a<0$ or $a>\frac{8}{9}$.

Q3 知识点

binomial theorem

(i) 利用公式求出 x^2 项和 x^3 项的系数，用在本题中就是

$$\left[2x^{-1}+(-3x)^6\right]=\binom{6}{0}(2x^{-1})^6(-3x)^0+\binom{6}{1}(2x^{-1})^5(-3x)^1+\ldots+\binom{6}{6}(2x^{-1})^0(-3x)^6,$$

其中常数项是 $\binom{6}{3}(2x^{-1})^3(-3x)^3=\binom{6}{3}\times 2^3\times(-3)^3=-4320.$

(ii) 在 $(1+ax^2)\left(\frac{2}{x}-3x\right)^6$ 中，常数项是：

$1\times(-4320)+ax^2\times\binom{6}{4}(2x^{-1})^4(-3x)^2=-4320+a\times 15\times 16\times 9$

$=-4320+2160a,$

所以，

$-4320+2160a=0,$

$a=2.$

Q4 知识点

turning point

需要先求出 turning point：

$f'(x)=\frac{3}{2}(2x-1)^{\frac{1}{2}}\times 2-6=0,$

$3(2x-1)^{\frac{1}{2}}-6=0,$

$(2x-1)^{\frac{1}{2}}=2,$

$x=\frac{5}{2},$

然后看这个点是 maximum point 还是 minimum point：

$f'(x)=\frac{3}{2}(2x-1)^{\frac{1}{2}}\times 2-6=3(2x-1)^{\frac{1}{2}}\times 2-6,$

题目要求 f(x) 为 decreasing function，因此要求 $f'(x)<0$，

$3(2x-1)^{\frac{1}{2}}-6<0,$

$(2x-1)^{\frac{1}{2}}<2,$

$2x-1<4,$

$x<\frac{5}{2},$

因此 k 的最大值是 $\frac{5}{2}$.

Q5 知识点

(i) trigonometric formulae
(ii) solving trigonometric equations

(i) $\sin^2 x+\cos^2 x=1,$

因此，公式可以被改写成：

$\cos\theta+4+(5\sin\theta-5)(\sin\theta+1)=0,$

$\cos\theta+4+5\sin^2\theta-5\sin\theta+5\sin\theta-5=0,$

$\cos\theta+4+5\sin^2\theta-5=0,$

使用公式：

$\cos\theta+4+5(1-\cos^2\theta)-5=0,$

$\cos\theta+4+5-5\cos^2\theta-5=0,$

$5\cos^2\theta-\cos\theta-4=0.$

(ii) 第 (i) 小问的方程：

$(5\cos\theta+4)(\cos\theta-1)=0,$

$\cos\theta=1$ or $-\frac{4}{5},$

用计算器解得

$\theta=143.1°, 216.9°, 0°$ or $360°.$

Q6 知识点

(i) inverse function
(ii) composite function

(i) 根据 inverse function 的定义，把原方程里的 x 和 y 互换：

$x=\frac{2}{y^2-1},$

$y^2=\frac{2}{x}+1.$

因为原式中 $x<-1$，就是这里的 $y<-1$，因此：

$y=-\sqrt{\frac{2}{x}+1}.$

(ii) $gf(x)=\left(\frac{2}{x^2-1}\right)^2+1,$

因为 $gf(x)=5$，

$\left(\frac{2}{x^2-1}\right)^2+1=5,$

$\frac{2}{x^2-1}=\pm 2,$

$x^2-1=\pm 1,$

$x^2=0$ or $2,$

$x=0$ or $\pm\sqrt{2},$

因为 $f(x)$ 的取值范围是 $x<-1$，因此唯一的解是 $x=-\sqrt{2}.$

Q7 知识点

(i) angle
(ii) sector area
(iii) sector area

(i) 连接 AP，BP.

在 Rt△BCP 中，$BP=5$，$BC=3$，

所以 $\sin\angle BPC=\dfrac{BC}{BP}=\dfrac{3}{5}$,

用计算器求得 $\angle BPC=0.6435$ radian.

因为 AB 平行 CD，所以 $\angle ABP=\angle BPC=0.6435$ radian.

(ii) 扇形 BAP 面积 $=\dfrac{\angle ABP}{2\pi}\left(\pi\times5^2\right)=8.04$.

扇形 DAQ 面积 $=\dfrac{\angle ADQ}{2\pi}\left(\pi\times3^2\right)=\dfrac{9}{4}\pi$.

(iii) 先求不规则部分 ADP 面积，等于长方形 $ABCD$ 面积 − 扇形 BAP 面积 − △BCP 面积，

长方形 $ABCD$ 面积 $=5\times3=15$,

△BCP 面积 $=\dfrac{1}{2}\times3\times4=6$,

所以，不规则部分 ADP 面积 $=15-8.04-6=0.96$,

阴影部分面积 = 扇形 DAQ 面积 − 不规则部分 ADP 面积

$=\dfrac{9}{4}\pi-0.96=6.11$.

Q8 知识点

(i) solving equations
(ii) area under curve

(i) 联立方程：

$3-2x=4-3\sqrt{x}$,

$2x-3\sqrt{x}+1=0$,

把它看成关于 $\sqrt{x}$ 的一元二次方程：

$\left(2\sqrt{x}-1\right)\left(\sqrt{x}-1\right)=0$,

$\sqrt{x}=\dfrac{1}{2}$ or 1,

$x=\dfrac{1}{4}$ or 1,

对应的坐标是是 $(x,\ y)=\left(\dfrac{1}{4},\ \dfrac{5}{2}\right)$ or $(1,\ 1)$.

(ii) 阴影部分面积是

$$\int_{\frac{1}{4}}^{1}(3-2x)-\left(4-3\sqrt{x}\right)\mathrm{d}x=\int_{\frac{1}{4}}^{1}-1-2x+3\sqrt{x}\,\mathrm{d}x$$

$$=\left[-x-x^2+2x^{\frac{3}{2}}\right]_{\frac{1}{4}}^{1}=0-\left(-\frac{1}{4}-\frac{1}{16}+2\left(\frac{1}{4}\right)^{\frac{3}{2}}\right)=\frac{1}{16}.$$

Q9 知识点

vector

(i) $\overrightarrow{AB}=\overrightarrow{OB}-\overrightarrow{OA}=\begin{pmatrix}-10\\3\\-13\end{pmatrix}-\begin{pmatrix}8\\-6\\5\end{pmatrix}=\begin{pmatrix}-18\\9\\-18\end{pmatrix}=9\begin{pmatrix}-2\\1\\-2\end{pmatrix}$,

$\left|\overrightarrow{AB}\right|=9\sqrt{2^2+1^2+2^2}=9\times3=27$.

$\overrightarrow{BC}=\overrightarrow{OC}-\overrightarrow{OB}=\begin{pmatrix}2\\-3\\-1\end{pmatrix}-\begin{pmatrix}-10\\3\\-13\end{pmatrix}=\begin{pmatrix}12\\-6\\12\end{pmatrix}=6\begin{pmatrix}2\\-1\\2\end{pmatrix}$,

$\left|\overrightarrow{BC}\right|=6\sqrt{2^2+1^2+2^2}=6\times3=18$.

$\left|\overrightarrow{CD}\right|=18\times(18\div27)=12$.

(ii) 因为D在BC上, $\overrightarrow{CD}=\pm\dfrac{12}{18}\overrightarrow{BC}=\pm\dfrac{2}{3}\times6\begin{pmatrix}2\\-1\\2\end{pmatrix}=\pm4\begin{pmatrix}2\\-1\\2\end{pmatrix}$,

所以，

$\overrightarrow{OD}=\overrightarrow{OC}+\overrightarrow{CD}=\begin{pmatrix}2\\-3\\-1\end{pmatrix}\pm4\begin{pmatrix}2\\-1\\2\end{pmatrix}=\begin{pmatrix}10\\-7\\7\end{pmatrix}$ or $\begin{pmatrix}-6\\1\\-9\end{pmatrix}$.

Q10 知识点

(i) stationary points
(ii) integration

(i) stationary points 发生在 $f'(x)=0$ 的地方，所以

$ax^2+bx=0$,

$x(ax+b)=0$,

$x=0$ or $-\dfrac{b}{a}$.

检查二阶导： $f''(x)=2ax+b$,

其中， $f''\left(-\dfrac{b}{a}\right)=2a\left(-\dfrac{b}{a}\right)+b=-b<0$,

所以，这是个 maximum point.

(ii) 根据题意，$f'(-2)=0$, $f'(1)=9$,

所以，

$$\begin{cases}a(-2)^2+b(-2)=0,\\ a(1)^2+b(1)=9.\end{cases}$$

得 $a=3, b=6$,

所以 $f'(x)=3x^2+6x$.

积分得 $f(x)=\int(3x^2+6x)dx=x^3+3x^2+C$,

把点 (–2，–3) 代入，求出 $C=-7$,

所以，$f(x)=x^3+3x^2-7$.

Q11 知识点

(i) solving equations
(ii) tangent
(iii) trigonometry

(i) 把点 (1，0) 和点 (5，2) 代入：

$$\begin{cases}0=m+c\\ 2=5m+c\end{cases},$$

$$\begin{cases}m=\dfrac{1}{2}\\ c=-\dfrac{1}{2}\end{cases},$$

所以，$y=\frac{1}{2}x-\frac{1}{2}$.

(ii) 因为平行，

所以 tangent 的 gradient 等于 AB 的 gradient.

AB 的 gradient $=\dfrac{y_B-y_A}{x_B-x_A}=\dfrac{2-0}{5-1}=\dfrac{1}{2}$.

同时，tangent 的 gradient 等于切点 $\dfrac{dy}{dx}$ 的值，

$\dfrac{dy}{dx}=\dfrac{1}{2}(x-1)^{-\frac{1}{2}}$,

因此，切点的 x 坐标是

$\dfrac{1}{2}(x-1)^{-\frac{1}{2}}=\dfrac{1}{2}$,

$x=2$,

$y=1$,

所以，tangent 经过点 $(2, 1)$.

使用公式 $y-y_0=m(x-x_0)$：

$y-1=\dfrac{1}{2}(x-2)$,

$y=\dfrac{1}{2}x$.

(iii) 设切点为 C，从点 A 作 OC 的高，设交点为 D，

则 $\tan\angle AOD=\dfrac{1}{2}$，所以 $\sin\angle AOD=\dfrac{1}{\sqrt{5}}$,

在直角 Rt△AOD 中，$AO=1$，所以

$AD=AO\sin\angle AOD=0.45$.

Paper 3

9709_m17_qp_32

Q1 知识点

solving logarithmic equations

左右两边同时加 e：

$e^{\ln(1+2^x)} = e^2$，

$1+2^x = e^2$，

$2^x = e^2 - 1$，

$x = \log_2(e^2 - 1)$，

$x = 2.676.$

Q2 知识点

solving modulus inequalities

因为等式的左右两边都有绝对值，所以左右两边同时平方：

$(x+4)^2 < 4(3x+1)^2$，

$x^2 - 8x + 16 < 36x^2 + 24x + 4$，

$35x^2 + 32x - 12 > 0,$

$(5x+6)(7x-2) > 0,$

通过简易的图像：

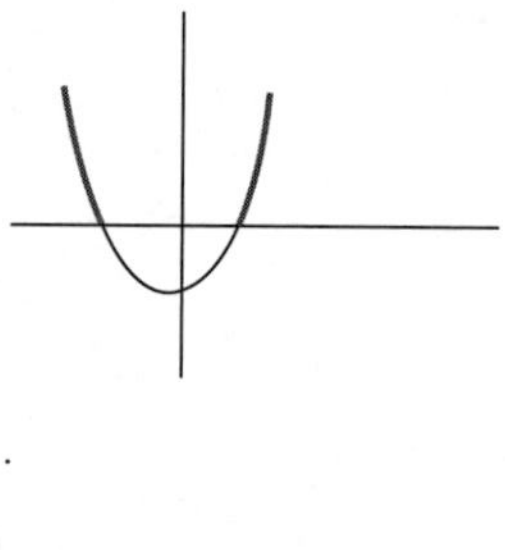

$x < -\frac{6}{5}$，$x > \frac{2}{7}$.

Q3 知识点

(i) sketching exponential and quadratic graphs
(ii) finding a root
(iii) iterative processes

(i) 先画出 $y = e^x$：

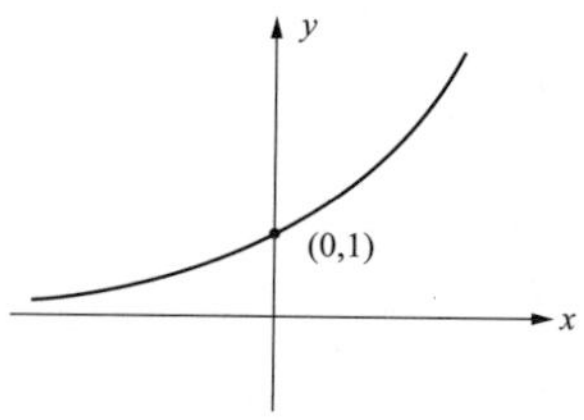

$y = e^{-\frac{1}{2}x}$ 的图像：

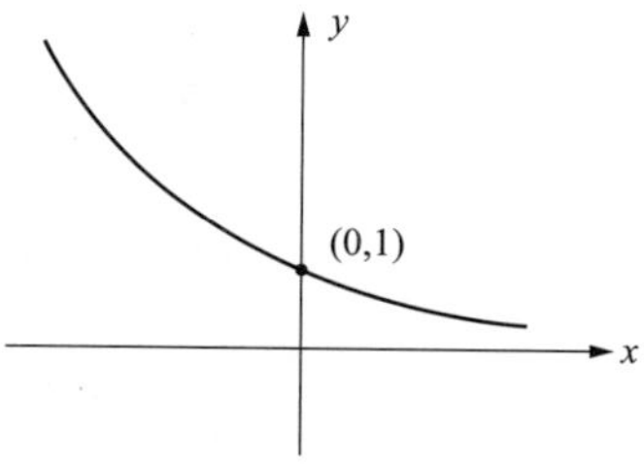

再画出 $y = 4 - x^2$，这应该是一条抛物线：

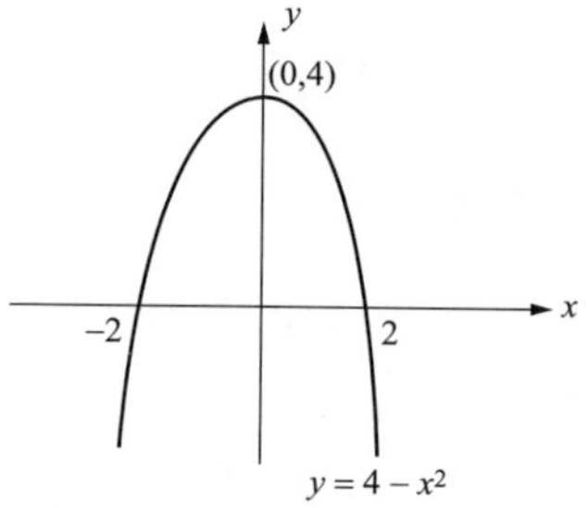

再把两张图像合并在一张图上：

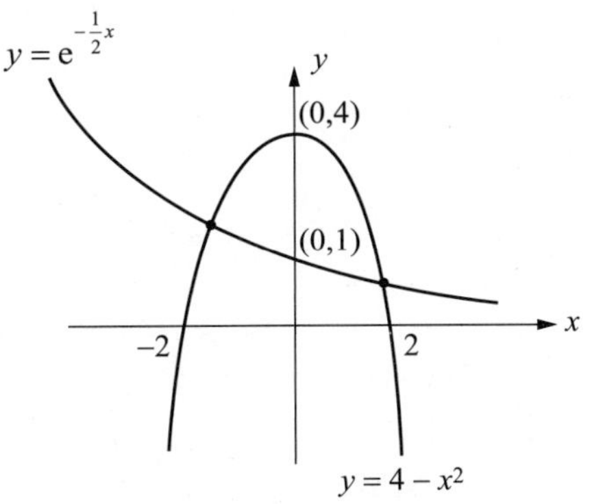

两个交点一个在 y 轴的左边一个在 y 轴的右边 .

(ii) $f(x)=e^{-\frac{1}{2}x}-4+x^2$,

$f(-1)=-1.35<0$,

$f(-1.5)=0.367>0$,

change of sign, so negative roots have between −1.5 and −1.

(iii) $x_0=-1.25$,

$x_1=-\sqrt{4-e^{(-\frac{1}{2})\times(-1.25)}}=-1.4601$,

$x_2=-1.3874$,

$x_3=-1.4138$,

$x_4=-1.4044$,

$x_5=-1.4078$,

$x_6=-1.4066$,

四舍五入过后可以得到 x 的值越来越接近 −1.41,

所以最终 $x=-1.41$.

Q4 知识点

(i) compound angle formulae of trigonometry
(ii) solving trigonometric equations

(i) $R\cos(\theta+\alpha)=R\cos\theta\cos\alpha-R\sin\theta\sin\alpha$

$=8\cos\theta-15\sin\theta$,

$R\cos\alpha=8$,

$R\sin\alpha=15$,

$R=\sqrt{8^2+15^2}=17$,

$\frac{\sin\alpha}{\cos\alpha}=\tan\alpha=\frac{15}{8}$,

$\alpha=61.93^\circ$.

(ii) $8\cos 2x-15\sin 2x=17\cos(2x+61.93^\circ)=4$,

$\cos(2x+61.93^\circ)=\frac{4}{17}$,

根据题目要求的范围：

$61.93^\circ<2x+61.93^\circ<421.93^\circ$,

$2x+61.93^\circ=76.39^\circ$,

$2x+61.93^\circ=360^\circ-76.39^\circ=283.61^\circ$,

$x=7.2^\circ$，$x=110.8^\circ$.

Q5 知识点

differentiation

因为题目中要求 tangent is parallel to x-axis,

所以 $\frac{dy}{dx}=0$.

这里可以用 product rule 来求微分：

$\frac{dy}{dx}=e^{-ax}\sec^2 x+\left(-ae^{-ax}\right)\tan x=0$,

$e^{-ax}\sec^2 x=\left(ae^{-ax}\right)\tan x$,

因为 $e^{-ax}>0$,

$\Rightarrow \sec^2 x=a\tan x$

$\Rightarrow 1+\tan^2 x=a\tan x$

$\Rightarrow 1-a\tan x+\tan^2 x=0$,

因为只有一个解，所以可以用完全平方的方式得到：

$a=2$.

$\Rightarrow 1-2\tan x+\tan^2 x=(1-\tan x)^2=0$,

$\tan x=1$,

在符合题目条件的范围内：

$x=\frac{1}{4}\pi$.

Q6 知识点

(i) vectors in a plane
(ii) the vector equation of a plane

(i) 要证明直线在平面内，需要证明直线与平面平行以及直线上的一个点在平面上 .

先证明直线的 direction vector 和平面的 normal vector 垂直：

$$\begin{pmatrix}2\\-1\\1\end{pmatrix}\cdot\begin{pmatrix}3\\1\\-5\end{pmatrix}=6-1-5=0.$$

把直线上的点（1，2，−3）代入平面解析式：

$3\times1+2-5\times(-3)=20$ 成立 .

所以证得直线在平面内 .

(ii) 将直线的 direction vector 和原平面的 normal vector 作叉乘，

$$\begin{pmatrix}2\\-1\\1\end{pmatrix}\times\begin{pmatrix}3\\1\\-5\end{pmatrix}=\begin{pmatrix}4\\13\\5\end{pmatrix}.$$

$\Rightarrow 4x+13y+5z=d$,

代入点（3，−1，2）可得

$4\times3+13\times(-1)+5\times2=9=d.$

$\Rightarrow 4x+13y+5z=9$.

Q7 知识点

(i) differential equation

(ii) integration by substitution

(i) 由题目条件可知，进水的速率是：$\dfrac{dV}{dt}=1$,

出水的速率是：$\dfrac{dV}{dt}=0.2\sqrt{h}$.

$\Rightarrow\dfrac{dV}{dt}=1-0.2\sqrt{h}$.

$V=$ base area $\times h=2h$,

$\dfrac{dV}{dh}=2$,

$\dfrac{dh}{dt}=\dfrac{dh}{dV}\times\dfrac{dV}{dt}=\dfrac{1}{2}\left(1-0.2\sqrt{h}\right)$.

需要把 h 的项放到一边，t 的项放到另一边：

$\dfrac{2}{1-0.2\sqrt{h}}dh=dt$,

然后左右两边同时做 integration，

$\int\dfrac{2}{1-0.2\sqrt{h}}dh=\int 1dt$,

$\Rightarrow t=\int\dfrac{2}{1-0.2\sqrt{h}}dh=\int\dfrac{10}{5-\sqrt{h}}dh$,

$T=\int_0^4\dfrac{10}{5-\sqrt{h}}dh$.

(ii) $u=5-\sqrt{h}$,

$h=4$, $u=3$,

$h=0$, $u=5$,

$\dfrac{du}{dh}=-\dfrac{1}{2}h^{-\frac{1}{2}}$,

$dh=-2h^{\frac{1}{2}}du$,

$T=\int_5^3\dfrac{10}{u}\left(-2h^{\frac{1}{2}}\right)du$,

$\sqrt{h}=5-u$,

$\Rightarrow T=\int_5^3\dfrac{10}{u}\left(-2(5-u)\right)du=\int_5^3\dfrac{-20}{u}(5-u)du$

$=\int_5^3\left(\dfrac{-100}{u}+20\right)du=[-100\ln u+20u]_5^3$

$=(-100\ln3+20\times3)-(-100\ln5+20\times5)=11.1.$

Q8 知识点

finding four roots of quartic equations

(i) $z=-1+i$,

$z^2=(-1+i)^2=1-1-2i=-2i$,

$z^4=(z^2)^2=(-2i)^2=-4$,

代入 polynomial 中可得

$-4+3(-2i)+6(-1+i)+10=0$,

所以 u 是 polynomial 的一个解 .

(ii) 第一个解为：$u=-1+i$,

第二个解为：$u^*=-1-i$,

所以 polynomial 的 quadratics root 为

$[z-(-1+i)][z-(-1-i)]=z^2-z(-1-i)-(-1+i)z+(-1+i)(-1-i)=z^2+2z+2.$

接下来作长除法：

$$\begin{array}{r}
z^2-2z+5\\
z^2+2z+2\overline{)\,z^4+0z^3+3z^2+6z+10}\\
\underline{z^4+2z^3+2z^2}\\
-2z^3+z^2+6z\\
\underline{-2z^3-4z^2+4z}\\
5z^2+10z+10\\
\underline{5z^2+10x+10}\\
0
\end{array}$$

$\Rightarrow p(z)=(z^2+2z+2)(z^2-2z+5)$,

$z^2-2z+5=0$,

$\Rightarrow z=\dfrac{2\pm\sqrt{-16}}{2}$

$\Rightarrow z=1+2i$ ，$z=1-2i$.

Q9 知识点

(i) partial fraction
(ii) binomial expansion with negative integer exponent

(i) $\dfrac{x(6-x)}{(2+x)(4+x^2)}=\dfrac{A}{2+x}+\dfrac{Bx+C}{4+x^2}$.

$6x-x^2=(4+x^2)A+(2+x)(Bx+C)$,

$x=-2\Rightarrow -12-4=8A\Rightarrow A=-2$,

$x=0\Rightarrow 0=4A+2C\Rightarrow C=4$,

$x=1\Rightarrow 6-1=5A+3B+C\Rightarrow B=1$.

$\dfrac{x(6-x)}{(2+x)(4+x^2)}=\dfrac{-2}{2+x}+\dfrac{x+4}{4+x^2}$.

(ii) $\dfrac{-2}{2+x}=-2(2+x)^{-1}=-2(2^{-1})\left(1+\dfrac{x}{2}\right)^{-1}$

$=-1\left[1-\dfrac{x}{2}+\dfrac{-1\times(-2)}{2!}\left(\dfrac{x}{2}\right)^2\right]=-\left(1-\dfrac{x}{2}+\dfrac{x^2}{4}\right)$

$=-1+\dfrac{x}{2}-\dfrac{x^2}{4}$,

$\dfrac{x+4}{4+x^2}=(x+4)(4+x^2)^{-1}=(x+4)(4)^{-1}\left(1+\dfrac{x^2}{4}\right)^{-1}$

$=\dfrac{1}{4}(x+4)\left(1-\dfrac{x^2}{4}\right)=\dfrac{1}{4}x-\dfrac{1}{16}x^3+1-\dfrac{x^2}{4}$,

两式合并:

$\dfrac{3}{4}x-\dfrac{1}{2}x^2$.

Q10 知识点

(i) differentiation
(ii) integration by parts
(iii) integration by parts and area under the curve

(i) 这里用到 chain rule :

$\dfrac{dy}{dx}=2\ln x\bullet\dfrac{1}{x}$.

代入 $x=e$:

$\dfrac{dy}{dx}=2\ln e\times\dfrac{1}{e}=\dfrac{2}{e}$.

gradient of normal: $-\dfrac{e}{2}$.

$y=-\dfrac{e}{2}x+C$,

代入 $x=e$, $y=1$:

$1=-\dfrac{e}{2}e+C$,

$C=1+\dfrac{e^2}{2}$.

$y=-\dfrac{e}{2}x+1+\dfrac{e^2}{2}$.

$y=0\Rightarrow 0=-\dfrac{e}{2}x+1+\dfrac{e^2}{2}$

$\Rightarrow x=\dfrac{1}{\frac{e}{2}}+\dfrac{\frac{e^2}{2}}{\frac{e}{2}}\Rightarrow x=\dfrac{2}{e}+e$.

(ii) $\int u\dfrac{dv}{dx}dx=uv-\int v\dfrac{dv}{dx}dx$

$u=\ln x,\ u'=\dfrac{1}{x}$,

$v'=1,\ \ v=x$.

$\int\ln x dx=x\ln x-\int\dfrac{1}{x}\bullet xdx=x\ln x-\int 1dx=x\ln x-x+C$.

(iii)

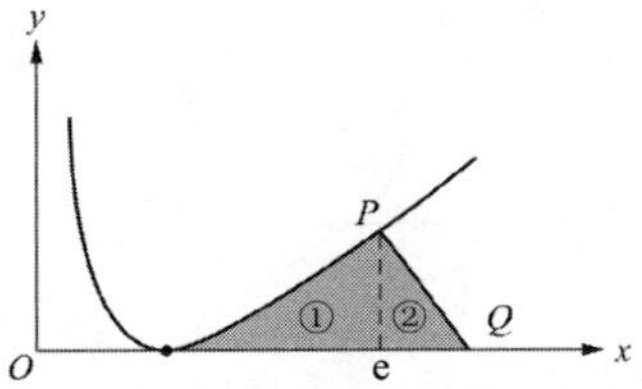

如上图所示，把阴影部分分成两个部分，我们需要先求出曲线和 x 轴的交点 .

$y=0,\ \ln x=0,\ x=1$,

第一部分的面积为:

$\int_1^e(\ln x)^2dx$,

$u=(\ln x)^2$, $u'=\dfrac{2}{x}\ln x$,

$v'=1,\ v=x$,

$\int_1^e(\ln x)^2dx=[(\ln x)^2x]_1^e-\int_1^e x\bullet\dfrac{2}{x}\ln x\,dx$

$=(e-0)-2[x\ln x-x]_1^e$

$=e-2\left[e\ln e-e-(\ln 1-1)\right]=e-2$.

第二部分的面积为:

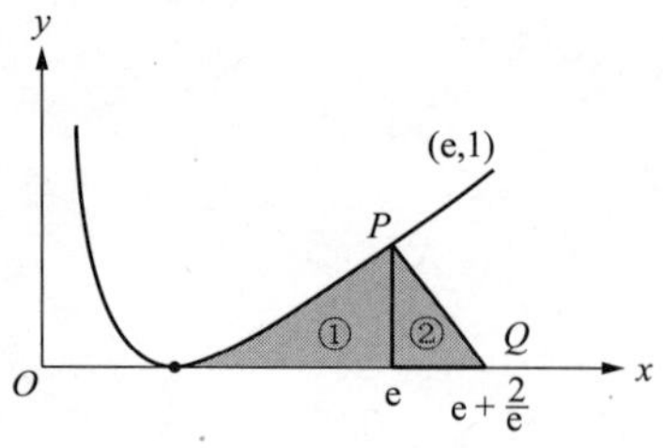

$\frac{1}{2}\left(e+\frac{2}{e}-e\right)\times 1=\frac{1}{e}$,

所以总的阴影部分面积为：

$e-2+\frac{1}{e}$.

9709_s17_qp_31

Q1 知识点

solving modulus inequality

在不等式的左右两边同时平方：

$(2x+1)^2<9(x-2)^2$,

$4x^2+4x+1<9\left(x^2-4x+4\right)$,

$4x^2+4x+1<9x^2-36x+36$,

$5x^2-40x+35>0$,

$x^2-8x+7>0$,

$(x-7)(x-1)>0$,

可以画出大致的图像：

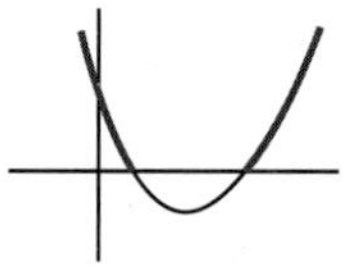

答案为：

$x<1$ 和 $x>7$.

Q2 知识点

binomial expansion with a negative fraction

$$\frac{1}{\sqrt[3]{1+6x}}=(1+6x)^{-\frac{1}{3}}=1+\left(-\frac{1}{3}\right)(6x)+\frac{-\frac{1}{3}\times\left(-\frac{4}{3}\right)}{2!}(6x)^2+\frac{-\frac{1}{3}\times\left(-\frac{4}{3}\right)\times\left(-\frac{7}{3}\right)}{3!}(6x)^3=1-2x+8x^2-\frac{112}{3}x^3.$$

Q3 知识点

(i) solving logarithmic equations
(ii) solving integrations

(i) 在等式左右两边同时加 exponential:

$$e^x=e^{\ln(1-y)-\ln y}=e^{\ln(1-y)}e^{-\ln y}=(1-y)e^{\ln\left(y^{-1}\right)}=\frac{1-y}{y}$$

$\Rightarrow ye^x=1-y$

$\Rightarrow ye^x+y=1$

$\Rightarrow y\left(e^x+1\right)=1$

$\Rightarrow y=\frac{1}{e^x+1}$

$\Rightarrow y=\frac{1}{e^x+1}\times\frac{e^{-x}}{e^{-x}}=\frac{e^{-x}}{e^{-x}+1}$.

(ii) $\int_0^1 y\mathrm{d}x=\int_0^1\frac{e^{-x}}{e^{-x}+1}\mathrm{d}x=-\int_0^1\frac{-e^{-x}}{e^{-x}+1}\mathrm{d}x$.

此时分子是分母的导数，所以

$$-\int_0^1\frac{-e^{-x}}{e^{-x}+1}\mathrm{d}x=-[\ln\left(e^{-x}+1\right)]_0^1=-\left[\ln\left(e^{-1}+1\right)-\ln\left(e^0+1\right)\right]$$

$$=-\ln\left(1+\frac{1}{e}\right)+\ln 2=\ln\left(\frac{2}{1+\frac{1}{e}}\right)=\ln\left(\frac{2e}{e+1}\right).$$

Q4 知识点

(i) derivative of parametric function
(ii) normal equations

(i) $$\frac{\mathrm{d}y}{\mathrm{d}x}=\frac{\frac{\mathrm{d}y}{\mathrm{d}\theta}}{\frac{\mathrm{d}x}{\mathrm{d}\theta}}=\frac{3-\sec^2\theta}{\frac{-\sin\theta}{\cos\theta}}=\frac{3-\left(1+\tan^2\theta\right)}{-\tan\theta}=\frac{2-\tan^2\theta}{-\tan\theta}$$

$$= \frac{\tan^2\theta - 2}{\tan\theta}.$$

(ii) 因为 gradient of normal 等于 1，
所以 gradient of tangent 等于 –1.

所以 $\frac{dy}{dx} = \frac{\tan^2\theta - 2}{\tan\theta} = -1$

$\Rightarrow 2 - \tan^2\theta = \tan\theta$

$\Rightarrow \tan^2\theta + \tan\theta - 2 = 0$

$\Rightarrow (\tan\theta - 1)(\tan\theta + 2) = 0$

$\Rightarrow \tan\theta = 1, \tan\theta = -2$.

根据题目要求的范围，

$\theta = \frac{\pi}{4}$,

$y = 3 \times \frac{\pi}{4} - \tan\frac{\pi}{4} = \frac{3\pi}{4} - 1.$

Q5 知识点

(i) areas of circles，sectors，and segments
(ii) finding a root
(iii) iterative processes

(i) segment AP 的面积为：

$\frac{1}{2}r^2x - \frac{1}{2}r^2\sin x$.

minor segment of BP 的面积为：

$\frac{1}{2}r^2(\pi - x) - \frac{1}{2}r^2\sin(\pi - x)$.

根据题目要求：

$$2\left(\frac{1}{2}r^2x - \frac{1}{2}r^2\sin x\right) = \frac{1}{2}r^2(\pi - x) - \frac{1}{2}r^2\sin(\pi - x)$$

$\Rightarrow x - \sin x = \frac{1}{2}\pi - \frac{1}{2}x - \frac{1}{2}\sin(\pi - x)$

$\Rightarrow 2x - 2\sin x = \pi - x - \sin(\pi - x)$

$\Rightarrow 3x = \pi + 2\sin x - \sin(\pi - x)$.

因为 $\sin(\pi - x) = \sin x$,

所以 $3x = \pi + 2\sin x - \sin x$

$\Rightarrow 3x = \pi + \sin x$

$\Rightarrow x = \frac{1}{3}(\pi + \sin x)$.

(ii) $f(x) = x - \frac{1}{3}(\pi + \sin x)$,

$f(1) = -0.328 < 0$,

$f(1.5) = 0.120 > 0$,

change of sign,

所以 x 在 1 和 1.5 之间 .

(iii) iterative formula 为：

$x_{n+1} = \frac{1}{3}(\pi + \sin x_n)$.

$x_0 = 1$,

$x_1 = \frac{1}{3}(\pi + \sin 1) = 1.32769$,

$x_2 = \frac{1}{3}(\pi + \sin 1.32769) = 1.37073$,

$x_3 = \frac{1}{3}(\pi + \sin 1.37073) = 1.37388$,

$x_4 = \frac{1}{3}(\pi + \sin 1.37388) = 1.37409$,

四舍五入过后可以得到 x 的值越来越接近 1.374,

所以最终 $x = 1.374$.

Q6 知识点

(i) vectors in a plane
(ii) plane and plane

(i) 需要证明 AB 与 m 垂直已经 AB 的中点经过 m.

$$\overrightarrow{AB} = \begin{pmatrix}-1\\0\\2\end{pmatrix} - \begin{pmatrix}3\\4\\0\end{pmatrix} = \begin{pmatrix}-4\\-4\\2\end{pmatrix} = -2\begin{pmatrix}2\\2\\-1\end{pmatrix},$$

所以 $\overrightarrow{AB}$ 与 plane 的 normal 平行，所以 $\overrightarrow{AB}$ 垂直于 plane m.

AB 的中点为（1，2，1）代入 plane 的解析式：

$2 \times 1 + 2 \times 2 - 1 = 5$ 成立 .

(ii) 因为 plane p 和 plane m 平行，

所以 plane p：$2x + 2y - z = d$.

plane m 到原点的距离为：$\frac{5}{\sqrt{4+4+1}} = \frac{3}{5}$.

plane p 到原点的距离为：$\frac{d}{\sqrt{4+4+1}} = \frac{5}{3} - 1 = \frac{2}{3}$.

$d = 2$,

plane p：$2x + 2y - z = 2$.

2017

Q7 知识点

(i) calculations of complex number
(ii) arguments of complex number
(iii) Argand diagram

(i) $u-2w=(-1+7\mathrm{i})-2(3+4\mathrm{i})=-7-\mathrm{i}$.

$\dfrac{u}{w}=\dfrac{-1+7\mathrm{i}}{3+4\mathrm{i}}=\dfrac{(-1+7\mathrm{i})(3-4\mathrm{i})}{(3+4\mathrm{i})(3-4\mathrm{i})}=\dfrac{-3+4\mathrm{i}+21\mathrm{i}+28}{9+16}$

$=\dfrac{25+25\mathrm{i}}{25}=1+\mathrm{i}.$

(ii) 现在 argand diagram 上把点画出来：

$A(-1，7)$，$B(3，4)$，$C(-7，-1)$

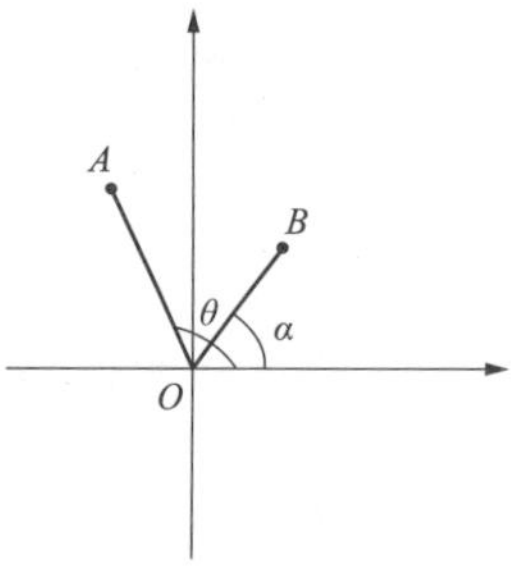

$\theta=\arg(u)$,

$\alpha=\arg(w)$,

$\angle AOB=\theta-\alpha=\arg\left(\dfrac{u}{w}\right)$,

$\dfrac{u}{w}=1+\mathrm{i}$,

$\arg\left(\dfrac{u}{w}\right)=\tan^{-1}\left(\dfrac{1}{1}\right)=\dfrac{1}{4}\pi.$

(iii) 先在图像上把点都给标出来：

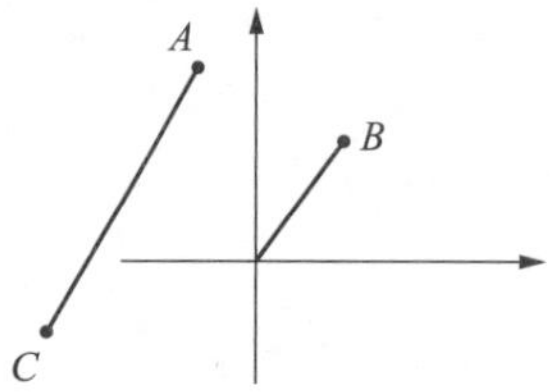

$A(-1，7)$，$B(3，4)$，$C(-7，-1)$，

$m_{AC}=\dfrac{-1-7}{-7-(-1)}=\dfrac{4}{3}$,

$m_{BO}=\dfrac{4}{3}$,

所以 AC 和 BO 平行.

$AC=\sqrt{6^2+8^2}=10$,

$OB=\sqrt{3^2+4^2}=5$,

因此 $AC=2OB$,

综上所述，AC 和 OB 平行，且 $AC=2OB$.

Q8 知识点

(i) compound angle formulae of trigonometry
(ii) solving trigonometric equations

(i) $2\sin(x-30^\circ)=2(\sin x\cos 30^\circ-\cos x\sin 30^\circ)$

$=2\left(\dfrac{\sqrt{3}}{2}\sin x-\dfrac{1}{2}\cos x\right)=\sqrt{3}\sin x-\cos x,$

$2\sin(x-30^\circ)-\cos x=\sqrt{3}\sin x-\cos x-\cos x$

$=\sqrt{3}\sin x-2\cos x,$

$R\sin(x-\alpha)=R\sin x\cos\alpha-R\cos x\sin\alpha,$

$R\cos\alpha=\sqrt{3}$,

$R\sin\alpha=2$,

$R=\sqrt{(\sqrt{3})^2+4}=\sqrt{7}$,

$\dfrac{\sin\alpha}{\cos\alpha}=\tan\alpha=\dfrac{2}{\sqrt{3}}$,

$\alpha=49.11^\circ$,

$2\sin(x-30^\circ)-\cos x=\sqrt{7}\sin(x-49.11^\circ).$

(ii) $\sqrt{7}\sin(x-49.11^\circ)=1$

$\Rightarrow\sin(x-49.11^\circ)=\dfrac{1}{\sqrt{7}}$,

$x-49.11^\circ=22.21^\circ$

$\Rightarrow x=71.3^\circ$,

在符合题目条件的范围内只有这一个解.

Q9 知识点

(i) partial fraction
(ii) differential equation

(i) $\dfrac{1}{x(2x+3)}=\dfrac{A}{x}+\dfrac{B}{(2x+3)}$,

$1=A(2x+3)+Bx$,

$x=0$,

$\Rightarrow 1=3A$,

$A=\frac{1}{3}$,

$x=-\frac{3}{2}$,

$\Rightarrow 1=-\frac{3}{2}B$,

$B=-\frac{2}{3}$.

$\frac{1}{x(2x+3)}=\frac{1}{3x}-\frac{2}{6x+9}$.

(ii) 需要把 y 的项放到一边，x 的项放到另一边，

$\frac{1}{y}\mathrm{d}y=\frac{1}{x(2x+3)}\mathrm{d}x$，
然后左右两边同时积分，

$\int\frac{1}{y}\mathrm{d}y=\ln y$，

$\int\frac{1}{x(2x+3)}\mathrm{d}x=\int\left(\frac{1}{3x}-\frac{2}{6x+9}\right)\mathrm{d}x=\int\frac{1}{3x}\mathrm{d}x-\int\frac{2}{6x+9}\mathrm{d}x$

$=\frac{1}{3}\ln x-\frac{2}{3}\times\frac{1}{2}\ln(2x+3)+C,$

$\ln y=\frac{1}{3}\ln x-\frac{2}{3}\times\frac{1}{2}\ln(2x+3)+C,$

因为 $y=1$，$x=1$，

$\ln 1=\frac{1}{3}\ln 1-\frac{2}{3}\times\frac{1}{2}\ln(2\times 1+3)+C,$

$C=\frac{1}{3}\ln 5$，

$\ln y=\frac{1}{3}\ln x-\frac{2}{3}\times\frac{1}{2}\ln(2x+3)+\frac{1}{3}\ln 5,$

$\ln y=\frac{1}{3}(\ln 9-\ln 21+\ln 5),$

$\ln y=\frac{1}{3}\ln\left(\frac{45}{21}\right),$

$y=\mathrm{e}^{\frac{1}{3}\ln\left(\frac{45}{21}\right)}=1.29$.

Q10 知识点

(i) integration by substitution
(ii) stationary point

(i) $u=\cos x$，

$\frac{\mathrm{d}u}{\mathrm{d}x}=-\sin x$，

$\mathrm{d}x=-\frac{\mathrm{d}u}{\sin x}$，

$u=\cos\frac{1}{4}\pi=\frac{\sqrt{2}}{2}$，

$u=\cos 0=1$.

$\text{area}=\int_{\frac{\sqrt{2}}{2}}^{1}\sin x(2\cos^2 x-1)^2-\frac{\mathrm{d}u}{\sin x}=\int_{\frac{\sqrt{2}}{2}}^{1}-(2u^2-1)^2\mathrm{d}u$

$=\int_{\frac{\sqrt{2}}{2}}^{1}-4u^4+4u^2-1\mathrm{d}u=\left[-\frac{4}{5}u^5+\frac{4}{3}u^3-u\right]_{\frac{\sqrt{2}}{2}}^{1}=\frac{1}{15}(7-4\sqrt{2})$.

(ii) stationary point 就是当 $\frac{\mathrm{d}y}{\mathrm{d}x}=0$ 的时候 .

这里要求导需要用到 product rule：

$\frac{\mathrm{d}y}{\mathrm{d}x}=\sin x\cdot 2\cos x(2x)\cdot(-2\sin 2x)+\cos x\cdot\cos^2 2x=0.$

$\cos x\cdot\cos^2 2x=4\sin x\cdot\cos 2x\cdot\sin 2x$

$\Rightarrow\cos x\cdot\cos 2x=4\sin x\cdot\sin 2x$

$\Rightarrow\cos x(\cos^2 x-\sin^2 x)=4\sin x\cdot 2\sin x\cdot\cos x$

$\Rightarrow\cos^2 x-\sin^2 x=8\sin^2 x$

$\Rightarrow 9\sin^2 x=\cos^2 x$

$\Rightarrow 9(1-\cos^2 x)=\cos^2 x$

$\Rightarrow 10\cos^2 x=9$

$\Rightarrow\cos^2 x=9/10$

$\Rightarrow\cos x=\pm\sqrt{\frac{9}{10}}$

$\Rightarrow x=0.32$.

9709_s17_qp_32

Q1 知识点

solving logarithmic equations

$\ln(x^2+1)=\ln\mathrm{e}+\ln x^2=\ln\mathrm{e}\cdot x^2$，

$x^2+1=\mathrm{e}x^2$，

$x^2=\frac{1}{\mathrm{e}-1}=0.58198$，

因为 $x>0$，

$x=0.763$.

Q2 知识点

solving modulus inequalities

因为只有一边有绝对值，所以用分类讨论的方法：

$x-3\geqslant 0\Rightarrow x\geqslant 3$

$\Rightarrow x-3<3x-4$

$\Rightarrow x>\dfrac{1}{2}$

$\Rightarrow x\geqslant 3$.

$x-3<0\Rightarrow x<3$

$\Rightarrow 3-x<3x-4$

$\Rightarrow x>\dfrac{7}{4}$

$\Rightarrow \dfrac{7}{4}<x<3$.

所以最终范围为$x>\dfrac{7}{4}$.

Q3 知识点

(i) trigonometric identities
(ii) solving trigonometric equations

(i) $\cot\theta-2\tan\theta=\sin 2\theta$

$\Rightarrow \dfrac{\cos\theta}{\sin\theta}-2\dfrac{\sin\theta}{\cos\theta}=2\sin\theta\cos\theta$

$\Rightarrow \cos^2\theta-2\sin^2\theta=2\sin^2\theta\cos^2\theta$

$\Rightarrow \cos^2\theta-2\left(1-\cos^2\theta\right)=2\left(1-\cos^2\theta\right)\cos^2\theta$

$\Rightarrow \cos^2\theta-2+2\cos^2\theta=2\cos^2\theta-2\cos^4\theta$

$\Rightarrow 2\cos^4\theta+\cos^2\theta-2=0$.

(ii) $2\cos^4\theta+\cos^2\theta-2=0$,

$u=\cos^2\theta$,

$2u^2+u-2=0$,

利用求根公式：

$u=0.7808$,

$\cos^2\theta=0.7808$,

$\cos\theta=\pm 0.88362$,

$\cos\theta=0.88362\Rightarrow\theta=27.9^\circ$ (reject),

$\cos\theta=-0.88362\Rightarrow\theta=152.1^\circ$.

Q4 知识点

(i) derivative of parametric function
(ii) normal equations

(i) $\dfrac{dy}{dx}=\dfrac{\frac{dy}{dt}}{\frac{dx}{dt}}=\dfrac{4+\frac{2}{2t-1}}{2t}=\dfrac{2}{t}+\dfrac{1}{2t^2-t}$.

(ii) $t=1\Rightarrow\dfrac{dy}{dx}=3$,

gradient of normal 为$-\dfrac{1}{3}$.

$t=1\Rightarrow x=2$,

$t=1\Rightarrow y=4$.

equation of normal: $y=-\dfrac{1}{3}x+C$,

代入$x=2$，$y=4$，

$C=\dfrac{14}{3}$,

$y=-\dfrac{1}{3}x+\dfrac{14}{3}$,

$3y=-x+14$,

$x+3y-14=0$.

Q5 知识点

(i) differential equation
(ii) exponential growth and decay

(i) $\dfrac{dy}{dt}=-0.2\times\dfrac{10}{(1+t)^2}y$,

需要把y的项放到一边，t的项放到另一边，

$\dfrac{1}{y}dy=-0.2\times\dfrac{10}{(1+t)^2}dt$,

然后左右两边同时积分，

$\int\dfrac{1}{y}dy=\ln y$,

$\int -0.2\times\dfrac{10}{(1+t)^2}dt=\dfrac{2}{1+t}+C$,

$\ln y=\dfrac{2}{1+t}+C$,

代入$t=0$，$y=100$，

$\ln 100=\dfrac{2}{1+0}+C$,

$C=\ln 100-2$,

$\ln y = \dfrac{2}{1+t} + \ln 100 - 2.$

$y = e^{\frac{2}{1+t} + \ln 100 - 2} = e^{\frac{2}{1+t}} \times e^{\ln 100} \times e^{-2} = 100\dfrac{e^{\frac{2}{1+t}}}{e^2}.$

(ii) 当 $t \Rightarrow \infty$，$\dfrac{2}{1+t} \Rightarrow 0$，$y = \dfrac{100}{e^2}$，

所以 B 趋向于 $\dfrac{100}{e^2}$.

$x = \dfrac{10}{(1+t)^2}$，

当 $t \Rightarrow \infty$，$\dfrac{10}{(1+t)^2} \Rightarrow 0$，

所以 A 趋向于 0.

Q6 知识点

(i) finding three roots of cubic equations
(ii) loci

(i) 因为 u 是这个多项式的一个 root，
所以把 u 代进去这个多项式是成立的 .

$(2-i)^3 + a(2-i)^2 - 3(2-i) + b = 0$，

计算得

$-8i - 4ai - 4 + 3a + b = 0$，

$\Rightarrow \begin{cases} -8-4a=0 \\ -4+3a+b=0 \end{cases}$

$\Rightarrow \begin{cases} a=-2, \\ b=10. \end{cases}$

(ii) $|z-(2-i)|=1$ 是一个以 $(2, -1)$ 为圆心，半径为1的圆：

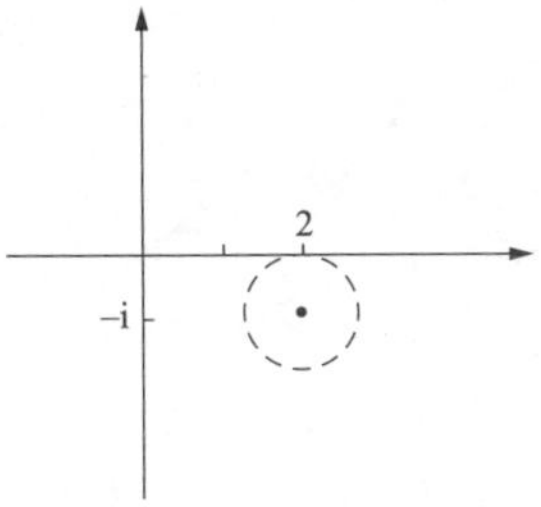

因为题目要求 $|z-(2-i)|<1$，所以整个圆内（但不包括圆上）都是符合要求的 .

$|z|=|z+i|$ 是（0，0）和（0，–1）之间的垂直平分线：

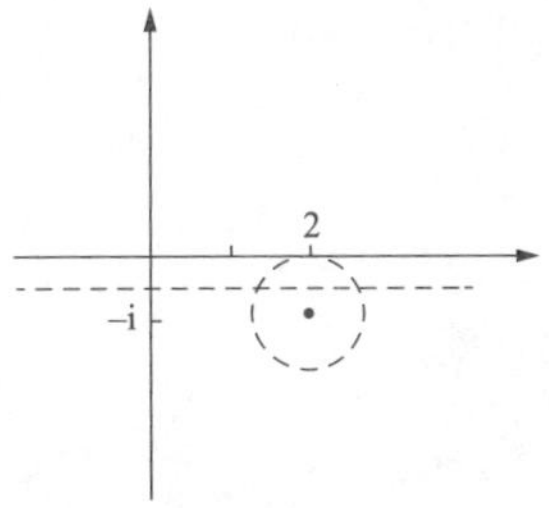

因为题目要求 $|z|<|z+i|$，所以垂直平分线的上面部分是符合要求的 .

综上，阴影部分就是答案 .

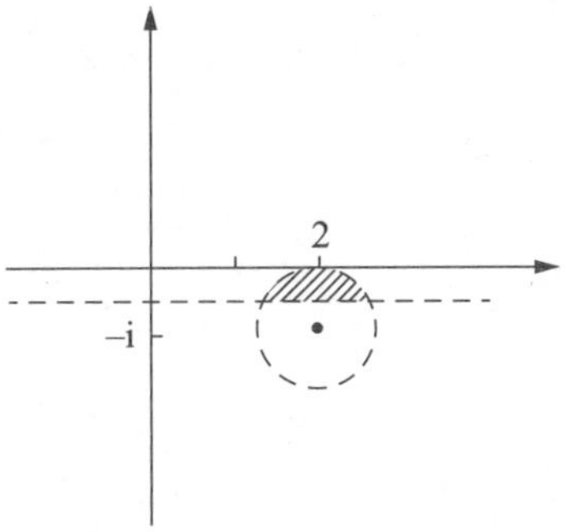

Q7 知识点

(i) differentiation of trigonometry
(ii) trigonometric identities
(iii) integration of trigonometry

(i) $\dfrac{dy}{dx} = -(\cos\theta)^{-2}(-\sin\theta) = \dfrac{\sin\theta}{\cos^2\theta} = \dfrac{1}{\cos\theta} \cdot \dfrac{\sin\theta}{\cos\theta}$

$= \sec\theta\tan\theta.$

(ii) 这道证明题可以从右边往左边证：

$\text{RHS} = 2\dfrac{1}{\cos^2\theta} + 2 \cdot \dfrac{1}{\cos\theta} \cdot \dfrac{\sin\theta}{\cos\theta} - 1 = \dfrac{2+2\sin\theta-\cos^2\theta}{\cos^2\theta}$

$= \dfrac{2+2\sin\theta-(1-\sin^2\theta)}{1-\sin^2\theta} = \dfrac{1+2\sin\theta+\sin^2\theta}{1-\sin^2\theta}$

$= \dfrac{(1+\sin\theta)^2}{(1+\sin\theta)(1-\sin\theta)} = \dfrac{1+\sin\theta}{1-\sin\theta} = \text{LHS}.$

(iii) $\int_0^{\frac{1}{4}\pi} \left(2\sec^2\theta + 2\sec\theta\tan\theta - 1\right) d\theta$

$= \left[2\tan\theta + \dfrac{2}{\cos\theta} - \theta\right]_0^{\frac{1}{4}\pi}$

$=\left(2+2\sqrt{2}-\frac{1}{4}\pi\right)-(0+2-0)$

$=2\sqrt{2}-\frac{1}{4}\pi.$

Q8 知识点

(i) partial fraction
(ii) binomial expansion with negative integer exponent

(i) $\frac{5x^2-7x+4}{(3x+2)(x^2+5)}=\frac{A}{3x+2}+\frac{Bx+C}{x^2+5}.$

$5x^2-7x+4=A\ (x^2+5)+(Bx+C)(3x+2)$,

$x=-\frac{2}{3}$,

$5\left(-\frac{2}{3}\right)^2-7\left(-\frac{2}{3}\right)+4=\left(\frac{4}{9}+5\right)A$,

$A=2$.

$x=0$,

$4=5A+2C$,

$C=-3$.

coefficient of x^2 : $5=A+3B$,

$B=1$.

(ii) $\mathrm{f}(x)=\frac{2}{3x+2}+\frac{x-3}{x^2+5}.$

$\frac{2}{3x+2}=2(3x+2)^{-1}=2\times2^{-1}\times(1+\frac{3}{2}x)^{-1}$

$=1-\frac{3}{2}x+\frac{-1\times(-2)}{2!}\times(\frac{3}{2}x)^2=1-\frac{3}{2}x+\frac{9}{4}x^2.$

$\frac{x-3}{x^2+5}=(x-3)(x^2+5)^{-1}=(x-3)\times5^{-1}\times(1+\frac{x^2}{5})^{-1}$

$=\frac{x-3}{5}\left(1-\frac{x^2}{5}\right)=\frac{x}{5}-\frac{3}{5}+\frac{3x^2}{25}.$

二式结合得

$\frac{2}{5}-\frac{13x}{10}+\frac{237}{100}x^2.$

Q9 知识点

(i) the vector equation of a line
(ii) the vector equation of a plane
(iii) distance of a point to a plane

(i) 如下图所示：

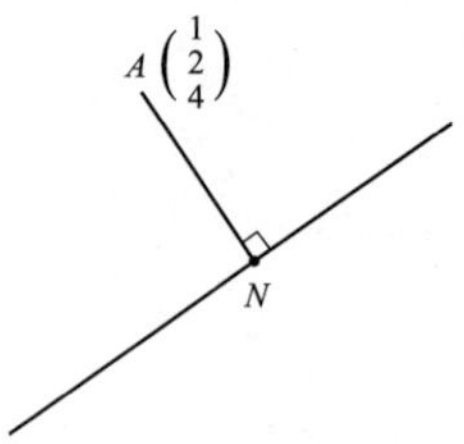

N 就是要求的点 .

$\overrightarrow{ON}=\begin{pmatrix}9+3\mu\\-1-\mu\\8+2\mu\end{pmatrix}$,

$\overrightarrow{AN}=-\overrightarrow{ON}-\overrightarrow{OA}=\begin{pmatrix}9+3\mu\\-1-\mu\\8+2\mu\end{pmatrix}-\begin{pmatrix}1\\2\\4\end{pmatrix}=\begin{pmatrix}8+3\mu\\-3-\mu\\4+2\mu\end{pmatrix}$,

因为 $\overrightarrow{AN}\perp l$,

所以：

$\begin{pmatrix}8+3\mu\\-3-\mu\\4+2\mu\end{pmatrix}\cdot\begin{pmatrix}3\\-1\\2\end{pmatrix}=24+9\mu+3+\mu+8+4\mu=0$,

$\mu=-\frac{5}{2}.$

$\overrightarrow{ON}=\begin{pmatrix}\frac{3}{2}\\\frac{3}{2}\\3\end{pmatrix}.$

题目要求找的是 A 点关于 l 的对称点，如图所示：

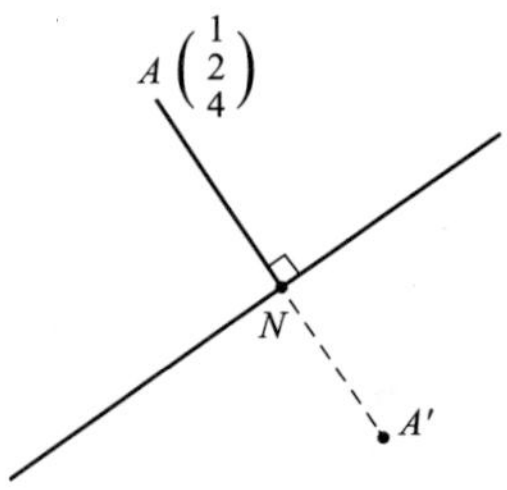

$\overrightarrow{OA'}=\begin{pmatrix}\frac{3}{2}+\frac{1}{2}\\\frac{3}{2}-\frac{1}{2}\\3-1\end{pmatrix}=\begin{pmatrix}2\\1\\2\end{pmatrix}.$

(ii) 因为 l 在这个平面上，所以平面的一个方向为

$\begin{pmatrix}3\\-1\\2\end{pmatrix}$，另一个方向是 $\begin{pmatrix}9\\-1\\8\end{pmatrix}$.

$$\begin{pmatrix}3\\-1\\2\end{pmatrix}\cdot\begin{pmatrix}9\\-1\\8\end{pmatrix}=\begin{pmatrix}-8+2\\18-24\\-3+9\end{pmatrix}=\begin{pmatrix}-6\\-6\\6\end{pmatrix}=-6\begin{pmatrix}1\\1\\-1\end{pmatrix},$$

$\begin{pmatrix}1\\1\\-1\end{pmatrix}$ 是这个平面的 normal.

所以平面的式子为：$x+y-z=d$，

代入原点：

$0+0+0=d=0$，

所以 $x+y-z=0$.

(iii) 代入公式：

$$\frac{|ax_1+by_1+cz_1-d|}{\sqrt{a^2+b^2+c^2}}=\frac{|1+2-4|}{\sqrt{1+1+1}}=\frac{1}{\sqrt{3}}.$$

Q10 知识点

(i) stationary point
(ii) iterative processes
(iii) integration by parts

(i) stationary point 就是当 $\frac{dy}{dx}=0$ 的时候 .

$\frac{dy}{dx}=x^2(-2\sin 2x)+2x\cos 2x=0$,

$-2p^2\sin 2p+2p\cos 2p=0$，

$2p\cos 2p=2p^2\sin 2p$，

$\cos 2p=p\sin 2p$，

$\tan 2p=\frac{1}{p}$，

$2p=\tan^{-1}\left(\frac{1}{p}\right)$，

$p=\frac{1}{2}\tan^{-1}\left(\frac{1}{p}\right)$.

(ii) $p_{n+1}=\frac{1}{2}\tan^{-1}\left(\frac{1}{p_n}\right)$，

$p_0=0.5$，

$p_1=\frac{1}{2}\tan^{-1}\left(\frac{1}{0.5}\right)=0.5536$，

$p_2=0.5326$，

$p_3=0.5407$，

$p_4=0.5376$，

四舍五入过后可以得到 p 的值越来越接近 0.54,

所以最终 $p=0.54$.

(iii) $\int u\frac{dv}{dx}dx=uv-\int v\frac{dv}{dx}dx$,

$u=x^2$，$u'=2x$，

$v'=\cos 2x$，$v=0.5\sin 2x$.

$\int x^2\cos 2x\,dx=x^2\times\frac{1}{2}\sin 2x-\int\frac{1}{2}\sin 2x\times 2x\,dx.$

$u=x$，$u'=1$，

$v'=\sin 2x$，$v=-\frac{1}{2}\cos 2x$.

$\int\frac{1}{2}\sin 2x\times 2x\,dx=\int x\times\sin 2x\,dx=x\times\left(-\frac{1}{2}\cos 2x\right)$

$-\int-\frac{1}{2}\cos 2x\,dx$

$=-\frac{1}{2}x\times\cos 2x+\frac{1}{2}\times\frac{1}{2}\times\sin 2x.$

$$\int_0^{\frac{\pi}{4}}x^2\cos 2x\,dx=\left[x^2\times\frac{1}{2}\sin 2x+\frac{1}{2}x\times\cos 2x-\frac{1}{2}\times\frac{1}{2}\times\sin 2x\right]_0^{\frac{\pi}{4}}$$

$=\frac{1}{32}\pi^2-\frac{1}{4}.$

9709_s17_qp_33

Q1 知识点

trigonometric identities

$$\text{LHS}=\frac{\frac{\cos x}{\sin x}-\frac{\sin x}{\cos x}}{\frac{\cos x}{\sin x}+\frac{\sin x}{\cos x}}=\frac{\cos^2 x-\sin^2 x}{\cos^2 x+\sin^2 x}=\frac{\cos 2x}{1}$$

$=\cos 2x=\text{RHS}.$

Q2 知识点

binomial expansion with negative integer exponent

$(3+2x)^{-3}=3^{-3}(1+\frac{2}{3}x)^{-3}$

$=\frac{1}{27}\left[1+(-3)\left(\frac{2}{3}x\right)+\frac{-3\times(-4)}{2!}(\frac{2}{3}x)^2\right]$

$$=\frac{1}{27}\left(1-2x+\frac{8}{3}x^2\right)=\frac{1}{27}-\frac{2}{27}x+\frac{8}{81}x^2.$$

Q3 知识点

solving exponential equations

根据题目要求式子可以写成：

$\frac{4}{u}=3u+4$

$\Rightarrow 4=3u^2+4u$

$\Rightarrow 3u^2+4u-4=0$

$\Rightarrow (u+2)(3u-2)=0$

$\Rightarrow u=-2(\text{reject}),\ u=\frac{2}{3}$

$\Rightarrow e^x=\frac{2}{3}$

$\Rightarrow x=\ln\frac{2}{3}$

$\Rightarrow x=0.405.$

Q4 知识点

integrate by parts

$\int u\frac{dv}{dx}dx=uv-\int v\frac{dv}{dx}dx,$

$u=\theta,\ u'=1$，

$v'=\sin\frac{1}{2}\theta,\ v=-2\cos\frac{1}{2}\theta.$

$\int\theta\sin\frac{1}{2}\theta d\theta=\theta\left(-2\cos\frac{1}{2}\theta\right)-\int-2\cos\frac{1}{2}\theta d\theta$

$=\theta\left(-2\cos\frac{1}{2}\theta\right)+2\times2\sin\frac{1}{2}\theta,$

$\int_0^{\frac{\pi}{2}}\theta\sin\frac{1}{2}\theta d\theta=\left[\theta\left(-2\cos\frac{1}{2}\theta\right)+2\times2\sin\frac{1}{2}\theta\right]_0^{\frac{\pi}{2}}$

$=-\frac{\sqrt{2}}{2}\pi+2\sqrt{2}.$

Q5 知识点

(i) differentiation of trigonometry
(ii) the gradient of the curve

(i) $\frac{dy}{dx}=\frac{2}{3}\times\frac{0+3\times2\cos x(-\sin x)}{1+3\cos^2x}=\frac{2}{3}\times\frac{-6\sin x\cos x}{1+3\cos^2x}$

$$=\frac{\frac{-4\sin x\cos x}{\cos^2x}}{\frac{1+3\cos^2x}{\cos^2x}}=\frac{-\frac{4\sin x}{\cos x}}{\frac{1}{\cos^2x}+3}=\frac{-4\tan x}{\sec^2x+3}$$

$$=\frac{-4\tan x}{1+\tan^2x+3}=\frac{-4\tan x}{4+\tan^2x}.$$

(ii) $\frac{dy}{dx}=\frac{-4\tan x}{4+\tan^2x}=-1,$

$4\tan x=4+\tan^2x$，

$(\tan x-2)^2=0$，

$\tan x=2$，

$x=1.11.$

Q6 知识点

(i) finding a root
(ii) forming the recurrence relations
(iii) iterative processes

(i) $f(x)=\cot x-1+x$，

$f(2.5)=0.1614>0$，

$f(3)=-5.015<0$，

所以α比2.5大．

(ii) $x=\pi+\tan^{-1}\left(\frac{1}{1-x}\right)$，

$\tan x=\tan(\pi+\tan^{-1}\left(\frac{1}{1-x}\right))$，

因为$\tan(\pi+\theta)=\tan\theta$，

所以$\tan x=\tan(\tan^{-1}\left(\frac{1}{1-x}\right))$，

$\Rightarrow\tan x=\frac{1}{1-x}$

$\Rightarrow\cot x=1-x.$

(iii) $x_0=2.5$，

$x_1=\pi+\tan^{-1}\left(\frac{1}{1-2.5}\right)=2.55349$，

$x_2=2.56968$，

$x_3=2.57463$，

$x_4=2.57571$，

$x_5=2.57609$，

四舍五入过后可以得到x的值越来越接近2.576，

所以最终$x=2.576$.

Q7 知识点

(i) stationary point
(ii) trapezium rule
(iii) trapezium rule

(i) stationary point 就是当 $\frac{dy}{dx}=0$ 的时候 .

这里求 $\frac{dy}{dx}$ 要用到 quotient rule.

$$\frac{dy}{dx}=\frac{\frac{1}{2}xe^{\frac{1}{2}x}-e^{\frac{1}{2}x}}{x^2}=0,$$

$$\frac{1}{2}xe^{\frac{1}{2}x}-e^{\frac{1}{2}x}=0,$$

$$e^{\frac{1}{2}x}\left(\frac{1}{2}x-1\right)=0,$$

$$x=2.$$

(ii) 根据题目要求，可以构建成这样一个表格：

x	1	2	3
y	1.6487	1.3591	1.4939

再利用 trapezium rule 公式：

在本小问中 $a=1,\ b=3,\ n=2$,

所以 $h=\frac{3-1}{2}=1$.

$$\int_1^3\frac{e^{\frac{1}{2}x}}{x}dx\approx\frac{1}{2}\times1\times(1.6487+2\times1.3591+1.4939)=2.93.$$

(iii)

如下图所示：

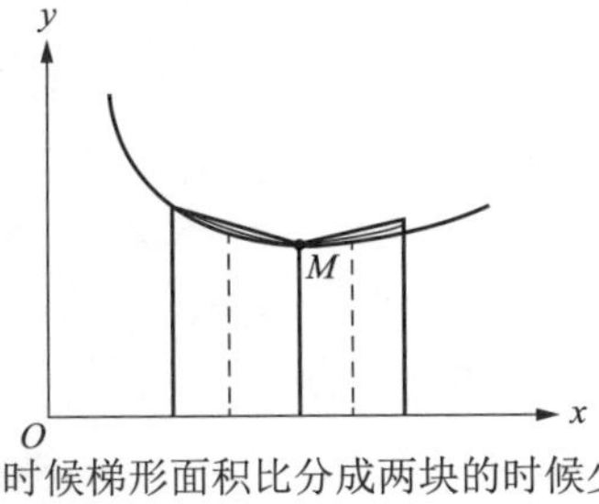

分成四块的时候梯形面积比分成两块的时候少 .

Q8 知识点

differential equation

(i) 根据题目中 the rate of increase of the mass A is proportional to the mass of B 可得

$$\frac{dx}{dt}=ky,$$

因为 $x+y=50$,

所以 $\frac{dx}{dt}=k(50-x)$.

(ii) 需要把 x 的项放到一边，t 的项放到另一边，

$$\frac{1}{50-x}dx=kdt,$$

然后左右两边同时积分，

$$\int\frac{1}{50-x}dx=-\ln(50-x),$$

$$\int kdt=kt+C,$$

$$-\ln(50-x)=kt+C,$$

代入 $t=0,\ x=0$,

$$-\ln 50=C,$$

代入 $t=10,\ x=25$,

$$-\ln 25=10k-\ln 50,$$

$$k=\frac{\ln 2}{10},$$

$$-\ln(50-x)=\frac{\ln 2}{10}t-\ln 50,$$

$$\ln\frac{50}{50-x}=\frac{\ln 2}{10}t,$$

$$e^{\ln\frac{50}{50-x}}=e^{\frac{\ln 2}{10}t},$$

$$\frac{50}{50-x}=e^{\frac{\ln 2}{10}t},$$

$$50-x=50e^{-\frac{\ln 2}{10}t},$$

$$x=50-50e^{-\frac{\ln 2}{10}t}.$$

Q9 知识点

(i) partial fraction
(ii) integration of fractions

(i) $\frac{3x^2-4}{(3x+2)x^2}=\frac{A}{x}+\frac{B}{x^2}+\frac{C}{(3x+2)}$,

$$3x^2-4=x(3x+2)A+(3x+2)B+x^2C,$$

$$x=0,$$

$$-4=2B,$$

$$B=-2.$$

$$x=-\frac{2}{3},$$

$3\left(-\frac{2}{3}\right)^2-4=(-\frac{2}{3})^2C$,

$C=-6$.

coefficient of x^2 : $3=3A+C$,

$A=3$.

$f(x)=\frac{3}{x}-\frac{2}{x^2}-\frac{6}{(3x+2)}$.

(ii) $\int_1^2\left(\frac{3}{x}-\frac{2}{x^2}-\frac{6}{(3x+2)}\right)dx=\left[3\ln x+\frac{2}{x}-2\ln(3x+2)\right]_1^2$

$=(3\ln 2+1-2\ln 8)-(0+2-2\ln 5)$

$=\ln 8+1-\ln 64-2+\ln 25=\ln\left(8\times\frac{25}{64}\right)-1$

$=\ln\left(\frac{25}{8}\right)-1$.

Q10 知识点

(i) the vector equation of a line
(ii) the vector equation of a plane

(i) $\overrightarrow{AB}=\begin{pmatrix}3\\1\\1\end{pmatrix}-\begin{pmatrix}1\\-2\\2\end{pmatrix}=\begin{pmatrix}2\\3\\-1\end{pmatrix}$,

$l_{AB}:\mathbf{r}=\begin{pmatrix}1\\-2\\2\end{pmatrix}+\lambda\begin{pmatrix}2\\3\\-1\end{pmatrix}$,

$l:\mathbf{r}=\begin{pmatrix}2\\1\\m\end{pmatrix}+\mu\begin{pmatrix}1\\-2\\-4\end{pmatrix}$,

$\begin{pmatrix}1+2\lambda\\-2+3\lambda\\2-\lambda\end{pmatrix}=\begin{pmatrix}2+\mu\\1-2\mu\\m-4\mu\end{pmatrix}$,

让前两个式子相等求出λ和μ，

$\begin{cases}1+2\lambda=2+\mu\\-2+3\lambda=1-2\mu\end{cases}$,

求得$\begin{cases}\lambda=\frac{5}{7},\\\mu=\frac{3}{7}.\end{cases}$

再代入第三个式子，

$2-\frac{5}{7}=m-\frac{12}{7}$,

$m=3$.

(ii) $\begin{pmatrix}1\\-2\\-4\end{pmatrix}\cdot\begin{pmatrix}2\\3\\-1\end{pmatrix}=\begin{pmatrix}14\\-7\\7\end{pmatrix}=7\begin{pmatrix}2\\-1\\1\end{pmatrix}$,

$2x-y+z=d$,

代入点A:

$2+2+2=d=6$,

$2x-y+z=6$.

Q11 知识点

(a) calculations of complex number
(b) argand diagram

(a) $z+(1+i)w=i$ 可得

$z=i-(1+i)w$,

代入$(1-i)z+iw=1$中，

$(1-i)(i-w-wi)+iw=1$,

$i-w-wi+1+wi-w+wi=1$,

$i=2w-wi$,

$i=w(2-i)$,

$w=\frac{i}{2-i}=\frac{2i-1}{5}=-\frac{1}{5}+\frac{2}{5}i$.

$z=i-(1+i)w=i-(1+i)\left(-\frac{1}{5}+\frac{2}{5}i\right)=i+\frac{1}{5}-\frac{2}{5}i+\frac{1}{5}i+\frac{2}{5}$

$=\frac{3}{5}+\frac{4}{5}i$.

(b)

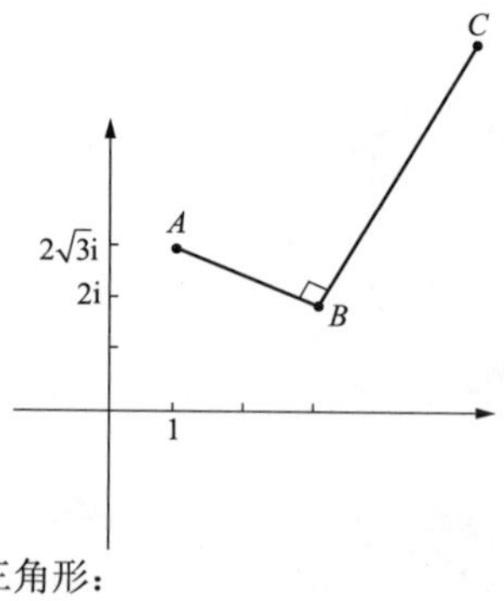

作两个直角三角形：

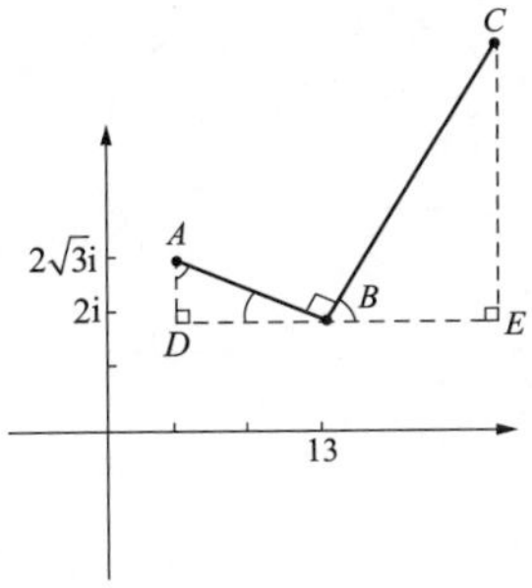

$BD = 2$,

$AD = 2\sqrt{3} - 2$,

$\triangle ADB \sim \triangle BEC$,

$2AB = BC$,

$2AD = BE$,

$2BD = CE$,

$BE = 4\sqrt{3} - 4$,

$CE = 4$.

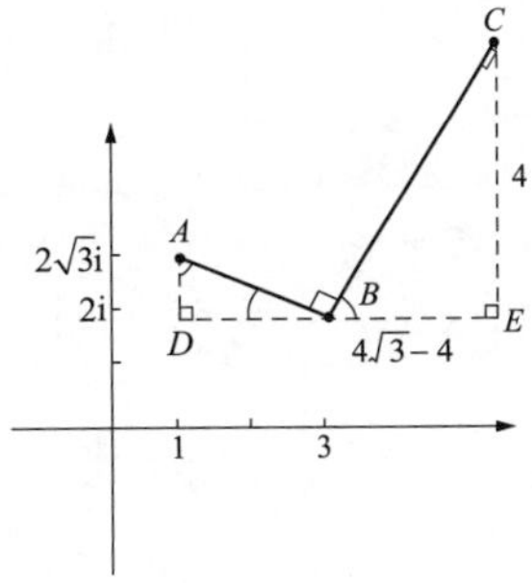

所以 $C(4\sqrt{3}-1,\ 6)$

C: $4\sqrt{3}-1+6\mathrm{i}$.

9709_w17_qp_31/33

Q1 知识点

division of polynomial

长除法如下所示:

$$x^2 - 2x + 5$$

$$x^2 + 2x - 1 \overline{\big)\, x^4 + 0x^3 + 0x^2 + 0x + 0}$$

$$\underline{x^4 + 2x^3 - x^2}$$

$$-2x^3 + x^2 + 0x + 0$$

$$\underline{-2x^3 - 4x^2 + 2x}$$

$$5x^2 - 2x$$

$$\underline{5x^2 + 10x - 5}$$

$$-12x + 5$$

所以 quotient 是 $x^2 - 2x + 5$，以及 remainder 是 $-12x + 5$.

Q2 知识点

transforming a relationship to linear form

第一步是要把表格中给四个点通过描点的形式用 x 在坐标系中画出来，

第二步是要把这四个点用 best fit line 连起来:

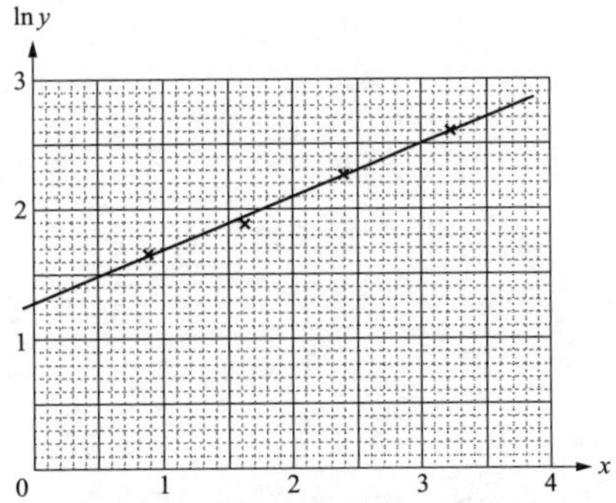

有可能会存在某些点不在这条直线上的情况，

但没关系，只要让这四个点均匀的分布在画出的直线两侧就可以.

接下来要算 c 和 a 的值，

这里需要把原来的式子 $y = C\left(a^x\right)$ 左右两边同时加 ln.

这个式子就变成 $\ln y = \ln C\left(a^x\right)$，

利用 log 的定理，

式子就变成 $\ln y = \ln C + x\ln a$，

这里 $\ln a$ 就是这个式子的 gradient，

ln C 就是这个式子的 y-intercept，就是与 y 轴的交点的纵坐标.

从图像中可以看出直线与 y 轴的纵坐标是 1.3，

所以 $\ln C = 1.3$，

$C = \mathrm{e}^{1.3} = 3.7$.

算 gradient ($\ln a$) 需要在直线上取两个点，

一个点就是刚刚用到的与 y 轴的交点 (0，1.3)，

另一个点可以取远一点，比如 (3，2.5)，

gradient $=\ln a=\frac{y_2-y_1}{x_2-x_1}=\frac{2.5-1.3}{3-0}=\frac{1.2}{3}$,

所以 $a=e^{\frac{1.2}{3}}=1.5$.

Q3 知识点

(i) finding a root
(ii) iterative processes

(i) 这里的 function 为 $f(x)=x^3-3x-7$,

$f(2)=-5<0$,

$f(3)=11>0$,

符号改变，所以解 a 在 2 和 3 之间 .

(ii) 对于式子 A,

$x_1=2.5$,

$x_2=(3\times2.5+7)^{\frac{1}{3}}=2.4385$,

$x_3=(3\times2.4385+7)^{\frac{1}{3}}=2.4281$,

$x_4=(3\times2.4281+7)^{\frac{1}{3}}=2.4263$,

四舍五入过后可以得到 x 的值越来越接近 2.43,

所以最终 $a=2.43$.

对于式子 B,

$x_1=2.5$,

$x_2=\frac{2.5^3-7}{3}=2.875$,

$x_3=\frac{2.875^3-7}{3}=5.5879$,

$x_4=\frac{5.5879^3-7}{3}=55.8264$,

x 的值越来越大，所以式子 B fails to converge.

Q4 知识点

(i) trigonometric identities
(ii) sketching trigonometry graphs

(i) 因为左边看起来比较复杂，所以本小问从左往右证明比较方便 .

$\tan(45^\circ+x)=\frac{\tan45^\circ+\tan x}{1-\tan45^\circ\tan x}=\frac{1+\tan x}{1-\tan x}$,

$\tan(45^\circ-x)=\frac{\tan45^\circ-\tan x}{1+\tan45^\circ\tan x}=\frac{1-\tan x}{1+\tan x}$,

$$\text{LHS}=\frac{1+\tan x}{1-\tan x}+\frac{1-\tan x}{1+\tan x}=\frac{(1+\tan x)^2+(1-\tan x)^2}{(1-\tan x)(1+\tan x)}$$

$$=\frac{1+2\tan x+\tan^2x+1-2\tan x+\tan^2x}{1-\tan^2x}$$

$$=\frac{2+2\tan^2x}{1-\tan^2x},$$

因为右边的 $\sec2x=\frac{1}{\cos2x}$,

所以把左边的 $\tan x=\frac{\sin x}{\cos x}$,

所以

$$\text{LHS}=\frac{2+2\tan^2x}{1-\tan^2x}=\frac{2+2\frac{\sin^2x}{\cos^2x}}{1-\frac{\sin^2x}{\cos^2x}}=\frac{2\cos^2x+2\sin^2x}{\cos^2x-\sin^2x},$$

因为 $\cos^2x+\sin^2x=1$ 以及 $\cos^2x-\sin^2x=\cos2x$,

所以 $\text{LHS}=\frac{2}{\cos2x}=2\sec2x=\text{RHS}$.

(ii) 这里其实要画的图像为 $y=2\sec2x$,

先看最基本的 $y=\sec x=\frac{1}{\cos x}$,

$y=\cos x$ 的图像为

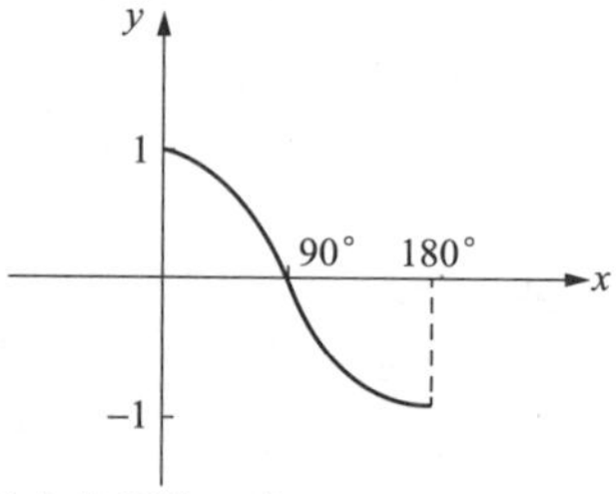

最高点和最低点分别为 1 和 −1.

画出它的倒数图像为（灰线标注）

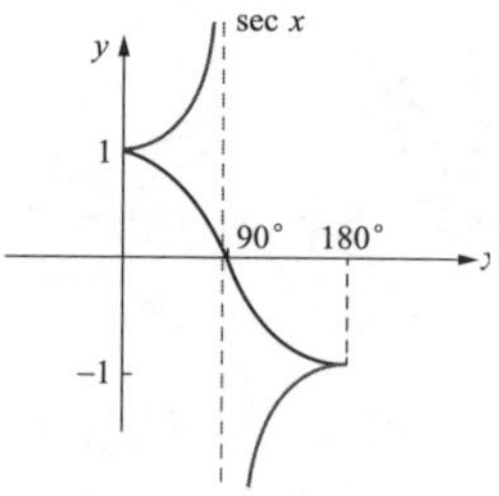

$y=\sec x$ 周期为 360°，因为要画图像为 $y=\sec2x$，所以周期变成了 180°，所以图像被压缩了，

所以渐近线从原来的 90° 变为 45°，原来的 180° 变为 90°.

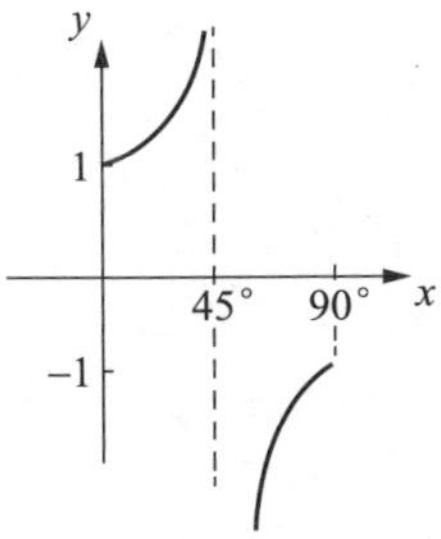

最终要的图像是 $y=2\sec 2x$，所以只要把 y 的坐标乘上 2 就可以 .

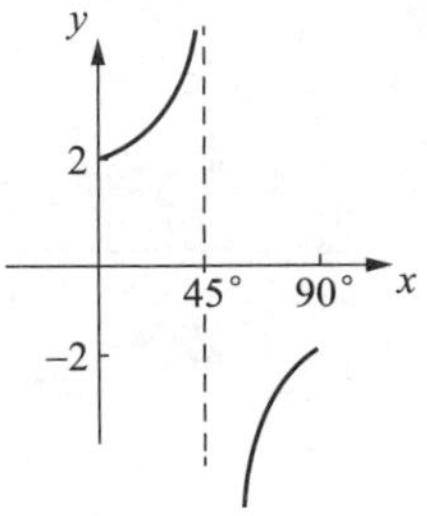

Q5 知识点

(i) derivative of implicit function
(ii) gradient

(i) 对第一项 $2x^4$ 求导得 $8x^3$，

对第二项 xy^3 用 product rule 求导得 $x\cdot 3y^2\dfrac{dy}{dx}+1\times y^3$,

对第三项 y^4 求导得 $4y^3\dfrac{dy}{dx}$,

对 10 求导得 0,

所以 $8x^3+x\cdot 3y^2\dfrac{dy}{dx}+y^3+4y^3\dfrac{dy}{dx}=0$,

把这个式子化简，将 $\dfrac{dy}{dx}$ 项放在一边，其他项放到另一边，

$$3xy^2\frac{dy}{dx}+4y^3\frac{dy}{dx}=-8x^3-y^3,$$

$$\left(3xy^2+4y^3\right)\frac{dy}{dx}=-8x^3-y^3,$$

$$\frac{dy}{dx}=-\frac{8x^3+y^3}{3xy^2+4y^3}.$$

(ii) 斜率和 x 轴平行意味着 $\dfrac{dy}{dx}=0$,

$$\frac{dy}{dx}=-\frac{8x^3+y^3}{3xy^2+4y^3}=0,$$

$$8x^3+y^3=0,$$

还有一个式子为原方程 $2x^4+xy^3+y^4=10$，

把这两个式子联立解方程，

$8x^3+y^3=0\Rightarrow\ y=-2x$,

代入到 $2x^4+xy^3+y^4=10$ 这个式子中得

$2x^4+x(-2x)^3+(-2x)^4=10$，

合并为 $10x^4=10$，

解得 $x=\pm1$，

再把 $x=\pm1$ 分别代入 $y=-2x$,

当 $x=1$，$y=-2$,

当 $x=-1$，$y=2$,

所以两个点为 (1，−2) 和 (−1，2).

Q6 知识点

differential equation

把 y 的项放到一边，x 的项放到另一边：

$$\frac{1}{\cos^2 y}dy=4\tan x dx,$$

然后左右两边同时积分，

$$\int\frac{1}{\cos^2 y}dy=\int\sec^2 y dy=\tan y,$$

$$\int 4\tan x dx=4\int\frac{\sin x}{\cos x}dx=-4\ln(\cos x),$$

因为是 infinite integral，

所以等式为 $\tan y=-4\ln(\cos x)+C$,

然后把 C 算出来，

因为 $y=\dfrac{1}{4}\pi$，$x=0$

$\Rightarrow\tan\dfrac{1}{4}\pi=-4\ln(\cos 0)+C$

$\Rightarrow 1=0+C$

$\Rightarrow C=1$

$\Rightarrow\tan y=-4\ln(\cos x)+1$,

当 $y=\dfrac{1}{3}\pi$,

$\tan\dfrac{1}{3}\pi=-4\ln(\cos x)+1$,

$\sqrt{3}=-4\ln(\cos x)+1$,

$\ln(\cos x)=\dfrac{1-\sqrt{3}}{4}$,

$\cos x=e^{\frac{1-\sqrt{3}}{4}}=0.83276$,

所以 $x=0.587$.

2017

Q7 知识点

(a) finding square roots of complex number
(b) loci

(a) $\sqrt{8-15\mathrm{i}}=a+b\mathrm{i}$，

$8-15\mathrm{i}=(a+b\mathrm{i})^2$，

$8-15\mathrm{i}=a^2+2ab\mathrm{i}+(b\mathrm{i})^2=\left(a^2-b^2\right)+2ab\mathrm{i}$，

所以

$$\begin{cases}8=a^2-b^2,\\-15=2ab.\end{cases}$$

由 $-15=2ab$ 可得 $a=-\dfrac{15}{2b}$ 代入 $8=a^2-b^2$，

$8=\left(-\dfrac{15}{2b}\right)^2-b^2$，

化简为 $4b^4+32b^2-225=0$,

$\left(2b^2-9\right)\left(2b^2+25\right)=0$，

$b^2=\dfrac{9}{2}$， $b^2=-\dfrac{25}{2}$ (reject),

$b=\pm\dfrac{3\sqrt{2}}{2}$，

$a=\mp\dfrac{5\sqrt{2}}{2}$，

所以两个 square root 为 $-\dfrac{5\sqrt{2}}{2}+\dfrac{3\sqrt{2}}{2}\mathrm{i}$ 和 $\dfrac{5\sqrt{2}}{2}-\dfrac{3\sqrt{2}}{2}\mathrm{i}$.

(b) $|z-(2+\mathrm{i})|=2$ 是一个以 (2, 1) 为圆心，半径是 2 的圆，

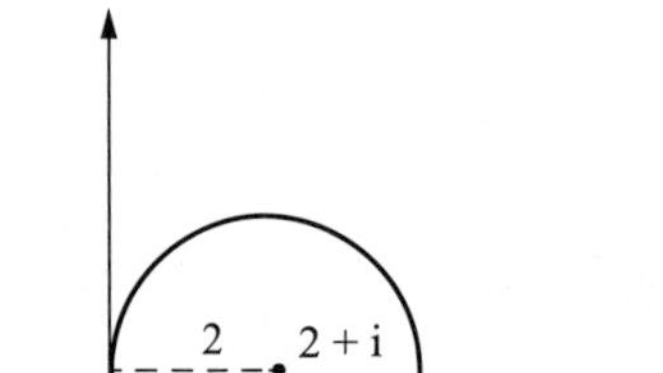

因为要的是 $|z-(2+\mathrm{i})|\leqslant 2$，所以圆内都是符合要求的 .

$0\leqslant\arg(z-\mathrm{i})\leqslant\dfrac{1}{4}\pi$ 是一个从 (0，1) 出发和横轴正半轴方向逆时针的夹角为 $\dfrac{1}{4}\pi$ 的直线和一个从 (0，1) 平行于 x 轴的直线，

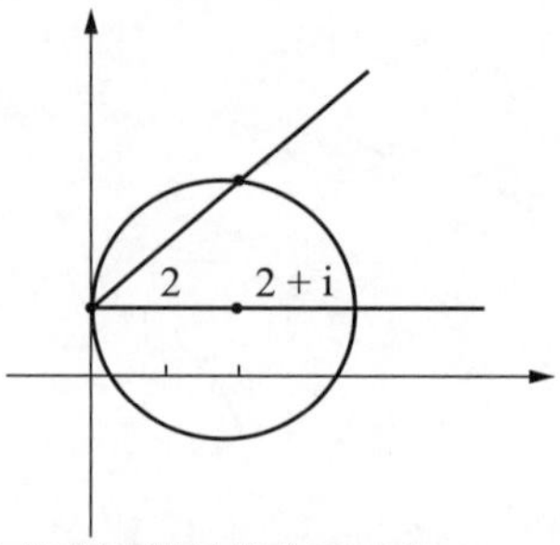

两条直线之内的范围都是符合要求的，

所以满足两个不等式的要求的范围为阴影部分 .

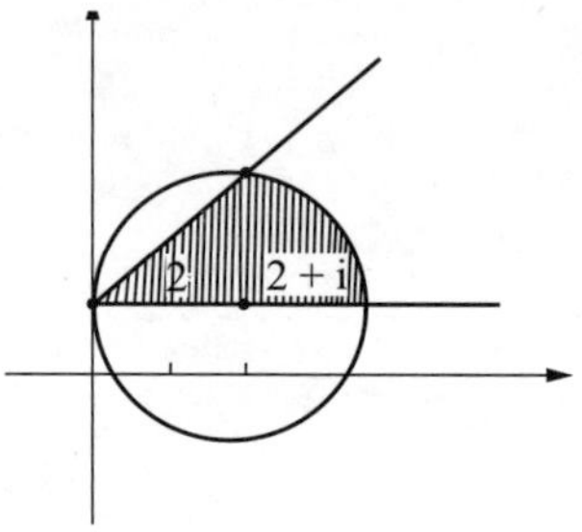

Q8 知识点

(i) partial fraction
(ii) integrations of fractions

(i) 因为分子和分母的最高次项都是一样的，所以会有一个常数 A 被提取出来，

因为分母括号内 $(x+2)$ 和 $(2x-1)$ 都是 linear 的式子，所以分子上分别为常数 B 和常数 C.

等式的左右两边同时乘上 $(x+2)$ 和 $(2x-1)$ 得

$4x^2+9x-8=A(x+2)(2x-1)+B(2x-1)+C(x+2)$，

当 $x=-2$，

$4\times(-2)\times(-2)+9\times(-2)-8=-5B$，$B=2$.

当 $x=0.5$,

$4\times(0.5)\times(0.5)+9\times(0.5)-8=\dfrac{5}{2}C$，$C=-1$.

接下来要寻找 A，可以用 coefficient of x^2 来计算

$4=2A$，$A=2$.

$\mathrm{f}(x)=2+\dfrac{2}{x+2}-\dfrac{1}{2x-1}$.

(ii) 这里其实要计算的是

$\displaystyle\int_1^4\left(2+\frac{2}{x+2}-\frac{1}{2x-1}\right)\mathrm{d}x=\left[2x+2\ln(x+2)-\frac{1}{2}\ln(2x-1)\right]_1^4$，

把 $x=4$ 代入得

$8+2\ln 6-\dfrac{1}{2}\ln 7$，

把 $x=1$ 代入得

$2+2\ln3-\frac{1}{2}\ln1$，

所以等式为

$8+\ln36-\frac{1}{2}\ln7-(2+\ln9-0)=6+\frac{1}{2}\ln\frac{16}{7}.$

Q9 知识点

(i) stationary point
(ii) area under the curve

(i) stationary point 就是当 $\frac{dy}{dx}=0$ 的时候．

这里要求导需要用到 product rule：

设 $f(x)=1+x^2$，

$f'(x)=2x$，

设 $g(x)=e^{-\frac{1}{2}x}$，

$g'(x)=-\frac{1}{2}e^{-\frac{1}{2}x}$，

$\frac{dy}{dx}=2xe^{-\frac{1}{2}x}+(1+x^2)\left(-\frac{1}{2}e^{-\frac{1}{2}x}\right)$

$=-\frac{1}{2}e^{-\frac{1}{2}x}-\frac{1}{2}x^2e^{-\frac{1}{2}x}+2xe^{-\frac{1}{2}x}=0$，

$e^{-\frac{1}{2}x}\left(-\frac{1}{2}x^2+2x-\frac{1}{2}\right)=0$，

因为指数函数一定大于 0，

$-\frac{1}{2}x^2+2x-\frac{1}{2}=0$，

$x^2-4x+1=0$，

$x=2\pm\sqrt{3}$．

(ii) $\int_0^2(1+x^2)e^{-\frac{1}{2}x}dx$，

解这个 integration 要用 integrate by parts，公式为：

$\int u\frac{dv}{dx}dx=uv-\int v\frac{du}{dx}dx$，

$u=1+x^2$，

$\frac{du}{dx}=2x$，

$\frac{dv}{dx}=e^{-\frac{1}{2}x}$，

$v=-2e^{-\frac{1}{2}x}$．

用 integrate by parts 的公式可以得

$\int(1+x^2)e^{-\frac{1}{2}x}dx=(1+x^2)(-2e^{-\frac{1}{2}x})-\int-2e^{-\frac{1}{2}x}2x\,dx$

$=(1+x^2)(-2e^{-\frac{1}{2}x})+\int4xe^{-\frac{1}{2}x}dx$，

$\int4xe^{-\frac{1}{2}x}dx$，继续用 integrate by parts，

$u=4x$，

$\frac{du}{dx}=4$，

$\frac{dv}{dx}=e^{-\frac{1}{2}x}$，

$v=-2e^{-\frac{1}{2}x}$，

$\int4xe^{-\frac{1}{2}x}dx=4x(-2e^{-\frac{1}{2}x})-\int4(-2e^{-\frac{1}{2}x})dx=-8xe^{-\frac{1}{2}x}-16e^{-\frac{1}{2}x}$，

所以，

$\int_0^2(1+x^2)e^{-\frac{1}{2}x}dx$

$=\left[(1+x^2)(-2e^{-\frac{1}{2}x})-8xe^{-\frac{1}{2}x}-16e^{-\frac{1}{2}x}\right]_0^2$

$=(1+4)(-2e^{-1})-16e^{-1}-16e^{-1}-[1\times(-2)-0-16]$

$=18-\frac{42}{e}$．

Q10 知识点

(i) the point of intersection of two lines
(ii) angles between two lines
(iii) the vector equation of a plane

(i) 对于直线 l，

$\begin{pmatrix}3\\-1\\-2\end{pmatrix}+\lambda\begin{pmatrix}-1\\1\\4\end{pmatrix}=\begin{pmatrix}3-\lambda\\-1+\lambda\\-2+4\lambda\end{pmatrix}$，

对于直线 m，

$\begin{pmatrix}4\\4\\-3\end{pmatrix}+\mu\begin{pmatrix}2\\1\\-2\end{pmatrix}=\begin{pmatrix}4+2\mu\\4+\mu\\-3-2\mu\end{pmatrix}$，

先让两个式子相等，

$\begin{pmatrix}3-\lambda\\-1+\lambda\\-2+4\lambda\end{pmatrix}=\begin{pmatrix}4+2\mu\\4+\mu\\-3-2\mu\end{pmatrix}$，

让前两个式子相等求出 λ 和 μ，

$\begin{cases}3-\lambda=4+2\mu\\-1+\lambda=4+\mu\end{cases}$，

2017

求得$\begin{cases}\lambda=3,\\ \mu=-2.\end{cases}$

把$\lambda=3$代入$-2+4\lambda$得10，

把$\mu=-2$代入$-3-2\mu$得1，

$10\neq1$，

所以l和m不相交.

(ii) 算两条直线的夹角只需要用两条直线的 direction vector 点乘的方法去求就可以了.

$$\left|\begin{pmatrix}-1\\1\\4\end{pmatrix}\right|=\sqrt{18},$$

$$\left|\begin{pmatrix}2\\1\\-2\end{pmatrix}\right|=3,$$

$$\begin{pmatrix}-1\\1\\4\end{pmatrix}\cdot\begin{pmatrix}2\\1\\-2\end{pmatrix}=-2+1-8=-9,$$

$$-9=3\sqrt{18}\cos\theta,$$

$$\cos\theta=\frac{-9}{3\sqrt{18}}=-\frac{1}{\sqrt{2}},$$

用计算器可得

$$\theta=\frac{3}{4}\pi.$$

因为要的角是锐角，

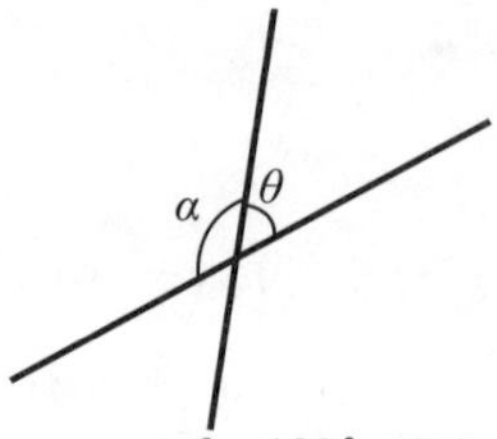

$\alpha+\theta=180°$

所以$\alpha=\pi-\frac{3}{4}\pi=\frac{1}{4}\pi.$

(iii)（本小问是 plane 相关的题目，新版 $p3$ 不需要掌握.）要找 plane 的解析式，要先找到 plane 的 normal.

这里因为这个 plane 和两条直线平行，所以 normal 为两条直线的 direction vector 的叉乘，

$$\begin{pmatrix}-1\\1\\4\end{pmatrix}\times\begin{pmatrix}2\\1\\-2\end{pmatrix}=\begin{pmatrix}-6\\6\\-3\end{pmatrix}=-3\begin{pmatrix}2\\-2\\1\end{pmatrix},$$

所以$2x-2y+z=d$，

把$(3,\ -2,\ -1)$这个点代入，得

$$d=2\times3-2\times(-2)-1=9,$$

所以解析式为

$$2x-2y+z=9.$$

9709_w17_qp_32

Q1 知识点

trapezium rule

(i) 根据题目要求我们可以构建成这样一个表格：

x	-1.2	0	1.2
y	0.9159	1	1.11249

再利用 trapezium rule 公式，

在这题中$a=-1.2$, $b=1.2$, $n=2$,

所以$h=\frac{1.2-(-1.2)}{2}=1.2.$

$$\int_{-1.2}^{1.2}\frac{3}{\sqrt{9-x^3}}\,dx\approx\frac{1}{2}\times1.2\times(0.9159+2\times1+1.11249)=2.42.$$

(ii)

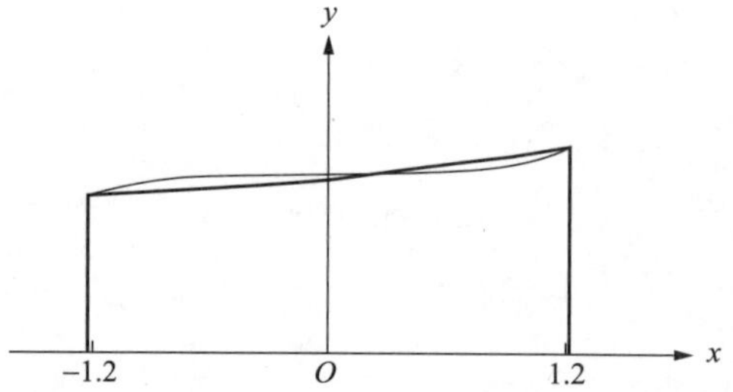

从图中可以看出，在$-1.2\leqslant x\leqslant0$这个范围内，梯形的面积略小于原曲线的面积，在$0\leqslant x\leqslant1.2$这个范围内，梯形的面积略大于原曲线的面积，两边略小于和略大于的部分可以抵消掉，所以在这题中梯形法则是一个很好的预估方法.

Q2 知识点

solving logarithmic equations

c 运用 log 的定理，

$\text{LHS} = \log_2 x^2$，

$\text{RHS} = \log_2 2^3 + \log_2(x+1) = \log_2 8(x+1)$，

左右两边相等可得

$x^2 = 8(x+1)$，

$x^2 - 8x - 8 = 0$，

运用公式法解这个二次函数可得

$$x = \frac{8 \pm \sqrt{64+4\times 8}}{2},$$

$x_1 = 8.90$，$x_2 = -0.899$.

因为 log function domain 的要求，所以 $\begin{cases} x>0, \\ x+1>0. \end{cases}$

最终得 $x>0$，

因此最后答案只保留 $x = 8.90$.

Q3 知识点

trigonometric identities

$$\tan(\theta+60^\circ) = \frac{\tan\theta+\tan 60^\circ}{1-\tan\theta\tan 60^\circ} = \frac{\tan\theta+\sqrt{3}}{1-\sqrt{3}\tan\theta},$$

$$\tan(\theta-60^\circ) = \frac{\tan\theta-\tan 60^\circ}{1+\tan\theta\tan 60^\circ} = \frac{\tan\theta-\sqrt{3}}{1+\sqrt{3}\tan\theta},$$

$$\text{LHS} = \frac{\tan\theta+\sqrt{3}}{1-\sqrt{3}\tan\theta} + \frac{\tan\theta-\sqrt{3}}{1+\sqrt{3}\tan\theta}$$

$$= \frac{(\tan\theta+\sqrt{3})(1+\sqrt{3}\tan\theta)+(\tan\theta-\sqrt{3})(1+\sqrt{3}\tan\theta)}{1-3\tan^2\theta}$$

$$= \frac{\tan\theta+\sqrt{3}\tan^2\theta+\sqrt{3}+3\tan\theta+\tan\theta-\sqrt{3}\tan^2\theta - \sqrt{3}+3\tan\theta}{1-3\tan^2\theta}$$

$$= \frac{8\tan\theta}{1-3\tan^2\theta},$$

$$\text{RHS} = \frac{1}{\tan\theta},$$

左右两边相等可得

$8\tan^2\theta = 1-3\tan^2\theta$,

$11\tan^2\theta = 1$,

$$\tan^2\theta = \frac{1}{11},$$

$$\tan\theta = \pm\sqrt{\frac{1}{11}},$$

根据题目要求的 0 到 90° 的范围，

$\theta = 16.8^\circ$ 是唯一的解.

Q4 知识点

(i) stationary point
(ii) determining the nature of stationary points

(i) stationary point 就是当 $\frac{dy}{dx} = 0$ 的时候.

这里要求导需要用到 quotient rule：

设 $f(x) = 2 - \sin x$,

$f'(x) = -\cos x$,

设 $g(x) = \cos x$,

$g'(x) = -\sin x$.

$$\frac{dy}{dx} = \frac{-\cos x\cos x - (2-\sin x)(-\sin x)}{\cos^2 x}$$

$$= \frac{-\cos^2 x + 2\sin x - \sin^2 x}{\cos^2 x} = \frac{2\sin x - 1}{\cos^2 x} = 0,$$

$2\sin x - 1 = 0$，

$$\sin x = \frac{1}{2}.$$

根据题目要求 $-\frac{\pi}{2} < x < \frac{\pi}{2}$,

$$x = \frac{\pi}{6}.$$

$$y = \frac{2-\sin\frac{\pi}{6}}{\cos\frac{\pi}{6}} = \sqrt{3}.$$

所以 stationary point 是 $\left(\frac{\pi}{6}, \sqrt{3}\right)$.

(ii) 可以用判断一次导的方式去判断是最大值还是最小值.

$$\frac{dy}{dx} = \frac{2\sin x - 1}{\cos^2 x}.$$

$x = \frac{\pi}{6}$, $\frac{dy}{dx} = 0$.

在 $x = \frac{\pi}{6}$ 左边一点，$x = 0.5$ 的时候，$\frac{dy}{dx} < 0$，意味着此时 y 是一个 decreasing function.

在 $x = \frac{\pi}{6}$ 右边一点，$x = 0.6$ 的时候，$\frac{dy}{dx} > 0$，意味着此时 y 是一个 increasing function.

所以根据图形形状，可以推导得这个 stationary point 是一个 minimum point.

Q5 知识点

differential equation

需要把 y 的项放到一边，x 的项放到另一边：

$\frac{1}{y}\mathrm{d}y=\frac{x+2}{x+1}\mathrm{d}x$,

左右两边同时积分：

$\int\frac{1}{y}\mathrm{d}y=\ln y$，

$\int\frac{x+2}{x+1}\mathrm{d}x=\int\left(1+\frac{1}{x+1}\right)\mathrm{d}x=x+\ln(x+1)$,

$\ln y = x+\ln(x+1)+C$，

$x=1,\ y=2$，

$\ln 2 = 1+\ln(1+1)+C$，

$C=-1$，

$\ln y=x+\ln(x+1)-1$.

$\mathrm{e}^{\ln y}=\mathrm{e}^{x+\ln(x+1)-1}$，

$y=\mathrm{e}^{x-1}\mathrm{e}^{\ln(x+1)}$，

$y=(x+1)\mathrm{e}^{x-1}$.

Q6 知识点

(i) derivative of implicit function
(ii) gradient

(i) 对第一项 x^3y 求导得 $x^3\frac{\mathrm{d}y}{\mathrm{d}x}+3x^2y$,

对第二项 $3xy^3$ 求导得 $9y^2x\frac{\mathrm{d}y}{\mathrm{d}x}+3y^3$,

对右边 $2a^4$ 求导得 0.

所以 $x^3\frac{\mathrm{d}y}{\mathrm{d}x}+3x^2y-9y^2x\frac{\mathrm{d}y}{\mathrm{d}x}-3y^3=0$,

把这个式子化简，将 $\frac{\mathrm{d}y}{\mathrm{d}x}$ 项放在一边，其他项放到另一边，

$x^3\frac{\mathrm{d}y}{\mathrm{d}x}-9y^2x\frac{\mathrm{d}y}{\mathrm{d}x}=-3x^2y+3y^3$,

$\left(x^3-9y^2x\right)\frac{\mathrm{d}y}{\mathrm{d}x}=-3x^2y+3y^3$,

$\frac{\mathrm{d}y}{\mathrm{d}x}=\frac{-3x^2y+3y^3}{x^3-9xy^2}=\frac{3x^2y-3y^3}{9xy^2-x^3}$.

(ii) 斜率和 x 轴平行意味着 $\frac{\mathrm{d}y}{\mathrm{d}x}=0$,

$\frac{\mathrm{d}y}{\mathrm{d}x}=\frac{3x^2y-3y^3}{9xy^2-x^3}=0$.

$3x^2y-3y^3=0$，

$3x^2y=3y^3$，

$x^2y=y^3$，

这里会有两种情况：

第一种，$y=0$，则 $a=0$，

因为题目要求 a 不能为零，所以这个答案是要划掉的 .

第二种情况是：

$x^2=y^2$，

$\Rightarrow x=y$ 或者 $x=-y$.

当 $x=y$ 时：$x^4-3x^4=2a^4$，

$-2x^4=2a^4$，

这个是不成立的 .

当 $x=-y$ 时：$-x^4+3x^4=2a^4$，

$2x^4=2a^4$，

$x_1=a\Rightarrow y_1=-a$，

$x_2=-a\Rightarrow y_2=a$，

所以两个点为 $(a, -a)$ 和 $(-a, a)$.

Q7 知识点

(i) modulus and argument
(ii) calculations of complex number
(iii) loci

(i) modulus 为 $\sqrt{1+(\sqrt{3})^2}=2$.

argument 为 $\tan^{-1}\left(-\frac{\sqrt{3}}{1}\right)=-\frac{\pi}{3}$.

如下图所示，这个点在第四象限：

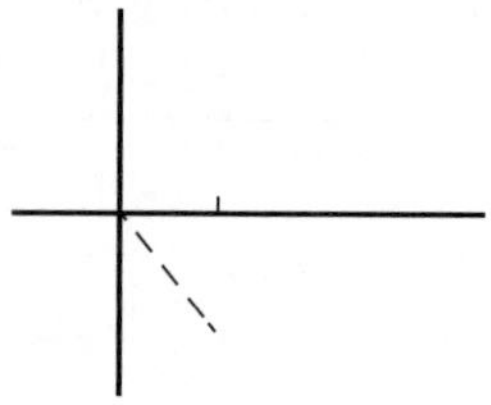

(ii) $u^3=(1-\sqrt{3}\mathrm{i})^3=(1-\sqrt{3}\mathrm{i})^2\left(1-\sqrt{3}\mathrm{i}\right)$

$=\left(1-2\sqrt{3}\mathrm{i}-3\right)\left(1-\sqrt{3}\mathrm{i}\right)=\left(-2-2\sqrt{3}\mathrm{i}\right)\left(1-\sqrt{3}\mathrm{i}\right)$

$=-2+2\sqrt{3}\mathrm{i}-2\sqrt{3}\mathrm{i}-6=-8$,

所以 $u^3+8=-8+8=0$.

(iii) $\left|z-\left(1-\sqrt{3}\mathrm{i}\right)\right|=2$ 是一个以 $\left(1, -\sqrt{3}\right)$ 为圆心，半径为 2 的圆：

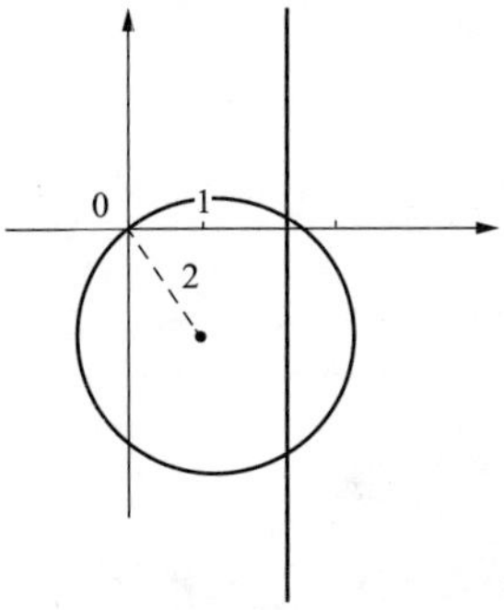

因为题目要求 $\left|z-\left(1-\sqrt{3}\mathrm{i}\right)\right|\leqslant 2$，所以整个圆内都是符合要求的 .

$\mathrm{Re}z\geqslant 2$ 意味着 z 的 real part 是大于等于 2 的，也就意味着横坐标大于等于 2.

在图上，需要画出 $x=2$ 这条直线：

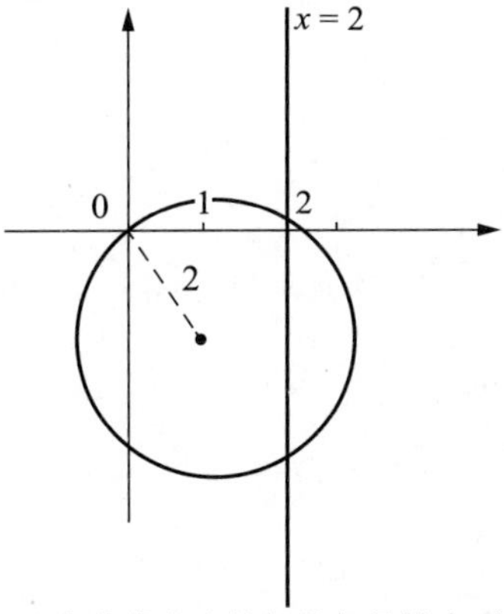

所有在 $x=2$ 这条直线右边的部分都是符合要求的，

所以，阴影部分如下：

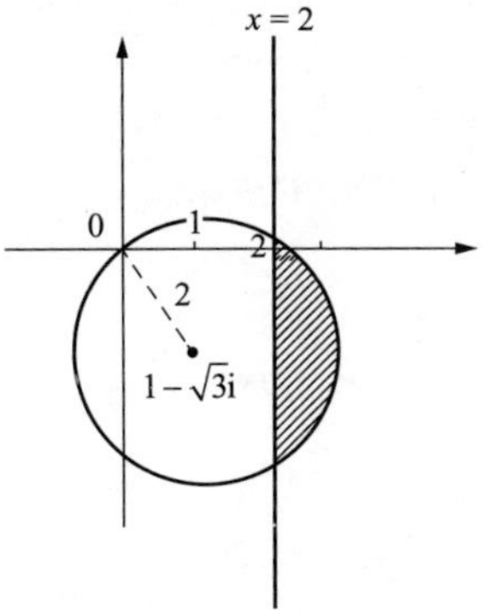

Q8 知识点

(i) partial fraction

(ii) binomial expansion with negative integer exponent

(i) $\dfrac{8x^2+9x+8}{(1-x)(2x+3)^2}=\dfrac{A}{1-x}+\dfrac{B}{2x+3}+\dfrac{C}{(2x+3)^2}$，

$8x^2+9x+8=A(2x+3)^2+B(1-x)(2x+3)+C(1-x)$，

当 $x=1$：

$8+9+8=25A$，$A=1$.

当 $x=-\dfrac{3}{2}$：

$8\times\dfrac{9}{4}+9\times\left(-\dfrac{3}{2}\right)+8=\dfrac{5}{2}C$，$C=5$.

当 $x=0$：

$8=9A+3B+C$，$B=-2$.

所以 $\mathrm{f}(x)=\dfrac{1}{1-x}-\dfrac{2}{2x+3}+\dfrac{5}{(2x+3)^2}$.

(ii) 根据 binomial expansion 的公式：

$\dfrac{1}{1-x}=(1-x)^{-1}=1+x+\dfrac{-1\times(-2)}{2!}(-x)^2=1+x+x^2$,

$\dfrac{-2}{2x+3}=-2(2x+3)^{-1}=-\dfrac{2}{3}(1+\dfrac{2}{3}x)^{-1}$

$=-\dfrac{2}{3}\left[1+(-1)\dfrac{2}{3}x+\dfrac{-1\times(-2)}{2!}(\dfrac{2}{3}x)^2\right]$

$=-\dfrac{2}{3}\left(1-\dfrac{2}{3}x+\dfrac{4}{9}x^2\right)=-\dfrac{2}{3}+\dfrac{4}{9}x-\dfrac{8}{27}x^2$.

$\dfrac{5}{(2x+3)^2}=5(2x+3)^{-2}=5\times 3^{-2}(1+\dfrac{2}{3}x)^{-2}$

$=\dfrac{5}{9}\left[1+(-2)\left(\dfrac{2}{3}x\right)+\dfrac{-2\times(-3)}{2!}(\dfrac{2}{3}x)^2\right]$

$=\dfrac{5}{9}\left(1-\dfrac{4}{3}x+\dfrac{4}{3}x^2\right)=\dfrac{5}{9}-\dfrac{20}{27}x+\dfrac{20}{27}x^2$.

所以

$\dfrac{1}{1-x}-\dfrac{2}{2x+3}+\dfrac{5}{(2x+3)^2}=1+x+x^2+(-\dfrac{2}{3}+\dfrac{4}{9}x-\dfrac{8}{27}x^2)+\dfrac{5}{9}-\dfrac{20}{27}x+\dfrac{20}{27}x^2=\dfrac{8}{9}+\dfrac{19}{27}x+\dfrac{13}{9}x^2$.

Q9 知识点

(i) integration by parts
(ii) finding a root
(iii) iterative processes

(i) 这里使用到 integrate by parts 的方法，公式为：

$$\int u\frac{\mathrm{d}v}{\mathrm{d}x}\mathrm{d}x = uv - \int v\frac{\mathrm{d}u}{\mathrm{d}x}\mathrm{d}x,$$

这里 $u = \ln x$,

$$\frac{\mathrm{d}u}{\mathrm{d}x} = \frac{1}{x},$$

$$\frac{\mathrm{d}v}{\mathrm{d}x} = x^{\frac{1}{2}},$$

$$v = \frac{2}{3}x^{\frac{3}{2}}.$$

代入公式可以得

$$\int x^{\frac{1}{2}}\ln x\mathrm{d}x = \frac{2}{3}x^{\frac{3}{2}}\ln x - \int\frac{2}{3}x^{\frac{3}{2}}\frac{1}{x}\mathrm{d}x$$

$$= \frac{2}{3}x^{\frac{3}{2}}\ln x - \frac{2}{3}\times\frac{2}{3}x^{\frac{3}{2}},$$

$$\int_1^a x^{\frac{1}{2}}\ln x\mathrm{d}x = \left[\frac{2}{3}x^{\frac{3}{2}}\ln x - \frac{2}{3}\times\frac{2}{3}x^{\frac{3}{2}}\right]_1^a$$

$$= \ln a\times\frac{2}{3}a^{\frac{3}{2}} - \frac{4}{9}a^{\frac{3}{2}} + \frac{4}{9} = 2,$$

$$\ln a\times\frac{2}{3}a^{\frac{3}{2}} = 2 - \frac{4}{9} + \frac{4}{9}a^{\frac{3}{2}},$$

$$6\ln a\times a^{\frac{3}{2}} = 18 - 4 + 4a^{\frac{3}{2}},$$

$$3\ln a\times a^{\frac{3}{2}} = 9 - 2 + 2a^{\frac{3}{2}},$$

$$a^{\frac{3}{2}} = \frac{7+2a^{\frac{3}{2}}}{3\ln a}.$$

(ii) $a^{\frac{3}{2}} = \dfrac{7+2a^{\frac{3}{2}}}{3\ln a}$

$$\Rightarrow \mathrm{f}(x) = a^{\frac{3}{2}} - \frac{7+2a^{\frac{3}{2}}}{3\ln a},$$

$\mathrm{f}(2) = -3.258 < 0$,

$\mathrm{f}(4) = 2.47 > 0$,

因为 change of the sign，所以 2 和 4 之间有一个解 .

(iii) 因为第 (ii) 小问证出来 a 在 2 到 4 之间，

$a_0 = 2$,

$$a_1 = \left(\frac{7+2\times 2^{\frac{3}{2}}}{3\ln 2}\right)^{\frac{2}{3}} = 3.33365,$$

$a_2 = 3.04287$,

$a_3 = 3.03094$,

$a_4 = 3.03091$,

因为题目要求保留三位小数，所以答案为 $a = 3.031$.

Q10 知识点

(i) the angle between two planes
(ii) plane and plane

(i)

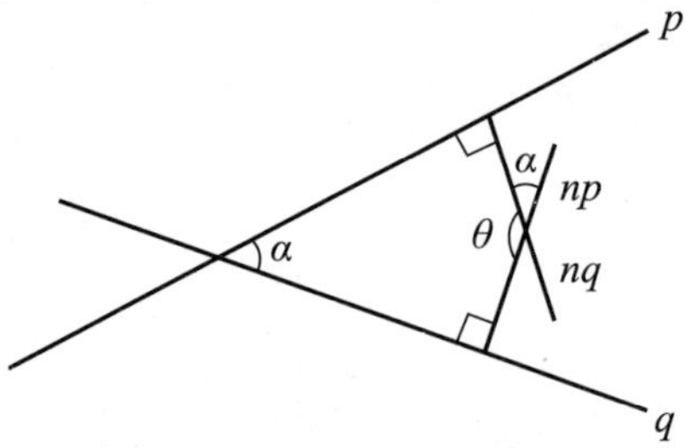

如图上所示，可以先求出两个 plane 的 normal 之间的夹角 .

$$\begin{pmatrix}3\\-1\\2\end{pmatrix}\cdot\begin{pmatrix}2\\-2\\1\end{pmatrix} = \sqrt{1+1+9}\times\sqrt{4+4+1}\times\cos\theta,$$

$$\cos\theta = \frac{1}{\sqrt{11}},$$

$\theta = 72.5^\circ$.

(ii) 根据题目条件，先把 plane p 和 plane q 的 normal 作叉乘可得新的 plane 的 normal：

$$\begin{pmatrix}1\\1\\3\end{pmatrix}\times\begin{pmatrix}2\\-2\\1\end{pmatrix} = \begin{pmatrix}7\\5\\-4\end{pmatrix},$$

$\Rightarrow 7x+5y-4z = d$,

代入 $y = 2$ 到 plane p 和 plane q :

$x+2+3z = 8$,

$2x-4+z = 3$,

两式联立可得

$x = 3,\ z = 1$,

代入新的 plane：

$7\times3+5\times2-4\times1 = 27 = d$

$\Rightarrow 7x+5y-4z = 27$.

Paper 4

9709_m17_qp_42

Q1 知识点

work-energy principal

(i) $\text{KE} = \frac{1}{2}mv^2 = \frac{1}{2}\times 0.4\times 12^2 = 28.8\ \text{J}.$

(ii) $\text{gain in GPE} = mg\left(h_1 - h_0\right) = 0.4gh,$

$\text{gain in KE} = \text{loss in GPE},$

$\frac{1}{2}mv^2 - \frac{1}{2}mu^2 = -mgh,$

$0 - 28.8 = -0.4gh,$

计算出高度为 $h = 7.2\ \text{m}.$

走过的距离为 $d = \frac{h}{\sin 30°} = 7.2\times 2 = 14.4\ \text{m}.$

Q2 知识点

resolving forces

由题可知物体处于平衡状态 .

首先分析物体水平方向受力，

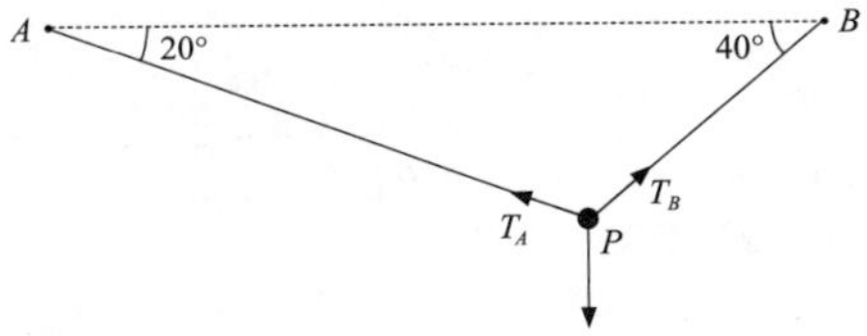

$T_A\cos 20° = T_B\cos 40°,$

分析物体垂直方向受力，

$T_A\sin 20° + T_B\sin 40° = 16,$

联立式子可得

$T_A = 14.2\ \text{N},$

$T_B = 17.4\ \text{N}.$

Q3 知识点

force analysis

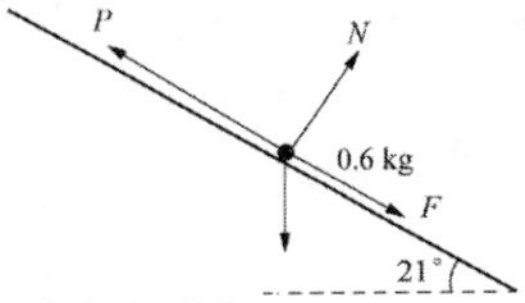

首先分析斜面垂直方向受力，

$N = mg\cos 21° = 5.60\ \text{N}.$

可得摩擦力，

$F = \mu N = 0.3N = 1.68\ \text{N}.$

沿斜面水平方向分析受力，若摩擦力方向向上，则有

$P + F = mg\sin 21° = 2.15\ \text{N},$

$P = 2.15 - 1.68 = 0.470\ \text{N}.$

若摩擦力方向向下，则有

$P = mg\sin 21° + F,$

$P = 2.15 + 1.68 = 3.83\ \text{N},$

即 P 最大为 3.83 N.

Q4 知识点

Newton's second law, work

(i)

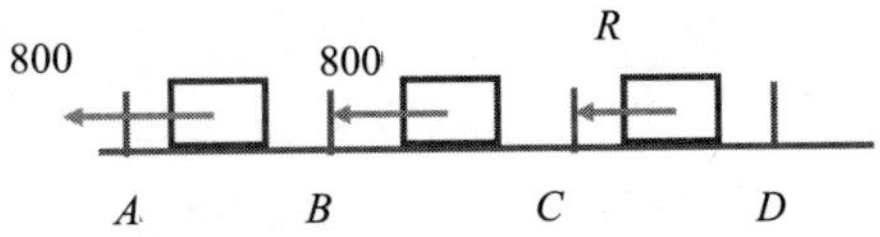

由题可知车做匀速运动，所以有

$DF = R = 800\ \text{N},$

根据公式 $P = Fv$，可得

$v = \frac{P}{DF} = \frac{36000}{800} = 45\ \text{m s}^{-1},$

A 到 B 所使用时间为 120 s，所以其距离为

$s = ut = 45 \times 120 = 5400$ m.

(ii) 引擎在 BC 段停止工作，所以有

$-R = ma,$

$-800 = 900a,$

计算可得 $a = -\frac{8}{9}$ m s^{-2}.

由题可知 BC 间距离 $s = 450$ m， $u = 45$ m s^{-1}.

根据公式 $v^2 = u^2 + 2as$，可得

$v^2 = 45^2 - 2 \times \frac{8}{9} \times 450,$

可得 C 点速度 $v = 35$ m s^{-1}.

(iii) 首先计算出 CD 的距离，

$s = 6637.5 - 5400 - 450 = 787.5$ m，

根据公式 $v^2 = u^2 + 2as$，可得

$0 = 35^2 - 2a \times 787.5,$

$a = -\frac{7}{9} = -0.778$ m s^{-2}.

即 deceleration of the car 为 0.778 m s^{-2}.

根据公式 $F = ma$，可得摩擦力为

$R = 900 \times \frac{7}{9} = 700$ N.

Q5 知识点

velocity-time graphs

(i) 根据第二段速度表达式可得

$v(15) = 2 \times 15 + 10 = 40$ m s^{-1},

由题可知物体在 35 s 时静止，即 $v(35) = 0$ m s^{-1},

因此在第三段速度表达式中，

$a + 15^2 b = 40,$

$a + 35^2 b = 0,$

可得

$a = 49,$

$b = -0.04.$

(ii) $v(5) = 25 \times \frac{4}{5} = 20$ m s^{-1},

由第 (i) 小问可知第三段速度表达式为

$v = 39 - 0.04t^2.$

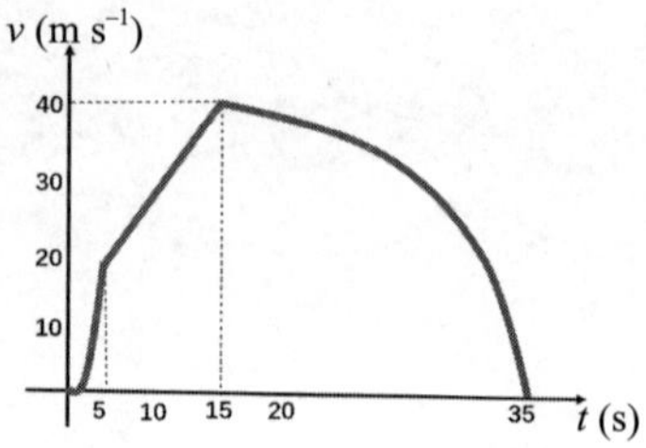

(iii) 0 ~5 s 距离为

$$s_1 = \int_0^5 v\,dt = \int_0^5 0.8t^2\,dt = \left[0.8 \times \frac{1}{3}t^3\right]_0^5 = \frac{100}{3}\text{m},$$

5 ~10 s 距离为

$$s_2 = \frac{20 + 40}{2} \times 10 = 300\text{ m},$$

10 ~35 s 距离为

$$s_3 = \int_{15}^{35} v\,dt = \int_{15}^{35} (49 - 0.04t^2)\,dt = \left[49t - \frac{0.04}{3}t^3\right]_{15}^{35} = \frac{1360}{3}\text{m},$$

总距离为

$$s = \frac{100}{3} + 300 + \frac{1360}{3} = 787\text{m}.$$

Q6 知识点

force analysis of connected particles

(i)

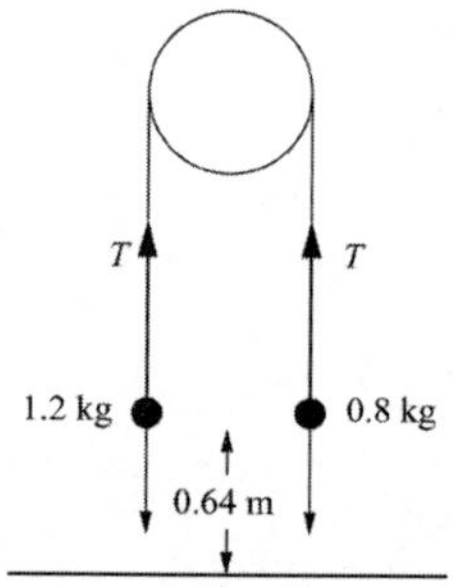

设 1.2 kg 物体为 A，0.8 kg 为 B，

分别对两物体进行受力分析，

物体 A： $1.2g - T = 1.2a,$

物体 B： $T - 0.8g = 0.8a.$

联立两个方程可得

$4 = 2a,$

可得

$a = 2$ m s^{-2},

$T = 9.6$ N.

(ii) 本小问需要计算物体 B 在释放后一秒内的位移，需将整个过程分为三段进行计算 .

第 1 段，B 随 A 一起运动 .

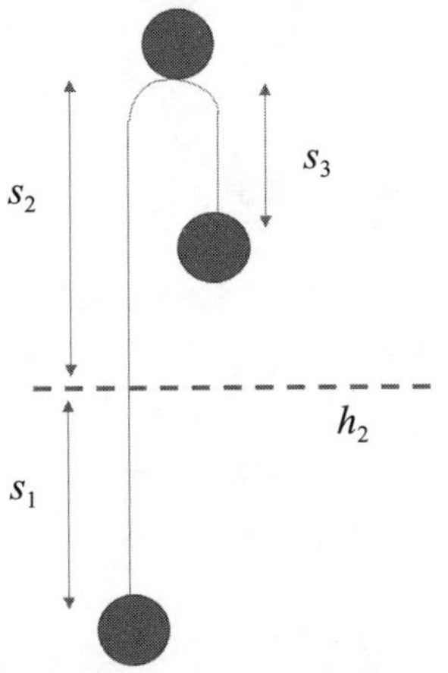

初速度 $u = 0\text{ m s}^{-1}$, 加速度 $a = 2\text{ m s}^{-2}$, 上升距离 $s_1 = 0.64\text{ m}$,

根据公式 $s = ut + \frac{1}{2}at^2$ 可得

$0.64 = \frac{1}{2} \times 2t^2$,

可算得第一段使用时间 $t_1 = 0.8\text{s}$,

末速度 $v = u + at = 2 \times 0.8 = 1.6\text{ m s}^{-1}$.

第二段，B 做竖直上抛运动 .

初速度 $u = 1.6\text{m s}^{-1}$，加速度 $a = -10\text{m s}^{-2}$,

末速度 $v = 0\text{m s}^{-1}$，可算得第二段使用时间

$t_2 = \frac{v-u}{a} = \frac{1.6}{10} = 0.16\text{s}$.

根据公式 $v^2 = u^2 + 2as$ 计算出第二段运动距离，

$s_2 = \frac{u^2}{2a} = \frac{1.6^2}{2 \times 10} = 0.128\text{m}$.

第 3 段，B 做自由落体运动 .

首先计算第三段运动时间，

$t_3 = 1 - 0.8 - 0.16 = 0.04\text{ s}$,

$s_3 = \frac{1}{2}at^2 = \frac{1}{2} \times 10 \times 0.04^2 = 0.008\text{m}$,

总路程为

$s = 0.64 + 0.128 + 0.008 = 0.776\text{m}$.

9709_s17_qp_41

Q1 知识点

work-energy principal

根据 (Final KE − Initial KE) + (Final GPE − Initial GPE) = WD by external force，有

$\frac{1}{2}mv^2 - \frac{1}{2}mu^2 - mgh = -$WD against resistance,

$\frac{1}{2} \times 0.6 \times (10^2 - 0^2) - 0.6 \times 10 \times 8 = -$WD against resistance,

计算可得 WD against resistance $= 48 - 30 = 18\text{J}$.

Q2 知识点

force analysis, equations of constant acceleration

(i) 首先分析斜面垂直方向受力，

$N = mg\cos 10°$,

可得摩擦力，

$F = \mu mg\cos 10°$,

分析物体沿斜面方向受力，

$-F - mg\sin 10° = ma$,

$-\mu mg\cos 10° - mg\sin 10 = ma$,

两边可同时约掉 m，则

$a = -0.4 \times 10 \times \cos 10° - 10 \times \sin 10° = -5.68\text{ m s}^{-2}$.

(ii) 由题可知，$u = 12$, $v = 0$, $a = -5.68$，有

$v^2 = u^2 + 2as$,

$0^2 = 12^2 - 2 \times 5.68s$,

$s = 12.7\text{m}$.

Q3 知识点

resolving forces

分别对水平和垂直方向进行受力分析，

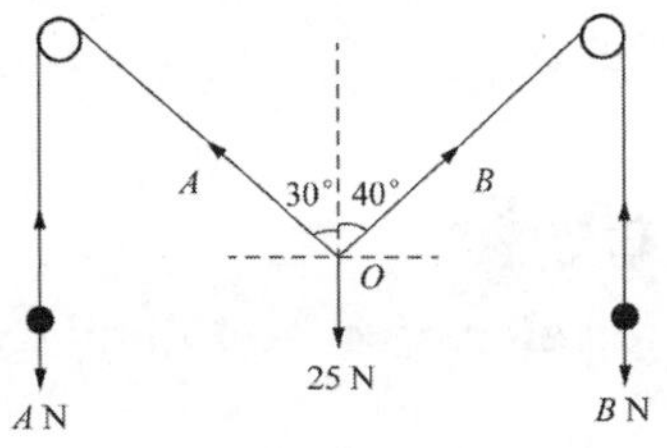

X：$A\sin 30° = B\sin 40°$,

Y：$A\cos 30° + B\cos 40° = 25$,

联立两方程可得

$A = 17.1\,\text{N}$,

$B = 13.3\,\text{N}$.

Q4 知识点

work-energy principal

(i) gain in KE $= \frac{1}{2}mv^2 - \frac{1}{2}mu^2 = \frac{1}{2}\times 800\times(14^2 - 4^2)$

$= 52800\,\text{J}$,

gain in GPE $= mg(h_1 - h_0) = 800\times 10\times 120\times \sin\theta = 144000\,\text{J}$.

(ii) WD by car's sengine $= Pt = 32000\times 12$,

(Final KE − Initial KE) + (Final GPE − Initial GPE) = WD by external force,

$52800 + 144000 = 32000\times 12 -$ WD against resistance,

计算可得 WD against resistance $= 187200\,\text{J}$.

Q5 知识点

equations of constant acceleration

(i) 根据公式 $v^2 - u^2 = 2as$ 分别对 AB、BC 段进行分析，

AB： $12^2 - 20^2 = 2as_1$， ①

BC： $6^2 - 12^2 = 2as_2$， ②

$\frac{s_1}{s_2} = \frac{①}{②} = \frac{12^2 - 20^2}{6^2 - 12^2} = \frac{64}{27}$.

(ii) 首先根据公式 $v^2 - u^2 = 2as$，利用 AD 段计算出加速度大小，

$0^2 - 20^2 = 2a\times 80$,

$a = -2.5\,\text{m s}^{-2}$,

然后对 BC 段进行分析，

$6^2 - 12^2 = 2as_2$,

$s_2 = 21.6\,\text{m}$,

即 BC 距离为 21.6m.

Q6 知识点

finding acceleration and displacement

(i) 根据题目可知，$v(1) = 4$，$v(2) = 4$,

代入速度表达式中则有

$q + r = 4$,

$2q + 4r = 4$,

可得

$q = 6$,

$r = -2$,

根据速度表达式求出加速度，

$a = \frac{dv}{dt} = q + 2rt = 6 - 4t$,

$a(0.5) = 6 - 4\times 0.5 = 4\,\text{m s}^{-1}$.

(ii) 本小问需要求小球何时静止，即求何时 $v = 0$,

$v = 6t - 2t^2 = 0$,

$t = 0$ s or $t = 3$ s.

(iii) 根据题目可知，$s(3) = 0$ 需要求 $s(0) = ?$

$s = \int v\,dt = 3t^2 - \frac{2}{3}t^3 + C$,

$s(3) = 27 - 18 + C = 0$,

$C = -9$,

$s(0) = -9\,\text{m}$,

即 distance = 9 m.

Q7 知识点

force analysis of connected particles

(i)

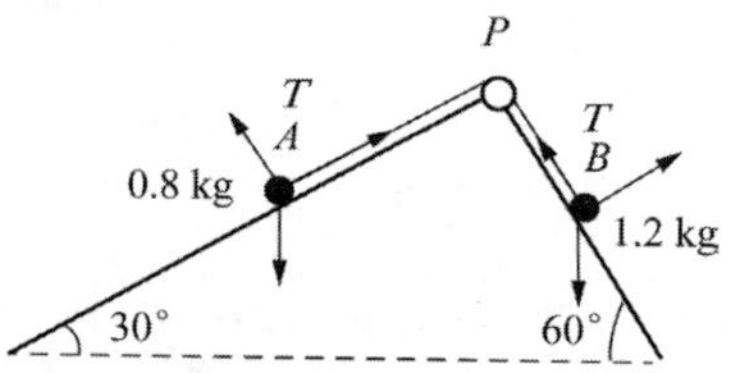

分别对两物体进行受力分析，

物体 A： $T - 0.8g\sin 30° = 0.8a$,

物体 B： $1.2g\sin 60° - T = 1.2a$,

即 $T - 4 = 0.8a$,

物体 B： $6\sqrt{3} - T = 1.2a$,

联立两方程可得

$6\sqrt{3} - 4 = 2a$,

可得

$a = 3.20\,\text{m s}^{-2}$,

$T = 6.56\,\text{N}$.

(ii) 本小问加入了摩擦力 .

由题目可知物体处于极限平衡状态，所以物体受力平衡 .

对 A 进行分析，

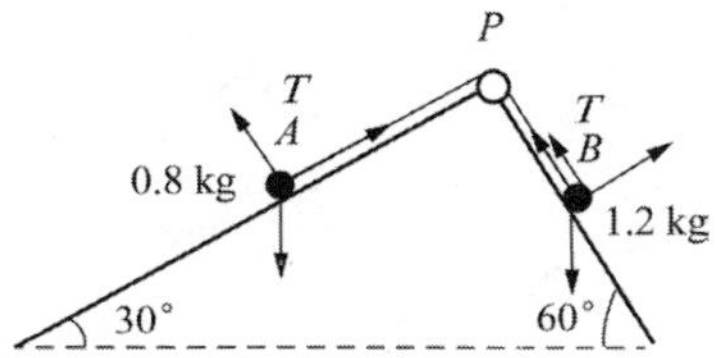

$R_A = 0.8g\cos30° = 4\sqrt{3}\,\text{N}$,

$T = \mu R_A + 0.8g\sin30°$,

可得，$T = 4\sqrt{3}\mu + 4$， ①

对 B 进行分析，

$R_B = 1.2g\cos60° = 6\,\text{N}$,

$T + \mu R_B = 1.2g\sin60°$,

可得

$T = 6\sqrt{3} - 6\mu$， ②

联立式①和式②可得

$4\sqrt{3}\mu + 4 = 6\sqrt{3} - 6\mu$,

可得 $\mu = 0.494$.

9709_s17_qp_42

Q1 知识点

work

由于物体做匀速直线运动，其位移 $s = vt = 1.5\times12 = 18\,\text{m}$.

根据公式 $W = Fs$，有

$50 = T\cos\theta\times18$,

$\cos\theta = \dfrac{50}{18\times20} = \dfrac{5}{36}$,

可得 $\theta = 82.0°$.

Q2 知识点

SUVAT equations, work-energy principle

(i) 由题可知物体在 AB 段做匀加速运动，

根据公式 $v^2 = u^2 + 2as$,

$v^2 = 2\times2.5\times5 = 25$,

$\Rightarrow v = 5\,\text{m s}^{-1}$.

(ii)

(a) 分析 BC 段，

gain in KE = loss in PE,

$\dfrac{1}{2}mv^2 - \dfrac{1}{2}mu^2 = mgh$,

$\dfrac{1}{2}mv^2 = \dfrac{1}{2}m\times5^2 + 3mg$,

$v^2 = 25 + 60 = 85$,

即物体在 C 点速度 $v = \sqrt{85} = 9.22\,\text{m s}^{-1}$.

在 P 点，KE 最小，PE 最大 .

(b) 分析 BP 段，

$\dfrac{1}{2}mv^2 = \dfrac{1}{2}m\times5^2 + 6mg$,

$v^2 = 25 + 120 = 145$,

即物体在 P 点速度 $v = \sqrt{145} = 12.0\,\text{m s}^{-1}$.

Q3 知识点

SUVAT equations

(i) 根据题目可知，物体 A 做匀速直线运动，$v = 10\,\text{m s}^{-1}$，经过 O 点 2 s 后，所以

$s_A = 10\times2 + 10t = 20 + 10t$.

物体 B 做匀减速直线运动，$v = 16\,\text{m s}^{-1}, a = -2\,\text{m s}^{-2}$，所以

$s_B = ut + \dfrac{1}{2}at^2 = 16t - t^2$.

(ii) 本小问要求当 B 静止时两物体间距离 .

令物体 B 速度 $v = u + at = 16 - 2t = 0$，

可得 $t = 8\text{s}$,

$s_A = 20 + 10\times8 = 100\,\text{m}$,

$s_B = 16\times8 - 8^2 = 64\,\text{m}$,

因此两物体间距离 $s = 100 - 64 = 36\text{m}$.

(iii) AB 两物体间距离为

$s = s_A - s_B = 20 + 10t - 16t + t^2 = t^2 - 6t + 20$,

为求最小距离，令 $\dfrac{\text{d}s}{\text{d}t} = 2t - 6 = 0$,

可得 $t = 3\text{s}$，

则两物体间最小距离为 $s(3)=11\text{m}$.

Q4 知识点

SUVAT equations

(i)

(a) $DF=R=850\text{ N}$.

$P=Fv=850\times 42=35700\text{ W}=35.7\text{ kW}$.

(b)

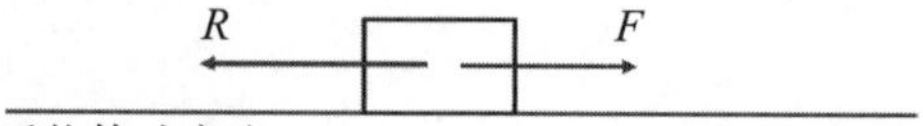

变化后物体功率为

$P=35.7+6=41.7\text{kW}$,

此时有 $DF=\dfrac{P}{v}=\dfrac{41700}{42}=993\text{N}$,

根据牛顿第二定律，$DF-R=ma$，则有

$993-850=1200a$,

所以 $a=0.119\text{ m s}^{-2}$.

(ii)

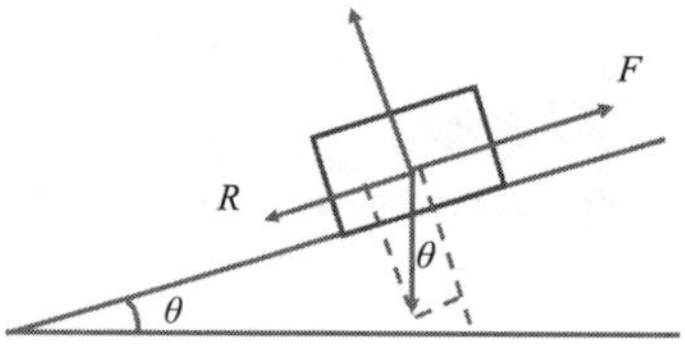

首先计算 $DF=\dfrac{P}{v}=\dfrac{80000}{24}$,

此时物体在斜坡上运动，所以有

$F=R+mg\sin\theta$,

计算可得

$$\sin\theta=\frac{\frac{80000}{24}-850}{1200}=0.207,$$

因此 $\theta=11.9°$.

Q5 知识点

change of direction of friction in difference motion

首先对物体进行受力分析，

其支持力为

$N=0.12g\cos 40°-P_{\max}\sin 30°$， ①

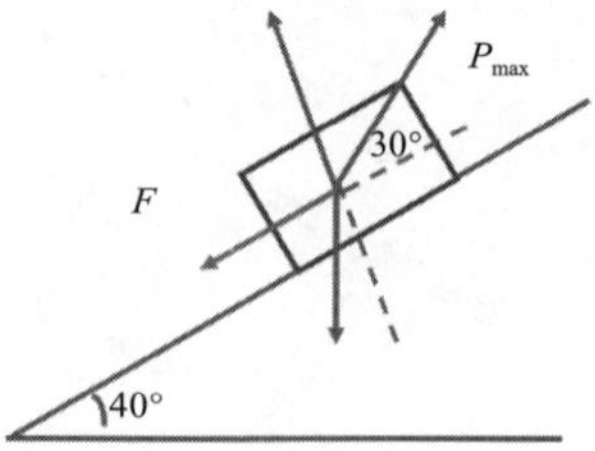

摩擦力为

$F=\mu N$,

当摩擦力方向向下时沿斜面方向，

$0.32N+0.12g\sin 40°=P_{\max}\cos 30°$， ②

将式①代入式②中可得

$0.32(0.12g\cos 40°-P_{\max}\sin 30°)+0.12g\sin 40°=P_{\max}\cos 30°$,

可得

$P_{\max}=1.04\text{ N}$.

当摩擦力方向向上时沿斜面方向，

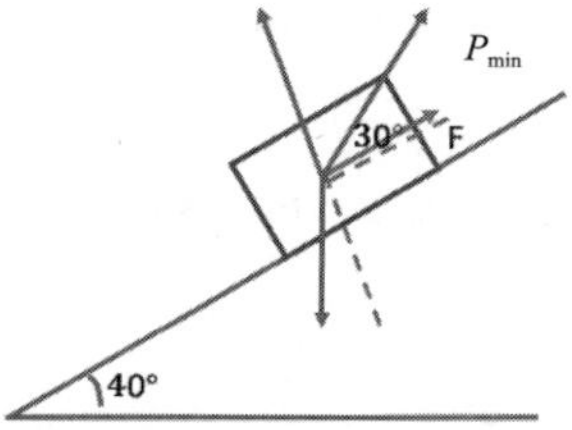

$0.32N+P_{\min}\cos 30°=0.12g\sin 40°$ ， ③

将式①代入式③中可得，

$0.32(0.12g\cos 40°-P_{\min}\sin 30°)+P_{\min}\cos 30°=0.12g\sin 40°$

$P_{\min}=0.676\text{ N}$.

综上，$0.676\text{ N}\leqslant P\leqslant 1.04\text{ N}$.

Q6 知识点

force analysis of connected particles

(i)

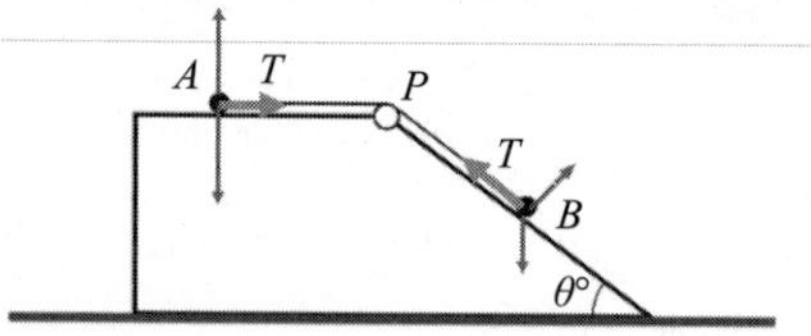

分别对两物体进行受力分析，

物体 A： $T=0.3a$,

物体 B： $1.5g\sin\theta-T=1.5a$,

联立两方程可得

$1.5g\sin\theta=1.8a$,

可得

$a=5\text{m s}^{-2}$.

$T = 1.5\text{ N}$.

(ii) 本小问比第 (i) 小问给水平面加入了摩擦力，物体 A 先跟随 B 一起运动 1 m，当 B 碰到挡板后物体 A 开始做匀减速运动 .

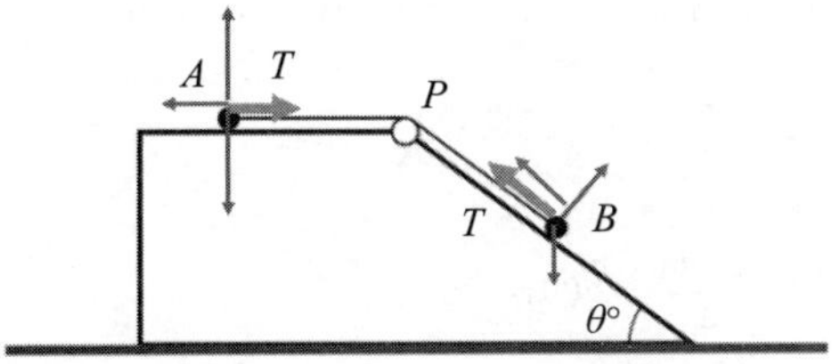

首先计算物体加速度，

$a = \frac{v-u}{t} = \frac{5}{3}\text{m s}^{-2}$,

对两物体再次进行受力分析，

物体 A ： $T - 3\mu = 0.3 \times \frac{5}{3}$， ①

物体 B ： $R = mg\cos\theta = 15 \times \frac{4}{5} = 12\text{ N}$,

$mg\sin\theta - T - \mu R = ma$,

即 $15 \times \frac{3}{5} - T - 12\mu = 1.5 \times \frac{5}{3}$， ②

① + ②可得 $15\mu = 6$,

则 $\mu = 0.4$.

9709_s17_qp_43

Q1 知识点

work

(i) 根据公式 $W = Fs$ ，有

$\text{WD} = T\cos\theta \times 12 = 35 \times \cos 20° \times 12 = 395\text{ J}$.

(ii) 由于物体在水平面上运动，所以有

gain in KE = WD by other force,

即 $\frac{1}{2}mv^2 - 0 = 385 - 15 \times 12$,

$\frac{1}{2} \times 25v^2 - 0 = 385 - 180$,

可得 $v = 4.14\text{m s}^{-1}$.

Q2 知识点

resolving forces

首先分析水平方向，

$2P\cos\theta = 3P\cos 55°$,

$\cos\theta = 0.86$,

可得 $\theta = 30.6°$.

在垂直方向上，

$3P\sin 55° = 20$,

计算可得 $P = 8.14\text{ N}$.

Q3 知识点

velocity-time graphs, calculating displacement

(i)

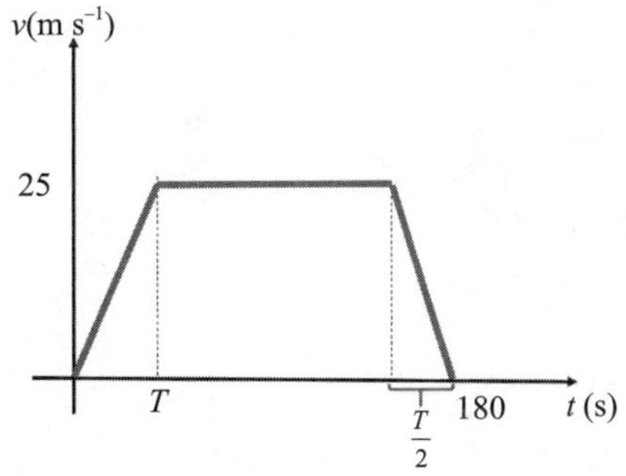

(ii) $t + T + \frac{T}{2} = 180$.

$t = 180 - 1.5T$.

(iii) 由题可知 AB 距离为 3300 m，即梯形面积为 3300，则有

$3300 = (180 - 1.5T + 180) \times \frac{25}{2}$,

可得 $T = 64\text{ s}$.

所以加速过程行驶距离

$s = \frac{T}{2} \times 25 \times \frac{1}{2} = 400\text{m}$.

Q4 知识点

finding acceleration and displacement

(i) $a=\frac{dv}{dt}=6(2t-5)^2=54\text{ m s}^{-2}$,

$(2t-5)^2=9$,

可得，$t=1\text{ s or }t=4\text{ s}$.

(ii) $s=\int v\text{d}t=\frac{1}{4}\times\frac{1}{2}(2t-5)^4+C$,

根据 $s(0)=\frac{5^4}{8}+C=0$,

可得，$C=-\frac{625}{8}$,

则位移表达式为，$s=\frac{1}{8}(2t-5)^4-\frac{625}{8}$.

Q5 知识点

vertical projectile motion

(i)

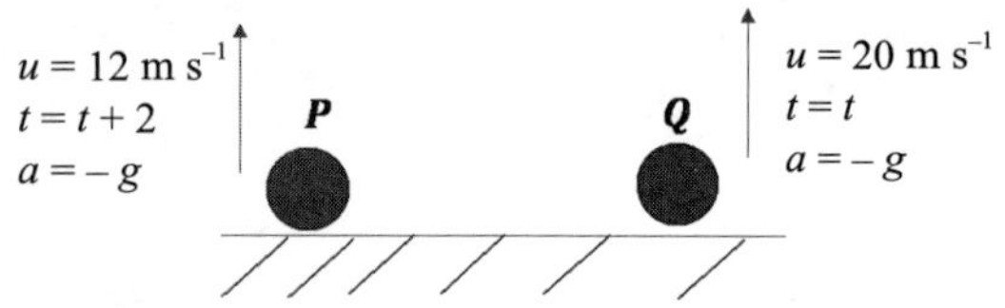

对 P 进行分析，

$s_P=ut+\frac{1}{2}at^2=12(t+2)-5(t+2)^2$,

对 Q 进行分析，

$s_Q=ut+\frac{1}{2}at^2=20t-5t^2$,

当 $s_P=s_Q$ 时，两物体相遇，即

$12(t+2)-5(t+2)^2=20t-5t^2$,

通过化简可得 $28t=4$,

所以当 $t=\frac{1}{7}=0.143\text{s}$ 时两物体相遇 .

(ii) 需计算物体 Q 在碰撞前的运动距离，即

$s=ut+\frac{1}{2}at^2=20\times\frac{1}{7}-5\times\frac{1}{49}=2.76\text{m}$.

Q6 知识点

work, Newton's second law

(i)

(a) 由于物体做匀速运动，所以有

$R=DF=\frac{P}{v}=\frac{16000}{40}=400\text{ N}$.

(b) 由于功率上升，因此

$DF=\frac{P}{v}=\frac{22500}{45}=500\text{N}$,

根据牛顿第二定律，

$DF-R=ma$,

$500-400=1200a$,

计算可得 $a=\frac{1}{12}=0.0833\text{m s}^{-2}$.

(ii) 由于物体做匀速运动，所以有

$R=DF=\frac{P}{v}$,

$\frac{16000}{v}=590v+2v^2$,

计算可得 $v=25\text{m s}^{-1}$.

Q7 知识点

force analysis of connected particles

(i)

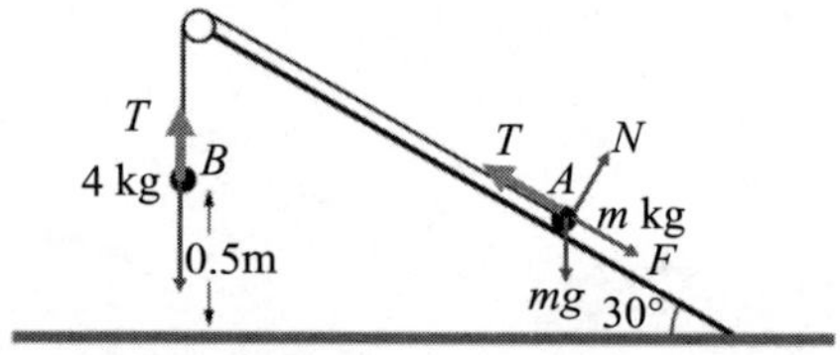

首先对 B 进行受力分析，

$T=4g=40\text{N}$,

对 A 进行受力分析，

沿斜面垂直方向有

$N=mg\cos30°$,

沿斜面方向有

$F=\mu N$,

$T=40=F+mg\sin30°$,

即 $40=m\left(\sqrt{3}+5\right)$,

则 $m=\frac{40}{\left(\sqrt{3}+5\right)}=5.94\text{kg}$.

(ii) 需分两段进行分析 .
第一段，A 随 B 一起运动 .
首先对 B 进行受力分析，

$4g-T=4a$,

即 $T=4g-4a$， ①
对 A 进行受力分析，
沿斜面垂直方向有

$R=mg\cos 30°=15\sqrt{3}\,\text{N}$.

沿斜面方向有

$F=\mu R$,

$T-mg\sin 30°-F=3a$， ②
将式①代入式②中，可得

$40-4a-15-3\sqrt{3}=3a$,

可得 $a=2.83\,\text{m s}^{-2}$.
根据 $v^2=u^2+2as$ 计算物体此时速度，则有

$v^2=2\times 2.83\times 0.5$,

可得 $v=1.68\,\text{m s}^{-1}$.
第二段，B 落地后 A 做匀减速运动 .
对 A 进行受力分析，

$0-mg\sin 30°-F=3a$,

$0-3g\sin 30°-0.2\,(3g\cos 30°)=3a$,

可得 $a=-5-\sqrt{3}$,

$v^2=u^2+2as$,

$0=1.68^2-2\left(5+\sqrt{3}\right)s$,

计算可得 $s=0.210\,\text{m}$.
总距离为 $0.5+0.21=0.71\text{m}$.

9709_w17_qp_41

Q1 知识点

Newton's second law, SUVAT equations

首先题目中说物体 initially at rest，说明初速度 $u=0$.
进行受力分析得到物体的合外力和加速度：

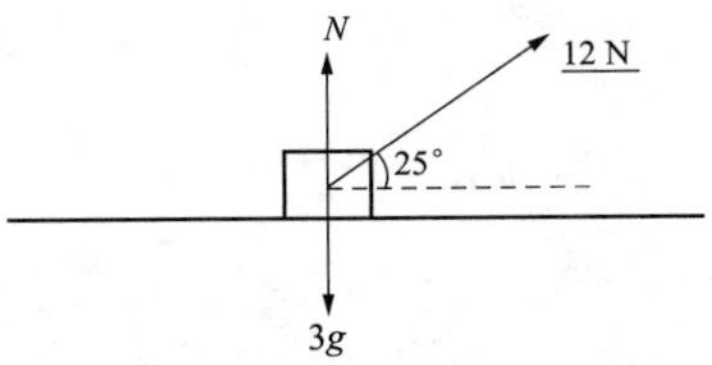

根据受力分析图像可知，物体所受合外力大小为牵引力加速度水平方向的分力：

$F=ma$，$12\times\cos 25°=3a \Rightarrow a=3.625\,\text{m s}^{-2}$.

已知 $u=0$，$a=3.625$，$t=5$，可求出位移：

$$s=ut+\frac{1}{2}at^2=0+\frac{1}{2}\times 3.625\times 5^2=45.3\,\text{m}.$$

Q2 知识点

(i) power of driving force
(ii) power of driving force
(iii) equilibrium of forces, constant speed

(i) 物体以 constant speed 运动，说明合外力为零 . 题目中问的 power 是由牵引力引起的，受力分析发现牵引力 F 与 resistant force f 大小相等，因此：

$F=f=1150\,\text{N}$,

$P=Fv=1150\times 12=13800\,\text{W}=13.8\,\text{kW}$.

(ii) 首先进行受力分析：

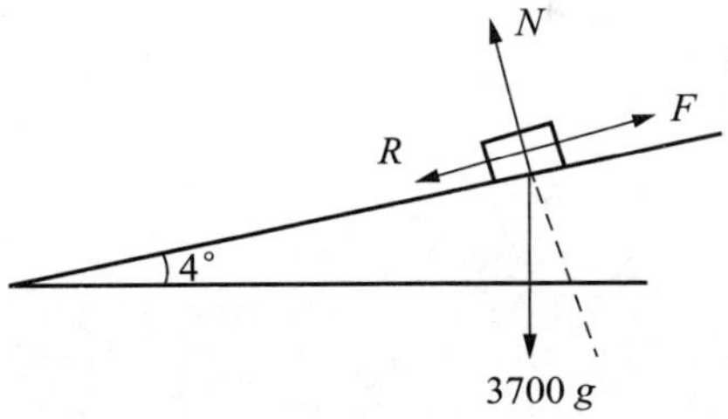

其中牵引力是通过功率除以速度得 $F=\dfrac{P}{v}$，并且在上坡的瞬间，速度依然为 $12\,\text{m s}^{-1}$.
沿坡面方向分解力得到加速度：

$F-R-3700g\times\sin 4°=ma$,

$\dfrac{25000}{12}-1150-3700g\times\sin 4°=3700a$,

$\Rightarrow a=-0.445\,\text{m s}^{-2}$.

(iii) 本小问中的物体受力与第 (ii) 小问一致，当物体保持 constant speed，加速度为零，沿斜面分解：

$F-R-3700g\times\sin 4°=0$,

$$\frac{25000}{v}-1150-3700g\times\sin 4°=0$$

$\Rightarrow v=6.70\,\text{m s}^{-1}$.

Q3 知识点

(i) work done by a force
(ii) work-energy principle, conservation of total kinetic energy

(i) work 的公式为 $W=Fd$，既然要找 resistance force 做的功，就需要找到力的大小以及移动距离 . 根据题意，物体先爬坡 8 m，再下坡 10 m，并且两段运动中 resistance force 都是 640 N，因此克服阻力做功为

$$W=640\times(8+10)=11520\,\text{J}.$$

(ii) 根据题目描述画出运动示意图：

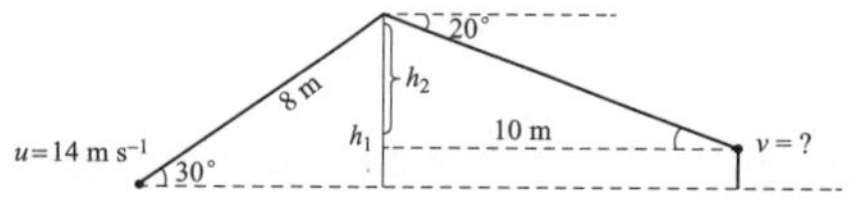

在第一段爬升过程中，高度变化为：$h_1=8\times\sin 30°=4\,\text{m}$.
在第二段下降过程中，高度变化为：$h_2=10\times\sin 20°=3.42\,\text{m}$.
两段运动 kinetic energy 的变化为重力与阻力做功的总和：

$$\frac{1}{2}mv^2-\frac{1}{2}mu^2=mg(h_2-h_1)-11520,$$

$$\frac{1}{2}\times 840\times v^2=\frac{1}{2}\times 840\times 14^2+840\times 10\times(3.42-4)-11520$$

$\Rightarrow v=12.5\,\text{m s}^{-1}$.

Q4 知识点

(i) power of driving force
(ii) using *v–t* graphs to calculate terminal velocity
(iii) using *v–t* graphs to calculate distance, the displacement under *t*-axis is negative

(i) 利用 *v-t* 图像求加速度，

根据 *v-t* 图像，在 $t=3.5\,\text{s}$ 和 $t=6\,\text{s}$ 之间的加速度为这段直线的斜率：

$$a=\frac{10-(-15)}{3.5-6}=\frac{25}{-2.5}=-10\,\text{m s}^{-2}.$$

(ii) 已知在 $t=6\,\text{s}$ 和 $t=10\,\text{s}$ 之间 $a=7.5\,\text{m s}^{-2}$，因此根据 *v-t* 图像，有

$$\frac{V-(-15)}{10-6}=7.5\Rightarrow V=15\,\text{m s}^{-1}.$$

(iii)

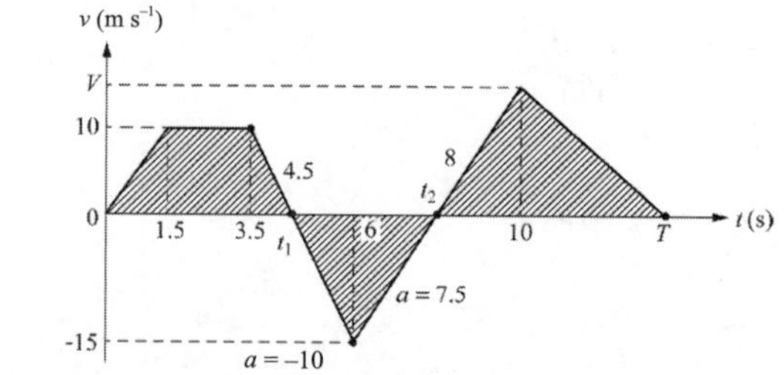

因为是计算 distance，所以要计算总共路程，即图中梯形和两个三角形的面积总和 .

计算中间三角形两边与 t 轴两个交点的方法有两种：

方法 1: 利用斜率 .

以求 t_1 为例，这一段直线的斜率为 -10，所以有：

$$\frac{\Delta y}{\Delta x}=\frac{10-0}{3.5-t_1}=-10\Rightarrow t_1=4.5\,\text{s}.$$

方法 2: 利用物理公式 .

以求 t_2 为例，这一段直线的斜率为 7.5，所以加速度 $a=7.5\,\text{m s}^{-2}$，初速度 $u=-15\,\text{m s}^{-1}$，末速度 $v=0\,\text{m s}^{-1}$，因此有

$$v=u+at\Rightarrow 0=-15+7.5(t_2-6)\Rightarrow t_2-6=2\Rightarrow t_2=8\,\text{s}.$$

所以这段运动的总路程为

$$\text{distance}=\frac{1}{2}\times 10\times(2+4.5)+\frac{1}{2}\times 15\times(8-4.5)+\frac{1}{2}\times 15\times(T-8).$$

又因为已知总路程为 100 m，所以有

$$100=\frac{1}{2}\times 10\times(2+4.5)+\frac{1}{2}\times 15\times(8-4.5)+\frac{1}{2}\times 15\times(T-8)$$

$\Rightarrow T=13.5\,\text{s}$.

Q5 知识点

differentiation and integration concerning displacement, velocity and acceleration

(i) 由于加速度 a 是速度 v 的导数，所以将前 5 s 的速度公式求导即可得

$$a=\frac{\mathrm{d}v}{\mathrm{d}t}=0.4\,\text{m s}^{-2}.$$

(ii) 从前 5 s 的速度公式可看出，在前 5 s 的运动过程中速度始终不等于零 . 当 $t\geqslant 5$ s 时：

$$v=\frac{100}{t^2}-0.1t=0\Rightarrow 100=0.1t^3\Rightarrow t^3=1000\Rightarrow t=10\text{ s}.$$

(iii)

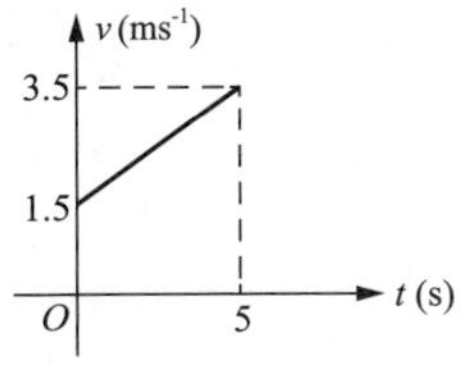

$0\text{ s}\leqslant t\leqslant 5\text{ s}$ 时 v-t 图像是一条直线，可直接计算直线下方梯形面积求出这段 distance:

$$d=\frac{1}{2}\times5\times(1.5+3.5)=12.5\text{ m}.$$

$5\text{ s}\leqslant t\leqslant 10\text{ s}$ 时计算 distance travelled 需要将速度积分，并且注意根据第 (ii) 小问中的结论，$t=10\text{ s}$ 时 $v=0\text{ m s}^{-1}$，在 $5\text{ s}\leqslant t\leqslant 10\text{ s}$ 之间速度都是正的，因此求出这段时间的 distance:

$$d=\int_5^{10}\left(\frac{100}{t^2}-0.1t\right)\mathrm{d}t=\left[-\frac{100}{t}-0.05t^2\right]_5^{10}=6.25\text{ m}.$$

因此总路程为 $12.5+6.25=18.75\text{ m}$.

Q6 知识点

(i) finding the magnitude and direction of the resultant force
(ii) equilibrium of forces

(i) 当 $F=0$ 时，水平方向分解物体的受力，得到水平向右的合外力

$$F_x=75+50\times\cos60°=100\text{ N}(\text{to the right}),$$

竖直方向分解受力，得到竖直向上的合外力

$$F_y=50\times\sin60°=25\sqrt{3}\approx43.3\text{ N}(\text{upwards}).$$

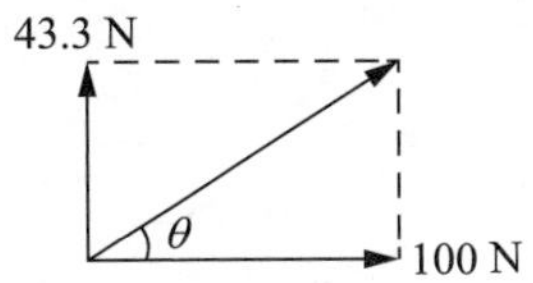

因此物体受到的总合外力为

$$\sum F=\sqrt{F_x^{\ 2}+F_y^{\ 2}}=\sqrt{100^2+\left(25\sqrt{3}\right)^2}=109\text{ N}.$$

合外力与水平方向夹角

$$\theta=\tan^{-1}\frac{25\sqrt{3}}{100}=23.4°(\text{to the right, above horizontal}).$$

(ii) 当 $G=0$ 时，物体 in equilibrium，即所受合外力为零. 水平方向分解物体的受力，得

$$50\times\cos\alpha=F\cos50°,\quad ①$$

竖直方向分解受力，得到竖直向上的合外力

$$50\times\sin\alpha=F\sin50°+3F,\quad ②$$

①②两式相除得

$$\tan\alpha=\frac{F\sin50°+3F}{F\cos50°}=\frac{\sin50°+3}{\cos50°}\Rightarrow\alpha=80.3°.$$

将 $\alpha=80.3°$ 代回到式①得到：

$$50\times\cos80.3°=F\cos50°\Rightarrow F=13.1\text{ N}.$$

Q7 知识点

(i) motion of two connect bodies
(ii) limiting equilibrium

(i) A 向上运动，B 向下运动，分别对 A，B 两个物体进行受力分析，注意两物体所受线的牵引力 T 相等、加速度大小相等.

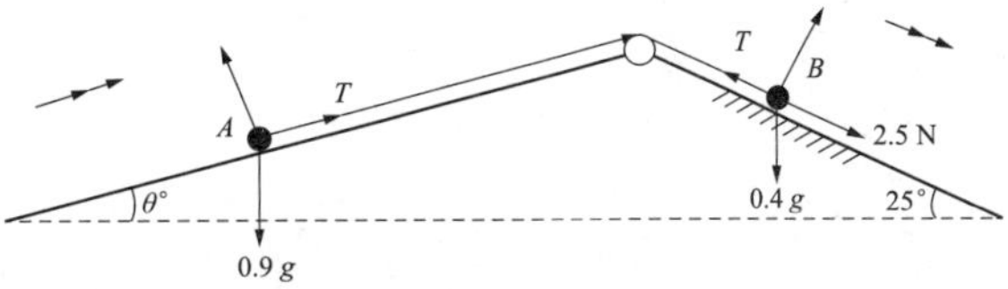

$\theta=15°$，沿坡面对 A 的受力进行分解：

$$T-0.9g\times\sin15°=0.9a.$$

沿坡面对 B 的受力进行分解：

$$2.5+0.4g\times\sin25°-T=0.4a.$$

两式相加得

$$2.5+0.4g\times\sin25°-0.9g\times\sin15°=1.3a\Rightarrow a=1.43\text{ m s}^{-2}.$$

(ii)

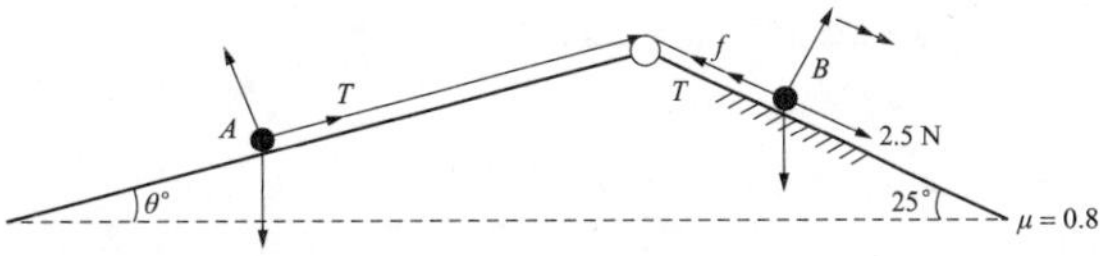

沿坡面对 A 的受力进行分解：

$$T=0.9g\times\sin\theta.$$

重新对 B 进行受力分解，B 现在受一个沿坡面向上的摩擦力

$$2.5+0.4g\times\sin25°=T+f,$$

$$R=0.4g\times\cos25°.$$

因为系统是 limiting equilibrium，所以 B 所受摩擦力

$$f=\mu R=0.8\times0.4\times10\times\cos25°=3.2\times\cos25°.$$

联立以上方程解得

$$9\sin\theta=T=2.5+0.4g\times\sin25°-3.2\times\cos25°$$

$$\Rightarrow\theta=8.2°.$$

2017

9709_w17_qp_42

Q1 知识点

(i) equilibrium of forces
(ii) Newton's second law, friction

(i) 根据题目描述的情景，画出示意图并对物体进行受力分析：

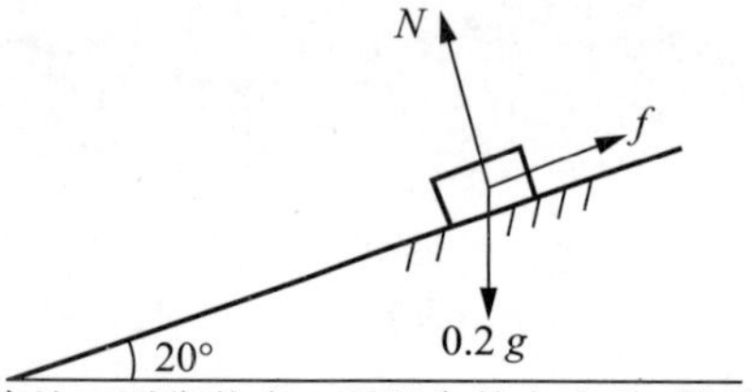

因为物体处于平衡状态，所以合外力为零 . 沿坡面进行力的分解得

$f = 0.2g \times \sin 20° = 0.684\ \text{N}.$

(ii) 重新进行受力分析，因为物体沿坡面向下运动，所以所受滑动摩擦力与运动反向，沿坡向上 .

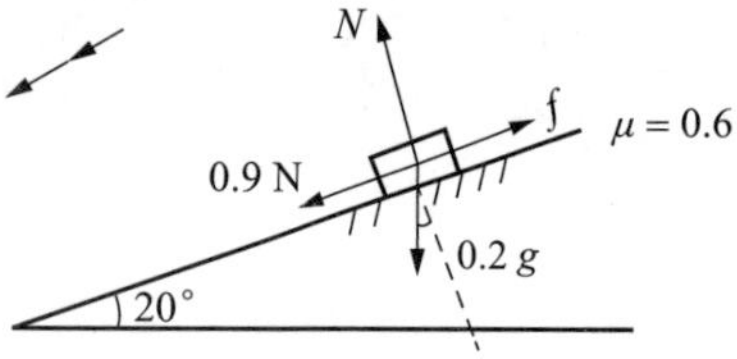

沿坡面、垂直于坡面两个方向进行力的分解：

$N = 0.2g \times \cos 20°,$

$0.9 + 0.2g \times \sin 20° - f = 0.2a.$

此外，滑动摩擦力大小为

$f = \mu N = 0.6 \times 0.2 \times 10 \times \cos 20°.$

联立以上方程得到 $a = 2.28\ \text{m s}^{-2}$.

Q2 知识点

equilibrium of forces

方法 1:

水平竖直方向分别分解受力得

$120 \times \cos 45° = T\cos\theta,$ ①

$120 \times \sin 45° + T\sin\theta = 15g.$ ②

由式②可得

$T\sin\theta = 15g - 120 \times \sin 45°.$ ③

式③除以式①得

$$\frac{T\sin\theta}{T\cos\theta} = \frac{15g - 120\times\sin 45°}{120\times\cos 45°} \Rightarrow \tan\theta = \frac{150 - 60\sqrt{2}}{60\sqrt{2}}$$

$\Rightarrow \theta = 37.5°$

$$\Rightarrow T = \frac{60\sqrt{2}}{\cos\theta} = 107\ \text{N}.$$

方法 2:

利用三角形法则，三力平衡则可以构成闭合三角形：

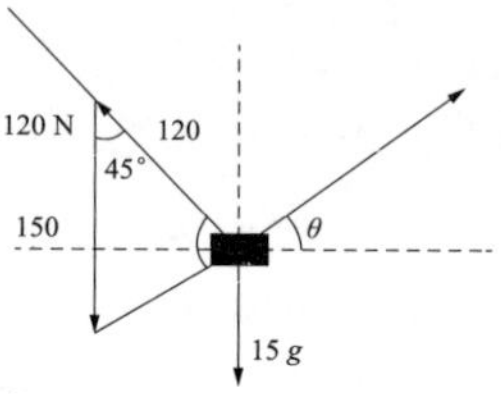

利用 cosine rule 得

$$\cos 45° = \frac{120^2 + 150^2 - T^2}{2\times 120 \times 150} \Rightarrow T = 107\ \text{N}.$$

进而使用 sine rule 求出 θ：

$$\frac{\sin(45° + \theta)}{150} = \frac{\sin 45°}{107} \Rightarrow \theta = 37.5°.$$

Q3 知识点

SUVAT equations

(i) 已知初速度 $u = 14\ \text{m s}^{-1}$，时间 $t = 5\ \text{s}$，$8\ \text{s}$，可以用“无 v 公式”：$s = ut + \frac{1}{2}at^2$ 求出 s 与 a 的关系式：

$s_{AB} = 14 \times 5 + 0.5 \times 5^2 a,$

$s_{AC} = 2S_{AB} = 15 \times 8 + 0.5 \times 8^2 a,$

$\Rightarrow 2 \times (14 \times 5 + 0.5 \times 5^2 a) = 15 \times 8 + 0.5 \times 8^2 a$

$\Rightarrow a = 4\ \text{m s}^{-2}.$

(ii) 已知初速度 $u = 14\ \text{m s}^{-1}$, 时间 $t = 8\ \text{s}$, 加速度 $a = 4\ \text{m s}^{-2}$, 可求出末速度：

$v = u + at = 14 + 4 \times 8 = 46\ \text{m s}^{-1}.$

Q4 知识点

moving freely under gravity

(i) 方法 1:

对于自由落体运动，当物体回到抛掷时的高度时速度大

小应与抛掷时相同，但方向相反，因此有

$u = 12\,\text{m s}^{-1}$, $v = -12\,\text{m s}^{-1}$, $a = -10\,\text{m s}^{-2}$,

$$v = u + at \Rightarrow t = \frac{v-u}{a} = \frac{-12-12}{-10} = 2.4\,\text{s}.$$

方法 2:

由于落回地面时总位移为零，所以有

$u = 12\,\text{m s}^{-1}$, $a = -10\,\text{m s}^{-2}$, $s = 0\,\text{m}$,

$$s = ut + \frac{1}{2}at^2 \Rightarrow 0 = 12t - \frac{1}{2}\times 10t^2 \Rightarrow t = 2.4\,\text{s}.$$

方法 3:

自由落地运动从地面到最高点的时间与最高点落回地面的时间相同，则

$u = 12\,\text{m s}^{-1}$, $v = 0\,\text{m s}^{-1}$, $a = -10\,\text{m s}^{-2}$,

$$v = u + at_{up} \Rightarrow t_{up} = \frac{0-12}{-10} = 1.2\,\text{s}$$

$$\Rightarrow t = 2t_{up} = 2.4\,\text{s}.$$

(ii) 由第 (i) 小问可知

当 $0\,\text{s} \leqslant t \leqslant 1.2\,\text{s}$ 时，P 向上运动；当 $1.2\,\text{s} \leqslant t \leqslant 2.4\,\text{s}$ 时，P 向下运动 .

计算 Q 向上运动的时间：

$u = 10\,\text{m s}^{-1}$, $v = 0\,\text{m s}^{-1}$, $a = -10\,\text{m s}^{-2}$,

$$v = u + at \Rightarrow t = \frac{0-10}{-10} = 1\,\text{s}.$$

因为在 $t = 1\,\text{s}$ 时 Q 才被抛出，所以 Q 向上运动的时间段为 $1\,\text{s} \leqslant t \leqslant 2\,\text{s}$.

计算 Q 落地前消耗的总时间：

$u = 10\,\text{m s}^{-1}$, $a = -10\,\text{m s}^{-2}$, $s = -5\,\text{m}$,

$$s = ut + \frac{1}{2}at^2 \Rightarrow -5 = 10t - \frac{1}{2}\times 10t^2 \Rightarrow t = 1 + \sqrt{2} \approx 2.41\,\text{s}.$$

所以 Q 向下运动的时间段为 $2\,\text{s} \leqslant t \leqslant 3.41\,\text{s}$.

最后得到共同向上的时间段： $1\,\text{s} \leqslant t \leqslant 1.2\,\text{s}$; 共同向下的时间段： $2\,\text{s} \leqslant t \leqslant 2.4\,\text{s}$,在这两个时间段上，$P$, Q 运动方向一致 .

Q5 知识点

(i) power of driving force
(ii) work-energy principle

(i) 方法 1: 使用 work and energy，

爬坡25 m骑车人做功为 $\text{Work} = Pt$, 其中，$t = \frac{s}{v} = \frac{25}{4} = 6.25\,\text{s}$,因为爬坡过程中速度保持不变，所以 kinetic energy 不变，各种力做功的总和为零，即

$$Pt - 600 - 80g \times \sin\alpha \times 25 = 0$$

$$\Rightarrow 6.25P = 600 + 80\times 10\times 0.04\times 25$$

$$\Rightarrow P = 224\,\text{W}.$$

方法 2: 受力分析

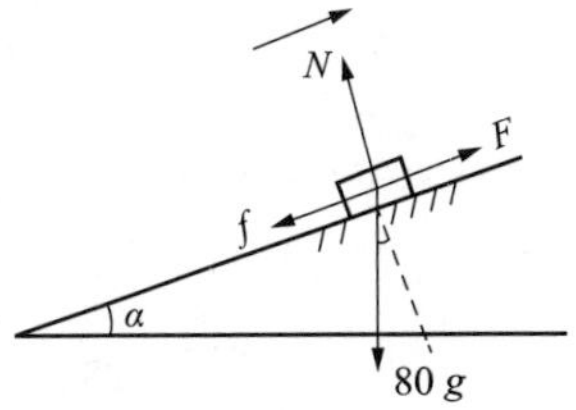

因为骑车人做功的功率 $P = Fv$，其中速度 $v = 4\,\text{m s}^{-1}$，所以计算功率只需要求出 driving force F 即可 .

因为骑车人匀速运动，所以合外力为零，沿坡方向分解力得

$$F = f + 80g\sin\alpha,$$

其中，克服阻力做功为 $\text{Work} = 25f = 600 \Rightarrow f = 24\,\text{N}$,

$$F = 24 + 80\times 10\times 0.04 = 56\,\text{N},$$

$$P = Fv = 56\times 4 = 224\,\text{W}.$$

(ii) 根据题意，骑车人在坡顶平面骑行的功率不变，即 $P = 224\,\text{W}$，因此骑行 10 s 所做的功为

$$W_1 = Pt = 224\times 10 = 2240\,\text{J}.$$

又因为克服阻力做功 $W_2 = 1200\,\text{J}$, 所以动能的变化为

$$\frac{1}{2}mv^2 - \frac{1}{2}mu^2 = 2240 - 1200,\quad \frac{1}{2}\times 80\times\left(v^2 - 4^2\right) = 1040,$$

$$v^2 = \frac{2\times 1040}{80} + 16,$$

$$v = 6.48\,\text{m s}^{-1}.$$

Q6 知识点

(i) tension in the string，limiting equilibrium
(ii) Newton's second law, motion of two connected bodies

(i) 分别对 A, B 两个物体进行受力分析，注意两物体所受线的牵引力 T 大小相等 .

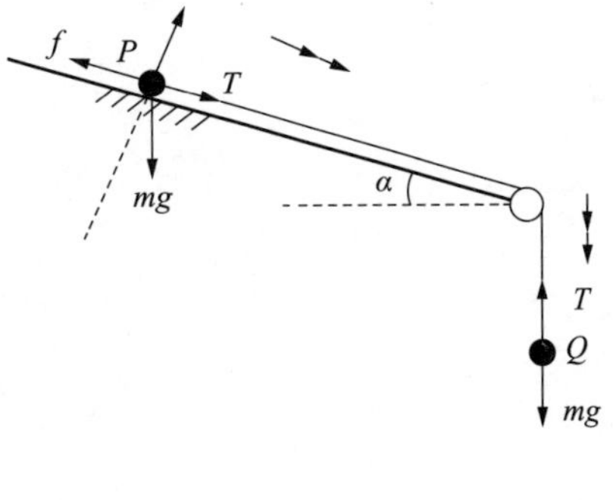

因为系统处于 limiting equilibrium，所以可列出力的方程 .

对 Q：

$T = mg.$

对 P：

$f = T + mg\sin\alpha,$

$N = mg\cos\alpha,$

$f = \mu N,$

并由 $\tan\alpha = \frac{7}{24}$ 可分别求出：$\cos\alpha = \frac{24}{25}, \sin\alpha = \frac{7}{25}.$

联立方程得

$$\mu = \frac{f}{N} = \frac{mg + mg\sin\alpha}{mg\cos\alpha} = \frac{1+\sin\alpha}{\cos\alpha}$$

$$= \frac{1+\frac{7}{25}}{\frac{24}{25}} = \frac{25+7}{24} = \frac{4}{3}.$$

(ii) 由于在第 (i) 小问中系统已经是 limiting equilibrium，所以在 P 上施加了沿坡向上的 10 N 力之后，P 的加速度方向应该也是沿坡向上的，Q 的加速度竖直向上 . 进行受力分析并列出方程 .

对 Q：

$T - mg = ma \Rightarrow T = mg + ma.$

对 P：

$N = mg\cos\alpha,$

$ma = 10 - (f + T + mg\sin\alpha),$

$f = \mu N = \frac{4}{3}mg\cos\alpha.$

联立得

$$ma = 10 - \left(\frac{4}{3}mg\cos\alpha + mg + ma + mg\sin\alpha\right)$$

$$\Rightarrow 10 = m\left(2.5 + \frac{4}{3}\times 10\times\frac{24}{25} + 10 + 2.5 + 10\times\frac{7}{25}\right) = 30.6m$$

$$\Rightarrow m = \frac{10}{30.6} = 0.327\text{ kg}.$$

Q7 知识点

(i) basic calculation
(ii) acceleration as the derivative of velocity with respect to time
(iii) using *v*–*t* graphs and calculus to calculate distance, the displacement under *t*-axis is negative

(i) 当物体 instantaneously at rest 时，$v = 0$，解方程得到所对的时间：

$-0.01t^3 + 0.22t^2 - 0.4t = 0,$

$-0.01t(t^2 - 22t + 40) = 0,$

$-0.01t(t-20)(t-2) = 0$

$\Rightarrow t = 0\text{ s}$、$2\text{ s}$ or 20 s.

题目要求找 $t > 0$ 的值，所以当 $t = 2\text{s}$ 和 $t = 20\text{s}$ 时，物体 at rest.

(ii) 求加速度只需将速度 v 关于时间 t 求导：

$a = \frac{dv}{dt} = -0.03t^2 + 0.44t - 0.4,$

求加速度的最大值可以再次对 a 求导得到 stationary point:

$\frac{da}{dt} = -0.06t + 0.44 = 0$

$\Rightarrow t = 7.33\text{s}.$

(iii) 根据第 (i) 小问中求出的函数 $v = -0.01t^3 + 0.22t^2 - 0.4t$ 零点 $t = 0, 2$ or 20 可以画出 v-t 图像 .

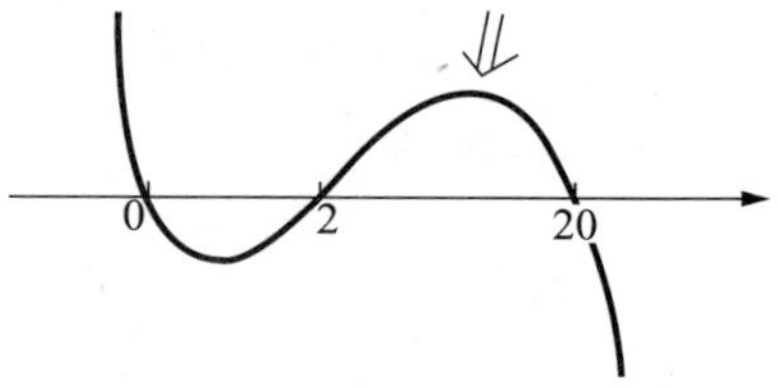

从图像可以看出当 $v > 0$ 时，$2\text{ s} < t < 20\text{ s}$，这段时间经过的路程可用积分算出：

$$s = \int_2^{20} -0.01t^3 + 0.22t^2 - 0.4t\,dt$$

$$= \left[-0.01\times\frac{1}{4}t^4 + 0.22\times\frac{1}{3}t^3 - 0.4\times\frac{1}{2}t^2\right]_2^{20} = 107\text{m}.$$

9709_w17_qp_43

Q1 知识点

resolving forces

既然合外力是竖直方向的，说明水平方向的合外力为零：

$F = 20\times\cos 60^\circ + 30\times\cos 60^\circ = 10 + 15 = 25\ \text{N}.$

Q2 知识点

(i) force analysis of constant speed, power of driving force
(ii) Newton's second law, power of driving force

(i) 对车进行受力分析.

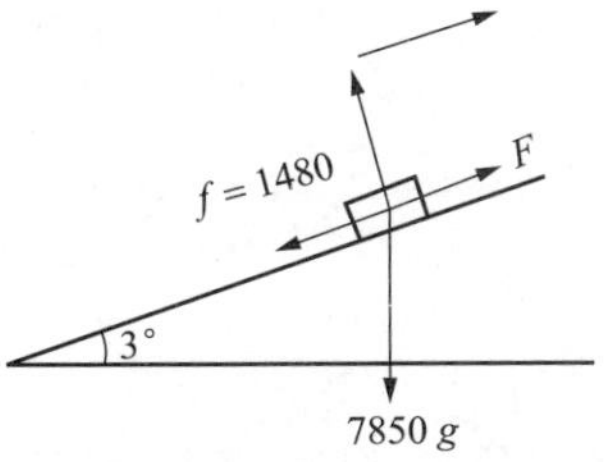

因为爬坡速度不变，所以车受到的合外力为零，沿坡面方向分解力得到牵引力大小为

$F = 1480 + 7850g\times\sin 3^\circ = 5588\ \text{N}.$

又因为速度为 $10\ \text{m s}^{-1}$，可以算出功率：

$P = Fv = 5588\times 10 = 55880\ \text{W}.$

(ii) 对车进行受力分析.

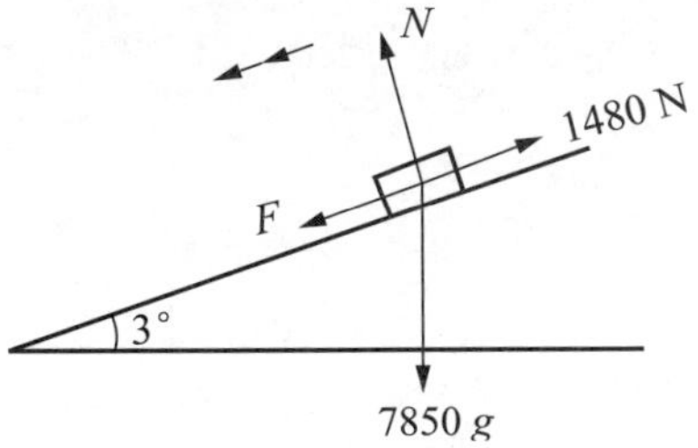

因为车有沿坡向下加速度 $0.8\ \text{m s}^{-2}$，所以得到沿坡面方向的力的方程：

$F + 7850g\times\sin 3^\circ - 1480 = 7850\times 0.8$

$\Rightarrow F = 3652\ \text{N}.$

又因为速度为 $15\ \text{m s}^{-1}$，可以算出功率：

$P = Fv = 3652\times 15 = 54800\ \text{W}\ (\text{to 3}\ s.\text{f.}).$

Q3 知识点

(i) friction
(ii) SUVAT equations

(i) 首先对物体进行受力分析.

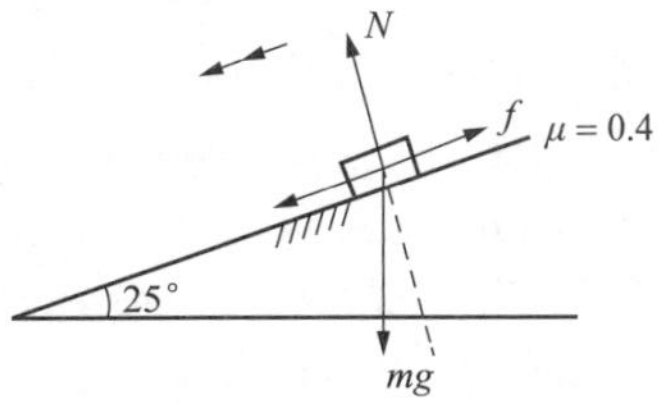

分别垂直于斜面、沿斜面方向进行力的分解得到力的方程：

$N = mg\cos 25^\circ,$

$mg\sin 25^\circ - f = ma,$

$f = \mu N,$

联立力的方程：

$mg\sin 25^\circ - \mu mg\cos 25^\circ = ma$

$\Rightarrow a = 10\times\sin 25^\circ - 0.4\times 10\times\cos 25^\circ = 0.601\ \text{m s}^{-2}.$

(ii) 已知匀加速直线运动中，初速度 $u = 0\ \text{m s}^{-1}$，时间 $t = 3\ \text{s}$，加速度 $a = 0.601\ \text{m s}^{-2}$，可以求出位移：

$s = ut + \frac{1}{2}at^2 = 0 + \frac{1}{2}\times 0.601\times 9 = 2.70\ \text{m}.$

Q4 知识点

(i) motion of two bodies connected by a pulley
(ii) moving freely under gravity

(i)

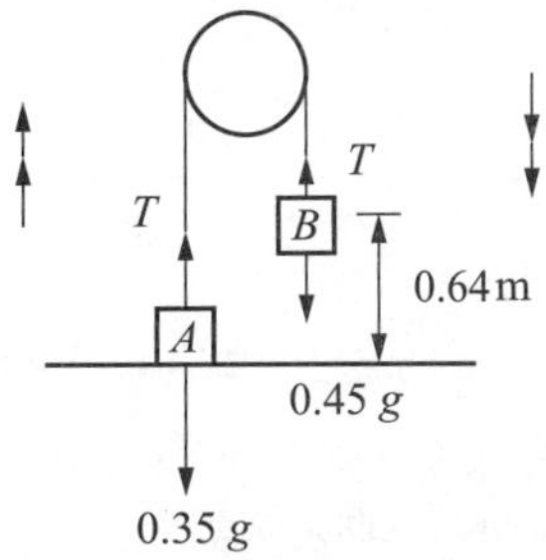

分别对物体 A, B 进行受力分析，注意两物体受绳子的拉力 T 的大小相等、加速度大小相等.

对$A: T-0.35g=0.35a$,

对$B: 0.45g-T=0.45a$,

$\Rightarrow a=1.25\text{m s}^{-2}$.

在 B 下降的过程中，初速度 $u=0\text{ m s}^{-1}$，加速度 $a=0.601\text{ m s}^{-2}$，位移 $s=0.64\text{ m}$，可以求出末速度：

$v^2=u^2+2as=0+2\times1.25\times0.64=1.6$,

$v=1.26\text{m s}^{-1}$.

(ii) 对于 B 落地以后的 A 的运动状态进行分析，由于绳子处于松弛状态，所以 A 只受重力作用，属于自由落体运动：初速度 $u=1.26\text{m s}^{-1}$，末速度 $v=0\text{m s}^{-1}$，加速度 $a=-10\text{m s}^{-2}$，得到继续向上运动至最高点位移：

$2as=v^2-u^2\Rightarrow0-1.6=-10\times2\times s\Rightarrow s=0.08\text{m}$.

当 A 下落到绳子刚变松弛的位置时，绳子再次绷紧，因此 A 的路程为 $2\times0.08=0.16\text{ m}$.

Q5 知识点

differentiation and integration concerning displacement, velocity and acceleration

(i) 将加速度积分得到速度关于时间的函数：

$v=\int a\,\mathrm{d}t=k\int3t^2-12t+2\,\mathrm{d}t=k\left(t^3-6t^2+2t\right)+C.$

根据初始条件，分别代入 $v(0)=0.4$ 和 $v(1)=0.1$ 计算出 k, C 的值：

$v(0)=C=0.4$,

$v(1)=k(1-6+2)+0.4=0.1$,

$\Rightarrow k=0.1$.

(ii) 由第 (i) 小问的结论可以得到：

$v=0.1\left(t^3-6t^2+2t\right)+0.4$.

将速度进行积分可以得到位移关于时间的表达式：

$$s=\int0.1\left(t^3-6t^2+2t\right)+0.4\,\mathrm{d}t=0.1\left(\frac{1}{4}t^4-2t^3+t^2\right)+0.4t+C.$$

又因为从原点出发，所以 $s(0)=0\Rightarrow C=0$,

$s=0.025t^4-0.2t^3+0.1t^2+0.4t$.

(iii) 将 $t=2$ 代入 $s=0.025t^4-0.2t^3+0.1t^2+0.4t$,

$s(2)=0.025\times16-0.2\times8+0.1\times4+0.4\times2=0$,

因此 $t=2$ 时，物体再次回到原点 .

Q6 知识点

using v–t graphs to calculate distance and velocity, the displacement under t–axis is negative

(i) 求 P 在 $t=10\text{s}$ 时的位移即求 0～10 s 内 P 的 v-t 图像和 t 轴构成的梯形的面积：

$d=\frac{1}{2}\times6\times(10+4)=42\text{m}.$

(ii) 利用 P 在 6～12 s 时间段的 v-t 图像斜率有

$\frac{v(12)}{12-10}=\frac{0-(-6)}{10-6}\Rightarrow v(12)=3\text{m s}^{-1}.$

(iii) 总路程的值是将 v-t 图像下方的两块面积相加，即

$42+\frac{1}{2}\times3\times(T-10)=49.5\Rightarrow T=15\text{s}.$

(iv) 已知 2～6 s 时间段 Q 的加速度为 1.75 m s^{-2}，可以求出 V 的值：

$V=u+at=0+1.75\times(6-2)=7\text{m s}^{-1}$,

因此 Q 的位移为题型面积：

$s_Q=\frac{1}{2}\times7\times(13+6)=66.5\text{m}$, 方向为正.

因为位移有方向，所以 P 的位移为梯形与三角形面积的差：$s_P=-42+(49.5-42)=-34.5\text{m}$,

P, Q 的距离为

$s_Q-s_P=66.5+34.5=101\text{m}.$

Q7 知识点

(i) limiting equilibrium
(ii) work-energy principle

(i)

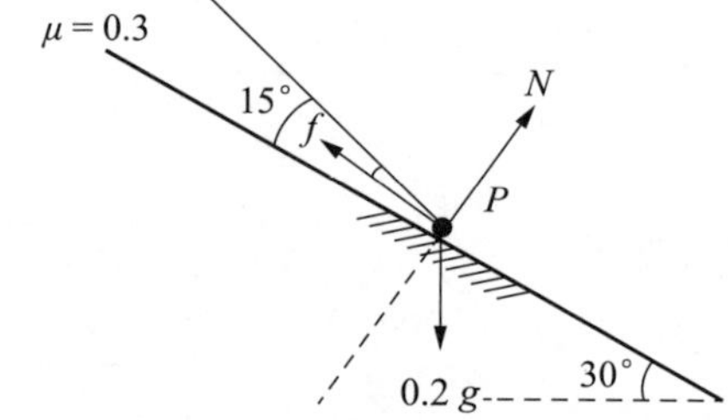

分析情景可以发现，当 T 最小时，物体有沿斜面向下运动的趋势，摩擦力沿斜面向上并处于 limiting equilibrium.

受力分析后可以列出沿斜面、垂直于斜面的力的方程：

$N+T\sin 15°=0.2g\cos 30°$,

$0.2g\sin 30°=f+T\cos 15°$,

$f=\mu N$.

联立上述方程可得

$0.2\times 10\times \sin 30°=0.3\times(0.2\times 10\times \cos 30°-T\sin 15°)+T\cos 15°$

$\Rightarrow T=0.541\text{N}$.

(ii) 受力分析得

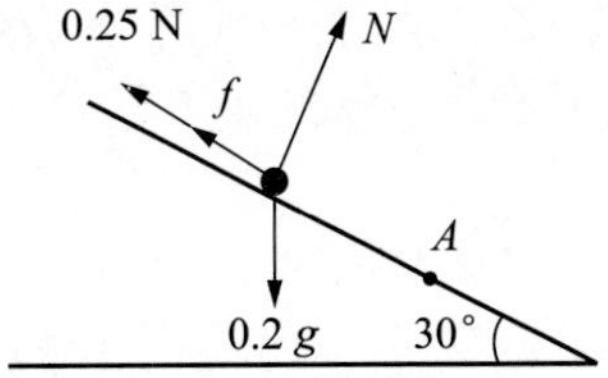

动能的变化可以用物体受力沿斜面方向做功的大小计算：

$\frac{1}{2}mv^2-0=(0.2g\sin 30°-0.25-f)s$,

$\frac{1}{2}\times 0.2v^2=(0.2\times 10\times \sin 30°-0.25-0.3\times 0.2\times 10\times \cos 30°)\times 3$

$\Rightarrow v=2.63\text{m s}^{-1}$.

Paper 6

9709_m17_qp_62

Q1 知识点

mean, variance, standard deviation

先算出 $x-1760$ 的值，分别为：

$$1.6\quad -1.5\quad 2.3\quad 1.4\quad -0.6\quad -0.9\quad 2.5\quad 1.9\quad 2.4\quad 1.9\quad 2.8\quad 1.0$$

根据公式：$\bar{x}=\frac{\sum x}{n}$，$\mathrm{Var}(x)=\frac{\sum x^2}{n}-\bar{x}^2$，

$\mathrm{SD}(x)=\sqrt{\mathrm{Var}(x)}$，得

mean of $(x-1760)$

$$=\frac{1.6-1.5+2.3+1.4-0.6-0.9+2.5+1.9+2.4+1.9+2.8+1.0}{12}$$

$=1.23$,

$\mathrm{Var}(x-1760)$

$$=\frac{1.6^2+(-1.5)^2+2.3^2+1.4^2+(-0.6)^2+(-0.9)^2+2.5^2+1.9^2+2.4^2+1.9^2+2.8^2+1.0^2}{12}-1.23^2,$$

$\mathrm{SD}(x-1760)=\sqrt{\mathrm{Var}(x-1760)}=1.39$,

再根据性质：

mean of $(x\pm C)=\bar{x}\pm C$.

$\mathrm{Var}(x)=\mathrm{Var}(x\pm C)$.

$\mathrm{SD}(x)=\mathrm{SD}(x\pm C)$.

得到：

$\bar{x}=\text{mean of }(x-1760)+1760=1761.23$,

$\mathrm{SD}(x)=\mathrm{SD}(x-1760)=1.39$.

Q2 知识点

combination, probability

注意题目中是不放回的取样 .

从 40 个气球中任意选择 7 个气球的总的选择方法为：${}^{40}C_7$.

选出来的气球中有 ${}^{12}C_3$ 种可能，剩余的 4 个气球一定来自 28 个非绿色的气球，所以需要再乘 ${}^{28}C_4$：${}^{12}C_3\times{}^{28}C_4$.

所以概率为：

$$p=\frac{{}^{12}C_3\times{}^{28}C_4}{{}^{40}C_7}=0.242.$$

Q3 知识点

binomial distribution, normal distribution

用随机变量 X 表示 160 个人中喜欢看历史剧的人数，那么根据题意：$X\sim \mathrm{B}(160,\ 0.1)$.

$\mathrm{E}(X)=np=160\times0.1=16$,

$\mathrm{Var}(X)=npq=160\times0.1\times0.9=14.4$,

所以随机变量 X 可以用正态分布 $N(16,\ 14.4)$ 进行估算，得

$\mathrm{P}(X>17)=\mathrm{P}(z>\frac{17.5-16}{\sqrt{14.4}})$（这里注意进行连续性修正）

$=\mathrm{P}(z>0.3953)$

$=1-\mathrm{P}(z\leqslant0.3953)$

查表，得 $=1-0.6536$

$=0.346$.

Q4 知识点

(i) draw box-and-whisker plot
(ii) normal distribution, box-and-whisker plot

(i) 先算出这组统计数据的 min，Q_1，Q_2，Q_3，max.

$\min=0.7473, Q_1=0.7495, Q_2=0.7507,$

$Q_3=0.7517$，$\max=0.7532$.

根据以上数据，画出 box-and-whisker plot，如图：

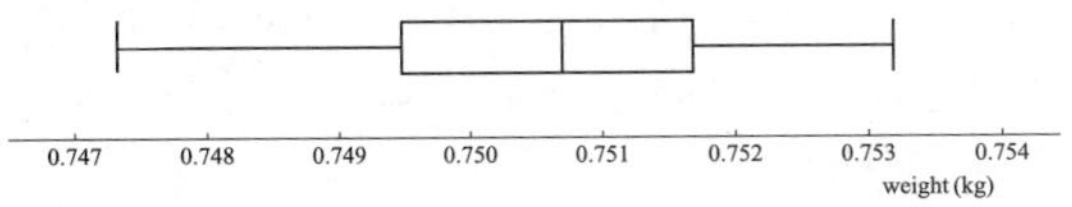

(ii) 从 box-and-whisker plot 图可以看出：median 居于比较中间的位置，而且整个数据的分布是比较对称的，所以正态分布适合这组数据 .

Q5 知识点

(i) combination
(ii) permutation
(iii) permutation

(i) 根据题意，Alex 和 James 分到的蛋糕都是奇数，所以分情况讨论，见下表：

Case	Alex	James	Ways
1	1	11	${}^{12}C_1$
2	3	9	${}^{12}C_3$
3	5	7	${}^{12}C_5$
4	7	5	${}^{12}C_7$
5	9	3	${}^{12}C_9$
6	11	1	${}^{12}C_{11}$

总的方法：

${}^{12}C_1 + {}^{12}C_3 + {}^{12}C_5 + {}^{12}C_7 + {}^{12}C_9 + {}^{12}C_{11} = 2048$ ways.

(ii) 任意两个布朗尼都不能排在一起，那么就用插空法：先将杯子蛋糕排好，用布朗尼去插空：

↑C↑C↑C↑C↑C↑C↑C↑

所以，总的排列方法为：$7! \times {}^{8}P_4 = 8467200$ ways.

(iii) 题目要求所有的巧克力饼干都要排在一起，就用捆绑法：把巧克力饼干当成一个整体，然后和其他饼干进行排列（注意同种口味的饼干都是完全一样的）.

所以总的排列方法为：$\dfrac{9!}{6! \times 2!} = 252$ ways.

Q6 知识点

(i) probability，probability distribution
(ii) probability distribution
(iii) conditional probability

(i) $P(X=2) = P(0, 2) = \dfrac{2}{10} \times \dfrac{4}{6} = \dfrac{2}{15}$.

(ii) 确定 X 可取的值及其对应的概率：

$P(X=0) = P(0, 0) = \dfrac{2}{10} \times \dfrac{2}{6} = \dfrac{2}{30}$,

$P(X=1) = P(1, 0) = \dfrac{5}{10} \times \dfrac{2}{6} = \dfrac{5}{30}$,

$P(X=2) = P(0, 2) = \dfrac{2}{10} \times \dfrac{4}{6} = \dfrac{4}{30}$,

$P(X=3) = P(1, 2) + P(3, 0) = \dfrac{5}{10} \times \dfrac{4}{6} + \dfrac{3}{10} \times \dfrac{2}{6} = \dfrac{13}{30}$,

$P(X=5) = P(3, 2) = \dfrac{3}{10} \times \dfrac{4}{6} = \dfrac{6}{30}$,

再绘制成表格，如下表所示：

x	0	1	2	3	5
$P(X=x)$	$\dfrac{2}{30}$	$\dfrac{5}{30}$	$\dfrac{4}{30}$	$\dfrac{13}{30}$	$\dfrac{6}{30}$

(iii) 看到题目中的“given that”，就想到用条件概率 .

用“$A1$”表示从 pack A 中取到 1，根据条件概率公式：

$P(A \mid B) = \dfrac{P(A \cap B)}{P(B)}$，得

$$P(A1 \mid X=3) = \frac{P(A1 \cap X=3)}{P(X=3)} = \frac{\frac{5}{10} \times \frac{4}{6}}{\frac{13}{30}} = \frac{10}{13}(0.769).$$

Q7 知识点

(a) (i) normal distribution
(ii) normal distribution，binomial distribution
(b) normal distribution

(a)

(i) 用随机变量 X 表示 Raneland 女性中指的长度，那么 $X \sim N(\mu, \sigma^2)$.

根据题意，有：

$P(X>8.8)=0.25$,

$P(X<7.7)=0.175$,

标准化得

$$P\left(z>\frac{8.8-\mu}{\sigma}\right)=0.25,$$

$$P\left(z<\frac{7.7-\mu}{\sigma}\right)=0.175,$$

查表得

$$\Phi^{-1}(1-0.25)=0.674,\quad \frac{8.8-\mu}{\sigma}=0.674,$$

$$\Phi^{-1}(1-0.175)=0.935,\quad \frac{7.7-\mu}{\sigma}=-0.935,$$

求解，得

$\mu=0.684$，$\sigma=8.34$.

(ii) 根据题意：用随机变量 Y 表示 Snoland 这个地方女性中指的长度，那么 $Y\sim N\left(7.9,\ 0.44^2\right)$. 随机选取了 5 名女性，求其中正好有 3 名女性的中指长度短于 8.2 cm 的概率 . 先算出随机抽取一个女性，她的中指长度短于 8.2 cm 的概率 .

$$P(Y<8.2)=P\left(z<\frac{8.2-7.9}{0.44}\right)=P(z<0.6818)=0.7524,$$

用随机变量 W 表示随机抽取的 5 个女性中中指长度短于 8.2 cm 的人数，那么 $W\sim B(5,\ 0.7524)$.

所以，

$$P(W=3)={}^5C_3\times0.7524^3\times(1-0.7524)^2=0.261.$$

(b) 根据题意：$\mu=\sigma$，所以：$X\sim N\left(\mu,\ \mu^2\right)$

$$P(X<1.5\mu)=P\left(z<\frac{1.5\mu-\mu}{\mu}\right)=P(z<0.5)=0.692.$$

9709_s17_qp_61

Q1 知识点

(i) mean
(ii) variance，standard deviation

(i) 题目中：x 表示每个巧克力棒的质量，共 30 个，并已知：$\bar{x}=50.5$.

根据：$\bar{x}=\frac{\sum x}{n}=\frac{\sum x}{30}=50.5$，

求出：$\sum x=50.5\times30=1515$.

为了求出 k 值，根据 $\sum(x-k)=315$，

得 $\sum x-\sum k=315$，其中 $\sum k=nk=30k$，

所以：$\sum x-\sum k=1515-30k=315$，

最后，求出：$k=40$.

(ii) 要计算 $SD(x)$，这里会用到一个性质：一组数据同时加上或者减去一个常数对整组数据的 Variance 和 Standard deviation 没有影响，也就是 $Var(x)=Var(x\pm C)$，其中 C 是一个常数 .

题目要求 $SD(x)$，可以先求出 $Var(x-k)$，然后开根号即可 .

$$Var(x-k)=\frac{\sum(x-k)^2}{n}-\left[\frac{\sum(x-k)}{n}\right]^2$$

$$=\frac{4022}{30}-\left(\frac{315}{30}\right)^2$$

$$=\frac{4022}{30}-10.5^2$$

$=23.817$（因为还要开根号，所以这里多保留几位，保证后续的精确度）

所以：$Var(x)=Var(x-k)=23.817$.

最后：$SD(x)=\sqrt{Var(x)}=\sqrt{23.817}=4.88$.

Q2 知识点

probability，independent events

Event R 表示两枚骰子数值的乘积为 12，Event T 表示两个数值一个为奇数，一个为偶数，判断 Event R 和 Event T 是否独立 .

根据独立事件的性质，先分别算出 $P(R)$, $P(T)$ 以及 $P(R\cap T)$，然后判断 $P(R)\times P(T)=P(R\cap T)$，是否成立，如果等式成立，则 Event R 和 Event T 独立；如果不成立，则 Event R 和 Event T 不独立 .

$$P(R)=P(2,\ 6)+P(6,\ 2)+P(3,\ 4)+P(4,\ 3)=\frac{4}{36}=\frac{1}{9},$$

$$P(T)=P(E,\ O)+P(O,\ E)=\frac{1}{2}\times\frac{1}{2}+\frac{1}{2}\times\frac{1}{2}=\frac{1}{2},$$

$P(R \cap T) = P(3, 4) + P(4, 3) = \frac{2}{36} = \frac{1}{18}$,

$P(R) \times P(T) = \frac{1}{9} \times \frac{1}{2} = \frac{1}{18} = P(R \cap T)$,

结论：Event T and Event R are independent.

Q3 知识点

(i) probability，draw tree diagrams
(ii) probability，conditional probability

(i) 分别用字母 W 表示赢 (Win)，D 表示平局 (Draw)，L 表示输 (Lose).

根据题意，第一场比赛，赢、平局和输的概率分别为：

$P(W) = \frac{3}{5}$, $P(D) = P(L) = \frac{1}{5}$.

在第一场比赛赢的情况下，第二场比赛赢、平局和输的概率分别为：

$P(W) = \frac{7}{10}$，$P(L) = \frac{1}{10}$，$P(D) = 1 - \frac{7}{10} - \frac{1}{10} = \frac{2}{10} = \frac{1}{5}$.

在第一场比赛平局的情况下，第二场比赛赢、平局和输的概率分别为：

$P(W) = P(D) = P(L) = \frac{1}{3}$.

在第一场比赛输掉的情况下，第二场比赛赢、平局和输的概率分别为：

$P(W) = \frac{3}{10}$, $P(D) = \frac{1}{20}$, $P(L) = 1 - \frac{3}{10} - \frac{1}{20} = \frac{13}{20}$.

根据以上概率，画出 tree diagram：

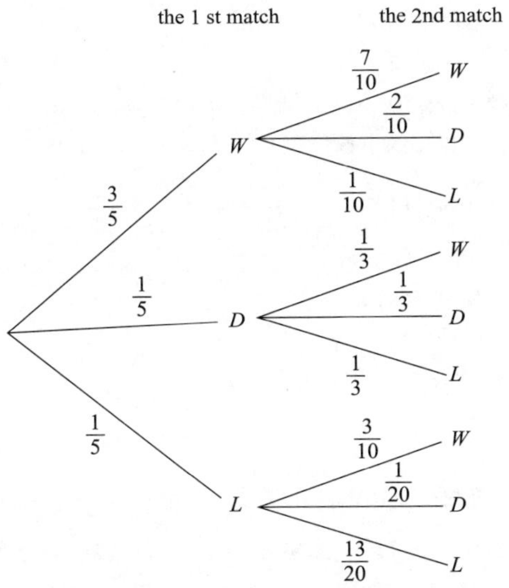

(ii) 看到题目中的“given that”，就想到用条件概率.

用 W_2 表示赢了第二场比赛，用 L_1 表示输了第一场比赛，根据条件概率的公式：$P(A \mid B) = \frac{P(A \cap B)}{P(B)}$，要求的概率就表示为：

$P(L_1 \mid W_2) = \frac{P(L_1 \cap W_2)}{P(W_2)}$,

其中：$P(L_1 \cap W_2) = \frac{1}{5} \times \frac{3}{10}$,

$P(W_2) = \frac{1}{5} \times \frac{3}{10} + \frac{3}{5} \times \frac{7}{10} + \frac{1}{5} \times \frac{1}{3}$,

$P(L_1 \mid W_2) = \frac{P(L_1 \cap W_2)}{P(W_2)}$

$= \dfrac{\frac{1}{5} \times \frac{3}{10}}{\frac{1}{5} \times \frac{3}{10} + \frac{3}{5} \times \frac{7}{10} + \frac{1}{5} \times \frac{1}{3}} = \frac{9}{82}$

(或者换成小数 0.110，保留 3 位有效数字).

Q4 知识点

(i) drawing histograms
(ii) mean

(i) 根据公式：frequency density $= \frac{\text{frequency}}{\text{class width}}$，先算出各个时间段的 class width，然后算出各个时间段的 fd，见下表：

Time (t seconds)	$0 \leqslant t < 20$	$20 \leqslant t < 40$	$40 \leqslant t < 60$	$60 \leqslant t < 100$	$100 \leqslant t < 140$
Number of people	320	280	220	220	100
Class width	20	20	20	40	40
Frequency density	320/20 = 16	280/20 = 14	220/20 = 11	220/40 = 5.5	100/40 = 2.5

根据算出的 frequency density (fd)，以 time (t) 为横轴，frequency density (fd) 为纵轴，画出 histogram.

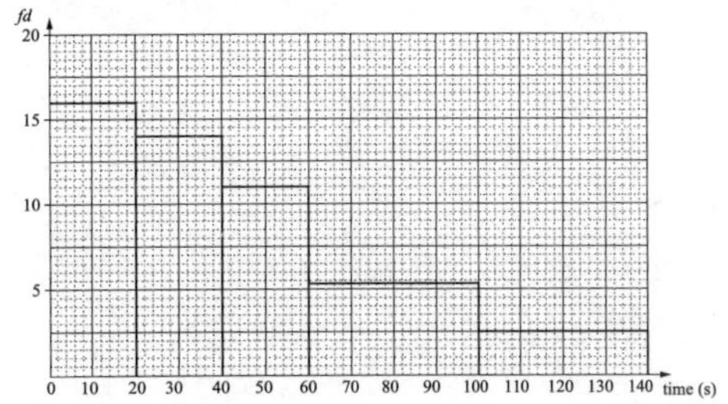

(ii) 估算平均值，需要用到各组数据的中间值 (mid-value)

进行估算，先求出各组数据的中间值，见下表：

Time (t seconds)	$0 \leqslant t < 20$	$20 \leqslant t < 40$	$40 \leqslant t < 60$	$60 \leqslant t < 100$	$100 \leqslant t < 140$
Number of people	320	280	220	220	100
Mid-value	10	30	50	80	120

将各组的中间值代入公式：$\bar{x} = \dfrac{\sum xf}{\sum f}$（$x$ 代表各组的中间值），得

$$\bar{x} = \frac{10\times320+30\times280+50\times220+80\times220+120\times100}{1140}$$
$= 45.8$.

Q5 知识点

binomial distribution

根据题意：

a. 每盒鸡蛋的数量是固定的，20 个；

b. 碎鸡蛋的出现是独立的；

c. 鸡蛋只分为碎的或完整的 (success or failure)；

d. 每盒中碎鸡蛋出现的平均个数是 1.4，可以求出每盒中碎鸡蛋出现的概率：$p = \dfrac{1.4}{20} = 0.07$.

根据以上 4 个条件，如果用随机变量 X 表示每盒中碎鸡蛋的个数，可以知道 X 服从二项分布，也就是 $X \sim \mathrm{B}(20, 0.07)$，根据 $\mathrm{P}(X=r) = \dbinom{n}{r} p^r (1-p)^{n-r}$，可以得

$$\mathrm{P}(X=2) = \binom{20}{2} \times 0.07^2 \times (1-0.07)^{20-2} = 0.252.$$

(ii) 本小问和第 (i) 小问的条件一样，所以还是用 X 表示每盒中碎鸡蛋的个数，则 $X \sim \mathrm{B}(20, 0.07)$，得

$\mathrm{P}(X \geqslant 1) = 1 - \mathrm{P}(X=0) = 1-(1-0.07)^{20} = 0.766$.

(iii) 第 (ii) 小问已经求出每盒中至少有 1 个碎鸡蛋的概率为：$\mathrm{P}(X \geqslant 1) = 0.7658$（这里为运算过程，保留更多的小数位数）.

现在用随机变量 Y 表示这 n 盒鸡蛋中满足至少有 1 个碎鸡蛋这个条件的盒数，那么，$Y \sim \mathrm{B}(n, 0.7658)$.

根据题意，得

$$\mathrm{P}(Y=n) = \binom{n}{n} 0.7658^n (1-0.7658)^0 < 0.01,$$

化简得 $0.7658^n < 0.01$，现在要求 n 的值.

- 如果已经学习过对数函数，不等式两边直接取对数，得

$n \ln 0.7658 < \ln 0.01$,

$n > \dfrac{\ln 0.01}{\ln 0.7658}$（注意 $\ln 0.7658 < 0$，所以不等式要反号），

进一步得 $n > 17.26$,

n 为整数，所以 $n = 18$.

- 如果还没有学对数函数，那么直接代入一些 n 的值来试，比如将 $n = 10$ 或者 $n = 20$ 等代入式子中，直到找到满足不等式的 n 为止.

Q6 知识点

normal distribution

(a)

(i) 题目已知随机变量 X 满足 $X \sim \mathrm{N}(\mu, \sigma^2)$，并且 $\sigma = 0.25\mu$，$\mathrm{P}(X < 6.8) = 0.75$，求 μ 的值.

根据题意：

$$\mathrm{P}(X<6.8) = \mathrm{P}\left(z < \frac{6.8-\mu}{\sigma}\right) = \mathrm{P}\left(z < \frac{6.8-\mu}{0.25\mu}\right) = 0.75,$$

查表得对应概率为 0.75 的 z 值为 0.674，

所以：$\dfrac{6.8-\mu}{0.25\mu} = 0.674$，

化简得 $6.8-\mu = 0.674 \times 0.25\mu$,

最后得 $\mu = 5.82$.

(ii) 根据第 (i) 小问的结果：$\mu = 5.819$（这里为运算过程，保留更多的小数位数），$\sigma = 0.25$，$\mu = 1.4548$.

$$\mathrm{P}(X<4.7) = \mathrm{P}\left(z < \frac{4.7-5.819}{1.4548}\right)$$
$= \mathrm{P}(z < -0.769)$

$= 1 - \mathrm{P}(z < 0.769)$

$= 1 - 0.7791$.

（查表得 $\mathrm{P}(z < 0.769) = 0.7791$）

$= 0.221$.

(b) 用随机变量 X 表示金属棒的长度，根据题意：$X \sim \mathrm{N}(16, 0.2^2)$，金属棒短于 15.75 cm 或者长于 16.25 cm 的都是不能使用的. 现在有 1000 根金属棒，要求其中能使用的金属棒有多少根.

根据题意，满足使用条件的金属棒的概率为：

$P(15.75 \leqslant X \leqslant 16.25)=P(X \leqslant 16.25)-P\ (X<15.75)$

$=P\left(z \leqslant \frac{16.25-16}{0.2}\right)-P\ (z<\frac{15.75-16}{0.2})$

$=P(z \leqslant 1.25)-P\ (z<-1.25)$

$=P(z \leqslant 1.25)-[1-P(z<1.25)]$

查表得 $=0.8944-(1-0.8944)=0.7888$.

共 1000 根金属棒，能使用的金属棒数量：

Expected number $=0.7888 \times 1000=789(\text{or } 788)$.

Q7 知识点

(a) permutation
(b) combination
(c) permutation，combination

(a) 注意：题目中 “none of the three youngest children stand next to each other” 是要求最年轻的 3 个小孩中任意两个都不能排在一起．考虑用插空法，也就是先把其余 5 个小孩排好，然后用这 3 个小孩去插空．

用 × 表示另外 5 个小孩，↑表示空位，排列示意图为：
↑×↑×↑×↑×↑×↑
5 个小孩排列方法：5!.
然后从 6 个空位中选出 3 个位置来排列最年轻的 3 个小孩，排列方法：${}^6P_3$.

所以总的排列方法为： $5! \times {}^6P_3=14400$.

(b) 题目要求每种类型的巧克力至少选一块，那么就需要分类讨论 (注意把分类情况考虑完全).
用字母 D 表示黑巧克力，字母 W 表示白巧克力，字母 M 表示牛奶巧克力．列出各种可能的选择情况及其对应的组合方法，见下表：

	D (6)	W (4)	M (1)	组合方法
Case 1：	2	2	1	${}^6C_2 \times {}^4C_2 \times {}^1C_1=90$
Case 2：	3	1	1	${}^6C_3 \times {}^4C_1 \times {}^1C_1=80$
Case 3：	1	3	1	${}^6C_1 \times {}^4C_3 \times {}^1C_1=24$

总的组合数就是把 3 种情况加起来：
$90+80+24=194$ ways.

(c) 题目要求组成密码的 4 个字符至少包含 1 个大写字母，1 个数字以及 1 个符号，并且这 4 个字符不能有重复．问题：Chelsea 可以组成多少这样的密码．
先用组合将这 4 个字符可能的选择方法列出来，需分情况讨论．
用字母 C 表示大写字母，字母 D 表示数字，字母 S 表示符号．组合方法见下表：

	C (26)	D (9)	S (5)	组合方法
Case 1	1	1	2	${}^{26}C_1 \times {}^9C_1 \times {}^5C_2$
Case 2	1	2	1	${}^{26}C_1 \times {}^9C_2 \times {}^5C_1$
Case 3	2	1	1	${}^{26}C_2 \times {}^9C_1 \times {}^5C_1$

要注意的是：这 4 个字符是用来组成密码，它们的顺序不同组成的密码也是不一样的，所以要考虑 4 个字符的顺序，也就是将上述 3 种情况加起来后要乘上 4!
最后得总的密码数量为：

$({}^{26}C_1 \times {}^9C_1 \times {}^5C_2+{}^{26}C_1 \times {}^9C_2 \times {}^5C_1+{}^{26}C_2 \times {}^9C_1 \times {}^5C_1) \times 4!$
$=519480$ ways.

9709_s17_qp_62

Q1 知识点

(i) mean
(ii) variance，standard deviation

假设毛衣的单价为 x，
根据题意，有：
$5.5 \times 4+90 \times 1+3x=29 \times 8$,
求出：$x=40$.

(ii) 题目中有个很重要的条件，那就是 Diksha 这 5 件衣物的 standard deviation 是 0，根据 variance 和 standard deviation 的公式：

$$\operatorname{Var}(x)=\frac{\sum(x-\bar{x})^2}{n}=\frac{\sum x^2}{n}-\bar{x}^2=\frac{\sum x^2}{n}-\left(\frac{\sum x}{n}\right)^2,$$

$$\mathrm{SD}(x)=\sqrt{\operatorname{Var}(x)}.$$

可以知道这 5 件衣物的价格都是一样的，就等于平均价格．所以每件衣物的价格是26元，所以4件衬衣的价格是：
$26 \times 4=104$.

Q2 知识点

(i) median，interquartile range
(ii) cumulative frequency
(iii) cumulative frequency

(i) 先算出 Q_2，Q_1 和 Q_3 所在的位置，再根据图估算出它们的值：

median：$Q_2=\dfrac{200}{2}$ th value = 100th value = 3.2 (估算的 Q_2 值位于：3.2 ± 0.05 均可)，

$Q_1=\dfrac{200}{4}$ th value = 50th value = 2.55 （ $2.55\leqslant Q_1\leqslant 2.6$，这个范围的 Q_1 均可)，

$Q_3=\dfrac{3\times200}{4}$ th value = 150th value = 3.65

($3.65\leqslant Q_3\leqslant 3.7$，这个范围的 Q_3 均可)，

IQR = Q_3-Q_1 =3.65 − 2.55 = 1.1 ($1.05\leqslant \text{IQR}\leqslant 1.15$，这个范围的 IQR 均可).

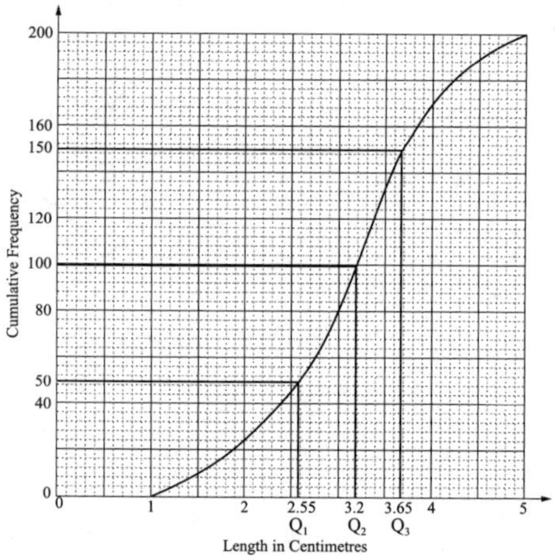

(ii) 在横轴上找到 2 cm 和 3.5 cm，然后找出其对应的纵坐标，分别为 24 和 134.

则长度介于 2 cm 到 3.5 cm 之间的数量就是：134 − 24 = 110 ($108\leqslant n\leqslant 112$均得分).

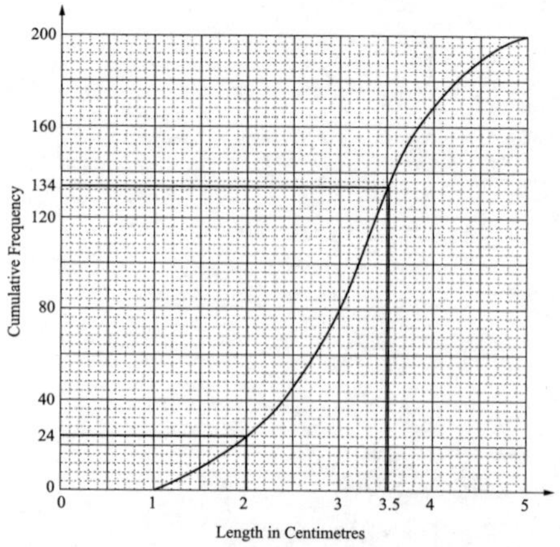

(iii) 已知 6% 的毛毛虫的长度大于等于 l，求 l 的值 .

$200\times0.06=12$，12 只毛毛虫的长度大于 l；

$200-12=188$，找到 188 对应的长度即为 l 的值 .

根据图像，估算出 l 的值为：l = 4.5 cm (估值位于 $4.4\leqslant l\leqslant 4.5$ 均得分).

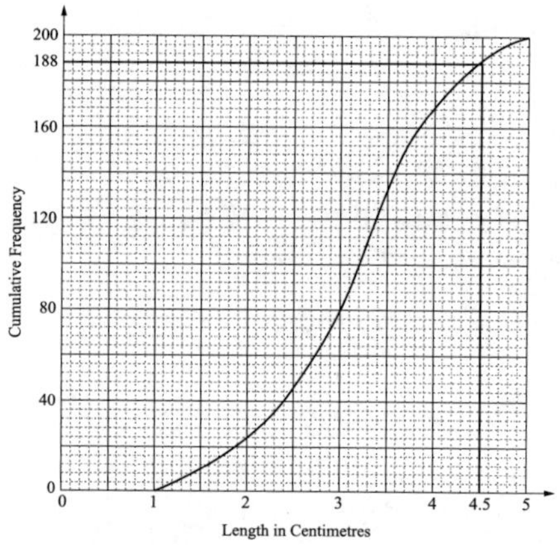

Q3 知识点

probability distribution，expectation

(i) 根据题意：

$\mathrm{P}(X=-2)=k\,(-2)^2=4k$,

$\mathrm{P}(X=2)=k\,2^2=4k$,

所以，$\mathrm{P}(X=-2)=P(X=2)$.

(ii)

用 k 表示出 X 的 probability distribution，见下表：

X	−2	−1	2	4
$\mathrm{P}(X=x)$	$4k$	k	$4k$	$16k$

根据$\sum P(X=x)=1$，得

$4k+k+4k+16k=1,$

计算得$k=\frac{1}{25}$ (0.04).

(iii) 根据第 (ii) 小问得的表格，代入期望的计算公式：

$E(X)=\sum x \cdot P(X=x)$，得

$E(X)=(-2)\times 4k+(-1)\times k+2\times 4k+4\times 16k=63k$

$=63\times\frac{1}{25}=\frac{63}{25}(2.52).$

Q4 知识点

probability

根据题意，可得

$P(6)=P(3,\ 3)=r^2=\frac{1}{36},$

求出：$r=\frac{1}{6},$

$P(5)=P(2,\ 3)+P(3,\ 2)=q\times\frac{1}{6}+\frac{1}{6}\times q=\frac{1}{9},$

求出：$q=\frac{1}{3},$

$p=1-q-r=1-\frac{1}{6}-\frac{1}{3}=\frac{1}{2},$

所以：$r=\frac{1}{6}$，$q=\frac{1}{3}$，$p=\frac{1}{2}.$

Q5 知识点

normal distribution

(i) 根据题意：

$P(X>4.2)=P(z>\frac{4.2-3.9}{\sigma})=0.18,$

$P\left(z\leqslant\frac{4.2-3.9}{\sigma}\right)=1-0.18=0.82,$

查表，0.82 所对应的 z 值为 0.916 (or 0.915).

所以：$\frac{4.2-3.9}{\sigma}=0.916,$

求出：$\sigma=0.328$ ($\frac{20}{61}$ or $\frac{75}{229}$).

(ii) 仍然用X表示录像的时长，则根据第 (i) 小问的结果：$X\sim N(3.9,\ 0.3275^2)$. 与平均时长的差值小于半分钟，既包括大于平均时长半分钟，也包括小于平均时长半分钟 . 所以要求的概率为：

$P(3.9-0.5\leqslant X\leqslant 3.9+0.5)$

$=P\left(\frac{3.9-0.5-3.9}{0.3275}\leqslant z\leqslant\frac{3.9+0.5-3.9}{0.3275}\right)$

$=P(-1.5267\leqslant z\leqslant 1.5267)$

$=P(z\leqslant 1.5267)-P(z\leqslant -1.5267)$

$=P(z\leqslant 1.5267)-[1-P(z\leqslant 1.5267)]$

查表，可得$=0.9364-(1-0.9364)\ =0.873.$

(iii) 如果用随机变量Y表示新的流行乐曲录像时长，根据题意：$Y\sim N(3.9,\ (2\sigma)^2)$. 随机从新的流行乐曲中抽取一份录像，已知$P(3.9-0.5\leqslant Y\leqslant 3.9+0.5)=p.$

要求：在不新增计算的情况下，判断p比第 (ii) 小问的结果大还是小，并说明原因 .

结论：p 小于第 (ii) 小问的结果 .

原因：2 个正态分布的平均值相同，但是新的正态分布的 standard deviation 变大 . 那么在标准化的过程中 ($z=\frac{x-\mu}{\sigma}$)，会除以一个更大的数，使z值变小 . 也就是要算的概率的范围变小，所以p小于第 (ii) 小问的结果 .

Q6 知识点

permutation

(i) 题目要求书的两端要么都是 Book A，要么都是 Book B，问有多少种排列方法 .

分情况讨论：

Case 1 (两端都是 Book A) : $A\times\times\times\times\times\times\times\times\times A$

$\frac{9!}{2!\times 5!\times 2!}=756$ ways,

Case 2 (两端都是 Book B) : $B\times\times\times\times\times\times\times\times\times B$

$\frac{9!}{5!\times 4!}=126$ ways,

总的排列方法：$756+126=882$ ways.

(ii) 题目要求所有的 Book A 都要排在一起，所以用捆绑法，将所有的 Book A 看成一个整体 . 并且任意两本 Book A 都不能排在一起，所以用插空法，先将 Book A 和 Book C 排好，用 B 去插空 .

排列示意图：↑ $AAAA$ ↑ C ↑ C ↑ C ↑ C ↑ C ↑

先将 Book A 和 Book C 排好：$\frac{6!}{5!}$ ways.

Book B 去插空 (7 个空选 2 个)：${}^{7}C_{2}$ ways (or $\frac{{}^{7}P_{2}}{2!}$).

总的排列方法：$\frac{6!}{5!}\times{}^{7}C_{2}=126$ ways.

Q7 知识点

(i) probability
(ii) probability，conditional probability
(iii) binomial distribution，variance
(iv) binomial distribution

(i) 求：Khalid 不小心伤到自己的概率 .
不小心伤到自己分为骑自行车受伤和滑滑板受伤两种情况 . 用 B 表示骑自行车，S 表示滑滑板，H 表示受伤 .
可得 $P(H)=P(BH)+P(SH)$
$=0.6\times0.05+0.4\times0.75$
$=0.330\left(\frac{33}{100}\right)$.

(ii) 看到题目中的 "given that"，想到用条件概率 .

$P(S|H)=\frac{P(S\cap H)}{P(H)}$
$=\frac{0.4\times0.75}{0.330}$
$=\frac{10}{11}(0.909)$.

(iii) 根据题目条件，如果用随机变量 X 表示 45 天中骑自行车的天数，则 $X\sim B(45,\ 0.6)$；如果用随机变量 Y 表示 45 天中滑滑板的天数，则 $Y\sim B(45,\ 0.4)$.
根据公式：
$\mathrm{Var}(X)=np(1-p)=45\times0.6\times(1-0.6)=45\times0.6\times0.4$,
$\mathrm{Var}(Y)=np(1-p)=45\times0.4\times(1-0.4)=45\times0.4\times0.6$,
所以：$\mathrm{Var}(X)=\mathrm{Var}(Y)$.

(iv) 用随机变量 W 表示 Khalid 这 10 天中滑滑板出门的天数，则 $W\sim B(10,\ 0.4)$，根据二项分布概率的计算公式：
$P(X=r)=\binom{n}{r}p^{r}(1-p)^{n-r}$，得
$P(W\geqslant2)=1-P(W=0)-P(W=1)$
$=1-0.6^{10}-\binom{10}{1}\times0.4^{1}\times0.6^{9}$
$=1-0.0464$
$=0.954$.

9709_s17_qp_63

Q1 知识点

probability

根据题意：
$P(1)=P(3)=P(5)=0.1$，$P(2)=P(4)=0.2$,
所以：$P(6)=1-0.1\times3-0.2\times2=0.3$,
$P(\text{sum is }9)=P(3,\ 6)+P(6,\ 3)+P(5,\ 4)+P(4,\ 5)$
$=0.1\times0.3+0.2\times0.1+0.1\times0.2+0.3\times0.1$
$=0.1$.

Q2 知识点

normal distribution，binomial distribution

用随机变量 X 表示这 270 天中 George 去游泳的次数，则 $X\sim B\left(270,\ \frac{1}{3}\right)$.

$E(X)=np=270\times\frac{1}{3}=90$,

$\mathrm{Var}(X)=npq=270\times\frac{1}{3}\times\frac{2}{3}=60$,

所以随机变量 X 可以用正态分布 $N(90,\ 60)$ 去估算，得

$P(X\geqslant100)=P\left(z\geqslant\frac{99.5-90}{\sqrt{60}}\right)$
$=P(z\geqslant1.2264)$
$=1-P(z<1.2264)$（注意这里需要进行连续性修正）
$=1-0.8899$
$=0.110$.

Q3 知识点

(i) probability
(ii) probability，conditional probability

(i) 用 "*Pre*" 表示高级咖啡，"*Std*" 表示标准咖啡；用 L 表示大杯，S 表示小杯．可以画一个 tree diagram 来表示题意，则：

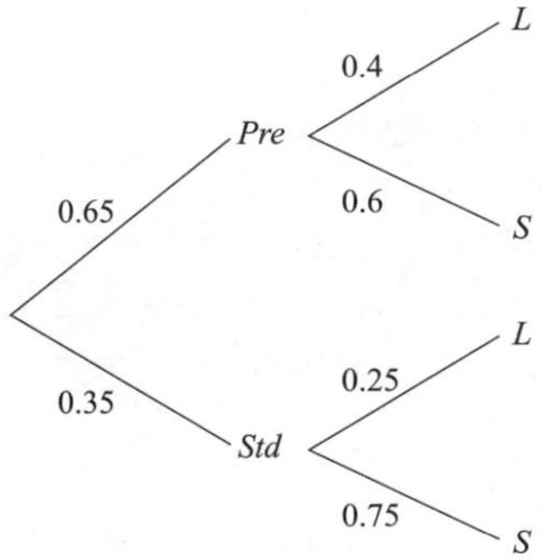

所以：$P(S)=P(Pre\cap S)+P(Std\cap S)$

$=0.65\times0.6+0.35\times0.75$

$=0.653\left(\text{or }\dfrac{261}{400}\right).$

(ii) 看到题目中的 "given that"，就想到用条件概率．

$P(Std\mid L)=\dfrac{P(Std\cap L)}{P(L)}$

$=\dfrac{0.35\times0.25}{1-P(S)}$

$=\dfrac{0.35\times0.25}{1-\dfrac{261}{400}}$

$=\dfrac{35}{139}(\text{or }0.252).$

Q4 知识点

normal distribution

(a) 已知 $X\sim N(\mu,\sigma^2)$，并且 $\mu=1.5\sigma$，随机抽取了一个 X 的值，求：$P(X>0)$．

$P(X>0)=P(z>\dfrac{0-1.5\sigma}{\sigma})$

$=P(z>-1.5)$

$=P(z<1.5)$

$=0.933.$

(b) 用随机变量 X 表示电池的使用时长，根据题意有：$X\sim N(120,s^2)$，并且 $P(X>70)=87.5\%$.

因为 $P(X>70)=0.875$，标准化可得

$P\left(z>\dfrac{70-120}{s}\right)=0.875,$

查表得 $\Phi^{-1}(0.875)=1.151$，根据对称性，得

$\dfrac{70-120}{s}=-1.151,$

$s=43.4(\text{or }43.5).$

Q5 知识点

binomial distribution

(i) 条件1：完成每个谜题的概率是固定的 (constant probability of completing)，

条件2：各次玩谜题是独立的 (independent trials).

(ii) 根据题意有：$X\sim B(7,0.7)$,

$P(X\geqslant5)=P(X=5)+P(X=6)+P(X=7)$

$=\binom{7}{5}\times0.7^5\times0.3^2+\binom{7}{6}\times0.7^6\times0.3^1+0.7^7$

$=0.647.$

(iii) 先求出每周完成的谜题数量少于或者等于 4 的概率．根据第 (ii) 小问的结果，得

$P(X\leqslant4)=1-P(X\geqslant5)=1-0.6471=0.3529$ （因为是计算过程，小数多保留一位）.

用随机变量 Y 表示 10 周中完成谜题数少于或等于 4 的周数，那么：$Y\sim B(10,0.3529)$.

所以：

$P(Y=3)=\binom{10}{3}\times0.3529^3\times0.6471^7=0.251.$

Q6 知识点

(a) permutation
(b) combination

(a)

(i) 本小问要求数字不能重复．

分情况讨论：

Case 1: $3\times\times\times$ $\quad 1\times4\times3\times2=24$ ways,

Case 2: $4\times\times\times$ $1\times4\times3\times2=24$ ways.

总的：$24+24=48$ ways.

(ii) 本小问要求数字可以重复，并且必须是奇数 .

3or4× ×1, 3or5 ,

第一个数字只能是 3 或者 4 : 2 ways.

数字为奇数，所以最后一个数字只能是 1、3 或者 5 : 3 ways.

因为可以重复，所以中间两个数字任选：5×5 ways.

所以，总的：$2\times5\times5\times3=150$ ways.

(b)

(i) 求：选取的这 6 块饼干包含 2 块燕麦饼干，有多少种选法?

2 块燕麦饼干已经选定了，所以从剩下的 18 块饼干中选择 4 块饼干，得

${}^{18}C_4=3060$ ways.

(ii) 求：选出的6块饼干中巧克力饼干少于3块的概率 .

巧克力饼干少于 3 块，所以只能是 0,1,2 这三种情况 . 分类讨论：

方法一见下表：

Case	Chocolate (4)	Not Chocolate (16)	Ways
1	0	6	$1\times{}^{16}C_6$
2	1	5	${}^{4}C_1\times{}^{16}C_5$
3	2	4	${}^{4}C_2\times{}^{16}C_4$

上述 3 种情况加起来，共：

$1\times{}^{16}C_6+{}^{4}C_1+{}^{16}C_5+{}^{4}C_2+{}^{16}C_4=36400$ ways.

方法二（列出所有的可能情况）：

用 C 表示巧克力味的饼干，O 表示燕麦味的饼干，G 表示姜味的饼干 .

Case	C (4)	O (2)	G (14)	Ways
1	2	2	2	${}^{4}C_2\times{}^{2}C_2\times{}^{14}C_2$
2	2	1	3	${}^{4}C_2\times{}^{2}C_1\times{}^{14}C_3$
3	2	0	4	${}^{4}C_2\times{}^{2}C_0\times{}^{14}C_4$
4	1	2	3	${}^{4}C_1\times{}^{2}C_2\times{}^{14}C_3$
5	1	1	4	${}^{4}C_1\times{}^{2}C_1\times{}^{14}C_4$
6	1	0	5	${}^{4}C_1\times{}^{2}C_0\times{}^{14}C_5$
7	0	2	4	${}^{4}C_0\times{}^{2}C_2\times{}^{14}C_4$
8	0	1	5	${}^{4}C_0\times{}^{2}C_1\times{}^{14}C_5$
9	0	0	6	${}^{4}C_0\times{}^{2}C_0\times{}^{14}C_6$

上述 9 种情况加起来，共：36400 ways.

所以，概率为：

$$p=\frac{36400}{{}^{20}C_6}=0.939\left(\text{or}\ \frac{910}{969}\right).$$

Q7 知识点

(i) histogram
(ii) cumulative frequency graph
(iii) cumulative frequency graph, median, interquartile range
(iv) mean

(i) 根据题目给出的 histogram，找到各个组的 frequency density 和 class width，根据 frequency = frequency density× class width 得到各组对应的 frequency，分别为：

Class	0~5	5~10	10~20	20~25
Frequency Density	2	8	12	6
Class Width	5	5	10	5
Frequency	10	40	120	30

所以，各个组的 frequency 分别是：10，40，120，30.

(ii) 列出 cumulative frequency，见下表 :

Length	< 0	< 5	< 10	< 20	< 25
Cumulative Frequency	0	10	50	170	200

根据 cumulative frequency，画出 cumulative frequency 的图像，见下图：

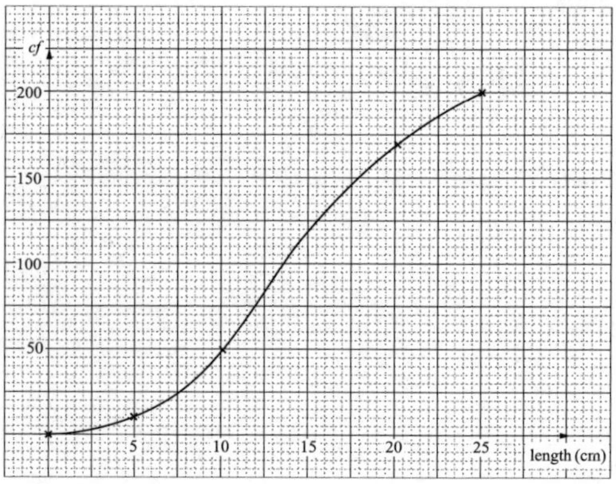

(iii) 根据第 (ii) 小问画的 cumulative frequency 的图像，找出 Q_1，Q_2 和 Q_3 对应的值 .

median： $200\times\frac{1}{2}=$ the100th value，根据图像，值为：13.5 4 (13.2 ～ 15.2 之间均给分)，

$Q_1:200\times\frac{1}{4}=$ the 50th value，根据图像，值为：10，

$Q_3:200\times\frac{3}{4}=$ the 150th value，根据图像，
值为：18 (17.5 ～ 19.5 之间均给分).

所以，$IQR=Q_3-Q_1=18-10=8.$

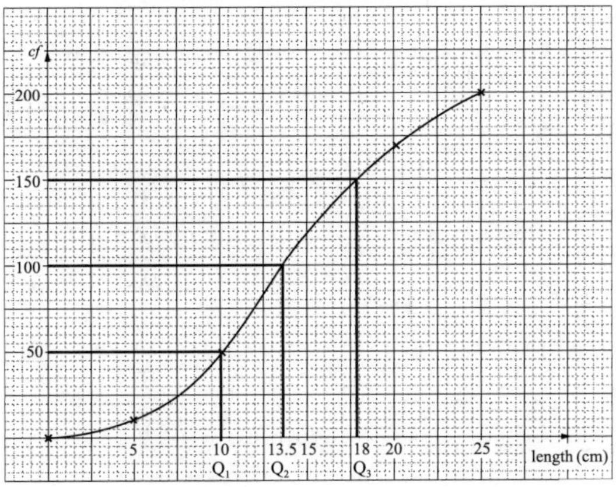

(iv) 估算平均值，需要用到各组数据的中间值 (mid-value) 进行估算，先求出各组数据的中间值，见下表：

Class	0 ~ 5	5 ~ 10	10 ~ 20	20 ~ 25
Frequency	10	40	120	30
Mid-value	2.5	7.5	15	22.5

将各组的中间值代入公式：$\bar{x}=\frac{\sum xf}{\sum f}$ (x 代表各组的中间值)，得

$$\bar{x}=\frac{10\times2.5+40\times7.5+120\times15+30\times22.5}{200}=14.$$

9709_w17_qp_61

Q1 知识点

probability distribution，expectation

题目给出了随机变量 X 的概率分布表，并已知 $E(X)=3.05$，求 p 和 q 的值 .

根据 $\sum P(X=x)=1$，得

$0.15+p+0.4+q=1$

根据 $E(X)=\sum xp$，得

$1\times0.15+2p+3\times0.4+6q=3.05.$

联立解上述两个方程，得

$p=0.25,\ q=0.2.$

Q2 知识点

(i) cumulative frequency graphs
(ii) cumulative frequency

(i) 列出 cumulative frequency (注意这里各个组之间是有间隔的，要取每个组的实际边界值)，见下表：

Time (seconds)	< 2.5	< 5.5	< 8.5	< 11.5	< 16.5	< 25.5
Cumulative Frequency	0	10	25	42	46	48

根据 cumulative frequency，画出 cumulative frequency 的图像，见下图：

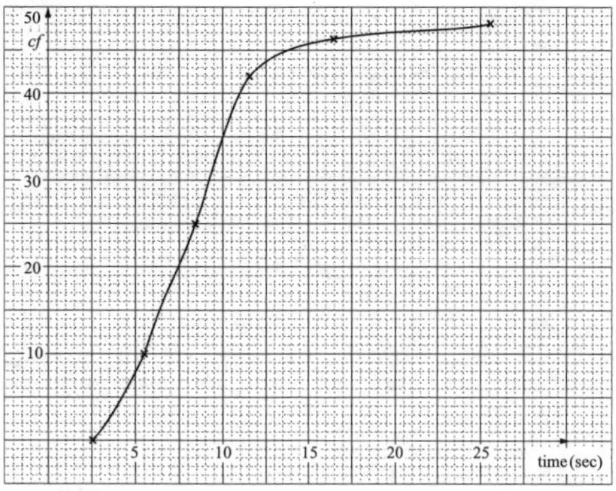

(ii) 已知其中有 35 辆汽车从 0 加速到 30 m/s 所需时间超过 t s，估算 t 的值 .

$48-35=13$,

根据题意，有 13 辆汽车加速到 30m/s 用时少于 t s .

根据第 (i) 小问的 cumulative frequency 图，找到纵轴 13 对应的横轴的值，为 6.3，

所以，$t=6.3$（$6\leqslant t\leqslant 7$ 之间均给分）.

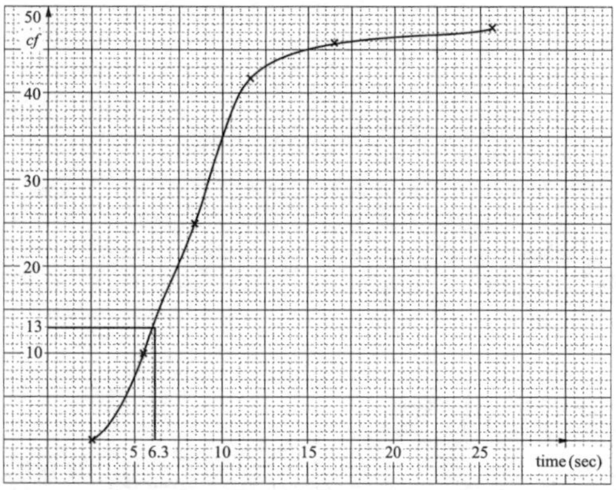

Q3 知识点

(i) binomial distribution，expectation
(ii) binomial distribution，variance
(iii) binomial distribution

(i) 用随机变量 X 表示扔 30 次骰子得到数字 4 的次数，可以知道 X 服从二项分布，即：$X\sim B(30,\ p)$，并且 $E(X)=6.21$. 根据 $E(X)=np$，得

$$p=\frac{E(X)}{n}=\frac{6.21}{30}=0.207.$$

(ii) 根据第 (i) 小问的结果，$X\sim B(30,\ 0.207)$，所以：

$$\mathrm{Var}(X)=np(1-p)=30\times0.207\times(1-0.207)=4.92.$$

(iii) 根据第 (i) 小问的结果，$X\sim B(30,\ 0.207)$，所以：

$$P(X\geqslant2)=1-P(X=0)-P(X=1)$$

$$=1-(1-0.207)^{15}-\binom{15}{1}\times0.207^{1}\times(1-0.207)^{14}$$

$$=0.848.$$

Q4 知识点

(i) mean
(ii) variance，standard deviation

(i) 用 x 表示 12 人这一组每个人的年龄，用 y 表示 7 人这一组每个人的年龄 .

根据题意有：

$$\bar{x}=\frac{\sum x}{n}=\frac{\sum x}{12}=48.7,\quad \bar{y}=\frac{\sum y}{n}=\frac{\sum y}{7}=38.1 .$$

得

$$\sum x=48.7\times12,\quad \sum y=38.1\times7 .$$

对总的 19 个人，得

$$\text{mean}=\frac{\sum x+\sum y}{n_x+n_y}=\frac{48.7\times12+38.1\times7}{12+7}=44.8.$$

(ii) The variance of x and y combined is

$$\frac{\sum x^2+\sum y^2}{n_x+n_y}-\left(\frac{\sum x+\sum y}{n_x+n_y}\right)^2,$$

同样，用 x 表示 12 人这一组每个人的年龄，用 y 表示 7 人这一组每个人的年龄 .

根据题意，有：

$$SD(x)=7.65,\ SD(y)=4.2.$$

根据 variance 的公式：$\mathrm{Var}(x)=\frac{\sum x^2}{n}-\bar{x}^2$，得

$$\mathrm{Var}(x)=\frac{\sum x^2}{12}-48.7^2=7.65^2,$$

$$\mathrm{Var}(y)=\frac{\sum y^2}{7}-38.1^2=4.2^2.$$

计算得

$$\sum x^2=29162.55,\ \sum y^2=10284.75.$$

对于总的 19 个人，根据公式，有：

$$\mathrm{Var}=\frac{\sum x^2+\sum y^2}{n_x+n_y}-\left(\frac{\sum x+\sum y}{n_x+n_y}\right)^2$$

$$=\frac{29162.55+10284.75}{19}-44.79^2.$$

（这里的 44.79 为第 (i) 小问计算结果，为了最后的精确度多保留了小数位数）

最后得

$SD=\sqrt{Var}=8.37$（或 8.36).

Q5 知识点

(i) probability，draw tree diagram
(ii) probability
(iii) probability，conditional probability

(i) 用 E 表示经济舱，F 表示头等舱，G 表示休息得好，NG 表示休息不好 .

根据题意，画出 tree diagram 如下：

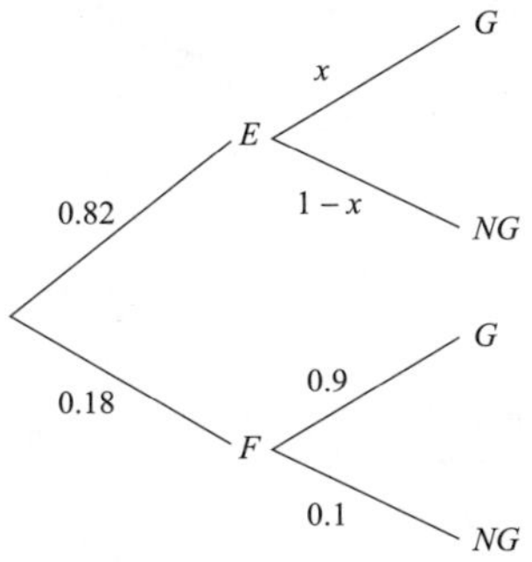

(ii) 根据第 (i) 小问的 tree diagram，得

$P(G)=P(E\cap G)+P(F\cap G)=0.285.$

代入对应的值，得

$0.82x+0.18\times0.9=0.285.$

计算得 $x=0.15.$

(iii) 看到题目中的"given that"，就想到用条件概率 .

$$P(E\,|NG)=\frac{P(E\cap NG)}{P(NG)}$$

$$=\frac{0.82\times0.85}{1-P(G)}$$

$$=\frac{0.82\times0.85}{1-0.285}=0.975.$$

Q6 知识点

(a) (i) probability，draw tree diagram
(ii) permutation
(b) combination

(a)

(i) 没有限制，那么总的方法为：

${}^{40}P_5=78960960$ ways.

(ii) 先考虑 Mary 和 Ahmad：

他们必须坐在一起，用捆绑法，也就是把 2 个座位看成一个整体，有 4 种选择方法，他们内部还有一个排列：2! 种方法

$\underline{M}\ \underline{A}\ \underline{\times}\ \underline{\times}\ \underline{\times}, \underline{\times}\ \underline{M}\ \underline{A}\ \underline{\times}\ \underline{\times}, \underline{\times}\ \underline{\times}\ \underline{M}\ \underline{A}\ \underline{\times}, \underline{\times}\ \underline{\times}\ \underline{\times}\ \underline{M}\ \underline{A}$

所以 Mary 和 Ahmad 的坐法：$2!\times4=8$ ways.

再考虑其他 3 个人：

他们也必须坐在一起，捆绑法，3 个座位看成一个整体，有 3 种选择方法；他们内部有一个排列：3! 种方法；要从其他 7 排中选一排：${}^7C_1$ 种方法 .

所以其他 3 个人的坐法：$3\times3!\times{}^7C_1=126$ ways.

5 个人总的坐法：$8\times126=1008$ ways.

(b) 方法一：

Ross 和 Lionel 拒绝同在这个队伍中，可以用总的组合方法减去他们同在队伍的组合方法 .

总的组合方法：${}^{10}C_4=210$ ways.

他们同在队伍的组合方法：${}^8C_2=28$ ways.

最终的组合方法：$210-28=182$ ways.

方法二：

分情况讨论：

Case 1 (Ross 在，Lionel 不在) $R\times\times\times$：${}^8C_3=56$ ways.

Case 2 (Lionel 在，Ross 不在) $L\times\times\times$：${}^8C_3=56$ ways.

Case 3 (Lionel 和 Ross 均不在) $\times\times\times\times$：${}^8C_4=70$ ways.

总的组合方法：$56+56+70=182$ ways.

Q7 知识点

normal distribution

(i) 大凤梨的概率：

$$P(X>570)=P\left(z>\frac{570-500}{91.5}\right)$$

2017

$= P(z > 0.7650)$
$= 1 - P(z < 0.7650)$
查表得 $= 1 - 0.7779 = 0.2221$.
小凤梨的概率：
$P(X < 390) = P(z < \frac{390-500}{91.5})$
$= P(z < -1.202)$
$= 1 - P(z < 1.202)$

查表得 $= 1 - 0.8853$
$= 0.1147$.
中型凤梨的概率：$1 - 0.2221 - 0.1147 = 0.6632$.
最终结果（保留 3 位有效数字）：大凤梨：0.222，小凤梨：0.115，中型凤梨：0.663.

(ii) 设这个最低重量为 w，根据题意：

$P(X > w) = P\left(z > \frac{w-500}{91.5}\right) = 0.05.$

根据对称性，查表得 $\Phi^{-1}(1-0.05) = 1.645$，所以：

$\frac{w-500}{91.5} = 1.645.$

计算得 $w = 651$.

(iii) 根据题意：

$P(k < X < 610) = P(X < 610) - P(X < k) = 0.3,$
标准化，得

$P\left(z < \frac{610-500}{91.5}\right) - P\left(z < \frac{k-500}{91.5}\right) = 0.3,$

$P(z < 1.202) - P\left(z < \frac{k-500}{91.5}\right) = 0.3,$

$0.8853 - P\left(z < \frac{k-500}{91.5}\right) = 0.3,$
化简得

$P\left(z < \frac{k-500}{91.5}\right) = 0.5853,$
查表得 $\Phi^{-1}(0.5853) = 0.215$（或 0.216），所以：
$\frac{k-500}{91.5} = 0.215.$
计算得
$k = 520.$

9709_w17_qp_62

Q1 知识点

mean

根据公式：$\Sigma(x-b) = \Sigma x - nb$，得
$\Sigma(x-10) = \Sigma x - 10n = 27$， 化简，可得 $\Sigma x = 10n + 27$.
又已知：

$\bar{x} = \frac{\Sigma x}{n} = \frac{10n+27}{n} = 11.5,$
化简，可得 $10n + 27 = 11.5n,$
求解，可得 $n = 18$.

Q2 知识点

(i) cumulative frequency graphs
(ii) cumulative frequency

(i) 列出 cumulative frequency，见下表：

Circumference (c cm)	≤40	≤50	≤80	≤100	≤120
Cumulative Frequency	0	14	62	132	140

根据 cumulative frequency，画出 cumulative frequency 的图像，见下图：

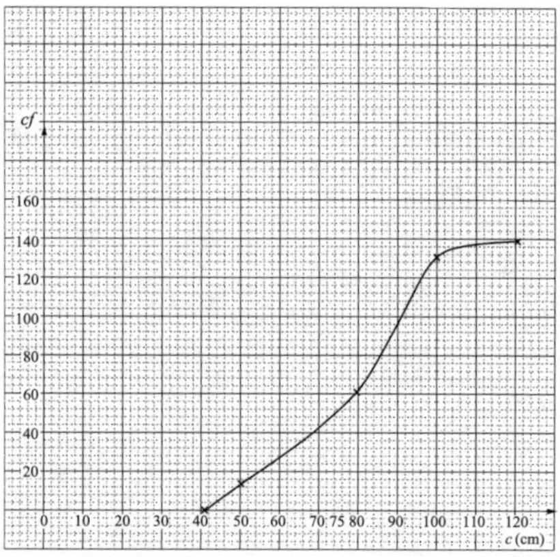

(ii) 在 cumulative frequency 的图像横轴上找到 75 cm，读出对应的纵轴坐标为：54，
所以大于 75 cm 的数量为：$140 - 54 = 86$，
算出比例为：$\frac{86}{140} = 61.4\%$（比例值介于：$60.5\% \leqslant$ Ans

≤ 64.5% 均给分).

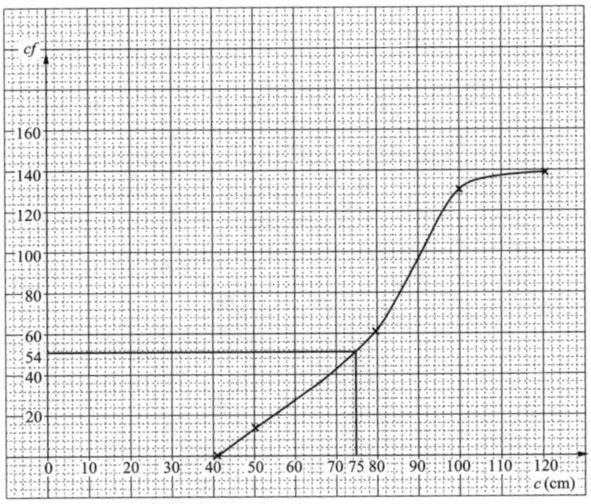

Q3 知识点

(i) probability
(ii) probability distribution

(i) $X = 3$ 表示前 2 次都取到红色圆盘，第 3 次才第一次取到蓝色圆盘 . 所以：

$$P(X=3)=P(RRB)=\frac{2}{6}\times\frac{1}{5}\times\frac{4}{4}=\frac{1}{15}.$$

(ii) 先确定 X 可取的值为：1、2 和 3.
再算对应的概率：

$$P(X=1)=P(B)=\frac{4}{6}=\frac{2}{3}\quad(0.667),$$

$$P(X=2)=P(RB)=\frac{2}{6}\times\frac{4}{5}=\frac{4}{15}\quad(0.267),$$

根据第 (i) 小问结果：$P(X=3)=\frac{1}{15}\quad(0.0667)$，
列成表格，见下表：

x	1	2	3
$P(X=x)$	$\frac{10}{15}$	$\frac{4}{15}$	$\frac{1}{15}$

Q4 知识点

probability

(i) 根据题意，均匀的骰子掷到 4 个面的概率均为 $\frac{1}{4}$，即：

$$P(1)=P(2)=P(3)=P(4)=\frac{1}{4},$$

骰子朝上的数字为 4，则硬币要扔 4 次 . 用 X 表示这 4 次中正面朝上的次数，那么 $X\sim B\left(4,\frac{1}{3}\right)$.

$$P(X=2)=\left(\frac{1}{3}\right)^2\times\left(\frac{2}{3}\right)^2\times{}^4C_2.$$

所以，骰子扔到的数字为 4，且硬币 2 次正面朝上的概率为：

$$P(4,2H)=P(4\cap X=2)=\frac{1}{4}\times\left(\frac{1}{3}\right)^2\times\left(\frac{2}{3}\right)^2\times{}^4C_2$$

$$=\frac{2}{27}\quad(0.0741).$$

(ii) 骰子数字为 3，那么硬币就扔 3 次，所以要求这 3 次都是正面，因此：

$$P(3,3H)=\frac{1}{4}\times\left(\frac{1}{3}\right)^3=\frac{1}{108}\quad(0.00926).$$

(iii) 分情况讨论：

Case 1 (骰子数字为 1，扔 1 次硬币)：

$$P(1,1H)=\frac{1}{4}\times\frac{1}{3}=\frac{1}{12}\quad(0.08333).$$

Case 2 (骰子数字为 2，扔 2 次硬币)：

$$P(2,2H)=\frac{1}{4}\times\left(\frac{1}{3}\right)^2=\frac{1}{36}\quad(0.02778).$$

Case 3 (骰子数字为 3，扔 3 次硬币)：

$$P(3,3H)=\frac{1}{4}\times\left(\frac{1}{3}\right)^3=\frac{1}{108}\quad(0.00926).$$

Case 4 (骰子数字为 4，扔 4 次硬币)：

$$P(4,4H)=\frac{1}{4}\times\left(\frac{1}{3}\right)^4=\frac{1}{324}\quad(0.003086).$$

总的概率为上述 4 中情况加起来：

$$P=P(1,1H)+P(2,2H)+P(3,3H)+P(4,4H)$$

$$=\frac{10}{81}\quad(0.123).$$

Q5 知识点

(i) binomial distribution
(ii) binomial distribution，normal distribution

(i) 用随机变量 X 表示一盒 CD 中有瑕疵的 CD 的数量，那么 $X\sim B(30,0.04)$.

$$P(X>2)=1-P(X\leqslant 2)$$

$$=1-P(X=0)-P(X=1)-P(X=2)$$

2017

$= 1-(0.96)^{30}-\binom{30}{1}\times 0.04\times(0.96)^{29}-\binom{30}{2}\times 0.04^2\times(0.96)^{28}$

$= 0.117.$

(ii) 根据第 (i) 小问的结果，一盒 CD 不合格的概率为 0.1169(多保留一位，保证后续计算精确度). 用随机变量 Y 表示这 280 盒 CD 中不合格的 CD 数量，那么

$Y \sim B(280,\ 0.1169)$,

$E(Y) = np = 280\times 0.1169 = 32.73$,

$Var(Y) = np(1-p) = 280\times 0.1169\times(1-0.1169) = 28.9$,

所以，随机变量 Y 可以用正态分布 $N(32.73,\ 28.9)$ 进行估算，得

$P(Y \geqslant 30) = P\left(z \geqslant \frac{29.5-32.73}{\sqrt{28.9}}\right)$ (注意这里需要进行连续性修正)

$= P(z \geqslant -0.6008)$

$= P(z \leqslant 0.6008)$

$= 0.726.$

Q6 知识点

(a) permutation
(b) combination

(a)

(i) 题目要求组成的三位数大于 300，这是一个特殊要求，所以第一位只能是 3，4，6 或 8，分成 4 种情况：

Case 1: 3×× ： $1\times5\times4 = 20$ ways.

Case 2: 4×× ： $1\times5\times4 = 20$ ways.

Case 3: 6×× ： $1\times5\times4 = 20$ ways.

Case 4: 8×× ： $1\times5\times4 = 20$ ways.

总的方法：$4\times5\times4 = 80$ ways.

(ii) 这种情况下：第一位仍然只能是 3，4，6 或者 8，有 4 种选法 .

因为是偶数，所以末位只能是 2，4，6 或者 8，也是 4 种选法 .

因为可以重复，所以中间一位可以在 6 个数中任意选，所以有 6 种方法 .

总的方法：$4\times6\times4 = 96$ ways.

(b)

(i) 本小问没有任何限制条件，那就是直接从 10 个人中选出 5 个人来组成队伍 .

所以，总的方法为：

$10C_5 = 252$ ways.

(ii) 本小问要求组成的队伍中男生比女生多 . 用字母 B 表示男生，G 表示女生，分情况讨论，见下表：

Case	B (6)	G (4)	Ways
1	3	2	${}^6C_3\times{}^4C_2 = 120$
2	4	1	${}^6C_4\times{}^4C_1 = 60$
3	5	0	${}^6C_5\times{}^4C_0 = 6$

总的方法：

$120+60+6 = 186$ ways.

Q7 知识点

normal distribution

(i) 用随机变量 X 表示 16 岁男生的体重，那么

$X \sim N(61.4,\ 12.3^2)$.

$P(X > 65) = P(z > \frac{65-61.4}{12.3})$

$= P(z > 0.2927)$

$= 1-P(z \leqslant 0.2927)$

查表得 $= 1-0.6153 = 0.385.$

(ii) 根据题意：$P(65 < X < k) = 0.25$, 得

$P(65 < X < k) = P(X < k) - P(X < 65) = 0.25$,

$P\left(z < \frac{k-61.4}{12.3}\right) - P\left(z < \frac{65-61.4}{12.3}\right) = 0.25$,

$P\left(z < \frac{k-61.4}{12.3}\right) - 0.6153 = 0.25$,

$P\left(z < \frac{k-61.4}{12.3}\right) = 0.8653.$

查表得 $\Phi^{-1}(0.8653) = 1.105$ ，所以：

$\frac{k-61.4}{12.3} = 1.105$

化简，计算得 $k = 75.0.$

(iii) 用随机变量 Y 表示男生的体重，μ 为平均值，σ 为标准差，那么 $Y \sim N(\mu,\ \sigma^2)$.

根据题意，有：

$P(Y < 97.2) = 0.99$,

$P(Y<55.2)=0.33.$

标准化，得

$$P\left(z<\frac{97.2-\mu}{\sigma}\right)=0.99,$$

$$P\left(z<\frac{55.2-\mu}{\sigma}\right)=0.33.$$

查表得 $\Phi^{-1}(0.99)=2.326$， $\Phi^{-1}(1-0.33)=0.44.$

所以：

$$\frac{97.2-\mu}{\sigma}=2.326,$$

$$\frac{55.2-\mu}{\sigma}=-0.44.$$

解方程组，得 $\mu=61.9$，$\sigma=15.2$.

9709_w17_qp_63

Q1 知识点

binomial distribution

用随机变量 X 表示这 3 个人中同意完成调查的人数，根据题意：$X\sim B(3,\ 0.2)$. 根据二项分布的概率公式：

$P(X=r)=\binom{n}{r}p^r(1-p)^{n-r}$，得

$$P(X\geqslant 1)=P(X=1)+P(X=2)+P(X=3)$$

$$=\binom{3}{1}\times 0.2\times 0.8^2+\binom{3}{2}\times 0.2^2\times 0.8+0.2^3$$

$$=0.488\left(\frac{61}{125}\right).$$

Q2 知识点

mean，variance，standard deviation

根据题意：$n=20$, $\sum x=1218$, $SD(x)=4.2$. 代入式子中，得

$$\sum(x-45)=\sum x-\sum 45=\sum x-45\times 20=1218-45\times 20=318.$$

根据：$Var(x)=Var(x-45)=4.2^2$，得

$$Var(x-45)=\frac{\sum(x-45)^2}{20}-\left(\overline{x-45}\right)^2=4.2^2,$$

$$\frac{\sum(x-45)^2}{20}-\left(\frac{\sum(x-45)}{20}\right)^2=4.2^2,$$

$$\frac{\sum(x-45)^2}{20}-\left(\frac{318}{20}\right)^2=4.2^2,$$

化简，计算得 $(x-45)^2=5409$.

Q3 知识点

(i) probability，draw tree diagram
(ii) probability，conditional probability

(i) 根据题目已知的概率，画出 tree diagram，如下图所示：

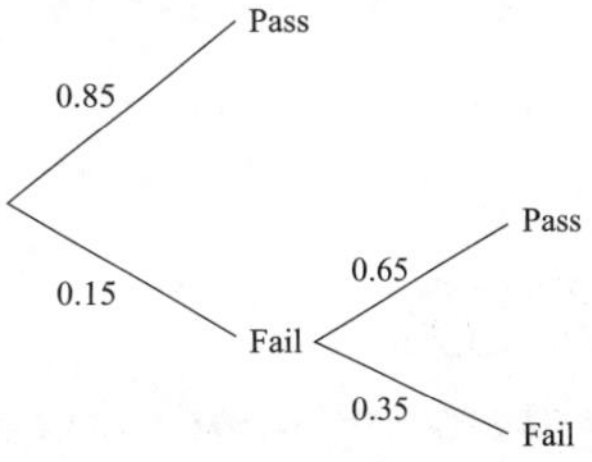

(ii) 看到题目中的 “given that”，就想到用条件概率 .

用 Pass 表示通过测试，F_1 表示第一次测试失败，根据条件概率公式得

$$P(F_1\mid \text{Pass})=\frac{P(F_1\cap \text{Pass})}{P(\text{Pass})}$$

$$=\frac{0.15\times 0.65}{0.15\times 0.65+0.85}$$

$$=\frac{39}{379}=0.103.$$

Q4 知识点

(i) probability distribution
(ii) probability distribution，expectation，variance

(i) 先确定 X 的取值及其对应的概率：

$$x=1^2-4=-3,\ P(X=-3)=\frac{1}{6},$$

$$x=2^2-4=0,\ P(X=0)=\frac{3}{6}=\frac{1}{2},$$

$x = 3^2 - 4 = 5$，$P(X = 5) = \frac{1}{6}$，

$x = 6^2 - 4 = 32$，$P(X = 32) = \frac{1}{6}$，

画出表格，如下：

x	-3	0	5	32
$P(X = x)$	$\frac{1}{6}$	$\frac{1}{2}$	$\frac{1}{6}$	$\frac{1}{6}$

(ii) 根据公式，得

$$E(X) = \sum x \cdot P(X = x)$$
$$= (-3)\times\frac{1}{6} + 0\times\frac{1}{2} + 5\times\frac{1}{6} + 32\times\frac{1}{6}$$
$$= \frac{17}{3}(5.67),$$
$$\text{Var}(X) = \sum x^2 p - \{E(X)\}^2$$
$$= (-3)^2\times\frac{1}{6} + 0^2\times\frac{1}{2} + 5^2\times\frac{1}{6} + 32^2\times\frac{1}{6} - \left(\frac{17}{3}\right)^2$$
$$= \frac{1298}{9} = 144.$$

Q5 知识点

(i) draw stem-and-leaf diagram
(ii) draw box-and-whisker plot

(i) 根据题意，画出 stem-and-leaf diagram，见下图：

0	2 2 5 6 9
1	0 0 0 2 2 3 3 4 7 7 8 8
2	8 8
3	4 5 8
4	4
5	
6	5
7	
8	2 8
9	
10	4

key 2 | 8 means 28 medals

(ii) 根据题目的数据，算出 median 和 quartiles 的值：

$Q_2 = \frac{27+1}{2}$ th value $= 17$，

$Q_1 = 10$，$Q_3 = 35$.

然后，画出 box-and-whisker 图：

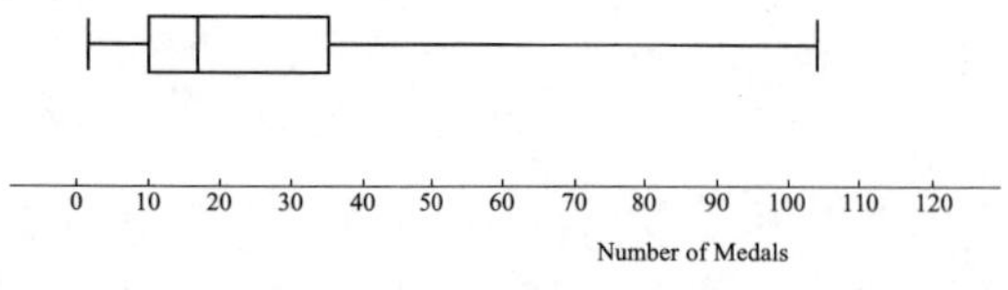

Q6 知识点

(i) permutation
(ii) permutation
(iii) combination

(i) 题意：求这 5 辆车有多少种停法 .

${}^{18}P_5 = 1028160$ ways.

(ii) 5 辆车没有全部都停在一起，可以从总的停法中减去 5 辆车全部停在一起的方法 .

5 辆车都停在一起的方法，用捆绑法：$5!\times{}^{14}C_1$，

$$P = 1 - \frac{5!\times{}^{14}C_1}{1028160} = 1 - \frac{1680}{1028160} = 0.998\left(\frac{611}{612}\right).$$

(iii) 用 R 表示红色的车，W 表示白色的车，B 表示黑色的车 . 分情况讨论，见下表：

Case	R (5)	W (4)	B (3)	Ways
1	1	1	1	${}^5C_1\times{}^4C_1\times{}^3C_1 = 60$
2	0	1	2	${}^5C_0\times{}^4C_1\times{}^3C_2 = 12$
3	0	2	1	${}^5C_0\times{}^4C_2\times{}^3C_1 = 18$
4	1	0	2	${}^5C_1\times{}^4C_0\times{}^3C_2 = 15$
5	2	0	1	${}^5C_2\times{}^4C_0\times{}^3C_1 = 30$
6	1	2	0	${}^5C_1\times{}^4C_2\times{}^3C_0 = 30$
7	2	1	0	${}^5C_2\times{}^4C_1\times{}^3C_0 = 40$

全部 7 种情况加起来，得总的选择方法：

$60 + 12 + 18 + 15 + 30 + 30 + 40 = 205$ ways.

Q7 知识点

(i) normal distribution
(ii) normal distribution
(iii) binomial distribution
(iv) normal distribution

(i) 根据题意，得

$$P(T > 6) = P\left(z > \frac{6 - 5.3}{2.1}\right)$$
$$= P(z > 0.333)$$
$$= 1 - P(z < 0.333)$$

查表得 $=1-0.6304\ =0.370\ (0.369)$.

(ii) 根据题意，得

$\mathrm{P}(T>x)=\mathrm{P}\left(z>\dfrac{x-5.3}{2.1}\right)=0.05,$

查表得 $\Phi^{-1}(1-0.05)=1.645$，所以：

$\dfrac{x-5.3}{2.1}=1.645,$

化简，计算得 $x=8.75(\text{or } 8.755 \text{ or } 8.7545)$.

(iii) 用随机变量 Y 表示这 10 天中 Josie 等待时长超过 x 分钟的天数，那么 $Y\sim \mathrm{B}(10,\ 0.05)$.

$\mathrm{P}(Y<3)=\mathrm{P}(Y=0)+P(Y=1)+P(Y=2)$

$=0.95^{10}+\binom{10}{1}\times 0.05\times 0.95^{9}+\binom{10}{2}\times 0.05^{2}\times 0.95^{8}$

$=0.988.$

(iv) Josie 错过巴士就表明他的等待时长小于 0，所以 Josie 错过巴士的概率为：

$\mathrm{P}(T<0)=\mathrm{P}\left(z<\dfrac{0-5.3}{2.1}\right)$

$=\mathrm{P}(z<-2.524)$

$=1-\mathrm{P}(z<2.524)$

查表得 $=1-0.9942\ =0.0058$.

2017

2016

扫一扫查看
本年度分数线

Paper 1

9709_m16_qp_12

Q1 知识点

binomial expansion

(i) 本小问要求四次项和五次项，只需要通过 binomial expansion 即可 .

$(1-2x)^5$ 中的两项分别为 1和 $-2x$,

要求四次项，将 5 次方中的 1 次方分配至 1，将 4 次方分配至 $-2x$，然后再乘上 binomial coefficient $\binom{5}{1}$或$\binom{5}{4}$即可，即 $\binom{5}{1}\times(1)^1\times(-2x)^4=80x^4$,

要求五次项，将 5 次方全部分配至 $-2x$，然后再乘上 binomial coefficient $\binom{5}{0}$或$\binom{5}{5}$即可，即 $\binom{5}{0}\times(-2x)^5=-32x^5$.

(ii) $(1+px)(1-2x)^5$ 中如果出现五次项，为$(1+px)$中的 1 和 $(1-2x)^5$ 中的五次项相乘，再加上 $(1+px)$ 中的 px 和 $(1-2x)^5$ 中的四次项相乘 .

即 $-32x^5+px\cdot 80x^4=(-32+80p)x^5$,

因为相乘后不存在五次项，所以 $-32+80p=0$，即

$p=\frac{2}{5}$.

Q2 知识点

finding f(x) by using integral

$\frac{dy}{dx}=3x^2-\frac{2}{x^3}$,

首先积分求出 general solution.

$y=\int\left(3x^2-\frac{2}{x^3}\right)dx=x^3+x^{-2}+C$,

然后将 (-1,3) 代入上式可求出 particular solution.

$-1+1+C=3\Rightarrow C=3$,

最终得曲线方程为 $y=x^3+x^{-2}+3$.

Q3 知识点

arithmetic progression

第 n 项表达式为 $a_n=a_1+(n-1)d$，求和公式为

$S_n=na_1+\frac{n(n-1)}{2}d$.

由题可知 $a_{12}=17$，$S_{31}=1023$,

运用 $a_n=a_1+(n-1)d$，得 $a_{11}=a_1+10d=17$,

运用 $S_n=na_1+\frac{n(n-1)}{2}d$，得$S_{31}=31a_1+465d=1023$,

同时解上述两个式子即可求出 a_1 和 d 的值，即 $a_1=-27$，$d=4$,

最终得 $a_{31}=a_1+(31-1)d=93$.

Q4 知识点

solving trigonometric equations

(a) $\sin^{-1}(3x)=-\frac{\pi}{3}$,

$\sin\left(-\frac{\pi}{3}\right)=3x=-\frac{\sqrt{3}}{2}$,

$x=-\frac{\sqrt{3}}{6}$.

(b) 通过因式分解得

$(2\cos\theta-1)(\sin\theta-1)=0$,

$2\cos\theta-1=0$ or $\sin\theta-1=0$,

$\cos\theta=\frac{1}{2}$ or $\sin\theta=1$,

$0\leqslant\theta\leqslant\pi$,

当 $\cos\theta=\frac{1}{2}$ 时，$\theta=\frac{\pi}{3}$;

当 $\sin\theta=1$ 时，$\theta=\frac{\pi}{2}$.

Q5 知识点

coordinate geometry: length of a line segment and mid-point，parallel and perpendicular lines，equations of straight lines

(i) AB 中点坐标为（$\frac{5+9}{2},\frac{7-1}{2}$），即（7，3），

AB 斜率 $m_{AB}=\frac{7-(-1)}{5-9}=-2$,

因为垂直的两直线的斜率相乘为 −1，所以 AB 垂线的斜率为 $\frac{1}{2}$.

最终得 AB 的垂直平分线方程为

$$y-3=\frac{1}{2}(x-7)\Rightarrow y=\frac{1}{2}x-\frac{1}{2}.$$

(ii) 首先需要求出经过点 C（1，2）的直线方程 .

因为直线和 AB 平行，所以该直线斜率和 AB 斜率相等，即 −2

因此该直线方程为 $y-2=-2(x-1)\Rightarrow y=-2x+4$,

然后将 $y=-2x+4$ 和 $y=\frac{1}{2}x-\frac{1}{2}$ 联立，

即可求出 X 的坐标 .

$$-2x+4=\frac{1}{2}x-\frac{1}{2}\Rightarrow x=\frac{9}{5}\Rightarrow y=\frac{2}{5},$$

X 的坐标为（$\frac{9}{5},\frac{2}{5}$）.

已知 B、X 两点坐标，可得两点间的距离，

$$BX=\sqrt{(9-\frac{9}{5})^2+(-1-\frac{2}{5})^2}=7.33.$$

Q6 知识点

(i) practical maximum and minimum problems
(ii) differentiation: 1st derivative，stationary points，using 2nd derivative to determine the nature of stationary point

(i) 圆柱的表面积公式为 $A=2\pi r^2+2\pi rh$,

体积公式为 $V=\pi r^2h$,

题目已知 $V=\pi r^2h=1000$，因此 $h=\frac{1000}{\pi r^2}$,

将其代入表面积公式，得

$$A=2\pi r^2+2\pi r\frac{1000}{\pi r^2}=2\pi r^2+\frac{2000}{r}.$$

(ii) 首先要求 stationary point，即求 $\frac{\mathrm{d}A}{\mathrm{d}r}=0$ 时 x 的值即可 .

$$\frac{\mathrm{d}A}{\mathrm{d}r}=4\pi r-\frac{2000}{r^2}=0\Rightarrow 4\pi r^3=2000\Rightarrow r=5.4,$$

然后要判断 stationary point 的性质，基本方法为判别 $\frac{\mathrm{d}^2A}{\mathrm{d}r^2}$ 的正负 .

当 $r=5.4$ 时，$\frac{\mathrm{d}^2A}{\mathrm{d}r^2}=4\pi+\frac{4000}{r^3}>0\Rightarrow$ 最小值点 .

因此当 $r=5.4$ 时，flask most efficient.

Q7 知识点

vector: position vector，addition and subtraction，scalar product

(i) 题目已知 $OC=3$，$OA=4$,

又因为 OC 和 OA 垂直，所以运用勾股定律可得

$CA=\sqrt{3^2+4^2}=5$,

因为 $CP=3$，且 CP 和 CA 共线，所以 $\overrightarrow{CP}=\frac{3}{5}\overrightarrow{CA}$,

$\overrightarrow{CA}=\overrightarrow{OA}-\overrightarrow{OC}=4\mathbf{i}-3\mathbf{k}$,

因此 $\overrightarrow{CP}=\frac{3}{5}\overrightarrow{CA}=\frac{3}{5}(4\mathbf{i}-3\mathbf{k})=2.4\mathbf{i}-1.8\mathbf{k}$.

(ii) $\overrightarrow{OP}=\overrightarrow{OC}+\overrightarrow{CP}=3\mathbf{k}+2.4\mathbf{i}-1.8\mathbf{k}=2.4\mathbf{i}-1.2\mathbf{k}$,

$\overrightarrow{BP}=\overrightarrow{OP}-\overrightarrow{OB}=2.4\mathbf{i}-1.2\mathbf{k}-2.4\mathbf{j}=2.4\mathbf{i}-2.4\mathbf{j}-1.2\mathbf{k}$.

(iii) 根据 scalar product 的基本公式 $\vec{a}\cdot\vec{b}=|\vec{a}||\vec{b}|\cos\alpha$ 得

$\overrightarrow{BP}\cdot\overrightarrow{CP}=|\overrightarrow{BP}||\overrightarrow{CP}|\cos\angle BPC \Rightarrow \cos\angle BPC=\dfrac{\overrightarrow{BP}\cdot\overrightarrow{CP}}{|\overrightarrow{BP}||\overrightarrow{CP}|}$,

$\overrightarrow{BP}\cdot\overrightarrow{CP}=(2.4\mathbf{i}-2.4\mathbf{j}-1.2\mathbf{k})\cdot(2.4\mathbf{i}-1.8\mathbf{k})=3.6$,

$|\overrightarrow{BP}|=\sqrt{2.4^2+2.4^2+1.2^2}=\sqrt{12.96}$;

$|\overrightarrow{CP}|=\sqrt{2.4^2+(-1.8)^2}=3$,

$\cos\angle BPC=\dfrac{\overrightarrow{BP}\cdot\overrightarrow{CP}}{|\overrightarrow{BP}||\overrightarrow{CP}|}=\dfrac{3.6}{3\sqrt{12.96}}=\dfrac{1}{3}$,

$\angle BPC=70.5°$.

Q8 知识点

(i) solving simultaneous equations
(ii) inverse function

(i) $f(-2)=4a^2+2a+3b=4a^2-b+8\Rightarrow a+2b-4=0$,

$f(-3)=9a^2+3a+3b=7a^2-b+14\Rightarrow 2a^2+3a+4b-14=0$,

同时解上述两个等式即可求出 a 和 b 的值 .

$2b=4-a$,

代入第二个式子得

$2a^2+3a+2(4-a)-14=0$,

$2a^2+a-6=0$,

$(a+2)(2a-3)=0$,

$a=-2$ or $a=1.5$.

当 $a=-2$ 时，$b=3$;

当 $a=1.5$ 时，$b=1.25$.

(ii) 当 $a=1, b=-1$ 时，$f(x)=x^2-x-3$，$x\leqslant\dfrac{1}{2}$,

$y=x^2-x-3=\left(x-\dfrac{1}{2}\right)^2-\dfrac{1}{4}-3=\left(x-\dfrac{1}{2}\right)^2-\dfrac{13}{4}$,

$\left(x-\dfrac{1}{2}\right)^2=y+\dfrac{13}{4}$,

$x\leqslant\dfrac{1}{2}\Rightarrow x-\dfrac{1}{2}\leqslant 0\Rightarrow x-\dfrac{1}{2}=-\sqrt{y+\dfrac{13}{4}}$,

$x=\dfrac{1}{2}-\sqrt{y+\dfrac{13}{4}}$,

$f^{-1}(x)=\dfrac{1}{2}-\sqrt{x+\dfrac{13}{4}}$.

根据 inverse function 的性质，$f^{-1}(x)$ 的 domain 即为 $f(x)$ 的 range.

当 $x\leqslant\dfrac{1}{2}$ 时，$f(x)$ 的range 为 $f(x)\geqslant-\dfrac{13}{4}$.

因此 $f^{-1}(x)$ 的 domain 为 $x\geqslant-\dfrac{13}{4}$.

Q9 知识点

area of a sector

(a)

(i) 题目已知 AX 是圆弧 AB 在点 A 处的切线，因此

$\angle XAO=\dfrac{\pi}{2}$,

$\angle BAO=\dfrac{\pi}{2}-\angle XAB=\dfrac{\pi}{2}-\alpha$,

因为 $AO=OB$，所以 $\triangle ABO$ 为等腰三角形 .

因此 $\angle BAO=\angle ABO=\dfrac{\pi}{2}-\alpha$,

最终得 $\angle AOB=\pi-2\left(\dfrac{\pi}{2}-\alpha\right)=2\alpha$.

(ii) 本小问要求 $S_{\text{shaded area}}$，即求 $S_{\text{sector}AOB}-S_{\triangle ABO}$.

首先求 $S_{\text{sector}AOB}$：

运用公式 $A=\dfrac{1}{2}r^2\theta$，得 $S_{\text{sector }AOB}=\dfrac{1}{2}\times r^2\times 2\alpha=r^2\alpha$,

然后求 $S_{\triangle ABO}$:

$S_{\triangle ABO}=\dfrac{1}{2}r^2\sin 2\alpha$,

最终得 $S_{\text{shaded area}}=r^2\alpha-\dfrac{1}{2}r^2\sin 2\alpha$.

(b) 本小问要求 $S_{\text{shaded area}}$，即求 $S_{\triangle ABC}-3S_{\text{sector}}$.

首先求 $\triangle ABC$ 的面积：

$S_{\triangle ABC}=\dfrac{1}{2}\times 4^2\sin\dfrac{\pi}{3}=4\sqrt{3}$,

然后求 S_{sector}，因为三个 sector 的面积相同，所以只要求其中一个，然后乘 3 即可 .

因为 $\triangle ABC$ 为等边三角形，所以$\angle CAB=\dfrac{\pi}{3}$,

$\angle XAB=\dfrac{1}{2}\angle CAB=\dfrac{\pi}{6}$,

与第 (a) 小问中的条件进行比对，$r=4, \angle XAB=\alpha=\dfrac{\pi}{6}$,

因此 $\angle AOB=2\alpha=\dfrac{\pi}{3}$,

$S_{\text{sector}}=r^2\alpha-\dfrac{1}{2}r^2\sin 2\alpha=\dfrac{8\pi}{3}-4\sqrt{3}$,

最终得 $S_{\text{shaded area}} = S_{\triangle ABC} - 3S_{\text{sector}} = 4\sqrt{3} - 3\times\left(\frac{8\pi}{3} - 4\sqrt{3}\right)$

$=16\sqrt{3}-8\pi.$

Q10 知识点

differentiation and integration

(i) 点 P 为曲线和 x 轴的交点，因此只要令 $y=0$，求 x 的值即可 .

$y=\frac{1}{16}(3x-1)^2=0 \Rightarrow x=\frac{1}{3}$,

因此点 P 横坐标为 $\frac{1}{3}$.

(ii) 首先可求出 QR 的直线方程 .

QR 为曲线的切线，因此可通过求在点 Q 时的 $\frac{dy}{dx}$ 的值求出 QR 的斜率，

$y=\frac{1}{16}(3x-1)^2$,

运用 chain rule，得 $\frac{dy}{dx}=\frac{2}{16}(3x-1)\times 3=\frac{3}{8}(3x-1)$.

当 $x=3$ 时，$\frac{dy}{dx}=3$,

因此 QR 方程 $y-4=3(x-3) \Rightarrow y=3x-5$,
然后令 y 等于 0 即可求出点 R 横坐标 .

$3x-5=0 \Rightarrow x=\frac{5}{3}$,

因此点 R 横坐标为 $\frac{5}{3}$.

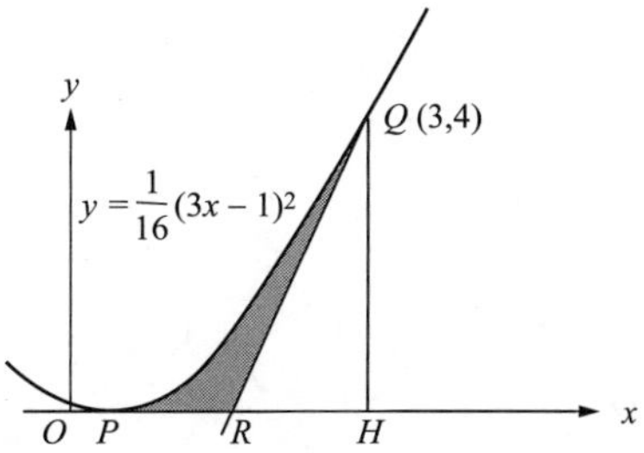

(iii)

$S_{\text{shaded area}} = S_{\text{area under the curve}} - S_{\triangle QHR}$,

$S_{\text{area under the curve}}$

$=\int_0^3 \frac{1}{16}(3x-1)^2 \ dx = \left[\frac{1}{16\times 9}(3x-1)^3\right]_0^3 = \frac{32}{9}$,

$S_{\triangle QRH} = \frac{1}{2}\times 4\times\left(3-\frac{5}{3}\right)=\frac{8}{3}$,

$S_{\text{shaded area}} = S_{\text{area under the curve}} - S_{\triangle QRH} = \frac{32}{9}-\frac{8}{3}=\frac{8}{9}$.

9709_s16_qp_11

Q1 知识点

binomial expansion

$(x-\frac{3}{2x})^6$ 中的两项分别为 x和 $-\frac{3}{2x}$.

本题要求寻找 $\left(x-\frac{3}{2x}\right)^6$ 的 常数项，因此 6 次方需要平分到这两项，然后再乘上 binomial coefficient $\binom{6}{3}$即可，

即 $\binom{6}{3}\times x^3\times\left(-\frac{3}{2x}\right)^3=-67.5$.

Q2 知识点

solving complicated trigonometric equation

要解方程首先需将原方程转化成仅含 $\cos\theta$的等式，因此可用公式 $\sin^2\theta+\cos^2\theta=1$ 将 $\sin^2\theta$转化成 $1-\cos^2\theta$.

$3\sin^2\theta=4\cos\theta-1$,

$3(1-\cos^2\theta)=4\cos\theta-1$,　$(\sin^2\theta+\cos^2\theta=1)$

$3\cos^2\theta+4\cos\theta-4=0$,

$(3\cos\theta-2)(\cos\theta+2)=0$,　（因式分解）

$\cos\theta=-2$(舍去)or $\cos\theta=\frac{2}{3}$,

$0\leqslant\theta\leqslant 360° \Rightarrow \cos\theta=\frac{2}{3}$

$\Rightarrow \theta=48.2°$ or $\theta=-48.2°+360°=311.8°$.

2016

Q3 知识点

volume of revolution about *y*-axis

基本公式为 $V=\int_a^b \pi x^2 \mathrm{d}y$，代入本题得

$$V=\int_1^2 \pi\left[\frac{12}{y^2}-2\right]^2 \mathrm{d}y=\int_1^2 \pi\left(\frac{144}{y^4}+4-\frac{48}{y^2}\right)\mathrm{d}y$$

$$=\left[\pi\left(\frac{-144}{3y^3}+4y+\frac{48}{y}\right)\right]_1^2$$

$$=\left[\pi\left(\frac{-144}{24}+8+\frac{48}{2}\right)\right]-\left[\pi\left(\frac{-144}{3}+4+\frac{48}{1}\right)\right]=22\pi.$$

Q4 知识点

(i) rate of change
(ii) finding f(*x*) by using integral

(i) 题目已知 $\frac{\mathrm{d}x}{\mathrm{d}t}=0.3, \frac{\mathrm{d}y}{\mathrm{d}x}=2-8(3x+4)^{-\frac{1}{2}}$，要求当 $x=0$ 时，$\frac{\mathrm{d}y}{\mathrm{d}t}$ 的值 .

运用公式得 $\frac{\mathrm{d}y}{\mathrm{d}t}=\frac{\mathrm{d}y}{\mathrm{d}x}\times\frac{\mathrm{d}x}{\mathrm{d}t}=0.3\times\left[2-8(3x+4)^{-\frac{1}{2}}\right]$,

代入$x=0$得$\frac{\mathrm{d}y}{\mathrm{d}t}=0.3\times\left[2-8\times(4)^{-\frac{1}{2}}\right]=0.3\times(2-4)=-0.6.$

(ii) 已知 $\frac{\mathrm{d}y}{\mathrm{d}x}=2-8(3x+4)^{-\frac{1}{2}}$,

首先积分求出 general solution.

$$y=\int 2-8(3x+4)^{-\frac{1}{2}}\mathrm{d}x=2x-\frac{16}{3}(3x+4)^{\frac{1}{2}}+C,$$

然后将点 (0，$\frac{4}{3}$) 代入上式可求出 particular solution.

即 $\frac{4}{3}+\frac{16}{3}\times 2=C\Rightarrow C=12$,

最终得 $y=2x-\frac{16}{3}(3x+4)^{\frac{1}{2}}+12.$

Q5 知识点

maximum value of a quadratic function

(i) 总面积 $A=8xy$.

围墙总长度 $=480\Rightarrow 4x\times 3+2y\times 5=480$

$\Rightarrow 12x+10y=480\Rightarrow y=\frac{1}{10}(480-12x)$,

代入 A 得 $A=8x\left(48-\frac{12}{10}x\right)=384x-9.6x^2$.

(ii) 本小问要求 A 取最大值时 x 和 y 的值 .

A 取最大值时，$\frac{\mathrm{d}A}{\mathrm{d}x}=0$.

$\frac{\mathrm{d}A}{\mathrm{d}x}=384-19.2x=0\Rightarrow x=20\Rightarrow y=\frac{1}{10}(480-12x)=24$,

$x=20, y=24$.

Q6 知识点

intersection of a line and a quadratic curve

(a) 题目已知 $y=mx$ 和 $y=2x^2-4x+8$ 相切，

这表明两者相交只有唯一的交点 .

因此可联立两个等式，然后运用判别式 $b^2-4ac=0$ 求出 m 的值 .

$2x^2-4x+8=mx\Rightarrow 2x^2-(4+m)x+8=0$,

$b^2-4ac=(4+m)^2-4\times 2\times 8=0\Rightarrow(4+m)^2=64$,

$4+m=\pm 8\Rightarrow m=4$ or -12.

(b)

(i) 题目已知 $\mathrm{f}(x)=x^2+ax+b=0$ 的两个解为 $x=1$，$x=9$.

因此 $\mathrm{f}(x)$ 可被改写为 $\mathrm{f}(x)=(x-1)(x-9)$,

展开得 $\mathrm{f}(x)=x^2-10x+9\Rightarrow a=-10$，$b=9$.

(ii) 顶点位于 $\mathrm{f}(x)$ 的对称轴上 .

题目已知 $\mathrm{f}(x)=x^2-10x+9=0$ 的两个解为 $x=1$，$x=9$.

那么根据图像的对称性，对称轴为 $x=\frac{1+9}{2}=5$，因此顶点的横坐标为 5.

将横坐标代入 $\mathrm{f}(x)=x^2-10x+9$,

得纵坐标 $25-50+9=-16$,

因此顶点的坐标为 $(5,-16)$.

Q7 知识点

(i) length of an arc
(ii) sector area

(i) 基本公式为 arc length $=r\theta$，θ measured in radians.

代入本小问得 arc $CB=r\left(\frac{\pi}{2}-\theta\right)$,

$CD // AO \Rightarrow \angle DCO = \angle COA = \theta \Rightarrow CD = r\cos\theta$,

$BD = OB - OD = r - r\sin\theta$,

最终阴影面积的周长

$= \text{arc } CB + CD + BD = r\left(\frac{\pi}{2} - \theta\right) + r\cos\theta + r - r\sin\theta.$

(ii) 基本公式为 $A = \frac{1}{2}r^2\theta$, θ measurd in radians.

$S_{\text{shaded}} = S_{\text{sector } CBO} - S_{CDO}$,

根据公式，

$S_{\text{sector } CBO} = \frac{1}{2}r^2\left(\frac{\pi}{2} - \theta\right) = \frac{1}{2}\times 25\times\left(\frac{\pi}{2} - 0.6\right) = 12.135,$

$S_{CDO} = \frac{1}{2}\times CD\times DO = \frac{1}{2}r\cos\theta\bullet r\sin\theta$

$= \frac{1}{2}\times 25\times\cos 0.6\times\sin 0.6,$

$= 5.825,$

$S_{\text{shaded}} = S_{\text{sector } CBO} - S_{CDO} = 12.135 - 5.825 = 6.31.$

Q8 知识点

parallel and perpendicular lines, mid-point

题目已知 AB 和 C、D 点处的切线平行，因此斜率相等 .

$m_{AB} = \frac{11+1}{4-1} = 4 \Rightarrow \frac{dy}{dx} = 4,$

即 $\frac{dy}{dx} = 3 + 4x^{-2} = 4 \Rightarrow x = \pm 2,$

$x = 2$时，$y = 4$; $x = -2$时，$y = -4$,

所以，两个点的坐标分别为 (2，4)，(–2，–4).

CD 中点为$\left(\frac{2-2}{2}, \frac{4-4}{2}\right) \Rightarrow (0, 0).$

CD 的垂直平分线和 CD 垂直，因此两直线斜率相乘为 –1.

$m_{CD} = \frac{4+4}{2+2} = 2 \Rightarrow m_{CD\text{垂直平分线}} = -\frac{1}{2},$

$l_{CD}: y - 0 = -\frac{1}{2}(x - 0) \Rightarrow y = -\frac{1}{2}x.$

Q9 知识点

(a) geometric progression: find sum to infinity
(b)(i) arithmetic progression
(ii) arithmetic progression

(a) 题目已知 $a_1 = 50$, $a_3 = a_1r^2 = 32$.

$\frac{a_3}{a_1} = \frac{a_1r^2}{a_1} = r^2 = \frac{32}{50} \Rightarrow r = \pm\frac{4}{5},$

因为等比数列中所有的项都为正，因此 $r = \frac{4}{5}$.

$S_\infty = \frac{a_1}{1-r} = \frac{50}{1-\frac{4}{5}} = 250.$

(b)

(i) 题目已知

$a_1 = 2\sin x$, $a_2 = a_1 + d = 3\cos x, a_3 = a_1 + 2d = \sin x + 2\cos x$,

$a_2 - a_1 = a_3 - a_2 = d$

$\Rightarrow 3\cos x - 2\sin x = \sin x + 2\cos x - 3\cos x$

$\Rightarrow 3\sin x = 4\cos x$

$\Rightarrow \tan x = \frac{\sin x}{\cos x} = \frac{4}{3}.$

(ii) 由第(i)小问可知 $\tan x = \frac{4}{3}$

$\Rightarrow \sin x = \frac{4}{5}, \cos x = \frac{3}{5}$

$\Rightarrow a_1 = \frac{8}{5}$, $a_2 = a_1 + d = \frac{9}{5} \Rightarrow d = \frac{1}{5},$

代入求和公式得 $S_{20} = 20\times\frac{8}{5} + \frac{20\times 19\times\frac{1}{5}}{2} = 70.$

Q10 知识点

(i) scalar product
(ii) addition and subtract of vectors , magnitude of a vector
(iii) arithmetic progression

(i) 本小问中 $\angle AOB = 90° \Rightarrow \overrightarrow{OA}\bullet\overrightarrow{OB} = 0,$

$\overrightarrow{OA}\bullet\overrightarrow{OB} = \begin{pmatrix}2\\1\\-2\end{pmatrix}\bullet\begin{pmatrix}5\\-1\\k\end{pmatrix} = 10 - 1 - 2k = 0 \Rightarrow k = 4.5.$

2016

(ii) $\overrightarrow{AB}=\overrightarrow{OB}-\overrightarrow{OA}=\begin{pmatrix}5\\-1\\k\end{pmatrix}-\begin{pmatrix}2\\1\\-2\end{pmatrix}=\begin{pmatrix}3\\-2\\k+2\end{pmatrix}$,

$|\overrightarrow{AB}|=\sqrt{3^2+(-2)^2+(k+2)^2}$,

$\overrightarrow{OC}=\begin{pmatrix}2\\6\\-3\end{pmatrix}$,

$|\overrightarrow{OC}|=\sqrt{2^2+(6)^2+(-3)^2}=7$,

$|\overrightarrow{AB}|=|\overrightarrow{OC}|$

$\Rightarrow 3^2+(-2)^2+(k+2)^2=49$

$\Rightarrow (k+2)^2=36$

$\Rightarrow k+2=\pm6\Rightarrow k=4$ or -8.

(iii) $\overrightarrow{OA}=\begin{pmatrix}2\\1\\-2\end{pmatrix}\Rightarrow|\overrightarrow{OA}|=\sqrt{2^2+(1)^2+(-2)^2}=3$,

$|\overrightarrow{OD}|=9\Rightarrow|\overrightarrow{OD}|=3|\overrightarrow{OA}|$,

又因 $\overrightarrow{OA}$ 和 $\overrightarrow{OD}$ 方向相同 $\Rightarrow\overrightarrow{OD}=3\overrightarrow{OA}=\begin{pmatrix}6\\3\\-6\end{pmatrix}$,

$\overrightarrow{OC}=\begin{pmatrix}2\\6\\-3\end{pmatrix},|\overrightarrow{OC}|=\sqrt{2^2+6^2+(-3)^2}=7$,

$|\overrightarrow{OE}|=14\Rightarrow|\overrightarrow{OE}|=2|\overrightarrow{OC}|$,

又因 $\overrightarrow{OE}$ 和 $|\overrightarrow{OC}|$ 方向相同 $\Rightarrow\overrightarrow{OE}=2\overrightarrow{OC}=\begin{pmatrix}4\\12\\-6\end{pmatrix}$,

$\overrightarrow{DE}=\overrightarrow{OE}-\overrightarrow{OD}=\begin{pmatrix}4\\12\\-6\end{pmatrix}-\begin{pmatrix}6\\3\\-6\end{pmatrix}=\begin{pmatrix}-2\\9\\0\end{pmatrix}$,

$|\overrightarrow{DE}|=\sqrt{(-2)^2+9^2+0^2}=\sqrt{85}$.

Q11 知识点

(i) finding range of trigonometric function
(ii) solving simple trigonometric equation
(iii) graph of trigonometric function
(iv) inverse function

(i) 题目已知 $f(x)=4\sin x-1,-\frac{\pi}{2}\leqslant x\leqslant\frac{\pi}{2}$，要求 f(x) 的 range.

$-\frac{\pi}{2}\leqslant x\leqslant\frac{\pi}{2}\Rightarrow-1\leqslant\sin x\leqslant1\Rightarrow-5\leqslant f(x)\leqslant3$.

(ii) 题目要求 $y=f(x)$ 和坐标轴的交点，即求 $x=0$ 时 y 的值以及 $y=0$ 时 x 的值.
首先求 $y=f(x)$ 和 x 轴的交点，即求 $y=0$ 时 x 的值.

$4\sin x-1=0\Rightarrow\sin x=\frac{1}{4}\Rightarrow x=0.253\Rightarrow$ 和 x 轴的交点为 (0.253，0).
然后求 $y=f(x)$ 和 y 轴的交点，即求 $x=0$ 时 y 的值.
$x=0,\ y=4\sin0-1=0-1=-1\Rightarrow$ 和 y 轴的交点为 $(0,-1)$.

(iii) 题目要求画出 $-\frac{\pi}{2}\leqslant x\leqslant\frac{\pi}{2}$，$f(x)=4\sin x-1$ 的图像.
$y=4\sin x-1$ 的图像可由 $y=\sin x$ 的图像先向 y 轴方向拉伸扩大 4 倍，再往下平移 1 个单位变形得到.
最终图像如下图所示：

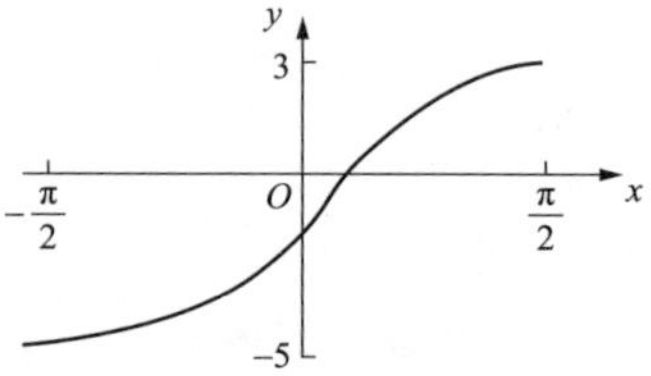

(iv) $y=4\sin x-1\Rightarrow\sin x=\frac{y+1}{4}\Rightarrow x=\sin^{-1}\left(\frac{y+1}{4}\right)$

$\Rightarrow f^{-1}(x)=\sin^{-1}\left(\frac{x+1}{4}\right)$,

根据反函数的性质可知，原函数的 domain 即为反函数的 range，原函数的 range 即为反函数的 domain.

因此 $f^{-1}(x)$ 的 range 为 $-\frac{\pi}{2}\leqslant f^{-1}(x)\leqslant\frac{\pi}{2}$,

$f^{-1}(x)$ 的 domain 为 $-5\leqslant x\leqslant3$.

9709_s16_qp_12

Q1 知识点

composition of two functions

$\mathrm{ff}(x)=10-3(10-3x)=9x-20,$

$\mathrm{gf}(x)=\dfrac{10}{3-2(10-3x)}=\dfrac{10}{6x-17}\Rightarrow \mathrm{gf}(2)=-2,$

$\mathrm{ff}(x)=\mathrm{gf}(2)\Rightarrow 9x-20=-2\Rightarrow x=2.$

Q2 知识点

finding f(x) by using integral

题目已知$\dfrac{\mathrm{d}y}{\mathrm{d}x}=\dfrac{8}{(5-2x)^2}$,
首先积分求出 general solution.

$y=\int 8(5-2x)^{-2}\mathrm{d}x=8\times(-1)(5-2x)^{-1}\times\left(-\dfrac{1}{2}\right)+C$

$=4(5-2x)^{-1}+C,$
然后将 (2，7) 代入上式可求出 particular solution.

$4(5-2\times 2)^{-1}+C=7\Rightarrow 4+C=7\Rightarrow C=3.$

Q3 知识点

addition and subtract of vector，multiplication by scalars，unit vector，magnitude of a vector

题目已知 $\overrightarrow{AB}=\overrightarrow{BC}$,

利用向量的减法可得 $\overrightarrow{OB}-\overrightarrow{OA}=\overrightarrow{OC}-\overrightarrow{OB}$,

因此 $\overrightarrow{OC}=2\overrightarrow{OB}-\overrightarrow{OA}=2\begin{pmatrix}4\\-4\\2\end{pmatrix}-\begin{pmatrix}2\\-5\\-2\end{pmatrix}=\begin{pmatrix}6\\-3\\6\end{pmatrix}$,

$\left|\overrightarrow{OC}\right|=\sqrt{6+(-3)^2+6^2}=9,$

unit vector $=\dfrac{1}{\left|\overrightarrow{OC}\right|}\begin{pmatrix}6\\-3\\6\end{pmatrix}=\dfrac{1}{9}\begin{pmatrix}6\\-3\\6\end{pmatrix}.$

Q4 知识点

binomial expansion

(i) $(x-\frac{2}{x})^6$ 中的两项分别为x和$-\dfrac{2}{x}$.

本小问要求寻找$\left(x-\dfrac{2}{x}\right)^6$的 常数项，因此 6 次方需要平分到这两项，然后再乘上 binomial coefficient $\begin{pmatrix}6\\3\end{pmatrix}$即可，

即$\begin{pmatrix}6\\3\end{pmatrix}\times x^3\times\left(-\dfrac{2}{\mathrm{x}}\right)^3=-160.$

(ii) 本小问要求寻找$\left(2+\dfrac{3}{x^2}\right)\left(x-\dfrac{2}{x}\right)^6$的 常数项 .

对于$\left(2+\dfrac{3}{x^2}\right)$，2 需要乘常数项才可保持常数项，$\dfrac{3}{x^2}$需要乘二次项（$x^2$）才可保持常数项 .

由第 (i) 小问可知 $(x-\frac{2}{x})^6$ 中的常数项为 −160.

二次项为 $\begin{pmatrix}6\\2\end{pmatrix}\times x^4\times\left(-\dfrac{2}{x}\right)^2=15x^4\times 4x^{-2}=60x^2.$

因此最终的常数项为$-160\times 2+\dfrac{3}{x^2}\times 60x^2=-140.$

Q5 知识点

radian measure，trigonometric ratios

(i) 本小问要求出 AM 的长度，基本思路为先求出 AC，然后再运用勾股定律求出 AM 即可 .
首先在 Rt△ ABC 中，

$\tan\angle B=\dfrac{AC}{BC}\Rightarrow AC=BC\tan\angle B=2x\tan\dfrac{\pi}{3}=2\sqrt{3}x,$
然后运用勾股定律得

$AM^2=MC^2+AC^2=x^2+\left(2\sqrt{3}x\right)^2=13x^2\Rightarrow AM=\sqrt{13}x.$

(ii) 本小问要求 θ，基本思路为先通过三角函数求出 $\angle MAC$，然后再用 $\angle BAC-\angle MAC$ 即可 .
首先在 Rt△AMC 中，

$\tan\angle MAC=\frac{MC}{AC}=\frac{1}{2\sqrt{3}}\Rightarrow\angle MAC=\tan^{-1}\left(\frac{1}{2\sqrt{3}}\right)$,

然后 $\angle ABC=\frac{\pi}{3}$，$\angle ACB=\frac{\pi}{2}$，因此

$\angle BAC=\pi-\frac{\pi}{3}-\frac{\pi}{2}=\frac{\pi}{6}$,

最后 $\theta=\angle BAC-\angle MAC=\frac{\pi}{6}-\tan^{-1}\left(\frac{1}{2\sqrt{3}}\right)$.

Q6 知识点

(i) length of an arc
(ii) sector area

(i) 本小问要求阴影部分的周长，即求 $PT+QT+\text{arc }PQ$. 首先求 PT 和 QT,

题目已知 PT 为圆的切线，因此 $\triangle OPT$ 为直角三角形 .

所以运用三角函数公式可得 $PT=r\tan\alpha$，$OT=\frac{r}{\cos\alpha}$,

$OQ=r\Rightarrow QT=\frac{r}{\cos\alpha}-r$,

然后求 arc PQ，运用公式 $\text{arc}=r\theta$ 可得 $\text{arc }PQ=r\alpha$,

因此周长 $=PT+QT+\text{arc }PQ=r\tan\alpha+\frac{r}{\cos\alpha}-r+r\alpha$.

(ii) 基本公式为 $A=\frac{1}{2}r^2\theta$，θ measured in radians.

本小问要求 $S_{\text{shaded area}}$，即求 $S_{\triangle OPT}-S_{\text{sector }OPQ}$.

首先求 $S_{\triangle OPT}$,

$\triangle OPT$ 为直角三角形，因此 $S_{\triangle OPT}=\frac{1}{2}OP\cdot PT=\frac{r^2\tan\alpha}{2}$.

然后求 $S_{\text{sector }OPQ}$,

运用公式 $A=\frac{1}{2}r^2\theta$ 可得，$S_{\text{sector }OPQ}=\frac{1}{2}r^2\alpha$.

因此 $S_{\text{shaded area}}=S_{\triangle OPT}-S_{\text{sector }OPQ}=\frac{r^2\tan\alpha}{2}-\frac{r^2\alpha}{2}$,

$\alpha=\frac{\pi}{3}$，$r=10\Rightarrow S_{\text{shaded area}}=34$.

Q7 知识点

solving trigonometric equation

(i) $\frac{1+\cos\theta}{1-\cos\theta}-\frac{1-\cos\theta}{1+\cos\theta}=\frac{(1+\cos\theta)^2-(1-\cos\theta)^2}{(1-\cos\theta)(1+\cos\theta)}$

$=\frac{1+\cos^2\theta+2\cos\theta-1-\cos^2\theta+2\cos\theta}{1-\cos^2\theta}$

$=\frac{4\cos\theta}{\sin^2\theta}\quad(\sin^2\theta+\cos^2\theta=1)$

$=\frac{4\cos\theta}{\sin\theta\sin\theta}\quad(\tan\theta=\frac{\sin\theta}{\cos\theta})$

$=\frac{4}{\sin\theta\tan\theta}$.

(ii) 运用第 (i) 小问中的结论，该方程可变形为：

$\sin\theta\left(\frac{1+\cos\theta}{1-\cos\theta}-\frac{1-\cos\theta}{1+\cos\theta}\right)=\sin\theta\frac{4}{\sin\theta\tan\theta}=\frac{4}{\tan\theta}=3$

$\Rightarrow\tan\theta=\frac{4}{3}$,

$0°<\theta<360°\Rightarrow\ \theta=53.1°$ or $\theta=53.1°+180°=233.1°$.

Q8 知识点

(i) gradient
(ii) perpendicular lines，mid-point，finding the equation $y=m_x+c$ (also gradient)

(i) 题目已知 C 位于直线 AB 上，这意味着直线 AB 的斜率和直线 AC 的斜率相同 .

因此 $m_{AB}=m_{AC}\Rightarrow\frac{7-3}{0-8}=\frac{k-7}{3k-0}=-\frac{1}{2}$

$\Rightarrow 2k-14=-3k$

$\Rightarrow k=2.8$.

(ii) 题目要求点 C 位于 AB 的垂直平分线上时 k 的值，基本思路为先求出 AB 的垂直平分线的方程，再将点 C 坐标代入即可 .

首先求 AB 的垂直平分线的方程,

$m_{AB}=-\frac{1}{2}\Rightarrow m_{\perp}=2$.

AB 中点为 $\frac{0+8}{2},\frac{7+3}{2}=(4,\ 5)$,

因此 $l_{\perp}:y-5=2(x-4)\Rightarrow y=2x-3$,

然后将点 C 坐标代入 $l_{\perp}$ 得

$k=2\times3k-3\Rightarrow k=\frac{3}{5}$.

Q9 知识点

(i) arithmetic progression
(ii) geometric progression

(i)

(a) 由题可知 $a_1 = 10,\ d = 2,$

代入公式 $a_n = a_1 + (n-1)d$ 得

$a_{30} = a_1 + (30-1)d = 10 + 29 \times 2 = 68.$

(b) 题目要求当 $S_n = 2000$ 时 n 的值.

代入公式 $S_n = na_1 + \dfrac{n(n-1)d}{2}$ 得

$10n + \dfrac{2n(n-1)}{2} = 2000 \Rightarrow n^2 + 9n - 2000 = 0 \Rightarrow n = 40.4$ or $n = -49.4 \Rightarrow n = 41.$

(ii) 由题可知 $a_1 = 10,\ r = 1.1,$

代入公式 $S_n = \dfrac{a_1(1-r^n)}{1-r}$ 得

$S_{30} = \dfrac{10 \times (1-1.1^{30})}{1-1.1} = 1645,$

剩余水的百分比 $= \dfrac{2000-1645}{2000} = 17.75\%.$

Q10 知识点

(i) 1st derivative，2nd derivative and integration
(ii) finding stationary point，using 2nd derivative to determine the nature of stationary point
(iii) volume of revolution about *x*–axis

(i) $y = \dfrac{8}{x} + 2x,$

$\dfrac{dy}{dx} = -8x^{-2} + 2;\ \dfrac{d^2y}{dx^2} = 16x^{-3},$

$\int y^2 dx = \int (\dfrac{8}{x} + 2x)^2 dx = \int 64x^{-2} + 4x^2 + 32 dx$

$= -64x^{-1} + \dfrac{4}{3}x^3 + 32x + C.$

(ii) 基本方法为判别 $\dfrac{d^2y}{dx^2}$ 的正负 .

$\dfrac{dy}{dx} = -8x^{-2} + 2 = 0 \Rightarrow x^2 = 4 \Rightarrow x = \pm 2,$

M 位于第一象限，因此 M 的横坐标

$x = 2 \Rightarrow y = 8 \Rightarrow M(2,8)$，

另一个 stationary point 的坐标为 $(-2,-8)$.

当 $x = -2$ 时，$\dfrac{d^2y}{dx^2} = 16x^{-3} < 0 \Rightarrow (-2,-8)$ 为最大值点.

(iii) 基本公式为 $V = \int_a^b \pi y^2 dx,$

代入本小问得 $V = \int_1^2 \pi y^2 dx,$

由第 (i) 小问可知，$\int y^2 dx = -64x^{-1} + \dfrac{4}{3}x^3 + 32x + C,$

因此 $V = \int_1^2 \pi y^2 dx$

$= \pi \left[-64x^{-1} + \dfrac{4}{3}x^3 + 32x + C \right]_1^2$

$= \pi \left[\left(-\dfrac{64}{2} + 32 \times 2 + \dfrac{4}{3} \times 8 \right) - \left(-64 + 32 + \dfrac{4}{3} \right) \right] = \dfrac{220}{3}\pi.$

Q11 知识点

(i) solving quadratic inequalities
(ii) intersection of a line and a quadratic curve
(iii) completing the square
(iv) inverse function
(v) solving inverse function

(i) $6x - x^2 - 5 \leqslant 3,$

$x^2 - 6x + 8 \geqslant 0,$

因式分解得 $(x-2)(x-4) \geqslant 0,$

$y = x^2 - 6x + 8$ 为开口向上的抛物线.

因此 $x \geqslant 4$ or $x \leqslant 2.$

(ii) 题目已知 $y = mx + c$ 和 $y = 6x - x^2 - 5$ 相切.
这表明两者相交只有唯一一个交点 .

因此可联立两个等式，然后运用判别式 $b^2 - 4ac = 0$ 求出 m 的值 .

$mx + c = 6x - x^2 - 5,$

$x^2 + (m-6)x + c + 5 = 0,$

$b^2 - 4ac = (m-6)^2 - 4(c+5) = 0 \Rightarrow m^2 - 12m + 36 - 4c - 20$
$= 0 \Rightarrow 4c = m^2 - 12m + 16.$

(iii) $y = 6x - x^2 - 5 = -(x^2 - 6x) - 5$

$= -(x^2 - 6x + 3^2) + 9 - 5$

$= -(x-3)^2 + 4 = 4 - (x-3)^2$.

(iv)

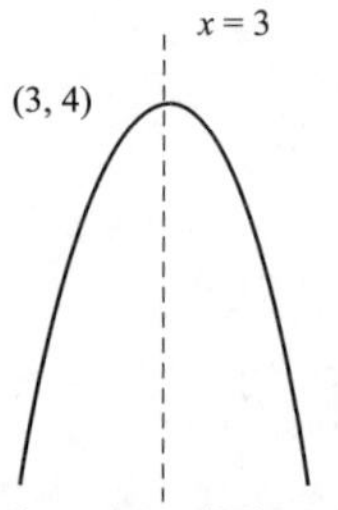

根据反函数的性质可知，反函数存在的前提条件为一对一函数.

由第 (iii) 小问可知，$g(x) = -(x-3)^2 + 4$，简图如上所示：$g(x)$ 为开口向下的抛物线，顶点为 (3, 4)，对称轴为 $x = 3$. 因为题目要求 k 的最小值，所以要找寻 $x \geqslant k$ 时 $g(x)$ 为一对一函数.

从图可见，$x \geqslant 3$ 时 $g(x)$ 为一对一函数，因此 k 最小值为 3.

(v) $g(x) = y = -(x-3)^2 + 4 \Rightarrow (x-3)^2 = -y + 4$,

$x \geqslant 3 \Rightarrow (x-3)^2 \geqslant 0 \Rightarrow x - 3 = \sqrt{-y+4} \Rightarrow x = 3 + \sqrt{-y+4}$,

$g^{-1}(x) = 3 + \sqrt{-x+4}$.

9709_s16_qp_13

Q1 知识点

binomial expansion

$\left(\frac{1}{x} + 3x^2\right)^5$ 中的两项分别为 $\frac{1}{x}$ 和 $3x^2$，次方数为 5.

本题要求寻找 x 前面的系数，因此需要将 3 次方分配至 $\frac{1}{x}$，2 次方分配至 $3x^2$，然后再乘上 binomial coefficient $\binom{5}{2}$ 或者 $\binom{5}{3}$ 即可，即 $\binom{5}{2} \times \left(\frac{1}{x}\right)^3 \times (3x^2)^2 = 10x^{-3} \times 9x^4$

$= 90x$

因此 x 前面的系数为 90.

Q2 知识点

volume of revolution about x-axis

代入本题得：

$$V = \int_0^2 \pi \left[(x^3+1)^{\frac{1}{2}}\right]^2 dx = \int_0^2 \pi (x^3+1) dx$$

$$= \left[\pi\left(\frac{1}{4}x^4 + x\right)\right]_0^2 = 6\pi.$$

Q3 知识点

(i) gradient of a curve at a point
(ii) finding f(x) by using integral

(i) 已知 $P(1, 9)$ 处曲线的gradient为2.

因此当 $x = 1$ 时，$\frac{dy}{dx} = 6x^2 + \frac{k}{x^3} = 6 + k = 2 \Rightarrow k = -4$.

(ii) 已知 $\frac{dy}{dx} = 6x^2 - \frac{4}{x^3}$,

首先积分求出 general solution,

$y = \int\left(6x^2 - \frac{4}{x^3}\right) dx = 2x^3 - 4 \times \left(-\frac{1}{2}\right)x^{-2} + C = 2x^3 + 2x^{-2} + C$,

然后将 $P(1, 9)$ 代入上式可求出 particular solution,

即 $2 + 2 + C = 9 \Rightarrow C = 5$,

因此 $y = 2x^3 + 2x^{-2} + 5$.

Q4 知识点

arithmetic progression, geometric progression

由题目信息可得

$$\begin{cases} a = 3, \\ a + 2d = ar, \\ a + 12d = ar^2. \end{cases}$$

整理得

$$\begin{cases}3+2d=3r,\\3+12d=3r^2.\end{cases}$$

消除 d 得

$3r^2-18r+15=0,$

$r^2-6r+5=0,$

$(r-5)(r-1)=0,$

$r=5$ or $r=1$（舍），

因此 $r=5, d=6.$

Q5 知识点

finding stationary point, using 2nd derivative to determine the nature of stationary point

基本方法为 $\frac{dy}{dx}=0$ 和判别 $\frac{d^2y}{dx^2}$ 的正负.

$\frac{dy}{dx}=8+(-1)\times2(2x-1)^{-2}=0$ (chain rule)

$\Rightarrow(2x-1)^2=\frac{1}{4}$

$\Rightarrow16x^2-16x+3=0$

$\Rightarrow(4x-1)(4x-3)=0\Rightarrow x=\frac{1}{4}$ or $\frac{3}{4}$,

$\frac{d^2y}{dx^2}=-2\times(-2)(2x-1)^{-3}\times2=8(2x-1)^{-3}$,

$x=\frac{1}{4}$ 时，$\frac{d^2y}{dx^2}=-64<0\Rightarrow$ 最大值点.

$x=\frac{1}{4}$ 时，$\frac{d^2y}{dx^2}=64>0\Rightarrow$ 最小值点.

Q6 知识点

sector area

$S_{\text{shaded}}=S_{ABC}-S_{AEF}-S_{CFG}-S_{BEG}$,

$\triangle ABC$中，$\angle A=\sin^{-1}\left(\frac{3}{5}\right)=0.6435$,

$\angle B=\sin^{-1}\left(\frac{4}{5}\right)=0.9273,\ \angle C=\frac{\pi}{2}$,

$\angle C=\frac{\pi}{2}\Rightarrow S_{ABC}=\frac{1}{2}\times3\times4=6$，$S_{CFG}=\frac{1}{2}r^2\theta=\frac{1}{2}\times1^2\times\frac{\pi}{2}$,

$\angle A=0.6435\Rightarrow S_{AEF}=\frac{1}{2}r^2\theta=\frac{1}{2}\times3^2\times0.6435$,

$\angle B=0.9273\Rightarrow S_{BEG}=\frac{1}{2}r^2\theta=\frac{1}{2}\times2^2\times0.9273$,

最终

$S_{\text{shaded}}=6-\frac{1}{2}\times1^2\times\frac{\pi}{2}-\frac{1}{2}\times3^2\times0.6435-\frac{1}{2}\times2^2\times0.9273$

$=0.464.$

Q7 知识点

rate of change

题目要求 rate of change of x is equal to half of rate of change of y.

即 $dx=\frac{1}{2}dy\Rightarrow\frac{dy}{dx}=2$,

$\frac{dy}{dx}=2x-5x^{\frac{1}{2}}+5=2$,

$2x-5x^{\frac{1}{2}}+3=0$,

因式分解得

$\left(x^{\frac{1}{2}}-1\right)\left(2x^{\frac{1}{2}}-3\right)=0$,

$x^{\frac{1}{2}}=1$ or $\frac{3}{2}\Rightarrow x=1$ or $\frac{9}{4}$.

Q8 知识点

solving complicated trigonometric equation

(i) 首先要解方程需将原方程转化成仅有 $\cos x$ 的等式.

$3\sin x\tan x-\cos x+1=0$,

$3\sin x\frac{\sin x}{\cos x}-\cos x+1=0$,（$\tan x=\frac{\sin x}{\cos x}$）

$3\sin^2x-\cos^2x+\cos x=0$,（两边同乘 $\cos x$）

$3\left(1-\cos^2x\right)-\cos^2x+\cos x=0$, ($\sin^2x+\cos^2x=1$)

$4\cos^2x-\cos x-3=0$,

$(4\cos x+3)(\cos x-1)=0$,（因式分解）

$\cos x=1$ or $\cos x=-\frac{3}{4}$,

$0\leqslant x\leqslant\pi$,

$\cos x=1\Rightarrow x=0$,

$\cos x=-\frac{3}{4}\Rightarrow x=2.42$.

(ii) 由第 (i) 小问可知 $\cos2x=1$ or $\cos2x=-\frac{3}{4}$,

$0\leqslant x\leqslant\pi\Rightarrow0\leqslant2x\leqslant2\pi$,

$\cos 2x = 1 \Rightarrow 2x = 0 \text{ or } 2\pi \Rightarrow x = 0 \text{ or } \pi$,

$\cos 2x = -\frac{3}{4} \Rightarrow 2x = 2.42 \text{ or } 2\pi - 2.42 \Rightarrow x = 1.21 \text{ or } 1.93$.

Q9 知识点

(i) addition and subtract of vectors, magnitude of a vector
(ii) scalar product

(i) $\overrightarrow{AB} = \overrightarrow{OB} - \overrightarrow{OA} = \begin{pmatrix}1\\5\\p\end{pmatrix} - \begin{pmatrix}2\\3\\-4\end{pmatrix} = \begin{pmatrix}-1\\2\\p+4\end{pmatrix}$,

$\left|\overrightarrow{AB}\right| = \sqrt{(-1)^2 + 2^2 + (p+4)^2}$,

$\overrightarrow{CB} = \overrightarrow{OB} - \overrightarrow{OC} = \begin{pmatrix}1\\5\\p\end{pmatrix} - \begin{pmatrix}5\\0\\2\end{pmatrix} = \begin{pmatrix}-4\\5\\p-2\end{pmatrix}$,

$\left|\overrightarrow{CB}\right| = \sqrt{(-4)^2 + 5^2 + (p-2)^2}$,

$\left|\overrightarrow{AB}\right| = \left|\overrightarrow{CB}\right|$

$\Rightarrow 1 + 4 + (p+4)^2 = 16 + 25 + (p-2)^2$

$\Rightarrow 5 + p^2 + 16 + 8p = 16 + 25 + p^2 + 4 - 4p$

$\Rightarrow 12p = 24 \Rightarrow p = 2$.

(ii) 当 $p = 1$ 时，$\overrightarrow{AB} \cdot \overrightarrow{CB} = \begin{pmatrix}-1\\2\\5\end{pmatrix} \cdot \begin{pmatrix}-4\\5\\-1\end{pmatrix} = 4 + 10 - 5 = 9$,

$\left|\overrightarrow{AB}\right| = \sqrt{(-1)^2 + (2)^2 + (5)^2} = \sqrt{30}$,

$\left|\overrightarrow{CB}\right| = \sqrt{(-4)^2 + (5)^2 + (-1)^2} = \sqrt{42}$,

代入公式得

$\cos\angle ABC = \frac{\overrightarrow{AB} \cdot \overrightarrow{CB}}{\left|\overrightarrow{AB}\right|\left|\overrightarrow{CB}\right|} = \frac{9}{\sqrt{30}\sqrt{42}}$

$\Rightarrow \angle ABC = 1.31$ rads.

Q10 知识点

composition of two functions, inverse function

(i) $f(x) = 2x + 3$, $g(x) = ax^2 + b$

$\Rightarrow fg(x) = 2(ax^2 + b) + 3 = 2ax^2 + 2b + 3 = 6x^2 - 21$

$\Rightarrow 2a = 6,\ 2b + 3 = -21$

$\Rightarrow a = 3,\ b = -12$.

(ii) $fg(x)$ 成立的前提条件为 $g(x)$ 的 range 必须在 $f(x)$ 的 domain 中 .

因此 $3x^2 - 12 \geqslant 0 \Rightarrow x \geqslant 2 \text{ or } x \leqslant -2$,

因为 $g(x)$ 的 domain 为 $x \leqslant q$，所以取 $x \leqslant -2$, q 最大值为 −2.

(iii) $fg(x) = 6x^2 - 21$ 为开中向上的抛物线 .

且 $fg(-3) = 6 \times 3^2 - 21 = 33$,

因此当 $x \leqslant -3$，$fg(x) \geqslant 33$.

(iv) $fg(x) = y = 6x^2 - 21$,

$\frac{y+21}{6} = x^2$,

因为 $fg(x)$ domain为

$x \leqslant q = -3 \Rightarrow x = -\sqrt{\frac{y+21}{6}}$

$\Rightarrow (fg)^{-1}(x) = -\sqrt{\frac{x+21}{6}}$

$(fg)^{-1}(x)$ 的 domain 即为 $fg(x)$ 的range，即 $x \geqslant 33$.

Q11 知识点

(i) length of a line segment
(ii) perpendicular lines

(i)

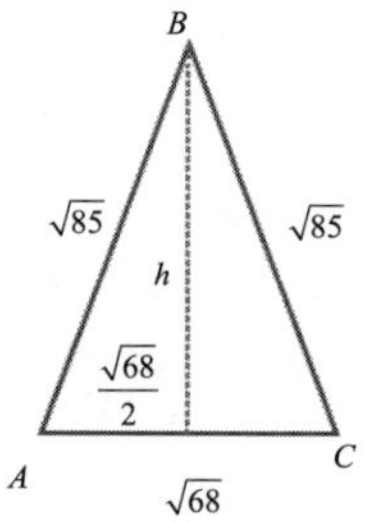

$AB^2 = (4+2)^2 + (6+1)^2 = 85$,

$BC^2 = (-2)^2 + (6+3)^2 = 85$,

$AB^2 = BC^2 \Rightarrow \triangle ABC$ 为等腰三角形 .

$AC^2 = (8)^2 + (2)^2 = 68$,

$h = \sqrt{\left(\sqrt{85}\right)^2 - \left(\frac{\sqrt{68}}{2}\right)^2} = \sqrt{68}$,

$S = \frac{1}{2} \times AC \times h = \frac{1}{2} \times \sqrt{68} \times \sqrt{68} = 34$.

(ii) 因为 CD 和 AB 垂直，所以 CD 和 AB 的斜率相乘为 -1.

$m_{AB}=\frac{6+1}{4+2}=\frac{7}{6}\Rightarrow m_{CD}=-\frac{6}{7}$,

$l_{AB}: y=\frac{7}{6}x+C$,

代入点 A 坐标得

$-1=\frac{7}{6}\times(-2)+C\Rightarrow C=\frac{4}{3}\Rightarrow l_{AB}: y=\frac{7}{6}x+\frac{4}{3}$,

$l_{CD}: y=-\frac{6}{7}x+k$,

代入点 C 坐标得

$-3=-\frac{6}{7}\times 6+C\Rightarrow C=\frac{15}{7}\Rightarrow l_{CD}: y=-\frac{6}{7}x+\frac{15}{7}$,

最后联立方程组即可求出点 D 坐标 .

$$\begin{cases} y=\frac{7}{6}x+\frac{4}{3} \\ y=-\frac{6}{7}x+\frac{15}{7} \end{cases}$$

$\Rightarrow x=\frac{2}{5}$.

9709_w16_qp_11

Q1 知识点

(i) solving quadratic equations by completing the square
(ii) solving quadratic inequalities

(i) $x^2+6x+2=x^2+6x+9-9+2=(x+3)^2-7$

$\Rightarrow a=3,\ b=-7$.

(ii) $x^2+6x+2>9$

$\Rightarrow (x+3)^2-7>9$

$\Rightarrow (x+3)^2>16$

$\Rightarrow x+3>4$ or $x+3<-4$

$\Rightarrow x>1$ or $x<-7$.

Q2 知识点

binomial expansion

$\left(2x+\frac{1}{2x^3}\right)^8$ 中的两项分别为 $2x$ 和 $\frac{1}{2x^3}$，次方数为 8.

本题要求寻找 $\left(2x+\frac{1}{2x^3}\right)^8$ 的常数项，因此需要将 6 次方分配至 $2x$，2 次方分配至 $\frac{1}{2x^3}$，然后再乘上 binomial coefficient $\binom{8}{6}$ 或者 $\binom{8}{2}$ 即可，

即 $\binom{8}{6}\times(2x)^6\left(\frac{1}{2x^3}\right)^2=28\times 64x^6\times\frac{1}{4}x^{-6}=448$,

因此常数项为 448.

Q3 知识点

(i) length of an arc
(ii) sector area

(i) 题目已知阴影部分周长 $=4.4r$,

即 $AC+BD+\text{arc } CD+\text{arc } AB=4.4r$,

$AC=BD=r$, arc $CD=r\alpha$, arc $AB=2r\alpha$

$\Rightarrow r+r+r\alpha+2r\alpha=4.4r\Rightarrow 3r\alpha+2r=4.4r\Rightarrow \alpha=0.8$.

(ii) 题目已知 $S_{\text{shaded}}=30$, 即 $S_{\text{sector } ABO}-S_{\text{sector } CDO}=30$,

根据公式可得

$S_{\text{sector } ABO}=\frac{1}{2}(2r)^2 0.8$,

$S_{\text{sector } CDO}=\frac{1}{2}r^2 0.8$

$\Rightarrow \frac{1}{2}(2r)^2 0.8-\frac{1}{2}r^2 0.8=30$

$\Rightarrow 1.2r^2=30$

$\Rightarrow r=5$.

Q4 知识点

(i) finding the equation $y=mx+c$ (also gradient), perpendicular lines, mid-point
(ii) length of a line segment

(i) 点 C 为 AB 中点，因此点 C 坐标为 ($\frac{14-6}{2},\frac{-7+3}{2}$),

即 $C(4, -2)$.

直线 AB 和直线 CD 垂直，因此 $m_{AB}\times m_{CD}=-1$,

2016

$m_{AB}=\frac{-7-3}{14+6}=-\frac{1}{2}\Rightarrow m_{CD}=2,$

$l_{CD}:y-(-2)=2(x-4)\Rightarrow y=2x-10.$

(ii) 题目已知点 D 为直线 CD 和 y 轴的交点 .

因此点 D 横坐标为 0，纵坐标为 $2\times0-10=-10$ ，即 $D(0,-10)$.

$AD=\sqrt{(14-0)^2+(-7-(-10))^2}=\sqrt{205}=14.3.$

Q5 知识点

geometric progression: finding sum to infinity

题目已知 $\begin{cases}a_1+a_2=50\\a_2+a_3=30\end{cases}$

即 $\begin{cases}a_1+a_1r=50, & ①\\a_1r+a_1r^2=30, & ②\end{cases}$

式②除以式①得 $r=\frac{3}{5}$,

将 r 代回式①得 $a_1=\frac{125}{4}$,

因此 $S_\infty=\frac{a_1}{1-r}=\frac{\frac{125}{4}}{1-\frac{3}{5}}=\frac{625}{8}.$

Q6 知识点

solving trigonometric equation

(i) $\cos^4x=\left(\cos^2x\right)^2$

$=\left(1-\sin^2x\right)^2\quad\left(\cos^2x+\sin^2x\right)=1$

$=1-2\sin^2x+\sin^4x$ （展开平方）

(ii) 由第 (i) 小问可知 $\cos^4x=1-2\sin^2x+\sin^4x$,

因此原方程可变式为

$8\sin^4x+1-2\sin^2x+\sin^4x=2(1-\sin^2x)$,

化简得 $9\sin^4x=1$,

$\sin^4x=\frac{1}{9}\Rightarrow\sin^2x=\frac{1}{3}$,

$0°\leqslant x\leqslant360°\Rightarrow\sin x=\pm\frac{\sqrt{3}}{3}$,

$\sin x=\frac{\sqrt{3}}{3}\Rightarrow x=35.3°\text{ or }180°-35.3°=144.7°$,

$\sin x=-\frac{\sqrt{3}}{3}\Rightarrow x=180°-(-35.3°)$

$=215.3°\text{ or }360°-35.3°=324.7°$.

Q7 知识点

area bounded by two curves

(i) $y=(2x-1)^2=0\Rightarrow x=\frac{1}{2}\Rightarrow A\left(\frac{1}{2},0\right)$.

(ii) 基本方法为 integral.

首先需要求出 B 点坐标，

$y=(2x-1)^2,\ x=0\Rightarrow y=1\Rightarrow B(0,1)$.

$y^2=1-2x\Rightarrow y=\sqrt{1-2x}$（阴影部分面积在 x 轴上方，因此只需取 $y>0$ 的部分）.

$S_{\text{shaded}}=\int_0^{\frac{1}{2}}(1-2x)^{\frac{1}{2}}\,dx-\int_0^{\frac{1}{2}}(2x-1)^2\,dx$

$=\left[-\frac{1}{2}\times\frac{2}{3}(1-2x)^{\frac{3}{2}}-\frac{1}{2}\times\frac{1}{3}(2x-1)^3\right]_0^{\frac{1}{2}}$

$=\left[-\frac{1}{3}(1-2x)^{\frac{3}{2}}-\frac{1}{6}(2x-1)^3\right]_0^{\frac{1}{2}}$

$=(0-0)-(-\frac{1}{3}-\frac{1}{6}\times(-1)^3)$

$=\frac{1}{6}.$

Q8 知识点

(i) composition of two functions
(ii) inverse function

(i) $f(x)=\frac{4}{x}-2,g(x)=\frac{4}{5x+2}$

$\Rightarrow fg(x)=\frac{4}{\frac{4}{5x+2}}-2=5x+2-2=5x,$

$x>0\Rightarrow fg(x)>0.$

(ii) $g(x)=y=\frac{4}{5x+2}\Rightarrow(5x+2)y=4\Rightarrow x=\frac{4-2y}{5y}$

$\Rightarrow g^{-1}(x)=\frac{4-2x}{5x},$

根据反函数的性质可知，原函数的 range 即为反函数的

domain.

$g(x)=\dfrac{4}{5x+2}$，$x\geqslant 0$,

$x=0$, $g(0)=2$; $x\to\infty$, $g(x)\to 0$,

因此 $g(x)$ 的 range 为 $(0,\ 2]$，$g^{-1}(x)$ 的 domain 为 $(0,\ 2]$.

Q9 知识点

(i) scalar product
(ii) unit vector and magnitude of a vector
(iii) parallel vectors

(i) 本小问要求 $\angle OPX=90°$ 时 p 的值，即求 $\overrightarrow{OP}\cdot\overrightarrow{PX}=0$ 时 p 的值.

由题可得 $O\begin{pmatrix}0\\0\\0\end{pmatrix}$，$P\begin{pmatrix}0\\p\\2\end{pmatrix}$，$X\begin{pmatrix}4\\5\\0\end{pmatrix}$,

因此 $\overrightarrow{OP}=\begin{pmatrix}0\\p\\2\end{pmatrix}$，$\overrightarrow{PX}=\begin{pmatrix}4\\5-p\\-2\end{pmatrix}$,

$$\overrightarrow{OP}\cdot\overrightarrow{PX}=0\Rightarrow\begin{pmatrix}0\\p\\2\end{pmatrix}\cdot\begin{pmatrix}4\\5-p\\-2\end{pmatrix}=0$$

$\Rightarrow 0+p(5-p)-4=0$

$\Rightarrow p^2-5p+4=0$

$\Rightarrow (p-1)(p-4)=0$

$\Rightarrow p=1$ or 4.

(ii) $p=9\Rightarrow\overrightarrow{XP}=\begin{pmatrix}-4\\-5+p\\2\end{pmatrix}=\begin{pmatrix}-4\\4\\2\end{pmatrix}$,

$\left|\overrightarrow{XP}\right|=\sqrt{(-4)^2+(4)^2+(2)^2}=6$,

unit vector$=\dfrac{1}{6}\begin{pmatrix}-4\\4\\2\end{pmatrix}$.

(iii) 已知 Q 在平面 $CBFG$ 上，因此可假设 Q 坐标为 $\begin{pmatrix}x\\15\\y\end{pmatrix}$.

$$X\begin{pmatrix}4\\5\\0\end{pmatrix},Q\begin{pmatrix}x\\15\\y\end{pmatrix}\Rightarrow\overrightarrow{XQ}=\begin{pmatrix}x-4\\10\\y\end{pmatrix},$$

$$A\begin{pmatrix}4\\0\\0\end{pmatrix},\ G\begin{pmatrix}0\\15\\2\end{pmatrix}\Rightarrow\overrightarrow{AG}=\begin{pmatrix}-4\\15\\2\end{pmatrix},$$

$XQ//AG\Rightarrow\overrightarrow{AG}=\lambda\overrightarrow{XQ}$，即

$$\begin{pmatrix}-4\\15\\2\end{pmatrix}=\lambda\begin{pmatrix}x-4\\10\\y\end{pmatrix}\Rightarrow\begin{cases}-4=\lambda(x-4)\\15=10\lambda\\2=\lambda y\end{cases}\Rightarrow\begin{cases}\lambda=\dfrac{3}{2}\\x=\dfrac{4}{3}\\y=\dfrac{4}{3}\end{cases}\Rightarrow\overrightarrow{XQ}=\begin{pmatrix}-\dfrac{8}{3}\\10\\\dfrac{4}{3}\end{pmatrix}.$$

Q10 知识点

(i) gradient of a curve at a point
(ii) finding f(x) by using integral

(i) 题目已知点 A 处的 gradient 为 -1.

即 $f'(x)=3x^{\frac{1}{2}}-2x^{-\frac{1}{2}}=-1$,

假设 $x^{\frac{1}{2}}=a$，$x^{-\frac{1}{2}}=\dfrac{1}{a}$,

原方程变为

$3a-\dfrac{2}{a}=-1\Rightarrow 3a^2+a-2=0\Rightarrow(3a-2)(a+1)=0$

$\Rightarrow a=\dfrac{2}{3}$ or -1(舍).

$a=x^{\frac{1}{2}}=\dfrac{2}{3}\Rightarrow x=\dfrac{4}{9}$.

因此点 A 横坐标为 $\dfrac{4}{9}$.

(ii) $f'(x)=3x^{\frac{1}{2}}-2x^{-\frac{1}{2}}$,

首先积分求出 general solution，

$f(x)=\int\left(3x^{\frac{1}{2}}-2x^{-\frac{1}{2}}\right)dx=3\times\dfrac{2}{3}x^{\frac{3}{2}}-2\times 2x^{\frac{1}{2}}+C$

$=2x^{\frac{3}{2}}-4x^{\frac{1}{2}}+C$,

然后将 (4, 10) 代入上式可求出 particular solution，

即 $2\times 4^{\frac{3}{2}}-4\times 4^{\frac{1}{2}}+C=10\Rightarrow C=2\Rightarrow f(x)=2x^{\frac{3}{2}}-4x^{\frac{1}{2}}+2$,

$f\left(\dfrac{4}{9}\right)=2\times\left(\dfrac{4}{9}\right)^{\frac{3}{2}}-4\times\left(\dfrac{4}{9}\right)^{\frac{1}{2}}+2=-\dfrac{2}{27}$.

Q11 知识点

(i) finding equations of straight lines, tangents and normal
(ii) finding stationary point 和 using 2nd derivative to determine the nature of stationary point

(i) $y=\dfrac{1}{x-1}-\dfrac{9}{x-5}=(x-1)^{-1}-9(x-5)^{-1}$,

$\dfrac{dy}{dx}=-(x-1)^{-2}+9(x-5)^{-2}$,

x = 3时, $\dfrac{dy}{dy}=-2^{-2}+9\times(-2)^{-2}=2\Rightarrow m_{tangent}=2$,

normal 和 tangent 垂直 $\Rightarrow m_{normal}=-\dfrac{1}{2}$,

$l_{normal}: y-5=-\dfrac{1}{2}(x-3)\Rightarrow y=-\dfrac{1}{2}x+\dfrac{13}{2}$,

$y=0$时 $x=13\Rightarrow$ normal line 和 x 轴交点横坐标为 13.

(ii) 基本方法为 $\dfrac{dy}{dx}=0$ 和判别 $\dfrac{d^2y}{dx^2}$ 的正负.

$-(x-1)^{-2}+9(x-5)^{-2}=0$

$\Rightarrow (x-5)^2=9(x-1)^2$

$\Rightarrow x^2-10x+25=9x^2-18x+9$

$\Rightarrow x^2-x-2=0$

$\Rightarrow (x+1)(x-2)=0$

$\Rightarrow x=-1$ or 2

$\dfrac{d^2y}{dx^2}=2(x-1)^{-3}-18(x-5)^{-3}$

$x=-1$ 时, $\dfrac{d^2y}{dx^2}=-\dfrac{1}{6}<0\Rightarrow$ 最大值点,

$x=2$ 时, $\dfrac{d^2y}{dx^2}=\dfrac{8}{3}>0\Rightarrow$ 最小值点.

9709_w16_qp_12

Q1 知识点

finding f(x) by using integral

$\dfrac{dy}{dx}=\dfrac{8}{\sqrt{4x+1}}=8(4x+1)^{-\frac{1}{2}}$.

首先积分求出 general solution,

$y=\int 8(4x+1)^{-\frac{1}{2}}dx=8\times2\times\dfrac{1}{4}(4x+1)^{\frac{1}{2}}+C=4(4x+1)^{\frac{1}{2}}+C$,

然后将 (2, 5) 代入上式可求出 particular solution,

即 $4(4\times2+1)^{\frac{1}{2}}+C=5\Rightarrow C=-7$,

$y=4(4x+1)^{\frac{1}{2}}-7$.

Q2 知识点

solving trigonometric equation

(i) $\sin2x+3\cos2x=3(\sin2x-\cos2x)$,

$2\sin2x=6\cos2x$,

$\tan2x=\dfrac{\sin2x}{\cos2x}=3=k$.

(ii) $-90°\leqslant x\leqslant90°\Rightarrow -180°\leqslant 2x\leqslant180°$,

$\tan2x=3$,

$2x=71.6°\Rightarrow x=35.8°$,

$2x=71.6°-180°=-108.4\Rightarrow x=-54.2°$.

Q3 知识点

(i) solving quadratic inequalities
(ii) intersection of a line and a quadratic curve

(i) $2x^2-6x+5>13$,

$2x^2-6x-8>0$,

$x^2-3x-4>0$,

$(x-4)(x+1)>0$,

x^2-3x-4 为开口向上的抛物线.

因此 $x^2-3x-4>0$ 时解为 $x>4$ or $x<-1$.

(ii) 题目已知 $y=2x+k$ 和 $y=2x^2-6x+5$ 相切.
这表明两者相交只有唯一一个交点.

因此可联立两个等式, 然后运用判别式 $b^2-4ac=0$ 求出 m 的值.

$2x^2-6x+5=2x+k$,

$2x^2-8x+5-k=0$,

$b^2-4ac=64-4\times2(5-k)=24+8k=0\Rightarrow k=-3$.

Q4 知识点

binomial expansion

基本公式为

$$(1+x)^n=1+\frac{nx}{1!}+\frac{n(n-1)x^2}{2!}+\frac{n(n-1)(n-2)x^3}{3!}+\dots,$$

首先题目已知 x 前面的系数为 7，因此可先通过上述公式扩展求出 n 的值 .

$$(3-2x)\left(1+\frac{x}{2}\right)^n=(3-2x)\left(1+\frac{nx}{2}+\frac{n(n-1)\left(\frac{x}{2}\right)^2}{2!}+\dots\right)$$

$=\frac{3nx}{2}-2x+\dots$

$=\left(\frac{3n}{2}-2\right)x+\dots,$

$\frac{3n}{2}-2=7\Rightarrow n=6,$

其次需要去寻找 x^2 前面的系数 .

$n=6$时，

$$(3-2x)\left(1+\frac{x}{2}\right)^6=(3-2x)\left(1+3x+\frac{6\times5\left(\frac{x}{2}\right)^2}{2!}+\dots\right)$$

$=(3-2x)(1+3x+\frac{15}{4}x^2+\dots)$

$=\frac{45}{4}x^2-6x^2+\dots=\frac{21}{4}x^2,$

x^2 前面的系数为 $\frac{21}{4}$.

Q5 知识点

coordinate geometry: length of a line segment and mid-point

$\frac{x}{a}+\frac{y}{b}=1,$

$y=0,\ x=a\Rightarrow A(a,\ 0),$

$x=0,\ y=b\Rightarrow B(0,\ b),$

$AB=10\Rightarrow AB=\sqrt{a^2+b^2}=10\Rightarrow a^2+b^2=100,$

AB 中点为 $\left(\frac{a}{2},\ \frac{b}{2}\right)\Rightarrow$ 中点落在 $2x+y=10$ 上，即

$2\frac{a}{2}+\frac{b}{2}=10\Rightarrow 2a+b=20$

$\Rightarrow b=20-2a$，将其代入 $a^2+b^2=100$ 得

$a^2+(20-2a)^2=100,$

$5a^2-80a+300=0,$

$a^2-16a+60=0,$

$(a-10)(a-6)=0,$

$a=10$ or 6,

$a=10,\ b=0$ (b 在分母上，因此不可等于 0，所以舍去该解)，

$a=6,\ b=8$ 为最终解.

Q6 知识点

(i) cosine rule
(ii) length of an arc
(iii) sector area

(i) 运用公式得：

$BD^2=OB^2+OD^2-2OB\cdot OD\cos1.2=200-200\cos1.2,$

$BD=\sqrt{200-200\cos1.2},$

$r=\frac{BD}{2}=\frac{\sqrt{200-200\cos1.2}}{2}=5.464.$

(ii) 运用公式得 arc $BD=r\theta=1.2\times10=12$,

major arc $BAD=2\pi r-$ arc $BD=20\pi-12$,

BCD 为半圆，因此arc BCD长度为圆周长的一半，

即arc $BCD=5.464\pi$.

因此，

总周长 = major arc $BAD+$ arc $BCD=25.464\pi-12=68.6$.

(iii) $S_{\text{metal plate}}=S_{ABD}+S_{BCD}$,

$S_{BCD}=\frac{1}{2}S_{\text{smaller circle}}=\frac{1}{2}\times5.464^2\pi=50.1,$

$S_{ABD}=S_{\triangle OBD}+S_{\text{sector }ABD},$

$S_{\triangle OBD}=\frac{1}{2}ab\sin\theta=\frac{1}{2}\times10\times10\sin1.2=46.602,$

$S_{\text{sector }ABD}=\frac{1}{2}r^2\theta=\frac{1}{2}\times10^2\times(2\pi-1.2)=254.159,$

$S_{\text{metal plate}}=S_{ABD}+S_{BCD}=351.$

2016

Q7 知识点

(i) derivatives and chain rule
(ii) stationary point
(iii) finding equations of straight lines，tangents and normal
(iv) rate of change

(i) $y=2+\frac{3}{2x-1}=2+3(2x-1)^{-1}$,

$\frac{dy}{dx}=-3(2x-1)^{-2}\times 2=-6(2x-1)^{-2}$.

(ii) $\frac{dy}{dx}=-6(2x-1)^{-2}=\frac{-6}{(2x-1)^2}$,

$(2x-1)^2>0\Rightarrow\frac{dy}{dx}<0$,

因此 $\frac{dy}{dx}=0$ 无解，该曲线没有 stationary point.

(iii) $y=2+\frac{3}{2x-1}$, $x=2\Rightarrow y=3\Rightarrow P(2,\ 3)$.

$\frac{dy}{dx}=-6(2x-1)^{-2}$, $x=2\Rightarrow\frac{dy}{dx}=-\frac{2}{3}$,

normal 和 tangent 互相垂直，因此两者斜率相乘为 −1，

即 $m_{\text{normal}}=\frac{3}{2}$,

$l_{\text{normal}}: y-3=\frac{3}{2}(x-2)\Rightarrow y=\frac{3}{2}x$,

$y=\frac{3}{2}x, x=0\Rightarrow y=0\Rightarrow l_{\text{normal}}$ 经过原点 .

(iv) 题目已知 $\frac{dy}{dx}=-6(2x-1)^{-2}$，$\frac{dx}{dt}=-0.06$，要求 $x=2$ 时 $\frac{dy}{dt}$ 的值 .

运用公式得 $\frac{dy}{dt}=\frac{dy}{dx}\times\frac{dx}{dt}=-6(2x-1)^{-2}\times(-0.06)$,

代入 $x=2$ 得

$\frac{dy}{dt}=-6\times(2\times2-1)^{-2}\times(-0.06)=-\frac{2}{3}\times(-0.06)=0.04$.

Q8 知识点

(a) arithmetic progression
(b) geometric progression and infinite geometric series

(a)

(i) 由题可知 $a_1=200$, $d=-5$

运用公式 $a_n=a_1+(n-1)d$, 得

$a_{15}=a_1+(15-1)d=200+(15-1)\times(-5)=130$.

(ii) 要求当 $S_n=3050$ 时 n 的取值 .

运用公式 $S_n=na_1+\frac{n(n-1)d}{2}$，得

$na_1+\frac{n(n-1)d}{2}=200n+\frac{n(n-1)(-5)}{2}=3050$,

整理得 $5n^2-405n+6100=0$,

$n^2-81n+1220=0$,

因式分解得 $(n-61)(n-20)=0$,

$n=61$ or 20,

$n=61$ 时，$a_{61}=200+(61-1)(-5)=-100<0$，故舍去这个解 .

$n=20$ 时, $a_{20}=200+(20-1)(-5)=105>0$，保留此解 .
因此在 5 月 20 日结束活动 .

(b)

(i) 由题可知 $a_3=8a_6$, $S_6=31\frac{1}{2}$,

运用公式 $a_n=a_1r^{n-1}$，得 $a_3=8a_6\Rightarrow a_1r^2=8a_1r^5\Rightarrow r=\frac{1}{2}$,

运用公式 $S_n=a_1\frac{1-r^n}{1-r}$，得

$S_6=a_1\frac{1-\left(\frac{1}{2}\right)^6}{1-\frac{1}{2}}=31\frac{1}{2}\Rightarrow a_1=16$.

(ii) 由第 (ii) 小问可知，$a_1=16$, $r=\frac{1}{2}$,

运用公式 $S_\infty=\frac{a_1}{1-r}$，得 $S_\infty=\frac{16}{1-\frac{1}{2}}=32$.

Q9 知识点

(i) scalar product
(ii) parallel vectors and magnitude of a vector
(iii) perpendicular vectors

(i) $\overrightarrow{OA}=\begin{pmatrix}2\\-2\\-1\end{pmatrix}, \left|\overrightarrow{OA}\right|=\sqrt{(2)^2+(-2)^2+(-1)^2}=3,$

$\overrightarrow{OB}=\begin{pmatrix}-2\\3\\6\end{pmatrix}, \left|\overrightarrow{OB}\right|=\sqrt{(-2)^2+(3)^2+(6)^2}=7,$

运用公式得

$\overrightarrow{OA}\cdot\overrightarrow{OB}=\left|\overrightarrow{OA}\right|\left|\overrightarrow{OB}\right|\cos\angle AOB=3\times7\cos\angle AOB$

$=-4-6-6$

$=-16,$

$\cos\angle AOB=-\dfrac{16}{21}\Rightarrow\angle AOB=139.6°.$

(ii) $\overrightarrow{OA}=\begin{pmatrix}2\\-2\\-1\end{pmatrix}, \overrightarrow{OC}=\begin{pmatrix}2\\6\\5\end{pmatrix},$

$\overrightarrow{AC}=\overrightarrow{OC}-\overrightarrow{OA}=\begin{pmatrix}0\\8\\6\end{pmatrix},$

$\left|\overrightarrow{AC}\right|=\sqrt{(0)^2+(8)^2+(6)^2}=10,$

最终的向量和 $\overrightarrow{AC}$ 方向相同且模长为 15，因此需要在 $\overrightarrow{AC}$ 的基础上乘 $\dfrac{15}{10}$.

即 $\dfrac{15}{10}\begin{pmatrix}0\\8\\6\end{pmatrix}=\dfrac{3}{2}\begin{pmatrix}0\\12\\9\end{pmatrix}.$

(iii) $p\overrightarrow{OA}+\overrightarrow{OC}=\begin{pmatrix}2p+2\\-2p+6\\-p+5\end{pmatrix}, \overrightarrow{OB}=\begin{pmatrix}-2\\3\\6\end{pmatrix},$

$p\overrightarrow{OA}+\overrightarrow{OC}$ 和 $\overrightarrow{OB}$ 垂直，

因此 $\left(p\overrightarrow{OA}+\overrightarrow{OC}\right)\cdot\overrightarrow{OB}=0,$

即 $\begin{pmatrix}2p+2\\-2p+6\\-p+5\end{pmatrix}\cdot\begin{pmatrix}-2\\3\\6\end{pmatrix}=0,$

$-2(2p+2)+3(-2p+6)+6(-p+5)=0$

$\Rightarrow -16p=-44$

$\Rightarrow p=\dfrac{11}{4}.$

Q10 知识点

(i) finding range and trigonometric ratio
(ii) graph of trigonometric functions and combined transformations
(iii) solving simple trigonometric equation
(iv) inverse function
(v) finding inverse function

(i) $f(x)=5-2\sin x,$

$0\leqslant x\leqslant\pi\Rightarrow-1\leqslant\sin x\leqslant1\Rightarrow-2\leqslant-2\sin x\leqslant2$

$\Rightarrow3\leqslant5-2\sin x\leqslant7,$

$f(x)$的 range 为 [3，7].

(ii) 题目要求画出 $0\leqslant x\leqslant\pi$，$f(x)=5-2\sin2x$ 的图像 .

可先画 $y=\sin2x$ 的图像，

$y=\sin2x$ 周期为 π，由于$0\leqslant x\leqslant\pi$，因此 range 为[-1，1]且在 [0，π] 有一段完整周期 .

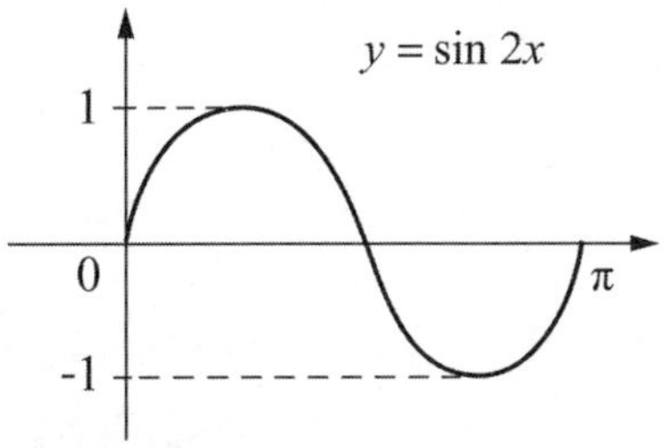

再画 $y=-2\sin2x$ 的图像，可由 $y=\sin2x$ 向 y 轴方向拉伸 2 倍，再关于 x 轴做对称 .

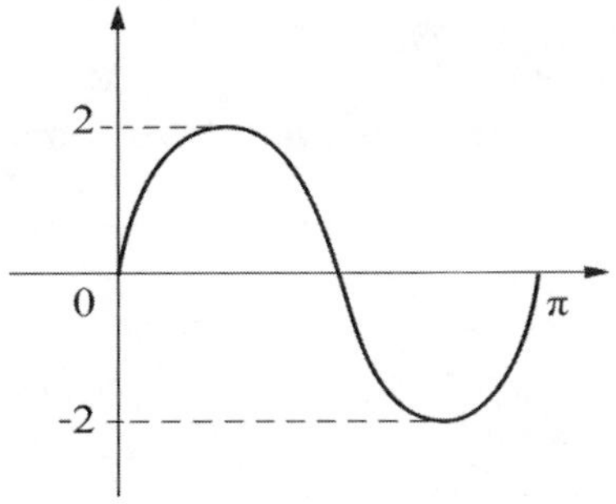

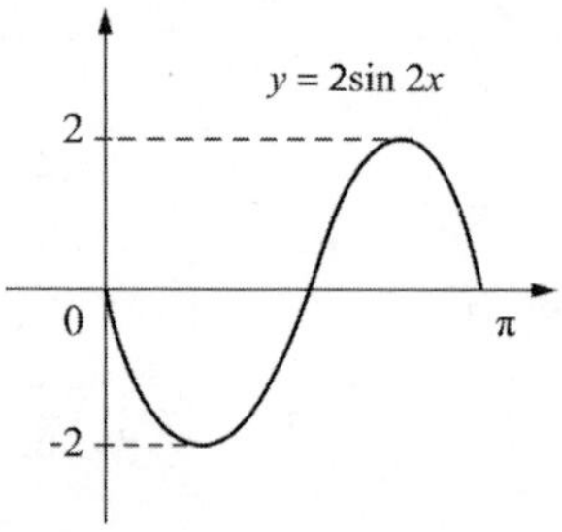

最后将 $y=-2\sin 2x$ 的图像向上平移 5 个单位即可得到 $f(x)=5-2\sin 2x$ 的图像.

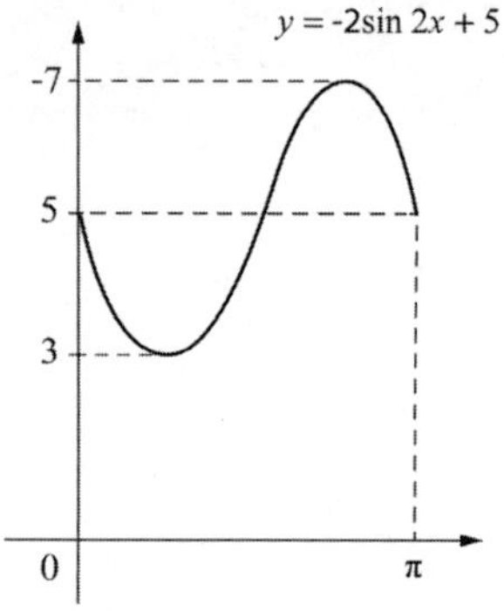

(iii) $f(x)=5-2\sin 2x=6\Rightarrow \sin 2x=-\frac{1}{2}$,

$0\leqslant x\leqslant \pi\Rightarrow 0\leqslant 2x\leqslant 2\pi$,

$2x=\pi-\frac{1}{6}\pi=\frac{5}{6}\pi\Rightarrow x=\frac{5}{12}\pi$,

$2x=2\pi-\frac{1}{6}\pi=\frac{11}{6}\pi\Rightarrow x=\frac{11}{12}\pi$.

(iv)

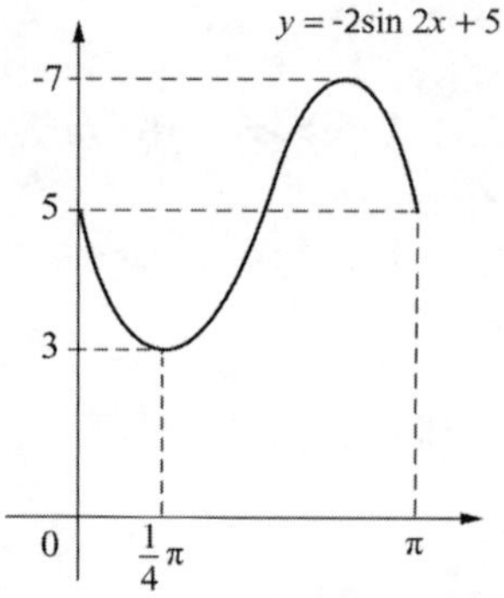

根据反函数的性质可知，反函数存在的前提条件为一对一函数.

可借助第 (ii) 小问中的图像求解.

由图可见，为了确保一对一，必须取从 $x=0$ 开始到最低点的一段曲线（加粗曲线部分）.

$f(x)=5-2\sin 2x$ 的周期为 π，因此最低点横坐标为 $\frac{1}{4}\pi$.

因此 k 的最大取值为 $\frac{1}{4}\pi$.

(v) $f(x)=y=5-2\sin 2x$

$\Rightarrow \sin 2x=\frac{5-y}{2}$

$\Rightarrow 2x=\sin^{-1}\left(\frac{5-y}{2}\right)$

$\Rightarrow x=\frac{1}{2}\sin^{-1}\left(\frac{5-y}{2}\right)$

$\Rightarrow g^{-1}(x)=\frac{1}{2}\sin^{-1}\left(\frac{5-x}{2}\right)$.

9709_w16_qp_13

Q1 知识点

intersection of a line and a quadratic curve

题目已知 $y=x-k$ 和 $y=kx^2-3x$ 不相交.

因此可通过联立两个等式，然后运用判别式 $b^2-4ac<0$ 求出 k 的取值范围.

$kx^2-3x=x-k$,

$kx^2-4x+k=0$,

$b^2-4ac=16-4k^2<0\Rightarrow k^2>4\Rightarrow k>2$ or $k<-2$.

Q2 知识点

binomial expansion

题目已知 x^3 前面的系数为 100，因此可通过分别求出 $(1-3x)^6$ 和 $(1+ax)^5$ 的三次项来获取 a 的值.

$(1-3x)^6\Rightarrow\frac{n(n-1)(n-2)x^3}{3!}=\frac{6\times5\times4(-3x)^3}{3!}=-540x^3$,

$(1-3x)^6$ 中的两项分别为 1 和 $-3x$，次方数为 6.
本题要求寻找 x^3 前面的系数，因此需要将 6 次方平均分配至两项，然后再乘上 binomial coefficient $\binom{6}{3}$即可.

即 $\binom{6}{3}\times(1)^3\times(-3x)^3=20\times(-27x^3)=-540x^3$.

$(1+ax)^5$ 中的两项分别为 1 和 ax，次方数为 5.
本题要求寻找 x^3 前面的系数，因此需要将 2 次方分配至 1，3 次方分配至 ax，然后再乘上 binomial coefficient $\binom{5}{2}$即可.

即 $\binom{5}{2}\times(1)^2\times(ax)^3=10a^3x^3$,

因此 x^3 前面的系数为
$-540+10a^3=100\Rightarrow a^3=64\Rightarrow a=4$.

Q3 知识点

solving trigonometric equation

$6\sin^2 x-5\cos^2 x=2\sin^2 x+\cos^2 x$,

$4\sin^2 x=6\cos^2 x$,

$\tan^2 x=\frac{\sin^2 x}{\cos^2 x}=\frac{3}{2}$, $\left(\tan x=\frac{\sin x}{\cos x}\right)$

$0\leqslant x\leqslant 360°\Rightarrow \tan x=\pm\sqrt{\frac{3}{2}}$,

$\tan x=\sqrt{\frac{3}{2}}\Rightarrow x=50.8°$ or $50.8°+180°=230.8°$,

$\tan x=-\sqrt{\frac{3}{2}}\Rightarrow x=-50.8°\,(\text{reject})$ or $-50.8°+180°=129.2°$,
or $129.2°+180°=309.2°$,
最终 x 有 4 个解为 $x=50.8°, 230.8°, 129.2°, 309.2°$.

Q4 知识点

differentiation: increasing and decreasing functions

题目已知 $f(x)$ 为递增函数，因此 $f'(x)>0$.

$f(x)=x^3-3x^2-9x+2$,

$f'(x)=3x^2-6x-9>0$,

$x^2-2x-3>0$,

$(x-3)(x+1)>0$,

$y=x^2-2x-3$ 为开口向上的抛物线，因此 $y>0$ 解为 $x>3$ or $x<-1$.
因为 $x>n$，所以 n 的最小值为 3.

Q5 知识点

(i) trigonometric function
(ii) sector area

(i) 连接 OE，形成了 Rt△ OBE，因此求半径 OE 可运用三角函数 . 即

$$\cos\angle BOE=\frac{OE}{OB}\Rightarrow OE=OB\cos\angle BOE=6\times\cos 0.9=3.73.$$

(ii) $S_{\text{shaded}}=S_{\text{larger sector}}+S_{\text{smaller sector}}$,

运用公式 $A=\frac{1}{2}r^2\theta$, 得

$S_{\text{smaller sector}}=\frac{1}{2}\times3.73^2\times1.8$,

$S_{\text{larger sector}}=\frac{1}{2}\times6^2\times(2\pi-1.8)$,

因此

$$S_{\text{shaded}}=\frac{1}{2}\times3.73^2\times1.8+\frac{1}{2}\times6^2\times(2\pi-1.8)=12.5+80.7$$
$$=93.2.$$

Q6 知识点

(i) mid-point
(ii) perpendicular lines

(i) 题目已知 $A(2, m)$, $B(n, -6)$ 且 B 为 AC 中点，
假设点 C 坐标为 (x, y),

可推出 AC 中点 B 为 $\left(\frac{2+x}{2}, \frac{m+y}{2}\right)=(n, -6)$

$$\Rightarrow\begin{cases}\frac{2+x}{2}=n\\ \frac{m+y}{2}=-6\end{cases}$$

$$\Rightarrow\begin{cases}x=2n-2,\\ y=-m-12.\end{cases}$$

(ii) 题目已知 $C(2n-2, -m-12)$ 过直线 $y=x+1$,
因此 $2n-2+1=-m-12$，即 $2n+m=-11$.

题目又知直线 $y=x+1$ 和直线 AB 垂直 .
因此两直线斜率相乘为 -1，即

$m_{AB} = \frac{-6-m}{n-2} = -1 \Rightarrow n-m=8.$

然后可连列方程组求出 m、n 的值，

$$\begin{cases}2n+m=-11\\ n-m=8\end{cases} \Rightarrow \begin{cases}n=-1,\\ m=-9.\end{cases}$$

Q7 知识点

(i) perpendicular vectors
(ii) magnitude of a vector

(i) 向量垂直的判别方法为点乘 = 0，

$$\overrightarrow{AB}\cdot\overrightarrow{AC} = \begin{pmatrix}3\\1\\1\end{pmatrix}\cdot\begin{pmatrix}1\\-2\\-1\end{pmatrix} = 3-2-1=0 \Rightarrow \angle CAB = 90°,$$

$$\overrightarrow{AB}\cdot\overrightarrow{AD} = \begin{pmatrix}3\\1\\1\end{pmatrix}\cdot\begin{pmatrix}1\\4\\-7\end{pmatrix} = 3+4-7=0 \Rightarrow \angle BAD = 90°,$$

$$\overrightarrow{AD}\cdot\overrightarrow{AC} = \begin{pmatrix}1\\4\\-7\end{pmatrix}\cdot\begin{pmatrix}1\\-2\\-1\end{pmatrix} = 1-8+7=0 \Rightarrow \angle DAC = 90°.$$

(ii) 由第 (i) 小问可知 $\angle CAB = 90°$，因此

$S_{\triangle ABC} = \frac{1}{2}\left|\overrightarrow{AB}\right|\cdot\left|\overrightarrow{AC}\right|.$

$\left|\overrightarrow{AB}\right| = \sqrt{3^2+1^2+1^2} = \sqrt{11},$

$\left|\overrightarrow{AC}\right| = \sqrt{(-1)^2+(-2)^2+(1)^2} = \sqrt{6}$

$\Rightarrow S_{\triangle ABC} = \frac{1}{2}\left|\overrightarrow{AB}\right|\cdot\left|\overrightarrow{AC}\right| = \frac{\sqrt{66}}{2},$

由第 (i) 小问可知 $\angle BAD = 90°$，因此 $\left|\overrightarrow{AD}\right|$ 为棱锥体的高 .

$\left|\overrightarrow{AD}\right| = \sqrt{(1)^2+(4)^2+(7)^2} = \sqrt{66}$

$\Rightarrow V = \frac{1}{3}Ah = \frac{1}{3}\times\frac{\sqrt{66}}{2}\times\sqrt{66} = 11.$

Q8 知识点

(i) completing the square
(ii) composition of two functions
(iii) inverse function

(i) $4x^2+12x+10 = (2x)^2+12x+10$

$= (2x)^2+2\times3\times2x+3^2+1 = (2x+3)^2+1$

$\Rightarrow a=2,\ b=3,\ c=-1.$

(ii) $\mathrm{fg}(x) = 4x^2+12x+10,$

由第 (i) 小问可知 $4x^2+12x+10 = (2x+3)^2+1,$

因此 $fg(x)$ 可改写为 $\mathrm{fg}(x) = (2x+3)^2+1 = (\mathrm{g}(x))^2+1,$

$\mathrm{g}(x) = 2x+3.$

(iii) $\mathrm{fg}(x) = y = (2x+3)^2+1,$

$x>0 \Rightarrow 2x+3 = \sqrt{y-1}$

$\Rightarrow x = \frac{\sqrt{y-1}-3}{2}$

$\Rightarrow (\mathrm{fg})^{-1}(x) = \frac{\sqrt{x-1}-3}{2},$

根据反函数的性质，原函数的 range 即为反函数的 domain，因此只要求出 $\mathrm{fg}(x)$ 的 range 即可 .

$\mathrm{fg}(x) = (2x+3)^2+1,$

$x>0 \Rightarrow 2x+3>3 \Rightarrow \mathrm{fg}(x)>10,$

因此 $(\mathrm{fg})^{-1}(x)$ 的 domain 为 $x>10.$

Q9 知识点

(a) geometric progression and infinite geometric series
(b) arithmetic progression

(a) 首先将 $a_n = a_1q^{n-1}$ 代入本题得：

$P_1 = 6,\ P_2 = P_1q = 6r \Rightarrow q = r,$

$Q_1 = 12,\ Q_2 = Q_1q = -12r \Rightarrow q = -r,$

然后题目已知 P 和 Q 的 S_∞ 相同，

因此代入公式 $S_\infty = \frac{a_1}{1-r},$

可得 $\frac{6}{1-r} = \frac{12}{1+r} \Rightarrow r = \frac{1}{3} \Rightarrow S_\infty = 9.$

(b) 代入公式 $a_n = a_1+(n-1)d$ 可得

$a_1 = \cos\theta, a_2 = a_1+d = \cos\theta+\sin^2\theta \Rightarrow d = \sin^2\theta,$

代入公式 $S_n = na_1+\frac{n(n-1)d}{2}$ 可得

$S_{13} = 13\cos\theta+\frac{13\times12\sin^2\theta}{2} = 52 \Rightarrow \cos\theta+6\sin^2\theta = 4,$

代入公式 $\sin^2\theta+\cos^2\theta = 1$ 可得

$\cos\theta+6(1-\cos^2\theta) = 4,$

$6\cos^2\theta-\cos\theta-2 = 0,$

$(3\cos\theta-2)(2\cos\theta+1)=0,$

$\cos\theta=\dfrac{2}{3}$ or $-\dfrac{1}{2},$

由于 θ 的范围为 $0\leqslant\theta\leqslant\pi,$

$\cos\theta=\dfrac{2}{3}\Rightarrow\theta=0.841,$

$\cos\theta=-\dfrac{1}{2}\Rightarrow\theta=\dfrac{2}{3}\pi.$

Q10 知识点

(i) derivatives and gradient functions
(ii) finding f(x) by using integral
(iii) length of a line segment

(i) 题目已知 $\dfrac{dy}{dx}=\dfrac{2}{a}x^{-\frac{1}{2}}+ax^{-\frac{3}{2}},$

因此当 $x=a^2$ 时 $\Rightarrow$ 点 A 处切线的斜率为

$$\frac{dy}{dx}=\frac{2}{a}\left(a^2\right)^{-\frac{1}{2}}+a\left(a^2\right)^{-\frac{3}{2}}=\frac{2}{a^2}+\frac{1}{a^2}=\frac{3}{a^2},$$

最终点 A 处切线方程为 $y-3=\dfrac{3}{a^2}\left(x-a^2\right)\Rightarrow y=\dfrac{3}{a^2}x.$

(ii) $\dfrac{dy}{dx}=\dfrac{2}{a}x^{-\frac{1}{2}}+ax^{-\frac{3}{2}},$

首先积分求出 general solution，

$$y=\int\frac{2}{a}x^{-\frac{1}{2}}+ax^{-\frac{3}{2}}dx=2\frac{2}{a}x^{\frac{1}{2}}+(-2)ax^{-\frac{1}{2}}+C$$

$$=\frac{4}{a}x^{\frac{1}{2}}-2ax^{-\frac{1}{2}}+C,$$

然后将 $A\ (a^2,\ 3)$ 代入上式可求出 C，

即 $\dfrac{4}{a}\left(a^2\right)^{\frac{1}{2}}-2a\left(a^2\right)^{-\frac{1}{2}}+C=3\Rightarrow C=1,$

$$y=\frac{4}{a}x^{\frac{1}{2}}-2ax^{-\frac{1}{2}}+1.$$

(iii) 题目已知 $B(16,\ 8)$ 在曲线上，因此可将 B 代入第 (ii) 小问的方程中求出 a. 即

$$8=\frac{4}{a}16^{\frac{1}{2}}-2a16^{-\frac{1}{2}}+1$$

$$\Rightarrow\frac{16}{a}-\frac{a}{2}=7\Rightarrow a^2+14a-32=0\Rightarrow(a-2)(a+16)=0,$$

因为 $a>0$，所以只取 $a=2$.

$a=2$ 时，$A(4,\ 3)$，$B(16,\ 8)$，

因此 $AB=\sqrt{(4-16)^2+(3-8)^2}=13.$

Q11 知识点

(i) finding stationary point 和 using 2nd derivative to determine the nature of stationary point
(ii) volume of revolution about x-axis

(i) 基本方法为 $\dfrac{dy}{dx}=0$ 和判别 $\dfrac{d^2y}{dx^2}$ 的正负.

$y=(kx-3)^{-1}+(kx-3),$

$\dfrac{dy}{dx}=-k(kx-3)^{-2}+k,\quad$ (chain rule)

$\dfrac{dy}{dx}=0\Rightarrow-k(kx-3)^{-2}+k=0\Rightarrow(kx-3)^{-2}=1$

$\Rightarrow kx-3=\pm1\Rightarrow x=\dfrac{2}{k}$ or $\dfrac{4}{k},$

$\dfrac{d^2y}{dx^2}=2k^2(kx-3)^{-3},$

$x=\dfrac{2}{k}\Rightarrow\dfrac{d^2y}{dx^2}=-2k^2<0\Rightarrow$ 最大值点，

$x=\dfrac{4}{k}\Rightarrow\dfrac{d^2y}{dx^2}=2k^2>0\Rightarrow$ 最小值点.

(ii) 基本公式为 $V=\int_a^b\pi y^2dx$，代入本小问得

$$V=\pi\int_0^2\left[\frac{1}{x-3}+(x-3)\right]^2dx$$

$$=\pi\int_0^2\frac{1}{(x-3)^2}+2+(x-3)^2dx$$

$$=\left[\pi\left(-(x-3)^{-1}+2x+\frac{1}{3}(x-3)^3\right)\right]_0^2$$

$$=\pi\left[1+4-\frac{1}{3}-\frac{1}{3}+9\right]=\frac{40}{3}\pi.$$

2016

Paper 3

9709_m16_qp_32

Q1 知识点

solving logarithmic equations

$\ln(x^2+4)=2\ln x+\ln 4$, （power rule：$\ln x^m = m\ln x$）

$\ln(x^2+4)=\ln x^2+\ln 4$, （product rule: $\ln xy=\ln x+\ln y$）

$\ln(x^2+4)=\ln 4x^2$,

$x^2+4=4x^2$,

$3x^2=4$,

$x=\pm\frac{2}{\sqrt{3}}$,

因为 $\ln x$ 的 domain 为 $x>0$，所以只保留 $x=\frac{2}{\sqrt{3}}$ 这一个解 .

Q2 知识点

trigonometry: compound angle formulae

运用下列两个 compound angle formulae，

$\tan(A+B)=\frac{\tan A+\tan B}{1-\tan A\tan B}$, $\tan(A-B)=\frac{\tan A-\tan B}{1+\tan A\tan B}$,

原式 $\tan(\theta+45°)-2\tan(\theta-45°)=4$ 可转化为：

$\frac{\tan\theta+\tan 45°}{1-\tan\theta\tan 45°}-2\frac{\tan\theta-\tan 45°}{1+\tan\theta\tan 45°}=4$,

因为 $\tan 45°-1$,

$\frac{\tan\theta+1}{1-\tan\theta}-2\frac{\tan\theta-1}{1+\tan\theta}=4$,

$(\tan\theta+1)(\tan\theta+1)-2(\tan\theta-1)(1-\tan\theta)$

$=4(1-\tan\theta)(1+\tan\theta)$,

$\tan^2\theta+1+2\tan\theta+2(\tan^2\theta+1-2\tan\theta)=4-4\tan^2\theta$,

$7\tan^2\theta-2\tan\theta-1=0$,

$\tan\theta=\frac{2\pm\sqrt{32}}{14}=\frac{1\pm 2\sqrt{2}}{7}$,

$0\leqslant\theta\leqslant 180°$,

$\tan\theta=\frac{1+2\sqrt{2}}{7}\Rightarrow\theta=28.7°$,

$\tan\theta=\frac{1-2\sqrt{2}}{7}\Rightarrow\theta=-14.64°+180°=165.4°$.

Q3 知识点

(i) change of sign
(ii) iterative processes: formulate iterative formula
(iii) iterative processes

(i) $f(x)=x^5-3x^3+x^2-4$,

$f(1)=1-3+1-4=-5<0$,

$f(2)=32-24+4-4=8>0$,

因为存在 change of sign，所以方程的根位于 1 和 2 之间 .

(ii) $x^5-3x^3+x^2-4=0$,

$x^3-3x+1-\frac{4}{x^2}=0$，（两边同时除以 x^2）

$x^3=3x+\frac{4}{x^2}-1$,

$x=\sqrt[3]{3x+\frac{4}{x^2}-1}$.

(iii) iterative formula 为 $x_{n+1}=\sqrt[3]{3x_n+\frac{4}{x_n^{\ 2}}-1}$,

因为 x 在 1 和 2 之间，因此 x_0 可取中间值为 $x_0=1.5$，持续将 x 的值代入 iterative formula 求出下一位 x 的值并保留四位小数，直到保留两位小数时 x 的值相等 .

$x_1=\sqrt[3]{4.5+\frac{4}{1.5^2}-1}=1.7411$,

$x_2=1.7697$，$x_3=1.7744$，$x_4=1.7751$，$x_5=1.7753$.

因为 $x_4=x_5\approx 1.78$,

所以得最终解为 $x=1.78$.

Q4 知识点

(i) factor theorem
(ii) (a) division of polynomials
(b) quadratics: the number of roots of a quadratic equation

(i) $p(x)=4x^3+ax+2$,

因为 $(2x+1)$ 是 $p(x)$ 的一个 factor，所以 $x=-\frac{1}{2}$ 是 $p(x)=0$ 的解 .

$p\left(-\frac{1}{2}\right)=4\times\left(-\frac{1}{8}\right)-\frac{a}{2}+2=0\Rightarrow a=3.$

(ii)

(a)

$$\begin{array}{r|l} & 2x^2 \quad -x+2 \\ \hline 2x+1 & 4x^3+0x^2+3x+2 \\ & 4x^3+2x^2 \\ \hline & -2x^2+3x^2+2 \\ & -2x^2-x \\ \hline & 4x+2 \\ & 4x+2 \\ \hline & 0 \end{array}$$

$p(x)=4x^3+3x+2=(2x+1)(2x^2-x+2).$

(b) 由第 (a) 小问可知 $p(x)=(2x+1)\left(2x^2-x+2\right).$

所以$p(x)>0$时，$(2x+1)\left(2x^2-x+2\right)>0$,

对于 $2x^2-x+2=0$ 来说，

$b^2-4ac=1-4\times2\times2=-15<0$,

因此 $2x^2-x+2$ 恒大于 0.

所以 $p(x)>0$，即 $2x+1>0$.

最终得 $x>-\frac{1}{2}$.

Q5 知识点

(i) integration by substitution
(ii) integration of trigonometric functions

(i) 注意替换时需要同时改变 dx 以及上下界限 .

$x=\sqrt{3}\tan\theta\Rightarrow\frac{dx}{d\theta}=\sqrt{3}\sec^2\theta\Rightarrow dx=\sqrt{3}\sec^2\theta d\theta$,

$x=0\Rightarrow\sqrt{3}\tan\theta=0\Rightarrow\theta=0$,

$x=1\Rightarrow\sqrt{3}\tan\theta=1\Rightarrow\tan\theta=\frac{1}{\sqrt{3}}\Rightarrow\theta=\frac{\pi}{6}$

$=\int_0^1\frac{9}{\left(3+x^2\right)^2}dx$

$=\int_0^{\frac{\pi}{6}}\frac{9}{\left(3+3\tan^2\theta\right)^2}\sqrt{3}\ \sec^2\theta d\theta$

$=\int_0^{\frac{\pi}{6}}\frac{9}{\left(3\sec^2\theta\right)^2}\sqrt{3}\ \sec^2\theta d\theta \quad (1+\tan^2\theta=\sec^2\theta)$

$=\int_0^{\frac{\pi}{6}}\frac{9}{9\sec^2\theta}\sqrt{3}\ d\theta$

$=\sqrt{3}\int_0^{\frac{\pi}{6}}\frac{1}{\sec^2\theta}\ d\theta$

$=\sqrt{3}\int_0^{\frac{\pi}{6}}\cos^2\theta\ d\theta.$

(ii) 运用 compound angle formulae : $\cos2\theta=2\cos^2\theta-1$,

得 $\cos^2\theta=\frac{\cos2\theta+1}{2}$.

$I=\sqrt{3}\int_0^{\frac{\pi}{6}}\cos^2\theta\ d\theta$

$=\frac{\sqrt{3}}{2}\int_0^{\frac{\pi}{6}}(\cos2\theta+1)\ d\theta=\frac{\sqrt{3}}{2}\left[\frac{\sin2\theta}{2}+\theta\right]_0^{\frac{\pi}{6}}=\frac{\sqrt{3}}{2}\left(\frac{\sqrt{3}}{4}+\frac{\pi}{6}\right)$

$=\frac{\sqrt{3}}{12}\pi+\frac{3}{8}.$

Q6 知识点

implicit differentiation

(i) $\sin y\ln x=x-2\sin y$,

$\cos y\frac{dy}{dx}\ln x+\sin y\frac{1}{x}=1-2\cos y\frac{dy}{dx}$,

$(\cos y\ln x+2\cos y)\frac{dy}{dx}=1-\frac{\sin y}{x}$,

2016

$\frac{dy}{dx}=\frac{x-\sin y}{x\cos y(\ln x+2)}$.

(ii) 题目要求曲线的切线恰好平行于 x 轴时的切点横坐标 .

切线恰好平行于 x 轴意味着 $\frac{dy}{dx}=0$.

$\frac{dy}{dx}=\frac{x-\sin y}{x\cos y(\ln x+2)}=0$,

$x-\sin y=0\Rightarrow x=\sin y$,

因此 $\sin y\ln x=x-2\sin y$ 可转化为：

$x\ln x=x-2x=-x$,

$\ln x=-1$,

$x=\frac{1}{e}$.

最终得切点横坐标为 $\frac{1}{e}$.

Q7 知识点

differential equation

(i) 基本方法为 separate variables.

分离变量得 $e^{-y}dy=xe^{x}dx$,

两边同时积分得 $\int e^{-y}dy=\int xe^{x}dx$, ①

等式左边积分得 $-e^{-y}$,

等式右边积分需要用 integration by parts，公式为

$\int uv'=uv-\int u'v$.

本小问中，$u=x,\ v'=e^{x}\Rightarrow u'=1,\ v=e^{x}$.

代入公式计算得

$\int xe^{x}dx=xe^{x}-\int e^{x}dx=xe^{x}-e^{x}$,

因此式①可转化为 $-e^{-y}=xe^{x}-e^{x}+C$,

这个等式是 differential equation 的 general solution，

通过题目信息 $y=0$ when $x=0$ ，可找到 particular solution.

$-1=0-1+C\Rightarrow C=0$,

因此 $-e^{-y}=xe^{x}-e^{x}\Rightarrow e^{-y}=e^{x}-xe^{x}$,

两边同时取 ln，得 $-y=\ln(e^{x}-xe^{x})\Rightarrow y=-\ln(e^{x}-xe^{x})$.

(ii) $\ln(e^{x}-xe^{x})$ 中的 $e^{x}-xe^{x}$ 一定大于 0，

$e^{x}-xe^{x}>0$,

$e^{x}(1-x)>0$,

因为 $e^{x}>0$ ，所以 $1-x>0$，即 $x<1$.

Q8 知识点

scalar product，the vector equation of a line

（plane 相关的 vector 问题在新版 P3 中不考 .）

(i) 本小问要证明直线 l 平行于平面 p，

第一步，可先证明直线的 direction vector 和平面的 normal vector 垂直 .

$$\begin{pmatrix}2\\1\\3\end{pmatrix}\cdot\begin{pmatrix}2\\-1\\-1\end{pmatrix}=4-1-3=0,$$

第二步再证明 l 上的任意一点均不落在平面上 .

由直线方程可知，直线 l 经过点（1，2，–1），因此将其代入平面方程，若等式不成立即证明成功 .

$$\begin{pmatrix}1\\2\\-1\end{pmatrix}\cdot\begin{pmatrix}2\\-1\\-1\end{pmatrix}=2-2+1=1\neq 0.$$

(ii) 本小问要寻找直线 m 的方程，只要得到其经过的一个点的坐标，还有其 direction vector 即可 .

首先题目已知直线 m 经过点（5，3，1），

然后题目已知直线 m 位于平面 p 内且和直线 l 垂直，因此只要将平面 p 的 normal vector 和直线 l 的 direction vector 进行叉乘即可求出直线 m 的 direction vector.

$$\begin{pmatrix}2\\1\\3\end{pmatrix}\times\begin{pmatrix}2\\-1\\-1\end{pmatrix}=\begin{pmatrix}2\\8\\-4\end{pmatrix}=2\begin{pmatrix}1\\4\\-2\end{pmatrix},$$

最终得直线 m 的方程为 $\vec{m}=\begin{pmatrix}5\\3\\1\end{pmatrix}+\lambda\begin{pmatrix}1\\4\\-2\end{pmatrix}$.

Q9 知识点

partial fraction

(i) 本小问要求将原式分解为

$f(x)=\frac{3x^3+6x-8}{x(x^2+2)}=A+\frac{B}{x}+\frac{Cx+D}{x^2+2}$ 的形式，

首先等式两边同时乘 $x(x^2+2)$,

得 $3x^3+6x-8=Ax(x^2+2)+B(x^2+2)+x(Cx+D)$,

代入 $x=0$ ，得 $-8=2B\Rightarrow B=-4$,

代入 $x=1$，得 $1=3A+3B+C+D\Rightarrow 3A+C+D=13$， ①

代入 $x=-1$，得

$-17=-3A+3B+C-D\Rightarrow -3A+C-D=-5.$ ②

将上面式①和式②相加，得 $2C=8\Rightarrow C=4$,

将 $C=4$ 代回式①，得 $3A+D=9$， ③

代入 $x=2$, 得 $28=12A+6B+4C+2D\Rightarrow 12A+D=36.$ ④

将上面式③和式④相减，得 $9A=27\Rightarrow A=3$,

将 $A=3$ 代回式③，得 $D=0$,

最终得 $f(x)=3-\frac{4}{x}+\frac{4x}{x^2+2}$.

(ii) $f(x)=3-\frac{4}{x}+\frac{4x}{x^2+2}$,

$\int_1^2 3-\frac{4}{x}+\frac{4x}{x^2+2}dx$

$=\left[3x-4\ln x+2\ln\left(x^2+2\right)\right]_1^2$

$=6-4\ln 2+2\ln 6-3-2\ln 3$

$=3-\ln 16+\ln 36-\ln 9$

$=3+\ln\frac{36}{16\times 9}=3+\ln\frac{1}{4}=3-\ln 4.$

Q10 知识点

complex number: solving equations, loci, argument

(a) $z=x+iy$, $z^*=x-iy$,

$x-iy+1=2i(x+iy)$,

$x+1-iy=-2y+i2x$,

$$\begin{cases}x+1=-2y\\-y=2x\end{cases}\Rightarrow\begin{cases}x=\frac{1}{3},\\y=-\frac{2}{3}.\end{cases}$$

$z=\frac{1}{3}-\frac{2}{3}i.$

(b)

(i) $|z+1-3i|=|z-(-1+3i)|\leqslant 1$ 代表圆心为 (-1，3)，半径为 1 的圆的边界及其内部区域 .

$\mathrm{Im}\,z\geqslant 3$ 代表 $\mathrm{Im}\,z=3$ 这一水平直线及其上方区域 .

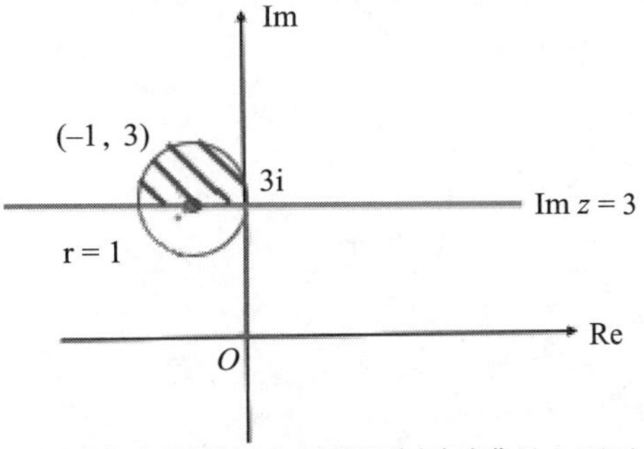

上图中灰色阴影部分面积即为同时满足上面两个不等式的区域 .

(ii)

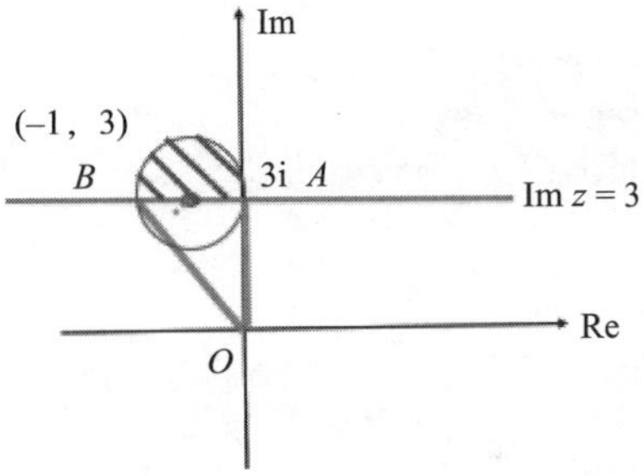

$\min=\arg(A)=90°$,

$\max=\arg(B)=90°+2\tan^{-1}\left(\frac{2}{3}\right)=90°+33.7°$,

$\max-\min=33.7°.$

9709_s16_qp_31

Q1 知识点

modulus function

(i) 为去掉两边的 modulus，最简单的方式是将等式两边同时平方 .

得 $4(x-1)^2=9x^2$,

展开平方后化简得

$4x^2-8x+4=9x^2$, $5x^2+8x-4=0$.

后因式分解得 $(5x-2)(x+2)=0$.

最终解为 $x_1=\frac{2}{5}$, $x_2=-2$.

(ii) 假设 $5x=a$，得 $2|i-1|=3|a|$.

通过观察发现该式与第 (i) 小问中等式形式相同，因此两式解一致 .

即 $a_1 = x_1 = \frac{2}{5}$，$a_2 = x_2 = -2 \Rightarrow 5^x = \frac{2}{5}$ 和 $5^x = -2$.

$a > 1$ 时，$y = a^x$ 的图像如下：

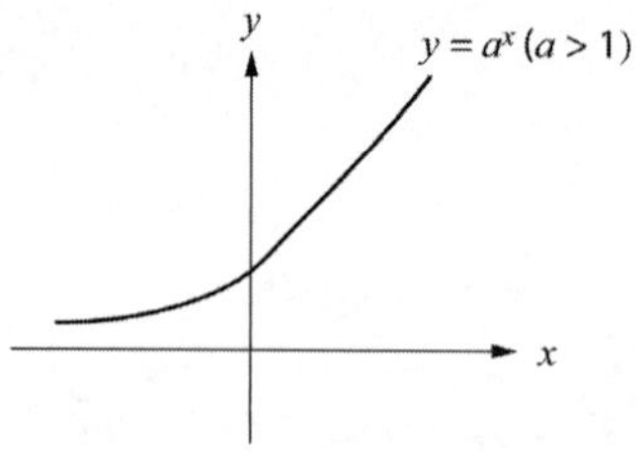

由图可知，$a > 1$ 时，$y > 0$，因此舍去 $5^x = -2$.

只余唯一解 $5^x = \frac{2}{5}$,

方法一：按定义，$x = \log_5(\frac{2}{5}) = -0.569$.

方法二：等式两边同时取 ln 得

$$\ln 5^x = \ln\frac{2}{5} \Rightarrow x\ln 5 = \ln\frac{2}{5} \Rightarrow x = \frac{\ln\frac{2}{5}}{\ln 5} = -0.569.$$

Q2 知识点

integration by parts

公式为 $\int uv' = uv - \int u'v$.

本题中，$u = x$，$v' = e^{-2x} \Rightarrow u' = 1$，$v = -\frac{1}{2}e^{-2x}$.

放入公式进行计算得

$$\int_0^{\frac{1}{2}} xe^{-2x}dx = \left[x\left(-\frac{1}{2}e^{-2x}\right)\right]_0^{\frac{1}{2}} - \int_0^{\frac{1}{2}} 1\times\left(-\frac{1}{2}e^{-2x}\right)dx$$

$$= \left[\frac{1}{2}\times\left(-\frac{1}{2}e^{-1}\right) - 0\right] + \int_0^{\frac{1}{2}} \frac{1}{2}e^{-2x}dx$$

$$= -\frac{1}{4}e^{-1} + \left[\left(-\frac{1}{2}\right)\times\frac{1}{2}e^{-2x}\right]_0^{\frac{1}{2}}$$

$$= -\frac{1}{4}e^{-1} + \left[-\frac{1}{4}e^{-1} - (-\frac{1}{4})\right]$$

$$= -\frac{1}{2}e^{-1} + \frac{1}{4},$$

最后这道题要计算的是 exact value，所以不需要把小数的值算出来 .

Q3 知识点

trigonometry

首先化简原式得 $\frac{1}{\sin\theta} = 3\sin\theta + \frac{\cos\theta}{\sin\theta}$,

后两边同乘 $\sin\theta$ 得 $1 = 3\sin^2\theta + \cos\theta$.

后利用 $\sin^2\theta = 1 - \cos^2\theta$将等式化为只与 $\cos\theta$ 相关的式子 .

$1 = 3(1 - \cos^2\theta) + \cos\theta \Rightarrow 3\cos^2\theta - \cos\theta - 2 = 0$.

后因式分解得

$(\cos\theta - 1)(3\cos\theta + 2) = 0 \Rightarrow \cos\theta = 1$ or $\cos\theta = -\frac{2}{3}$.

最后由于 $0° < \theta < 180°$，故舍去 $\cos\theta = 1$，只余唯一解

$\cos\theta = -\frac{2}{3} \Rightarrow \theta = 131.8°$.

Q4 知识点

differential equation

基本方法为 separate variables.

分离变量得 $\frac{1}{y}\,dy = \frac{1 - 2x^2}{x}\,dx$,

两边同时积分得 $\int \frac{1}{y}\,dy = \int (\frac{1}{x} - 2x)\,dx$,

$\ln y = \ln x - x^2 + C$,

这个等式是 differential equation 的 general solution，

通过题目信息 $y = 2$ when $x = 1$，可找到 particular solution.

$\ln 2 = \ln 1 - 1^2 + C \Rightarrow C = 1 + \ln 2$

$\Rightarrow \ln y = \ln x - x^2 + 1 + \ln 2$,

$e^{\ln y} = e^{\ln x - x^2 + 1 + \ln 2}$ 两边同时 take exponential，

$y = e^{\ln x}e^{-x^2}e^1e^{\ln 2}$ 因为 $e^{\ln x} = x$ 以及 $e^{x+y} = e^xe^y$,

$y = 2xe^{-x^2+1}$.

Q5 知识点

differentiation 和 trigonometry

找 stationary point 的基本方法为 $\frac{dy}{dx} = 0$,

$\frac{dy}{dx} = \cos x\cos 2x + \sin x(-2\sin 2x) = 0$,　(product rule)

$\cos x\cos 2x = 2\sin x\sin 2x$,（因为 $\sin 2x = 2\sin x\cos x$）

$\cos x\cos 2x = 2\sin x(2\sin x\cos x)$,

$\cos 2x = 4\sin^2 x$ or $\cos x = 0$，（两个解）

$\cos 2x = 4\sin^2 x$，（因为 $\cos 2x = 1 - 2\sin^2 x$）

$1 - 2\sin^2 x = 4\sin^2 x$，

$1 = 6\sin^2 x$，

$\sin^2 x = \frac{1}{6} \Rightarrow \sin x = \pm\sqrt{\frac{1}{6}}$，

由于 $0 < x < \frac{1}{2}\pi$，$\sin x = \sqrt{\frac{1}{6}} = 0.421$.

$\cos x = 0$，由于 $0 < x < \frac{1}{2}\pi$，因此可舍去这个解 .

Q6 知识点

iterative processes

(i) 分别画 $y = 5e^{-x}$ 和 $y = \sqrt{x}$ 的图像，

若图像只有一个交点，则可认为 $5e^{-x} = \sqrt{x}$ 只有一个根 .

$y = 5e^{-x}$ 可以由 $y = e^{x}$ 推导出，

$y = \sqrt{x}$ 只取 $x \geqslant 0$ 的部分 .

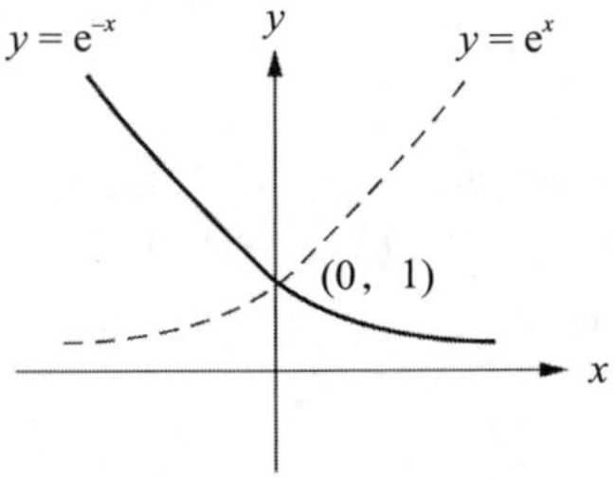

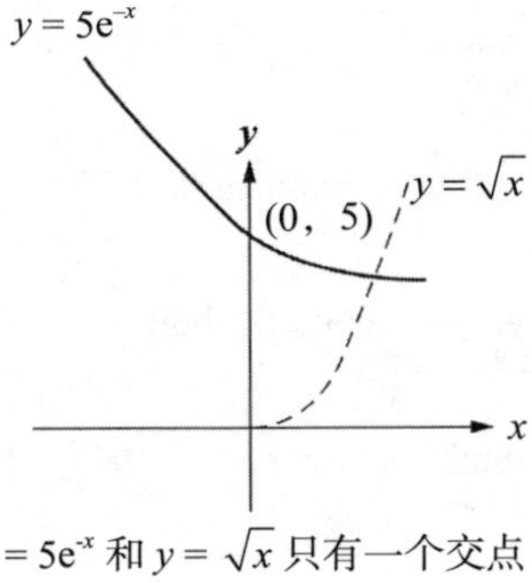

由图可知，$y = 5e^{-x}$ 和 $y = \sqrt{x}$ 只有一个交点，因此 $5e^{-x} = \sqrt{x}$ 只有一个根 .

(ii) 将第 (i) 小问中 $5e^{-x} = \sqrt{x}$ 转化为 iterative formula 的形式 .

$25e^{-2x} = x$，

$\frac{25}{x} = e^{2x}$，左右两边同时取对数，

$\ln(\frac{25}{x}) = 2x$，

$x = \frac{1}{2}\ln(\frac{25}{x})$，

$x_{n+1} = \frac{1}{2}\ln(\frac{25}{x_n})$.

(iii) $x_{n+1} = \frac{1}{2}\ln(\frac{25}{x_n})$，

持续将 x 的值代入 iterative formula 求出下一位 x 的值并保留四位小数，直到保留两位小数 x 的值相等 .

$x_1 = 1$，$x_2 = \frac{1}{2}\ln(25) = 1.6094$，$x_3 = 1.3715$，$x_4 = 1.4515$，

$x_5 = 1.4231$，$x_6 = 1.4330$，$x_7 = 1.4296$，

$x_6 = x_7 \approx 1.43 \Rightarrow x = 1.43$.

Q7 知识点

(i) differentiation: derivatives and gradient functions
(ii) differentiation: tangents

(i) 本小问要求 $\frac{dy}{dx}$，因此首先需要对原方程进行关于 x 的求导 .

$3x^2 - \left(3x^2\frac{dy}{dx} + 6xy\right) + 3y^2\frac{dy}{dx} = 0$，

括号内的部分需要用 product rule，

$3x^2\frac{dy}{dx} + 3y^2\frac{dy}{dx} = 6xy - 3x^2$，

把 $\frac{dy}{dx}$ 的部分和剩余部分分离开，

$\frac{dy}{dx} = \frac{6xy - 3x^2}{-3x^2 + 3y^2} = \frac{2xy - x^2}{-x^2 + y^2}$，$= \frac{x^2 - 2xy}{x^2 - y^2}$.

(ii) tangent parallel to x-axis means $\frac{dy}{dx} = 0$，

即 $\frac{dy}{dx} = \frac{x^2 - 2xy}{x^2 - y^2} = 0 \Rightarrow x^2 - 2xy = 0 \Rightarrow x = 0$ or $x - 2y = 0$.

$x = 0$ 时，代回原式得 $y^3 = 3 \Rightarrow y = \sqrt[3]{3} = 1.44$，

$x - 2y = 0$ 时，可和原式组成方程组 .

得 $x = 2y$，①

$x^3 - 3x^2 + y^3 = 3$，②

式①代入式②得 $(2y)^3 - 3(2y)^2 + y^3 = 3$，

$8y^3 - 12y^3 + y^3 = 3$，

$-3y^3 = 3$，

$y = -1$，

$x=-2$

因此点坐标分别为 (–2，–1) 和 (0, 1.44).

$$1-x+x^2+\frac{4}{3}+\frac{8}{9}x+\frac{4}{9}x^2+-1-\frac{x}{3}-\frac{x^2}{9}=\frac{4}{3}-\frac{4}{9}x+\frac{4x^2}{3}.$$

Q8 知识点

(i) partial fraction
(ii) binomial expansion

(i) 分母为 linear factor 和 repeated linear factor 相乘的形式. 因此分解时需要分成三部分,

即为 $\dfrac{4x^2+12}{(x+1)(x-3)^2}=\dfrac{A}{x+1}+\dfrac{B}{(x-3)^2}+\dfrac{C}{x-3}$.

两边同乘 $(x+1)(x-3)^2$ 得

$4x^2=(x-3)^2A+(x+1)B+(x+1)(x-3)C$,

代入 $x=3$ 可消除 A、C 项且求出 B：

$4\times 9+12=4B\Rightarrow B=12$,

代入 $x=-1$ 可消除 B、C 项且求出 A：

$4\times 1+12=16A\Rightarrow A=1$,

算出 A、B 后可代入任意 x 的值求出 C，此处代入 $x=0$,

得 $12=9A+B+C\Rightarrow C=3$

$$\mathrm{f}(x)=\frac{1}{x+1}+\frac{12}{(x-3)^2}+\frac{3}{x-3}.$$

(ii) 基本公式为：$(1+x)^n=1+\dfrac{nx}{1!}+\dfrac{n(n-1)x^2}{2!}+\ldots$,

因为题目要求展开到 x^2，因此只需要计算前三项即可.

$$\frac{1}{x+1}=(1+x)^{-1}=1+(-x)+\frac{(-1)(-2)}{2!}(x^2)=1-x+x^2,$$

$$\frac{12}{(x-3)^2}=12(x-3)^{-2}=12\times(-3)^{-2}\left(1-\frac{x}{3}\right)^{-2}$$

$$=\frac{4}{3}\left(1+(-2)\left(-\frac{x}{3}\right)+\frac{(-2)(-3)}{2!}\left(-\frac{x}{3}\right)^2\right)$$

$$=\frac{4}{3}\left(1+\left(\frac{2x}{3}\right)+\frac{x^2}{3}\right)$$

$$=\frac{4}{3}+\frac{8}{9}x+\frac{4}{9}x^2,$$

$$\frac{3}{x-3}=3(x-3)^{-1}=3\times(-3)^{-1}\left(1-\frac{x}{3}\right)^{-1}$$

$$=-\left(1+(-1)\left(-\frac{x}{3}\right)+\frac{(-1)(-2)}{2!}\left(-\frac{x}{3}\right)^2\right)$$

$$=-\left(1+\frac{x}{3}+\frac{x^2}{9}\right)=-1-\frac{x}{3}-\frac{x^2}{9},$$

三项相加得

Q9 知识点

(i) vector equation of a plane
(ii) vector equation of line，intersection of two lines

(i) (plane 相关的 vector 问题在新版 P3 中不考.)

首先需要求出 normal vector，平面内任意两个向量叉乘即可求出 normal.

本小问中选取 $\overrightarrow{AB}$ 和 $\overrightarrow{AC}$ 进行计算.

$$\overrightarrow{AB}=\begin{pmatrix}2\\1\\-1\end{pmatrix}-\begin{pmatrix}1\\3\\2\end{pmatrix}=\begin{pmatrix}1\\-2\\-3\end{pmatrix}t,$$

$$\overrightarrow{AC}=\begin{pmatrix}2\\4\\1\end{pmatrix}-\begin{pmatrix}1\\3\\2\end{pmatrix}=\begin{pmatrix}1\\-1\\-1\end{pmatrix},$$

$$\overrightarrow{AB}\times\overrightarrow{AC}=\begin{pmatrix}1\\-2\\-3\end{pmatrix}\times\begin{pmatrix}1\\-1\\-1\end{pmatrix}=\begin{pmatrix}5\\-2\\3\end{pmatrix},$$

求出 normal vector 后，平面方程可写为 $5x-2y+3z=d$.

后代入 A、B、C 中任意一点即可求出 d.

此处代入点 A (1, 3, 2)，得 $d=5\times1-2\times3+3\times2=5$.

因此平面方程为 $5x-2y+3z=5$.

(ii) vector equation of line 可写为 $\vec{r}=\vec{a}+\lambda\vec{b}$.

其中 $\vec{a}$ 为已知点 D 的 position vector，即为 $\begin{pmatrix}-3\\1\\2\end{pmatrix}$.

$\vec{b}$ 为直线的 direction vector，本小问中由于直线和 OA 平行，因此两者 direction vector 相同，即为 $\begin{pmatrix}1\\3\\2\end{pmatrix}$.

因此 vector equation of line 可表示为 $\vec{r}=\begin{pmatrix}-3\\1\\2\end{pmatrix}+\lambda\begin{pmatrix}1\\3\\2\end{pmatrix}$.

点 P 同时位于平面和直线上，因此可以将平面和直线的等式联立求 P 点的坐标.

为了联立方程组，需首先将 vector equation of line 转化为 parametric equations.

$$\vec{r}=\begin{pmatrix}-3\\1\\2\end{pmatrix}+\lambda\begin{pmatrix}1\\3\\2\end{pmatrix}=\begin{pmatrix}x\\y\\z\end{pmatrix}\Rightarrow\begin{pmatrix}x\\y\\z\end{pmatrix}=\begin{pmatrix}-3+\lambda\\1+3\lambda\\2+2\lambda\end{pmatrix},$$

parametric equations of line: $x=-3+\lambda$,

$y=1+3\lambda$,

$z=2+2\lambda$,

后可将 parametric equations of line 代入 equation of plane.

$(-3+\lambda)+2(1+3\lambda)-(2+2\lambda)=7\Rightarrow\lambda=2\Rightarrow P\,(-1,\ 7,\ 6)$.

$$\overrightarrow{OP}=\begin{pmatrix}-1\\7\\6\end{pmatrix},$$

$$\overrightarrow{DP}=\begin{pmatrix}-1\\7\\6\end{pmatrix}-\begin{pmatrix}-3\\1\\2\end{pmatrix}=\begin{pmatrix}2\\6\\4\end{pmatrix},$$

length of $\overrightarrow{DP}$ = modulus of $\overrightarrow{DP}=\sqrt{2^2+6^2+4^2}=2\sqrt{14}$.

Q10 知识点

(a) finding square roots of complex numbers
(b) loci

(a) 本小问要求解 $\sqrt{7-6\sqrt{2}\mathrm{i}}$ 的值，可直接假设

$\sqrt{7-6\sqrt{2}\mathrm{i}}=a+b\mathrm{i}$,

后两边平方得 $7-6\sqrt{2}\ \mathrm{i}=(a+b\mathrm{i})^2$,

展开平方得 $7-6\sqrt{2}\ \mathrm{i}=a^2-b^2+2ab(\mathrm{i})$,

得方程组 $\Rightarrow a^2-b^2=7$, ①

$2ab=-6\sqrt{2}$, ②

由式②得 $a=-\dfrac{3\sqrt{2}}{b}$,

代入式①得

$(-\dfrac{3\sqrt{2}}{b})^2-b^2=7\ \Rightarrow\dfrac{18}{b^2}-b^2=7\Rightarrow b^4+7b^2-18=0$

$\Rightarrow b^2=2$（保留）or $b^2=-9$（舍去）

$\Rightarrow\ b=\pm\sqrt{2}$,

$b=\sqrt{2},\ a=-3;\ b=-\sqrt{2},\ a=3$

$\Rightarrow\sqrt{7-6\sqrt{2}\mathrm{i}}=-3+\sqrt{2}\mathrm{i}$ and $3-\sqrt{2}\mathrm{i}$.

(b)

(i) $|w-1-2\mathrm{i}|=1\ \Rightarrow$ the circumference of a circle with center (1，2) and radius 1.

$\arg(z-1)=\dfrac{3}{4}\pi\Rightarrow$ half line from (1，0) at an angle of $\dfrac{3}{4}$ π radians.

注意点 (1，0) 取不到，因为 arg (1–1) = arg 0 = 0 $\neq\dfrac{3}{4}$ π.

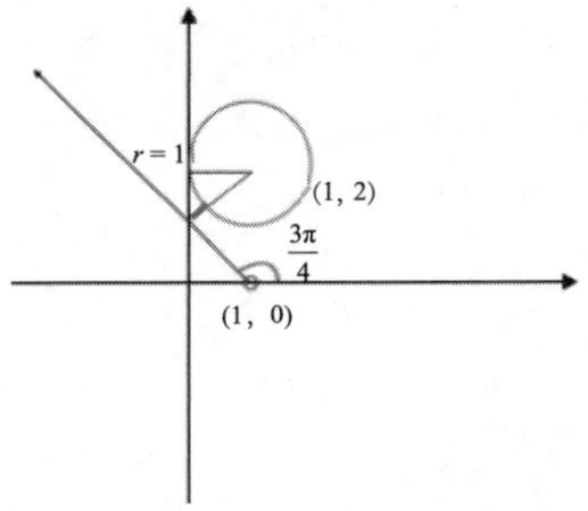

注意一定要将圆心，半径以及角度等各个信息明确标注在图像上 .

(ii) 本小问是基于第 (i) 小问中的两段 loci（轨迹）间的最短距离的计算题 .

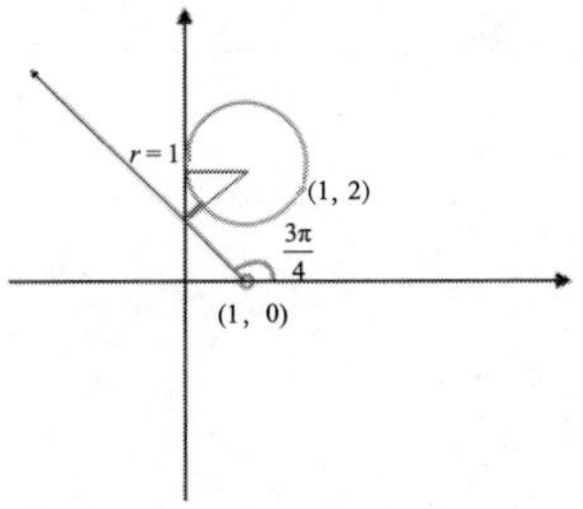

想要求最短距离，即从圆心出发向直线作垂线，垂线长度减去半径长度即为最短距离（图中的加粗线段）.

垂线长度 = $\sqrt{1^2+1^2}=\sqrt{2}$（勾股定理）.

最短距离 = $\sqrt{2}-1$.

9709_s16_qp_32

Q1 知识点

solving exponential equations

$4^{3x-1}=3(5^x)$,

$\ln 4^{3x-1}=\ln 3(5^x)$, （两边同时取 ln）

$(3x-1)\ \ln 4=\ln 3+\ln 5^x$,

因为 $\ln ab=\ln a+\ln b; \ln a^b=b\ln a$,

$3x-1\ln 4=\ln 3+x\ \ln 5$,

$(3\ln 4-\ln 5)x=\ln 3+\ln 4$,

$x=\dfrac{\ln 3+\ln 4}{3\ln 4-\ln 5}=0.975.$

Q2 知识点

binomial expansion

公式为$(1+x)^n=1+\dfrac{nx}{1!}+\dfrac{n(n-1)x^2}{2!}+\dfrac{n(n-1)(n-2)x^3}{3!}+\dots$,

因为题目要求展开到x^3，因此只需要计算前四项即可 .

$$\frac{1}{\sqrt{1-2x}}=(1-2x)^{-\frac{1}{2}}=1+\left(-\frac{1}{2}\right)(-2x)+\frac{\left(-\frac{1}{2}\right)\left(-\frac{3}{2}\right)}{2!}(-2x)^2+\frac{\left(-\frac{1}{2}\right)\left(-\frac{3}{2}\right)\left(-\frac{5}{2}\right)}{3!}(-2x)^3+\cdots$$

$$=1+x+\frac{3}{2}x^2+\frac{5}{2}x^3+\dots$$

Q3 知识点

integration by parts

公式为 $\int uv'=uv-\int u'v.$

本题中，$u=x^2, v'=\sin 2x\Rightarrow u'=2x, v=-\dfrac{1}{2}\cos 2x.$

代入公式计算得

$$\int_0^{\frac{1}{2}\pi}x^2\sin 2x\mathrm{d}x=\left[x^2\left(-\frac{1}{2}\cos 2x\right)\right]_0^{\frac{1}{2}\pi}-\int_0^{\frac{1}{2}\pi}2x\left(-\frac{1}{2}\cos 2x\right)\mathrm{d}x$$

$$=\frac{\pi^2}{4}\times\left(\left(-\frac{1}{2}\right)\times(-1)\right)+\int_0^{\frac{1}{2}\pi}x\cos 2x\mathrm{d}x,$$

$\int_0^{\frac{1}{2}\pi}x\cos 2x\mathrm{d}x$ 需要再进行一次 integration by parts.

此部分中 $u=x,\ v'=\cos 2x\Rightarrow u'=1,\ v=\dfrac{1}{2}\sin 2x.$

代入公式计算得

$$\int_0^{\frac{1}{2}\pi}x\cos 2x\mathrm{d}x=\left[x\left(\frac{1}{2}\sin 2x\right)\right]_0^{\frac{1}{2}\pi}-\int_0^{\frac{1}{2}\pi}\frac{1}{2}\sin 2x\mathrm{d}x$$

$$=\left(\frac{\pi}{2}\times\frac{1}{2}\times 0-0\right)+\left[\frac{1}{4}\cos 2x\right]_0^{\frac{1}{2}\pi}$$

$$=-\frac{1}{4}-\frac{1}{4}=-\frac{1}{2}.$$

所以,

$$\int_0^{\frac{1}{2}\pi}x^2\sin 2x\mathrm{d}x=\frac{\pi^2}{4}\times\left(\left(-\frac{1}{2}\right)\times(-1)\right)+\int_0^{\frac{1}{2}\pi}x\cos 2x\mathrm{d}x$$

$$=\frac{\pi^2}{8}-\frac{1}{2}=\frac{1}{8}(\pi^2-4).$$

Q4 知识点

differentiation

找 stationary point 的基本方法为 $\dfrac{\mathrm{d}y}{\mathrm{d}x}=0.$

$$\frac{\mathrm{d}y}{\mathrm{d}x}=\frac{2\ln x\frac{1}{x}x^2-(\ln x)^2\,2x}{x^2}=\frac{2x\ln x-x(\ln x)^2}{x^2}=0,$$

(product rule + quotient rule)

$2x\ln x-x(\ln x)^2=0$,

$x=0$ or $2\ln x-(\ln x)^2=0$,

$\ln x$ 的 domain 是 $x>0$，因此舍去$x=0$.

$2\ln x-(\ln x)^2=0$,

$\ln x=0$ or $\ln x=2$,

$\ln x=0\Rightarrow x=1$,

$\ln x=2\Rightarrow \mathrm{e}^{\ln x}=\mathrm{e}^2\Rightarrow x=\mathrm{e}^2$,

stationary point 为 (1，0) 和 (e^2, $\dfrac{4}{\mathrm{e}^2}$).

Q5 知识点

(i) trigonometry
(ii) solving trigonometric equations

(i) $\cos 4\theta = \cos(2\theta + 2\theta)$

$= 1 - 2\sin^2 2\theta \quad (\cos 2x = 1 - 2\sin^2 x)$

$= 1 - 2(2\sin\theta\cos\theta)^2 \quad (\sin 2x = 2\sin x\cos x)$

$= 1 - 8\sin^2\theta\cos^2\theta$

$= 1 - 8\sin^2\theta(1 - \sin^2\theta) \quad (\cos^2 x = 1 - \sin^2 x)$

$= 1 - 8\sin^2\theta + 8\sin^4\theta$,

因为 $\cos 2\theta = 1 - 2\sin^2\theta$，所以

$\cos 4\theta - \cos 2\theta = 1 - 8\sin^2\theta + 8\sin^4\theta - 4(1 - 2\sin^2\theta)$

$= 8\sin^4\theta - 3$.

(ii) $8\sin^4\theta - 3 = 3$,

$\sin^4\theta = \dfrac{3}{4}$,

$\sin\theta = \pm 0.9306$

a $\sin\theta = 0.9306 \Rightarrow \theta_1 = 68.5°$ or $\theta_2 = 180° - \theta_1 = 111.5°$,

b $\sin\theta = -0.9306 \Rightarrow \theta = -68.5°$,

因为 $0° \leqslant \theta \leqslant 360°$，所以

$\theta_3 = 180° - (-68.5°) = 248.5°$ or $\theta_4 = -68.5° + 360° = 291.5°$.

Q6 知识点

differential equation

(i) 基本方法为 separate variables.

分离变量得 $\dfrac{1}{x}\mathrm{d}x = \dfrac{\sin 2\theta}{3 + \cos 2\theta}\mathrm{d}\theta$,

两边同时积分得 $\int \dfrac{1}{x}\mathrm{d}x = \int \dfrac{\sin 2\theta}{3 + \cos 2\theta}\mathrm{d}\theta$,

$\ln x = -\dfrac{1}{2}\ln(3 + \cos 2\theta) + C$,

这个等式是 differential equation 的 general solution，

通过题目信息 $x = 3$ when $\theta = \dfrac{\pi}{4}$，可找到 particular solution.

$\ln 3 = -\dfrac{1}{2}\ln\left(3 + \cos(2 \times \dfrac{\pi}{4})\right) + C$,

$\ln 3 = -\dfrac{1}{2}\ln(3 + 0) + C \Rightarrow C = \ln 3 + \dfrac{1}{2}\ln 3 = \dfrac{3}{2}\ln 3$,

$\ln x = -\dfrac{1}{2}\ln(3 + \cos 2\theta) + \dfrac{3}{2}\ln 3$,

两边同时 take exponential，$e^{\ln x} = e^{-\frac{1}{2}\ln(3+\cos 2\theta) + \frac{3}{2}\ln 3}$

$x = e^{-\frac{1}{2}\ln(3+\cos 2\theta)} e^{\frac{3}{2}\ln 3}$，　$e^{\ln x} = x$ 以及 $e^{x+y} = e^x e^y$

$x^{\ln(3+\cos 2\theta)^{-\frac{1}{2}}} e^{\ln(3)^{\frac{3}{2}}}$

$= (3 + \cos 2\theta)^{-\frac{1}{2}} 3^{\frac{3}{2}} = \sqrt{\dfrac{27}{3 + \cos 2\theta}}$.

(ii) 本小问要求 $x = \sqrt{\dfrac{27}{3 + \cos 2\theta}}$ 的最小值 .

首先 $\cos 2\theta$ 的范围为 $-1 \leqslant \cos 2\theta \leqslant 1$,

其次 $\cos 2\theta$ 位于分母，分母越大，分数越小即 x 越小 .

因此取 $\cos 2\theta = 1$, $x = \sqrt{\dfrac{27}{3+1}} = \dfrac{3\sqrt{3}}{2}$.

Q7 知识点

(i) partial fraction
(ii) integration

(i) 分母为两个 linear factor 相乘的形式，因此可分解为两个分母 linear factor 相加的形式 .

但此处由于分子和分母最高次数均为 2，因此还需要添加一个常数项 .

基本公式为 $\dfrac{px^2 + qx + m}{(ax+b)(cx+d)} = A + \dfrac{B}{ax+b} + \dfrac{C}{cx+d}$,

代入公式得 $f(x) = \dfrac{4x^2 + 7x + 4}{(2x+1)(x+2)} = A + \dfrac{B}{2x+1} + \dfrac{C}{x+2}$,

后等式两边同时乘 $(2x+1)(x+2)$,

得 $4x^2 + 7x + 4 = A(2x+1)(x+2) + B(x+2) + C(2x+1)$,

代入 $x = -2$ 可消除 A、B 项且求出 C：

$4 \times 4 + 7 \times (-2) + 4 = -3C \Rightarrow 6 = -3C \Rightarrow C = -2$.

代入 $x = -\dfrac{1}{2}$ 可消除 A、C 项且求出 B:

$4 \times \dfrac{1}{4} + 7 \times \left(-\dfrac{1}{2}\right) + 4 = \dfrac{3}{2}B$

$\Rightarrow \dfrac{3}{2} = \dfrac{3}{2}B \Rightarrow B = 1$.

算出 B、C 后可代入任意 x 的值求出 A，此处代入 $x = 0$,

得 $4 = 2A + 2B + C \Rightarrow A = 2$,

$f(x) = 2 + \dfrac{1}{2x+1} - \dfrac{2}{x+2}$.

(ii) $\int_0^4 f(x)\mathrm{d}x = \int_0^4 \left(2 + \dfrac{1}{2x+1} - \dfrac{2}{x+2}\right)\mathrm{d}x$

$$=\left[2x+\frac{1}{2}\ln(2x+1)-2\ln(x+2)\right]_0^4$$

$$=\left(8+\frac{1}{2}\ln 9-2\ln 6\right)-\left(0+\frac{1}{2}\ln 0-2\ln 2\right)$$

$$=8+\frac{1}{2}\ln 9-2\ln 6+2\ln 2$$

$$=8+\ln 3-\ln 36+\ln 4$$

$$=8+\ln\frac{3\times 4}{36}$$

$$=8+\ln\frac{1}{3}=8+\ln 3^{-1}=8-\ln 3.$$

Q8 知识点

(i) differentiation: derivatives and gradient functions
(ii) differentiation: tangents
(iii) change of sign
(iv) iterative processes

(i) $y=\operatorname{cosec} x=\frac{1}{\sin x}=(\sin x)^{-1}$,

$$\frac{dy}{dx}=-(\sin x)^{-2}\cos x$$

$$=-\frac{\cos x}{(\sin x)^2}$$

$$=-\frac{\cos x}{\sin x}\frac{1}{\sin x}$$

$$=-\cot x\operatorname{cosec} x.$$

(ii) $x=a$ 时，两条曲线的切线平行，这意味着斜率相同，

即 $\frac{dy}{dx}$ 相同 .

$$y=e^{-x}\Rightarrow\frac{dy}{dx}=-e^{-x}\Rightarrow x=a,\ y=-e^{-a},$$

$\frac{dy}{dx}$ 相同即 $-e^{-a}=-\cot x\operatorname{cosec} x$,

$$e^{-a}=\cot x\operatorname{cosec} x,$$

$$e^{a}=\frac{1}{\cot a\cos eca}=\frac{1}{\frac{\cos a}{\sin a}\frac{1}{\sin a}}=\frac{\sin^2 a}{\cos a},$$

$$\frac{e^{a}}{\sin a}=\frac{\sin a}{\cos a}=\tan a$$

$$a=\tan^{-1}\left(\frac{e^{a}}{\sin a}\right).$$

(iii) $a=\tan^{-1}\left(\frac{e^{a}}{\sin a}\right)$,

把 a 放到一边得 $f(a)=a-\tan^{-1}\left(\frac{e^{a}}{\sin a}\right)$,

$f(1)=-0.271<0$,

$f(1.5)=0.148>0$,

因此解 a 在 1 和 1.5 之间 .

(iv) iterative formula 为 $a_{n+1}=\tan^{-1}\left(\frac{e^{a_n}}{\sin a}\right)$.

因为a在1和1.5之间，因此a_0可取中间值为$a_0=1.25$，持续将 a 的值代入 iterative formula 求出下一位 a 的值并保留五位小数，直到保留三位小数 a 的值相等 .

$$a_1=\tan^{-1}\left(\frac{e^{1.25}}{\sin 1.25}\right)=1.30533,$$

$a_2=1.31494$, $a_3=1.31666$, $a_4=1.31697$,

$a=1.317$.

Q9 知识点

(i) position vector 和 vector subtraction，vector modulus
(ii) solving equation of a plane

(i)

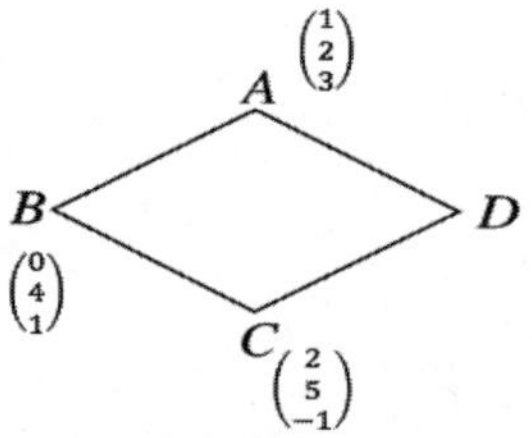

由于平行四边形对边平行且相等，因此

$\overrightarrow{AB}=\overrightarrow{DC}$, $\overrightarrow{AD}=\overrightarrow{BC}$,

此处选取 $\overrightarrow{AB}=\overrightarrow{DC}$ 来计算 .

$$\overrightarrow{AB}=\overrightarrow{OB}-\overrightarrow{OA}=\begin{pmatrix}0\\4\\1\end{pmatrix}-\begin{pmatrix}1\\2\\3\end{pmatrix}=\begin{pmatrix}-1\\2\\-2\end{pmatrix},$$

$$\overrightarrow{DC}=\overrightarrow{OC}-\overrightarrow{OD}=\begin{pmatrix}-1\\2\\-2\end{pmatrix}=\begin{pmatrix}2\\5\\-1\end{pmatrix}-\begin{pmatrix}x\\y\\z\end{pmatrix},$$

$$\begin{pmatrix}x\\y\\z\end{pmatrix}=\begin{pmatrix}2\\5\\-1\end{pmatrix}-\begin{pmatrix}-1\\2\\-2\end{pmatrix}=\begin{pmatrix}3\\3\\1\end{pmatrix},$$

$\overrightarrow{OD}=\begin{pmatrix}3\\3\\1\end{pmatrix}$.

菱形相邻两条边长度相等.

即$|AB|=|BC|$, $|AD|=|AB|$, $|AD|=|DC|$, $|DC|=|BC|$.

此处选取$|AB|=|BC|$计算.

$\left|\overrightarrow{AB}\right|=\sqrt{1^2+2^2+2^2}=\sqrt{10}$,

$\overrightarrow{BC}=\overrightarrow{OC}-\overrightarrow{OB}=\begin{pmatrix}2\\5\\-1\end{pmatrix}-\begin{pmatrix}0\\4\\1\end{pmatrix}=\begin{pmatrix}2\\1\\-2\end{pmatrix}$,

$\left|\overrightarrow{BC}\right|=\sqrt{1^2+1^2+(-2)^2}=\sqrt{10}$,

$\left|\overrightarrow{AB}\right|=\left|\overrightarrow{BC}\right|$.

因此平行四边形 $ABCD$ 为菱形.

(ii) (plane 相关的 vector 问题在新版 P3 中不考.)

首先需要求出 normal vector,

由于 OA 和平面平行并且 BC 位于平面内.

因此本题只要将 $\overrightarrow{OA}$ 和 $\overrightarrow{BC}$ 进行叉乘即可算出 normal vector,

$\overrightarrow{OA}\times\overrightarrow{BC}=\begin{pmatrix}1\\2\\3\end{pmatrix}\times\begin{pmatrix}2\\1\\-2\end{pmatrix}=\begin{pmatrix}-7\\8\\-3\end{pmatrix}$.

求出 normal vector 后, 平面方程可写为

$-7x+8y-3z=d$.

后代入 B、C 中任意一点即可求出 d.

此处代入点 $B(0, 4, 1)$, 得 $d=0+8\times4-3\times1=32-3=29$,

因此平面方程为 $-7x+8y-3z=29$.

Q10 知识点

(a) solving equations involving complex numbers
(b) (i)loci
(ii) complex number: calculate argument and modulus

(a) $\mathrm{i}z^2+2z-3\mathrm{i}=0$,

$z=\dfrac{-b\pm\sqrt{b^2-4ac}}{2a}=\dfrac{-2\pm\sqrt{2^2-4\mathrm{i}(-3\mathrm{i})}}{2\mathrm{i}}=\dfrac{-2\pm\sqrt{4-12}}{2\mathrm{i}}$

$=\dfrac{-2\pm\sqrt{-8}}{2\mathrm{i}}=\dfrac{-2\pm\sqrt{8\mathrm{i}^2}}{2\mathrm{i}}$, $(\mathrm{i}^2=-1)$

$z=\dfrac{-2\pm2\sqrt{2}\mathrm{i}}{2\mathrm{i}}=\dfrac{-1\pm\sqrt{2}\mathrm{i}}{\mathrm{i}}$,

$z=\dfrac{-1+\sqrt{2}\mathrm{i}}{\mathrm{i}}=\dfrac{-\mathrm{i}+\sqrt{2}\mathrm{i}^2}{\mathrm{i}^2}=\mathrm{i}+\sqrt{2}$,

$z=\dfrac{-1-\sqrt{2}\mathrm{i}}{\mathrm{i}}=\dfrac{-\mathrm{i}-\sqrt{2}\mathrm{i}^2}{\mathrm{i}^2}=\mathrm{i}-\sqrt{2}$.

(b)

(i) $|z|=|z-4-3\mathrm{i}|$,

$|z-0|=|z-(4+3\mathrm{i})|$,

上式表示 z 到 (0, 0) 的距离和到 (4, 3) 的距离相等.

因此 z 的轨迹为 (0, 0) 和 (4, 3) 连线的垂直平分线.

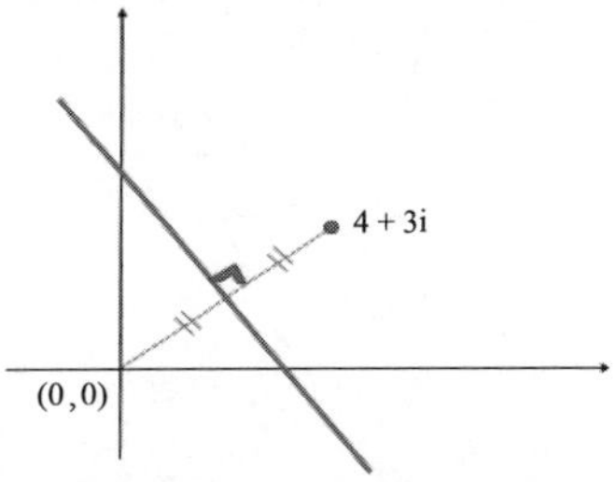

(ii) 想要求 Z 的最短长度, 只需从原点开始向第 (i) 小问中求出的垂直平分线做垂线即可.

下图中的灰线 OA 即代表 Z 最短时的情况.

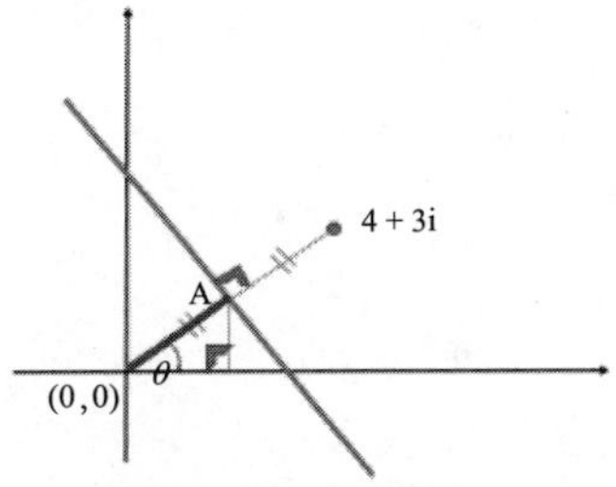

A 为 (0, 0) 和 (4, 3) 的中点, 即为 2+1.5i,

modulus: $\sqrt{2^2+1.5^2}=2.5$,

argument: $\tan\theta=\dfrac{1.5}{2}\Rightarrow\theta=\tan^{-1}\left(\dfrac{1.5}{2}\right)=0.64$

$\Rightarrow\arg(z)=0.64$.

9709_s16_qp_33

Q1 知识点

solving modulus inequalities

为去掉两边的 modulus，最简单的方式是将等式两边同时平方，

得 $[2(x-2)]^2>(3x+1)^2$,

展开平方后化简得 $4x^2-16x+16>9x^2-16x+1$,

$5x^2+22x-15<0$,

后因式分解得 $(x+5)(5x-3)<0$,

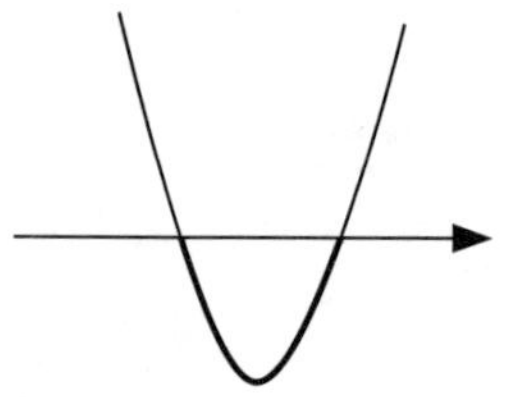

最终解为 $-5<x<\frac{3}{5}$.

Q2 知识点

laws of logarithms

(i) 两边同时取 ln 得 $\ln 3^y=\ln 4^{2-x}$,

用 power rule 得 $y\ln 3=(2-x)\ln 4$,

整理等式得 $y=-\frac{\ln 4}{\ln 3}x+\frac{2\ln 4}{\ln 3}$,

gradient $=-\frac{\ln 4}{\ln 3}$.

(ii) $y=-\frac{\ln 4}{\ln 3}x+\frac{2\ln 4}{\ln 3}=2x$,

$-\ln 4x+2\ln 4=2\ln 3x$,

$(2\ln 3+\ln 4)x=2\ln 4$,

$x=\frac{2\ln 4}{2\ln 3+\ln 4}=\frac{2\ln 4}{\ln 9+\ln 4}=\frac{\ln 16}{\ln 36}=\frac{\ln 4^2}{\ln 6^2}=\frac{2\ln 4}{2\ln 6}$,

(power rule + multiplication law)

$x=\frac{\ln 4}{\ln 6}$.

Q3 知识点

express *a* sin*a*+*b* cos *a* in the form *R* cos(*x*−*a*)

(i) $R\cos(x-\alpha)=R(\cos x\cos\alpha+\sin x\sin\alpha)$,

$\sqrt{5}\cos x+2\sin x=R(\cos x\cos\alpha+\sin x\sin\alpha)$,

$$\begin{cases}\sqrt{5}=R\cos\alpha, & ①\\ 2=R\sin\alpha. & ②\end{cases}$$

用式②除以式①得 $\frac{2}{\sqrt{5}}=\frac{\sin\alpha}{\cos\alpha}=\tan\alpha$,

$0°<\alpha<90°\Rightarrow\alpha=41.81°$,

将式①和式②分别平方后相加得

$9=R^2\sin^2\alpha+R^2\cos^2\alpha=R^2(\sin^2\alpha+\cos^2\alpha)=R^2$,

因为 $R>0$，因此 $R=3$.

(ii) 第 (i) 小问中得 $\sqrt{5}\cos x+2\sin x=3\cos(x-41.81°)$,

本小问只要将 $\frac{1}{2}x$ 代入上式计算即可 .

$\sqrt{5}\cos\frac{1}{2}x+2\sin\frac{1}{2}x=3\cos\left(\frac{1}{2}x-41.81°\right)=1.2$,

$\cos\left(\frac{1}{2}x-41.81°\right)=0.4$,

$0°<x<360° \Rightarrow \frac{1}{2}x-41.81°=66.42°\Rightarrow x=216.5°$.

Q4 知识点

(i) parametric differentiation
(ii) solving trigonometric equations

(i) $\frac{dy}{dx}=\frac{\frac{dy}{dt}}{\frac{dx}{dt}}$,

$\frac{dy}{dt}=\frac{\cos t}{1+\sin t}$, (chain rule)

$\frac{dx}{dt}=1-\sin t$,

$\frac{dy}{dx}=\frac{\frac{dy}{dt}}{\frac{dx}{dt}}=\frac{\frac{\cos t}{1+\sin t}}{1-\sin t}=\frac{\cos t}{1-\sin^2 t}=\frac{\cos t}{\cos^2 t}=\frac{1}{\cos t}=\sec t$.

(ii) $\frac{dy}{dx}=\sec t=3,$

$\frac{1}{\cos t}=3\Rightarrow\cos t=\frac{1}{3},$

$-\frac{\pi}{2}<t<\frac{\pi}{2}\Rightarrow t_1=1.231,\ t_2=-1.231,$

$\Rightarrow x_1=1.56, x_2=-0.898.$

Q5 知识点

differential equation

基本方法为 separate variables.

分离变量得 $e^{2y}dy=\tan^2 x dx,$

两边同时积分得 $\int e^{2y}dy=\int\tan^2 x dx,$

$\int e^{2y}dy=\int(\sec^2x-1)\,dx,$

$\frac{1}{2}e^{2y}=\tan x-x+C,$

这个等式是 differential equation 的 general solution，

通过题目信息 $y=0$ when $x=0$，可找到 particular solution.

$\frac{1}{2}e^0=\tan 0-0+C\Rightarrow C=\frac{1}{2}\Rightarrow\frac{1}{2}e^{2y}=\tan x-x+\frac{1}{2},$

$x=\frac{\pi}{4}$时, $\frac{1}{2}e^{2y}=1-\frac{\pi}{4}+\frac{1}{2}=\frac{3}{2}-\frac{\pi}{4},$

$e^{2y}=3-\frac{\pi}{2},$

$\ln e^{2y}=\ln(3-\frac{\pi}{2}),$ (power rule)

$2y=\ln(3-\frac{\pi}{2}),$

$y=\frac{1}{2}\ln\left(3-\frac{\pi}{2}\right)=0.179.$

Q6 知识点

(i) differentiation
(ii) change of sign
(iii) iterative processes

(i) $\frac{dy}{dx}=x^2\left(\frac{1}{2}\times\left(-\sin\frac{1}{2}x\right)\right)+2x\cos\frac{1}{2}x=0,$

$-\frac{1}{2}p^2\sin\frac{1}{2}p+2p\cos\frac{1}{2}p=0,$

$\frac{1}{2}p^2\sin\frac{1}{2}p=2p\cos\frac{1}{2}p,$

$\frac{\sin\frac{1}{2}p}{\cos\frac{1}{2}p}=\frac{4}{p}\Rightarrow\tan\frac{1}{2}p=\frac{4}{p}.$

(ii) $\tan\frac{1}{2}p=\frac{4}{p},$

$f(p)=\tan\frac{1}{2}p-\frac{4}{p},$

$f(2)=-0.443<0,$

$f(2.5)=1.41>0,$

change of sign $\Rightarrow$ p 在 2 到 2.5 之间 .

(iii) iterative formula 为 $p_{n+1}=2\tan^{-1}\left(\frac{4}{p_n}\right),$

因为p在2和2.5之间，因此p_0可取中间值为$p_0=2.25$.
持续将 p 的值代入 iterative formula 求出下一位 p 的值并保留四位小数，直到保留两位小数 p 的值相等 .

$p_1=2\tan^{-1}\left(\frac{4}{2.25}\right)=2.1168,\ p_2=2.1681,\ p_3=2.1482,$

$p_4=2.1560,\ p_5=2.1529,\ p_6=2.1541$

$\Rightarrow p_5=p_6\approx2.15\Rightarrow p=2.15.$

Q7 知识点

integration 和 substitution in integration

(i) 改变上下界：$u=1+x^2,\ x=1,\ u=2; x=0,\ u=1,$

将dx改变为du: $u=1+x^2\Rightarrow\frac{du}{dx}=2x\Rightarrow dx=\frac{1}{2x}du,$

$\int_0^1\frac{x^5}{(1+x^2)^3}dx=\int_1^2\frac{x^5}{u^3}\frac{1}{2x}du,$

（此处需要代入$dx=\frac{1}{2x}du$并且修改上下限的值）

$=\int_1^2\frac{x^4}{2u^3}du=\int_1^2\frac{(u-1)^2}{2u^3}du.$

(ii) $I=\int_1^2\frac{(u-1)^2}{2u^3}du$

$=\int_1^2\frac{u^2-2u+1}{2u^3}du$

$=\int_1^2\left(\frac{1}{2u}-\frac{1}{u^2}+\frac{1}{2u^3}\right)du$

$$=\left[\frac{1}{2}\ln u+\frac{1}{u}-\frac{1}{4u^2}\right]_1^2$$

$$=\left[\frac{1}{2}\ln 2+\frac{1}{2}-\frac{1}{16}\right]-\left[\frac{1}{2}\ln 1+1-\frac{1}{4}\right]$$

$$=\frac{1}{2}\ln 2-\frac{5}{16}.$$

Q8 知识点

(i) vector equation of a line 和 intersection of two lines
(ii) vector: scalar product 和 modulus

(i) $\overrightarrow{AB}=\overrightarrow{OB}-\overrightarrow{OA}=\begin{pmatrix}2\\0\\3\end{pmatrix}-\begin{pmatrix}1\\1\\1\end{pmatrix}=\begin{pmatrix}1\\-1\\2\end{pmatrix}$,

$l_{AB}=\begin{pmatrix}1\\1\\1\end{pmatrix}+\lambda\begin{pmatrix}1\\-1\\2\end{pmatrix}$,

$l=\begin{pmatrix}2\\-2\\-1\end{pmatrix}+\mu\begin{pmatrix}-1\\2\\1\end{pmatrix}$,

联立两条直线的 parametric equations,

$$\begin{cases}1+\lambda=2-\mu & ①\\1-\lambda=-2+2\mu & ②\\1+2\lambda=-1+\mu & ③\end{cases}$$

联立式①和式②得

$$\begin{cases}\mu=2,\\\lambda=-1.\end{cases}$$

代入式③得

$1-2\neq-1+2\Rightarrow-1\neq1$,

因此两条直线不相交 .

(ii) 点到直线的最短距离即从点向直线做垂线，该垂线段即为最短距离（图中 AN）.

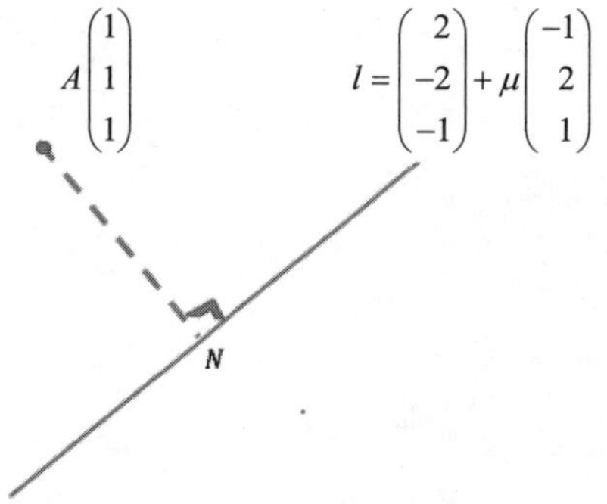

$\overrightarrow{ON}=\begin{pmatrix}2-\mu\\-2+2\mu\\-1+\mu\end{pmatrix}$,

$\overrightarrow{AN}=\overrightarrow{ON}-\overrightarrow{OA}=\begin{pmatrix}1-\mu\\-3+3\mu\\-2+\mu\end{pmatrix}$,

$\overrightarrow{AN}\perp l\Rightarrow\begin{pmatrix}1-\mu\\-3+3\mu\\-2+\mu\end{pmatrix}\cdot\begin{pmatrix}-1\\2\\1\end{pmatrix}=0$,

$-1+\mu-6+4\mu-2+\mu=0\Rightarrow\mu=\frac{2}{3}$,

$\overrightarrow{AN}=\begin{pmatrix}-\frac{1}{2}\\0\\\frac{1}{2}\end{pmatrix}$,

$\left|\overrightarrow{AN}\right|=\sqrt{(-\frac{1}{2})^2+\left(\frac{1}{2}\right)^2+0^2}=\frac{\sqrt{2}}{2}$.

Q9 知识点

(i) represent points in arg and diagram 和 modulus of complex number
(ii) division of complex numbers
(iii) argument of complex numbers

(i)

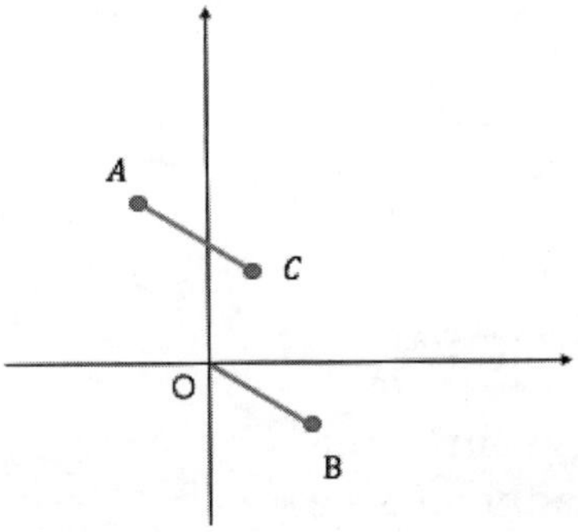

$u+v=(-1+3\text{i})+(2-\text{i})=1+2\text{i}$,

$AC=OC-OA=(1+2\text{i})-(-1+3\text{i})=2-\text{i}$,

$OB=AC=\sqrt{2^2+1^2}=\sqrt{5}$ 且 OB、AC 平行 .

(ii) $\frac{u}{v}=\frac{-1+3\text{i}}{2-\text{i}}=\frac{-1+3\text{i}}{2-\text{i}}\times\frac{2+\text{i}}{2+\text{i}}=\frac{-2-\text{i}+6\text{i}-3}{4+1}=\frac{5\text{i}-5}{5}$

$=-1+\text{i}$.

(iii) 将 $\angle AOB$ 分为 θ_1和 θ_2.

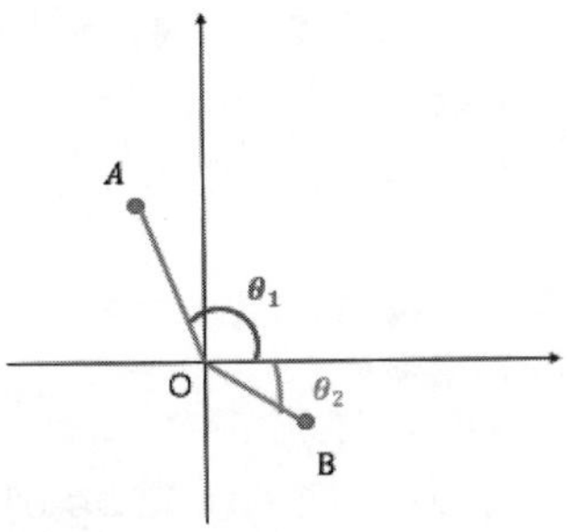

$\theta_1 = \arg u$,

$\theta_2 = -\arg v$, （B 位于第四象限，因此 argument < 0 ）

$\angle AOB = \theta_1 + \theta_2 = \arg u - \arg v = \arg\left(\frac{u}{v}\right)$,

$\frac{u}{v} = -1 + \mathrm{i}$,

$\tan^{-1}\left(\frac{1}{-1}\right) = \tan^{-1}(-1) = -\frac{\pi}{4}$,

$\angle AOB = \pi - \frac{\pi}{4} = \frac{3\pi}{4}$.

Q10 知识点

(i) partial fraction
(ii) binomial expansion

(i) 分母为 linear factor 和 repeated linear factor 相乘的形式．因此分解时需要分成三部分，

即为 $\frac{10x-2x^2}{(x+3)(x-1)^2} = \frac{A}{x+3} + \frac{B}{(x-1)^2} + \frac{C}{x-1}$.

两边同乘 $(x+3)(x-1)^2$ 得

$10x - 2x^2 = (x-1)^2 A + (x+3)B + (x+3)(x-1)C$,

代入 $x=1$ 可消除 A、C 项且求出 B：

$10 - 2 = 4B \Rightarrow B = 2$,

代入 $x=-3$ 可消除 B、C 项且求出 A：

$10\times(-3) - 2\times 9 = 16A \Rightarrow A = -3$,

算出 A、B 后可代入任意 x 的值求出 C，此处代入 $x=0$，

得 $0 = A + 3B - 3C \Rightarrow C = 1$,

$f(x) = -\frac{3}{x+3} + \frac{2}{(x-1)^2} + \frac{1}{x-1}$.

(ii) 基本公式为：$(1+x)^n = 1 + \frac{nx}{1!} + \frac{n(n-1)x^2}{2!} + \ldots$,

因为题目要求展开到x^2，因此只需要计算前三项即可．

$-\frac{3}{x+3} = -3(3+x)^{-1} = -3\times(3)^{-1}\left(1+\frac{x}{3}\right)^{-1} = -\left(1+\frac{x}{3}\right)^{-1}$

$= -\left(1 + \left(-\frac{x}{3}\right) + \frac{(-1)(-2)}{2!}\left(\frac{x}{3}\right)^2\right) = -1 + \frac{x}{3} - \frac{x^2}{9}$,

$\frac{2}{(x-1)^2} = 2(1-x)^{-2} = 2\left(1 + 2x + \frac{(-2)(-3)}{2!}(-x)^2\right)$

$= 2 + 4x + 6x^2$,

$\frac{1}{x-1} = -(1-x)^{-1} = -(1 + x + \frac{(-1)(-2)}{2!}(-x)^2) = -1 - x - x^2$,

三项相加得

$-1 + \frac{x}{3} - \frac{x^2}{9} + 2 + 4x + 6x^2 + -1 - x - x^2 = \frac{10}{3}x + \frac{44}{9}x^2$.

9709_w16_qp_31/32

Q1 知识点

solving exponential equations

$\frac{3^x+2}{3^x-2} = 8$,

$3^x + 2 = 8(3^x - 2)$,

方法一：按定义

$7\cdot 3^x = 18 \Rightarrow 3^x = \frac{18}{7} \Rightarrow x = \log_3\frac{18}{7} = 0.860$.

方法二：等式两边同时取 ln，得

$\ln 3^x = \ln\frac{18}{7} \Rightarrow x\ln 3 = \ln\frac{18}{7} \Rightarrow x = \frac{\ln\frac{18}{7}}{\ln 3} = 0.860$.

Q2 知识点

binomial expansion

基本公式为：$(1+x)^n = 1 + \frac{nx}{1!} + \frac{n(n-1)x^2}{2!} + \ldots$,

因为题目要求展开到x^2，因此只需要计算前三项即可．

$(1+2x)^{-\frac{3}{2}}=1+\left(-\frac{3}{2}\right)(2x)+\frac{(-1)(-2)}{2!}(2x)^2=1-3x+\frac{15}{2}x^2$,

$(2-x)\left(1-3x+\frac{15}{2}x^2\right)=2-6x+15x^2-x+3x^2$

$=2-7x+18x^2$（只要求展开到x^2）.

Q3 知识点

solving trigonometric equation

$\sec\theta=3\cos\theta+\tan\theta$,

$\frac{1}{\cos\theta}=3\cos\theta+\frac{\sin\theta}{\cos\theta}$,

$1=3\cos^2\theta+\sin\theta$,

$1=3(1-\sin^2\theta)+\sin\theta\sin^2$，$(\theta+\cos^2\theta=1)$

$3\sin^2\theta-\sin\theta-2=0$,

$(\sin\theta-1)(3\sin\theta+2)=0$,

$\sin\theta=1$ or $\sin\theta=-\frac{2}{3}$,

因为$-90°<\theta<90°$，所以舍去$\sin\theta=1$，保留$\sin\theta=-\frac{2}{3}$

$\Rightarrow\ \theta=-41.8°$.

Q4 知识点

implicit differentiation

$xy(x-6y)=9a^3$,

$x^2y-6xy^2=9a^3$,

$x^2\frac{dy}{dx}+2xy-6x\cdot 2y\frac{dy}{dx}-6y^2=0$,

$x^2\frac{dy}{dx}-12xy\frac{dy}{dx}=6y^2-2xy$,

$\frac{dy}{dx}=\frac{6y^2-2xy}{x^2-12xy}$,

tangent 和 x 轴平行说明$\frac{dy}{dx}=0$.

即$\frac{6y^2-2xy}{x^2-12xy}=0$,

$6y^2-2xy=0$,

$2y(3y-x)=0$,

$y=0$ or，$3y=x$,

因为 a 为非 0 常数，所以舍去$y=0$，保留$3y=x$.

将$3y=x$代入原式得$3y^2(3y-6y)=9a^3$,

$-9y^3=9a^3\Rightarrow y=-a\Rightarrow x=-3a\Rightarrow$点坐标为$(-3a,\ -a)$.

Q5 知识点

(i) trigonometry
(ii) integration 和 the laws of logarithms

(i) 因为$\tan 2\theta=\frac{2\tan\theta}{1-\tan^2\theta}$,

$\tan 2\theta-\tan\theta=\frac{2\tan\theta}{1-\tan^2\theta}-\tan\theta=\tan\theta(\frac{2}{1-\tan^2\theta}-1)$

$=\tan\theta\left(\frac{2-1+\tan^2\theta}{1-\tan^2\theta}\right)$

$=\tan\theta\left(\frac{1+\frac{\sin^2\theta}{\cos^2\theta}}{1-\frac{\sin^2\theta}{\cos^2\theta}}\right)$

$=\tan\theta\left(\frac{\cos^2\theta+\sin^2\theta}{\cos^2\theta-\sin^2\theta}\right)$

$=\tan\theta\left(\frac{1}{\cos 2\theta}\right)$

$=\tan\theta\sec 2\theta$.

(ii) $\int_0^{\frac{\pi}{6}}\tan\theta\sec 2\theta\,d\theta=\int_0^{\frac{\pi}{6}}(\tan 2\theta-\tan\theta)d\theta$ 应用第 (i) 小问中的结论 .

$\int_0^{\frac{\pi}{6}}(\tan 2\theta-\tan\theta)d\theta=\left[-\frac{1}{2}\ln(\cos 2\theta)+\ln(\cos\theta)\right]_0^{\frac{\pi}{6}}$

$=\left(-\frac{1}{2}\ln\left(\cos\frac{\pi}{3}\right)+\ln\left(\cos\frac{\pi}{6}\right)\right)-\left(-\frac{1}{2}\ln(\cos 0)+\ln(\cos 0)\right)$

$=-\frac{1}{2}\ln\frac{1}{2}+\ln\frac{\sqrt{3}}{2}+\frac{1}{2}\ln 1-\ln 1$

$=-\ln\left(\frac{1}{2}\right)^{\frac{1}{2}}+\ln\frac{\sqrt{3}}{2}$

$=-\ln\frac{\sqrt{2}}{2}+\ln\frac{\sqrt{3}}{2}=\ln\frac{\frac{\sqrt{3}}{2}}{\frac{\sqrt{2}}{2}}=\ln\sqrt{\frac{3}{2}}=\frac{1}{2}\ln\frac{3}{2}$.

Q6 知识点

(i) 三角函数的图像绘制
(ii) change of sign
(iii) iterative formula
(iv) iterative processes

(i) $y=\operatorname{cosec}x=\dfrac{1}{\sin x}, 0<x<\pi.$

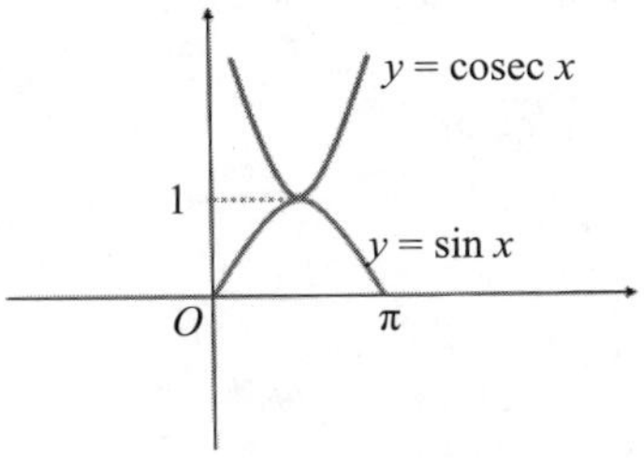

$y=\operatorname{cosec}\dfrac{1}{2}x$ 是由$y=\operatorname{cosec}x$ 沿着 x 轴方向扩大 2 倍变形而来 .

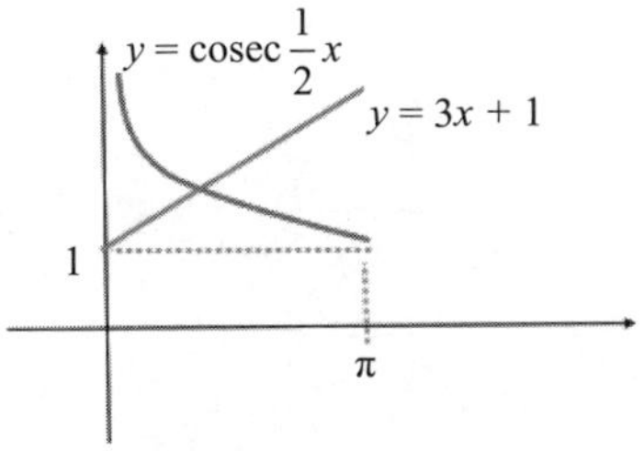

由图可见，$y=\operatorname{cosec}\dfrac{1}{2}x$ 和 $y=3x+1$ 只有一个交点 .

因此 $\operatorname{cosec}\dfrac{1}{2}x=3x+1$ 只有一个解 .

(ii) $\mathrm{f}(x)=\operatorname{cosec}\dfrac{1}{2}x-\dfrac{1}{3}x-1,$

$\mathrm{f}(1.4)=0.0856>0,$

$\mathrm{f}(1.6)=-0.1393<0,$

change of sign $\Rightarrow$ 解在 1.4 到 1.6 之间 .

(iii) $\operatorname{cosec}\dfrac{1}{2}x=\dfrac{x}{3}+1=\dfrac{x+3}{3},$

$\sin\dfrac{1}{2}x=\dfrac{3}{x+3}\Rightarrow\dfrac{1}{2}x=\sin^{-1}\left(\dfrac{3}{x+3}\right)\Rightarrow x=2\sin^{-1}\left(\dfrac{3}{x+3}\right),$

$x_{n+1}=2\sin^{-1}\left(\dfrac{3}{x_n+3}\right).$

(iv) iterative formula为$x_{n+1}=2\sin^{-1}\left(\dfrac{3}{x_n+3}\right),$

因为x在1.4和1.6之间，因此x_1可取中间值为$x_1=1.5$.
持续将 x 的值代入 iterative formula 求出下一位 x 的值并保留五位小数，直到保留三位小数 x 的值相等 .

$x_2=2\sin^{-1}\left(\dfrac{3}{1.5+3}\right)=1.45946,\ x_3=1.47578,\ x_4=1.46916,$

$x_5=1.47184,\ x_6=1.47075,\ x_7=1.47119,$

$x_6=x_7\approx1.471,\Rightarrow x=1.471.$

Q7 知识点

(i) differentiation
(ii) integration: integration by parts

(i) M 为最大值点意为 M 为 stationary point，因此 $\dfrac{\mathrm{d}y}{\mathrm{d}x}=0.$

$\dfrac{\mathrm{d}y}{\mathrm{d}x}=\left(2x-x^2\right)\times\left(\dfrac{1}{2}\mathrm{e}^{\frac{1}{2}x}\right)+\left(2-2x\right)\mathrm{e}^{\frac{1}{2}x}=0,$ (product rule)

$\mathrm{e}^{\frac{1}{2}x}\left(x-\dfrac{1}{2}x^2+2-2x\right)=0,$

因为 $\mathrm{e}^{\frac{1}{2}x}>0$，所以 $x-\dfrac{1}{2}x^2+2-2x=0.$

$-\dfrac{1}{2}x^2-x+2=0\Rightarrow x^2+2x-4=0\Rightarrow x=-1\pm\sqrt{5},$

因为 $x>0$，所以保留 $x=-1+\sqrt{5}.$

M 点的横坐标为 $-1+\sqrt{5}.$

(ii) 面积 = $\int_0^2\left(2x-x^2\right)\mathrm{e}^{\frac{1}{2}x}\,\mathrm{d}x,$

此式中，$u=2x-x^2,\ v'=\mathrm{e}^{\frac{1}{2}x}\Rightarrow u'=2-2x,\ v=2\mathrm{e}^{\frac{1}{2}x}.$

代入公式计算得

$\int_0^2\left(2x-x^2\right)e^{\frac{1}{2}x}\,\mathrm{d}x=\left[\left(2x-x^2\right)2\mathrm{e}^{\frac{1}{2}x}\right]_0^2-\int_0^2\left(2-2x\right)2\mathrm{e}^{\frac{1}{2}x}\mathrm{d}x$

$=\left(0-0\right)-\int_0^2\left(4-4x\right)\mathrm{e}^{\frac{1}{2}x}\mathrm{d}x$

$=-\int_0^2\left(4-4x\right)\mathrm{e}^{\frac{1}{2}x}\mathrm{d}x,$

$\int_0^2\left(4-4x\right)\mathrm{e}^{\frac{1}{2}x}\mathrm{d}x$ 需要再进行一次 integration by parts.

此部分中 $u=4-4x,\ v'=\mathrm{e}^{\frac{1}{2}x}\Rightarrow u'=-4,\ v=2\mathrm{e}^{\frac{1}{2}x},$

代入公式计算得

$-\int_0^2\left(4-4x\right)\mathrm{e}^{\frac{1}{2}x}\mathrm{d}x=-\left[\left(4-4x\right)2\mathrm{e}^{\frac{1}{2}x}\right]_0^2+\int_0^2\left(-4\times2\mathrm{e}^{\frac{1}{2}x}\right)\mathrm{d}x$

$=-\left(-4\times2\mathrm{e}^1-4\times2\mathrm{e}^0\right)-\left[8\times2\mathrm{e}^{\frac{1}{2}x}\right]_0^2$

$= 8e + 8 - (16e^1 - 16e^0)$
$= 8e + 8 - 16e + 16$
$= -8e + 24.$

Q8 知识点

(i) vector: scalar product
(ii) vector equation of a line

（plane 相关的 vector 问题在新版 P3 中不考 .）

(i) 两个平面的 normal vector 分别为 $\begin{pmatrix}3\\1\\-1\end{pmatrix}$ 和 $\begin{pmatrix}1\\-1\\2\end{pmatrix}$.

scalar product $= \begin{pmatrix}3\\1\\-1\end{pmatrix} \cdot \begin{pmatrix}1\\-1\\2\end{pmatrix} = 3-1-2=0,$

因此两个平面 normal vector 垂直，即两个平面垂直 .

(ii) 两个平面相交，那么它们相交的直线一定可以无限延长，因此一定存在某个点使其 $x=0$.
分别代入两个平面的方程可得方程组 .

$\begin{cases}y-z=2\\-y+2z=3\end{cases} \Rightarrow \begin{cases}y=7\\z=5\end{cases} \Rightarrow \begin{pmatrix}0\\7\\5\end{pmatrix}$ 一定位于相交的直线上 .

同理，一定存在某个点使其 $y=0$.
分别代入两个平面的方程可得方程组：

$\begin{cases}3x-z=2\\x+2z=3\end{cases} \Rightarrow \begin{cases}x=1\\z=1\end{cases} \Rightarrow \begin{pmatrix}1\\0\\1\end{pmatrix}$ 一定位于相交的直线上 .

现在已知两个点，因此可以计算 vector equation of line.

direction vector: $\begin{pmatrix}1\\0\\1\end{pmatrix} - \begin{pmatrix}0\\7\\5\end{pmatrix} = \begin{pmatrix}1\\-7\\-4\end{pmatrix}$.

vector equation of line: $\vec{r} = \begin{pmatrix}1\\0\\1\end{pmatrix} + \lambda\begin{pmatrix}1\\-7\\-4\end{pmatrix}$.

Q9 知识点

(a) solving equations involving complex numbers
(b) loci

(a) $(1+2i)w^2 + 4w - (1-2i) = 0,$

$w = \dfrac{-b \pm \sqrt{b^2-4ac}}{2a},$

$b^2 - 4ac = 4^2 + 4(1+2i)(1-2i) = 16 + 4(1-4i^2) = 16 + 4\times 5$
$= 36(i^2 = -1),$

$w = \dfrac{-4 \pm 6}{2(1+2i)} = \dfrac{1}{1+2i}$ or $\dfrac{-5}{1+2i},$

$w = \dfrac{1}{1+2i} = \dfrac{1}{1+2i} \times \dfrac{1-2i}{1-2i} = \dfrac{1-2i}{5},$

(multiply conjugate complex number)

$w = \dfrac{-5}{1+2i} = \dfrac{-5}{1+2i} \times \dfrac{1-2i}{1-2i} = \dfrac{-5+10i}{5} = -1+2i,$

$w = \dfrac{1-2i}{5}$ or $-1+2i.$

(b) $|z-1-i| = |z-(1+i)| \leqslant 2 \Rightarrow$ 轨迹为圆心为 (1，1)，半径为 2 的圆及其内部面积 .

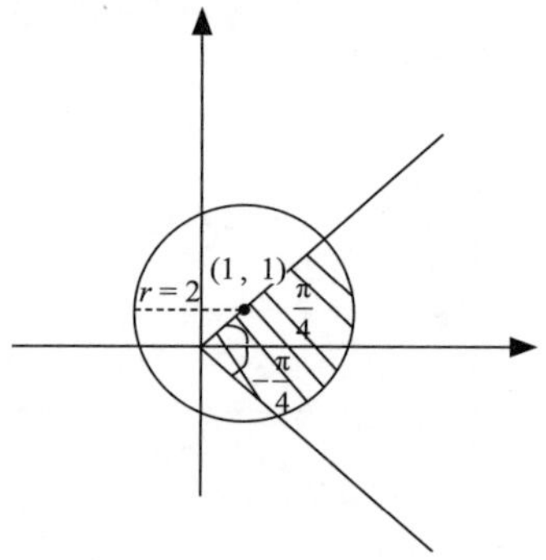

$-\dfrac{\pi}{4} \leqslant \arg z \leqslant \dfrac{\pi}{4} \Rightarrow$ 轨迹为 和 x 轴夹角为 $\dfrac{\pi}{4}$ 和 $-\dfrac{\pi}{4}$ 的线段及两线段之间的面积 .
两直线中间所夹的面积和圆内部面积重合的区域（图中阴影部分）即为本题所有区域 .
注意圆心、半径、角度等信息均要标注在图像上 .

Q10 知识点

differential equation

(i) 基本方法为 separate variables.

$\dfrac{dx}{dt} = kx(4-x),$

分离变量得 $\dfrac{1}{x(4-x)}dx = kdt,$

两边同时积分得 $\int \dfrac{1}{x(4-x)}dx = \int kdt,$

积分前首先需要对 partial fraction $\dfrac{1}{x(4-x)}$ 进行分解 .

$$\frac{1}{x(4-x)}=\frac{A}{x}+\frac{B}{4-x},$$

两边同时乘 $x(4-x)$：

$1=A(4-x)+Bx,$

$x=0$时, $1=4A\Rightarrow A=\frac{1}{4},$

$x=4$时, $1=4B\Rightarrow B=\frac{1}{4},$

因此 $\frac{1}{x(4-x)}=\frac{1}{4x}+\frac{1}{16-4x}$，代入积分得

$$\int\frac{1}{x(4-x)}\mathrm{d}x=\int\left(\frac{1}{4x}+\frac{1}{16-4x}\right)\mathrm{d}x=\int k\mathrm{d}t,$$

$$\frac{1}{4}\ln|4x|-\frac{1}{4}\ln|16-4x|=kt+C,$$

这个等式是 differential equation 的 general solution.

通过题目信息 $t=0, x=0.4$以及 $t=2, x=2$, 可找到 particular solution.

$$t=0, x=0.4\Rightarrow\frac{1}{4}\ln1.6-\frac{1}{4}\ln14.4=C,$$

$$t=2, x=2\Rightarrow\frac{1}{4}\ln8-\frac{1}{4}\ln8=2k+C=0,$$

$$k=-\frac{1}{2}C=-\frac{1}{2}\left(\frac{1}{4}\ln1.6-\frac{1}{4}\ln14.4\right)=\frac{1}{8}(\ln14.4-\ln1.6)$$

$$=\frac{1}{8}\ln\frac{14.4}{1.6}=\frac{1}{8}\ln9=\frac{1}{8}\ln3^2=\frac{1}{4}\ln3,$$

$$\frac{\mathrm{d}x}{\mathrm{d}t}=kx(4-x).$$

(ii) 被感染的面积 $=4\times90\%=3.6$

本小问要求当 $x=3.6$ 时 t 的值 .

$$\frac{1}{4}\ln|4x|-\frac{1}{4}\ln|16-4x|=\frac{1}{4}\ln3\cdot t+\frac{1}{4}\ln1.6-\frac{1}{4}\ln14.4,$$

$x=3.6$ 代入上式得

$$\frac{1}{4}\ln14.4-\frac{1}{4}\ln1.6=\frac{1}{4}\ln3\cdot t+\frac{1}{4}\ln1.6-\frac{1}{4}\ln14.4,$$

$$\frac{1}{2}\ln14.4-\frac{1}{2}\ln1.6=\frac{1}{4}\ln3\cdot t,$$

$$\frac{1}{2}\ln\frac{14.4}{1.6}=\frac{1}{4}\ln3\cdot t,$$

$$\frac{1}{2}\ln9=\frac{1}{4}\ln3\cdot t,$$

$$\frac{1}{2}\ln3^2=\frac{1}{4}\ln3\cdot t,$$

$$\ln3=\frac{1}{4}\ln3\cdot t\Rightarrow t=4.$$

9709_w16_qp_33

Q1 知识点

laws of logarithm

$z=\ln(y+2)-\ln(y+1),$

$z=\ln\frac{y+2}{y+1}$, (division law)

两边同时取 ln 得 $\mathrm{e}^z=\mathrm{e}^{\ln\frac{y+2}{y+1}},$

$\mathrm{e}^z=\frac{y+2}{y+1}$, (power law)

$(y+1)\ \mathrm{e}^z=y+2,$

$y(\mathrm{e}^z-1)=2-\mathrm{e}^z,$

$y=\frac{2-\mathrm{e}^z}{\mathrm{e}^z-1}.$

Q2 知识点

differentiation: quotient rule, derivatives of trigonometric functions

$y=\frac{\sin x}{1+\cos x},$

$\frac{\mathrm{d}y}{\mathrm{d}x}=\frac{(1+\cos x)\cos x-\sin x(-\sin x)}{(1+\cos x)^2}$, (quotient rule)

$$\frac{\mathrm{d}y}{\mathrm{d}x}=\frac{\cos x+\cos^2x+\sin^2x}{(1+\cos x)^2}=\frac{\cos x+1}{(1+\cos x)^2}=\frac{1}{\cos x+1},$$

$$-\pi<x<\pi\Rightarrow-1<\cos x\leqslant1\Rightarrow\frac{\mathrm{d}y}{\mathrm{d}x}>0.$$

2016

Q3 知识点

solving equations involving trigonometry, trigonometric double angle formulae

$\cot 2\theta = 1 + \tan\theta$,

$\cot 2\theta = \dfrac{1}{\tan 2\theta} = \dfrac{1}{\dfrac{2\tan\theta}{1-\tan^2\theta}} = \dfrac{1-\tan^2\theta}{2\tan\theta}$,

$\dfrac{1-\tan^2\theta}{2\tan\theta} = 1 + \tan\theta$,

$1 - \tan^2\theta = 2\tan\theta + 2\tan^2\theta$,

$3\tan^2\theta + 2\tan\theta - 1 = 0$,

$(3\tan\theta - 1)(\tan\theta + 1) = 0$,

$\tan\theta = -1 \text{or} \tan\theta = \dfrac{1}{3}$,

$0° < \theta < 180°$,

$\tan\theta = -1 \Rightarrow \theta = -45° + 180° = 135°$,

$\tan\theta = \dfrac{1}{3} \Rightarrow \theta = 18.4°$.

Q4 知识点

(i) division of polynomials
(ii) solving quadratic equations

(i)

$$\begin{array}{r|l} & 4x^2 \quad +4x + (a-4) \\ x^2 - x + 2 & 4x^4 + 0x^3 + ax^2 + 11x + b \\ & 4x^4 - 4x^3 + 8x^2 \\ \hline & 4x^3 + (a-8)x^2 + 11x + b \\ & 4x^3 + (-4)x^2 + 8x \\ \hline & (a-4)x^2 + 3x + b \\ & (a-4)x^2 + (-a+4)x + 2(a-4) \\ \hline \end{array}$$

由于 p(x) 可以被 $x^2 - x + 2$ 整除，因此余数为 0.

即$\begin{cases} 3x = (-a+4)x \Rightarrow 3 = -a + 4 \Rightarrow a = 1 \\ b = 2(a-4) \Rightarrow b = -6 \end{cases}$.

(ii) $p(x) = (x^2 - x + 2)(4x^2 + 4x - 3) = 0$,

$x^2 - x + 2 = 0 \text{ or } 4x^2 + 4x - 3 = 0$,

$x^2 - x + 2 = 0 \Rightarrow b^2 - 4ac = 1 - 8 < 0 \Rightarrow$ 无实数解 .

$4x^2 + 4x - 3 = 0 \Rightarrow (2x-1)(2x+3) = 0 \Rightarrow x = \dfrac{1}{2} \text{or} -\dfrac{3}{2}$.

Q5 知识点

(i) differentiation
(ii) differential equation
(iii) transformed exponential function graph

(i) 曲线的 gradient 和 $\triangle OPN$ 面积的值相等 .

即 $\dfrac{dy}{dx} = \dfrac{1}{2}xy$.

(ii) 基本方法为 separate variables. 分离变量得 $\dfrac{1}{y}dy = \dfrac{1}{2}xdx$,

两边同时积分得 $\int \dfrac{1}{y}dy = \int \dfrac{1}{2}xdx$,

$\ln y = \dfrac{1}{4}x^2 + C$,

这个等式是 differential equation 的 general solution.

通过题目信息 $x = 0$，$y = 2$ 可找到 particular solution，即

$\ln 2 = C \Rightarrow \ln y = \dfrac{1}{4}x^2 + \ln 2$.

$e^{\ln y} = e^{\frac{1}{4}x^2 + \ln 2}$,

$y = e^{\frac{1}{4}x^2} e^{\ln 2} = 2e^{\frac{1}{4}x^2}$.

$\ln y = \dfrac{1}{4}x^2 + \ln 2$. (两边同时 take exponential)

$e^{\ln y} = e^{\frac{1}{4}x^2 + \ln 2}$,

$y = e^{\frac{1}{4}x^2} e^{\ln 2} = 2e^{\frac{1}{4}x^2}$.

(iii)

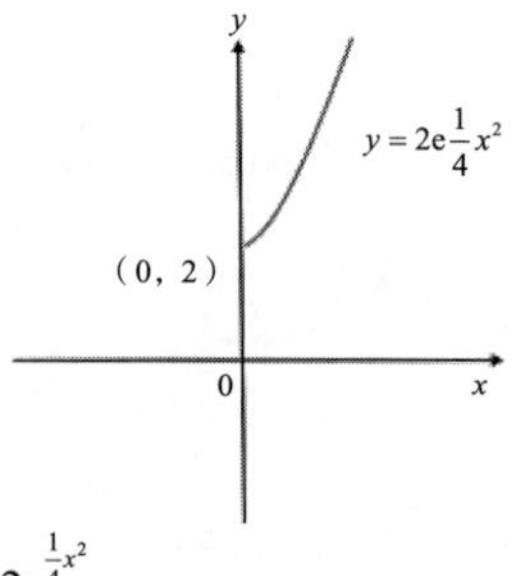

$y = 2e^{\frac{1}{4}x^2}$,

首先图像必过点 (0，2)，

因为 $x \geqslant 0$，所以画图时只取 $x \geqslant 0$ 的部分 .

Q6 知识点

integration, substitution in integration

(i) 改变上下界：$u=\sqrt{x}$, $x=4$, $u=2$; $x=1$, $u=1$,

将dx改变为du:

$$u=\sqrt{x}=x^{\frac{1}{2}}\Rightarrow\frac{du}{dx}=\frac{1}{2}x^{-\frac{1}{2}}\Rightarrow dx=2x^{\frac{1}{2}}du=2u\,du,$$

$$\int_1^4\frac{\sqrt{x}-1}{2\left(x+\sqrt{x}\right)}dx=\int_1^2\frac{u-1}{2u\left(u+1\right)}2u\,du=\int_1^2\frac{u-1}{u+1}du.$$

(ii) $I=\int_1^2\frac{u-1}{u+1}du=\int_1^2\frac{u+1-2}{u+1}du=\int_1^2 1+\frac{-2}{u+1}du$

$=\left[u-2\ln\left(u+1\right)\right]_1^2$

$=(2-2\ln 3)-\left(1-2\ln 2\right)$

$=1+2\left(\ln 2-\ln 3\right)$

$=1+2\ln\frac{2}{3}$ (division rule)

$=1+\ln\frac{4}{9}$ (power rule).

Q7 知识点

(i) modulus, argument
(ii) conjugate complex number, arithmetic operation on complex numbers
(iii) Argand diagram, argument

(i) $z=\sqrt{2}-\sqrt{6}i$,

modulus: $|z|=\sqrt{\left(\sqrt{2}\right)^2+(-\sqrt{6})^2}=2\sqrt{2}$,

argument: $\arg\left(z\right)=\tan^{-1}\left(\frac{-\sqrt{6}}{\sqrt{2}}\right)=-\frac{\pi}{3}$.

(ii)

(a) $z=\sqrt{2}-\sqrt{6}i$,

$z^*=\sqrt{2}+\sqrt{6}i$,

$z+2z^*=\sqrt{2}-\sqrt{6}i+2\sqrt{2}+2\sqrt{6}i=3\sqrt{2}+\sqrt{6}i$.

(b) $\frac{z^*}{iz}=\frac{\sqrt{2}+\sqrt{6}i}{i(\sqrt{2}-\sqrt{6}i)}=\frac{\sqrt{2}+\sqrt{6}i}{\sqrt{2}i-\sqrt{6}i^2}=\frac{\sqrt{2}+\sqrt{6}i}{\sqrt{2}i+\sqrt{6}}\times\frac{-\sqrt{2}i+\sqrt{6}}{-\sqrt{2}i+\sqrt{6}}$

$=\frac{-2i+6i+\sqrt{12}-\sqrt{12}i^2}{8}=\frac{4i+2\sqrt{12}}{8}=\frac{i+\sqrt{3}}{2}$.

(iii) A: $\sqrt{2}+\sqrt{6}i$, B: $\sqrt{6}+\sqrt{2}i$,

由图可知$\angle AOB=\angle A-\angle B=\arg z^*-\arg iz$.

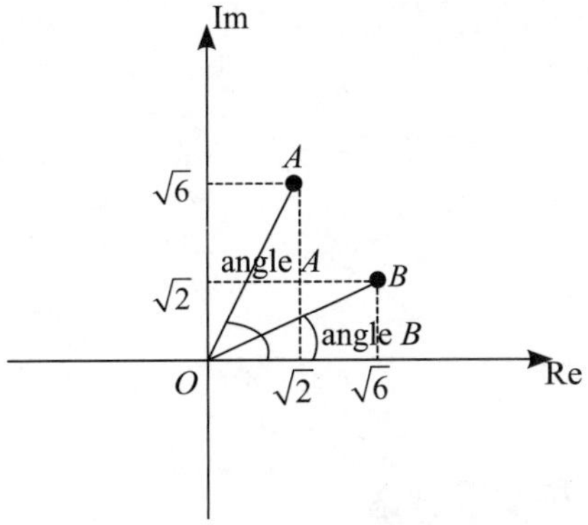

$$\arg z^*-\arg iz=\arg\left(\frac{z^*}{iz}\right)=\arg\left(\frac{i+\sqrt{3}}{2}\right)=\tan^{-1}\left(\frac{\frac{1}{2}}{\frac{\sqrt{3}}{2}}\right)=\frac{\pi}{6}.$$

Q8 知识点

(i) partial fraction
(ii) binomial expansion

(i) 分母为 linear factor 和 quadratic factor 相乘的形式 .

基本公式为$\frac{px+q}{(ax+b)(cx^2+d)}=\frac{A}{ax+b}+\frac{B}{cx^2+d}$,

应用到本题得$f\left(x\right)=\frac{3x^2+x+6}{(x+2)(x^2+4)}=\frac{A}{x+2}+\frac{Bx+C}{x^2+4}$,

两边同乘$(x+2)(x^2+4)$得

$3x^2+x+6=(x^2+4)A+(x+2)(Bx+C)$,

代入 $x=-2$ 得$3\times4-2+6=8A\Rightarrow A=2$,

代入 $x=0$得$6=4A+2C\Rightarrow C=-1$,

代入 $x=1$ 得 $3+1+6=5A+3B+3C\Rightarrow B=1$,

$f\left(x\right)=\frac{2}{x+2}+\frac{x-1}{x^2+4}$.

(ii) 基本公式为：$\left(1+x\right)^n=1+\frac{nx}{1!}+\frac{n\left(n-1\right)x^2}{2!}+\ldots$,

题目要求展开到x^2，因此只需要计算前三项即可 .

$\frac{2}{x+2}=2\left(2+x\right)^{-1}=2\times\left(2\right)^{-1}\left(1+\frac{x}{2}\right)^{-1}=\left(1+\frac{x}{2}\right)^{-1}$

$=\left(1+(-1)\left(\frac{x}{2}\right)+\frac{(-1)(-2)}{2!}\left(\frac{x}{2}\right)^2\right)=1-\frac{x}{2}+\frac{x^2}{4}$,

2016

$$\frac{x-1}{x^2+4}=(x-1)(4+x^2)^{-1}=(x-1)(4^{-1})\left(1+\frac{x^2}{4}\right)^{-1}$$

$$=\frac{1}{4}(x-1)\left(1+(-1)\frac{x^2}{4}\right)$$

$$=\frac{1}{4}(x-1)\left(1-\frac{x^2}{4}\right)=\frac{1}{4}\left(x-\frac{x^3}{4}-1+\frac{x^2}{4}\right),$$

题目要求展开到x^2，因此可忽略$\frac{x^3}{4}$这一项，

两式相加得 $1-\frac{x}{2}+\frac{x^2}{4}+\frac{1}{4}\left(x-\frac{x^3}{4}-1+\frac{x^2}{4}\right)=\frac{3}{4}-\frac{x}{4}+\frac{5}{16}x^2$.

Q9 知识点

differentiation, iterative processes

(i) $x=a$ 时两条曲线相交，因此可连列两式得

$$a\cos a=\frac{k}{a}\Rightarrow k=a^2\cos a,$$

在 $x=a$ 处两曲线的切线相同，因此 $x=a$ 时$\frac{dy}{dx}$值相同.

$$\frac{dy}{dx}=x(-\sin x)+\cos x,\quad \text{(product rule)}$$

$$\frac{dy}{dx}=-kx^{-2},$$

$$a(-\sin a)+\cos a=-ka^{-2},$$

$$-a\sin a+\cos a=-ka^{-2},$$

此处代入 $k=a^2\cos a$,

$$-a\sin a+\cos a=-a^2\cos a a^{-2}=-\cos a,$$

$$a\sin a=2\cos a\Rightarrow \tan a=\frac{2}{a}.$$

(ii) iterative formula为$a_{n+1}=\tan^{-1}\left(\frac{2}{a_n}\right)$.

由图可知a在0和$\frac{\pi}{2}$之间，$\frac{\pi}{2}\approx 1.57$，因此$a_0$可简单取$a_0=1$，持续将 a 的值代入 iterative formula 求出下一位 a 的值并保留五位小数，直到保留三位小数时 a 的值相等 .

$$a_1=\tan^{-1}\left(\frac{2}{1}\right)=1.10715,\ a_2=1.06521,\ a_3=1.08141,$$

$$a_4=1.07512,\ a_5=1.07755,$$

$$a_6=1.07661,\ a_7=1.07698,$$

$$a_6=a_7\approx 1.077\Rightarrow a=1.077.$$

(iii) $x=a=1.077$ 时，两条直线有且只有一个交点 .

因此 $x=1.077$ 时，$x\cos x=\frac{k}{x}$，只有唯一解 .

$$1.077\cos 1.077=\frac{k}{1.077}\Rightarrow k=0.55.$$

Q10 知识点

(i) position vector, magnitude of vector
(ii) scalar product

（plane 相关的 vector 问题在新版 P3 中不考 .）

(i) $\vec{r}=\begin{pmatrix}1+2\lambda\\2-\lambda\\1+\lambda\end{pmatrix}$,

$$(1+2\lambda)^2+(2-\lambda)^2+(1+\lambda)^2=10,$$

$$1+4\lambda^2+4\lambda+4-4\lambda+\lambda^2+1+\lambda^2+2\lambda=10,$$

$$6\lambda^2+2\lambda+6=10,$$

$$6\lambda^2+2\lambda-4=0,$$

$$3\lambda^2+\lambda-2=0,$$

$$(3\lambda-2)(\lambda+1)=0,$$

$$\lambda=\frac{2}{3}\text{ or }\lambda=-1,$$

$\lambda=\frac{2}{3}$时，$\begin{pmatrix}1+2\lambda\\2-\lambda\\1+\lambda\end{pmatrix}=\begin{pmatrix}\frac{7}{3}\\\frac{4}{3}\\\frac{5}{3}\end{pmatrix}$,

$\lambda=-1$时，$\begin{pmatrix}1+2\lambda\\2-\lambda\\1+\lambda\end{pmatrix}=\begin{pmatrix}-1\\3\\0\end{pmatrix}$.

(ii) 假设平面和直线夹角为 α，平面的 normal 和直线夹角为 α.

$$\alpha+\theta=90^\circ\ \Rightarrow \cos\alpha=\sin\theta.$$

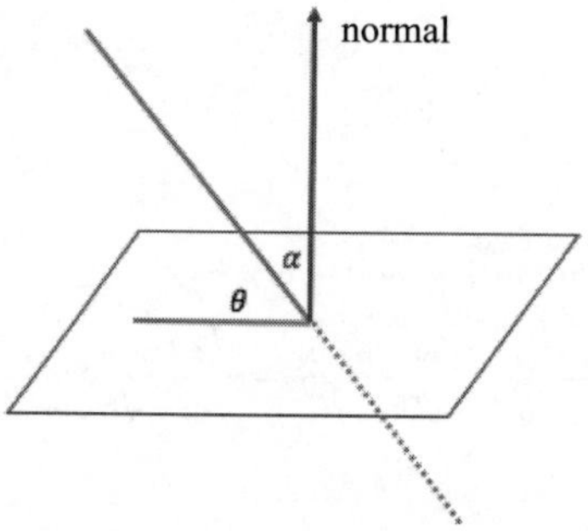

$$\begin{pmatrix}2\\-1\\1\end{pmatrix}\cdot\begin{pmatrix}a\\1\\1\end{pmatrix}=\sqrt{2^2+1^2+(-1)^2}\times\sqrt{a^2+1^2+1^2}\cos\alpha$$

$= 2a-1+1=2a,$

$2a = \sqrt{6}\times\sqrt{a^2+2}\sin\theta=\sqrt{6}\times\sqrt{a^2+2}\times\frac{2}{3},$

$3a=\sqrt{6a^2+12},$

$9a^2=6a^2+12,$

$3a^2=12\Rightarrow a=\pm 2.$

2016

Paper 4

9709_m16_qp_42

Q1 知识点

work-energy principal

基本公式为：Gain in KE + Gain in GPE = total work done by forces.

先看公式左边，本题中只有 KE 发生变化 .

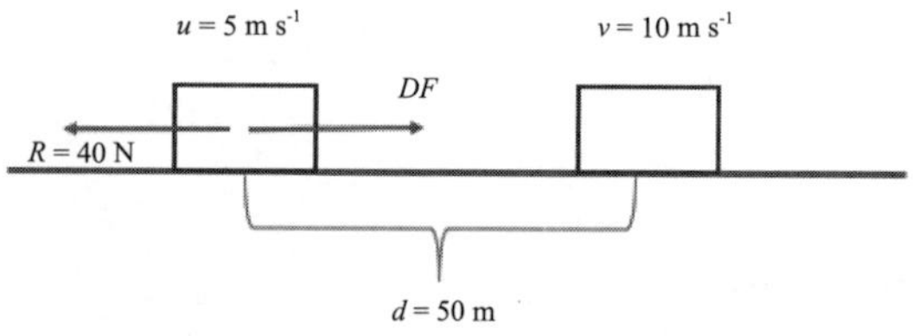

运用公式 $\text{Gain in KE}=\frac{1}{2}mv^2-\frac{1}{2}mu^2$，可得

$$\text{Gain in KE}=\frac{1}{2}\times105\times\left(10^2-5^2\right)=3937.5\,\text{J}.$$

再看公式右边，本题中阻力和骑车人做功 .

其中 work done by cyclist 是题目要求的 .

此外，运用公式 $W=Fd$，可得

work done against resistance = $40\times50=2000$ J,

total work done = work done by cyclist − 2000,

最终将左右两边相等，得

3937.5 = work done by cyclist − 2000

⇒ work done by cyclist = 5937.5 J.

Q2 知识点

power

(i)

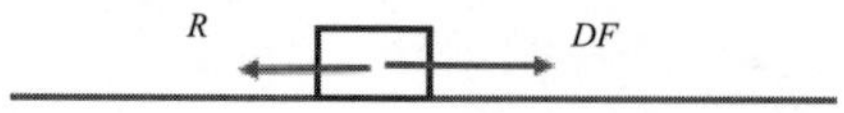

已知汽车在做匀速运动，因此水平方向上的合力为 0.

可得 $DF=R=1350$ N.

运用基本公式 $P=Fv$，可得 $P=1350\times32\text{ W}=43.2\text{ kW}$.

(ii)

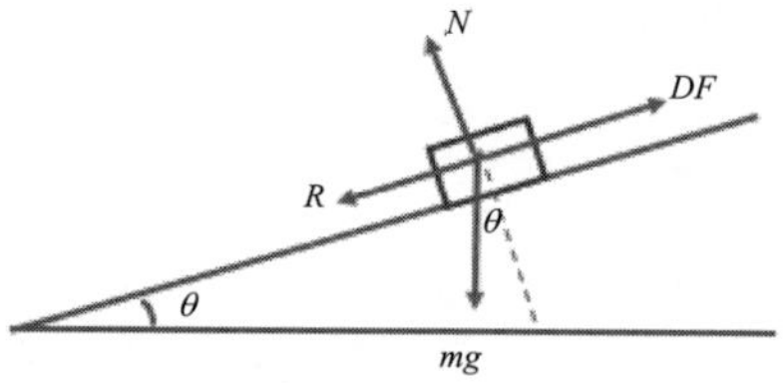

已知汽车在做匀速运动，因此平行于斜面方向上的合力为 0. 即

$R+mg\sin\theta=DF\Rightarrow DF=1350+1200\times10\times0.1=2550$ N,

然后运用基本公式 $P=Fv$，可得

$76500=2550v\Rightarrow v=30\text{ m s}^{-1}$.

Q3 知识点

non-equilibrium problems and finding resultant forces and directions

(i) $\tan\alpha=\frac{7}{24}\Rightarrow\sin\alpha=\frac{7}{25}$, $\cos\alpha=\frac{24}{25}$.

首先求出 x 轴方向上的合力：

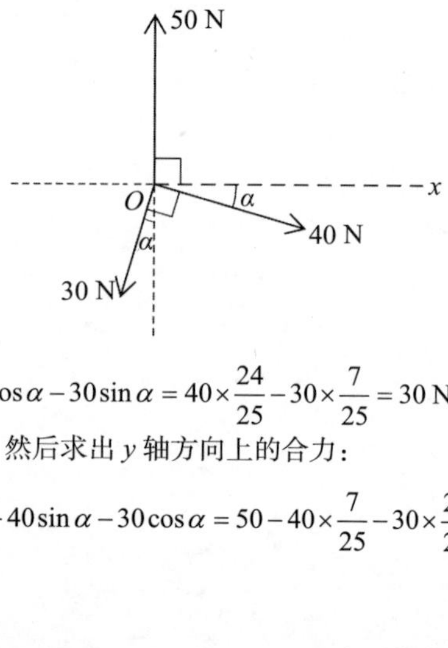

$R_x=40\cos\alpha-30\sin\alpha=40\times\frac{24}{25}-30\times\frac{7}{25}=30$ N，方向水平向右，然后求出 y 轴方向上的合力：

$R_y=50-40\sin\alpha-30\cos\alpha=50-40\times\frac{7}{25}-30\times\frac{24}{25}=10$ N，

方向竖直向上，

最终通过合成两个方向上的合力，可求出最终的合力．

大小：$F=\sqrt{R_x^{\ 2}+R_y^{\ 2}}=31.6\text{N}$，

方向：$\tan\theta=\dfrac{R_y}{R_x}\Rightarrow\theta=\tan^{-1}\left(\dfrac{R_y}{R_x}\right)=18.4°$.

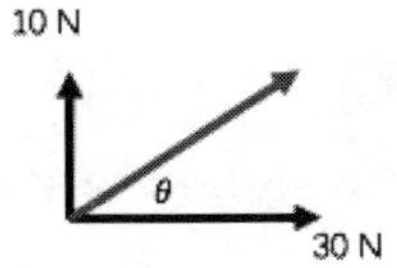

(ii) 题目已知最终的合力在 x 轴正方向上，这意味着 y 轴方向的合力为 0.

即 $P=40\sin\alpha+30\cos\alpha=40\times\dfrac{7}{25}+30\times\dfrac{24}{25}=40\text{ N}$.

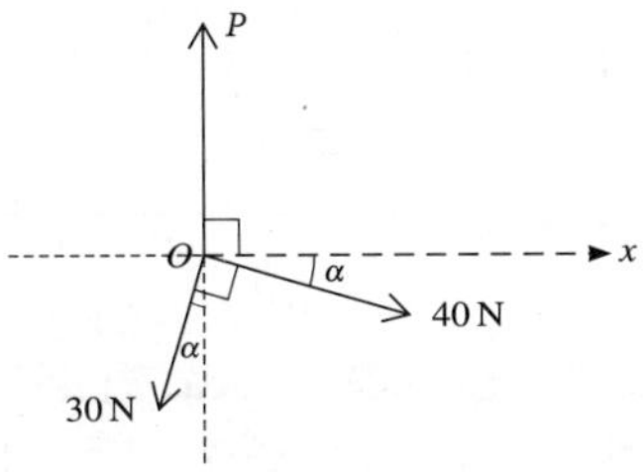

Q4 知识点

friction, Newton's law and relation between force and acceleration

(i) 题目已知此时物体仍保持静止，因此在竖直和水平方向上的合力均为 0，具体受力分析如下图所示．

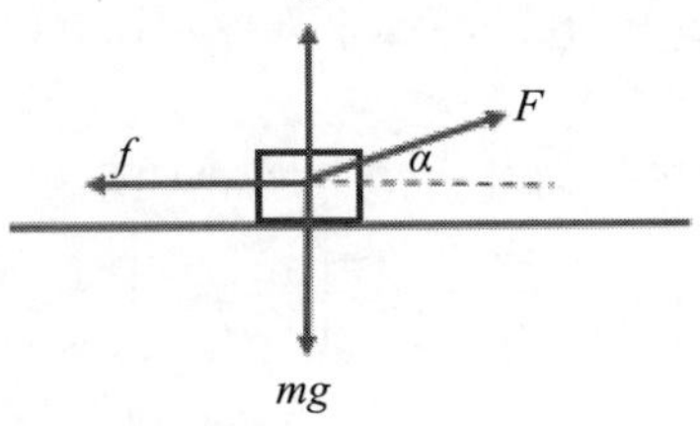

在竖直方向进行受力分析：

可得 $N+F\sin\alpha=mg\Rightarrow N=mg-F\sin\alpha=8-5\times\dfrac{3}{5}=5\text{ N}$.

由于物体有即将滑动的趋势，因此可运用摩擦力公式 $f=\mu N$，得 $f=5\mu$，

在水平方向进行受力分析：

可得 $F\cos\alpha=f$，

代入 $f=5\mu$，得 $5\times\dfrac{4}{5}=5\mu\Rightarrow\mu=0.8$.

(ii) 在竖直方向进行受力分析：

$N+F\sin\alpha=mg\Rightarrow N=mg-F\sin\alpha=8-10\times\dfrac{3}{5}=2\text{N}$，

由于物体此时在运动，因此可运用摩擦力公式 $f=\mu N$，

得 $f=2\times0.8=1.6\text{N}$，

在水平方向进行受力分析：

可得 $F\cos\alpha-f=ma$，

代入 $f=1.6\text{N}$，得 $10\times\dfrac{4}{5}-1.6=0.8a\Rightarrow a=8\text{m s}^{-2}$.

Q5 知识点

connected particles: rods

(i) 本小问要求 T 和 a，因此需要分别分析每个物体的受力情况，然后运用牛顿第二定律即可．受力分析图如下所示：

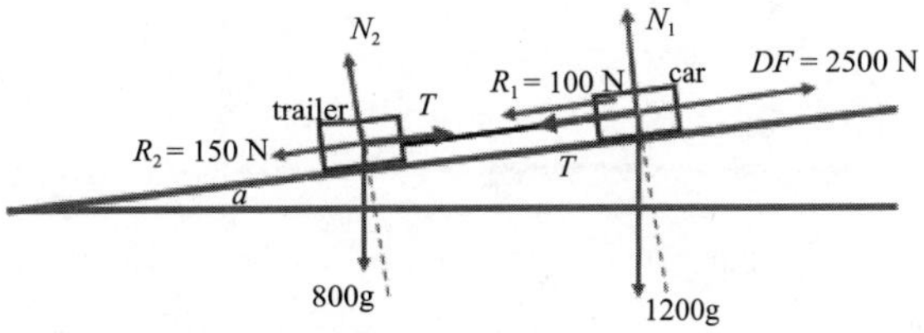

先对 trailer 进行分析可得

$T-800g\sin\alpha-R_2=800a\Rightarrow T-800-150=800a$，

然后对 car 进行分析可得

$DF-T-1200g\sin\alpha-R_1=1200a$

$\Rightarrow 2500-T-1200-100$

$=1200a$，

最终可通过联立方程组解出 T 和 a，

得 $T=1050\text{N}$，$a=0.125\text{m s}^{-2}$.

(ii)

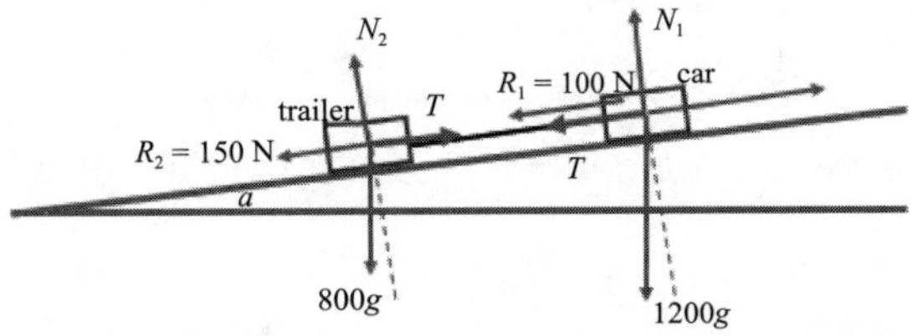

本小问中由于 driving force 发生了改变，因此需要重新计算加速度的值．

先对 trailer 进行分析可得

$T-800g\sin\alpha-R_2=800a\Rightarrow T-800-150=800a$，

然后对 car 进行分析可得

$0-T-1200g\sin\alpha-R_1=1200a$

$\Rightarrow 0-T-1200-100=1200a,$

最终可通过联立方程组解出 T 和 a，得 $a=-1.125\,\text{m s}^{-2}$,

现已知 $a=-1.125\,\text{m s}^{-2}$，$v=0\,\text{m s}^{-1}$，$u=30\,\text{m s}^{-1}$,

可运用公式 $v=u+at$ 求出 t 的值 .

$v=u+at\Rightarrow 0=30-1.125t\Rightarrow t=26.7\,\text{s}.$

Q6 知识点

connected particles: strings

(i) 首先对小球 A 进行受力分析，得 $T=0.8a$,
然后对小球 B 进行受力分析，得 $2-T=0.2a$.

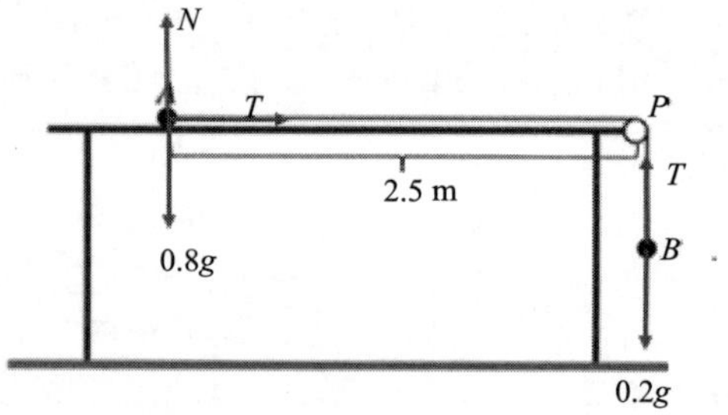

两式相加即可求出 a，即 $a=2\,\text{m s}^{-2}$,

现已知 $a=2\,\text{m s}^{-2}$，$u=0\,\text{m s}^{-1}$，$s=2.5\,\text{m}$,

运用公式 $s=ut+\frac{1}{2}at^2$ 即可求出 t 的值 .

$s=ut+\frac{1}{2}at^2\Rightarrow 2.5=0+t^2\Rightarrow t=1.58\,\text{s}.$

(ii)

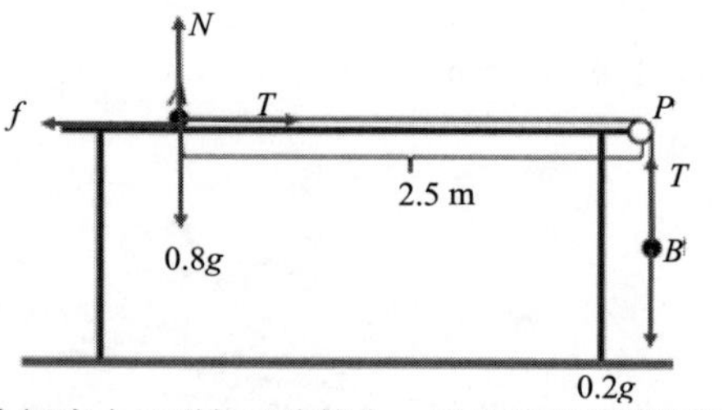

本小问中由于增加了摩擦力，因此需要重新计算加速度的值 .

首先对小球 A 进行受力分析：

竖直方向：$T-f=0.8a$,

水平方向：$N=0.8g=8\,\text{N}$,

由于物体此时在运动，因此可运用摩擦力公式 $f=\mu N$，

得 $f=8\times 0.1=0.8\,\text{N}$,

最终得：$T-0.8=0.8a$,

然后对小球 B 进行受力分析，得 $2-T=0.2a$,

两式相加即可求出 a，即 $a=1.2\,\text{m s}^{-2}$,

现已知 $a=1.2\,\text{m s}^{-2}$，$u=0\,\text{m s}^{-1}$，$s=2.5\,\text{m}$,

运用公式 $v^2-u^2=2as$ 即可求出 v 的值 .

$v^2-u^2=2as\Rightarrow v^2=u^2+2as=0+2\times1.2\times2.5=6$

$\Rightarrow v=2.45\,\text{m s}^{-1}.$

Q7 知识点

general motion in a straight line

(i) 当 $t=4\,\text{s}$ 时，$v=5\times4\times2=k\Rightarrow k=40.$

(ii)

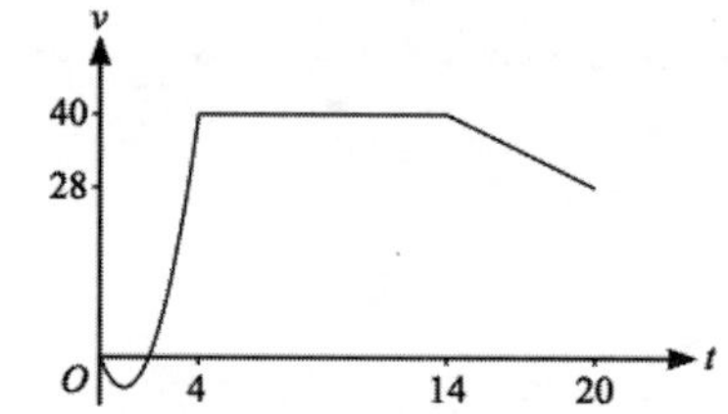

(iii) 本小问要求加速度为正时时间的取值范围，因此可先对每个时间段中 v 的表达式进行关于 t 的求导以求出加速度 a 的表达式 .

$0\,\text{s}\leqslant t\leqslant 4\,\text{s}$，$a=\frac{\mathrm{d}v}{\mathrm{d}t}=10t-10>0\Rightarrow 1\,\text{s}<t\leqslant 4\,\text{s}$,

$4\,\text{s}\leqslant t\leqslant 14\,\text{s}$，$a=\frac{\mathrm{d}v}{\mathrm{d}t}=0$,

$14\,\text{s}\leqslant t\leqslant 20\,\text{s}$，$a=\frac{\mathrm{d}v}{\mathrm{d}t}=-2<0$,

因此最终取三个范围的交集，得 $1\,\text{s}<t\leqslant 4\,\text{s}$.

(iv) 本小问要求总距离，因此需要将 v-t 图中下方的面积加上上方的面积 .

当 $0\,\text{s}\leqslant t\leqslant 4\,\text{s}$ 时，可对 v 的等式进行积分求出 s.

$0\,\text{s}\leqslant t\leqslant 2\,\text{s}$，$s_1=\int_0^2 5t(t-2)\mathrm{d}t=\left[\frac{5}{3}t^3-5t^2\right]_0^2=-\frac{20}{3}\,\text{m}$,

$2\,\text{s}\leqslant t\leqslant 4\,\text{s}$，$s_2=\int_2^4 5t(t-2)\mathrm{d}t=\left[\frac{5}{3}t^3-5t^2\right]_2^4=\frac{100}{3}\,\text{m}$,

当 $4\,\text{s}\leqslant t\leqslant 20\,\text{s}$ 时，直接求 v-t 图中直线下方的长方形和梯形面积即为 s.

$4\,\text{s}\leqslant t\leqslant 14\,\text{s}$，$s_3=40\times10=400\,\text{m}$,

$14\,\text{s}\leqslant t\leqslant 20\,\text{s}$，$s_4=\frac{1}{2}\times(40+28)\times6=204\,\text{m}$,

最终加总得 $s=\frac{20}{3}+\frac{100}{3}+400+204=644\,\text{m}.$

9709_s16_qp_41

Q1 知识点

velocity-time graph and multi-stage problem

(i) 该电梯的运动分三个阶段：

第一阶段为 0～3 s，初速度为 0 $\mathrm{m\,s^{-1}}$，保持 0.9 $\mathrm{m\,s^{-2}}$ 的加速度进行加速运动 .

运用公式 $v = u + at$，可得第 3 秒的速度为

$0 + 0.9 \times 3 = 2.7\,\mathrm{m\,s^{-1}}$.

第二阶段为 3～9 s，保持 6 秒的匀速运动，速度保持为 $2.7\,\mathrm{m\,s^{-1}}$.

第三阶段为 9～13 s，电梯从第 9 秒开始减速，减速度保持不变，4 秒后停止，末速度为 0 $\mathrm{m\,s^{-1}}$.

图像如下所示：

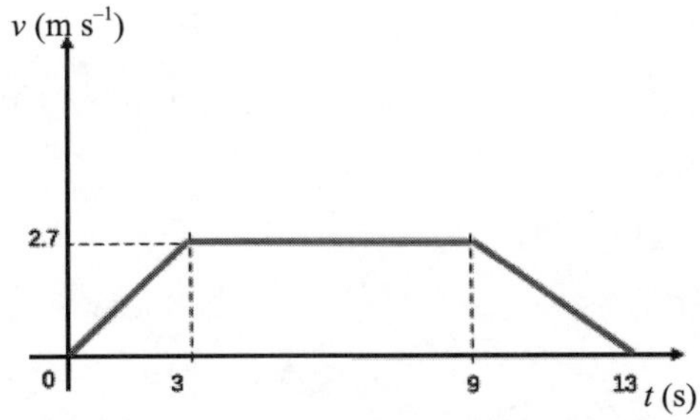

注意图上需要明确标注横纵坐标上对应的每个数值 .

(ii) 已知 velocity-time graph 中直线下方的面积即代表位移，因为本题中汽车始终朝着同一个方向做直线运动，所以直线下方的面积就代表距离 .

因此求总距离即求图中直线下方的梯形面积 .

$$\text{total distance} = \frac{1}{2} \times (6 + 13) \times 2.7 = 25.65\ \mathrm{m}.$$

Q2 知识点

(i) work done against friction
(ii) gravitational potential energy
(iii) work-energy principal

(i) 本小问要求物体克服摩擦力做功大小，因此需要确认摩擦力的大小以及运动的距离 .

由题可知 $F = 40\,\mathrm{N}$，$s = 36\,\mathrm{m}$，

运用公式得 $W = Fs = 40 \times 36 = 1440\,\mathrm{J}$.

(ii)

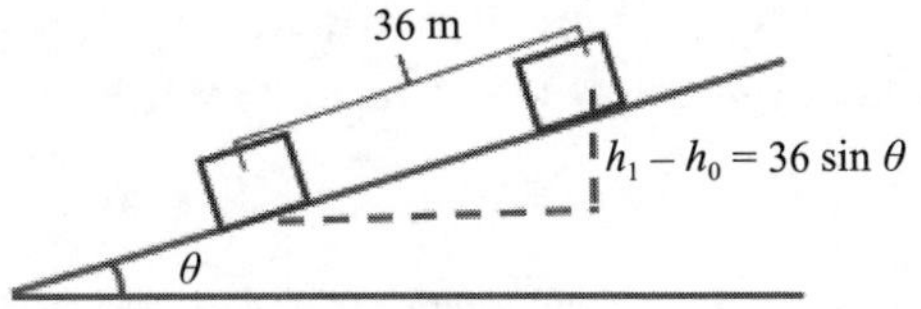

箱子沿着斜面向上运动了 36 m，那么它对应的竖直方向上的高度增加了 $36 \sin 20°$ m.

然后运用公式

$$\text{change in GPE} = mg(h_1 - h_0) = 25 \times 10 \times 36 \sin 20° = 3080\,\mathrm{J}.$$

(iii) 基本公式为

increase in mechanical energy = total work done by forces，

运用到本题中得

箱子保持匀速运动，因此 KE gain = 0,

所以等式为

GPE gain = work done by pulling force
− work done against friction,

即 work done by pulling force = GPE gain
+ work done against friction
$= 3080 + 1440 = 4520\,\mathrm{J}$.

Q3 知识点

power

(i) 题目已知汽车在做匀速运动，这表明汽车处于 equilibrium 状态 .

因此 $DF = R = 300\,\mathrm{N}$.

据公式 $P = Fv$ 可得

$P = DF \times v = 300 \times 40\,\mathrm{W} = 12\,\mathrm{kW}$.

(ii)

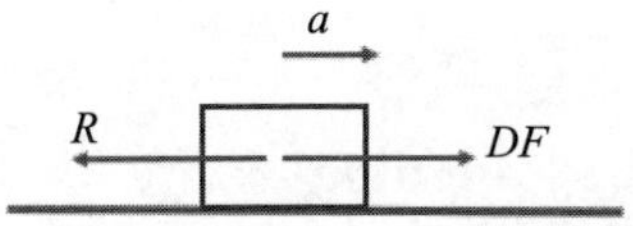

由题可知现在的 power $= 0.9 \times 12000 = 10800$ W.

据公式 $P = DF \times v$ 得

$DF = \frac{P}{v} = \frac{10800}{25} = 432\ \text{N}.$

然后运用牛顿第二定律 $F = ma$ 得

$DF - R = ma \Rightarrow 432 - 300 = 1000a \Rightarrow a = 0.132\ \text{m s}^{-2}.$

Q4 知识点

resolving forces in horizontal and vertical directions in equilibrium problems

题目已知 forces are in equilibrium，因此水平和竖直方向的 resultant force 均为 0.

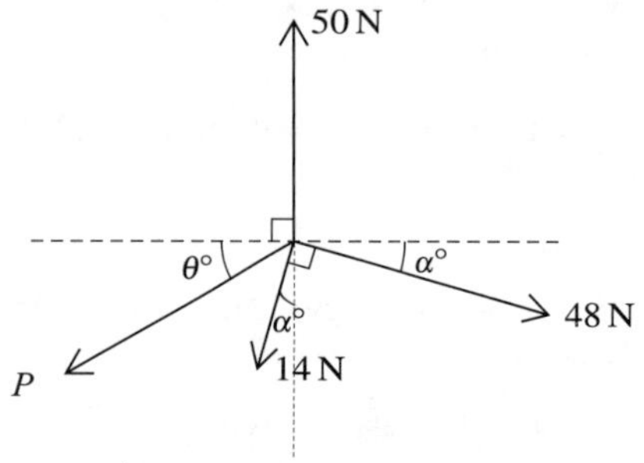

先进行水平方向上力的分解，可得

$P\cos\theta + 14\sin\alpha = 48\cos\alpha.$

后进行竖直方向上力的分解，可得

$50 = P\sin\theta + 14\cos\alpha + 48\sin\alpha.$

题目已知 $\tan\alpha = \frac{7}{24} \Rightarrow \sin\alpha = \frac{7}{25},\ \cos\alpha = \frac{24}{25}.$

因此可得方程组：

$$\begin{cases} P\cos\theta + 14\times\frac{7}{25} = 48\times\frac{24}{25} \\ 50 = P\sin\theta + 14\times\frac{24}{25} + 48\times\frac{7}{25} \end{cases} \Rightarrow \begin{cases} P\cos\theta = 42.16, & ① \\ P\sin\theta = 23.12. & ② \end{cases}$$

式①平方＋式②平方得

$P^2\cos^2\theta + P^2\sin^2\theta = 42.16^2 + 23.12^2$

$\Rightarrow P^2 = 42.16^2 + 23.12^2 \Rightarrow P = 48.1,$

式②除式①得

$\tan\theta = \frac{23.12}{42.16} \Rightarrow \theta = \tan^{-1}\left(\frac{23.12}{42.16}\right) = 28.7.$

Q5 知识点

connected particles: objects connected by strings

首先画出受力分析图，如下图所示：

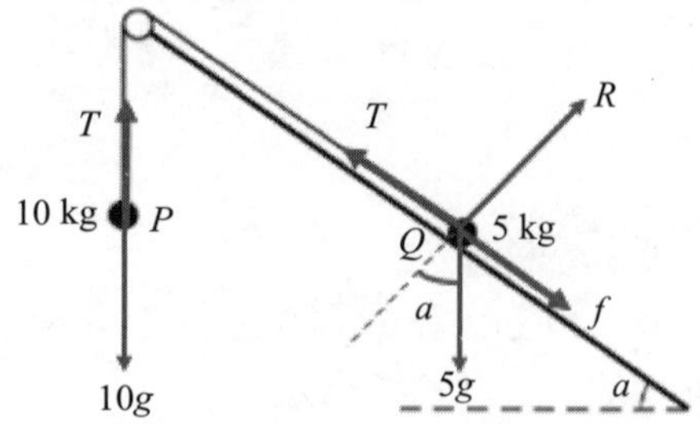

题目已知 $\tan\theta = \frac{3}{4} \Rightarrow \sin\theta = \frac{3}{5}, \cos\theta = \frac{4}{5}.$

首先对小球 P 进行受力分析，得

$10g - T = 10a \Rightarrow T + 10a = 100,$

然后对小球 Q 进行受力分析：

先在垂直于斜面的方向进行受力分析，可得

$R = 5g\cos\alpha = 50\times\frac{4}{5} = 40\ \text{N},$

后在平行于斜面的方向进行受力分析，可得

$T - 5g\sin\alpha - f = 5a,$

由摩擦力公式 $f = \mu R$ 可得

$f = 0.5R = 0.5\times 40 = 20\ \text{N},$

$T - 5g\sin\alpha - f = 5a \Rightarrow T - 50\times\frac{3}{5} - 20 = 5a \Rightarrow T - 5a = 50,$

然后可连列方程组求出 T 和 a 的值 .

$$\begin{cases} T + 10a = 100 \\ T - 5a = 50 \end{cases} \Rightarrow \begin{cases} T = 66.7\ \text{N}, \\ a = 3.33\ \text{m s}^{-2}. \end{cases}$$

Q6 知识点

differentiation and integration concerning displacement, velocity and acceleration

(i) 题目要求当加速度小于 0 时 t 的取值范围，基本思路为先运用公式 $a = \frac{\mathrm{d}v}{\mathrm{d}t}$ 求出加速度的等式，然后解不等式即可.

$a = \frac{\mathrm{d}v}{\mathrm{d}t} = 12t - 30,$

$12t - 30 < 0 \Rightarrow t < 2.5\ \text{s}.$

(ii) 题目要求 P 在瞬时静止的两点间的距离，基本思路为先求出 $v = 0$ 时的 t 的取值，然后运用公式 $s = \int v\mathrm{d}t$ 对 v 进行定积分即可求出位移，然后进行调整即可.

$v = 6t^2 - 30t + 24 = 0,$

$t^2 - 5t + 4 = 0 \Rightarrow (t-1)(t-4) = 0 \Rightarrow t = 1\ \text{s or } t = 4\ \text{s},$

$s=\int v\,\mathrm{d}t=\int_1^4\left(6t^2-30t+24\right)\mathrm{d}t=\left[2t^3-15t^2+24t\right]_1^4$

$=27\,\mathrm{m}>0$

$\Rightarrow$ distance = 27 m.

(iii) 题目要求 P 经过点 O 时的时间点，即求 $s=0$ 时 t 的取值 .

$s=\int v\,\mathrm{d}t=2t^3-15t^2+24t+C,$

$t=0$ 时，P 在点 O 处，因此

$s(0)=0\Rightarrow C=0\Rightarrow s(t)=2t^3-15t^2+24t,$

然后取 $s(t)=0$ 求出 t 的取值 .

$2t^3-15t^2+24t=0,$

$t\left(2t^2-15t+24\right)=0,$

$2t^2-15t+24=0,$

$t=2.31\,\mathrm{s}$ or $t=5.19\,\mathrm{s}.$

Q7 知识点

analyze kinds of forces in a given situation: resolve forces，newton's second law

(i)

(a) 首先画出受力分析图，如下图所示

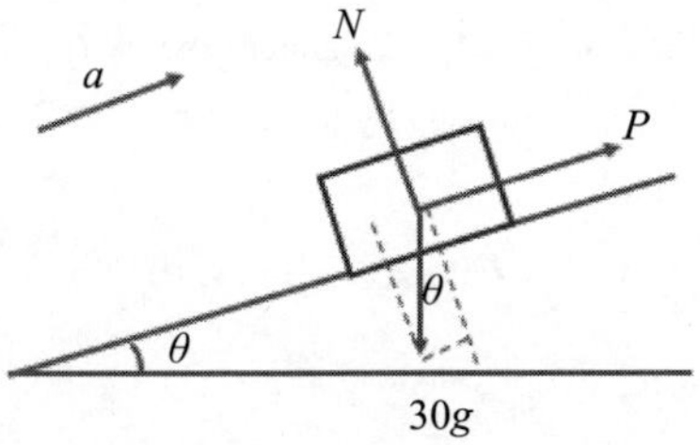

在平行于斜面的方向进行受力分析，可得

$200-30g-\sin 20°=30a\Rightarrow a=3.25\,\mathrm{m\,s^{-2}}.$

(b) 现已知初速度 $u=0\,\mathrm{m\,s^{-1}}$，加速度 $a=3.25\,\mathrm{m\,s^{-2}}$，位移 $s=12\,\mathrm{m}$.

运用公式 $v^2-u^2=2as$，可求出 $v^2=0+2\times3.25\times12=77.9,$

然后运用公式 change in KE $=\frac{1}{2}mv^2-\frac{1}{2}mu^2$，可得

change in KE $=\frac{1}{2}\times30\times(77.9-0)=1170\,\mathrm{J}.$

(ii)

(a) 首先画出受力分析图，如下图：

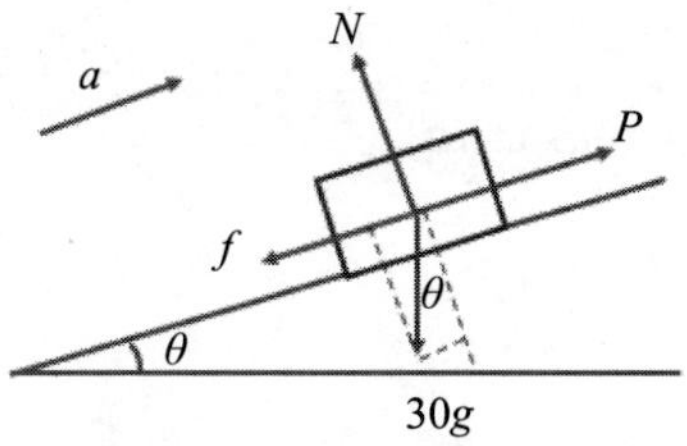

先在垂直于斜面的方向进行受力分析，可得

$N=30g\cos20°,$

后在平行于斜面的方向进行受力分析，可得

$200-30g\sin20°-f=30a,$

由摩擦力公式 $f=\mu R$ 可得

$f=0.12N=0.12\times30g\cos20°,$

$200-30g\sin20°-f=30a$

$\Rightarrow 200-30g\sin20°-0.12\times30g\cos20°=30a$

$\Rightarrow a=2.12\,\mathrm{m\,s^{-2}}.$

(b) 首先画出受力分析图，如下图所示：

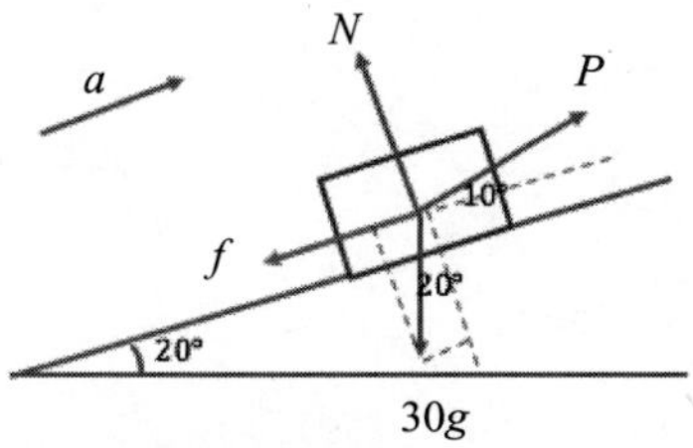

先在垂直于斜面的方向进行受力分析，可得

$N+200\sin10°=30g\cos20°,$

后在平行于斜面的方向进行受力分析，可得

$200\cos10°-30g\sin20°-f=30a,$

由摩擦力公式 $f=\mu R$ 可得

$f=0.12N=0.12\times(30g\cos20°,-200\sin10°)=29.66\,\mathrm{N},$

$200\cos10°-30g\sin20°-f=30a,$

$\Rightarrow 200\cos10°-30g\sin20°-29.66=30a$

$\Rightarrow a=2.16\,\mathrm{m\,s^{-2}}.$

9709_s16_qp_42

Q1 知识点

resolving forces in horizontal and vertical directions

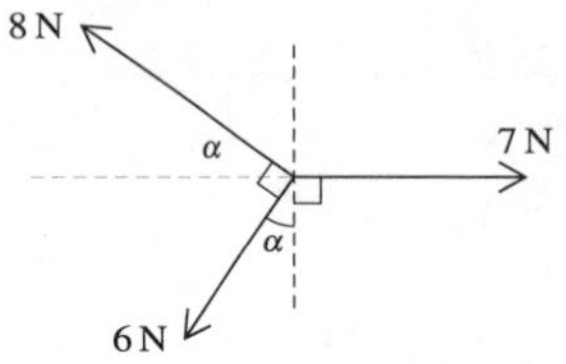

先进行水平方向上力的分解，可得水平方向的 resultant force x 为：

$x = 8\cos\alpha + 6\sin\alpha - 7$,

后进行竖直方向上力的分解，可得竖直方向的 resultant force y 为：

$y = 8\sin\alpha - 6\cos\alpha$,

题目已知 $\sin\alpha = \frac{3}{5} \Rightarrow \cos\alpha = \frac{4}{5}$,

因此可解出 x、y 的值 .

$x = 8\times\frac{4}{5} + 6\times\frac{3}{5} - 7 = 3\text{N}$,

$y = 8\times\frac{3}{5} - 6\times\frac{4}{5} = 0\text{N}$,

因此 resultant force = 3N, 方向水平向左 .

Q2 知识点

differentiation and integration concerning displacement，velocity and acceleration

(i) 题目要求 P 在瞬时静止时的时间点，即求 $v = 0$ 时的 t 的取值 .

$v = 4t^2 - 8t + 3 = 0$

$\Rightarrow (2t-3)(2t-1) = 0$

$\Rightarrow t = 1.5\text{ s or } t = 0.5\text{ s}.$

(ii) 题目要求 P 在瞬时静止的两点间的距离，基本思路为运用公式 $s = \int v\mathrm{d}t$ 对 v 进行定积分可求出位移，然后进行调整即可 .

$$s = \int v\mathrm{d}t = \int_{0.5}^{1.5}\left(4t^2 - 8t + 3\right)\mathrm{d}t = \left[\frac{4}{3}t^3 - 4t^2 + 3t\right]_{0.5}^{1.5} = -\frac{2}{3}\text{m}$$

$\Rightarrow$ distance $= \frac{2}{3}$m.

Q3 知识点

(i) gravitational potential energy
(ii) work-energy principal

(i) 箱子沿着斜面向上运动了 x m，那么它对应的竖直方向上的高度增加了 $(x\sin\alpha)$m.
然后运用公式

$$\text{change in GPE} = mg\left(h_1 - h_0\right) = 8\times10x\sin\alpha = \frac{400x}{13} = 30.8x\,\text{J}.$$

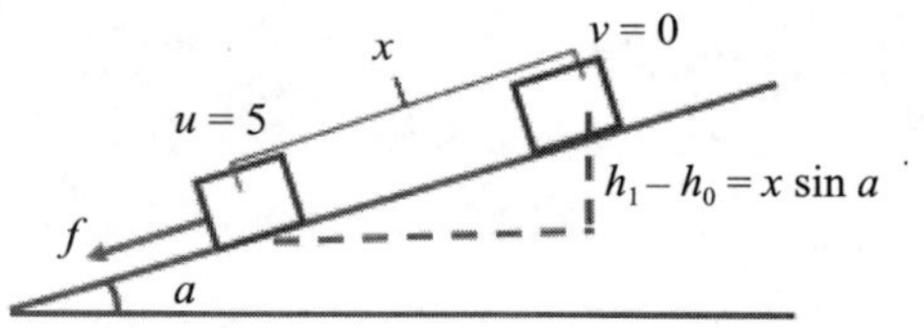

(ii) 基本公式为：increase in mechanical energy (gain in KE+gain in GPE) = total WD by forces.
先看公式左边：

题目已知 $u = 5\text{ m s}^{-1}$, $v = 0\text{ m s}^{-1}$, 因此 运用公式

change in KE $= \frac{1}{2}mv^2 - \frac{1}{2}mu^2$，可得

gain in KE $= \frac{1}{2}mv^2 - \frac{1}{2}mu^2 = \frac{1}{2}\times8\times(0^2 - 5^2) = -100$ J.

由第 (i) 小问题可知 gain in GPE $= \frac{400x}{13}$J,

然后看公式右边：

本小问中求 total WD by forces，即求摩擦力所做的功 .
摩擦力方向和运动方向相反，运用公式 $W = Fs$ 可得

WD against friction $= 15x$,

最终把左右两边相等得

$$-100 + \frac{400x}{13} = -15x \Rightarrow x = 2.18\text{ m}.$$

Q4 知识点

velocity-time graph and multi-stage problem

(i) 本小问要求前 42 s 跑步经过的距离，即求该时间段内对应梯形的面积 .

total distance $=\frac{1}{2}\times(36+42)\times 8.2=319.8$ m.

(ii) 本小问要求 V 的取值，基本思路为可先求出 42 ～ 52 s 内移动的距离，然后将其和总距离减去前 42 s 移动的距离相等即可 .

42 ～ 52 s 内移动的距离 $=\frac{1}{2}\times(V+8.2)\times 10=5(V+8.2)$,

又因为 42 ～ 52 s 内移动的距离 = 总距离减去前 42 s 移动的距离，

所以$5(V+8.2)=400-319.8\Rightarrow V=7.84\text{ m s}^{-1}$.

(iii) 本小问要求最后 10 s 内的减速度，现已知初速度 $u=8.2\text{ m s}^{-1}$，末速度 $v=7.84\text{ m s}^{-1}$ 以及时间 $t=10\text{ s}$，因此运用公式 $v=u+at$ 即可 .

$v=u+at\Rightarrow 7.84=8.2+10a\Rightarrow a=-0.036\text{ m s}^{-2}$,

因此 deceleration $=0.036\text{m s}^{-2}$.

Q5 知识点

analyze kinds of forces in a given situation: resolving forces

首先画出受力分析图，如下图：

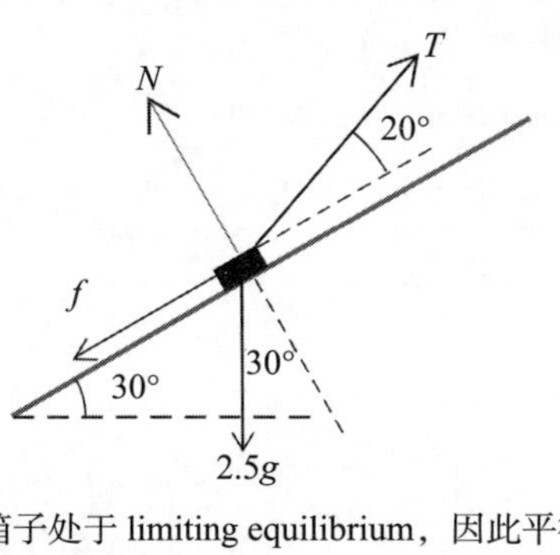

题目已知箱子处于 limiting equilibrium，因此平行和垂直于斜面方向上的 resultant force 均为 0 N.

先在垂直于斜面的方向进行受力分析，可得

$N+T\sin 20°=2.5g\cos 30°\Rightarrow N+T\sin 20°=\frac{25}{2}\sqrt{3}$,

后在平行于斜面的方向进行受力分析，可得

$T\cos 20°=2.5g\ \sin 30°+f$,

题目已知箱子处于 limiting equilibrium，因此可用摩擦力公式 $f=\mu N$ 得

$f=\frac{1}{4}\left(\frac{25}{2}\sqrt{3}-T\sin 20°\right)$,

将f代入 $T\cos 20°=2.5g\ \sin 30°+f$得

$T\cos 20°=2.5g\ \sin 30°+\frac{1}{4}\left(\frac{25}{2}\sqrt{3}-T\sin 20°\right)$,

$\Rightarrow T\cos 20°=\frac{25}{2}+\frac{25}{8}\sqrt{3}-\frac{1}{4}T\sin 20°$

$\Rightarrow T=\dfrac{\frac{25}{2}+\frac{25}{8}\sqrt{3}}{\cos 20°+\frac{1}{4}\sin 20°}=17.5\text{N}.$

Q6 知识点

power

(i)

(a) 题目已知汽车在以 40 m s^{-1} 的速度做匀速运动，这表明汽车处于 equilibrium 状态 .

因此 $DF=R=1550$ N.

据公式 $P=Fv$ 可得

$P=DF\times v=1550\times 40=62000\text{ W}=62\text{ kW}$.

(b) 由题可知 power 突然减少了 22 kW，因此目前的 power $=62-22=40$kW.

据公式$P=DF\times v$得

$DF=\frac{P}{v}=\frac{40000}{40}=1000\text{N}$,

然后运用牛顿第二定律 $F=ma$ 得：

$DF-R=ma\Rightarrow 1000-1550=1100a\Rightarrow a=-0.5\text{ m s}^{-2}$

$\Rightarrow d=0.5\text{ m s}^{-2}$.

(ii) 题目已知汽车在做匀速运动，因此汽车处于 equilibrium 状态 .

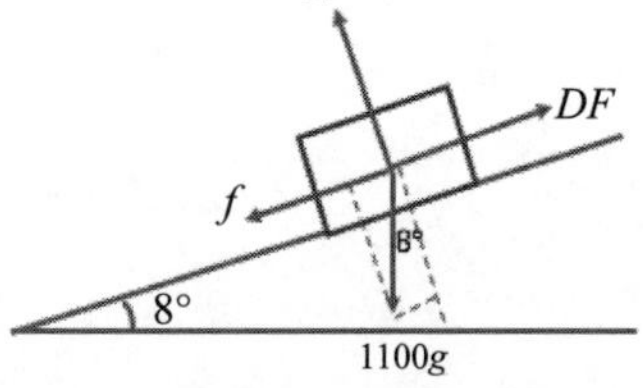

这表明平行和垂直于斜面方向上的 resultant force 均为 0 N.

因此在对平行于斜面方向上的力作受力分析时，可得

$DF = mg\sin 8° + f \Rightarrow DF = 1100g \cdot \sin 8° + 1550 = 3081\,\text{N}$

然后据公式 $P = DF \times v$ 得

$$v = \frac{P}{DF} = \frac{80000}{3081} = 26\,\text{m s}^{-1}.$$

Q7 知识点

connected particles: objects connected by strings

(i) 画出受力分析图，如下所示：

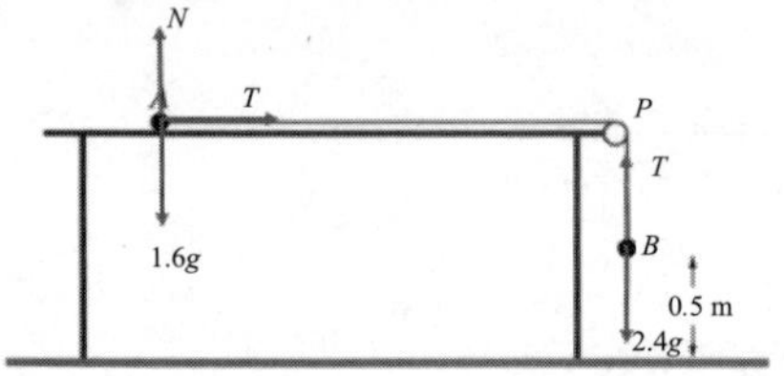

本小问要求桌面为光滑状态时物体 B 从释放到接触地面所花费的时间，基本思路为先运用牛顿第二定律分别对两个小球的运动状态进行分析，求出加速度，然后运用公式 $s = ut + \frac{1}{2}at^2$ 可求出时间 .

首先对物体 B 进行受力分析，可得 $2.4g - T = 2.4a$,

然后对物体 A 进行受力分析，可得 $T = 1.6a$,

将 $T = 1.6a$ 代入 $2.4g - T = 2.4a$ 可算出 a 的值 .

即 $2.4g - 1.6a = 2.4a \Rightarrow a = 6\,\text{m s}^{-2}$,

最后运用公式 $s = ut + \frac{1}{2}at^2$ 可算出 t 的值 .

$$0.5 = \frac{1}{2} \times 6 \times t^2 \Rightarrow t = 0.408\,\text{s}.$$

(ii) 画出受力分析图，如下所示：

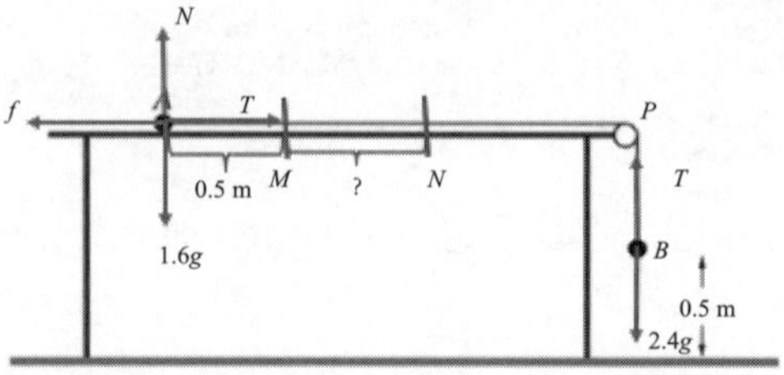

本小问要求桌面为粗糙状态时物体 A 所移动的距离，这段距离可分为两部分，第一部分为 A 和 B 同时移动的距离，即 B 下降的距离（0.5 m），第二部分为 B 接触地面后 A 因为具备向前的速度继续向前移动直到停止的一段距离（即图中标注的 MN）.

首先对物体 B 进行受力分析，可得 $2.4g - T = 2.4a$,

然后对物体 A 进行受力分析，可得

水平方向：$T - f = 1.6a$,

竖直方向：$N = 1.6g$,（物体 A 在竖直方向上没有运动，因此 resultant force = 0）

由于物体 A 处于运动状态，因此可运用摩擦力公式 $f = \mu N$ 得

$$f = \frac{3}{8} \times 1.6g = 8\,\text{N},$$

代入 $T - f = 1.6a$ 得 $T - 8 = 1.6a$,

然后可通过连列方程组求出 a 的值 .

$$\begin{cases} 2.4g - T = 2.4a \\ T - 8 = 1.6a \end{cases} \Rightarrow a = 4.5\,\text{m s}^{-2},$$

先对 A 移动的第一段距离进行分析：

$u = 0\,\text{m s}^{-1}$, $s = 0.5\,\text{m}$, $a = 4.5\,\text{m s}^{-2}$,

运用公式 $v^2 = u^2 + 2as$ 可得 $v_M = \sqrt{2 \times 4.5 \times 0.5} = 2.12\,\text{m s}^{-1}$,

然后对 A 移动的第二段距离进行分析，即 $M \to N$：

对水平方向进行受力分析，此时绳子上的拉力消失，因此运用牛顿第二定律可得

$$0 - \mu mg = ma \Rightarrow a = -\mu g = -3.75\,\text{m s}^{-2},$$

此时 $u_M = 2.12\,\text{m s}^{-1}$, $v_N = 0\,\text{m s}^{-1}$, $a = -3.75\,\text{m s}^{-2}$,

运用公式 $v^2 = u^2 + 2as$ 可得 $s = \frac{0 - 2.12^2}{2 \times (-3.75)} = 0.6\,\text{m}$,

总距离 $= 0.6 + 0.5 = 1.1\,\text{m}$.

9709_s16_qp_43

Q1 知识点

(i) gravitational potential energy
(ii) work

(i)

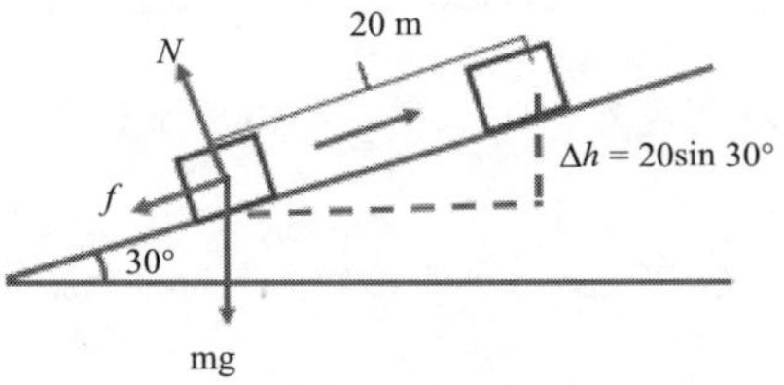

gain in GPE $= mgh = 8\times10\times20\sin30° = 800\,\text{J}$.

(ii) 据公式 $W = Fd$ 可得

WD against friction $= 20F$ J,

WD against gravity $= 8g\times20\sin30°$ J,

题目已知 total WD against gravity and friction is 1146 J.

因此 $8g\times20\sin30° + 20F = 1146 \Rightarrow F = 17.3\,\text{N}$.

Q2 知识点

(i) equations of constant acceleration
(ii) 追及问题路程相等

(i) 本小问要求 Ben 在前 5 秒走过的距离及第 5 秒的瞬时速度 .

题目已知 $u = 0\,\text{m s}^{-1}$, $a = 1.2\,\text{m s}^{-2}$, $t = 5\,\text{s}$.

运用公式 $s = ut + \frac{1}{2}at^2$，得 $s = 0 + \frac{1}{2}\times1.2\times5^2 = 15\,\text{m}$,

运用公式 $v = u + at$，得 $v = 0 + 1.2\times5 = 6\,\text{m s}^{-1}$.

(ii) 本小问要求 OP 间的距离，可借助 velocity-time graph 来求解，如下所示：

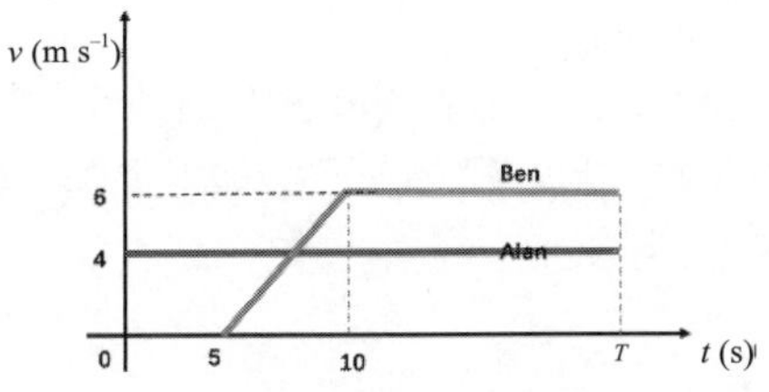

题目已知两人走过的距离均为 OP，因此根据知识点 the area under the line of a velocity-time graph is the displacement of the object，可得两人直线下方面积相等 .

即 $4T = 15 + 6T - 60 \Rightarrow 45 = 2T \Rightarrow T = 22.5\,\text{s}$,

$s = 4T = 4\times22.5 = 90\,\text{m}$.

Q3 知识点

resolving forces in horizontal and vertical directions in equilibrium problems

题目已知 forces are in equilibrium，因此水平和竖直方向的 resultant force 均为 0.

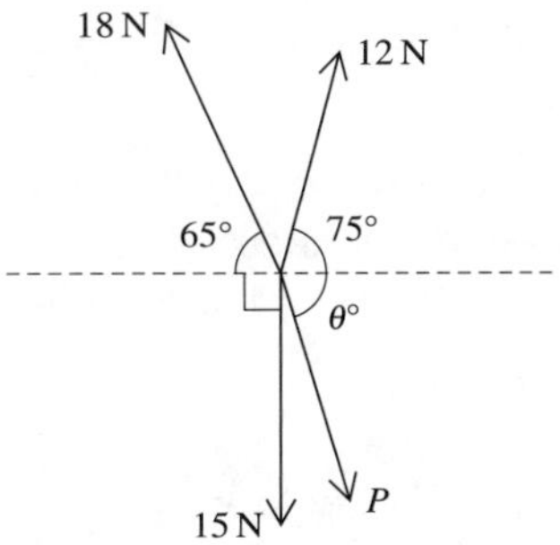

先进行水平方向上力的分解，可得

$P\cos\theta + 12\cos75° = 18\cos65°$,

后进行竖直方向上力的分解，可得

$18\sin65° + 12\sin75° = 15 + P\sin\theta$,

最后连列方程组即可求出 P 和 θ.

$$\begin{cases} P\cos\theta = 18\cos65° - 12\cos75°, & ① \\ P\sin\theta = 18\sin65° + 12\sin75° - 15. & ② \end{cases}$$

式①平方 + 式②平方得

$$P^2\cos^2\theta + P^2\sin^2\theta = (18\cos65° - 12\cos75°)^2 + (18\sin65° + 12\sin75° - 15)^2$$

$\Rightarrow P = 13.7\,\text{N}$,

式②除式①得

$$\Rightarrow \tan\theta = \frac{18\sin65° + 12\sin75° - 15}{18\cos65° - 12\cos75°}$$

$$\Rightarrow \theta = \tan^{-1}\left(\frac{18\sin65° + 12\sin75° - 15}{18\cos65° - 12\cos75°}\right) = 70.8°.$$

Q4 知识点

change of direction of friction in different motion

首先分析 X 取到最小值时的状态 .

此时 X 必定是沿斜面向上的，因为如果 X 沿斜面向下，再加上重力的分力，物体肯定会向下运动而不是保持静止 . 此时 f 沿斜面向上，因为 f 帮 X 分担了部分重力的分力，所以 X 能取到最小值 . 受力分析图如下所示：

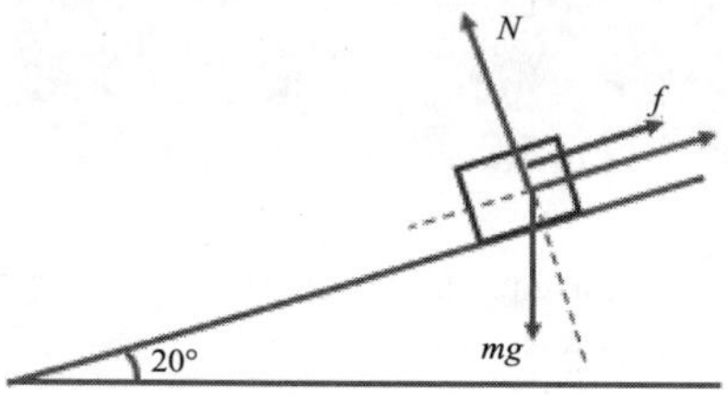

在垂直于斜面的方向进行受力分析，可得

$N = mg\cos 20°$,

运用摩擦力公式 $f = \mu N$ 得

$f = 0.2 \times mg\cos 20° = 30\cos 20°$,

在平行于斜面的方向进行受力分析，可得

$mg\sin 20° = f + X$,

将 $f = 30\cos 20°$ 代入得

$150\sin 20° = 30\cos 20° + X \Rightarrow X = 23.1\,\text{N}$.

然后分析 X 取到最大值时的状态 .

此时 X 也必定是沿斜面向上的，因为如果 X 沿斜面向下，再加上重力的分力，物体肯定会向下运动而不是保持静止 . 此时拉力 X 足够大，物体有向上运动趋势，因此 f 沿斜面向下，受力分析图如下所示：

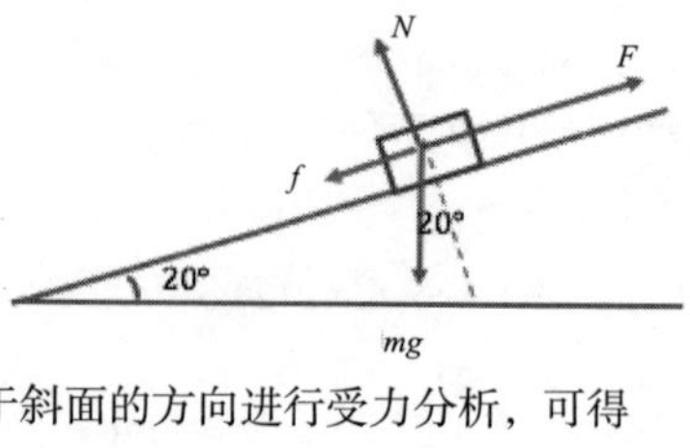

在垂直于斜面的方向进行受力分析，可得

$N = mg\cos 20°$,

运用摩擦力公式 $f = \mu N$，得

$f = 0.2 \times mg\cos 20° = 30\cos 20°$,

在平行于斜面的方向进行受力分析，可得

$f + mg\sin 20° = X$,

将 $f = 30\cos 20°$ 代入得

$X = 30\cos 20° + 150\sin 20° = 79.5\,\text{N}$.

Q5 知识点

relationship between power, force and velocity for a force acting in the direction of motion

(i) 已知汽车做匀速运动，因此水平方向合力为 0，可得 $DF = R = 650\,\text{N}$.

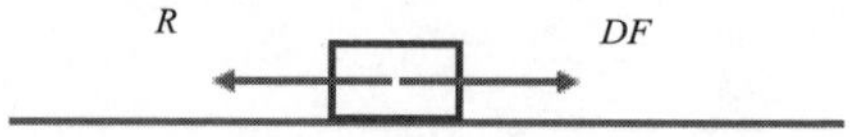

据公式 $P = Fv$ 可得 $v = \dfrac{P}{DF} = \dfrac{20000}{650} = 30.8\,\text{m s}^{-1}$.

(ii) 已知汽车做匀速运动，因此沿斜面方向的合力为 0.

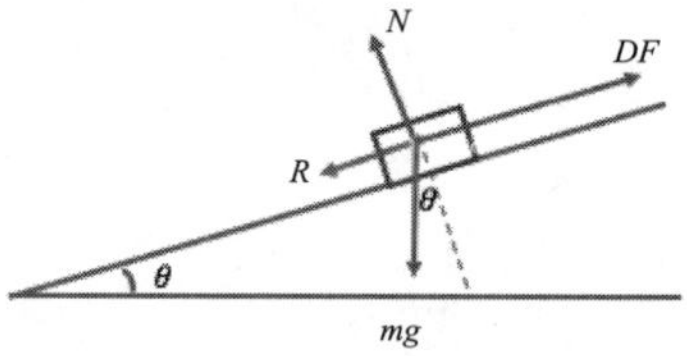

可得 $DF = R + mg\sin\theta = 650 + 14000 \times \dfrac{1}{7} = 2650\,\text{N}$.

运用公式 $P = Fv$，得 $P = 2650 \times 10 = 26500\,\text{W}$.

(iii) 题目已知目前的 power 变为第 (ii) 小问中的 80%，即 $P = 26500 \times 80\% = 21200\,\text{W}$.

运用公式 $P = Fv$，得 $DF = \dfrac{P}{v} = \dfrac{21200}{20}$,

沿斜面方向进行受力分解，运用牛顿第二定律（$F = ma$）得

$DF + mg\sin\theta - R = ma \Rightarrow \dfrac{21200}{20} + 14000 \times \dfrac{1}{7} - 650 = 1400a$

$\Rightarrow a = 1.72\,\text{m s}^{-2}$.

Q6 知识点

connected particles: objects connected by strings

(i)

(a) 将重 1.3 kg、0.7 kg 的物体分别标注为 A、B.

由于 A 比 B 重，所以 A 竖直向下运动，B 竖直向上运动，画出受力分析图如下所示：

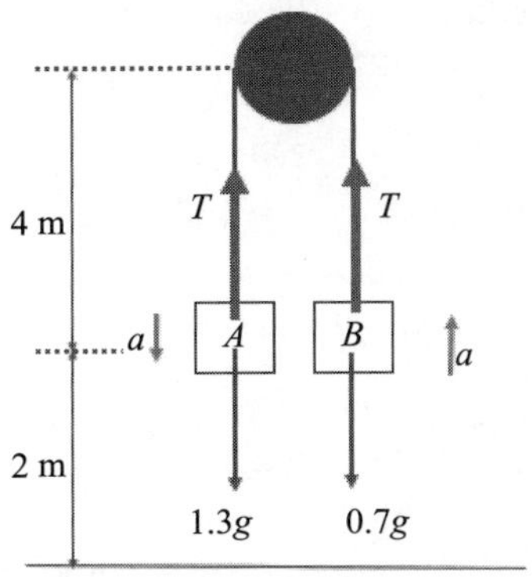

首先对 A 进行受力分析，得 $1.3g-T=1.3a$,
然后对 B 进行受力分析，得 $T-0.7g=0.7a$,
连列方程组可求出 T 的值，$T=9.1\,\text{N}$.

(b) 本小问要求物体 A 到达地面所需的时间 .

题目已知 $u=0\,\text{m s}^{-1}$，$s=2\,\text{m}$，又根据第 (a) 小问中的方程组可求出 $a=3\,\text{m s}^{-2}$,

因此运用公式 $s=ut+\frac{1}{2}at^2$，可得 $2=0+\frac{3}{2}t^2\Rightarrow t=1.15\,\text{s}$.

(ii) 本小问要求 B 离地面的最高高度，需要分三段来考虑 . 第一段即为 B 在最初静止时离地面的距离 2 m，第二段即为 A 下降的距离 2 m，第三段为 A 触碰地面之后 B 继续上升的距离 .

首先分析第二段上升距离的运动状态：

已知 $s_2=2\text{m}$，$u_2=0\text{ms}^{-1}$，$a_2=3\text{ms}^{-2}$,

因此运用公式 $v^2=u^2+2as$，可得

$v_2^2=0+2\times2\times3=12\Rightarrow v_2=3.464\,\text{m s}^{-1}$,

然后分析第三段上升距离的运动状态：

此时 A 已经触碰地面，因此绳子处于松弛状态，T 消失 .

据牛顿第二定律，可得此时 $a_3=-10\,\text{m s}^{-2}$.

题目又知 $u_3=3.464\text{m s}^{-1}$，$v_3=0\text{m s}^{-1}$.

因此运用公式 $v^2=u^2+2as$，可得

$0=12-2\times10s_3\Rightarrow s_3=0.6\,\text{m}$,

最终总高度 $=2+2+0.6=4.6\,\text{m}$.

Q7 知识点

displacement as the integral of velocity with respect to time, velocity as the integral of acceleration with respect to time

(i) 本小问要求物体 P 减速的时间段，只要求 $a=6t-2<0$ 时 t 的取值范围即可 .

$6t-2<0\Rightarrow 0<t<\frac{1}{3}$.

(ii) $v(t)=\int a(t)\,\text{d}t=\int(6t-2)\,\text{d}t=3t^2-2t+C$,

$s(t)=\int v(t)\,\text{d}t=\int(3t^2-2t+C)\,\text{d}t=t^3-t^2+Ct+D$,

题目已知 $s(1)=7$，$s(3)=29$，代入上式得

$\begin{cases}1-1+C+D=7\\27-9+3C+D=29\end{cases}\Rightarrow\begin{cases}C=2\\D=5\end{cases}$,

$s(t)=t^3-t^2+2t+5$.

(iii) 由第 (ii) 小问可知 $v(t)=3t^2-2t+2$,

题目要求物体速度为 10 m s^{-1} 的时间，只要求 $v(t)=3t^2-2t+2=10$ 这一方程即可 .

$v(t)=3t^2-2t+2=10$,

$3t^2-2t-8=0$,

$(t-2)(3t+4)=0$,

因为 $t>0$，所以 $t=2\,\text{s}$.

9709_w16_qp_41

Q1 知识点

connected particles: objects connected by strings

首先画出受力分析图，如右图所示：

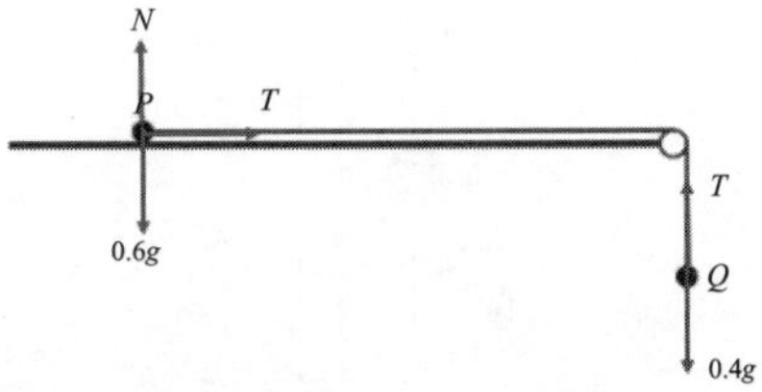

首先对物体 Q 进行受力分析，可得 $0.4g-T=0.4a$,
然后对物体 P 进行受力分析，可得 $T=0.6a$,

连列两个等式即可求出 T 和 a 的值．

$$\begin{cases}0.4g-T=0.4a\\T=0.6a\end{cases}\Rightarrow\begin{cases}T=2.4\,\text{N},\\a=4\,\text{m s}^{-2}.\end{cases}$$

Q2 知识点

kinds of forces in a given situation

(i) 画出受力分析图，如下图所示：

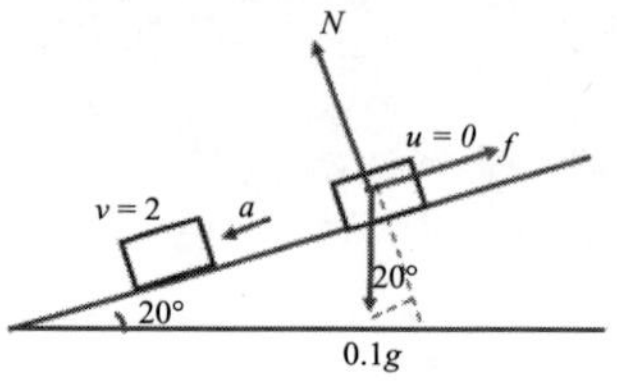

题目已知 $u=0\,\text{m s}^{-1}$, $v=2\,\text{m s}^{-1}$, $t=5\,\text{s}$,
因此运用公式 $v=u+at$ 可得

$2=0+5a\Rightarrow a=0.4\,\text{m s}^{-2}$,
然后运用牛顿第二定律 $F=ma$ 可得

$0.1g\sin 20°-f=0.1a\Rightarrow f=\sin 20°-0.04=0.302\,\text{N}.$

(ii) 物体沿着平行于斜面的方向运动，因此垂直于斜面方向无运动，即 resultant force = 0.

所以 $N=0.1g\cos 20°=0.9397\,\text{N}$,
物体处于运动状态，因此可用公式 $f=\mu N$ 求出 coefficient of friction.

$0.302=\mu\times 0.9397\Rightarrow \mu=0.321.$

Q3 知识点

power，Newton's second law

(i) 题目要求物体 P 可到达的最高高度，由图可知即求 (h_1+h_2).

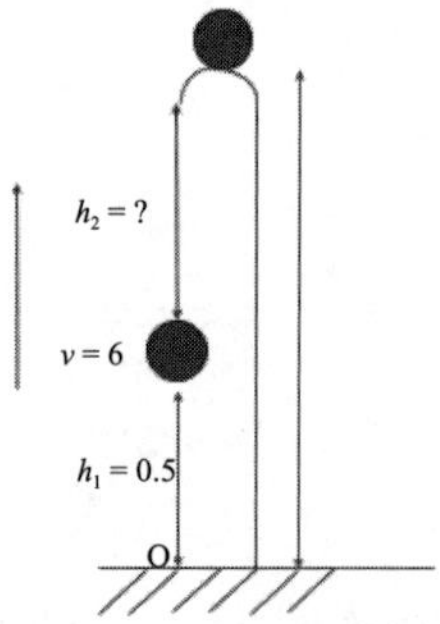

题目已知 $h_1=0.5\text{m}$，因此只需求 h_2 即可，

物体 P 达到最高点时，速度必然为 0.

因此现在在 h_2 这段运动中，初速度 $u=6\,\text{m s}^{-1}$, 末速度 $v=0\,\text{m s}^{-1}$，加速度 $a=-g\,\text{m s}^{-2}$．

所以可运用公式 $v^2=u^2+2as$，得

$0^2=6^2+2(-g)h_2\Rightarrow h_2=1.8\,\text{m}$,

最终总高度 $=h_1+h_2=0.5+1.8=2.3\,\text{m}.$

(ii) 题目要求物体 P 从 O 出发，到达最高点后回落至 O 的总时间．

基本思路为可求 P 从最高点回落至 O 的时间，然后再乘 2 即可．在最高点回落至 O 的运动中，已知初速度 $u=0\,\text{m s}^{-1}$, 高度 $h=2.3\,\text{m}$, 加速度 $a=g\,\text{m s}^{-2}$.

因此可运用公式 $s=ut+\frac{1}{2}at^2$ 得

$2.3=\frac{1}{2}gt^2\Rightarrow t=0.678\,\text{s}$,

所以总时间 $=0.678\times 2=1.36\,\text{s}.$

Q4 知识点

resolving forces in horizontal and vertical directions in equilibrium problems

题目已知 forces are in equilibrium，因此水平和竖直方向的 resultant force = 0.

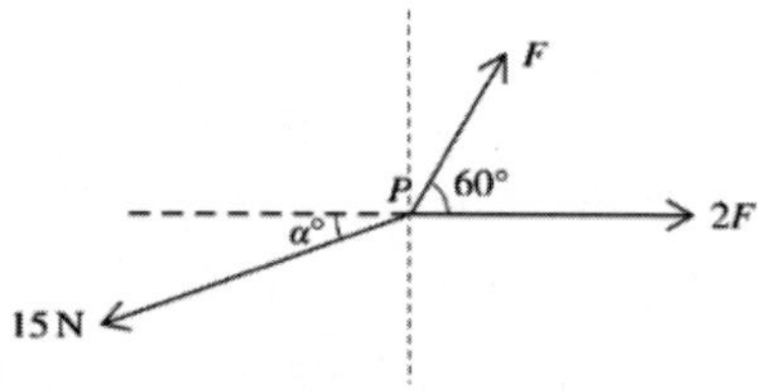

先进行水平方向上力的分解，可得

$2F+F\cos 60°=15\cos\alpha\Rightarrow\frac{5}{2}F=15\cos\alpha$,

后进行竖直方向上力的分解，可得

$F\sin 60°=15\sin\alpha\Rightarrow\frac{\sqrt{3}}{2}F=15\sin\alpha$,

然后可连列方程组求出 F 和 α 的值：

$$\begin{cases}\frac{5}{2}F=15\cos\alpha\ 1, & ①\\\frac{\sqrt{3}}{2}F=15\sin\alpha\ 2. & ②\end{cases}$$

①平方＋②平方得：

$$15^2\cos^2\alpha+15^2\sin^2\alpha=\left(\frac{5}{2}F\right)^2+\left(\frac{\sqrt{3}}{2}F\right)^2\Rightarrow 15^2$$

$$=F^2\left(\frac{25+3}{4}\right)\Rightarrow F=5.67\text{N},$$

式②除式①得

$$\tan\alpha=\frac{\frac{\sqrt{3}}{2}}{\frac{5}{2}}=\frac{\sqrt{3}}{5}\Rightarrow\alpha=\tan^{-1}\left(\frac{\sqrt{3}}{5}\right)=19.1.$$

Q5 知识点

(i) velocity-time graph and multi-stage problem，acceleration as the derivative of velocity with respect to time，the gradient of a *v-t* graph represents acceleration
(ii) velocity-time graph and multi-stage problem，the area under a *v-t* graph represents displacement
(iii) work-energy principal

(i) 题目要求 0 s～10 s 内的加速度，即求 0 s–10 s 内 velocity-time 直线的斜率 .

即 $a=\frac{5}{10}=0.5\text{ m s}^{-2}$.

(ii) 本小问要求前 90 s 经过的距离，即求该时间段内 velocity-time graph 和 x 轴围成的面积 .

$$\text{总距离}=\frac{5}{2}\times10+20\times5+\frac{10\times(5+V)}{2}+30V+\frac{20V}{2}$$

$$=25+100+25+5V+30V+10V$$

$$=(45V+150)\text{m},$$

$$45V+150=465\Rightarrow V=7\text{ m s}^{-1}.$$

(iii) 基本公式为：

increase in mechanical energy(gain in KE + gain in GPE) = total WD by forces.

先看公式左边：

题目已知 $u=5\text{ m s}^{-1}, v=7\text{ m s}^{-1}$，因此运用公式

gain in KE $=\frac{1}{2}mv^2-\frac{1}{2}mu^2$，可得

gain in KE $=\frac{1}{2}mv^2-\frac{1}{2}mu^2=\frac{1}{2}\times80\times(7^2-5^2)=960$ J.

题目已知骑自行车的人在做下坡运动，因此

gain in GPE $=-mg\cdot\triangle h=-800\triangle h$,

然后看公式右边：

本小问中求 total WD by forces ，题目中假设人不做功，只有摩擦力做功，所以只需求摩擦力所做的功，可运用公式 $W=Fs$.

距离 s 即为 30～40 s 内的 velocity-time graph 和 x 轴围成的面积：$S=\frac{1}{2}\times(5+7)\times10=60$ m，

摩擦力方向和运动方向相反，因此

WD against friction $=20\times60=1200$ J，

最终把左右两边相等得

$$960-800\triangle h=-1200\Rightarrow\triangle h=2.7\text{ m}.$$

Q6 知识点

(i) word done by the force
(ii) work-energy principal
(iii) power
(iv) force direction

(i) $W=Fd\cos\theta=50\times20\times\cos10°=984.8$ J.

(ii) 基本公式为

increase in mechanical energy = total work done by forces.

先看公式左边，本小问中只有 KE 发生了改变 .

运用公式 gain in KE $=\frac{1}{2}mv^2-\frac{1}{2}mu^2$，可得

gain in KE $=\frac{25}{2}v^2$,

再看公式右边，本小问中拉力和摩擦力都有做功 .

由第 (i) 小问可知， WD by pulling force = 984.8 J，

摩擦力和运动方向相反，因此

WD against friction $=Fd=30\times20=600$ J，

最终将左右两边相等起来，得

$$\frac{25}{2}v^2=948.8-600\Rightarrow v=5.55\text{ m s}^{-1}.$$

(iii) 要求 max power，根据 $P=Fv$，因为 F 固定为 50 N，所以要找寻 v 的最大值 .

v 取到最大值的时刻即 s 取到 20 m 的时刻，因此由第 (ii) 小问可知，$v=5.55\text{ m s}^{-1}$,

运用公式得 max power $=50\cos10°\times5.55=273$ W.

(iv) 首先画出受力分析图，如右所示：

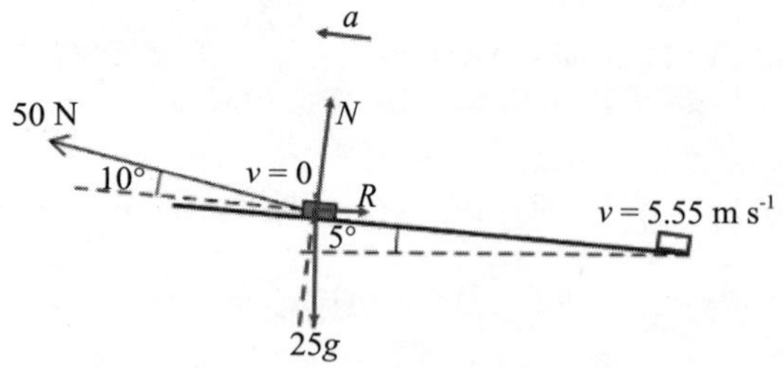

对于平行于斜面方向的力进行受力分析，运用牛顿第二定律 $F = ma$ 可得

$50\cos 10° - R - mg\sin 5° = ma,$

$50\cos 10° - 30 - 250\sin 5° = 25a,$

$a = -0.102\ \text{m s}^{-2},$

现已知初速度 $u = 5.55\ \text{m s}^{-1}$，末速度 $v = 0\ \text{m s}^{-1}$，加速度 $a = -0.102\ \text{m s}^{-2}$.

运用公式 $v = u + at$，

可得 $0 = 5.55 - 0.102t \Rightarrow t = 54.4\ \text{s}$.

Q7 知识点

differentiation and integration concerning displacement, velocity and acceleration, velocity as the integral of acceleration with respect to time

(i) 本小问要求汽车在前 5 秒内的最大加速度，求最大值点即求 $\frac{da}{dt} = 0$ 即可 .

$a = 15t - 3t^2,$

$\frac{da}{dt} = 15 - 6t = 0 \Rightarrow t = 2.5\ \text{s},$

$a = 15t - 3t^2$ 为开口向下的二次函数抛物线，因此当 $t = 2.5\ \text{s}$ 时 a 确实取到最大值 .

$a_{max} = a(2.5) = 15 \times 2.5 - 3 \times 2.5^2 = 18.75\ \text{m s}^{-2}.$

(ii) 本小问要求汽车在第 5 秒移动过的距离，基本思路为先对 a 求积分求出 v，然后再对 v 积分求出 s，最终代入 $t = 5\ \text{s}$ 即可 .

$v = \int a\,dt = \int (15t - 3t^2)\ dt = \frac{15}{2}t^2 - t^3 + C,$

$v(0) = 0 \Rightarrow C = 0 \Rightarrow v = \frac{15}{2}t^2 - t^3,$

$s = \int v\,dt = \int (\frac{15}{2}t^2 - t^3)\ dt = \frac{5}{2}t^3 - \frac{1}{4}t^4 + C,$

$s(0) = 0 \Rightarrow C = 0 \Rightarrow s = \frac{3}{2}t^3 - \frac{1}{4}t^4,$

$s(5) = \frac{5}{2} \times 5^3 - \frac{1}{4} \times 5^4 = 156.25\ \text{m}.$

(iii) 当 $t = 5\ \text{s}$ 时汽车速度没有发生变化，因此可以代入上一个时间段内的速度公式 $v = \frac{15}{2}t^2 - t^3$ 求出 $t = 5\ \text{s}$ 时的速度 .

$v(5) = 7.5 \times 25 - 125 = 62.5\ \text{m s}^{-1},$

然后可利用这一速度求出 $5\ \text{s} \leqslant t \leqslant k$ 这一时段速度公式内的 C 值 .

$5\ \text{s} \leqslant t \leqslant k,\ v = \int a\,dt = \int (-\frac{625}{t^2})\ dt = 625t^{-1} + C,$

将 $t = 5\ \text{s}$ 代入上式，$v = 625t^{-1} - 62.5,$

题目已知当 $t = k$ 时汽车处于静止状态，

即当 $t = k$ 时 $v = 0\ \text{m s}^{-1}$.

代入上式得 $625k^{-1} - 62.5 = 0 \Rightarrow k = 10\ \text{s}.$

9709_w16_qp_42

Q1 知识点

(i) Newton's second law
(ii) friction as part of the contact force

(i) 题目已知 $v = 0\,\mathrm{m\,s^{-1}}$，$v = 3.5\,\mathrm{m\,s^{-1}}$，$t = 10\,\mathrm{s}$.

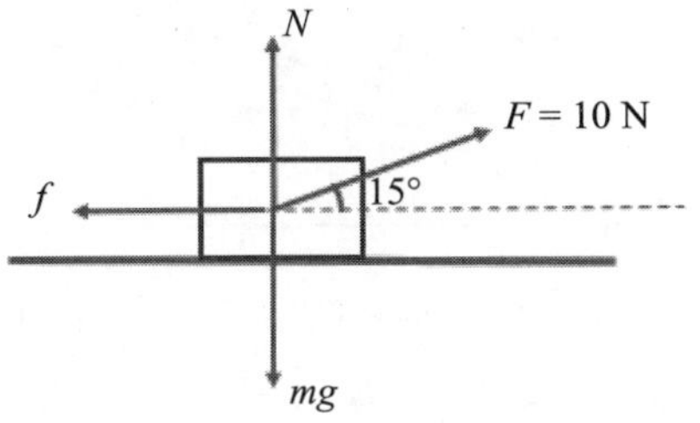

运用公式 $v = u + at$ 可得 $3.5 = 10a \Rightarrow a = 0.35\,\mathrm{m\,s^{-2}}$，
对水平方向进行受力分析，运用牛顿第二定律 $(F = ma)$
得 $10\cos 15° - f = 2 \times 0.35 \Rightarrow f = 8.96\,\mathrm{N}$.

(ii) 已知物体处于运动状态，因此可用摩擦力公式
$F = \mu N$ 求 μ 的值 .
由第 (i) 小问已知 $f = 8.96\,\mathrm{N}$，现要求 μ 必须先要求 N.
对竖直方向进行受力分析：

$10\sin 15° + N = 2g$（竖直方向无运动，因此合力 = 0）
$\Rightarrow N = 17.4\,\mathrm{N}$，
然后运用 $F = \mu N$ 可得

$$\mu = \frac{F}{N} = \frac{8.96}{17.4} = 0.515.$$

Q2 知识点

differentiation and integration concerning displacement，velocity and acceleration

(i) 本小问要求加速度 = 0 时的时间点，基本思路为对 s 进行求导求出 v 的等式，再对 v 进行求导求出 a 的等式，最后将 a 的等式 = 0 即可求出时间 .

$$v = \frac{\mathrm{d}s}{\mathrm{d}t} = 4t - 40t^{\frac{1}{2}},$$

$$a = \frac{\mathrm{d}v}{\mathrm{d}t} = 4 - 20t^{-\frac{1}{2}},$$

$$4 - 20t^{-\frac{1}{2}} = 0 \Rightarrow t^{-\frac{1}{2}} = \frac{1}{5} \Rightarrow t = 25\,\mathrm{s}.$$

(ii) 本小问要求 $t = 25\,\mathrm{s}$ 时的位移和速度，只要将 $t = 25\,\mathrm{s}$ 代入位移和速度的公式即可 .

$$s(t) = 2t^2 - \frac{80}{3}t^{\frac{3}{2}} \Rightarrow s(25) = 2 \times 25^2 - \frac{80}{3} \times 25^{\frac{3}{2}} = -2080\,\mathrm{m},$$

$$v(t) = 4t - 40t^{\frac{1}{2}} \Rightarrow v(25) = 4 \times 25 - 40 \times 25^{\frac{1}{2}} = -100\,\mathrm{m\,s^{-1}}.$$

Q3 知识点

resolving forces in horizontal and vertical directions，finding resultant forces

(i)

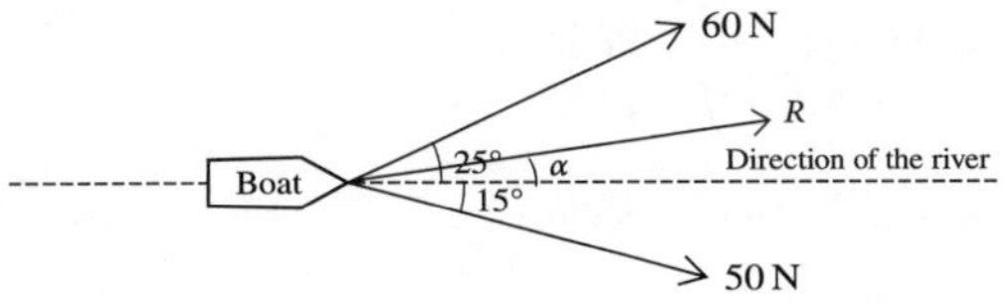

水平方向的合力为：$X = 60\cos 25° + 50\cos 15° = 103\,\mathrm{N}$.

(ii) 基本思路为先对竖直方向进行力的分解求出合力 Y，然后总合力的大小和方向可分别由勾股定理和三角函数求出 .

竖直方向的合力为：$Y = 60\sin 25° - 50\sin 15° = 12.4\,\mathrm{N}$，

总合力大小：$R = \sqrt{X^2 + Y^2} = 103\,\mathrm{N}$，

总合力方向：$\tan\alpha = \dfrac{Y}{X} = \dfrac{12.4}{103} \Rightarrow \alpha = \tan^{-1}\left(\dfrac{12.4}{103}\right) = 6.9°$.

Q4 知识点

(i) the principle of conservation of mechanical energy
(ii) work-energy principal

(i) 题目已知物体不受摩擦力影响，所以本小问中（$GPE + KE$）守恒且 gain in KE = loss in GPE.

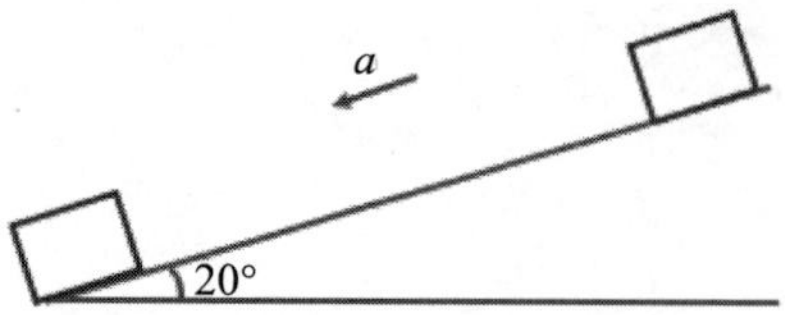

gain in KE $=\frac{1}{2}mv^2-\frac{1}{2}mu^2$，loss in GPE $= mgh$,

运用公式 gain in KE = loss in GPE 得

$\frac{1}{2}mv^2-\frac{1}{2}mu^2=mgh,$

$v^2-u^2=2gh,$

$v^2=25+20\times100\times\sin20°,$

$v=26.6\text{ m s}^{-1}.$

(ii) 基本公式为

increase in mechanical energy = total work done by forces.

先看公式左边，本小问中 KE 和 GPE 都有发生变化 .

Gain in KE $=\frac{1}{2}mv^2-\frac{1}{2}mu^2,$

Gain in GPE $=-mgh.$

再看公式右边，本题中摩擦力做功，题目已知

WD against friction = 8500 J.

最终将左右两边相等，得

$\frac{1}{2}mv^2-\frac{1}{2}mu^2-mgh=-8500,$

$\frac{1}{2}m\cdot21^2-\frac{1}{2}m\cdot5^2-10m\cdot100\sin20°=-8500,$

$m\left(\frac{21^2-5^2}{2}-1000\sin20°\right)=-8500,$

$m=63.4\text{ kg}.$

Q5 知识点

change of direction of friction in different motion

分别画出拉力为 10 N 和 75 N 时的受力分析图，如下图：

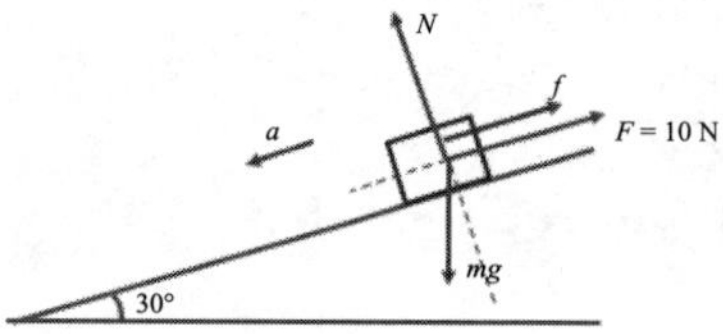

首先分析拉力为 10 N 时的状态：

在垂直于斜面的方向进行受力分析，可得：

$N=mg\cos30°=5\sqrt{3}m,$

题目已知 10 N 刚好阻止物体向下运动，因此可运用摩擦力公式 $f=\mu N$，得 $f=5\sqrt{3}\mu m,$

在平行于斜面的方向进行受力分析，可得

$mg\sin30°=f+10,$

将 $f=5\sqrt{3}\mu m$ 代入得

$5m=5\sqrt{3}\mu m+10\Rightarrow m=\sqrt{3}\mu m+2,$

然后分析拉力为 75 N 时的状态：

在垂直于斜面的方向进行受力分析，可得：

$N=mg\cos30°=5\sqrt{3}m.$

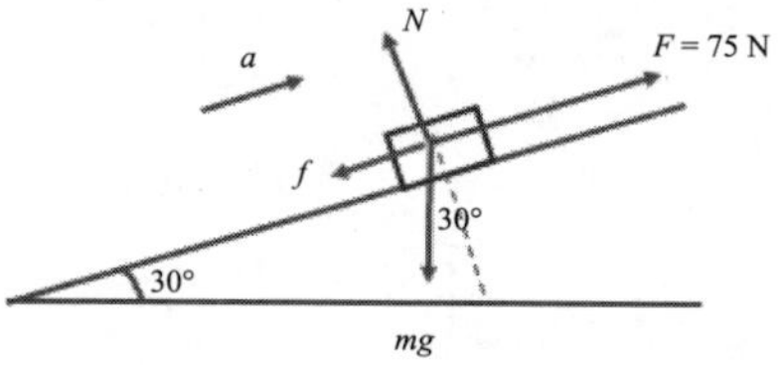

题目已知物体处于 on the point of sliding up 的状态，所以此时摩擦力为最大摩擦力 . 运用摩擦力公式 $f=\mu N$，得 $f=5\sqrt{3}\mu m,$

在平行于斜面的方向进行受力分析，可得

$f+mg\sin30°=75,$

将 $f=5\sqrt{3}\mu m$ 代入得：

$5\sqrt{3}\mu m+5m=75\Rightarrow\sqrt{3}\mu m+m=15,$

最终可通过联立方程组求出 μ 和 m 的值：

$$\begin{cases}m=\sqrt{3}\mu m+2\\ \sqrt{3}\mu m+m=15\end{cases}\Rightarrow\begin{cases}m=8.5\text{kg},\\ \mu=0.442.\end{cases}$$

Q6 知识点

connected particles by rods

(i) 将连接体作为一个整体去分析，受力分析图如下所示：

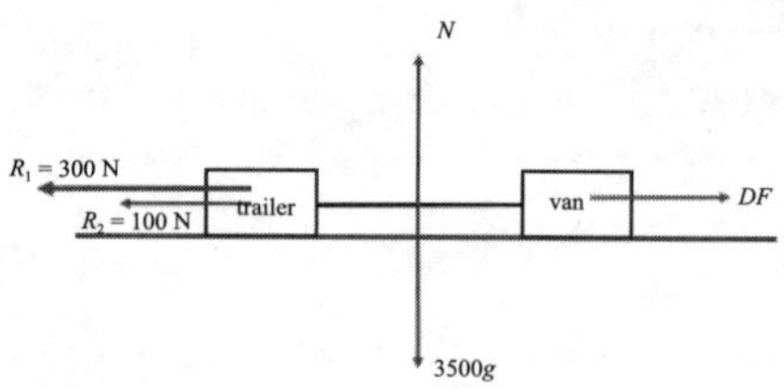

已知连接体在以 25 m s^{-1} 的速度保持匀速运动，因此水平方向的力平衡 .

即 $DF=R_1+R_2=300+100=400\text{ N},$

运用公式 $P=Fv$，得 $P=400\times25=10000\text{W}.$

(ii) 本小问要求 T，因此需要分别分析每个物体的受力情

况，受力分析图如下所示：

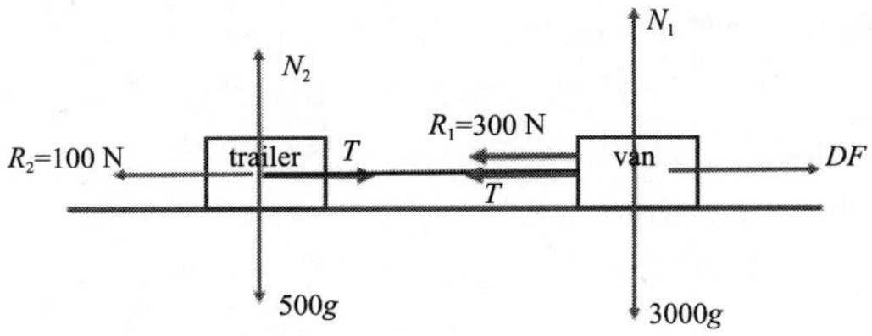

因为两个物体上的 T 大小相同，反向相反，因此只需要分析一个物体即可 .

此处选取 trailer 进行分析 .

已知 trailer 在以 25 m s^{-1} 的速度保持匀速运动，因此水平方向的力平衡 .

即$T = R_2 = 100\text{N}$.

(iii) 本小问要求 new T，因此需要分别分析每个物体的受力情况，然后运用牛顿第二定律即可 . 受力分析图如下所示：

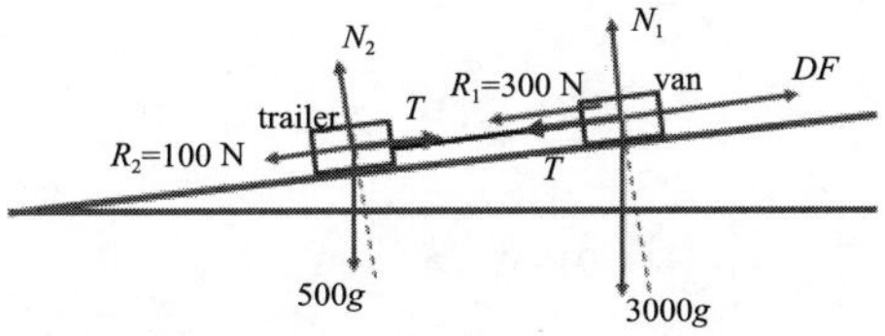

先对 trailer 进行分析可得

$T - 500g\sin 4° - R_2 = 500a \Rightarrow T - 5000\sin 4° - 100 = 500a$,

然后对 van 进行分析可得

$DF - T - 3000g\sin 4° - R_1 = 3000a$,

运用公式 $P = Fv$ ，可得 new $DF = \dfrac{P}{v} = \dfrac{25000}{20} = 1250\text{ N}$,

代入上式得： $1250 - T - 30000\sin 4° - 300 = 3000a$,

最终可通过联立方程组解出 T， $T = 221\text{ N}$.

Q7 知识点

velocity-time graph，displacement-time graph and multi-stage problems

(i) 题目要求汽车在前 40 秒的总距离，可借助 velocity-time graph 中对应时间段的面积来快速求解 .

汽车的运动分三个阶段：

第一阶段为 0 s～10 s，汽车从 A 处出发，初速度为 0 m s^{-1} ，保持 3 m s^{-2} 的加速度进行加速运动 . 运用公式 $v = u + at$ ，可得第 10 秒的速度为 $0 + 3\times 10 = 30\text{ m s}^{-1}$.

第二阶段为 10～40 s，保持 30 m s^{-1} 的匀速运动 .

第三阶段为 40 s 之后，汽车开始减速直至在 B 处停止 .

velocity-time graph 图像如右所示：

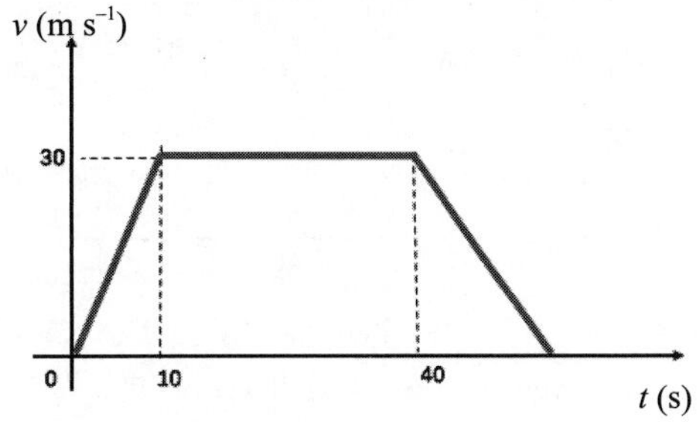

$s = \dfrac{1}{2}\times(30 + 40)\times 30 = 1050\text{m}.$

(ii) 题目新增了一个物体，所以为了方便分析，可将它的运动状态表示在上一问的 velocity-time graph 中 (表示为加粗线段).

首先可求出汽车和摩托车最终停下的时间点 T.

汽车在 40–T这段时间走过的距离 = $1500 - 1050 = 450$ m，利用 v-t 图该时间段内对应的面积，得

$\dfrac{(T-40)\times 30}{2} = 450 \Rightarrow T = 70\text{ s}.$

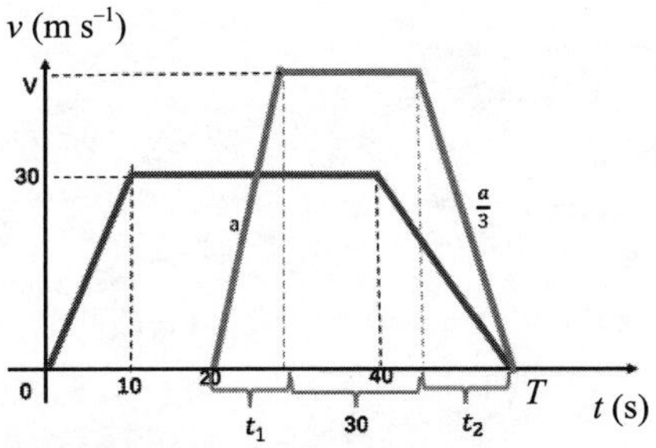

然后因为汽车和摩托车驶过的距离相同，所以可求出摩托车的速度 V 的值 .

利用 v-t 图内加粗直线下方的面积：

$1500 = \dfrac{(30+50)V}{2} \Rightarrow V = \dfrac{3000}{80} = 37.5\text{ m s}^{-1}.$

现已知 V= 37.5 m s^{-1} ，摩托车在 t_1 时间段内的加速度为 a， t_2 时间段内的减速度为 $\dfrac{a}{3}$ ，所以可利用知识点 the gradient of a velocity-time graph is equal to the acceleration of the object，求解出关于 a 的值 .

$a = \dfrac{V}{t_1}, \dfrac{a}{3} = \dfrac{V}{t_2} \Rightarrow t_1 = \dfrac{V}{a},\ t_2 = \dfrac{V}{\frac{a}{3}} = 3\dfrac{V}{a} = 3t_1$,

$t_1 + t_2 = 50 - 30 = 20\text{ s} \Rightarrow t_1 + 3t_1 = 20 \Rightarrow t_1 = 5\text{s}$,

$a = \dfrac{V}{t_1} = \dfrac{37.5}{5} = 7.5\text{ m s}^{-2}.$

2016

(iii) 本小问要求画出 displacement-time graph.

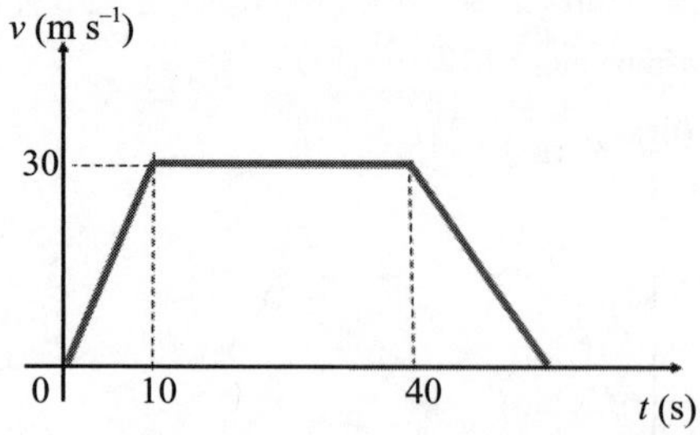

首先需要把每个时间点对应的位移计算出来 . 计算位移只要通过计算 velocity-time graph 中对应时间段内直线下方的面积即可 .

$t = 10s, S = \frac{1}{2} \times 10 \times 30 = 150\,m$,

$t = 40s, S = \frac{1}{2} \times 30 + 40 \times 30 = 1050\,m$,

$t = 70s, S = \frac{1}{2} \times 30 + 70 \times 30 = 1500\,m$,

其次需要明确每个时间段内图像的形状 .

0～10 s 内汽车做加速运动，40～70 s 内做减速运动，因此在这两个时间段内图像呈曲线状 .

10～40 s 内汽车做匀速运动，因此图像呈现直线状 .

最后再明确了对应时间点的位移和图像的形状之后，即可画出图像，如下图所示 .

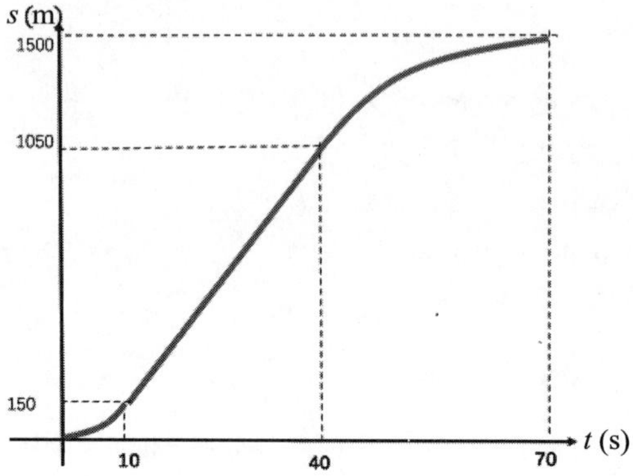

9709_w16_qp_43

Q1 知识点

(i) work
(ii) power

(i) 题目已知 $d = 3.5$ m，因此只要求出 F 即可 .

首先画出受力分析图，如右所示：

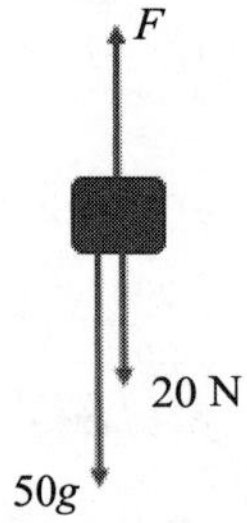

已知物体在做匀速运动，这表明物体处于 equilibrium 状态，即竖直方向合力 = 0 N.

因此 $F = mg + R = 500 + 25 = 525$ N,

运用公式 $W = Fd$, 可得 WD by crane $= 525 \times 3.5 = 1837.5$ J.

(ii) 在已知 work 和 t 要求 power 的情况下，可运用基本公式 $W = Pt$.

因此$P = \frac{W}{t} = \frac{1837.5}{2} = 919$ W.

Q2 知识点

resolving forces in horizontal and vertical directions in equilibrium problems

首先画出受力分析图，补上重力 .

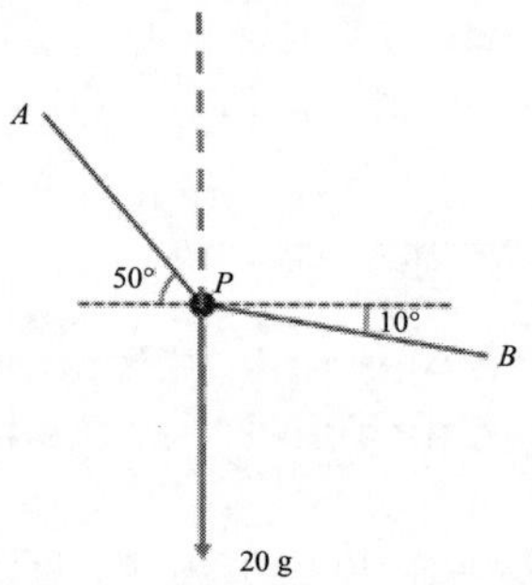

题目已知 forces are in equilibrium，因此水平和竖直方向 resultant force 均为 0.

先进行水平方向上力的分解，可得

$T_A \cos 50° = T_B \cos 10°$,

后进行竖直方向上力的分解，可得

$T_A \sin 50° = 20g + T_B \sin 10° \Rightarrow T_A \sin 50° - T_B \sin 10° = 200$

最后联立方程组即可求出 T_A 和 T_B，即

$T_A = 306\,\text{N}$，$T_B = 200\,\text{N}$.

Q3 知识点

connected particles: objects connected by strings

(i) 首先画出受力分析图，如下图：

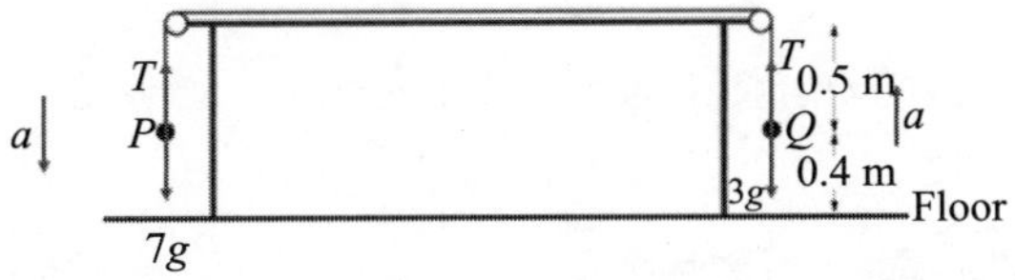

因为 $m_p > m_Q$，所以 P 的运动方向为竖直向下，Q 则为竖直向上．

首先对小球 P 进行受力分析，得 $7g - T = 7a$,

然后对小球 Q 进行受力分析，得 $T - 3g = 3a$,

两式相加即可求出 a，即 $4g = 10a \Rightarrow a = 4\,\text{m s}^{-2}$,

现已知 $s = 0.4\,\text{m}, u = 0\,\text{m s}^{-1}, a = 4\,\text{m s}^{-2}$,

所以可运用公式 $v^2 = u^2 + 2as$ 求出 v.

即 $v^2 = 0 + 2 \times 4 \times 0.4 = 3.2 \Rightarrow v = 1.79\,\text{m s}^{-1}$.

(ii) 本小问要求 Q 在触碰轮滑时是否停止运动，解题思路为可先求出 Q 从开始运动到静止的运动总距离，然后将其与 0.5 m 相比较即可得出结论．

Q 在上升过程中存在两段不同的状态：

第一段为 P 从释放到接触地面的这段时间，Q 也上升了相同的距离即 0.4 m，且其末速度大小和 P 的末速度大小相同，都为 $1.79\,\text{m s}^{-1}$.

第二段为 P 接触到地面后，Q 因为存在向上的速度还会往上上升一段距离直到停止．

在这段距离中，因为绳子处于松弛状态，所以拉力 = 0N，物体此时只受重力，因此运用牛顿第二定律可得

$0 - mg = ma \Rightarrow a = -g = -10\,\text{m s}^{-2}$,

现已知 $u = 1.79\,\text{m s}^{-1}, v = 0\,\text{m s}^{-1}, a = 10\,\text{m s}^{-2}$,

所以可运用公式 $v^2 = u^2 + 2as$ 求出 s.

即 $0 = 1.79^2 - 20s \Rightarrow s = 0.16\,\text{m}$,

因此 Q 总计上升了 $0.4 + 0.16 = 0.56\,\text{m}$,

因为 $0.56\,\text{m} > 0.5\,\text{m}$，所以 Q 在触碰轮滑时并未停止运动．

Q4 知识点

(i) motion due to gravity
(ii) equations of constant acceleration

(i) 本小问要求塔的总高度，只要将两个小球移动的距离加总即可，即 $s_A + s_B$.

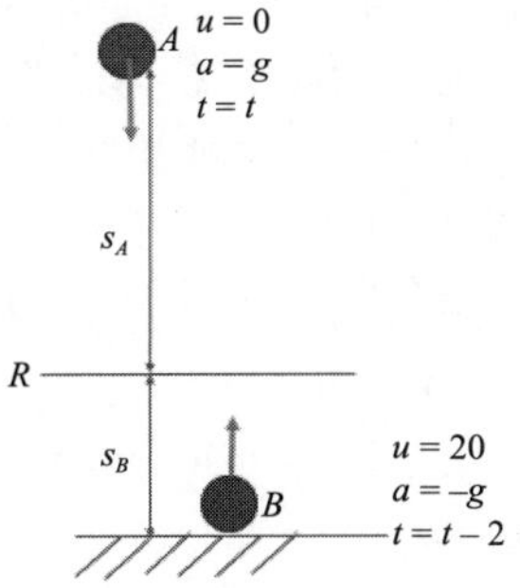

对于小球 A 来说：

初速度 $u_A = 0\,\text{m s}^{-1}$.

重力加速度使 A 加速，因此加速度 $a_A = g$.

A 开始运动的时间比 B 早 1 秒，因此 $t_A = 2.5\,\text{s}$.

因此运用公式 $s = ut + \frac{1}{2}at^2$，可得

$s_A = 0 + \frac{1}{2} \times 10 \times 2.5^2 = 31.25\,\text{m}$.

对于小球 B 来说：

初速度 $u_B = 20\,\text{m s}^{-1}$，$t_B = 1.5\,\text{s}$,

重力加速度使 B 减速，因此加速度 $a_B = -g$.

因此运用公式 $s = ut + \frac{1}{2}at^2$，可得

$s_B = 20 \times 1.5 + \frac{1}{2} \times (-10) \times 1.5^2 = 18.75\,\text{m}$,

最终总高度 = $s_A + s_B = 31.25 + 18.75 = 50\,\text{m}$.

(ii) 第一部分要求 A 触碰地面时 B 的总运动时间，基本思路为先研究 A 何时触碰地面，然后再减去时间差即可．

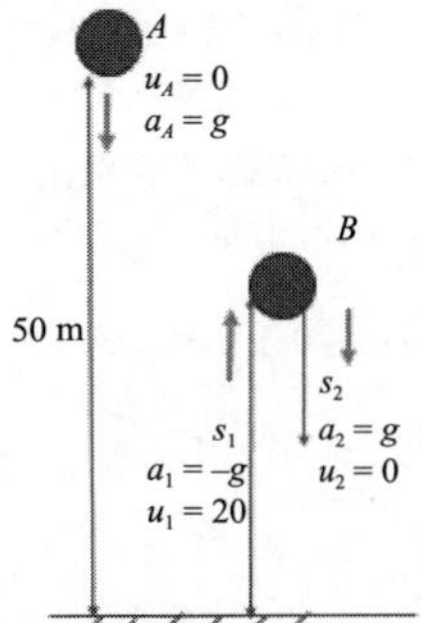

已知$u_A = 0\,\text{m s}^{-1}$，$a_A = g$，$s = 50\,\text{m}$.

所以运用公式$s = ut + \frac{1}{2}at^2$，可得

$50 = 0 + \frac{1}{2} \times 10 t_A{}^2 \Rightarrow t_A = \sqrt{10}\,\text{s}$，

A 从释放后的第 $\sqrt{10}$ 秒触碰地面，B 比 A 晚释放 1 s，这意味着 B 总共运动了 $\left(\sqrt{10}-1\right) = 2.16$ s.

第二部分要求这段运动时间内 B 总计移动的距离，基本思路为先判断 B 的运动状态，是一直处于上升状态还是已经开始下降，如果开始下降则需要分段计算，将上升距离和下降距离分别相加 .

首先计算 B 到最高点的用时，然后将其与 2.16 s 相比较 .

已知$u_B = 20\,\text{m s}^{-1}$，$v_B = 0\,\text{m s}^{-1}$，$a_A = -g$.

所以运用公式 $v = u + at$，可得 $0 = 20 - 10t_1 \Rightarrow t_1 = 2\,\text{s}$.

$2 < 2.16$，这表明 B 在剩余的 0.16 s 内出现了下降趋势，因此需要分段计算距离 .

第一段上升距离 s_1：

运用公式 $s = ut + \frac{1}{2}at^2$，可得

$s_1 = 20 \times 2 + \frac{1}{2} \times (-10) \times 2^2 = 20\,\text{m}$.

第二段下降距离 s_2：

已知 $t_2 = t_B - t_1 = 2.16 - 2 = 0.16\,\text{s}$，$a_2 = g$，$u_2 = 0\,\text{m s}^{-1}$.

运用公式 $s = ut + \frac{1}{2}at^2$，可得

$s_2 = 0 + \frac{1}{2} \times 10 \times 0.16^2 = 0.13\,\text{m}$，

最终总距离 $= s_1 + s_2 = 20.1\,\text{m}$.

Q5 知识点

(i) displacement as the integral of velocity with respect to time
(ii) displacement as the integral of velocity with respect to time, velocity as the integral of acceleration with respect to time

(i) 本小问要求 OX，基本思路为先求出 $v = 0$ 时 t 的取值，然后对 v 进行定积分即可求出 OX.

$v = 6t - 0.3t^2 = 0 \Rightarrow t(6 - 0.3t) = 0 \Rightarrow t = 0\,\text{s or } t = 20\,\text{s}$，

$OX = \int_0^{20} (6t - 0.3t^2)\,\text{d}t = \left[3t^2 - 0.1t^3\right]_0^{20} = 3 \times 20^2 - 0.1 \times 20^3 = 400\,\text{m}$.

(ii) 本小问已知当 $t = 10$ 时 $s = 400$ m，要求 a 中 k 的值，因此基本思路为可对 a 进行积分求出 v 的等式，然后对 v 进行积分求出 s 的等式，最终将 s 和 t 的值代入 s 的等式即可求出 k.

$v = k - 12t$,

$v = \int a\text{d}t = kt - 6t^2 + C$,

$v(0) = 0 \Rightarrow C = 0 \Rightarrow v = kt - 6t^2$,

$s = \int v\text{d}t = \frac{1}{2}kt^2 - 2t^3 + C'$,

$s(0) = 0 \Rightarrow C' = 0 \Rightarrow s = \frac{1}{2}kt^2 - 2t^3$,

代入 s 和 t 的值，得 $400 = \frac{1}{2}k \times 10^2 - 2 \times 10^3 \Rightarrow k = 48$.

Q6 知识点

relationship between power, force and velocity for a force acting in the direction of motion

(i) 本小问要求人和车的总重量，基本思路为先运用$P = Fv$求出 DF，然后运用牛顿第二定律 $F = ma$ 即可求出重量 .

运用公式 $P = Fv$，得

$DF = \frac{P}{v} = \frac{160}{5} = 32\,\text{N}$，

运用牛顿第二定律 $F = ma$，得

$DF - R = ma \Rightarrow 32 - 20 = 0.15m \Rightarrow m = 80\,\text{kg}$.

(ii) 本小问考查斜面上物体的受力分析，可先画出受力分析图，如下图所示：

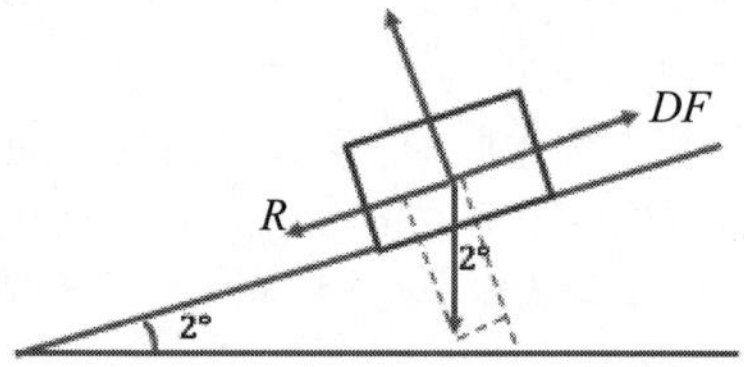

首先运用公式 $P = Fv$，得

$DF = \frac{P}{v} = \frac{300}{v}$，

然后题目在平行于斜面的方向进行受力分析，可得

$R + mg\sin 2° = DF$（题目已知骑车人在做匀速运动，因此合力 = 0).

最后代入 $DF = \frac{300}{v}$，可得

$20 + 800\sin 2° = \frac{300}{v} \Rightarrow v = 6.26\,\text{m s}^{-1}$.

(iii) 本小问要求骑车人速度变为第 (ii) 小问中的 90% 时的加速度，基本思路为先运用 $P = Fv$ 求出 DF，然后运用牛顿第二定律 $F = ma$ 即可求出加速度．

题目已知现在骑车人速度变为第 (ii) 小问中的 90%，即

$v = (0.9 \times 6.26)\ \mathrm{m\ s^{-1}}$．

因此可运用公式 $P = Fv$，得

$$DF = \frac{P}{v} = \frac{300}{0.9 \times 6.26} = 53.2\ \mathrm{N},$$

最后运用牛顿第二定律 $F = ma$，得

$$DF - R - mg\sin 2° = 80a \Rightarrow 53.2 - 20 - 800\sin 2° = 80a$$

$$\Rightarrow a = 0.0666\ \mathrm{m\ s^{-2}}.$$

Q7 知识点

kinds of forces in a given situation, resolving forces, work-energy principal

(i) 受力分析图如下所示：

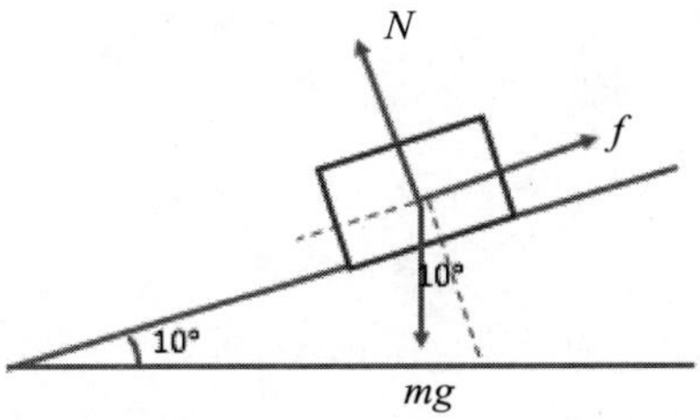

在平行于斜面的方向进行受力分析，可得 $f = mg\sin 10°$

在垂直于斜面的方向进行受力分析，可得 $N = mg\cos 10°$

由于物体没有发生滑动，因此 $f = mg\sin 10°$ 小于最大的摩擦力，即 μN.

$F = mg\sin 10° \leqslant \mu N$

$mg\sin 10° \leqslant \mu mg\cos 10°$

$\mu \geqslant \tan 10° = 0.176.$

(ii) 基本公式为

increase in mechanical energy = total work done by forces.

先看公式左边，本小问中 KE 和 GPE 都有发生变化．

运用公式 Gain in KE $= \frac{1}{2}mv^2 - \frac{1}{2}mu^2$，可得

Gain in KE $= \frac{1}{2}mv^2 - 0 = \frac{1}{2}mv^2$,

运用公式 Gain in GPE $= mg(h_1 - h_0)$ ，可得

Gain in GPE $= mg(-10\sin 10°) = -10\sin 10° mg$,

再看公式右边，本小问中摩擦力和推力做功．

推力只存在于前 5 m 的移动中，且和物体运动方向相同，因此运用公式 $W = Fd$ 可得

WD by pushing force = $50 \times 5 = 250$ J.

摩擦力在 10 m 的移动中一直存在，且和物体运动方向相反，因此运用公式 $W = Fd$ 可得

WD against frirction = $Fd = 10\mu mg\cos 10°$,

最终将左右两边相等，得

$$\frac{1}{2}mv^2 - 10\sin 10° mg = 250 - 10\mu mg\cos 10°$$

$$\Rightarrow \frac{50}{2}v^2 - 10\sin 10° \times 500 = 250 - 10 \times 0.19 \times 500\cos 10°$$

$$\Rightarrow v = 2.70\ \mathrm{m\ s^{-1}}.$$

(iii) 受力分析图如下所示：

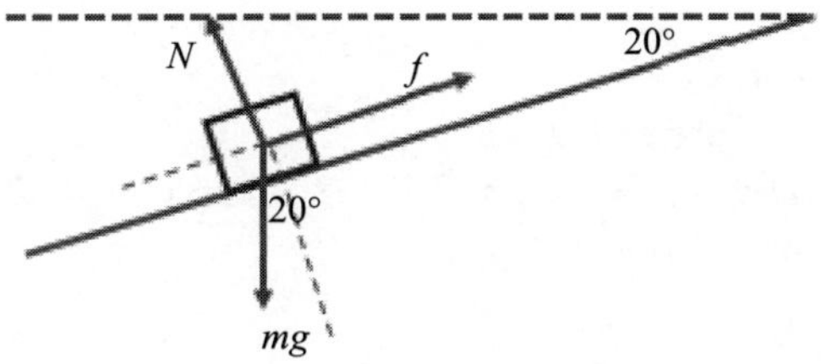

在垂直于斜面的方向进行受力分析，可得 $N = mg\cos 20°$,

在平行于斜面的方向进行受力分析，可得

$50g\sin 20° - f = ma$,

由于物体发生了移动，因此可运用摩擦力公式 $f = \mu N$，得 $f = \mu mg\cos 20°$,

将 f 代入 $50g\sin 20° - f = ma$，可得

$50g\sin 20° - \mu mg\cos 20° = ma$,

$500\sin 20° - 0.19 \times 500 \times \cos 20° = 50a$,

$a = 1.63\ \mathrm{m\ s^{-2}}$.

2016

Paper 6

9709_m16_qp_62

Q1 知识点

mean for coded data

(i) 运用 mean 的基本公式 $\bar{x}=\frac{\sum x}{n}$，

可得 $\sum x = n\bar{x}=10\times 86.2=862$.

(ii) 运用 mean for coded data 的公式 $\bar{x}=\frac{\sum(x-a)}{n}+a$，

可得 $86.2=\frac{362}{10}+a$，因此$a=86.2-36.2=50$.

Q2 知识点

discrete random variable: probability distribution table

因为白玫瑰总数有 2 朵，所以 Martin 抽到白玫瑰的数量总计有 0、1、2 这三种情况 .

$\mathrm{P}(\text{white rose}=0)$

$=\mathrm{P}(\text{not white rose, not white rose, not white rose})$

$=\frac{8}{10}\times\frac{7}{9}\times\frac{6}{8}=\frac{42}{90}$,

$\mathrm{P}(\text{white rose}=1)$

$=\mathrm{P}(\text{white rose, not white rose, not white rose})$

$=\frac{2}{10}\times\frac{8}{9}\times\frac{7}{8}\times 3=\frac{42}{90}$，(其中×3表示了抽取的顺序)

$\mathrm{P}(\text{white rose}=2)$

$=\mathrm{P}(\text{white rose, white rose, not white rose})$

$=\frac{2}{10}\times\frac{1}{9}\times\frac{8}{8}\times 3=\frac{6}{90}$，(其中×3表示了抽取的顺序)

求完各项概率之后，可加总检查总概率是否等于 1.

将概率代入 probability distribution table 中，如下表所示：

No. of W	0	1	2
Prob	42/90	42/90	6/90

Q3 知识点

probability，independent events

(i) Event R 代表的情况如下：

(1, 4), (2, 5), (3, 6), (4, 7), (5, 8), (4, 1), (5, 2), (6, 3), (7, 4), (8, 5),

总计 10 种情况 .

$P(R)=\frac{10}{8\times 8}=\frac{10}{64}$.

(ii) Event S 代表的情况如下：

(3, 7), (3, 8), (4, 5), (4, 6), (4, 7), (4, 8), (5, 6), (5, 7), (5, 8), (6, 7), (6, 8), (7, 8),

(7, 3), (8, 3), (5, 4), (6, 4), (7, 4), (8, 4), (6, 5), (7, 5), (8, 5), (7, 6), (8, 6), (8, 7),

(5, 5), (6, 6), (7, 7), (8, 8),

总计 28 种情况 .

$P(S)=\frac{28}{8\times 8}=\frac{28}{64}$.

(iii) 本小问判别事件 S 和 R 是否为独立事件，只需判别 $\mathrm{P}(S)\times\mathrm{P}(R)=\mathrm{P}(S\cap R)$是否成立 即可 .

同时满足 event R 和 S 的情况总计只有 (4, 7)，(7, 4)，(5, 8), (8, 5)这四种 .

因此 $\mathrm{P}(S\cap R)=\frac{4}{64}$,

$\frac{28}{64}\times\frac{10}{64}\neq\frac{4}{64}$，即$\mathrm{P}(S)\times\mathrm{P}(R)\neq\mathrm{P}(S\cap R)$,

因此两个事件不独立 .

Q4 知识点

representation of data

(i) 本小问要求花费时间在 25～45 min 之间的人数，只需用小于等于 45 min 的 cumulative frequency 减去小于等于 25 min 的 cumulative frequency 即可 .

$50-18=32.$

(ii) 题目要求做 histogram 的图像，必须先计算出 frequency density.

首先计算出每个区间的 frequency，然后根据公式

$\text{frequency density}=\dfrac{\text{frequency}}{\text{class width}}$ 可求出 frequency density，具体数值如下表所示：

Time	0 ~ 10	10 ~ 25	25 ~ 45	45 ~ 60	60 ~ 80
Frequency	0	18	32	9	4
Class Width	10	15	20	15	20
Frequency Density	0	1.2	1.6	0.6	0.2

完善这份表格之后，就可以绘制 histogram 的图像 .

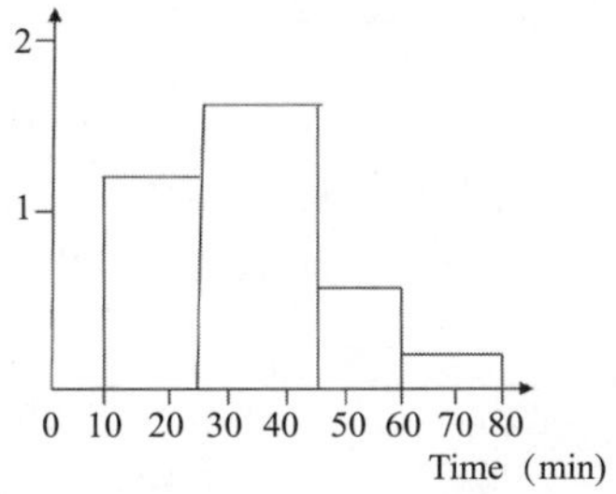

(iii) 基本公式为 $\text{Mean}=\dfrac{\sum f\cdot\text{mid-point of class interval}}{\sum f}$

代入本小问得

$$\text{Mean}=\frac{18\times17.5+35\times32+52.5\times9+70\times4}{63}=34.7.$$

Q5 知识点

(i) conditional probability
(ii) binomial distribution

(i) 基本公式为 $P(A\mid B)=\dfrac{P(A\cap B)}{P(B)}$，

代入本小问得

$$P(\text{go abroad}\mid\text{camping})$$

$$=\frac{P(\text{go abroad}\cap\text{camping})}{P(\text{camping})}$$

$$=\frac{P(\text{go abroad}\cap\text{camping})}{P(\text{go abroad}\cap\text{camping})+P(\text{own country}\cap\text{camping})}$$

$$=\frac{0.35\times0.15}{0.35\times0.15+0.65\times0.4}$$

$$=0.168.$$

(ii) 基本公式为 $X\sim B(n,\ p)$，$P(X=k)=\dbinom{n}{k}p^k(1-p)^{n-k}$，

用随机变量 X 代表 n 人中选择在自己国家度假的人数 .

由题目信息可整理出 $X\sim B(n,\ 0.65)$，$P(X=n)<0.002$，要求 n 的最小值 .

$$P(X=n)=\binom{n}{n}\times0.65^n\times(1-0.65)^0=0.65^n<0.002,$$

$0.65^n<0.002$

$\Rightarrow \ln 0.65^n<\ln 0.002$ （两边同时取 ln）

$\Rightarrow n\ln 0.65<\ln 0.002$ $\left(\text{power rule}: \ln a^b=b\ln a\right)$

$\Rightarrow n>\dfrac{\ln 0.002}{\ln 0.65}=14.4$，($\ln 0.65<0$，所以需要变换不等号的方向)

因此 n 的最小值为 15.

Q6 知识点

permutation, combination

(i) 本小问要求在 15 位申请者中任意挑选 5 位出来按顺序排列，因此总计 ${}^{15}P_5=360360$ 种情况 .

(ii) 15 位申请者中有 10 位女性，5 位男性，因此：

第一位男性的情况有 5 种，

第二位为女性的情况有 10 种，

第三位为男性的情况有（5 – 1）= 4 种，

第四位为女性的情况有（10 – 1）= 9 种，

第五位为男性的情况有（5 – 1 – 1）= 3 种，

因为需要同时满足这些条件，所以最终可得

$5\times10\times4\times9\times3=5400$ 种排列情况 .

(iii) 本小问可分以下三种情况讨论：

case 1：3 男 2 女，总计有 ${}^5C_3\times{}^{10}C_2=450$种组合方式.

case 2：4 男 1 女，总计有 ${}^5C_4\times{}^{10}C_1=50$种组合方式.

case 3：5 男 0 女，总计有 ${}^5C_5\times{}^{10}C_0=1$种组合方式.

最终加总得 501 种组合方式 .

2016

(iv) 本小问可分以下两种情况讨论：
case 1：Mr. and Mrs. Blake + 3 男 0 女，总计有
${}^{4}C_{3}\times{}^{9}C_{0}=4$种组合方式.
case 2：Mr. and Mrs. Blake + 2 男 1 女，总计有
${}^{4}C_{2}\times{}^{9}C_{1}=54$种组合方式.
最终加总得 58 种组合方式 .

Q7 知识点

normal distribution: standardising a normal variable，finding probability from a normal distribution，finding relationship between *x*，*u* and *σ* from a given probability

(i) 由题目信息可整理出 $X\sim N(m，0.35^2)$，
$P(X>0.9)=0.95$，要求 m 的值 .

首先进行标准化，得$P(X>0.9)=P\left(Z>\dfrac{0.9-m}{0.35}\right)=0.95$，

由于 $0.95>0.5$，所以 $\dfrac{0.9-m}{0.35}<0$.
然后由于查表时仅能找到当 $z>0$ 时 $Z<z$ 的概率值，因此必须先对 $P\left(Z>\dfrac{0.9-m}{0.35}\right)$进行转化 .
由于 normal distribution pdf 的对称性，可得

$$P\left(Z>\frac{0.9-m}{0.35}\right)=P\left(Z<\frac{-0.9+m}{0.35}\right)=\Phi\left(\frac{-0.9+m}{0.35}\right)=0.95,$$

最后可通过反向查表找出 $\Phi^{-1}(0.95)$的值 .

即 $\Phi^{-1}(0.95)=\dfrac{-0.9+m}{0.35}=1.645\Rightarrow m=1.48.$

(ii) 本小问可转化为求四辆车都需要花费小于两小时的概率，因此首先需要利用 normal distribution 求出 $P(X<2)$ 的值，然后利用 binomial distribution 求出题目要求的概率 .
首先进行第一部分：
由第 (i) 小问可知，$X\sim N(1.48，0.35^2)$，本小问要求 $P(X<2)$的值 .
首先进行标准化，

$$P(X<2)=P\left(Z<\frac{2-1.476}{0.35}\right)=P(Z<1.50).$$

然后查表即可，得 $P(X<2)=0.9332$.
然后进行第二部分：
此时用 Y 表示 4 辆车中需要花费小于两小时的车辆数，
$Y\sim B(4，0.9332)$，
因此

$$P(Y=4)=\binom{4}{4}\times0.9332^4\times(1-0.9332)^0=0.933^4=0.758.$$

(iii) 由题可知，$X\sim N(\mu，\sigma)$，$\mu=3\sigma$，本小问要求 $P(X>0.6\mu)$的值 .
首先进行标准化，

$$P(X>0.6\mu)=P\left(Z>\frac{0.6\mu-\mu}{\sigma}\right)=P\left(Z>\frac{-0.4\mu}{\sigma}\right).$$

代入 $\mu=3\sigma$，得 $P(X>0.6\mu)=P(Z>-1.2)$，
然后由于查表时仅能找到当 $z>0$ 时 $Z<z$ 的概率值，
因此可利用 normal distribution pdf 的对称性，将 $P(Z>-1.2)$ 转化为 $P(Z<1.2)$.
最终通过查表可求出概率，即 $P(X>0.6\mu)=0.885$.

9709_s16_qp_61

Q1 知识点

normal distribution: standardising a normal variable和finding probability from a normal distribution

用变量 X 代表玉米的高度 .
由题目信息可整理出 $X\sim N(1.62，\sigma^2)$，$P(X>1.8)=0.15$.

首先进行标准化，$P\left(Z>\dfrac{1.8-1.62}{\sigma}\right)=0.15$.

这个概率即右图中斜线部分面积 .

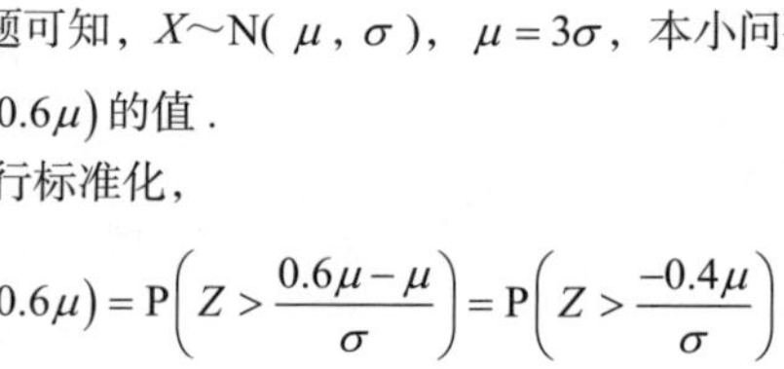

由上图可知在这个概率下 $\dfrac{1.8-1.62}{\sigma}>0$.
然后由于查表时仅能找到 $Z<z$ 时的概率值 .

因此 $P\left(Z<\dfrac{1.8-1.62}{\sigma}\right)=\Phi\left(\dfrac{1.8-1.62}{\sigma}\right)=1-0.15=0.85$
(铺灰的阴影部分).

后可通过反向查表找出 $\Phi^{-1}(0.85)$的值 .

即 $\Phi^{-1}(0.85)=\dfrac{1.8-1.62}{\sigma}=1.037 \Rightarrow \sigma=0.174.$

Q2 知识点

probability, binomial distribution

总概率 =1，即

$4p+0.2+0.2=1 \Rightarrow p=0.15 \Rightarrow \mathrm{P}(\text{扔到}4)=0.15.$

本题服从 binomial distribution，

基本公式为 $X \sim B(n,\ p)$，$\mathrm{P}(X=k)=\dbinom{n}{k}p^k(1-p)^{n-k}$，

代入本题为：

用变量 Y 表示 3 次投掷中扔到 4 的次数 .

由现有信息可整理出 $Y\sim \mathrm{B}(3,\ 0.15)$.

$\mathrm{P}(Y\leqslant 1)=\mathrm{P}(Y=0)+\mathrm{P}(Y=1)$

$=\dbinom{3}{0}\times 0.15^0\times 0.85^3+\dbinom{3}{1}\times 0.15^1\times 0.85^2=0.939.$

Q3 知识点

(i) probability of combined events
(ii) conditional probability

(i) 可绘制 tree diagram 帮助理解问题，如下图所示 .

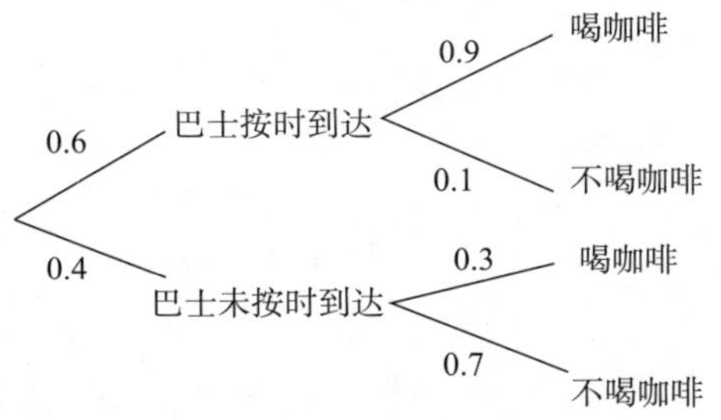

$\mathrm{P}(\text{喝咖啡})=\mathrm{P}(\text{巴士按时到达}\ \&\ \text{喝咖啡})+$

P（巴士未按时到达 & 喝咖啡）

$=0.6\times 0.9+0.4\times 0.3=0.66.$

(ii) 基本公式为 $\mathrm{P}(A\,|\,B)=\dfrac{\mathrm{P}(A\cap B)}{\mathrm{P}(B)}$，

代入本小问得

$\mathrm{P}(\text{巴士未按时到达}\,|\,\text{不喝咖啡})$

$=\dfrac{\mathrm{P}(\text{巴士未按时到达}\ \&\ \text{不喝咖啡})}{\mathrm{P}(\text{不喝咖啡})}$

$=\dfrac{\mathrm{P}(\text{巴士未按时到达}\ \&\ \text{不喝咖啡})}{1-\mathrm{P}(\text{喝咖啡})}$

$=\dfrac{0.4\times 0.7}{1-0.66}=0.824.$

Q4 知识点

discrete random variable: probability distribution table，expectation and variance

首先绘制 probability distribution table，

X 代表拿取的两颗糖果中绿色糖果的数量 .

绿色糖果总计 2 个，因此 X 可能的取值有 0，1，2.

$\mathrm{P}(X=0)=\mathrm{P}(B,\ B)=\dfrac{5}{7}\times\dfrac{4}{6}=\dfrac{10}{21}$,

$\mathrm{P}(X=1)=\mathrm{P}(G,\ B)+\mathrm{P}(B,\ G)=\dfrac{2}{7}\times\dfrac{5}{6}+\dfrac{5}{7}\times\dfrac{2}{6}=\dfrac{10}{21}$,

$\mathrm{P}(X=2)=\mathrm{P}(G,\ G)=\dfrac{2}{7}\times\dfrac{1}{6}=\dfrac{1}{21}$.

求完各项概率之后，可加总检查总概率是否等于 1.

probability distribution table 如下表所示：

x	0	1	2
$\mathrm{P}(X=x)$	$\dfrac{10}{21}$	$\dfrac{10}{21}$	$\dfrac{1}{21}$

$\mathrm{E}(x)=\sum xp(X=x)=0\times\dfrac{10}{21}+1\times\dfrac{10}{21}+2\times\dfrac{1}{21}=\dfrac{4}{7}$,

$\mathrm{Var}(x)=\sum x^2p(X=x)-\left(\sum xp(X=x)\right)^2$

$=0\times\dfrac{10}{21}+1\times\dfrac{10}{21}+4\times\dfrac{1}{21}-\left(\dfrac{4}{7}\right)^2=\dfrac{50}{147}.$

Q5 知识点

(i) normal distribution: standardising a normal variable，finding probability from a normal distribution
(ii) normal distribution can be used as an approximation to binomial distribution
(iii) approximation

(i) 用变量 X 代表吸管的直径 .

由题目信息可整理出 $X\sim \mathrm{N}(2.6,\ 0.25^2)$，

题目要求 $\mathrm{P}(X<3)$，基本方法为标准化然后查表 .

$\mathrm{P}(X<3)=\mathrm{P}\left(Z<\dfrac{3-2.6}{0.25}\right)=\mathrm{P}(Z<1.6)=0.945.$

(ii) 基本方法为 $X \sim B(n, p)$ 可被近似为 $X \sim N(u, \sigma^2)$，其中 $\mu = np$, $\sigma^2 = npq$.

代入本小问得

用 X 代表 500 个吸管中吸管的直径小于 3 的数量．

$X \sim B(500, 0.9452)$,

$E(X) = np = 500 \times 0.9452 = 472.6$,

$Var(X) = np(1-p) = 500 \times 0.9452 \times (1-0.9452) = 25.898$,

此时用 Y 代表 normal approximation 后的吸管的数量．

$Y \sim N(472.6, 25.898)$.

$P(X \geqslant 480) = P(Y \geqslant 497.5)$(continuity correction)

$= P\left(Z \geqslant \frac{497.5-472.6}{\sqrt{25.898}}\right) = P(Z \geqslant 1.3558)$

$= 1 - P(Z \leqslant 1.3558)$

$= 1 - \Phi(1.3558) = 1 - 0.9125 = 0.0875$.

(iii) 当 n 足够大且满足 $np>5$ 和 $nq>5$.

$np = 500 \times 0.9452 > 5$,

$nq = 500 \times (1-0.9452) > 5$,

本小问中两个条件均满足，因此可用 approximation.

Q6 知识点

permutation, combination

(a)

(i) 百位可取从 1 到 9 的这 9 个整数．

十位本可取从 0 到 9 的这 10 个整数，但由于不能和百位上的数字相同，因此只能取到其中 9 个整数．

个位本可取从 0 到 9 的这 10 个整数，但由于不能和百位以及十位上的数字相同，因此只能取到其中 8 个整数．

因此最终的情况有 $9 \times 9 \times 8 = 648$种.

(ii) 首先看大于 700 的条件，百位只能取 7、8、9 这三个整数．

然后看奇数的条件．

当百位为 7 时，个位可取 1、3、5、9,

当百位为 8 时，个位可取 1、3、5、7、9,

当百位为 9 时，个位可取 1、3、5、7,

最后看三个位置上的数字不能相同的条件，十位只能取剩余的 8 个整数．

最终可将三种情况相加．

当百位为 7 时，数字总计 $1 \times 8 \times 4 = 32$,

当百位为 8 时，数字总计 $1 \times 8 \times 5 = 40$,

当百位为 9 时，数字总计 $1 \times 8 \times 4 = 32$,

最终总计 $32 + 40 + 32 = 104$.

(b) 可分三种情况：

rose 2 + tulip 2 + daffodil 3 $\Rightarrow {}^6C_2 \times {}^5C_2 \times {}^4C_3 = 600$,

rose 2 + tulip 3 + daffodil 2 $\Rightarrow {}^6C_2 \times {}^5C_3 \times {}^4C_2 = 900$,

rose 3 + tulip 2 + daffodil 2 $\Rightarrow {}^6C_3 \times {}^5C_2 \times {}^4C_2 = 1200$,

$600 + 900 + 1200 = 2700$.

Q7 知识点

(i) cumulatiue frequency graph
(ii) using cumulative frequency graphs to estimate median, interquartile range
(iii) using cumulative frequency graphs to estimate
(iv) estimate mean for grouped data

(i) 首先求 cumulative frequency.

x	$x \leqslant 30$	$x \leqslant 50$	$x \leqslant 70$	$x \leqslant 90$	$x \leqslant 140$
Cumulative Frequency	16	56	104	130	160

然后就可将对应的点标注到图像内．

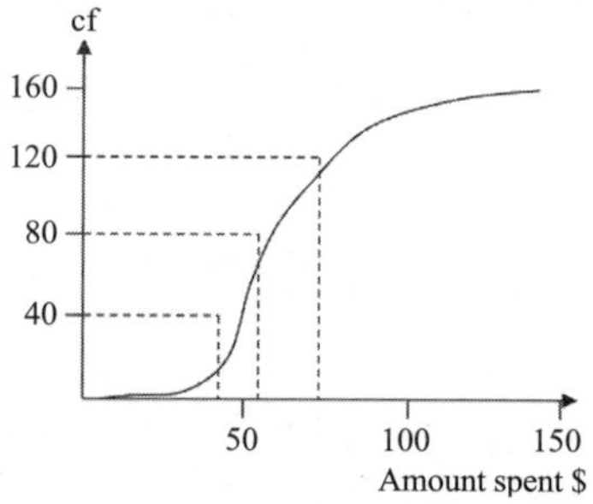

(ii) median 位于第 80 个数据，找到对应的横坐标约为 59 $\Rightarrow$ median = 59 (估值在 57～60 间均可).

interquartile range = Q3 – Q1,

Q3 位于第 120 个数据，找到对应的横坐标约为 82 $\Rightarrow$ Q3 = 82 (估值在 80～84 间均可).

Q1 位于第 40 个数据，找到对应的横坐标约为 43 $\Rightarrow$ Q1 = 43,

interquartile range = Q3 – Q1 = 82 – 43 = 39.

(iii) 本小问已知横坐标去估计纵坐标的位置．

$x = 115$ 时，

number of shopper less than 115 = 149,

number of shopper more than 115 = 160 − 149 = 11.

(iv) 基本方法为

$$\text{mean} = \frac{\sum \text{mid-point of interval} \times \text{frequency}}{\text{total frequency}},$$

$$\text{mean} = \frac{15\times16+40\times40+60\times48+80\times26+115\times30}{160} = 64.1.$$

9709_s16_qp_62

Q1 知识点

(i) tree diagram
(ii) conditional probability

(i)

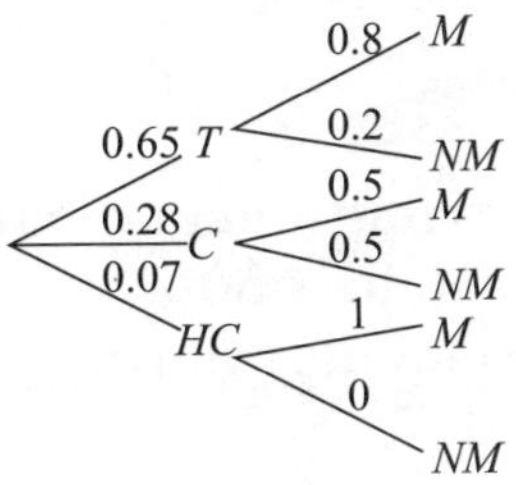

(ii) 基本公式为 $P(A \mid B) = \dfrac{P(A \cap B)}{P(B)}$,

代入本小问得

$$P(\text{coffee} \mid \text{milk}) = \frac{P(\text{coffee} \cap \text{milk})}{P(\text{milk})}$$

$$= \frac{0.28\times0.5}{0.65\times0.8+0.28\times0.5+0.07\times1} = 0.192.$$

Q2 知识点

normal approximation

(i) $P(\text{wait} < 5 \text{ mins}) = 0.16$,

$P(\text{wait} < 10 \text{ mins}) = 0.88$,

$P(5 \text{ mins} < \text{wait} < 10 \text{ mins}) = 0.88 - 0.16 = 0.72$.

(ii) 基本方法为 $X \sim B(n, p)$ 可被近似为 $Y \sim N(\mu, \sigma^2)$，其中 $\mu = np$，$\sigma^2 = npq$.

代入本小问得用变量 X 代表 180 人中等待时长介于 5～10 min 间的人数 .

$X \sim B(180, 0.72)$,

$\mu = np = 180\times0.72 = 129.6$,

$\sigma^2 = npq = 180\times0.72\times(1-0.72) = 36.288$,

此时用 Y 代表 normal approximation 后的人数 .

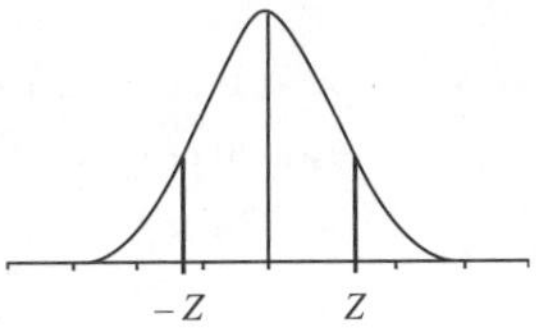

$Y \sim N(129.6, 36.288)$,

$P(X > 115) = P(Y \geqslant 115.5)$ (continuity correction)

$= P\left(Z \geqslant \dfrac{115.5-129.6}{\sqrt{36.288}}\right)$ (standardisation)

$= P(Z \geqslant -2.341)$

$= P(Z \leqslant 2.341)$ (symmetry)

$= \Phi(2.341) = 0.990.$

Q3 知识点

(i) discrete random variable: probability distribution table
(ii) discrete random variable: expectation, variance

(i) X 代表鸡蛋的数量，可取 1、2、3、4 四个值 .

$P(X=x) = kx$,

$P(X=1)=k$, $P(X=2)=2k$, $P(X=1)=3k$, $P(X=1)=4k$.

x	1	2	3	4
$P(X=x)$	k	$2k$	$3k$	$4k$

总概率 =1，因此 $k+2k+3k+4k=1 \Rightarrow k=\dfrac{1}{10}$.

(ii) $E(x) = \sum xp(X=x) = k+4k+9k+16k = 30k = 3$,

$\text{Var}(x) = \sum x^2 p(X=x) - \left[\sum xp(X=x)\right]^2$

$= 1\times k + 4\times2k + 9\times3k + 16\times4k - (3)^2$

$= 100k - 9 = 1.$

Q4 知识点

binomial distribution

(i) P (buy something) = 1 – 0.34 = 0.66，

用变量 X 代表 15 人中买东西的人数 .

由题目信息可整理出 $X \sim B(15, 0.66)$.

$$P(X \geqslant 14) = P(X = 14) + P(X = 15)$$

$$= \binom{15}{14} \times 0.66^{14} \times 0.34^{1} + \binom{15}{15} \times 0.66^{15} \times 0.34^{0} = 0.0171.$$

(ii) 用变量 Y 代表 n 人中买至少 50 美元东西的人数 .

由题目信息可整理出 $Y \sim B(n, 0.66)$.

$$P(Y = 0) < 0.04,$$

$$P(Y = 0) = \binom{n}{0} \times 0.13^{0} \times 0.87^{n} < 0.04 \Rightarrow 0.87^{n} < 0.04,$$

$\ln 0.87^{n} < \ln 0.04$　（两边同时取 ln），

$n \ln 0.87 < \ln 0.04$　（power rule），

$$n > \frac{\ln 0.04}{\ln 0.87} = 23.1,$$

$\ln 0.87 < 0$，因此需要改变不等号的方向.

$n = 24$.

Q5 知识点

(i) draw back-to-back stem-and-leaf diagrams
(ii) median, interquartile range for ungrouped data
(iii) interpret back-to-back stem-and-leaf diagrams

(i) 首先需要将两组数据从小到大排序 .

其次 back-to-back stem-and-leaf diagrams 特点为两组数据共用一列 stem（两组数据的十位数），两侧的 leaf 上为 single digit（两组数据的个位数），图像如下：

Bronlea		Rogate
6 3	0	4 5 7 7
7 4 3	1	0 1 3 5 6 8
8 7 5 4 2 1	2	3 3 6
3 2	3	4
5	4	

最终标注 key(随意选取一组数据进行解释).

例如 Key: 3| 1 | 5 represents 13 kph for Bronlea and 15 kph for Rogate.

(ii) median for Bronlea 位于 $\left(\frac{n+1}{2}\right)$th = $\left(\frac{15}{2}\right)$th = 7.5th，

因此求 median 只要求第 7 和 8 位上数据的平均值即可 .

即 median= $\frac{22+24}{2} = 23$，

interquartile range for Rogate = Q3 – Q1，

Q1 位于前一半数据中最中间的位置，Q1 = 7，

Q3 位于后一半数据中最中间的位置，Q3 = 23，

因此 interquartile range for Rogate = 23 – 7 = 16.

(iii) 从图像中可以观察到：

Bronlea 的日最大风速取到较大值的情况较多，而 Rogate 的日最大风速取到较小值的情况较多 .

因此可以总结相对来说 Rogate 比 Bronlea 风速要小 .

Rogate is less windy than Bronlea.

Q6 知识点

normal distribution: standardising a normal variable, finding probability from a normal distribution

(i) 用变量 X 代表 peter 所需的时间 .

由题目信息可整理出 $X \sim N(9.5, 1.3^{2})$，要求 $P(X > 10.2)$.

首先进行标准化，

$$P(X > 10.2) = P\left(Z > \frac{10.2 - 9.5}{1.3}\right) = P(Z > 0.53846)$$

$$= 1 - P(Z < 0.53846),$$

然后查表即可求出

$$P(X > 10.2) = 1 - \Phi(0.53846) = 1 - 0.7046 = 0.295.$$

(ii) 本小问已知概率，要反向查表找 Z 值 .

首先标准化，

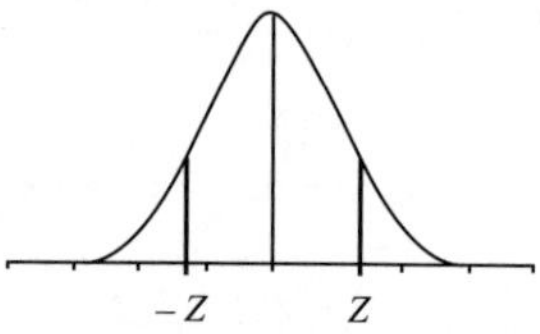

$$P(X > t) = P\left(Z > \frac{t - 9.5}{1.3}\right) = 0.9,$$

然后由于查表时仅能找到 $Z< z$ 时的概率值 .

因此 $P\left(Z < -\frac{t - 9.5}{1.3}\right) = \Phi\left(-\frac{t - 9.5}{1.3}\right) = 0.9$,

(symmetry of curve)

最后可通过查表找出 $\Phi^{-1}(0.9)$的值 .

$$\Phi^{-1}(0.9) = -\frac{t-9.5}{1.3} = 1.282 \Rightarrow t = 7.83.$$

(iii) 本小问基本思路为先求出 $P(X<8.8)$，再乘 365 天即可 .

$$P(X<8.8) = P\left(Z<\frac{8.8-9.5}{1.3}\right)$$

$$= \Phi(-0.53846) = 1-\Phi(0.53846)\ \left[\Phi(-a)=1-\Phi(a)\right]$$

$$= 0.2954$$

or $P(X<8.8) = 0.2954$ by symmetry from (i).

$365 \times 0.2954 = 107.821 \approx 107$ or 108.

Q7 知识点

(a) permutation of *n* objects with repetition and restrictions
(b) combination

(a)

(i) 基本公式为 number of permutation of n, objects

$$= \frac{nPn}{p!\times q!\times r!\ldots}$$, which p are of one type, q are of another type, r are of another type.

代入本小问得 $\frac{10!}{3!\times 2!} = 302400$ (L重复3次，W重复2次).

(ii) 大致可分为三种情况：

WxxxxxxWxx $\frac{8!}{3!}$

(除 W 外 8 个字母的排列，但包含 重复3次的L)，

xWxxxxxxWx $\frac{8!}{3!}$，(同理)

xxWxxxxxxW $\frac{8!}{3!}$，(同理)

总计 = 20160.

(b) 可分四种情况：

swimmer 1 + athlete 3 + cyclist 2 $\Rightarrow\ {}^5C_1 \times {}^7C_3 \times {}^4C_2 = 1050$,

swimmer 1 + athlete 4 + cyclist 1 $\Rightarrow\ {}^5C_1 \times {}^7C_4 \times {}^4C_1 = 700$,

swimmer 2 + athlete 3 + cyclist 1 $\Rightarrow\ {}^5C_2 \times {}^7C_3 \times {}^4C_1 = 1400$,

swimmer 3 + athlete 2 + cyclist 1 $\Rightarrow\ {}^5C_3 \times {}^7C_2 \times {}^4C_1 = 840$,

1050 + 700 + 1400+840 = 3990.

9709_s16_qp_63

Q1 知识点

independent events

(i)

	Wears Spectacles	Does not Wear Spectacles	Total
Right-handed	25 – 19 = 6	19	25
Not right-handed	8 – 6 = 2	22 – 19 = 3	2 + 3 = 5
Total	8	30 – 8 = 22	30

(ii) 基本方法为判断 $P(X\cap Y) = P(X)P(Y)$

$$P(X) = \frac{25}{30},$$

$$P(Y) = \frac{8}{30},$$

$$P(X)P(Y) = \frac{2}{9},$$

$$P(X\cap Y) = \frac{6}{30},$$

$P(X\cap Y) \neq P(X)P(Y) \Rightarrow X$，$Y$ 不是独立事件 .

Q2 知识点

(i) draw box-and-whisker plots
(ii) interpret box-and-whisker plots to compare sets of data

(i)

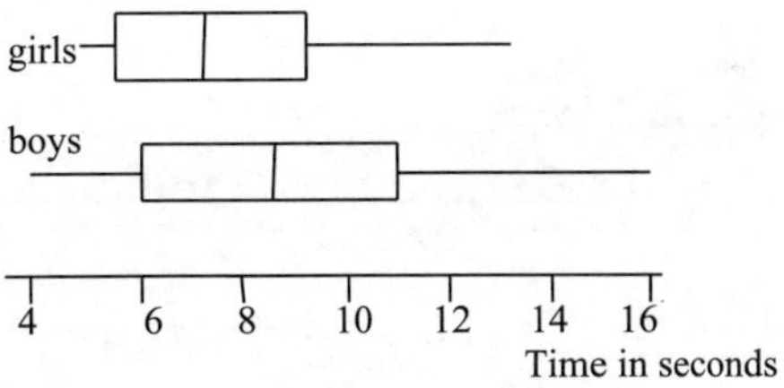

(ii) 看分值答题，本小问 2 分，需答 2 点 .
从图像上可以看到男孩所用时间长度比女孩长且 box 偏右，因此可以总结女孩完成任务比男孩快，女孩的 range 和 Interquartile range 比男孩小 .

Q3 知识点

(i) discrete random variable: probability distribution table
(ii) discrete random variable: expectation

(i) X 代表 resulting score，由题可知 X 可取 0, 1, 2, 3, 4, 5.
(a, b) : a 和 b 分别代表第一个和第二个骰子的点数 .

$$P(X=1)=P\begin{pmatrix}(1,2)(1,3)(1,4)(1,5)(1,6)\\(2,1)(3,1)(4,1)(5,1)(6,1)\end{pmatrix}=\frac{10}{36},$$

$$P(X=2)=P\begin{pmatrix}(2,3)(2,4)(2,5)(2,6)\\(3,2)(4,2)(5,2)(6,2)\end{pmatrix}=\frac{8}{36},$$

$$P(X=3)=P\big((3,4)(3,5)(3,6)(4,3)(5,3)(6,3)\big)=\frac{6}{36},$$

$$P(X=4)=P\big((4,5)(4,6)(5,4)(6,4)\big)=\frac{4}{36},$$

$$P(X=5)=P\big((5,6)(6,5)\big)=\frac{2}{36},$$

求完各项概率之后，可加总检查总概率是否等于 1.
将概率代入 probability distribution table 中，如下表所示：

x	0	1	2	3	4	5
$P(X=x)$	$\frac{6}{36}$	$\frac{10}{36}$	$\frac{8}{36}$	$\frac{6}{36}$	$\frac{4}{36}$	$\frac{2}{36}$

(ii) expectation 基本公式为 $E(x)=\sum x\,p(X=x)$，
代入本小问得

$$E(x)=0\times\frac{6}{36}+1\times\frac{10}{36}+2\times\frac{8}{36}+3\times\frac{6}{36}+4\times\frac{4}{36}+5\times\frac{2}{36}=\frac{35}{18}.$$

Q4 知识点

mean and variance for coded data

$$\bar{x}=\frac{\sum x}{n}=2205\Rightarrow\frac{\sum x}{9}=2205\Rightarrow\sum x=2205\times 9,$$

$$\sum(x-c)=\sum x-\sum c=2205\times 9-9c=1845\Rightarrow c=2000.$$

$$\mathrm{Var}(x-c)=\mathrm{Var}(x)=\frac{\sum(x-c)^2}{n}-\left(\overline{x-c}\right)^2$$

$$=\frac{477450}{9}-\left(\frac{1845}{9}\right)^2=11025.$$

(iii) 对于原来的数据：$\bar{x}=2205$, $n=9$, $\sum x=2205\times 9$,
加入新的数据后：$\bar{x}=2120.5$, $n=10$,

$$\bar{x}=\frac{\sum x+x_{new}}{10}=\frac{2205\times 9+x_{new}}{10}=2120.5\Rightarrow x_{new}=1360.$$

Q5 知识点

normal distribution: standardising a normal variable, finding probability from a normal distribution

(i) 用变量 X 代表课桌的高度 .
由题目信息可整理出 $X\sim N(69, \sigma^2)$，$P(X>70)=0.155$.
首先进行标准化，$P\left(Z>\frac{70-69}{\sigma}\right)=0.155$.
这个概率即图中斜线部分面积 .

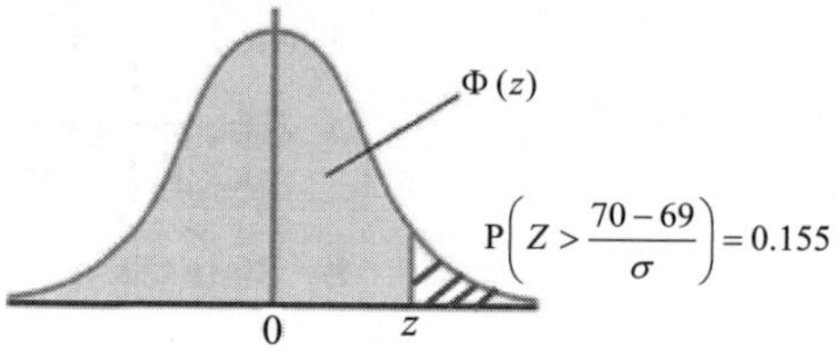

由图可知在这个概率下 $z>0$.
然后由于查表时仅能找到 $Z<z$ 时的概率值 .

因此 $P\left(Z<\frac{70-69}{\sigma}\right)=\Phi\left(\frac{1}{\sigma}\right)=1-0.155=0.845$（灰色阴影部分）.

最后可通过查表反向找出 $\Phi^{-1}(0.845)$的值.

即 $\Phi^{-1}(0.85)=\frac{1}{\sigma}=1.015\Rightarrow\sigma=\frac{200}{203}=0.985.$

(ii) 基本思路为先求出桌子的底端离地面至少为 $67(=58+9)$ cm 的概率，再乘上桌子的总数量即可 .

$$P(X\geqslant 67)=P\left(Z\geqslant\frac{67-69}{\frac{200}{203}}\right)\quad（标准化）$$

$=P(Z\geqslant -2.03)=P(Z\leqslant 2.03)$（图像对称性）

$=\Phi(2.03)=0.9788,$

$0.9788\times 300=293$ or $294.$

Q6 知识点

(i) permutation of n objects with repetition
(ii) permutation of n objects with repetition and restrictions
(iii) permutation of n objects with repetition and restrictions
(iv) combination
(v) combination

(i) 基本公式为 number of permutation of n,

objects = $\dfrac{nPn}{p!\times q!\times r!\ldots}$ (which p are of one type, q are of another type, r are of another type).

代入本小问得 $\dfrac{9!}{4!\times 2!}=7560$（E重复4次，R重复2次）.

(ii) 题目要求 RxxxxxxxG,
此时除去首字母 R 和末字母 G，剩余 7 个字母进行排列，但其中包含 重复4次的E.

因此 $\dfrac{7!}{4!}=210$.

(iii) 题目要求 EEEExxxxx,
本小问可以把 4 个 E 看作一个整体，因此相当于 6 个字母进行排列，但其中包含重复 2 次的 R.

因此 $\dfrac{6!}{2!}=360$.

(iv) 本小问在排除 E 后，还剩余 R、R、V、G、N 五个字母 .
要求选择时必须包含 1 个 R.
那剩余的 2 个字母就需要从 V、G、N 中挑选 .
因此 ${}^3C_2=3$.

(v) 本小问在排除 E 后，还剩余 R、R、V、G、N 五个字母 .
可分以下三种情况：
no E 且 no R $\Rightarrow$ 除去 E 和 R 剩余 V、G、N,
必须全选 $\Rightarrow$ ${}^3C_3=1$,
no E 且 1 R $\Rightarrow$ 和第(iv)小问情况一致 $\Rightarrow {}^3C_2=3$,
no E 且 2 R $\Rightarrow$ V、G、N中选1个 $\Rightarrow {}^3C_1=3$,
总计 $1+3+3=7$.

Q7 知识点

(i) binomial distribution
(ii) geometric distribution
(iii) binomial distribution, normal approximation

(i) 基本公式为 $X\sim B(n,\ p)$，$P(X=k)=\binom{n}{k}p^k(1-p)^{n-k}$,
本小问中用变量 X 代表 12 个乘客中背了背包的人数 .
由题目信息可整理出 $X\sim B(12,\ 0.65)$.

$P(8\leqslant X\leqslant 10)=P(X=8)+P(X=9)+P(X=10)$

$=\binom{12}{8}\times 0.65^8\times 0.35^4+\binom{12}{9}\times 0.65^9\times 0.35^3$

$+\binom{12}{10}\times 0.65^{10}\times 0.35^2$

$=0.541$.

(ii) P(第四位乘客背背包)

$=$P(前三位乘客未背背包 & 第四位乘客背背包)

$=0.35\times 0.35\times 0.35\times 0.65=0.0279$.

(iii) 变量 X 代表 12 个乘客中背了背包的人数 .

$X\sim B(12,0.65)$

$P(X=7)=\binom{12}{7}\times 0.65^7\times 0.35^5=0.2039$,

基本方法为 $X\sim B(n,p)$ 可被近似为 $X\sim N(\mu,\sigma^2)$，其中 $\mu=np$，$\sigma^2=npq$.
代入本小问得
变量 Y 代表在 250 辆巴士中每辆巴士正好有个 7 个乘客背了背包的巴士数量 .

$Y\sim B(250,0.2039)$，题目要求 $P(Y>54)$.

$E(Y)=np=250\times 0.2039=50.9798$,

$Var(X)=np(1-p)=250\times 0.2039\times(1-0.2039)=40.5851$,
此时用 W 代表 normal approximation 后的巴士数量 .

$W\sim N(50.9798,40.5851)$.

$P(Y>54)=P(W\geqslant 54.5)$ (continuity correction)

$=P\left(Z\geqslant\dfrac{54.5-50.9798}{\sqrt{40.5851}}\right)$ (standardise)

$=P(Z\geqslant 0.5526)=1-P(Z\leqslant 0.5526)=1-\Phi(0.5526)$

$=1-0.7098=0.290$.

2016

9709_w16_qp_61

Q1 知识点

normal distribution

$X \sim N(20, 49)$，

首先进行标准化，$P\left(Z > \frac{k-20}{\sqrt{49}}\right) = 0.25 < 0.5$，

这个概率即图中斜线部分面积 .

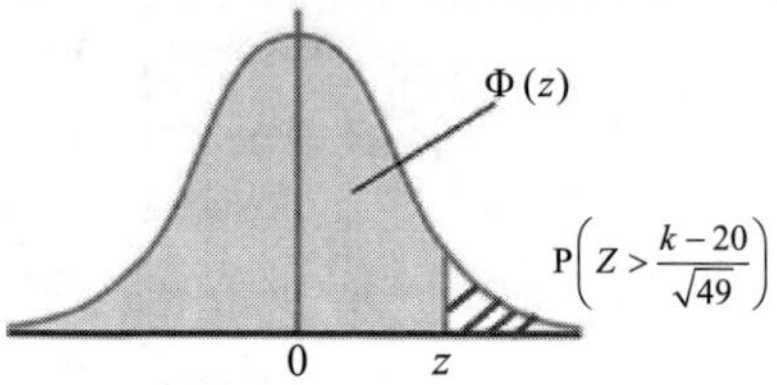

由图可知在这个概率下 $\frac{k-20}{\sqrt{49}} > 0$.

然后由于查表时仅能找到 $Z < z$ 时的概率值 .

因此 $P\left(Z < \frac{k-20}{\sqrt{49}}\right) = \Phi\left(\frac{k-20}{\sqrt{49}}\right) = 1 - 0.25 = 0.75$（灰色阴影部分）.

最后反向查表得 $\Phi^{-1}(0.75) = \frac{k-20}{\sqrt{49}} = 0.674 \Rightarrow k = 24.7$.

Q2 知识点

discrete random variable: probability distribution, expectation

X 代表 difference of two resulting scores，由题可知 X 可取 0，1，2，3，4，5.

(a, b) : a 和 b 分别代表第一个和第二个骰子的点数 .

$$P(X=1) = P\begin{pmatrix}(1,2)(2,1)(2,3)(3,2)(3,4)\\(4,3)(4,5)(5,4)(5,6)(6,5)\end{pmatrix} = \frac{10}{36},$$

$$P(X=2) = P\begin{pmatrix}(1,3)(3,1)(2,4)(4,2)\\(3,5)(5,3)(4,6)(6,4)\end{pmatrix} = \frac{8}{36},$$

$$P(X=3) = P\begin{pmatrix}(1,4)(4,1)(2,5)\\(5,2)(3,6)(6,3)\end{pmatrix} = \frac{6}{36},$$

$$P(X=4) = P\big((1,5)(5,1)(2,6)(6,2)\big) = \frac{4}{36},$$

$$P(X=5) = P\big((1,6)(6,1)\big) = \frac{2}{36}.$$

求完各项概率之后，可加总检查总概率是否等于 1.

求出概率后可绘制 probability distribution table，如下表所示：

x	0	1	2	3	4	5
$P(X=x)$	$\frac{6}{36}$	$\frac{10}{36}$	$\frac{8}{36}$	$\frac{6}{36}$	$\frac{4}{36}$	$\frac{2}{36}$

expectation 基本公式为 $E(X) = \sum xp(X = x)$.

代入本题得

$$E(X) = 0\times\frac{6}{36} + 1\times\frac{10}{36} + 2\times\frac{8}{36} + 3\times\frac{6}{36} + 4\times\frac{4}{36} + 5\times\frac{2}{36}$$

$$= \frac{35}{18}.$$

Q3 知识点

(i) independent events
(ii) binomial distribution: probability
(iii) binomial distribution: expectation, variance

(i) 看见长颈鹿、大象、斑马以及狮子属于独立事件，因此求看见所有动物的概率可直接将四个单独的概率相乘 .

即 P（看见所有的动物）

= P（看见长颈鹿）P（看见大象）P（看见斑马）P（看见狮子）

$= 0.9 \times 0.95 \times 0.85 \times 0.1 = 0.0727$.

(ii) 用变量 X 代表 12 个游客中看见狮子的人数 .

由题目信息可得 $X \sim B(12, 0.1)$，要求 $P(X < 3)$.

$$P(X<3) = P(X=0) + P(X=1) + P(X=2)$$

$$= \binom{12}{0}\times 0.1^0 \times 0.9^{12} + \binom{12}{1}\times 0.1^1 \times 0.9^{11} + \binom{12}{2}\times 0.1^2 \times 0.9^{10}$$

$$= 0.889.$$

(iii) 本小问中用变量 X 代表 50 个游客中看见斑马的人数 .

由题目信息可得 $X \sim B(50, 0.85)$.

$$E(X) = np = 50 \times 0.85 = 42.5,$$

$$\mathrm{Var}(X) = npq = 50 \times 0.85 \times 0.15 = 6.38.$$

Q4 知识点

normal distribution: standardising a normal variable, finding probability from a normal distribution

(i) 用变量 X 代表每袋大米的重量 .

由题可得 $X\sim N(1.04,\ 0.017^2)$，要求 $P(X<1)$.

进行标准化得

$P(X<1)=P\left(Z<\frac{1-1.04}{0.017}\right)$

$=\Phi(-2.353)\Phi(-a)=1-\Phi(a)$

$=1-\Phi(2.353)=1-0.9907=0.0093.$

(ii) 由题可得平均每袋大米重 1.04 kg，

因此 1000 kg 大米可打包装出 $\frac{1000}{1.04}=961.538\approx961$袋.

(iii) 用变量 Y 代表调整后每袋大米的重量 .

由题可得 $Y\sim N(\mu,\ 0.017^2)$，$P(Y<1)=0.0388$

标准化得 $P\left(Z<\frac{1-\mu}{0.017}\right)=0.0388<0.5\Rightarrow\frac{1-\mu}{0.017}<0$,

如下图,

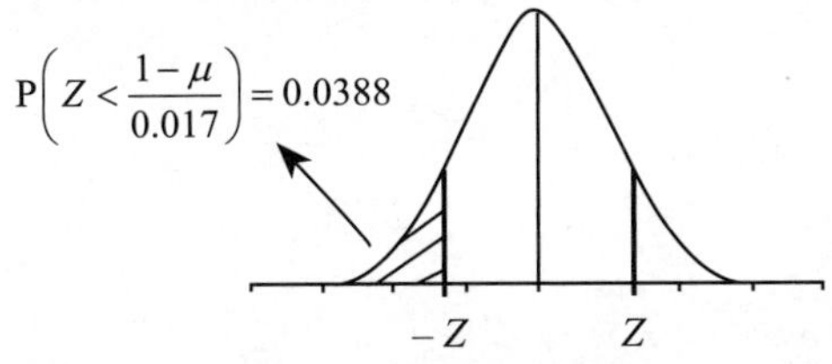

由于查表时仅能找到 $z>0$ 时的概率值 .

因此需将上式转化成$P\left(Z<-\frac{1-\mu}{0.017}\right)=1-0.0388$,

最后反查表得$\Phi^{-1}(1-0.0388)=1.765\Rightarrow Z=-\frac{1-\mu}{0.017}$

$=1.765\Rightarrow\mu=1.03.$

(iv) 由第 (iii) 小问可知调整后平均每袋大米重 1.03 kg.

因此现在 1000 kg 大米可打包装出

$\frac{1000}{1.03}=970.874\approx970$袋.

Q5 知识点

(a) permutation of n objects with repetition and restrictions，combination
(b) combination

(a) 题目要求元音字母 A, E, I, E 不排列在一起的情况 .

首先除去 A, E, I, E，还剩下 P, N, P, P, L

将这 5 个字母排序得 $\frac{5!}{3!}$,

然后可将 A, E, I, E 放入由 P, N, P, P, L 形成的 6 个间隔中，如下图所示，得 $^6C_4$,

____ P ____ N ____ P ____ P ____ L ____

得 $^6C_4\times\frac{4!}{2!}$,

最终结果即 $\frac{5!}{3!}\times{}^6C_4\times\frac{4!}{2!}=3600.$

(b)

(i) $^7C_5\times{}^5C_4\times{}^2C_1\times{}^2C_1=420.$

(ii) 方法一：用总数减去两者都在一个队的情况，

$420-{}^6C_4\times{}^4C_3\times{}^2C_1\times{}^2C_1=180.$

方法二：分类讨论，

情况 1. batsman 在，bowler 不在，

$^6C_4\times{}^4C_4\times{}^2C_1\times{}^2C_1=60.$

情况 2. batsman 不在，bowler 在，

$^6C_4\times{}^4C_3\times{}^2C_1\times{}^2C_1\times{}^2C_1=96.$

情况 3. batsman、bowler 都不在，

$^6C_5\times{}^4C_4\times{}^2C_1\times{}^2C_1=24.$

总计为 $60+96+24=180.$

Q6 知识点

conditional probability

(i) 左口袋有 3 红 1 蓝，因此拿出蓝色笔的概率为 $\frac{1}{4}$.

将蓝色笔放入右口袋后，右口袋有 3 红 2 蓝，因此拿出蓝色笔的概率为 $\frac{2}{5}$.

因此 P(左拿蓝，右拿蓝) $=\frac{1}{4}\times\frac{2}{5}=\frac{1}{10}.$

2016

(ii) $P(X=1)=P(左拿红，右拿红)+P(左拿蓝，右拿蓝)$

$=\frac{3}{4}\times\frac{4}{5}+\frac{1}{4}\times\frac{2}{5}=\frac{7}{10}$.

(iii) $P(左拿蓝\mid右拿蓝)=\frac{P(左拿蓝\cap右拿蓝)}{P(右拿蓝)}$

$=\frac{P(左拿蓝\cap右拿蓝)}{P(左拿蓝，右拿蓝)+P(左拿红，右拿蓝)}$

$=\frac{\frac{1}{10}}{\frac{1}{10}+\frac{3}{4}\times\frac{1}{5}}=\frac{2}{5}$.

Q7 知识点

(i) draw back-to-back stem-and-leaf diagrams
(ii) median and interquartile range for ungrouped data
(iii) interpret back-to-back stem-and-leaf diagrams

(i) 首先需要将两组数据从小到大排序 .
其次 back-to-back stem-and-leaf diagrams 特点为两组数据共用一列 stem（两组数据的百分位），两侧的 leaf 上为 single digit（两组数据的千分位），如下图所示：

Factory *A*		Factory *B*
	3	1 5 8
9	4	2 4 7 8 9
9 8 8 7 4 3 0	5	1 4 6 8
5 3 1 1 1	6	4

最终标注 key，即随意选取一组数据进行解释 .
例如 Key: 9 | 4 | 2 represents 0.049 g for factory *A* and 0.042 g for factory *B*.

(ii) median $=\left(\frac{n+1}{2}\right)$th $=\left(\frac{14}{2}\right)$th = 7th = 0.048,

interquartile range = Q3 − Q1,

Q1 = 25%th，即 $\left(\frac{3th+4th}{2}\right)th=\left(\frac{0.038+0.042}{2}\right)=0.04$,

Q3 = 75%th，即 $\left(\frac{3th+4th}{2}\right)th=\left(\frac{0.054+0.056}{2}\right)=0.055$,

因此 interquartile range = 0.055 − 0.04 = 0.015.

(iii) 从图中可以观察到：
第一，工厂 *A* 取到较大值的情况较多，而工厂 *B* 取到较小值的情况较多，因此可以总结出工厂 *A* 制造的零件重量要比工厂 *B* 制造的零件重量要重 .
第二，工厂 *B* 的 interquartile range 更广，因此可以总结出工厂 *B* 制造的零件重量的数据离散程度更大 .
Generally heavier in factory *A*. Masses more spread out in factory *B*.

9709_w16_qp_62

Q1 知识点

conditional probability

基本公式为 $P(A\mid B)=\frac{P(A\cap B)}{P(B)}$,

代入本题得

$P(cycle\mid late)=\frac{P(cycle\cap late)}{P(late)}$

$=\frac{P(cycle\cap late)}{P(cycle\cap late)+P(walk\cap late)+P(bus\cap late)}$

$=\frac{0.65\times0.1}{0.65\times0.1+0.3\times0.15+0.05\times0.6}=0.464$.

Q2 知识点

(i) permutation and combination
(ii) discrete random variable: probability distribution table

(i) $P(3件中只有1件T恤)$

$=\frac{3件T恤中选1件\times剩余9件衣服中选另外2件}{12件衣服选3件}$

$=\frac{{}^{3}C_{1}\times{}^{9}C_{2}}{{}^{12}C_{3}}=\frac{27}{55}$.

(ii) *X* 代表 3 件衣服中 T 恤的数量，因此 *X* 取值可能为 0，1，2，3.

$P(X=0)=\frac{3件T恤中选0件\times剩余9件衣服中选另外3件}{12件衣服选3件}$

$=\frac{^3C_0\times{}^9C_3}{^{12}C_3}=\frac{21}{55}$,

$P(X=1)=\frac{27}{55}$,

$P(X=2)=\frac{3件T恤选2件\times剩余9件衣服中选另外1件}{12件衣服选3件}$

$=\frac{^3C_2\times{}^9C_1}{^{12}C_3}=\frac{27}{220}$,

$P(X=3)=\frac{3件T恤中选3件\times剩余9件衣服中选0件}{12件衣服选3件}$

$=\frac{^3C_3\times{}^9C_0}{^{12}C_3}=\frac{1}{220}$,

求完各项概率之后，可加总检查总概率是否等于 1.

probability distribution table 如下表所示：

X	0	1	2	3
Prob	$\frac{84}{220}$	$\frac{27}{55}$	$\frac{27}{220}$	$\frac{1}{220}$

Q3 知识点

(i) binomial distribution
(ii) normal approximation

(i) 基本公式为 $X\sim B(n,\ p)$，$P(X=k)=\binom{n}{k}p^k(1-p)^{n-k}$

睡觉和学习属于 mutually exclusive events，

因此P(睡觉或学习) = P(睡觉) + P(学习) = 0.2 + 0.6 = 0.8.

用 X 表示 7 天中中午睡觉或学习的天数 .

由题可知 $X\sim B(7,\ 0.8)$，要求 $P(X\geqslant6)$，

$P(X\geqslant6)=P(X=6)+P(X=7)$

$=\binom{7}{6}\times0.8^6\times0.2^1+\binom{7}{7}\times0.8^7\times0.2^0$

$=0.577$.

(ii) 基本方法为 $X\sim B(n,\ p)$可被近似为$Y\sim N(\mu,\ \sigma^2)$，其中$\mu=np$，$\sigma^2=npq$.

代入本小问得：

用 Y 表示 100 天中中午睡觉的天数，由题可知 $Y\sim B(100,\ 0.2)$，要求 $P(Y\leqslant30)$.

$\mu=np=100\times0.2=20$，$\sigma^2=npq=100\times0.2\times0.8=16$.

此时用 W 表示 normal approximation 后的变量，$W\sim N(20,\ 16)$，

$P(Y\leqslant30)=P(W\leqslant30.5)$ (continuity correction)

$=P\left(Z\leqslant\frac{30.5-20}{4}\right)$ (standardise)

$=P(Z\leqslant2.625)=0.996$.

Q4 知识点

(i) normal distribution: standardising a normal variable 和 finding probability from a normal distribution
(ii) normal distribution
(iii) binomial distribution

(i) 用变量 X 代表煮鸡蛋所需的时间 .

由题目信息可整理出 $X\sim N(4.2,\ 0.6^2)$，要求 $P(3.5<X<4.5)$，

首先进行标准化，

$P(3.5<X<4.5)=P\left(\frac{3.5-4.2}{0.6}<Z<\frac{4.5-4.2}{0.6}\right)$

$=P(-1.167<Z<0.5)$

$=P(Z<0.5)-P(Z<-1.167)$.

$=\Phi(0.5)-\Phi(-1.167)$,

代入$\Phi(-a)=1-\Phi(a)$，得

$\Phi(0.5)-[1-\Phi(1.167)]$

$=\Phi(0.5)+\Phi(1.167)-1$,

最后查表即可求出

$P(3.5<X<4.5)=0.6915+0.8784-1=0.570$.

(ii) 由题目信息可知 $P(X>t)=0.12$，

首先进行标准化，$P(X>t)=P\left(Z>\frac{t-4.2}{0.6}\right)=0.12<0.5$，

这个概率即图中斜线部分面积 .

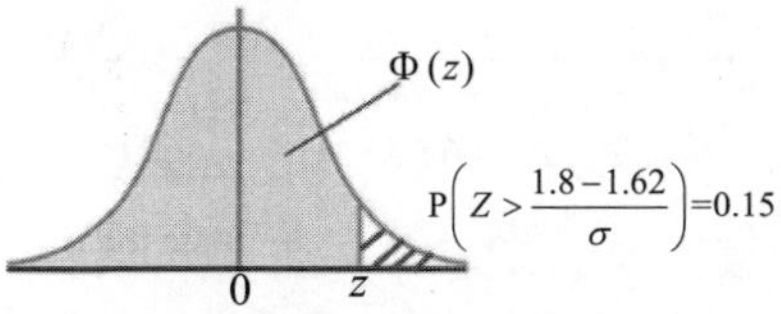

由图可知在这个概率下 $\frac{t-4.2}{0.6}>0$.

然后由于查表时仅能找到 $Z<z$ 时的概率值 .

因此 $P\left(Z<\frac{t-4.2}{0.6}\right)=\Phi\left(\frac{t-4.2}{0.6}\right)=1-0.12=0.88$（灰色阴

2016

影部分).

最后可通过反向查表找出 $\Phi^{-1}(0.88)$的值．

即 $\Phi^{-1}(0.88)=\dfrac{t-4.2}{0.6}=1.175 \Rightarrow t=4.91$.

(iii) 第 (i) 和 (ii) 小问已知：

$X\sim N(4.2，0.6^2)$，$P(X>t)=0.12$

$\Rightarrow P(X<t)=1-0.12=0.88$,

用 Y 代表 n 人中煮鸡蛋小于 t min 的人数．

由现有信息得 $Y\sim B(n, 0.88)$,

$P(Y=n)=\binom{n}{n}\times 0.88^n\times 0.12^0<0.003$,

$0.88^n<0.003$,

$n\ln 0.88<\ln 0.003$,

$n>\dfrac{\ln 0.003}{\ln 0.88}=45.4$,

$n=46$.

Q5 知识点

(i) draw histograms
(ii) calculate an estimate of mean for grouped data
(iii) median and lower quartile for grouped data

(i) 画图前需要调整 class boundaries 并且计算，

frequency density $=\dfrac{\text{frequercy}}{\text{class width}}$.

Class	2500~7500	7500~12500	12500~22500	22500~42500	42500~82500
Frequency (thousands)	40	30	18	34	8
Class Width (thousands)	5	5	10	20	40
Frequency Density	$\frac{40}{5}=8$	$\frac{30}{5}=6$	$\frac{18}{10}=1.8$	$\frac{34}{20}=1.7$	$\frac{8}{40}=0.2$

Histogram 如下图所示：

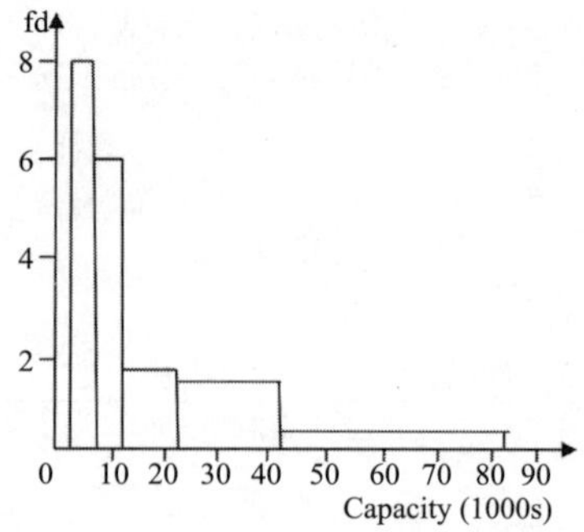

(ii) 基本公式为：$\bar{x}=\dfrac{\sum x\cdot \text{mid-point frequency}}{n}$,

代入本小问得

$\dfrac{5\times 40+10\times 30+17.5\times 18+32.5\times 34+62.5\times 8}{130}=18.6$.

(iii) 首先计算 cumulative frequency.

Capacity	3000~7000	8000~12000	13000~22000	23000~42000	43000~82000
Frequency (thousands)	40	30	18	34	8
Cumulative Frequency (thousands)	40	70	88	122	130

Median = Q2 = 50%th = $\dfrac{130}{2}$ th.

因此 median 落在 8000 ～ 12000 这个区间内．

lower quartile = Q1 = 25%th = $\dfrac{130}{4}$ th.

因此 lower quartile 落在 3000 ～ 7000 这个区间内．

Q6 知识点

permutation and combination

(i) 题目要求元音字母 A, E, O 在一起并且辅音字母 C, G, H, N, P 在一起．

因此可以将 COPENHAGEN 这个单词看作（OAEE）和（CPNHGN）两个单独的整体进行排列，得 2! 种情况．

然后对于（OAEE）这个整体来说，内部排列有

$\dfrac{4!}{2!}$种情况.

对于（CPNHGN）这个整体来说，内部排列有$\dfrac{4!}{2!}$种情况.

最终可得 $2!\times\frac{4!}{2!}\times\frac{6!}{2!}=8640$种情况 .

(ii) 题目要求 E 不放在一起排列 .
首先除去 E, E，还剩下 O, A, C, P, N, H, G, N.

将这 8 个字母排序可得 $\frac{8!}{2!}$ 种情况 .
然后可将 E, E 放入由 O，A，C，P，N，H，G，N 形成的 9 个间隔中，得 ${}^9C_2$ 种情况 .
__O__A__C__P__N__H__G__N__

最终有 ${}^9C_2\times\frac{8!}{2!}=725760$种情况.

(iii) 本小问可分两种情况：
情况 1：ENxx,
排除 E 和 N 后，还需从剩下的 6 个字母中挑选 2 个，得 ${}^6C_2$ 种选法 .
情况 2：EENN,
题目中一共只有 2 个 E 和 2 个 N，因此这种情况下只有 1 种选法 .
最终总结 15 + 1 = 16 种选法 .

9709_w16_qp_63

Q1 知识点

combination

本题方法为总情况减去 Mary 和 William 都在的情况 .
即${}^{10}C_5-{}^8C_3=196$.

Q2 知识点

binomial distribution

(i) 基本公式为 $X\sim B(n,\ p)$, $P(X=k)=\binom{n}{k}p^k(1-p)^{n-k}$.
代入本小问中：

用 X 代表转到 3 的次数，由题可知 $X\sim B(4,\ \frac{1}{3})$.

$$P(X\geqslant 2)=P(X=2)+P(X=3)+P(X=4)$$
$$=\binom{4}{2}\times\left(\frac{1}{3}\right)^2\times\left(\frac{2}{3}\right)^2+\binom{4}{3}\times\left(\frac{1}{3}\right)^3\times\left(\frac{2}{3}\right)^1+\binom{4}{4}\times\left(\frac{1}{3}\right)^4\times\left(\frac{2}{3}\right)^0$$
$$=0.407.$$

(ii) $P(\text{sum}=5)$
$$=P(1,\ 1,\ 1,\ 2)+P(1,\ 1,\ 2,\ 1)+P(1,\ 2,\ 1,\ 1)+P(2,\ 1,\ 1,\ 1)$$
$$=\frac{1}{3}\times\frac{1}{3}\times\frac{1}{3}\times\frac{1}{3}\times4=0.0494.$$

Q3 知识点

permutation with restrictions

(i) 本小问要求用三个数字组成奇数且不重复使用 .
分情况讨论：
情况 1：个位数为 5 ${}^3C_2\times2!=6.$
情况 2：个位数为 7 ${}^3C_2\times2!=6.$
总计 6 + 6 = 12 种情况 .

(ii) 本小问要求组成奇数且数字不重复使用 .
分情况讨论：
情况 1：只用 1 个数字构成奇数，得 5 和 7，总共 2 种情况 .
情况 2：用 2 个数字构成奇数，
{个位数为 5，得 ${}^3P_1$ 种情况，
个位数为 7，得 ${}^3P_1$ 种情况，
情况 3：用 3 个数字构成奇数，和第 (i) 小问相同，总计 12 种情况 .
情况 4：用 4 个数字构成奇数，
{个位数为 5，得 ${}^3P_1$ 种情况，
个位数为 7，得 ${}^3P_1$ 种情况，
总计 32 种情况 .

Q4 知识点

(i) probability: mutually exclusive events
(ii) probability: complementary exhaustive events
(iii) independent events

(i) $P(\text{red or silver in Korea}) = \frac{34+30}{250} = 0.256.$

(ii) $P(\text{not in Japan}) = \frac{250-(26+22+12)}{250} = 0.760.$

(iii) 基本方法为判断 $P(X \cap Y) = P(X)P(Y)$ 是否正确.

$P(X) = \frac{32+22+26}{250} = \frac{8}{25},$

$P(Y) = \frac{40+32+28}{250} = \frac{2}{5} \Rightarrow P(X)P(Y) = \frac{16}{125},$

$P(X \cap Y) = \frac{32}{250} = \frac{16}{125},$

$P(X \cap Y) = P(X)P(Y) \Rightarrow X, Y$ 是 independent events.

Q5 知识点

(i) drawing cumulative frequency graphs
(ii) using cumulative frequency graphs to estimate
(iii) advantages and disadvantages of particular representations

(i) 基本思路为先求出 cumulative frequency，然后画图 .

Height of Girls	$140<h \leqslant 150$	$150<h \leqslant 160$	$160<h \leqslant 170$	$170<h \leqslant 180$	$180<h \leqslant 190$
Frequency	12	21	17	10	0
Cumulative Frequency	12	33	50	60	60

Height of Boys	$140<h \leqslant 150$	$150<h \leqslant 160$	$160<h \leqslant 170$	$170<h \leqslant 180$	$180<h \leqslant 190$
Frequency	0	20	23	12	5
Cumulative Frequency	0	20	43	55	60

cumulative frequency graphs 如下图所示：

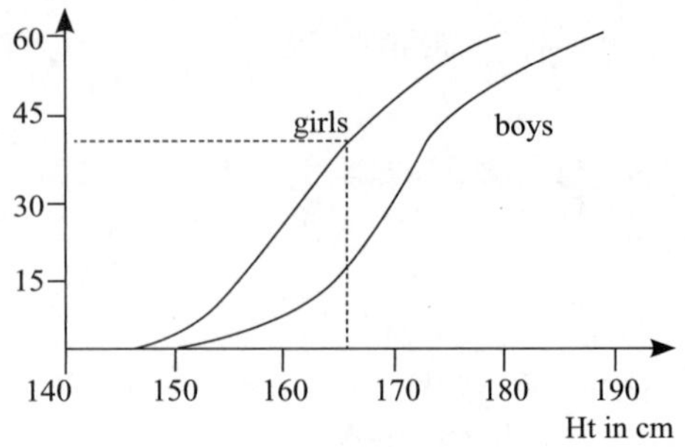

(ii) 本小问要求身高大于 165 cm 的女孩的比例，需要借助第 (i) 小问的 cumulative frequency graph.

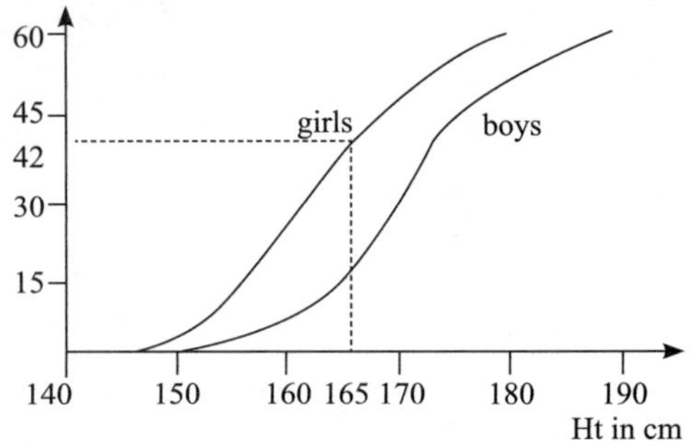

从图中可以找到 165 cm 对应的 cumulative frequency 约为 42，即身高小于 165 cm 的女孩的数量为 42 位 .
因此身高大于 165 cm 的女孩的数量为 60 – 42 = 18 位，

占比为 $\frac{18}{60} = 30\%$.

(iii) box-and-whisker plot 的优势在于可以清晰比较男女生身高数据的离散程度 .
*C*an see which is taller; see which of boys or girls are more spread out.

Q6 知识点

normal distribution: standardising a normal variable, finding probability from a normal distribution, expectation

(i) 用变量 X 代表香蕉的重量 .
由题目信息可整理出 $X \sim N(150, 50^2)$，要求 $P(X<95)$.
首先进行标准化，

$P\left(Z < \frac{95-150}{50}\right) = P(Z < -1.1) = \Phi(-1.1),$

其次代入 $\Phi(-a) = 1 - \Phi(a)$，得 $\Phi(-1.1) = 1 - \Phi(1.1),$

最终查表可得 $P(X<95)=1-0.8643=0.136$.

(ii) 已知 $X\sim N(150,50^2)$，$P(X>w)=0.1$，

首先进行标准化，$P\left(Z>\frac{w-150}{50}\right)=0.1<0.5$,

这个概率即图中斜线部分面积 .

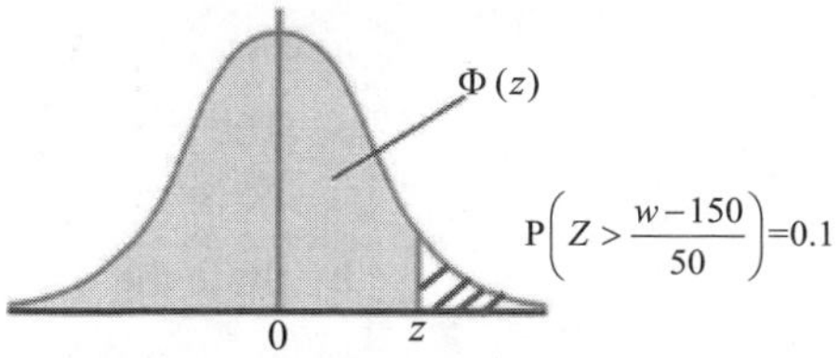

由图可知在这个概率下 $\frac{w-150}{50}>0$.

然后由于查表时仅能找到 $Z<z$ 时的概率值 .

因此$P\left(Z<\frac{w-150}{50}\right)=\Phi\left(\frac{w-150}{50}\right)=1-0.1=0.9$（灰色阴影部分）.

最后可通过查表反向找出 $\Phi^{-1}(0.9)$的值，

即 $\Phi^{-1}(0.9)=\frac{w-150}{50}=1.282\Rightarrow w=214$.

(iii)

(a) 本小问要求香蕉重量在 95g 和 205g 中间的概率，

即 $P(95<X<205)$,

$P(95<X<205)=P(X<205)-P(X<95)$,

首先标准化，得 $P\left(Z<\frac{205-150}{50}\right)-P\left(Z<\frac{95-150}{50}\right)$

$=P(Z<1.1)-P(Z<-1.1)$,

其次代入$\Phi(-a)=1-\Phi(a)$, 得

$\Phi(1.1)-[1-\Phi(1.1)]=2\Phi(1.1)-1=0.7286$.

(b) 用 Y 代表不同重量区间的香蕉对应的价格 .

$P(Y=10)=P(X<95)=0.1357$,

$P(Y=20)=P(95<X<205)=0.7286$,

$P(Y=25)=P(X>205)=1-0.1357-0.7286=0.1357$,

代入公式为

$E(Y)=10\times0.1357+20\times0.7286+25\times0.1357=19.3215$,

上述 $E(Y)$ 表示单只香蕉的 expected cost，

因此 100 只香蕉的 expected cost = 19.3215×100

$=1932.15\approx1930$ cents.

Q7 知识点

(i) binomial distribution
(ii) independent events: probability, permutation
(iii) normal approximation

(i) 基本公式为 $X\sim B(n, p)$, $P(X=k)=\binom{n}{k}p^k(1-p)^{n-k}$.

代入本小问中：

用 X 代表 7 天中吃意面的天数，由题可知 $X\sim B(7, 0.1)$.

$P(X=2)=\binom{7}{2}\times(0.1)^2\times(0.9)^5=0.124$.

(ii) 首先考虑概率，吃米饭、土豆和意面属于独立事件，因此可直接将每个单独事件的概率相乘 . 即

$P(2\text{ 天米饭},1\text{ 天土豆},2\text{ 天意面})=(0.75)^2\times(0.15)^1\times(0.1)^2$,

其次需要考虑吃米饭、土豆和意面的顺序，可能有 $\frac{5!}{2!\times2!}$ 种情况，

最终概率为 $\frac{5!}{2!\times2!}\times(0.75)^2\times(0.15)^1\times(0.1)^2=0.0253$.

(iii) 基本方法为 $X\sim B(n, p)$ 可被近似为 $Y\sim N(\mu, \sigma^2)$,

其中 $\mu=np$, $\sigma^2=npq$.

代入本小问得

用变量 X 代表在 365 天中吃土豆的天数，得

$X\sim B(365, 0.15)$，题目要求 $P(X>44)$.

$\mu=np=365\times0.15=\frac{219}{4}$,

$\sigma^2=npq=365\times0.15\times0.85=\frac{3723}{80}$,

用变量 Y 代表 normal approximation 后的天数 .

此时 $Y\sim N\left(\frac{219}{4}, \frac{3723}{80}\right)$.

$P(X>44)=P(Y\geqslant44.5)$ (continuity correction)

$=P\left(Z\geqslant\frac{44.5-\frac{219}{4}}{\sqrt{\frac{3723}{80}}}\right)$ (standardise)

$=P(Z\geqslant-1.5025)=P(Z\leqslant1.5025)=0.933$.

2016

2015

扫一扫查看
本年度分数线

Paper 1

9709_s15_qp_11

Q1 知识点

(i) trigonometric identities
(ii) trigonometric formula
(iii) trigonometric quadrant

(i) 运用 $\sin^2+\cos^2=1$ 的性质，

$\cos\theta$绝对值大小为 $\sqrt{1-k^2}$，

根据 ASTC 法则，角度处于第二象限，cos 为负值，

$\cos\theta=-\sqrt{1-k^2}$.

(ii) $\tan\theta=\dfrac{\sin\theta}{\cos\theta}$，题目给出 $\sin\theta=k$，第 (i) 小问算出

$\cos\theta=-\sqrt{1-k^2}$,

$\tan\theta=\dfrac{k}{-\sqrt{(1-k^2)}}$.

(iii) $\sin(\theta+\pi)$ 的角度处于第四象限，根据 ASTC 法则，sin 的值为负，

$\sin\theta=-k$.

Q2 知识点

(i) area of triangle
(ii) rate of change

(i) X 的坐标已知 (–2，0)，P 的坐标已知 (p，0)，Q 的 x 坐标与 P 一样，且 y 坐标为 $\triangle XPQ$ 的高 .

$\triangle XPQ$ 的面积即为

$$\frac{1}{2}b\times h=\frac{1}{2}\times(2+p)\times 2p^2=2p^2+p^3.$$

(ii) P 点与 Q 点的位置在变化，且 rate 为 0.02/s.

因 Q 随 P 变化而变化，只用考虑 p 值的变化 .

由第 (i) 小问 $A=2p^2+p^3$,

$$\frac{\mathrm{d}P}{\mathrm{d}t}=4p+3p^2=4\times2+3\times2^2=20,$$

$$\frac{\mathrm{d}A}{\mathrm{d}t}=\frac{\mathrm{d}A}{\mathrm{d}p}\times\frac{\mathrm{d}p}{\mathrm{d}t}=0.02\times20=0.4.$$

Q3 知识点

binomial expansion

(i)

(a) $(1-x)^6=\binom{6}{0}\times1^6(-x)^0+\binom{6}{1}\times1^5(-x)^1+\binom{6}{2}\times1^4(-x)^2$

$=1-6x+15x^2$.

(b) $(1+2x)^6=\binom{6}{0}\times1^6(2x)^0+\binom{6}{1}\times1^5(2x)^1+\binom{6}{2}\times1^4(2x)^2$

$=1+12x+60x^2$.

(ii) 把六次方分配到两个项式中，分别计算出其中可能产生 x 平方的项 .

即 $(1-6x+15x^2)(1+12x+60x^2)$,

其中包含 x 平方的部分为 $60x^2-72x^2+15x^2=3x^2$，

最后 x 平方系数为 3.

Q4 知识点

(i) scalar product
(ii) magnitude of a vector

(i) 本小问寻找 $\cos AOB$ 的数值，即用向量的点积公式进行运算，

$$\begin{pmatrix}3\\0\\-4\end{pmatrix}\cdot\begin{pmatrix}6\\-3\\2\end{pmatrix}=\sqrt{3^2+4^2}\cdot\sqrt{6^2+3^2+2^2}\cdot\cos\theta,$$

$18-8=\sqrt{25}\times\sqrt{49}\times\cos\theta$,

$$\cos\theta=\frac{10}{5\times7}=\frac{2}{7}=\cos AOB.$$

(ii) 已知 AB, OC 长度相同，即可列出长度等式 .

$$\overrightarrow{AB}=\begin{pmatrix}6\\-3\\2\end{pmatrix}-\begin{pmatrix}3\\0\\-4\end{pmatrix}=\begin{pmatrix}3\\-3\\6\end{pmatrix},$$

$3^2+(-3)^2+6^2=k^2+(-2k)^2+(2k-3)^2$,

$9+9+36=k^2+4k^2+4k^2-12k+9$,

$9k^2-12k-45=0$,

$3(k-3)(3k+5)=0$,

$k_1=3,\ k_2=-\frac{3}{5}$.

Q5 知识点

(i) sector circumference
(ii) sector area
(iii) maximum and minimum value

(i) 半径为 r，扇形弧长即为 $r\theta$， $24=2r+r\theta$，

$\theta=\frac{24-2r}{r}$,

$A=\frac{1}{2}r^2\theta=\frac{1}{2}r^2\left(\frac{24-2r}{r}\right)=12r-r^2$.

(ii) 由第 (i) 小问已知扇形面积，即对它的结果进行配平方，

$A=12r-r^2=-\left(r^2-12r\right)=-\left(r^2-12r+6^2\right)+6^2$

$=-(r-6)^2+36$,

a 即为 36，b 为 6.

(iii) 因为 $(r-6)^2$ 大于等于 0，当它为 0 时，面积最大，此时面积为 36，

当 $r=6$ 时， $\theta=\frac{24-2r}{r}=\frac{24-2\times 6}{6}=2$.

Q6 知识点

(i) area of triangle
(ii) mid-point

(i) 计算 $\triangle AOB$ 的面积，即需要 A，B 坐标，

此条线的方程可写为 $y=-2x+c$，

因为经过点 P， $2t=-6t+c$， $c=8t$，

$y=-2x+8t$,

所以 A（$4t$，0）B（0，$8t$），

三角形的面积 $A=4\times 8t\times\frac{1}{2}=16t^2$.

(ii) AB 斜率为 -2，这条垂线的斜率即为 $\frac{-1}{-2}=\frac{1}{2}$，

这条线可设为 $y=\frac{1}{2}x+c$,

将 P 点坐标代入， $2t=\frac{3}{2}t+c$， $c=\frac{1}{2}t$.

因为 C 点坐标 $(-t,\ 0)$，P 点坐标 $(3t,\ 2t)$，

PC 的中点：$\left(\frac{-t+3t}{2},\ \frac{0+2t}{t}\right)=(t,\ t)$，所以 PC 中点在 $y=x$ 上 .

Q7 知识点

geometric progression

(a) 已知第三项与第四项为 $\frac{1}{3}$ 与 $\frac{2}{9}$,

$ar^2=\frac{1}{3}$， $ar^3=\frac{2}{9}$，因此 $r=\frac{\frac{2}{9}}{\frac{1}{3}}=\frac{2}{3}$,

$a\times\left(\frac{2}{3}\right)^2=\frac{1}{3}$，因此 $a=\frac{3}{4}$,

$S_\infty=\frac{a}{1-r}=\frac{\frac{3}{4}}{1-\frac{2}{3}}=\frac{9}{4}$.

(b) 这是一道等差数列与圆的题目 .

已知一个圆被分为 5 个扇形，5 个扇形的角度总和即为 360° . 另知最大扇形的角度为最小扇形的 4 倍，即可列出相应等式 .

$[a+(a+4d)]\times\frac{5}{2}=360$,

$4a=a+4d$,

solve to get $a=28.8°$，$d=21.6°$ ，

最大角度即为 115.2° .

The angle of the largest sector is 115.2° .

2015

Q8 知识点

(i) trigonometry
(ii) sketching trigonometry graphs
(iii) inverse function
(iv) expression of inverse function

(i) $f(x)=5+3\cos\left(\frac{1}{2}x\right)=7$,

$3\cos\left(\frac{1}{2}x\right)=2$，$\cos\left(\frac{1}{2}x\right)=\frac{2}{3}$,

$0\leqslant x\leqslant 2\pi$，因此 $0\leqslant x\leqslant \pi$,

根据 ASTC 法则，此时 $\cos x>0$, $\frac{1}{2}x=0.84$，$x=1.68$.

(ii) 由 $\cos\left(\frac{1}{2}x\right)$新的函数周期为 $\frac{2\pi}{\frac{1}{2}}=4\pi$；题中 $0\leqslant x\leqslant 2\pi$，因而最后图像只有半个周期，

由 $3\cos\left(\frac{1}{2}x\right)$可得，需要在原有图形的基础上竖直拉伸（stretch in y direction）3 倍（scale factor = 3），或者说，振幅（amplitude）为 3，

最后，由 “+5” 可得，需要将图像再整体上移 5 个单位（translate by vector $\begin{pmatrix}0\\5\end{pmatrix}$），

因而最后图像只有半个周期，其中 $x=0$ 对应最大值为 $y=8$，$x=2\pi$ 对应最小值 $y=2$.

$y=3\cos\frac{1}{2}x$ period 4π

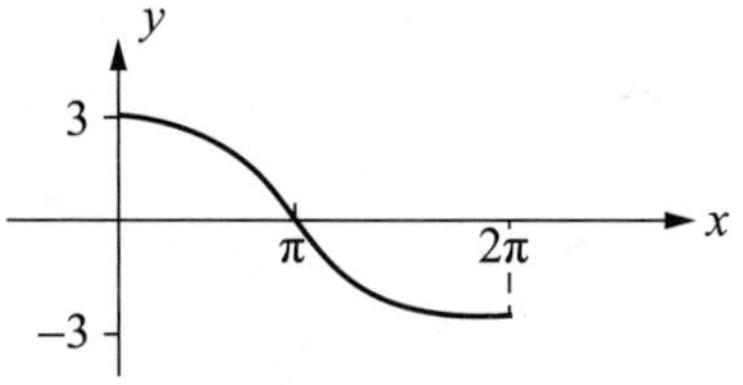

$y=3\cos\frac{1}{2}x+5$

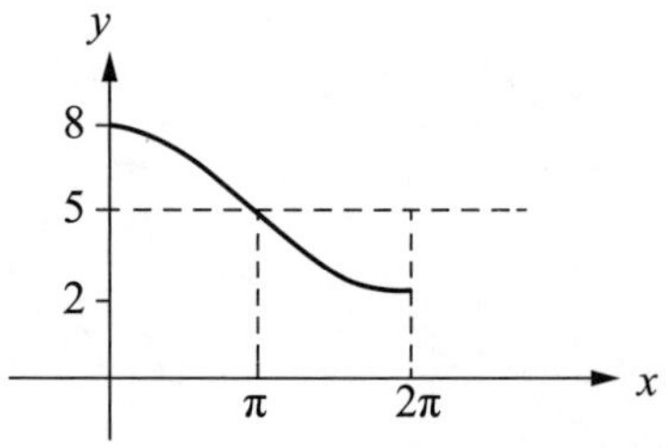

(iii) 解释为什么 f 有 inverse，
只有 one-to-one 有 inverse function，
根据之前的图像，f 本就是 one-to-one function，
可直接作答 f(x) is a one-to-one function，so it has an inverse.

(iv) 在算 inverse 时 x，y 互换，

$x=5+3\cos\left(\frac{1}{2}y\right)$,

$\cos\left(\frac{1}{2}y\right)=\frac{x-5}{3}$,

$\frac{1}{2}y=\cos^{-1}\left(\frac{x-5}{3}\right)$,

$f^{-1}(x)=2\cos^{-1}\left(\frac{x-5}{3}\right)$.

Q9 知识点

(i) stationary points
(ii) using 2nd derivative to determine the nature of stationary point
(iii) discriminant

(i) $y=x^3+px^2$，$\frac{dy}{dx}=3x^2+2px=0$,

$x(3x+2p)=0$，$x=0$ or $-\frac{2}{3}p$,

$x=0$ 代表的即原点 (0，0)，确实是 stationary point，

当 $x=-\frac{2}{3}p$ 时，$y=\left(-\frac{2}{3}p\right)^3+p\left(-\frac{2}{3}p\right)^2=\frac{4}{27}p^3$，所以另一点为 $(-\frac{2p}{3}, \frac{4}{27}p^3)$.

(ii) $\frac{d^2y}{dx^2}=6x+2p$,

当 $x=0$，$\frac{d^2y}{dx^2}=2p>0$,

hence $(0, 0)$ local minimum point，

当 $x=-\frac{2}{3}p$,

$\frac{d^2y}{dx^2}=-4p+2p=-2p<0$,

hence $(-\frac{2p}{3}, \frac{4}{27}p^3)$ local maximum point.

(iii) $y=x^3+px^2+px$ 没有 stationary point，即一次导数不

可能为 0.

$\frac{dy}{dx}=3x^2+2px+p$,

$3x^2+2px+p=0$ 的判别式 $\Delta=b^2-4ac=(2p)^2-12p<0$,

$4p^2-12p<0$,

$4p(p-3)<0$,

满足条件的 p 范围即为 $0<p<3$.

Q10 知识点

(i) tangent and normal
(ii) integration

(i) A 点的法线与 $x=4$ 相交于 B 点，需先计算出 A 点的法线，

$y=\frac{8}{\sqrt{3x+4}}=8(3x+4)^{\frac{-1}{2}}$,

$\frac{dy}{dx}=8\times\left(-\frac{1}{2}\right)(3x+4)^{-\frac{3}{2}}\times 3=-12(3x+4)^{-\frac{3}{2}}$,

因为 A（0，4），当 $x=0$，$\frac{dy}{dx}=-12\times 4^{-\frac{3}{2}}=-\frac{3}{2}$,

法线斜率 $=-\frac{1}{-\frac{3}{2}}=\frac{2}{3}$,

用 A 坐标代入，$y=\frac{2}{3}x+4$,

当 $x=4$ 时，$y=\frac{20}{3}$，所以 B $(4,\ \frac{20}{3})$.

(ii) P 的面积即为曲线下面的面积，用 $x=0$ 到 $x=4$ 的范围进行积分，

$\int_0^4 8(3x+4)^{-\frac{1}{2}}dx$

$=\left[8\times\frac{1}{-\frac{1}{2}+1}(3x+4)^{-\frac{1}{2}+1}\times\frac{1}{3}\right]_0^4=\frac{32}{3}$,

Q 的面积即为大梯形的面积减去 P 的面积，

梯形面积为 $\frac{1}{2}\times\left(4+\frac{20}{3}\right)\times 4=\frac{64}{3}$,

Q 的面积 $=\frac{64}{3}-\frac{32}{3}=\frac{32}{3}=P$ 的面积，

所以 P 和 Q 区域的面积相同.

9709_s15_qp_12

Q1 知识点

integration

已知导数和一个点 (3, 5)，求原方程，

$f'(x)=5-2x^2$,

$f(x)=\int 5-2x^2dx=5x-\frac{2}{3}x^3+C$,

代入点（3,5），$5=5\times 3-\frac{2}{3}\times 3^3+C$,

化简得 $C=8$,

$f(x)=5x-\frac{2}{3}x^3+8$.

Q2 知识点

geometry, radians

阴影部分面积 = 三角形 AOB 的面积 + 半圆 AYB 的面积 − 扇形 AOB 的面积.

$S_{\triangle AOB}=\frac{1}{2}ab\times\sin C=\frac{1}{2}r^2\ \sin(2\theta)$,

$S_{\text{sector }AOB}=\frac{1}{2}r^2 2\theta=r^2\theta$,

$S_{\text{semi-circle }AYB}=\frac{1}{2}\pi(r\sin\theta)^2$,

$S_{\text{shade}}=\frac{1}{2}\pi(r\sin\theta)^2+\frac{1}{2}r^2\sin 2\theta-r^2\theta.$

Q3 知识点

binomial expansion

(i) 计算 $(2-x)^6$ 中 x 平方和立方的系数，

$x^2:\binom{6}{2}\times 2^4(-x)^2=240x^2$,

hence the coefficient of x^2 is 240.

$x^3:\binom{6}{3}\times 2^3(-x)^3=-160x^3$,

hence the coefficient of x^3 is −160.

(ii) 计算 $(3x+1)(2-x)^6$ 中 x 立方的系数，

$(2-x)^6$ 中的 2 次方与三次方分别与（3x+1）中的 3x 和 1 相乘会产生 x 立方，

$3\times240+1\times(-160)=560.$

Q4 知识点

stationary points

替换 $y=4-\frac{x}{3}$ 到 $u=2x(y-x)$,

$u=2x\left(4-\frac{x}{3}-x\right)=8x-\frac{8}{3}x^2$,

需计算 u 的 stationary value，使用 $\frac{du}{dx}=0=8-\frac{16x}{3}$,

$x=\frac{3}{2}$, $u=6$.

Q5 知识点

(i) trigonometric identities
(ii) solving trigonometric equations

(i) LHS $=\frac{\sin\theta-\cos\theta}{\sin\theta+\cos\theta}=\frac{\frac{\sin\theta}{\cos\theta}-\frac{\cos\theta}{\cos\theta}}{\frac{\sin\theta}{\cos\theta}+\frac{\cos\theta}{\cos\theta}}=\frac{\tan\theta-1}{\tan\theta+1}=$ RHS.

(ii) $\frac{\sin\theta-\cos\theta}{\sin\theta+\cos\theta}=\frac{\tan\theta-1}{\tan\theta+1}=\frac{\tan\theta}{6}$,

令 $\tan\theta=t$，则 $\frac{t-1}{t+1}=\frac{t}{6}$,

$t^2-5t+6=0$,

$(t-2)(t-3)=0$,

$t=2$ or 3,

$\tan\theta=2$ or 3,

$0\leqslant0\leqslant180°$,

$\theta=63.4°$ or $71.6°$.

Q6 知识点

(i) trigonometry range
(ii) trigonometry period
(iii) solving trigonometric equations

(i) $h=60(1-\cos kt)$,

$(1-\cos kt)$ 最大时，h 最大，

因为 $-1\leqslant\cos kt\leqslant1$,

$\cos kt=-1$ 时，$h=60\times2=120$.

(ii) 完成一整圈需 30 min，30 min 为一个完整 period，

$t=0$, $h=0$,

$t=30$, $h=0$,

$0=60(1-\cos30k)$,

$60=60\cos30k$,

$\cos30k=1$,

$30k=2\pi$,

$k=\frac{1}{15}\pi$.

(iii) $90=60(1-\cos kt)$,

$60\cos kt=-30$,

$\cos kt=-\frac{1}{2}$,

$kt=\frac{2}{3}\pi$ or $\frac{4}{3}\pi$,

当 $k=\frac{1}{15}\pi$，$t=10$ or 20,

让乘客高于 90 m，所以让 h 的数值增加，$t=10$ min.

Q7 知识点

(i) perpendicular bisector
(ii) coordinate geometry

(i) 已知 A（4，6），B（10，2），计算 AB 中垂线的直线方程式，

AB 斜率 $=\frac{2-6}{10-4}=-\frac{4}{6}=-\frac{2}{3}$,

垂直于 AB 的直线斜率为 $-\frac{1}{-\frac{2}{3}}=\frac{3}{2}$,

已知 AB 中垂线斜率，AB 中点坐标 $(\frac{4+10}{2},\frac{6+2}{2})=(7,4)$,

代入直线解析式 $4=\frac{3}{2}x+c$ 得 $c=-\frac{13}{2}$,

AB 中垂线即为 $y=\frac{3}{2}x-\frac{13}{2}$.

(ii) C 点在平行于 AB 且经过（3，10）的直线上，设这条直线为 l.

$y=-\frac{2}{3}x+C$,

$11=-\frac{2}{3}\times 3+c$，因此$c=13$，

$l: y=-\frac{2}{3}x+13$，

C 点即为 l 与 AB 中垂线的交点，连列直线方程，

$y=-\frac{2}{3}x+13$，

$y=\frac{3}{2}x-\frac{13}{2}$，

$x=9$，$y=7$，

因此 C（9，7）.

Q8 知识点

(i) arithmetic progression
(ii) geometric progression

(a) 一个等差数列的第一项、第二项及最后一项分别为 56，53，–22，

由一二项可得公差 = 56 – 53 = 3 = d，

代入 n 项 = $a+(n-1)d=-22$，

$A=56$，$n=27$，得共 27 项，

$S_n=\frac{n}{2}\left[a+a(n-1)d\right]$，

$S_n=\frac{27}{2}\times(56-22)=459$.

(b) 一个等比数列的前三项为 $2k+6$，$2k$，$k+2$，且 k 为正数 .

(i) $r=\frac{2k}{2k+6}=\frac{k+2}{2k}$，

$4k^2=(2k+6)(k+2)$，

$4k^2=2k^2+10k+12$，

$2k^2-10k-12=0$，

$(k-6)(k+1)=0$，

$k=6 \text{ or } -1(\text{reject})$，

$k=6$.

(ii) $r=\frac{2\times 6}{2\times 6+6}=\frac{2}{3}$，

$S_\infty=\frac{a}{1-r}=\frac{18}{1-\frac{2}{3}}=54$.

Q9 知识点

(i) scalar product
(ii) unit vector
(iii) modulus, isosceles triangle

(i) $\mathbf{a}\cdot\mathbf{b}=|\mathbf{a}||\mathbf{b}|\cos\theta$，

$\begin{pmatrix}2\\4\\4\end{pmatrix}\begin{pmatrix}3\\1\\4\end{pmatrix}=\sqrt{2^2+4^2+4^2}\times\sqrt{3^2+1^2+4^2}\cos\theta$，

$\cos\theta=\frac{26}{6\times\sqrt{26}}$，

$\theta=31.8°$.

(ii) 计算 C 点以满足 $\overrightarrow{AB}=\overrightarrow{BC}$，

$\overrightarrow{AB}=\begin{pmatrix}3\\1\\4\end{pmatrix}-\begin{pmatrix}2\\4\\4\end{pmatrix}=\begin{pmatrix}1\\-3\\0\end{pmatrix}=\overrightarrow{BC}=\overrightarrow{BC}-\overrightarrow{OB}$，

$\overrightarrow{OC}=\begin{pmatrix}1\\-3\\0\end{pmatrix}+\begin{pmatrix}3\\1\\4\end{pmatrix}=\begin{pmatrix}4\\-2\\4\end{pmatrix}$，

计算OC的unit vector则除以它的模长，

unit vector of $C=\frac{1}{6}\begin{pmatrix}4\\-2\\4\end{pmatrix}=\frac{1}{3}\begin{pmatrix}2\\-1\\2\end{pmatrix}$.

(iii) 证明△ OAC 是等腰 (isosceles) 三角形，即证明有两条边相等，

$|\overrightarrow{OA}|=\left|\begin{pmatrix}2\\4\\4\end{pmatrix}\right|=\sqrt{2^2+4^2+4^2}=6$，

$|\overrightarrow{OC}|=\left|\begin{pmatrix}4\\-2\\4\end{pmatrix}\right|=\sqrt{4^2+2^2+4^2}=6$，

所以 OA 与 OC 长度相等，△ OAC 为等腰三角形 .

Q10 知识点

(i) integration
(ii) tangent and normal

(i) 计算函数曲线关于 x 轴旋转 360 度之后的体积，用 $x=1$，$x=2$ 作为界限，

2015

$V=\pi\int_1^2\left(\frac{4}{2x-1}\right)^2 dx,$

$V=\pi\int_1^2 16(2x-1)^{-2}dx,$

$V=\pi\left[16\times(-1)\times(2x-1)^{-1}\times\frac{1}{2}\right]_1^2=\frac{16}{3}\pi.$

(ii) $2y=x+c$ 是原函数的法线，找到 c 可能的数值，

$y=\frac{1}{2}x+\frac{c}{2}$，斜率为 1/2，

切线斜率即为 −2，

$\frac{dy}{dx}=4(-1)(2x-1)^{-2}\times 2,$

$\frac{dy}{dx}=-8(2x-1)^{-2}=-2,$

$\frac{4}{(2x-1)^2}=1,$

$2x-1=\pm 2,$

Case 1 $x=\frac{3}{2},\ y=2,\ c=\frac{5}{2}.$

Case 2 $x=-\frac{1}{2}, y=-2, c=-\frac{7}{2}.$

Q11 知识点

(i) discriminant
(ii) completing the square
(iii) vertex of parabola
(iv) condition of inverse function
(v) expression of inverse function

(i) 找到原函数无实数解时 p 的范围，

$2x^2-6x+5=p,$

$2x^2-6x+(5-p)=0,$

$\Delta=b^2-4ac<0,$

$(-6)^2-4\times 2\times(5-p)<0,$

$36-40+8p<0,$

$p<\frac{1}{2}.$

(ii) $2x^2-6x+5=2(x^2-3x)+5$

$=2(x^2-3x+1.5^2)+5-2\times 1.5^2$

$=2(x-1.5)^2+\frac{1}{2}.$

(iii) $g(x)=2(x-1.5)^2+\frac{1}{2}$，$0\leqslant x\leqslant 4$，

$x=\frac{3}{2}$，$g_{min}=\frac{1}{2}$ 最低点 $\left(\frac{3}{2},\frac{1}{2}\right)$，

$x=4$ 离对称轴 $x=1.5$ 最远，y 值最大，

$g(4)=2(2.5)^2+\frac{1}{2}=13,$

$\frac{1}{2}\leqslant g(x)\leqslant 13.$

(iv) 一个函数若有 inverse，则一定为 one-to-one function，所以只有从最低点开始到 $x=4$ 的范围才为 one-to-one function，$k=1.5$.

(v) $h(x)=2\left(x-\frac{3}{2}\right)^2+\frac{1}{2},$

$y-\frac{1}{2}=2\left(x-\frac{3}{2}\right)^2,$

$\frac{y-\frac{1}{2}}{2}=\left(x-\frac{3}{2}\right)^2,$

$x-\frac{3}{2}=\sqrt{\frac{y-\frac{1}{2}}{2}},$

$x=\frac{3}{2}+\sqrt{\frac{y-\frac{1}{2}}{2}},$

$h^{-1}(x)=\frac{3}{2}+\sqrt{\frac{x}{2}-\frac{1}{4}}.$

9709_s15_qp_13

Q1 知识点

quadratic equation of one unknown

$2x^2-12x+7=2\left(x^2-6x\right)+7$

$=2\left(x^2-6x+3^2\right)-2\times3^2+7$

$=2(x-3)^2-11,$

$a=2, b=-3, c=-11.$

Q2 知识点

integration

$\frac{\mathrm{d}y}{\mathrm{d}x}=(2x+1)^{\frac{1}{2}},$

$y=\frac{1}{\frac{1}{2}+1}(2x+1)^{\frac{1}{2}+1}\times\frac{1}{2}+C,$

$y=\frac{2}{3}(2x+1)^{\frac{3}{2}}\times\frac{1}{2}+C,$

$y=\frac{1}{3}(2x+1)^{\frac{3}{2}}+C,$

代入坐标（4，7），$7=\frac{1}{3}\times9^{\frac{3}{2}}+C,$

$7=9+C, C=-2,$

$y=\frac{1}{3}(2x+1)^{\frac{3}{2}}-2.$

Q3 知识点

binomial expansion with positive exponents

(i) $(a-x)^5=\binom{5}{0}a^5(-x)^0+\binom{5}{1}a^4(-x)^1+\binom{5}{2}a^3(-x)^2+\binom{5}{3}a^2(-x)^3$

$=a^5-5a^4x+10a^3x^2-10a^2x^3.$

(ii) $(1-ax)(a-x)^5$ 中 x^3 的系数为 -200，找到满足条件的 a 值，$(a-x)^5$ 中 x 的三次方与二次方分别与 1 和 $-ax$ 相乘会产生 x 的三次方．

$(1-ax)\left(10a^3x^2-10a^2x^3\right)=-200,$

$1\left(-10a^2\right)+(-a)\left(10a^3\right)=-200,$

$-10a^2-10a^4=-200,$

$a^2+a^4=20,$

$\left(a^2-4\right)\left(a^2+5\right)=0,$

$a^2=4$ or $a^2=-5$ (reject),

$a=\pm2.$

Q4 知识点

(i) trigonometric formula
(ii) solving trigonometric equations

(i) $3\sin\theta=\cos\theta,$

$3\frac{\sin\theta}{\cos\theta}=1,$

$3\tan\theta=1,$

$\tan\theta=\frac{1}{3},$

因为 $0°<\theta<180°,$

$\theta=\tan^{-1}\frac{1}{3}=18.4°.$

(ii) $\frac{\sin^2 2x}{\cos^2 2x}=\frac{1}{3},$

$(\tan 2x)^2=\frac{1}{3},$

$\tan 2x=\pm\frac{\sqrt{3}}{3}$，$0°<2x<360°,$

$2x=30°$，$210°$，$150°$，$330°,$

$x=15°$，$105°$，$75°$，$165°.$

Q5 知识点

(i) scalar product
(ii) area of triangle

(i) 已知 A，B，C 的坐标向量，证明 $\angle ABC$ 为 $90°$，即 AB 与 BC 垂直，

2015

$\overrightarrow{AB}=\overrightarrow{OB}-\overrightarrow{OA}=\begin{pmatrix}5\\-1\\-2\end{pmatrix}-\begin{pmatrix}3\\2\\-3\end{pmatrix}=\begin{pmatrix}2\\-3\\1\end{pmatrix}$,

$\overrightarrow{BC}=\overrightarrow{OC}-\overrightarrow{OB}=\begin{pmatrix}6\\1\\2\end{pmatrix}-\begin{pmatrix}5\\-1\\-2\end{pmatrix}=\begin{pmatrix}1\\2\\4\end{pmatrix}$,

$\begin{pmatrix}2\\-3\\1\end{pmatrix}\cdot\begin{pmatrix}1\\2\\4\end{pmatrix}=2-6+4=0$,

所以 $\angle ABC=90°$.

(ii) $S=\frac{1}{2}\left|\overrightarrow{AB}\right|\left|\overrightarrow{BC}\right|=\frac{1}{2}\times\sqrt{21}\times\sqrt{14}=8.6$.

Q6 知识点

(i) transformation of inverse function and original function
(ii) composite function

(i) 已知 inverse function，计算原方程，

$y=\frac{1-5x}{2x}$,

$2xy=1-5x$,

$2xy+5x=1$,

$f^{-1}(x): x=\frac{1}{2y+5}$,

$f(x)=\frac{1}{2x+5}$,

f(x) 的 domain 即为 inverse function 的 range，

inverse function: $0<x\leqslant 2$, $y\geqslant -\frac{9}{4}$.

(ii) $f^{-1}g(x)=\frac{1-5\times\frac{1}{x}}{2\times\frac{1}{x}}=\frac{x-5}{2}=\frac{1}{2}x-\frac{5}{2}$.

Q7 知识点

(i) distance between two points
(ii) normal

(i) 已知 $A(p, 1)$, $B(9, 3p+1)$, AB 距离为 13，

$\sqrt{(p-9)^2+(1-3p-1)^2}=13$,

$p^2-18p+81+9p^2=169$,

$10p^2-18p-88=0$,

$5p^2-9p-44=0$,

$(p-4)(5p+11)=0$,

$p=4$ or $-\frac{11}{5}$.

(ii) $3y=-2x+9$,

$y=-\frac{2}{3}x+3$,

$m=-\frac{2}{3}$,

$m_{AB}=\frac{3}{2}=\frac{3p+1-1}{9-p}$,

$\frac{3}{2}=\frac{3p}{9-p}$,

$6p=27-3p$,

$p=3$.

Q8 知识点

(i) differentiation of binomial terms with negative exponents
(ii) increasing and decreasing function
(iii) stationary points

(i) $f(x)=(x+1)^{-1}+(x+1)^{-2}$,

$f'(x)=-(x+1)^{-2}+(-2)(x+1)^{-3}$,

$f'(x)=-(x+1)^{-2}-2(x+1)^{-3}$.

(ii) 根据 first derivative 正负性，$x>-1$, $x+1>0$,

$(x+1)^{-2}>0$,

$(x+1)^{-3}>0$,

$f'(x)=-(x+1)^{-2}-2(x+1)^{-3}<0$,

hence decreasing function.

(iii) $g'(x)=-(x+1)^{-2}-2(x+1)^{-3}=0$,

$-\frac{1}{(x+1)^2}-\frac{2}{(x+1)^3}=0$,

$\frac{x+1+2}{(x+1)^3}=0$,

$x+3=0$, $x=-3$,

$y=\frac{1}{-3+1}+\frac{1}{(-3+1)^2}=-\frac{1}{4}$.

Q9 知识点

(i) arithmetic progression
(ii) condition of a convergent geometric series

(a) $a = -2222$, $d = 17$,

$\frac{2222}{17} = 130.7$,

$n = 131$,

$131 \times 17 = 2227$,

$-2222 + 2227 = 5$.

Hence 5 is the first positive term.

(b) 等比数列，第一项为 $a = \sqrt{3}$，第二项为 $ar = 2\cos\theta$，当等比数列形成 convergent series 时，common ratio

$-1 < r < 1$,

$r = \frac{ar}{a} = \frac{2\cos\theta}{\sqrt{3}}$,

$-1 < \frac{2\cos\theta}{\sqrt{3}} < 1$,

$-\frac{\sqrt{3}}{2} < \cos\theta < \frac{\sqrt{3}}{2}$,

因为 $0 < \theta < \pi$，$\frac{\pi}{6} < \theta < \frac{5\pi}{6}$.

Q10 知识点

(i) tangent and normal
(ii) area bounded by a curve and a line

(i) 已知函数 $y = 9 + 6x - 3x^2$，计算其经过 A 点 (2，9) 的切线，

$\frac{dy}{dx} = 6 - 6x$,

$x = 2$, $\frac{dy}{dx} = 6 - 6 \times 2 = -6$,

$y = -6x + C$,

$9 = -12 + C$,

$C = 21$,

$y = -6x + 21$,

$y = 0$, $x = \frac{7}{2}$，所以 $C\ (\frac{7}{2}, 0)$.

(ii) 从 A 点作一条垂线到 x 轴于 M 点，
则阴影部分面积为△AMC 的面积减去曲线下的面积，

△AMC 的面积 $= \frac{1}{2} \times 1.5 \times 9 = \frac{27}{4}$,

曲线下的面积 $= \int_2^3 9 + 6x - 3x^2 \, dx$

$= \left[9x + 3x^2 - x^3\right]_2^3$

$= (27 + 27 - 27) - (18 + 12 - 8) = 5$,

阴影部分面积 $= \frac{27}{4} - 5 = \frac{7}{4}$.

Q11 知识点

(i) sector area, area of triangle
(ii) circumference of sector and triangle
(iii) radian and degree

(i) 两个部分面积相同，扇形 AOB 的面积 − 三角形面积 = 余下的面积，

$OC = r \times \cos\alpha$, $AC = r \times \sin\alpha$,

三角形 OAC 面积 $= \frac{1}{2} \times OC \times AC = \frac{1}{2} r^2 \sin\alpha\cos\alpha$,

$\frac{1}{2} r^2 \alpha - \frac{1}{2} r^2 \times \sin\alpha \times \cos\alpha = \frac{1}{2} r^2 \times \sin\alpha \times \cos\alpha$,

$\sin\alpha \times \cos\alpha = \frac{1}{2}\alpha$.

(ii) OAC 的周长与 ACB 的周长比例为 k:1，找到 k 到 1 位小数，$\alpha = 0.9477$,

$r + r\cos\alpha + r\sin\alpha = 2.40r$,

$r + r\alpha - r\cos\alpha + r\sin\alpha = 2.18r$,

$\frac{2.4}{2.18} = 1.1$.

(iii) $\alpha = 0.9477$,

$0.9477 \times \frac{180}{\pi} = 54.3°$.

9709_w15_qp_11

Q1 知识点

binomial expansion

含 x^2 项的计算方法为：

第一个线性方程中的常数项 1 乘以第二项中的 x^2，

加上第一个线性方程中的 $\frac{2x}{a}$ 乘以第二项中的 x 得到 .

在 $(a+x)^5$ 中，x 的系数是 $\binom{5}{1}a^4x = 5a^4x$，

x^2 的系数是 $\binom{5}{2}a^3x^2 = 10a^3x^2$.

代入可得（$1-\frac{2x}{a}$）（$5a^4x+10a^3x^2$），

其中 x^2 则是 $1\times 10a^3x^2-\frac{2x}{a}\times 5a^4x$,

化简以后得 $10a^3x^2-10a^3x^2=0$.

Q2 知识点

integration

对一导进行积分：$f(x)= x^3-7x+C$.

题目中已知 function 上的一个点 $f(3)=5$.

代入得常数项 C 的值：

$5= 3^3-7\times 3+C \Rightarrow C=-1$,

$\Rightarrow f(x)=x^3-7x-1$.

Q3 知识点

solving trigonometric equations

根据 inverse function 的定义：$\sin x=y \Leftrightarrow \sin^{-1}y=x$,

原方程可以改写成：

$$\sin\frac{1}{6}\pi=4x^4+x^2$$

$$\Rightarrow \frac{1}{2}=4x^4+x^2,$$

用 substitution，令 $x^2=a$，

代入之后得

$$4a^2+a-\frac{1}{2}=0$$

$$\Rightarrow 8a^2+2a-1=0,$$

$$(4a-1)(2a+1)=0,$$

在这里会得两个解，分别是 $\frac{1}{4}$ 和 $-\frac{1}{2}$，因为 $x^2\geqslant 0$，所以舍去负数解 .

得 $x^2=\frac{1}{4}$，开根号得 x 的解是 $\pm\frac{1}{2}$.

Q4 知识点

(i) trigonometric identities
(ii) solving trigonometric equations

(i) $\tan\theta=\frac{\sin\theta}{\cos\theta}$,

$\sin^2\theta+\cos^2\theta=1$,

化简原方程：

$$\frac{4\cos\theta}{\tan\theta}+15=0,$$

$$\frac{4\cos\theta}{\frac{\sin\theta}{\cos\theta}}+15=0,$$

上下同时乘以 $\cos\theta$，得

$$\frac{4\cos^2\theta}{\sin\theta}+15=0,$$

根据 $\sin^2\theta+\cos^2\theta=1$，得

$$\frac{4(1-\sin^2\theta)}{\sin\theta}+15=0,$$

上下同时乘以 $\sin\theta$，得

$$4(1-\sin^2\theta)+15\sin\theta=0,$$

展开并同时乘以 -1 之后，得

$$4\sin^2\theta-15\sin\theta-4=0.$$

(ii) 根据第 (i) 小问把方程改写成：

$$4\sin^2\theta-15\sin\theta-4=0,$$

通过十字相乘，得

$$(4\sin\theta+1)(\sin\theta-4)=0,$$

$$\sin\theta_1=-\frac{1}{4},\ \sin\theta_2=4,$$

但是根据 $-1\leqslant\sin\theta\leqslant 1$，所以 $\sin\theta_2=4$ 舍去 .

接着用计算器求解得的 principle value 是 $\theta=-14.5°$.

但这不在取值范围 $0°\leqslant\theta\leqslant 360°$ 内，

所以用 $180°-(-14.5°)=194.5°$ 得第一个解，

用 $360°+(-14.5°)=345.4°$ 得第二个解 .

Q5 知识点

(i) 1st derivative, 2nd derivative
(ii) differentiation, stationary point

(i) 首先可以把函数改写成 $y=8x^{-1}+2x$ 的形式，接着进行一阶求导：

$\frac{dy}{dx}=8\times(-x^{-2})+2=-\frac{8}{x^2}+2,$

接着再求二阶导：

$\frac{d^2y}{dx^2}=-8(-2x^{-3})=\frac{16}{x^3}.$

(ii) 本小问求的是函数 $y=8x^{-1}+2x$ 的 stationary points，

即求解 $\frac{dy}{dx}=0$：

$\frac{dy}{dx}=-\frac{8}{x^2}+2=0\Rightarrow\frac{8}{x^2}=2\Rightarrow x^2=4\Rightarrow x=\pm2,$

接着代入到 y 的式子中，得

$x=2,\ y=4+4=8,$

$x=-2,\ y=-4-4=-8,$

所以这两个点的坐标分别为（2，8）和（−2，−8），为了得这两个坐标的 nature 需要把 x 值代入到二阶导中，得

$x=2,\ \frac{d^2y}{dx^2}=\frac{16}{8}=2>0,$

所以（2,8）是 minimum point;

$x=-2,\ \frac{d^2y}{dx^2}=\frac{16}{-8}=-2<0,$

所以（−2，−8）是 maximum point.

Q6 知识点

intersection of a line and a quadratic curve, quadratic formula

(i) 把这两个式子联立：

$\begin{cases}y=x^2-x+3,\\y=3x+a,\end{cases}$

得

$x^2-x+3=3x+a$

$\Rightarrow x^2-x-3x+3-a=0$

$\Rightarrow x^2-4x+(3-a)=0.$

(ii) 本小问已知 curve 和 line 有两个交点，并且一个交点的 x 坐标是 −1，求另一个交点的 x 坐标 .

代入 $x=-1$ 到 $x^2-4x+(3-a)=0$，得

$1+4+(3-a)=0$

$\Rightarrow a=8,$

接着把 a 的值代入到式子中，得

$x^2-4x-5=0,$

$(x+1)(x-5)=0,$

$x_1=-1, x_2=5,$

所以另一个交点的 x 坐标是 5.

(iii) 因为 line 是 curve 的切线所以只有一个交点，所以 $x^2-4x+(3-a)=0$ 有且仅有一个解，即它的 $b^2-4ac=0$：

$\Rightarrow(-4)^2-4\times1\times(3-a)=0$

$\Rightarrow16-12+4a=0$

$\Rightarrow a=-1,$

把 a 的值代入到式子中，得

$x^2-4x+4=0,$

$(x-2)^2=0,$

$x=2,$

代入到 curve 的方程中，得

$y=2^2-2+3=5,$

所以 P (2, 5) .

Q7 知识点

(i) geometry
(ii) segment area, sector area

(i) 连接 BC, BD，这两条就是大圆的半径 .

在△ABC 中，$BC=\sqrt{r^2+r^2}=\sqrt{2r^2}=r\sqrt{2}.$

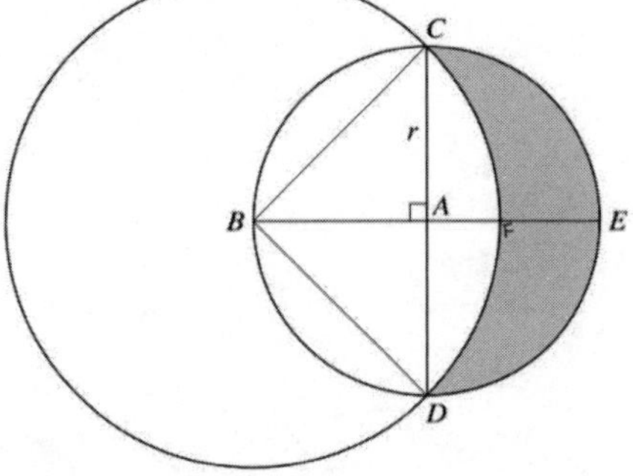

(ii) 需要求阴影部分的面积并用 r 的式子来表达 .

标记大圆与小圆直径 BAE 的交点为 F.

$\text{Area}_{\text{shaded}} = \text{Area}_{\text{semi-circle}} - \text{Area}_{\text{segment } CADF}$,

$\text{Area}_{\text{semi-circle}} = \frac{1}{2}\pi r^2$,

$\text{Area}_{\text{segment } CADF} = \text{Area}_{\text{sector } BCFD} - \text{Area}_{\Delta BCD}$

$= \frac{1}{4}\pi r\sqrt{2}^2 - \frac{1}{2}(2r)r = \frac{1}{2}\pi r^2 - r^2.$

代入得

$$\text{Area}_{\text{shaded}} = \frac{1}{2}\pi r^2 - \left(\frac{1}{2}\pi r^2 - r^2\right) = r^2.$$

Q8 知识点

(i) arithmetic progression
(ii) geometric progression

(i) 根据以上条件，得

$$\begin{cases} a = 4x \\ a = x^2 - 12 \end{cases}$$

$\Rightarrow 4x = x^2 - 12$,

$x^2 - 4x - 12 = 0$,

$(x+2)(x-6) = 0$,

$x_1 = -2,\ x_2 = 6$,

当 $x_1 = -2$ 时，

第三项 $= a + 2d = 4\times(-2) + 2\times 12 = 16$;

当 $x_2 = 6$ 时，

第三项 $= a + 2d = 4\times 6 + 2\times 12 = 48$.

(ii) sum to infinity 的公式为：

$S_\infty = \frac{a}{1-r}$,

根据以上条件，得

$$\begin{cases} a = 4x \\ ar = x^2 \\ \frac{a}{1-r} = 8 \end{cases}$$

$\Rightarrow r = \frac{ar}{a} = \frac{x^2}{4x} = \frac{1}{4}x$,

代入 S_∞ 的式子，得

$$\frac{4x}{1 - \frac{1}{4}x} = 8,$$

$4x = 8 - 2x$

$\Rightarrow x = \frac{4}{3}$,

$a = 4\times\frac{4}{3} = \frac{16}{3}$，$r = \frac{1}{4}\times\frac{4}{3} = \frac{1}{3}$,

代入数值得第三项为：

$$ar^2 = \frac{16}{3}\times\left(\frac{1}{3}\right)^2 = \frac{16}{27}.$$

Q9 知识点

(i) completing the square
(ii) graph of function
(iii) inverse function

(i) 首先把原式中的 x^2 的系数 -1 提出来：

$-x^2 + 6x - 5 = -(x^2 - 6x) - 5.$

括号内配成平方还需要加上 9，并且需要在括号外把多加上的 -1×9 减去 .

因此 $-x^2 + 6x - 5 = -(x^2 - 6x + 9) + 9 - 5 = -(x-3)^2 + 4.$

(ii) 根据第 (i) 小问 f(x) 的图像是一个开口向下的抛物线，并且顶点坐标是 (3, 4)，如下图所示，$x \geqslant m$，当 domain 只取在顶点右侧时函数是 one-to-one. 所以 $x \geqslant 3$，m 的最小值为 3.

(iii) 根据第 (i) 小问配方后的结果：

$y = -(x-3)^2 + 4 \Rightarrow (x-3)^2 = 4 - y$,

注意，因为 $x \geqslant 5$，所以 $x - 3 > 0$：

$x - 3 = \sqrt{4-y} \Rightarrow x = 3 + \sqrt{4-y}$

$\Rightarrow f^{-1}(x) = 3 + \sqrt{4-x}.$

$f^{-1}(x)$ 的 domain 就是 f(x) 的 range.

当 $x = 5$ 时，$f(5) = -(5-3)^2 + 4 = 0$. 因为 f(x) 的图像是开口向下的抛物线且当 $x = 5$ 时，f(x) 的值为 0，并且 $x \geqslant 5$，所以 f(x) 的 range 就是 $f(x) \leqslant 0$.

$f^{-1}(x)$ 的 domain 就是 $x \leqslant 0$.

Q10 知识点

(i) unit vector
(ii) space vector

(i) 首先 $\overrightarrow{PM}=\overrightarrow{OM}-\overrightarrow{OP}$，需要把 M 和 P 的坐标先找出，

如图所示，P 的坐标是 $\begin{pmatrix}0\\0\\10\end{pmatrix}$. M 是 AT 的中点，给 M 做垂线，

它的高是 4，底的长度是 3，所以 M 的坐标是 $\begin{pmatrix}2\\3\\4\end{pmatrix}$.

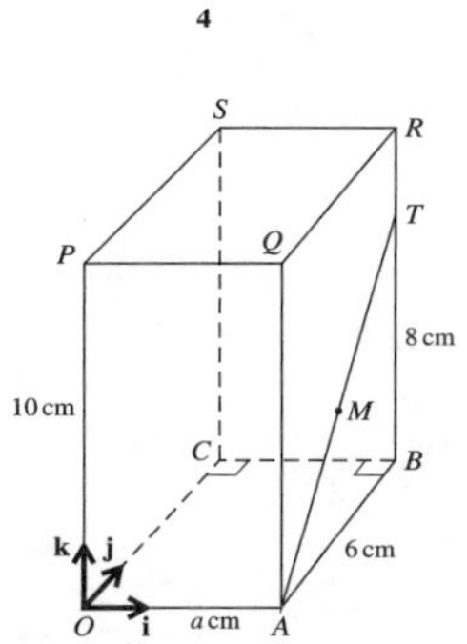

$$\overrightarrow{PM}=\begin{pmatrix}2\\3\\4\end{pmatrix}-\begin{pmatrix}0\\0\\10\end{pmatrix}=\begin{pmatrix}2\\3\\-6\end{pmatrix},$$

因为要求的是 $\overrightarrow{PM}$ 的 unit vector，所以需要先求出 $\overrightarrow{PM}$ 的长度 .

$$\left|\overrightarrow{PM}\right|=\sqrt{2^2+3^2+(-6)^2}=7.$$

unit vector 是指方向和 $\overrightarrow{PM}$ 一致但是长度为 1 的 vector，

所以 unit vector of $\overrightarrow{PM}=\frac{1}{7}\begin{pmatrix}2\\3\\-6\end{pmatrix}$.

(ii) 因为 $\angle ATP=\cos^{-1}\left(\frac{2}{7}\right)$，所以 $\cos\angle ATP=\frac{2}{7}$.

做点乘 $\overrightarrow{AT}\cdot\overrightarrow{TP}=\left|\overrightarrow{AT}\right|\left|\overrightarrow{TP}\right|\cos\angle ATP$，需要求出 $\overrightarrow{AT}$ 和 $\overrightarrow{TP}$ 的值 .

如图所示，点 A，T，P 的坐标分别为：

$$\overrightarrow{OA}=\begin{pmatrix}a\\0\\0\end{pmatrix},\ \overrightarrow{OT}=\begin{pmatrix}a\\6\\8\end{pmatrix},\ \overrightarrow{OP}=\begin{pmatrix}0\\0\\10\end{pmatrix}.$$

$$\overrightarrow{AT}=\overrightarrow{OT}-\overrightarrow{OA}=\begin{pmatrix}a\\6\\8\end{pmatrix}-\begin{pmatrix}a\\0\\0\end{pmatrix}=\begin{pmatrix}0\\6\\8\end{pmatrix},$$

$$\overrightarrow{TP}=\overrightarrow{OP}-\overrightarrow{OT}=\begin{pmatrix}0\\0\\10\end{pmatrix}-\begin{pmatrix}a\\6\\8\end{pmatrix}=\begin{pmatrix}-a\\-6\\2\end{pmatrix},$$

$$\begin{pmatrix}0\\6\\8\end{pmatrix}\cdot\begin{pmatrix}-a\\-6\\2\end{pmatrix}=\sqrt{6^2+8^2}\cdot\sqrt{(-a)^2+(-6)^2+2^2}\times\frac{2}{7}$$

$$\Rightarrow|-36+16|=\sqrt{100}\cdot\sqrt{a^2+40}\times\frac{2}{7}$$

$$\Rightarrow 20\times\frac{7}{2}=10\sqrt{a^2+40}$$

$$\Rightarrow 7=\sqrt{a^2+40}$$

$$\Rightarrow a^2=9.$$

因为 a 是 positive number，所以 $a=3$.

Q11 知识点

differentiation, integration

(i) 根据 $y=(1+4x)^{-\frac{1}{2}}$，

$$\frac{dy}{dx}=\frac{1}{2}(1+4x)^{-\frac{1}{2}}\times 4=2(1+4x)^{-\frac{1}{2}}.$$

当 $x=6$ 时，$\frac{dy}{dx}=\frac{2}{5}$，

$$m_{PQ}=\frac{0-5}{8-6}=-\frac{5}{2},$$

因为 PQ 的斜率和点 P 在 curve 上的 gradient of tangent 相乘等于，所以 PQ 是 curve 的 normal.

(ii) 这里的 volume 由两部分构成，一部分是 volume for curve，还有一部分是 volume for cone.

volume for curve 的计算公式是：

$$\pi\int y^2 dy,$$

代入 volume 的公式，得 $\pi\int(1+4x)dx$.

代入上下限得

$$\pi\int_0^6(1+4x)dx=\pi\left[x+2x^2\right]_1^6=\pi(6+72-0)=78\pi.$$

volume for cone 的计算公式是：

$$V=\frac{1}{3}\pi r^2 h,$$

代入 volume 的公式，得

$$\frac{1}{3}\times\pi\times 5^2\times 2=\frac{50}{3}\pi,$$

$$\text{total volume }=78\pi+\frac{50}{3}\pi=94\frac{2}{3}\pi.$$

9709_w15_qp_12

Q1 知识点

inverse function, composite function

根据 $f(x)=3x+2$，求 inverse function：

$y=3x+2$

$\Rightarrow \dfrac{y-2}{3}=x$

$\Rightarrow f^{-1}(x)=\dfrac{x-2}{3}$,

根据 $f(x)=3x+2,\ g(x)=4x-12$，求 composite function：

$gf(x)=4(3x+2)-12=12x-4$,

$\dfrac{x-2}{3}=12x-4$

$\Rightarrow x-2=36x-12$

$\Rightarrow x=\dfrac{2}{7}$.

Q2 知识点

binomial expansion

x^4 的系数为：$\binom{7}{4}x^4(2k)^3=280k^3x^4$；

x^5 的系数为：$\binom{7}{5}x^5(2k)^2=84k^2x^5$.

$280k^3=84k^2$

$\Rightarrow 280k=84$

$\Rightarrow k=0.3$ or $\dfrac{3}{10}$.

Q3 知识点

(i) volume
(ii) chain rule, differentiation

(i) 体积的计算方式为，阴影部分三角形的面积乘以 AD 的长 40 cm.

已知阴影部分三角形的高为 h，因为这是 30° 角的三角形，所以底的一半是 $\sqrt{3}h$.

代入得

$Area_{\text{shaded}}=\dfrac{1}{2}\times 2\sqrt{3}h\times h=\sqrt{3}h^2$,

$V=\sqrt{3}h^2\times 40=40\sqrt{3}h^2$.

(ii) 已知 $V=40\sqrt{3}h^2$，进行一阶求导：

$\dfrac{dV}{dh}=80\sqrt{3}h$,

根据 water poured into the tank 的增长率是 200 $cm^3\ s^{-1}$，得

$\dfrac{dV}{dt}=200$,

用 chain rule 进行求导，当 $h=5$ 时：

$\dfrac{dh}{dt}=\dfrac{dh}{dV}\times\dfrac{dV}{dt}=\dfrac{1}{80\sqrt{3}\times 5}\times 200=\dfrac{1}{2\sqrt{3}}$ or 0.289.

Q4 知识点

(i) trigonometry
(ii) solving trigonometric equations

(i) 本小问考查的是三角函数的 identities:

$\tan\theta=\dfrac{\sin\theta}{\cos\theta}$,

$\sin^2\theta+\cos^2\theta=1$,

从等式左边 LHS 证到右边 RHS：

$$\text{LHS}=\left(\frac{1}{\sin x}-\frac{1}{\tan x}\right)^2=\left(\frac{1}{\sin x}-\frac{\cos x}{\sin x}\right)^2=\left(\frac{1-\cos x}{\sin x}\right)^2$$

$$=\frac{(1-\cos x)^2}{\sin^2 x}=\frac{(1-\cos x)^2}{1-\cos^2 x}=\frac{(1-\cos x)^2}{(1+\cos x)(1-\cos x)}$$

$$=\frac{1-\cos x}{1+\cos x}=\text{RHS}.$$

(ii) 根据第 (i) 小问可以把方程改写成：$\dfrac{1-\cos x}{1+\cos x}=\dfrac{2}{5}$

$\Rightarrow 5-5\cos x=2+2\cos x$

$\Rightarrow 3=7\cos x$

$\Rightarrow \cos x=\dfrac{3}{7}$.

根据取值范围 $0\leqslant x\leqslant 2\pi$，用计算器求解得的 principle value 是 $x_1=1.13$；$x_2=2\pi-1.13=5.16$.

Q5 知识点

(i) geometry
(ii) circumference length
(iii) diagram area

(i) 在直角三角形 OAB 中，已知 $OA = 6\,\text{cm}$，$\angle AOB = 0.6\,\text{rad}$：

$$\cos 0.6 = \frac{6}{OB} \Rightarrow OB = \frac{6}{\cos 0.6} = 7.270\,\text{cm}.$$

(ii) 在 sector OBC 中，$OC = OB = 7.270\,\text{cm}$，

$$\text{Arc } BC = 7.27 \times \left(\frac{\pi}{2} - 0.6\right) = 7.06\,\text{cm}.$$

在直角三角形 OAB 中，

$$\tan 0.6 = \frac{AB}{6} \Rightarrow AB = 6\tan 0.6 = 4.1\,\text{cm}.$$

$$\text{Perimeter} = OC + OA + AB + \text{Arc } BC = 7.27 + 6 + 4.1 + 7.06.$$
$$= 24.4\ \text{cm}.$$

(iii) Plate 分为 sector OBC 和直角三角形 OAB.

$$\text{Area}_{\text{sector } OAB} = \frac{1}{2} \times 7.27^2 \times \left(\frac{\pi}{2} - 0.6\right) = 25.65\,\text{cm}^2,$$

$$\text{Area}_{\triangle OAB} = \frac{1}{2} \times 6 \times 4.1 = 12.3\,\text{cm}^2,$$

$$\text{Area}_{\text{plate}} = 25.65 + 12.3 = 38.0\,\text{cm}^2.$$

Q6 知识点

(i) distance between two points
(ii) linear equation

(i) 已知 $A\ (-3,\ 7)$，$B\ (5,\ 1)$ 和 $C\ (-1,\ k)$ 三点的坐标，并且 $AB = BC$，求 k 的值 .

$$\text{Distance } AB = \sqrt{(-3-5)^2 + (7-1)^2} = \sqrt{8^2 + 6^2} = 10,$$

$$BC = 10 = \sqrt{(5+1)^2 + (1-k)^2}$$

$$\Rightarrow 100 = 6^2 + (1-k)^2$$

$$\Rightarrow (1-k)^2 = 64,$$

所以 $1-k = 8$ or -8，$k = -7$ or 9.

(ii) 首先要计算 AB 的斜率：

$$m_{AB} = \frac{1-7}{5+3} = -\frac{3}{4},$$

因此和 AB 垂直的线的斜率为：

$$m_{\perp} = \frac{4}{3},$$

AB 的中点为：$\left(\frac{-3+5}{2},\ \frac{7+1}{2}\right) = (1,\ 4)$,

已知中垂线上的点 $(1,\ 4)$，以及斜率 $m = \frac{4}{3}$，代入公式 $y - y_1 = m(x - x_1)$ 得

$$y - 4 = \frac{4}{3}(x-1)$$

$$\Rightarrow y = \frac{4}{3}x + \frac{8}{3},$$

当 $y = 0$ 时，$\frac{4}{3}x + \frac{8}{3} = 0 \Rightarrow x = -2$.

所以 D 的坐标为 $(-2,\ 0)$.

Q7 知识点

vector

(i) 因为 ABC 是一条直线所以 $AB//AC//BC$，所以 $\overrightarrow{AB} = \lambda\overrightarrow{AC} = \mu\overrightarrow{BC}$.

已知 $\overrightarrow{OA} = \begin{pmatrix} 0 \\ 2 \\ -3 \end{pmatrix}$，$\overrightarrow{OB} = \begin{pmatrix} 2 \\ 5 \\ -2 \end{pmatrix}$，$\overrightarrow{OC} = \begin{pmatrix} 3 \\ p \\ q \end{pmatrix}$，

$$\overrightarrow{AB} = \overrightarrow{OB} - \overrightarrow{OA} = \begin{pmatrix} 2 \\ 5 \\ -2 \end{pmatrix} - \begin{pmatrix} 0 \\ 2 \\ -3 \end{pmatrix} = \begin{pmatrix} 2 \\ 3 \\ 1 \end{pmatrix},$$

$$\overrightarrow{AC} = \overrightarrow{OC} - \overrightarrow{OA} = \begin{pmatrix} 3 \\ p \\ q \end{pmatrix} - \begin{pmatrix} 0 \\ 2 \\ -3 \end{pmatrix} = \begin{pmatrix} 3 \\ p-2 \\ q+3 \end{pmatrix}.$$

代入 $\overrightarrow{AB} = \lambda\overrightarrow{AC}$，得

$$\begin{pmatrix} 2 \\ 3 \\ 1 \end{pmatrix} = \lambda \begin{pmatrix} 3 \\ p-2 \\ q+3 \end{pmatrix}$$

$$\Rightarrow 2 = 3\lambda \Rightarrow \lambda = \frac{2}{3}$$

$$\Rightarrow 3 = \frac{2}{3}(p-2) \Rightarrow p = \frac{13}{2}$$

$$\Rightarrow 1 = \frac{2}{3}(q+3) \Rightarrow q = -\frac{3}{2}\ .$$

(ii) 根据 $\angle BAC = 90°$，得 $\overrightarrow{AB} \perp \overrightarrow{AC}$，即 $\overrightarrow{AB} \cdot \overrightarrow{AC} = 0$.

$$\overrightarrow{AB} = \begin{pmatrix} 2 \\ 3 \\ 1 \end{pmatrix},\ \overrightarrow{AC} = \begin{pmatrix} 3 \\ p-2 \\ q+3 \end{pmatrix}$$

$$\Rightarrow \begin{pmatrix}2\\3\\1\end{pmatrix}\cdot\begin{pmatrix}3\\p-2\\q+3\end{pmatrix}=0$$

$\Rightarrow 6+3p-6+q+3=0$

$\Rightarrow q=-3p-3.$

(iii) 代入 $p=3$，得 $\overrightarrow{AC}=\begin{pmatrix}3\\1\\q+3\end{pmatrix}$,

$\left|\overrightarrow{AC}\right|=\sqrt{3^2+1^2+(q+3)^2}$,

$\overrightarrow{AB}=\begin{pmatrix}2\\3\\1\end{pmatrix}$, $\left|\overrightarrow{AB}\right|=\sqrt{2^2+3^2+1^2}=\sqrt{14}$,

因为 $\left|\overrightarrow{AB}\right|=\left|\overrightarrow{AC}\right|$，所以 $\sqrt{3^2+1^2+(q+3)^2}=\sqrt{14}$

$\Rightarrow 10+(q+3)^2=14\Rightarrow (q+3)^2=4$，所以

$q+3=2$ or $-2, q=-1$ or -5.

Q8 知识点

(i) range of function
(ii) function
(iii) function

(i) 在这里可以用两种方法求出 .
第一种方法是配方：

$f(x)=x^2+6x-8=(x+3)^2-17$,

因为 $(x+3)^2\geqslant 0$，所以 $f(x)\geqslant -17$.
第二种方法是求导数：

$f'(x)=2x+6=0\Rightarrow x=-3$,

代入 $f(x)$ 的方程得 $f(-3)=9-18-8=-17$，所以 $f(-3)\geqslant -17$.

(ii) 根据 $f(x)$ 的两个解，可以把 $f(x)$ 写成：

$f(x)=(x-k)(x+2k)=0$

$\Rightarrow x^2+kx-2k^2=0$,

与原方程 $f(x)=x^2+ax+b$ 的系数比较，得

$a=k=5$,

$-2k^2=-2\times 25=-50$,

$b=-50$.

(iii) 代入 $f(x)$ 的式子，得

$f(x+a)=(x+a)^2+a(x+a)+b=a$,

$x^2+2ax+a^2+ax+a^2+b-a=0$,

$x^2+3ax+2a^2+b-a=0$,

因为没有实数解，所以 $b^2-4ac<0$：

$(3a)^2-4\times(2a^2+b-a)<0$,

$9a^2-8a^2-4b+4a<0$,

$a^2-4b+4a<0$,

$a^2<4b-4a$,

$a^2<4(b-a)$.

Q9 知识点

(i) integration
(ii) differentiation, stationary point
(iii) nature of stationary point

(i) 对二阶导进行积分得一阶导：

$f'(x)=-\dfrac{6}{x^2}+C$,

当 $x=2$ 时，$\dfrac{dy}{dx}=0$，代入得

$-\dfrac{6}{2^2}+C=0\Rightarrow C=\dfrac{3}{2}$,

所以 $f'(x)=-\dfrac{6}{x^2}+\dfrac{3}{2}$，对一阶导进行积分：

$f(x)=\dfrac{6}{x}+\dfrac{3}{2}x+k$,

代入 (2, 10)，得

$10=\dfrac{6}{2}+\dfrac{3}{2}\times 2+k\Rightarrow 10=6+k\Rightarrow k=4$,

所以 $f(x)=\dfrac{6}{x}+\dfrac{3}{2}x+4$.

(ii) 当一阶导为 0 时：

$f'(x)=-\dfrac{6}{x^2}+\dfrac{3}{2}=0$

$\Rightarrow \dfrac{6}{x^2}=\dfrac{3}{2}$

$\Rightarrow 3x^2=12$

$\Rightarrow x^2=4$

$\Rightarrow x=\pm 2$,

所以另一个 stationary point 的 x 坐标为 -2，

$y=\dfrac{6}{-2}+\dfrac{3}{2}(-2)+4=-2$, 所以 stationary point 的坐标为 $(-2, -2)$.

(iii) 当 $x=2$ 时，$f''(2)=1.5>0$，所以是 minimum point;
当 $x=-2$ 时，$f''(-2)=-1.5<0$，所以是 maximum point.

Q10 知识点

(i) linear equation, 1st derivative
(ii) finding volume by integration

(i) 因为 AP 是 curve 在点 P 的 normal，先对 curve 进行求导求出 gradient of tangent：

$$\frac{dy}{dx}=\frac{1}{2}(9-2x^2)^{-\frac{1}{2}}\times(-4x)=-2x(9-2x^2)^{-\frac{1}{2}},$$

当 $x=2$ 时，$\frac{dy}{dx}=-4(9-8)^{-\frac{1}{2}}=-4$，$m_N=\frac{-1}{-4}=\frac{1}{4}$.

代入 $m_N=\frac{1}{4}$，还有点 P (2, 1)，得 equation of normal:

$$y=\frac{1}{4}x+c\Rightarrow 1=\frac{1}{2}+c\Rightarrow c=\frac{1}{2}\Rightarrow y=\frac{1}{4}x+\frac{1}{2},$$

代入 $y=0$, $x=-2$，所以点 A 的坐标为 (–2, 0)；

代入 $x=0$, $y=\frac{1}{2}$，所以点 B 的坐标为 (0, $\frac{1}{2}$).

已知 P (2, 1)，A (–2, 0)，所以 AP 的中点坐标为

$\left(\frac{-2+2}{2}, \frac{0+1}{2}\right)=(0, \frac{1}{2})$，也就是点 B 的坐标 .

(ii) volume 的计算公式是：

$$\pi\int x^2 dy,$$

所以需要求出 x^2，根据

$$y=\sqrt{9-2x^2}\Rightarrow y^2=9-2x^2\Rightarrow x^2=\frac{9}{2}-\frac{y^2}{2}.$$

代入 volume 的公式，得 $\pi\int\frac{9}{2}-\frac{y^2}{2}dy$,

此外，需要求上下限，如下图所示，下限是 $y=1$；上限是当 $x=0$ 时，y 的值，代入计算可得 $y=3$. 代入得

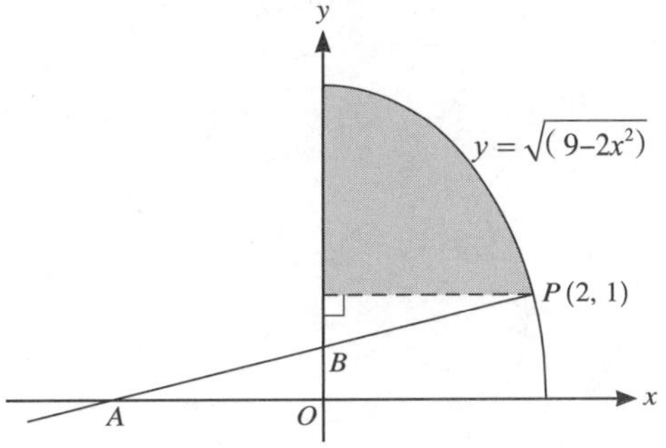

$$\pi\int_1^3\frac{9}{2}-\frac{y^2}{2}dy=\pi\left[\frac{9}{2}y-\frac{y^3}{6}\right]_1^3=\pi\left[\left(\frac{9}{2}\times3-\frac{1}{6}\times3^3\right)-\left(\frac{9}{2}-\frac{1}{6}\right)\right]$$

$$=\frac{14}{3}\pi.$$

9709_w15_qp_13

Q1 知识点

point intersection of a line and a curve

因为不相交所以 $2x-7=x^2-4x+c$ 没有解，即它的 $b^2-4ac<0$：

$x^2-6x+c+7=0$

$\Rightarrow b^2-4ac=36-4(c+7)<0$

$\Rightarrow 8<4c$

$\Rightarrow c>2.$

Q2 知识点

binomial expansion

在展开式中 general term 的式子是：$\binom{7}{r}\left(\frac{x}{3}\right)^{7-r}\left(\frac{9}{x^2}\right)^r$,

要使左边的式子的 power 比右边大两倍加一，所以使 $r=2$，得

$$\binom{7}{2}\left(\frac{x}{3}\right)^5\left(\frac{9}{x^2}\right)^2=21\times\frac{x^5}{3^5}\times\frac{9^2}{x^4}=7x\ .$$

所以 x 的系数是 7.

Q3 知识点

(i) completing the square
(ii) 1st derivative, nature of function

(i) $3x^2-6x+2=3(x^2-2x)+2=3(x^2-2x+1)-3+2$

$=3(x-1)^2-1.$

(ii) $f'(x)=3x^2-6x+7,$

这个式子和第 (i) 小问的式子有关联，可以改写成：

$3x^2-6x+2+5$

2015

$= 3(x-1)^2 + 4,$

所以 $f'(x) = 3(x-1)^2 + 4$，因为 $(x-1)^2 \geqslant 0$，所以 $f'(x) > 0$，所以 f 是 increasing function.

Q4 知识点

(i) sector area
(ii) geometry

(i) 这个面积分为三个 sector，如图所示：

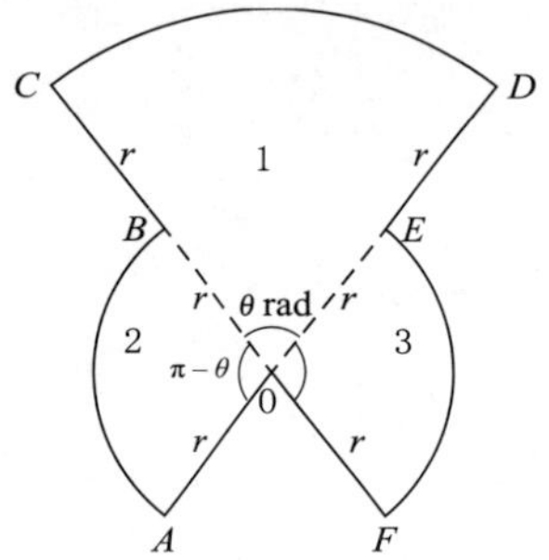

第一个 sector 的面积是：$\frac{1}{2}(2r)^2\theta = 2r^2\theta,$

第二个 sector 的面积和第三个 sector 的面积相等，是

$\frac{1}{2}r^2(\pi-\theta),$

所以总面积为：

$2r^2\theta + 2\times\frac{1}{2}r^2(\pi-\theta)$

$= 2r^2\theta + r^2(\pi-\theta)$

$= 2r^2\theta + r^2\pi - r^2\theta$

$= r^2(\pi+\theta).$

(ii) 在这里已知四条线段的长度都为 r，还需要求 Arc_{CD}，Arc_{AB} 还有 Arc_{EF}，其中 $\text{Arc}_{AB} = \text{Arc}_{EF}$.

$\text{Arc}_{CD} = 2r\theta,$

$\text{Arc}_{AB} = \text{Arc}_{EF} = r(\pi-\theta) = r\pi - r\theta,$

所以周长 $= 2r\theta + 2r\pi - 2r\theta + 4r = 2r\pi + 4r,$

所以周长和 θ 没有关系 .

Q5 知识点

vector

(i) 当 $OA \perp OB$ 时，$\overrightarrow{OA}\cdot\overrightarrow{OB} = 0$，所以

$$\begin{pmatrix} p-6 \\ 2p-6 \\ 1 \end{pmatrix}\cdot\begin{pmatrix} 4-2p \\ p \\ 2 \end{pmatrix} = 0$$

$\Rightarrow (p-6)(4-2p) + (2p-6)p + 2 = 0$

$\Rightarrow 4p - 2p^2 - 24 + 12p + 2p^2 - 6p + 2 = 0$

$\Rightarrow 10p = 22$

$\Rightarrow p = 2.2.$

(ii) 根据 OAB 是一条直线，所以 $OB // OA$，所以 $\overrightarrow{OB} = \lambda\overrightarrow{OA},$

$$\begin{pmatrix} 4-2p \\ p \\ 2 \end{pmatrix} = \lambda\begin{pmatrix} p-6 \\ 2p-6 \\ 1 \end{pmatrix},$$

代入第三个式子得

$2 = \lambda,$

接着代入第一个或者第二个式子，得

$$\begin{cases} 4-2p = 2(p-6) \\ p = 2(2p-6) \end{cases} \Rightarrow p = 4,$$

所以 $\overrightarrow{OA} = \begin{pmatrix} -2 \\ 2 \\ 1 \end{pmatrix}$，$\overrightarrow{OB} = \begin{pmatrix} -4 \\ 4 \\ 2 \end{pmatrix},$

$|\overrightarrow{OA}| = \sqrt{(-2)^2 + 2^2 + 1^2} = \sqrt{9} = 3.$

Q6 知识点

arithmetic progression, geometric progression

(i)

(a)

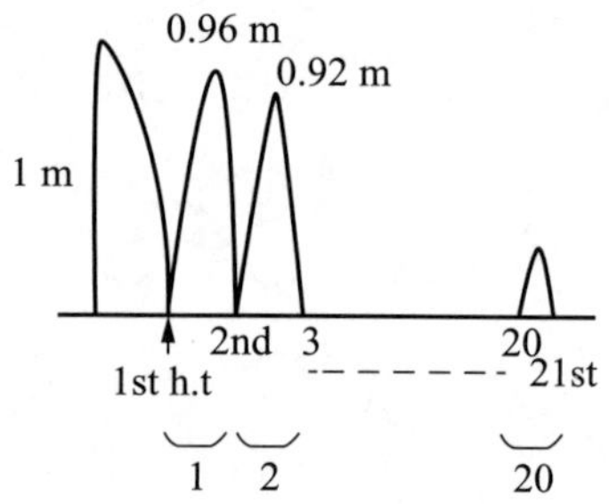

如图所示，首项 $a = 0.96\times2 = 1.92$ m，common difference $d = -0.08$，$n = 20$，代入 S_n 的式子，得

$S_n = \frac{n}{2}[2a + (n-1)d] = \frac{20}{2}[2\times1.92 + 19\times(-0.08)] = 23.2$ m.

(b)

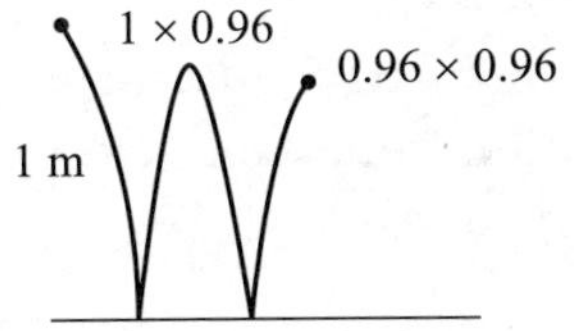

如图所示，首项 $a = 0.96 \times 2 = 1.92$ m，common ratio $r = 0.96$，$n = 20$，代入 S_n 的式子，得

$$S_n = \frac{a(1-r^n)}{1-r} = \frac{1.92(1-0.96^{20})}{1-0.96} = 26.8 \text{ m.}$$

(ii) 代入sum to infinity的公式得 $S_\infty = \frac{a}{1-r} = \frac{1.92}{1-0.96} = 48$，所以球的 total distance 不会超过 48 m.

Q7 知识点

solving trigonometric equations

(a) $\tan\theta = \frac{\sin\theta}{\cos\theta}$,

$\sin^2\theta + \cos^2\theta = 1$,

化简原方程：

$\frac{1}{\cos\theta} + 3\sin\theta\tan\theta + 4 = 0$

$\Rightarrow \frac{1}{\cos\theta} + 3\sin\theta\frac{\sin\theta}{\cos\theta} + 4 = 0$,

上下同时乘以 $\cos\theta$，得

$1 + 3\sin^2\theta + 4\cos\theta = 0$,

根据 $\sin^2\theta + \cos^2\theta = 1$，得

$1 + 3(1-\cos^2\theta) + 4\cos\theta = 0$

$\Rightarrow 4 - 3\cos^2\theta + 4\cos\theta = 0$,

同时乘以 -1 之后，得

$3\cos^2\theta - 4\cos\theta - 4 = 0$,

通过十字相乘，得

$(3\cos\theta + 2)(\cos\theta - 2) = 0$,

$\cos\theta_1 = -\frac{2}{3}$, $\cos\theta_2 = 2$,

根据 $-1 \leqslant \cos\theta \leqslant -1$，所以 $\cos\theta_2 = 2$ 舍去.

接着用计算器求解得的 principle value 是 $\theta = 131.8°$，用 $360° - 131.8° = 228.2°$ 得第二个解.

(b) C 的坐标代入 y 的式子，得

$0 = a\cos x - b \Rightarrow \frac{b}{a} = \cos x \Rightarrow x = \cos^{-1}(\frac{b}{a}) \Rightarrow c = \frac{b}{a}$,

D 的坐标代入 y 的式子，得

$d = a\cos 0 - b = a - b$.

Q8 知识点

(i) domain, range
(ii) composite function
(iii) domain of function

(i) 已知 $\mathrm{f}(x) = 3x + 1$, $g(x) = -1 - x^2$ for $x \leqslant -1$.根据range of f 要 within domain of g:

$\mathrm{f}(x) \leqslant -1$

$\Rightarrow 3x + 1 \leqslant -1$

$\Rightarrow x \leqslant -\frac{2}{3}$,

所以 $a = -\frac{2}{3}$.

(ii) $\mathrm{fg}(x) = 3(-1-x^2) + 1 = -2 - 3x^2$,

$\mathrm{fg}(x) + 14 = 0$

$\Rightarrow -2 - 3x^2 + 14 = 0$

$\Rightarrow 3x^2 = 12$

$\Rightarrow x^2 = 4$

$\Rightarrow x_1 = 2,\ x_2 = -2$,

因为 $x \leqslant -1$，所以舍去 2，最后的解是 -2.

(iii) $\mathrm{gf}(x) = -1 - (3x+1)^2 \leqslant -50$

$\Rightarrow -(3x+1)^2 \leqslant -49$

$\Rightarrow (3x+1)^2 \geqslant 49$,

所以 $3x + 1 \geqslant 7$ or $3x + 1 \leqslant -7$，$x \geqslant \frac{8}{3}$ or $x \leqslant -\frac{8}{3}$，因为 $x \leqslant -1$，所以舍去 $x \geqslant \frac{8}{3}$，最后的解是 $x \leqslant -\frac{8}{3}$.

Q9 知识点

(i) differentiation, chain rule
(ii) integration
(iii) space geometry, diagram area

(i) 已知 $\frac{\mathrm{d}y}{\mathrm{d}x} = 1 + 2x^{-\frac{1}{2}}$，$\frac{\mathrm{d}x}{\mathrm{d}t} = 3$，$x = 4$，

代入方程：

2015

$\frac{dy}{dt}=\frac{dy}{dx}\times\frac{dx}{dt}$,

$\frac{dy}{dt}=\left(1+2\times4^{-\frac{1}{2}}\right)\times3=6.$

(ii) 需要对一导进行积分 .

$\frac{dy}{dx}=1+2x^{-\frac{1}{2}}$,

$y=x+4x^{\frac{1}{2}}+C$,

代入 A（4，6），得

$6=4+4\times4^{\frac{1}{2}}+C\Rightarrow C=-6$,

所以 $y=x+4x^{\frac{1}{2}}-6$.

(iii) 把 $x=4$ 代入 $\frac{dy}{dx}=1+2x^{-\frac{1}{2}}$，得的 gradient of tangent 是 2；把 A（4，6）代入 $y=2x+c$，得 $c=-2$. 所以 equation of tangent：$y=2x-2$，和 x 轴的交点是 B（1，0）.
gradient of normal $=-\frac{1}{2}$，把 A（4，6）代入 $y=-\frac{1}{2}x+c$，得 $c=8$. 所以 equation of normal：$y=-\frac{1}{2}x+8$，和 x 轴的交点是 C（16，0）.

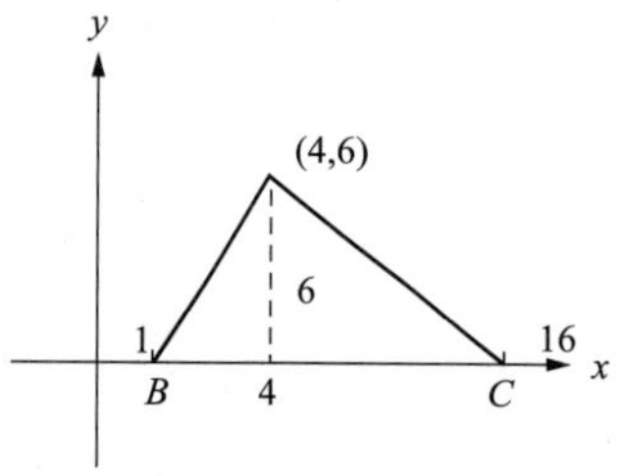

如图所示，$\text{Area}_{\text{tiangle }ABC}=\frac{1}{2}\times(16-1)\times6=45.$

Q10 知识点

(i) differentiation, stationary point
(ii) distance between two points
(iii) integration

(i) 已知 $y=2x+(x+1)^{-2}$，进行一阶求导：

$f'(x)=2+(-2)\times(x+1)^{-3}=2-2(x+1)^{-3}$,

$f''(x)=6(x+1)^{-4}$,

代入 $x=0$ 到 $f'(x)$ 中：

$f'(0)=2-2(0+1)^{-3}=2-2=0$,

所以在 $x=0$ 时，有 stationary point.

代入 $x=0$ 到 $f''(x)$ 中：

$f''(0)=6(0+1)^{-4}=6>0$,

所以是 minimum point.

(ii) $AB=\sqrt{(-\frac{1}{2}-1)^2+(3-2\frac{1}{4})^2}=\sqrt{(\frac{3}{2})^2+(\frac{3}{4})^2}=\frac{\sqrt{45}}{4}$.

(iii) 阴影部分面积可以用梯形面积减去 area beneath the curve.

area beneath the curve 的计算方法为：

$\int_{-\frac{1}{2}}^{1}\left[2x+(x+1)^{-2}\right]dx=\left[x^2-(x+1)^{-1}\right]_{-\frac{1}{2}}^{1}$

$=\left(1-2^{-1}\right)-\left(\frac{1}{4}-\left(\frac{1}{2}\right)^{-1}\right)=\frac{9}{4}$,

梯形的面积计算方法为：

$\frac{1}{2}\times\left(2\frac{1}{4}+3\right)\times\frac{3}{2}=\frac{63}{16}$,

所以阴影部分的面积为：

$\frac{63}{16}-\frac{9}{4}=1.69.$

Paper 3

9709_s15_qp_31

Q1 知识点

solving logarithmic equations

已知 $2^{5x}=3^{2x+1}$，两边同时 take ln，得

$\ln 2^{5x}=\ln 3^{2x+1}$

$\Rightarrow 5x\ln 2=(2x+1)\ln 3$

$\Rightarrow 5x\ln 2-2x\ln 3=\ln 3$

$\Rightarrow x\ln 2^5-x\ln 3^2=\ln 3$

$\Rightarrow x\ln\dfrac{2^5}{9}=\ln 3$

$\Rightarrow x=\dfrac{\ln 3}{\ln\dfrac{32}{9}}=0.866.$

Q2 知识点

trapezium rule

先求出不同的 x 值及其对应的 y 值，见下表 .

x	0	1	2	3
y	9	7	1	17

接着代入 trapezium rule 的公式：

$\dfrac{1}{2}(9+14+2+17)=21,$

所以 $\int_0^3|3^x-10|\,dx\approx 21.$

Q3 知识点

binomial expansion

要证明当 x^2 非常小的时候，$(1-2x^2)^{-2}-(1+6x^2)^{\frac{2}{3}}\approx kx^4$，所以要把左边两个式子展开后加到 x^4 项：

$(1-2x^2)^{-2}=1+(-2)(-2x^2)+\dfrac{(-2)(-3)}{2!}(-2x^2)^2=1+4x^2+12x^4,$

$(1+6x^2)^{\frac{2}{3}}=1+\left(\dfrac{2}{3}\right)(6x^2)+\dfrac{\left(\dfrac{2}{3}\right)(-\dfrac{1}{3})}{2!}(6x^2)^2=1+4x^2-4x^4,$

$(1-2x^2)^{-2}-(1+6x^2)^{\frac{2}{3}}=1+4x^2+12x^4-1-4x^2+4x^4=16x^4,$

所以 $k=16.$

Q4 知识点

differentiation: stationary points

$\dfrac{dy}{dx}=-6\sin 2x+7\cos x=0$

$\Rightarrow 7\cos x=6\sin 2x$

$\Rightarrow 7\cos x=12\sin x\cos x$

$\Rightarrow \cos x(7-12\sin x)=0,$

所以 $\cos x=0$ or $\sin x=\dfrac{7}{12}$，在 $0\leqslant x\leqslant\pi$ 的范围内，

$x=\dfrac{\pi}{2}$，$x=0.623$，$x=\pi-0.623=2.52.$

Q5 知识点

integration of trigonometric functions

(a) 用到的积分公式为：$\int\sec^2 x=\tan x+C,$

以及 trigonometry identity：$\tan^2 2x=\sec^2 2x-1,$

$\int(4+\sec^2 2x-1)\,dx=3x+\dfrac{1}{2}\tan 2x+C.$

(b) 用到的积分公式为：

$\int\dfrac{f'(x)}{f(x)}dx=\ln|f(x)|+C,$

以及 compound angle formula：

$\sin(A+B)=\sin A\cos B+\cos A\sin B$,

运用到本题中，得

$$\sin\left(x+\frac{\pi}{6}\right)=\sin x\cos\frac{\pi}{6}+\cos x\sin\frac{\pi}{6}=\frac{\sqrt{3}}{2}\sin x+\frac{1}{2}\cos x,$$

$$\int_{\frac{\pi}{4}}^{\frac{\pi}{2}}\frac{\frac{\sqrt{3}}{2}\sin x+\frac{1}{2}\cos x}{\sin x}\mathrm{d}x$$

$$=\int_{\frac{\pi}{4}}^{\frac{\pi}{2}}\left(\frac{\sqrt{3}}{2}+\frac{1}{2}\frac{\cos x}{\sin x}\right)\mathrm{d}x$$

$$=\left[\frac{\sqrt{3}}{2}x+\frac{1}{2}\ln\sin x\right]_{\frac{\pi}{4}}^{\frac{\pi}{2}}$$

$$=\left(\frac{\sqrt{3}}{2}\times\frac{\pi}{2}+\frac{1}{2}\ln 1\right)-\left(\frac{\sqrt{3}}{2}\times\frac{\pi}{4}+\frac{1}{2}\ln\frac{\sqrt{2}}{2}\right)$$

$$=\frac{\sqrt{3}}{8}\pi-\frac{1}{2}\ln\frac{\sqrt{2}}{2}\ .$$

Q6 知识点

relationship between two lines

(i) 要求证明 l_1 and l_2 are skew，也就是它们不平行也不相交 .

首先可以根据 l_1 经过的两个点求出它的 direction vector：

$$\begin{pmatrix}2\\-2\\1\end{pmatrix}-\begin{pmatrix}0\\1\\5\end{pmatrix}=\begin{pmatrix}2\\-3\\-4\end{pmatrix},$$

l_1 的 vector equation 是：

$$l_1\text{: }\mathbf{r}_1=\begin{pmatrix}0\\1\\5\end{pmatrix}+\lambda\begin{pmatrix}2\\-3\\-4\end{pmatrix},$$

l_2 的 vector equation 是：

$$l_2\text{: }\mathbf{r}_2=\begin{pmatrix}7\\1\\1\end{pmatrix}+\mu\begin{pmatrix}1\\2\\5\end{pmatrix},$$

$\begin{pmatrix}2\\-3\\-4\end{pmatrix}\neq\lambda\begin{pmatrix}1\\2\\5\end{pmatrix}$，所以 $l_1 \nparallel l_2$.

还需要证明两者不相交，联立 l_1、l_2:

$$\begin{cases}0+2\lambda=7+\mu,\\1-3\lambda=1+2\mu,\\5-4\lambda=1+5\mu.\end{cases}$$

根据前两个式子得 $\begin{cases}\lambda=2,\\\mu=-3.\end{cases}$

代入第三个式子得

$5-4\lambda=5-8=-3$,

$1+5\mu=1-15=-14$,

因为 $-3\neq-14$，所以 l_1 和 l_2 不相交 .

所以 l_1 and l_2 are skew.

(ii) x 轴正方向的方向向量是 $\begin{pmatrix}1\\0\\0\end{pmatrix}$.
用到点乘法：

$$\begin{pmatrix}1\\2\\5\end{pmatrix}\cdot\begin{pmatrix}1\\0\\0\end{pmatrix}=\sqrt{1^2+2^2+5^2}\times\sqrt{1^2}\cos\theta$$

$$\Rightarrow 1=\sqrt{30}\cos\theta$$

$$\Rightarrow \cos\theta=\frac{1}{\sqrt{30}}$$

$$\Rightarrow \theta=79.5^\circ\ .$$

Q7 知识点

differential equation, partial fraction, integration

用到的积分公式为：$\int\frac{\mathrm{f}'(x)}{\mathrm{f}(x)}\mathrm{d}x=\ln|\mathrm{f}(x)|+C$,

首先进行 separation of variables 并且积分：

$$\int\frac{1}{3y^2+10y+3}\mathrm{d}y=\int 4x\mathrm{d}x,$$

左侧需要通过进行 partial fraction 来积分：

$$\frac{1}{3y^2+10y+3}=\frac{1}{(3y+1)(y+3)}=\frac{A}{3y+1}+\frac{B}{y+3},$$

左右两边同时乘以 $(3y+1)(y+3)$，得

$1=(y+3)A+(3y+1)B$,

代入 $y=-3$，得

$1=-8B$

$$\Rightarrow B=-\frac{1}{8},$$

代入 $y=-\frac{1}{3}$，得

$$1=\frac{8}{3}A$$

$$\Rightarrow A=\frac{3}{8},$$

所以

$$\int \frac{\frac{3}{8}}{3y+1}-\frac{\frac{1}{8}}{y+3}\mathrm{d}y=\int 4x\mathrm{d}x,$$

$\frac{1}{8}\ln(3y+1)-\frac{1}{8}\ln(y+3)=2x^2+C,$

代入当 $x=0$ 时，$y=1$，得

$\frac{1}{8}\ln 4-\frac{1}{8}\ln 4=0+C$

$\Rightarrow C=0,$

代入得

$\frac{1}{8}\ln\frac{3y+1}{y+3}=2x^2$

$\Rightarrow \ln\frac{3y+1}{y+3}=16x^2$

$\Rightarrow \frac{3y+1}{y+3}=\mathrm{e}^{16x^2}$

$\Rightarrow 3y+1=y\mathrm{e}^{16x^2}+3\mathrm{e}^{16x^2}$

$\Rightarrow 3y-y\mathrm{e}^{16x^2}=3\mathrm{e}^{16x^2}-1$

$\Rightarrow y=\frac{3\mathrm{e}^{16x^2}-1}{3-\mathrm{e}^{16x^2}}.$

Q8 知识点

(i) calculations of a complex number
(ii) arguments of a complex number
(iii) Argand diagram

(i) $w=\frac{22+4\mathrm{i}}{(2-\mathrm{i})^2}=\frac{22+4\mathrm{i}}{4-4\mathrm{i}-1}=\frac{22+4\mathrm{i}}{3-4\mathrm{i}}\times\frac{3+4\mathrm{i}}{3+4\mathrm{i}}$

$=\frac{66+88\mathrm{i}+12\mathrm{i}-16}{9+16}$

$=2+4\mathrm{i}.$

(ii) $w=2+4\mathrm{i}$，p 为实数，因而 $w+p=(2+p)+4\mathrm{i}.$

由题意 $\frac{\pi}{4}\leqslant\arg(w+p)\leqslant\frac{3\pi}{4}$，因而 $w+p$ 如下图所示：

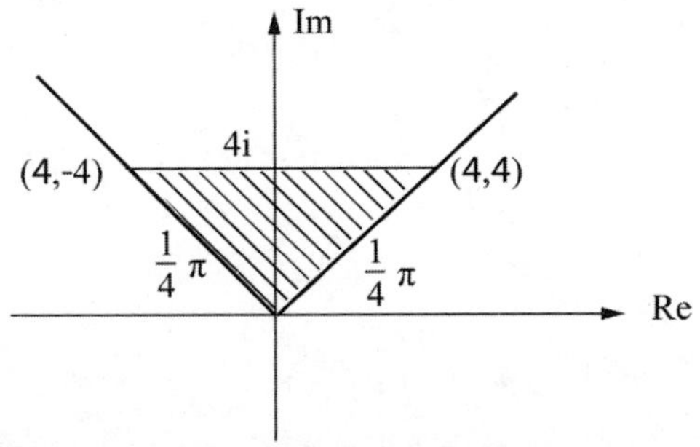

在 imaginary axis 上标出固定的 4i，答案在斜线上，并且不会超过两个边缘的点，分别为 $(-4,4)$ 和 $(4,4)$，所以

$-4\leqslant 2+p\leqslant 4$，$-6\leqslant p\leqslant 2.$

(iii)

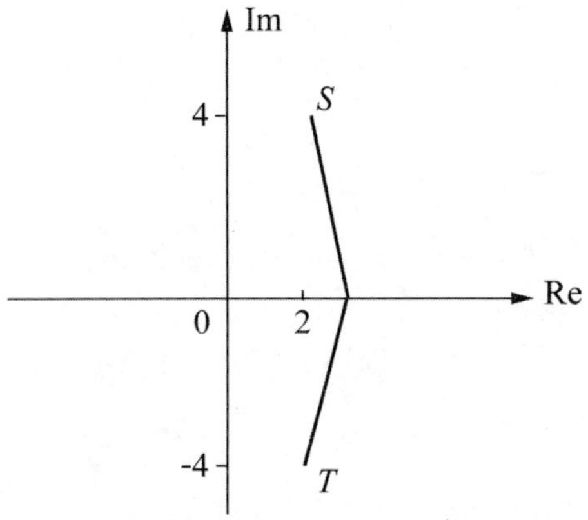

分别在 argand diagram 上标出，点 S 和点 T: $w=2+4\mathrm{i}$，$w^*=2+4\mathrm{i}$，因为圆经过点 S，点 T 和原点，所以圆心在 x 轴上，并且到三个点的距离相等，所以 equation of circle 可以写成 $|z-a|=a$ 的形式 .

$|x+\mathrm{i}y-a|=a$

$\Rightarrow |x+\mathrm{i}y-a|=a$

$\Rightarrow (x-a)^2+y^2=a^2,$

代入圆上的其中一个点（2，4），得

$(2-a)^2+4^2=a^2$

$\Rightarrow 4-4a+a^2+16=a^2$

$\Rightarrow a=5,$

所以 $|z-5|=5.$

Q9 知识点

(i) product rule
(ii) integration by parts

(i) 已知 $y=x^2\mathrm{e}^{2-x}$，求 maximum point M,

也就是当 $\frac{\mathrm{d}y}{\mathrm{d}x}=0$ 时，x 的值 .

$\frac{\mathrm{d}y}{\mathrm{d}x}=x^2\times(-1)\mathrm{e}^{2-x}+2x\mathrm{e}^{2-x}=0,$

$2x\mathrm{e}^{2-x}=x^2\mathrm{e}^{2-x},$

$2x=x^2,$

所以 $x_1=0$(origin)，$x_2=2$ 所以点 M 的 x 坐标为 2.

(ii) $\int_0^2 x^2\mathrm{e}^{2-x}\mathrm{d}x=\left[-x^2\mathrm{e}^{2-x}\right]_0^2+\int_0^2 2x\mathrm{e}^{2-x}\mathrm{d}x$

$= \left(-4e^0 + 0\right) + \left[-2xe^{2-x}\right]_0^2 + \int_0^2 2e^{2-x}dx$

$= -4 + \left(-4e^0 + 0\right) + \left[-2e^{2-x}\right]_0^2$

$= -4 - 4 + (-2e^0 + 2e^2)$

$= 2e^2 - 10.$

Q10 知识点

(i) differentiation of parametric equations
(ii) iterative formula

(i) $\frac{dy}{dx} = \frac{\frac{dy}{dt}}{\frac{dx}{dt}} = \frac{3t^2+2}{2\frac{1}{t+2}} = \frac{1}{2}\left(3t^2+2\right)\left(t+2\right).$

在 origin 时，$x = 0$:

$2\ln\left(t+2\right) = 0,$

$\ln\left(t+2\right) = 0,$

$t + 2 = 1,$

$t = -1,$

代入 $\frac{dy}{dx} = \frac{1}{2}(3+2)\left(-1+2\right) = \frac{5}{2}.$

(ii) $\frac{dy}{dx} = \frac{1}{2}\left(3t^2+2\right)\left(t+2\right),$

所以

$\frac{1}{2} = \frac{1}{2}\left(3p^2+2\right)\left(p+2\right),$

$1 = \left(3p^2+2\right)\left(p+2\right),$

$\frac{1}{3p^2+2} = p+2,$

$p = \frac{1}{3p^2+2} - 2.$

(iii) 已知 $p = \frac{1}{3p^2+2} - 2,$

代入 $p_0 = -1,$

$p_1 = \frac{1}{3(-1)^2+2} - 2 = -1.8,$

$p_2 = -1.91468,$

$p_3 = -1.92306,$

$p_4 = -1.92363,$

$p_5 = -1.92367,$

所以 $p = -1.924,$

代入 x 和 y 的式子，得

$x = 2\ln\left(-1.924+2\right) = -5.15,$

$y = \left(-1.924\right)^3 + 2\left(-1.924\right) + 3 = -7.97,$

所以 P $(-5.15, -7.97)$.

9709_s15_qp_32

Q1 知识点

trapezium rule

如下表所示，先求出不同的 x 值及其对应的 y 值 .

x	0	$\frac{1}{6}\pi$	$\frac{2}{6}\pi$	$\frac{1}{2}\pi$
y	0	$\ln\frac{3}{2}$	$\ln\frac{2+\sqrt{3}}{2}$	ln2

接着代入 trapezium rule 的公式：

$\int_0^{\frac{\pi}{2}} \ln\left(1+\sin x\right)dx \approx \frac{1}{2} \times \frac{\pi}{6} \times \left(0 + 2\left(\ln\frac{3}{2} + \ln\frac{2+\sqrt{3}}{2}\right)\ln 2\right)$

$= \frac{\pi}{12} \times 2.75 = 0.72.$

Q2 知识点

solving logarithmic equations

已知 $u = 4^x$，代入 $4^x + 4^2 = 4^{x+2}$，得

$u + 16 = 4^x \times 4^2$

$\Rightarrow u + 16 = 16u$

$\Rightarrow u = \frac{16}{15}$

$\Rightarrow 4^x = \frac{16}{15},$

可以把指数形式换成对数形式，得 $x = \log_4\frac{16}{15} = 0.0466$；

或者可以对式子两边同时取对数，得

$\ln 4^x = \ln\frac{16}{15} \Rightarrow x = \frac{\ln\frac{16}{15}}{\ln 4} = 0.0466.$

Q3 知识点

differentiation: stationary points

本题用到了double angle formulae: $\sin 2x = 2\sin x\cos x$, $\cos 2x = \cos^2 x - \sin^2 x$,

以及 trigonometric identity: $\sin^2 x + \cos^2 x = 1$,

$\frac{dy}{dx} = \cos x \cdot (-2\sin 2x) + (-\sin x)(\cos 2x) = 0$

$\Rightarrow -2\cos x\sin 2x - \sin x\cos 2x = 0$

$\Rightarrow -2\cos x(2\sin x\cos x) - \sin x(\cos^2 x - \sin^2 x) = 0$

$\Rightarrow -4\sin x\cos^2 x - \sin x\cos^2 x + \sin^3 x = 0$

$\Rightarrow \sin^3 x = 5\sin x\cos^2 x$

当 $\sin x = 0$ 时，$x = 0,\ \pi$，不在 x 的取值范围 $0 < x < \frac{\pi}{2}$ 内 .

式子两边同时除以 $\sin x$，得

$\sin^2 x = 5\cos^2 x$

$\Rightarrow 1 - \cos^2 x = 5\cos^2 x$

$\Rightarrow \cos^2 x = \frac{1}{6}$

$\Rightarrow \cos x = \pm\sqrt{\frac{1}{6}}$,

所以 $x = 1.15,\ x = -1.99$ (reject).

Q4 知识点

(i) compound angle formulae
(ii) solving trigonometry equations

(i) 先求出 R ： $R = \sqrt{3^2 + 2^2} = \sqrt{13}$.

展开 $R\sin(\theta + \alpha)$，得

$R\sin(\theta + \alpha) = R\sin\theta\cos\alpha + R\cos\theta\sin\alpha$,

所以 $R\sin\theta\cos\alpha + R\cos\theta\sin\alpha = 3\sin\theta + 2\cos\theta$

$\Rightarrow \begin{cases} R\cos\alpha = 3 \\ R\sin\alpha = 2 \end{cases}$

$\Rightarrow \tan\alpha = \frac{\sin\alpha}{\cos\alpha} = \frac{2}{3}$

$\Rightarrow \alpha = \tan^{-1}\left(\frac{2}{3}\right) = 33.69°$

$\Rightarrow 3\sin\theta + 2\cos\theta = \sqrt{13}\sin(\theta + 33.69°)$.

(ii) $3\sin\theta + 2\cos\theta = 1$,

$\sqrt{13}\sin(\theta + 33.69°) = 1$,

$\sin(\theta + 33.69°) = \frac{1}{\sqrt{13}}$,

$\theta + 33.69° = 16.10°$ (reject),

$\theta + 33.69° = 180° - 16.10° = 163.9°$,

所以 $\theta = 130.2°$.

Q5 知识点

(i) trigonometry, arc length
(ii) change of sign
(iii) iterative formula

(i)

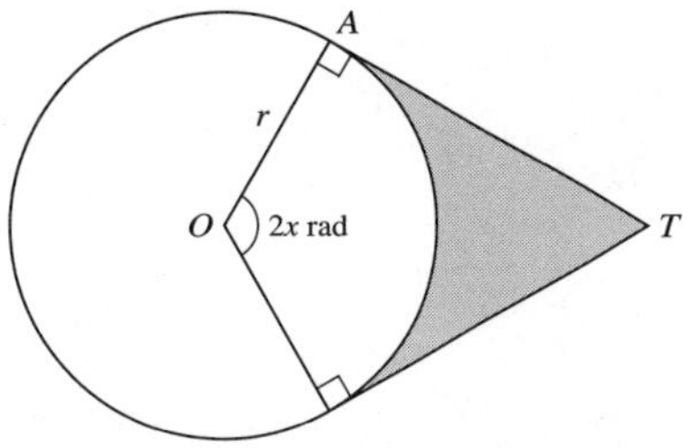

如上图所示，已知阴影部分周长和圆的周长一致，证明 $\tan x = \pi - x$.

阴影部分周长为：$AT + BT +$ Arc length AB,

Arc length $AB = r(2x) = 2xr$,

在 $\triangle OAT$ 中，$\tan x = \frac{AT}{r}$，$AT = r\tan x = BT$.

所以

$2r\tan x + 2xr = 2\pi r$

$\Rightarrow \tan x + x = \pi$

$\Rightarrow \tan x = \pi - x$.

(ii) 根据 $\tan x = \pi - x$，得 $f(x) = \tan x - \pi + x$，代入 1 和 1.3，只要正负号改变就可以证明在这个区间里有一个解 .

$f(1) = -0.584 < 0$,

$f(1.3) = 1.761 > 0$,

因为 change of sign，所以在 1 和 1.3 之间有一个解 .

(iii) $x_{n+1} = \tan^{-1}(\pi - x_n)$,

代入 x_0 =1.15，得

$x_1 = \tan^{-1}(\pi - 1.15) = 1.1055$,

$x_2 = 1.1143$,

$x_3 = 1.1126$,

2015

所以当保留小数点后两位时，$x=1.11$.

Q6 知识点

(i) integration by substitution
(ii) integration

(i) 做题时需要注意上下界和 dx 的变换 .
先换上下界：
When $x=0, u=2-1=1$; when $x=1$, $u=2-0=2$.
再换 dx：

$$u=2-\sqrt{x},$$

$$\frac{\mathrm{d}u}{\mathrm{d}x}=-\frac{1}{2}x^{-\frac{1}{2}},$$

$$\mathrm{d}x=-2x^{\frac{1}{2}}\mathrm{d}u,$$

再把 dx 的表达式代入化简并计算：

$$I=\int_0^1\frac{\sqrt{x}}{2-\sqrt{x}}\mathrm{d}x$$

$$=\int_2^1\frac{\sqrt{x}}{u}\left(-2x^{\frac{1}{2}}\right)\mathrm{d}u$$

$$=\int_2^1\frac{-2x}{u}\mathrm{d}u,$$

因为 $u=2-\sqrt{x}\Rightarrow\sqrt{x}=2-u\Rightarrow x=(2-u)^2$

$$=\int_2^1\frac{-2x}{u}\mathrm{d}u$$

$$=\int_2^1\frac{-2(2-u)^2}{u}\mathrm{d}u,$$

因为 $\int_b^a f(x)\mathrm{d}x=-\int_a^b f(x)\mathrm{d}x$，所以

$$I=\int_1^2\frac{2(2-u)^2}{u}\mathrm{d}u.$$

(ii) 第 (i) 小问得

$$I=\int_1^2\frac{2(2-u)^2}{u}\mathrm{d}u,$$

展开括号中的项并化简得

$$I=\int_1^2\left(\frac{8}{u}-8+2u\right)\mathrm{d}u$$

$$=\left[8\ln u-8u+u^2\right]_1^2$$

$$=(8\ln 2-16+4)-(0-8+1)$$

$$=8\ln 2-5.$$

Q7 知识点

(i) finding square roots of a complex number
(ii) complex number: argument, loci

(i) 假设 $\sqrt{u}=a+b\mathrm{i}\Rightarrow u=a^2-b^2+2ab\mathrm{i}=-1+\left(4\sqrt{3}\right)\mathrm{i}$,
比较 real part 和 imaginary part 得

$$\begin{cases}a^2-b^2=-1, & ①\\ 2ab=4\sqrt{3}, & ②\end{cases}$$

根据式②，得 $b=\frac{2\sqrt{3}}{a}$,
代入式①，得

$$a^2-\left(\frac{2\sqrt{3}}{a}\right)^2=-1,$$

$$a^2-\frac{12}{a^2}=-1,$$

$$a^4-12=-a^2,$$

$$a^4+a^2-12=0,$$

$$\left(a^2+4\right)\left(a^2-3\right)=0,$$

$$a^2=-4(\text{reject}),\ a^2=3,$$

$$\Rightarrow a=\pm\sqrt{3},$$

当 $a=\sqrt{3}$ 时，$b=\frac{2\sqrt{3}}{a}=2$；

当 $a=-\sqrt{3}$ 时，$b=\frac{2\sqrt{3}}{a}=-2$.

所以 $u=\sqrt{3}+2\mathrm{i}; u=-\sqrt{3}-2\mathrm{i}$.

(ii) 如下图所示，$|z-u|=1$ 是一个圆心为 $(-1, 4\sqrt{3})$，半径是 1 的圆 .

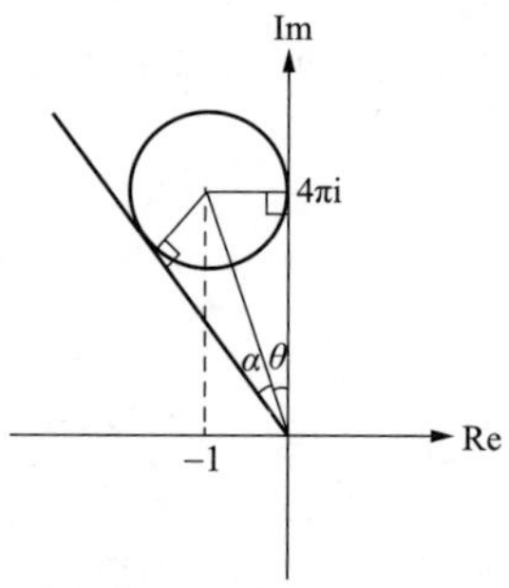

argument of z 的最大值 $=90°+2\alpha$.

$$\tan\alpha=\frac{1}{4\sqrt{3}}\Rightarrow\alpha=8.2°,$$

$$\arg(z)=90°+2\times 8.2°=106.4°.$$

Q8 知识点

(i) partial fraction
(ii) binomial expansion

(i) 用 partial fraction 的方式把分式拆解成两个式子：

$$\frac{5x^2+x+6}{(3-2x)(x^2+4)}=\frac{A}{3-2x}+\frac{Bx+C}{x^2+4},$$

左右两边同时乘上左边的分母，得

$$5x^2+x+6=(x^2+4)A+(3-2x)(Bx+c),$$

代入 $x=\frac{3}{2}$，得

$$5\times\frac{9}{4}+\frac{3}{2}+6=(\frac{9}{4}+4)A$$

$$\Rightarrow A=3,$$

代入 $x=0$，得

$$6=4A+3C$$

$$\Rightarrow C=-2,$$

x^2 的系数为：

$$5=A-2B$$

$$\Rightarrow B=-1,$$

所以

$$f(x)=\frac{5x^2+x+6}{(3-2x)(x^2+4)}=\frac{3}{3-2x}+\frac{-x-2}{x^2+4}.$$

(ii) 根据第 (i) 小问，得

$$\frac{5x^2+x+6}{(3-2x)(x^2+4)}=\frac{3}{3-2x}-\frac{x+2}{x^2+4},$$

对于右边的两个式子展开并化简，注意展开到 x^2 项即可 .

$$3(3-2x)^{-1}=3\times3^{-1}\left(1-\frac{2}{3}x\right)^{-1}$$

$$=3\times\frac{1}{3}\times\left(1+(-1)\left(-\frac{2}{3}x\right)+\frac{(-1)(-2)}{2!}\left(-\frac{2}{3}x\right)^{-2}\right)$$

$$=1+\frac{2}{3}x+\frac{4}{9}x^2,$$

$$(x+2)(x^2+4)^{-1}=(x+2)4^{-1}\left(1+\frac{x^2}{4}\right)^{-1}$$

$$=\left(\frac{x}{4}+\frac{1}{2}\right)\left(1+(-1)\frac{x^2}{4}\right)=\frac{x}{4}+\frac{1}{2}-\frac{x^2}{8},$$

$$\frac{3}{3-2x}-\frac{x+2}{x^2+4}=1+\frac{2}{3}x+\frac{4}{9}x^2-\frac{x}{4}-\frac{1}{2}+\frac{x^2}{8}$$

$$=\frac{1}{2}+\frac{5}{12}x+\frac{41}{72}x^2.$$

Q9 知识点

solving differential equation

(i) 采用的方法是 separation of variables.

用到的积分公式为：$\int\frac{f'}{f(x)}dx=\ln|f(x)|+C.$

先分离变量，并加上积分符号，得

$$\int\frac{1}{x}dx=-\int\frac{-e^{-t}}{k+e^{-t}}dt,$$

两边同时求积分：

$$\ln x=-\ln(k+e^{-t})+C,$$

代入 $t=0$ 时 $x=10$：

$$\ln10=-\ln(k+1)+C$$

$$\Rightarrow C=\ln10+\ln(k+1)=\ln10(k+1)$$

$$\Rightarrow \ln x=-\ln(k+e^{-t})+\ln10(k+1).$$

(ii) 根据第 (i) 小问，得 $\ln x=-\ln(k+e^{-t})+\ln10(k+1)$，

代入 $t=1$ 时，$x=20$，得

$$\ln20=-\ln(k+e^{-1})+\ln(10k+10),$$

$$\ln20=\ln\frac{10k+10}{k+e^{-1}},$$

$$20k+20e^{-1}=10k+10$$

$$\Rightarrow k=1-\frac{2}{e}.$$

(iii) $\ln x=-\ln(k+e^{-t})+\ln10(k+1)$,

化简得

$$\ln x=\ln\frac{10k+10}{k+e^{-t}},$$

$$x=\frac{10k+10}{k+e^{-t}},$$

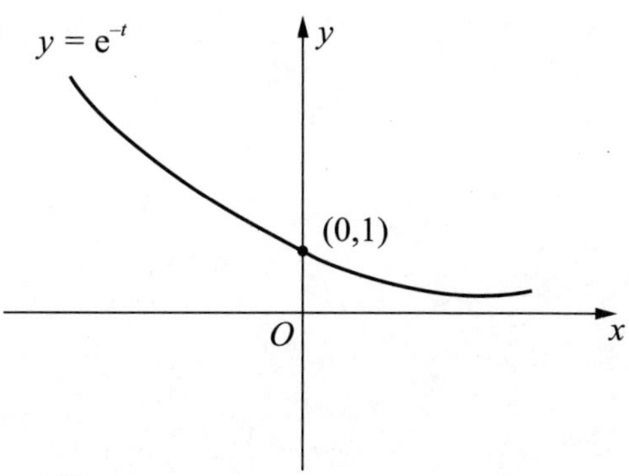

如图所示，当 t 变得无穷大时，e^{-t} 无限接近与 0，所以

$$x=\frac{10k+10}{k}=10+\frac{10}{k}=10+\frac{10}{1-\frac{2}{e}}=47.8<48,$$

So the number of organisms never reaches 48.

Q10 知识点

(i) vectors in a plane
(ii) the vector equation of a plane

(i) 可以求出 line AB 的 vector equation，先求 direction vector：

$$\overrightarrow{AB}=\overrightarrow{OB}-\overrightarrow{OA}=\begin{pmatrix}1\\1\\5\end{pmatrix}-\begin{pmatrix}2\\-1\\3\end{pmatrix}=\begin{pmatrix}-1\\2\\2\end{pmatrix},$$

代入求出 line AB 的 vector equation：

$$l_{AB}:\begin{pmatrix}2\\-1\\3\end{pmatrix}+\lambda\begin{pmatrix}-1\\2\\2\end{pmatrix},$$

令 line AB 和 l 的 vector equation 相等，得

$$\begin{pmatrix}2-\lambda\\-1+2\lambda\\3+2\lambda\end{pmatrix}=\begin{pmatrix}1+3\mu\\1+\mu\\2-\mu\end{pmatrix}\begin{matrix}①\\②,\\③\end{matrix}$$

根据式①和式②，得

$$\begin{cases}\lambda=1,\\ \mu=0.\end{cases}$$

代入式③，得

$3+2\lambda=3+2=5,$

$2-\mu=2-0=2,$

因为 $5\neq2$，所以 l 和经过 AB 的 line 没有交点 .

(ii) 需要求 plane 的 normal，即用 plane 上的两个 vector 做一个叉乘 .

其中一个 vector 就是直线 l 的 direction vector，$\begin{pmatrix}3\\1\\-1\end{pmatrix}$.

加入在直线上取一个点 R，$\overrightarrow{AR}$ 就是另一个 direction vector.

$$\overrightarrow{AR}=\overrightarrow{0R}-\overrightarrow{OA}=\begin{pmatrix}1\\1\\2\end{pmatrix}-\begin{pmatrix}2\\-1\\3\end{pmatrix}=\begin{pmatrix}-1\\2\\-1\end{pmatrix},$$

$$\begin{pmatrix}3\\1\\-1\end{pmatrix}\times\begin{pmatrix}-1\\2\\-1\end{pmatrix}=\begin{pmatrix}1\\4\\7\end{pmatrix},$$

代入，得

$x+4y+7z=d,$

代入点 A，得

$2-4+21=d=19,$

所以 $x+4y+7z=19.$

9709_s15_qp_33

Q1 知识点

solving logarithmic equations

$\ln(x+4)=\ln x^2+\ln 4$

$\Rightarrow \ln(x+4)=\ln 4x^2,$

两边同时 take e，得

$e^{\ln(x+4)}=e^{\ln 4x^2},$

$\Rightarrow x+4=4x^2$

$\Rightarrow 4x^2-x-4=0$

$\Rightarrow x=\frac{1\pm\sqrt{65}}{8},$

根据 ln 的性质，$x>0$，所以 $x=\frac{1+\sqrt{65}}{8}=1.13.$

Q2 知识点

solving inequality

当不等式内含绝对值符号时，需要分类讨论两种情况：

当 $x-2>0$ 时，$x>2$：

$x-2>2x-3,$

$x<1(\text{reject}).$

当 $x-2<0$ 时，$x<2$：

$-x+2>2x-3,$

$3x<5,$

$x<\frac{5}{3},$

所以 $x<\frac{5}{3}.$

Q3 知识点

solving trigonometry equations

本题用到了 double angle formulae: $\tan 2A=\dfrac{2\tan A}{1-\tan^2 A}$.

先把式子中的 cot 改成 tan 的形式：

$$\frac{1}{\tan 2x}+\frac{1}{\tan x}=3$$

$$\Rightarrow \frac{1-\tan^2 x}{2\tan x}+\frac{1}{\tan x}=3,$$

同时乘以 $2\tan x$，得

$$1-\tan^2 x+2=6\tan x$$

$$\Rightarrow \tan^2 x+6\tan x-3=0$$

$$\Rightarrow \tan x=-3\pm 2\sqrt{3},$$

所以

$x_1=24.9°; x_2=-81.2°(\text{reject})$，$x_3=180°-81.2°=98.8°$.

所以 $x_1=24.9°, x_2=98.8°$.

Q4 知识点

differentiation: stationary points

本题用到了 quotient rule：$y=\dfrac{u}{v};\dfrac{dy}{dx}=\dfrac{u'v-uv'}{v^2}$.

$$\frac{dy}{dx}=\frac{2e^{2x}\left(4+e^{3x}\right)-e^{2x}\left(3e^{3x}\right)}{\left(4+e^{3x}\right)^2}=0$$

$$\Rightarrow \frac{8e^{2x}-e^{5x}}{\left(4+e^{3x}\right)^2}=0$$

$$\Rightarrow 8e^{2x}-e^{5x}=0$$

$$\Rightarrow e^{2x}\left(8-e^{3x}\right)=0,$$

因为 $e^{2x}>0$，所以 $8-e^{3x}=0$.

$$8=e^{3x}$$

$$\Rightarrow \ln 8=3x$$

$$\Rightarrow x=\frac{1}{3}\ln 8=\frac{1}{3}\ln 2^3=\ln 2,$$

代入 $y=\dfrac{e^{2x}}{4+e^{3x}}$，得

$$y=\frac{e^{2\ln 2}}{4+e^{\ln 8}}=\frac{4}{4+8}=\frac{1}{3},$$

所以 stationary point $\left(\ln 2,\ \dfrac{1}{3}\right)$.

Q5 知识点

differentiation of parametric equations

(i) $x=a(\cos t)^4, \dfrac{dx}{dt}=a\times 4(\cos t)^3\times(-\sin t)=-4a\cos^3 t\sin t$,

$y=a(\sin t)^4, \dfrac{dy}{dt}=a\times 4(\sin t)^3\times(\cos t)=4a\sin^3 t\cos t$,

$$\frac{dy}{dx}=\frac{\frac{dy}{dt}}{\frac{dx}{dt}}=\frac{4a\sin^3 t\cos t}{-4a\cos^3 t\sin t}=-\frac{\sin^2 t}{\cos^2 t}=-\tan^2 t.$$

(ii) 本小问用到了 trigonometric identitic: $\sin^2 x+\cos^2 x=1$.

已知 $\dfrac{dy}{dx}=-\tan^2 t$，curve 上的点 $\left(a\cos^4 t,\ a\sin^4 t\right)$:

$$y-a\sin^4 t=-\tan^2 t\left(x-a\cos^4 t\right)$$

$$\Rightarrow y-a\sin^4 t=-\frac{\sin^2 t}{\cos^2 t}\left(x-a\cos^4 t\right)$$

$$\Rightarrow y\cos^2 t-a\cos^2 t\sin^4 t=-x\sin^2 t+a\sin^2 t\cos^4 t$$

$$\Rightarrow x\sin^2 t+y\cos^2 t=a\cos^2 t\sin^4 t+a\sin^2 t\cos^4 t$$

$$\Rightarrow x\sin^2 t+y\cos^2 t=a\sin^2 t\cos^2 t(\sin^2 t+\cos^2 t)$$

$$\Rightarrow x\sin^2 t+y\cos^2 t=a\sin^2 t\cos^2 t.$$

(iii) 根据第 (ii) 小问 equation of tangent 的式子为：

$x\sin^2 t+y\cos^2 t=a\sin^2 t\cos^2 t$,

当 $x=0$ 时，$y\cos^2 t=a\sin^2 t\cos^2 t\Rightarrow y=a\sin^2 t$.

所以 Q $(0,\ a\sin^2 t)$.

当 $y=0$ 时，$x\sin^2 t=a\sin^2 t\cos^2 t\Rightarrow x=a\cos^2 t$.

所以 P $(a\cos^2 t, 0)$.

$a\sin^2 t+a\cos^2 t=a(\sin^2 t+\cos^2 t)$

$\Rightarrow OP+OQ=a.$

Q6 知识点

(i) integration
(ii) change of sign
(iii) iterative formula

(i) 已知 $\int_0^a x\cos x\,dx=0.5$：

$$\int_0^a x\cos x\,dx=\left[x\sin x\right]_0^a-\int_0^a \sin x\,dx$$

$$=a\sin a-\left[-\cos x\right]_0^a$$

2015

$= a\sin a + \cos a - 1 = 0.5$

$\Rightarrow a\sin a + \cos a = 1.5$

$\Rightarrow \sin a = \dfrac{1.5 - \cos a}{a}.$

(ii) 根据第 (i) 小问，$\sin a = \dfrac{1.5 - \cos a}{a}$,

$f(a) = \sin a - \dfrac{1.5 - \cos a}{a}$,

$f(1) = -0.1182 < 0$,

$f(1.5) = 0.0447 > 0$,

因为 change of sign，所以在 1 和 1.5 之间有一个解，所以 a 大于 1.

(iii) $a_{n+1} = \sin^{-1}\left(\dfrac{1.5 - \cos a_n}{a_n}\right)$.

代入 $a_0 = 1$，得

$a_1 = \sin^{-1}\left(\dfrac{1.5 - \cos 1}{1}\right) = 1.285925$,

$a_2 = 1.246670$,

$a_3 = 1.246077$,

$a_4 = 1.246077$,

所以保留小数点后四位时，$a = 1.2461$.

Q7 知识点

solving differential equation

(i) 采用的方法是 separation of variables.

先分离变量并加上积分符号：

$\int \dfrac{1}{\sqrt{M}}\mathrm{d}M = \int k\cos(0.02t)\mathrm{d}t$

$\Rightarrow \int M^{-\frac{1}{2}}\mathrm{d}M = \int k\cos(0.02t)\mathrm{d}t$,

两边同时求积分：

$2M^{\frac{1}{2}} = k\dfrac{1}{0.02}\sin(0.02t) + C$

$\Rightarrow 2M^{\frac{1}{2}} = 50k\sin(0.02t) + C$,

代入 $t = 0$ 时，$M = 100$:

$2\times 10 = 0 + C$

$\Rightarrow C = 20$,

所以

$2M^{\frac{1}{2}} = 50k\sin(0.02t) + 20$

$\Rightarrow M^{\frac{1}{2}} = 25k\sin(0.02t) + 10.$

(ii) 根据第 (i) 小问，

$M^{\frac{1}{2}} = 25k\sin(0.02t) + 10$,

当 $M = 196$，$t = 50$ 时：

$\sqrt{196} = 25k\sin(1) + 10$

$\Rightarrow 4 = 25k\sin 1$

$\Rightarrow k = \dfrac{4}{25\sin 1} = 0.190.$

(iii) 根据第 (i) 小问和第 (ii) 小问，

$M^{\frac{1}{2}} = 25\times 0.190\sin(0.02t) + 10$

$\Rightarrow M = (4.75\sin(0.02t) + 10)^2$,

因为 $-1 \leqslant \sin(0.02t) \leqslant 1$, 所以

$M_{\min} = (10 - 4.75)^2 = 27.5625 = 27.6.$

Q8 知识点

(i) complex number
(ii) loci
(iii) argument

(i) $\dfrac{i}{u} = \dfrac{i}{1-i}\times\dfrac{1+i}{1+i} = \dfrac{i-1}{2} = -\dfrac{1}{2} + \dfrac{1}{2}i.$

(ii) 如下图所示，$|z-(1-i)| = |z-0|$ 是指从 z 到（1, −1）的距离和 z 到（0, 0）的距离相等的点，所以它指的是原点和（1, −1）的中垂线 . $|z-i| = 2$ 是以 i 为圆心，以 2 为半径的圆 .

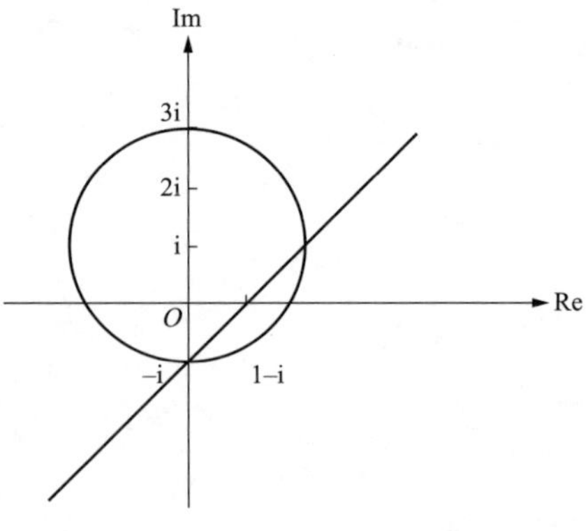

(iii) 如下图所示，点 B 的 argument 是 $-\dfrac{\pi}{2}$，点 A 的坐标

为（2，1），所以 $\arg(A)=\tan^{-1}\left(\frac{1}{2}\right)=0.464$.

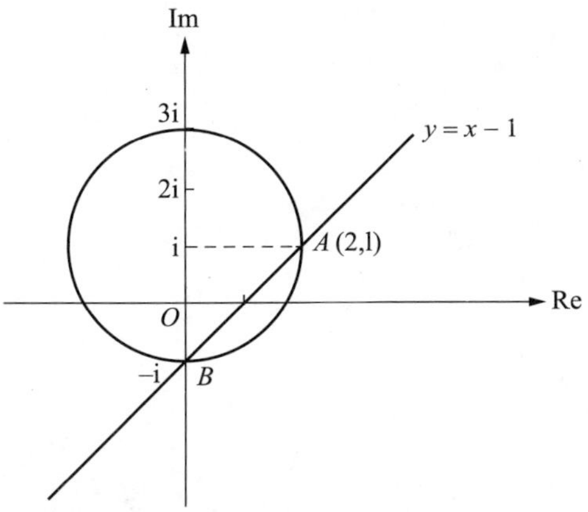

Q9 知识点

(i) angle between two planes
(ii) line of intersection of two planes

(i)

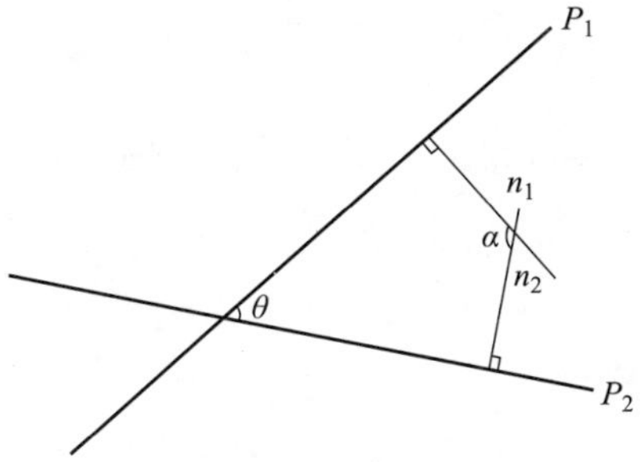

如上图所示，两个 plane 的夹角是 θ，两个 plane 的 normal 分别为 $\overrightarrow{n_1}$ 和 $\overrightarrow{n_2}$， $\theta+\alpha=180°$.
用点乘法求出两个 normal 之间的夹角：

$$\begin{pmatrix}1\\3\\-2\end{pmatrix}\cdot\begin{pmatrix}2\\1\\3\end{pmatrix}=\sqrt{1+9+4}\times\sqrt{4+1+9}\cos\alpha,$$

$$2+3-6=\sqrt{14}\times\sqrt{14}\cos\alpha,$$

$$\cos\alpha=-\frac{1}{14},$$

$$\alpha=94.1°.$$

但是，由于平面间的夹角为锐角，因而夹角应为180° − 94.1° = 85.9° .

(ii) 先求出 line 上的两个点 .

代入 $x=0$，得

$$\begin{cases}3y-2z=4\\y+3z=5\end{cases}$$

$$\Rightarrow\begin{cases}y=2,\\z=1.\end{cases}$$

所以 $\begin{pmatrix}0\\2\\1\end{pmatrix}$ 在两个 plane 相交的直线上 .

代入 $y=0$，得

$$\begin{cases}x-2z=4\\2x+3z=5\end{cases}$$

$$\Rightarrow\begin{cases}x=\frac{22}{7},\\z=-\frac{3}{7}.\end{cases}$$

所以 $\begin{pmatrix}\frac{22}{7}\\0\\-\frac{3}{7}\end{pmatrix}$ 在两个 plane 相交的直线上 .

求出 direction vector：

$$\begin{pmatrix}\frac{22}{7}\\0\\-\frac{3}{7}\end{pmatrix}-\begin{pmatrix}0\\2\\1\end{pmatrix}=\begin{pmatrix}\frac{22}{7}\\-2\\-\frac{10}{7}\end{pmatrix},$$

化简以后得 $\begin{pmatrix}11\\-7\\-5\end{pmatrix}$,

所以 vector equation 是

$$\mathbf{r}=\begin{pmatrix}0\\2\\1\end{pmatrix}+\lambda\begin{pmatrix}11\\-7\\-5\end{pmatrix}.$$

Q10 知识点

(i) partial fraction
(ii) integration

(i) 用 partial fraction 的方式把分式拆解成三个式子：

$$\frac{11x+7}{(2x-1)(x+2)^2}=\frac{A}{2x-1}+\frac{B}{x+2}+\frac{C}{(x+2)^2},$$

左右两边同时乘上左边的分母，得

$$11x+7=(x+2)^2A+(2x-1)(x+2)B+(2x-1)C,$$

代入 $x=-2$, 得

$$-22+C=-5C$$

$$\Rightarrow C=3,$$

2015

代入 $x=\frac{3}{2}$，得

$$\frac{11}{2}+7=\left(\frac{5}{2}\right)^2 A$$

$\Rightarrow A=2,$

代入 $x=0$，得

$7=4A-2B-C$

$\Rightarrow B=-1,$

所以

$$f(x)=\frac{11x+7}{(2x-1)(x+2)^2}=\frac{2}{2x-1}-\frac{1}{x+2}+\frac{3}{(x+2)^2}.$$

(ii) 根据第 (i) 小问：

$$\int_1^2 f(x)\,dx=\int_1^2 \frac{2}{2x-1}-\frac{1}{x+2}+\frac{3}{(x+2)^2}\,dx$$

$$=\left[\ln|2x-1|-\ln|x+2|+\frac{3}{-1}(x+2)^{-1}\right]_1^2$$

$$=\left(\ln 3-\ln 4-3\times 4^{-1}\right)-[\ln 1-\ln 3+(-3\times 3^{-1})]$$

$$=\ln 3-\ln 4-\frac{3}{4}+\ln 3+1$$

$$=2\ln 3-\ln 4+\frac{1}{4}$$

$$=\ln 3^2-\ln 4+\frac{1}{4}$$

$$=\frac{1}{4}+\ln\left(\frac{9}{4}\right).$$

9709_w15_qp_31/32

Q1 知识点

modulus inequalities

$|2x-5|>3|2x+1|,$

同时把左右两边平方，得

$(2x-5)^2>9(2x+1)^2,$

$4x^2-20x+25>36x^2+36x+9,$

$0>32x^2+56x-16,$

$4x^2+7x-2<0,$

通过十字相乘，得

$(4x-1)(x+2)<0,$

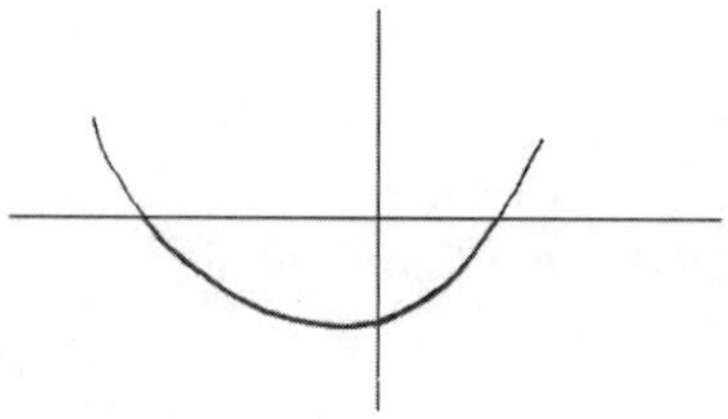

如上图所示，x 的取值范围是：$-2<x<\frac{1}{4}$.

Q2 知识点

exponential equations

代入之后得

$u+u^2=u^3,$

$u=3^x>0$，同时除以 u 得

$1+u=u^2,$

$u^2-u-1=0,$

用求根公式解出：

$$u_1=\frac{1+\sqrt{5}}{2}=1.618; u_2=\frac{1-\sqrt{5}}{2}=-0.618(\text{reject}),$$

代入原式，$3^x=1.618.$

两边同时取对数，得

$\ln 3^x=\ln 1.618$

$$\Rightarrow x=\frac{\ln 1.618}{\ln 3}=0.438.$$

Q3 知识点

trigonometric equations

已知 $\tan\theta+\tan\varphi=1$

$\Rightarrow \tan\varphi=1-\tan\theta,$

已知 $\tan(\theta-\varphi)=3$，把式子展开得

$$\frac{\tan\theta-\tan\varphi}{1+\tan\theta\tan\varphi}=3,$$

代入 $\tan\varphi=1-\tan\theta$，得

$$\frac{\tan\theta-1+\tan\theta}{1+\tan\theta(1-\tan\theta)}=3$$

$$\Rightarrow \frac{2\tan\theta-1}{1+\tan\theta-\tan^2\theta}=3$$

$\Rightarrow 2\tan\theta-1=3+3\tan\theta-3\tan^2\theta$

$\Rightarrow 3\tan^2\theta-\tan\theta-4=0,$

通过十字相乘，得

$(3\tan\theta-4)(\tan\theta+1)=0$,

所以 $\tan\theta=\frac{4}{3}$ or $\tan\theta=-1$.

因为 θ 在 0° 和 180° 范围内，所以

$\theta_1=53.1°$, $\theta_2=-45°+180°=135°$.

因为 $\tan\varphi=1-\tan\theta$，所以

$\tan\varphi=1-\frac{4}{3}=-\frac{1}{3}$; $\tan\varphi=1+1=2$.

因为 φ 在 0° 和 180° 范围内，所以

$\varphi_1=-18.4°+180°=161.6°$; $\varphi_2=63.4°$.

所以 θ 和 φ 的解是：

$$\begin{cases}\theta_1=53.1°\\ \varphi_1=161.6°\end{cases}\text{or}\begin{cases}\theta_2=135°\\ \varphi_2=63.4°\end{cases}.$$

Q4 知识点

numerical solutions of equations

(i) $f(x)=x^3-x^2-6$,

$f(1)=1-1-6=-6$,

$f(2)=2^3-2^2-6=8-4-6=-2<0$,

$f(3)=3^3-3^2-6=27-9-6=12>0$,

所以 α lies between 2 and 3.

(ii) 原式为：$x^3-x^2-6=0$.

把所有的项除以 x 得

$$x^2-x-\frac{6}{x}=0$$

$$\Rightarrow x^2=x+\frac{6}{x}$$

$$\Rightarrow x=\sqrt{x+\frac{6}{x}},$$

改写成 iterative formula 的形式就是：

$$x_{n+1}=\sqrt{x_n+\frac{6}{x_n}}\ .$$

(iii) 根据第 (i) 小问，$2<\alpha<3$，代入 $x_0=2.5$，得

$$x_1=\sqrt{x_0+\frac{6}{x_0}}=\sqrt{2.5+\frac{6}{2.5}}=2.21539$$

$\Rightarrow x_2=2.21904$

$\Rightarrow x_3=2.21876$

$\Rightarrow x_4=2.21878$,

因为要的 α 的值是 correct to 3 decimal places，所以

$\alpha=2.219$.

Q5 知识点

(i) product rule
(ii) gradient function
(iii) trigonometric equations

(i) 已知 $y=e^{-2x}\tan x$，根据以下公式：

The product rule : $y=uv, \frac{dy}{dx}=uv'+vu'$,

Trigonometry identitity : $1+\tan^2 x=\sec^2 x$,

$y=e^{kx}, \frac{dy}{dx}=ke^{kx}$,

得

$$\frac{dy}{dx}=e^{-2x}\bullet\sec^2 x+(-2e^{-2x})\bullet\tan x$$

$$=e^{-2x}(1+\tan^2 x)-2e^{-2x}\tan x$$

$$=e^{-2x}(1+\tan^2 x-\tan 2x)$$

$$=e^{-2x}(1-\tan x)^2.$$

(ii) 根据第 (i) 小问，

$$\frac{dy}{dx}=e^{-2x}(1-\tan x)^2.$$

其中 $(1-\tan x)^2\geqslant 0$.

$e^{-2x}>0$.

所以 $\frac{dy}{dx}\geqslant 0$，所以 gradient is never negative.

(iii) 因为 $\frac{dy}{dx}\geqslant 0$，所以当 $\frac{dy}{dx}=0$ 时 x 的值最小.

$$\frac{dy}{dx}=e^{-2x}(1-\tan x)^2=0$$

$\Rightarrow 1-\tan x=0$

$\Rightarrow \tan x=1$,

根据 $0\leqslant x\leqslant\frac{\pi}{2}$，$x=\frac{\pi}{4}$.

Q6 知识点

(i) factor theorem, remainder theorem
(ii) factorisation

(i) 已知 $(x+1)$ 是 factor of $p(x)$，根据 factor theorem，

$p(-1)=0$:

$\Rightarrow -8+a-b-1=0$

2015

$\Rightarrow a-b=9,$

已知当$p(x)$ divided by $(2x+1)$时，remainder是1，根据 remainder theorem，$p\left(-\frac{1}{2}\right)=1$：

$\Rightarrow 8\times\left(-\frac{1}{8}\right)+a\times\frac{1}{4}-\frac{1}{2}b-1=1$

$\Rightarrow -1+\frac{1}{4}a-\frac{1}{2}b-1=1$

$\Rightarrow \frac{1}{4}a-\frac{1}{2}b=3,$

根据$\begin{cases} a-\ \ b=9 \\ \frac{1}{4}a-\frac{1}{2}b=3 \end{cases}$ 得$\begin{cases} a=6, \\ b=-3. \end{cases}$

(ii) $p(x)=8x^3+6x^2-3x+1$，因为$(x+1)$是 factor of $p(x)$，所以可以用长除法求剩下的因式：

$$\begin{array}{r} 8x^2-2x-1 \\ x+1\overline{)8x^3+6x^2-3x-1} \\ \underline{8x^3+8x^2\qquad\qquad} \\ -2x^2-3x\qquad \\ \underline{-2x^2-2x\qquad} \\ -x-1 \\ \underline{-x-1} \\ 0 \end{array}$$

所以$p(x)=(x+1)(8x^2-2x-1)=(x+1)(4x+1)(2x-1)$.

Q7 知识点

(i) vector equation of a line
(ii) Cartesian equation of a plane
(iii) intersect of a line and a plane

(i) direction vector 就是$\overrightarrow{AB}$，计算方法为：

$$\overrightarrow{AB}=\overrightarrow{OB}-\overrightarrow{OA}=\begin{pmatrix}3\\0\\1\end{pmatrix}-\begin{pmatrix}1\\2\\0\end{pmatrix}=\begin{pmatrix}2\\-2\\1\end{pmatrix}.$$

Position vector 可以代入$\overrightarrow{OA}$也可以代入$\overrightarrow{OB}$，代入$\overrightarrow{OA}$得的 vector equation 是：

$$l_{AB}=\begin{pmatrix}1\\2\\0\end{pmatrix}+\lambda\begin{pmatrix}2\\-2\\1\end{pmatrix}.$$

(ii) 已知 plane $m\perp AB$，所以AB是 plane 的 normal. 第(i)小问得知$\overrightarrow{AB}=\begin{pmatrix}2\\-2\\1\end{pmatrix}$，代入式子：$2x-2y+z=d$. 因为 plane 包含点$C$，代入$\overrightarrow{OC}=\begin{pmatrix}1\\1\\4\end{pmatrix}$，得$2-2+4=4=d$.

所以 plane m：$2x-2y+z=4$.

(iii) 首先联立直线AB和 plane m 方程：

$$l_{AB}=\begin{pmatrix}1\\2\\0\end{pmatrix}+\lambda\begin{pmatrix}2\\-2\\1\end{pmatrix}=\begin{pmatrix}1+2\lambda\\2-2\lambda\\\lambda\end{pmatrix}=\begin{pmatrix}x\\y\\z\end{pmatrix},$$

Plane m：$2x-2y+z=4$.

代入得

$2(1+2\lambda)-2(2-2\lambda)+\lambda=4,$

$2+4\lambda-4+4\lambda+\lambda=4,$

$9\lambda=6,$

$\lambda=\frac{2}{3},$

代入l_{AB}得

$$\overrightarrow{ON}=\begin{pmatrix}1+\frac{4}{3}\\2-\frac{4}{3}\\\frac{2}{3}\end{pmatrix}=\begin{pmatrix}\frac{7}{3}\\\frac{2}{3}\\\frac{2}{3}\end{pmatrix},$$

接着求CN的长度：

$$\overrightarrow{CN}=\overrightarrow{ON}-\overrightarrow{OC}=\begin{pmatrix}\frac{7}{3}\\\frac{2}{3}\\\frac{2}{3}\end{pmatrix}-\begin{pmatrix}1\\1\\4\end{pmatrix}=\begin{pmatrix}\frac{4}{3}\\-\frac{1}{3}\\-\frac{10}{3}\end{pmatrix},$$

$$|\overrightarrow{CN}|=\sqrt{\left(\frac{4}{3}\right)^2+(-\frac{1}{3})^2+(-\frac{10}{3})^2}=\sqrt{13}.$$

Q8 知识点

differential equation

采用的方法是 separation of variables.

这道题目需要用到的公式为：

二倍角公式：$\cos 2\theta=1-2\sin^2\theta,$

积分公式：$\int\frac{f'(x)}{f(x)}dx=\ln|f(x)|+C,$

先 separate variable 并加上积分符号：

$\int\frac{1}{x+2}dx=\int\sin^2 2\theta d\theta,$

根据二倍角公式，得

$\cos 4\theta = 1 - 2\sin^2 2\theta$

$\Rightarrow \sin^2 2\theta = \dfrac{1-\cos 4\theta}{2}$,

代入积分方程，得

$\int \dfrac{1}{x+2}dx = \int\left(\dfrac{1}{2} - \dfrac{1}{2}\cos 4\theta\right)d\theta$,

两边同时求积分，得

$\ln(x+2) = \dfrac{1}{2}\theta - \dfrac{1}{2}\times\dfrac{1}{4}\sin 4\theta + C$,

代入 $x=0$, $\theta=0$，得

$\ln 2 = 0 - \dfrac{1}{8}\times 0 + C$

$\Rightarrow C = \ln 2$,

所以 $\ln(x+2) = \dfrac{1}{2}\theta - \dfrac{1}{8}\sin 4\theta + \ln 2$,

当 $\theta = \dfrac{1}{4}\pi$ 时，

$\ln(x+2) = \dfrac{1}{8}\pi - \dfrac{1}{8}\sin\pi + \ln 2$,

$\ln(x+2) = \dfrac{1}{8}\pi + \ln 2$,

$e^{\ln(x+2)} = e^{\frac{1}{8}\pi+\ln 2}$,

$x+2 = e^{\frac{1}{8}\pi+\ln 2}$,

$x = e^{\frac{1}{8}\pi+\ln 2} - 2 = 0.962$.

Q9 知识点

(i) complex number
(ii) Cartesian form modulus-argument form
(iii) complex number: argument

(i) 已知 $u = 3-i$；它的 complex conjugate $u^* = 3+i$；

$u^* - u = 3+i-(3-i) = 2i$,

如下图所示，$OABC$ 为平行四边形 .

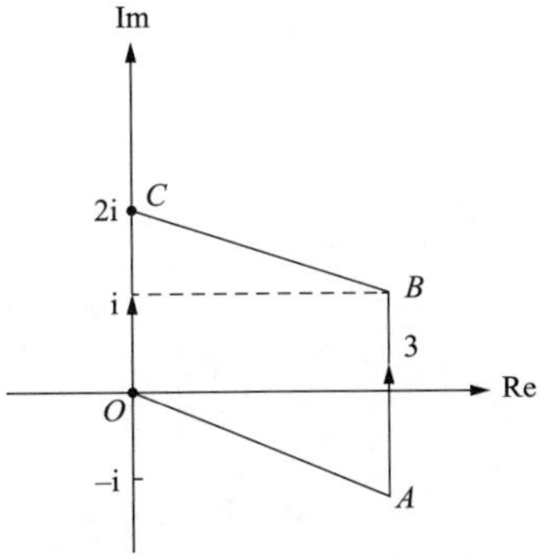

(ii) 要把 $\dfrac{u^*}{u}$ 用 $x+iy$ 的形式表达，

$\dfrac{u^*}{u} = \dfrac{3+i}{3-i} = \dfrac{3+i}{3-i}\times\dfrac{3+i}{3+i} = \dfrac{9-1+6i}{9+1} = \dfrac{8+6i}{10} = \dfrac{4}{5}+\dfrac{3}{5}i.$

(iii) 由第 (ii) 小问得 $\dfrac{u^*}{u} = \dfrac{4}{5}+\dfrac{3}{5}i$,

$\arg\left(\dfrac{4}{5}+\dfrac{3}{5}i\right) = \tan^{-1}\left(\dfrac{\frac{3}{5}}{\frac{4}{5}}\right) = \tan^{-1}\left(\dfrac{3}{4}\right)$,

$\arg\left(\dfrac{u^*}{u}\right) = \arg(u^*) - \arg(u)$

$= \tan^{-1}\left(\dfrac{1}{3}\right) - \tan^{-1}\left(\dfrac{-1}{3}\right)$

$= \tan^{-1}\left(\dfrac{1}{3}\right) + \tan^{-1}\left(\dfrac{1}{3}\right)$

$= 2\tan^{-1}\left(\dfrac{1}{3}\right)$,

所以 $\tan^{-1}\left(\dfrac{3}{4}\right) = 2\tan^{-1}\left(\dfrac{1}{3}\right)$.

Q10 知识点

(i) quotient rule, statisnary point
(ii) integration

(i) The quotient rule: $y = \dfrac{u}{v}, \dfrac{dy}{dx} = \dfrac{u'v-uv'}{v^2}$,

对于 $y = \dfrac{x^2}{1+x^3}$，$\dfrac{dy}{dx} = \dfrac{(1+x^3)\times 2x - x^2(3x^2)}{(1+x^3)^2} = 0$,

$(1+x^3)\times 2x - x^2(3x^2) = 0$,

$2x + 2x^4 - 3x^4 = 0$,

$2x = x^4$,

$x = 0$ or $x^3 = 2$,

$x = 2^{\frac{1}{3}} = \sqrt[3]{2}$,

所以点 M 的 x 坐标是 $\sqrt[3]{2}$.

(ii) 求当阴影部分的面积为 1 时 p 的值，即 $\int_1^p \dfrac{x^2}{1+x^3}dx = 1$ 中 p 的值，先把分子分母都乘以 3，得

$\int_1^p \dfrac{1}{3}\times\dfrac{3x^2}{1+x^3}dx = 1$,

接着用积分公式：$\int \frac{f'(x)}{f(x)}dx = \ln|f(x)| + C$,

得

$$\left[\frac{1}{3}\ln(1+x^3)\right]_1^p = 1,$$

$$\frac{1}{3}\ln(1+p^3) - \frac{1}{3}\ln 2 = 1,$$

$$\ln(1+p^3) - \ln 2 = 3,$$

$$\ln\frac{1+p^3}{2} = 3,$$

两边同时 take e，得

$$e^{\ln\frac{1+p^3}{2}} = e^3,$$

$$\frac{1+p^3}{2} = e^3,$$

$$p^3 = 2e^3 - 1,$$

$$p = (2e^3-1)^{\frac{1}{3}} = 3.40.$$

9709_w15_qp_33

Q1 知识点

graph of exponential functions, transformation

如下图所示，可以先画出$y = e^x$的图像，是经过点(0, 1)的．$y = e^{ax}$，也经过点(0, 1)，只是斜率和$y = e^x$不同．$y = e^{ax} - 1$就是把$y = e^{ax}$向下平移一个单位所以经过点(0, 0)，渐近线也向下平移一个单位变成$y = -1$.

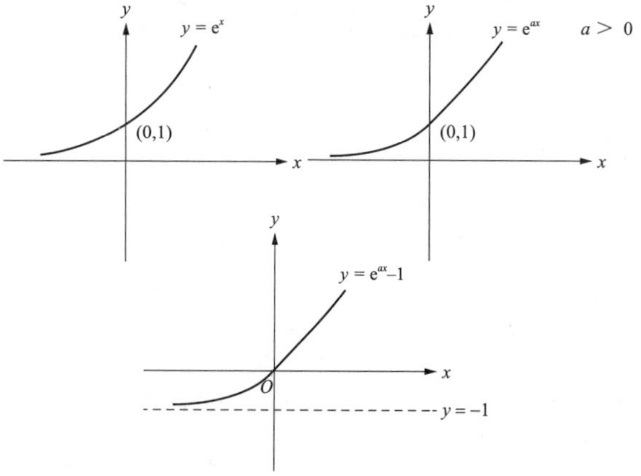

Q2 知识点

binomial expansion

原式$\sqrt[3]{1+9x} = (1+9x)^{\frac{1}{3}}$，代入公式即：

$$= 1 + \frac{1}{3} \times 9x + \frac{\left(\frac{1}{3}\right)\times\left(\frac{-2}{3}\right)}{2!}\times(9x)^2 + \frac{\left(\frac{1}{3}\right)\times\left(\frac{-2}{3}\right)\times\left(\frac{-5}{3}\right)}{3!}\times(9x)^3$$

$$= 1 + 3x - 9x^2 + 45x^3,$$

所以$a = -9$，$b = 45$.

Q3 知识点

equation of a tangent

已知$y = \frac{2-\tan x}{1+\tan x}$，根据以下公式：

The quotient rule：$y = \frac{u}{v}$，$\frac{dy}{dx} = \frac{u'v - uv'}{v^2}$,

$$\frac{d}{dx}(\tan x) = \sec^2 x,$$

得到

$$\frac{dy}{dx} = \frac{-\sec^2 x(1+\tan x) - (2-\tan x)(\sec^2 x)}{(1+\tan x)^2}$$

$$= \frac{\sec^2 x(-1-\tan x-2+\tan x)}{(1+\tan x)^2}$$

$$= \frac{-3\sec^2 x}{(1+\tan x)^2},$$

当$x = \frac{\pi}{4}$时，

$$\frac{dy}{dx} = \frac{-3\times\frac{1}{\left(\cos\frac{\pi}{4}\right)^2}}{\left(1+\tan\frac{\pi}{4}\right)^2} = \frac{-3\times 2}{4} = -\frac{3}{2},$$

$$y = \frac{2-\tan\frac{\pi}{4}}{1+\tan\frac{\pi}{4}} = \frac{1}{2},$$

所以斜率为$-\frac{3}{2}$，并且切线经过的点$(\frac{\pi}{4}, \frac{1}{2})$，代入

$y=mx+c$，得到

$\frac{1}{2}=-\frac{3}{2}\times\frac{\pi}{4}+c \Rightarrow c=1.68,$

所以 $y=-\frac{3}{2}x+1.68.$

Q4 知识点

(i) differentiation of parametric equations
(ii) change of sign
(iii) iterative formula

(i) 求证 $p=\sqrt[3]{2p+3}$，differentiation of parametric equations: $\frac{dy}{dx}=\frac{\frac{dy}{dt}}{\frac{dx}{dt}}.$

已知 $x=t^2+3t+1,\ y=t^4+1$，并且当 $p=t$ 时，斜率为 4.

$$\frac{dy}{dx}=\frac{\frac{dy}{dt}}{\frac{dx}{dt}}=\frac{4t^3}{2t+3}=4$$

$$\Rightarrow \frac{4p^3}{2p+3}=4$$

$$\Rightarrow 4p^3=8p+12$$

$$\Rightarrow p^3=2p+3$$

$$\Rightarrow p=(2p+3)^{\frac{1}{3}}=\sqrt[3]{2p+3}.$$

(ii) 要证明 p 的值在 1.8 和 2.0 之间 .

第 (i) 小问证明了 $p=\sqrt[3]{2p+3}$，令 $f(p)=p-\sqrt[3]{2p+3}$，把 $p=1.8$ 代入，得 $f(1.8)=-0.076<0$；把 $p=2.0$ 代入，得 $f(2.0)=0.0871>0$. 因为 change of sign，所以在 1.8 和 2.0 之间有一个解 .

(iii) 第 (i) 小问得 $p=\sqrt[3]{2p+3}$，改写成 iterative formula 的形式是：

$$p_{n+1}=\sqrt[3]{2p_n+3},$$

根据第 (ii) 小问 $1.8<p<2.0$，代入 $p_0=1.8$，得

$$p_1=\sqrt[3]{2\times1.8+3}=1.8758,$$

$$p_2=1.8900,$$

$$p_3=1.8927,$$

$$p_4=1.8932,$$

所以当保留小数点后两位时，$p=1.89$.

Q5 知识点

integration by substitution

做题时需要注意上下界和 dx 的变换，本题还需要用到二倍角公式：$\sin 2x=2\sin x\cos x$.

先换上下界：

when $x=\frac{\pi}{2}$, $u=4-0=0$; when $x=0$, $u=4-3=1$.

再换 dx：

$$u=4-3\cos x,$$

$$\frac{du}{dx}=3\sin x,$$

$$dx=\frac{1}{3\sin x}du,$$

再把 dx 的表达式代入化简并计算：

$$\int_1^4\frac{9\sin 2x}{u^{\frac{1}{2}}}\times\frac{1}{3\sin x}du$$

$$=\int_1^4\frac{18\sin x\cos x}{u^{\frac{1}{2}}}\times\frac{1}{3\sin x}du$$

$$=\int_1^4\frac{6\cos x}{u^{\frac{1}{2}}}du$$

因为 $u=4-3\cos x\Rightarrow 3\cos x=4-u\Rightarrow 6\cos x=8-2u,$

$$\int_1^4\frac{6\cos x}{u^{\frac{1}{2}}}du$$

$$=\int_1^4\frac{8-2u}{u^{\frac{1}{2}}}du$$

$$=\int_1^4\left(8u^{-\frac{1}{2}}-2u^{\frac{1}{2}}\right)du$$

$$=\left[16u^{\frac{1}{2}}-\frac{4}{3}u^{\frac{3}{2}}\right]_1^4$$

$$=\left(16\times2-\frac{4}{3}\times8\right)-\left(16-\frac{4}{3}\right)$$

$$=\frac{20}{3}.$$

Q6 知识点

compound angle formulae

$$1+\tan^2 x=\sec^2 x,$$

运用到本题中，得

$$\sin(A+45^\circ)=2\sqrt{2}\cos A,$$

$$\sin A\cos45^\circ+\cos A\sin45^\circ=2\sqrt{2}\cos A,$$

2015

$\frac{\sqrt{2}}{2}\sin A+\frac{\sqrt{2}}{2}\cos A=2\sqrt{2}\cos A,$

$\frac{\sqrt{2}}{2}\sin A=\frac{3\sqrt{2}}{2}\cos A,$

$\tan A=\frac{\sin A}{\cos A}=3.$

接着算 $\tan B$ 的值：

$4\sec^2 B+5=12\tan B,$

$4\left(1+\tan^2 B\right)+5=12\tan B,$

$4\tan^2 B-12\tan B+9=0,$

$\left(2\tan B-3\right)^2=0,$

$\tan B=\frac{3}{2}.$

把 $\tan A=3, \tan B=\frac{3}{2}$ 代入到 $\tan\left(A-B\right)$ 中，得

$$\tan\left(A-B\right)=\frac{\tan A-\tan B}{1+\tan A\tan B}=\frac{3-\frac{3}{2}}{1+3\times\frac{3}{2}}=\frac{3}{11}.$$

Q7 知识点

(i) factor theorem
(ii) long division, partial fraction, integration

(i) 代入 $x=-1$

$f\left(-1\right)=4\times\left(-1\right)^3-\left(-1\right)^2-11\times\left(-1\right)-6=0,$

根据 factor theorem，因为 $f\left(-1\right)=0$，所以

$\left(x+1\right)$ 是 $4x^3-x^2-11x-6$ 的 factor.

(ii) 根据第 (i) 小问 $\left(x+1\right)$ 是 $4x^3-x^2-11x-6$ 的 factor，用 long division 把 $4x^3-x^2-11x-6$ 因式分解：

$$\begin{array}{r}
4x^2-5x-6 \\
x+1\overline{)4x^3+x^2-11x-6} \\
\underline{4x^3+4x^2} \\
-5x^2-11x-6 \\
\underline{-5x^2-5x} \\
-6x-6 \\
\underline{-6x-6} \\
0
\end{array}$$

所以 $4x^3-x^2-11x-6=\left(x+1\right)\left(4x^2-5x-6\right)$

$=(x+1)(x-2)(4x+3).$

接着用 partial fraction 的方式把分式拆解成三个式子再进行积分：

$$\frac{4x^2+9x-1}{(x+1)(x-2)(4x+3)}=\frac{A}{x+1}+\frac{B}{x-2}+\frac{C}{4x+3},$$

左右两边同时乘上左边的分母，得

$4x^2+9x-1$

$=\left(x-2\right)\left(4x+3\right)A+\left(x+1\right)\left(4x+3\right)B$

$+\left(x+1\right)\left(x-2\right)C,$

代入 $x=2$，得

$16+18-1=3\times11B$

$\Rightarrow B=1,$

代入 $x=-1$，得

$4-9-1=(-3)\times(-1)A$

$\Rightarrow A=-2,$

代入 $x=0$，得

$-1=-6A+3B-2C$

$\Rightarrow C=8,$

所以

$$\int\frac{4x^2+9x-1}{4x^3-x^2-11x-6}\mathrm{d}x=\int\left(\frac{-2}{x+1}+\frac{1}{x-2}+\frac{8}{4x+3}\right)\mathrm{d}x$$

$\Rightarrow -2\ln|x+1|+\ln|x-2|+2\ln|4x+3|+C.$

Q8 知识点

(i) point intersection of a line and a plane
(ii) angle between a line and a plane

(i) 可以求出 line 的 vector equation，代入 position vector 和 direction vector，得

$$\begin{pmatrix}x\\y\\z\end{pmatrix}=\mathbf{r}=\begin{pmatrix}0\\2\\-8\end{pmatrix}+\lambda\begin{pmatrix}1\\-3\\4\end{pmatrix}=\begin{pmatrix}\lambda\\2-3\lambda\\-8+4\lambda\end{pmatrix},$$

代入 equation of plane：$4x-y+5z=39$，得

$4\lambda-\left(2-3\lambda\right)+5\left(-8+4\lambda\right)=39$

$\Rightarrow 27\lambda=81$

$\Rightarrow \lambda=3,$

把 $\lambda=3$ 代入 equation of line，得

$$\overrightarrow{OB}=\begin{pmatrix}3\\2-3\times3\\-8+4\times3\end{pmatrix}=\begin{pmatrix}3\\-7\\4\end{pmatrix}.$$

(ii) 用到的 vector 公式为：

if $\mathbf{a}=a_1\mathbf{i}+a_2\mathbf{j}+a_3\mathbf{k}$, $\mathbf{b}=b_1\mathbf{i}+b_2\mathbf{j}+b_3\mathbf{k}$ then

$\mathbf{a}\cdot\mathbf{b}=a_1b_1+a_2b_2+a_3b_3=|\mathbf{a}||\mathbf{b}|\cos\theta$

根据第 (i) 小问已知 equation of line 的 direction vector 为

$\begin{pmatrix}1\\-3\\4\end{pmatrix}$, plane的planenormal是$\begin{pmatrix}4\\-1\\5\end{pmatrix}$.

如下图所示，line 和 normal 的夹角是 α，line 和 plane 的夹角是 θ，$\alpha+\theta=90°$.

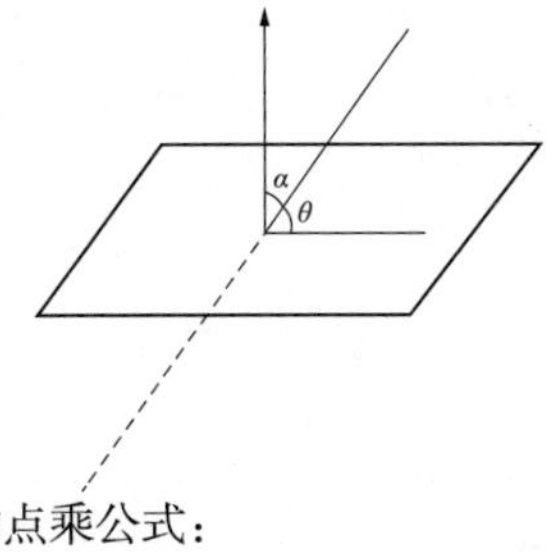

代入 vector 的点乘公式：

$$\begin{pmatrix}1\\-3\\4\end{pmatrix}\cdot\begin{pmatrix}4\\-1\\5\end{pmatrix}=\sqrt{1+9+16}\times\sqrt{16+1+25}\cos\alpha$$

$$\Rightarrow 4+3+20=\sqrt{26}\times\sqrt{42}\cos\alpha$$

$$\Rightarrow \cos\alpha=\frac{27}{2\sqrt{273}}$$

$$\Rightarrow \alpha=35.2°,$$

$$\theta=90°-35.2°=54.8° .$$

(iii) 根据第 (i) 小问，点 B（3，−7，4），点 A（0，2，−8）.

$$\overrightarrow{AB}=\overrightarrow{OB}-\overrightarrow{OA}=\begin{pmatrix}3\\-9\\12\end{pmatrix},$$

所以$\left|\overrightarrow{AB}\right|=\sqrt{9+81+144}=\sqrt{234}$.

因为 C 在直线上，所以

$$\overrightarrow{OC}=\begin{pmatrix}\lambda\\2-3\lambda\\-8+4\lambda\end{pmatrix},$$

$$\overrightarrow{CB}=\overrightarrow{OB}-\overrightarrow{OC}=\begin{pmatrix}3\\-7\\4\end{pmatrix}-\begin{pmatrix}\lambda\\2-3\lambda\\-8+4\lambda\end{pmatrix}=\begin{pmatrix}3-\lambda\\-9+3\lambda\\12-4\lambda\end{pmatrix},$$

因为$\left|\overrightarrow{CB}\right|=2\left|\overrightarrow{AB}\right|$，且$\left|\overrightarrow{AB}\right|=\sqrt{234}$，所以$\left|\overrightarrow{CB}\right|^2=4\times234$.

$$(3-\lambda)^2+(-9+3\lambda)^2+(12-4\lambda)^2=4\times234,$$

化简得

$$\lambda^2-6\lambda-27=0$$

$$\Rightarrow(\lambda+3)(\lambda-9)=0$$

所以 $\lambda_1=-3$，$\lambda_2=9$，代入$\overrightarrow{OC}$得

$$\overrightarrow{OC}=\begin{pmatrix}-3\\11\\-20\end{pmatrix}\text{or}\ \overrightarrow{OC}=\begin{pmatrix}9\\-25\\28\end{pmatrix}.$$

Q9 知识点

(a) modulus, argument
(b) drawing loci and exponential form

(a) 根据 $(1+3i)w=2+4i$，得

$$w=\frac{2+4i}{1+3i}\times\frac{1-3i}{1-3i}=\frac{14-2i}{10}=\frac{7}{5}-\frac{1}{5}i,$$

$$\left|w^2\right|=|w|^2,$$

$$\arg\left(w^2\right)=\arg(w+w)=\arg(w)+\arg(w)=2\arg(w),$$

$$|w|=\sqrt{\left(\frac{7}{5}\right)^2+\left(\frac{1}{5}\right)^2}=\sqrt{2}$$

$$\Rightarrow|w|^2=2=\left|w^2\right|$$

$$\arg(w)=\tan\theta=\frac{-\frac{1}{5}}{\frac{7}{5}}$$

$$\Rightarrow\arg(w)=\theta=-8.13°\ \text{or}-0.142\,\text{radian}$$

$$\Rightarrow\arg\left(w^2\right)=2\arg(w)=-16.3°\text{or}-0.284\ \text{radian}.$$

(b) 如下图所示，$|z|=5$ 是一个以原点为圆心半径是 5 的圆形；$|z-5|=|z|$ 是指从 z 到（5，0）的距离和 z 到（0，0）的距离相等的点，所以它指的是原点和（5，0）的中垂线 .

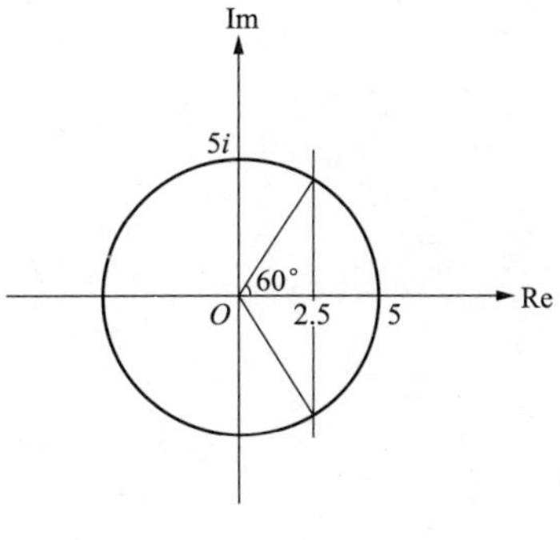

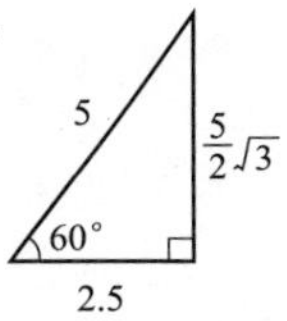

接着要求出 x 轴的正半轴到两个交点的弧度，放大构成的三角形，这是一个特殊的直角三角形 .

$$r=\text{radius}=5,$$

$$\theta_1=\frac{\pi}{3},\ \theta_2=-\frac{\pi}{3},$$

所以交点为：$5e^{\frac{\pi}{3}i}$，$5e^{-\frac{\pi}{3}i}$.

Q10 知识点

(i) differential equation
(ii) solving differential equation
(iii) solving exponential equation

(i) 根据题目 rate of increase of N 和 $(N-150)$ 成正比关系，所以：

$$\frac{dN}{dt}=k(N-150).$$

(ii) 采用的方法是 separation of variables.

用到的积分公式为：$\int\frac{f'(x)}{f(x)}dx=\ln|f(x)|+C.$

已知 当$N=900$时，$\frac{dN}{dt}=60$,

代入$\frac{dN}{dt}=k(N-150)$，得

$$60=k(900-150)$$

$$\Rightarrow k=\frac{2}{25},$$

先分离变量：

$$\frac{1}{N-150}dN=\frac{2}{25}dt,$$

加上积分符号：

$$\int\frac{1}{N-150}dN=\int\frac{2}{25}dt,$$

两边同时求积分：

$$\ln|N-150|=\frac{2}{25}t+C,$$

代入$t=0$时，$N=650$:

$$\ln|650-150|=C$$

$$\Rightarrow C=\ln 500,$$

所以

$$\ln|N-150|=\frac{2}{25}t+\ln 500,$$

同时加上指数 e，得

$$e^{\ln|N-150|}=e^{\frac{2}{25}t+\ln 500}$$

$$\Rightarrow N-150=e^{\frac{2}{25}t}\times e^{\ln 500}$$

$$\Rightarrow N=500e^{\frac{2}{25}t}+150.$$

(iii) 代入$t=15$到$N=500e^{\frac{2}{25}t}+150$中，得

$$N=500\times e^{\frac{2}{25}\times 15}+150=1810<2000,$$

所以 target will not be met.

Paper 4

9709_s15_qp_41

Q1 知识点

(i) forces in equilibrium
(ii) work done by the force

(i) 根据题意，作出物块 B 的受力分析图 .

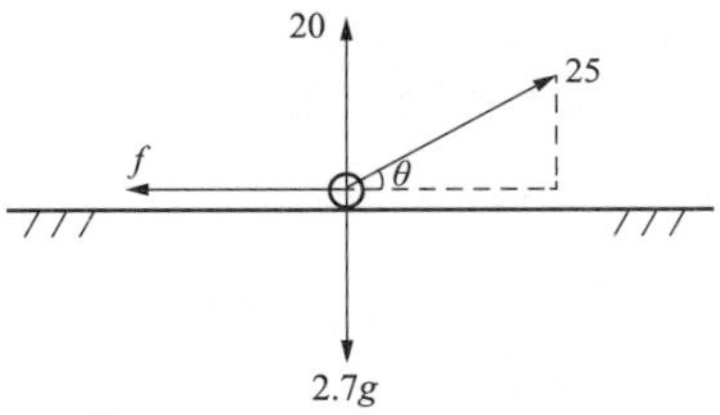

考虑竖直方向平衡：

$$2.7\times10=20+25\times\sin\theta\Rightarrow\sin\theta=\frac{27-20}{25}=\frac{7}{25}=0.28.$$

(ii) 当大小为 F 的力使得物体移动了距离 d，且该距离与力的方向的夹角为 θ，那么，该力对物块所做的功的计算式为：$W=F\times d\times\cos\theta$.

第 (i) 小问已知 $\sin\theta=\frac{7}{25}$，可以通过构造直角三角形的方法简单求出 $\cos\theta$的值，如下图所示：

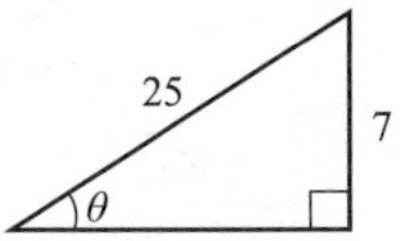

$\sqrt{25^2-7^2}=24$

$$\cos\theta=\frac{24}{25}\Rightarrow W=25\times5\times\frac{24}{25}=120\text{ J}.$$

Q2 知识点

forces in equilibrium

设大小为 25N 的力与 x 轴负方向夹角为 α，根据题意，$\tan\alpha=\frac{3}{4}$. 构造对应的直角三角形如下图所示：

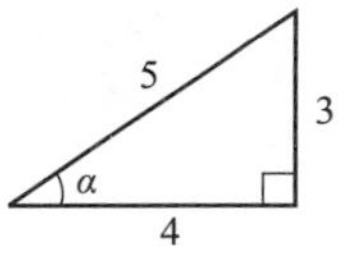

$\sin\alpha=\frac{3}{5}$，$\cos\alpha=\frac{4}{5}$.

绘制受力分析图如下：

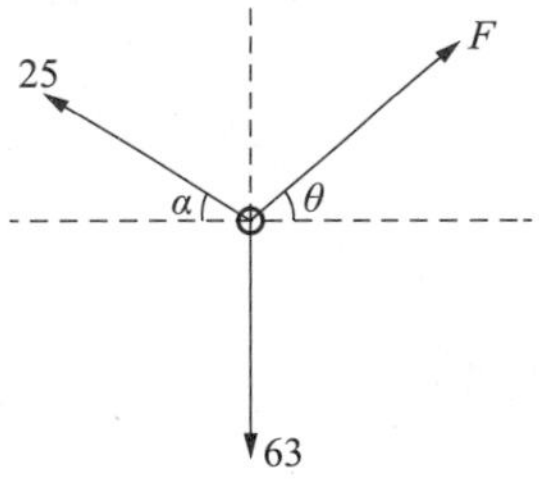

考虑水平方向平衡：

$$F\cos\theta=25\times\cos\alpha=25\times\frac{4}{5}=20\Rightarrow F\cos\theta=20.\ ①$$

考虑竖直方向平衡：

$$F\sin\theta=63-25\times\sin\alpha=63-25\times\frac{3}{5}=48$$

$$\Rightarrow F\sin\theta=48\ ②$$

$$\Rightarrow ①^2+②^2\Rightarrow F=\sqrt{20^2+48^2}=52\text{ N},$$

$$\frac{②}{①}\Rightarrow\tan\theta=\frac{48}{20}=2.4.$$

Q3 知识点

Newton's second law, SUVAT equations

设斜面与水平面夹角为 α，根据题意，$\tan\alpha=\frac{11}{60}$. 构造对应的直角三角形如下图所示：

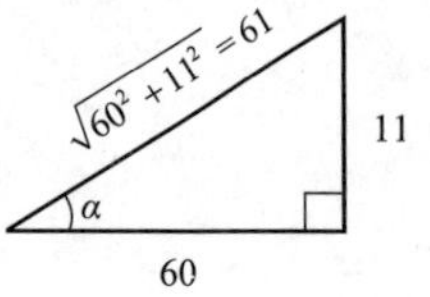

$\sin\alpha = \dfrac{11}{61}$, $\cos\alpha = \dfrac{60}{61}$.

根据题意，假设物体在 B 点达到静止，作出物体的受力分析图和运动过程分析图如下所示：

受力分析图：

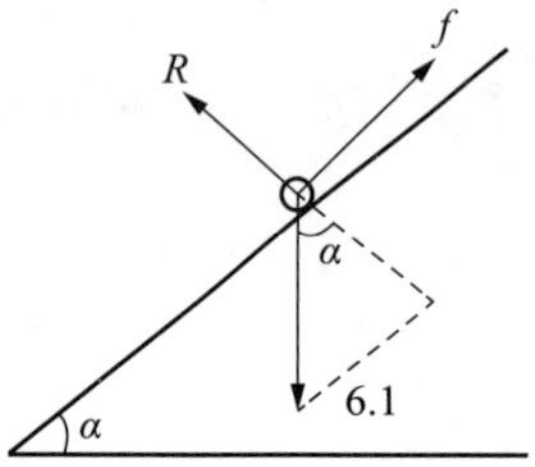

运动过程分析图：

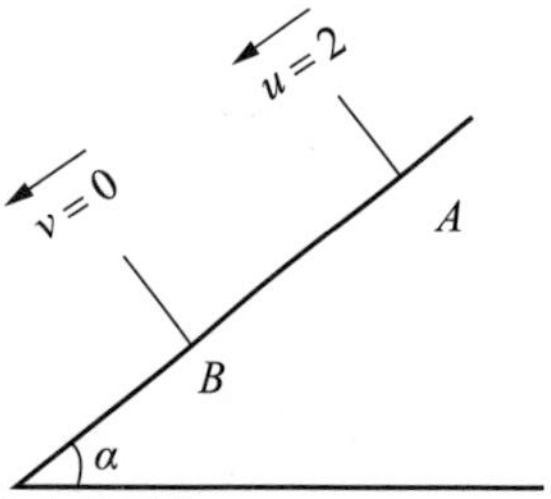

考虑垂直斜面方向的平衡：

$$R = 6.1\times\cos\alpha = 6.1\times\frac{60}{61} = 6\text{ N},$$

考虑摩擦力与支持力的关系：

$$f = R\times\mu = 6\times\frac{1}{4} = 1.5\text{ N},$$

考虑平行斜面方向的运动：

$$6.1\times\sin\alpha - f = \frac{6.1}{g}\times a \Rightarrow a = \frac{6.1\times\frac{11}{61} - 1.5}{\frac{6.1}{10}} = -\frac{40}{61}\text{ m s}^{-2},$$

考虑运动学公式 $v^2 - u^2 = 2as$：

$$0^2 - 2^2 = 2\times\left(-\frac{40}{61}\right)s \Rightarrow s = \frac{4}{\frac{80}{61}} = 3.05\text{ m}.$$

Q4 知识点

(i) kinetic energy
(ii) work-energy principle

(i) 根据题目条件，作出卡车的运动过程分析图如下：

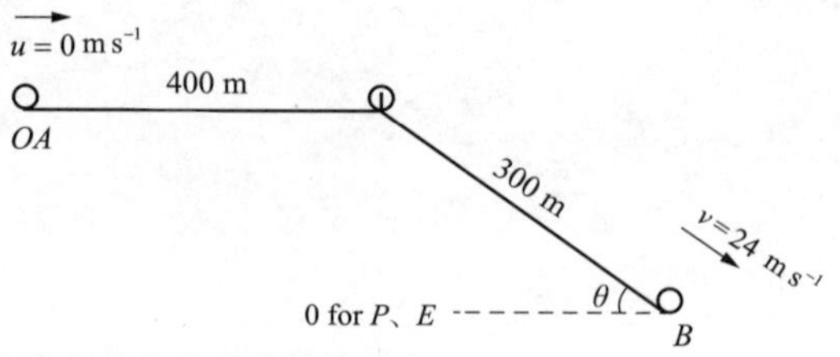

选取点 B 作为重力势能 0 点 .

$$\text{gain in kinetic energy} = \frac{1}{2}mv^2 - \frac{1}{2}mu^2 = \frac{1}{2}\times 14000\times 24^2 - 0$$
$$= 4032000\text{ J}.$$

$$\text{loss in potential energy} = mgh = 14000\times 10\times 300\times\sin\theta$$
$$= 4.2\times 10^7\sin\theta\text{ J}.$$

(ii) 功能关系的表述为：

$$W_{\text{driving force}} - W_{\text{resistence}} = \left(\frac{1}{2}mv^2 + mgh_2\right) - \left(\frac{1}{2}mu^2 + mgh_1\right),$$

其中，h_2 为末时刻质点相对重力势能 0 点的高度，h_1 为初时刻质点相对重力势能 0 点的高度 .

$$\Rightarrow 5000\times 10^3 - 4800\times(400+300)$$
$$= \left(\frac{1}{2}\times 14000\times 24^2 + 0\right) - \left(0 + 4.2\times 10^7\sin\theta\right)$$

$$\Rightarrow \sin\theta = \frac{5000\times 10^3 - 3360\times 10^3 - 4032\times 10^3}{-4.2\times 10^7} = \frac{11960}{21}\times 10^{-4}$$

$$\Rightarrow \theta = \sin^{-1}\left(\frac{11960}{21}\times 10^{-4}\right) = 3.2648\ldots = 3.3°\,(1\text{d.p.}).$$

Q5 知识点

(i) power, driving force
(ii) weight and motion due to gravity
(iii) Newton’s second law

功率 P 的计算式为：$P = Fv$，其中 F 为驱动力 .

对于上坡和下坡，分别作出受力分析图 .

上坡：

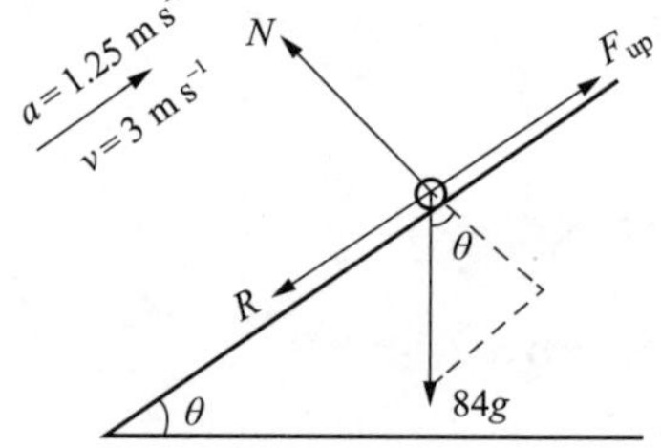

下坡：

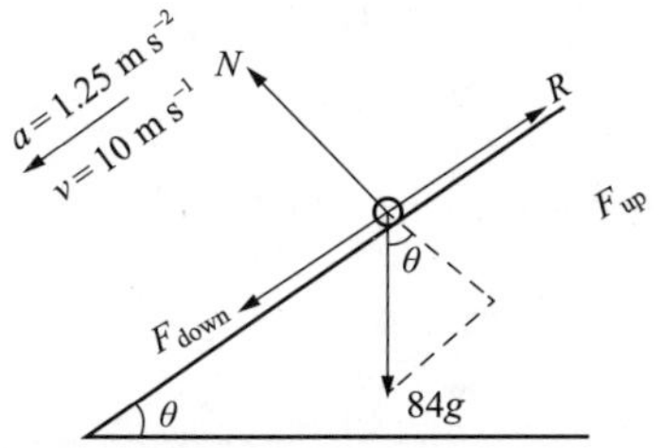

对于上坡，考虑平行斜面方向的运动：

$F_{\text{up}} - R - 84g\times\sin\theta = 84\times1.25$,
对于下坡，考虑平行斜面方向的运动：

$F_{\text{down}} - R + 84g\times\sin\theta = 84\times1.25$,

考虑功率恒定：$F_{\text{up}} = \dfrac{P}{3}; F_{\text{down}} = \dfrac{P}{10}$

$$\Rightarrow \begin{cases} \dfrac{P}{3} - R = 189 \ ① \\ \dfrac{P}{10} - R = 21 \ ② \end{cases} \Rightarrow ① - ② \Rightarrow \frac{P}{3} - \frac{P}{10} = 168$$

$\Rightarrow P = 720\ \text{N}$,

$R = \dfrac{720}{3} - 189 = 51\ \text{N}$.

Q6 知识点

(i) velocity as the integral of acceleration with respect to time
(ii) displacement as the integral of velocity with respect to time, SUVAT equations

(i) 根据 boundary condition 确定积分任意常数 .

加速度和速度具有积分关系式 $v = \int a\text{d}t$.

$v = \int a\text{d}t = \int (0.05 - 0.0002t)\,\text{d}t = 0.05t - 0.0001t^2 + C$,

when $t = 0$，$v = 0 \Rightarrow C = 0 \Rightarrow v = 0.05t - 0.0001t^2$,

when $t = 200$，$v = 0.05\times200 - 0.0001\times200^2 = 6\ \text{m s}^{-1}$,

when $t = 500$，$v = 0.05\times500 - 0.0001\times500^2 = 0\ \text{m s}^{-1}$.

(ii) 分别计算出 500 s 内质点 A 和质点 B 各自运动的距离，然后相减即可 .

对于质点 B，考虑运动学公式 $s = \dfrac{u+v}{2}t$.

B 的位移 $= \dfrac{0+6}{2}\times200 + \dfrac{0+6}{2}\times300 = 1500\ \text{m}$,
对于质点 A，考虑速度和位置矢量之间的积分关系式

$s = \int v\text{d}t$

$$\Rightarrow s = \int_0^{500}\left(0.05t - 0.0001t^2\right)\text{d}t = \left[0.05\times\frac{t^2}{2} - 0.0001\times\frac{t^3}{3}\right]_0^{500}$$

$= 0.05\times\dfrac{500^2}{2} - 0.0001\times\dfrac{500^3}{3} = 2083\ \text{m}$,
A 和 B 的距离 $= 2083 - 1500 = 583$ m.

Q7 知识点

particles connected by strings, moving freely under gravity, SUVAT equations, Newton's second law, normal reaction, friction

(i) 对质点 A 和质点 B 分别作出受力分析图 .
质点 A：

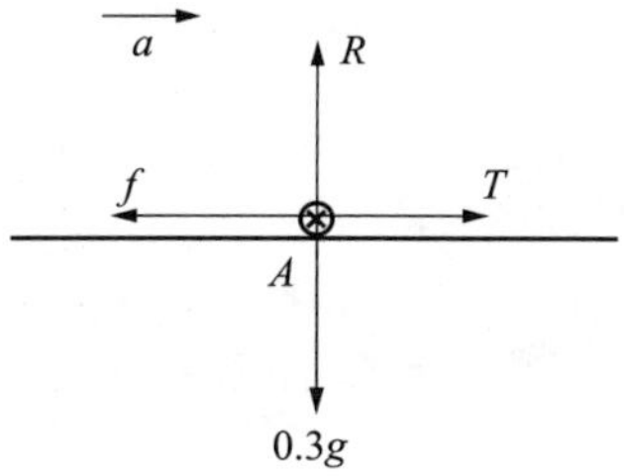

质点 B：

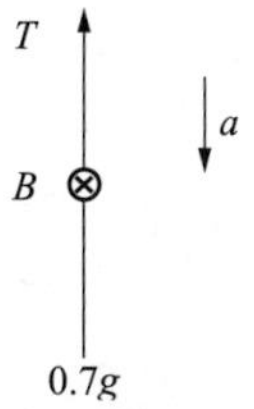

对质点 A，考虑竖直方向的平衡：$R = 0.3g = 3\ \text{N}$,
考虑摩擦力与支持力的关系：$f = \mu R = 0.2\times3 = 0.6\ \text{N}$,
对质点 A，考虑水平方向的运动：

$T - f = 0.3a \Rightarrow T = 0.6 + 0.3a$,

对质点 B，考虑竖直方向的运动：$0.7g - T = 0.7a$,

联立方程组得 $a = \dfrac{7-0.6}{0.3+0.7} = 6.4\ \text{m s}^{-2}$,
考虑当 $t = 0.25$ s，即绳子断开时，质点 A 和质点 B 共同运动距离和具有的共同速度 .
当 $t = 0.25$ s 时，

$V_B = V_A = u + at = 0 + 6.4\times0.25 = 1.6\ \text{m s}^{-1}$,

$S_B = S_A = ut + \dfrac{1}{2}at^2 = \dfrac{1}{2}\times6.4\times0.25^2 = 0.2\ \text{m} < 0.5$,
绳子断开后，绳子中的拉力消失 . 质点 B 做仅受重力作用下的自由落体运动，运动距离为 $0.5 - 0.2 = 0.3$m.
考虑运动学公式，$v^2 - u^2 = 2as$.

$V_{\text{floor}}^2 - 1.6^2 = 2 \times g \times (0.5 - 0.2) \Rightarrow V_{\text{floor}} = \sqrt{2.56 + 6}$
$= 2.93\,\text{m s}^{-1}$.

(ii) 绳子断开以后，绳子中的拉力消失 .
对质点 A 重新进行受力分析如下图所示：

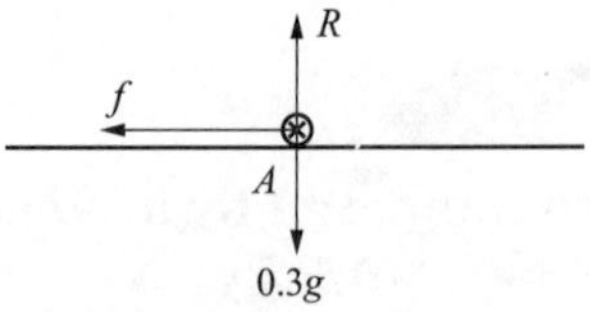

对质点 A，考虑竖直方向的平衡：$R = 0.3g = 3\,\text{N}$，
考虑摩擦力与支持力的关系：$f = \mu R = 0.2 \times 3 = 0.6\,\text{N}$，

对质点 A，考虑水平方向的运动：

$-f = 0.3a \Rightarrow a = -\dfrac{0.6}{0.3} = -2\,\text{m s}^{-2}$，
作出质点 A 的全运动过程分析图如下所示：

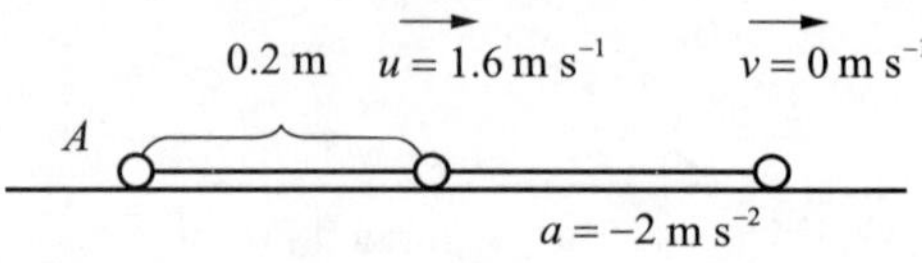

对减速度段，考虑运动学公式：$v^2 - u^2 = 2as$，得

$0^2 - 1.6^2 = 2 \times (-2)s \Rightarrow s = \dfrac{1.6^2}{4} = 0.64\,\text{m}$，
total distance $= 0.2 + 0.64 = 0.84$ m.

9709_s15_qp_42

Q1 知识点

(i) SUVAT equations
(ii) work done by the force

(i) 根据题意，作出物块的受力分析图和运动过程分析图 .
受力分析图：

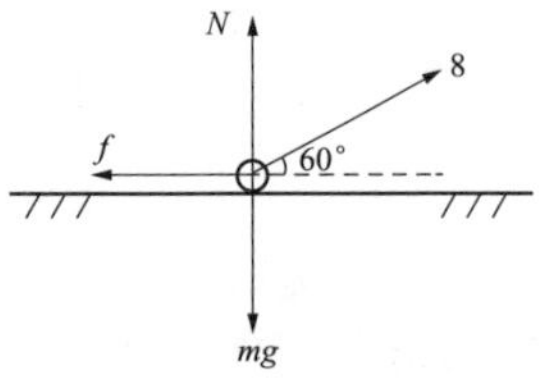

运动过程分析图：

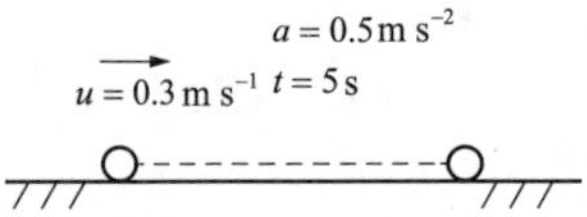

使用运动学公式：$s = ut + \dfrac{1}{2}at^2$，得

distance $= 0.3 \times 5 + \dfrac{1}{2} \times 0.5 \times 5^2 = 7.75$ m.

(ii) 当大小为 F 的力使得物体移动了距离 d，且该距离与力的方向的夹角为 θ，那么，该力对物块所做的功的计算式为：$W = F \times d \times \cos\theta$.
work done by the tension $= 8 \times 7.75 \times \cos 60° = 31$ J.

Q2 知识点

Newton's second law, power, driving force

根据题意，作出物体的受力分析图及运动要素如下：
受力分析图及运动学要素：

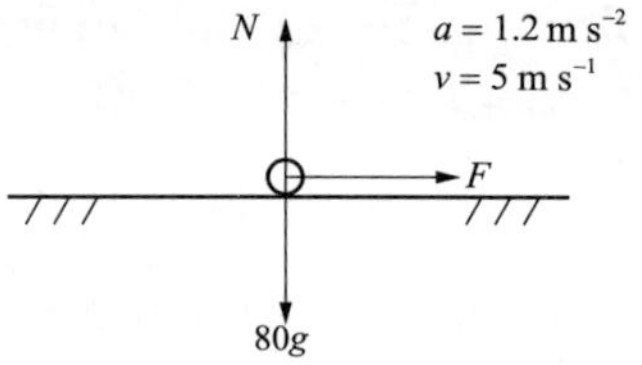

功率 P 的计算式为：$P = Fv$，其中 F 为驱动力 . 得公式变形为：$F = \dfrac{P}{v}$.
考虑骑行者水平方向的运动：

$F = ma \Rightarrow \dfrac{P}{v} = ma \Rightarrow \dfrac{P}{5} = 80 \times 1.2 \Rightarrow P = 480$ J.

(ii) 根据题意，作出物体的受力分析图及运动要素如下 .
受力分析图及运动要素：

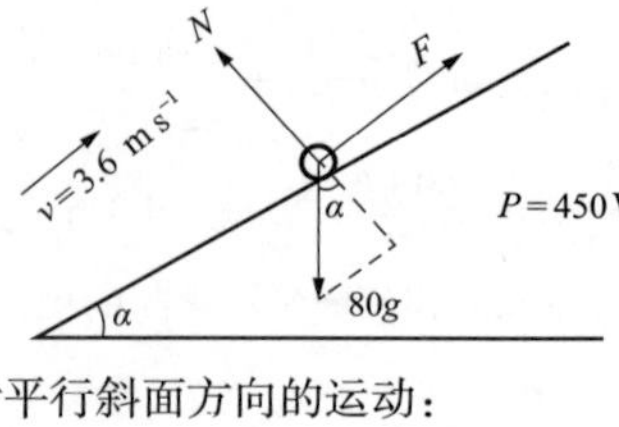

考虑骑行者平行斜面方向的运动：

$F-80g\times\sin\alpha=80a\Rightarrow\frac{450}{3.6}-80\times10\times0.035=80a$

$\Rightarrow a=\frac{125-28}{80}=1.21\text{ m s}^{-2}(3\text{s.f.}).$

Q3 知识点

(i) kinetic energy, potential energy
(ii) work-energy principle

(i) 设物体 P 运动所受阻力大小为 R 牛，斜面与水平面的夹角为 α，则有 $\sin\alpha=\frac{1}{8}$.

作出物体 P 的受力分析图和运动过程分析图.

受力分析图：

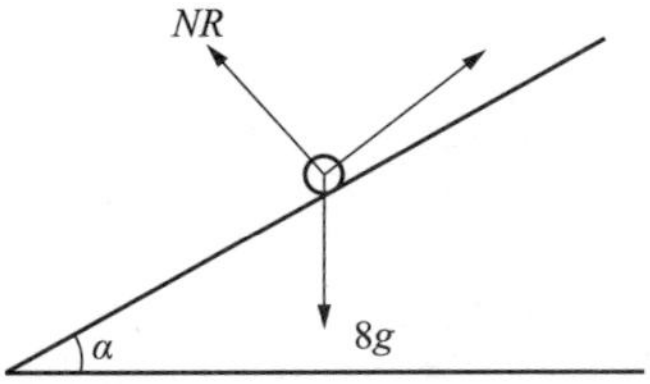

运动过程分析图：

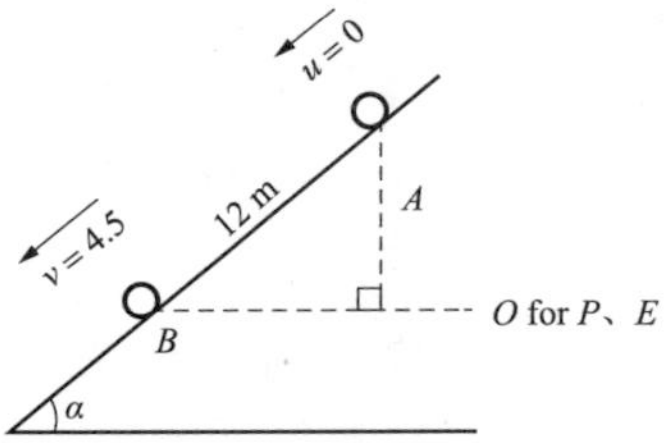

increase in kinetic energy $=\frac{1}{2}mv^2-\frac{1}{2}mu^2=\frac{1}{2}\times8\times4.5^2-0$

$=81\text{J}$,

decrese in potential energy $=mgh=8\times10\times12\times\sin\alpha=120\text{J}$.

(ii) 功能关系的表述为：

$-W_{\text{resistence}}=\left(\frac{1}{2}mv^2+mgh_2\right)-\left(\frac{1}{2}mu^2+mgh_1\right)$，其中，$h_2$ 为末时刻质点相对重力势能 0 点的高度，h_1 为初时刻质点相对重力势能 0 点的高度.

$-R\times12=(81+0)-(0+120)$

$\Rightarrow R=\frac{81-120}{-12}=3.25\text{N}.$

Q4 知识点

velocity as the integral of acceleration with respect to time, displacement as the integral of velocity with respect to time

(i) 考虑加速度，速度和位移之间的积分关系式：

$v=\int a\mathrm{d}t;\ s=\int v\mathrm{d}t$，得

$v=\int\left(0.075t^2-1.5t+5\right)\mathrm{d}t=0.075\times\frac{t^3}{3}-1.5\times\frac{t^2}{2}+5t+C_1$,

当 $t=0$，$v=0.\Rightarrow C_1=0\Rightarrow v=0.025t^3-0.75t^2+5t$,

$s=\int\left(0.025t^3-0.75t^2+5t\right)\mathrm{d}t=0.025\frac{t^4}{4}-0.75\frac{t^3}{3}+5\frac{t^2}{2}+C_2$,

当 $t=0$，$s=0.\Rightarrow C_2=0\Rightarrow s=0.00625t^4-0.25t^3+2.5t^2$.

(ii) 质点重新回到点 O 时，$s=0$.

$s=0.00625t^4-0.25t^3+2.5t^2=0\Rightarrow t^2\left(t^2-40t+400\right)=0$,

$t^2(t-20)^2=0$,

$t=0\text{ s}(\text{reject})\text{ or }t=20\text{ s}$,

The time taken for P to return to the point O is 20 s.

Q5 知识点

SUVAT equations, moving freely under gravity

(i) 质点 P 和质点 Q 在点 A 处相撞，说明二者在同一时间到达 A 点.

设质点 Q 在 $t=T$ 时重新回到 A 点，作出质点 P 和质点 Q 的运动过程分析图.

质点 Q 的运动过程分析图：

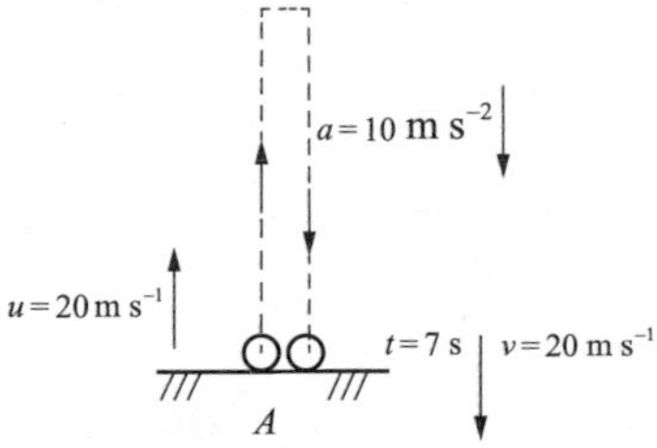

质点 P 的运动过程分析图：

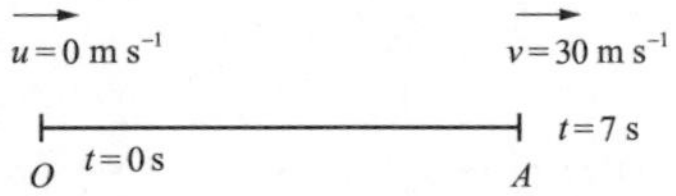

对质点 Q，考虑仅受重力作用下自由落体运动的对称性和运动学公式：$v=u+at$，得

$20=-20+10T \Rightarrow T=4\,\text{s}$，

对质点 P，考虑运动学公式：$v=u+at$，得

$30=0+a\times 4 \Rightarrow a=7.5\,\text{m s}^{-2}$.

(ii) 对质点 P，考虑运动学公式：$s=\dfrac{u+v}{2}\times t$，得

$OA=\dfrac{0+30}{2}\times 4=60\,\text{m}$.

Q6 知识点

(i) interpretation of v–t diagram, SUVAT equations
(ii) particles connected by strings, Newton's second law
(iii) moving freely under gravity

(i) 从 Fig.2 中，可以看出，当 $t<0.5\,\text{s}$ 时，质点 P 做匀加速运动；当 $t>0.5\,\text{s}$ 时，质点 P 做匀减速运动 . 所以 $t=0.5\,\text{s}$，对应着质点 Q 刚好撞击到地面的时刻 .

由于绳子是不可拉伸的，所以质点 Q 下移 h 时，质点 P 也上移了 h.

对质点 P 考虑运动学公式：$s=\dfrac{u+v}{2}\times t$，得

$h=\dfrac{0+2}{2}\times 0.5=0.5\,\text{m}$.

(ii) 分别作出质点 P 和质点 Q 的受力分析图：

质点 P 的受力分析图：　　质点 Q 的受力分析图：

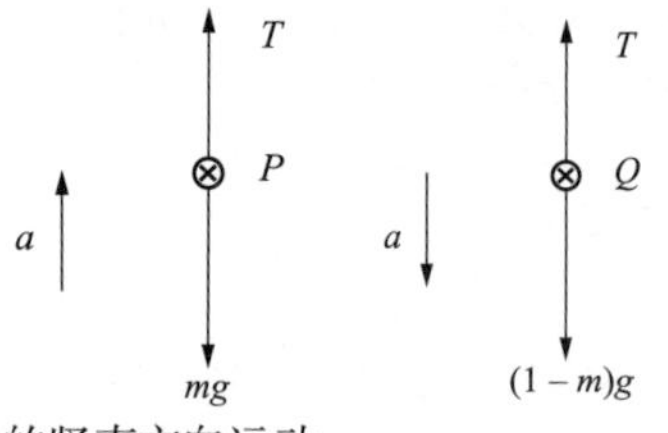

考虑质点 P 的竖直方向运动：

$T-mg=ma \Rightarrow T=m(10+a)$,

考虑质点 Q 的竖直方向运动：

$(1-m)g-T=(1-m)a \Rightarrow T=(1-m)(10-a)$,

对质点 P 考虑运动学公式 $v=u+at$：

$2=0+0.5a \Rightarrow a=4\,\text{m s}^{-2}$,

综上：

$m(10+4)=(1-m)(10-4) \Rightarrow 14m=6-6m \Rightarrow m=0.3\,\text{kg}$,

$T=m(10+a)=0.3\times(10+4)=4.2\,\text{N}$.

(iii) 设 $t=T_{\text{total}}$ 时，绳子再一次绷紧 .

当质点 Q 静止在地面上时，绳子是松的 . 说明接下来的运动过程中，质点 P 做只受重力作用下的自由落体运动 . 作出质点 P 的运动全过程分析图如下：

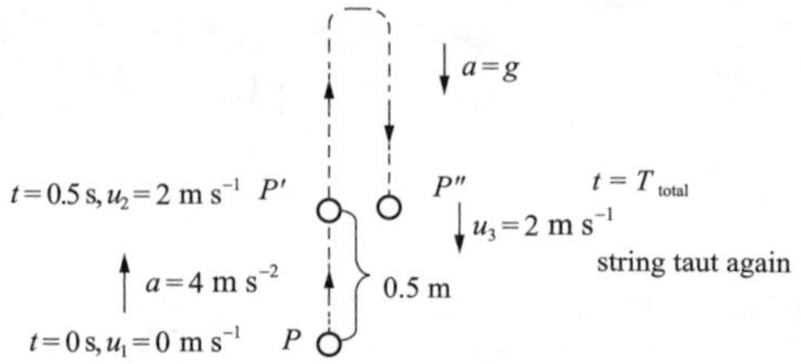

对质点 P，自由落体运动段的时间为 $T_{\text{total}}-0.5$，考虑仅受重力作用下自由落体运动的对称性和运动学公式：

$v=u+at$，得

$2=-2+10(T_{\text{total}}-0.5) \Rightarrow T_{\text{total}}=\dfrac{4}{10}+0.5=0.9\,\text{s}$.

Q7 知识点

limiting equilibrium, forces in equilibrium

(i) 设绳段 AJ 与水平方向的夹角为 θ，作出系统的几何尺寸分析图如下：

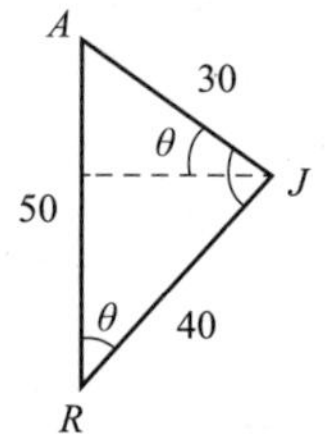

$\sin\theta=\dfrac{3}{5}$; $\cos\theta=\dfrac{4}{5}$.

取 J 点处的微小绳段作为研究对象，作出其受力分析图如下：

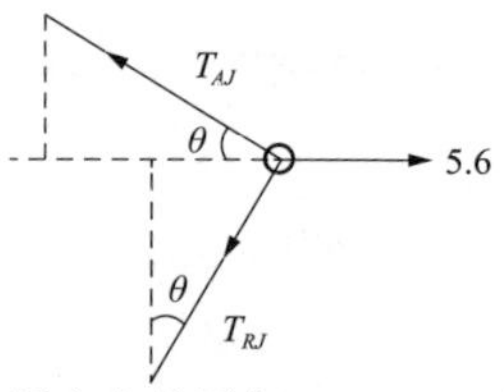

考虑微小绳段水平方向的平衡：

$T_{AJ}\cos\theta+T_{RJ}\sin\theta=5.6 \Rightarrow 4T_{AJ}+3T_{RJ}=28$,

考虑微小绳段竖直方向的平衡：

$T_{AJ}\sin\theta=T_{RJ}\cos\theta \Rightarrow T_{RJ}=\dfrac{3}{4}T_{AJ}$

$$\Rightarrow 4T_{AJ}+\frac{9}{4}T_{AJ}=28\Rightarrow T_{AJ}=\frac{28}{4+\frac{9}{4}}=4.48\text{ N},$$

$$T_{RJ}=4.48\times\frac{3}{4}=3.36\text{ N}.$$

(ii) 极限平衡状态，说明静摩擦力达到最大静摩擦力，计算式为 $f=\mu N$.
作出小环的受力分析图如下：

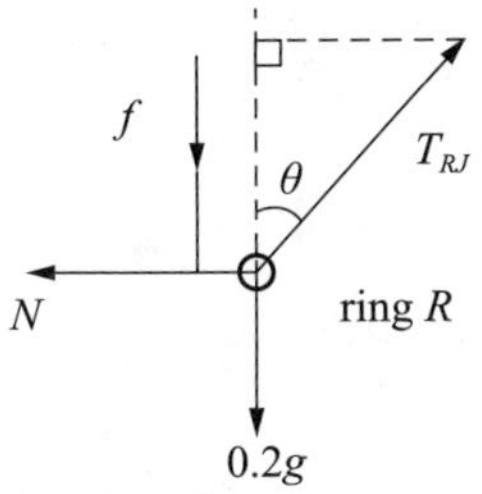

考虑小环 R 水平方向的平衡：

$$T_{RJ}\sin\theta=N\Rightarrow N=3.36\times\frac{3}{5}=2.016\text{ N},$$

考虑最大静摩擦计算式 $f=\mu N\Rightarrow f=2.016\mu$,
考虑小环 R 竖直方向的平衡：

$$f+0.2g=T_{RJ}\cos\theta\Rightarrow 2.016\mu=3.36\times\frac{4}{5}-2$$

$$\Rightarrow\mu=\frac{3.36\times\frac{4}{5}-2}{2.016}=0.34126...=0.341(3\text{s.f.}).$$

(iii) 把小环和系在其上的质点当作一个整体，作出该整体的受力分析图如下：

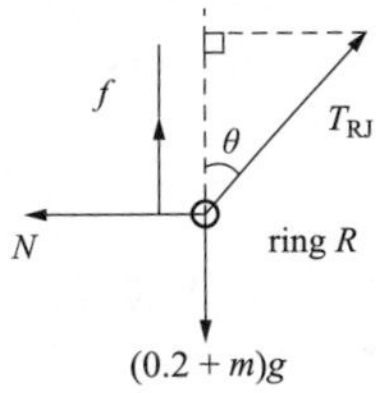

考虑该整体水平方向的平衡：

$$T_{RJ}\sin\theta=N\Rightarrow N=3.36\times\frac{3}{5}=2.016\text{ N},$$

考虑最大静摩擦计算式 $f=\mu N$，得

$$f=2.016\times0.34126\ldots=0.688\text{ N},$$

考虑该整体水平方向的平衡：

$$f+T_{RJ}\cos\theta=(0.2+m)g\Rightarrow m=\frac{0.688+3.36\times\frac{4}{5}}{10}-0.2$$

$$=0.1376=0.138\text{ N}(3\text{ s.f.}).$$

9709_s15_qp_43

Q1 知识点

work done by the force, power, work

作出物块的受力分析图和运动过程分析图 .
受力分析图：

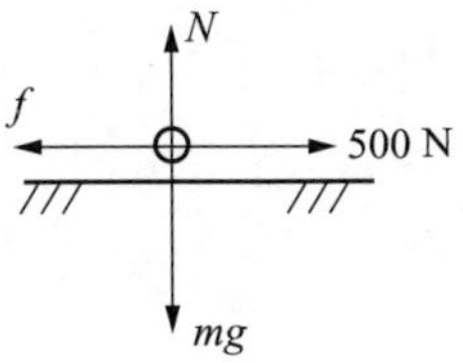

运动过程分析图：

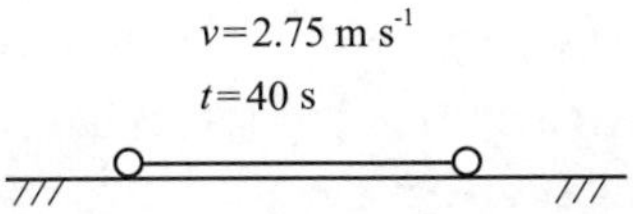

物块做匀速直线运动，则 40 s 内运动的距离

$$s=2.75\times40=110\text{ m},$$

work done by the tension $=Fs=500\times110=55000\text{ J}$,

power by the tension $=\frac{Fs}{t}=\frac{55000}{40}=1375\text{ W}.$

Q2 知识点

(i) interpretation of modelling assumption of inextensible string and smooth surface
(ii) kinetic and potential energy, conservation of mechanical energy

(i) 当质点 B 到达地面后，绳子中的拉力消失，水平面又是光滑的，所以质点 A 做匀速直线运动 . 也就是说，质点 A 在质点 B 到达地面时和质点 A 到达定滑轮处时的速度一样，都是 3 m s^{-1} 在质点 B 到达地面之前，质点 A 和质点 B 通过不可拉伸，绷紧的绳子相连，所以质点 A 和质点 B 具有相同的速度 . 综上，质点 B 到达地面时的速度为 3 m s^{-1} .

用英文回答如下所示：

After B reaches the floor, A continues at constant speed until it reaches the pulley (no tension and the surface is smooth). Thus A's speed when B reaches the floor is the same as A's speed (3 m s^{-1}) when it reaches the pulley. Until the instant when B reached the floor, A and B have the same speed and hence B reaches the floor with speed 3 m s^{-1}.

(ii) 把质点 A 和质点 B 当成一个系统，由于水平面光滑，没有摩擦力，所以系统的机械能守恒，即

动能的增加 = 重力势能的减少 .

gain of kinetic energy for the system

$= \frac{1}{2}\times(0.35+0.15)\times 3^2 = 2.25\,\text{J}$,

loss of potential energy for the system

$= 0.15\times 10\times h = 1.5h \Rightarrow 2.25 = 1.5h \Rightarrow h = 1.5\,\text{m}$.

Q3 知识点

Newton's second law, power, driving force

作出汽车的受力分析图和运动过程分析图如下：

受力分析图：

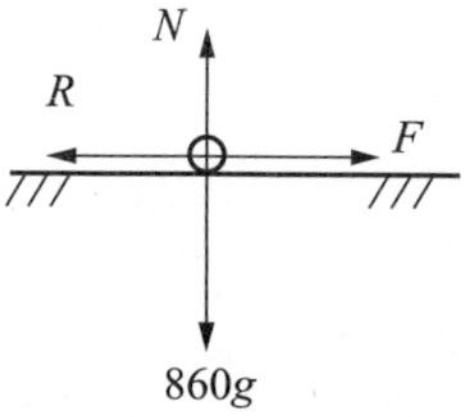

运动过程分析图：

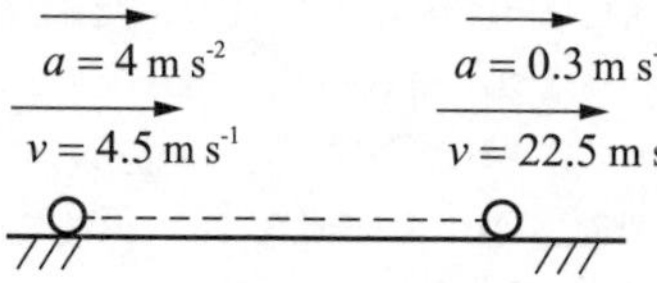

功率 P 的计算式为：$P = Fv$，其中 F 为驱动力 . 得公式变形为：$F = \frac{P}{v}$.

考虑第 1 个点处汽车的水平方向运动：

$F - R = \frac{P}{4.5} - R = 860\times 4$, ①

考虑第 2 个点处汽车的水平方向运动：

$F - R = \frac{P}{22.5} - R = 860\times 0.3$, ②

$① - ② \Rightarrow \frac{P}{4.5} - \frac{P}{22.5} = 860\times 3.7 \Rightarrow P = \dfrac{860\times 3.7}{\frac{1}{4.5} - \frac{1}{22.5}}$

$= 17898.75 = 17900\,\text{J}\,(3\text{s.f.})$

$\Rightarrow R = \frac{17898.75}{4.5} - 860\times 4 = 537.5 = 538\,\text{N}\,(3\text{ s.f.})$.

Q4 知识点

work energy principle, work done by driving force and friction

作出卡车的受力分析图和运动过程分析图如下：

受力分析图：

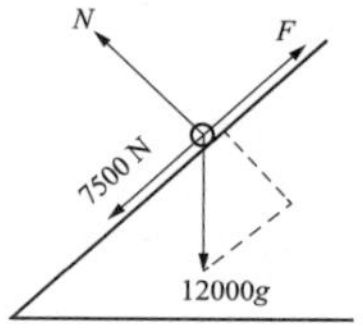

运动过程分析图：

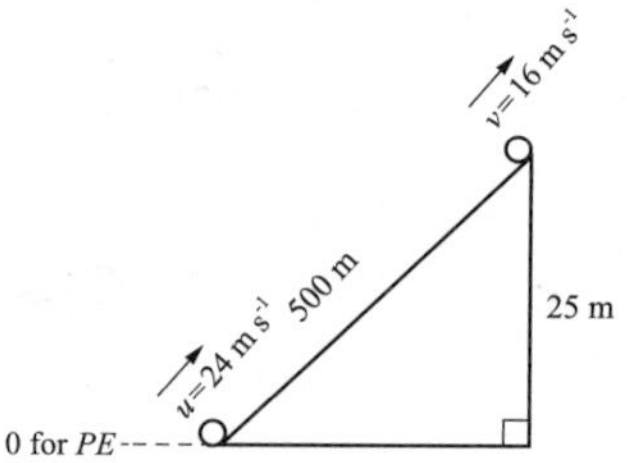

功能关系的表述为：

$$W_{\text{driving force}} - W_{\text{resistence}} = \left(\frac{1}{2}mv^2 + mgh_2\right) - \left(\frac{1}{2}mu^2 + mgh_1\right),$$

其中，h_2 为末时刻质点相对重力势能 0 点的高度，h_1 为初时刻质点相对重力势能 0 点的高度 .

$F\times 500 - 7500\times 500$

$= \left(\frac{1}{2}\times 12000\times 16^2 + 12000\times g\times 25\right) - \left(\frac{1}{2}\times 12000\times 24^2 + 0\right)$

$\Rightarrow F = \frac{1080000 + 7500\times 500}{500} = 9660\,\text{N}$.

Q5 知识点

(i) resultant force
(ii) resultant force, consideration of symmetry

(i) 将以上 4 个力沿水平和竖直方向分解，4 个力的水平分力之和等于合力的水平分量，4 个力的竖直分力之和

等于合力的竖直分量 .

设 F_{Rx} 代表合力的水平分量，F_{Ry} 代表合力的竖直分量，F_R 代表合力 .

考虑 4 个力水平分力之和：

$F_{Rx}=4+8\cos30°+12\cos60°=10+4\sqrt{3}$,

考虑 4 个力竖直分力之和：

$F_{Ry}=16+12\cos30°+8\cos60°=20+6\sqrt{3}$

$\Rightarrow R=\sqrt{(F_{Rx})^2+(F_{Ry})^2}=\sqrt{(10+4\sqrt{3})^2+(20+6\sqrt{3})^2}$

$=34.8\text{ N}(3\text{s.f.})$.

夹角 $=\tan^{-1}\left(\dfrac{20+6\sqrt{3}}{10+4\sqrt{3}}\right)=60.9°(3\text{ s.f.})$.

所以合力大小为34.8 N,与水平方向的夹角为60.9° .

(ii) 仔细观察图中方向的变化，相当于所有的力学要素都进行了关于直线 $y=x$ 的 reflection. 所以最终合力也是关于直线 $y=x$ 做 reflection. 所以新的合力大小不变，与 4 N 的力的夹角也不变 .

所以合力大小为34.8 N,与水平方向的夹角为29.1° .

Q6 知识点

(i) forces in equilibrium, friction, normal reaction
(ii) Newton's second law, SUVAT equations

(i) 作出盒子的受力分析图如下：

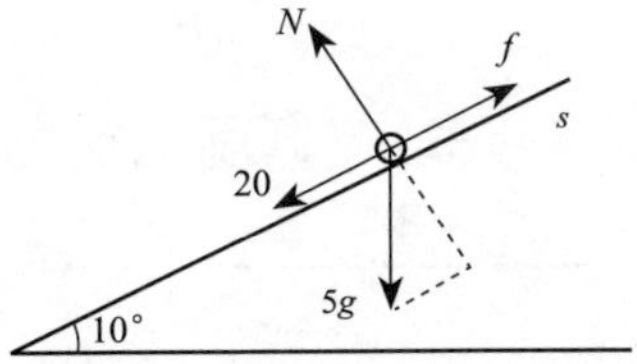

由于盒子的运动速度恒定，所以平行斜面方向，盒子的受力是平衡的 .

考虑垂直斜面方向的受力平衡：

$N=5g\cos10°=50\cos10°$,

考虑摩擦力与支持力的关系式：$f=\mu N=50\cos10°\mu$,

考虑平行斜面方向的受力平衡：

$f=5g\sin10°+20=50\cos10°\mu$

$\Rightarrow\mu=\dfrac{5g\sin10°+20}{50\cos10°}=0.58249\ldots=0.582(3\text{s.f.})$.

(ii) 作出拉力移除后，盒子的受力分析图和运动过程分析图 .

受力分析图：

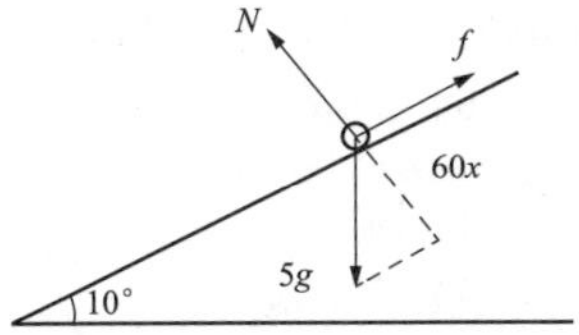

运动过程分析图：

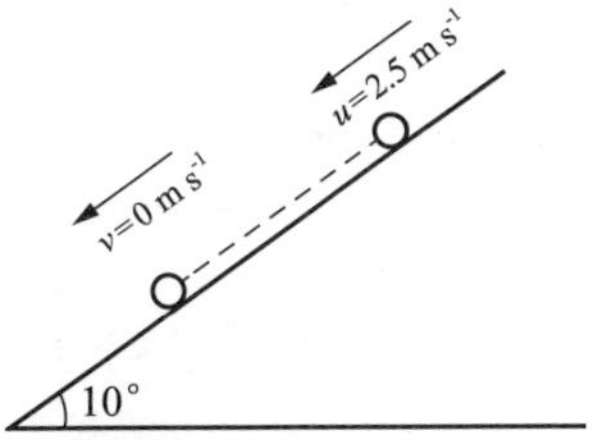

考虑垂直斜面方向的受力平衡：

$N=5g\cos10°=50\cos10°$

考虑摩擦力与支持力的关系式：$f=\mu N=50\cos10°\mu$,

考虑平行斜面方向的运动：$5g\sin10°-f=5a$

$\Rightarrow a=\dfrac{50\sin10°-50\cos10°\times0.58249\ldots}{5}=-4\text{ m s}^{-2}$,

考虑运动学公式 $v^2-u^2=2as$，得

$0^2-2.5^2=2\times(-4)s\Rightarrow s=\dfrac{2.5^2}{8}=0.78125=0.781\text{ m}(3\text{ s.f.})$.

Q7 知识点

velocity as the integral of acceleration with respect to time, displacement as the integral of velocity with respect to time, *v–t* diagram

(i) $v=0.0001t^3-0.015t^2+0.5t=0\Rightarrow t(t^2-150t+5000)=0$

$\Rightarrow t(t-50)(t-100)=0\Rightarrow t=0\text{ s},\ t=50\text{ s or }t=100\text{ s}$.

(ii) 考虑加速度与时间的微分关系式：$a=\dfrac{dv}{dt}$，得

$a=\dfrac{dv}{dt}=0.0003t^2-0.03t+0.5=0\Rightarrow t^2-100t+\dfrac{5000}{3}=0$,

$t=\dfrac{100\pm\sqrt{100^2-4\times\dfrac{5000}{3}}}{2}\Rightarrow t=78.867\ldots\text{ or }t=21.132\ldots$

when $t=21.132\ldots\Rightarrow v=0.0001t^3-0.015t^2+0.5t$

$=4.81\text{ m s}^{-1}(3\text{s.f.})$,

when $t = 78.867... \Rightarrow v = 0.0001t^3 - 0.015t^2 + 0.5t$

$= -4.81\,\text{m s}^{-1}(3\text{s.f.})$.

绘制 $0\,\text{s} \leqslant t \leqslant 100\,\text{s}$ 时对应的质点 P 的速度 – 时间图如下：

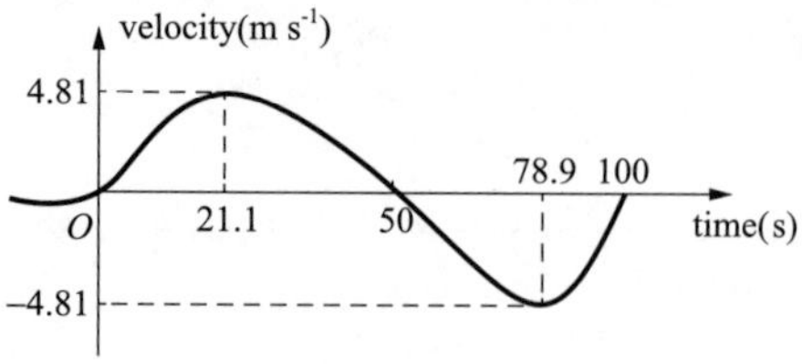

(iii) 从第 (ii) 小问的速度 – 时间图可以看出，当 $t = 50$ s 时，质点 P 与点 O 之间的距离最大 .

考虑速度与位置矢量间的积分关系式 $s = \int v\mathrm{d}t$，得

$$s = \int_0^{50}\left(0.0001t^3 - 0.015t^2 + 0.5t\right)\mathrm{d}t$$

$$= \left[0.0001\times\frac{t^4}{4} - 0.015\times\frac{t^3}{3} + 0.5\times\frac{t^2}{2}\right]_0^{50}$$

$$= 0.0001\times\frac{50^4}{4} - 0.015\times\frac{50^3}{3} + 0.5\times\frac{50^2}{2}$$

$$= \frac{625}{4} - 625 + 625 = 156\,\text{m}(3\text{s.f.}).$$

The greatest distance of P from O is 156 m.

9709_w15_qp_41

Q1 知识点

(i) work done by the force，work-energy principle
(ii) power, work

(i) 由于质量体在运动前后，速度都为 0，所以举重运动员所做的功等于质量体重力势能的增加 .

work done by the weightlifter $= mgh = 200\times10\times0.7 = 1400$ J.

(ii) average power $= \dfrac{\text{work}}{\text{time}} = \dfrac{1400}{1.2} = 1170\,\text{W}(3\text{ s.f.})$.

Q2 知识点

Newton's second law, SUVAT equations

(i) 作出质点的受力分析图和运动过程分析图如下：

受力分析图：

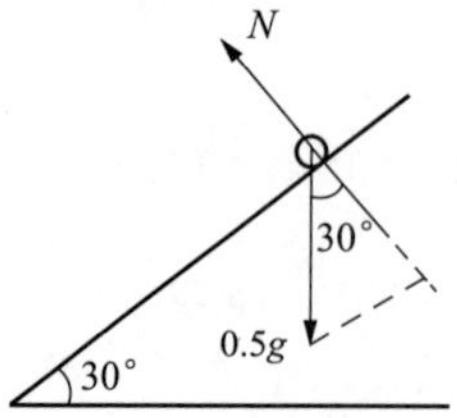

运动过程分析图：

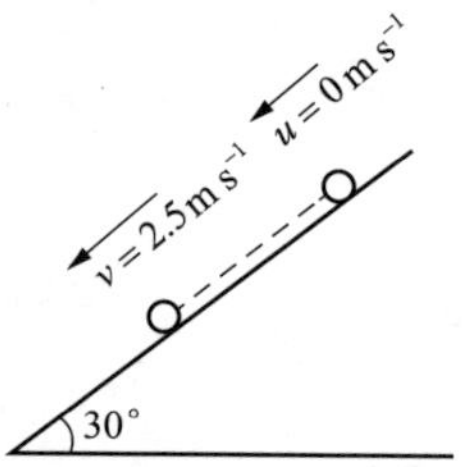

考虑质点平行斜面方向的运动：

$0.5g\sin30° = 0.5a \Rightarrow a = 5\,\text{m s}^{-2}$,

考虑运动学公式 $v = u + at$，得 $2.5 = 0 + 5t \Rightarrow t = 0.5$ s.

(ii) 对质点沿斜坡运动段，考虑运动学公式

$v^2 - u^2 = 2as$，得$v^2 = 2\times5\times3 = 30$.

作出质点的受力分析图和运动过程分析图如下：

受力分析图：

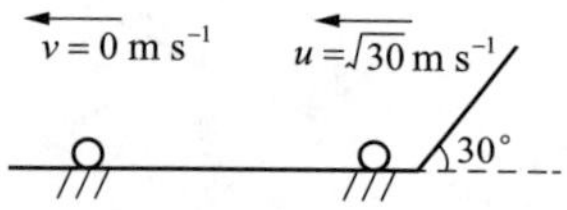

运动过程分析图：

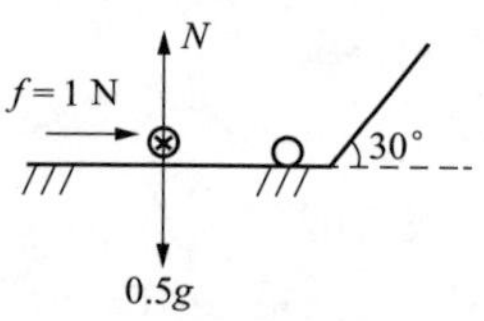

考虑质点沿水平方向的运动：$-1 = 0.5a \Rightarrow a = -2\,\text{m s}^{-2}$,

考虑运动学公式

$v^2 - u^2 = 2as$，得$0^2 - 30 = 2\times(-2)s \Rightarrow s = \dfrac{30}{4} = 7.5$ m.

Q3 知识点

power, driving force, Newton's second law, understanding of steady speed

(i) 作出卡车的受力分析图如下：

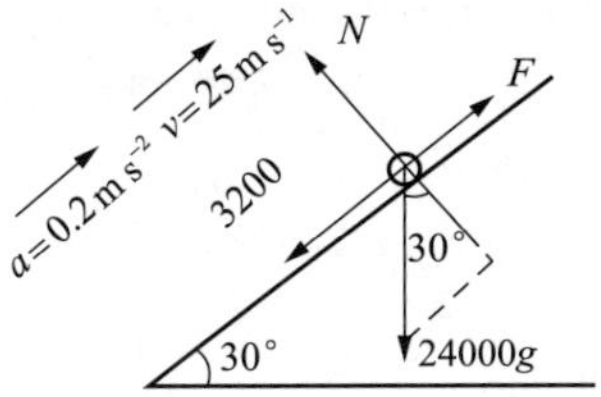

功率 P 的计算式为：$P=Fv$，其中 F 为驱动力．得变形式：

$F=\dfrac{P}{v}$,

考虑卡车平行斜面方向的运动：

$$F-24000g\sin 3°-3200=24000a$$

$$\Rightarrow \frac{P}{v}=\frac{P}{25}=240000\sin 3°+3200+24000\times 0.2$$

$$\Rightarrow P=514015\ldots\,\mathrm{W}=514\,\mathrm{kW}.$$

(ii) 稳定速度，意味着速度不会再发生变化，也就是说对应时刻下，加速度为 0. 也就是卡车沿平行斜面方向的受力平衡．

考虑卡车沿平行斜面方向的受力平衡：

$$F=\frac{P}{v_{\text{steady}}}=24000g\sin 3°+3200$$

$$\Rightarrow v_{\text{steady}}=\frac{500000}{24000g\sin 3°+3200}=31.7246\ldots$$

$$=31.7\,\mathrm{m\,s^{-1}}\,(3\text{ s.f.}).$$

The steady speed of the lorry is $31.7\,\mathrm{m\,s^{-1}}$.

Q4 知识点

friction, normal reaction, limiting equilibrium

case 1：物块 P 具有沿斜面向下滑动的趋势时．

分别作出物块 Q 和物块 P 的受力分析图如下：

物块 Q 的受力分析图：

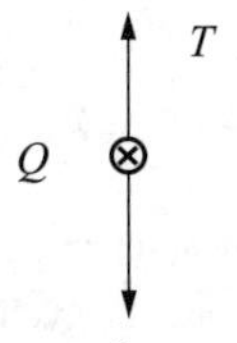

物块 P 的受力分析图：

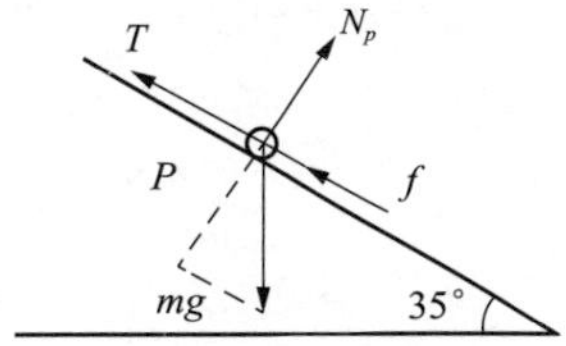

考虑物块 Q 的竖直方向受力平衡：$T=5g=50\,\mathrm{N}$,

考虑物块 P 垂直斜面方向的受力平衡：$N_P=mg\cos 35°$,

考虑物块 P 平行斜面方向的受力平衡以及静摩擦力小于等于最大静摩擦力的不等式：

$$f=mg\sin 35°-T\leqslant \mu N_P\Rightarrow mg\sin 35°-50\leqslant 0.2mg\cos 35°$$

$$\Rightarrow m\leqslant\frac{50}{10\sin 35°-2\cos 35°}=12.2\,\mathrm{kg}\,(3\text{ s.f.}).$$

case 2：物块 P 具有沿斜面向上滑动的趋势时．

分别作出物块 Q 和物块 P 的受力分析图如下：

物块 Q 的受力分析图：

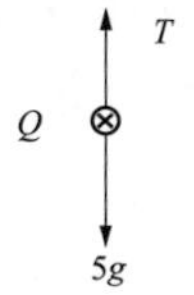

物块 P 的受力分析图：

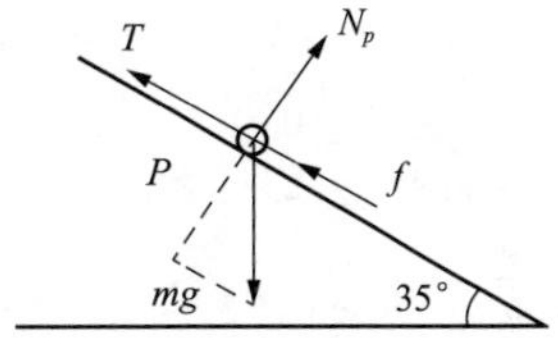

考虑物块 Q 的竖直方向受力平衡：$T=5g=50$,

考虑物块 P 垂直斜面方向的受力平衡：$N_P=mg\cos 35°$,

考虑物块 P 平行斜面方向的受力平衡以及静摩擦力小于等于最大静摩擦力的不等式：

$$f=T-mg\sin 35°\leqslant \mu N_P\Rightarrow 50-mg\sin 35°\leqslant 0.2mg\cos 35°$$

$$\Rightarrow m\geqslant\frac{50}{10\sin 35°+2\cos 35°}=6.78\,\mathrm{kg}\,(3\text{ s.f.}).$$

So, the set of values of m is $6.78\,\mathrm{kg}\leqslant m\leqslant 12.2\,\mathrm{kg}$.

Q5 知识点

(i) resultant force
(ii) Newton's second law, SUVAT equations

(i) 考虑 3 个分力的水平分量之和等于合力的水平分量：

$$R\cos 15°=20+F\cos 70°-10\times\cos 30°\Rightarrow R\cos 15°$$

$$=F\cos 70°+20-5\sqrt{3},$$

考虑 3 个分力的竖直分量之和等于合力的竖直分量：

$R\sin 15° = 10\times\sin 30° - F\sin 70° \Rightarrow R\sin 15° = 5 - F\sin 70°$,

联立方程组得 $F = 1.90$ N，$R = 12.4$ N.

(ii) 珠子的初始速度为 0，末速度为 11.7，运动距离为 3 m. 考虑运动学公式

$v^2 - u^2 = 2as$，得$a = \dfrac{11.7^2 - 0^2}{2\times 3} = 22.815\ \text{m s}^{-2}$,

考虑珠子水平方向的运动：

$R\cos 15° = ma \Rightarrow m = \dfrac{12.4132\ldots\times\cos 15°}{22.815} = 0.526\,\text{kg}\,(3\ \text{s.f.})$.

The mass of the bead is 0.526 kg.

Q6 知识点

displacement as the integral of velocity with respect to time, velocity as the integral of acceleration with respect to time

(i) 考虑速度与位置矢量间的积分关系式：

$s = \int v\mathrm{d}x = \int\left(0.6t - 0.03t^2\right)\mathrm{d}x = 0.6\dfrac{t^2}{2} - 0.03\dfrac{t^3}{3} + C$,

when t = 0 s, $s = 0$ m $\Rightarrow C = 0 \Rightarrow s = 0.3t^2 - 0.01t^3$,

when t = 5 s $\Rightarrow s = 0.3\times 5^2 - 0.01\times 5^3 = 6.25$ m.

考虑加速度与速度间的微分关系式：

$a = \dfrac{\mathrm{d}v}{\mathrm{d}t} = 0.6 - 0.06t \Rightarrow$ when $t = 5$ s,

$a = 0.6 - 0.06\times 5 = 0.3\ \text{m s}^{-2}$.

(ii) 当加速度为 0 m s^{-2} 时，对应的速度达到最大值 .

$a = 0.6 - 0.06t = 0 \Rightarrow t = 10$ s

$\Rightarrow v_{max} = 0.6\times 10 - 0.03\times 10^2 = 3\ \text{m s}^{-1}$

$\Rightarrow 0.6t - 0.03t^2 = \dfrac{v_{max}}{2} = 1.5 \Rightarrow t^2 - 20t + 50 = 0$

$\Rightarrow t = \dfrac{20\pm\sqrt{20^2 - 4\times 50}}{2}$

$\Rightarrow t = 2.93\,\text{s}\,(3\ \text{s.f.})$ or $t = 17.1\,\text{s}\,(3\ \text{s.f.})$.

The values of t are 2.93 s or 17.1 s.

Q7 知识点

SUVAT equations, area under v–t curve is equal to distance, understanding of overtaking

(i) 设骑行者匀速运动段的恒定速度为 v，其也是加速运动段的末速度 . 对加速运动段考虑运动学公式：

$v^2 - u^2 = 2as$，得$v^2 - 0 = 2\times 0.5\times 36 \Rightarrow v = 6\ \text{m s}^{-1}$,

对加速运动段继续考虑运动学公式：

$v = u + at$，得$t_1 = \dfrac{6-0}{0.5} = 12$ s,

作出骑行者的速度 – 时间图如下：

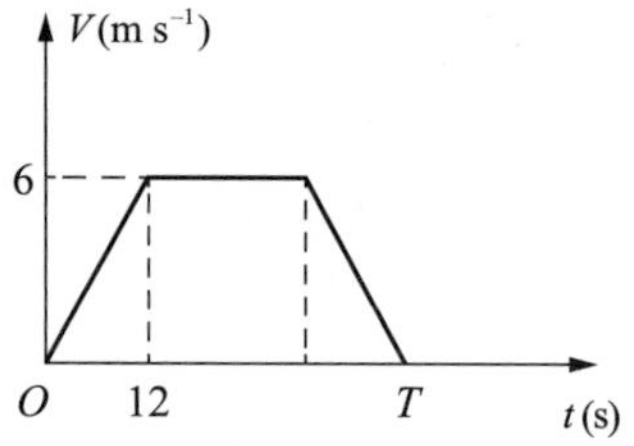

考虑到速度 – 时间图中的线下面积代表位移，已知 AB 长 210 m，由梯形面积公式得

$210 = \dfrac{25+T}{2}\times 6 \Rightarrow T = \dfrac{210}{3} - 25 = 45$ s.

(ii) 汽车超过骑行者时，意味着二者走过同样的距离 . 设汽车超过骑行者时，相对骑行者开始出发所花的时间为 T_{over}，汽车具有速度 v.

对汽车考虑运动学公式 $v = u + at$，得$v = 4\times\left(T_{over} - 24\right)$,

绘制汽车和骑行者的速度 – 时间图至 T_{over}.

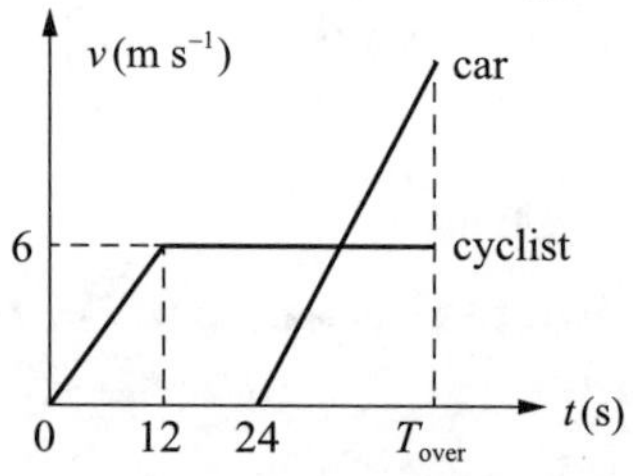

考虑到速度 – 时间图中的线下面积代表位移，汽车行驶的距离和骑行者骑行的距离相等，由梯形面积公式得

$\dfrac{T_{over} - 12 + T_{over}}{2}\times 6 = \dfrac{1}{2}\times\left(T_{over} - 24\right)\times 4\times\left(T_{over} - 24\right)$

$\Rightarrow \left(T_{over}\right)^2 - 51T_{over} + 594 = 0 \Rightarrow T_{over} = \dfrac{51\pm\sqrt{51^2 - 4\times 594}}{2}$

$\Rightarrow T_{over} = 33$ s or $T_{over} = 18$ s (reject).

The time it takes from when the cyclist starts until the car overtakes her is 33 s.

9709_w15_qp_42

Q1 知识点

forces in equilibrium

(i) 考虑 4 个力水平方向的平衡：

$$15 + F\cos 60° = F\cos 30° \Rightarrow F = \frac{15}{\frac{\sqrt{3}}{2}-\frac{1}{2}} = 40.9807\ldots$$

$= 41.0\,\text{N}(3\text{ s.f.})$.

(ii) 考虑 4 个力竖直方向的平衡：

$$G = F\sin 60° + F\sin 30° = 40.9807\ldots\times\left(\frac{\sqrt{3}}{2}+\frac{1}{2}\right)$$

$= 56.0\,\text{N}(3\text{ s.f.})$.

Q2 知识点

SUVAT equations

(i) 作出质点的运动过程分析图如下：

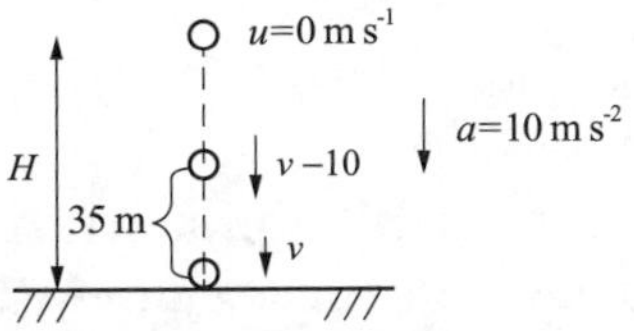

质点做初速度为 0 的，仅受重力作用下的自由落体运动．对 35 米长的运动段，考虑运动学公式：

$v^2 - u^2 = 2as$，得$v^2-(v-10)^2 = 2\times10\times35$

$$\Rightarrow 10\times(2v-10) = 700 \Rightarrow v = \frac{70+10}{2} = 40\text{ m s}^{-1}.$$

(ii) 对整个运动段，考虑运动学公式

$v^2 - u^2 = 2as$，得$40^2 - 0^2 = 2\times10\times H$

$$\Rightarrow H = \frac{40^2}{20} = 80\text{ m}.$$

Q3 知识点

(i) velocity as the integral of acceleration with respect to time, solving quadratic equation
(ii) displacement as the integral of velocity with respect to time, SUVAT equations

(i) 考虑速度与加速度的微分关系式：

$$a = \frac{dv}{dt} = 0.00012t^2 - 0.012t + 0.288 = 0$$

$\Rightarrow t^2 - 100t + 2400 = (t-40)(t-60) = 0 \Rightarrow t = 40\text{ s or } t = 60\text{ s}.$

(ii) 考虑速度与位置矢量之间的积分关系式：$s = \int v\mathrm{d}t$.

$$\Rightarrow s = \int_0^{100}(0.00004t^3 - 0.006t^2 + 0.288t)\,\mathrm{d}t$$

$$= \left[0.00004\times\frac{t^4}{4} - 0.006\times\frac{t^3}{3} + 0.288\frac{t^2}{2}\right]_0^{100}$$

$$= 0.00001\times100^4 - 0.002\times100^3 + 0.144\times100^2 = 440\text{ m}.$$

Q4 知识点

kinetic energy, potential energy, work-energy principle, friction, normal reaction

绘制 BC 段时质点 P 的受力分析图和全阶段运动过程分析图如下：

受力分析图：

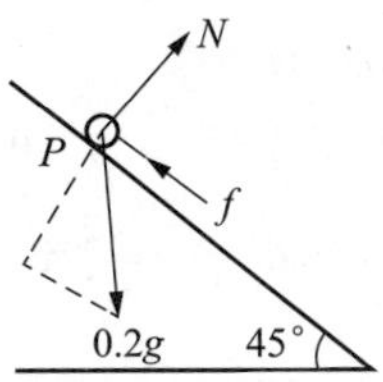

全阶段运动过程分析图：

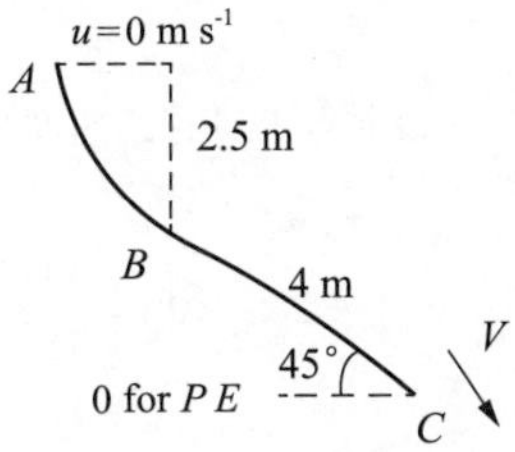

考虑质点 P 垂直斜面方向的平衡：

$N = 0.2g\cos 45° = \sqrt{2}$ N，

考虑摩擦力与支持力的关系：$f = \mu N = 0.4\times\sqrt{2}$,

功能关系的表述为：

$-W_{resistence} = \left(\frac{1}{2}mv^2 + mgh_2\right) - \left(\frac{1}{2}mu^2 + mgh_1\right)$，其中，$h_2$ 为末时刻质点相对重力势能 0 点的高度，h_1 为初时刻质点相对重力势能 0 点的高度 .

选取 C 点作为重力势能 0 点，考虑上述功能关系有：

$$-0.4\sqrt{2}\times 4 = \left(\frac{1}{2}\times 0.2\times v^2 + 0\right) - \left[0 + 0.2\times 10\times\left(2.5 + 4\times\sin 45°\right)\right]$$

$$\Rightarrow v = \sqrt{\frac{2\times\left(2.5 + 2\sqrt{2}\right) - 1.6\sqrt{2}}{0.1}} = 9.16193\ldots$$

$$= 9.16\ \mathrm{m\ s^{-1}}\ (3\mathrm{s.f.}).$$

Q5 知识点

Newton's second law, SUVAT equations

(i) 分别作出质点 P 和质点 Q 的受力分析图：

质点 P 的受力分析图：

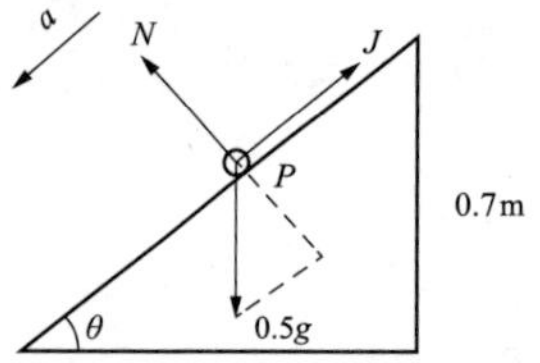

质点 Q 的受力分析图：

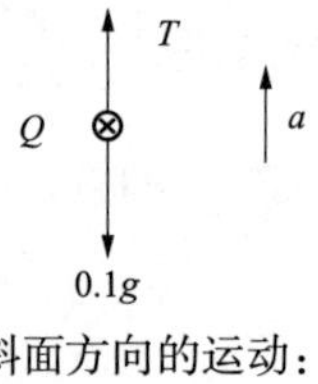

对质点 P 考虑平行斜面方向的运动：

$0.5g\sin\theta - T = 0.5a$, ①

对质点 P 考虑竖直方向的运动：$T - 0.1g = 0.1a$， ②

$$① + ② \Rightarrow 5\times\frac{0.7}{2.5} - 1 = 0.6a \Rightarrow a = \frac{2}{3}\ \mathrm{m\ s^{-2}}$$

$$\Rightarrow T = 0.1\times\left(g + \frac{2}{3}\right) = 1.07\ \mathrm{N}\ (3\mathrm{s.f.}).$$

(ii) 当绳子断开时，设质点 P 具有的速度为 v_{break}.

考虑运动学公式

$v^2 - u^2 = 2as$, 得 $\left(v_{break}\right)^2 = 2\times\frac{2}{3}\times 0.7 = \frac{14}{15}$.

作出绳子断开后，质点 P 的受力分析图和全阶段运动过程分析图如下：

受力分析图：

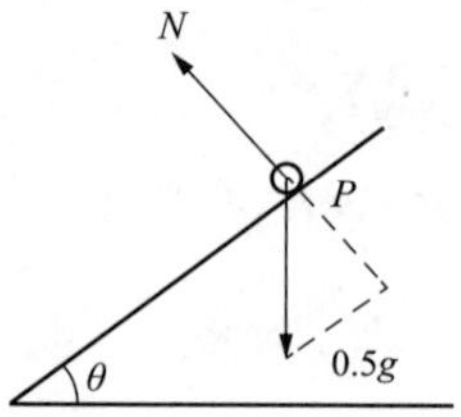

全阶段运动过程分析图：

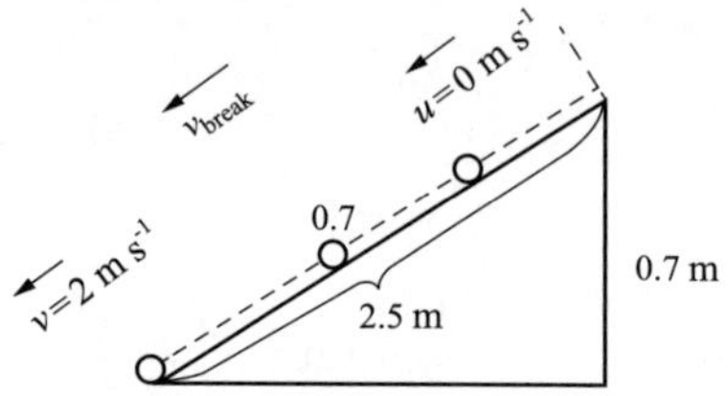

考虑质点 P 平行斜面方向的运动：

$0.5g\sin\theta = 0.5a \Rightarrow a = 10\times\frac{0.7}{2.5} = \frac{14}{5}\ \mathrm{m\ s^{-2}}$,

对绳子断开后，质点 P 的加速段考虑运动学公式

$v^2 - u^2 = 2as$, 得 $2^2 - \frac{14}{15} = 2\times\frac{14}{5}s \Rightarrow s = \frac{23}{42}$ m,

the length of the string $= 2.5 - \frac{23}{42} = 1.95\ \mathrm{m}\ (3\mathrm{s.f.})$.

Q6 知识点

(i) limiting equilibrium, friction, normal reaction forces in equilibrium (ii) Newton's second law

(i) 对于角度 θ，构造对应的直角三角形如下：

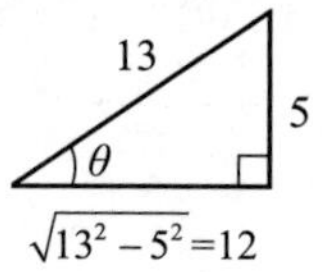

$\sin\theta = \frac{5}{13}; \cos\theta = \frac{12}{13}$.

作出圆环的受力分析图如下：

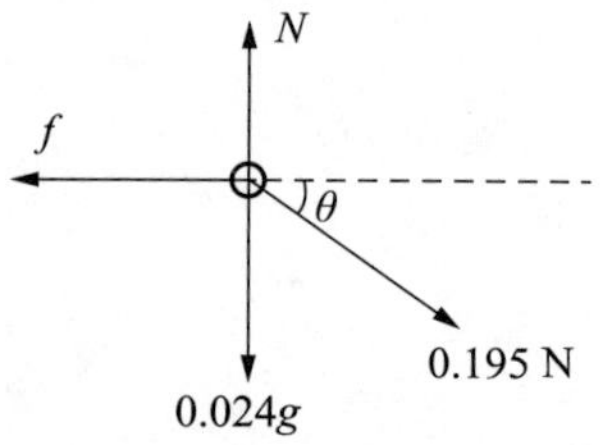

考虑圆环竖直方向的受力平衡：

$N = 0.024g + 0.195 \times \sin\theta = 0.315$ N，

考虑圆环水平方向的受力平衡：

$f = 0.195\cos\theta = 0.195 \times \dfrac{12}{13} = 0.18$ N，

圆环处于极限平衡状态，静摩擦力达到最大静摩擦力．考虑最大静摩擦力与支持力之间的关系：

$\mu = \dfrac{f}{N} = \dfrac{0.18}{0.315} = \dfrac{4}{7}$.

(ii) 当角度 θ 位于水平线上方时，作出对应的圆环受力分析图如下：

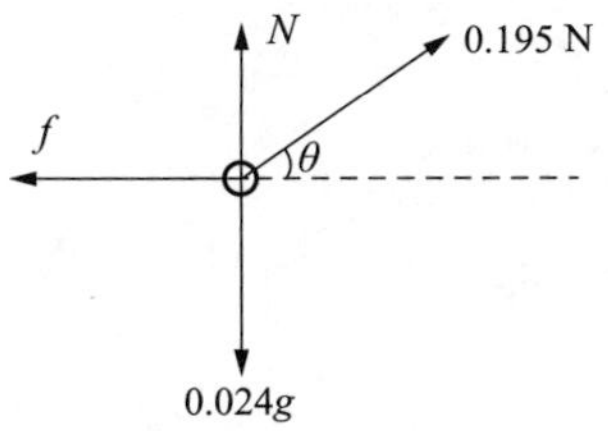

考虑圆环竖直方向的受力平衡：

$N = 0.024g - 0.195 \times \sin\theta = 0.165$ N，

考虑摩擦力与支持的关系：

$f = \mu N = \dfrac{4}{7} \times 0.165 = \dfrac{33}{350}$ N，

考虑圆环水平方向的运动：

$$0.195\cos\theta - f = 0.024a \Rightarrow a = \frac{0.195 \times \frac{12}{13} - \frac{33}{350}}{0.024} = \frac{25}{7}$$

$= 3.57$ m s^{-2} (3 s.f.).

Q7 知识点

(i) power, work
(ii) Newton's second law, power, driving force, kinetic energy
(iii) kinetic energy principle

(i) 考虑功和恒定功率的关系，

$W = Pt \Rightarrow W = 14000 \times 25 = 350000$ J.

(ii) 作出汽车的受力分析图和运动过程分析图如下：

受力分析图：

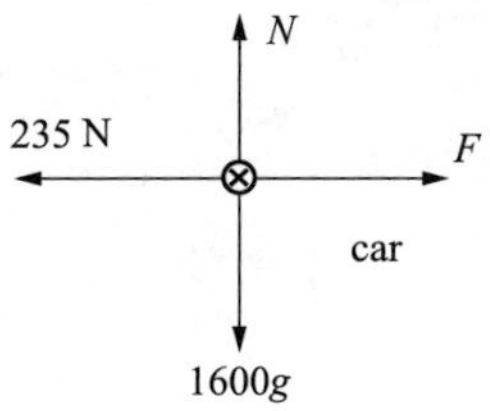

运动过程分析图：

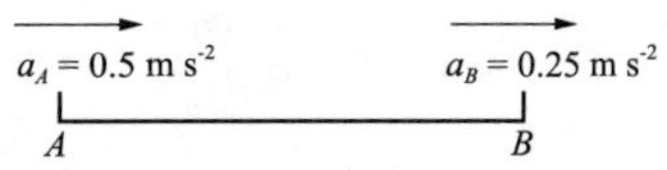

考虑功率 W 和驱动力 F 的关系式：$W = Fv \Rightarrow F = \dfrac{W}{v}$，

考虑汽车在 A 点的运动情况：$F_A - 235 = 1600a_A$

$\Rightarrow \dfrac{14000}{v_A} - 235 = 1600 \times 0.5 \Rightarrow v_A = \dfrac{14000}{800+235} = \dfrac{2800}{207}$ m s^{-1}，

考虑汽车在 B 点的运动情况：$F_B - 235 = 1600a_B$

$\Rightarrow \dfrac{14000}{v_B} - 235 = 1600 \times 0.25 \Rightarrow v_B = \dfrac{14000}{400+235} = \dfrac{2800}{127}$ m s^{-1}，

gain in kinetic energy $= \dfrac{1}{2}mv^2 - \dfrac{1}{2}mu^2$

$= \dfrac{1}{2} \times 1600 \times \left(\dfrac{2800}{127}\right)^2 - \dfrac{1}{2} \times 1600 \times \left(\dfrac{2800}{207}\right)^2 = 242490.29\ldots$

$= 242000$ J (3 s.f.).

(iii) 考虑动能定理：

$W_{\text{driving force}} - W_{\text{resistance}} =$ gain in kinetic energy

$\Rightarrow 350000 - 235s = 242490.29\ldots$

$\Rightarrow s = 457.488\ldots = 457$ m (3 s.f.).

The distance AB is 457 m.

9709_w15_qp_43

Q1 知识点

forces in equilibrium

作出小球 B 和质点 P 的受力分析图如下：

小球 B 的受力分析图：

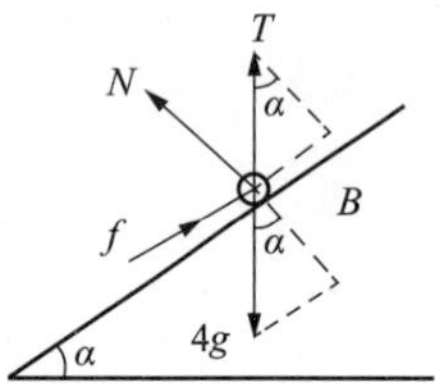

质点 P 的受力分析图：

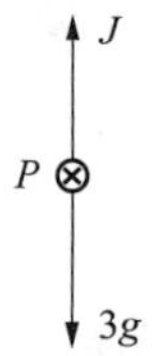

考虑质点 P 竖直方向的受力平衡：$T = 3g = 30\text{N}$，

考虑小球 B 垂直斜面方向的受力平衡：

$N = 4g\cos\alpha - T\cos\alpha = 40\times0.8 - 30\times0.8 = 8\text{N}.$

Q2 知识点

limiting equilibrium, forces in equilibrium, friction, normal reaction

对夹角 α，构造对应的直角三角形如下：

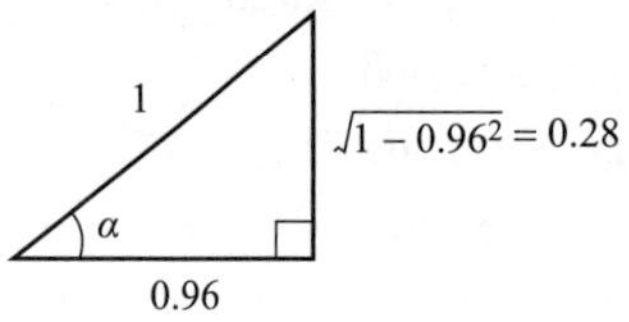

$\cos\alpha = 0.96; \sin\alpha = 0.28.$

作出圆环的受力分析图如下：

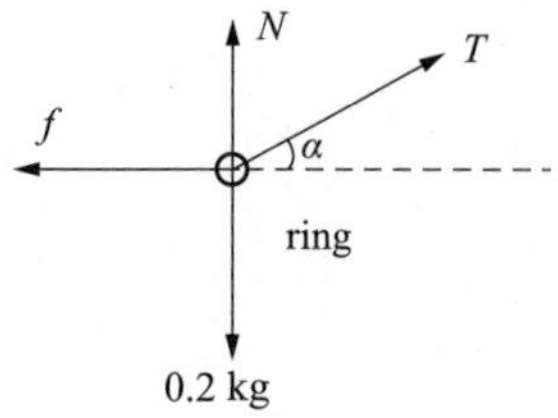

考虑圆环竖直方向的受力平衡：

$N = 0.2g - T\sin\alpha = 2 - 0.28T,$

圆环处于极限平衡状态时，圆环所受摩擦力达到最大静摩擦力．考虑最大静摩擦力与支持力的关系式：

$f = \mu N = 0.25\,\text{N},$

考虑圆环水平方向的受力平衡：$f = T\cos\alpha = 0.96T$

$\Rightarrow 0.25\times(2 - 0.28T) = 0.96T \Rightarrow T = \dfrac{0.5}{0.96 + 0.25\times0.28}$

$= 0.48543\ldots = 0.485\,\text{s}(3\,\text{s.f.}).$

Q3 知识点

resultant force

根据题意，作出 3 个分力和合力的示意图，标全各个力学和几何要素．

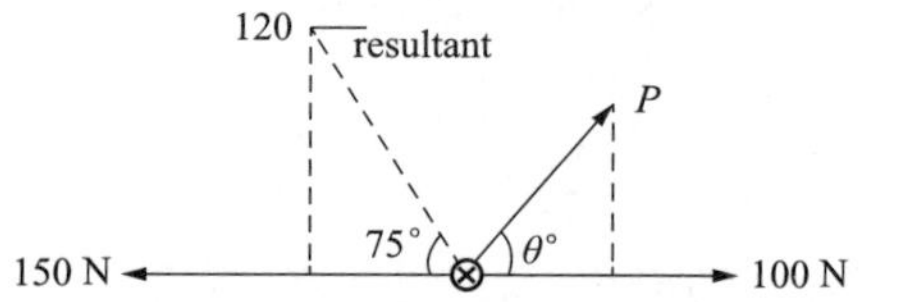

考虑 3 个分力水平分量之和等于合力的水平分量：

$120\cos75° = 150 - P\cos\theta - 100$

$\Rightarrow P\cos\theta = 50 - 120\cos75°$，①

考虑 3 个分力竖直分量之和等于合力的竖直分量：

$120\sin75° = P\sin\theta \Rightarrow P\sin\theta = 120\sin75°$，②

$①^2 + ②^2 \Rightarrow P = \sqrt{(50 - 120\cos75°)^2 + (120\sin75°)^2}$

$= 117.448\ldots = 117(3\text{ s.f.}),$

$② \div ① \Rightarrow \tan\theta = \dfrac{120\sin75°}{50 - 120\cos75°} = 6.11936\ldots$

$\Rightarrow \theta = \tan^{-1}(6.11936\ldots) = 80.7°(3\text{ s.f.}).$

所以 $P = 117\text{ N}$，$\theta = 80.7°$.

Q4 知识点

(i) particles connected by string, Newton's second law (ii) SUVAT equations, moving freely under gravity

(i) 对质点 A 和质点 B 分别作出受力分析图如下：

质点 A 的受力分析图：

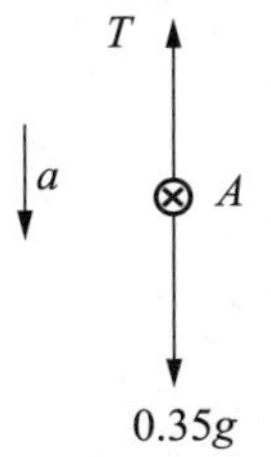

质点 B 的受力分析图：

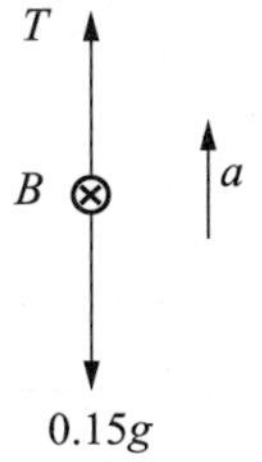

考虑质点 A 竖直方向的运动：$0.35g - T = 0.35a$，①

考虑质点 A 竖直方向的运动：$T - 0.15g = 0.15a$，②

①+② $\Rightarrow 0.2g = 0.5a \Rightarrow a = 4\,\text{m s}^{-2}$

$\Rightarrow T = 0.15g + 0.15a = 0.15 \times 14 = 2.1\text{N}.$

(ii) 当质点 A 到达地面后，其保持静止．绳子中的拉力消失，质点 B 做只受重力作用下的竖直上抛运动．

对质点 A 匀加速运动段，考虑运动学公式

$v^2 - u^2 = 2as$，得$v^2 - 0^2 = 2\times4\times1.6 \Rightarrow v^2 = 12.8.$

由于绳子不可拉伸，在质点 A 运动的过程中，两个质点具有相同的速度．

作出质点 B 的全阶段运动过程分析图如下：

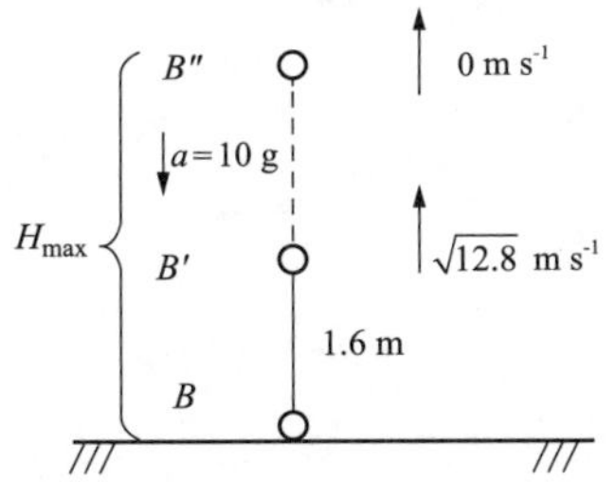

对质点 B 仅受重力作用下的竖直上抛运动段，考虑运动学方程：$v^2 - u^2 = 2as$，得

$0^2 - 12.8 = 2\times(-10)s \Rightarrow s = \dfrac{12.8}{20} = 0.64\,\text{m}$

$\Rightarrow H_{\max} = 1.6 + 0.64 = 2.24\,\text{m}.$

Q5 知识点

(i) power, driving force, Newton's second law
(ii) SUVAT equations

(i) 对骑行者匀加速下坡的过程，考虑运动学公式

$v^2 - u^2 = 2as$，得$5^2 - 3^2 = 2a\times500 \Rightarrow a = 0.016\,\text{m s}^{-2}.$

作出骑行者的受力分析图如下：

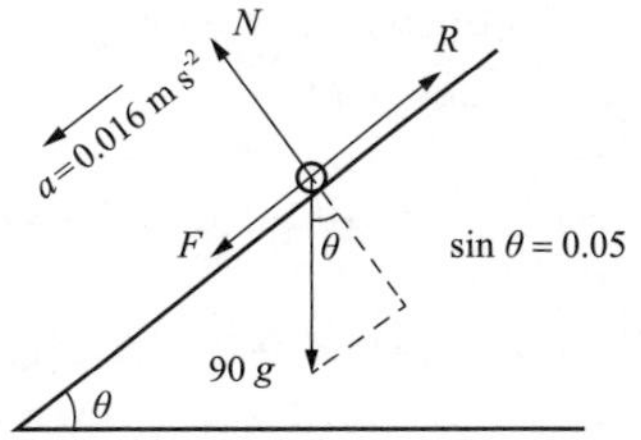

考虑功率 W 和驱动力 F 的关系式：$W = Fv \Rightarrow F = \dfrac{W}{v}$，

考虑骑行者平行斜面方向的运动：$F + 90g\sin\theta - R = 90a$

$\Rightarrow \dfrac{420}{v} + 900\times0.05 - R = 90\times0.016 \Rightarrow R = \dfrac{420}{v} + 43.56.$

(ii) 当骑行者位于山顶时，速度为 $3\,\text{m s}^{-1}$：

$R_{\text{top}} = \dfrac{420}{3} + 43.56 = 183.56\,\text{N}$，

当骑行者位于坡底时，速度为 $5\,\text{m s}^{-1}$：

$R_{\text{bot}} = \dfrac{420}{5} + 43.56 = 127.56\,\text{N}$，

当骑行者位于半坡时，运动的位移为 250 m. 对该段运动考虑运动学公式 $v^2 - u^2 = 2as$，得

$v^2 - 3^2 = 2\times0.016\times250 \Rightarrow v = \sqrt{17}\,\text{m s}^{-1}$，

当骑行者位于半坡时，速度为 $\sqrt{17}\,\text{m s}^{-1}$：

$R_{\text{mid}} = \dfrac{420}{\sqrt{17}} + 43.56 = 145.424\,\text{N}$，

当骑行者从山顶到半坡时，

decrease in $R = 183.56 - 145.424\ldots = 38.1\,\text{N}.$

当骑行者从半坡到坡底时，

decrease in $R = 145.424\ldots - 127.56 = 17.9\,\text{N}.$

Q6 知识点

(i) using calculus to find velocity
(ii) equation of constant acceleration

(i) 当质点 P 重新回到点 O 时，位移为 0.

$x = 0.08t^2 - 0.0002t^3 = 0 \Rightarrow t^2(0.08 - 0.0002t) = 0$

$\Rightarrow t = \dfrac{0.08}{0.0002} = 400\,\text{s}$，

考虑速度和位置矢量的微分关系式：

$v = \dfrac{\text{d}s}{\text{d}t} = 0.16t - 0.0006t^2$，

当 $t = 400\,\text{s}$，$v = 0.16\times400 - 0.0006\times400^2 = -32\,\text{m s}^{-1}.$

当 P 回到 0 点，时间为 400 s，此时速度为 $32\,\text{m s}^{-1}$.

(ii)

(a) 质点 P 最开始向远离点 O 的方向运动，400 s 后重

新回到点 O. 说明在运动过程的中间某点处，速度发生反向 . 该转折点即是速度为 0 的点 .

$v=0.16t-0.0006t^2=0\Rightarrow t(0.16-0.0006t)=0\Rightarrow t=\dfrac{800}{3}\text{ s}$,

$t=\dfrac{800}{3}$ s 时，对应着质点远离点 O 的最远距离，所以质点运动的总位移即是最远距离的两倍 .

$$\text{总距离}=2\times\left[0.08\times\left(\frac{800}{3}\right)^2-0.0002\times\left(\frac{800}{3}\right)^3\right]$$

$=3792.59...=3790\text{ m}(3\text{s.f.})$.

(b) $\text{average speed}=\dfrac{\text{total distance}}{\text{time}}=\dfrac{3792.59\ldots}{400}$

$=9.48\text{ m s}^{-1}(3\text{ s.f.})$.

Q7 知识点

(i) kinetic energy, potential energy, work-energy principle
(ii) Newton's second law
(iii) SUVAT equations, power, driving force

(i) 作出斜坡段运动时，汽车的受力分析图和运动过程分析图如下：

受力分析图：

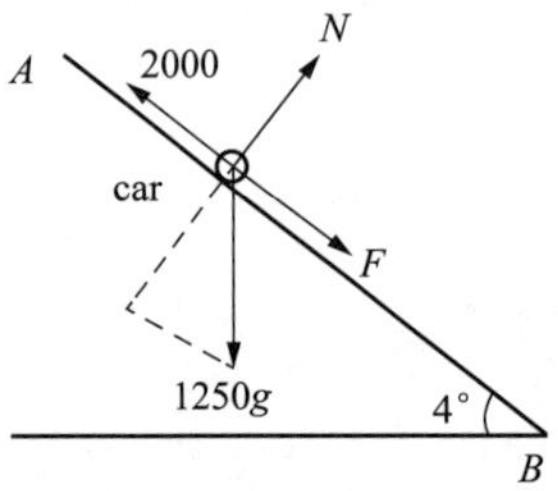

运动过程分析图：

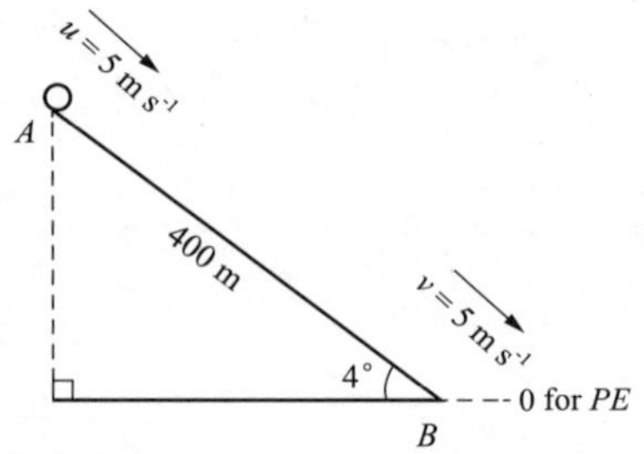

功能关系的表述为：

$$W_{\text{driving force}}-W_{\text{resistence}}=\left(\frac{1}{2}mv^2+mgh_2\right)-\left(\frac{1}{2}mu^2+mgh_1\right),$$

其中，h_2 为末时刻质点相对重力势能 0 点的高度，h_1 为初时刻质点相对重力势能 0 点的高度 .

$400F-2000\times400$

$=\left(\dfrac{1}{2}\times1250\times8^2+0\right)-\left(\dfrac{1}{2}\times1250\times5^2+1250g\times400\times\sin4^\circ\right)$,

$$F=\frac{40000-(15625+5000000\sin4^\circ)+800000}{400}=1188.98\ldots$$

$=1190\text{ N}(3\text{ s.f.})$.

(ii) 作出汽车的受力分析图如下：

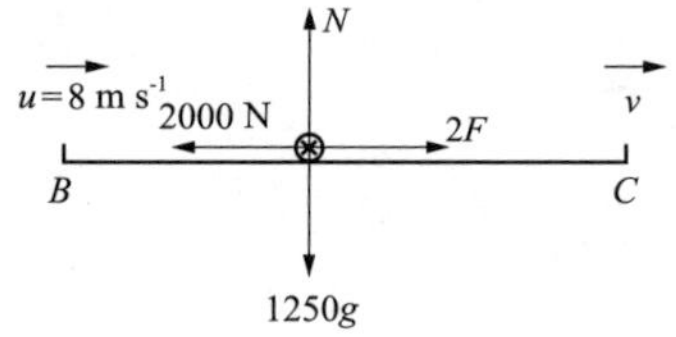

考虑汽车水平方向的运动：$2F-2000=1250a$

$\Rightarrow a=\dfrac{2\times1188.98\ldots-2000}{1250}=0.30237\ldots$

$=0.302\text{ m s}^{-2}(3\text{ s.f.})$.

(iii) 对汽车水平运动段考虑运动学公式：

$v^2-u^2=2as\Rightarrow v^2-8^2=2\times0.30237...\times750$

$\Rightarrow v=22.74985...\text{ m s}^{-1}$,

考虑功率和速度的关系式：

$\text{power}=2\times1188.98\ldots\times22.74985\ldots=54100\text{ W}(3\text{s.f.})$.

Paper 6

9709_s15_qp_61

Q1 知识点

normal distribution，standardising a normal variable，symmetry of a normal curve

设 X 代表汽车的长度，则有：$X \sim \mathrm{B}\left(\mu, 0.714^2\right)$.

$$\mathrm{P}(3.2 < X < \mu) = 0.475 = \mathrm{P}(X < \mu) - \mathrm{P}(X < 3.2)$$

$$= 0.5 - \mathrm{P}\left(Z < \frac{3.2-\mu}{0.714}\right)$$

$$\Rightarrow \mathrm{P}\left(Z < \frac{3.2-\mu}{0.714}\right) = 0.5 - 0.475 = 0.025 = \mathrm{P}\left(Z > -\frac{3.2-\mu}{0.714}\right)$$

$$= 1 - \mathrm{P}\left(Z \leqslant -\frac{3.2-\mu}{0.714}\right)$$

$$\Rightarrow \mathrm{P}\left(Z \leqslant -\frac{3.2-\mu}{0.714}\right) = 1 - 0.025 = 0.975$$

$$\Rightarrow -\frac{3.2-\mu}{0.714}$$

$$= \Phi^{-1}(0.975) = 1.960$$

$$\Rightarrow \mu = 3.2 - 1.960 \times (-0.714) = 4.60\ (3\text{ s.f.}).$$

Q2 知识点

grouped data，upper quartile，histogram

(i) 总数为 104，所以 upper quartile 是位于第 $104 \times 0.75 = 78$ 个位置所对应的数．对上表补充 cumulative frequency 行，如下表所示：

Length (cm)	2.0~3.5	3.5~4.5	4.5~5.5	5.5~7.0	7.0~9.0
Frequency	8	25	28	31	12
Cumulative Frequency	8	33	61	92	104

So，class 5.5–7.0 contains the upper quartile.

(ii) 在坐标纸上画出对应的 histogram.
frequency density 的计算式为：

$$\text{frequency density} = \frac{\text{frequency}}{\text{class width}}.$$

根据题目提供的表格，计算出 class width 和 frequency density，详细计算过程如下表所示：

Length (cm)	2.0~3.5	3.5~4.5	4.5~5.5	5.5~7.0	7.0~9.0
Class Width	1.5	1	1	1.5	2
Frequency	8	25	28	31	12
Frequency Density	5.33	25	28	20.7	6

根据上述 frequency density table，绘制 histogram 如下：

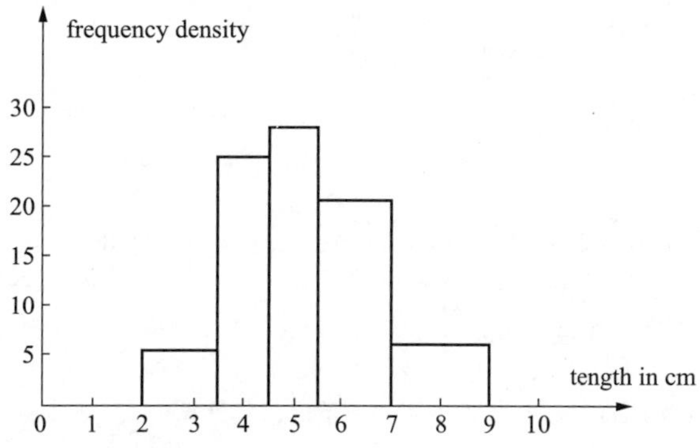

Q3 知识点

**(i) independent events
(ii) mutually exclusive events**

(i) 对 Event A，考虑 6 个数字中，仅有 3 和 6 两个数字可以被 3 整除，其他 4 个数字不能被 3 整除．
对 Event B，考虑其反面，即两个数的乘积为奇数．那么需要两个数都为奇数．6 个数字中，只有 1，3，6 三个数字为奇数．

对于 Event A 和 Event B 的交集，考虑当 1 个数字为 3 时，另一个数字只能从 2 和 4 中选择；当 1 个数字为 6 时，另一个数字可以从 1，2，4，5 中选择 .

$$P(A)=\frac{2\times4+4\times2}{6\times6}=\frac{16}{36}=\frac{4}{9},$$

$$P(B)=1-\frac{3\times3}{6\times6}=1-\frac{1}{4}=\frac{3}{4},$$

$$P(A\cap B)=\frac{1\times2+2\times1+1\times4+4\times1}{6\times6}=\frac{12}{36}=\frac{1}{3}$$

$$\Rightarrow P(A)\times P(B)=\frac{4}{9}\times\frac{3}{4}=\frac{1}{3}=P(A\cap B),$$

So, events A and B are independent.

(ii) Event A 和 Event B 相互排斥的充要条件为 $P(A\cap B)=0$.

From part (i)，$P(A\cap B)=\frac{1}{3}\neq0.$

So, events A and B are not mutually exclusive.

Q4 知识点

(i) tree diagram，addition and multiplication rule
(ii) conditional probability

(i) 复制 tree diagram，并补充完整未标示的概率 .

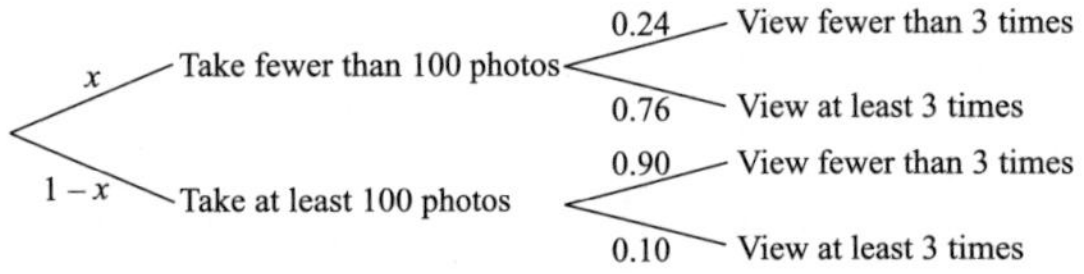

$$P(\text{fewer than 3 times})=x\times0.24+(1-x)\times0.90=0.801$$

$$\Rightarrow x=\frac{0.801-0.90}{0.24-0.90}=0.15.$$

(ii) given that 是条件概率的标示语，其计算公式

$$P(A|B)=\frac{P(A\cap B)}{P(B)}，得$$

$$P(\text{at least 100 photos}|\text{at least 3 times})$$

$$=\frac{P(\text{at least 100 photos and at least 3 times})}{P(\text{at least 3 times})}$$

$$=\frac{(1-0.15)\times0.10}{1-0.801}=0.427.$$

Q5 知识点

(i) calculating combining mean
(ii) calculating combining standard deviation

(i) mean 的计算式为：$\bar{x}=\frac{\sum x}{n}$，也可以得变形式为：$\sum x=n\times\bar{x}$.

$$\text{mean of 27 birds}=\frac{\sum x_{\text{turkeys}}+\sum x_{\text{geese}}}{n_{\text{turkeys}}+n_{\text{geese}}}=\frac{9\times7.1+18\times5.2}{9+18}$$

$$=\frac{35}{6}=5.83\,(3\text{ s.f.}).$$

(ii) standard deviation 的计算式为：$\sigma=\sqrt{\frac{\sum x^2}{n}-\bar{x}^2}$，也可以得到变形式为：$\sum x^2=n(\sigma^2+\bar{x}^2)$.

for turkeys: $\sum x_t^2=9\times(1.45^2+7.1^2)=472.6125,$

for geese: $\sum x_g^2=18\times(0.96^2+5.2^2)=503.3088,$

standard deviation of 27 birds

$$=\sqrt{\frac{472.6125+503.3088}{9+18}-\left(\frac{35}{6}\right)^2}=1.46\,(3\text{ s.f.}).$$

Q6 知识点

(i) binomial distribution
(ii) normal approximation to binomial distribution，continuity correction
(iii) condition for approximation

(i) 设 X 代表有打印机的家庭的数量，则有：$X\sim B(8,0.68)$.

$$P(X=5,\ 6\text{ or }7)=P(X=5)+P(X=6)+P(X=7)$$

$$={}^8C_5\times0.68^5\times(1-0.68)^3+{}^8C_6\times0.68^6\times0.32^2+{}^8C_7\times0.68^7\times0.32=0.722\,(3\text{ s.f.}).$$

(ii) 设 Y 代表有打印机的家庭的数量，则有：

$Y\sim B(500,\ 0.68)$

由于家庭数量过大，采用 normal distribution 来近似上述 binomial distribution.

$$E(Y)=500\times0.68=340,$$

$$Var(Y)=500\times0.68\times(1-0.68)=108.8$$

$\Rightarrow$ under normal distribution approximation,

$$Y\sim N\left(340,\ (\sqrt{108.8})^2\right)$$

by continuity correction,

$$P(Y>337)=P\left(Z>\frac{337.5-340}{\sqrt{108.8}}\right)=P\left(Z<-\frac{337.5-340}{\sqrt{108.8}}\right)$$

$$=P\left(Z<-\frac{337.5-340}{\sqrt{108.8}}\right)=P(Z<0.240)=0.5948$$

$$=0.595(3\text{ s.f.}).$$

(iii) 对一个 binomial distribution $B(n, p)$，使用 normal distribution approximation 的条件是 $np>5$ 并且 $n(1-p)>5$.

$Y\sim B(500,\ 0.68)\Rightarrow np=500\times0.68=340>5;$

$n(1-p)=500\times(1-0.68)=160>5.$

So, it's reasonable to use normal distribution approximation in part (ii).

Q7 知识点

(a) permutations of n objects with repetitions
(b) solving combination problems by grouping

(a)

(i) 数字 223677888 包含 9 个个位数，其中有 3 个 8，2 个 2，2 个 7，1 个 3，1 个 6.
9 个不同的个位数排成一列有 9! 种不同的方式，对应 9 个不同的数字 . 考虑到有 3 个 8，2 个 2，2 个 7，所以需要分别除以 1 个 3! 和 2 个 2! 以消除重复 .

number of different numbers $=\dfrac{9!}{3!\times2!\times2!}=15120.$

(ii) 数字 223677888 包含 9 个个位数，其中偶数有 3 个 8，2 个 2 和 1 个 6，共计 6 个偶数；奇数有 2 个 7 和 1 个 3，共计 3 个奇数 . 无论这些个位数相同与否，奇数与偶数的比例都是 3:6.

number of different even numbers $=15120\times\dfrac{6}{9}=10080.$

(b) 保证每种类型的 apps 至少买一个，共有 6 种情况 . 列出 6 种情况及其相应的计算式如下表所示：

Train	Social Network	Games	Number
1	1	3	${}^3C_1\times{}^6C_1\times{}^{14}C_3$
1	2	2	${}^3C_1\times{}^6C_2\times{}^{14}C_2$
1	3	1	${}^3C_1\times{}^6C_3\times{}^{14}C_1$
2	1	2	${}^3C_2\times{}^6C_1\times{}^{14}C_2$
2	2	1	${}^3C_2\times{}^6C_2\times{}^{14}C_1$
3	1	1	${}^3C_3\times{}^6C_1\times{}^{14}C_1$

number of different selections $={}^3C_1\times{}^6C_1\times{}^{14}C_3+{}^3C_1\times{}^6C_2\times{}^{14}C_2$

$+{}^3C_1\times{}^6C_3\times{}^{14}C_1+{}^3C_2\times{}^6C_1\times{}^{14}C_2+{}^3C_2\times{}^6C_2\times{}^{14}C_1+{}^3C_3\times{}^6C_1\times{}^{14}C_1$

$=6552+4095+840+1638+630+84$

$=13839.$

9709_s15_qp_62

Q1 知识点

binomial distribution

设 X 代表扔到 6 的次数，则有 $X\sim B\left(10,\ \dfrac{1}{6}\right)$.

$$\Rightarrow P(3\leqslant X\leqslant5)=P(X=3)+P(X=4)+P(X=5)$$

$$={}^{10}C_3\times\left(\frac{1}{6}\right)^3\times\left(\frac{5}{6}\right)^7+{}^{10}C_4\times\left(\frac{1}{6}\right)^4\times\left(\frac{5}{6}\right)^6+{}^{10}C_5\times\left(\frac{1}{6}\right)^5\times\left(\frac{5}{6}\right)^5$$

$$=0.222(3\text{ s.f.}).$$

Q2 知识点

estimate mean and standard deviation for grouped data

120 人参与到读报纸上一篇文章的活动当中 . 每个人阅读所花时间，舍入到秒，都被记录下来并总结成下面这个表格：

Time (seconds)	1~25	26~35	36~45	46~55	56~90
Number of People	4	24	38	34	20

根据上表估算阅读时间的 mean 和 standard deviation.

mean 的计算式为：$\bar{x}=\dfrac{\sum f\times x}{n}$；standard deviation 计算

式为：$\sigma=\sqrt{\dfrac{\sum f\times x^2}{n}-\bar{x}^2}$.

计算各个分组的 mid-point 如下表所示：

Time (seconds)	1~25	26~35	36~45	46~55	56~90
Mid-point	13	30.5	40.5	50.5	73
Number of People	4	24	38	34	20

$$\text{mean}=\frac{13\times4+30.5\times24+40.5\times38+50.5\times34+73\times20}{120}$$

$$=\frac{5500}{120}=\frac{275}{6}=45.8(3\text{ s.f.}),$$

standard deviation

$$=\sqrt{\frac{13^2\times4+30.5^2\times24+40.5^2\times38+50.5^2\times34+73^2\times20}{120}-\left(\frac{275}{6}\right)^2}$$

$$=14.9\ (3\text{ s.f.}).$$

Q3 知识点

(i) estimation from cumulative frequency diagram，box-and-whisker plot
(ii) interquartile range (IQR)，outlier

(i) 在坐标纸上画出以上数据的 box-and-whisker plot.

从 cumulative frequency diagram 中读出 box-and-whisker plot 所需要的 5 个特征数据如下：

minimum value $=1.6$, $Q_1=2.6$, $Q_2=3.8$, $Q_3=6.4$,

maximum value $=10$.

具体数据读取过程如下：

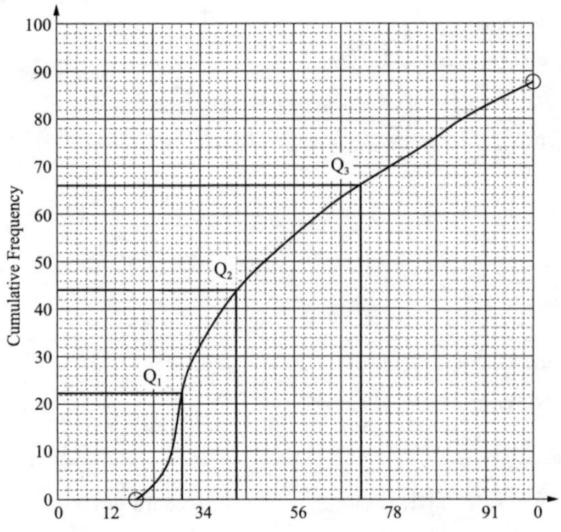

根据上诉 5 个特征数据，绘制 box-and-whisker plot 如下：

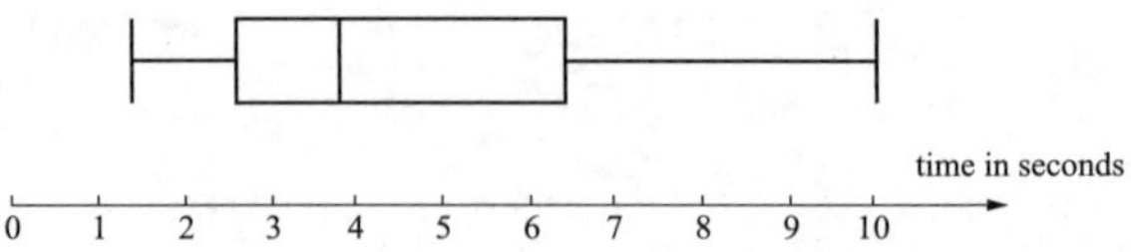

(ii) 如果一个数据大于 upper quartile 加上 1.5 倍的 interquartile range 或者小于 lower quartile 减去 1.5 倍的 interquartile range，就定义该数据为 outlier. 证明上面的数据中没有 outlier.

$\text{IQR}=Q_3-Q_1=6.4-2.6=3.8$

$\Rightarrow Q_1-1.5\times\text{IQR}=2.6-1.5\times3.8=-3.1<1.6$

$\Rightarrow Q_3+1.5\times\text{IQR}=6.4+1.5\times3.8=12.1>10,$

So，there are no outliers.

Q4 知识点

(i) tree diagram，addition and multiplication rule
(ii) conditional probability，complementary event

(i) 复制 tree diagram 并完整地标示所有概率 .

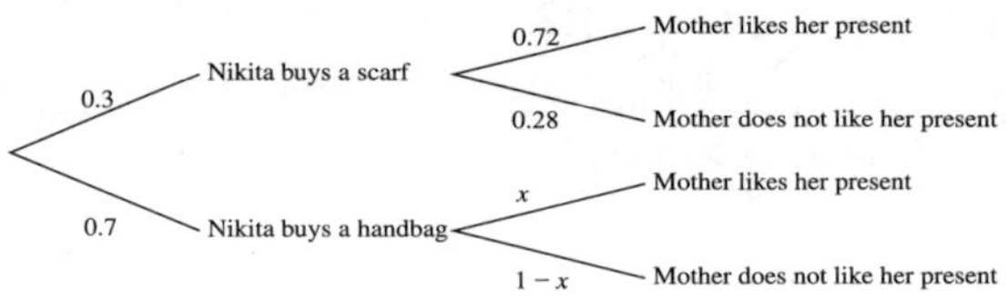

$$0.783=0.3\times0.72+0.7x\Rightarrow x=\frac{0.783-0.3\times0.72}{0.7}=0.81.$$

(ii) given that 是条件概率的标示语 . 条件概率的计算为

$\text{P}(A\mid B)=\dfrac{\text{P}(A\cap B)}{\text{P}(B)}$，得

$$\text{P}(\text{scarf}\mid\text{does not like})=\frac{\text{P}(\text{scarf and does not like})}{\text{P}(\text{does not like})}$$

$$=\frac{0.3\times0.28}{1-0.783}=0.387(3\text{ s.f.}).$$

Q5 知识点

(i) using combination to calculate probability
(ii) probability distribution table, solving combination problems by grouping

(i) 5 个数字中，存在 3 个偶数，2 个奇数 .

$$P(\text{two even and one odd}) = \frac{{}^3C_2 \times {}^2C_1}{{}^5C_3} = 0.6.$$

(ii) 设 S 代表 3 个数字中最小的数字 .
通过列出所有可能的选择方案，画出 S 的 probability distribution table.
S 从小到大，逐个考虑如下：
当 $S=1$ 时，有 ${}^4C_2=6$ 种情况：124，126，127，146，147，167.
当 $S=2$ 时，有 ${}^3C_2=3$ 种情况：246，247，267.
当 $S=4$ 时，有 ${}^2C_2=1$ 种情况：467.

s	1	2	3
$P(S=s)$	$\frac{3}{5}$	$\frac{3}{10}$	$\frac{1}{10}$

Q6 知识点

(a) permutation of *n* objects with restrictions
(b) combination of *n* objects with restrictions

(a)

(i) 确定了首尾字母后，单词字母的排列方式为：N*****B. 中间有 5 个位置，由剩下的 1 个 N，3 个 A，1 个 S 来进行排列，所以有 5! 种方式 . 接着考虑到 3 个 A 是一样的，所以需要除以 3! 来消除重复 .

$$\text{number of different was} = \frac{5!}{3!} = 20.$$

(ii) 单词包含 7 个字母，3 个 A，2 个 N，1 个 B，1 个 S. 把 3 个 A 当成一个整体，与剩下的 4 个字母进行排列，即有 5! 种排列方式 . 考虑到 2 个 N 是一样的，所以需要除以 2! 来消除重复 .

$$\text{number of different was} = \frac{5!}{2!} = 60.$$

(b) 考虑随机事件的反面，也就是 A 和 B 都被选进组中 . 那么只需要在剩下的 12 人中选择 7 人即可，那么对应的选择方案数为 ${}^{12}C_7$. 不考虑任何限制条件，总的选择方案数为 ${}^{14}C_9$.

$$\text{number of different way} = {}^{14}C_9 - {}^{12}C_7 = 1210.$$

Q7 知识点

normal distribution, standardising a normal variable, expected number

(a)

(i) 设 X 为 Zak 的跑步所花时间，则有 $X \sim N(35.2,\ 4.7^2)$.

$$P(X<30) = P\left(Z < \frac{30-35.2}{4.7}\right) = 1 - P\left(Z < -\frac{30-35.2}{4.7}\right)$$
$$= 1 - P(Z<1.106)$$
$$= 1 - 0.8655 = 0.1345,$$

设 Y 为 Zak 跑步时间小于 30 min 的天数，则有

$Y \sim B(52,\ 0.1345)$.

$$\text{expected number of days} = 52 \times 0.1345 = 6.99\ (3\ \text{s.f.}).$$

(ii) 设 X 为 Zak 的跑步所花时间，则有 $X \sim N(35.2,\ 4.7^2)$.

$$P(35.2 \leqslant X \leqslant t) = P\left(Z \leqslant \frac{t-35.2}{4.7}\right) - 0.5 = 0.148$$
$$\Rightarrow P\left(Z \leqslant \frac{t-35.2}{4.7}\right) = 0.648$$
$$\Rightarrow \frac{t-35.2}{4.7} = \Phi^{-1}(0.648) = 0.38$$
$$\Rightarrow t = 0.38 \times 4.7 + 35.2 = 37.0\ (3\ \text{s.f.}).$$

(b) $P(X<7) = P\left(Z < \frac{7-\mu}{\sigma}\right) = P\left(Z > -\frac{7-\mu}{\sigma}\right)$

$$= 1 - P\left(Z \leqslant -\frac{7-\mu}{\sigma}\right) = 0.2119$$
$$\Rightarrow P\left(Z \leqslant -\frac{7-\mu}{\sigma}\right) = 1 - 0.2119 = 0.7881$$
$$\Rightarrow -\frac{7-\mu}{\sigma} = \Phi^{-1}(0.7881) = 0.8$$
$$\Rightarrow 7-\mu = -0.8\sigma \Rightarrow \mu = 7 + 0.8\sigma,$$
$$P(X<10) = P\left(Z < \frac{10-\mu}{\sigma}\right) = 0.6700$$
$$\Rightarrow \frac{10-\mu}{\sigma} = \Phi^{-1}(0.6700) = 0.44$$
$$\Rightarrow 10-\mu = 0.44\sigma$$

$\Rightarrow 10-(7+0.8\sigma)=0.44\sigma$

$\Rightarrow \sigma=\dfrac{3}{0.8+0.44}=\dfrac{75}{31}=2.42(3\text{ s.f.})$

$\Rightarrow \mu=7+0.8\times\dfrac{75}{31}=8.94(3\text{ s.f.}).$

9709_s15_qp_63

Q1 知识点

normal distribution，standardising a normal variable

设 X 代表洋葱的质量，根据题意，有：

$X\sim N(\mu,\ 22^2)$, $P(X>195)=0.128$.

$\Rightarrow P(X>195)=P\left(Z>\dfrac{195-\mu}{22}\right)=0.128$

$=1-P\left(Z\leqslant\dfrac{195-\mu}{22}\right)$

$\Rightarrow P\left(Z\leqslant\dfrac{195-\mu}{22}\right)=1-0.128=0.872$

$\Rightarrow \dfrac{195-\mu}{22}=\Phi^{-1}(0.872)=1.136$

$\Rightarrow \mu=195-22\times1.136=170\ (3\text{ s.f.}).$

Q2 知识点

(i) probability distribution table，addition rule
(ii) conditional probability

(i) 本小问的突破口，$P(\text{kitchen in a mess})=\dfrac{3}{5}$

$\Rightarrow P(\text{kitchen not in a mess})=1-\dfrac{3}{5}=\dfrac{2}{5}$

$\Rightarrow P(\text{meal on time and kitchen not in a mess})=\dfrac{2}{5}-\dfrac{3}{10}=\dfrac{1}{10}.$

继续上述操作，最终得表如下：

	Kitchen in a Mess	Kitchen Not in a Mess	Total
Meal on time	$\frac{1}{10}$	$\frac{1}{10}$	$\frac{1}{5}$
Meal Not on Time	$\frac{1}{2}$	$\frac{3}{10}$	$\frac{4}{5}$
Total	$\frac{3}{5}$	$\frac{2}{5}$	1

(ii) 这里的 given that 是条件概率的标示语，条件概率的计算公式为 $P(A\mid B)=\dfrac{P(A\cap B)}{P(B)}$，

$P(\text{meal not on time}\mid\text{kitchen in a mess})=\dfrac{\frac{1}{2}}{\frac{3}{5}}=\dfrac{5}{6}.$

Q3 知识点

binomial distribution，normal distribution approximation to binomial distribution，continuity correction

设 X 代表不合格相机的数量，则有 $X\sim B(300,\ 0.072)$.

题目需要算 $P(X<18)$，由于使用 binomial distribution 来计算太过繁琐，考虑使用 normal distribution 来近似 . 首先判断 np 和 $n(1-p)$ 值如下：

$np=300\times0.072=21.6>5$,

$n(1-p)=300\times(1-0.072)$

$=278.4>5$,

所以满足使用 normal distribution 来近似的条件 .

$E(X)=300\times0.072\times0.072=21.6$,

$\text{Var}(X)=300\times0.072\times(1-0.072)=20.0448$

$\Rightarrow$ under normal distribution approximation,

$X\sim N\left(21.6,\ \left(\sqrt{20.0448}\right)^2\right)$ by continuity correction,

$P(X<18)=P\left(Z<\dfrac{17.5-21.6}{\sqrt{20.0448}}\right)=P(Z<-0.916)$

$=P(Z>0.916)=1-P(Z\leqslant0.916)$

$=1-0.8201=0.180\ (3\text{ s.f.}).$

Q4 知识点

(i) calculating probabilities using combination
(ii) probability distribution table, calculating probabilities using combination
(iii) expected value

(i) 两只兔子中，刚好有一只是白色的．说明一只兔子是白色的，来自于 6 只白色兔子中的一只．另一只兔子不是白色的，来自于 3 只非白色兔子中的一只．

$P(\text{exactly one white rabbit})\dfrac{{}^6C_1\times{}^3C_1}{{}^9C_2}=\dfrac{1}{2}.$

(ii) 设 X 代表白色兔子的数量，则 X 的取值可以为 0，1，2.

$P(X=0)=\dfrac{{}^3C_2}{{}^9C_2}=\dfrac{1}{12}$;$P(X=1)=\dfrac{{}^6C_1\times{}^3C_1}{{}^9C_2}=\dfrac{1}{2}$;

$P(X=2)=\dfrac{{}^6C_2}{{}^9C_2}=\dfrac{5}{12}.$

作出概率分布如下表所示：

X	0	1	2
Probability	$\frac{1}{12}$	$\frac{1}{2}$	$\frac{5}{12}$

(iii) 求白色兔子数量的 expected value.

expected value 计算公式为 $E(X)=\sum x\cdot P(X=x)$，得

expected value $=0\times\dfrac{1}{12}+1\times\dfrac{1}{2}+2\times\dfrac{5}{12}=1\dfrac{1}{3}.$

Q5 知识点

(i) combination of normal distribution and binomial distribution
(ii) binomial distribution, solving inequalities by take logs on both sides

(i) 设 X 代表图书馆中书本的高度，则有 $X\sim N(21.7, 6.5^2)$.

$P(X\text{ is large})=P(X>29)=P\left(Z>\dfrac{29-21.7}{6.5}\right)$

$=P(Z>1.123)$

$=1-P(Z\leqslant 1.123)=1-0.8692=0.1308,$

设 Y 代表随机选择的 8 本书中，分类为 large 的书的数量，则有 $Y\sim B(8,\ 0.1308)$.

$P(Y<2)=P(Y=0)+P(Y=1)\times(1-0.1308)^8$

$={}^8C_0\times0.1308^0+{}^8C_1\times0.1308^1\times(1-0.1308)^7$

$=0.718(3\text{ s.f.}).$

(ii) 设 X 代表 n 本书中，分类为 large 的书的数量，则有 $X\sim B(n,\ 0.1308)$.

$P(X\geqslant1)>0.98\Rightarrow1-P(X<1)=1-P(X=0)$

$=1-(1-0.1308)^n>0.98$

$\Rightarrow(1-0.1308)^n<0.02\Rightarrow n\times\ln(0.8692)<\ln(0.02),$

since $\ln(0.8692)<0$

$\Rightarrow n>\dfrac{\ln(0.02)}{\ln(0.8692)}=27.9\ldots\Rightarrow$ the least value of n is 28.

Q6 知识点

(i) cumulative frequency graph
(ii) estimation from cumulative frequency diagram
(iii) estimating median from cumulative frequency diagram
(iv) frequency density, histogram

(i) 列出需要在坐标纸上绘制的点：

(3.5, 0), (3.8, 6), (4.0, 18), (4.2, 41), (4.5, 62), (4.8, 70).

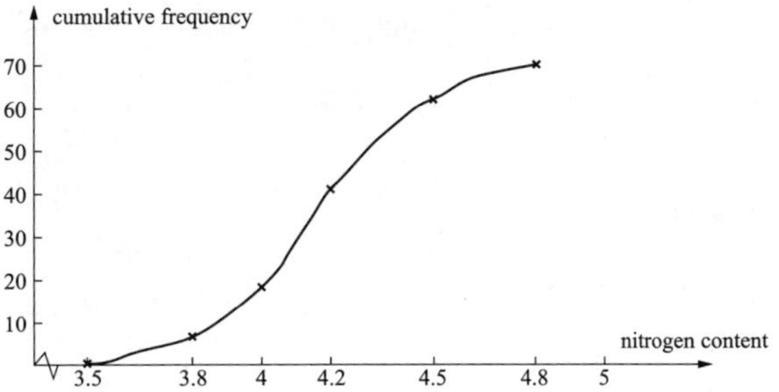

(ii) 在第 (i) 小问所绘制的图上，取横坐标 4.4，读得图像上对应的纵坐标大约为 56.

Percentage $=\dfrac{70-56}{70}=20\%.$

附注：mark scheme 对于结果位于 18.5% 到 22% 都认可．详细读取坐标的过程可参考下图：

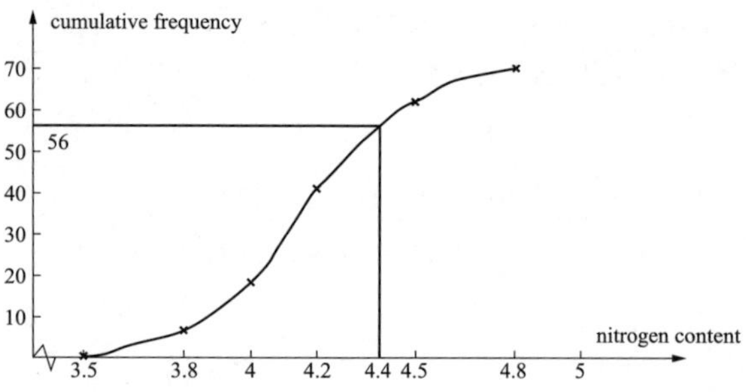

(iii) 在第 (i) 小问所绘制的图上，取纵坐标 $70\times0.5=35$，读得图像上对应的横坐标大约为 4.15.

So the median is 4.15.

附注：mark scheme 对于结果位于 4.1 到 4.2 都认可 . 详细的读取坐标过程可参考下图：

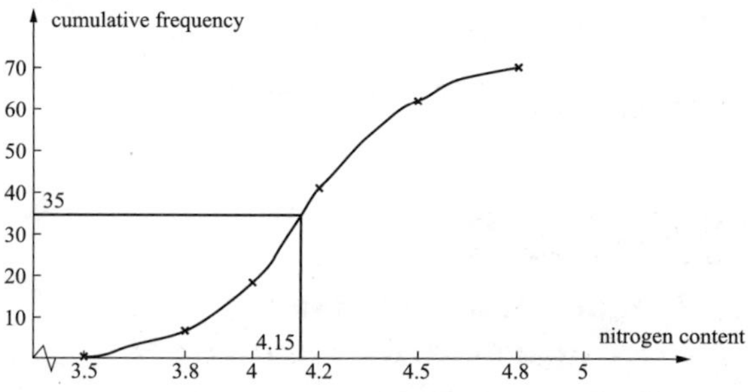

(iv) frequency density 的计算式为：

$$\text{frequency density}=\frac{\text{frequency}}{\text{class width}}.$$

根据题目提供的表格，计算出 class width，frequency 和 frequency density，详细计算过程如下表所示：

Nitrogen Content	3.5~3.8	3.8~4.0	4.0~4.2	4.2~4.5	4.5~4.8
Class width	0.3	0.2	0.2	0.3	0.3
Cumulative Frequency	6	18	41	62	70
Frequency	6	12	23	21	8
Frequency Density	20	60	115	70	26.7

最终，得 frequency table 如下表所示：

Nitrogen Content	3.5~3.8	3.8~4.0	4.0~4.2	4.2~4.5	4.5~4.8
Frequency	6	12	23	21	8
Frequency Density	20	60	115	70	26.7

根据上述 frequency table，绘制 histogram 如下：

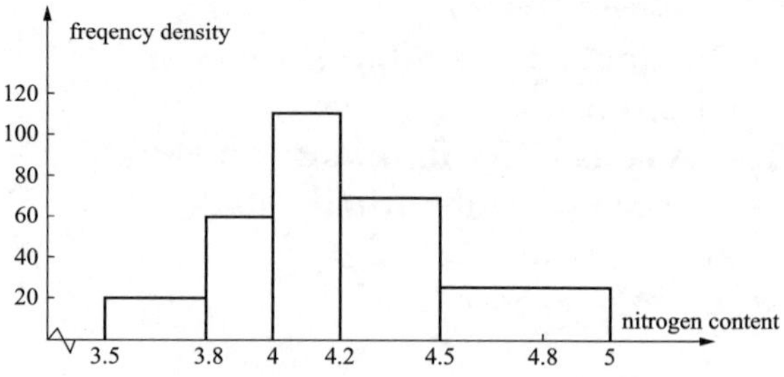

Q7 知识点

solving combination problems by grouping, permutation of *r* objects from *n* objects with restrictions

(i) 列出各种装饰品选择数量的所有情况，并计算对应选择方案的数量 .

	Wooden Animals	Sea-shells	Pottery Ducks	Number
Case 1	1	1	3	$6\times4\times{}^3C_3$
Case 2	1	2	2	$6\times{}^4C_2\times{}^3C_2$
Case 3	1	3	1	$6\times{}^4C_3\times3$
Case 4	2	1	2	${}^6C_2\times4\times{}^3C_2$
Case 5	2	2	1	${}^6C_2\times{}^4C_2\times3$
Case 6	3	1	1	${}^6C_3\times4\times3$

$$\text{number of different selections}=6\times4\times{}^3C_3+6\times{}^4C_2\times{}^3C_2+6\times{}^4C_3\times3+{}^6C_2\times4\times{}^3C_2+{}^6C_2\times{}^4C_2\times3+{}^6C_3\times4\times3$$
$$=24+108+72+180+270+240=894.$$

(ii) 3 只不同的鸭子中选择 2 只，排列在行的两端，有 ${}^3P_2$ 种不同的排列方式 . 鸭子只能位于行的两端，因此中间 8 个位置只能来自于剩下的 6 个不同木制动物和 4 个不同的海贝壳 . 所以，对于中间 8 个位置，有 ${}^{10}P_8$ 种不同的排列方式 .

$$\text{number of different arrangements}={}^3P_2\times{}^{10}P_8=10886400.$$

(iii) 根据题意，只考虑装饰品种类的情况，共有如下两种排列方式 .

① DSWSWSWSWD，② DWSWSWSWSD.

由于有 3 只不同的陶制鸭子，所以其内部排列有 ${}^3P_2$ 种；

由于有 6 个不同的木制动物，所以其内部排列有 ${}^{6}P_4$ 种；
由于有 4 个不同的海贝壳，所以其内部排列有 ${}^{4}P_4$ 种 .

number of different arrangements $= 2\times{}^{3}P_2\times{}^{6}P_4\times{}^{4}P_4$
$=103680$.

9709_w15_qp_61

Q1 知识点

binomial distribution

设 X 代表装了卫星导航设备的汽车的数量 .

$X\sim B(11,\ 0.76)\Rightarrow P(X<10)=1-P(X\geqslant 10)$
$=1-P(X=10)-P(X=11)$
$=1-{}^{11}C_{10}\times 0.76^{10}\times(1-0.76)^{1}-{}^{11}C_{11}\times 0.76^{11}\times(1-0.76)^{0}$
$=0.781(3\text{ s.f.})$.

Q2 知识点

normal distribution，standardising a normal variable

$P(X<54.1)=0.5=P\left(Z<\dfrac{54.1-\mu}{\sigma}\right)\Rightarrow 54.1-\mu=0$

$\Rightarrow \mu=54.1$,

$P(X>50.9)=0.8665=P\left(Z>\dfrac{50.9-54.1}{\sigma}\right)$

$=P\left(Z\leqslant-\dfrac{50.9-54.1}{\sigma}\right)$

$\Rightarrow -\dfrac{50.9-54.1}{\sigma}=\Phi^{-1}(0.8665)=1.11$

$\Rightarrow \sigma=-\dfrac{50.9-54.1}{1.11}=2.88(3\text{s.f.})$.

Q3 知识点

(i) frequency density
(ii) histogram

(i) 由于表中各分组存在间隙，所以先通过改变各组 upper bound 和 lower bound，补足间隙 . 同时求出各分组的 class interval，如下表所示：

Time (t minutes)	59.5~62.5	62.5~64.5	64.5~67.5	67.5~71.5
Class Interval	3	2	3	4

Frequency (number of days)	3	9	6	b
Frequency Density	1	a	2	1.5

Frequency density 的计算式为：

frequency density $=\dfrac{\text{frequency}}{\text{class interval}}$.

对于分组 62.5–64.5，$a=\dfrac{9}{64.5-62.5}=\dfrac{9}{2}=4.5$.

对于分组 67.5–71.5，$1.5=\dfrac{b}{71.5-67.5}=\dfrac{b}{4}$

$\Rightarrow b=4\times 1.5=6$.

(ii) 结合上表中的 frequency density 数据，作出 histogram 如下：

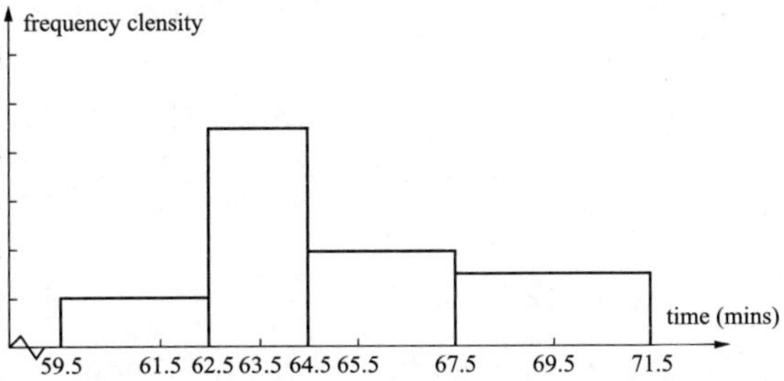

Q4 知识点

(a) coded data，mean and standard deviation
(b) normal distribution，standardizing a normal variable

(a) mean 的计算公式为：$\bar{x}=\dfrac{\sum x}{n}$，standard deviation 的计算公式为：$\sigma=\sqrt{\dfrac{\sum x^2}{n}-(\bar{x})^2}$.

对于 mean，有公式：if $y=ax+b$，then $\bar{y}=a\bar{x}+b$；对于 σ，有结论：random variable 加减一个常数，σ 不变 .

Let $y=x-80\Rightarrow\sum y=\sum(x-80)=-147$,

$\sum y^2=\sum(x-80)^2=952$

$$\Rightarrow \bar{x} = \bar{y} + 80 = \frac{\sum y}{30} + 80 = \frac{-147}{30} + 80 = 75.1.$$

$$\sigma_x = \sigma_y = \sqrt{\frac{\sum y^2}{30} - \bar{y}^2} = \sqrt{\frac{952}{30} - \left(\frac{-147}{30}\right)^2} = 2.77908\ldots$$

$= 2.78\ (3\text{ s.f.})$.

(b) 设 Y 代表 Marok 的脉搏 .

$Y \sim N\left(148.6,\ 18.5^2\right)$

$$\Rightarrow P(Y > 160) = P\left(Z > \frac{160 - 148.6}{18.5}\right) = 1 - P(Z \leqslant 0.616)$$

$= 1 - 0.7310 = 0.269$.

Q5 知识点

(a) premutation of *n* objects with repetitions and restrictions
(b) combination of *r* objects from *n* objects with restrictions

(a)

(i) 单词 TENNESSEE 共有 9 个字母，其中有 4 个 E，2 个 N，2 个 S，1 个 T.
把 4 个 E 当成一个整体，与剩下的 5 个字母一起排列，共有 6! 种方法 . 考虑到有 2 个 N 和 2 个 S，所以需要除以 2 个 2! 以消除重复 .

number of ways $= \dfrac{6!}{2! \times 2!} = 180$.

(ii) T 和 S 分别位于序列的两端，有 2 种不同的方式 . 中间 7 个位置，由剩下的 4 个 E，2 个 N，1 个 S 来排列 . 考虑到有 4 个 E 和 2 个 N，所以需要除以 1 个 4!，1 个 2! 以消除重复 .

number of ways $= 2 \times \dfrac{7!}{4! \times 2!} = 210$.

(b) 单词 VENEZUELA 共有 9 个字母，其中有 3 个 E. 根据题目条件，选取的 4 个字母一定并且只包含一个 E，所以只需要从剩下的 6 个字母中随机选取 3 个即可 .

So the number of possible selections $= {}^6C_3 = 20$.

Q6 知识点

(i) tree diagram
(ii) probability distribution table, multiplication rule
(iii) expectation

(i) 设 S 代表记对密码，F 代表记错密码 .

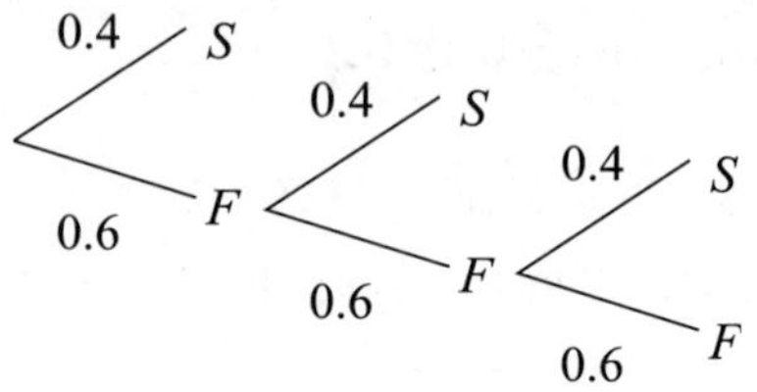

(ii) $P(X=0) = P(S) = 0.4$,

$P(X=1) = P(FS) = 0.6 \times 0.4 = 0.24$,

$P(X=2) = P(FFS) = 0.6 \times 0.6 \times 0.4 = 0.144$,

$P(X=3) = P(FFF) = 0.6 \times 0.6 \times 0.6 = 0.216$.

x	0	1	2	3
$P(X=x)$	0.4	0.24	0.144	0.216

(iii) expectation 的计算公式为 $E(x) = \sum x \cdot P(X = x)$，得

expection of $X = 0 \times 0.4 + 1 \times 0.24 + 2 \times 0.144 + 3 \times 0.216$

$= 1.18(3\text{s.f.})$.

Q7 知识点

(i) sum of the probabilities is equal to 1
(ii) sum and multiplication rule
(iii) approximation

(i) 设 p 代表扔出偶数的概率，X 代表骰子扔出后得的数字 .

$P(X=2) = P(X=4) = P(X=6) = p$,

$P(X=1) = P(X=3) = P(X=5) = 2p$

$\sum P(X = x) = 1 \Rightarrow 3p + 2p \times 3 = 1 \Rightarrow p = \dfrac{1}{9}$,

So the probability of throwing a 3 is $\dfrac{2}{9}$.

(ii) 扔出 2 个 5，1 个 4 共有 3 种情况，即 (4，5，5)，(5，4，

5) 和 (5，5，4).

$P(\text{two 5 and one 4}) = P(4, 5, 5) + P(5, 4, 5) + P(5, 5, 4)$

$= \frac{1}{9}\times\frac{2}{9}\times\frac{2}{9}+\frac{2}{9}\times\frac{1}{9}\times\frac{2}{9}+\frac{2}{9}\times\frac{2}{9}\times\frac{1}{9}=\frac{4}{243}.$

(iii) 设 Y 代表扔出偶数的次数 .

$P(\text{even number}) = P(X=2)+P(X=4)+P(X=6)=\frac{1}{3}$

$\Rightarrow Y \sim B\left(100, \frac{1}{3}\right)$

$\Rightarrow E(Y)=100\times\frac{1}{3}=\frac{100}{3}, \mathrm{Var}(Y)=100\times\frac{1}{3}\times\left(1-\frac{1}{3}\right)=\frac{200}{9},$

under normal distribution approximation,

$Y \sim N\left(\frac{100}{3}, \left(\sqrt{\frac{200}{9}}\right)^2\right).$

by continuity correction, $P(Y\leqslant 37)=P\left(Z\leqslant\frac{37.5-\frac{100}{3}}{\sqrt{\frac{200}{9}}}\right)$

$= P(Z\leqslant 0.884) = 0.812(3\text{ s.f.}).$

9709_w15_qp_62

Q1 知识点

coded data, $\sum$notation

$\sum(x-100)=\sum x-\sum 100=\sum x-100n$

$=2416-100n=216$

$\Rightarrow n=\frac{2416-216}{100}=22,$

So the value of n is 22.

Q2 知识点

using combination to calculate probabilities

委员会中没有男性，就相当于委员会中全部是女性 .

$P(\text{no men})=\frac{{}^9C_6}{{}^{16}C_6}=\frac{84}{8008}=0.0105(3\text{s.f.}).$

Q3 知识点

(i) equally likely events
(ii) multiplication rule
(iii) using permutation to calculate probabilities

(i) 根据题意，附赠机器人的颜色是等可能的 .

So the probability that he gets a green robot on opening his first packet is $\frac{1}{4}$.

(ii) 根据题意，Nick 打开的前 4 包饼干，都没有得到绿色机器人 .

$P=\frac{3}{4}\times\frac{3}{4}\times\frac{3}{4}\times\frac{3}{4}\times\frac{1}{4}=\frac{81}{1024}=0.0791\,(3\text{s.f.})$

附注：本小问属于 geometric distribution 的内容，在 2020 新大纲中已经加入这部分内容，同学们今后做这类题目可以直接使用新大纲给出的计算式 .

(iii) 4 个不同颜色的机器人，排成一列的方式有 4! 种 . 对于上述每种排列方式，发生的 probability 为

$\frac{1}{4}\times\frac{1}{4}\times\frac{1}{4}\times\frac{1}{4}.$

$P=4!\times\frac{1}{4}\times\frac{1}{4}\times\frac{1}{4}\times\frac{1}{4}=\frac{3}{32}=0.0938\,(3\text{s.f.}).$

Q4 知识点

(i) solving combination problems by grouping
(ii) problem solving with permutations and combinations

(i) 由于 Jon 和 Sarah 必须乘坐在同一辆出租车上，所以共有两种情况，如下表所示：

	Taxi P	Taxi Q
Case 1: J and S in Taxi P	2 seats left	4 seats left
Case 2: J and S in Taxi Q	4 seats left	2 seats left

number of different ways $={}^6C_2\times{}^4C_4+{}^6C_4\times{}^2C_2=30.$

(ii) 对于 Taxi P，Mark 占据了前排，Jon 和 Sarah 需要相邻坐在出租车 P 后排的其中 2 个位置．那么还需要从剩下的 5 人中选择 1 人把 Taxi P 坐满．把 Jon 和 Sarah 当成一个整体，内部排序有 2! 种方式，其作为整体和新增的 1 人外部排序有 2! 方式．最后，Taxi Q 的落座，由剩下的 4 人排成一列即可．

number of different seating arrangements $= {}^5C_1 \times 2! \times 2! \times 4!$
$= 480$.

Q5 知识点

(i) back-to-back stem-and-leaf diagram
(ii) interquartile range (IQR)
(iii) mean of combined sets of data

(i) 对于 back-to-back stem-and-leaf diagram，一定要注意配上对应的 key，这样才完整；对于 stem，从上到下递增；对于 A 队的 leaf，从右到左递增．对于 B 队的 leaf，从左到右递增．

team A		team B
	7	5 7 9
4 4 2	8	2 3 4 6
9 8 7 6 1	9	4 5 6
9 7 4 0	10	1 8
6 5	11	1 3 5
2	12	

key: 5 | 11 | 1 means 115 kg for team A and 111 kg for team B.

(ii) interquartile range $= Q_3 - Q_1$. A 队有 15 名队员，以中位数为界分为两半，各有 7 个数据．所以，Q1 是第 4 个数据，Q3 是第 12 个数据．

$Q_1 = 91,\ Q_3 = 109 \Rightarrow$ interquartile range $= 109 - 91 = 18$.

(iii) total weight for 15 players of team B
$= (75 + 77 + 79 + 82 + 83 + 84 + 86 + 94 + 95 + 96 + 101 + 108 + 111 + 113 + 115) = 1399$,
total weight for 16 players of team B $= 93.9 \times 16 = 1502.4$
$\Rightarrow$ wight of new player $= 1502.4 - 1399 = 103.4$
$= 103\,\text{kg}(3\text{s.f.})$.

Q6 知识点

(i) sample space diagram
(ii) probability distribution table
(iii) expected value and variance
(iv) conditional probability

(i)

		Spinner A			
		1	2	3	3
Spinner B	–3	–2	–1	0	0
	–2	–1	0	1	1
	–1	0	1	2	2
	1	2	3	4	4

(ii) 从 part (i) 中读取 X 可能的取值及对应取值出现的次数，得 X 的概率分布表如下：

x	–2	–1	0	1	2	3	4
Probability	$\frac{1}{16}$	$\frac{1}{8}$	$\frac{1}{4}$	$\frac{3}{16}$	$\frac{3}{16}$	$\frac{1}{16}$	$\frac{1}{8}$

(iii) expected value of X 的计算式为：

$\mathrm{E}(x) = \sum x \cdot \mathrm{P}(X = x)$; variance of X 的计算式为

$\mathrm{Var}(x) = \sum x^2 \cdot \mathrm{P}(X = x) - [\mathrm{E}(x)]^2$，得

$$\mathrm{E}(x) = (-2)\times\frac{1}{16} + (-1)\times\frac{1}{8} + 0\times\frac{1}{4} + 1\times\frac{3}{16} + 2\times\frac{3}{16} + 3\times\frac{1}{16} + 4\times\frac{1}{8} = 1$$

$$\Rightarrow \mathrm{Var}(x) = (-2)^2\times\frac{1}{16} + (-1)^2\times\frac{1}{8} + 0^2\times\frac{1}{4} + 1^2\times\frac{3}{16} + 2^2\times\frac{3}{16} + 3^2\times\frac{1}{16} + 4^2\times\frac{1}{8} - 1^2$$

$$= \frac{62}{16} - 1 = 2\frac{7}{8}.$$

(iv) Given that，提示要使用条件概率，其计算式为

$$\mathrm{P}(A \mid B) = \frac{\mathrm{P}(A \cap B)}{\mathrm{P}(B)}.$$

当 X 为正数时，对应的取值有 1，2，3，4；当 X 为正数且为偶数时，对应的取值有 2，4.

$$\mathrm{P}(X \text{ is even} \mid X \text{ is positive}) = \frac{\mathrm{P}(X \text{ is even and positive})}{\mathrm{P}(X \text{ is positive})}$$

$$= \frac{\frac{3}{16} + \frac{1}{8}}{\frac{3}{16} + \frac{3}{16} + \frac{1}{16} + \frac{1}{8}} = \frac{5}{9}.$$

Q7 知识点

normal distribution，standardising a normal variable，binomial distribution

(a)

(i) 设 Y 代表日销售额，则有：$Y \sim \mathrm{N}\left(4520,\ 560^2\right)$.

$\mathrm{P}(Y > 3900) = \mathrm{P}\left(Z > \dfrac{3900-4520}{560}\right) = \mathrm{P}(Z > -1.07)$

$= \mathrm{P}(Z < 1.07) = 0.8657$

$\Rightarrow$ expected number of days $= 365 \times 0.8657 = 315.9805$

$= 316(3\text{s.f.})$.

(ii) $\mathrm{P}(X > 8000) = 0.122 = \mathrm{P}\left(Z > \dfrac{8000-m}{560}\right)$

$= 1 - \mathrm{P}\left(Z \leqslant \dfrac{8000-m}{560}\right)$

$\Rightarrow \mathrm{P}\left(Z \leqslant \dfrac{8000-m}{560}\right) = 1 - 0.122 = 0.878 \Rightarrow \dfrac{8000-m}{560}$

$= \Phi^{-1}(0.878) = 1.165$

$\Rightarrow m = 8000 - 560 \times 1.165 = 7347.6 = 7350(3\,\text{s.f.})$.

(iii) 设 E 代表随机选择的 6 天中，日销售额超过 8000 的天数 .

$E \sim \mathrm{B}(6,\ 0.122) \Rightarrow \mathrm{P}(E < 2) = \mathrm{P}(E = 0) + \mathrm{P}(E = 1)$

$= {}^6\mathrm{C}_0 \times 0.122^0 \times (1-0.122)^6 + {}^6\mathrm{C}_1 \times 0.122^1 \times (1-0.122)^5$

$= 0.840037\ldots = 0.840(3\,\text{s.f.})$.

(b) $Y \sim \mathrm{N}\left(\mu,\ \left(\dfrac{2}{3}\mu\right)^2\right) \Rightarrow \mathrm{P}(Y < 2\mu) = \mathrm{P}\left(Z < \dfrac{2\mu-\mu}{\dfrac{2}{3}\mu}\right)$

$= \mathrm{P}(Z < 1.5) = 0.9332 = 0.933\,(3\,\text{s.f.})$.

9709_w15_qp_63

Q1 知识点

calculating standard deviation，coded data

σ 的计算式为：$\sigma = \sqrt{\dfrac{\sum x^2}{n} - \left(\bar{x}\right)^2}$.

对于 mean，有公式：if $y = ax + b$，then $\bar{y} = a\bar{x} + b$；对于 σ，有结论：random variable 加减一个常数，σ 不变 .

let $p = t - 2.5$，$\bar{p} = \bar{t} - 2.5 = 0.3$，$\sigma_p = \sigma_t$，$\sum p^2 = 96.1$.

综上，则有

$\sigma_t = \sigma_p = \sqrt{\dfrac{\sum p^2}{n} - \left(\bar{p}\right)^2} = \sqrt{\dfrac{96.1}{250} - 0.3^2} = 0.54258\ldots$

$= 0.543\,(3\,\text{s.f.})$.

So the standard deviation of the times taken is 0.543 hours.

Q2 知识点

(i) equally likely events
(ii) tree diagram，sum and multiplication rule
(iii) conditional probability

(i) $\mathrm{P}(\text{from } X) = \dfrac{20}{28} = \dfrac{5}{7} = 0.71428... = 0.714(3\text{s.f.})$.

So the probability that the person chosen is from country X is 0.714.

(ii) 根据题意，作出对应的 tree diagram.

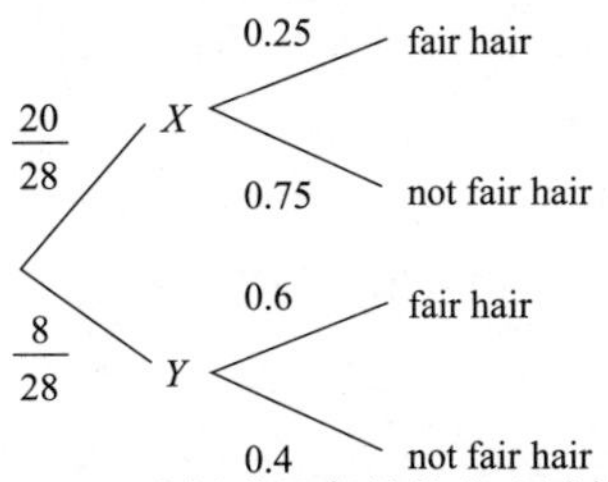

从以上 tree diagram 选择满足条件的分支计算概率如下：

$\mathrm{P}(\text{fair hair}) = \mathrm{P}(X\ \&\text{fair hair}) + \mathrm{P}(Y\ \&\text{fair hair})$

$= \dfrac{20}{28} \times 0.25 + \dfrac{8}{28} \times 0.6 = \dfrac{7}{20}$.

So the probability that the person chosen has fair hair is $\frac{7}{20}$.

(iii) 题干中提到了 given that the person has fair hair，这里的 given that 是需要使用条件概率的常用提示词 . 所以题目是让求被选择的人有 fair hair 的条件下，他来自于 X 国的概率 .

条件概率的计算式为：$P(A|B)=\frac{P(A\cap B)}{B}$，对应于这个问，概率计算如下：

$$P(X|\text{fair hair})=\frac{P(X\ \&\text{fair hair})}{P(\text{fair hair})}=\frac{\frac{20}{28}\times 0.25}{\frac{7}{20}}=\frac{25}{49}$$

$=0.51020\ldots=0.510(3\text{s.f.})$.

Q3 知识点

(i) independent events
(ii) mutually exclusive events

(i) Event S 与 Event T 相互独立的充要条件是

$P(S)\times P(T)=P(S\cap T)$.

对于 Event S，其包含的可能情况有 3 种，分别为:(1，3)，(2，2)，(3，1).

对于 Event T，其包含的可能情况有 4 种，分别为:(1，1)，(1，3)，(3，1)，(3，3).

考虑 Event S 和 Event T 的交集，其包含的可能情况有两种，分别为：(1，3)，(3，1). 所以

$P(S)=\frac{3}{4\times 4}=\frac{3}{16}$，$P(T)=\frac{4}{4\times 4}=\frac{1}{4}$,

$P(S\cap T)=\frac{2}{4\times 4}=\frac{1}{8}$,

$P(S)\times P(T)=\frac{3}{16}\times\frac{1}{4}=\frac{3}{64}\neq\frac{1}{8}=P(S\cap T)$.

So Event S and Event T are not independent.

(ii) Event S 与 Event T 相互 exclusive 的充要条件是

$P(S\cap T)=0$，根据第 (i) 小问的结论，

$P(S\cap T)=\frac{1}{8}\neq 0$.

So Events S and T are not exclusive.

Q4 知识点

normal distribution，standardising a normal variable，expected number

(i) 根据题意，$P(T>136)=P\left(Z>\frac{136-125}{\sigma}\right)=P\left(Z>\frac{11}{\sigma}\right)$

$=1-P\left(Z\leqslant\frac{11}{\sigma}\right)=0.13$

$\Rightarrow P\left(Z\leqslant\frac{11}{\sigma}\right)=1-0.13=0.87$，$\varphi^{-1}(0.87)=1.127$

$\Rightarrow\frac{11}{\sigma}=1.127\Rightarrow\sigma=\frac{11}{1.127}=9.76042\ldots=9.76\ (3\text{ s.f.})$.

So the value of σ is 9.76.

(ii) 根据第 (i) 小问结论，$T\sim N(125,9.76^2)$,

$P(131<T<141)=P(T<141)-P(T\leqslant 131)$

$=P\left(Z<\frac{141-125}{9.76}\right)-P\left(Z\leqslant\frac{131-125}{9.76}\right)$

$=P(Z<1.639)-P(Z\leqslant 0.615)$

$=0.9493-0.7307=0.2186$

$\Rightarrow$ expected number $=170\times 0.2186=37.162=37.2(3\text{ s.f.})$.

附注：考虑到种子的个数应为整数，mark scheme 也允许答案写成 37 或者 38.

Q5 知识点

(a) permutations of n objects with repetitions and restrictions
(b) combination of r objects from n objects with restrictions，solving combination problems by grouping

(a) 对于 6 个元音字母，分别有 2 个 A，3 个 O，1 个 I. 单独把 6 个元音字母排成一列的方式有 $\frac{6!}{2!\times 3!}$ 种 . 把 6 个元音字母当成一个整体字母 X，再加上剩下的 7 个非元音字母，相当于有 8 个字母，分别是 2 个 C，2 个 M，1 个 D，1 个 T，1 个 N，1 个 X. 这 8 个字母排成一列的方式有 $\frac{8!}{2!\times 2!}$ 种 .

So the number of different ways $=\frac{8!}{2!\times 2!}\times\frac{6!}{2!\times 3!}=604800$.

(b) 保证至少有 1 个中国学生和 1 个欧洲学生的条件下，

4个备选人的名额分配共有如下表所示的6种情况，并算出对应情况下的选择方式数.

	Chinese (7)	European (6)	American (4)	Ways
1	1	1	2	${}^7C_1 \times {}^6C_1 \times {}^4C_2 = 252$
2	1	2	1	${}^7C_1 \times {}^6C_2 \times {}^4C_1 = 420$
3	1	3	0	${}^7C_1 \times {}^6C_3 \times {}^4C_0 = 140$
4	2	1	1	${}^7C_2 \times {}^6C_1 \times {}^4C_1 = 504$
5	2	2	0	${}^7C_2 \times {}^6C_2 \times {}^4C_0 = 315$
6	3	1	0	${}^7C_3 \times {}^6C_1 \times {}^4C_0 = 210$

So, the number of ways $= 252 + 420 + 140 + 504 + 315 + 210 = 1841$.

Q6 知识点

(i) treating the gap in grouped frequency table, frequency densities, histogram
(ii) estimating of mean and standard deviation for grouped data

(i) 由于上表中，两个 class 之间存在 gap，所以先对上表中各组数据的 upper bound 和 lower bound 进行修正，使得各个 class 之间没有 gap. 然后基于修正好的数据计算 class width，再利用 frequency density $= \dfrac{\text{frequency}}{\text{class width}}$，求出各个组的 frequency density 如下表所示：

Frequency	18	15	21	52	28
Height (m)	20.5~40.5	40.5~45.5	45.5~50.5	50.5~60.5	60.5~80.5
Class Width	20	5	5	10	20
Frequency Density	$\frac{18}{20} = 0.9$	$\frac{15}{5} = 3$	$\frac{21}{5} = 4.2$	$\frac{52}{10} = 5.2$	$\frac{28}{20} = 1.4$

根据上表，绘制 histogram 如下：

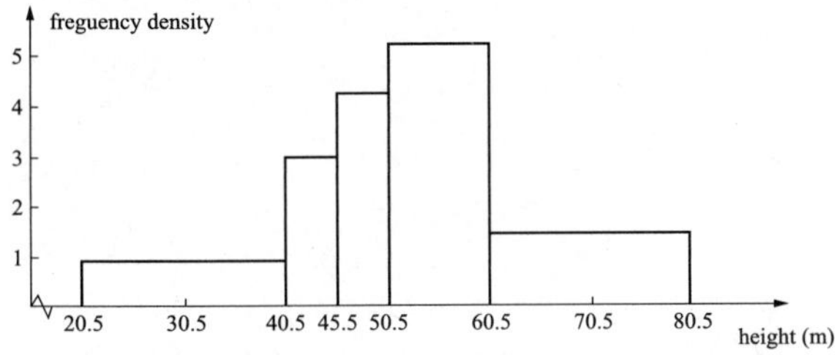

(ii) 对于分组数据，mean 的计算式为：

$\bar{x} = \dfrac{\sum xf}{\sum f}$，其中 x 用各组的 mid-point 来替代.

standard deviation 的计算式为

$\text{sd} = \sqrt{\dfrac{\sum x^2 f}{\sum f} - \bar{x}^2}$，其中 x 用各组的 mid-point 来替代.

所以，首先列出各组的 mid-point 如下表所示：

Frequency	18	15	21	52	28
Height(m)	20.5~40.5	40.5~45.5	45.5~50.5	50.5~60.5	60.5~80.5
Mid-point	30.5	43	48	55.5	70.5

So, estimate of mean

$$= \frac{30.5 \times 18 + 43 \times 15 + 48 \times 21 + 55.5 \times 52 + 70.5 \times 28}{134}$$

$$= \frac{3531}{67} = 52.7 (3 \text{ s.f.}).$$

estimate of standard deviation

$$= \sqrt{\frac{30.5^2 \times 18 + 43^2 \times 15 + 48^2 \times 21 + 55.5^2 \times 52 + 70.5^2 \times 28}{134} - \left(\frac{3531}{67}\right)^2}$$

$$= \sqrt{\frac{392203.5}{134} - \left(\frac{3531}{67}\right)^2}$$

$= 12.2247... = 12.2$ (3 s.f.).

Q7 知识点

(i) binomial distribution
(ii) solving inequalities
(iii) approximation
(iv) conditions for approximation

(i) 设 X 代表不能正常使用的玩具水枪数量.

$X \sim B(19, 0.08) \Rightarrow P(X \leqslant 2)$

$= P(X = 0) + P(X = 1) + P(X = 2)$

$= {}^{19}C_0 \times 0.08^0 \times (1 - 0.08)^{19} + {}^{19}C_1 \times 0.08^1 \times (1 - 0.08)^{18}$

$+ {}^{19}C_2 \times 0.08^2 \times (1 - 0.08)^{17} = 0.80916... = 0.809 (3 \text{ s.f.}).$

(ii) 设 Y 代表不能正常使用的玩具水枪数量.

$Y \sim B(n, 0.08) \Rightarrow P(Y \geqslant 1) = 1 - P(Y = 0) > 0.9$

$\Rightarrow P(Y = 0) = (1 - 0.08)^n < 0.1$

$\Rightarrow \ln(0.92^n) < \ln(0.1)$

$\Rightarrow n \cdot \ln(0.92) < \ln(0.1),$

$\ln(0.92) < 0 \Rightarrow n > \dfrac{\ln(0.1)}{\ln(0.92)} = 27.615...$

So the smallest possible value of n is 28.

(iii) 设 W 代表不能正常使用的玩具水枪数量 .

$W \sim B(1800,\ 0.08)$

$\Rightarrow$ mean of $W = 1800 \times 0.08 = 144$,

variance of $W = 1800 \times 0.08 \times (1 - 0.08) = 132.48$.

under normal distribution approximation,

$W \sim N\left(144,\ \left(\sqrt{132.48}\right)^2\right)$.

by continuity correction

$P(W \geqslant 152) = P\left(Z \geqslant \dfrac{151.5 - 144}{\sqrt{132.48}}\right)$

$= 1 - P\left(Z < \dfrac{151.5 - 144}{\sqrt{132.48}}\right)$

$= 1 - P(Z < 0.652) = 1 - 0.7429 = 0.2571 = 0.257(3\text{ s.f.})$.

(iv) $np = 1800 \times 0.08 = 144 > 5$,

$n(1 - p) = 1800 \times (1 - 0.08) = 1656 > 5$,

So it's reasonable to use normal distribution approximation in part (iii).